U0939607

云南古代水文献大系

卷六

江　燕
毕先弟　编著

云南大学出版社
YUNNAN UNIVERSITY PRESS
·昆明·

图书在版编目（CIP）数据

云南古代水文献大系 ：共六册 / 江燕，毕先弟编著
. -- 昆明 ：云南大学出版社，2024
ISBN 978-7-5482-4510-0

Ⅰ. ①云… Ⅱ. ①江… ②毕… Ⅲ. ①水文资料－文献资料－云南－古代 Ⅳ. ①P337.274

中国版本图书馆CIP数据核字(2021)第281305号

审图号：GS(2023)2474号

策划编辑：段　然　苏　珊
责任编辑：李春艳　余家涛
装帧设计：刘　雨

云南古代水文献大系

YUNNAN GUDAI SHUI WENXIAN DAXI

江　燕　毕先弟 / 编著

出版发行：云南大学出版社
印装：云南天欣彩印包装有限公司
开本：890mm × 1260mm　1/16
印张：241.625
字数：6116千字
版次：2024年5月第1版
印次：2024年5月第1次印刷
书号：ISBN 978-7-5482-4510-0
定价：2400.00元（共六册）

社址：云南省昆明市一二一大街182号（云南大学东陆校区英华园内）
邮编：650091
电话：（0871）65031070　65033244　65031071
网址：http://www. ynup. com
E-mail：market@ynup. com

《云南古代水文献大系》编委会

编　著　江　燕　毕先弟

编　委　郑　畅　宫　珏　刘景毛　顾胜华

　　　　郭　劲　方　婕

特约编辑　周元晖

目 录

卷 六

艺 文

卷六

艺文

御　制

明

复题诗赐无极等归大理

朱元璋

僧行长江

江行终日看浮沤，舵转东风浪白头。
倏有倏无余岛屿，随成随破剩凫鸥。
渔翁岂解虚元壳？衲叟应知幻化由。
以锡迸飞千丈雪，落来仍复水东流。

僧过巴江

舟行帆饱溯流雄，一夕巴山越几峰。
回首沤花滩外没，转蓬崖树岭头空。
江湾水漩涛声急，云密雷轰电影重。
好向此中寻妙法，忽然觉悟得从容。

〔据傅天祥等修，黄元治等纂康熙《大理府志》（故宫博物院编《故宫珍本丛刊》第230册《云南府州县志》第5册，海南出版社2001年据清康熙三十三年刻本影印，下同）卷二十九《艺文志上·御制》第6页辑录。〕

清

山川考谕康熙五十八年

朕于地理，从幼留心，凡古今山川名号，无论边徼遐荒，必详考图籍，广询方言，务得其正。故遣使臣至昆崙、西番诸处，凡大江、黄河、黑水、金沙、澜沧诸水发源之地，皆目击详求，载入舆图。今大兵得藏，边外诸番悉归王化，三藏、阿里之地俱入版图，其山川名号，番汉异同，当于此时考证明核，庶可传信于后。大概中国诸大水皆发源西南大幹内外，其源委可得而缕晰也。

黄河之源出西宁外枯尔坤山之东，众泉流出，沮洳涣散，不可胜数，望之灿如列星。蒙古名敖敦他拉，西番名苏罗木，译言星宿海也，是为河源。汇为查灵、鄂灵二湖，东南行，折北，复东行，由归德堡、积石关入兰州。

岷江之源出于黄河之西巴颜哈拉岭七七勒哈纳，番名岷捏撮，《汉书》所谓“岷山在西徼外，江水所出”是也。而《禹贡》导江之处，在今四川黄胜关外乃褚山。古人谓江源与河源相近，《禹贡》岷山导江，乃其流，非源也，斯言实有可据。其水自黄胜关流入，至灌县分数十岐，至新津县复合为一，东南流至叙州府，会金沙江。

今之金沙江源自达赖喇嘛东北乌捏乌苏流出，乌捏乌苏译言乳牛山也，其水名母鲁乌苏，东南流入喀木地。又东南流经中甸，入云南塔城关，名金沙江，至丽江府，亦名丽江。至永北府，会打冲河，东流经武定府，入四川交界，至叙州府合岷江，流经夔州府，入湖广境，由荆州府至武昌府，与汉江合。汉江源出陕西西宁羌州北嶓冢山，名漾水，东流至南郑县，为汉水，入湖广界，东南流至汉阳县汉口，合岷江。此诸水在东南大幹之内，故源发于西番，委入于中国也。

澜沧江有二源，一源于喀木之格尔玑栾噶儿山，名栾褚河；一源于喀木之齐鲁肯他拉，名敖母褚河。二水会于叉木多庙之南，名拉克褚河，流入云南境，为澜沧江，南流至车里宣抚司，名九龙江，流入缅国。澜沧之西为哈拉乌苏，即《禹贡》之黑水，今云南所谓潞江也。其水自达赖喇嘛东北哈拉脑儿流出，东南入喀木界，又东南流入怒夷界为怒江，入云南大塘隘名潞江，南流经永昌府潞江安抚司境，入缅国。潞江之西为龙川江，龙川江之源从喀木所属春多岭，南流入云南大塘隘，西流为龙川江，至汉龙关入缅国。此诸水在东南大幹之外，故皆流入南海也。

又，云南边境有槟榔江者，其源发自阿里之冈底斯东打母朱喀巴珀山，译言马口也，有泉流出，为牙母藏布江。从南折东流，经藏、危地，过口噶公噶儿城，傍合噶儿诏母伦江。又南流，经公布部落地，入云南古勇州为槟榔江，出铁壁关，入缅国。而冈底斯之南有山名郎干喀巴珀，译言象口也，有泉流出，入马品母达赖脑儿，又流入郎噶脑儿。两湖之水，西流至桑纳地。冈底斯之北有山名僧格喀巴珀，译言狮子口也，有泉流出，西行亦至桑纳地。二水合而南行，又折东行，至那克拉苏母多地，与冈底斯西马珀家喀巴珀山所出之水会。马珀家喀巴珀者，译言孔雀口也。其水南行至那克拉苏母多地，会东行之水，东南流至厄纳忒克国，为冈噶母伦江，即佛家所谓恒河也。《佛国纪》载魏法显顺恒河入南海，至山东之渤海入口，应即此水矣。梵书言四大水出于阿耨达山，下有阿耨达池，以今考之，意即冈底斯是。唐古忒称冈底斯者，犹言众山水之根，与释典之言相合。冈底斯之前有二湖连接，土人相传为西王母瑶池，意即阿耨达池也。

又，梵书言普陀山有三，一在厄纳忒克之正南海中，山上有石天宫观自在菩萨游舍，是乃真普陀；一在浙江之定海县海中，为善财第二十八参观音菩萨说法处；一在图白特，今番名布达拉山也，亦为观音化现之地。释氏之书本自西域，故于彼地山川，颇可引为据也。

《禹贡》“导黑水，至于三危”，旧注以三危为山名，而不知其所在。朕今始考其实，三危者，犹中国之三省也。打箭炉之西南，达赖喇嘛所属拉李城之东南为喀木地，达赖喇嘛所属为危地，班禅呼图克图所属为藏地，合三地为三危耳。哈拉乌苏由其地入海，故曰“导黑水，至于三危，入于南海”也。

至于诸番名号，虽与史传不同，而亦有可据者。今之图白特，即唐之突厥。唐太宗时，以公主下降，公主供佛像于庙。今番人名诏，诏者，译言如来也。其地犹有唐时中国载去佛像。明成化中，乌斯藏大宝法王来朝，辞归时以半驾卤簿送之，遣内监护行。内监至四川边境，即不能前进而返，留其仪仗于佛庙，至今往来之人多有见之。此载于《明实录》者，尔等将山川地名详细改正具奏。

〔据鄂尔泰修，靖道谟纂雍正《云南通志》（清乾隆元年刻本，下同）卷二十九《艺文志一·御制》第8－12页辑录。《山川考谕》，清康熙圣祖仁皇帝爱新觉罗·玄烨御制。玄烨（1654—1722），清朝第四位皇帝。在位61年，是中国历史上在位时间最长的皇帝，奠定了清朝兴盛的根基，开创出康乾盛世的大局面。谥号“合天弘运文武睿哲恭俭宽裕孝敬诚信功德大成仁皇帝”。康熙帝不仅是文治武功的盛世皇帝，对中国汉文化也有相当深厚的造诣，熟知中国历史地理知识，重视水利工程建设，他六巡江南视察河工，对每项水利工程都能作出具体指示。康熙五十八年十一月辛巳所颁圣训《山川考谕》，对“《禹贡》导黑水，至于三危之说”中“三危”名称之由来，有自已独到见解，认为“旧注以三危为山名，而不知其所在，朕今始考，其实三危者，犹中国之三省也。打箭炉之西南，达赖喇嘛所属拉李城之东南为喀木地，达赖喇嘛所属为危地，班禅呼图克图所属为藏地，合三地为三危耳。哈拉乌苏由其地入海，故曰导黑水，至于三危，入于南海也。至于诸番名号，虽与史传不同，而亦有可据者”。另见乾隆《永昌府志》卷二十五上《艺文志·御制》、道光《开化府志》卷十《艺文志·御制》。〕

诏滇省开垦山头河尾永免升科乾隆三十一年

滇省山多田少，水陆可耕之地俱经垦辟无余，惟山麓河滨尚有旷土，向令边民垦种，以供口食。而定例山头地角在三亩以上者，照旱田十年之例；水滨河尾在二亩以上者，照水田六年之例，均以下则升科。第念此等零星地土，本与平原沃壤不同，况地方官经理不善，一切丈量查勘，胥吏等恐不免从中滋扰，嗣后滇省山头地角、水滨河尾，俱着听民耕种，概免升科，以杜分别查勘之累，且使农民无所顾虑，得以踊跃赴功，力谋本计。至旧有水利地方，如应行开渠筑坝之处，小民无力兴修，及闲旷地亩难于开垦者，并令确切查明，酌借公项，俾闾阎工作有资。该督其董率所属，悉心经理，尽地力而裕民食，用副朕廑念边农至意。该部遵谕即行。钦此。

〔据王诵芬修乾隆《宜良县志》（《中国地方志集成·云南府县志辑22》，凤凰出版社2009年据清乾隆三十二年刻本影印，下同）卷三《艺文志一·王言》第98页辑录。〕

奏疏

明

募建南桥疏

朱朝藩

王政重舆梁，泽在津头渡口。人工先疏筑，时乘辰角天根。故桥建万安，用裨往来之相续；堤修十锦，敢招弦管之齐鸣。往事已然，今时可证。

唯兹卤昌，昔时同乐。城南一水，绕襟带于郊关；路径交通，联要区于省会。凭栏对景，一声欸乃之歌；举网烹鲜，一勺清流之泽。但河源西下，砰湃如飞；地脉南浮，波涛相击；骇水云集，惊浪雷奔。当年架以木桥，徒滋朽蠹；近日加之石砌，未易落成。暑雨抱泥涂之苦，挥汗若流；祈寒有病涉之嗟，坚冰欲堕。

适逢驻镇姚公题柱以升，夙负相如之志略；乘舆而济，雅多郑相之风流。更得寅恭邵万户已溺欲援，流恩波于五部；同舟共济，溥润泽于四封。大缵禹功，用成周道。询谋建石，庶几亦步而亦趋；利用通津，奚患且前而且却。驾长虹于水面，河伯效灵；逢蜿蜒于波心，阳侯息警。

遂以丙寅之春仲，纠集阖卫之弁绅相度，一时佥同，众庶行见。分猷如某乡之耆寿也，既倾囊以襄盛举；领袖如某乡之万户也，且捐俸以倡同官。但彼岸之诞登，一劳永逸；即津梁之可建，万世永安。岂曰：“端明造桥，现成高第。宋郊蚁渡，遂致鼎元。戬谷有征，无异影随响应；降祥不爽，而欲积善邀福欤？敢告同心，莫辞绵力。”

〔据刘润畴修，俞赓唐纂民国《陆良县志稿》（民国四年文汇石印局石印本，下同）卷七《艺文志上·明文》第19页辑录。朱朝藩，字岳生，陆凉州人，中天启甲子（1624年）科乡试，崇祯戊辰（1628年）科副榜进士，授浙江开化县知县，卓有政绩，升顺天霸州知州，以失贵铛欢解组。自幼刻苦，力行孝悌，遗有《鹿堂诗集》。南桥，一曰会津桥、永宁桥、永凝桥，在陆良城南关外，原名城南桥，又名会泽桥，明洪武二十三年（1390年）建，以木为梁。明万历间官民捐建石桥，工未竣，遂为洪涛所摧。明天启六年（1626年）官民重新捐建石桥，朱朝藩撰此文以记。明崇祯九年（1636年），郡民重建木梁，清乾隆时易以石。〕

奏报水患灾伤乞加轸恤疏

朱泰桢

本年六月二十九日，有军民数千拥臣号呼，称：“本日丑时漏下四鼓，方卧床，忽大水奔腾而至，急起仓皇逃避，不片时，城内外坊厢民居概被水淹。”等情。臣即时同抚臣从南门登城，但见一望白波，平地水深六七尺，演武场一带官民房屋尽数冲倒，东城河堤溃决五丈余，堤上居民数家，人口房舍荡洗无形。循城而东，见水涌入城门，地上水高数尺，将城内绣衣等街民房倾倒大半，各士庶、军民、男妇俱登屋喊救，哭声震地，声不忍闻。该臣等亟传府县各官，差人分投催赶船只水手入市，沿街撑渡至高阜处暂泊，随行云南府督捕官同昆明县遍行踏勘。

去后，本月三十日，据云南府水利官揭报："据松华坝老人萧凤朝禀称，六月二十八日午时，左山烟雾弥天，民居尽暗，少顷，迅雷腾空，山上起蛟，浪涌数丈，其山倒裂约三十余丈，土石填压金汁河二十余丈，将大石桥冲坏二空，淹死过路不知名二人，因而横溢至省。"等因。

续据云南府署捕同知刘士觐、昆明县知县张德行会同造册报称："依奉查勘得，城外左卫地方淹倒民房五十四间；中卫地方淹倒民房五百二十七间，溺死男子二名；前卫地方淹倒民房四百九十八间，溺死男妇五名口，被水冲去房二所又二十一间；后卫地方淹倒民房八百零三间，淹死二名，被水冲去七户又户五间，人口房屋无存；广南卫地方淹倒民房八百一十二间，被水冲去三间，死伤男妇六名口。又，水入东门内绣衣街、水塘铺，淹倒民房一百四十九间。省城通共倒房二千八百七十二间，冲去九户，溺死知姓名十五名（人），漂没米粮、财物、家火不计其数。又，勘得源头松华坝各闸，冲倒拔岸二十五丈，震倒官厅数间，冲没民房十间，倒山一半。"等因。

又据提调忠勇营守备刘安国呈报："被水冲倒营房一百四十一间，溺死营兵魏时朝等男妇五名口。"等因。

又据白塔街住民屈继宗等呈称："蛟起之后至七月十七日，一昼夜［大雨如注，洪水复泛，将地藏寺十字街居民房屋又］淹倒二百余户。"等情。

又据嵩明州申称："七月天雨大作，山地尽行冲塌，水田悉遭淹没，墙屋倾倒，十无一存。四境水天连接，舟楫入室，禾苗腐烂，化为乌有。收（秋）成失望，钱粮何从供办?"等因。

又据寻甸府申："据乡民张君赐等连名告称，各村秧苗全（前）被逆贼践踏过半，重新栽插，今又遭大水，一片湮没，寸草不留。"等情。

又据永昌府呈："据宝（保）山县报称，六月以来，大雨倾盆，昼夜不息，仓廒、公署、民间房屋大半倾倒，田地禾苗多被湮没。"等因。

又据永平县报称："阴雨连绵，河道泛涨，冲倒御城二十余丈。"等因。

又据腾越州报称："六七月连雨不晴，灌倾城垣二十五丈，淹没禾苗（田禾）无算。"等因。

又据安宁州报称："节因水雨（雨水）连绵，八月二十三日夜，横水入城，街市若海，尽将三盐井冲没，民居房屋墙垣尽行湮倒，田禾未熟，概被泥浆冲坏。本州目击水势汹涌，至东门上城观看，被水人民有集树头痛哭者，有上屋顶悲号者，急赶舡只接救，情景惨伤。"等因。

又据临安府报："据石屏州报称，自八月二十日至二十五日，昼夜大雨如注，海水涨涌，田亩俱成巨浸，稻已割者飘流入海，未割者湮没萌芽。近城行舟，四门城墙俱被冲倒。"等因。

又据邓川州报称："六七月间，淫雨为祟，洪水泛涨，将州境东西河堤冲决五十余丈，一川田地房舍尽俱没（湮）没，数十村人民田庐概为鱼鳖之区。"等因。

又据黑盐井提举司报称："本司各井六月被水冲没半月，七、八两月又被湮四十余日，井台俱裂。本司躬诣勘视，见水势稽天，井没无形，各灶丁环拥号泣，额课虚悬。"等因。

至十月二十等日，又据省城耆民苏世科、李昱、赵登仕等，六卫屯军周尚文、李思尧、陶美等，昆明县民郑秉直、陈思学等各连名告称："今年六月，在省军民横罹天灾，庐舍财物荡析无遗，即今呻吟未息，希望秋成稍获苟延旦夕，不意新稻成熟在野，正值收刈（割），忽于十月初二、三至二十二等日，两旬大雨，猛如盆倾，昼夜不止，山水下流，海水上漫，将已登百谷尽数湮没，在田者漂浸萌芽，鞠为泥土，收场者不见阳光，蒸罨腐烂。三农力作，一旦失望，枵腹啼饥，莫必其命，疾苦号天。伏乞本院大发仓廪，出镪赈济，以救兆民。"等情。

又据寻甸、武定、澂江、临安、楚雄等府，安宁、嵩明、晋宁、陆凉、马龙、新兴、石屏、新化等州，昆明、宜良、禄丰、河阳、江川、通海、河西等县各申报，大约称："十月刈割之际，再逢两旬暴雨，在野稻谷生芽浥烂，终年胼胝伫（仔）望成空。不但额征钱粮万难措办，抑苦朝夕饔飧毫无取给。请乞代题蠲赈，急救灾黎。"等因各到臣。

除倾塌城垣与冲决河堤坝闸行令各该衙门及时修葺，冲没盐井上紧开浚，被淹田地、民房批行分头查勘酌量赈恤外，臣谨会同总督贵州、四川、湖广、云南、广西等处军务兼理粮饷兵部尚书兼都察院右都御史朱燮元、巡抚云南都察院右佥都御史闵洪学看得：滇自万历四十八年以来，水旱之后，继以盗贼，生灵之膏血无余几矣。臣等查节年之间，极力培护，如守病儿，惟恐有伤。幸内叛已尽清，流移已渐复，闾阎之生机已大转。即今岁春夏，雨旸时若，秧苗蔽野，光景颇佳，乃不意入秋以后遭此至异至惨之水也。水之骤起，不以雨而以蛟，异也。俄顷之间，山裂水濆（喷），洪流澎湃，附省十余州县立成水国，异也。只以省城言之，六卫军民室庐冲倒以三千计，漂没财物无算，甚至溃决入城，街市行舟，尤异也。迤东、西二三千里同时被灾，盐井、矿场无一得免，又异也。被水之后，小民殚力捞救，稍存二三，刈获届期，食已到喉，又为入冬两旬暴雨所荡析，更异之异也。岂滇民之劫运未除乎？今年五月，水、乌十余万寇倾巢向滇，滇之不为沼者几希矣。赖皇上之灵，一战破贼，滇民濒危得安。仍（乃）仅免于虎口者，竟不免于商羊也，滇民其奈之何哉？今稻谷登场之际，市已愁绝籴，斗米已至三钱，过此以往，价必益踊。茕茕细民，何以存活？此民间之无食，可虑也。在省府卫县仓，每年本色三万有奇，为全城官军命脉所系，年来出入，臣置簿手自籍记，一颗一粒不使落空，仅足支放。逢此祲岁，欲征本色，民岂能供？即忍心追呼，亦终无从取盈。万口嗷嗷，于何仰给？此官军之无食，可虑也。曲、霑防兵，汉土共二万，日支米各一升，每月需米不下六千，全靠省城籴运，今将籴之何处？此曲、霑官兵之无粮，又可虑也。民不得食，弱者将转徙，强者将揭竿；军兵不得食，非一哄而散，即脱巾而呼。势所必至，即在目前。

臣与前按臣罗汝元、今抚臣闵洪学，蒿目省城积贮之空虚，议各建仓储谷，以备不虞。臣衙门为备赈仓，抚院衙门为常平仓，各括赎锾拨饷之余佐以仓廪，公费但有节存，悉充谷价。顾两年所得，臣衙门不过七千，抚院衙门数亦如之。此升斗之水，所济涸辙，亦几何矣？虽臣等多方拊循，多方补救，心力可及，无敢不殚，但被灾重地（大），地方脂血止有此数。当此三空四尽之秋，宁有雨粟涌金之术？非仰丐皇仁，决难起死回生，救此一方。谨合词控天，伏乞皇上垂念远疆，敕下户部查议，曲加轸恤，必宽以外解之接济，庶苏此间阎之转输。至于臣等本年四月具有滇兵难减一疏，请给一年五十万之饷，今逾半年，未见涓滴到滇。事势千急万急，难再延捱。更望天语申饬，勒限解入，〔使〕滇速受以济燃眉。

〔据刘文徵撰天启《滇志》（古永继校点，云南教育出版社1991年版，下同）卷二十三《艺文志十一之六·疏类》第791页辑录。同时据王云编辑《滇志校考》改补之。朱泰祯，字道子，浙江海盐县籍，海宁县人，明万历丙辰（1616年）进士，授福建龙岩知县，擢福建道御史，天启间任云南巡按。〕

清

请修河坝疏

王继文

谨照云南省城外东南旧有金汁等河，从松华坝借水于盘龙江，自嵩明州流入昆境，绕城之北，过云津土桥，趋入昆池。两岸筑堤，高二三丈不等，而水流其中，蜿蜒六十余里，有坝有闸，又有过水涵洞，盖以积水灌田，而城外数十万顷皆藉此河之利，民生、国赋均有攸赖焉。

自变乱之后，沿河之堤埂、坝闸未经修葺，日久倾颓。上年大兵困逆，周围壕堑不得不拆毁挑挖，以致水利阻塞，灌溉不通，田亩荒芜，居民失业，而昆明额赋遂莫可催征。自克城至今，臣多方招徕，而流离之众，见此附郭膏腴咸成弃土，未免徙倚他方，趦趄不返。哀此残黎，欲归则无资生之策，不归则有沟壑之虞，臣不得不早为之计也。

夫滇省军饷，取给外省，频经请拨，仰廑宸衷，而昆邑应征之赋，可耕之田，岂可坐视抛荒，听其亏额？臣愚以为河坝不修，则残黎势难归业，荒田不垦，则额赋无从征收。臣檄令地方官踏勘，估计需用桩木、闸枋、灰石各项材料，并匠作、人夫等项，约需银万余两。查全书，内开载岁修松华等坝额银八百两，每年十一月中起工，至次年三月初止，往例可稽，似当亟议兴修，以复民业。然动支原额银两，万不敷用，值今财用艰难，工程浩费，何敢于额外轻议请动正项钱粮？臣议于通省官员及各属土司，酌行捐助，甫定之区，人方拮据，非有以鼓劝之，恐难必其乐输。

伏查捐纳各例，业奉停止，臣不敢复为陈请。惟是纪录一款，既无碍于名器，又可鼓其急公，合无仰吁皇恩勅部酌议捐银若干，准与纪录，仍比照各省往例，量减额数，庶众擎易举，便于兴修。至工竣之日，臣造册送部，照例叙录，则河坝固而水利可通，俾四散之民咸图归计，渐次开垦，将见生聚寖昌，而昆邑粮赋可以望其复旧矣。

〔据张毓碧修，谢俨纂康熙《云南府志》（清康熙三十五年刻本，下同）卷十八《艺文志二·奏疏》第21页辑录。王继文（1633—1703），字在兹，汉军镶黄旗人，清康熙间任云南巡抚，继而任云贵总督。此文撰于康熙二十二年（1683年）。另见康熙《云南通志》卷二十九《艺文志三》、雍正《云南通志》卷二十九《艺文志四》、道光《云南通志稿》卷五十二《建置志七·水利一》、光绪《云南通志》卷五十二《建置志七·水利一》。〕

请免黑盐等井被灾课款疏

王继文

看得四井水菑，共该无征课银五万六千五百二十二两零，臣经题请豁免，部议未允。臣亦极知额赋难亏，复将数内冲去盐柴无可煎补之数该课银四万二千三十七两零，行令司道再四筹酌，请将康熙三十一年春季三个月借销，三十年未敷之额又经题明，俟灶力渐苏，另图趱复。其井口淹没停工缺煎之课一万四千四百八十五两零，及柴本借银一万两二年扣还之处，再为吁请恩蠲部覆，仍未议允。随行司道多方劝谕，并饬盐政各官加力免催。去后，兹据布政使于三贤、驿盐道佥事王克善详称："该井前因蛟蜃横发，较各州县之被菑者迥出异常，至今贫赤堪怜，万无追补。部臣所执者成例，而边氓所望者特恩，恳祈仍请吁豁。至于柴本全失，并恳准照前议，暂借库银一万两。倘库项不便悬借，即乞于借销三十一年春季三个月之外，将本年四月再借销盐一个月，俾灶力稍纾，另办柴桐。"等因前来。臣查此案，臣已屡渎宸聪，何敢冒昧再陈？惟是额课难完，灾民困极，若将下情壅不上闻，何以仰副皇上恤灶恤商至意？所有前项停工缺煎之课，及借给柴本银一万两之处，俱出万不获已，相应再恳皇恩俯赐俞允。

〔据康熙《云南府志》卷十八《艺文志二·奏疏》第80页辑录。〕

云南巡抚吴存礼奏为雨泽调匀春麦已种并报粮价折

云南巡抚奴才吴存礼谨奏：为奏闻事。

窃照滇省本年收成分数、米粮价值，奴才业经恭折，专差家人敬赍上闻。兹入冬以来，仰赖圣主弘福，雨泽调匀，土脉甚是滋润。来年春麦，远近村庄俱已布种。目今白米每石价银八钱，红米每石价银七钱，麦每石价银六钱，豆每石价银五钱，兵民彝人俱各安业，歌咏太平，家家户户莫不顶祝圣主万寿无疆。奴才理合恭折奏闻，为此具折谨奏。

康熙五十年十月初九日具

○知道了。[①]

〔据中国第一历史档案馆编《康熙朝汉文朱批奏折汇编》（档案出版社1984—1985年影印本，下同）第3册第804页辑录。吴存礼，字立庵，汉军正红旗人，举人，康熙间累官云南、江苏巡抚。〕

云南巡抚吴存礼奏报麦豆丰收秧青苗茂并粮价折

云南巡抚奴才吴存礼谨奏：为奏闻事。

① 此行为皇帝朱批，下同。

窃照今岁滇省雨泽，自正月以至四月，仰赖圣主弘福，雨水调匀。据布政使李华之详报，阖省麦、豆收成有七分至九分不等，各处秋田俱已插秧，青苗茂盛。奴才同督臣郭瑮出郊踏看情形，亲见耆老、农夫佥禀：“昨年蒙皇恩蠲免钱粮，百姓均沾实惠，且去岁、今年收成又好，民彝安居乐业，小民等无以仰报皇恩，只有早晚焚香，叩祝皇帝万寿无疆而已。”奴才伏想，我皇上仁爱元元，感召天休，以致时和岁稔，率土共享盈宁之福，万方咸戴高厚之恩，是以滇省天末，臻此熙皞景象。理合奏闻。现今白米每石价银九钱，红米每石价银七钱五分，麦每石价银七钱，豆每石价银六钱。合并奏闻。

康熙五十一年五月初八日具

○知道了。以后折子尔自己写来。

〔据《康熙朝汉文朱批奏折汇编》第 4 册第 163 页辑录。〕

云南巡抚吴存礼奏报雨水调匀秋收有成并粮价折

云南巡抚奴才吴存礼谨奏：为奏闻事。

滇省自夏入秋雨水甚是调匀，处处沾足，各属秋收有八分至十分不等。奴才亲出郊外踏看情形，老幼百姓欢呼踊跃，佥禀：“仰赖圣主仁爱万民，感召天和，以致连年丰稔。小民等无以仰报皇上弘恩，惟有家家户户、老幼男妇早晚焚香，叩祝皇上万寿无疆。”奴才随面宣前颁圣谕，并遍行示劝各属民彝，务各仰体皇上爱养百姓、重农崇俭至意，将收获稻谷加谨盖藏，安分节用，共享升平之乐。现今，白米每石价银八钱，红米每石价银七钱，麦每石价银六钱，豆每石价银五钱，兵民彝人俱各安业。合并奏闻，上慰天心。

再，奴才昨奉御批：“知道了。以后折子尔自己写来。钦此。”奴才凡具折奏，遵旨自己谨密缮写进呈。但奴才自幼未学书法，字迹潦草，伏乞圣恩垂慈原宥，奴才不胜感激，欣幸之至。

康熙五十一年八月十八日具

○知道了。

〔据《康熙朝汉文朱批奏折汇编》第 4 册第 395 页辑录。〕

云南巡抚吴存礼奏报五谷丰稔并粮价折

云南巡抚奴才吴存礼谨奏：为奏闻事。

窃照滇省地方今岁仰赖圣主洪福，雨旸时若，五谷丰稔。奴才业将收成分数、米粮价值恭折奏报。查八九两月，雨水时沾，田土滋润，远近民彝皆尽力翻耕，俱已播种麦豆。现今，白米每石价银八钱，红米每石价银七钱，麦每石价银六钱五分，豆每石价银五钱。兵民相安，汉彝乐业，是皆我皇上仁德广被，无远弗届，以致滇省连岁丰收。兵民人等际此太平盛世，莫不焚香，顶祝皇上万寿无疆。奴才谨具折奏闻，伏乞圣鉴，为此具折谨奏。

康熙五十一年十月初八日具

〇知道了。

〔据《康熙朝汉文朱批奏折汇编》第4册第481页辑录。〕

云南巡抚吴存礼奏报频年雨旸时若年谷丰登并现在米价折

云南巡抚奴才吴存礼谨奏：为奏闻事。

奴才至愚极陋，蒙圣主天恩拔置滇抚，愧无寸长报效，时深惶悚。滇省仰赖皇上弘福，频年以来雨旸时若，年谷丰登，兵民乐业，汉土相安。远近人民无不含哺鼓腹，歌咏太平，家家户户俱各焚香，顶祝圣主万寿无疆。

自冬及今雨雪调匀，土脉滋润，所在麦苗茂盛。现今，白米每石价银九钱，红米每石价银八钱，麦每石价银七钱五分，豆每石价银六钱。合并奏闻，为此具折谨奏，伏乞慈鉴，奴才不胜瞻依悚切之至。

康熙五十二年正月十九日具

〇知道了。

〔据《康熙朝汉文朱批奏折汇编》第4册第669页辑录。〕

云南巡抚吴存礼奏报麦收登场分数并现在粮价折

云南巡抚奴才吴存礼谨奏：为奏闻事。

窃照滇省蒙圣主弘福，频年以来俱各丰收。本年自正月至今，雨泽调匀，土脉滋润。兹据布政使申奇贵详报，云南等十九府远郊近乡麦穗登场，收成自七分至十分不等，兵民彝人俱各乐业，现今秋田俱已插秧。奴才出郊亲看，田禾青葱茂盛，父老、农夫咸称："我皇上如天之仁，恩及万里，故我等百姓得以含哺鼓腹，安享太平。今又值好年景，小民无可报答皇恩，惟有家家户户朝夕焚香，顶祝圣主万寿无疆。"目今米价，白米每石价银一两，红米每石价银九钱，麦每石价银七钱，豆每石价银六钱。理合奏闻，为此缮折谨奏，伏乞圣鉴，奴才不胜悚切瞻依之至。

康熙五十二年五月初八日具

〇今年麦秋，各省报到者皆有十分，近京、口外雨旸调和。

〔据《康熙朝汉文朱批奏折汇编》第4册第787页辑录。〕

云南巡抚吴存礼奏报康熙五十二年粮价折

云南巡抚奴才吴存礼谨奏：为奏闻事。

奴才赍折家人郭廷佑回滇，敬捧到报麦秋奏折，奴才恭设香案，望阙叩头，跪读圣主御批："今年麦秋，各省报到者皆有十分，近京、口外雨旸调和。钦此。"仰见我皇上仁恩普遍，无远弗周，上格天心，雨旸调和，四海内外俱各丰收，率土人民无不含哺鼓腹，歌咏太平。

本年分滇省自夏及秋雨水调匀，目今禾稼登场，收成八分至十分不等。今据布政使卢询详报，奴才亲赴郊外，见父老、农夫欢呼踊跃，皆云："我等小民生居天末，蒙圣主爱养，屡颁上谕，教民节俭，年来岁岁有秋，今年收成比往年更好。皆仰赖圣主洪福，小民无可报答，家家户户惟有焚香，顶祝万寿无疆。"现今，白米每石价银九钱，红米每石价银八钱，麦每石价银七钱，豆每石价银六钱。为此缮折奏闻，伏乞慈鉴，奴才不胜悚切瞻依之至。

康熙五十二年八月十五日具

○知道了。

〔据《康熙朝汉文朱批奏折汇编》第5册第132页辑录。〕

云南巡抚吴存礼奏报麦苗茂盛并报粮价折

云南巡抚奴才吴存礼谨奏：为奏闻事。

奴才庸愚贱质，蒙圣主格外殊恩，寄以抚滇重任，勉竭驹驽，愧无寸长报效，时切悚惶。滇省仰赖圣主弘福，泽被遐陬，比年以来时和岁稔，兵民彝人俱各乐业。去冬得雪，交春以后雨泽调匀，地土滋润，麦苗长得甚茂。远郊近乡白叟黄童无不朝夕焚香，顶祝圣主万寿无疆。目今米价，白米每石价银一两三钱，红米每石价银一两二钱，麦每石价银九钱，豆每石价银八钱。理合奏闻，为此缮折谨奏，伏乞慈鉴，奴才无任瞻依之至。

康熙五十三年正月二十二日具

○知道了。米价如何贵些？

〔据《康熙朝汉文朱批奏折汇编》第5册第407页辑录。〕

云南巡抚吴存礼奏陈上年晚禾减收米价稍贵及现已平稳折

云南巡抚奴才吴存礼谨奏：为奏闻事。

奴才赍折家人丁祥回滇，奴才随恭设香案，望阙叩头，跪读御批："朕安。近日起居饮食颇佳，弓马如旧，每日修书，不肯闲住，此朕之最乐之事。钦此。"仰见我皇上法天行健，允武允文，御笔刚劲，真是铁画银钩，此诚圣寿永并乎乾坤，圣学懋昭于日月者也。奴才不胜欢欣瞻仰，舞蹈非常。

又蒙御批下问："米价如何贵些？钦此。"奴才窃查上年滇省秋田，收成八分至十分不等，因八月二十日以后雨水过多，晚禾间有少减分数者，是以春间米价贵些。目今，仰赖圣主弘福，远近村庄雨旸时若，麦秀丰登，米价渐平。兹据布政使卢询详报，收成自七分至十分不等。再各处秋田俱已插秧，青苗长得甚茂。奴才同督臣郭瑮亲赴郊外，见父老农夫，随敬宣上谕，劝民勤耕节用，以仰副皇上重农爱民之盛心。万姓欢呼，焚香顶祝圣主万寿无疆。现今米价，白米每石价银一两一钱，红米每石价银一两，麦每石价银七钱，豆每石价银六钱五分。理合奏闻，伏乞慈鉴，奴才无任瞻依之至。

康熙五十三年五月初十日具

○知道了。

〔据《康熙朝汉文朱批奏折汇编》第5册第562页辑录〕

云南巡抚吴存礼奏报秋禾丰收并报粮价折

云南巡抚奴才吴存礼谨奏：为奏闻事。

窃照滇省蒙圣主弘福，自夏入秋以来雨水沾足，田禾茂盛。据布政使卢询详报，收成自八分至十分不等。奴才亲赴郊外，见父老农夫欢呼遍野，咸称："皇恩浩大，岁获有秋，使我等小民子子孙孙永享太平之乐。小民无可报答，惟有家家户户焚香，顶祝圣主万寿无疆。"奴才随面宣圣谕，遍行劝示民彝，务各仰体皇上爱养百姓、重农崇俭至意。

现今，白米每石价银一两，红米每石价银九钱，麦每石价银七钱，豆每石价银六钱。奴才奏报米价，系照部颁京仓斗，滇省民间量买米石，系用市斗。查三仓斗方一市斗，合并声明。奴才因八月初六日，遵例入闱监临，于九月初三日，方始事竣出闱。为此缮折，谨具奏闻，伏乞慈鉴，奴才不胜悚切瞻依之至。

康熙五十三年九月初四日具

○知道了。米价不甚贱。

〔据《康熙朝汉文朱批奏折汇编》第5册第751页辑录。〕

云南巡抚甘国壁奏请具折奏事并报收成雨水折

云南巡抚奴才甘国璧谨奏：为仰恳天恩俯赐准用奏折，得以恭请圣训事。

窃奴才猥以菲材，由先臣难荫得授州牧，历官至臬、藩二司，皆蒙我皇上特恩擢用，寸长未效，今复荷殊恩，授以滇抚重寄，任大责重，奴才敢不仰体圣主教孝作忠之弘慈，殚心尽职，图报主恩？惟是奴才才识短浅，而云南为边方要地，若非仰求圣主准用折奏，奴才何以遵循？除一切政事应入告者次第缮疏，候旨遵行外，伏乞圣主俯鉴蚁忱，赏用奏折，俾得以跪领圣训，地方大有裨益。奴才感戴天恩，永同高厚矣。

滇省仰赖圣主洪福，二麦收成，据布政使卢询册报，云南府属有九分十分，其余府属有七八九分不等。目今雨泽调匀，高下田禾俱已栽插，秋成大有可望。兵民彝人俱各乐业，歌颂太平，顶祝万寿。合并奏闻，伏乞睿鉴批示，为此缮折谨奏。

康熙五十四年五月二十六日具

○巡抚该奏折的，不用请旨。

〔据《康熙朝汉文朱批奏折汇编》第6册第223页辑录。甘国璧（1669—1747），字东屏，号立轩，汉军正蓝旗人。清康熙间以荫授河南陕州知州，曾任云南巡抚，坐事革职。〕

云南巡抚甘国壁奏呈本省舆图折

云南巡抚奴才甘国璧谨奏：为钦奉上谕事。

案照康熙五十二年五月初十日，前抚臣吴存礼准兵部咨，内开：“奉旨派出西洋人费隐等绘画云南舆图，画完即将图交该省巡抚本身派出的当家人，敬谨赍送。钦此。”又于康熙五十四年三月十四日，署抚臣郭瑮准兵部咨：“奉旨派出雷思孝、常保到滇，同画舆图。”又准工部咨：“同前事，等因。钦此。”仰见我皇上躬处九重，心周六合。测天之象，稽度数以无差；察地之经，考方舆而克正。东西南朔，悉在圣明几席之前；郡邑河山，远逾畴昔版图之载。洵属千秋盛事，允为一统弘模。奴才恭遇图成，曷胜欢忭。兹准钦差向导护军参领英柱、郎中郎古礼、监副双德、武英殿监视常保、西洋人费隐、雷思孝等，将图移交前来。奴才遵旨，选差家人李荣敬谨赍捧赴京，恭呈御览，伏乞皇上睿鉴。

再照滇省蒙圣主弘福，五六两月雨旸时若，田禾甚茂，秋成丰稔可期。合并奏闻，为此缮折谨奏，奴才无任悚切之至。

康熙五十四年六月二十四日

〇知道了。

〔据《康熙朝汉文朱批奏折汇编》第6册第310页辑录。〕

云南巡抚甘国壁奏谢天恩并报秋成丰收折

云南巡抚奴才甘国璧谨奏：为恭谢天恩，并报秋成丰收事。

窃照本年八月二十九日，奴才家人张得禄赍折回滇，奴才跪接，恭诵圣旨，蒙皇上御批：“巡抚该奏折的，不用请旨。”仰见圣主垂念奴才犬马私衷，准用奏折，俾奴才遇有要事，得以上请圣训，裨益地方。感戴高深，捐糜莫报，当即望阙叩头谢恩讫。奴才惟有益加勉励，洁己率属，辑兵爱民，以仰答天恩于万一耳。

滇省自夏及秋雨泽调匀，目今收成分数，据布政使卢询册报，通省府州县自十分九分八分不等。奴才同督臣郭瑮亲赴郊外，见父老、农夫欢呼踊跃，咸称：“今岁收成比往年更盛，皆赖万岁爷洪福齐天，泽及远方。我等小民惟有焚香，顶祝圣主万寿无疆。”目今米价，白米每石价银一两一钱，红米每石价银一两，麦每石价银九钱，豆每石价银八钱。奴才理合缮折，恭谢天恩，相应一并奏闻，伏乞圣鉴。为此谨奏。

康熙五十四年九月初一日

〇知道了。

〔据《康熙朝汉文朱批奏折汇编》第6册第483页辑录。〕

云南巡抚甘国璧奏报春苗茂盛并粮价折

云南巡抚奴才甘国璧谨奏：为恭报滇省春苗茂盛并现在米粮价值，仰慰圣怀事。

钦惟我皇上化育同天，恩膏匝地，山陬海澨共乐升平，乃犹宵旰弥勤，惟以民生为亟，诚千古所未有也。奴才自莅滇省，仰赖圣主洪福，雨旸时若，五谷丰登，民彝乐业。奴才与督臣郭瑮敬体我皇上德意，率令司道及府州县等官息事宁人，并劝谕百姓尽力田亩，省俭积蓄，安享太平。上岁入冬以来雨泽时调，田土滋润。今年正月十七、十八两日，连得大雨，远近沾足，处处所种二麦、蚕豆皆长发茂盛，从此五风十雨，收成可望大有。此皆我皇上仁覆群生，湛恩广被之所致也。现在，上白米每石价银一两，红米每石价银九钱，麦每石价银八钱，豆每石价银七线。边境宁谧，兵戢民安，亿兆莫不感颂皇仁，恭祝万寿。所有春苗茂盛情形并米粮价直，理合恭折奏闻，伏祈睿鉴。为此谨奏。

康熙五十五年正月二十四日

〇知道了。

〔据《康熙朝汉文朱批奏折汇编》第6册第765页辑录。〕

云南巡抚甘国璧奏报滇省二麦收成及雨泽沾足折

云南巡抚奴才甘国璧谨奏：为恭报滇省二麦收成，雨泽沾足，仰慰圣怀事。

钦惟我皇上仁育群生，恩覃遐服，山陬海澨共乐雍熙，而各省年岁收成，无时不上廑圣怀。今当滇省二麦告登，奴才逐加确查，据布政使卢询册报，云南府属有九分八分，其余府属九分八分七分不等。入夏以来雨水调匀，远近沾足，处处高下田亩俱已栽插，秧苗甚好，秋成大有可望。汉彝黎庶仰赖圣主洪福，人人乐业，边境敉宁。奴才每出郊外，见农夫、父老咸咏歌太平，顶祝万寿。为此恭折奏闻，伏祈睿鉴。谨奏。

康熙五十五年四月二十九日

〇知道了。

〔据《康熙朝汉文朱批奏折汇编》第7册第32页辑录〕

云南巡抚甘国璧奏请圣安并报年岁顺成折

云南巡抚甘国璧谨奏：为恭请圣安，兼陈年岁顺成事。

钦惟我皇上怙冒如天，无远弗届，民生休戚，日廑天怀。奴才以庸碌菲材，蒙恩巡抚云南，今因云贵总督缺员，遵例署理。仰赖圣主洪福，两省地方俱各宁静，兵民乐业。今岁自春至夏雨水调匀，处处沾足。云南百姓食荞者多，荞已十分收成，现在秋禾极其茂盛，万姓欢悦，咸以为今年收获必庆大丰。查询贵州田苗亦好，丰收可望。此皆圣德高深，弘庥广被之所致。边末遐方共享盈宁之庆，汉彝黎庶齐祝圣寿于亿万斯年矣。除秋收分数俟秋间另折具奏，今差家人张得禄赍折恭请圣安。合并奏闻，上慰圣怀，伏祈睿鉴。谨奏。

康熙五十五年六月二十二日具

○知道了。

〔据《康熙朝汉文朱批奏折汇编》第7册第235页辑录。〕

云南巡抚甘国璧奏报秋成丰收米价平贱折

云南巡抚奴才甘国璧谨奏：为恭报秋成丰收，米价平贱，上慰圣怀事。

钦惟我皇上爱育苍生如同赤子，宵衣旰食，无时不系念闾阎，膏泽弘施，民安物阜，诚千古独隆者也。滇省今岁自春至夏雨旸时若，田禾茂盛，业经恭折奏闻在案。今当收获之候，奴才逐一确查，通省各府州县收成俱有十分九分。现今，上白米每石价银九钱，红米每石价银八钱，麦每石价银七钱五分，豆每石价银六钱，荞麦每石价银四钱。今云贵总督印务系奴才署理，查得黔省各属田禾俱已十分收成，两省汉彝交庆丰穰，处处军民欢声载道，咸称："圣主洪福远被，边方饱食暖衣，共享太平之福，惟有早夜焚香，齐祝圣寿万年。"为此恭折奏闻，仰慰圣怀，伏祈睿鉴。谨奏。

康熙五十五年八月二十四日

○知道了。

〔据《康熙朝汉文朱批奏折汇编》第7册第382页辑录。〕

云南巡抚甘国璧奏报连得雨雪豆麦长发甚旺折

云南巡抚奴才甘国璧谨奏：为恭请圣安事。

窃奴才仰荷皇上高厚之恩，畀以边疆重寄，夙夜凛凛，惟虞陨越。两载以来，幸赖圣主洪福齐天，岁登大有，民物安阜，地方宁静。所有秋收分数，已经恭折奏闻在案。自九月十二十三等日，连得大雨，远近沾足。十月初八日，复得瑞雪，地土益觉滋润。奴才亲至郊外，见播种豆麦长发甚旺，边方黎庶既庆连岁丰收，复喜来年有望，衢歌巷舞，交颂皇恩。为此缮折恭请圣安，理合一并奏闻，仰慰天心。谨奏。

康熙五十五年十月二十八日

○知道了。

〔据《康熙朝汉文朱批奏折汇编》第7册第494页辑录。〕

云南巡抚甘国璧奏报瑞雪盈尺豆麦长发折

云南巡抚奴才甘国璧谨奏：为恭请圣安，并报春苗茂盛，米粮价值，上慰睿怀事。

钦惟我皇上一人有庆，四海同春，寰宇共乐升平，亿兆咸申嵩祝。奴才谬膺封疆之寄，两载以来，仰赖圣主福德弘敷，连获丰稔。上年秋收之后雨水调匀，豆麦俱已播种，业经恭折奏闻在案。嗣于十二月二十一日，瑞雪盈尺，全省均沾，父老、农夫欢呼载道，齐祝圣寿万年。目今豆麦皆长发茂盛，从此雨旸时若，可望丰收。现在白米每石价银九钱，红米每石价银八钱，麦每石价银七钱五分，豆每石价银六钱。民生乐遂，安享太平，皆由我皇上仁恩广被之所致也。奴才远任边疆，欣逢盛世，惟有绥辑兵民，以上副圣主子惠元元之德意。为此缮折恭请圣安，伏祈睿鉴。谨奏。

康熙五十六年正月二十三日

〇知道了。

〔据《康熙朝汉文朱批奏折汇编》第7册第631页辑录。〕

云南巡抚甘国璧奏报曲靖府有银矿并滇省雨水田禾情形折

云南巡抚奴才甘国璧谨奏：为奏明事。

窃照滇省矿厂关系国课，奴才分檄各属，令民访查开采。督臣蒋陈锡莅任，又复遍行晓谕，共图裕课。兹据布政使金世扬申报，商民王日兴等以曲靖府霑益州地方产有银矿，堪以开采。奴才已经会商督臣蒋陈锡，请旨遵行。滇省地方现今雨泽沾足，秋禾茂盛，米价平贱，民情亦皆欢欣从事。倘再得有堪采之矿，另行具奏，合并奏明，谨差千总高捷元赍进，伏祈圣鉴施行。

康熙五十六年六月初二日

〇已有旨总督了。知道了。

〔据《康熙朝汉文朱批奏折汇编》第7册第960页辑录。〕

云南巡抚甘国璧奏报秋收可望丰稔折

云南巡抚奴才甘国璧谨奏：为恭请圣安事。

钦惟我皇上法天行健，应地无疆，洪庥普被苍生，边徼俱登衽席。滇省自春徂夏雨水调匀，豆麦既庆丰收，禾稼亦极茂盛。今查云南等府属地方，荞麦俱有十分收成，欢腾万姓，兼之雨旸时若，转盼稻谷登场，蔀屋穷檐咸臻乐利。奴才每与督臣蒋陈锡单骑减从，察勘田禾，野老村农俱称："今岁秋收可望丰稔，是皆仰荷万岁爷弘福齐天，我等百姓得享温饱，惟共偕阖家老幼，顶祝圣寿万年。"除秋收分数俟届期另折奏闻外，为此缮折，专差把总李华赍进，恭请圣安，伏祈睿鉴。谨奏。

康熙五十六年七月十一日具

〇知道了。

〔据《康熙朝汉文朱批奏折汇编》第7册第1083页辑录。〕

云南巡抚甘国璧奏报滇省秋成丰收情形折

云南巡抚奴才甘国璧谨奏：为恭报滇省秋成丰收，上慰圣怀事。

钦惟我皇上圣德如天，恩膏匝地，民生休戚，时廑宸衷。奴才猥以菲材，仰荷殊恩，畀以巡抚重任。幸赖圣主洪福，自五十四年至今，五谷俱获丰收。本年春夏雨水调匀，高下地亩尽得栽种，更喜雨旸时若，稻禾甚旺，汉土百姓咸称今岁收获倍丰。奴才逐一确查，兹据布政使金世扬册报，云南通省各府州县，秋收俱有十分，豆麦亦皆陆续布种。现今，米每石价银七钱，麦每石价银六钱，豆每石价银四钱五分，荞每石价银三钱五分。民生乐，遂万姓感戴圣恩，欢呼颂祝，远近同声。所有额征地丁钱粮，各皆输将恐后。边疆储蓄有备，军民共享升平。是皆我皇上德泽均沾，无远弗届之所致也。为此恭折差赍奏闻，仰慰睿怀，伏祈圣鉴。谨奏。

康熙五十六年九月十九日

○知道了。

〔据《康熙朝汉文朱批奏折汇编》第7册第1184页辑录〕

云贵总督高其倬奏报雨水米价折

云贵总督臣高其倬谨奏：为奏闻雨水米价事。

窃查云南省目下蚕豆已经收割全完，二麦已收十之五六，俱有九分收成。自三月中旬以来，得雨五次，田中之水足用。如临安、元江等处，地气颇暖，稻田俱已栽插十分之四五，他处秧苗出水，尚未栽插，四月二十以外方始栽起，直至五月末才陆续栽完。据百姓等云，现今割麦之时，且不用雨。四月十五以后至五月中再得雨一二次，则高下田地无不遍插，收成即可预定三四分矣。至各处山田，今已得雨，荞麦俱已播种。目下云南省城米价每石一两八九分，外府州县米价每石九钱五六分。贵州雨水沾足，秧始栽插，米价省城每石八钱七八分，外府州县米价每石七钱三四五分不等。理合具折奏闻。谨奏。

雍正元年四月初五日

○滇黔雨水米价情形，知道了。一切奏报总须据实为要。

〔据雍正批并敕校刊《朱批谕旨》（清光绪十三年上海点石斋缩印本，下同）第45册《高其倬奏折》第1页辑录。高其倬（1666—1738），字章之，号芙沼，汉军镶黄旗人。清康熙三十二年（1694年）进士，雍正朝历云贵、闽浙、两江总督署理云贵广西，乾隆初官至工部尚书。〕

云贵总督高其倬奏报雨水米价情形折

云贵总督臣高其倬谨奏：为奏闻雨水、米价情形事。

窃照云南四月内雨水调匀，豆麦已经收割全完，有九分收成。五月初旬又得微雨二次，低田俱已插秧，山上及高坡之田，水尚不足，尚未插秧，再得大雨一次即可全插。现今省城米价一两一钱一石，次米一两五六分一石，外府州县米价每石俱在一两以内。贵州雨水足用，秧田已插，米价省城八钱一二分一石，外府州县七钱七八分一石。理合具折奏闻。谨奏。

雍正元年五月十二日

〇览奏，深慰朕怀。尔所奏乞恩一事，朕已允行，谕部仍赐恩荫矣。又论奏总兵等贤否，甚属公当。知道了。又广南协游击一事，已发部议矣。

〔据《朱批谕旨》第45册《高其倬奏折》第4页辑录。〕

云南巡抚杨名时奏报云南夏熟收成折

云南巡抚臣杨名时谨奏：为恭报云南夏熟收成，仰慰圣心事。

臣看得云省一春天气晴和，时有雨泽，二麦、蚕豆俱各茂盛。四月中至五月初旬，民间逐渐收割，共称丰稔。今正在望雨插秧，又屡得甘澍灌注，沟塍低平之区栽莳将遍，其高坡山地，土脉滋润，亦在以次种植。据布政使查报，两迤各府夏熟通计约有九分收成，与臣访闻无异。至省城米价，每一京石上米一两一钱，次米一两五六分。其余各府米价，每石或有一两之处，亦有不及一两之处。理合据实奏闻。谨奏。

雍正元年五月十一日

〇览。所奏雨水米价情形，朕怀遥慰。往复万里，惟凭一纸折奏，凡事实际，不宜稍为粉饰也。

〔据《朱批谕旨》第2册《杨名时奏折》第1页辑录。杨名时（1661—1737），字宾实，号凝斋，江苏江阴人。清康熙三十年（1691年）进士，累官云南巡抚，雍正间擢云贵总督，乾隆朝赐礼部尚书衔。〕

云南巡抚杨名时奏报滇省雨泽栽种分数及粮价折

云南巡抚臣杨名时谨奏：为报明全省雨泽分数事。

窃照入夏以来云南省城及各府雨水栽插情形，臣于五月十一日具折恭奏在案。自五月初八九及中旬，省城缺雨，臣与督臣高其倬暨司道府厅州县副参游等官虔诚祈祷。五月二十四五以后，至六月初旬，屡得透雨，高低栽插俱遍，禾苗甚茂，早者已将吐穗。目下雨旸时若，云南府所属十一州县，唯呈贡县雨水未足，栽插止及六分，其余州县俱好。迤东之曲靖、澂江、元江、临安、开化、广南、广西等府，俱各于五月早得透雨，六月雨泽均匀。迤西之武定府三州县，唯元谋县雨未沾足，低田已栽，高田尚在待雨，余二处俱好。楚雄府之六州县及黑、琅二井，六月上旬、中旬得雨已足，低处已栽有七分，高处得种杂粮，以资民倮之食。姚安府之大姚县，直至六月十七、十八、十九得大雨方足，尚在劝民栽插，姚州及白井俱好。大理府之七州县，唯云南县六月得雨虽足，栽种止有七分，宾川州雨未甚足，栽种止有六分，其余俱沾足遍栽。鹤庆、丽江、永北、蒙化、景东、顺宁各府俱沾足遍栽。永昌府属，六月初旬得有透雨遍栽，腾越州地处极边，据报称雨泽匀调，农事无误。臣合计，全省雨泽共有九分。云南天暖，九月、十月无霜，七月、八月尚可种荞，民少彝多，彝人全食苦荞。雨少之处，即入秋得雨，种荞亦不忧于无收。唯在九月、十月间，天气晴明，禾谷登场入室，则父老含哺，妇子盈宁矣。省城米价，每一京石，上者一两一钱二三分，次者一两七八分。其余各府有一两以外者，有九钱以外者，有不及九钱者，大约无比省城更贵之处。伏乞皇上睿鉴，臣谨奏。

雍正元年七月初六日

〇知道了。

〔据张书才主编《雍正朝汉文朱批奏折汇编》（江苏古籍出版社1989年版，下同）第1册第625页辑录。〕

云南巡抚杨名时奏报秋成分数米价折

云南巡抚臣杨名时谨奏：为恭报秋成分数，仰慰睿怀事。

窃照云省入夏以来，迤东之曲靖、临安、开化、元江、广南诸郡，五月中早得透雨，以后雨水匀调；迤西之楚雄、姚安、大理、蒙化诸郡，六月中方得透雨，以后雨水亦调。兹届场功将毕之期，查各属收成，云南府十一州县，有九分八分七分不等。曲靖府五州二县、临安府四州五县、澂江府二州二县、广西府二州、武定府二州一县，有九分八分不等。元江府、开化府、广南府，俱有九分。此迤东收成分数也。楚雄府二州四县、姚安府一州一县，得雨虽迟，入秋天暖，诸谷成实有收，俱及七分。大理府四州三县，有九分八分七分不等，宾川州得雨甚迟，云南县雨迟，而地多高燥，此二州县止有六分。蒙化府有七分。顺宁府云州、景东府、鹤庆府剑川州、丽江府、永北府、永昌府一州二县，得雨比楚、姚、大理为早，俱八分有余。此迤西收成分数也。迤东收割已毕，迤西须至十月中收割方完，各处民间妇子获享有秋之乐。目下省城米价上米每京石一两六七分，次米一两二三分，此外各府有九钱八钱上下不等。理合据实缮折具奏，伏乞皇上睿鉴。臣谨奏。

雍正元年十月初九日

〇知道了。

〔据《雍正朝汉文朱批奏折汇编》第2册第95页辑录。〕

云贵总督高其倬奏报雨水米价情形折

云贵总督臣高其倬谨奏：为奏闻雨水米价事。

窃云南去冬雨多，正月内亦有大雨，二月内有小雨二次。现在蚕豆已结粒饱足，好者可有八分收成，次者可有七分六分。小麦已结粒，有四分满饱。大麦已抽穗，尚未结粒。米价省城每石一两一钱，外府州县每石一两至八钱七八分不等。贵州雨水沾足，各处米价每石八钱至七钱不等。理合具折奏闻。谨奏。

雍正二年二月二十九日

○览滇省雨水米价情形，朕怀深慰。近畿数省自去冬今春以来，微缺雨雪，昨于三月三日普雨沾足，中外庆幸。不知是日云南曾有雨否？查奏以闻。兹四月初十日，正在盼雨之际，又得甘霖透足，北五省麦秋大有可望矣。

〔据《朱批谕旨》第45册《高其倬奏折》第18页辑录。〕

云贵总督高其倬奏报开垦马厂以济兵食折

云贵总督臣高其倬谨奏：为开垦马厂以济兵食事。

窃查云南一省，山多田少，生齿日繁，所产之米，有收之年止敷食用，是以滇省米价较邻省倍贵，而省城米价又较外府独昂，省城之人较他处度日为难，而省城之兵，承平日久，人口日增，且无生理，较商民口食又窘。臣到滇以来，时时留心，思为设法调剂。近经详细访查，有臣衙门及后营马厂一处，坐落陆凉州地方，原甚宽大，因其地草毒，马食之者多死。故三十余年，马匹不往牧放，附近居民将地可种者俱渐报粮开垦。惟剩中心积水成湖之地一片，又水傍洼下，难种之地共计有三千余亩。臣随捐银五百两，委员雇人打围，护住水边之地，开得田三千三百余亩，可以种麦种稻，即招本地民人愿种者，薄取田租，令其承种。但今年已过种麦之期，止有稻田可种，计秋收之时，可得米一千石，至来年即稻麦俱收。该地百姓见田租甚轻，纷纷来说此地中心积水之处，因大河泛滥，年年灌注，所以耕种不得。若于上流做闸，两旁筑堤二道，旱时放闸灌田，涝时闭闸，令水顺堤而下，则水不灌入，田皆涸出。起初一二年种麦，以后渐可择种稻田。其闸工官做，堤工百姓愿自行出力筑起。但涸出之后，乞将此田分给筑堤百姓承种纳租。民得田种，兵得租食，实属两便。如此料理，虽中心深潭一时难干，而四旁涸出者定可得田一万余亩。臣又委陆凉州踏看，与所说相符。随支臣盐规银一千五百两，分发该知州、吏目等，令其修筑闸座，百姓亦欣欣共筑。堤工现已工完一半，八月内即可全完。此时地已有涸出者，其势可以成功。若再得此田成就，则一年可约得麦米一万数千石。倘二年有收，则可有二三万石之积。设有不收，省城八营之兵可以不动公储，即可接济。若更年久，并可贮作义仓，接济百姓。此属细事，只要现在与兵民有益为要[①]。再此田若成，恐易有欺隐侵渔之弊，容臣具疏题明，造册送部查考，庶可永远有裨。又，臣思他处恐尚有似此者，若查出开垦，或益赋税，或济兵民，均为有益。先益兵民，徐徐益赋，方于事有济。朕意：此新垦地亩，仿效古人井田之法而经理之，更善。臣现在询查，如有似此者，再行一面料理，一面奏闻。谨奏。

雍正二年四月十九日

○周详之极！可嘉之至！如此方克称封疆大臣也。且尔此事与朕现在举行之事适相符合。朕思八旗生齿日繁，苦无久远养赡之策，因命将各项地亩查出，共得田七千余顷，照井田法，令八旗闲散壮丁前往耕种。虽事甫经始，尚未成就，看来似与旗人大有裨益。便中谕尔知悉。

〔据《朱批谕旨》第45册《高其倬奏折》第22页辑录。〕

---

① 此乃雍正夹批，下同。

云南巡抚杨名时奏报滇省雨泽豆麦收成分数折

云南巡抚臣杨名时谨奏：为恭报入夏雨泽麦豆收成，仰慰圣心事。

臣查得云南一春，天气晴明，四月初五、初六两日，甘雨淋漓，迤东、迤西千余里间高原下隰无不润透。至十四五、十六七数天，又得溥雨，各处沾足。迤东之元江、临安、开化、广西、广南等府天气较暖，麦已收割，目下正在遍行插莳种植之候。迤西之楚雄、姚安、大理、鹤庆、永北、顺宁等府天气稍寒，目下二麦、蚕豆方渐次收割，至闰四月中及五月初栽植方遍。唯永昌府气暖，收麦栽秧较早，今既得雨，则农夫心安，力作之暇，尽觉优游矣。各处二麦、蚕豆在山坡窝地者有六分七分收成不等，在低平处者有八九十分收成不等，合计有八分年景。省城麦豆已收割者约及十之三四，至闰四月初旬可以毕获，已获者现在犁栽。省城米价，上米一两一钱五六分，次米一两七八分，唯临安府米价与省城同，其余各郡之价稍平，亦有价止八钱余者。因省城与临安人民稠聚，是以价昂。又农忙之际，米价比常时定贵，历来如此。臣伏见皇上轸念蒸黎，视边方如在辇毂，必欲使军民咸得其所。臣责任抚绥，唯借岁功丰稔，冀逭愆尤。兹当夏熟告成，谨缮折恭报，仰纾宵旰殷怀，伏乞皇上睿鉴。

此折系上恭贺皇后千秋本章，承差赍捧进呈。合并声明。臣谨奏。

雍正二年四月二十八日

〇深慰朕怀。知道了。

〔据《雍正朝汉文朱批奏折汇编》第2册第879页辑录。〕

云贵总督高其倬奏报中甸田地可以开垦情形折

云贵总督臣高其倬谨奏：为奏闻中甸田地可以开垦情形事。

窃中甸纳土归诚，其户口、钱粮及四至疆界，臣遣顺宁府知府范溥前往清查，并谕令于清查之时，细看各处有无闲旷田地，可以开垦之处，一一留心。目今叉木多及中甸等处有兵驻扎，米粮皆自内地运送，若中甸左近得有可种之地，仿屯田之意开垦，即以其粮米供给兵食，既可节省钱粮，又可省内地运送。今据范溥禀报：“细看中甸之东四十里外，有沿江平川一道，可以种麦，亦有可以开成水田之处，地面颇大，番子人少，不能遍种。若酌量招募人力，稍给器具牛种，今秋开田，来年可以收麦。渐次种稻，所收之粮以供兵食，则中甸之兵米可以不须运送，即叉木多等处需粮亦可省十余站脚费。”臣现在筹画料理，谨先将情节具折奏闻。谨奏。

雍正二年四月二十九日

〇如此尽心筹画，实属可嘉。但此事当与年羹尧周详商计，方可见诸措施。目今西海已定，藏兵议撤，中甸一带若竟归入版图，屯田供饷固系妙策无疑；即不归入版图，而久远驻兵弹压，亦系良谋。倘不过遥为羁縻，仍属外地，将来兵马尽行撤回，此举岂不徒劳？可再加酌议，汝二人会同具奏以闻。

〔据《朱批谕旨》第45册《高其倬奏折》第25页辑录。〕

云贵总督高其倬奏报滇省雨水米价情形折

云贵总督臣高其倬谨奏：为遵旨奏闻事。

窃臣前奏折内钦奉朱批："览滇省雨水米价情形，朕怀深慰。近畿数省自去冬今春以来，微缺雨雪，昨于三月三日普雨沾足，中外庆幸。不知是日云南曾有雨否？查奏以闻。兹四月初十日，正在盼雨之际，又得甘霖透足，北五省麦秋大有可望矣。钦此。"臣跪读之下，不胜庆幸欣喜！此皆我皇上敬天勤民，实心实政之所感召。至云南三月三日，省城午末下雨，至酉初止，外府州县普皆有雨。四月初十日，云南亦有雨。自入夏以来，云南水田得雨极其沾足，向年不得种之雷鸣田俱各得种，栽插甚广。目下雨觉微多，若四五日内即止，则高下俱可望大收，倘再不止，则近海子之极洼田亩即有伤损。云南之田，通省合算，此种洼田不过百分之一。恐萦圣怀，故琐细声明，臣谨将雨水情形具折奏闻。谨奏。

雍正二年五月二十八日

○览奏，深慰朕怀。畿辅雨水亦觉微多，然秋收有八九分，可望一切河道伏汛皆保无虞。惟张家湾决口数处，幸未损伤民田庐舍。大约今岁年景，荷蒙上苍垂慈，直隶等省普冀丰熟，此实系皇考在天之灵，有以阴庇默佑之所致也。朕曷胜感庆之至！

〔据《朱批谕旨》第45册《高其倬奏折》第26页辑录。〕

云南巡抚杨名时奏报滇省雨水禾苗情形折

云南巡抚臣杨名时谨奏：为奏闻事。

本年闰四月十六日，奉到朱批谕旨："畿内以及近省地方，比皆雨旸时若。"臣捧读之下，不胜欢跃。良由我皇上念切民依，默契天心所致，自此永召丰和于万国也。云南去岁有秋，今年夏熟收成有七八分。四月、闰四月插莳之时，早得甘雨，两迤俱遍，历年高燥难以栽植之处，无不尽行播种。五月下旬，臣出郊循行阡陌，见禾苗彧茂，色极青葱，转盼秋成，可望满收。旬日之前，雨觉稍多，近海最洼之滩，有被水淹及者约千余亩。连日来天气晴霁，渐已涸出，尚可无伤。米价比春间少为平减，因雨足苗肥故也。臣谨奏。

雍正二年五月二十八日

○据奏雨足苗肥，盈宁可望，实慰朕念。

〔据《朱批谕旨》第2册《杨名时奏折》第7页辑录。〕

云南巡抚杨名时奏报滇省情形折

云南巡抚臣杨名时谨奏：为恭报秋成丰稔，民生乐业，仰慰圣怀事。

臣查云省自夏入秋雨泽甚多，两迤各郡高原坡阪栽种俱遍。昆明县近海洼田被淹约及千亩，七月朔日，河水暴涨，冲塌关厢民房五十余间，小板桥旧门溪等村水冲堤埂，漫淹田禾四百余亩，冲塌民房数百间，半日水退，不至成灾。但当据实，不必稍讳。其被水冲田屋之民，即发钱谷赈助，咸令得所。省城米价，上米每石一两一钱，次米九钱余，为年来最平之价。迤西唯定边县及邓川州二处，有傍山之民房、田亩，山水陡下，冲坍各一二处，该州县随已赈助讫。臣详细访问，两迤之各府州县，秋收八九十分者甚多，七分者不过数处，总计通省竟可算十分年景。曷胜欣慰。仰荷圣德如天，恩周边徼，感和召祥，民登衽席。臣惟有乘此丰收之际，谆饬官民加谨盖藏，亟事储蓄。甚是。凛遵圣谕，讲求社仓之法，务在行之有利无弊。必如此，方为至当不易。至如设立保甲、均平丁差等事，总期绝无纷扰，不事缘饰虚名，俾民实受其益。惟期言行相符。再边方士子习气卑下，往往以包揽把持为事，与劣绅蠹役相为合伙，骗累小民。尔等科甲出身者，能不袒护绅衿以邀虚誉，益见大公无私。臣严饬有司，力除一切积弊。今学臣蔡嵩尽心衡文教士，约束劝诱，宽严互施，此四字亟宜勉伊力行。大抵人成以宽为善，而不知宽之弊；成以严为害，而不知严之益。若私恩小惠，尤无济于事也。使各渐知守法，学校肃而民俗亦日就醇。我皇上慎简学使，诚移风易俗之要道也。谨将云省近日情形，缮折奏闻。谨奏。

雍正二年九月初六日

○政宽则民慢，慢则纠之以猛。猛则民残，残则施之以宽。宽以济猛，猛以济宽，政是以和。此诚圣人千古不易之名言也。因尔宽严互施之语，故再及之。

〔据《朱批谕旨》第2册《杨名时奏折》第7页辑录。〕

云贵总督高其倬奏报年成分数折

云贵总督臣高其倬谨奏：为奏闻年成分数事。

窃查云南今年春末夏初雨水甚早，且极沾足，处处稻田不但栽插应时，即山腰坡顶最高之田，往常因少水不能种稻者皆得插莳。惟六月间雨水太多，洼下之田禾苗稍觉伤水。幸云南高田极多，低田甚少，又自七月初四五以后，晴霁一月有余。今各处俱陆续收割，高低合算，年成有十分九分八分七分不等。现今省城米价每石九钱，外府州县八钱七钱不等。各州县之内，惟昆阳州、昆明县、邓川州、定远县，此四处之田各被水淹者有千余亩，其中尚有一半有四分收成，有二千余亩无收者。又七月初二日早，大雨如注，昆明县属之宝象河水暴涨漫溢，淹塌小板桥等村居人土房五百余间。田苗虽过水，因水退甚速，今皆有六七分收成。其塌倒房屋之家，臣同抚臣杨名时及司道等已各量捐赏给，理合一并奏闻。

贵州今年安顺府以西雨水沾足，有十分收成。安顺府以东六月内少旱，随亦得雨，有九分八分年成。今年云贵两省俱获有收，臣意趁此筹劝积贮，并戒令民间加谨盖藏，不可因稍丰收，遂致浪用，是为要务，臣自同两省抚臣上紧劝禁料理。所有年成分数，臣谨据实奏闻。谨奏。

雍正二年九月十二日

○览滇黔收成分数，朕怀深慰。趁此筹劝积贮，洵属要务。

〔据《朱批谕旨》第45册《高其倬奏折》第32页辑录。〕

云贵总督高其倬奏报遵旨仿古井田之意料理陆凉州马厂涸出地亩折

云贵总督臣高其倬谨奏：为奏闻事。

窃臣将云南陆凉州地方之马厂地筑堤设闸，导水开田，筹备积贮，接济兵食，前已具折奏明。钦奉朱批训诲，令仿古井田之意料理，实臣意见所未及，谨钦遵圣训办理。今臣所开之田，因六月间雨水多于每年，河水溢入，淹浸十分之四。其工本系臣给与者，非兵民之力。臣已将种地之人量行给赏，其未淹者分得租米二百二十四石，已贮五营义仓，备济兵丁家口之用。臣又思，必种稻，则须垒埂开畦，经夏历秋始能收割，若令种麦，则秋潦已涸之后方种，夏水未发之前已收，更为便利，且收麦之后水不甚大，又可播种晚稻杂粮。今臣就现在已成之田，遣余丁十六户前往，与彼处民人分行种麦，每八户分给田九百亩，以百亩为公田，合力共作，成熟之后，九分中取其一分以为五营义仓之积。此时低田未全涸出，且系创始，先遣此十六户试行。此马厂之田若尽涸出，约可有二三万亩。俟试行渐定，涸田渐多，臣自添拨余丁，陆续料理，并所积米粮数目，再行奏闻。谨奏。

雍正二年九月二十日

〇试行井田，麦稻兼种之议甚善。虽然事贵因地制宜，酌其可而为之，毋因奉有朕谕而勉强迁就也。

〔据《朱批谕旨》第45册《高其倬奏折》第34页辑录。〕

云贵总督高其倬奏报雨雪情形折

云贵总督臣高其倬谨奏：为奏闻雨雪情形事。

窃照云南入冬以来未得足雨，少觉旱燥。于十月二十八九至皇上万寿日，连得甘雨，四郊沾足，豆麦畅茂。又冬至日复降大雪，云南地暖，得雪最难，父老皆以为来岁大丰之兆。此皆我皇上爱民如子，至诚感召之所致。贵州雨水亦皆匀足。理合具折奏闻。谨奏。

雍正二年十一月初十日

〇览云南雨雪情形，朕怀曷胜慰悦。全赖尔等封疆大吏恪秉一诚，有以感格，上苍垂悯锡佑也。

〔据《朱批谕旨》第45册《高其倬奏折》第37辑录。〕

云贵总督高其倬奏报豆麦收成分数折

云贵总督臣高其倬谨奏：为奏闻豆麦收成分数事。

窃照云南省现今各处蚕豆俱已收割，有九分十分收成不等。麦子目下有割动二三分处，有尚未割动处，约计可有八分七分收成。臣所开陆凉州督标马厂之田，麦子亦皆成熟，尚未割动，约计九停分一，可得麦二千石有零。俟收毕时，臣料理运到省城。臣现在盖建兵丁义仓，收贮于内，以备接济兵食。现在云南稻秧已出水数寸，到四月二十内外即可分插，彼时须得大雨，则栽莳不误，且更广遍。贵州省不种蚕豆，种麦者亦少。三月初五日，有贵阳府近城十五里以内忽有冰雹，秧苗果树稍为受伤。百凡悉照此据实直陈方是。臣谨将情节缮折奏闻。谨奏。

雍正三年四月初二日

〇览豆麦收成分数，朕怀深慰。京畿左近春田甚好，谕卿知之。

〔据《朱批谕旨》第45册《高其倬奏折》第53页辑录。〕

云贵总督高其倬奏报雨水栽插情形折

云贵总督臣高其倬谨奏：为奏闻雨水栽插情形事。

窃查滇省自四月以来，临安、元江、永昌三府地方俱早得大雨，高下稻田栽插已遍。云南等府亦于四月内连得小雨，低田栽插十分之八，雷鸣田未栽。于五月初四夜，大雨自三更初至天明，各处之低田尽插，高田栽插三四分至五六分不等，其余高田水尚不足，在夏至后十日以内得水，栽插俱不为迟，若再往后栽插者，则收成止可五六分。目下日日俱有小雨，但未得大雨。贵州雨水甚足，正在栽插将完。臣谨将雨水栽插情形缮折奏闻。谨奏。

雍正三年五月初六日

〇雨水栽插情形知道了。尔等滇黔吏治如此，自蒙上天赐以嘉征也。

〔据《朱批谕旨》第45册《高其倬奏折》第60辑录。〕

云贵总督高其倬奏报雨水遍足折

云贵总督臣高其倬谨奏：为奏闻雨水遍足事。

窃臣前经具折将云南得雨微小，低田皆已插秧，高田尚未遍插情形奏明。今于五月十一、十二连夜得雨，又于十三、十四两日得雨，日夜透雨，一切高坡之田无不沾足，在在栽插，可望大有。此皆仰赖我皇上宵旰勤民，至诚感召之所致也。理合缮折奏闻。谨奏。

雍正三年五月二十六日

〇实赖卿等大臣平允刑政，和辑兵民，有以感召天和也。

〔据《朱批谕旨》第45册《高其倬奏折》第65页辑录。〕

云贵总督高其倬奏报曲靖府及南宁等州县所属沿红花海一带地方水灾及救赈情形折

云贵总督臣高其倬谨奏：为奏闻事。

窃照云南自五月十二日以后连得大雨，通省沾足，高下稻田无不遍插，可望丰年。惟曲靖府属南宁县之北霑益州之南，中间有数十村，地势低下。兹据该府报称："自五月十六日至十九日，大雨不止，上流山水骤发，将角家哨塘边高桥及旧街子之太平桥、望海寺之新桥俱各冲倒，低处田亩房屋淹没倒坏颇多。"等情。又据署霑益州报称："五月十八日山水暴涨，冲坏道路桥梁二处，倒塌、歪侧房屋共七百九十五间，淹没低田二千一百五十九亩，百姓人口并无损伤，至二十一日水势渐退。"等情。具报到臣，臣即会同抚臣檄行布政司，飞委马龙州知州就近前往查勘，并捐银一千二百两，先行带往散给被水人口乏食者，即暂动积谷救赈，无力修整之圩埂，酌为估值修补，毋致小民失所。除被水人户及恤给确数并田地成灾分数，俟详查另行核确再奏外，臣谨先行缮折奏闻。谨奏。

雍正三年五月二十八日

〇今岁荷蒙上苍慈恩，各省收成俱好。惟觉雨水稍过，如山西、山东、江西、直隶等省，类斯山水骤发情形，在在皆有。所奏知道了。但据实直陈，万不可隐讳。粉饰之举，朕所深恶。

〔据《朱批谕旨》第45册《高其倬奏折》第65页辑录。〕

云贵总督高其倬奏报办理开垦马厂等处田地情形折

云贵总督臣高其倬谨奏：为奏闻事。

窃臣将坐落陆凉州臣标后营废弃之马厂筑坝开闸，开垦为田，以所收租粒贮之营中义仓，备济兵食，臣业经具折奏明。以其地洼下，夏秋水涨易淹，臣令改种麦子，今年已收租麦二千石，陆续运贮义仓。又右营亦有一废弃小厂，坐落嵩明州，可垦之地无几，臣亦招佃种麦，今亦收得租麦三十八石，并贮义仓。又臣标向有沿昆明池一带草厂淤出之地，百姓承种，纳租米于各营，以养废退无子之老兵，名曰老丁田，每年共纳租米四百二十三石，因年深日久，无人细查，其傍陆续淤出者皆为佃丁隐占，而收租之兵贪其小利，亦为掩饰。臣委中军副将会同昆明县逐一踏查，共查出田地一千六百余亩，增出租米三百七十一石，亦并俟秋成，收租归入义仓，将月给老兵之米数稍为加丰，有余之米亦存备济兵食。

臣查三处之田，其昆明、嵩明二处已皆一定，但为田无几，所出有限。惟陆凉一处，地方甚大，若尽成田，实可足省城八营之储备。臣料理两年，前年为水所淹没，今年虽获麦二千石，然其土坚实，止可垦数分中一分。近委阿迷州知州元展成复行细查，据禀："其中洼下之地尽应种麦，亦有高处，若筑小围，尽可种稻。现今其旁民田种稻者止筑三四尺高小围，遇水俱各无损，即其明验。但其宣泄之处，尚须建一大闸、三小闸。”等语。然千闻不如一见，陆凉州离省不远，臣拟亲往彼地，相度种麦种稻之处及筹酌宣泄导注之法，趁此水发之际，水路分明，高下易见，庶可酌定画一之方，以为永远之利。臣谨将情节缮折奏闻。谨奏。

雍正三年六月二十八日

○欲为一劳永逸之事，何可惜费？类斯与兵民兴利之举，若汝力有未逮，据实奏知，以便朕酌量赏助。

〔据《朱批谕旨》第45册《高其倬奏折》第70页辑录。〕

云贵总督高其倬奏报云南各属被水及雹伤情形折

云贵总督臣高其倬谨奏：为奏闻事。

窃查云南曲靖府及南宁等州县所属沿红花海一带地方，原系近水洼下之地，居民开垦成田，于五月十八九等日，大雨起蛟，山水陡发，据南宁县、霑益州详报，所属之各村民舍、田地被淹。据各省奏报，皆有类此一两处水患。臣即发银，委员清查、给恤及修理圩埂之处，臣已具折奏明。后续据平彝县报称，所属海马乡田亩、庐舍被淹，陆凉州亦报所属之东门等三十村田亩被淹，又曲靖府报府属越州乡之蔡家冲、吴官冲二村荞麦地于六月初四日被冰雹打坏。臣随委员一并查恤踏看，其被水之处，已经抚臣杨名时缮疏题报，其成灾分数，容臣等勘确续题。

臣查此被水及雹伤地方，虽系府州县五处，实系延袤百余里一区，五处交错分管。目今云南通省栽插广遍，稻禾极茂。近觉雨水稍多，虽现在无妨，然得连晴十余日，则成实分数更好。再各属之中俱大雨沾足，独禄丰县及练象乡亢旱，方圆四十里内无雨，稻秧不能插种。昨于六月初，练象乡已经得雨，虽插秧颇晚，尚可望五六分收成。惟禄丰县之二十里内，虽亦有雨，田中不能积水，其地系山坡之田。臣已遣员谕令百姓改种荞麦，以望有秋。

所有情形，臣谨缮折奏闻。谨奏。

雍正三年六月二十八日

○览雨水情形，知道了。今岁直省禾稼，除被淹外，荷蒙上苍垂佑，大抵秋收俱属可庆。

〔据《朱批谕旨》第45册《高其倬奏折》第71页辑录。〕

云贵总督高其倬奏报云贵秋成分数折

云贵总督臣高其倬谨奏：为奏闻云贵秋成分数事。

窃云南今岁四月尽间连得大雨，高下稻田俱得栽插，五月尽间因雨太多，以致发水，曲靖府属之霑益、南宁、陆凉、平彝一带被淹，臣随委员查赈，已经折奏并会同抚臣杨名时题报在案。又于七月中旬，阴雨连绵，大理府属之邓川州、临安府属之建水州，山溪并涨，漫堤而出，沿河村屯、田禾、房屋被水冲淹，臣遴员照前查赈，亦经会疏题报在案。此外尚有云南府属之安宁、昆阳，大理府属之浪穹等处村屯，亦有被水淹没田禾五六十亩至七八十亩，及未被水田禾亦伤雨多，结实少歉。自八月以来，晴霁一月有余。今各处田禾陆续收割，约有六七分收成，亦有数处八九分者。云南高田极多，低田甚少，今年高田得种，所收已多，以此合算，有七分年成。目下贵州今岁有九分年成。臣谨具折奏闻。谨奏。

雍正三年九月初九日

〇览滇黔收成分数，朕怀深慰。

〔据《朱批谕旨》第45册《高其倬奏折》第75页辑录。〕

兵部尚书云贵总督仍管云南巡抚事杨名时奏报秋成分数折

兵部尚书云贵总督仍管云南巡抚事臣杨名时谨奏：〔为恭报秋成分数，仰祈圣鉴事。〕

该臣查得滇省春杪夏初，连得雨泽，四月中旬雨尤均遍沾足，各郡豆麦虽未全报收成分数，然详加访问，大约可望七八分，至五月初皆可登场。迤东之临安、元江、开化等府，迤西之永昌、蒙化、景东等府，天时本暖，又得早雨，秧苗已多栽插。去年因秋雨过多，秋熟只及七分，是以大理、楚雄、临安、开化等郡兵多之处，米价俱比往年稍贵。省城兵民所聚，价值颇昂，每一京石约一两三四钱余。臣等令各处将仓米减价粜卖，俟秋冬买补还仓，目前之价可不至日昂矣。至于水利堤防，各已依时浚筑报竣。奸棍刁徒，严饬稽察。盐法厂务，随宜酌剂，总以不扰民，勤察吏，不事涂饰，期有实济为务。

管总督事抚臣鄂尔泰到任将已三月，于吏治边情悉心整饬办理。臣因在滇日久，每晤面时，以平日所知所见随事逐为论说。抚臣鄂尔泰系肯刻苦、有见解之人，亦咨谋详慎，务期于事情妥协。臣等二人俱各凛遵皇上“两省地方紧要，着和衷同商办理”之谕旨，实心任职，虚心受言，平心察理，小心防弊，庶几相济相资，于政治民生均有裨益，上副圣主廑念边方，训迪臣工至意。谨奏。

雍正四年四月二十日

〇汝二人皆公清自矢之臣，自必同道相济，有水乳之合，朕览奏深为嘉悦。鄂尔泰乃斯时封疆大吏中卓异之品，互相推诚砥砺，共敷治理可也。

〔据《朱批谕旨》第2册第9页辑录。〕

云南巡抚管云贵总督事鄂尔泰奏报滇黔二省豆麦等项收成分数并米粮价值折

云南巡抚管云贵总督事臣鄂尔泰谨奏：为恭报滇黔二省豆麦等项收成分数并米粮价值，仰祈睿鉴事。

该臣查得云南所属地方高低不一，本年春初无雨，春杪夏初始得雨泽，四月中旬雨方沾足。细加访问，各处豆麦收成，如澂江府属之河阳、江川二县约有七分，云南府属之昆明、嵩明二州县约有八分，其余各府州县亦约有八九分不等。省城米价，每京石约卖银一两三四钱，大理等郡之米稍贵。臣等已于米贵之处将仓米减价粜卖，俟秋收买补还仓，目下之价已平。

至贵州，山深土瘠，全赖雨旸时若，始获丰收。贵阳等各属自春入夏，雨泽时沛，民间布种油菜、豆麦、杂粮等项，约有八九分不等。现今省城米价每市斗卖银九分，计仓斗一斗五升。各属价值虽低昂不齐，而斗有大小，计算亦约略相同。再臣等亲往各乡，遍行劝课，目击汉夷男妇尽力东作，豆麦登场，插莳已遍，早者业经秀发，而各属申文亦称播种插莳将完，西成有望。理合一并奏报，伏乞皇上睿鉴施行。臣谨奏。

雍正四年五月二十五日

〇上天自然怜汝也。

〔据《朱批谕旨》第 25 册《鄂尔泰奏折》第 17 页辑录。鄂尔泰（1677—1745），字毅庵，满洲镶蓝旗人，康熙举人。雍正三年（1725 年）任云南巡抚，管云贵总督事，旋升云贵总督。六年擢云贵、广西总督，十年擢军机大臣，高宗时任总理事务大臣。〕

云贵总督杨名时奏报麦豆收成分数等情形折

兵部尚书云贵总督仍管云南巡抚事臣杨名时谨奏：为恭报麦豆收成分数，夏月得雨栽插并米粮时价，仰祈圣鉴事。

臣查滇省迤东、迤西各府州县二麦、蚕豆收成，有报六七分者，有报八九分至十分者，通计约及八分。因四月中，自省城以及各郡得雨俱早，是以今岁插秧俱比往年为早，五月初旬已栽莳过半。端阳后两旬无雨，由省城及迤东之临安、开化等府，迤西之楚雄、姚安等府，咸若暵干。臣等于省中祈雨，各处遍事求祷，五月二十七八等日及六月初二三间，连得甘澍，远近普报沾足，先栽之禾芃彧将秀，高原坡坂遍得栽插，尚在未交小暑之前，未为迟也。嵩明州、宜良县报大雨骤涨淹禾，旋报消退，无伤田稼。据目前景象，大约秋成可卜，盈宁可期。臣等郊行劝农，见妇子熙恬，洵享帝力，而相忘于不知矣。重念臣才菲能薄，备位以来，屡荷天庥，坐饱丰穰菽麦，敢不朝夕惕息，思补罪愆哉！日来雨霁得宜，上米、次米前日价一两四钱三钱，今各平减一钱余。贵州省各处麦熟，收成俱好，雨水调匀，插莳俱齐。臣谨缮折，交奏销盐课承差赍捧进呈，伏乞皇上睿鉴。臣谨奏。

雍正四年六月初九日

〇深慰朕怀。

〔据《雍正朝汉文朱批奏折汇编》第 7 册第 423 页辑录。〕

云南巡抚管云贵总督事鄂尔泰奏报秋收并米粮价值折

云南巡抚管云贵总督事臣鄂尔泰谨奏：为恭报秋收并米粮价值，仰纾圣怀事。

窃照滇省今岁自夏徂秋，各属雨泽调匀，两迤田亩高低不一，尽得栽插，谷穗秀发。

今各府之早稻已获，晚稻现刈将半。云南、广南等十七府，通计收成俱有九分十分，惟楚雄、姚安二府，夏间得雨稍迟，止可八分收成。至于今岁荞麦，远近饱收，高可至四五尺，粒粒圆足，每一京石价不过五百钱，民间大得接济。目下省城米价，每京石卖银一两三钱，临安、大理等府每石约一两二钱，其余各府州县有七八九钱至一两外者，较省城之价稍平，盖非兵民辐凑之故。其宁州、宜良、南宁、通海、太和等县，虽间遇山水骤冲，嵩明、弥勒、安宁、平夷（彝）、昆明等州县间有冰雹虫伤，然少者仅数亩数十亩，多者不过一二百亩，随经该州县勘验详报，酌动仓谷赈恤，俱不致失所。

至黔省，亦雨畅时若，高下田地皆得及时播种。据各属详报，早稻现在收获，晚谷俱结实，通省收成约计八九十分。省城米价，每市斗折仓斗一斗五升，每市斗价银九分，各属之市斗大小不一，其价亦高下不齐，以仓斗计算，每斗不过四分以至六七分，若俟收获完日，其价便可平减。似此年丰物阜，比户盈宁，实由我皇上宵旰乾惕，至诚感召之所致。臣不胜庆幸，不胜感切。谨缮折奏闻，伏乞圣鉴。臣谨奏。

雍正四年九月十九日

〇卿总督滇黔，上苍自然赐此昭应也。深慰朕怀。

〔据《朱批谕旨》第25册《鄂尔泰奏折》第36页辑录。〕

吏部尚书以总督管理云南巡抚事务杨名时奏报滇省地方情形折

吏部尚书以总督管理云南巡抚事务臣杨名时谨奏：为恭报地方情形事。

臣查滇南于冬至前数日，省城得雪半寸许，各州县报得雪二三寸不等，可卜来年丰稔，虫不为灾。前蒙朱批谕旨："蓄积乃第一要务，在边境尤当加意讲求。钦此。"臣饬各官，趁此丰收，发价平买米谷，务令仓储充实，仰慰皇上轸念边方至意。实力奉行，方期成效。积德、作孽惟在诚与伪之间，当察识而扩充之也。又原驻察木多鹤丽镇总兵臣张耀祖据报撤师回滇，臣委官整备船只及沿途供应糗粮，并赍解银两，俾均沾皇上犒赉弘仁，欢欣凯旋。士卒久劳塞外，今得归休。览奏，曷胜欣悦。臣谨奏。

雍正四年十二月十八日

〇览。

〔据《朱批谕旨》第2册第13页辑录。〕

云贵总督鄂尔泰奏报雨雪折

云贵总督臣鄂尔泰谨奏：为恭报雨雪事。

窃以滇城气候四时相近，伏不言暑，腊不知寒，三冬之雪尤不多得。仰赖我圣主轸念民依，远迩一视，躬耕祈谷，报穑劝农，以先天下，达于海寓，仁孝诚敬，上天鉴之，自郊畿之近，讫万里之遥，无不丕应，如响随声。今京师大雪盈尺，而滇中之雪亦前所希有。冬至前后，时气甚正，水能结冰。自二十二、二十三日为始，前后雪约可数寸，城外较大各郡县所报不一，大概得雪处多。十二月初十日，雪势尤溥，遍及滇黔。是日，臣正由威宁行八十里至黑石头地方驻扎，帐房次早布帏乍启，雪盈半尺，询之滇省，亦复不減。总计数月以来，天气虽多晴和，而风雨惟时，可称调顺。正月二十三日，春膏竞日，田畴沾足。现在蚕豆已收，麦苗尽茂，不独夏熟可望丰登，即秋成亦应占大有。谨附折奏，仰纾圣怀。臣谨奏。

雍正五年正月二十五日

〇深慰朕远念。卿具此丹诚，再无不感格上苍垂鉴、圣祖慈佑之理。都中今春雨雪亦邀数次，浩荡之恩泽矣。

〔据《朱批谕旨》第25册《鄂尔泰奏折》第36页辑录。〕

云贵总督鄂尔泰奏报豆麦收成分数折

云贵总督臣鄂尔泰谨奏：为恭报豆麦收成分数事。

窃照闾阎之休戚，先卜之岁年，而苗倮之顽良，率由乎丰歉。仰赖我圣主轸念民依，虑周遐迩，劝农祈谷，一本敬诚，固应感召天和，不遗万里，均叨福荫者也。臣行据云南布政使常德寿详称"云南等府州县所属地方，本年豆麦收成俱有八九分不等"，据署贵州布政司事按察使富贵详称"贵阳等府所属，自春入夏雨水调匀，通查各属收成，约有七八九分不等"，各等情前来，相应奏报。

再，云南地方春熟既登，夏苗尤盛，雨泽沾足，阴晴惟时。臣亲往课农，周行郊野，一望青葱，遍经栽插，地无隙壤，畦无余秧。据父老咸称，十来年不曾种之田亩俱已种完，今岁秋收，至少亦是十分等语，而各属呈报复大约相同。臣目击欢呼情状，将谓大有可期，不胜庆幸，无任感激。合并附奏，仰纾圣怀。臣谨奏。

雍正五年五月初十日

〇实慰朕怀。今岁春收，直省可称大有。近日都中左近雨水甚属调匀，各省奏报似亦皆然。但今夏令或恐有雨水过多之处。总在天恩之赐，亦不敢预料。

〔据《朱批谕旨》第25册《鄂尔泰奏折》第80页辑录。〕

署理云南巡抚杨名时奏报夏熟收成丰稔秧苗栽插普遍折

署理云南巡抚臣杨名时谨奏：为恭报夏熟收成丰稔，秧苗栽插普遍，仰慰圣怀事。

臣查滇省两迤诸郡，春夏以来晴雨调和，豆麦俱获丰收，虽分数略有参差，大约不出八分九分，亦有满收之处。又据各府报称，四五月甘霖屡沛，禾苗早得栽插，高原坡阪处处都遍，秋成丰穰可期。山地所种之荞麦时得雨润，自六月杪以至七月，渐次收割登场，民间可赖其先时接济。臣等郊行劝农，类此之举实可沽名，是汝优为之事。见田家欣欣力作，父老村童触目皆熙恬景象，咸相忘于帝力何有中矣。朕不务名，百姓不识不知，不亦宜乎？朕惟于敬天法祖，夙夜警惕耳。至于悠悠物论，从不计及也。我皇上念切苍生，边陲万里之远如在几牖，重民食而核仓困，裕边饷而筹储蓄，训谕谆谆，周详切至。臣等惟有恪遵力勉，以期尺寸裨补，敬迓天和，上纾宵旰。臣等二字，可谓犹有自知之明。若以杨名时之诈伪，而欲敬迓天和、感应之理，不协矣！年来云省丰稔，幸赖鄂尔泰、李卫之忠诚所召致耳，实与杨名时无涉。乃大言不惭，云有尺寸之补，清夜扪心，宁不赧然！谨缮折恭报，伏乞睿鉴。谨奏。

雍正五年六月十七日

〇览奏。为汝抱愧良多。

〔据《朱批谕旨》第2册《杨名时奏折》第17页辑录。〕

署理云南巡抚杨名时奏报滇省秋成丰稔折

署理云南巡抚臣杨名时谨奏：为滇省秋成丰稔，仰慰圣怀事。

钦惟我皇上仁育万方，孝先天下，耕藉重农，自九州以及边徼莫不奉行恐后。兹当万宝告成之日，庆集丰穰，东西两迤各郡高原下隰百谷齐登，为数年来所罕见。又，双穗两岐及三穗四穗者生于藉田民田，自省城及大理、永昌诸郡相接详报。而临安府建水州已经收获之禾，其根复生苗，吐穗结实，竟得两熟，尤为从来未有。八月以至霜降节中，天气晴明，场功计日可毕。皆我皇上敬天勤民，召和锡福之所致也。理合缮折奏闻。臣谨奏。

雍正五年九月二十日

〇感召天和，非朕薄德可几，实由鄂尔泰忠诚昭格之所致也。

〔据《朱批谕旨》第2册《杨名时奏折》第18页辑录。〕

云贵总督鄂尔泰奏报滇黔省豆麦收成分数折

云贵总督臣鄂尔泰谨奏：为恭报黔省豆麦收成分数，仰祈睿鉴事。

窃照各省二麦收成丰歉，理合奏报。前行据云南布政使张允随呈报，滇省豆麦因上冬雨雪滋养，各属收成均有九分十分，且豆粒大而麦穗长，较之往年，实为加倍，臣业经具奏。今据贵州布政使赫胜额详称："各属地方自春入夏，雨泽时沛，民间布种油菜、豆麦、杂粮等项，惟开州、毕节县二处，据报收成六分，都匀、石阡二府，定番、广顺、普安三州，又普安、都匀、印江、永从、锦屏、永宁等六县，据报收成七分，其余各府州县俱报十分及八九分收成。"等情。臣复察访无异，所有黔省豆麦收成缘由，合再奏报。至滇省，入夏以来，迤西地方雨水沾足，高低田土禾苗俱已栽插，迤东一带因未得大雨，不能存水，故低田皆已栽插，高田半未布秧。至五月初九日，迎请"福滇""益农"龙神二像到省，臣率同属僚恭迎供奉毕，随于初十日为始，斋戒七日，虔诚瞻礼，每日得雨数寸。及十五六等日，甘霖大沛，各处俱已沾足。是雨泽不致愆期，秋成可以预卜。皆我皇上诚敬格天，感召惟响之所致也。合并奏明，仰祈圣主睿鉴。臣谨奏。

雍正六年五月二十一日

〇深慰朕怀。卿总督云贵两省，雨旸时若，朕可保也。天道至理，朕实信得及。但朕若不能尽君之道，卿亦无可奈何也。期共勉之，敬之！

〔据《朱批谕旨》第26册《鄂尔泰奏折》第53页辑录。〕

云贵总督鄂尔泰奏报滇黔二省秋收分数折

云贵总督臣鄂尔泰谨奏：为恭报滇黔二省秋收分数仰祈睿鉴事。

窃照各属收成丰歉，理应奏报。臣檄行云贵布政司确查详报，去后，今据云南布政使张允随详称："雍正六年自夏徂秋，各属雨水调匀，两迤高低田亩俱甚畅茂。行据云南、曲靖、临安、澂江、广南、广西、元江、开化、大理、永昌、鹤庆、楚雄、顺宁、蒙化、丽江、永北、武定、姚安、景东、东川、镇沅、乌蒙等府咸称，所属地方秋成分数俱有九分十分。"又据贵州布政使鄂弥达详称："今岁自春入夏雨旸时若，高下田地均得及时播种，目下早稻已经收获，晚谷现俱秀实，通省收成，惟麻哈、黔西二州，安化一县据报止有六分，又广顺、开州、普安、永丰、平越、施秉、石阡、清溪、铜仁、平远、永宁、毕节等府州县据报止有七分，其余各府州县俱报十分八九分收成。"各等情前来。臣查贵州今岁春熟甚盛，五月以前雨水沾足，插莳应时，六月内颇觉干旱，禾苗渐枯，后连得大雨，以蒸晒之余得沾润泽，水田转加倍发茂，收成俱有十分。独高阜田及新种地亩收成分数稍减，然亦不致歉薄。云南今岁实属丰年，据昆明等州县呈送瑞禾瑞谷，自一茎二穗以至七八穗不等，且于夏秋之交，省城荷池忽产并头莲二枝，红白各一，又产二色莲一枝，红白各半。臣同司道等往观，农民欢笑，皆谓可预卜大有。是瑞应嘉兆，亦未有如本年之盛者。此皆仰赖我皇上勤念民依，感召天和，有此屡丰之庆。以手加额，欣悦览之。然此自然之理也。臣等祗承之下，无任欣幸，益深悚惕。再云南自入秋以后，省城传染时气，不数日即过，续渐及各郡，远近皆同。幸旋病旋愈，不致伤人。至八月二十后，遍及边境。因时多阴雨，兼以湿瘴，各军前兵丁患病者甚多。臣虔制丹丸，分送疗治，获痊可者亦甚众。自立冬后，今始渐次平复。时气流行，不遗荒僻，此亦云南不常有之事也。今岁时气，自春徂秋流行几遍天下，从未之闻者。大概前后不一，皆染之轻、愈之速，各省奏报，只未闻滇省耳。不料至冬亦然，幸未伤人，即上天之恩矣。寄来平安丸、紫金锭，与时气甚合，各发二千，卿酌量赐与各军前备用。合并奏闻，伏乞圣主睿鉴。臣谨奏。

雍正六年十月二十日

〇览。

〔据《朱批谕旨》第26册《鄂尔泰奏折》第95页辑录。〕

云南巡抚沈廷正奏报抵任日期及滇省得雨情形折

云南巡抚臣沈廷正谨奏：为奏闻事。

窃臣仰蒙皇上天恩调补云南巡抚，已于本年二月初一日抵任，所有一切地方事务，臣俱请教督臣鄂尔泰。而鄂尔泰公忠为念，无不开诚指示，且精神甚好，娓娓不倦，臣受益良多。兹督臣因有盘查贵州藩库，并经理苗疆及广西地方事宜，于二月十八日起程，前往贵州矣。臣膺斯重任，惟有遵守督臣鄂尔泰良规，夙夜黾勉，以图上报圣恩于万一耳。再查滇省地方上年收成颇获丰稔，今值东作方兴，于二月初九日得雨，二十四日举行耕藉后，又得雨泽，二十七日夜间得雨沾足，豆麦可望丰收。此皆我皇上诚敬昭格，宵旰勤求，是以边末遐方均蒙圣泽。臣谨缮折奏闻。谨奏。

雍正七年二月十九日

○所奏知道了。能自知是一庸平材质，在己常思勤以补拙事，上惟务不欺不隐，庶可循分供职。非朕独私于汝，而过任之督抚中，似汝不胜任者尚不可枚举。人为才限，亦属无可如何之事。若更行不符言，少涉欺隐，则常赉、博尔多、傅鼐等皆可为前车之戒。如能效法鄂尔泰十分之一，即一生用之不尽，但恐器小不能大受，是在汝之自勉自进也。

〔据《朱批谕旨》第15册《沈廷正奏折》第46页辑录。沈廷正（？—1732），汉军镶白旗人。清康熙四十一年（1702年）由笔试帖授湖广罗田知县，清雍正五年（1727年）擢贵州巡抚，六年五月调云南巡抚，七年正月赴云南任。〕

云贵广西总督鄂尔泰奏报滇省水利事宜折

云贵广西总督臣鄂尔泰谨奏：为奏明事。

窃照地方水利攸系民生，而在滇尤属急务。臣自受事以后，即檄行各属，凡有河道，俱查明详报，以凭次第疏浚。嗣闻嵩明州之杨林海，又名嘉丽泽，自东至西广二十余里，自北至南广十五六里，一纳东北龙巨河水来源，一纳西南南冲河源，余皆山溪小水，积聚成塘，合流出于河口，归车洪江，水口甚低，原易泄泻，缘河湾迂回曲折，不能直泻，以致四散汪洋。又药灵山下，有石子流沙冲入河口，壅塞咽喉，去水太缓，故海边四十八村，已成田亩每年多被淹没，为害实甚。臣细加采访，此海水原不大深，若改疏河道，由丁家屯开挖里许，直达龙喜村面前，再开里许，直抵河口，使新旧两河并泻，水势即可畅流，不惟已成田亩可免水涝，而周围五十余里草塘均可开垦，所费无多，为利甚溥。前督臣高其倬曾据绅士呈请，亦经委官踏看，因应开河身之处不无成熟民田，时被该地衿棍阻挠，遂尔中止。臣因一面出示明白晓谕，并行布政司委员查勘，估计工费，并查补偿田价共该若干，造册具详。续据该司详称，委员丈核，所费田亩里数，酌定人工，于雍正六年正月十六日祀土兴工。随据四十八村里民咸称情愿帮工，莫不踊跃从事。乃有龙喜村之官华等仍逞故智，妄行抗阻，经臣批饬，将为首之官华、杨国英二犯枷示河干，限完工日释放。自此，里民得以并力，不数月而报竣。兹据嵩明州知州安鼎和禀称："修浚工毕，水势直达河口，前之迂回曲折者，今则顺流而下，前之泥沙淤塞者，今则通达无滞。水得所趋，而沿海田地渐涸。卑职履亩查勘，共清出中则田四百一十亩，下则田一千七百零七亩，中则地一千一百亩，下则地六千九百五十亩，二共一万零一百六十七亩。共科秋粮米麦一百八十四石九斗九升零，科征条编银九十二两五钱一分二厘零。仍给本主输价，领给遵照，永远管业，于雍正七年起升科纳赋。"等情。臣于赴黔之便，更经临河亲勘，沿海居民莫不欢幸。是旧有田亩可永免水患，而新出田亩亦少为民利矣。又查自滇至粤原有河道，虽因盘滩险阻，不能直达省会，然自临安府属之阿迷州有燕磁洞河流一道，可直达大河。自燕磁洞疏凿，可以通八达汛。而临安属之个旧、金钗坡等铜厂离燕磁洞不过百里余，自省城水路抵晋宁起岸至彼，亦不过三百里。既与厂地相近，运发铜斤甚易，又离铸局不远，盘运钱文复可省，脚价似此便宜，水道所应急为开修者也。臣早行令各州县造麻阳鳅船数只先为试演，并令粮道发银交给委员前往兴工，并令沿河州县官照界分办，其自八达至黄土一带河路，咨会广西抚臣委员会勘，务期开通，一俟告竣，则阿迷至粤可以安稳行舟，往来商贾有千百年之便利矣。又云南府之滇池、海口及金汁等六河并各处堤岸坝闸，必疏浚深通，修筑坚固，庶足资灌溉。从前虽有岁修，要皆潦草应事，坍塌淤塞，率以为常。臣于上年冬绘图为说，檄行云南粮道遴委河员，公同地方官查看议修。嗣据该道黄士杰亲勘详覆："昆明之滇池，为呈贡、晋宁、昆阳等四州县众水汇聚之区，而海口大河又为泄泻池水之要道，沿海各州县田亩每患海水漫溢，全赖此河泄泻，稍有淤塞，则沿海田亩辄遭淹没。今亲历河干，细阅形势，勘得大河南北两面俱山，皆有箐水入河。每至五六月间，雨水暴涨，沙石并流，冲入大河，而受水处河身平衍，易于壅淤。如北面有白塔箐、腊龙箐二水合流，泄人大河，名耳宗闸，壅淤之患犹小；若南面则有瓦泥箐、邢家园二水，属呈贡县辖，名普安闸；有罗武箐一水，属晋宁州辖，名清水闸；有天自箐、芭蕉箐二水，属昆明县辖，名新村大闸，皆直泻入河中。每年疏浚于农隙之时，即壅塞于雨水之后。不挖则淹没堪虞，开挖则人工徒费，四邑沿海人民重累难堪。兹查大河下流水势渐陡，至石龙坝，奔流跌注入安宁州大河。再勘得南面之平定哨一闸，系云龙箐水归人大河之道，正值水陡流急之处。本道相度地势，咨询舆情，咸称南面宜开一子河，引普安、清水、新村等闸之水同至平定哨闸入河，则泥沙石子不能停住，一劳可以永逸。但两畔俱有成熟地土，今议另开子河，其应挖去地亩应给价值，或查欺隐抵补，其所用人夫，仍照例于四州县派用，添给口粮。而各州县人民皆欢欣趋事，现在督工修浚。"等情。若此子河开成，则昆明等四州县可永无水患，而实获水利矣。以上三件，除杨林海业已工竣，滇池、海口通粤河路现已兴工，所费钱粮核计不过万余金，即以开河涨出田亩变价充用，或有不敷，腾那甚易，总不须动支正项，并不须开销赢余。理合一并奏明，伏乞圣主睿鉴。臣谨奏。

雍正七年二月二十四日

〇有何可谕？可谓超群拔类之办理，为从来封疆大臣未举之善政也。朕为滇南赤子曷胜庆幸！凡此等有利于地方民生之事，若有应动正项者，只管奏请，不可瞻顾竭蹶从事。

〔据《朱批谕旨》第 27 册《鄂尔泰奏折》第 41 页辑录。〕

修浚海口六河疏

鄂尔泰

为报明修浚海口、大修六河并请定章程酌留需费以兴水利，以济民生事。

窃以云南省会向称山富水饶，而耕于山者不富，滨于水者不饶，则以水利之未讲，或讲之而未尽其致。斯不能受山水之利，而徒以增其害也。故筹水利，莫急于滇，而筹滇之水利，莫急于滇池之海口。其上流为昆明、呈贡、晋宁、昆阳四州县，下流为安宁、富民二州县。一水所经，为六州县所系，疏通则均受其利，壅遏则均受其害，故于滇最急。

滇池之源，来于城北之盘龙江，经城之东而流于南，会呈贡、晋宁之水，潴而为池，折而西流，至昆阳州界，复北折而倒流，由石龙坝至于安宁、富民之北，而入于金沙江。此滇池之形势也。滇池即昆明池，土人名之为海。海之大，周围三百余里，环海之田资以灌溉，号为膏腴者，无虑数百万顷。每五六月，雨水暴涨，海不能容，所恃以宣泄者唯海口一河，而两岸群山诸箐，沙石齐下，冲入海中，填塞壅淤，宣泻不及，则沿海田禾半遭淹没。明弘治时，巡抚陈金开渠浚沙，筑坝凿石，民困以甦。自此遂有岁修、大修之例，而不知海口之内有牛舌滩、洲二处，梗塞其中，致海口内外不能通畅。万历初，复兴修作，亦只于牛舌洲之左、豹子山之下，竭力疏浚，其根未清，故其患未息。至今岁修岁壅，殊非长策。

臣委令粮储水利道黄士杰亲往查勘，令将海口河道溯源穷流，逐一修浚，务期利兴害除，毋为苟且补苴之计。嗣据黄士杰回报："勘得海口一河，南北两面皆山，俱有箐水入河，每雨水暴涨，沙石冲积，而受水处河身平衍，易于壅淤。如北有白塔、腊龙二箐水，合泻入河，名耳（洱）宗闸，壅淤之患犹小。南有瓦泥箐、邢家园二水，属呈贡县辖，名普安闸。有罗武箐一水，属晋宁州辖，名清水闸。有天自、芭蕉二箐水，属昆明县辖，名新村大闸。皆直泻河中，每疏浚于农隙之时，旋壅塞于雨水之后，不挖则淹没堪虞，开挖则人工徒费，沿海人民时遭水患，皆甚苦之。行至平定哨一闸，系云龙箐水归河之道，正值水陡流急之处，相度形势，咨询舆情，咸称闸南宜开子河一道，引普安、清水、新村等闸诸水，同至平定哨闸入河，则泥沙石子不能停住，一劳可以永逸。复行至海口，驾船循视，见有旧埂一条，沉埋横塞其中。埂外龙王庙前有牛舌滩，又侧而下有牛舌洲，俱阻拦出水，不能直泄。询诸土人，此从前筑埂以浚海口之遗基也。其一滩一洲，自古所有，原未议修，随于大海近崖处用竹竿试探，水深八九尺。出海口外，于龙王庙左海门村，试探水仅深二尺五寸，于龙王庙右近豹子山之牛舌洲试探，水则止深九寸，皆因三重壅塞，不能畅达，以阻海口出水之咽喉。因令各为丈量，牛舌滩长五十七丈，上广十丈，中广十六丈，下广九丈，顶高一丈；牛舌洲长五十八丈，上广九丈，中广十三丈，下广九丈，顶高一丈二尺。应将此一滩一洲，并前一埂，尽行挖去，则海口疏通，沿海田地，自无淹没之虞。"等情。

臣复博访确查，即分委昆明、呈贡、晋宁、昆阳等四州县照议督修。其所用人夫即令四州县按名发给口粮，并盐菜等项，虽佚道使民欢欣不怨，而急公往役体恤宜优，于是各州县人民皆踊跃从事。于雍正七八两年农隙之时兴工，所有海口河道，洱宗、普安、清水、新村等闸壅淤处所，悉已疏浚，所有老堤、牛舌滩、牛舌洲等处，尽行挖出，悉已宽深。所有平定哨闸南新开子河一道，悉已修通，复因晋宁旧河水陡流急阻回新河之水，并新建逼水坝一座，新河悉已畅流，归入大河。又于海口外之石龙坝两岸山脚，俱新筑堤埂，保障河基，悉已坚固。所需物料并人夫口粮、盐菜等项，合计银五千六百三十余两，臣已设法办理。现今四州县沿海及近海口内外居民，既免淹没，并涸出膏腴田亩甚广。现在饬查另册具报，此在省河道之大宗也。

至于四境之内，河道甚多，条分派别，各有源流，而其最大者莫如盘龙江。由嵩明州邵甸里之黄龙、冷水二洞及黑龙潭曲折三十余里，至省城东北，盘绕于城之东南西三面，至西北而入于海，故曰盘龙江。据委姚安府知府臧珊、原任广西临桂县革职知县刘永濬查勘估报，盘龙江修浚河身河尾炮砌石岸坝闸，并应增开各子河，新筑各堤岸，应需物料、人夫口粮、盐菜等项，其估计银三千二百三十余两。

其次如金稜河，自元时咸阳王赛典赤以东郊田多水少，乃引盘龙江水于松华坝，凿河一道，溉田甚广，名为金稜河，俗称为金汁河。据委永昌府同知甘士琇、昆阳州知州刘际平查勘估报，金稜河自松华坝至海尾约六十余里，应添修石岸及新开泄水石闸二处，需物料、人夫口粮、盐菜等项，共估银四千三百九十余两。

又次及银稜河，其源出于城北二十余黑龙泉观之黑龙潭，会白龙潭水，经商山麓，亦绕城东南，曲折入海。今开通子河并岔河，分入盘江。据委安宁州知州杨若椿查勘估报，银稜河即银汁河自黑龙潭至马村，通计上下流约二十余里，蒜村、一瓦水、白龙寺、文殊寺等闸，并两岸堤埂俱应加修，需物料、人夫口粮、盐菜等项，共银四百一十六两。

其次如宝象河，在城南二十里。其源有二，一自岘屴山小龙潭至板桥之东，一自黄龙潭至板桥之西，于明阴寺前二水会流，由官渡以至海，约八十余里。据委通海县知县臧在莘、元谋县知县樊好仁查勘，宝象河至小板桥分为三支，一曰倮罗，一曰官渡，一曰旧门溪。堤埂坝闸，俱请酌量砌炮，石岸加筑，高三四尺不等，需物料、人夫口粮、盐菜等项，共估银一千一百四十余两。

其次如海源河，据委丽江府知府靳治岐查勘，海源河自海源寺至海，约二十余里，两岸土埂俱宜宽修，班庄上下暗洞并沙河堤埂，应修筑高厚，需物料、人夫口粮、盐菜等项，共估银二百五十余两。

其次如马料河，据委署嵩明州知州张浩查勘，马料河自黄龙潭至海，约七十余里，有白营村、猪圈坝、上坝沟、清明沟以及桥梁二道，除人夫照例外，所需物料共估银四百九十余两。

又次如明通河，其河由三元石闸引注为金稜河之分派。据委澂江府知府王铎、署晋宁州知州章伦查勘，明通河自白沙桥至海尾三十余里，两岸堤埂甚属低矮，河身窄狭，应修宽，券石桥二座，砌过硐二处，需物料、人夫口粮、盐菜等项，共估银四百一十余两。

又据委试用知县以下罗仰锜查勘马溺、白沙二河，其源来自放马桥，至海约二十余里，应请两岸加高二三尺，河身深宽三四尺，需物料、人夫口粮、盐菜等项，共估银五百二十余两。

以上各河，共估银一万八百七十余两，复经委布政司粮储水利道亲勘确核，据报无异。所有应需银两，臣已于查出各项田地变价银内动用，令及时办料兴工，另疏题明外，臣查海口六河各支河，皆足以资灌溉而备蓄泄，独因淤塞日久，开浚少难，以致水不注海，田仅通沟，高地惟望雷鸣，下区则忧雨积，此稻粮丰歉之故，实人民苦乐所关。如果山润以水，水艮以山，俾彼此相资，互得其用，则旱潦可为转移，荒瘠早施补救，人力既尽，天必垂怜。此臣之所以由近及远，历日积年，务期通行成效，勿敢怠忽，勿敢遗忘者也。惟是既兴工作，宜定章程，庶可以经久而不致废坠。

查云南府原有水利同知，昆明海并六河以及各支河巡查浚修，是其职分，应请铸给关防，重其考成，勤则奖叙，惰则参罚。其昆阳州为昆明下游，海口在焉，距省百里，同知难以兼顾，请于昆阳州添设水利州同一员，驻扎海口，常川巡察，遇有壅塞，不时疏通，设或冲塌，立即堵筑，亦请铸给关防，照设书役，以专责成。至于通省各府州县皆有水利，原无专员，诿卸因循，托辞藉口，若将同知、通判、州同、州判、经历、吏目、县丞、典史等官加以水利职衔，凡境内河道沟渠，责令专理。除云南一府仍归粮道管辖，其余各属在迤东者统归迤东道管辖。在迤西者统归迤西道管辖，仍令各该府查勘验报，各该道考察详明，听督抚二臣核酌劝惩，则不二三年将通省水利有兴无废，而克济民生，殊匪浅鲜矣。

抑臣更有请者，昆明之六河、昆阳之海口及临安之三河，所关尤钜，岁修银两，不可不酌定。查各项正款固不应擅那，即各项盈余亦未便滥费，惟盐道衙门岁有合秤银一千五六百两不等，并不在正额盈余额外，盈余及各项积余之内，而盐道张无咎丝毫无隐，请即此项拨作岁修之用。昆明六河酌定八百两，昆阳海口酌定二百两，临安三河酌定三百两，用则报销，仍造册送部，不用则存贮，并拨余银两统数积存，以备大修之需，似于水利民生更有裨益。

除将通省水利并达川粤河道已竣未竣、现勘加修各大略汇叙题明外，所有修浚海口、大修六河并请定章程酌留需费情由，臣谨会同云南抚臣张允随合词具题，伏祈皇上睿鉴，敕部查议施行。

〔据雍正《云南通志》卷二十九《艺文志五》第43－50页辑录。〕

云贵广西总督鄂尔泰奏报滇黔二省雨水收成情形折

云贵广西总督臣鄂尔泰谨奏：为奏报春熟事。

窃滇黔两省山多田少，民间终岁之计，半赖春季收成以资食用。臣经檄行该布政司，各将通省府州县豆麦收成分数逐一确查，汇具总册呈报。去后，今据云南布政使张允随详称："据云南等二十府、昆明等五十六州县及东川、乌蒙、镇雄、威远、宣威、恩乐等府州县咸称，所属地方田地高低不一，自冬迄今雨旸时若，本年大麦、小麦均有十分，其蚕豆、杂粮有八九十分不等，相应据实详报。"等情。又据贵州布政使鄂弥达详称："黔省今岁雨水调匀，凡民间布种油菜、豆麦、春荞、杂粮等项现在收获。如贵阳、贵筑、清镇、安南、绥阳、余庆、瓮安、湄潭、都匀府、清平、印江、婺川、龙泉、思州、永从、威宁、大定等十七府州县，俱系十分收成；其定番、广顺、开州、贵定、龙里、修文、安顺、镇宁、永宁、普定、安平、南笼、普安州、普安县、永丰、遵义府、遵义县、正安、桐梓、仁怀、平越府、平越县、黄平、独山、麻哈、都匀县、镇远府、镇远县、施秉、思南、安化、石阡、玉屏、青溪、铜仁府、铜仁县、黎平、天柱、锦屏、开泰、平远、黔西、永宁、毕节等四十四府州县，俱有九分收成。至于蚕豆有粒大如栗者，豌豆有粒大如榛者，尤从来所未有。"等情各到臣。随便带些来朕览，不必多，一半升足矣。伏查军兴之地半少丰年，为兵气农祥格不相入也。今两省年来颇有剿捕之役，而上天眷佑，屡赐丰穰。仰窥圣虑之诚通，敬记圣训之明切，益信生亦非恩，杀亦非残，但出无心，不妨有事。感召天和，惟以畅舒人情为要。彼不与天同体同心之辈，其舒畅与否，不足论也。朝堂之上，邪正不两立，犹之庶民、良奸不能同令舒畅也。果能敬诚秉公，扶正驱邪，除暴安良，上天必赐嘉应。若政令之温肃、赏罚之宽严乃以遭遇而论，岂可以为数之多寡而言也？但以有意做，便责一人亦不可；若以无心应，便伤多数似不妨。朕所见之理如是，然亦不敢自信。总之，以仁为体，义为用，断不至大谬也。臣实不胜倾折，愈不胜儆惕。再臣驻扎贵阳已逾两月，天气晴朗，雨泽沾足，曾遍历郊外，见麦已登场，现蓺田插秧者已十之七八，妇子恬熙，苗彝乐利，见诸官府，饶有爱敬意。臣窃不禁色喜心动，转恐教养无术，有负此赤子天性也。此一句，上天神明洞鉴矣。勉之！然大海不可就百川，少见不透，恐防泛溢也。诸事宁可使由，不可使知。此天道也。凡任统率之责者皆当法之。总莫令人看透，末后一著，则皆为己用，而不令人愚矣。然有意防范，更下乘也。总在无声无臭处著脚，则从何处窥探吾之底里乎？上天、沧海之功德亦不出渊默二字，然昭昭显露，无丝毫隐饰也。非具彻底掀翻之，眼界不能至此。合并具奏，伏乞圣主睿鉴。臣尔泰谨奏。

雍正七年五月十八日

〔据《朱批谕旨》第27册《鄂尔泰奏折》第50页辑录。〕

云南巡抚沈廷正奏报豆麦收成分数并陆凉州马厂被淹情形折

云南巡抚臣沈廷正谨奏：为奏闻事。

窃查滇南各属麦豆收成分数，臣据布政使张允随详报前来，据开："昆明、嵩明、寻甸、阿迷、通海、定边等州县二麦收成有十分，并有倍收之处，蚕豆俱收成十分；又宜良、南宁、新兴、永平、云龙、镇沅等府州县，二麦收成有十分，蚕豆收成九分；其余各属二麦收成亦俱有十分，蚕豆收成俱有八九分不等。更喜五月十一日起至十九日，连得透雨，民间栽插滋培均属有赖。惟据曲靖府属陆凉州具报，有马厂一处，于四月十六日因上流河水泛涨，将麦穗淹浸。"等情。臣随委曲靖府知府刘斌驰赴确勘情形，并令查有实在贫民，酌给仓谷，加意抚恤。

去后，兹据回称："马厂田地通计三百余顷，向系牧马之所，其地势最低，每值收麦后至五六月间，凡曲靖所属霑益、马龙等州河水泛涨，悉皆汇归马厂。今岁因有闰月，节气稍迟，麦穗尚未收获，忽于四月间发水，致淹田地二百三十七顷有零，尚有未淹田地一百余顷，俱获十分丰收。在被淹小民咸称，马厂田亩甫经承认耕种，题报输粮，今既被淹，无从办纳，惟求免征本年粮银，不敢具领仓谷。"等情。臣查陆良州马厂田亩，百姓承种方新，偶值淹浸，粮无所出，是以吁垦免征本年粮银，实系小民下情。臣仰体皇上惠爱边黎至意，随同在省司道商酌，若照分数具题，蠲免无几。可否恩施格外，将马厂被淹田地应输本年粮折银一千余两，免其征收，在于藩库备公存剩银内拨补完项。其未淹田地应完粮银，仍令百姓照数输纳，毋许冒滥请免，是新升粮银既已有项可补，而承种马厂小民咸得沾沐圣泽，且通省丰收，惟一马厂被淹，又可免于题达。臣业经写书请教督臣鄂尔泰，以臣所议为是。当即一面另折奏闻，一面照此办理。如必须将被淹分数题报，臣亦即会疏具题。为此谨奏。

雍正七年五月二十一日

○当日正因地非沃壤，所以作为马厂也。照汝所请料理，无庸会疏题报。

〔据《朱批谕旨》第15册《沈廷正奏折》第47页辑录。〕

云南巡抚沈廷正奏报南宁县被水情形折

云南巡抚臣沈廷正谨奏：为奏闻事。

窃本年五月二十八日，臣据曲靖府知府刘斌详据南宁县报称："五月二十一日夜间，天降大雨，山内起蛟发水，以致东北二乡冲决围堤四十余圩，秧苗被淹，近堤房屋亦有倒塌，人民幸无损伤。"等情。臣因督臣现在黔省，一面写书通知，一面批令布政司饬委澂江府知府王铎星驰前往，率同该县亲履查勘，并动给司库备公银五百两及常平仓谷，令将实在被淹小民，酌量轻重，分别赈恤。

去后，又据南宁县禀称："东北二乡地势原属低洼，今被淹之田约有一万余亩，倒塌民房约有二百余间。幸天色晴霁，水渐消退，高阜田禾尚属有望。"等语。臣查该县所报，偶值起蛟发水，其是否成灾，虽尚未据该委员确勘造册具详，但被淹田亩系久经输粮老田，是以臣会同督臣鄂尔泰先将被水情形照例题报，俟勘明果否成灾，再行题明。谨奏。

雍正七年六月十八日

○查明被水情形，加意抚恤。题本亦经到部矣。

〔据《朱批谕旨》第15册《沈廷正奏折》第49页辑录。〕

云贵广西总督鄂尔泰奏报新开水道并兴修陆路事宜折

云贵广西总督臣鄂尔泰谨奏：为新开水道并兴修陆路事。

窃惟边境之大防莫重于苗倮，而穷荒之大利莫急于舟车。查滇黔两省崇山复岭，鸟道羊肠，旁逼夷巢，中通一线，因舟车之难至，致商贾之不前，是以开辟近百年而犹无殊草昧。其各郡县内地，原不无大小河流可疏凿以资灌溉，亦缘半由苗界出入，遂因循至今。臣自叨奉简命，虽已遍访熟筹，思欲开修，而苗疆未靖，凶顽未除，虑有阻挠，故不得不缓待。今仰赖圣主仁威，强梁者就擒，良懦者归化，业已粗定，只须抚绥。若不及时兴举以计久长，恐日后不无懈弛，又将观望。臣故于去岁冬月即遍饬估勘，以便次第料理。所有疏浚云南府之滇池、海口及金汁等六河并自阿迷州直达粤西大河等缘由，前经臣折奏，荷蒙朱批："有何可谕？可谓超群拔类之办理，为从来封疆大臣未举之善政也。朕为滇南赤子曷胜庆幸！凡此等有利于地方民生之事，若有应动正项者，只管奏请，不可瞻顾竭蹶从事。钦此。"臣伏读之下，不胜惭悚，不胜踊跃。务当竭力尽心，期于有济，断不敢少有瞻顾，以上负殊知，并负滇黔赤子已耳。

兹于五月二十三日，据云南广南府贾秉臣等覆称："职等奉委开河，随同各委员沿江查勘，源发于澂江，流达于粤闽，内有巨石间阻，叠滩陡险，相传汉唐迄今未曾开凿。职等详看形势，初甚以为难，乃不数月而功已告竣。自阿迷州以下一千五百里，至剥隘之水道，已通八达河，而土黄一百六十里之旱路亦修整平坦，可行车马，是不特东西两粤片帆可至，将来通商并可达吴楚。"等情。臣随饬令多造鳅船、麻阳船，并于楚省雇募熟练之匠工、水手前往广南，教习彼地民人打造撑驾。复缮刻告示，饬发滇、黔、粤三省地方官遍行晓谕，使各商贾知往来贸易之便。其所费工价，俟该府等开报到日，臣即照数捐补。缘去岁臣有余剩存司养廉银五六千两，可以充用，并非敢小见竭蹶从事也。

又据粮道黄士杰覆称："海口子河由清水闸、新村大闹开通，泻入大河，水势俱已畅流，可无壅滞之虑。现值农忙，已暂时停工，俟秋成后再开修下截。其盘龙江、金汁、银汁、宝象、马料等六河俱已疏浚深通，凡各河闸口俱饬巡水人役用闸板启闭，以资分灌民田，现在远近俱已得水。”等情。此臣前奏粤河、滇海水利之大概也。

再曲靖府属寻甸州有宣、甸二里，地面低洼，时遭淹没者计二十余村；又宣化七甲之归龙寺，山后有山河一道，直垂瀑布，流于山下，可引以灌山下之田，而土民畏其工费，佥云难成，若疏凿开渠，山下田亩可开者不下千工，旁有横坡，亦可陆续增垦；又果马里十甲之潘所海子，其地土约四五千亩，而两沟山河及五六月霖雨并四山之水俱积聚于此，无路消泄，只于南山脚下乱石罅隙中浸渗，不得通流，因而低下田地屡被淹没；又乞曲里之五里箐，地势水道约可垦田，亦应修筑渠堤。臣前经详饬该州逐细查勘，复于赴黔之便路经寻甸，又备悉指示。

续据知州崔乃镛先后覆报：“宣、甸二里劝民修葺堤渠，已免受水患。归龙山河随雇觅匠工，遍历山巅，用筑堤之法凿石开渠，并雇土工筑坝蓄水，三月内已经完工，现在引水开田。潘所海子搜剔石孔，已凿通洞口七处，皆可消泻海面之积水，其两旁田地已现可开垦。五里箐地方修浚水渠亦已告竣，现在具详藩司，请领工本分给各民，买备牛力，趁时布种。”等情。至该属有海子屯大河，闻每多泛滥，以致平原沃野尽成草地沙洲，业已数百年，甚属可惜。臣令绘图呈送，并饬亲勘，估计工程几何，需费若干，先召募湖广熟练工匠，确核详情，俟秋后兴工。此寻甸州水利之大概也。又临安府属建水州之南庄十六营以下暨狮子口、郭衣村、罗家坡、大小回龙、宗家庄、中所营、金鸡寨等处，田地甚多，并无活水灌溉，若雨泽愆期，地皆焦土，田半荒芜，每致栽插过时，秋成失望。经臣饬令该知州祝宏设法疏浚。

今据详覆：“访问父老，知附近南庄、李浩寨山腹之中有过泉一股，常闻水声，昼夜不息。卑职亲往查探，见山中陂地深邃，源流甚远，似可疏通以济田地。随招募人夫，备办器物，至李浩寨对山开凿。因高坡层叠，巨石嶙峋，几费工力不能疏通，遂用谷糠灌试之法，寻流三十里，果浮出于州属之老鼠窄石穴。其水径由此山无疑，因即于李浩寨山外里许穿穴地道，伐木为厢，截流激水，已于四月二十六日开凿告成。穴中水涌湍急，开沟筑堤顺流，以资灌溉。并立约各村，每至播种之候，按定时刻挨次引水，豪强不得阻截。其岁修沟堤，着有田之家各就已田浚筑，毋得推诿。再山穴出水之处，有民田二丘，既在其田侧建堤，不无借口，亦给价银五十两买存，以免滋扰。其开凿人夫俱止捐给口粮，各村踊跃赴工，并无工价。”等情。此建水州水利之大概也。

至于贵州通省河水源流、道路平险，早经臣檄委勘报，并绘全图以便筹画。除支流小路应渐次开修外，如镇远府属苗界之清水江，上达平越府之重安江，下通湖南属之黔阳县，现可行舟，无须修凿，实黔省之大利。前因生苗阻截，故须有待。今凶顽既经剿抚，夷民亦知便益。据该府方显禀报：“由柳罗行营装米试船，已直到施秉。又用船四十只，令弁役前往黔阳县买杂粮试运，俱可通达无阻，是此河道计日可以常行矣。且由重安江至都匀府亦有河道，少加疏凿，即可行舟。”由都匀府至省，现据知府王钟珣勘报，可开宽平大路，堪以行车，既避旧路之险，又近止三站，是急宜兴修者。又府属独山州之烂土司地方亦有河道可通粤西，闻计程七日便可抵柳州，因路经来牛寨生苗地界，向不能通。臣已密行黔粤各官确查路径，先示化导，如或敢拒命，应即剿灭此寨，以通声援。至黔省通滇大路，如关岭、盘江等处，实系险途。臣拟由安顺府之安庄另开新路直出，亦资孔宽平，可以行车，且可裁减三驿。前岁已有成议，业经奏闻。时因黔员各有异议，不无私心，臣转恐已见未确，遂复暂止。兹因公赴黔，沿途覆加查问，又委员细勘，据称“实系路平，而近并无阻隔，只有一坡稍险，亦远不及关岭，易于开修”等语。臣当更与抚、提二臣会商妥酌，另疏请旨。此黔省水利之大要，陆路之大端也。窃念庸人俗吏难与创始，易于落成。若立有规模，俾知利益，则相因相习，官不必率而自勤，民不必劝而自力，将不数年，即支流小路亦皆遍行开修。臣当敬体圣训，凡有利地方民生之事，如果有确见，应一面请动正项，一面预备料理。千载一时，力半功倍。臣知自奋，臣知自勉矣。

所有新开水道并兴修陆路缘由，相应奏明，伏乞圣主睿鉴。臣谨奏。

雍正七年六月十八日

○欣悦嘉奖观览六字，不能谕朕之意，而此外又觅欲谕之辞不得，在卿自为参详可耳。

〔据《朱批谕旨》第27册《鄂尔泰奏折》第58页辑录。〕

云贵广西总督鄂尔泰奏报广西豆麦收成分数并云南陆凉南宁二州县被水情形折

云贵广西总督臣鄂尔泰谨奏：为谨报广西豆麦收成分数，并云南陆凉、南宁二州县被水情形事。

窃照雍正七年分滇黔二省豆麦丰收，臣已查明，具折奏闻。今据广西布政使张元怀呈称：“本年豆麦收成分数，除梧州府属之藤县、容县，柳州府属之融县，南宁府属之忠州、归德、果化、下雷、湖润、迁隆、剥甘、上中下勾，庆远府属之东兰、那地、南丹、忻城、永定、永顺、长副，思恩府属之归顺、都康、兴隆等汉土州县共二十属尚未报到外，其余汉土州县共九十四属，汇造总册呈送。”并据册开：“泗城一府，横州、上思、河池三州，富川、贺县、修仁、昭平、怀集、桂平、永淳、怀远、上林等九县，安定、白山、古零、定罗、旧城、那马等土司，奉议土州所辖，向不种豆麦。镇安土府、土田州、武缘县、向武土州种麦甚少，收成只有二三四分。宾州甫种黄豆，向不栽麦；郁林州所种豆麻、芋薯均有八分收成。新宁州、博白县从不种麦，所种黄豆、黑豆七月始收。西隆州、西林县俱不种豆麦，西隆所种小米、早稻、粹子均收成八分，西林所种小米收成七分。岑溪县不种大小麦，间或种豆，向来收成无几。永宁县只栽豆，收成七分。思明土府州左州、养利、永康、象州等四州，隆安、崇善、思恩三县，万承、太平、安平、恩承、龙英、全茗、茗盈、佶伦、结安、都结、镇远、罗阳、江州、罗白、下石、西思、陵凭、祥上、下冻等各土州并上龙、下龙二土司所辖，俱不种豆，所种小麦、荞麦均六七八九分收成。其入夏并夏末秋初始栽豆，现在止种麦之州县，惟迁江一县，六七分收成。临桂、兴安、阳朔、永福、义宁、灌阳、平乐、柳城、荔波、宜山、天河等十一县，全州一州，有七八九分。恭城、马平、雒容三县，俱十分收成。豆麦兼种之州县内，苍梧县豆系五分、麦系七分，平南县豆系五分、麦系六分，宣化县豆麦俱系六分，罗城县豆系六分、麦系八分，永安一州，灵川、荔浦、贵县、北流、武宣、陆川、兴业、来宾等八县，豆麦俱有七分九分。又僮瑶不谙种植之上映土州，豆麦只收三分。土上林县，下旺、都阳二土司所辖，豆麦止收五六分。至各属米价，惟永安、新宁二州每石市价一两三钱零，余自六钱八分起至一两二钱零。”相应据实奏报。深慰朕念。至云南陆凉州之马厂地亩，向系臣标五营官兵牧场，东乃一带高山，西、南、北三面皆土坡高阜之地，每于五六月间大雨时行，山水骤发，马厂之中地势低洼，为聚水总汇。臣因原未牧马，徒为刁顽侵占，经委员招民开垦成地，每年于秋尽冬初水涸时播种麦、荞等粮，至次年四月及五月初收获。复虑不能全熟，故科租从轻。其上则地每亩只完小麦租一斗，中则地每亩完小麦租八升，下则地每亩完大麦租六升，除完升斗官租外，其所得花利颇多，连年皆系十分收成。臣已奏明归公在案。今岁因春雨沾足，兼有闰月，节候少迟，适值四月中连雨，上流河水泛涨，所以马厂内之低下地亩不及收获，致被水淹。

抚臣沈廷正据报，随委府州各官同往覆勘，续于五月二十六日，据覆：“被淹者二万三千七百余亩，未淹者一万四百余亩，被淹之地计算大小麦租，该折征银一千九十五两五钱零。但马厂归公纳租，原与民间纳赋之田不同，且止一隅，而各户未淹之地业已十分收成。况此承种佃民皆系绅衿吏役，各有本面稻田，现在及时栽插，实与穷民有间。米价亦不昂贵，此项租银，或减免，或缓征。”等语。臣复批行布政司详核酌议，去后，旋准抚臣沈廷正札开：“马厂被淹，应输本年粮银一千余两，若照分数请免，甚属无几，已具折恳请圣恩，全免其征收，在司库备公存剩银内拨补完项，可否再按被淹分数题报请免?”商酌前来。臣查此项地土原系低洼，若雨水稍迟，反加倍丰收。凡雨泽应时，即间有淹没，既不为灾，自无须题报，且此项租银，抚臣既已请免，应候圣谕遵行。是。沈廷正奏折已批谕矣。除札覆沈廷正外，相应奏明。

再据曲靖府知府刘斌详称：“据南宁县勘报，该县东北二乡田地低洼，易于积水。五月二十一夜，庙高山起蛟，山水陡发，以致冲决圩堤，田庐被淹。今水势日消，其高阜之处禾秧未伤，可望有秋。圩内低田尚有被淹。至民房，因水势急骤，间或冲倒，各村居民并无损伤，理合转报，请饬各委员确查。”等情。臣随批，仰云南布政司速饬委员勘明，果否成灾，据实详夺。

又据抚臣沈廷正委勘之澂江府知府王铎详称：“六月初四日到曲靖，带同南宁县亲往被灾之所查勘，东北二乡、李家等圩低田，果将围堤冲决，田苗淹没，近水草房被水浸坏倒塌，幸水势虽大，不过两三时即退，并未伤损人口。俟同该令清查被灾顷亩分数及倒塌民房，造册另报。”等情。臣因蛟水陡发，既称不过两三时即退，现在积水曾否全消，可否补莳秧苗，未据声明。仍批行云南布政司速饬查明通详外，臣查滇省今岁春雨沾足，故春熟甚盛。因四月末旬至五月间雨水稍多，高阜处所遍得栽插，低洼田亩不无泛滥，抚臣沈廷正现已发库银五百两交给委员，酌散冲塌田房之户。俟委员再细勘覆，如应赈恤、蠲免钱粮，即同抚臣会疏题报。合并奏闻，伏乞圣主睿鉴。臣谨奏。

雍正七年六月十八日

○览。

〔据《朱批谕旨》第27册《鄂尔泰奏折》第63页辑录。〕

云贵广西总督鄂尔泰奏报滇黔春熟情形折

云贵广西总督臣鄂尔泰谨奏：为奏报春熟事。

窃臣前报黔省春熟折内，有“蚕豆粒大如栗，豌豆粒大如榛”等语，荷奉朱批：“随便带些来朕览，不必多，一半升足矣。钦此。”谨将蚕豆、豌豆各一匣附呈御览。臣查二豆初收，新鲜时尚更肥大，今已干透，犹少觉缩小，然黔省所仅见，实可征农祥。果然异常之大。此种类未知年年如是，抑但今岁如是也。至于各属早稻，每于交秋成熟，今岁节气既迟，而六月中旬后早稻俱已登场。臣于七月初，据各处夷民来献新米并新谷穗，其欢欣之状殊有景象。晚稻壮盛异常，现已吐穗结实。据各属禀报，秋成皆可卜十分。而黎平、古州苗地稻禾每茎长七八尺，又有两三穗者，竟至遍亩。生熟苗众莫不欢呼，以为从来所未有，群感皇恩之远播，愈以坚其内附之诚。黔尝有谣曰：“天无三日晴，地无三里平。”今阴晴以时，数日一雨，天气和霁，人情踊跃。臣目睹耳闻，实不胜庆幸。敬验天时地气，此苗疆转移之机。臣务凛体圣训，力修忠诚，商同抚藩诸臣，倍加调剂，万不敢少自宽懈，致陷妖氛鬼魅而无所出豁也。嘉悦览焉。再云南省田禾茂盛，亦可望丰收。但自六月二十以后，雨水过多，逼近河海郡县内，如云南府属之晋宁、宜良二州县及楚雄府本治，据报暴雨溃堤，低田被水。今岁各直省大概皆有此一事，亦奇。抚臣沈廷正率领司道虔诚祈祷，已于本月初六日起，天气大晴，虽续据各员禀报水已退消，然终恐不无伤损，臣已飞饬布政司，再委员查勘覆报。俟覆到是何情形，另当奏闻外，合并陈明，伏乞圣主睿鉴。臣谨奏。

雍正七年七月二十四日

〇览。

〔据《朱批谕旨》第27册《鄂尔泰奏折》第71页辑录。〕

云南巡抚沈廷正奏报滇省地方雨水过多情形折

云南巡抚臣沈廷正谨奏：为奏闻事。

窃臣前因曲靖府属南宁县东北二乡偶值起蛟发水，田亩被淹，业将委员勘察缘由缮折奏闻，并将情形题报在案。兹据布政司详据委员澂江府知府王铎等将勘明被淹田亩分数，造册具结，请题蠲免前来，臣现在与督臣鄂尔泰会疏具题外，再滇省今岁入夏以来雨水过多，据晋宁、宜良、呈贡、富民、新平等州县并楚雄府陆续禀报：“六月二十五六及七月初一二等日，各该地方连值暴雨，河水骤发，近河田亩间有被淹。”等情。臣随批令司道委员确查，并通知督臣。去后，即于七月初三日设坛祈祷，幸赖圣主精诚默孚，上格穹苍，晴光即行呈现，雨水渐稀。至初六日，云开日朗，天气大晴。据楚雄等各该府州县报称“数日之内积水尽消，田禾并无妨碍”等情到臣，伏思滇省地处高阜，山田十居七八，故从来雨水略少，即不能遍地栽插。今岁高低田亩悉行播种，虽洼下之区偶有被淹，然亦旋即消退，惟南宁东北二乡地势最低，积水不能尽消。其余各属早稻业已结穗，晚稻现在吐花，杂粮亦皆葱郁，而元江、镇沅两府因天气较别属炎热，故早稻现已丰收。合并据实奏闻。谨奏。

雍正七年七月二十九日

〇鄂尔泰暂离滇境，地方上即叠报小灾，斯岂无因而至欤？汝若不知愧惧，则非具人心者矣。似此征应之理，昭如影响，朕实为之凛然。汝等受封疆之重寄，内省二字当时刻勿释怀抱。

〔据《朱批谕旨》第15册《沈廷正奏折》第50页辑录。〕

云贵广西总督鄂尔泰奏报赈恤滇省被水情形折

云贵广西总督鄂尔泰谨奏：为奏闻事。

窃照云南省今岁夏月多雨，郡县中低洼田地间有被淹，其水退后禾苗无损者，如云南府属之晋宁州、宜良县，并楚雄府本治及附近属邑俱照常收获外，惟曲靖府属之南宁县东北二乡，地连马厂，势最洼下，于本年五月二十一日，因庙高山起蛟发水，冲决堤岸，共淹民屯、马厂田地一百五十余顷。时臣在黔，接据禀报，随一面委员查勘，令分别具详复札，谕地方官督率疏导，有可以补种处，加意调剂。

去后，续据该府知府刘斌、该县知县梁廷彦禀称："履亩查勘，前报被淹田亩内，水退之后，早者已补栽十分，次者补栽六七分，最迟者亦补栽二三分。现种荞、麦、豆、稗等项，可以一体秋收，其余田禾俱倍加丰盛。"等情。臣查滇省地方山多田少，喜水畏旱，故民间有"水潦吃饱饭，干旱要苦饥"之谣。臣自黔回滇，沿途遍询文武，目睹田禾丰茂，并据各属禀报，迤东皆庆有秋，而迤西诸郡尤盛。兹南宁二乡被淹田地本属无几，水退后又可补栽，且春熟十成，已抵终岁之半。若因一时之水全免一岁之粮，在圣恩浩荡，蠲赏动百万，何论此些微？但民可使由，不可使知，恐长刁风，不可为训。此又在卿酌量为之者。抚臣沈廷正业经按数请免，应候奉旨准咨到日，臣再核实商定，务使均平。事有因惠而贻害，示怨而为爱者。职在边方，尤不可不虑也。再本年七月十四日戌时起至十七日止，大理府及赵州城内地连微动，垛口、哨房及欹斜民房倒塌数处，损伤妇女二口。此滇省每有者，而适逢卿在黔之时，亦大奇。随经抚臣委员查勘赈恤，据覆：一府一州共倒房三十一间，坍墙二十九堵，现俱修理赏恤，久已宁静。并准提臣张耀祖札，与所勘无异。合并奏闻，伏乞圣主睿鉴。臣谨奏。

雍正七年八月十八日

○览。

〔据《朱批谕旨》第27册《鄂尔泰奏折》第77页辑录。〕

云南巡抚沈廷正奏报饬查曲靖府被淹田亩情形折

云南巡抚臣沈廷正九叩首谨奏：为据实奏闻事。

窃照曲靖府属南宁县东北二乡，前于五月内偶值起蛟发水，田禾被淹，经臣批令布政使张允随委员勘明被淹成灾分数，造册详报，会同督臣鄂尔泰具题请蠲在案。迨题报之后，又天晴日久。臣细思，该县被淹地方形如锅底，其地势稍高处所岂无渐次涸出？滇南天气和暖，非别省可比，小民又岂无补插禾苗，以冀秋成？若不将被淹与补插田亩分晰查明，使不幸成灾之百姓沾邀蠲免，似非仰体圣主轸恤灾黎之至意。伏查田禾被淹，民彝所关，当委员勘报之时，臣罔不敢因通省丰收，不为入告。而具题之后，果有涸出补种田亩，臣亦何敢因已经具题，不为详查。恭逢圣明在上，凡事俱当据实办理。虽请蠲银两为数无多，而滥行豁免以闻，愚民妄思逞利之端，实于人心风俗均有关系。臣曾嘱该府县确查其详，诚恐该府县因农户出结，不肯据实勘报，而小民因已题奏蠲免，部覆指日可到，不肯据实呈明，必须行文确查，始杜隐瞒。

臣将此情亦请教督臣鄂尔泰，云“此事应当如此办理”等语。臣是以敦促藩司及该府县确查被淹成灾田亩，于题报之后实在涸出补种若干，约可收成几分，现在被淹浸若干，另造清册详报。

去后，兹据曲靖府知府刘斌、南宁县知县梁廷青禀称：“查得前报成灾田亩，缘天晴日久，地势稍高之处渐有涸出，已经小民陆续补种，秋成当有可望。其最洼田亩积水尚未尽退，现在查勘另报。”等语。俟详报到日，臣当逐一分晰，核明实在应蠲银两数目，与督臣会题谨奏，伏祈皇上睿鉴。谨奏。

雍正七年八月二十日

〇览。

〔据《雍正朝汉文朱批奏折汇编》第16册第421页辑录。〕

云南巡抚沈廷正奏查明大理赵州二城地震情形折

云南巡抚臣沈廷正九叩首谨奏：为奏闻事。

窃臣前因大理府城并赵州城内于七月间微有地动，随一面委官前往查勘，一面缮折奏闻。兹据委官宾川州知州迟雄埏查明覆称：“大理府并赵州两处，七月十五前后地曾微动数次，至十八日，当即宁静。所有向日欹斜民房，缘今岁雨水稍多，淋久基松，又值地有微动，所以坍塌三十余间，并压损妇女二口。其大理府及赵州两处城垣墙垛，亦间有坍塌。查勘之日，业经该州县等将城垛修葺告竣，坍房被压之家，亦俱酌量给银料理。”等情。具详督臣鄂尔泰与臣，随将详文批发在案。恐廑圣怀，理合奏闻，伏祈皇上睿鉴。谨奏。

雍正七年八月二十日

〇览。

〔据《雍正朝汉文朱批奏折汇编》第16册第422页辑录。〕

云贵广西总督鄂尔泰奏报地出醴泉民沾厚泽折

云贵广西总督臣鄂尔泰谨奏：为地出醴泉，民沾厚泽事。

雍正七年九月十四日，据云南永昌道雷之瑜呈称：“九月初八日，据大理府知府陈克复详据赵州知州徐树闳详称，据白崖乡约周泽等连名禀称：‘本年闰七月，白崖五里路地方平地中忽涌出甘泉二股，一出于仙女庄后山之麓，一出于虾蟆口，泉清味甘，一带雷鸣田地俱可赖以灌溉。小民等实切庆幸，理合禀报。’等情。卑职立即亲至其地，查勘得仙女庄泉水一股，约围圆八九寸许，虾蟆口泉水一股，如珍珠上涌。随亲掬酌饮二泉，味极清甘。及遍问村民，佥供：‘向来并无此泉，今于闰七月忽从平地迸出，雷鸣田地俱可藉以灌溉，所有原纳地税，情愿皆改田粮。’等语。卑职勘明：‘仙女庄与虾蟆口相去里许，查赵州与云南县交界，该县并无水利，以故田号雷鸣。今得此二泉，两州县近泉田地皆可藉灌溉，实大有裨益。’等情，详报到府，转详到道。除批行赵州细查泉流远近，或由某处入河，或至某地蓄聚，实可灌溉赵、云二州县田亩若干，另行绘图造册详报外，相应呈报。”等情到臣。

臣谨按《礼记》曰：“天不爱其道，地不爱其宝，人不爱其情，是以地出醴泉。”又《礼运》云：“王者政平，则醴泉出。”史载尧时醴泉出，夏后时亦出，鹖冠子曰：“圣人之德上及太清，下及太宁，中及万灵，则醴泉出。”钦惟我皇上诚无不通明，无不照登万民于衽席，合九域以生成，诚足以感召天和，协应地灵。醴泉之出，实为难得之上瑞也。伏查前古纵有甘泉，未必有关民命，可济田畴。今白崖地方，即汉时五色云现，而云南由此得名者。赵州、云南县绣壤相错，其他郡县俱有流泉挹注。臣经通檄全省相度水利，当疏者疏之，当塞者塞之，当分者别其支派，当防者厚其堤岸，各因其势而利导之，亦略有成效。独至云南一县，束手无策，智勇俱困。向来一带雷鸣田地皆属地税，民艰于耕种故也。今有二泉可资灌溉，百姓蒙福，踊跃称庆，无一不颂皇仁而荷天眷，臣实不胜忻幸，不胜感切。除俟查明流泉之远近，灌溉田地之多少，详覆到日另当奏报外，合先缮折奏闻，伏乞圣主睿鉴。臣谨奏。

雍正七年九月十九日

〇欣悦览之，有旨谕内阁颁发。刻刻不可负上天神明，圣祖慈佑成全显应之大德深仁也。睹此，我君臣能不凛然于衷，存敬畏于衾影乎？期共勉之。

〔据《朱批谕旨》第27册《鄂尔泰奏折》第81页辑录。〕

云南巡抚沈廷正奏报乌蒙新平两处天现庆云并出醴泉折

云南巡抚臣沈廷正谨奏：为奏闻事。

窃滇省自本年六月十五日以前日华庆云瑞应，俱经督臣鄂尔泰同臣会疏题达。嗣据布政司详报：“乌蒙府于十月初九日，择吉营建万寿亭，阖郡文武兵民仰见日丽中天，彩云捧护，历午、未、申三时，至初十、十一两日，更觉光华倍常。新辟苗疆见此庆云，莫不欢欣踊跃，感颂皇仁。又临安府属之新平县，于九月二十八日，皎日当空，旁绕五色庆云，经卯、辰、巳三时。”等情到臣。臣已据详会同督臣现在恭疏具题外，又本年八月内，大理、武定两府地方山间俱产有灵芝。闰七月内，大理府属赵州详报“白崖地方仙女庄、虾蟆口两处地涌醴泉二股，可以灌溉雷鸣田亩，有益民生”，臣随批司道会勘。去后，兹据覆称：“委员勘明仙女庄、虾蟆口两处相隔二里，并出醴泉，且虾蟆口于具报后九月内，泉旁又涌小泉两穴，汇入大泉，分流挹注，惠及七村。”等情。臣谨按书史昔时虽有醴泉，未必有益民生，可济农功。今所涌醴泉，实为从来未有之上瑞，要皆我皇上宵旰精勤，至诚昭格，是以天不爱道，地不爱宝，瑞应频仍，万姓蒙福，黄童白叟无不踊跃称庆，颂戴皇恩。臣身任封疆，屡蒙皇上提撕儆诫，遇此嘉征叠见，惟有益加敬谨，勉尽厥职，以图涓埃之报于万一耳。除会同督臣鄂尔泰恭疏题报外，理合一并奏闻。

谨奏。

雍正七年十一月初七日

〇滇省此数种祥瑞，与尔毫无交涉，实系鄂尔泰忠诚感格之征应。朕亦不居也，莫存无耻之念。

〔据《朱批谕旨》第15册《沈廷正奏折》第53页辑录。〕

云贵广西总督鄂尔泰奏报滇黔粤西三省秋收分数米粮价值折

云贵广西总督臣鄂尔泰谨奏：为恭报滇、黔、粤西三省秋收分数，米粮价值，仰祈睿鉴事。

窃照兆民乐利，端藉屡丰，终岁盈宁，尤期秋熟。况在边省，民之所依，惟稼穑是赖。滇、黔、粤三省丰熟气象，屡经折报，而实在分数，必俟秋成之候。臣前檄行各藩司确查详报。去后，兹据云南布政使张允随详称："雍正七年自夏徂秋，各属雨水调匀，高低田亩通得栽插。据广西、广南、元江、镇沅、开化、普洱、威远、永北、鹤庆、蒙化、丽江、顺宁、景东等府，嵩明、霑益、宣威、马龙、陆凉、罗平、寻甸、师宗、弥勒、建水、石屏、阿迷、宁州、新兴、路南、赵州、邓川、宾川、云龙、镇南、南安、剑川、和曲、禄劝等州，昆明、平彝、蒙自、河西、新平、河阳、江川、恩乐、太和、浪穹、保山、永平、楚雄、广通、定远、定边、大姚、元谋等县具报，谷收实有十分，荞收实有八九分。据东川府并腾越、云州、姚州、镇雄等州，呈贡、罗次、禄丰、通海、嶍峨、云南、会泽等县具报，谷收实有九分，荞收实有八分。据乌蒙府并晋宁、昆阳、安宁等州，宜良、易门、富民、永善等县具报，谷收实有八分，荞收实有七分。据南宁县具报，除被水田地补种者有十分、六七分外，其余谷收实有十分，荞收实有九分。又据云南等府州县呈送瑞禾瑞谷，自一茎十三穗至七八穗、五六穗者一千余稞。目下米价，惟乌蒙夷地出产无多，现在每京斗卖银一钱九分。省城五方杂处，兵民众多，每京斗卖银一钱二分。各属之价，或六七分，或九分、一钱，较之省城颇贱。万姓欢呼，群工忭舞。凡此嘉祥上瑞，皆由我圣主敬天勤民，感格上苍之所致，相应据实详报。"等情。〔……〕

相应一并奏闻，伏乞圣主睿鉴。臣谨奏。

雍正七年十一月初七日

〇以手加额览之。朕向来深信天道捷如影响，今历睹滇黔之赐应，实愈加亲切，倍增寅畏也。不但当世封疆大臣起奋勉效法之心，即将来奕祀膺父母斯民之任者，亦莫不兴感忠诚任事之念也。卿之功大矣，上天圣祖赐朕之恩厚矣。我君臣惟愈加敬谨，以仰报天祖之罔极耳。期共勉之。

〔据《朱批谕旨》第27册《鄂尔泰奏折》第92页辑录。〕

云贵广西总督鄂尔泰敬陈兴修云南府宜良县水利并改河道折

云贵广西总督臣鄂尔泰谨奏：为敬陈水利并改河道事。

窃照云南府属之宜良县原有水道，其在县之西者有汤池龙泉，一十八村之田亩悉资灌溉，不过修整埂坝，开浚河身，便可无水旱之虞。其在县之东者有赤江一道，发源曲靖，穿过陆凉，流于该县，达于澂江，原属巨浸，但江深岸高，无济田亩。狗街六村计十五里，向无水以供栽插，业经臣于六年冬檄令该县相其水道，开引孙、王、吴营之水以灌田，赤江以东亦现受其利。独县治之东、赤江之西，自黑羊村以至水赶村，共四十余里，从来无水，田亩不下万顷，每栽插失时，所收歉薄，约计十亩尚不敌县北之一亩。臣查宜良、河阳交界地方有阳宗海，宽十里，南北长三十里，其深莫测。前明有粮道文衡者，曾开挖此水，穿山过箐，从汤池已至黑羊村。今虽稍淤，田亩犹赖以利济。臣谕该县，前人既可行之于前，今人何不可踵之于后？县北之四十余里既可挖，县南之四十余里宁不可凿乎？若能开至水赶村，通赤江，其济利甚溥。仰即传集绅士、耆老，公议开修。

去后，续据知县邢恭先禀称："奉谕之后，即集阖邑士民公议疏凿，俱各欢欣踊跃，业择于十月初三日兴工，日有千夫，各开各界，并不要工价，但须接济食米。"等语。及臣赴粤之便经过该县，亲加查问，薄示犒奖，士民鼓舞倍常，约于岁底春初即可以竣事。但北屯疏浚，南屯开挖，共计八十余里，不无伤损民田。应俟事竣之日，或抵补，或开除，或给价，务使地无遗利而民享其成，此臣之所至愿也。极好之举。至于通粤河道，自滇之阿迷州直达粤之八达汛中止，有土黄一百数十里之陆路，前经臣奏明。今查得由飞塘至八达河止，计水程二百四十里，水势平缓，易于疏凿，大可行舟。由八达河登陆，至土黄，计一百八十里，下船直通剥隘、百色，计水程六百九十四里。与其历诸险滩至阿迷州登陆，六日方到云南省城，不若由八达河下船至飞塘登陆，由广西府至省城，计程亦不过六日，既险易迥殊，且工费悬绝。臣随于途次面交广西府知府周埰，令将广西府至云南省城六站陆路修整宽平，务使可以行车。复札谕粮储水利道黄士杰，令于此一百八十里陆路两头盖车店两处，共打车一百辆，买大牛一百条，委妥人照管，以便载运钱铜，招引商贾。至此条陆路，原系粤西西隆州地界，自八达至马蚌四十里有塘房可住，须添盖牛棚二十间；自马蚌至古障五十里亦有塘房，须添盖牛棚二十间；自古障至央达六十五里，无屋可宿，须盖塘房十五间，牛棚二十间；自央达至土黄三十五里，须盖塘房十五间，牛棚二十间。业经檄饬西隆州照站起盖，并令该道一面差人支取臣存库养廉银，照价给发。兹据知府周埰禀报："至省陆路，业遵谕逐一修整平坦宽阔，牛车可以通行。庆快事也。向闻此路甚属险峻，未料如此轻易就绪，可见总未有实心办事者之所致。天工，人其代之，原不误也。又据粮道禀报，车已打造，牛已买备，其河路船只早已足用。"等语。其塘房、牛棚，现又饬催西隆州作速兴造。缘为滇粤通道计，臣不敢少有将就，事期可久，不得不更为通酌者也。合并缮折具奏，伏乞圣主睿鉴。臣谨奏。

雍正八年正月十三日

○是当之至。

〔据《朱批谕旨》第28册《鄂尔泰奏折》第6页辑录。〕

云贵广西总督鄂尔泰奏报海口兴工神龙示瑞及埂滩修挖情形折

云贵广西总督臣鄂尔泰谨奏：为海口兴工神龙示瑞事。

窃滇省为山多水少之区，水利尤宜调剂。其无水者固须相度水源，疏通灌溉，而有水之地又虑沙漩水溢，涨没田禾。查云南府昆明池，原需此以济昆明、呈贡、晋宁、昆阳等四州县之田地，但海口出水处既已狭隘，且众水汇入之处又复沙随水下，以至壅塞泛溢，而每年不无淹没。臣前檄令另开子河以分其势，现已告成，奏报在案。而海口尚有旧埂一条，横塞其中，埂外有牛舌滩一个，又侧而下有牛舌洲一个，此一埂二滩拦阻，不能泻泄，以致田地被浸。其旧埂淤泥尚易挑挖，而牛舌滩、牛舌洲从来未经议挖。臣窃思畏难观望，则膏腴非民有，罪实在官。因先测量水势，海沿深八九尺，近两滩之水仅止九寸，其不得条达畅流者，势使之然。臣于去冬赴粤时，将一埂二滩开挖工费切谕粮储水利道黄士杰确估，即令其遴员料理。今据黄士杰禀报："奉委修河，随于正月二十四日率领在工人员、云南府同知臧珊等同至海口敬祀龙神，忽见白龙摩空，全身俱现，闪烁有光，鳞角爪尾，无不毕露。其色初黑后白，起直北之凤凰山，升东北之龙马山，约行五六里，凌空而上，观者共惊奇异然，犹以为适逢其会，不敢具报。于二月十五日破土兴工，又临海口，虔备牲醴敬告，惠济龙王。忽见云从海起，风雨交作，见白龙上升，仿佛如前状。祭毕，依然风和雨霁，官民、匠役、滨海居民不下数千人，无不惊奇欣庆。窃思事关民命，工系创兴，惟神有灵，事必克济。此皆我皇上乾德升闻，神灵告瑞，不敢壅于禀达。"等语到臣。臣念兴工祀告之日，而龙神两次显形是实，许可此举，将必默助成功。随批令致敬竭诚，以襄厥事，不可稍有懈忽，以负神庥去讫。

续据黄士杰禀称："牛舌滩一座今已挖平至水面，牛舌洲亦已挖去其半，再得数日俱可挖平。并于滩底挖出古钱数百文，知此两滩俱由沙泥壅滞日积月累而致，原非生成，不可开凿。"等语。臣复思此一滩一洲，若仅与水平，尚未能畅达，必更深下三四尺方能通畅。随又饬令加工，并俟滩洲完工后即挑挖旧埂。再查得水尾有石龙坝横梗中流，水必迂回，不能直下，而石龙坝又断难开凿。臣已另买民田，照值给价，开筑成河，以便泄水，统计月内俱可以报竣。而四州县或能涸出良田，永利民生也。除俟工竣另报外，所有海口兴工、神灵告瑞及一埂二滩修挖缘由，合先奏闻，伏乞圣主睿鉴。臣谨奏。

雍正八年三月二十六日

〇以手加额览之。

〔据《朱批谕旨》第28册《鄂尔泰奏折》第18页辑录。〕

云贵广西总督鄂尔泰奏报开凿寻甸州河道以利民生折

云贵广西总督臣鄂尔泰谨奏：为开凿河道以利民生事。

窃照云南寻甸州之宣、甸二里，宣化七里之归龙寺，果马里十甲之潘所海子，乞曲里之五里箐四处水利，俱已修浚完竣，前经臣奏明在案。复查得海子屯大河接连寻川河，系汇嵩明、寻甸两州之水，每至五六月间，雨水洊至，涨漫洋溢，加以马龙一州之水会于七星桥下，冲激寻河之水，逆流泛滥，漫于城南平川之内，不惟可耕之地尽弃为水宅，即沿山四隅成熟之田亦岁被湮没，历来无策捍御。臣细加博访，知寻川河之湮没，实由于马龙河之山高势急，冲激寻水，倒行逆流，不得畅泻之故。欲治寻河，使不逆流，莫若使马龙河不争水道。欲使马龙河不争水道，莫若使寻河泛滥之水另开一河，彼此不相冲激，则顺势安流，可以畅泻而无阻。查该处木龙村后名曰后海，系泛滥之水蓄聚之区，海前横隔山梁，凿之使成子河，则泛滥之水从后海东流入于寻河之下，稍与马龙河分道别流，可以无忧涨溢。复经详谕该州知州崔乃镛，令于秋后覆勘，作速兴修，勿得畏难避怨，务期成功。

去后，兹据崔乃镛详称："卑职遵谕，即亲往相度地势。自木龙村后开凿河口起，至桥头村大河口入于下流止，共丈量得七百四十余丈，中间坚硬顽石计有一百四十二丈，高三丈二丈不等。于雍正七年七月，择吉致祭，十二月初二日鸠众兴工。卑职亲身调度，指画督率尽力开挖。至今年正月二十五日，业将河形挖开，中间石梁凿通，计新开河口宽三丈二丈不等，河底宽丈余二丈不等，尽可泄后海之水归于下流，不复致泛溢。请委员勘验，计垂永久。再宣、甸两里现在耕种之田，较之水淹荒田，仅有十分之三。今寻川两岸涸出田地计可增二万余亩。可否将涸出田亩以一半赏给出夫应役人等并各效力士民，暨设立水利头人，领种纳粮，其一半令附近居民酌量纳价领田，永为己业，统俟秋成后，另行丈勘，造册申报。"等情。臣已批准，并行布政司会同粮道委员勘验定议，通详在案。谨按水利之兴废，实关民生之休戚，属在滇南尤为要务。臣不自揣，欲将东西两迤凡有可兴之水利逐处兴修。此二年以来，勤访密查，不遗余力。除现在省城六河、昆明海口并迤东诸府所属一切河渠、闸坝，各项疏浚开筑已粗有头绪，其余迤西各属，有已经查勘者，有未经查报者，务期确知，以便委办。在举事之始，虽不无所费，然皆臣力所能。嗣后则有涸出田地，并丈出田地应行变价银两，现核数目已约有数万，即以此项办此事，总属有余，断无不足。是以臣屡蒙恩谕，恐力有不能，令请动正项，而并不敢请动正项，亦不敢请动赢余也。独是导水浚河，务期一劳永逸。暂行补救易，长筹通利难。就事治事易，以人治人难。臣愚，拟俟各工报竣，即备细汇叙，具本题明，请于道员、厅员并佐杂官员内，分别河道远近，酌量改衔、兼衔，令总理、分理各属水利。再酌留岁修银两，分定勤惰考成，立季报、月报之条，着具详具结之例。其督抚、藩司仍应将要紧河道分派着落，令不时勘修，俾于总管之外又各有专责，庶现在各属员役不敢怠忽从事，即后来大小官吏亦不致因循，并无可诿卸，或于边方水利实有裨益。合并附陈，伏乞圣主睿鉴。臣谨奏。

雍正八年五月二十六日

○可谓大功德。代朕造福，利益益苍生，永沾惠泽事也。

〔据《朱批谕旨》第28册《鄂尔泰奏折》第30页辑录。〕

云贵广西总督鄂尔泰奏报滇黔二省豆麦收成分数折

云贵广西总督臣鄂尔泰谨奏：为恭报滇黔二省豆麦收成分数，仰祈睿鉴事。

窃臣从粤西由黔回滇，目击沿途所种豆麦各项茂盛倍常，丰收可卜，经檄行各布政司分析查报。去后，今据云南布政司张允随详报："除石屏、嶍峨、师宗、元江、腾越、新平、景东等府州县具报不产豆麦外，昆明、安宁、禄丰、呈贡、嵩明、霑益、寻甸、宣威、建水、河西、宁州、通海、开化、镇沅、恩乐、广南、普洱、威远、浪穹、邓川、永北、太和、云龙、云南、保山、永平、蒙化、剑川、广通、定远、镇南、南安、顺宁、云州、姚州、大姚、和曲、乌蒙、镇雄、永善等四十府州县，豆收俱有十分，麦收尚不止十分。晋宁、易门、富民、罗次、罗平、马龙、南宁、平彝、广西、蒙自、新兴、江川、宾州、赵州、鹤庆、丽江、楚雄等十七府州县，豆收实有九分，麦收实有十分。昆阳、弥勒、陆凉、宜良、阿迷、河阳、路南、禄劝、元谋、会泽等十州县，豆收实有八分，麦收实有九分。"等情。据贵州布政司鄂弥达详报："民间布种豆麦杂粮等项，贵阳、贵筑、贵定、龙里、安顺、镇宁、永宁、普定、清镇、南笼、永丰、桐梓、平越府、平越县、黄平、思南、思州、青溪、大定、平远、黔西等二十一府州县，俱系十分收成。定番、广顺、开州、修文、安平、普安州、普安县、安南、遵义府、遵义县、正安、妥阳、仁怀、余庆、瓮安、湄潭、都匀府、都匀县、独山、麻哈、清平、镇远府、镇远县、施秉、安化、印江、婺川、石阡、龙泉、玉屏、铜仁府、铜仁县、黎平、永从、天柱、锦屏、开泰、威宁、毕节等三十九府州县，俱有九分收成。至于蚕豆、豌豆，尤肥大异常。"等情各到臣。

伏查滇黔两省自春入夏雨泽沾足，是以豆麦、杂粮俱获丰稔。虽云南省城于四月十七日酉戌之交，二十二日自亥正至子初暴雨如注，山水陡发，东北乡浅薄堤岸冲决数处，幸俱于次日旋即雨歇，兼因小麦已八九登场，秧苗半未栽插，故不致为患。臣立即亲勘，委员补筑。现在高低田亩业已遍栽，禾苗青葱盈尺，仰赖圣恩，或可群望有秋也。贵州、广西自四月中旬后亦雨水稍多，然俱无损春熟而有益秋成。除广西春熟分数俟呈覆到日，另行奏报外，所有云贵二省豆麦丰收分数，合先奏闻，伏祈圣主睿鉴。臣谨奏。

雍正八年五月二十六日

○实慰朕念。

〔据《朱批谕旨》第28册《鄂尔泰奏折》第32页辑录。〕

云贵广西总督鄂尔泰奏报滇黔二省秋收分数米粮价值折

云贵广西总督臣鄂尔泰谨奏：为恭报滇黔两省秋收分数，米粮价值事。

窃照收成丰歉，休戚攸关。若遇军兴，尤占年岁。臣行三省布政司确查汇详，兹据云南布政使张允随详称："雍正八年自夏徂秋，雨水调匀，各属高低田亩遍行栽插。今据广西、鹤庆、蒙化等府，安宁、晋宁、嵩明、霑益、宣威、建水、宁州、新兴、赵州、镇南、和曲等州，宜良、通海、广通、定远、永平等县各具报，谷收实有十二分，并有倍收者；荞收亦有十二分。据永北、景东等府，昆阳、陆凉、罗平、寻甸、师宗、弥勒、石屏、阿迷、路南、云龙、宾川、腾越、剑川、姚州、禄劝等州，昆明、禄丰、呈贡、易门、罗次、富民、南宁、平彝、嶍峨、河西、蒙自、新平、江川、文山、太和、云南、浪穹、保山、楚雄、大姚、元谋等县各具报，谷、荞收成均有十分。据广南、元江、镇沅、丽江、顺宁、普洱、威远等府，马龙、邓川、南安、云州、镇雄等州，河阳、恩乐、会泽等县各具报，谷、荞收成俱有九分。所报嘉禾，自五六穗至十三四穗不等，其三四穗、两穗者甚多。近日米价，省城与附近州县每斗卖银一钱或九分，余俱卖银七分。”等情。据署贵州布政司事粮驿道王廷琬详称：“今年自夏入秋，晴雨应节，高下田地均得及时播种。目今早稻晚谷俱经收获，稻谷有一茎数穗及高至五六尺不等者，小米有一茎九穗八穗及高至六七尺不等者，高粱、豆、稗俱硕大异常。各府州县与各土司地方米谷杂粮收成实有十分九分。现今省城米价，每一市斗折仓斗一斗六升，每一市斗卖银八分。各属市斗大小不一，其价向系一钱二三分者，今俱七八分不等，向系六七分者，今俱三四分不等，以仓斗计算，每斗价值不过三四分至八分而止。”等情各到臣。

该臣查得云贵两省连岁丰收，而今岁尤盛。复荷蒙殊恩蠲免钱粮，民彝感颂，欢跃非常。现在军需络绎，而若不知兵。此实圣恩遐迄，民情舒畅，感召天和之所致也。广西省亦十分丰收。除俟报到另行具奏外，所有滇黔各属收成丰稔缘由并米粮价值，合先奏报，伏乞圣主睿鉴。臣尔泰谨奏。

雍正八年十月十七日

〇以手加额览焉。何庆如之？

〔据《雍正朝汉文朱批奏折汇编》第19册第297页辑录。〕

云南巡抚张允随奏报滇省冬春瑞雪甘霖并豆麦丰收情形折

云南巡抚臣张允随谨奏：为恭报冬春瑞雪甘霖并豆麦丰收情形事。

钦惟我皇上诚协天心，仁周民隐，重农务本，时切民依。滇省仰荷圣恩，数年以来岁登大有，人庆屡丰，故虽值办军务，地方若不知有兵。兹查去年十二月二十三四及本年正月初五等日瑞雪时降，三月十五、十六、十九、二十一等日，甘霖遍沛。臣查近省各乡，无不沾足。据远近各属具报，先后俱得时雨，养借布种，秧资灌溉。以三春雨水之及时，可卜秋收之丰稔。汉彝欢呼，万民乐业，此皆我皇上至诚至敬，感格苍昊之所致也。现在各属豆麦俱皆饱满，已陆续收割登场，收成分数尚未据报齐，俟各报到日，分晰收成分数，另折奏报外，所有云南省冬春遍得雨雪日期及豆麦丰收情形，臣谨附折奏闻，仰恳圣怀。为此谨奏。

雍正九年四月初三日

〇览。

〔据《雍正朝汉文朱批奏折汇编》第20册第263页辑录。张允随（1693—1751），字觐臣，号时斋，汉军镶黄旗人。清康熙末以赀入官，雍正初擢楚雄知府，为总督鄂尔泰所赏识，旋授云南巡抚。清乾隆二年（1737年）署云南总督，后授云贵总督。在滇二十余年。〕

云贵广西总督鄂尔泰奏报滇省冬春瑞雪情形折

云贵广西总督臣鄂尔泰谨奏：为恭谢圣恩事。

雍正九年二月初九日，臣赍折家奴蒙恩赏，赍回御赐抵滇。臣随郊迎至署，恭设香案，望阙叩头谢恩祗领讫，跪捧折扣，敬询起居。备闻圣躬康强，精神畅悦；又闻圣驾亲行祈谷日，瑞雪缤纷，气象和蔼，并前数日俱降微雪，预兆丰亨。臣踊跃忻忭，莫可名言。钦惟我皇上敬天勤民，眷注不遗万里，而至诚妙应，昭赐先自京畿。据来滇人员及臣家奴口述，自出京直至河南，俱得大雪，农民庆幸，湖广、贵州豆麦、菜子俱盛。而云南全省冬雪春雨，远近沾足，二月内蚕豆上市，三月内大麦、菜子登场，现在小麦收割过半，而稻秧已甚青葱。臣亲历郊外，见田家男妇翻泥放水，行将栽插，各有喜色，谓又是丰年。此天心之仁爱，实圣心之感通。庆幸无似，儆惕弥深。诚恐稍自乖戾，不能为承受地，致累兹蚩氓耳。为此缮折恭谢圣恩，伏乞圣主睿鉴。臣谨奏。

雍正九年四月初九日

○览卿奏，谢矣。期共勉之。

〔据《朱批谕旨》第28册《鄂尔泰奏折》第74页辑录。〕

云贵广西总督鄂尔泰奏报滇黔桂三省豆麦收成分数折

云贵广西总督臣鄂尔泰谨奏：为恭报三省豆麦收成分数，仰祈睿鉴事。

窃照云南省本年二月雨水微稀，虽去冬大雪，豆麦苗甚盛，诚恐过时不雨，粒实不坚，臣窃深省惕。至三月望日，甘霖大沛，远近均沾，嗣后间晴间雨，甚属调和。贵州省春雨无缺，获刈较晚。是以两省各属所种豆麦俱获丰收。

今行据云南布政使葛森详称："除石屏、嶍峨、腾越、师宗、元江、新平、景东等府州县并攸乐地方向不产豆麦，乌蒙、镇雄、会泽、永善等四州县因兵燹甫定，现在招集人民耕种，收成分数未据册报外，昆明、呈贡、晋宁、宜良、嵩明、昆阳、霑益、蒙自、河西、阿迷、镇南、广通、定远、保山、江川、永平、楚雄、罗平、宣威等十九州县豆麦收成俱有十分十二分不等；罗次、南宁、建水、普洱、新兴、文山、河阳、赵州、南安、浪穹、宾川、太和、陆凉、弥勒、寻甸、平彝、安宁、镇沅、恩乐、云龙、永北、云南、鹤庆、丽江、姚州、元谋、大姚、顺宁、宁州、马龙等三十府州县豆收八分九分不等，麦收九分十分不等；易门、富民、广南、蒙化、剑川、通海、云州、禄丰、广西、邓川和禄劝、路南、威远等十四府州县豆收七分八分不等，麦收八分、九分不等。"

据贵州布政使常安详报："豆麦杂粮等项现在收获，通查各属内，定番、广顺、贵定、龙里、安顺、普定、镇宁、清镇、桐梓、印江、婺川、思州、黎平、开泰、永从、平远等十六府州县俱系十分收成；贵阳、贵筑、永宁、安平、南笼、普安州、永丰、安南、瓮安、湄潭、都匀府、都匀县、镇远府、镇远县、清平、施秉、思南、安化、石阡、龙泉、玉屏、青溪、铜仁府、铜仁县、天柱、锦屏、大定、黔西、威宁、遵义府、遵义县、仁怀等三十二府州县俱有九分收成；开州、修文、普安县、正安、绥阳、平越府、平越县、黄平、余庆、独山、麻哈、毕节等十二府州县俱有八分收成。"

据广西布政使元展成呈报："除恭城、贺县、修仁、昭平、容县、岑溪、怀集、横州、永淳、上思、怀远、宾州、来宾、上林、河池、东兰等州县向不产豆麦杂粮，天河一县豆麦收成颇迟，分数难以预定外，兴安、富川、藤县、平南、武宣、左州、马平、思恩等八州县大小二麦收成俱有十分；荔浦、苍梧、宣化、融县等四县豆麦收成俱有十分；临桂、阳朔、灌阳、平乐、隆安、崇善、养利、雒容、柳城、罗城、象州、宜山、荔波、奉议、都康等十五州县二麦收成有八九分；永宁、永福、义宁、北流、桂平、西林等六州县豆麦收成有八九分；灵川、贵县、永康、迁江等四州县麦收俱有七分；永安州豆与大小麦收成九十分，荞麦收成八分；全州小麦收成八分，豆子、荞麦收成七分；郁林、兴业、新宁等三州县豆子杂粮收成有七八分；博白、陆川二县并泗城府麦粮鲜有栽种，豆收有七八分；镇安府、西隆州、归顺土州荞麦、面麦收成七八分；武缘县荞麦收成六七分；向武土州麦收九十分；上映土州、小镇、安土州荞麦收成九分，小麦收成七分。”各等情前来。合臣察访无异，相应据实分晰奏报。

再，云南省自入夏以来时雨屡降，远近沾足，而芒种日大雨，夏至日甚晴。据农民称幸，以为又系丰年。现在高低田亩栽插已完，早秧出水逾尺，青葱可爱，夏荞、杂豆亦甚茂盛。如得仰邀天恩，此后晴雨但不至过甚，则今岁秋成又可预卜大有。合并奏闻，伏乞圣主睿鉴。臣谨奏。

雍正九年五月二十六日

○以手加额览之。京师目今甚旱，实知皆朕一人之咎。此中不得已召致之情，惟祈上天鉴谅耳，亦不胜批谕。

〔据《朱批谕旨》第28册《鄂尔泰奏折》第81页辑录。〕

云南巡抚张允随奏报通川河道堪以开浚缘由折

云南巡抚臣张允随谨奏：为奏明开浚通川河道事。

窃照舟楫之利以济不通，所关最大。滇省僻处天末，山高路远，行旅货物驼运维艰，物价腾贵，偶遇歉收，外省米粮不能挽运接济，皆不通舟楫所致。若能随山浚川，直达川江，即可通行各省，实为万世无疆之大利。钦惟我皇上裁成参赞，业隆前古，尤加意水利，凡各省河道关系民生者，悉已委员发帑修浚疏通，以资灌溉，以昭利涉。惟滇省资藉水利较他省更巨，乃历来未疏凿。督臣鄂尔泰仰体圣心，与臣悉意采访详查，各处河道，凡有一线可通之处，必委员踏勘办理。近查得云南府嵩明州属之杨林海子，其下流即车洪江、牛栏江，道经寻甸、霑益、宣威、东川、威宁、昭通各属，直接金沙江口，虽阻塞处甚多，但河形显然，脉络贯串，似可开浚。当经督臣鄂尔泰商委粮储道黄士杰、迤东道迟维玺转委试用赵世纶、典史俞行玉、把总陈联科等各员逐段查勘，详估道里远近、水势平险及河身宽窄通塞、滩矶缓急大小，令其分晰具报。及督臣进京陛见，临行谆切，嘱臣尽心经画。臣复檄行各员确查。去后，兹据各员查勘，回省具禀前来。臣覆加面询，查通川河道，自杨林驿之水关桥人杨林海，达车洪江，经嵩明州属之河口，寻甸州属之七星桥、阿旧塘、大河口，霑益州属之拖罗、石牛滩、小黑潭、穿河洞，宣威州属之志札、块摸等处，计程五百四十里，入牛栏江界。再经东川府属之色黑，威宁州属之腻书渡、科作，昭通府属之倚补遮、索桥塘、红石崖、洛马厂、阿泥格、拉古等处，抵金沙江口，计程五百余里。计车洪、牛栏二江共水路一千四十余里，入金沙江，经永善县属之滥田坝、溜筒江、河口等处，至督臣鄂尔泰新开通川河道之黄草坪，为商船停泊码头，计程三百二十里。通计自滇通川，共水路一千三百六十余里，内有不待修浚已可行舟者四百余里，略加修浚即可行舟者计二百余里，其余七百五十余里，虽内有大石阻塞，险滩急流，尽可开浚烧凿。惟昭通府属之阿泥格十余里，为牛栏、金沙两江界限，巉崖叠水，高二十余丈，难以开凿，且水势高下不等，恐用力疏通，不足以备蓄泄。又牛栏江与金沙江所用船只，大小各异，自应盘坝换船。如此开浚，庶将来商旅得免跋涉之劳，货物省驼运之费，米粮通行，安澜致庆，实万世永赖之利，皆我皇上德泽周流，无远弗届之所致也。

臣详查各员禀报，不敢畏难苟安，务期实力举行，斟酌万全，仰副皇上利济无穷至意。除再委能员覆勘确估，详报到日，再行具奏请旨外，所有滇省通川河道堪以开浚缘由，相应缮折奏闻，伏乞皇上睿鉴。谨奏。

雍正九年十一月十二日

○好。但此等事，若非深知灼见，不可草率举行，恐徒浪费，复恐为地方年年开浚之累。勉强遮掩粉饰，则无益也。若鄂尔泰之慎重才识，朕实信得。及至于汝等，朕实不敢言其必可行之举也。详慎为之。

〔据《雍正朝汉文朱批奏折汇编》第21册第478页辑录。〕

云南巡抚张允随奏报滇省冬春雨雪应时豆麦丰稔情形并缴朱批折

云南巡抚臣张允随谨奏：为奏报冬春雨雪应时，豆麦丰稔情形事。

窃照云南地方跬步皆山，并无外来米粮，全赖本地所出豆麦荞谷以资民食。其上年秋收歉薄之处，尤望春收丰稔。臣查去年十一月十八、二十四、十二月十六七等日，本年正月初七、十四、二月十四、二十八等日，雨雪应时而降，据两迤各属具报，前后俱得雨雪，豆麦丰稔可卜。臣率同司道各官查勘，省城郊外修浚河道各乡二麦茂盛，蚕豆、菜子结实。询之老农，咸称："因冬春雨雪及时，豆麦秀实倍常，早荞业已布种发生。"等语。所言与各属所报相同。俟二麦登场，容臣分晰收成分数，另折奏报。所有云南省冬春雨雪日期并豆麦丰稔情形，理合缮折奏闻。奉到朱批原折五扣，一并恭缴。为此谨奏。

雍正十年三月十二日

○览。

〔据《雍正朝汉文朱批奏折汇编》第22册第2页辑录。〕

云南巡抚张允随奏报滇省各地豆麦收成及禾苗得雨栽插折

云南巡抚臣张允随谨奏：为恭报豆麦收成，禾苗得雨栽插事。

钦惟我皇上敬天勤民，重农务本。滇省僻处边隅，尤廑宸念。本年豆麦丰稔情形，经臣缮折奏闻。兹据布政使葛森册报"除向系不产豆麦府州县，并镇雄、会泽、恩安、永善四州县俱不种豆麦，无凭闻报外，其昆明、永平、安宁、晋宁、易门、嵩明、宜良、罗次、富民、江川、普洱、恩乐等府州县，豆麦收成俱有十分；呈贡、昆阳、南宁、霑益、宣威、马龙、陆凉、罗平、寻甸、平彝、建水、阿迷、宁州、蒙自、通海、河西、广西、楚雄、镇南、南安、广通、定远、顺宁、云州、河阳、路南、新兴、广南、文山、镇沅、太和、赵州、云南、邓川、浪穹、宾川、云龙、永北、蒙化、鹤庆、丽江、保山、剑川、姚州、大姚、和曲、元谋、禄劝等府州县，豆麦收成八分九分不等；禄丰、弥勒二州县，豆麦收成八分七分不等”前来。臣查去冬今春雨雪应时，通省豆麦俱获丰收。现今甘霖遍沛，禾苗栽插已有十之八九，秋成可望。所有豆麦收成分数并雨水、栽插情形，理合分晰缮折，专差家人李笑赍折奏闻，伏乞皇上睿鉴。为此谨奏。

雍正十年五月二十九日

○以手加额览焉。

〔据《雍正朝汉文朱批奏折汇编》第22册第387页辑录。〕

署云贵广西总督高其倬奏报云贵广西雨水田禾情形折

两江总督署理云贵广西总督印务臣高其倬谨奏：为奏闻事。

云南豆麦有收情形，臣前已具折奏明。所有荞麦一种，云省种植最多，民间以之为一季，农事其重亚于稻谷。现在六月，云省各处夏荞已收割十分之五六，俱有十分收成。雨水甚足，稻禾茂盛。近十余日以来，雨觉微多，他处皆不碍田禾，惟南宁一县，其洼田被淹者十余顷，现在查勘。昭通彝民之荞俱有八分收成。垦民之田禾，五月末、闰五月之初，雨水不足，稻田多半不能栽插，且生黑虫，荞亦不茂。自闰五月中旬以来，连得透雨，今稻已插十分之六七，余者已种稗，现在禾皆茂长，夏荞得雨俱改观滋茂，垦民每户自十余石至十石、八九石及三四石，各有所收。贵州水泽足，稻禾茂盛，惟黄平州稍有被水之处。广西雨水过多，河水泛涨，桂林之永福、阳朔，又梧州、平乐、柳州、横州、昭平、修仁、融县等处，有民房被水淹倒者，现在抚臣金鉷委员查恤，臣亦现会饬。至田禾，据各属报，水势虽大，旋涨旋消，田禾无伤，余外各属田禾俱茂。所有情形，臣谨缮折奏闻。谨奏。

雍正十年六月十六日

○览。

〔据《雍正朝汉文朱批奏折汇编》第22册第735页辑录。〕

云南巡抚张允随奏报滇省雨水荞禾情形折

云南巡抚臣张允随谨奏：为奏闻事。

窃照滇省民食，荞麦与米谷并重。本年豆麦收成分数，经臣具折奏闻。兹查各属夏荞大半登场，足有十分收成。自入夏以来，通省雨水调匀，稻禾茂盛。近日雨泽稍多，曲靖府属之南宁县沿河低洼之田被水淹没者十余顷，现在委员踏勘。至昭通地方，据报，闰五月初十以前雨水缺少，垦民田禾不能遍插，又生黑虫，荞亦不茂。至闰五月半后，霖雨普注，栽插过半，余田补种稗秧，其前种禾苗渐皆长发，垦户、彝民所种之荞，约六月初旬俱可刈获，得资日食。所有通省荞禾情形，臣谨缮折奏闻。为此谨奏。

雍正十年六月十六日

〇览。

〔据《雍正朝汉文朱批奏折汇编》第22册第743页辑录。〕

署云贵广西总督高其倬奏报云贵六月中旬以来雨水稻苗情形折

两江总督署理云贵广西总督印务臣高其倬谨奏：为奏闻事。

臣前经折奏云南自六月中旬以来雨水微多，今于七月初六日已晴霁。至今，稻谷茂长，皆已出穗。贵州稻苗更茂盛逾常。所有情形，谨缮折奏闻。谨奏。

雍正十年七月十八日

〇览。

〔据《雍正朝汉文朱批奏折汇编》第22册第953页辑录。〕

云南巡抚张允随奏报地方甘霖普降及豆麦收成情形折

云南巡抚臣张允随谨奏：为奏报豆麦收成并雨水情形事。

窃照滇省不通舟楫，惟恃本地所产粮米以资民食。春间，豆麦为滇民数月接济之粮，必雨雪沾足，方望丰收。查自入春以来，省城及两迤地方雨雪调匀，惟二月内豆麦正当滋长，微觉少雨。幸交三月甘霖频降，据两迤各属具报，亦俱普沾时雨。臣复亲至郊外查勘豆麦，询之农民，咸称“二麦、蚕豆约有七八分收成不等，早荞业已布种发生”等语，亦与各属所报情形无异。现今豆麦陆续登场，统俟布政使查明各属收成分数，造册到日，容臣另折分晰奏报。所有云南省豆麦并雨水情形，合先缮折恭奏。奉到朱批原折六扣，一并恭缴。为此谨奏。

雍正十一年三月二十四日

〇览。

〔据《雍正朝汉文朱批奏折汇编》第24册第212页辑录。〕

云贵广西总督尹继善奏明各属雨水沾足春麦收成折

臣尹继善谨奏：为奏明春收丰足，雨水调匀事。

查得滇省地方今春雨旸时若，各属豆麦俱已丰收。云南、澂江、广西、永北、永昌、鹤庆、蒙化、丽江、楚雄、昭通等府属各有九分，曲靖、大理、临安、顺宁、姚安、东川、武定、开化、镇沅、普洱、广南等府属俱七分八分不等。四月下旬二麦收完，时雨大沛，通省沾足，高下田畴稻秧将次栽遍，山地杂粮俱甚长发茂盛。贵州境内，臣于三月间经过之时即得透雨，农民已经及时播种。相应奏明，仰慰圣怀。谨奏。

雍正十一年四月二十九日

〇以手加额览焉。

〔据《雍正朝汉文朱批奏折汇编》第24册第420页辑录。尹继善（1695—1771），字元长，晚号望山，满洲镶黄旗人。清雍正元年（1723年）进士，曾任云贵、广西、川陕、两江等地总督。〕

云南巡抚张允随奏报滇省冬春雨雪应时豆麦茂盛情形折

云南巡抚臣张允随谨奏：为恭报冬春雨雪应时，豆麦茂盛情形事。

窃照滇省去岁秋收在在丰稔，入冬以后田间豆麦尤期雨雪调匀。兹查上年十一月二十九、三十日，十二月初一等日连降瑞雪，积盈尺许。本年正月二十以外，二月初二、二十三等日，又复普沛春霖，并据两迤各属具报，前后俱得雨雪，现今二麦旺盛，蚕豆、菜子结实丰稔，其高坡山地布种春荞亦俱长发，东作并兴，汉夷安恬乐业。所有云南省冬春雨雪日期并豆麦茂盛情形，臣谨附折奏闻，伏乞皇上睿鉴。奉到朱批原折二扣，一并恭缴。谨奏。

雍正十二年二月二十九日

〇览。

〔据《雍正朝汉文朱批奏折汇编》第25册第977页辑录。〕

云南巡抚张允随奏报开修昭郡道路工竣并请疏开河道水利以便商农折

云南巡抚臣张允随谨奏：为恭奏开修昭郡道路工竣，再请疏开水利以便商农，以益兵民事。

窃昭通一府仰赖皇上天威，底定之后，人民生聚，兵马众多，通商裕食实为要图。臣日切筹思，必道路便捷，水利通畅，始足以招商贾而兴农功。查自省至霑益路皆平坦，牛马车行无阻，惟霑益州属之松林驿起，历宣威、威宁以至昭通，道途险窄，商贾难行，经臣上年正月内委令试用知县李本瀜前往详加勘估，旋据复称：“自松林起至昭通计程五百四十五里，虽险阻不一，均可开修车路，估工料银一千九百余两。”当经升任布政使葛森详动司库官庄变价充公银内发给兴修，今已据报工竣，现在牛马车行直达昭通。

又查四川高县之安宁桥一带，商贾辐辏，米价平减，盐布货物贸易颇多。而自安宁桥至昭通计程二十站，脚价甚重，是以百物至昭腾贵。经臣行据昭通府属之镇雄州知州李至详称：“查自安宁桥至镇雄州属之牛街小路六站，自牛街到昭通小路七站，仅共一十三站，因年远废塞不通，若修开此路，较大路接近七站。”等语。复经臣酌动司库官庄变价银五百两给领兴修，今已据报工竣，并于沿途设立塘汛、店房，拨兵招民住坐，以保行旅。现今商贾贩运各物络绎赴昭，一切物价较之往年已减十分之二，而该州采办兵米亦即由此挽运，脚价亦较前节省。以上两路用过工料银两，容臣核实题销。再查昭通田地，除招徕新旧垦户及本地夷民垦种之外，尚有可开之田。

前据昭通府知府徐德裕详称："昭通属滋泥、利济、拉擦等三河，皆关农田水利，若疏修开通，不特恩安、鲁甸已垦之田可资灌溉，兼可于附近开垦水田万亩。"当经臣与督臣尹继善批委迤东道黄士杰前往查勘，兹据覆称："滋泥等三河实皆关系农田水利，疏修开通，与昭郡地方人民大有裨益，分别应开、应凿、应宜建闸之处，逐段确估，共需银五千四百八十余两。"等因前来。除取估册到日，题请于司库官庄银内酌动兴修外，所有开修昭郡两路工竣并应疏河道情由，臣谨一并缮折奏闻，伏乞皇上睿鉴。为此谨奏。

雍正十二年五月二十七日

○题到有旨。

〔据《雍正朝汉文朱批奏折汇编》第26册第440页辑录。〕

云贵广西总督尹继善奏报滇黔桂三省田禾及雨水情形折

臣尹继善谨奏：为奏明田禾茂盛并雨水情形事。

窃查云南、贵州、广西三省前于栽秧之期均得甘霖，远近沾足，业经具折奏明。自五月至今时雨时旸，施行顺序。现在云南省早稻吐穗，晚稻长发极其茂盛，一切荞豆、杂粮俱甚蕃硕，将次成熟。贵州、广西二省亦皆晴雨及时，田禾茂盛。惟贵州属之桐梓、毕节、瓮安三县并都江各地界内，因五六月间骤雨，山水泛涨，沿河居民房屋间有被淹；又古州镇城依山傍江，六月初二日江水消泄不及，淹及东南城关，兵民房屋，城墙多有倒坍，人口避登高阜，俱得保全。六月二十五日，贵州省城北山水发，城内城外房屋亦有冲坍，损伤居民一十余口。以上各属，臣俱会商抚臣，委员确勘，赍带公银，酌量抚恤。被淹之处山水一过即消，田禾无恙。查古州镇城为三江汇注之地，向多水患，急宜筹画。已行藩司遴委干员查勘形势，作何捍御疏通，另行定议办理。至云南之普、思、元、临一带，自撤师以来地方宁谧，民乐耕耘，其招抚夷人俱已各安故业，现在禾苗遍野，妇子恬熙，迥非从前景象。臣惟有严督文武各属不时防范，加意抚绥，断不敢以边境已安稍生怠忽。谨奏。

雍正十二年七月二十三日

○欣慰观览。

〔据《雍正朝汉文朱批奏折汇编》第26册第721页辑录。〕

云贵广西总督尹继善奏报滇粤全河开修告成并请宠锡嘉名折

臣尹继善谨奏：为滇粤全河告成事。

窃查滇省僻处边隅，不通舟楫，处处崇山峻岭，商旅难行，百货腾贵，是以开通河道甚关紧要。查由滇通粤，有土黄一带河道，发源于滇省广南府之分水岭，合师宗州、西隆州诸山之水，汇聚成川。自土黄起，经西隆、西林、土富州、土田州诸境，过剥隘而至百色，共计七百余里，可以直达两粤，旁通黔楚。先因沿河盘踞悉属苗蛮，河身狭隘，险滩甚多，亘古以来未收利济之用。

我皇上恩德覃敷，百蛮向化，八达顽梗悉皆荡平。从前鄂尔泰以此河若得开通，滇粤两省呼吸联络，招徕商贾，转运粮糈，实为万世攸赖，因于汇陈全滇水利疏内并请勘修。旋值鄂尔泰进京，而粤西属员乐事因循，多称难于开浚，遂致彼此益生疑沮，委勘数年，竟无定见。臣到任后，备考图籍，密访情形，稔知此河水源长远，易于施工，据实估修，所费有限。随遴委王廷琬前往确勘总理，又委粤省之泗城府知府张任、滇省之原任昭通府知府陈克复，督率各地方官协力分办。于滇省司库官田变价项下拨银六千余两往赍，招募夫匠，分段兴工，或疏浚沙碛，或开凿石滩，或筑土坝束水，或开子河分流。细测通身形势，务期蓄泄得宜。

计自雍正十一年十二月起，至本年五月，已将全河七百四十余里一律开通。随照贵州、湖广滩河驾使之麻阳船、鳅船式样成造试行，往返无阻。现在广东之三板等船已有载货前来，沿河交易。嗣后四方商贾闻风奔凑，财货可以流通，且运铅运钱可以省数百里之旱路，滇粤两省受益实多。除沿河安设塘汛、建盖店房等项次第料理，现饬承修各官，俟水落之后，再将新修各工收拾完备，委员确看，酌定岁修，务期永远巩固。并查实用过工料银两，造册报销外，所有全河开修告成缘由，相应先行奏明。再土黄地名原系土人传述，志乘无稽。此河在西林县境居多，西林为古上林地方。伏恳皇上宠锡嘉名，用昭久远。再全河七百余里赖有神灵保护，素闻土黄一带三四月间即有瘴气，且山水暴发不常。今自开工以至竣工，河流平稳，天气清明，人力易施，事半功倍，且匠夫数万，一无伤损，实有默助成功。倘蒙皇上敕建河神祠宇，获从报享之典，则皇仁优渥宣播遐方，山川均被光华，边氓益增庆慰矣。是否有当，统请圣裁。谨奏。

雍正十二年七月二十三日

○可嘉之至。建祠祭典，交部议奏矣。候旨行。

〔据《雍正朝汉文朱批奏折汇编》第26册第722页辑录。〕

云南巡抚张允随奏报通省雨水调匀秋禾茂实情形折

臣张允随谨奏：为奏闻事。

窃照滇省自今岁五月中旬连沛甘霖，各属农田乘时栽插，经臣具折奏闻之后，暑雨普降，高低田地遍行播种。查自六月迄今雨旸调和，现今稻禾茂实倍常，荞麦、杂粮悉皆畅茂，节据两迤各属所报相同。绅士、汉夷人等咸以边隅既靖，又获丰年，感戴皇仁，欢呼乐业。所有通省雨水调匀、秋禾茂实情形，理合附折奏闻，伏乞皇上睿鉴。谨奏。

雍正十二年七月二十四日

○深慰朕念。

〔据《雍正朝汉文朱批奏折汇编》第26册第731页辑录。〕

云贵广西总督尹继善奏报雨雪应时春苗茂盛情形折

云贵广西总督臣尹继善谨奏：为奏明雨雪应时，春苗茂盛事。

窃查滇省迤西一带大理等府于年前十一月间即经得雪，顺宁、蒙化等府气候温和，向来雪少，俱经得雨滋润；迤东一带昭通、东川等府，亦于年前十一月间得雪，至正月初二等日，昭通复得大雪，积厚尺余。开春以来望雨正殷，于正月二十五六等日，大雨普沾，远近周渥，豆麦、菜花及时发生，青葱畅茂。处处民苗乐业，米粮价值甚为平减。贵州所属台拱、遵义等处，年前亦屡报得雪，入春以后通省雨水甚属调匀。臣谨具折奏闻，仰慰圣怀。谨奏。

雍正十三年二月初四日

〇冬春既获应时膏泽，春苗自必长茂矣。深慰朕之远念。

〔据《朱批谕旨》第60册《尹继善奏折》第55页辑录。〕

云南巡抚张允随奏报新年雨雪日期及豆麦茂盛情形并缴朱批折

云南巡抚臣张允随谨奏：为春初雨雪相继，豆麦茂盛事。

窃照滇省豆麦、早荞，当立春前后最宜雨雪。今查正月初二、初三等日，昭通府一带地方大雪缤纷，平地、沟塍皆积厚尺许。大理府一带亦于正月初二三等日，雨雪交加，入土三四寸不等。至正月二十五六等日，春雨普降，两迤沾足，四野麦田芃芃发舒，蚕豆、早荞花实并茂，人民欢乐，气象恬熙。除俟二麦登场，臣分晰收成分数具奏外，所有新年雨雪日期及豆麦茂盛情形，理合恭折奏闻，伏乞皇上睿鉴。

奉到朱批原折七扣，一并恭缴。谨奏。

雍正十三年二月二十五日

〇欣慰览之。

〔据《雍正朝汉文朱批奏折汇编》第27册第776页辑录。〕

云贵总督尹继善奏报雨水调匀豆麦丰熟折

云贵总督臣尹继善谨奏：为奏明雨水调匀豆麦丰熟事。

窃照云贵地方自入春以来雨旸顺序，耕种及时，豆麦发生极其畅茂。今交夏令，渐次成熟，现在豆已登场，二麦结实遍野，四月以内即可全获。询之农民，咸谓今岁春收十分大熟，一切菜花、荞麦亦皆处处茂盛，米粮价值仍似去冬平减。四月初间又连得大雨，远近沾足。臣谨具折奏闻，仰慰圣怀。谨奏。

雍正十三年四月十六日

〇览。雨水豆麦情形，欣慰曷似。

〔据《朱批谕旨》第60册《尹继善奏折》第55页辑录。〕

云贵总督尹继善奏报雨水调匀禾苗茂盛折

臣尹继善谨奏：为奏明雨水调匀，禾苗茂盛事。

窃滇省自二麦登场之后连得甘雨，高下田苗俱已栽遍，五六两月以来雨水应时，早稻已经出穗，晚稻将及扬花。询之农民，咸云今岁得雨甚早，沾被更匀，田禾长发较之往年尤其肥硕，一切荞麦、杂粮无不畅茂。东西两迤溥遍皆同，米粮价值甚属平减。贵州一省自栽插之后雨水缺少，至六月十二日甘霖大沛，远近均沾，惟黄平、清平及镇远、思州所属数州县前被逆苗滋扰，人民逃避，田地大半荒芜。现在渐次平定，陆续招回复业，内有田被逆苗占种，先已代为栽插者尚望有秋，其余耕种失时，无以糊口。臣已行令军前文武，择其年力精壮者充练应夫，使得自食其力。其攻破贼寨所获牛只，俱令分给难民，以为补种杂粮之用，并议酌量赈恤，竭力抚绥，务期兵火余生不致流离失所，为此据实奏闻。谨奏。

雍正十三年六月二十九日

〇览。

〔据《雍正朝汉文朱批奏折汇编》第28册第701页辑录。〕

署理云南总督云南巡抚张允随备陈滇省水利情形请定官民疏浚之例折

署理云南总督云南巡抚臣张允随谨奏：为备陈滇省水利情形，请定官民疏浚之例，以重岁修事。

窃惟洚洞消而蒸民乃粒，沟洫尽而九赋用成。是以欲重农功，必先兴水利。钦奉上谕，饬令督抚有司刻刻先图，悉心讲究，仰见皇上惠爱黎元之至意。

臣伏查滇省山多坡大，田号雷鸣，形如梯磴，即在平原亦鲜近水之区，水利尤为紧要。且滇省水利与别省不同，非有长川巨浸可以分疏引注，其水多由山出，势若建瓴，水高田低，自上而下，此则宜疏浚沟渠，使之盘旋曲折，再加以木枧、石槽引令飞渡，间有田高水低之处，则宜车戽。倘遇雨水涨发，迅水直下，不能停潴，则宜浚塘筑坝，或开涵洞，蓄泄得宜，两岸田地均沾灌溉矣。至于近海、临河低洼之处，下流多系小港，水发未能畅流，恐致漫淹，则当疏通水口，以资宣泄。如遇山多砂碛，又当筑堤障蔽，以护田亩。滇省水利情形大概如此。臣蒙世宗宪皇帝畀以巡抚重任，正值升任督臣今大学士鄂尔泰讲求水利之时，臣得与之商権经理，次第兴修。迨后复与署督臣高其倬暨今督臣尹继善，每于农隙之时，必谆饬各属，凡境内有应修之水利，无论巨细，皆令查明，报勘兴修。

查滇省可通舟楫之水利，如通川河道：一自昭通府北境入大关之盐井渡以抵川江；

一自永善县之黄草坪以抵副官村，与川省之马湖府川江会合，系升任督臣鄂尔泰与臣陆续兴修。通粤河道：一自罗平州之土黄河以抵粤西之百色；一自广南府之板蚌以抵粤西之西洋江，系升任督臣鄂尔泰及今督臣尹继善与臣节次开浚，现在舟运兵米、京钱无阻。至奉上谕，由寻甸州之牛栏江、车洪江可达川江之处，经督臣尹继善行令司道查覆具奏外，至于灌溉民田之水利，如云南府属昆明县之六河，嵩明州之杨林海，宜良县之大赤江，禄丰县之西河，罗次县之梅子箐河，呈贡县之尖山河、清水河、白龙潭，临安府属建水州之泸江、李浩寨山泉，阿迷州之盘江东西二沟、乌甸傍甸二河漾田，嶍峨县之城北四沟，河西县之北乡长河、新增尾村龙泉，曲靖府属南宁县之恭家圩、白彝圩、套子圩，马龙州之块竹、李小田村坝，澂江府属河阳县之抚仙湖海口、双龙乡大小塘、周官营、梁王冲、两朵泉，江川县之甸头乡海塘、前后卫大小塘，新兴州之梁王等坝，路南州之民河乡大河、黑白龙潭，昭通府属恩安县之滋泥沟、利济河、荔支河、擦拉河、洒鱼河、花鹿圈堤、葫芦坪堤、西戈寨二堤，鲁甸之马鹿河、罗章阁坝、落水硐堤，东川府属会泽县之蔓海左右中三河、马鞍山河、梅子箐河、铜厂坡、五龙、募魁塘四渠、施家、以扯、马五寨等水沟七处、那古寨龙潭，开化府属文山县之溪河堰、塘车坝，武定府属和曲州之红土田水坝、石桥、枧槽、阿家甸、腊家、向窝渚、下沟等沟，禄劝州之马家庄沟、掌鸠河、鹧鸪河、普济、道济、广济等沟，元谋县之城北溪河堤，广西府属师宗州邱北之腻革水泉、狮子山拦水坝，镇沅府属恩乐县之邦卡山水泉、白沙水泉，鹤庆府之漾弓河，剑川州之严场河、千木河、石菜江、东山湖，大理府之洱海海口、十八溪，邓川州之弥苴河，云南县之近城川、周家坝、你甸川、油丰坝，浪穹县之凤羽河、福寿桥闸，楚雄府属楚雄县之乾葛顶古坝，广通县之福山泉，定远县之梁王坝等河、桃苴村、赵旗村、三江口，姚安府属姚州之丰乐、大石二淜，永北府之海河，景东府之都喇河，永昌府属保山县之九龙池、黑龙潭。以上或凿泉源，或浚河身，或置闸建坝，或开堰筑塘，或劝导修治，或动帑兴工，虽利之大小各殊，均于民田有益。此滇省历年已兴之水利也。内有官民协力捐修者，有借用公项兴修、分年还款者，有动帑兴工、造册报销者。其捐修、借修者止于详报本省备案，至动帑报销者俱经具题，准部核销在案。又云南县修筑之段家坝，晋宁州之月表村坝，保山县之七乡水利，昭通府之漾子沟，东川府之那姑水硐，楚雄府之青龙桥河，建水州之曲江、白家寨，南宁县之亮子口、紧水滩，他郎之须立河沟，皆现在兴修，未经报竣之水利也。至东川府之者海龙潭，河曲州之黑盐井河，永善县之黄平寨马旺沟，嵩明州之崇正、日足二里河，易门县之大泼槛，宜良县之汤池海口，富民县之大沟、摆夷沟、西渠沟、大营坝，南宁县之潇湘河，陆凉州之普济寺圩，晋宁州之五龙潭，云南县之和、荞二川，定远县之乾海子等处，已经查出，现在勘议兴工之水利也。

臣因奉到上谕，复饬行各属，将已修者加意培护，现修者上紧完工，此外如有应行修治者陆续勘估报修，务使泉源皆归有用，地利不致抛荒。但工程大小不一，或应动项兴修，或应借给，分年还款，与率民自修之处，若不酌定章程，日久保无推诿。臣请分晰定例，如田间沟洫及一二村寨之闸坝，与应修之旧有沟堤，工小费轻者，令地方官查明，于农隙时按田出夫，督率兴修。如工程稍大，于出夫之外有应需工料者，令地方官率同士民公估、公议，需费多寡，于有田用水各户名下按田分定应出银数，造册详请借动司库公项，于工竣后分年还款。倘工大费繁，非民力所能胜者，则勘定应修情形，绘图贴说，估计详请，委员覆勘结报，即于雍正九年题明官庄变价、留为水利之用项内动给，工竣，另行委员确勘，取具册结，具题核销，俱照雍正十年题定之例，除云南一府仍归粮道管辖外，其在迤东者归迤东道管辖，在迤西者归于迤西道管辖。再值大计考察及题升调补时，事实册内开造该管水利一条，以示鼓励，并令各属选择老成里民经管巡水，以司稽察。至内有工程险要，必须岁修者，除从前题定，设有岁修银两及各属捐置田亩年收租值可以备用外，如尚有应加岁修之处，容臣查明，酌量增设。庶章程既定，修治有方，已兴之水利既得永远保固，未兴之水利亦可次第查修。如此，则旱潦兼资，有利无患矣。

再查修过水利所灌田亩，有粮者得免赔粮之累，无粮者亦必渐次开垦。但新垦山地收成难定，似应薄其赋入，免其计亩升科。至于近海沿河田地，出没无常，水小之年稍有收获，不过聊偿辛力，亦应听民自行报垦，一并免其升科，使小民知有种植之利，无加粮之累，必皆自行相度，争先请修，将见遐陬僻壤无不兴之水利，可以仰慰皇上厚生足食之德意于无穷矣。是否有当，伏乞圣主睿鉴，训示遵行。谨奏。

乾隆二年闰九月十九日

〇与新任督臣和衷妥商办理。

〔据张允随撰《张允随奏稿》（清钞本，下同）卷二第 49 – 53 页辑录。〕

署云南总督云南巡抚张允随奏明筹办开凿金沙江上下两游工程事宜折

署云南总督云南巡抚臣张允随谨奏：为奏明筹办开凿金沙江上下两游工程事宜，仰祈睿鉴事。

窃照滇省开浚金沙江一案，先经调任督臣庆复委令昭通镇中军游击韩杰勘明可以开修情形，与臣会商，恭折奏请开凿，以利滇蜀两省民生。臣于上年会奏之后，即衔命前往贵州署事，迨奉到谕旨，当经督臣庆复遴委试用道宋寿图、广南府知府陈克复为总理，游击韩杰为监督，并令参将缪弘督理船筏，于上年十一月起，先将金沙厂以上至小江口一带水势滩形一面查勘，一面试修。因上游各滩查勘需时，而各处夫匠亦难克期调集，始于本年二月兴工，计陆续试修蜈蚣岭、安吉等十滩，旋因水长瘴发，详报停工。臣于五月二十七日回任，督臣庆复奉命调署两广督篆，业将开凿江工情形面相讲求，于六月十三日具折会奏在案。今臣奉旨接办，适当停工之际，与在省司道及承办各官乘暇悉心商酌，博加询访。

伏查金沙一江，发源西域，经滇省之鹤庆、丽江、永北、姚安、武定、东川、昭通等七府，以达川省，实为三峡上流，自东川府小江口起，至川省叙州府新开滩止，绵亘一千三百余里。此滇中西北之险，历代蛮夷割据，所资以为天堑者也。前明正统、嘉靖年间，靖远伯王骥，巡抚黄衷、汪文盛等屡议开浚，以通川滇血脉，事不果行。今蒙我皇上加惠边民，俞允兴修。此功告成，足以续禹力所未至，不独一省一时之利，实西南万里疆隅久安长治之计也。

查上年十月间，督臣庆复委令宋寿图等总理估勘兴修事宜，因江程辽远，溯流查勘自冬徂春，半年之内始勘明上游诸滩，而下游一带水势、滩形尚未及估勘。今已八月初旬，转瞬霜降之后瘴消水涸，即当乘时兴工。若令该府道等再往下游查勘，则上游工程必致鞭长莫及。臣悉心筹酌，此案江工应分上、下两游办理，庶事有责成，而工无旷日。查自小江口至金沙厂六百七十三里为上游，自金沙厂至新开滩六百四十六里为下游。今将上游一带工程饬交原委查勘之道府宋寿图、陈克复总理承修。今于十月初旬，调集夫匠，带领分修各官前往金沙厂，将应修各滩分别难易，其滩大工巨者分段疏凿，滩小工易者分滩修凿，俾官吏、夫匠人等齐集工所，总理大员亲任承修之责，自必上紧督率，趁冬水已涸、春水未涨之时，将金沙厂以上各滩大施人力，自下而上以次疏凿，为巨工之始基。至下游一带，虽尚未估勘。第就大势而论，黄草坪至金沙厂六十里，原系未开通之路。其自新开滩至黄草坪五百八十六里，历来永善县赴川省泸州采买兵米，俱雇鳅舡从此河挽运，尚系船只可通之路，与黄草坪以上人迹罕至者不同。惟挽运兵粮俱系溯流而上，每遇险滩，即起盘剥载，将空船牵挽而上，虽间有损失，不过十中之一。其下水之船中流迅疾，人力难施，空船放行易致损伤。是以历来船户受雇，皆领银买船，多索水脚，到永之后，俱弃船由陆路回泸。今欲舟楫上下通行无阻，必须将江中各滩逐一相度险易，疏凿开修，方可使下水之船无意外之失。查有曲靖府知府董廷扬，明白强干，堪以总理下游承修事务。今于九月间，同原勘之游击韩杰前往叙州府，自新开滩起至沙厂之异石滩止一带工程，一面勘估详报，即选派分修之员，各按工程难易，分段分滩，次第修凿。臣又思江工重大，必须地方官协同办理，庶雇募夫匠、接济米盐诸事得以无误。

查上游一带多在东川府境内，即令知府田震协理，下游一带俱在昭通府境内，即令知府来谦鸣协理，俾更番董率，务使岁无弃时，人无弃力，纵一时不能告竣，亦必于二三年内将河身开凿通顺，以便将来逐渐修理。惟是内地各省工程，夫匠可以随处雇觅，且止须发给工价，一切食米、盐菜俱可自行购买。今金沙江工，不但石匠一项须于迤东各府四处雇觅，即小工夫役，沿江一带村寨俱系夷人，不便雇募，亦必雇自远处，尤须宽给工价，方不逡巡裹足。又兴工之地均系夷方荒僻之区，盐米薪蔬必需官为买运，颇费筹画。前据参将缪弘议请川省雇用站船六十八只，常川排设，上运盐米，下带铜斤。臣等饬令司道、总理，将船价、工食、兵役、饭食共需若干，所运盐米若干，有无羡余，所带铜斤较陆路运脚有无节省，确加核算，定议办理，业经会折奏明在案。

今据司道、总理等详称："金沙一江陡水湍急，疏凿方兴，舟楫未通。前议安设站船，原为试运起见。上运盐米，犹可施人力，下运铜斤，急流乱石未经开通，难以行舟。应请俟开通之后，再为相度安设，以济铜运。至上年试运铜斤脚价，约计已浮于陆运。"等情。臣思江工方当经始，铜斤既难带运，即所运盐米亦不免沉失，自应变通办理。查食米一项，上年已发银五千两，令大关同知及嵩明、和曲等州县买米三千八百石，分贮巧家、桧溪等处，足供官役、夫匠之食。其余盐斤、铁器等项，臣饬令东川、昭通、武定等府预行购买铸造，由陆路运赴工所备用。所有前项站船无需多设，应减去四十八只，止留二十只，以备修工各官往来乘坐，及修完一滩上下试行之用。其夫匠人等，臣现饬云南等府先期雇募，给以安家银两，令于各员赴工时押送前往。至升任天津镇臣黄廷桂请敕川陕督抚提臣会商熟筹办理一奏，奉旨"令与川陕督臣尹继善和衷妥议"。钦遵在案。

嗣据总理道府宋寿图、陈克复等禀称："川省委员以两游险滩甚多，不敢定议会详，经调任督臣庆复寄字前往商筹，尚未覆到。"臣查江工艰巨，不独川员见此为难，即滇省各属员中亦议论不一。殊不思今日永赖之利，皆昔人难办之功，正廷议所谓"工程原属非易，因其有裨于国计民生，故不惜多费工力，成此巨举也"。但查上游江程六百七十余里之内，险滩林立，或巨石亘于水中，或石壁横挡水势，兼有跌水、喷漩、倒卷等项名色，若不详察形势，或前后已经开通，中遇奇险之滩，虽加疏凿，亦难上下通行之处，则工力徒劳。臣愚以为，此项工程应宜自下而上，是以饬令总理之员从原通舟楫之黄草坪以上逐滩往上兴修，使开通一节即得一节之益，倘至难以施工之处，将来即起剥盘坝，以避危险。如此办理，庶几修过工程，尺寸皆归有用。臣伏睹我皇上念切民生，特允督臣庆复之请，不惜帑金，为滇蜀两省开万年经久之利。臣仰体圣心，早作夜思，详审熟计，既不敢畏难推诿以隳不朽之功，亦不敢草率苟且以蹈欲速之咎，总期实力实心，务底厥绩，以上副圣主平地成天之至意。合将臣筹画开凿江工事宜缮折具奏，是否有当，伏祈圣训指示遵行。

再查调任督臣庆复任内，去冬今春用过工匠及在工人役、工价、饭食、雇船、运筏、伐木、买运盐米、发运铜斤应销之项，及木植变价归款银两，未据造报，并估计上游工册、通江河图，臣现在严催经手各员造册绘图，到日分别题奏，合并陈明。臣谨奏。

乾隆六年八月初六日

〇所奏俱悉。如此担当办理，方惬朕意。但须察查属员，必使用归实地，则虽费帑金，将来必收其利。若稍照顾不到，将来恐庆复与汝不能当此也。

〔据《张允随奏稿》卷四第 23 – 29 页辑录。〕

署云南总督云南巡抚张允随奏报夏秋雨泽沾足禾稼丰硕情形折

署云南总督云南巡抚臣张允随谨奏：为恭报夏秋雨泽沾足，禾稼丰硕情形事。

窃滇省本年两迤地方得雨甚早，高下田畴夏至以前栽插已遍，因栽插之后未得大雨，高田望泽颇殷。臣与调任总督臣庆复竭诚祈祷，六月初九、十三等日，甘霖叠沛，比户欢欣，经臣恭折奏报在案。自后霖雨时降，不特平原水田处处充足，即雷鸣高田亦灌注不竭。六七月之交连得大雨，通省溥遍，凡各属最高山田，数年内不能栽种一二次者，今岁无不遍栽，其余山头岭角所种燕麦、山荞，亦青葱畅发。汉土民夷咸称今岁雨泽充盈，百谷遂长，大有可期。自交七月十五以后，昼则秋阳皎洁，夜则甘露沾濡。目今早稻业已成熟，渐次登场，晚稻扬花者十分之三，结穗者十分之七。惟昭通一府，地近川黔，至六月二十、二十一等日始得大雨。据知府来谦鸣报称："得雨之后，禾苗发茂倍常，晚荞毕栽。"等语。总计全省年景，实属丰亨有象，理合缮折奏报，仰慰圣怀。

再查六月二十六七及七月初三四等日，雨势过骤，山溪暴涨，宣泄不及。据各属陆续申报：元江府冲没田数段，桥梁三处，姚州淹浸田三百余亩，富民县水浸竣塌濒河居民瓦草房屋大小二百余间，新兴、河阳二州县各淹浸民田数十余亩，易门县冲伤田十一亩，又景东、安宁二处河水泛入盐井，淹及卤台，旋即退出。臣飞饬邻属印官确勘被淹亩数，酌动仓谷，按户赈恤，并借给籽粒，令其及时补种杂粮，并将竣塌房屋动支归公铜余银两赈给修葺，俾各得所。臣查滇省田号雷鸣，形如梯磴，必得雨水充盈，始获丰收。但雨多之年，低下之区不无淹浸。然以通省高田所获计之，前项被淹田亩实不及百分之一。臣仰体皇上痌瘝在抱之至意，即时动项赒恤，不致令一夫失所。

再查常年六七月青黄不接之际，米价必至增长。今查各属所报六月分米价，较四五月稍减，皆因有米之家见丰收有征，共相粜卖，是以市价甚平。

臣因时当乡试，两迤士子及商贾人等云集省城，不下万余人，恐铺户借端增价，饬令云南府动拨府县常平仓米出粜，每升卖钱十四文，合银一分二厘有零，以平市价。再臣念禾稼登场在迩，恐愚民不知撙节，或造酒以糜嘉谷，或浮费以耗盖藏，预饬所属府州县各官谆切劝谕，并禁烧锅、赛会、聚饮一切糜费，以期边方黎庶克享盈宁。合并奏闻，仰祈睿鉴。

奉到朱批原折六扣，一并恭缴。谨奏。

乾隆六年八月初六日

〇所奏俱悉。

〔据《张允随奏稿》卷四第34－36页辑录。〕

署云南总督云南巡抚张允随奏陈滇省开浚金沙江通川河道进展情形折

署云南总督云南巡抚臣张允随谨奏：为奏明事。

窃照滇省开浚金沙江通川河道一案，臣于乾隆六年五月二十七日自黔回滇，经调任督臣庆复将应办江工事宜与臣会折具奏。嗣于八月二十六日，准兵部加封递到军机处字寄，内开：“金江事宜一折，奉朱批：‘军机大臣等议奏。钦此。’据奏先开修金沙江上游，分别上、次、险工及委员接修等三条。查从前该督奏称：‘金江通川河道于冬、春间先开凿最紧要各滩，分析紧工、次紧、缓工，次第兴修。五月至九月江涨，应暂停工，其十月至四月可以兴工等因’一折，经臣等议，令确加估核工程紧缓，俟有成效，依次施工，奏准在案。今该督奏请上游分别险易工程，逐段接续办理之处，查与原奏相符。况下游现在可通舟楫，自应先就上游开凿。其开过之安吉等滩，目下虽暂停止，俟秋水消退之际，即宜陆续催趱兴工，应交该署督遵照办理。又奏装运站船及核销费项二条。查设立站船转运盐米，其需用费项，亦经该督奏明，先动支现存铜息银两以资工程盘费、采买盐米、船只、工匠之用，俟估计题报，部拨到日，归还原款，经臣等议覆，奏准在案。今该督奏请俟今秋将船价、工食等项与所运盐米有无羡余、运铜有无节省脚价核算定议，俱应照所请行，交该署督办理。又奏川省督抚会勘河道并分清夷寨应管地界二条，查据升任天津总兵黄廷桂奏金江开凿维艰，且经过夷穴，虑滋衅端等因一折，奉旨：‘交各该督抚和衷详议具奏。’钦遵在案。今川省委员会勘，未有定议，现据庆复寄字商度。查金江开修，唯在十月水落以后可以施工。隔省咨商，往返定需时日，恐有迟误，应令张仍饬按期接办，俾在工人员不致观望推诿，并误前工。再川省查出呢革、波孤等寨，向来滇、川俱未收管，今既查明应归川省管辖，自应按照界址，以专责成，川省不得推卸，仍前遗漏管束。至木欺古适中地方添设塘汛之处，是否应行，应听该署督再为确查办理可也。谨奏，伏侯谕旨。乾隆六年七月二十日，奉旨：‘依议。钦此。’”等因到臣，钦遵在案。

伏查金江大工事关久远，臣奉旨接办，敢不殚竭精诚，不避艰险，上筹图计，下济民生，必使帑项不致虚糜，工力皆归实用，庶以仰副我皇上加惠边方之至意。臣自督臣庆复起程赴粤之后，又经悉心筹酌，将江工分作上、下两游办理，令原委勘估之道府宋寿图、陈克复承修自金沙厂至小江口上游一带江工，另委曲靖府知府董廷扬承修自新开滩至金沙厂下游一带江工，并委昭通、东川二府协理承修，以专责成。俱令自下而上逐滩开凿，以收得寸得尺之效。又因从前设立站船上运盐米、下运铜斤之处，经司道等议以疏凿方兴，难以行舟，请俟开通之后再为相度。臣是以议将站船停撤，令大关同知、嵩明、和曲等州采买米石，并令东川、昭通、武定府购备盐斤，铸造锤錾，由陆路运赴工所备用。于八月初六日，将分委承修及停撤站运各事宜缮折恭奏，尚未奉到谕旨。兹臣接准军机处议覆前次会奏七条，奉旨事理，即檄令委办下游工程之曲靖府知府董廷扬，并协理之昭通府知府来谦鸣，会同原勘江工之昭通镇中军游击韩杰，前往叙州府新开滩一带，溯流往上，勘估兴工。又令委办上游工程之候补道宋寿图、署广南府知府陈克复，率领分修各员前往金沙厂一带，会同协理之署东川府姜之松，将上游各滩次第往上疏凿。去后，嗣据曲靖府董廷扬报：“于九月二十二日起程，但江工须于冬月半后江水归礓之时方能勘估确实，而雇募夫匠、制造器具，又须早为料理。已委员往永宁、泸州、叙州、屏山等处催备，职府先往昭通，觅带石匠数十名前去工所应用。”等情。

臣查今岁雨水颇多，江水消落稍迟，若官赴工太早，未免糜费守候。今据雇募夫匠、制备铁器、买运盐米之迤东各府报称：现已雇备齐全，陆续赴工。臣因饬令总理上游工程之候补道宋寿图等，于十月内起程，计到工之时江水已落，正可刻期兴工。臣又查沿江一带俱系夷寨，虽经调任督臣庆复奏明工程之事责在滇省，约束夷寨贵在川省，但当兵役、夫匠齐集之际，恐稽查稍懈，或有滋事之处。臣发给告示，遍行抚慰，禁止在工人役毋许擅入夷寨，并酌带赏号，如有两省夷目前来迎接者，酌量赏给，以示怀柔。臣复差员弁往工所不时稽查，倘有不肖工员扣克工价、虚开工数、希图侵冒帑项及懈怠误工者，立即禀报严参，并札行昭通镇总兵官张士俊就近密加查察报闻，以杜侵帑冒工之弊。至勘估两游图册，今上游工册已据造报，现饬司道确加核减另造，绘到江图。

臣恐有未符之处，业经差员前往上游一带按图逐加核对，俟下游勘毕，将全江滩形、工费一并绘造，恭呈御览。再照新抚之木欺古夷寨安设营汛、移驻文武员弁事宜，亦经臣饬令在于昭通镇、东川营两处额兵内抽拨，毋庸另募，致糜粮饷。除另疏具题外，所有臣办理金江工程缘由，理合缮折恭奏，仰祈皇上睿鉴，训示遵行。谨奏。

乾隆六年十月十九日

○所奏俱悉，殊觉有条理也。

〔据《张允随奏稿》卷四第46－50页辑录。〕

署云南总督云南巡抚张允随奏报恪遵圣训办理金沙江通川河道工程事宜折

署云南总督云南巡抚臣张允随谨奏：为钦奉朱批，恪遵圣训事。

窃臣于八月初六日陈奏金沙江通川河道工程事宜一折，兹于十月二十一日，奉到朱批："所奏俱悉。如此担当办理，方惬朕意。但须察查属员，必使用归实地，则虽费帑金，将来必收其利。若稍照顾不到，将来恐庆复与汝不能当此也。钦此。"仰见我皇上圣谟广运，睿照无遗。臣跪读之下，曷胜感激。

伏念金沙一江，界在川、滇两省，脉络天然，中间虽危滩急漩，然皆人力可施。惟因江之两岸俱属蛮夷窟穴，前代屡议开修，辄复畏难中止。今国家声教无远弗被，非复曩时委弃化外可比。先经调任督臣庆复具折奏请，荷蒙圣恩俞允，即于去冬将上游一带兴工试修。嗣因庆复调任两广，臣奉旨接办，非不知凡事易于图终，难于谋始，但以滇省僻处天末，舟楫不通，百物昂贵，民食维艰，既有江路可开，若惑于浮议，顾惜利害，实非臣心所敢出。惟是帑项攸关，责任綦重。臣自接办以来，仰体圣心，早作夜思，图成虑始，不敢丝毫轻忽。至于工程之难易，需费之多寡，尤无刻不详加审度。臣与承修之员及在省司道反覆讲求，并差员前往按图核对，如有水势滩形可以避险趋易、省费就功之处，当即奏请圣训办理。

总之，臣受恩深重，夙夜思维，常愧无以少效涓埃。今蒙皇上委任，誓当竭尽血诚，悉心筹度，务期于二三年内江工早竣，发运京铜，以收节省之益。至动用帑项，务令加意撙节，不使工员稍有浮冒，以上副圣主训勉之至意。理合恭折覆奏，伏祈睿鉴。臣谨奏。

乾隆六年十一月十五日

〇知道了。

〔据《张允随奏稿》卷四第51－52页辑录。〕

署云南总督云南巡抚张允随奏明增修新疆河道陆路以通商旅以裕兵民折

署云南总督云南巡抚臣张允随谨奏：为奏明增修新疆河道陆路以通商旅，以裕兵民事。

窃照滇省昭通一府地方六百余里，屯扎重兵，控扼黔蜀，形胜险要，实为全滇东北藩屏。自雍正八年乌蒙荡定之后，休养生聚，户口日以繁庶。惟因地处丛山，不通舟楫，一切米谷、油盐、布帛、食用必需之物，价值倍于省会，兵民生计甚属艰难。

臣查府城之北有洒鱼河一道，纳鲁甸、凉山诸箐之水，以达于大关之盐井渡而其流始大，自盐井渡至四川叙州府安边汛，计水路二百五十里，与滇省之金沙江，川省之成都府河、永宁河道同达于泸州，为川江总汇。每年昭通兵米赴泸州采买，俱由此溯流挽运。因从未开修，两岸俱系悬崖密树，中流又多险碛危滩，每舡上水，遇大滩必须寸节盘剥，即次险之滩亦不无撞磕损失之虞。至于下水，更难放行。若将大小各滩修凿平稳，岸傍开出纤路，使兵米商船上下无阻，百货通行，不独附近昭通各郡物价得以平减，即黔省之威宁等素不产米之处，亦可接济通流。

臣于乾隆三年办运京铜之始，即委员查勘，拟由此路分运，当于遵旨议奏事案内奏明，并委粮道宫尔劝覆勘。嗣臣赴京陛见，该道以无庸开修详覆。迨臣回任后，委大关同知樊好仁带领熟谙水手，前往盐井渡以下至安边汛一带，将水势滩形细加估勘，以凭筹画开修。旋因臣奉命署事黔省，未及办理。

至乾隆六年五月回滇，据前委勘估之同知樊好仁详称："勘得自盐井渡至安边共七十二滩，内六十一滩略加修治即可上下无阻。惟大关所属之黄角礌、龙门石、大石新滩、离梯埂、打扒沱新滩、碛石、灶孔、大白龙及川省之九龙滩、马三档、串龙门等十一滩，水势陡险，应大加疏凿，或铲去碍船巨石，或开夹礌子河，并于两岸修整纤路，均属人力能施，非绝险可比。至由盐井渡抵昭通府城，旱路七站，计程三百九十五里，除自府城至兔勒塘九十五里路俱平坦，无庸修治外，其余三百里内，有灵山箐、大小陡口、倒角三湾、老李渡坡、手扒崖、大关脑坡、关圣殿、奔土坎坡、豆沙关口九处，皆系羊肠仄径，驮马难行，向来运送兵米俱用人夫背负，一夫仅胜三斗，行走甚属崎岖。应请开修宽广，以便人马通行。总计水陆道路共估需银八千五百九十六两零。"造册详报到臣。

臣查边方要地，惟在兵民食用充裕，斯足以资饱腾而巩磐石，凡有关于本计，所当亟为讲求。今盐井渡通川河道既经勘明可以济运通商，自应速为开修。臣思威宁、镇雄两路转运京铜至永宁水次，陆路俱在二十站以上。今由东川铜店至盐井渡，旱路止二十站，若将铜斤运至盐井渡，雇船运赴泸州，少旱路八站，脚价自多节省，即以省出运京铜之脚价作开修之工费，则帑不糜而功易就，约计两年之内便可告竣。即行委同知樊好仁、游击萧得功预发运铜脚价，将旱路险仄处所修理宽平，并将水路次险各滩先行疏浚无阻，俟运铜省出脚价，再行归还原款。其最大之滩一时未能开通，暂令起剥盘运。

嗣据该同知等报："灵山箐等处旱路业已开修平坦，驮马可以往来。"臣即令管理铜务之员，于东川店先发铜十五万斤转运试行。去后，兹据同知樊好仁、游击萧得功报称："前项铜斤于十二月底俱经运赴盐井渡存贮，现在雇船发运，计二月内可以全抵泸州。"等情。以上开修大关河道、马路事宜，臣为新疆兵民生计起见，故一面筹画办理。今已试行有效，理合缮折恭奏，伏乞皇上睿鉴，训示施行。臣谨奏。

乾隆七年二月十七日

〇既已试行有效，即照所议办理可也。

〔据《张允随奏稿》卷五第6-8页辑录。〕

署云南总督云南巡抚张允随奏报开修金江上下两游工程情形折

署云南总督云南巡抚臣张允随谨奏：为奏报开修金江上下两游工程情形，仰祈睿鉴事。

窃查滇省金沙江通川河道，臣于乾隆六年十月内，将办理开修、稽查浮冒、禁止扰累各事宜缮折具奏之后，与在省司道日夕讲求，并将送到上游江图、估册逐细核查。计自金沙厂至小江口六百七十余里，共五十四滩，应修者三十五滩，内自双佛滩起，历飞云渡、中流滩、猴崖二滩、猴崖头滩、峡口滩、得路滩、五德滩、热风滩、安吉滩、红崖滩、者那三滩、者那二滩、者那头滩至蜈蚣岭滩止，一十五滩，除得路、五德两滩之外，其余俱系最险、次险之滩，鳞次连接，开修之费约估银七万余两，食米六千余石。其双佛、猴崖、安吉、蜈蚣岭四滩开凿之后，重船下水仍须起载盘剥，拉放尾纤，方可无虞。臣查此段江工，按工计日，需数年始能告竣，且计程一百五十里，顺流半日可至。乃必须数次盘剥，沿江两岸山崖窄狭，人夫背负，行走甚属艰难，况此四滩之外，尚有飞云渡、红崖、热风、者那等滩，亦系险滩，必得开出旱路，将此一带险滩全行撇过，方免节次盘运之烦。臣于广南府知府陈克复赴工之时，面为指示，令其由蜈蚣岭至滥田坝沿江一带找寻旱路。嗣据该府禀称："遍加踩勘，查得石圣滩南岸有旱路可以绕出碎琼滩，计程约有百里，虽山径崎岖，尚可开修平整，安设马站两站，凡铜船由汤丹厂之卑冲寨、枧槽滩开行，出小江口，至碎琼滩起岸，马运至石圣滩下船，即撇过蜈蚣岭至双佛滩一十五滩之险，可免层层剥运之劳，计旱路安设马站，较之水路起剥之费亦复相等。"

臣伏恩我皇上轸念边民，开浚金江，为万年永赖之利，原不计帑金之多寡。但臣身任其事，苟可省费就功，理宜变通办理。前经调任督臣庆复同臣奏明，即有石大水涌，重船下水为难，亦可盘载，如江浙河道盘坝之法，即可无虞。今勘出山路可以绕过最险诸滩，帑项既多节省，巨工复得早竣，自应速为办理。当即委令协理上游工程之东川府知府田震前往，将盘运旱路复加估勘兴修，并檄催总理、承修各员，将金沙厂以上至石圣滩一带工程上紧儹修。

去后，嗣据候补道宋寿图、署广南府陈克复陆续禀报："河口滩于上年十二月二十四日完工，雾露滩于本年正月初七完工，大风湾滩二月初旬可以报竣，舡只业已通行。"现在宋寿图亲往督修小溜筒滩工程，已修至五分。陈克复督修滥田坝滩，两岸石礌俱已开凿深通，下水空舡行走稳顺，计二月底可以完工，完工之后，重舡亦可放行。其余尚有濯云、巴崖、密落、石圣等滩，工力均属易施。因工员、匠夫现俱并力开修大滩，俟大滩工竣，即行次第分修。并据差往查探弁员禀报，在工各员俱皆奋勉督率，工匠亦皆踊跃儹修。臣查上游江工，除去蜈蚣岭等最险各滩改修旱路盘运外，现在应修各滩，惟滥田坝滩为最险，次则小溜筒滩。今该道府既将二滩分任，竭力督修，渐可告竣，是上游江工已有就绪。至下游一带工程，经臣委令曲靖府知府董廷扬、昭通府知府来谦鸣前往估勘兴修。嗣据该府等陆续禀报："自上年十月十六日，从四川叙州府新开滩起，至本年正月十五日，勘至滇省昭通府之大雾基滩，勘估业已过半，内有应开凿石礌、子河者，有应凿去拦江巨石者，有只须开修纤路者，有毋庸修理者。其新开滩、锁滩二处，已于十一月十六日兴工开修，容俟通身勘竣，绘图造册详报。"等情。前来，臣查下游河道六百余里，虽系历年买运兵米之路，但其中如凹崖、三腔、锣锅耳、苦竹、木孔、大猰猾子、狮子口、金锁关、黑铁关、沙河滩、象鼻岭、大柯郎、大旱槽、大毛滩、锅圈崖、大雾基、异石滩等各险滩，向来米舡上水均须起剥，今欲使重舡上下通行，必须大加疏凿。至江水消长，滩形变换，开凿之际，尤当善为相度。臣已饬令该府等悉心办理，俟其勘毕回省之日，面询明确，据实奏闻。

再查江工动用银两，经调任督臣庆复奏明，在铜息银内动支，俟估计题报，部拨到日归款。臣思铜息一项，原为滇省一切修造办公之用，今臣悉心筹画，极力节省，约计年余，所办之铜息便可足用，毋庸另拨帑项。再修工以来，官役、工匠群集江干，沿江夷寨并无惊畏，将来江工告成之后，铜运商舡可期无阻。此皆仰赖我圣主至德覃敷，深仁广被之所致。臣肩兹巨任，惟有殚竭心力，务竟厥绩，仰副圣怀。至臣去冬遣元谋县金元〔言〕赍持图册前往工所逐一勘对，计该员与勘修下游之曲靖府董廷扬三月内可回省城，俟到日，将勘过全江形势并修过工程分数详晰具奏。所有臣现今办理江工及报到开修情形，理合先行缮折奏闻，仰祈皇上睿鉴，训示遵行。臣谨奏。

乾隆七年二月十七日

〇知道了。勉力详酌为之，而不可欲速也。

〔据《张允随奏稿》卷五第 11－14 页辑录。〕

署云南总督云南巡抚张允随奏报金江工程折

署云南总督云南巡抚臣张允随谨奏：为奏报金江工程事。

窃臣接办金沙江通川水道，自上年夏秋筹画两游大局，委令道府分头承修，董率办理。所有去冬今春开凿上游滩工并勘修盘运旱路以避险就易，及下游勘估过半缘由，已于本年二月十七日缮折奏闻。于四月二十二日，奉到朱批：“知道了。勉力详酌为之，而不可欲速也。钦此。”仰见我皇上睿谟深远，期成万世之大功，不责一时之速效。臣受兹重寄，敢不倍加详慎，虑始图成，以仰副圣心？

伏查金江上游，自江口双龙滩起，至金沙厂河口滩止，大小五十余滩，除双龙至碎琼一十五滩无庸修治外，下此即最险之蜈蚣岭、安吉、双佛，及次险之者那头二三滩、红崖、热风、猴崖头、二滩、中流、飞云渡、石圣，并小险之得路、五得等一十五滩，鳞次栉比，虽加疏凿，而下水仍属堪虞。经臣勘出旱路，从碎琼滩改修马站两站半，绕过石圣滩，再归水运。自石圣滩以下，由横木、对坪、回流、牛栏头二三滩、滥田坝、小田坝、大水沟、新厂、密洛、巴崖、大溜筒、小溜筒、濯云、寨底、雾露、大风湾、大井坝至河口滩，除横木、大溜筒、寨底三滩无庸开修外，凡应修者一十七滩，内滥田坝、小溜筒系最险大工。

据承修上游工程之道府宋寿图、陈克复报：“自上年十一月二十日兴工起，至本年四月初六日停工止，计已经开通工竣者：滥田坝、大水沟、新厂、密洛、巴崖、雾露、大风湾、河口等八滩。已修未竣者：小溜筒、濯云二滩；未修者：对坪、回流、牛栏头二三滩、小田坝、大井坝等七滩。”先经臣于去冬，遴委元谋县知县金言赍持图册前往工所，逐细勘对，并将开修情形确查详报。

嗣据回省覆称：“查得宋道督修之小溜筒滩，江中突生两山，俨然双门，水从中泄，跌落二丈，浪扫北岸，鼓喷高有丈余，回流卷漩，实金江之锁钥。前年试修时，在北岸开有石礶，今岁仍可拉舟上行。但礶身为跌浪所扫，崖石突出，下水断不能行。今于南岸百丈石洲中凿开石礶一道，长五十三丈，深一丈五六尺，宽一丈二三尺不等，避过险浪，开通之日，舟楫上下俱可通行。工程已有七分，实通江第一化险为平之滩。又查得陈守督修之滥田坝，实上游最险之滩，内有大跌水数段，下临笔架山之阻，滩长五里，扫崖、回漩、鼓喷诸险浪无一不备。陈守创筑圆坝，将水中大石连根凿去，上水舡从北岸拉上，又将南岸巨石数十丈，亦用圆坝之法打去，开成子河一道，上下舡只现可通行。其余次险各滩，分修人员亦俱上紧攒修，一俟小溜筒完工之日，直达河口。上游已通，今冬即可试运铜斤，纵有未完之处，可以一面试运，一面开修。至原议小河口下船，至碎琼滩起岸陆运，至石圣滩下船。今勘得碎琼、石圣二滩岸石逼仄，无建盖铜房之地，应于碎石滩上三里石州及石圣滩下七里横木滩二处平地，及陆路之那塘、木租寨二处，各建铜房十间、马棚五间，其金沙厂河口亦应建盖铜房十五间，以备堆贮发运。以上房屋在昭通境内，令昭通府估建；在东川境内，令东川府估建。又原估自汤丹厂枧槽滩起，至小江口石梁滩止，水路七十九里，需开修工费、食米银二万五千余两。今勘得小江流头短浅，开挖虽已为力，但冬春水涸，重载难行，夏秋水涨，沙石易壅，应停其开浚，用马驮至小江口下船，计陆路止一小站，脚费与船运相等。惟上年参将缪弘所建铜房，离江六里，搬运甚遥，应折至江口另建，即令船户装载，以省糜费。再查金江形势，百折千湾，船在江心，前后不能直望三里，陆路绕山行走，水路傍滩而行，有迂直之异。原勘小江口至金沙厂六百七十三里，系照陆路计算，今勘得水路实四百八十六里。”

又据昭通镇总兵官张士俊报称：“自兴工以来，大小各员咸皆竭力办公，拊循匠夫，给发银米毫无扣克，约束兵役，无敢私入夷寨，两岸倮夷十分宁贴。”臣又历询往来江工员弁，言亦相同。五月十二日，总理上游江工之迤东道宋寿图、署广南府陈克复及在工效力人员等到省，臣面加查询无异，当即饬令将乾隆六、七两年用过江工各项银两造册核题。计上游江工原估需银一十四万余两，调任督臣庆复任内六年分用过银一万二千四百余两，臣任内七年分用过银一万四千余两，又改修盘坝旱路无庸动支修滩银八万二千余两，又停开小江内河道无庸动支银二万五千余两，所余已修未竣二滩及未修七滩尚需银一万四□[①]余两。

又据东川府田震报：“承修石洲滩至横木滩陆路两站半，业经开修平整，人马通行，于四月初十日完工，共用过匠夫工价、食米银四百□[②]零。”总计上游工程，约可用银四万余两即可告竣。现饬司道确核，详议具题。其上游滩形图说，已经核定无讹，现在绘造，另行进呈御览。至下游工程，臣自上年九月委令曲靖府董廷扬、昭通府来谦鸣会勘之，昭通镇中军游击韩杰前往勘估，并酌带工匠试修。

去后，兹于三月二十四日，据曲靖府知府董廷扬等回滇覆称：“奉委勘估金沙下游自利远滩至新开滩一带工程，于上年十月十六日由川省叙州府新开滩溯流，逐滩勘至本年二月二十日抵云南永善县之利远滩止，历三月有余，逾高临深，跋履险阻，测量水性，察勘滩形，悉心勘得下游六百四十六里，计八十二滩，应开修者共六十二滩，内最险之异石滩、大雾基、大锅圈、大猫滩、大汉槽五滩，次险之阿郎滩、虎口滩、象鼻头二滩、沙河滩、黑铁关、大猰子、古竹滩、凹崖、三腔等九滩，或巨石嵯峨，亘连两崖，或乱石丛叠，梗塞江心，滩身浪长数里，跌坑势高及丈，从前运送兵米船只过此，或用旱厢，

① “四”字后，原本空一字。
② “百”字后，原本空一字。

或架台杆，仍多用竹篁将船捆定拉过，时有磕损，如遇水势稍长、不能架厢之时，更须守候。以上十四滩，惟有相度形势，开通子礌，修平盘路，重载到滩，盘空牵放，可免临时架厢之劳。但礌面必须开宽，礌底必须收小，又必须乘江水极涸时动工，始无塌卸、干涸之虞。又次险之大虎跳、小虎跳、溜桶滩、特衣滩、小锅圈、冬瓜滩、木孔滩、新开滩等八滩，及再次险之黄草坪、金锁关、梨园滩、小猰猬子、中石板、贴滩、鼓喷岩、小露基、溜水岩、硝厂滩、三堆石、小狮口、大狮口、那比渡、豆沙溪、猪肚、石门坎滩、长岩、坊沟、洞子、四方石、羊角滩、枣核滩、摆定、杉木滩、大芭蕉、小芭蕉叶滩、锣锅耳、锁水滩等二十九滩，或江中矗石碍舟，或江边石嘴涌浪，或纤路微茫，崎岖偏滑，难以牵拉，或溜水迅激，石壁陡悬，不能钩挽，兼有因迁就纤路，中流抛渡，橹桡齐下，卧礌鼓喷，如此等险迅之处，俱应开凿通顺，以便挽放。又有上石板、乾田坝、焦石崖、乌鸦滩、窝落滩、硫磺滩、磨盘、车亭、贵溪、阎王编、乾溪等十一滩，虽系小险，然米船至此每致损失，亦应修整，以免疏虞。”以上六十二滩，估需工费银十余万两。其新开、锁水二滩已兴工试修，现经昭通府来谦鸣于勘估事竣后，亲任督修。

臣思各项工程，俱奉有部颁做法。今开修金江，或从水中筑坝，凿去拦水巨石，或从山根岭角开成石礌子河，或从绝壁悬崖凿出钩梯磴级，此等工程，并非河工、海塘所有，而且同一滩而前后有难易之殊，同一石而内外有坚松之别，其间虚实，难以按册而稽。臣拟照现办上游工程，俟今冬明春开修数滩，委员覆估明确，再行逐加核算具题，庶几钱粮不致虚糜，工程皆归实用。至凡兴大利，贵在乘时。金沙一江，前代虽经议开，而或阻于群言，或绌于经费，以致不获举行。我圣主仁覆四海，施及蛮貊，不惜帑金，为边方兴此万年永赖之利，实为千载一时。臣以驽下幸肩巨任，若不殚心竭力，奋勉图功，倘良会因循，则咎将奚诿。仰蒙圣恩，训臣以勉力，诫臣以欲速。臣固不敢急遽苟且，忽视巨工，亦不敢旷延岁时，坐糜帑项。况上游江工业已办有成效，下游工程亦经勘估完竣，今冬水落兴工，自应一并开修。现在另折奏请，敕下川黔督抚帮雇石匠，以供上下两游兴修之用，并与司道筹议，先发铜二十四万斤试运。

查小江口至石洲滩水路所需船只，若往川雇觅，不但旷日多费，且有双佛滩至蜈蚣岭十五滩之阻隔。今议雇川省造船匠数名，配以滇省船匠二三十名，就山伐木，打造鳅船十五只，以为此一段江路常川往来运铜之用。其横木滩至金沙厂河口滩，又自河口滩至新开滩，雇用川船，每只约需银五十两，为费甚多。臣查东川一府俱买食川盐，拟于今秋酌动公项银数千两，令东川府委员赴川买运川盐，上水每船可装盐二千斤，自横木滩运赴府城，每百斤再加运费六钱，照时价易银归款之外，上水舡价已可敷用，即以此项船只并永善县买运兵米之舡，给以舡价，令其带运铜斤前赴泸州。容俟试运有效，再行具奏。

所有臣去冬今春办理金江工程缘由，合行缮折恭奏，仰祈皇上训示遵行。

再查迤东道宋寿图、署广西府陈克复、曲靖府董廷扬、昭通府来谦鸣暨游击韩杰等，自委办江工勘修事务以来，跋涉波涛，栖息瘴疠，不避艰险，且能洁己奉公，均属堪以倚信之员。合并奏闻。谨奏。

乾隆七年五月二十四日

〇今已有旨，命汝等亲往勘工。汝三人会面时，将此奏与尹继善、新柱看，和衷再酌，奏闻可也。

〔据《张允随奏稿》卷五第 19－25 页辑录。〕

署云南总督云南巡抚张允随奏报遵旨起程前赴金江会同相度机宜折

署云南总督云南巡抚臣张允随谨奏：为恭报微臣遵旨起程前赴金江，会同相度机宜事。

乾隆七年七月十三日，准工部咨开：“乾隆七年五月十七日，内阁抄出大学士伯鄂尔泰等议覆川陕总督尹继善奏金沙江通川河道界接番夷，地方险阻，非可冒昧倖成，实在不宜开凿一折。乾隆七年五月十五日，奉朱批：‘此事着尹继善、张□□[①]前往开工之处，和衷面商，毋得各执己见。仍差新柱前往，一同相度机宜，妥酌具奏该部知道。钦此。’相应行文川督、云督、镶白旗满洲都统钦遵办理。”等因到臣。又准钦差都统新柱咨文知会：“于六月初间，自京驰驿，由湖广荆州府至四川叙州府，相应知会应于何处会齐，从何处查勘起，及一应事宜如何办理之处，预行沿途知会。”等因，准此。

臣查金沙一江，中分滇蜀，南岸属滇，北岸属川，其川省之叙州府系金沙江汇入川江之处，距滇省昭通府永善县界九十里，即抵新开滩。今钦差都统臣新柱既由荆州至叙州，臣应赴叙州会齐，即从新开滩查勘起。当于七月十五日自省起程，由东川、昭通、镇雄一路，顺便巡阅营汛边防，其一切应办公事，沿途安设马塘接递，不致迟误。至臣查勘金江，虽在本省境内，但省会重地应需弹压。臣已就近行调曲寻镇总兵官田玉赴省驻扎，除另疏题报外，伏查乾隆二年钦奉谕旨：“令督臣尹继善悉心筹画通粤通川河道，及时兴修。”当时议开未决，盖以事关重大，不得不慎重周详。惟是滇南一省悬处极边，一入黔境，寸步皆山，商贾罕至，百物昂贵，兼之东昭两郡俱系岩疆，产米稀少，节年办解京铜，人众食繁，陆路无从接济，欲筹水利，非开金江，别无善策。臣与调任督臣庆复亦知工巨费繁，担荷不易。而合词奏请者，实欲为边荒通此一线，以利久远。仰荷圣主念切民依，俞允开修。臣接办以来，慎始虑终，殚心筹画。

查上游自蜈蚣岭至双佛滩一十五处，险滩鳞接，虽加疏凿，难保无虞，业经奏明，改修陆路。其滥田坝等最险、次险八滩，已经开凿深通，舟楫可行。其已修未竣之小溜筒、濯云二滩，工程已有十分之七。惟余未开之对坪等七滩，皆小险之滩，易于为力，明春即可告竣。此上游现在办理之情形也。又查下游于本年二月间始行勘竣，内最险者异石等一十四滩，极险者大虎跳等八滩，次险者黄草坪等二十九滩，小险者石板等一十一滩。经臣奏明，将最险各滩开凿，下水盘滩放空，其余或修纤路，或凿去碍船石块，以期舟行上下无阻。此下游现在办理之情形也。

查上游工费约需银四万余两，下游工费约需十余万两，统计帑金不及二十万，而千余里江路利赖无穷。若谓上游不修旱路，下游不用盘滩，从古未开之江竟可一帆直达，固不能如是其易。但查新开滩至黄草坪五百八十里江路，自昭通设镇，于雍正九年买运川米一万余石，自后历年买运永善县兵米三千余石，俱从此挽运。其黄草坪至金沙厂六十里，厂民所需米盐半由此贩运下水，亦有带运母底至永宁销售者。是下游一带，在未

① 张□□ 原本“张”字后空二字，据上下文意，当为张允随。下文同。

修以前舟楫尚可往来，断无开修之后反多阻塞之理。今奉旨，着川陕督臣尹继善与臣会同都统臣新柱前往，相度机宜。臣自当和衷妥办，断不敢坚执己见，以致上廑圣怀。

惟查金江每年至四月间江水涨发，至十月以后始消，是以勘估开修并将来运送京铜均在冬春二季水落瘴消之候，节经调任督臣庆复与臣奏明在案。目下江水泛涨，滩身隐伏水底，上游一带瘴气正盛，其作何相度之处，容臣与钦差都统臣新柱、川陕督臣尹继善会晤面商，再行具奏。

合将臣起程缘由，金沙情形缮折奏报，伏乞皇上训示遵行。臣谨奏。

乾隆七年七月十五日

○所奏俱悉。朕所以令汝等面议者，亦恐互相推诿，事终无成耳。今汝三人觌面相商，和衷共议，必有一定之论，断无两可之谋。可将朕此旨共观之。

〔据《张允随奏稿》卷五第 39－42 页辑录。〕

署云南总督云南巡抚张允随奏明遵旨会勘金江事竣会奏缘由折

署云南总督云南巡抚臣张允随谨奏：为奏明遵旨会勘，酌议具奏事。

窃臣于乾隆七年七月十三日，准工部咨开："乾隆七年五月十七日，内阁钞出大学士鄂尔泰等议覆川陕督尹继善奏金沙江通川河道一折，乾隆七年五月十五日，奉朱批：'此事着尹继善、张□□前往开工之处，和衷面商，毋得各执己见。仍差新柱前往，一同相度机宜，妥酌具奏。该部知道。钦此。'"钞出到部，转咨到臣。臣钦遵谕旨，即于七月十五日自云南起程，业经具疏题报，并缮折奏明在案。嗣于八月二十一日抵四川叙州府，钦差都统臣新柱先于八月十五日抵叙，川督臣尹继善亦于十九日抵叙。又臣于本年五月二十四日奏报金江工程事一折，于八月初四日在镇雄州地方奉到朱批："今已有旨，命汝等亲往勘工。汝三人会面时，将此奏与尹继善、新柱看，和衷再酌，奏闻可也。钦此。"又奏明雇募川黔石匠一折，奉朱批："亦如前旨。钦此。"臣于到叙之日，即恭捧谕旨，与都统臣新柱、川督臣尹继善敬谨同看，一体钦遵。随公同订期，即于九月初三日自叙州府起程，由金江北岸川省陆路沿江会勘，十四日至雷波卫之那比渡过江，由南岸滇省陆路沿江会勘，二十四日抵滥田坝。以上即系双佛滩至蜈蚣岭等一十五滩，难以乘舟查勘，且两岸悬岩壁立，所开陆路系绕山而行，兼有牛栏江藤桥难于行走。臣等公商，即至滥田坝而止。随于二十七日抵昭通府城，将勘过滩形、水势公同妥酌，和衷面商。

臣等会看得，金沙一江发源西域，流入滇境，经丽江、鹤庆、永北、姚安、武定、东川、昭通七府，至叙州府汇入川江，源远流长，实为西南一大川。自东川府以下，南岸系滇省巧家、者那、大井坝、米贻、吞都、侩溪、副官村等汛，北岸系川省那比、雷波、黄螂、石角、屏山等县卫，夹岸营汛分布，田庐相望。迨至大井坝以上，南岸尚有田庐，北岸俱高山峻岭，田畴稀少，山后即系沙骂、阿都两土司所管地方，从前弃在夷境，原为舟楫所不到。自乌蒙改流设镇，滇省每年赴川采买兵粮数千石，均由叙州府新开滩至永善县黄草坪，五百八十里江路，溯流运送供支。其黄草坪至金沙厂六十里河道，亦为商贾贩运米粮、油盐各物之路。臣等逐加相度，内有大汉槽、凹岩、三腔、锣锅耳等滩，水势险急，冬春之际，商船虽有行走，而拉厢盘剥，每多艰难。应令工员于兴修之际，将应行施工之处细加酌量，次第修理。此下游六百四十里之情形也。

再上游自金沙厂至滥田坝，计二百二十七里，一十二滩。臣于去冬委员开修，已完工者八滩，已修未竣者二滩，未修者二滩。内滥田坝为最险，次则小溜筒。臣等亲至滩头相度，小溜筒一滩系于山根百丈石嘴，近川之处凿出石礅，旁无溪箐，虽因江水未退，石礅尚未露出，而江流汛疾，断无砂石淤塞之患。其滥田坝一滩约长四里，内南岸险处所开子河亦未露出。臣于去冬委员查勘，船上载石试运，上下可行。现在江水高有丈余，波浪汹涌，情形尚险。询之水手，据称须俟江水再退数尺，船只即可放行。至开凿子河之处，离山甚远，下系稻田，无虑冲塞。其自双佛滩至蜈蚣岭，险滩鳞接，石巨工艰，纵加修凿，下水仍属堪虞。先经臣备查调任督臣庆复原奏，即有“石大水涌，重船下水为难，亦可盘载，如江浙河道盘坝之法”等语，是以奏明改修陆路两站半，以避一十五滩之险。本年四月二十日，奉到谕旨在案。川督臣尹继善先因委员查勘上游蜈蚣岭等各险滩，非人力所能开凿缘由奏覆。今蜈蚣岭等一十五滩，经臣改修旱路，是臣等意见原属相同。

伏思滇南僻处极边，不通舟楫，民无盖藏，设遇天行不齐，米价腾贵，倍于他省。仰蒙圣主念切民依，屡颁谕旨查开通川河道，以期有备无患。臣奉命亲历江干，与都统臣新柱、川督臣尹继善面相商度，就勘过情形而论，实可开修，自应次第经理。查小溜筒尚未竣工，应俟修竣之日，将上游修过各滩委员详细查验，并将滥田坝以上水陆间行一切造船、盖房、雇备夫马、试运铜斤所需费用通盘细筹，斟酌妥协，据实具奏，请旨遵行。又原奏于本年七月间委员前往川黔二省雇募石匠来滇修工一折，臣等公议，今时已十月，若差员往雇，计到滇之日当在岁底，为时无几。今拟于冬春二季先修上游未竣各滩，俟来年七月间，再行委官分往雇募，专修下游。臣等和衷详酌，联衔缮折，交都统臣新柱覆命具奏，伏候训旨外，臣等即于十月初二日自昭通一同起程，取道威宁，都统臣新柱暨川督臣尹继善各由川省回京旋任，臣即从威宁回滇。因都统新柱由川陕回京，尚需时日，恐上廑圣怀，合将臣等会勘金江事竣会奏缘由附折奏闻，伏乞皇上睿鉴。臣谨奏。

乾隆七年十月初二日

〇所奏俱悉。既可开通，可详酌妥协为之，以成此善举。

〔据《张允随奏稿》卷五第 45 – 49 页辑录。〕

署云南总督云南巡抚张允随奏明试修大关河道京铜运行无阻请借项兴修以利新疆折

署云南总督云南巡抚臣张允随谨奏：为奏明试修大关河道，京铜运行无阻，请借项兴修以利新疆事。

窃臣于本年二月十七日，将开修大关河道并发运京铜缘由具折奏请训旨，于四月二十二日，奉到朱批：“既已试行有效，即照所议办理可也。钦此。”臣跪读之下，仰见我皇上仁育群生，凡属利民之举，无不俯赐准行。臣即钦遵，敬谨办理。

嗣据承办修河、运铜之大关同知樊好仁、昭通游击萧得功报称："奉委开修，自大关境兔勒塘起至盐井渡止，陆路凡险仄之处俱开凿宽平，驮马来往业已坦行无阻，并于老李渡添设渡船，小关溪建造木桥，以备两处藤桥之险，俱经修治完竣，每日商旅驮运川货赴昭通府城贸易者络绎不绝。其水路，自盐井渡至川省叙州府之安边汛二百五十里，大小七十二滩，除宝霞等三十八滩水势平缓，无庸修浚外，计应修者三十四滩，内九龙一滩为最险滩，黄果漕、丁山碛等一十五滩为险滩，门坎滩等一十八滩为次险滩。自乾隆六年十月兴工起，至七年四月停工，已将丁山碛、打扒沱、普洱渡、穿龙滩、石灶孔、大铜鼓、大白龙、小白龙等八滩，或凿中流巨石，或凿拦河石梁，或修危崖纤路，并将沿河一带碍道荆榛芟除砍伐。川省商民闻河路已开，油盐、布帛等货咸闻风贩运，即雇其回空船只，将东川店运到铜十五万斤陆续装运，悉皆安稳，全抵泸州，交长运之员运解京局，较由永宁至泸州近陆路七站半，每百斤节省脚价三钱有零，十五万斤共节省银四百五十两零。因试运伊始，经过未修各险滩，俱须起载盘剥，故节省无多，将来开修全竣，自必更加节省。计开修过旱路三百里，水路八滩，尚有九龙等二十六滩，或应开凿船路，或应开修纤路，并修过陆路内，隔越溪涧之处应添建桥梁。从前查勘系约估之数，今押运铜斤，水路往来，逐细覆估，实有必应增修之处。除用过工价外，仍需银八千五百余两，请于运铜脚价项下分次借给，以便雇募匠夫，乘时兴作，所用银两，即于运铜省出脚价内分年归款。"等情。

臣查滇省昭通一府，控扼川黔，幅员广袤，额兵众多，实属边方雄郡，向因舟楫不通，以致民用缺乏。雍正十一年间，曾议开大关河道以达川江，经升任迤东道黄士杰查勘，估需工费银八万余两，绌于经费，未获举行。虽经暂修陆路以通商旅，而羊肠一线，险仄难行。近年以来，生聚益繁，食货益贵，加以昭通、东川两府岁办京铜俱由陆路驮运，脚费既繁，民力亦惫。臣蒙皇上简畀封疆重任，日夕筹虑，因大关同知樊好仁诚实干练，能耐劳苦，委令查勘办理。于乾隆六年九月间，据勘明水陆道路工程，约需银八千五百九十余两，当经酌借运脚，拨发铜斤，令将应修道路滩工一面开修试运。兹据将修过工程、运过铜斤禀报前来，除用过节省银四百五十两外，其余用过工费银两，臣捐给还款。

伏查试运铜斤既已全数运抵泸州，则是河道通顺著有成效，若必俟每年运铜省出脚价逐渐兴修，未免有稽时日。臣仰恳圣恩，准于运铜案内借动脚价银八千五百两，分作两次发给该同知承领，多雇工匠上紧开修，工竣造册核实题销。并行令于东川一路运供京局铜三百一十六万五千斤内，拨铜五十万斤，由大关发运泸州，仍令管理铜务粮道宫尔劝归入东川陆运案内报销，约计四五年，节省脚价即可归款，俟归还原款之后另案报销，则公帑不费，而新疆食货流通，兵民永沾圣泽于无疆矣。谨将绘就《大关河图》附折恭呈御览，伏乞皇上训示施行。臣谨奏。

乾隆七年十一月十七日

〇原议之大臣等议奏，图并发。

〔据《张允随奏稿》卷五第 55 – 57 页辑录。〕

署云南总督云南巡抚张允随奏报筹画金江工先后缓急机宜折

署云南总督云南巡抚臣张允随谨奏：为奏明事。

窃臣办理金沙江通川河道，自去冬今春，业将上游各滩开修过半，下游各滩委员查勘完竣，于本年五月二十四日恭折奏报。嗣因奉旨会勘，前赴叙州，与钦差都统臣新柱、川陕督臣尹继善会同相度，至十月初一日，将勘明可开情形会折覆奏。今臣于十月十四日回署，所有江流曲直、滩势大小、舟行难易情形，逐一详加审查，谨将江工先后缓急机宜悉心筹画。

查上游各滩，除滥田坝等八滩已经完工外，尚有已修未竣之小溜筒、濯云二滩及未修之对坪等滩，俱应于今冬疏凿。臣已先期行令司道，转饬雇募本省石匠二百名，并将一切需用铁器预为制备。兹当十一月中旬，正江水归槽之时，即催令承修上游之迤东道宋寿图等前往江干，先将小溜筒、濯云二险滩趱修完竣，其余未修次险七滩次第开修，务令舟楫上下无阻，并约束在工官役夫匠不得滋扰夷寨。约计上游工段，明春水长以前可以完竣。

至臣前奏先发铜二十四万斤试运之处，应宜筹办。查自小江口双龙滩起至石洲滩，此一百七十里内，应安设鳅船十五只，每只设水手四名，照中站给价，每名月给银三两，四名共银十二两，每月共给食米一石五斗，盐菜银六钱，每船每月约可运铜万斤。臣查瓦屋渡现有站船五只，堪以修舱备用，即令于十二月起，先行装载，陆续运赴石洲滩。其余十只，已遴委署副官村县丞李苍霖往川省雇募船匠，招募熟谙水手来滇，并雇本地船匠帮同打造应用。其横木滩以下接运至河口滩，需船二十只。查永善县本年采买兵米回空船只甚多，如有铜到，即可装运。已饬永善县，俟米船到日，议定船价，详明于江工银内动支雇募，事竣报销。至铜斤由石洲滩起岸，运至横木滩下船，所有小江口、石洲滩、者那塘、木租寨、横木滩五处，俱应建店房、铜房、马棚共十五间，金沙厂河口应建铜房一十五间。臣已饬东川、昭通二府，一面估计册报，一面动项建盖，并雇募驮脚，以便接运。

以上筹办运铜事宜，臣原奏：于秋间动项，委员赴川买盐，运赴东川，以运盐船只下运铜斤，冬间即可起运。今因会勘江工，于十月间定议后，至仲冬始行办理，将来船只办齐，恐不能运足二十四万之数。容臣于今冬先将大局立定，仍饬尽力办运，俟来岁停工时，逐细妥酌办理，务期早收实效，以仰慰圣主加惠边方之至意。理合缮折恭奏，伏乞皇上训示遵行。除上游工程估册另疏题报外，谨将绘就《金江图说》装璜成卷，恭呈御览。臣谨奏。

乾隆七年十一月十七日

〇原议之大臣议奏，图并发。

〔据《张允随奏稿》卷五第58－60页辑录。〕

署云南总督云南巡抚张允随奏明疏浚洱海淤沙以除榆郡水患折

署云南总督云南巡抚臣张允随谨奏：为奏明疏浚洱海淤沙，以除榆郡水患事。

窃照滇南山多田少，民食恒虑不敷，全在水利兴修，方可灌溉无缺。臣仰遵训旨，凡通省河海可备蓄泄、有关民生者，无不悉心讲求，以资利济。兹查大理府洱海，发源鹤庆府属之观音山，挟剑川、浪穹诸山之水，归邓川之瀰苴河。至大理苍山之十八溪水，汇而成海，下会赵州、蒙化二处之水，由波罗甸出天生桥，入合江铺，而总会于澜沧江。此洱海之源流，实迤西之巨浸。但海身长百二十里，广二十余里，而出水之天生桥一带，海口深阔俱不及一丈，长七里有余，泥沙易于停滞。自雍正四年动项疏浚，迄今十有余年，每当大雨水涨，海口子河不无沙石冲塞，兼之河边各沟冲沙成埂，海水至此往往泛溢倒流，以致太和、赵州、邓川三州县及浪穹、宾川等处沿海田亩不免淹浸，而邓川之东湖、西湖两川低下田畴时被水患。

臣于上年十月，面嘱迤西道朱凤英前往海口逐加勘估，照《海坝关系民生等事》部文所开“嗣后各省民堤民埝，有关田庐，民力实不能办者，动用公项下酌给饭食、物料兴修”之例，并令布政司阿兰泰转饬濒海之太和、赵州、邓川三州县，调集民夫，乘时疏浚。于乾隆八年正月初九日兴工筑坝，将海口子河开宽二丈，河底浚深五六尺不等。自波罗甸、刘家园、打鱼村、清风桥、黑龙桥、子河桥、三道子河直至天生桥，节节挖深，或施人力，或用牛犁，垒石砌堤，外植柳树，以资保固。其最要之赵家园、拱沙龙二处，用犁水打坝，傍沟亦俱修浚，内垒石坝，外栽茨柳。所用人夫，每名日给食米一仓升、柴菜钱十文。该道朱凤英督同太和县知县徐淳、赵州知州施陛锦、邓川州知州唐世梁实力董率，小民踊跃趋事，于三月十八日报竣，计用米六百二十八石零、钱六百三十八千零。淤沙尽行挑去，水势畅流，不特五州县田地无漫溢之患，且涸出海田一万余亩。臣查海口淤沙虽经疏浚，但恐水大之年，不免复有淤塞之事，饬令地方官将涸出田亩即令附近民人认垦，照民堤民修之例，责成垦户五年大修一次，按田出夫，自备口粮，合力疏浚，地方官各按界址就近督修，则数州县之水息既得永除，而帑项亦不至縻费，庶为经久之图。除将用过工费造册题报核销外，所有臣疏浚洱海缘由，理合恭折具奏，伏乞睿鉴。谨奏。

乾隆八年闰四月初七日

〇知道了。

〔据《张允随奏稿》卷五第 63－64 页辑录。〕

云南总督兼管巡抚事张允随奏报永善县副官村被水及赈恤情形折

云南总督兼管巡抚事臣张允随谨奏：为奏明事。

乾隆八年九月十九日，据昭通府知府来谦鸣转据永善县分防副官村县丞李苍林报称：“所属火盆里地方濒临大江，沿江一带大山沙石兼生，土性松浮，易于坍卸。本年七月初七八九等日，大雨连绵，山水泛涨，崖石被水浸埈，夹杂泥沙，将靠山临江田地逐段冲压，沿江房屋亦被冲坍，幸非一时倾塌，居民得以预为搬移，人口并无伤损。”等情。到臣，臣查副官村距省二十余站，村民田地、房屋被水冲坍，殊堪悯恻。臣于闻报之顷，即饬布政使阿兰泰动发备公银两，委令候补通判张子玉星夜兼程前往，会同该地方官确勘，分别赈恤。并查冲坍田地共该钱粮若干，仍查明附近有无可垦官山，拨给耕种，并令搭盖房屋，以免露处。

去后，兹据勘员候补通判张子玉等报称：“查得火盆里冲坍田地共二百二十七亩零，应免粮条银七两四分零，应赈人民共四十三户，大口一百二十五口，小口八十六口，照例赈给三个月口粮，每大口日给银一分，该银九钱，小口减半，共赈银一百五十一两二钱。坍塌房二十四间，草房七十一间，每瓦房一间赈银一两，草房一间赈银五钱，共赈银五十九两五钱。又踩得附近之分水岭、寺院冈、盐井溪三处官山有地三段，每段可开地五六十亩、六七十亩不等，分给各户开垦耕种，并建盖房屋居住，按照户口大小，给以工本银自四两至六两、八两不等，俟成熟后，按照年限升科。以上通共赈恤银三百六两七钱，俱系亲身散给，小民均沾实惠。”等情前来。伏思我皇上念切民依，痌瘝在抱，屡降谕旨，凡地方偶值偏灾，俱令督抚诸臣因时就事，熟筹妥办。今副官村火盆里冲压田庐，臣仰体圣心，因时就事，加意抚绥赈恤，业已各有宁居，不致失所。除饬地方官将应免粮条并赈过银数，造册出给，详请具题外，合先缮折奏闻，伏乞皇上睿鉴。臣谨奏。

乾隆八年十一月十六日

○知道了。

〔据《张允随奏稿》卷五第79－80页辑录。〕

云南总督兼管巡抚事张允随奏请金江在工人员题叙以示鼓舞折

云南总督兼管巡抚事臣张允随谨奏：为钦奉上谕事。

据云南布政使阿兰泰会同署按察使张坦熊、粮储道宫尔劝、驿盐道郭振仪、迤东道宋寿图等详称“窃照金沙江通川河道，为滇民万年永赖之利”。案查乾隆二年，钦奉上谕：“水利所关农工綦重，云南跬步皆山，不通舟楫，田号雷鸣，民无积蓄，一遇荒歉，米价腾贵，较他省过数倍，是水利一事，尤不可不亟讲也。朕常时筹虑，曾面询大学士鄂，据奏：‘臣前任云南，曾开广西剥隘至云南河道。四川亦产米之区，滇属牛栏江下有车洪江，可达川江，若能开通，舟楫可直抵嵩明州。此外川河前经引导，现有可达昭通者，若由昭通次第开凿，或可通牛栏江，亦大有裨益。’等语。可将此情节寄字与尹继善，令其悉心筹画，无论通粤通川及本省河海，凡系水利及凡有关于民食者，皆当及时兴修，不时疏浚，总期有备无患。要须因地制宜，事可谋成，断不应惜费。如难奏效，亦不必强作。着并谕张知之。钦此。”钦遵在案。

嗣于乾隆五年，经前任庆部院查出东川府小江口入金沙江以达泸州河道，会折奏请开修，奉旨俞允。当经委令迤东道宋寿图、广南府陈克复为总理，选择工员前往勘估开修，于乾隆六年二月兴工试修，过蜈蚣岭、者那、红崖、安吉、热风、峡口、猴崖、双佛、滥田坝、小溜筒等十滩，旋因水长停工，共用过匠夫工价、官役养廉、工食等银一万二千五百八十一两零。嗣奉本部院以金江绵亘一千三百余里，工程浩大，奏明分为上下两游，自金沙厂上至小江口为上游，自金沙厂下至叙州新开滩为下游。将上游工程委令迤东道、广南府总理承修，下游工程委令曲靖府董廷扬总理，昭通府来谦鸣协理承修，各专责成，以速巨工。嗣因上游自蜈蚣岭至双佛一十五滩，滩势最险，估银七万余两，食米六千余石，开浚之后，重舡下水仍须盘剥。查出旱路绕过各险滩，从对坪子滩起，至河口滩止，应修者一十九滩，共估需工价银二万七百二十二两零，又官役养廉、工食银一万三千三十二两，二项共需银三万三千七百五十四两零，食米一千八百一十八石零，业经详请咨部，奉准部覆在案。

今查上游应修一十九滩，于乾隆六年十一月兴工起，至七年四月止，又自七年十二月兴工起，至八年三月止，两次查照估计，如式开修完竣，共用过匠夫工价、官役养廉、工食等项银二万四千三百九十七两零，食米价银三千三百九十七两零，较原估节省银九千三百五十六两零。至奉发铜二十四万斤试运，据承运之东川府田震、永善县沈彩报称："自乾隆八年二月初一日开运起，至四月十五日水长停运止，共运过京铜二十万六百余斤。每鳅舡一只，载铜二千四百斤。自横木滩，历对坪、回流、滥田坝、牛栏头二三滩、濯云、小溜筒、大井坝、大水沟、新厂、密洛、巴崖、雾露、大风湾、河口等最险、次险各滩，以抵永善县铜房，俱安稳无虞，现交永善县收贮，俟下游开通，运赴泸州，配运京局。自上游开修以来，去冬今春，川省商船贩运米盐、货物至金沙厂以上发卖者较往年多至十数倍。即如二月间，金沙等厂米价每仓石卖银四两二三钱，商船一到，即减价一两有余，村寨夷民皆欢欣交易，不但滇民免艰食之虞，且可使无知蛮倮渐被华风。所有金江上游工程告竣缘由，理合详请具题。"等情到臣。臣伏查金沙一江发源西域，流经万里，中贯川滇，只因僻在夷方，前代未经疏浚。我皇上仁育为怀，万方在宥，念云南跬步皆山，不通舟楫，面询大学士臣鄂尔泰通粤通川河道情形，特降谕旨，及时疏浚兴修，以期有备无患。前督臣庆复仰恳圣心，殚思竭虑，遍加咨询，查出东川府属卑中地方由小江口入金沙江以达川江水路，与臣会折奏请开修，蒙圣恩俞允，当即委员试修。嗣缘庆复调任两广，臣奉旨接办，因滩多工巨，奏明作上下两游疏浚兴修。仰荷睿谟高远，训示周详，臣黾勉遵循，敬谨办理。三载以来，业将上游各滩疏凿完竣，试运京铜，并无阻滞，而巴蜀商舡亦溯流直上，是江路通行已有成效。臣犹恐夏秋水涨，或有沙石冲塞，致碍行舟，复于今冬十一月间水落之后，差员勘明修过工程，并无改易。

又金江两岸陆路，向缘险仄难行，人迹稀少。臣于上年奉旨会勘江工时，已将南岸那比渡以上至滥田坝六百余里修治宽平。本年开修下游，又将那比渡以下至副官村四百余里一律修治。现在商旅负贩金沙、乐马等厂贸易者，千里之内往来不绝。一俟下游工竣，江流循轨，舟楫通行，京局铜斤可收分运之效，滇民缓急更获接济之资。此皆我皇上尧舜为心，痌瘝在念，而又不限时日，不惜帑金，能开千古未辟之大川，永万世无疆之利赖也。

至此，案江工先经调任督臣庆复奏明，俟工竣，将在工人员分别题叙，以示鼓舞。

军机大臣等议得，通川河道工费浩繁，自应遴委文武各员分任办理。至效力人员，如果勤劳出力，工竣后一体题请，分别定议。奉朱批：“依议。”钦遵在案。今当工竣，所有总理上游江工之迤东道宋寿图、署广南府知府陈克复，协理上游江工东川府知府田震，监督江工昭通镇标中军游击韩杰，分修上游滩工署永善县副官村县丞李苍霖，试用州同杨茂，效力候选州同朱国樑，效力革职知县刘嗣孔，效力即用州同方綍，效力考职县丞陈克敏，效力生员裴瑗，效力年满千总刘世美，效力革职守备徐文，效力革职把总刘国祥，以上各员，或膺总理，或任分修，自勘估兴工以迄报竣，悉能殚心竭力，不避艰险，不辞劳瘁，督率夫匠上紧疏凿，约束兵役，并无私入夷寨滋事，发给工价银米亦无短少扣克，日则奔走崎岖，夜则栖宿水次，较之各项河工，艰苦更甚。所当仰恳天恩，从优议叙，以励劳员者也。

至自开修以来，凡一切查议事宜，俱能悉心经理，则有布政使阿兰泰、粮储道宫尔劝；参筹工务，则有署按察使张坦熊、署驿盐道郭振仪；差查工程、弹压夷寨者，则有昭通镇总兵官张士俊。以上各官，虽与承修工员有间，然皆同心协助，实力勖勷，应俟下游工竣之日，一并请旨议叙，以示奖励。除用过工费银米现饬司道核实造册，并遵照军机大臣原议，将在工人员开具实绩，分别等次，及修工月日另疏具题外，理合缮折恭奏，伏乞皇上睿鉴施行。

再照金江水势究与内地江河不同，将来下游告成之后，一切滩工不无岁修之费，以及旱路行旅往来，沿江一带建盖桥梁、房屋，安设码头，在在需费。据管理铜务粮储道宫尔劝详据汤丹等各厂商民呈称：“滇省产铜旺盛，商民赖以谋生。今蒙圣天子洪恩，不惜亿万帑金开浚金江，铜运通行，厂民得沾利益，情愿于每秤毛铜三百五十斤之内，捐出一斤，运省变价，以备岁修之用。”等情前来。臣不敢壅于上闻，合并附奏，仰祈圣鉴。谨奏。

乾隆八年十二月二十日

○所奏俱悉。

〔据《张允随奏稿》卷五第83－88页辑录。〕

云南总督兼管巡抚事张允随遵旨奏报开修金江用过经费筹办报销并目今获效与将来有益之处情形折

臣张允随谨奏：为遵旨具奏事。

窃臣于本年六月十六日具奏开修金江下游工程一折，奉到朱批：“所奏俱悉。统计此工所费若干，作何筹办，并目今获效与将来如何有益之处，详缮简明折奏来。钦此。”仰见我皇上万方在宥，为边民筹久远之至意。

臣伏查金沙一江，发源西藏，流经数千里，中贯川滇。皇上念滇地远居天末，一遇荒歉，米价腾贵，较他省过数倍。近年汤丹等厂厂民云集，米价日昂。乾隆二年，钦奉谕旨，令督臣尹继善筹开通粤通川水利，以期有备无患。乾隆五年，前督臣庆复查出东川府小江口达金沙江水路，约估需工费数十万金，奏请开修，蒙恩俞允，当即动帑试修，用过匠夫工价、官役盘费银一万二千五百八十余两，又按站试运盐米、铜斤，建盖站房及官役盘费银七千一百二十余两。嗣因调任两广，臣奉旨接办，复经委员勘估，除将上游最险之蜈蚣岭等一十五滩改修旱路外，查金江上下两游一千三百余里，应开凿大小八十三滩，计上游开修过一十九滩，用过匠夫工价、官役盘费银二万四千三百九十余两，食米一千二百三十余石；又开修绕过蜈蚣岭等滩旱路两站半，用过工费银四百七十余两；又开修过自滥田坝起至那比渡南岸旱路六百八十九里，用过匠夫工价、盘费银二千八百二十余两。下游应开修六十四滩，估需匠夫工价及官役盘费十万九千六百七十余两，食米七千一十余石；又开修过自那比渡起至副官村止南岸旱路，用过匠夫工价盘费银九百二十余两，食米一百一十余石。以上共银一十五万七千九百九十五两零，米八千三百五十六石零，较原奏不及一半，均于滇省办获铜息项下动用报销。此金江上下两游已竣、未竣工程所费之数也。

臣因江工重大，与司道及总理道府各官日夕讲求，悉心筹画，或采用成法，或博询众论，或因时制宜，将勘过各滩，凡最险之滩中洪汹涌不能行舟者，于历来架厢拉杆之处筑坝逼水，将滩石烧煅椎凿，开出船路，以避中流之险；其次险各滩，亦先筑坝逼水，将水面、水底碍船巨石凿去，令下水之船可以沿滩放下，又于两岸绝壁之上搭立鹰架，凿出高低纤路一万余丈，并凿去碍纤石块，使舟楫上下牵挽有资。所有上游一十九滩业已完竣，奏明在案。其下游应开六十四滩，工程亦经过半；又金江南岸陆路一千余里，向无路径，今既开浚金江，自应一体开修，以便行旅。业将自横木滩至新开滩千余里蒙茸陡绝之区开成道路，溪涧隔越之处建造桥梁，并招募人民开设歇店，安设塘汛以资保护，务使水陆往来俱安行利涉，庶几夷方僻壤日久渐成坦途。此臣奉旨开浚金江以来筹办情形也。

查金江从古未通舟楫，今自乾隆七年上游开通，川楚商船赴金沙厂以上地方贸易者渐多。现在试运铜斤，运到河口滩者已四十三万三千六百余斤，转运黄草坪者十万二千三百余斤，一俟下游告竣，即可运赴泸州，搭运京局。至江工告成以后，每年可运铜若干之处，臣与司道悉心查酌：金江水势，惟自十一月至三月，此五个月之内可以办运，若俟采买兵米及商船回空，雇募发运铜斤又已过时，必须预雇鳅船，安站接运，方可无误。就目下情形计算，每年可运铜百余万斤，较陆路运费约可节省十之二三。又上年臣因昭通收成歉薄，米价腾贵，奏明动项采买川米一万零五百石接济民食，以七千五百石由金江运至黄草坪，以三千石由臣新开之盐井渡河道运至大关，民间见有川米可买，又值春荞登场，米价旋即平减，除平粜外，余留作次年兵糈及江工食米之用。

臣查滇省米贵之患，久廑圣怀，而昭通米价在通省尤为昂贵。今金江开修伊始，已少著成效，将来告成之后，设遇歉收，川省商民自必闻风贩运，或官为采买接济，从此边疆要地米谷流通，可纾圣主南顾之忧。此目今已获之效验，即将来有益之明征也。至开浚金江，原为滇民开万年乐利之源。我皇上睿谟远大，不期近功，而臣自顾才智庸下，每虑不能速底厥绩。仰蒙圣训周详，随时指示，臣得黾勉遵循。今计全江工程明春可期完竣，但完竣之后，所有沿江一带均需相度，可以开垦者招民垦种，并安设市集、码头，俾船只上下可以停泊，庶川楚商船至者日众，不但铜运可收节省之益，抑且盐米渐次流通。臣拟一俟工竣，即将善后事宜详筹，奏请训示办理。合先遵旨详缮简明折奏，伏乞皇上睿鉴施行。臣谨奏。

乾隆九年九月二十八日

〇所奏俱悉。若果实如所言，自是美举。

〔据《张允随奏稿》卷六第15－18页辑录。〕

云南总督兼管巡抚事张允随奏请开修川省接壤滇境河道分运威宁铜斤折

云南总督兼管巡抚事臣张允随谨奏：为请开修川省接壤滇境河道分运威宁铜斤事。

窃滇省岁解京局鼓铸铜六百三十三万一千四百四十斤，由东川、威宁两路各分运铜三百一十六万五千七百二十斤，近因滇铜、黔铅加运，驮脚不敷，自应亟筹疏通之法，庶可无误京铸。除东川一路铜斤，臣现议酌分一半铜一百五十八万二千八百六十斤，由臣新开之盐井渡河道运往泸州，另折奏明，所有威宁一路铜三百一十六万五千七百二十斤，与黔铅四百七十万斤，拥挤一隅，亦须设法疏通。

据委驻威宁转运京铜之鲁甸通判金文宗详称："查得四川叙州府珙县所属地方，有罗星渡河一道，直通叙州府之南广洞，计水程五站，与镇雄州接壤，居民常以小舟逐段盘运货物，因水急滩高，重载难于上下，若将滩石加工修凿，自威宁至水次，可省陆路三站。请查勘开修，将一半铜一百五十八万二千八百六十斤由此路运抵罗星渡，雇船运至南广，盘上大船，转运泸州，其余一半仍由威宁运抵永宁，则马匹往返迅速，脚价亦可少省。"等情。臣即委粮储道宫尔劝于办理威宁分雇驮脚事竣，前往罗星渡，将水陆道路逐一查勘。去后，兹据覆称："勘得自威宁至镇雄旱路五站，马匹可行。自镇雄至罗星渡旱路五站，山路崎岖，不无偏窄陡险之处，应加修治。又自罗星渡至南广洞，计水路五站，应修大小七十三滩，内最险者三大滩，次险者一十九滩，又次险五十一滩，均应分别疏浚。查威宁运铜至永宁，陆路十三站。今自威宁运至罗星渡，陆路十站，可省陆路三站，以每站每百斤脚价一钱二分九厘二毫计算，应节省运脚银三钱八分七厘六毫。除自罗星渡至南广洞每百斤约需水脚银二钱外，尚有节省银一钱八分七厘六毫，每年分运铜一百五十八万二千八百六十斤，共可节省运脚银二千九百六十两零。请照开修盐井渡之例，于威宁运铜脚价内借动兴修，将威宁一半额铜由此运往泸州，约计二年节省脚价即可归还原款。"

臣查滇南地接三巴，惟因寸步皆山，不能流通百货，但得多开一节水路，滇民即受一节之益，苟有可通河道，亟应筹画开修，以利民生。今罗星渡河道可以直达川江，若再加开浚，为利实溥。臣即委令镇雄营参将龙有印、署云南府同知徐柄前往查勘，一面估报，一面借动威宁铜运脚价，乘此水涸农隙之际上紧开修，俾船只装铜而下，即可载货而上，马匹不致空回，脚户往来迅速，雇募自必较易，不特铜运得济，且于地方亦有裨益。理合缮折具奏，伏乞皇上睿鉴，训示施行。谨奏。

乾隆九年十一月十六日

〇既称有益，妥酌为之。

〔据《张允随奏稿》卷六第22－24页辑录。〕

云南总督兼管巡抚事张允随奏报开修盐井渡通川河道工程完竣铜运坦行商货骈集克收成效折

云南总督兼管巡抚事臣张允随谨奏：为恭报开修盐井渡通川河道工程完竣，铜运坦行，商货骈集，克收成效事。

窃照滇省昭通府境内由盐井渡以达四川叙州府安边塘河道，经臣查出捐修，试有成效，绘图缮折，奏请："于东川陆运京铜脚价项下借拨银两，兴工疏凿，一面试运铜斤，以水路节省运脚为开修之费，无庸另动帑项。经大学士伯鄂尔泰等议准，即以节省脚价作开河工费，俟归还原款后，再行报销。"等因。仰荷圣恩俞允，臣委令大关同知樊好仁勘估兴修，计全河二百五十里内，应行开凿者三十四滩。自乾隆六年十月兴工，至八年闰四月，开修过丁山碛、黄果漕等一十八滩，及自大关兔勒塘起至盐井渡，陆路五站，凡险仄倾陷之处，俱加工修垫平整，并建设桥梁、渡船，人马可以通行，经臣先后奏闻在案。

兹据承修之大关同知樊好仁详称："自乾隆八年九月兴工起，至本年六月初八日止，又开修过马三挡、将军石等一十五滩，并最险之九龙大滩，俱疏凿修浚，次第完工，重载上下无阻。惟九龙一滩，两崖夹峙，滩窄坎深，狂澜汹涌，船由陆地架木空拖而上，今开出边漕二百余丈，凡巨石高坎悉已铲凿深通，冬春重船上下，只须盘载牵放，便可无虞。是通河险滩俱已全竣，并川民请修之高滩、明滩及未入原估之犁辕等五滩，亦俱一律开修，舟行无阻。其运铜陆路五站内，有应建桥梁，并盐井渡下游沿河未通陆路，及应修纤路、桥道，添设塘卡，建盖江神庙，俱经完工，共用过工费银六千七百八十五两。自乾隆七年冬及八年秋，两次拨发东川一路运京额铜共一百万斤，已由此河运至泸州七十万斤，其余三十万斤，现在源源接运。计水运铜一百万斤，节省银三千三百两，尚不敷银三千三百八十五两，于明岁发运铜斤内，再以一百余万斤节省脚价归补，即可清款。并查新开大关河道旁多瀑布，溪流遇涨，不无崖石冲落滩中，致碍船路，及所修陆路桥梁，或山峻土松泥深，木垫恐经久雨，牛马蹂践，致有坍塌，请于每年运铜节省银内动支三百两，以为补修之费。"等情前来。臣因河工关系永久，必须委员查勘，委令粮储道宫尔劝于赴威宁会查铜、铅分雇马匹事竣后，即往川省叙州府，乘船溯流，由安边塘至盐井渡水路二百五十里，又自盐井渡至兔勒塘陆路三百里，将所开滩身、河路及马道、桥梁等项工程逐一确勘。去后，兹据覆称："勘得修过三十四滩，俱已化险为平，往来顺利。惟九龙滩水势涌急，重船上下均须盘载牵放。河内现有盐船三十余只，牵往而上，约行十余日方到，下水只须两日。其陆路五站，凡险仄难行之处，或砌盘道，或铺木路，或凿去石块，或修平土坡，或建桥设船，人马通行甚属便利。现今远近客民多于泊船之处葺屋兴场，川货日见流通，店房日渐建设，商旅往来渐有内地景象。至于运铜船只，除每年额买大关兵米及盐船客载之外，尚须包雇空船一半凑用，冬春两季，可分运东川一路京铜之半，较东威两路陆运脚价，每一百万斤可节省银三千三百两。查河路既已开修通畅，但山峻溪多，冲塌在所难免，应请酌定岁修银三百两，于节省项下支给报销。"等语。

臣查滇南僻处天末，跬步皆山，必得多开水利，使舟楫可通，庶几缓急有赖。兹大关境内盐井渡河道与金沙江相为表里，经臣奏请借动陆运铜脚开修，凡阅三载，业已告成，所有用过工费，即将水运京铜省出脚价归还原款。兹复定给岁修之费，以为善后之资。从此舟航骈集，百货通流，不独京铜运脚收节省之益，且新疆一带民兵利赖无穷，实属工省效捷。仰赖我皇上仁恩远被，圣训周详，俾臣得从容筹办，克底厥成。

再查承办此案工程及试运京铜诸务，经理咸宜、始终罔懈者，则有大关同知今升丽江府知府樊好仁；协同监修者，则有镇雄州吏目缪之琳，大关游击今升奇兵营参将萧得功，昭通镇把总杨英、陈玉，皆能实心出力。臣不敢壅于上闻，理合一并陈奏，仰乞睿鉴。谨奏。

乾隆九年十一月十六日

○此事卿担当妥办之处实可嘉悦。如果如所言，永收利赖之益，则甚美而又尽善矣。在工官员勤劳可嘉，有旨议叙。

〔据《张允随奏稿》卷六第25-28页辑录。〕

云南总督兼管巡抚事张允随奏报金江下游工程完竣折

云南总督兼管巡抚事臣张允随谨奏：为恭报金江下游工程完竣，仰祈睿鉴事。

窃照滇省开浚金沙江通川河道，经臣奏明，分作上下两游办理。除上游工程业已报竣外，所有下游应修六十四滩，自乾隆八年十一月兴工起，至九年四月水长停工止，修过工程，亦经臣缮折奏闻。兹自乾隆九年十二月十五日接续开修，臣行令总理下游江工元江府知府董廷扬等，务乘今春江水倍涸，各滩隐石呈露，多扎拦水大坝，挑选工匠，先将水底船路工程并力疏凿，俟水势渐长，再修两岸纤路，庶工程缓急得宜，小理始有次第。复经节次批饬，随时指示。

去后，嗣据报称："自交二月，江水极涸，较常年多落五六尺，工员俱各勤加董率，匠夫人等亦皆踊跃用力。所有异石、大雾基等最险五滩，柯郎、虎口十八险滩，及次险之上石板、黄草等四十一滩，于四月十五日以前次第完工。凡突出水面、隐伏水底碍船巨石，已逐加铲凿，所开船路，皆从滩身近水处层层疏凿宽深，不留礌形，使上下船只沿边行走，以避中洪之险。其夹岸峭壁亦皆凿出纤路，俾水手牵挽有资。本年川省商船载运米盐、货物赴金沙厂发卖者约有三百余号，内有五爪船百余号，大于鳅船一倍，且上滩、下滩较鳅船为稳。乃从来未到金江者，由新开滩至河口，上水六百四十里，重载月余即到，已减前此水程之半。又厂地常年米价，每石需银四两有余，今止一两七八钱，亦属从来所未有。当即雇募大小川船二百余只，将上游运贮河口、黄草坪两处铜斤装载发运，由新修船路开放下行，自三月初三日折坝开运起，至四月初四日水长停运止，已运过铜七十万余斤，直抵泸州，换船转运京局。至经过各滩，除上游之滥田坝、小溜筒及下游之沙河、象鼻、大锅圈、大猫滩、大汉漕等数滩盘马女半载外，余皆原载放行，均各平稳。惟新开滩之下相近叙州府大江内，有豹子脑一滩，原系叙州至屏山县商旅往来河道，冬春之间并无险阻，每交四月中旬以后，水势长至一二丈，为崖所束，激成奔湍，船只行走，倘遇泛涨之时，不无阻滞，亦应添修，为费无多，而于全江实有裨益。"

等情到臣。臣复委令原署广南府陈克复前往江干，乘船溯流，逐滩查勘，据覆称滩工稳固，江路通行情形无异。

窃查金江工程艰巨，臣承办以来，常恐经理乏术，无以上慰我皇上利济边民之至意。仰荷圣慈随时训谕，臣得敬谨遵循，悉心办理，凡四阅冬春，而大工始获告成。现在京铜船只衔尾下行，川蜀米盐连樯上泛，新疆民食接济无虞。当江工甫竣，已著成效，将来日久愈臻稳顺，利赖更自无穷。此皆我皇上大知开天，深仁育物，乾刚独断，允执厥中，锡此无疆之福也。除行司道俟各工员到齐后，将用过匠夫工价、官役养廉、工食器具等项银米造册核实，及江工善后应办事宜另折恭奏外，合将江工告竣缘由，先行缮折奏闻，伏祈睿鉴。臣谨奏。

乾隆十年五月二十七日

○所奏俱悉，亦赖卿担任实心，而且条理井然，故得成功也。览奏曷胜嘉悦。

〔据《张允随奏稿》卷六第40－43页辑录。〕

云南总督张允随奏报开修罗星渡通川河道工程完竣并分运京铜折

云南总督兼管巡抚事臣张允随谨奏：为恭报开修罗星渡通川河道工程完竣，分运京铜事。

窃照滇省每年办解京局鼓铸铜斤，由黔省之威宁州雇脚分运，近因黔铅加增，驮脚不敷分雇。臣查得镇雄州与四川接壤地方，有罗星渡溪河一道，可达叙州，惟因水急滩高，重船不能上下，若疏浚深通，将铜斤由此分运，较运至永宁，省陆路三站，当委粮储道宫尔劝带同鲁甸通判金文宗前往勘估。勘得自罗星渡至叙州府之南广洞，水路五站，应修者七十三滩，请照开修盐井渡之例，在威宁一路运脚银内借动兴修，即以节省脚价归还原款，不独铜运得济，且于地方有益。经臣于乾隆九年十一月十六日具折奏请开修，奉到朱批："既称有益，妥酌为之。钦此。"臣钦遵谕旨，即饬预发运脚价银两，委令镇雄营参将龙有印、署云南府同知徐柄，带领员弁，雇募工匠夫役，乘时分段开修。

去后，兹据该参将等报称："查罗星渡河道原估应修者七十三滩，内最险之沐滩、儹滩、鸥滩三大滩，巨石丛积，跌水成涡，空船上下每易损坏，应大加疏凿；其余次险之乾岩子等十九滩，及又次险之老哇等五十一滩，或大石突立，或乱石散布，均须分别疏浚。当即分委员弁，先将沐滩、儹滩、鸥滩三处险工，筑坝逼水，将碍船鼓浪巨石烧毁铲凿，加紧开修，其次险、又次险各滩亦次第分派修浚。幸值天气晴明，河水稍涸，夫匠踊跃用力，自乾隆十年正月二十五日兴工起，至四月初十日，全河大小七十三滩工程俱已告竣，并于沿河两岸开出纤路，及将碍纤竹木砍伐清楚，当即雇募鳅船十一只，将威宁运到铜斤装载，共试运铜三万三千斤，经过各滩俱极平稳，已直抵广南，换船由大江运赴泸州。其自镇雄州城至罗星渡陆路五站，亦经分段趱修完工。以上开修水陆道路，共用过匠夫工价、官役盘费等项银共三千三两零。"等情到臣。臣查滇省地处极边，凡可通舟楫之路，皆宜设法开修，以宏利济。今金沙大江已蒙皇上特敕动帑疏凿，获告成功，又盐井渡河道亦蒙圣恩允臣所请，借帑开修完竣，两处河道俱已直通川蜀，米船上溯，铜运下行，成效克著。兹罗星渡河道仰荷皇上覆准开浚，兴工两月有余即已完竣，铜铅毫无阻碍，所用工费，即于省出脚价内归还。镇雄新辟夷疆，得此舟楫通行之路，一切盐米、布帛藉以通流，于边徼民生不无裨益。但开修伊始，商船至者尚少，不能速济铜运之急。臣行令司道，动借运脚银一千二百两，委员前赴川省之宜宾、庆符、高县一带购买鳅船六十只，雇募本地水手，令其常川装运铜斤，所费船价，即在应给水脚内陆续扣除，不但目前铜运早得疏通，即将来川滇沿河一带民人咸资利赖。此皆蒙我皇上训示办理之所致也。合将工竣日期及分运京铜缘由，缮折奏报。

再查此案工程，勘估官系粮储道宫尔劝、鲁甸通判金文宗，督修官系镇雄营参将龙有印、署云南府同知徐柄，分修官系署镇雄州分防威信州州判许肇坤、试用州判席椿，镇雄营千总戴君锡、把总李恺，皆能实心出力。臣不敢壅于上闻，理合一并陈奏，仰祈睿鉴。谨奏。

乾隆十年五月二十七日

○知道了，有旨谕部。

〔据《张允随奏稿》卷六第43－45页辑录。〕

云南总督兼管巡抚事张允随奏请开修金江上流蜈蚣岭等一十五滩以收全江之效折

云南总督兼管巡抚事臣张允随谨奏：为请旨事。

窃照滇省开浚金沙江通川河道工程，臣数载以来，恪遵圣训，敬谨筹办，业将上下两游应开大小八十三滩疏凿完竣，所有完工日期、用过工费及水运京铜节省运脚数目，俱经先后具折奏报在案。

惟查上游原勘应修共三十五滩，内有蜈蚣岭、安吉、猴岩、飞云渡、双佛等最险五滩，与者那、红崖、热风等十滩，或险，或次险，鳞次于一百五十里之内，估需工费银七万余两，滩险费繁，奏功匪易。并据川省委员永宁道刘文浩等会勘，将各滩种种危险，断非人力能开等情详覆。臣思凡兴大工，当先其易者，易者既治，则难者亦必以次就理。金江为宇内最险之水，而蜈蚣岭等各滩复为金江最险之滩，不独川员以为万难开凿，即本省各官亦议论不一。若兴修之始，首从事于难办之功，一有不当，其贻一时之口实者犹小，而坐失千载之良会者甚大，是以奏明。查开陆路两站半，以避此一十五滩之险，虽为省费图成，亦属因时就势。今仰赖圣主平成德意，凡极险之滩，开过工程俱皆稳顺，用过工费银米，合算共银十七万八百四十两，尚不及原奏约估数十万金之半，节省运费易于抵补，而商贩米粮渐至平减，水运铜斤毫无阻滞。就目下情形，昭、东两郡人民已受福无穷。但臣窃思，金江未开以前，蛮夷资为天堑，商旅视为畏途。今幸际不世出之圣主，不惜亿万帑金，为西南兆姓兴万年之水利，断不肯稍留未尽，致贻功亏一篑之憾。兹上下两游八十三滩均已化险为平，若再将蜈蚣等一十五滩一律开通，更为全美。每与司道及在工人员讲求咨议，意见相同。

臣复查川省数称沃野，米粟之利远被吴楚。滇省近在邻疆，向因舟楫未通，不得沾接济之益。今自下游工竣，川米上至金沙厂，常年每石需银三四两者，近止二两上下，成效已著。惜该厂人少食寡，川米至此不能多销，商贾利微，恐致不前。若开通此十五滩，则米船可直抵小江口，赴汤丹厂发卖。该厂商民甚众，需米颇多，倘得川米赴厂，上运多一船之米石，下运即多一船之铜斤，则水运船只可以补旱运牛马之不足，京局铸铜自无迟误，其有关于国计者甚巨。况汤丹等厂岁产铜八九百万斤，不患铜少，惟患米贵，倘得川米接济，厂民食足，自必尽力攻采，京铜可以永远充裕。厂地既有川米售卖，则东川、寻甸、和曲、禄劝等处之米不必尽运赴厂，省城一带米价复无昂贵之患。而水运多一分之船只，则旱运少一分之牛马，省出驮脚可供客商雇运，百货无忧缺乏，物价自就均平，其有益于民生者更溥。况查凿石开滩之事，原非工程所常有。当江工经始之时，不独承修各官心怀疑畏，即雇到工匠，于疏凿水底石工亦多未谙。今开修数年，于金江之水性缓急、滩石之坚松、舟行之利钝、工用之繁简，在工员既周知熟悉，可以指示咸宜，即工匠习久愈谙，可以施工得法，且查已经开过上游之滥田坝、小溜筒，下游之异石滩、大雾基、大猫滩、大锅圈、大汉漕等滩，皆系最险之滩，开浚之后现皆安稳，谅蜈蚣岭等滩，亦非必不可就之功。且经前督臣庆复委员试修，已用过工费银一万二千余两，若乘此工员谙练、匠夫熟习之时，将此一十五滩一并开凿，约计续费当不出二万金之数。盖试修于经始之初，与增修于乐成之后，难易原自不同，故工费多寡亦异，将来铜斤得以多运，节省脚价即可还项。臣不敢因前此曾经奏请停开，坐失可乘之会。为此缮折恭奏，如蒙圣恩俞允，容臣委员再加确估，奏报兴修，以收全江之效。

臣为国计民生永远利赖起见，冒昧敷陈，是否有当，伏乞皇上训示施行。臣谨奏。

乾隆十年十月二十一日

○大学士会同该部速议具奏。

〔据《张允随奏稿》卷六第60－63页辑录。〕

云南总督兼管巡抚事张允随奏报滇省新开通川各河道水运京铜数目折

云南总督兼管巡抚事臣张允随谨奏：为奏报滇省新开通川各河道水运京铜数目，仰祈睿鉴事。

窃滇省自乾隆三年接准部文，代办八省额铜，运赴京局鼓铸，正额、加运每年共六百三十余万斤，向赖马牛驮载，脚费繁重，转运艰难。荷蒙圣恩开浚金沙江、盐井渡、罗星渡三处通川河道，次第告成，京铜得由水路分运。

兹据督理金江铜运迤东道宋寿图具报：“乾隆十年，运抵泸州铜七十万斤。十一年，运抵泸州铜一百二十八万六千七百七十斤零。其运至沿江铜房存贮者尚有一百七十五万二千四百余斤，一俟交冬水落，即可陆续运抵泸州。”又据大关同知高为阜具报：“盐井渡通金沙江水路，自乾隆九年至十一年，共运抵泸州铜三百一十三万二千七百五十斤零。”又据转运京铜之署云南府同知徐柄具报：“罗星渡通川河道，自乾隆十年七月至十一年五月，十个月内，运抵泸州铜一百三十八万四千一百六十斤。”三共水运抵泸铜六百五十万三千五百八十斤零。

至昭通地方，向苦米贵，自江工告竣以后，连年米价平减，新疆民食常充，夷情益臻宁谧，此皆我皇上至德深仁之所赐也。所有各河通顺并水运京铜数目，理合附折奏报，仰祈睿鉴。臣谨奏。

乾隆十一年六月二十九日

○如此水运，较先前陆运每年节省几何？缮简明折奏闻。

〔据《张允随奏稿》卷七第32－33页辑录。〕

云南总督兼管巡抚事张允随遵旨奏覆通川河道较先前陆运节省银数折

云南总督兼管巡抚事臣张允随谨奏：为遵旨奏覆事。

窃照滇省新开金沙江、盐井渡、罗星渡三处通川河道，经臣将水运京铜数目恭折奏报，钦奉朱批："如此水运，较先前陆运每年节省几何，缮简明折奏闻。钦此。"臣即钦遵，行据管理铜务粮储道宫尔劝、署迤东道谷确查明，详覆前来，谨缮简明折恭呈御览。

——铜斤由金江水运至泸州，每百斤较先前陆运节省银六钱三分四厘零。乾隆十、十一两年，水运铜一百九十八万六千七百斤零，节省银一万二千六百六两零。

——铜斤由盐井渡运至泸州，每百斤较陆运节省银三钱三分。自乾隆九年至十一年，水运铜三百一十三万二千七百斤零，节省银一万三百三十八两零。

——铜斤由罗星渡水运至泸州，每百斤较陆运节省银一钱八分七厘零。自乾隆十年七月起至十一年五月，水运铜一百三十八万四千一百斤零，节省银二千五百九十六两零。

以上三路，水运过铜六百五十万三千斤零，共节省银二万五千五百四十两零。

——臣前奏金沙江年可运铜一百万斤，应节省银六千三百四十五两；盐井渡年可运铜一百五十八万二千八百六十斤，应节省银五千二百二十三两四钱零；罗星渡年可运铜一百五十八万二千八百六十斤，应节省二千九百六十九两零。

以上三路，每年水运京铜共四百一十六万五千七百二十斤，每年共节省一万四千五百三十七两零。

伏查三处河道，仰蒙我皇上念切民依，特加开浚，自完工以来，运发京铜，就现在办理，较从前陆运，每年实可节省银一万四千五百余两。缘工程甫竣，商船无多，尚须安站包空。又各处转运、收铜官役养廉、工食不能减少，是以节省止有此数。将来商船众多，不须包雇，铜斤可以多运，官役养廉、工食不须增添，节省自必更多。合并陈明。臣谨奏。

乾隆十一年九月二十四日

○览。

〔据《张允随奏稿》卷七第36－37页辑录。〕

云南总督张允随奏报开修金江续开各滩工程折

云南总督兼管巡抚事臣张允随谨奏：为恭报开修金江续开各滩工程事。

窃查金沙江上游蜈蚣岭等最险各滩，经臣奏请一律开通，以收全效，仰荷圣恩俞允。臣遴委署丽江府樊好仁、原署广南府陈克复、东川府田震前往勘估，一面兴修，于乾隆十一年闰三月恭折奏报。嗣因水涨，入水工程尚未兴举，迨交冬水势渐退，臣行令各员星赴江干，上紧开修。因蜈蚣岭等滩乃金江最险之区，恐承修之员办理不实，遴委臣标干练千把前往分修，令将修凿情形不时据实具报，又饬令承修之员将应修各滩分别最险滩、险滩、次险滩三等，均匀配搭，派定分修员弁各自承修，以专责成。嗣据署丽江府樊好仁等报："于十一月内兴工，维时江水尚未全消，水底巨石未露，先将出水碍船各石及应修纤路乘时铲凿疏修。嗣是江水日涸，所修滩工亦以水势为度，每水落一尺，即修下一尺。至正月中旬以后，江水渐涸，露出水中隐石，承修各员董率匠夫竭力施工，日无虚晷。"

兹据陆续具报，各工程除已经完工外，其余俱修至六分、七分、八分不等，惟安吉、蜈蚣岭两滩工程艰巨，幸人力可施，现在上紧开凿，已修至六七分。但二月二十九日，通省大雨，江水骤长三四尺，若此后晴霁，仍复消退，可期告竣，倘日渐增长，恐未能全竣。等情。臣查核报到情形，合计工程已修至七八分，即或水长以前尚有未竣之处，亦属无几，一俟冬底，再加凿修，便可告成。理合恭折奏报，仰慰圣怀。臣谨奏。

乾隆十二年三月初十日

○知道了。

〔据《张允随奏稿》卷八第5页辑录。〕

云贵总督张允随奏报续开金江各滩工竣铜运通行折

云贵总督臣张允随谨奏：为恭报续开金江各滩工竣，铜运通行事。

窃照金沙江续开蜈蚣岭等各滩，自乾隆十一年十一月开修起，至次年二月，工程俱修至六七分，因水长停工，经臣于乾隆十二年四月十一日恭折奏报，奉朱批："知道了。钦此。"臣于九月间赴黔巡阅，先期行令司道雇募匠工，制备器具，以便于水落时兴工疏凿。因原委承修官系署丽江府知府樊好仁、东川府知府田震、原署广南府知府陈克复三员，内陈克复送部引见，田震推升道员赴部，止有樊好仁一员，恐滩险工多，难以兼顾，当委署东川府事大关同知高为阜协同樊好仁，带领分修员弁董率兴修。

嗣据樊好仁、高为阜陆续报称："江水自正月中旬以后日渐消落，较去春又涸七八尺，凡已竣、未竣各滩，水底碍船巨石俱露出水面，自五六尺至七八尺不等。因常年江水从未消涸至此，诸石林立水底，激成骇浪惊涛，故议将可以施工之处开修，以减水势，重船下水，仍须盘载放空。今幸水涸石露，职等指示匠工，趁此难遇之时，逐一加工疏凿，分修各员皆实力监督，匠役勤者优加奖赏，莫不踊跃施工。至二、三两月，江水日消一日，较常年涸至丈余，凡水底碍船之石，无不錾凿完竣。自乾隆十二年十二月十五日开工起，至十三年四月初三日撤工止，所有各滩工程俱已告竣。于二月二十八日，开船装运铜斤，至四月十五日，共运过铜三十二万二千余斤，俱安稳无虞。内绿草、石洲、碎琼、者那头二三滩、红崖、热风、五德、得路、峡口、猴崖二滩、中流、飞云渡、石圣、风硐、横木等一十七滩，凡重载铜铅，俱从中流顺放。惟蜈蚣岭、安吉、猴崖头滩、双佛等四大滩，虽屡将船只试放，俱属平稳，但滩长浪大，宜加慎重，且恐新雇船户未识水性，暂令盘载放空，俟行之渐熟，或装半载直放，或满载吊放，再为因时办理。至于从前所开石洲滩至横水滩陆路两站半，历年水运铜斤俱赖以接递无误。今自蜈蚣岭至双佛一带险滩虽经开通，但江工甫竣，船户行走未熟，应请水陆兼运，以利攸往。”等情。并据承修官樊好仁等于六月初六日回省，臣逐加面询无异，又复委员前往各滩覆勘。

臣覆查金沙一江，从古未辟。仰蒙皇上特旨，动帑开浚，以利滇蜀民生。因经始之时，众虑巨功难就，是以议将上游百余里内最险各滩停止开凿，迨两游工竣，将京铜由金江、盐井渡、罗星渡三处水运，所省陆路运脚按年还项，奏明在案。臣复念如此巨工，未便仍留未尽，又经奏请开修，荷蒙圣恩俞允。臣承办二载，督率工员上紧开修，幸今春水势消退倍常，得以乘时疏凿完竣，皆由我皇上圣德广运，无远弗周，故江神效灵，克底平成之绩也。此次所委承修之樊好仁、陈克复、田震、高为阜、方繂等，或始终经理，或前后督修，皆涉历险阻，备极勤苦，疏凿修浚，指示有方，及分修人员，亦能董率匠工，尽心办理。统俟委员覆勘结报到日，行令司道将用过工费银两及善后事宜、工员劳绩悉心查核，妥议详报，另疏具题外，所有江工完竣缘由，理合恭折奏闻，伏祈圣鉴。

再臣前经奏明，自己巳年为始，将威宁一路陆运铜一百五十六万余斤，改由金江水运，兹本年水运铜斤业已如数运竣。合并陈明。奏。

乾隆十三年六月十一日

〇览奏俱悉。卿督率有方，成千古未成之巨工，甚可嘉也。

〔据《张允随奏稿》卷九第20－22页辑录。〕

云贵总督张允随奏报滇黔两省田禾雨水情形折

云贵总督臣张允随谨奏：为奏报滇黔两省田禾、雨水情形事。

窃照滇黔素称山国，田号雷鸣，凡雨多之岁，高田定获丰收，而低下之区不无淹浸之患。本年自入夏以来，甘霖普降，夏至前后，栽插已竣，经臣于本月十一日恭折奏闻。嗣是阴晴相间，禾苗正在长发，乃于十六日酉时起至二十日止，云南省城大雨滂沱，山水长发，各河宣泄不及，云南府属之昆明、昆阳、富民、宜良、呈贡、晋宁、罗次、嵩明、禄丰、安宁等州县，低洼田亩、庐舍多有淹没、浸倒者，内昆明县被淹田二百七十八顷零，以通县民屯田二千五十五顷零计算，虽不及十分之二，而在一村一里，实属偏灾。其省城内外并县属远近各里，沿河及村庄地势低下之处被水浸倒，兵民瓦草房屋及浸塌墙壁共约二千七百余间。臣与抚臣图尔炳阿率同在省各官竭诚祈祷，并举行荣祭典礼，至二十日已刻，始获晴霁。当雨势未霁以前，臣等恐村乡被淹人户道路阻隔，无处避水，差委标弁并饬云南布政司宫尔劝，派委在省正佐、杂职文员，同昆明县，多雇船只，携带银两，分往各村济渡，暂令于邻村及空闲寺庙安顿，人口并无损伤，每大口日给米五合，小口减半，共赈济十二日，水势消退，各归复业。又据曲靖府属之平彝县，澂江府属之河阳、路南二州县，广西府属之弥勒州及元江府各禀报，所属地方低下田亩亦有被淹，乡村房屋间有浸倒。又安宁州之安洪等井，河水淹过井台，将各灶房浸塌，所贮盐本、柴枝悉行漂失。除被水较重之昆明县，现在委员确勘是否成灾，照例分别会奏，并安宁井盐可否偾煎，不致缺额，亦俟查明办理外，其余十数州县被水田亩，或旋即消涸，秧苗仍复转清，或沙石冲压，不能开挖补种，现饬司道委员会勘，并此外或尚有续后报到之处，容臣等逐细查明，应赈恤者即行赈恤，应借给者酌量借给，竭力查办，务使被水穷黎咸各得所，以期仰副我皇上轸恤民艰之至意。

又滇省各属内雨水稍多、山溪暴涨处所，城垛桥梁不无倾圮冲塌，亦俟委勘明确，作何补修，再行具奏。

至于通省高阜田地，值此雨泽充盈，常年未栽之雷鸣梯田皆栽种禾稻，长茂倍常，秋荞杂粮亦无不发荣滋长。以全省合计，低田少而高田多，仍与秋收大局无损。是以目前通省米价，除被水之昆明首邑因乡米不能上市，价值稍昂，臣等饬发仓米减价平粜以济民食外，其余俱各平减如常。

再查贵州一省，现据司道及各属禀报："自五月以来陆续得雨，高下田亩皆已栽插齐全。六月十六七等日，贵阳省城连日大雨，因山田形如梯磴，水势易消，禾苗并无损伤，秋成可期丰稔。"

所有滇黔两省田禾、雨水情形，理合缮折奏报，伏祈皇上睿鉴。臣谨奏。

乾隆十三年六月二十九日

〇览奏俱悉。被水成灾处所加意抚绥，实力妥办可也。

〔据《张允随奏稿》卷九第 24－26 页辑录。〕

云贵总督张允随奏明办理昆明等处被水赈务情形折

云贵总督臣张允随谨奏：为奏明办理赈务，仰祈圣鉴事。

窃查云南昆明等处，本年六月十六、七、八、九等日大雨，山水涨发，各河宣泄不及，低洼田庐多被淹浸，经臣具折奏明，并会疏题报在案。当饬云南布政使宫尔劝，同粮储道徐本仙分委人员逐一查勘。去后，兹据勘明详报："安宁、嵩明、富民、禄丰、罗次、平彝、河阳、路南、弥勒、元江等府州县被淹田亩，或水即消退，禾苗转青，或补杂粮，现在滋长，秋成均有可望。"据委员同各地方官出具勘不成灾印结，由该管府道加结申报，均应照例俟秋获之时查明分数，另折奏报。

至淹坍房屋墙垣，为数无多，俱系有力之家，现已修理完好，无庸赈恤。惟昆明地方被水田庐，除浸倒营兵房屋，臣与抚臣图尔炳阿商酌修理，给兵栖止外，据委员署东川府徐柄等勘报："共被淹低田二百七十八顷七十七亩零，系十分灾；淹坍民间瓦房八百四间，草房一千六百五十八间，墙一千六百七十堵。又呈贡县被淹低田三十四顷六十一亩零，系十分灾；淹坍瓦房十间，草房四十三间。宜良县被淹低田十六顷六十七亩零，系九分灾；又被淹低田四顷五十六亩零，系七分灾；淹坍瓦房四十七间，草房八十六间，墙一百八十九堵。昆阳州被淹低田四十二顷六十六亩零。系十分灾；淹坍瓦房四十五间，草房五十间，墙十二堵。晋宁州被淹低田五十一顷三十六亩零，系十分灾；淹坍瓦房十一间，草房一百五十三间，墙十九堵。"经臣会商抚臣，飞饬司道钦遵乾隆五年谕旨，因时就事，熟筹妥办。其昆明县被水安顿寺庙人口，前赈十二日口粮，共谷七百六十五石五斗零不计外，统计昆明、呈贡、宜良、昆阳、晋宁五州县，共被淹成灾低田四百二十八顷六十亩零，被灾人民七千二百余户，大口二万二千三百余口，小口一万四千五百余口，先赈一月口粮，大口日给米五合，小口减半，共赈过仓谷八千八百六十六石零；每坍瓦房一间，酌量赈银一两五钱，草房一间，赈银一两，墙一堵，赈银二钱，以为添补修葺之费。共淹坍瓦房九百一十七间，草房一千九百九十间，墙一千八百九十堵，共该赈银三千七百四十三两零。其散赈银谷，委令道府大员查照被灾户口，按户亲行散给，不令假手胥役头人，致滋冒滥、扣克、中饱等弊。臣与抚臣督率司道府州县悉心经理，殚力查办，务使被灾灾民均沾实惠，仍俟秋冬之际，查照定例，分别极贫、次贫，按户加赈。除成灾分数现经会题，其赈恤银谷并应免钱粮各数，依限造册另报外，所有臣等会商筹办缘由，理合据实奏闻。

再查七月初十、十一等日，昆明、安宁、呈贡、晋宁、元谋、他郎、五嶆、陆凉、景东等府厅州县续又被水淹浸田房，前经题明，现在委员逐一确查，照例分晰，妥协酌办。又闰七月初一、二、三等日，大理属之赵州、云南、宾川、邓川、浪穹等州县大雨连绵，河堤塌，田亩冲淹，亦经一面会题，一面飞行查勘，统俟勘报到日，酌量情形，实心经理。

伏念我皇上胞与为怀，痌瘝在抱，臣职任封疆，不敢隐匿玩视，亦不敢虚糜帑项，庶以仰副圣主轸恤灾黎之至意。至于安宁等井淹漫井台、漂没柴枝等项，及各属坍塌城垣、桥梁，冲决河堤、道路，均俟查实，另案分别办理。合并陈明，伏祈皇上睿鉴。臣谨奏。

乾隆十三年闰七月三十日

〇知道了。督率属员详妥为之，务使灾黎沾实惠可也。

〔据《张允随奏稿》卷九第32－34页辑录。〕

云贵总督张允随奉旨将金沙江源流道里开修岁月暨创议接办任事诸臣在工效力人员夫役帑项数目开明具奏并进呈《金沙江志》稿本折

云贵总督臣张允随谨奏：为钦奉上谕事。

乾隆十三年十月十四日，臣赍折家奴回，承准大学士伯张廷玉、协办大学士尚书傅恒字寄，内开："乾隆十三年八月二十九日，奉上谕：'金沙江亘古未经浚导，今平险为夷，通流直达，不独铜运攸资，兼且缓急有备，于边地民生深有利益。工巨役重，成千古之大功，不可不为文纪事，垂之久远。其发源何地，经流所历郡邑几何，起讫计若干里，险峻者几处，经始以迄竣工为时几何，创议始于何人，接办何人，前后经理督率之大吏几人，在工效力人员几何，统用夫役若干人，费帑金若干两，一一明晰开具清单，以备采择，载入碑记中。钦此。'"遵旨寄信前来。

臣等伏查，金沙一江，与黄河同发源于星宿海，经流万里，始入滇境，又五千里而与岷江合，源远流长，无过此水。昔人谓《禹贡》岷山导江，犹导河积石，盖纪治水所自始，非源所从来，则金沙江不特为滇川脉络，抑且为江渎根原。惟因禹迹未经，遂致功遗疏凿。今蒙我皇上以明天察地之大知，敷诚民阜物之深仁，举前代所畏其艰巨而不能开通者，一旦毅然举行，不数载而遂底厥绩，圣德神功，炳耀万古，群生利赖，永永无极。臣等猥以庸才，幸襄盛事。

窃念是役也，事事钦承睿谟，恪遵圣训，乃克使险阻莫为夷庚，滇蜀联为一体，皇朝不朽之鸿烈，允宜纂辑成书，上诸史馆。爰将经始以来，节奉诏旨以及奏疏、工费并志乘所当纪载者，分门别类，纂成《金沙江志》二十二卷，正在缮写进呈。蒙我皇上念大功既成，将特颁御制，以垂久远，敕谕将源流、道里、开修岁月暨创议、接办任事诸臣、在工效力人员、夫役、帑项数目开明具奏，仰见圣主创制显庸，昭示来兹之至意。除遵旨逐一明晰开具清折恭呈御览外，合将臣等所辑《金沙江志》稿本附折进呈，以备采择。惟是地当边徼，典籍不足搜罗，人乏通儒，体例未能妥协。可否仰恳天恩俯鉴，特命词臣重加修饰，冠以天章睿藻，勒为盛代鸿编，则成功文章之巍焕，直与天地同其悠久矣。臣等无任惶悚瞻仰之至，谨恭折会奏，伏祈睿鉴。臣谨奏。

乾隆十四年二月二十三日

〇知道了。书留览。

今将金沙江发源、经流、起讫里数、险峻处所、开修年分及创议、接办、经理、督率大吏、在工效力人员、用过夫役、帑金各数，逐一开具清单，恭呈御览。计开：

——金沙江发源于西藏之乳牛山，由云南之中甸东南流至塔城关，经丽江、鹤庆、永北、大理、姚安、楚雄、武定、东川、昭通九府，至四川之叙州府以合于岷江。

——金沙江自发源至塔城关，共九千九百八十五里，自塔城关至小江口三千五百二十七里，自小江口至新开滩一千一百三十里，又自新开滩至叙州府与岷江合流处二百五十里，总计起讫共一万四千八百九十二里。

——金沙江上下两游共一百三十四滩，内险峻者一百一处。

——上游自乾隆五年十一月试修起，至乾隆八年四月工竣。下游自乾隆六年十月开修起，至乾隆十年四月工竣。又续开蜈蚣岭等二十一滩，自乾隆十一年三月开修起，至乾隆十三年四月工竣。通计七年有余，全功告竣。

——创议开浚，系前大学士伯臣鄂尔泰，于乾隆二年面奉谕旨，询问云南水利，奏以滇属牛栏江下有车洪江可达川江。至乾隆五年，前云南督臣庆复与臣张查出，东川府自小江口入金沙江以达四川叙州府一千三百余里江路，会折奏请开修，奉旨俞允。

——接办开修上下两游江工及续开二十一滩险工，自经始以迄告成，系臣张。

——前后经理督率之大吏，内商筹工务、稽核钱粮，自题估以迄善后，同心协助者，系前任云南布政使今升太仆寺卿臣阿兰泰，前任云南布政使今升任云南巡抚臣图尔炳阿，前任云南粮储道今升云南布政使宫尔劝。查议事宜、参酌经理者，系云南按察使张坦熊、署云南驿盐道郭振仪、云南粮储道徐本仙。至于躬亲疏凿之员内，总理上游工程、督理金江铜运系迤东道宋寿图，总理上游工程、协理续开滩工系署广南府知府陈克复，总理下游工程系元江府知府今推升陕西延绥道董廷扬，总理续开滩工并承修大关河道工程系署丽江府知府樊好仁，协理上游工程并开滩工系东川府知府今升湖北督粮道田震，协理下游工程系昭通府知府今升福建延建道来谦鸣，协理续开滩工并承罗星渡河道工程系署东川府知府徐柄。又昭通镇标游击今升奇兵营参将韩杰，委勘全江水路，颇著勤劳。大关同知高为阜、开化府同知姜之松，协理江工，虽为时未久，亦俱宣力无误。理合一并附陈。

——在工效力人员内，分修上游工程，系永善县知县沈彩等文武佐杂十一员。承修、分修下游工程，系顺宁府通判赵珮、云南府通判卢元、嶍峨县知县辜文元等文武佐杂三十五员。分修续开滩工，系东川府经历李谦等文武佐杂八员。

——夫役、帑金数目。查开浚金江上下两游并沿江陆路及续开蜈蚣岭等滩，统计用过夫役八十八万八千五百六十八工，给过工价、盘费、官役养廉、工食、船只、器具、食米、赏恤等项，共银一十九万三千四百四十六两五钱六分零，除将水运铜斤节省过运脚银五万二千六百七十余两抵补外，再加六年节省运脚，即可全抵原款。合并陈明。

○留中。

〔据《张允随奏稿》卷九第58－63页辑录。〕

云贵总督张允随陈明金江铜运安设水站缘由折

云贵总督臣张允随谨奏：为陈明金江铜运安设水站缘由事。

乾隆十四年三月二十八日，准户部咨议覆臣金江善后一疏，以“沿江接替承运，按站分设船只，恐水道尚未深通，驳令据实声明，另行妥办”等因。奉旨：“依议。钦此钦遵。”咨移到臣。

伏查此案工程，臣前后凛遵圣训，殚力经营，务使帑不虚縻而事归实济。疏凿以来，川省商船可抵上游之滥田坝等处，是以昭东两府米盐价值渐平，铜运亦多节省，业将节省过脚价银五万二千六百七十余两零解还司库归款，现收开江之益。只因江路一千三百余里，每年运铜惟在冬春二时，额运一百五十八万二千余斤，需船四百五十二只，若俱从川省泸州包空雇募，逆流上溯，牵挽需时，惟恐有误严限。是以臣与抚臣图尔炳阿及司道等悉心筹画，于上下两游安设站船二百七十只，往回接递，分段责成，较之远雇川船，千里溯洄，力省而运速，实属因地制宜。

至每年采买兵米及客商回空船只，仍雇令装铜，由滥田坝、金沙厂、黄草坪等处直运泸州。上年冬春，金江水运铜至二百万之多，逾于所定之额，原系长站兼运，并非专恃站船。惟续修之五滩工程虽已告竣，而滩长浪大，不得不加慎重，且新雇船户未识水性，暂令盘载放空，俟行之渐熟，或装半载直放，或满载吊放，再为因时办理。经臣于乾隆十三年六月十一日恭报续开金江各滩工竣等事折内奏明，奉有谕旨，钦遵在案。部臣未曾目睹江工、帑项所关，理应详慎。今蒙圣主天恩，特命户部尚书臣舒赫德、湖广总督臣新柱会同阅看，则金江实在情形自可洞悉无遗。除江流果否有济，应听钦差大臣查明奏覆外，所有设站济运缘由，臣谨据实陈明，伏祈皇上睿鉴。谨奏。

乾隆十四年四月初三日

○知道了。

〔据《张允随奏稿》卷十第4页辑录。〕

云贵总督张允随奏报滇黔两省地方情形折

云贵总督臣张允随谨奏：为钦奉朱批恭折奏覆事。

窃臣于本年五月二十一日，奏报滇黔二省雨泽沾足秧苗栽插一折，兹于七月二十七日，奉到朱批：“欣慰览之。有因得雨迟而不及栽种者，若果成灾，不可讳饰也。钦此。”仰见我皇上念切民依，训饬臣工，无使一夫不获之至意。

伏查滇省晴雨情形，自臣五月二十一日具奏之后，嗣即大雨时行，迨交六月，雨泽尤溥，各属报到俱极沾足，并有过多之处。惟迤西之永北、鹤庆二府得雨稍迟，高田栽插未齐。又黔省古州、都江、下江、桐梓等处山水骤发，田庐被淹，俱经臣于六月二十六日缮折奏报。旋据永北、鹤庆二府报到得雨日期、栽插分数，即于七月初四日恭折奏闻。嗣是滇省天气雨多晴少，凡高阜之区及平原阪田，禾稻杂粮丰稔倍常，而低下田畴，不无积水盈溢。臣于七月十一、十二三等日，与抚臣图尔炳阿举行荣祭典礼，并率同在省文武分诣各坛庙竭诚祈祷，旋获开霁，然间一二日，仍复阴雨。自七月二十二日以后至今，将及二旬，秋阳皎洁，阴翳全消，各属秋禾颗粒更加坚好。据元江府册报：“头发稻谷，高田收成八分，低田收成七分，二发稻谷亦将出穗。”又景东、广南等府，六月下旬，禾稻、杂粮已经陆续登场。其余各属，早稻业经垂头，晚稻亦渐次成熟，西成可期丰稔。惟据安宁州报：“于六月二十四、七月初八等日，连次大雨，螳螂川水泛涨，溢入城，冲塌灶房、枧槽，淹过井台及漂失柴桐、船只。”又大关同知报：“六月二十六日夜，盐井渡地方大雨起蛟，山水陡发，冲没濒河民居二十一户，共草房五十八间。又招募运铜船户被水漂没空船三十七只，幸旋即消退，人口、田禾俱未伤损。”又太和县报：“六月二十八日晚大雨，苍山水发，冲塌城壕土埂，涌入城门，刷损城圈墙脚，现在即时修理，其田禾并无伤损。”又弥勒州报：“七月十九、二十一二等日，河水泛涨，淹损沿河两岸下则田三百八十三顷，业经按亩借给常平仓谷，以资接济。”等情。臣即飞饬布政司查明被水人户，分别赈恤。漂失船只，速行寻获修舱，以济铜运。并饬盐道将被淹灶房、井台、枧槽修整，僨煎补额详报，俱经分檄饬遵在案。

至贵州一省，本年夏秋雨水亦多，低下田亩间有被淹之处，据报俱未成灾，秋成有望，汉土民夷咸皆安恬和乐，共庆康年。理合缮折恭奏，上慰圣怀。

奉到朱批原折八扣，一并恭缴。谨奏。

乾隆十四年八月十二日

〇览奏欣慰。

〔据《张允随奏稿》卷十第 31 - 33 页辑录。〕

云贵总督张允随奏报滇黔两省秋成丰稔情形折

云贵总督臣张允随谨奏：为恭报滇黔两省秋成丰稔情形事。

窃照滇黔地当边徼，田少山多，百谷丰盈，全资雨泽。本年夏秋之际，霖雨滂沱，低下之区虽间有被淹，而高阜山田及平原广隰，禾稻、杂粮发荣长茂，秀硕倍常。臣于乾隆十四年八月十二日恭折奏报之后，嗣自秋分以至立冬，五十余日之内，阴雨不过数日，余皆秋阳皎洁，晴爽暄和，并无疾风骤寒之患，是以稻谷已成熟者愈加坚好，未成熟者亦黄茂盈畴。据云南布政使宫尔劝禀称："各属册报秋收分数虽未齐全，已到者计算，约在八分以上。"又据贵州各府厅州县禀报："本年雨泽及时，高低田亩禾稻均获有秋。"并接抚臣爱必达来札，云："黔省秋成，原隰并登，五谷皆熟，市集米价每石不及七钱，诚为大有之年。"等语。其通省收成，总册尚未据藩司详报。

再查前此雨潦普降之时，云南之安宁盐井被水冲淹；大关蛟水陡发，漂失草房、船只；弥勒、太和二州县冲淹城圈、田亩，俱经臣恭折奏闻。兹据云南布政使宫尔劝、署驿盐道郭振仪查覆："安宁井台业经修整，汲卤欆煎；大关民房、船只亦经修葺、抢获；太和城圈，久据该县砌筑完固。惟弥勒州被淹低田三顷八十亩零，虽水势旋即消退，伤损无多，内有不能收获者，酌动常平仓谷出借接济，亦皆得所。"现在两省军民苗倮无不欢愉和乐，共庆康年，边境乂安，疆隅宁谧，此皆我皇上圣德广运，上迓天庥之所致也。臣受任封圻，睹此盈宁有象，不胜感激庆幸之至。理合缮折恭奏，仰慰圣怀。

奉到朱批原折十七扣，一并恭缴。谨奏。

乾隆十四年十月初九日

〔据《张允随奏稿》卷十第38页辑录。〕

云南巡抚爱必达奏报滇省雨水充足禾稻丰茂情形折

云南巡抚臣爱必达谨奏：为奏明雨水禾稻情形，仰慰圣怀事。

窃惟滇省山多田少，各属气候寒暖不齐，收获亦迟早不等。今岁自入夏以来，雨泽均极得宜，田水充盈，高阜之地亦俱栽插普遍。现在早稻陆续登场出粜，迟稻亦已结实，渐次成熟。山种杂粮内，春荞业经刈获，余俱畅茂秀实。闾阎欢庆，共卜有秋。米粮价值并无昂贵，四境均极宁谧。所有滇省雨水充足，禾稻丰茂各情形，理合恭折奏闻，仰慰慈怀，伏乞皇上睿鉴。谨奏。

乾隆十六年七月二十六日

〇欣慰览之。

〔据台北故宫博物院编辑《宫中档乾隆朝奏折》（1982—1987年影印本，下同）第一辑第274页辑录。爱必达（？—1771），满洲镶黄旗人。清乾隆间由笔帖式袭佐领，累官江苏布政使，山西、贵州、云南、山东巡抚，官至湖广总督，以袒护属员革职。〕

云贵总督硕色奏报滇省瑞雪折

云贵总督臣硕色谨奏：为恭报瑞雪，仰慰圣怀事。

窃照滇省豆麦春花，秋收之后俱已播种齐全，正赖雨雪滋长。今云南省城地方于本年十一月初四日天降瑞雪，自卯至酉，积雪一尺五六寸，且浓阴密布，雪势甚广。臣差遣弁员分往四郊查看，据报四山阴寒之处雪深二三尺不等，次日方始以渐融消入土，春花倍觉青葱。并据近省之云南府属晋宁、安宁、嵩明、罗次、呈贡五州县，曲靖府属之寻甸、马龙二州，临安府属之通海县，澂江府属之河阳、江川二县，广西府属之师宗州各报，俱于十一月初三四等日得雪五六寸以至一二尺不等，二麦、南豆俱各长发等情。其离省窎远之处尚未报到。臣查滇省地气和暖，间有冬雪，俱随落随消，不能积厚。今得此大雪，积至尺余，一二日方始融消，点点入土，滋培麦豆，大与春花有益，民间甚为欢忭。缘冬雪有关春花，臣谨恭折奏闻，仰慰圣怀，伏祈皇上睿鉴。谨奏。

乾隆十六年十一月十一日

〇欣慰览之。

〔据《宫中档乾隆朝奏折》第一辑第873页辑录。硕色，满洲正黄旗人。清雍正间授户部主事，乾隆间移抚四川，后接替张允随任云贵总督。〕

云贵总督硕色奏报滇黔二省秋成分数折

云贵总督臣硕色谨奏：为奏报秋成分数事。

窃照滇黔两省今岁夏秋雨旸时若，秋成大概丰稔，经臣于九月二十六日缮折奏闻在案。今早晚禾稻及荞豆、杂粮俱已刈获齐全，行据云南布政使彭家屏将收成分数开报前来。

臣查滇省经管田地钱粮之八十二府厅州县内，镇沅等二十二府厅州县低下、高阜之处稻谷俱收成十分，荞豆、杂粮亦各收成十分；广西等二十五府州县低下之处稻谷收成十分，高阜之处稻谷收成九分，荞豆、杂粮俱有九分；南安等三州县一厅低下之处稻谷收成十分，高阜之处稻谷收成八分，荞豆、杂粮各九分八分不等；宁洱一县低下之处稻谷收成九分，高阜之处稻谷收成十分，荞豆、杂粮俱各收成九分；昆阳等五州县低下之处稻谷收成九分，高阜之处稻谷收成八分，荞豆、杂粮收成八分七分不等；元江等十四府厅州县低下之处稻谷收成九分，高阜之处稻谷收成七分，荞豆、杂粮俱各收成八分；中甸州判地方低下之处稻谷收成九分，高阜之处稻谷收成七分，荞、青稞俱各收成八分；顺宁等六府厅县低下、高阜之处稻谷俱收成八分，荞豆、杂粮各有七分；罗平等三州县低下之处稻谷收成八分，高阜之处稻谷收成七分，荞豆、杂粮收成七分六分不等；嶍峨一县低下之处稻谷收成八分，高阜之处稻谷收成六分，荞豆、杂粮俱各收成七分。合计滇省稻谷收成共有九分，荞豆、杂粮收成共有八分。除俟会同抚臣爱必达再加确核细数，照例会题外，所有云南通省秋成大概分数，臣谨缮折奏闻，伏祈皇上睿鉴。

至贵州一省，早晚稻谷、荞豆合计，通省共有九分收成，应听护贵州抚臣布政使温福照例题报。合并陈明。谨奏。

乾隆十六年十一月十一日

〇欣慰览之。

〔据《宫中档乾隆朝奏折》第一辑第876页辑录。〕

云南巡抚爱必达奏报滇省瑞雪普遍情形折

云南巡抚臣爱必达谨奏：为奏闻瑞雪普遍情形，仰慰圣怀事。

窃照滇南省城本年十一月初四、十二等日连次瑞雪缘由，经臣恭折奏报在案。今查据曲靖、大理、鹤庆、昭通四府及所属报称，十月内即已得雪，复于十一月初三四五及十二三四等日，大雪缤纷。又据云南、澂江、临安、广南、广西、元江、开化、永昌、永北、楚雄、姚安、武定、东川、蒙化各府及白井提举禀报，所属境内十一月初二三四五、十二三四等日连得瑞雪，俱积深尺许至二三尺不等，民夷正乐盈宁，又得来岁丰登预兆，且于瘴乡素来少雪之区亦均普遍，莫不欢欣鼓舞。麦苗、南豆现在沾润滋长，一望青葱。米粮价值照常平减，边境在在宁谧。所有瑞雪普遍情形，理合恭折奏闻，上慰慈怀，伏乞皇上睿鉴。谨奏。

乾隆十六年十二月初七日

〇知道了。

〔据《宫中档乾隆朝奏折》第二辑第147页辑录。〕

云贵总督硕色奏报滇黔二省瑞雪普遍情形折

云贵总督臣硕色谨奏：为瑞雪普遍恭折奏报事。

窃照云南省城及附省之云南、曲靖、临安、澂江、广西等府属州县，本年十一月初三四等日得有瑞雪，经臣于十一月十一日缮折奏闻在案。嗣于十一月十二日，云南省城复得雪，竟日融化，入土约有尺余。并陆续据云南、曲靖、临安、澂江、广西、楚雄、姚安、武定、昭通、开化、广南、元江、东川、鹤庆、大理、永北、永昌、蒙化等府所属州县各报，于十一月十二三四等日得雪，积深三四五六寸以至一尺、二三尺不等，春花滋长，民夷欢腾等情。臣查冬雪有关春花，滇南地处炎方，今在在俱得雪深厚，春收有望，实为边氓庆幸。臣谨恭折具奏，仰慰圣怀。

再贵州一省，据贵阳、安顺、南笼、大定、平越、都匀、镇远、思南、恩州、铜仁、黎平十一府所属州县亦各报，于十月二十二三及十一月初三四、十二三等日得雪一二寸以至七八寸不等。合并陈明，伏祈皇上睿鉴。谨奏。

乾隆十六年十二月十二日

〇欣慰览之。

〔据《宫中档乾隆朝奏折》第二辑第194页辑录。〕

云南巡抚爱必达奏报滇省豆麦秀实秧苗播种情形折

云南巡抚臣爱必达谨奏：为奏闻豆麦秀实，秧苗播种情形，仰慰圣怀事。

窃惟滇省上年冬间及本年正月瑞雪应时，四野沾足，二月内又复连得雨泽，土膏滋润，现在大麦均已结实黄茂，渐可刈获；小麦发荣畅遂，含苞出穗者十之二三，荞豆亦俱旺盛，将次收割，春花丰稔可期。田亩积水足资浸灌，翻犁者已有十之七八，播种秧苗早者出水一二三分不等，迟者亦渐萌芽透达。闾阎欢忭乐业，共庆升平。米粮价值照常平减，边疆在在宁谧。理合恭折奏闻，上慰慈怀，伏乞皇上睿鉴。谨奏。

乾隆十七年三月初五日

〇欣慰览之。

〔据《宫中档乾隆朝奏折》第二辑第385页辑录。〕

云南巡抚爱必达奏报滇省雨水春花情形折

云南巡抚臣爱必达谨奏：为奏闻雨水春花情形，仰慰圣怀事。

窃惟滇省入春以来雨泽调匀，土膏滋润，豆麦畅发倍常。气候最早之镇沅一府、威远一厅，业经刈获，据报有九分八分收成。省城及其余各府属，南豆悉已成熟，大小二麦亦均在扬花结实，十分茂盛。田水在在充盈，秧苗到处布种，出水二三四寸不等。因上年秋成甚为丰稔，现在豆麦又属有收，是以米粮价值照常平减，民情欢庆，四境敉宁。所有雨水春花各情形，理合恭折奏闻，上慰慈怀，伏乞皇上睿鉴。谨奏。

乾隆十七年四月初三日

〇欣慰览之。

〔据《宫中档乾隆朝奏折》第二辑第591页辑录。〕

云贵总督硕色、云南巡抚爱必达奏报巧家汛被水及赈恤缘由折

云贵总督臣硕色、云南巡抚臣爱必达谨奏：为奏闻事。

窃照滇省本年雨水均调，栽插应候，田禾畅发，杂粮滋长各情形，曾经臣等历次奏报在案。兹查气候较早之数郡收获已毕，均称丰稔。其余或已结实，或在扬花，亦各藉雨旸时若，大有可期。惟东川府属巧家汛地方，据报本年五月二十九日夜风雨大作，山水陡涨，冲倒房屋一十八间，沙淤石压民田一顷九十六亩零，官田五顷八十二亩零，淹毙男妇大小一十九名口，应赈二十户，计大小八十二名口。臣等随会同飞饬知府夏昌速行赈恤，并委迤东道海全亲往分别查办，银米兼赈，俾无遗滥。现今房屋已在修复，人民俱经得所。淹毙人口，除漂流入江无获外，余俱赈银领埋。所有沙淤石压田亩，饬令按给工本银两，督率上紧开挖。其实难修复者，另垦抵补，俟来岁春耕，再行借给牛、种、口粮，以资接济。除赈恤银两统于闲款内动给外，所有巧家汛一隅被水及办理缘由，理合会折恭奏，伏乞皇上睿鉴。谨奏。

乾隆十七年七月二十八日

〇览奏俱悉。

〔据《宫中档乾隆朝奏折》第三辑第500页辑录。〕

云贵总督硕色、云南巡抚爱必达奏报剑川湖尾被水情形及办理缘由折

云贵总督臣硕色、云南巡抚臣爱必达谨奏：为奏明剑川湖滨被水情形，仰祈圣鉴事。

窃照滇省本年雨水均调，栽插普遍，高原下隰俱可冀望丰收。惟查剑川州属滨湖之邑头等十五村庄，因乾隆十七年七月十二至十六等日连日大雨，湖中山水汇归，尾间宣泄不及，一时暴涨，湖边田地尽被淹没，房屋墙垣亦多坍塌，秋收失望，栖止无地。内邑头等十二村地基稍高，其房屋浸入水中者自数户至十余户不等；新仁等三村地基渐低，房屋浸入水中者有百十余户。此外州属各村庄田禾畅茂，丰稔可期。

据布政使彭家屏会同粮储道徐铎详称："该处乾隆十六年五月地震，仰沐皇恩，不拘常例，房屋按间给银，灾民计口授食，得以安居复业。今岁秋禾又被水淹，房屋复有坍塌，虽属些小偏灾，而小民难免拮据。请查明贫难户口，先行抚恤一月，每大口日给米五合，谷则加倍，小口减半。其坍塌房墙，照例每瓦房一间给银一两五钱，草房一间给银一两，墙一堵给银二钱，俾资修葺。米石于常平仓动支，银两于司库铜息项下动给，事竣造册报销。"等情。前来，臣等当即饬令迅速妥办，一面委员驰往，会同勘明实在被水田地顷亩、成灾分数，应否加赈，另议详题。并行迤西道梁翥鸿就近督率，毋令一夫失所，并即设法疏浚，务使水消地涸，得以按时种植在案。所有剑川湖尾被水情形及办理缘由，除会疏题报外，理合恭折奏闻，伏乞皇上睿鉴。谨奏。

乾隆十七年八月初十日

〇知道了。

〔据《宫中档乾隆朝奏折》第三辑第573页辑录。〕

云南巡抚爱必达奏报办理邓浪二邑水利缘由折

云南巡抚臣爱必达谨奏：为奏闻办理水利缘由，仰祈圣鉴事。

窃照滇省跬步皆山，土多田少，而低下有水之处又往往因宣泄未畅，一遇涨发，淹浸堪虞，全在疏浚有方，始收水利之益。

臣与督臣硕色通饬各属悉心勘议，查有邓川州弥苴一河，为浪穹县属宁湖三营、凤羽诸水汇归之所，下游河身本属浅窄，两岸悉系沙堤，河高于田，最关险要。且入河水口之浪邑巡检司一带，两山夹耸，沙石奔注，或阻水逆流，倒灌浪邑，或挟沙直下，填塞邓界，奔溃漫溢，势所不免。是以历年春初水减时，于浪穹上流筑坝设闸，将水拦蓄，使宁湖涸出，邓川、浪穹照所辖分任开挖，俾令深通畅流。但筑坝设闸均在浪穹界内，建折启闭亦惟浪穹主持，而两邑应挖河沙，浪穹长仅数里，邓川长四十余里，工程大小迥别。若浪穹筑坝过迟，邓川赶办不及，即放闸过骤，邓川亦有力难施。此筑坝设闸欲

弭水患，而水患究难全弭也。

臣等查据邓川州知州萧克峙禀，批行司道查议。兹据粮储道徐铎会同布政使彭家屏议详，臣等随经批饬，嗣后该二州县每于岁前未封印之时关移定议，务在正月十五以后即行兴工筑坝，闸口照旧辰闭酉开，酌量雨泽多寡、河水深浅情形，定以雨多水深之年辰闭酉开者七日，昼夜通开者三日；雨少水浅之年，辰闭酉开者八日，昼夜通开者二日。其坝闸先听浪穹委员专司启闭，谕令里民照界挑挖河道，工竣移交邓川委员经管，督率邓民工上紧疏浚，必于四月十五以后一律宽深完竣。即偶遇春雨过多，浪邑湖水添涨，应须宣泄，亦必关会明白办理，不得歧视。勒石河干，永远遵守，俾在官不必有动帑之烦，而小民实可收水利之益。仍再通查滇属有无似此应加筹办之处，一体详请速办在案。所有办理邓、浪二邑水利及现在再行通查缘由，理合会同督臣硕色恭折奏闻，伏乞皇上睿鉴。谨奏。

乾隆十七年九月十三日

〇知道了。

〔据《宫中档乾隆朝奏折》第三辑第832页辑录。〕

云贵总督硕色、云南巡抚爱必达
奏报澂江府属江川县地方地震及查办情形折

云贵总督臣硕色、云南巡抚臣爱必达谨奏：为奏闻事。

窃照乾隆十七年十二月初九日，据澂江府属之江川县禀报："十二月初六日午未二时，县城及附近乡村地忽震动，民间庐舍、墙垣间有损坏；并离县城七八里之秦家山地方，因湖水震荡，将贴近湖边居住之民人十二户房屋、人口倾泻入湖，并淹没渔船三只。"等情到臣。臣等恐被灾或重，即当亲往查办。随即牌委澂江府知府义宁、新兴州知州龙廷栋，携带公项银两，先往江川查勘被灾轻重及损伤人口、房屋、田地确数，并此外邻近各属有无被震，飞驰详报，一面将被灾之户加意抚绥。

去后，今据澂江府知府义宁、新兴州知州龙廷栋禀称："遵即星驰前往江川，查勘得城内仅止摇倒土房三间、土墙十余堵，其余通县乡村亦止陈朽墙垣间有损裂无多，居民现在修补，一切房屋、人口俱并无损伤。惟秦家山抚仙湖边居民，内十二户因其地原系沙淤浮土，贫民就地种植菜蔬，即搭盖土房居住。地震之时，湖水鼓荡上涌，其地根底浮松，致将房地、人口一并倾泻入湖，计淹没男妇大小五名口，瓦房一间，草房三间，土房二十八间并菜地约有十亩。其被灾十二户内，俱有现存男妇、子女，询因是日带领赴县赶街，或至高阜田地之内工活，是以获免陷溺；又湖内有渔船三只，亦因湖水搏激，俱遭覆溺，淹毙男妇、子女九名口；又海门桥边覆溺行船一只，淹毙民人周国鼎一名；旧城地方民人王辅臣家倒塌墙垣，压死幼孩一口。所有淹没、压毙人口，各户俱有亲属现存，当即按户赈恤，每大口赈银一两五钱，小口赈银五钱，令其捞尸掩埋。其淹没倒塌之房屋，每瓦房一间给银五钱，草房、土房每间各给银三钱，令其速为搭盖房屋，修复栖止。被灾各户俱各感戴皇恩，并无失所。现在地已宁静，民情安贴（帖）。其邻近之宁州、通海、河西、嶍峨等州县地方，是日仅止微觉地动，一次即止，并未伤损房屋、

人口。”等情前来。臣等伏查，滇省山高土厚，地气舒泄不及，常有地震之事。今澂江府属之江川县地方，因地震激动湖水，致将滨湖民房倾泻入湖，并覆溺船只，淹没人口，共计损伤男妇大小一十六名口，瓦草土房三十五间，墙垣十余堵。虽系一隅偏灾，臣等仰体我皇上轸念边氓至意，业已委员前往加意抚恤，现俱得所宁贴（帖）。其倾泻入湖之菜地十余亩，亦现饬地方官另查可垦田地，按粮补给外，所有江川地震查办缘由及现在宁贴（帖）情形，臣等谨会折奏闻，伏祈皇上睿鉴。谨奏。

乾隆十七年十二月十八日

〇知道了。

〔据《宫中档乾隆朝奏折》第四辑第624页辑录。〕

云贵总督硕色奏报滇省雨水田禾情形折

云贵总督臣硕色谨奏：为奏闻事。

窃照滇省入春以来豆麦青葱茂发，经臣于本年正月二十一日恭折奏闻在案。迨谷雨前后，正东作方兴、春花秀实之候，于二月、三月连得时雨沾濡。今查云南各府州县境内所植之大麦、南豆俱陆续收获，小麦亦渐次秀实，其水田所布秧苗已出土二三四寸不等。据各属地方官禀报，佥称今岁豆麦、春花可望有收。除俟登场完毕，查明收成分数另报外，所有滇省春花有望及秧苗长发情形，臣谨再行恭折奏闻，仰慰圣怀，伏祈皇上睿鉴。谨奏。

乾隆十八年三月十六日

〇欣慰览之。

〔据《宫中档乾隆朝奏折》第四辑第823页辑录。〕

云南巡抚爱必达奏报滇省雨水禾苗情形折

云南巡抚臣爱必达谨奏：为奏闻雨水、豆麦、禾苗情形，仰慰圣怀事。

窃照滇省二三两月叠沛甘霖，田水渐增，土膏滋润。省城附近各处现在大麦、南豆均已陆续登场，小麦亦渐次扬花结实，秧苗播种早者出土三四寸，迟者亦出土二三寸不等。据各属禀报约略相同，春收可期丰稔。米粮价值平减，民苗乐业。所有滇省雨水、豆麦、禾苗情形，理合恭折奏闻，上慰慈怀，伏乞皇上睿鉴。谨奏。

乾隆十八年三月二十日

〇欣慰览之。

〔据《宫中档乾隆朝奏折》第四辑第852页辑录。〕

云贵总督硕色奏报滇省雨水田禾情形折

云贵总督臣硕色谨奏：为奏闻事。

窃照滇省各属前于本年六月初八九及十七八、二十等日连得时雨，低田秋禾青葱长发，雷鸣高田亦俱纷纷插种情形，经臣于六月二十四日缮折奏闻在案。续于六月二十八九两日，省城甘霖叠沛，七月以来又间日得有雨泽，不疾不徐，大于禾苗有益。现在早稻已吐穗扬花，晚稻亦渐次含苞，其高田所种一切荞豆、杂粮均各长发茂盛。并据通省各府州县报称，六月下旬及七月上旬频得霖雨，早晚禾稻秀穗畅茂情形，大概与省城相同，秋成有望，民情俱各安乐。缘农事时廑宸衷，臣谨再恭折奏闻，伏祈皇上睿鉴。谨奏。

乾隆十八年七月二十一日

〇知道了。

〔据《宫中档乾隆朝奏折》第五辑第873页辑录。〕

云贵总督硕色奏报滇黔二省雨雪调匀情形折

云贵总督臣硕色谨奏：为奏闻事。

窃照滇省上年得有冬雪，豆麦长发，经臣恭折奏闻在案。腊底新正，天气晴和，春分前后正需雨泽。兹于本年二月初三四五等日，省城先雨后雪，连朝叠降，高下均沾。并据近省之云南府属及曲靖、武定、澂江、楚雄、临安、广西、开化、姚安、蒙化、大理、东川、永北等府禀报，各得雨雪沾足，春花旺发等情。查现在大麦出穗者十之五六，含苞者十之四五，小麦出穗者十之三四，余亦渐次含苞，南豆悉俱结实，陆续登场。其稻谷秧苗，近水低下之区，早种者已出土二三寸，高阜之处播种稍迟，亦将次出土。民苗俱各欢欣乐业。所有滇省豆麦、秧苗得雨，穗实出土情形，臣谨恭折奏闻，仰慰圣怀。

再黔省各属亦俱雨雪均调，豆麦长茂。合并陈明，伏祈皇上睿鉴。谨奏。

乾隆二十年二月二十一日

〇欣慰览之。

〔据《宫中档乾隆朝奏折》第十辑第765页辑录。〕

云南巡抚爱必达奏报滇省雨水栽插情形折

云南巡抚臣爱必达谨奏：为奏闻雨水栽插情形，仰慰圣怀事。

窃惟滇省附近省城各处，本年自小满以后连获时雨，高低田亩均已沾足。今届夏至，栽插全竣，一望青葱，杂粮亦均滋生长盛。各属距省不甚遥远者，据报约略相同，且有气候较早之处，禾苗长发，业已含苞，大有可期。民情欢庆，米粮价值照常，四境亦极宁谧。所有滇省雨水、栽插各情形，理合恭折奏闻，上慰慈怀，伏乞皇上睿鉴。谨奏。

乾隆二十年五月二十六日

〇欣慰览之。

〔据《宫中档乾隆朝奏折》第十一辑第518页辑录。〕

云贵总督硕色、云南巡抚爱必达奏报剑川滨湖乡村被水情形及查办缘由折

云贵总督臣硕色、云南巡抚臣爱必达谨奏：为奏明剑川滨湖乡村被水情形，仰祈睿鉴事。

窃照滇省各属本年小满以后雨水沾足，栽插齐全，四野青葱，丰收可望。惟查剑川州属滨湖之木朱、江登等一十九村，因六月内雨水连绵，十七日至二十六七等日又昼夜大雨，各处山水汇集，湖尾疏泄不及，一时泛涨，以致湖边田地被水淹浸，房屋墙垣亦有坍塌，实系已成偏灾。此外州属各村庄田禾茂盛，均无伤损。先据该州罗以书禀报，臣等已飞委迤西道陈树，着督同该府州亲往查勘，加意抚绥。

兹据布政使觉罗纳世通会同粮储道徐铎详请题报前来。臣等查该州滨湖田地被水淹浸，虽属一隅偏灾，但各乡村于乾隆十七年秋禾被水成灾，仰沐皇恩赈恤，幸无失所，今又复被水淹，民力未免拮据。请照前例，查明贫难户口，先行抚恤，一月每大口日给米五合，谷则加倍，小口减半。其坍塌房墙，亦照例每瓦房一间给银一两五钱，草房一间给银一两，墙一堵给银二钱，俾及时修葺，以资栖止。米石于常平仓动支，银两于司库铜息项下动给，事竣造册报销。除飞饬司道委员驰往，会同确勘，迅速妥办，查明实在被水田地顷亩、成灾分数，作何加赈，另议详题。并行迤西道陈树，着鹤庆府知府董承昌就近督率查办，一面将湖尾设法疏浚，务期积水迅消，按时种植，无致一夫失所外，所有剑川滨湖乡村被水情形及现在查办缘由，理合会折恭奏，仰乞皇上睿鉴。谨奏。

乾隆二十年七月二十八日

○知道了。

〔据《宫中档乾隆朝奏折》第十二辑第234页辑录。〕

署云南巡抚降三级留任郭一裕奏报通省秋成丰稔情形折

署云南巡抚降三级留任臣郭一裕谨奏：为恭报通省秋成丰稔情形，仰祈督鉴事。

窃照时届季秋，正禾稼告成之候。兹据各属陆续禀报："早稻已经刈获，收成均在八九分以上；晚稻渐次黄熟，结实甚属饱满，现在已有新米入市，粮价平减。"等情。

臣查滇省地方本年夏秋以来，雨水调匀，高下沾足，不独稻谷丰稔，即荞豆等项杂粮亦俱广收。九月内频得时雨，土膏滋润。农民获稻之后，播种春麦，欢呼庆幸，共乐丰年。容俟各处申报齐全之日，另将收成分数汇奏具题外，所有通省丰稔情形，合先缮折奏报，仰慰圣怀，伏祈皇上睿鉴。谨奏。

乾隆二十年九月十一日

○欣悦览之。

〔据《宫中档乾隆朝奏折》第十二辑第464页辑录。郭一裕，湖北汉阳人。清雍正初入赀为知县，清乾隆中官至云南巡抚。因制金炉进贡疏劾事被夺职，发军台效力。〕

署云贵总督爱必达、署云南巡抚郭一裕奏报剑川州被水赈恤事宜折

署云贵总督臣爱必达、署云南巡抚臣郭一裕谨奏：为恭报剑川州被水赈恤事宜，仰祈睿鉴事。

窃照滇省鹤庆府属之剑川州地方，本年六月内雨水过多，宣泄不及，致有一十九村近湖田地被淹，经臣爱必达节次檄饬道府督同地方官查勘抚恤在案。臣郭一裕莅任后，催据布政使觉罗纳世通详称："共勘实被灾田三十二顷余亩，灾民一千四百二十余户，除抚恤过一月口粮谷五百八十余石，给过坍房修费八十余两外，现在查明分数，分别极贫、次贫，再行加赈，尚应需谷四百八十余石，其钱粮照例蠲缓。"等情。

臣等查该州本年豆麦有收，境内不被水之处，稻谷、杂粮俱属丰稔，米价平减。被水地亩已经消涸，播种春麦，民情安帖。虽系一隅偏灾，臣等严饬道府地方各员实力办理，务使穷黎均沾实惠，仰副圣主轸念边氓，不令一夫失所之至意。除另疏具题外，理合恭折奏闻，伏祈皇上睿鉴。谨奏。

乾隆二十年九月十一日

〇知道了。

〔据《宫中档乾隆朝奏折》第十二辑第469页辑录。〕

署云贵总督爱必达奏报滇黔两省雨水沾足及得雪情形折

署云贵总督臣爱必达谨奏：为恭报滇黔两省冬序雨雪情形，仰祈睿鉴事。

窃照滇黔两省秋成丰稔情形并云南近省地方十一月初旬甘霖叠沛缘由，先经臣于十一月内奏报在案。嗣据滇属之曲靖、元江、广南、永昌、永北、顺宁、镇沅等府具报，十一月内各得透雨。并据曲靖、广西、大理、鹤庆、昭通等府具报，十一月内先后得雪。又据黔属贵阳等十三府暨所辖各厅州县陆续禀报，十一月上中两旬雨泽均已周遍，内贵阳、安顺、大定、平越、镇远、思南、黎平、都匀八府属地方，各于十一月初六、初八、初十等日，连得雨泽，入土极为深透，豆麦滋长，来岁春花可冀丰收，两省民夷俱各欢欣乐业。所有滇黔两省雨水沾足及得雪情形，理合恭折奏闻，仰慰圣怀，伏祈皇上睿鉴。谨奏。

乾隆二十年十二月十五日

〇欣慰览之。

〔据《宫中档乾隆朝奏折》第十三辑第274页辑录。〕

署云南巡抚降三级留任郭一裕奏报滇省雨泽普遍并得雪情形折

署云南巡抚降三级留任臣郭一裕谨奏：为恭报滇省雨泽普遍并得雪情形，仰祈睿鉴事。

窃照豆麦播种、发生之候，全赖三冬雨雪滋培。十一月初一至初四等日，云南、曲靖等十五府属得雨透足情形，经臣恭折奏闻在案。今据广西、永昌、永北、顺宁、镇沅各府纷纷具报，十一月内先后得有雨泽，俱已沾足。曲靖、广西、大理、鹤庆、昭通等府地气较他府寒冷，十一月初二、十一、十二、十八九等日俱得瑞雪，积有三四寸至六七寸不等。通省雨雪深透，土膏滋润，豆麦畅茂，来岁春花可望丰收。理合恭折奏报，仰慰圣怀，伏祈皇上睿鉴。谨奏。

乾隆二十年十二月十六日

〇欣悦览之。

〔据《宫中档乾隆朝奏折》第十三辑第290页辑录。〕

署云贵总督爱必达奏报循例借帑于东川府蔓海地方开渠引水折

署云贵总督臣爱必达谨奏：为循例借帑开渠引水，以利民生事。

窃照力田为足食之本，图水利尤农工之先务。乾隆二年四月内，钦奉上谕："云南跬步皆山，不通舟楫，田号雷鸣，民无积蓄，一遇荒歉，米价腾贵。凡系水利，有关民食者，皆当及时兴修，不时疏浚，总期有备无息，须要因地制宜，事可谋成，断不应惜费。如难奏效，亦不必强作。钦此。"钦遵在案。

节年以来，历任督抚诸臣遵行董劝，次第修举。其有工费浩繁、民力不能措办之安宁、禄丰等州县筑坝开渠，均系动借公款兴修，分年解缴还库，节经题明有案。臣以庸材，备员滇省，仰体我皇上念切民依，务农重粟至意，每于所属守令因公接见之时，即以地方水利事宜详加咨询。查得东川府城北有洼地一区，名曰蔓海，东西广二十余里，南北袤五六里、八九里不等，素乏水源，不通河道，夏秋雨多，则一望汪洋，冬春水涸，则为沼泽，可开垦成田，以利民食。乾隆八年，经前督臣鄂尔泰檄饬东川知府召示垦民，自城东乞泥寨下，于蔓海内新开左中右三河，疏浚下游，导水西流，由鱼洞汇矣里河入金沙江，中建闸坝，以时蓄泄，海中涸出地亩，陆续垦辟，已成膏腴，节经题报升科。其荒芜未垦者，仍复不少，且该处河尾虽通，源头无水，每岁春夏之交，全倚甘霖时降，始得栽插无误。设值雨泽稀少，恒苦溉不敷。臣随谕东川府知府义宁，将该地有无山泉可引、龙洞可疏之处，或劝谕士民自行办理，或借给公项，指示兴修，令其悉心勘查。去后，兹据该府义宁详报："查得府城西南有以濯一河，源出西南百余里外待补地方，会各山溪流，直下马鞍山傍矣里河，过纳雄山峡，入金沙江，水源颇大，四时不竭。若于马鞍山下建筑石闸、石堤，另开一渠，由五竜募村至小龙潭，过鲁机村，绕城北向东，经石嘴、以舍等村，抵乞泥寨门首，计长二十余里，引以濯河之水下注蔓海，则左中右三河水常充足，不为虚设，匪特已垦成熟田亩可以永资利济，即荒芜未垦旷土亦可垦辟无遗，其于国计民生裨益实非浅鲜。按照各段工程宽深尺寸，分别土石夹杂、难易情形，逐细估计，共实需银一千五百两。边徼民夷不能自为经理，援照安宁、禄丰等州县借帑开修之例，吁请暂借库项，及时兴修。所借库项，即于乾隆丁丑年全数完缴。”等情，由布政使觉罗纳世通等核议，会详前来。

臣复查无异，除批准于司库铜息项下动借银一千五百两，饬令赶紧开修，以资灌溉，所借银两依限催缴还款外，臣谨会同署理云南巡抚臣郭一裕合词恭折奏闻，伏祈皇上睿鉴。谨奏。

乾隆二十一年二月初十日

○着照所请行。

〔据《宫中档乾隆朝奏折》第十三辑第659页辑录。〕

云南巡抚郭一裕奏报滇省雨水沾足情形折

云南巡抚臣郭一裕谨奏：为奏闻事。

窃照滇省豆麦成熟，经臣于四月二十五日奏明在案。兹收获已齐，通省合计实有八分收成，业经另疏具题，并另缮清单恭呈御览。至臣前奏四月二十二三四等日得雨之后，附近省城之州县俱已沾足，而四月二十八至五月初七、初八、十三等日，雨泽频降，更为滂沛。通省远近各属陆续报到，高下田地俱各十分透足。正当分秧栽插，连得甘雨，低下之处插莳已齐，高阜地亩俱可及时布种。合再奏闻，伏祈皇上睿鉴。谨奏。

乾隆二十一年五月十三日

○欣慰览之。

〔据《宫中档乾隆朝奏折》第十四辑第409页辑录。〕

云南巡抚郭一裕奏报滇省雨水并米价情形折

云南巡抚臣郭一裕谨奏：为奏闻事。

窃照滇省秋禾丰稔情形，经臣于闰九月内恭折奏报在案。兹据布政使觉罗纳世通汇齐通省收成分数，具详前来。臣复加确核，总计实有九分以上，除另疏题报外，谨缮清单，附折恭呈御览。

至高下田地播种齐全，频得甘霖，土膏滋润，豆麦涵濡。十月二十一二等日，连朝密雨，继之以雪，天气较常年寒冷，时令甚正。据各属禀报情形大概相同，来岁屡丰可望。现在米价平减，汉夷乐业，理合恭折具奏，仰慰圣怀。

再学臣葛峻起已于十月二十六日起身进京，印信循例交臣带理。合并奏闻，伏祈皇上睿鉴。

奉到朱批奏折二件，谨另行实封，附同恭缴。谨奏。

乾隆二十一年十一月初二日

〇欣慰览之。

〔据《宫中档乾隆朝奏折》第十五辑第895页辑录。〕

云贵总督吴达善奏报滇黔二省春雨应时豆麦秀发情形折

云贵总督臣吴达善跪奏：为春雨应时，豆麦秀发情形事。

窃照滇黔二省上年十一月内连获瑞雪，豆麦涵濡，大为有益，经臣恭折奏闻在案。嗣据滇省迤东、迤西，云南各府属陆续具报，十二月初一、初三四及十七、二十四五等日，复得雪雨，地亩沾润，豆麦敷荣。并于本年正月初八九、初十及十一二、十三四、十五、十八等日，连得大雨滂沱，通省普遍均沾，入土深透。南豆已经结角，二麦极为葱茂，间有吐穗者，获此膏雨叠沛，俱可升浆足粒。其沟洫之水在在充满，灌溉有资，大田亦可及时播种。

又查黔省上下两游地方，据贵阳各府属具报，十二月内雪雨频施，本年正月初九、十四五、二十二等日，亦得大雨，普遍沾足，高下田畴处处深透。缘节候较迟，于滇省豆麦尚未颖实，然滋长青葱畅茂，将来丰收可必。此皆仰赖皇上洪福，以故边隅地方膏雨应时，春熟可期顺成。现在云贵两省时届青黄不接，而粮价照常平减，民情欣悦，地方宁谧。理合一并恭折奏闻，伏祈皇上睿鉴。谨奏。

乾隆二十八年二月初四日

〇欣慰览之。

〔据《宫中档乾隆朝奏折》第十六辑第744页辑录。吴达善（？—1771），字雨民，满洲正红旗人。清乾隆元年（1736年）进士，授户部主事，历任工部侍郎，甘肃巡抚，云贵、湖广、陕甘等地总督。〕

云南巡抚刘藻奏报滇省春雨沾足豆麦茂盛情形折

云南巡抚臣刘藻谨跪奏。

窃照滇省上年冬月得雪日期并豆麦情形，经臣于回任后缮折恭奏在案。兹省城暨迤东、迤西各府厅州县，于本年正月初八九十及十一二三四、十五、十八等日，大雨频施，普遍均沾，入土深透。现据处处禀报，大概相同，实为从来新春之所未有。日下南豆早者已经入市，迟者亦皆结角，二麦青葱勃发，高一尺及二三尺不等。早麦现俱出穗，得此膏雨滋培，结粒愈加饱满。其河渠之水在在充盈，足资灌溉，节候较早之区更可乘时播种，丰登之象预兆，闾阎民夷安乐。理合恭折奏闻，伏祈皇上睿鉴。谨奏。

乾隆二十八年二月初四日

〇欣悦览之。

〔据《宫中档乾隆朝奏折》第十六辑第771页辑录。刘藻（1701—1766），初名玉麟，字麐兆，号素存，山东菏泽人。清雍正四年（1726年）举人，乾隆初举鸿博，授检讨，累擢云南巡抚，云贵总督。以用兵缅甸时部将败北而自杀。〕

云南巡抚刘藻奏报通省雨水沾足暨栽插全完折

云南巡抚臣刘藻谨跪奏。

窃照本年自春入夏，甘雨频施，农田攸赖，经臣节次具折恭奏在案。兹查两迤地方，四月内雨泽已属优渥，复于五月内叠沛甘霖，十分透足，不特原隰田畴插莳早竣，即山头地角年来未得栽种者亦无不普遍布种。现据各府厅州县禀报，俱已栽插齐全，各处禾苗青葱畅发，丰稔可期，民夷欢乐。所有通省雨水沾足暨栽插全完缘由，理合缮折奏闻，伏祈皇上圣鉴。谨奏。

乾隆二十八年五月二十八日

○欣慰览之。

〔据《宫中档乾隆朝奏折》第十八辑第20页辑录。〕

云贵总督吴达善奏报滇黔二省春雨应时并豆麦茂盛情形折

云贵总督臣吴达善跪奏：为恭报春雨应时事。

窃查滇黔两省交春后雨泽频降，豆麦丰稔，粮价均平，经臣于三月初六日恭折具奏在案。旋据两迤各属报称，三月初一至初九暨十七、十九等日，先后得雨，入土三四寸及五六寸不等，豆麦饱绽结实，早者已经收获，晚者亦次第成熟。今云南省城于三月二十三日，雷电交作，甘霖大沛，历三时方止，二十四五两日，复得雨滂沱。臣逐次差弁分勘四乡，入土六七寸至尺余不等，高低田亩甚为透足，秧苗杂粮均滋长畅发。近省各属据报得雨，入土情形亦属相同。元江府气候最暖，现已栽插十之七八。

又查黔省两游地方，据各府厅州县申报，二月下旬及三月初旬频得膏雨，该省节气较滇省稍迟，二麦茂盛，春荞出土滋长。两省粮价咸各均平，民苗恬熙，地方俱极宁谧。理合恭折奏闻，伏祈皇上睿鉴。谨奏。

乾隆二十九年三月二十六日

○欣慰览之。

〔据《宫中档乾隆朝奏折》第二十一辑第29页辑录。〕

云南巡抚刘藻奏报滇省雨水沾足情形折

云南巡抚臣刘藻谨跪奏。

窃臣自黔赴滇，所有沿途雨水、豆麦情形暨云南省城得雨日期，业于回任后缮折具奏在案。旋据两迤各府厅州县陆续禀报，于三月上旬中旬之内频沛甘霖，入土三四寸至五六寸不等，于豆麦大为有裨。兹省城地方于二十三日亥刻，雷电交作，大雨滂沛，至二十四日寅时方止；又自二十四日戌刻大雨起，至二十五日子时止。臣差标弁先后赴乡查勘，入土有六七寸至尺余不等，甚为沾足。复行查近省各属，亦大概相同。山田播种杂粮正当及时，早豆早麦已经收获，晚者亦渐次登场。民夷欢庆，边境宁谧。理合恭折奏闻，伏祈皇上睿鉴。谨奏。

乾隆二十九年三月二十七日

〇欣慰览之。

〔据《宫中档乾隆朝奏折》第二十一辑第52页辑录。〕

云贵总督吴达善奏报滇黔二省雨水沾足并粮价情形折

云贵总督臣吴达善跪奏：为沿途雨水及时并栽插情形事。

窃臣钦奉上谕查阅滇黔各标镇协营，于乾隆二十九年四月初十日自云南府起程，业将起程日期恭疏题报在案。臣即赴贵州考验各营伍，除阅毕黔省各营，分别等次，另行具奏外，所有臣经由之云南、曲靖二府属，雨泽频沾，豆麦正当刈获，高下收成均有十分、九分不等，秧田将次栽插。近接抚臣刘藻来札，省城地方四月十二、十五、十六及十八、十九、二十等日屡得透雨。又据布政司禀报，甘雨连降，高低田亩水皆十分沾足。是滇省秧水甚充，此时正好栽插。

臣于四月二十八日抵贵州省城，路经黔省之南笼、安顺、贵阳等府属，节气较滇省稍迟，现在二麦次第成熟，秧苗早者出土四五寸，迟者二三寸。雨泽或间日一下，或夜雨昼晴，高低田亩积水充盈，五月初旬即可陆续耕作。此臣经历所至，目击夏禾丰稔，雨水盈畴。滇黔两省粮价询各均平，处处民苗欣庆，地方宁谧。理合恭折具奏，伏祈皇上睿鉴。谨奏。

乾隆二十九年四月二十九日

〇览奏俱悉。

〔据《宫中档乾隆朝奏折》第二十一辑第339页辑录。〕

云南巡抚刘藻奏报滇省雨水栽插情形折

云南巡抚臣刘藻谨跪奏：为恭报雨水栽插情形事。

窃照滇省山多地高，栽插之时全资雨泽。本年四月之内暨五月初间，仰赖皇上福庇，或连朝密雨，或隔日大雨，现在低田早稻已栽插齐全，高阜之地高粱、荞稗等项，亦俱乘雨翻犁布种。节据通省各府厅州县禀报，大概相同。省城地方，四月中旬以及五月初六、初八、初九、十三四五等日，雨泽频沾，栽插过半，现在连日阴雨，绵绵不止，旬日之间，即可栽插完竣。臣赴新兴州验收城工，查勘该州气候较早，秧苗已高二三尺，弥望青葱，将届出穗。经过之晋宁、呈贡二州县，早者将次栽完，迟者已有十之七八。民夷安乐，边境敉宁。理合恭折奏闻，伏祈睿鉴。臣谨奏。

乾隆二十九年五月十七日

〇欣慰览之。

〔据《宫中档乾隆朝奏折》第二十一辑第508页辑录。〕

云南巡抚刘藻奏报滇省雨水沾足并栽插齐全折

云南巡抚臣刘藻谨跪奏。

窃照滇省雨水栽插情形，经臣于五月十七日缮折具奏在案。旋据两迤各府厅州县禀报，五月之内甘雨频沾，陆续插莳。其气候较早之元江、景东等处，所种稻谷已有含苞结粒及新米上市者。至省城地方，于五月二十三四五六暨六月初五、初六、初七并初八、初九、初十等日，雨泽频施，低下之区早经栽毕，高阜之处亦俱乘雨耕犁。续于十一日未时起，大雨盆倾，连宵达旦，至十二日巳刻方止。臣出城查看，田中俱有积水。复差标弁分查各乡，佥称此雨最为深透，不特早禾倍加青葱茂盛，即高田亦无不栽插完竣，丰稔可必。民夷欢庆，边境敉宁。所有雨水沾足，栽插齐全缘由，理合专折奏闻，上慰圣怀，伏祈皇上睿鉴。臣谨奏。

乾隆二十九年六月十三日

○欣慰览之。

〔据《宫中档乾隆朝奏折》第二十一辑第763页辑录。〕

云贵总督吴达善奏报滇省雨水田禾情形折

云贵总督臣吴达善跪奏：为恭报滇省田禾、雨水情形事。

窃臣于四月初十日自省起程，遍阅黔省营伍，经由南笼、安顺、贵阳、都匀、上江、古州、清江、台拱、镇远、思州、铜仁、平越、大定等府厅所属地方，各处雨水充足，栽插甚广，青葱遍野，民苗和乐情形，业经臣于六月初九日在贵州大定府属之毕节县恭折奏闻在案。嗣臣由大定府循行滇属之昭通、东川、曲靖、云南等府属，查阅官兵，于六月十九日回署。沿途田水盈畴，高下插莳齐全，禾苗芃茂，秋荞、杂粮发荣滋长，粮价亦各均平。查据两迤各属陆续具报，入夏以来雨泽频降，田禾兴发，与臣所见昭通等府属田禾、雨水情形大概相同。今于六月二十五六两日，省城连得大雨，甚为优渥，于秋禾、杂粮更有裨益。兹臣回署赶办审题案件事竣，即于七月初一日起程查阅迤西、迤东各营伍。除起程日期另行题报外，所有滇省雨水田禾情形，理合恭折具奏，伏祈皇上睿鉴。谨奏。

乾隆二十九年六月二十七日

○知道了。

〔据《宫中档乾隆朝奏折》第二十二辑第37页辑录。〕

云南总督吴达善奏报滇省雨旸时若并田禾情形折

云南总督臣吴达善跪奏：为恭报沿路雨泽、田禾情形事。

窃臣于七月初一日自云南省城起程，查阅滇省两迤营伍，经臣恭疏具题并奏明在案。兹由云南府属经行楚雄、姚安、大理、永北、鹤庆等府各州县地方，沿途田水充裕，交秋以来，或昼晴夜雨，或早晚得雨一阵，旋即开霁。田禾经此雨润日暄，更加勃发，早栽者已吐穗扬花，迟种者青葱茂盛，秋荞将次秀实，杂粮亦皆滋长。睹此情形，秋收实可期丰稔。粮价处处均平，民夷恬熙和洽。是皆仰赖圣主洪福广被，斯边疆雨旸时若，乐岁可庆，地方宁谧。臣不胜欣幸之至，理合恭折奏闻，伏祈皇上睿鉴。谨奏。

乾隆二十九年七月十七日

〇欣慰览之。

〔据《宫中档乾隆朝奏折》第二十二辑第224页辑录。〕

云贵总督刘藻奏报滇省雨旸时若并田禾长发情形折

云贵总督兼摄云南巡抚臣刘藻谨跪奏。

窃照滇省入夏以来雨水沾足，田禾栽插齐全情形，经臣于六月内缮折具奏在案。自七月以至八月，仰蒙皇上福庇，或间日小雨，或隔数日大雨一次，雨后旋即开霁。高田既已优渥，而低田亦易于宣泄，所种稻谷、杂粮靡不及时长发。目下早稻俱含苞结实，晚稻亦吐穗扬花。其气候较早之区，新米业经上市，省城亦间有售卖者。据两迤各属陆续申报，并面询来省文武员弁，远近大概相同。臣出城巡历，郊原查看，今岁秋收实可必其异常丰稔。现在民夷欢乐，边境敉宁。理合恭折奏闻，伏祈睿鉴。臣谨奏。

乾隆二十九年八月十六日

〇欣慰览之。

〔据《宫中档乾隆朝奏折》第二十二辑第434页辑录。〕

云贵总督刘藻奏报滇黔二省雨雪情形折

云贵总督臣刘藻谨跪奏。

窃照滇黔两省雨雪豆麦情形，经臣于上年十一月内恭折具奏在案。嗣据滇省云南、曲靖、临安、澂江、广西、广南、开化、东川、昭通、蒙化等府属申报，十二月初旬及望前，雨雪兼施，春花滋茂。而昆明省会，于新正初五之夜，先雨后雪，至初六日止，积有二三寸不等，附近亦有同时得雪之区。至黔省上下两游各府厅州县地方，自十二月以至正月，得雪尤为普遍，二麦、燕麦、蚕豆、油菜无不及时长发，两省春收可期丰稔。

臣于十二月十六日自省起程赴迤西审案，转至迤东阅兵，沿途查看，二麦俱弥望青葱，南豆正在扬花结实，早者久已上市。正月初五日，住宿元江府属之三板桥，夜间大沛甘霖，至次早方止，极为优渥。其余各属亦土膏滋润。民气和乐，边境敉宁。理合缮折奏闻，伏祈皇上睿鉴。谨奏。

乾隆三十年正月二十七日

○欣慰览之。

〔据《宫中档乾隆朝奏折》第二十三辑第769页辑录。〕

云南巡抚鄂宁奏报滇省雨水沾足暨栽插齐全情形折

云南巡抚臣鄂宁谨奏：为恭报地方雨水、栽插情形事。

窃照滇省入夏以来时沛甘霖，田畴沾足，秋禾乘时栽插，业经臣于五月十三日奏闻在案。嗣据临安、武定、云南、曲靖、广西、昭通、元江、普洱、姚安、大理、澂江、顺宁、永北、蒙化等府属先后禀报，五月初九、初十、十一、十四五六七、十九、二十、二十一二三、二十八九等日，及六月初十日以前，各得澍雨，高阜、低下俱已栽插齐全。

臣自永昌回省途中，于六月十一日、十三四五六、十九等日，又连得透雨。经过永平县、蒙化府及大理、姚安、楚雄、云南府属各地方，见沟渠充满，平原田禾有已长至一尺五六寸及二尺不等，高阜梯田亦全行栽插，一望青葱，农民欢欣鼓舞，佥称今年雨泽较诸往岁早而且勤，故禾苗滋长已比往年为盛，实属秋成丰收之象。至山地杂粮，频沾透雨，益见敷荣。现在米价中平，民情安业。所有地方雨水暨栽插齐全情形，谨缮折奏闻，伏祈皇上圣鉴。谨奏。

乾隆三十二年七月初三日

○欣慰览之。

〔据《宫中档乾隆朝奏折》第二十七辑第221页辑录。鄂宁（？—1770），满洲镶蓝旗人，军机大臣鄂尔泰之子。举人，以员外郎署副都统。任湖北巡抚，云南巡抚加内大臣衔，升云贵总督。〕

暂署云贵总督阿里衮、参赞大臣舒赫德奏报滇省麦收雨水情形折

臣阿里衮、臣舒赫德谨奏：为奏闻事。

窃查滇省每年春间雨水稀少，交四月后始得雨泽。今岁入春以来得雨较早，故豆麦俱已结实，现在陆续登场。近据易门等三十二府厅州县报到收成七、八、九、十分不等，各属秧苗早者已经栽插齐全，近日连得畅雨，晚秧亦俱及时栽插。此时各处米价不昂，民情安贴。所有滇省麦收、雨水情形，理合恭折具奏，仰祈睿鉴。谨奏。

乾隆三十三年四月二十一日

○欣慰览之。

〔据《宫中档乾隆朝奏折》第三十辑第422页辑录。阿里衮（？—1769），字松崖，满洲镶黄旗人。历刑、工、户三部尚书，领侍卫内大臣。清乾隆三十一年（1766年）征缅任副将军并暂领云贵总督，三十四年病卒于军中，谥襄壮。舒赫德（1710—1777），字伯雄，一作伯容，号明亭，满洲正白旗人。清乾隆三十三年（1768年）以参赞大臣衔参与征缅之役。〕

暂署云贵总督阿里衮、云南巡抚明德奏报滇省雨泽沾足禾苗丰盛情形折

臣阿里衮、臣明德谨奏：为恭报雨泽沾足，禾苗丰盛情形，仰祈圣鉴事。

窃照云南二十三府属地方，俱系连山不断，溪涧纵横，其间田亩错出，随地势之高下开塍布垄，就泉筑坝，设枧引流，以资灌溉。雨泽惟虞其短少，不患其过多。本年入夏以来，雨泽沾足，各属高下田亩俱已栽插齐全，前经臣等先后附折奏闻在案。

臣明德钦奉谕旨前来永昌，经过云南、楚雄、姚安、大理、蒙化、永昌等府属地方，目击高下田亩栽插广遍，田水充足。现在已届处暑，禾苗俱极茂盛，早者已经结实，晚者扬花吐秀。惟大理府属之邓川，鹤庆府属之剑川，据报于六月十五六等日连得大雨，近河之地堤埂冲塌，禾苗间被水淹，皆不过该州之一隅。臣等已委员前往会勘，如果田禾被伤，即按其轻重，照例办理。其余各属禀报情形，均各雨水调匀，田禾丰盛，与臣等所见情形无异。并询之来永办差大小文武各官，咸称今年丰收情形，比上两年尤胜尤广等语。臣等见闻之下，不胜欢忭。此皆仰赖圣主洪福，得以连登大有。所有秋禾丰稔情形，臣等谨恭折奏闻，伏乞圣主睿鉴。谨奏。

乾隆三十三年七月初八日

〇欣慰览之。

〔据《宫中档乾隆朝奏折》第三十一辑第253页辑录。明德（？—1770），满洲正红旗人。清雍正间由笔帖式补太常寺博士，清乾隆间累擢江苏巡抚，官至云贵总督。值用兵缅甸，因误军需粮马降巡抚，寻卒。〕

暂署云贵总督阿里衮、云南巡抚明德奏请动用闲款银兴修桥道以利兵行以资粮运折

臣阿里衮、臣明德谨奏：为请修最要之桥道，以利兵行，以资粮运，仰祈圣鉴事。

窃照自云南省城至永昌一路，山路险峻，年久未修，以致倾颓难行，有碍粮运，经臣等请于司库闲款银六万三千余两内动用银二三万两，分委本省及邻省派来办差干练官员分段修理。荷蒙圣明洞鉴，钦奉朱批："甚属应办之事，即速行妥办。钦此。"臣等即遵旨派委多员，会同该地方官，将应修道路分为左右，先修一半，其一半留为往来之人行走，俟先修之路灰浆干透，再修一半。现在饬令上紧赶修，修竣之日，于粮运、军行大有裨益。

今臣等赴边安兵，见龙陵一带道路更多残缺，而永昌府与腾越州所管之磨盘山一道，上下九十里，高峻陡险异常，名为五十三参，其石路之残废过甚，往来人马均属不便。明岁粮运、兵行正多，均应亟为修整，以利遄行。又腾越州有龙江铁锁桥一道，铁练本属粗重坚固，本年正月初二日，被火烧断。彼时因大兵在外，详请动项不及，即动用捐

助岁修租息银四百两，官员、绅士添捐银七百余两，赶修完竣。因系紧急赶修，铁链轻细，又不能如旧紧密，以致解送马匹踩断数条。现在虽经接连，人马尚可经过，但恐又致断损，往来俱系单行。臣等先后至桥详加查阅，铁锁实属单细稀疏，不惟不能经久，窃恐明岁正当粮运兵行之际，或有断坏，虽加紧赶修，亦须经月，则一切均致阻滞迟延。

臣等督令各该地方官，将前项桥道约估共需银五千余两。合无仰恳皇上天恩，于前项闲款银六万三千余两内，俯准再动用银五千余两，于今冬令驻腾越道员钱受谷督令该州购办上好熟铁，打就粗重坚固大铁链二十条，并办足木料、砖石、灰斤等物，于明年正月，将龙江桥即行拆修，勒限二月内告竣，务须比旧桥加倍坚固壮观。其应修道路，亦令各该地方官于今冬烧造灰斤，添办石料，新正即行开工，亦务于二月内告竣。俟修完之日，将用过银两详加核确，据实报销。倘各该地方官修不如式，或有侵冒情弊，一经臣等查出，即行严参治罪。

臣等因此桥道最关紧要，谨恭折具奏，伏乞皇上睿鉴，训示遵行。谨奏。

乾隆三十三年十一月初一日

○好。知道了。

〔据《宫中档乾隆朝奏折》第三十二辑第331页辑录。〕

云南巡抚李湖奏报滇省雨水沾足禾苗畅发情形折

云南巡抚臣李湖跪奏：为恭报地方情形事。

窃查滇省本年晴雨应时，秋收一律丰稔，经臣节次陈奏在案。兹臣代阅迤东营伍，于十月十五日自省起程，由云南府属之呈贡、晋宁，澂江府属之江川，临安府属之宁州、通海、建水、阿迷、蒙自，开化府属之文山，广南府属之宝宁，广西直隶州属之邱北、弥勒等州县，沿途查看，播种春麦、南豆俱已出土，向阳原隰长发尤为茂郁，遍野青葱，平畴如绣，并间有麦高三四寸及豆已扬花者。询之农人，佥称地处省南，节气较早，收稻之后，即种春苗，是以麦豆苗长，倍于省北。而临安之蒙自、阿迷，开化之文山，广西州之弥勒等州县，地势平衍，田土开辟，沟浍俱各深通，风景颇与中土无异。十月十九、二十一二、二十四五六等日，复连沛甘霖，远近均沾，春苗更加畅发。经由城镇村集，市米充盈，价俱平减，到处井里恬熙，民夷乐业，实属太平有象。途次并据各属禀报雨水春田情形，大约相同。理合缮折奏闻，并将十月份粮价敬缮清单，恭呈圣主睿鉴。

臣现由曲靖至东北一带巡阅营伍。合并陈明。谨奏。

乾隆三十八年十一月初四日

○知道了。

〔据《宫中档乾隆朝奏折》第三十三辑第268页辑录。李湖（？—1781），字又川，号恕斋，江西南昌人，清乾隆四年（1739年）进士。初授山东武城知县。乾隆三十六年（1771年）擢贵州巡抚。三十七年调云南，酌定《铜务十条》，促进铜业生产。卒于广东巡抚任上，谥恭毅。〕

云南巡抚李湖奏报滇省雨水沾足豆麦畅茂情形折

云南巡抚臣李湖跪奏：为恭报地方情形事。

窃照滇省自冬徂春雨雪普沾，春苗透发，臣业将巡历查看情形节次具奏在案。兹于正月望后，各属均报得雨三四次，原隰俱沾润泽。二月初二三、初七八、初九、十二、十六、十九等日，复叠沛甘霖，入土六七寸不等，到处积水充盈，麦豆畅茂。查普洱、元江、广南、开化各府属，俱已渐次秀实。云南、澂江、临安、永昌、顺宁、大理、楚雄各府属，亦皆抽干扬花。曲靖、东川、昭通、丽江等府属气候稍迟，并报敷荣茁长，水田播谷齐全，间有早秧出水者。滇中春雨常稀，今岁较为优渥。各属米价虽长落难齐，现无过昂之处。理合查明具折奏闻，并将正月分报到粮价敬缮清单，恭呈圣鉴。谨奏。

乾隆三十九年二月二十五日

〇知道了。

〔据《宫中档乾隆朝奏折》第三十四辑第649页辑录。〕

云南巡抚李湖奏报滇省雨水沾足禾苗繁茂情形折

云南巡抚臣李湖跪奏：为恭报地方情形事。

窃照滇省四月以前频沾雨泽，农民乘时翻犁，栽插秧苗，经臣查明，节次具奏在案。兹据各属禀报，高下田畴俱于芒种前后插竣，早禾苗长，晚稻怀新，正望膏雨滋培。五月初四、初五、初八九、十二、十四、十九、二十一二等日，叠沛甘霖，到处河流涨发，沟洫充盈，远近均沾优渥，即高坡旱坝种植秋荞、高粱（粱）、青稞、红稗等项亦皆灌溉有资，长发繁茂。惟时值农忙，青黄未接，据报粮价核有较前稍长之处。臣饬司道体察情形，酌动社谷、常平借粜，兼施以资接济，并可出陈易新，与仓储亦不无裨益。理合据实一并奏闻，并将四月分各属报到粮价敬缮清单，恭呈圣鉴。谨奏。

乾隆三十九年五月二十五日

〇知道了。

〔据《宫中档乾隆朝奏折》第三十五辑第533页辑录。〕

署云贵总督觉罗图思德奏报滇黔雨水田禾及地方情形折

署云贵总督臣觉罗图思德跪奏：为恭报滇黔雨水、田禾及地方情形，仰慰圣怀事。

窃臣前自贵州至云南省城，沿途地方雨水、田苗情形，业经恭折具奏在案。伏查五六月间，禾稻、杂粮均藉雨泽，滋长秀实。兹据滇黔各属陆续禀报，自五、六月以来，有连日得雨者，亦有间一二日得雨者，雨泽调匀，高下沾足，灌溉充盈。现在早晚田禾，自一尺五六寸至二尺余不等，悉多扬花，间有吐穗之处，一切杂粮俱极畅茂结实。今夏雨旸时若，于农功大有裨益，秋成洵可预卜丰登。至各属米粮市价，均各平减，地方宁谧，夷苗安堵。所有滇黔雨水、田禾及地方情形，臣谨恭折奏闻，伏祈皇上睿鉴。谨奏。

乾隆三十九年七月十六日

〇知道了。

〔据《宫中档乾隆朝奏折》第三十六辑第89页辑录。觉罗图思德（？—1779），满洲镶黄旗人，诸生。清乾隆中，历官贵州巡抚至署云贵总督兼云南巡抚，办理与缅甸交涉。后改任湖广总督。〕

大学士仍管云贵总督昭信伯李侍尧、云南巡抚裴宗锡奏报省城被水情形及拟动项挑浚盘龙江事宜折

大学士仍管云贵总督昭信伯臣李侍尧、云南巡抚臣裴宗锡跪奏：为奏闻事。

窃照云南省雨水、田禾、粮价情形，节经臣等先后奏报在案。时当夏令，据各属禀报，雨水沾足，田禾俱极秀发。惟省城自六月初四日至初六日，昼夜大雨，山水汇注盘龙江，宣泄不及，城厢内外水深三四尺不等。居民房屋半系土壁泥墙，上淋下浸，致多倒塌。因水势逐渐增长，先时走避人口并无损伤。附郭低田间被淹浸，水即消退，尚无妨碍，不至成灾。臣等因被水各户一时栖身无所，纷纷趋避入城，现于宽空寺庙内酌量安置，给以口粮，一面饬司督同府县查明确数，分别动项抚恤，务使被水穷黎安堵如故，以仰副我皇上加惠元元之至意。除查明办竣，照例题报外，所有省城被水情形，理合先行恭折奏闻。

再查盘龙江逼近省城之东，建设坝闸，随时启闭，蓄泄有资，昆明一县田亩不虞旱潦。从前题定动项岁修水利，实为有益。近年但经修筑堤埂，久未挑浚，以致岁修殊无实际，河身日渐淤浅，每届大雨时行，即致漫溢。今年更甚，若不及早挑浚，势必水利转成水患。臣等现拟亲履确勘，派委妥员实心估计，动支岁修存积银两，另行具奏办理。合并陈明，伏乞皇上睿鉴。谨奏。

乾隆四十二年六月初十日

〇览奏俱悉，余有旨谕。

〔据《宫中档乾隆朝奏折》第三十九辑第27页辑录。李侍尧（？—1788），字钦斋，汉军镶黄旗人，清乾隆时期大臣。乾隆二十一年（1756年）被授擢户部侍郎、两广总督，加太子太保。乾隆三十一年（1766年）调署刑部，三十二年再任两广总督，袭二等昭信伯。乾隆四十二年（1777年）以军机大臣兼职云贵总督，任职期间对云南边关设防多有建树。裴宗锡（1712—1779），字午桥，号二知，山西曲沃人。入赀为同知，累迁直隶按察使。乾隆四十年（1775年）调任云南巡抚。〕

云南巡抚裴宗锡奏报滇省雨水粮价情形折

云南巡抚臣裴宗锡谨奏：为奏闻事。

窃照滇省地方七月中旬以前雨水、田禾情形，经臣节次具奏在案。兹据各属禀报，七月下旬得雨四五次不等，又自八月初三、初六七及十一、十六七等日，连得时雨，高

下田畴均沾优渥。通省气候迟早稍有不齐，禾稻早者正皆结实垂黄，迟者尚在扬花吐穗，其余山种杂粮悉已次第成熟。得此雨润日暄，颗粒更加饱绽，转瞬登场，定臻丰稔。现在粮价中平，民夷乐业，四境亦极安恬。理合恭折奏闻，伏乞皇上睿鉴，并将七月分粮价另缮清单敬呈御览。谨奏。

乾隆四十二年八月二十二日

○知道了。

〔据《宫中档乾隆朝奏折》第三十九辑第766页辑录。〕

云南巡抚裴宗锡奏报滇省雨水调匀并田禾粮价情形折

云南巡抚臣裴宗锡谨奏：为奏闻事。

窃照滇属地方十月中旬以前雨旸、麦豆情形，经臣查明具奏在案。兹自十月下旬至十一月中旬以来，晴雨调匀，二麦、荞豆出土已有三四寸不等，发荣滋长，渐见青葱。近日同云时布，若得冬雪优沾，更于春花有益。滇省岁征条粮银米，例于九月内开征，而花户踊跃输将。正在冬深农隙之候，臣恐各属经手胥役乘此年谷顺成，浮收巧取，苦累闾阎。先已剀切出示，遍行晓谕，并令该管各道府就近严密查察，有犯必惩，以期仰副圣主轸恤边黎之至意。现在民夷安堵，市粮时价亦皆平减，地方宁谧。臣谨恭折奏闻，并将十月分粮价另缮清单，敬呈皇上睿鉴。谨奏。

乾隆四十二年十一月十五日

○知道了。

〔据《宫中档乾隆朝奏折》第四十辑第868页辑录。〕

云南巡抚裴宗锡奏报省城得雪情形折

云南巡抚臣裴宗锡谨奏：为恭报省城得雪情形，仰祈圣鉴事。

窃照滇省地方四时协序，气候温和，向届冬令，雪不多见。今省城于十一月十七日子时起，至卯时止，大雪缤纷，四郊普遍。当即派委员弁分头查勘，山高野旷之处积厚二寸有余，平畴坦壤旋积旋消，入土亦极深透。麦豆、杂粮得此冬雪滋培，甚于春收有益。询之附郭土人，咸称冬遇积雪，近岁罕靓，丰稔征兆，交口欢呼。外郡各属曾否同时得雪，虽未据有报到，但是日同云密布，势甚广远，可卜均沾渥泽。容俟查报到日，另行具奏外，所有滇南省城得雪情形，臣谨恭折奏闻，伏乞皇上睿鉴。谨奏。

乾隆四十二年十一月十八日

○知道了。

〔据《宫中档乾隆朝奏折》第四十一辑第56页辑录。〕

云南巡抚裴宗锡奏报滇省得雨雪并田禾情形折

云南巡抚臣裴宗锡谨奏：为奏闻事。

窃照云南省城于十一月十七日得雪情形，先经恭折奏报在案。臣拜折后，复于十八日连朝得雪，高阜、平原积厚二三寸不等。并据昭通、东川、曲靖、楚雄、武定等属陆续报到，十七、十八两日得雪情形，大概相同。滇中山土瘠薄，全赖冬雪滋培，春花乃能旺发。今各属气候较寒之处，多已优沾雪泽，而时序温和之地，自十一月杪至十二月初以来，晴雨亦极调匀，土膏融润，二麦、南豆弥见长发青葱，实于来岁春收均有裨益。现在粮价称平，闾阎宁谧，堪以仰慰圣怀。臣谨缮折奏闻，伏乞皇上睿鉴，并将十一月分粮价另开清单，敬呈御览。谨奏。

乾隆四十二年十二月十二日

〇欣慰览之。

〔据《宫中档乾隆朝奏折》第四十一辑第400页辑录。〕

云南巡抚裴宗锡奏报滇省雨雪并粮价情形折

云南巡抚臣裴宗锡谨奏：为奏闻事。

窃照滇省地方上年冬雪普沾，春花滋茂情形，经臣节次具奏在案。兹查腊底正初，续据远近各属禀报得雪多次，积厚不等，甚为优渥。立春以来，省城又连得膏雨，入土倍臻透润。似此腊雪春霖顺时叠沛，二麦、南豆弥见长发青葱，可卜丰收有望。现在粮价称平，民夷乐业，边境亦极安恬。臣谨恭折奏闻，伏乞皇上睿鉴，并将上年十二月分通省市粮时价另缮清单，敬呈御览。谨奏。

乾隆四十三年正月十三日

〇知道了。

〔据《宫中档乾隆朝奏折》第四十一辑第668页辑录。〕

大学士仍管云贵总督昭信伯李侍尧
奏报滇黔二省雨雪并粮价情形折

大学士仍管云贵总督昭信伯臣李侍尧跪奏：为奏闻事。

窃照滇黔两省雨雪、粮价情形，经臣于上年十二月初七日恭折奏报在案。兹查十二月中下两旬，省城复又得雪数次，通省各属先后禀报得雪，俱积厚一二寸至三四寸不等。询访农民，均称滇南冬雪，有益春花，数年来从未有此沾足。盖南方地气发舒，豆麦易于出土，得雪滋培，质厚根坚，收成分外丰稔。岁底天色晴霁，渐交春令，气候温和，舆情欢畅，新年景象，物阜民熙。本月十二日，又得及时春雨，现在云南省城中，米每仓石价银一两八钱八分，各属粮价高下不等，均属中平，并无昂贵。黔省十二月分，据报得雪深透，豆麦发生，粮价平贱，闾阎交庆。两省兵民乐业，边境敉宁，实足上慰慈怀。理合恭折具奏，伏乞皇上睿鉴。谨奏。

乾隆四十三年正月十五日

○知道了。

〔据《宫中档乾隆朝奏折》第四十一辑第677页辑录。〕

云南巡抚裴宗锡奏报滇省雨水春花情形折

云南巡抚臣裴宗锡谨奏：为奏闻事。

窃照滇省地方春雨应时，麦豆滋长情形，经臣于新正十三日具折奏报在案。兹自正月望后至二月初旬以来，各属雨水调匀，土膏融润，大小二麦现皆长发青葱，所种南豆正值扬花畅盛，将次结实。此后再得膏泽频沾，更于春收有益。通省市粮时价，虽随地增减不齐，核计均平，并无过昂之处。民情悦豫，气象安恬。理合恭折奏闻，伏乞皇上睿鉴，并将正月分粮价另缮清单，敬呈御览。谨奏。

乾隆四十三年二月十六日

○知道了。

〔据《宫中档乾隆朝奏折》第四十二辑第124页辑录。〕

云南巡抚裴宗锡奏报滇省雨水田禾情形折

云南巡抚臣裴宗锡谨奏：为奏闻事。

窃照云南省春雨及时，麦苗滋茂情形，经臣于正月十三日暨二月十六日先后具奏在案。时届东作，尤赖雨水常调，始于农功有益。兹查通省地方，于二月二十四五及二十七八等日连得膏雨，势甚优渥，入土深透，大小二麦均已含苞，南豆亦皆结实。三月初旬以来，晴雨又极得宜，春收可期丰稔。田禾早者现在翻犁播种，潴蓄有资，易于茁发。各处粮价虽增减不齐，尚属中平，无虞贵食。民夷乐业，边境敉宁。理合恭折奏闻，伏乞皇上睿鉴，并将二月分粮价另缮清单，敬呈御览。谨奏。

乾隆四十三年三月十二日

○知道了。

〔据《宫中档乾隆朝奏折》第四十二辑第350页辑录。〕

大学士仍管云贵总督昭信伯李侍尧奏报滇黔二省雨水并粮价情形折

大学士仍管云贵总督昭信伯臣李侍尧跪奏：为奏闻事。

窃照滇黔两省雨水、粮价情形，经臣于二月十八日恭折奏报在案。查滇省一交春令，风多雨少，每患长晴。今自二月下旬以来，雨水调匀，阴晴相间，高低田亩均属相宜，早禾播种齐全。普洱、元江一带，气候更早，现已陆续莳插，豆麦均收割完毕。缘上年冬雪沾足，春雨又复及时，收成丰稔。现据藩司汇报，通省合计九分有余。省城中，米每仓石价银二两零四分，仍属中平，并无昂贵。各属微有长落，大略相同。黔省据报雨水不缺，豆麦丰收，正在刈获，粮价自六钱四分起至二两二钱二分不等。理合恭折具奏，伏乞皇上睿鉴。谨奏。

乾隆四十三年四月初五日

〇知道了。

〔据《宫中档乾隆朝奏折》第四十二辑第540页辑录。〕

云南巡抚裴宗锡奏报滇省雨水田禾情形折

云南巡抚臣裴宗锡谨奏：为奏闻事。

窃照滇省地方三月初旬以前雨水、麦禾情形，经臣节次具奏在案。今春旸雨调匀，二麦、南豆咸臻丰熟，现将通省收成分数开单，另陈圣鉴。各属播谷之后，于三月中下两旬，先后得有雨泽，田畴沾渥。迨四月初旬以来，又连得时雨，秧苗出水一二寸至三四寸不等，高原下隰弥望青葱，迤南一带气候较早之区已在次第栽插。市粮充裕，粜价不昂，远近民情均极宁谧。理合恭折奏闻，并缮三月分粮价清单，敬呈皇上睿鉴。谨奏。

乾隆四十三年四月初七日

〇知道了。

〔据《宫中档乾隆朝奏折》第四十二辑第576页辑录。〕

署云贵总督云南巡抚裴宗锡奏报滇黔二省雨水田禾情形折

署云贵总督云南巡抚臣裴宗锡谨奏：为奏闻事。

窃照滇省地方入夏以来雨水沾足，田禾秀发缘由，经臣会同黔省情形，于四月二十七及五月十一日，具折陈奏在案。夏至前后，大田莳插已周，更须雨泽频沾，始于农功有益。今滇省各属据报，于五月十七八、二十四五暨六月初一等日，叠沛甘霖，远近均遍，高下田亩潴蓄有资，禾苗得此透雨滋润，倍觉青葱畅茂，山种杂粮亦极繁盛可观。市米时价，虽随地增减不齐，统计尚属中平。近日黔省报到雨水田禾情形，与滇中大略相同。其市卖粮价，现自六钱四分至二两四钱六分，亦不为贵。两省兵民乐业，地方宁谧。臣谨一并奏闻，伏乞皇上睿鉴。所有滇省五月分粮价另缮清单，恭呈御览。谨奏。

乾隆四十三年六月初六日

〇知道了。

〔据《宫中档乾隆朝奏折》第四十三辑第354页辑录。〕

云南巡抚裴宗锡奏报滇省雨水粮价情形折

云南巡抚臣裴宗锡谨奏：为奏闻事。

窃照滇省地方六月以前雨水调匀，田禾畅茂缘由，臣于兼署督篆任内，节经汇同黔省情形陈奏在案。今岁六月遇闰，正值夏秋之交，尤赖雨旸应候，始于大田有益。兹据滇省各府厅州属禀报，闰六月间，每旬得雨三四次及五六次不等，夏雨秋霖，频沾叠沛，高下原隰潴蓄充盈。现在早稻扬花，晚禾吐穗，山种杂粮亦皆长发繁盛，得此雨润日暄，可卜秋成丰稔。市米时价，虽随地增减不齐，核计尚属中平，通省民情极为宁谧。臣谨恭折奏闻，并将闰六月分粮价另缮清单，敬呈皇上睿览。谨奏。

乾隆四十三年七月初六日

〇知道了。

〔据《宫中档乾隆朝奏折》第四十四辑第153页辑录。〕

云南巡抚裴宗锡奏报滇省雨水田禾收成并粮价情形折

云南巡抚臣裴宗锡谨奏：为奏闻事。

窃照滇省地方闰六月以前雨水、田禾情形，经臣节次具奏在案。兹据各属禀报，七月初旬至八月中旬以来，晴雨调匀，禾稻、杂粮均已结实成熟，次第登场。就通省秋收而计，共得九分有余，洵称丰稔。现在开列清单，另折奏报。至米粮时价，虽随地长落不齐，而新谷丰登，源源入市，可期渐臻平减。民夷悦豫，四境敉宁。臣谨恭折奏闻，并将七月分粮价另缮清单，敬呈皇上睿览。谨奏。

乾隆四十三年八月十九日

〇欣慰览之。

〔据《宫中档乾隆朝奏折》第四十四辑第574页辑录。〕

云南巡抚裴宗锡奏报滇省雨水情形折

云南巡抚臣裴宗锡谨奏：为奏闻事。

窃照滇省十月以前地方情形，经臣缮折具奏在案。兹自十一月以来，节据各属禀报，晴雨调匀，二麦、南豆长发畅茂，弥望青葱。滇中气候温和，每遇冬令，雪不易见。今迤西之大理、楚雄等处已于本月望间先后得雪，省城及迤东之曲靖一带，则于十九、二十等日亦俱得雪，高阜、平原积厚一二寸不等，洵为应时之瑞，甚于春花有益。市卖粮价咸称平减，民情悦豫，气象盈宁。臣谨恭折奏闻，并将十月分粮价另缮清单，敬呈皇上睿览。谨奏。

乾隆四十三年十一月二十九日

○知道了。

〔据《宫中档乾隆朝奏折》第四十五辑第735页辑录。〕

云南巡抚裴宗锡奏报滇省雨水田禾情形折

云南巡抚臣裴宗锡谨奏：为奏闻事。

窃照云南省城及迤东、迤西所属地方先后得雪情形，经臣于十一月二十九日缮折具奏在案。兹自十二月初旬以来，节据通省各属报到，晴雨日期均极调匀，土膏融润，二麦、南豆弥见长发青葱，春收可望。现在将届岁除，市集粮食处处充盈，价亦仍前平减，民夷欢洽，气象恬熙。臣谨恭折奏闻，并将十一月分粮价另缮清单，敬呈皇上睿览。谨奏。

乾隆四十三年十二月十六日

○知道了。

〔据《宫中档乾隆朝奏折》第四十六辑第149页辑录。〕

云南巡抚裴宗锡奏报滇省雨水情形折

云南巡抚臣裴宗锡谨奏：为奏闻事。

窃照滇省地方上冬雪雨情形，经臣叠次具奏在案。年前立春，节候较早，全赖雨泽顺时，春花乃能旺发。兹通省各府厅州属据报，十二月二十六七两日连得膏雨，土脉融润。新正以来，省城及附近各属又于初七八暨十二等日，甘澍频施，田畴沾渥，二麦、南豆弥见长发青葱，可卜丰收有望。现在粮价称平，舆情欣洽。臣谨恭折奏闻，并将上年十二月分滇属市粮时价另缮清单，敬呈皇上睿览。谨奏。

乾隆四十四年正月十七日

○知道了。

〔据《宫中档乾隆朝奏折》第四十六辑第491页辑录。〕

云南巡抚裴宗锡奏报滇省雨水情形折

云南巡抚臣裴宗锡谨奏：为奏闻事。

窃照滇省地方入春以后雨泽优沾，麦田畅茂情形，经臣于新正十七日缮折陈奏在案。兹自正月既望至二月初旬以来，各属报到晴雨日期一律调匀，大麦现在含苞吐穗，小麦亦皆抽干，南豆均已扬花，并有结实者。东作将兴，再得膏雨频施，更于春耕有益。市粮时价虽随地增减不齐，而统计尚属中平，无虞食贵。民情和豫，四境敉宁。臣谨恭折奏闻，并将正月分粮价男缮清单，敬呈皇上睿览。谨奏。

乾隆四十四年二月十六日

〇知道了。

〔据《宫中档乾隆朝奏折》第四十六辑第788页辑录。〕

大学士仍管云贵总督昭信伯李侍尧奏报滇黔二省雨水田禾情形折

大学士仍管云贵总督昭信伯臣李侍尧跪奏：为奏闻事。

窃照滇黔两省雨水粮价情形，经臣于二月二十七日恭折奏报在案。兹查明匝月以来雨水调匀，土膏滋润。臣于出郊之便，亲见麦穗盈畴，颗粒饱绽，农民刈获，共庆有收。现据藩司汇报，通省二麦收成合计八分以上。元江一带气候较早，田禾现已插莳。此外，据报陆续播种，秧苗长发青葱，蔬菜、杂粮亦俱茂盛。省城中米每仓石价银一两八钱，虽较上月微增，各属仍系中平，并无昂贵。黔省据报雨水不缺，豆麦丰收，正在刈获，粮价亦与前月相等，不至增长。两省民情安帖，边境敉宁。理合一并奏闻，伏乞皇上睿鉴。谨奏。

乾隆四十四年三月二十八日

〇知道了。

〔据《宫中档乾隆朝奏折》第四十七辑第287页辑录。〕

大学士仍管云贵总督昭信伯李侍尧奏报滇黔二省雨水米价情形折

大学士仍管云贵总督昭信伯臣李侍尧跪奏：为奏闻事。

窃照滇黔两省雨水、粮价情形，经臣于三月二十八日恭折奏报在案。查滇省大半山田，风多雨少，小满以后、芒种以前，必需叠沛甘霖，始得及时栽种。兹自四月以来雨泽频施，远近沾足，高原下隰田禾莳插齐全，长发青葱，农民欢庆，咸谓五风十雨，定卜丰收。蔬菜、杂粮亦俱茂盛。省城中米每仓石价银一两七钱六分，各属微有长落，约略相等。黔省据报麦收八分有余，雨水调匀，禾苗现俱赶插，米价自六钱六分至二两四钱二分，俱属中平，不为昂贵。两省民情安帖，边境敉宁。理合一并奏闻，伏乞皇上睿鉴。谨奏。

乾隆四十四年五月初八日

〇知道了。

〔据《宫中档乾隆朝奏折》第四十七辑第671页辑录。〕

署理云贵总督印务署云南巡抚刘秉恬奏报滇黔二省雨水米价情形折

署理云贵总督印务署云南巡抚臣刘秉恬跪奏：为奏闻事。

窃照滇黔两省地方，仰叨圣主福庇，今岁自夏徂秋，雨旸时若，禾稻收成各得九分有余，均称丰稔，业经臣先后奏闻在案。秋田刈获之后，天气晴多雨少，堆场稻谷咸得乘时曝晒，以备盖藏。崇墉比栉，共庆盈宁。现在新谷源源入市，复有陈谷碾运出粜，市粮到处充裕。九月，云南省城中米每仓石价银一两五钱，较上月减银二分，此外各属报到米价，亦多有减无增。贵州通省，据报中米价银每仓石自六钱二分至一两六钱五分不等，较之往年，倍臻平减，俱于民食甚有裨益。兹际九月，正值开征新赋之时，诚恐不法吏役视为利薮，趁此年谷顺成，浮收巧取，苦累闾阎。臣已先期出示晓谕，现仍不时严密查察，如有作奸舞弊之事，立即按律严惩，勿稍姑息。至纳粮花户，颇知国课早完，可免追呼之扰，输将极其踊跃。两省兵民和豫，边境宁谧，皆堪远慰慈怀。臣谨恭折奏闻，并将云南省八月分粮价另缮清单，敬呈御览，伏乞皇上睿鉴。谨奏。

乾隆四十四年九月二十八日

○知道了。

〔据《宫中档乾隆朝奏折》第四十九辑第94页辑录。刘秉恬（？—1800），字德引，山西洪洞人。清乾隆二十一年（1756年）举人，二十六年授内阁中书充军机处章京。曾参与讨缅甸、征大小金川。四十五年（1780年）调署云南巡抚，四十六年署理云贵总督。五十一年（1786年）召授兵部侍郎。清嘉庆五年（1800年）卒。〕

署理云南巡抚刘秉恬奏为修浚邓川州水利涸出粮田万亩以裨民生而甦积困折

署理云南巡抚臣刘秉恬跪奏：为修浚邓川州水利，涸出粮田万亩，以裨民生而甦积困，恭折奏闻事。

窃照水利为农田之本，全在修浚得宜，始无漫溢之患。臣于昨岁抵滇后，查得大理府属邓川州境内有瀰苴河之东湖，附近粮田万亩，屡遭水患，有种无收。臣以事关民瘼，一面留心访询该处情形，一面檄饬该地方官确加履勘，此湖因何历年为害，如何筹办可以受益之处，务期穷源溯委，妥酌办理，并叠经指示。去后，旋据该署州王孝治详晰勘议具禀，并绘图呈核前来。

臣查邓川州四面皆山，中有瀰苴大河一道，上通浪穹，下注洱海，中分东西两湖，西湖另有水尾直达于海，东湖至青索桥上仍归瀰苴大河。而河高湖低，河水回流入湖，四处漫溢，必须湖与河平，始能自河入海。每遇夏秋潦发，青石涧、九龙涧、五牛山等处涧沙会冲于东湖水尾入河之处，瀰苴河身淤滞大半，宣泄不及，尽倒流入湖，是以附近粮田俱被淹没，闾阎受害已非一日。从前虽经官民节次修理，因未得其法，迄无成效。

今该署州相度形势，因西湖另有水尾达海，从无水患，东湖由河入海，不惟不能藉河消水，而河高回注，湖反为河消水之壑，议将东湖尾入河之处及青索桥下东闸口筑坝堵塞，另开子河，引东湖之水直趋而下，迳达洱海。又以涧沙不撤终被淤塞，议自青石涧起，至天洞山止，筑长堤一道，以撤青石涧等处之沙泥，并于堤近天洞山处建立石闸，使沙归堤内，水由闸出，流入子河归海。并称情愿倡捐己资，交首事绅耆经理，并示谕有业居民协力帮夫，鸠工赶办。臣阅其所议，参观绘图，筹办甚为合宜，当经饬令照议妥协办理，毋任胥役藉端派扰。

兹据该署州王孝治先后禀报："自本年二月开工，至九月工竣，庶民克敦子来之义，莫不踊跃赴公，遂得克期蒇事。河成水涸，历年被淹粮田共有一万一千二百余亩，现在俱已涸出，舆情极其欣悦。"等语。臣随檄令明白河工绘图之员前往，会同该管府州查勘无异。从此东湖另有水尾通海，既不受涧沙之冲塞，又可免河水之倒流，实于水利、农田两有裨益。此事虽系官民捐办，并非动项，若不据以入告，诚恐地方官日久怠生，小民不能长享其利。臣现在饬司存案，令该管府州嗣后于每岁冬深水涸之时，督率民夫将河身堤坝量修一次，以资蓄泄，永保安澜。所有办理情形，臣谨恭折奏闻，并绘图贴（帖）说，敬呈御览，伏乞皇上睿鉴。谨奏。

乾隆四十六年十二月二十四日

〇好。知道了。

〔据《宫中档乾隆朝奏折》第五十辑第377页辑录。〕

署理云南巡抚刘秉恬奏报滇省雨雪田禾情形折

署理云南巡抚臣刘秉恬跪奏：为奏闻事。

窃照滇省地方上年腊雪优沾，春花茁发情形，经臣于十二月二十四日具折陈奏在案。嗣又据永昌、丽江、昭通等府属各厅州县暨蒙化直隶同知节次报到，十二月十一二及十六七、十九等日先后得雪，高阜、平原积厚二三寸至五六寸不等，是三冬雪泽通省几遍，实为春前应候之瑞。滇中每交春令，风多雨少，新正以来晴日居多，农民正在望雨之时，省城一带于二十四日阴云密布，雨势甚广，二十六七两日，叠沛膏霖，入土二三寸不等。刻下近省州县陆续禀报得雨，均足以资接济。

今年节气较早，大小二麦得此雨润日暄，长发颇形畅茂，弥望青葱。蚕豆一项，乃炎方最早之物，现在扬花且有结实者，此后再得时雨频施，可冀春收大稔。至各处粮食，因去秋在在丰获，民间储蓄充盈，虽当岁除之际，市廛粜价仍不加昂，舆情熙皞，共乐升平。臣谨恭折奏闻，仰慰圣怀，并将十二月分粮价另缮清单，敬呈皇上睿览。谨奏。

乾隆四十七年正月二十八日

〇知道了。

〔据《宫中档乾隆朝奏折》第五十辑第696页辑录。〕

署理云南巡抚刘秉恬奏报滇省雨水粮价情形折

署理云南巡抚臣刘秉恬跪奏：为奏闻事。

窃照滇省地方春分节后晴明节前连得透雨，麦豆畅茂情形，经臣缮折陈奏在案。兹云南省城复于三月初七、初八及十二、十三等日，膏雨频施，四野沾足。首府所属州县禀报得雨日期，大概相同。他如迤东、迤西、迤南各府厅州属亦据先后报到，三月初二三、初五六、初七八、初九、初十等日，叠沛甘霖，入土四五寸至六七寸不等，洵称优渥。蚕豆正当收割，亦有上市出售者，大麦现俱黄熟，小麦多已扬花，将次结实，得此时雨滋培，颗粒更臻饱满。麦秋瞬至，可卜丰登。稻田浸种以来，秧针出水已有一二寸，青葱可爱，山荞、园蔬亦皆茁发繁盛，农勤耕作，喜溢郊原。各属市卖粮价虽长落微有不同，而通省核计均属中平，并无贵食之处。民夷乐业，气象盈宁。臣谨恭折奏闻，仰慰圣怀，并将二月分粮价另缮清单，敬呈皇上睿鉴。谨奏。

乾隆四十七年三月十五日

○知道了。

〔据《宫中档乾隆朝奏折》第五十一辑第239页辑录。〕

署理云南巡抚刘秉恬奏报滇省雨水田禾情形折

署理云南巡抚臣刘秉恬跪奏：为奏闻事。

窃照滇省地方雨水、春花情形，经臣于三月十五日具奏在案。自立夏而后，两旬以来，天气晴多雨少。正值麦豆收割之际，二麦颗粒因日晒益加饱绽，且于收割后堆场摊晾更为合宜。惟稻秧在在青葱，尤需雨勤水足，方能及时栽插。农民于喜晴之余，又未免望泽倍殷。兹省城一带，自四月十三日以来，匝旬之间，或昼雨夜晴，或昼晴夜雨，不骤不徐，丝丝入土，雨势极其广远。节近芒种，得此甘澍频施，深于农功有益。

臣亲历郊外，见田家男妇翻泥放水，插莳将周。迤东、迤西、迤南各府厅州属现据报到，得雨栽禾之处与省城大概相同。此后晴雨一律调匀，则今岁秋成又可预占丰兆。新收蚕豆早已上市，二麦现亦纷纷出售，廛货中添，此两项新粮粜价因之不贵。汉夷乐业，地方宁静。臣谨恭折奏闻，并将三月分粮价另缮清单，敬呈御览，伏乞皇上睿鉴。谨奏。

乾隆四十七年四月二十四日

○知道了。

〔据《宫中档乾隆朝奏折》第五十一辑第540页辑录。〕

署理云南巡抚刘秉恬奏报太和县知县王孝治兴修水利请旨议叙折

署理云南巡抚臣刘秉恬跪奏：为邑令兴修水利著有成效，恭折奏闻事。

窃照水利之于农田，最关切要，必蓄泄有备，始旱涝无虞，全在地方官实心经理，以裨民生而甦积困。臣查大理府属太和县知县王孝治，于上年委署邓川州任内，因州境有瀰苴河之东湖附近粮田万亩屡遭水患，有种无收。该员遵臣指示，相度形势，如法修浚，历年被淹粮田一万一千二百余亩尽皆涸出，永资利赖。经臣将办理情形绘图贴说，恭折陈奏，奉到朱批："好。知道了。钦此。"钦遵在案。

臣以太和一县为大理府附郭首邑，滨临洱海，宜亦有应修水利之处，当于王孝治卸署邓川仍回本任之时，嘱其留心讲求，随宜禀办。旋据该员禀称："县属下关地方有前后两甸，前甸共粮田九百五十余亩，后甸共粮田一千六十余亩，俱系引将军庙山涧之水藉以灌溉。无如田多水少，每遇栽插禾苗，仅敷后甸田亩引灌。其前甸粮田，缘地势稍高，无水可溉，历久荒芜，业主受赔粮之累，农民兴争水之端。惟查将军庙之右首山梁，有向水箐一溪，源远流长，直泻洱海，不能资其利益。昔人曾有开沟引水之举，因山多浮砂，易于浸漏淤塞，疏治不得其法，迄无成功。今相度形势，此向水箐溪虽离前后两甸较远，但能筹办得宜，尽可引水归田。当传阖关士民公同酌议兴修，舆情甚惬。随即亲往履勘，议自向水箐起开通沟道，引水至将军庙山涧止，共长一千余丈。其山砂浮土之处，用石砌沟导引，俾水流到此，既不至于浸漏，又可免泥沙淤塞，实为一劳永逸之计。除土性坚实处所即开土沟，无需砌石外，有应砌石沟者两处，共计长四百七十余丈，一切经费及所需工料，各业户情愿自行措办。该员首先捐俸，选派老练士民董理其事，择期兴工。"等情，绘图具囊前来。臣阅其所议，参观绘图，筹办甚为合宜，当经饬令照议妥协办理，毋任胥役藉端派扰。兹据该员复称："自本年二月兴工以来，开挖沟道，筑土砌石，不时往来稽查督办，匠作人等趋事极其踊跃，现已次第告竣。向水箐之水已引至将军庙，与涧水合流，两甸粮田二千余亩均已得水灌溉，及时栽禾，农民无不欣悦。"等语。除饬该管道府前往确勘，并将善后事宜酌定章程，以垂永久外，伏查水利为农田之本，太和县知县王孝治，前于署邓川州任内既能修浚河工，涸出粮田万亩，今回太和县本任，复于山涧之中寻溯源流，开沟灌田，著有成效，洵属崇尚实政、留心民事之员。可否量予议叙，以示鼓励之处出自天恩。如蒙俞允，不惟该员感而加勉，且使牧民群吏咸知所激劝矣。臣商之督臣富纲，意见相同。理合恭折奏闻，并绘图贴（帖）说，敬呈御览，伏乞皇上睿鉴。谨奏。

乾隆四十七年五月二十八日

〇该部议奏。

〔据《宫中档乾隆朝奏折》第五十一辑第850页辑录。〕

云贵总督富纲奏报滇省大雨灾害情形折

云贵总督臣富纲跪奏：为奏闻事。

窃照滇省本年入夏以来雨旸应候，田禾茂盛情形节经先后奏报。至五月以后，大雨时行，省城盘龙江甫经挑浚之后，宣泄迅利，并无漫溢。嗣据迤西一带旬报雨水稍多，臣即经通饬各属预为防护。

兹于本月初七日，据署楚雄府知府张铭禀称："楚雄府于本月初一日连宵大雨之后，山水陡发，灌入城厢，官舍、民房多有冲塌。"当即檄饬藩司江兰，随同抚臣驰赴查勘。复于初九日，据署黑井提举朱璋禀称："该井于初一日大雨之后，山水陡发漫溢，两岸灶户、民房、井亭、井座全行冲没。"等情。查黑井距楚雄两站，臣随檄饬盐法道许祖京兼程驰往，并札知抚臣带同履勘。兹抚臣刘秉恬于二十四日回省，臣详悉面询，据云："查明两处田亩损伤无几，水势消落之后尚可补种杂粮，其未经被淹田禾仍属十分丰茂。惟居民、灶户房屋倒塌多间，间有淹毙人口，业经动项抚恤接济，不致成灾，无庸加赈。"一切情形，现经抚臣据实具奏，可以上抒圣虑。惟黑井年额煎盐七百余万斤，通省口食大半仰给于此。今据称该处共有五井，仅存其二，至东、沙、新三井均没河底，又因山岸酥塌，巨石压盖，此乃民食、课款所关，岂宜旷日停煎，致多堕误。详查旧案，从未有冲没若此之甚者。现在虽留盐法道许祖京带同委员驻井，相机修复，但必究明受病之原，方可施功。臣未经目击，难以轻率悬议。臣前已奏明赴边查阅营务，即日便可起程，路过楚雄，自应顺赴黑井，逐一相度山势井形，及近日天晴水退之后，有无可以采寻井眼情形，及将来作何规画，以图永久之处，详细筹明，与抚臣会商，奏请训示。

再，本月二十四日，据腾越州禀报，南甸、干崖等处夏雨过多，田房、牲畜多被冲损。臣查土司地方无粮课，向来偶遇水旱致被偏灾之处，俱系地方官酌量抚恤。今南甸既有专营，干崖亦设总汛，且该二处逼近边隘，向来土司、百姓亩有余粮，山多畜牧，民富练强，颇助声势。此次据报被灾似觉稍重，且以现在边隘情形而论，未便令我土司偶有困乏，稍露贫弱之形。臣已飞饬腾越镇许世亨、知州朱锦昌携带银两，刻即前赴该处，逐加履勘，厚加赏恤，毋致一人失所。俟臣到边后，再行按户查验，亲自抚绥，务使家给人足，气象复元，以广皇仁而壮边实。所需银两，臣另行妥协筹办。理合恭折奏闻，伏乞皇上睿鉴。谨奏。

乾隆四十七年六月二十六日

〇览奏俱悉。

〔据《宫中档乾隆朝奏折》第五十二辑第248页辑录。富纲（1737—1800），满洲正蓝旗人。初授礼部笔帖式，清乾隆二十八年（1763年）捐升主事。历官陕西、福建巡抚，云贵、闽浙、两江总督，吏部右侍郎，清嘉庆元年（1796年）授漕运总督。〕

署理云南巡抚刘秉恬奏为楚雄府城外龙川江开挖引河事请旨折

署理云南巡抚臣刘秉恬跪奏：为请旨事。

窃照楚雄府城外龙川江一道，自镇南州发源，汇合诸支流，经府城西北东三门，至离城六七里镇水塔地方而出，下达黑盐井，由元谋县入于金沙江。缘郡城地势本低，河溜日渐逼近，相去仅止数武，每遇伏秋大雨之时，易致泛滥入城。乾隆三十七年即有冲倒城垣之事。此次水虽入城，特以城垣系三十七年后所修，工程颇属坚固，幸而未致冲损。若不及早筹办，则河溜日近一日，趋至城下，必致汕刷根脚，即难保无塌卸之虞。

臣于到楚雄，即亲赴各处履勘，并询之土人，佥称："从前河身离城尚远，因近年日趋而南，是以逼近城门，必须开挖引河，使归故道，方与郡城有益。"等语。臣复详加阅看，龙川江本系自西而东，至楚雄城外折而趋南，复转而北，仍迤而东，由镇水塔下注。臣查旧河故道，即在折而趋南之北首，若于此处挑挖深通，导引河溜复旧，并于迎溜处酌建石坝，近城处量筑土堤，则水势自可由西而东，不致日渐南移，逼近城根矣。臣约略计算，应开引河止二百七十余丈，所费不过数千金，与其俟将来汕刷城脚，另费周章，自不若及早预为之计也。谨将该处情形绘图贴（帖）说，敬呈御览，是否有当，恭候训示遵行。

再查镇水塔为该处出水之所，亦须疏浚深通，俾河流畅达，方免泛溢之患，是河身固宜复旧，而尾闾尤当急图。臣现与该处地方官及居民人等立定章程，每年冬间水涸之时，鸠集民夫，大加挑挖一次，并令地方官将何时兴工、何时挑竣之处报明，臣等衙门以凭委员查勘。所有臣筹办缘由，谨具折奏闻，伏乞皇上睿鉴。谨奏。

乾隆四十七年六月二十六日

○好。知道了。

〔据《宫中档乾隆朝奏折》第五十二辑第257页辑录。〕

署理云南巡抚刘秉恬奏报黑盐井被水及善后事宜折

署理云南巡抚臣刘秉恬跪奏：为奏闻事。

窃臣于楚雄途次，接据黑盐井提举朱璋、定远县知县谢锡位禀报："该井于六月初一日猝被水发，汹涌异常，冲塌两岸民灶、房屋四百四十余间，大、复、东、新、沙卤五井并台墩、卤房等项，均被冲没淹浸。护井炮岸决去三段，计长一百八十余丈。灶房、盐斤及堆贮柴薪，除竭力抢救搬运外，未及救护者，计漂失井重盐二十六万余斤，柴一百八十三万余桐，并大小锅口、器具等项。淹毙男妇十名口。被水穷民，现令暂栖高阜寺庙内，每人给予口粮安顿。"等情，并准督臣富纲札知，派委盐道许祖京兼程前来，随同臣往查勘。臣一面饬令许祖京先赴黑井查办，臣勘毕楚雄被水情形，随即取道前往履勘。

缘黑盐井地方，两山夹峙，中有一河，上承龙川江及各支河之水，地既低洼，势复逼窄。本年五月内连日多雨，至二十九日，昼夜大雨如注，上游诸河及各山涧之水同时迸发。六月初一日早间，即时骤长数丈，挟泥沙巨石而下，势若建瓴，以致将炮岸决去，各井或被冲没，或被漫淹，民灶、房屋亦被冲塌，盐斤、柴桐随流漂失。臣带同盐道及各委员亲赴各处逐一查勘，并点验现存盐斤、柴薪，均与该提举等所报无异。

伏思滇省盐井，以黑盐井为最大，每年收盐七百三十余万斤，赋课半出于此。该处民灶鳞次，人烟稠密，藉以谋生者数千户。今既被水冲刷，自应急筹修整。查黑盐井系该处总名，其实有大、复、东、新、沙卤五井之目，就中出盐最多者为大井，每年额收约四百万斤，较之诸井更关紧要。臣勘得该井虽亦被冲，尚无沙石覆压。当即率同盐道，督令提举等官多集人夫，将积水一面设法四处宣泄，一面昼夜车戽，现已得有卤源，照常汲煎。至于复井，每年额收盐一百二十七万余斤。该处地势本高，惟出卤之井道被石打坏，连日上紧赶办，亦经修整完好。其余东、新、沙卤三井，俱在河沿，因初一日水石冲激，将井亭、井台、井墩均已漂没无存。臣与盐道亲往查看，或在大溜湍激之中，或在巨石覆压之下，竟不辨何处为井。据灶户插标为志，始识其所。目下筹办之法，必先将河身疏浚，巨石搬移，俾正溜仍归故道，始可揣淘井眼，以为修复之计。臣现派署白盐井提举施廷良、候补知县蔡世忱、定远县知县谢锡位及本井提举朱璋，随同盐道许祖京分头相机赶办，务期及早收效。

臣复查，该井旧有炮岸，原为护井而设，虽做法尚有未尽善之处，而用石镶砌，高厚约有数丈，亦甚坚固。今决去一百八十余丈，各井捍卫无资，自应照旧修复，以期经久。但目下大雨时行，两岸土石松懈，每每酥塌，若遽令兴工，势难坚实，转恐徒费而无益。应于此时先行勘估，一俟秋冬水落，鸠工兴筑，庶几工坚料实，可资永固。惟查该处炮岸工程，自底至顶，系用石块壁直累成，全无收分，是以水一冲损，即致成片塌卸。将来兴修时，应请留出收分，逐层斜砌而上，庶水势到此散缓，可免顶冲迎击之患。是。

现在大井、复井已照常汲煎，出盐无缺，且该井尚有旧存带销盐二百余万斤，业经抢获，足抵三井出盐之数，民食不虞缺乏。其冲去盐斤、柴薪及停煎缺额，查照往例，咨部办理。被水贫民、坍塌房屋、淹毙人口所应给予口粮、修费及掩埋银两，统照楚雄府章程，交与委员会同地方官查明确数，分别散给。俾受实惠。俟给发事竣，并案题销。

再查黑井地方俱系夹石山坡，其中止有种菜地亩一二块，并无被淹田禾。合并声明。臣已于二十四日回省，谨恭折具奏，伏乞皇上睿鉴。谨奏。

乾隆四十七年六月二十六日

〇览。

〔据《宫中档乾隆朝奏折》第五十二辑第259页辑录。〕

署理云南巡抚刘秉恬奏报楚雄等地大雨被水及善后事宜折

署理云南巡抚臣刘秉恬跪奏：为奏闻事。

窃臣于六月初七日，接据楚雄县知县周名炎禀称："县属五月中旬以来雨多晴少，二十九日酉刻起，大雨如注，连宵达旦。六月初一日黎明，城外龙川江河水陡发，骤长数丈，水势汹涌异常，人力不能救护，附郭田禾、民居多被淹没冲塌。当即随同本府知府派拨人役，赶扎木筏，四处救援，被水民人上城躲避。郡城东北两门同时并浸，城内水深五六尺不等，文武官舍、营房、监狱以及兵民房屋亦有被浸倒塌之处。至戊刻，雨始稍止。现在煮粥分给被水男妇，以资日食。至四乡田禾是否被淹成灾，与教职、佐杂等官分头查勘明确，再行禀报。”等情，并据楚雄府知府张铭报同前由。

臣思本年滇省春收，各属倍称丰稔。交夏令后，得雨较早，各处高低田亩均已栽插齐全，长发畅茂，已有丰亨之兆。今楚雄一隅猝尔被水，若办理稍有未周，或致贫民失所，即属美中不足，且有司呈报地方水旱，或情形本重而匿减分数，或情形本轻而捏增荒歉，是匿灾与捏灾二者，必须亲临履勘，方可绝其弊端。臣遂商之督臣富纲，带同藩司江兰，于初八日兼程前往，初十日驰抵楚雄。查看该府地势本低，西北东三门俱临河边，西门去河稍远，是以水未进城，仅止冲塌城外民居。东门、北门同时进水，顷刻深至数尺。臣与藩司及委员等亲赴各处勘验，水势业已退落，计冲塌文武衙署、营房、监狱二百余间，裁营估变衙署九十余间及营房一百七十余间，城厢居民房屋一千九百四十余间，并淹毙男妇四名口。其被水贫民，或暂栖高阜寺庙，或暂居城上，每日派员散给口粮，以资接济，不致失所。

臣查乾隆四十二年云南省城被水，冲塌房屋，瓦房每间给银一两，草房每间给银五钱，以为修复之费，此次即照从前旧案办理。其冲塌文武衙署、营房、监狱，照例报部，分别修复。惟被水贫民抚恤口粮，四十二年止发给十五日。臣查此次情形似觉较重，应请即照抚恤成例，散给一月口粮，大口每日给米五合，小口二合五勺。臣业已派委署罗平州知州黄载，署河阳县知县顾嘉颖、候补知县徐维城，会同楚雄县知县周名炎，将被水贫民分地确查，亲填入册，不得假手胥役，并责成该管知府张铭、迤西道杨以湲，逐层稽察，如该委员与地方官办理或不实不力，稍有遗滥，即行据实揭报，以凭参究。

至于四乡被水田亩，臣复派员与该地方官逐细查勘，沿河一带被淹者共二十二顷零八亩。查此项田亩为数本少，且均系滨河低洼之地，据该处民人均称，往年遇大雨时行之际，常多漫淹，原不能有种必收。已饬地方官确查，如有无力补种愿借籽种者，照例借给，无庸另行办理。

臣此次由省城至楚雄，复由楚雄至黑盐井，经过各州县，见沿途高低田亩弥望青葱，极其畅茂。询之农人，据称：“今年因得雨较早，栽插溥遍，即平时所谓雷鸣田，不能每年俱种者，现亦处处插秧。”等语。臣留心察看，闾阎实有盈宁景象。楚雄虽一隅被水，定不致有减秋收分数，且迩日天气晴霽，或有阵雨，旋即开霁，均于禾苗有益，将来收成尚可期其逾于往岁也。恐廑圣怀，谨将臣目击情形一并奏闻，伏乞皇上睿鉴。谨奏。

乾隆四十七年六月二十六日

○览奏俱悉。

〔据《宫中档乾隆朝奏折》第五十二辑第261页辑录。〕

署理云南巡抚刘秉恬奏报滇省雨水田禾情形折

署理云南巡抚臣刘秉恬跪奏：为奏闻事。

窃照云南省城一带，五六月之间大雨时行，水势盛涨。所有省城盘龙江等六河，经臣于二月内奏派藩臬两司带同各委员先期修浚，臣与督臣富纲不时亲往查勘，指示办理，蓄泄得以有备。目下河流在在平稳，并无漫溢之虞，高下田禾均极茂发。惟楚雄府附郭之楚雄县暨定远县所属地方之黑盐井先后禀报，五月二十九、六月初一等日，连朝大雨，猝被水患，当经臣于初八日亲赴查办，业将抚恤得所，一隅被水，旋长旋消，勘不成灾之处，及往来经过各州县，目击沿途高低田亩禾苗畅茂、秋收可期丰稔缘由，于二十四日回署后，分晰缮折，驰奏在案。

兹值交秋之候，全在晴雨调匀，始于庄稼有益。省城地方迩日天气晴畅，间有阵雨，旋即开霁，日暄雨润，最为合宜。早禾现在含苞吐穗，迟者亦皆发荣滋长，高原下隰弥望青葱。远近各属，节据报到情形大概相仿。第西成尚远，省会人烟稠密，食指浩繁，臣恐市卖粮价易致居奇翔贵，业饬云南府县将仓存溢额兵米照例减价出粜，以平市值而利民生。其外郡州邑，亦有将额贮常平社仓谷石，酌定数目详借，请俟秋后征还，俾资农民接济，兼为出陈易新之计，俱经批饬照行。是以各处市粮时价虽有增减不齐，而无食贵之虑。舆情欢洽，景象盈宁。臣谨恭折奏闻，仰慰圣怀，并将五月分粮价另缮清单，敬呈皇上睿鉴。谨奏。

乾隆四十七年六月二十八日

○览奏俱悉。

〔据《宫中档乾隆朝奏折》第五十二辑第291页辑录。〕

云贵总督富纲奏报起程巡查边隘营务并顺道勘视黑井被水情形日期折

云贵总督臣富纲跪奏：为奏明起程巡查边隘营务，并顺道勘视黑井被水情形日期，仰祈圣鉴事。

窃臣本拟今秋前赴永昌、腾越一带查阅关隘防汛，验募增补兵丁。嗣因访闻缅酋有袭杀更立之事，内地各关禁令尤宜严密，拟即先期前往，督率巡查，节经恭折奏闻在案。

兹抚臣刘秉恬率同藩司江兰前赴楚雄一带查勘水淹房地，业已先后回省。所有计典展限六月举行及滇省地丁民屯奏销，黔省朋马奏销，均经逐一查办，会疏题报。六月中旬以后，天气晴霁，各属禀报雨水调匀，禾苗畅茂，可卜丰收。现在省城无事，臣定于七月初五日自省起身，顺道勘视黑盐井被水情形，酌筹修复事宜，约须三四日，查明后即前赴大理，会同提臣海禄驰往边关。合将起程日期恭折奏明，伏乞皇上睿鉴。谨奏。

乾隆四十七年七月初一日

○览。

〔据《宫中档乾隆朝奏折》第五十二辑第323页辑录。〕

云贵总督富纲奏为查勘黑盐井被水情形酌筹修复期限以资永固折

云贵总督臣富纲跪奏：为查勘黑盐井被水情形，酌筹修复期限，以资永固，仰祈圣鉴事。

窃查本年六月初一日，黑盐井猝被水淹，经抚臣刘秉恬亲往查勘，奏明："该处有大、复、东、新、沙卤五井，大井、复井当即消水淘出，其东、新、沙卤三井俱在河中，被水冲没，饬令盐道督率委员，相机赶办。"等因。臣因该井有关民食、课款，此番冲决，比旧案较甚，必须相度山势、井形，究明受病之原，规画修复，以图永久。经臣奏明顺道往勘，详细筹办在案。

兹臣自楚雄亲赴该井，连日率同臬司徐嗣曾、盐道许祖京逐加履勘，其各井被水情形及大、复二井现已汲煎之处，均与抚臣原勘相符，被水居民亦已抚恤得所。惟河水尚未全消，而山石又续有酥塌。缘井地两岸高山夹峙，中有溪河一道，各井台座旧在河中滩上，向来溪水皆绕井炮岸曲折经流，每遇夏秋水涨，间有漫溢，即可设法疏消。今此次水势猝发，因两岸均系土山包石，年久土松，又经积雨，沿山一带石块随沙塌卸，以致填塞河身，积成沙滩，高至五六七八尺不等。而向来井座沙滩俱被冲刷，反成河身，深至丈余，是以东、新、沙三井全行冲没。臣令于三井湍流之处汲水试尝，尚有咸味，是三井卤源原在水底。此时，现据盐道督率委员等开挖旧河故道，自此引溜归槽，不难揣淘井眼。惟是淘获卤源，其井台必自河底累砌，现在水未消落，骤难施工。又井旁逐段山岸，壁立数十丈，沙土包石，今既酥卸，将护井炮岸击坏冲坍，现在山腰土石时时尚有塌下水中者，是受病之原不在水而在山。必将附近三井之山岸铲削镶砌，俾无再塌，则井座炮岸修复之后，始可不虞冲损。臣酌筹情势，应俟水退之后，先砌炮岸，再将山岸用石逐层收分，筑砌包护，一面将井台修砌，方可汲卤起煎，以期完固永久。臣现札商抚臣会饬藩司、盐道先行据实勘估，照例题报，一面于盐务盈余项下酌发银两，预为购办木石灰料，届期再行加派强干之员，分段督催，赶紧修造，年内必期工竣。

至三井煎额盐数，每年约二百六十万斤，现在井地积存补煎带销盐二百七十余万，臣按数亲行查验，均系实贮。即将此项盐斤抵销现在三井停煎之数，并可一清堕积，而民食不致缺乏。此项被水缺煎之盐，俟修复各井后趱煎补额，亦不致有淹年月，于课款并无亏缺。所有顺勘井地、酌筹修复缘由，理合恭折奏报，伏乞皇上睿鉴。谨奏。

乾隆四十七年七月二十二日

〇知道了。

〔据《宫中档乾隆朝奏折》第五十二辑第519页辑录〕

云贵总督富纲奏报沿途雨水禾苗情形折

云贵总督臣富纲跪奏：为恭报沿途雨水、禾苗情形，仰祈圣鉴事。

窃臣自省城起程，经由云南府属之安宁州、禄丰县，沿路田禾因夏雨充足，向来高坡难以栽插之处遍行种植，与下隰平原同一，青葱弥望。交秋以后天气晴和，禾苗正在扬花，倍形畅茂。及入楚雄府境，经过广通、楚雄、定远等县，田禾广植，大约相同，现已吐穗，兼有结实之处。至楚雄府城，六月初间偶被山水漫溢，附近低洼田亩本属无多，此时农民得有籽种，均已翻犁，现在补种杂粮。其城内被水居民，俱经酌给口粮，抚恤得所。坍塌房屋得有修费，俱已陆续补葺。比户宁居，甚属安静。

臣询访舆情，该处士民皆称："春夏豆麦俱极丰稔，今岁秋禾种植颇广，将来收获必胜常年，况现在复蒙皇恩抚恤，农民更叨接济。"等语。臣遍查各处，米麦价值俱为平减，即如楚雄、黑井被水两处，粮价较往年青黄不接之时并未昂贵。闾阎宁谧，气象恬熙。

迤西一路铜运，臣沿途所见马骡驼载，源源相继。适迤西道杨以湲趱催来至楚雄，查询厂地情形，据称宁台、大功等处加紧采煎，每月运额有盈无绌。臣就近亲查楚雄铜店，现在收发迤西各厂铜斤已有一百二十余万，加以东路各厂铜斤，足资壬寅头运两起开帮之数。至楚雄营将备兵丁，臣逐加考验，甄别惩劝，并因该处现议改营为协，饬令先期召募简练，以备增补。俟臣前赴大理等处会同提臣海禄核奏外，所有经过云、楚二属秋禾茂盛，地方宁帖情形，谨缮折奏闻，伏乞皇上睿鉴。谨奏。

乾隆四十七年七月二十二日

〇览奏俱悉。

〔据《宫中档乾隆朝奏折》第五十二辑第521页辑录。〕

署理云南巡抚刘秉恬奏报滇省雨水田禾情形折

署理云南巡抚臣刘秉恬跪奏：为奏闻事。

窃照滇省地方立秋以前雨水、禾苗情形，业经臣于六月二十八日具折陈奏在案。兹自七月初旬至下旬以来，每旬得雨三四次及五六次不等，高原下隰渥泽频沾，甚于田功有益。现在通省中，如迤南之普洱、元江等属节候较早者，禾苗已俱结实，将次刈获登场。他如迤东、迤西各属，田禾正皆抽穗扬花，发荣滋长，获此雨润日暄，倍觉青葱畅茂。西成在望，喜溢三农。目下市卖粮价虽有增长之处，尚系常年中平市值，贵食无虞，闾阎宁谧。臣谨恭折奏闻，仰慰圣怀，并将六月分米粮时价另缮清单，敬呈御览。

再滇省盐课钱粮，例应七月奏销，现已届期。因盐法道许祖京尚在黑井清理被淹井座，奏销文册繁多，须俟该道旋省，始能赶办详题，是以较之往岁稍稽时日。合并陈明，伏乞皇上睿鉴。谨奏。

乾隆四十七年七月二十七日

〇知道了。

〔据《宫中档乾隆朝奏折》第五十二辑第566页辑录。〕

云贵总督富纲奏为遵旨抚恤边地被水土司折

云贵总督臣富纲跪奏：为遵旨抚恤边地被水土司，仰祈圣鉴事。

窃照本年五月，腾越州之南甸、干崖两处偶被水淹。经臣查明："土司地面向无赈恤事例。我皇上轸念边地，一视同仁，未便令土夷稍有失所，致露贫乏。当即檄饬总兵许世亨、知州朱锦昌往查，各户先给口粮，俟臣赴边，再行亲勘抚恤。"等因。奏奉朱批："是。妥为，俾受实惠。钦此。"兹臣到腾越后，即驰赴南甸，继至干崖，勘明该二处两岸皆山，中流曩拱河一道，夷民庐舍、田地俱附山麓、水滨，今夏雨水盛大，河身泛涨，加以山水陡发，冲下沙石、树木填塞河身，以致田亩、房间多有压损。臣率同臬司徐嗣曾、迤西道杨以湲，按照该镇州册报，先行给过一月口粮之极次贫户，逐一查验，核实无遗。并有就食他处，因闻有抚绥恩旨续即归来者，一并核入。计南甸被水夷民，极贫八百四十五户，次贫七百二十七户；干崖极贫六百八十四户，次贫四百六十六户。先据该镇州核计，大小丁口给过一月口粮，米三千一十六石零。臣复将极贫户口查明，加给一月口粮，共米二千四十石零。该二处冲去瓦房共七十三间，草房共一千八百四间。按照滇省从前昆明县被水事例，每瓦房一间给银一两，草房一间给银五钱，共银九百三十九两。

至该处水冲、石压田地，内中沙石稍稀，尚堪垦复者十有六七。土夷田地向无顷亩名数，惟以所播籽种之箩数为算，每四箩合谷一石。今查明南甸被冲谷种二千六百七十四箩，合谷六百六十八石零；干崖被冲谷种一千八百二十一箩，合谷四百五十五石零，共籽种谷一千一百二十三石零。臣查内地因灾借给籽种，定例来岁秋成带征。今土司地方向无地丁钱粮，若照例借给，诚恐胥役人等将来按户催收，转滋烦扰，且为数亦属无多，臣仰体皇上加惠边氓至意，即行照数赏给，俾资及时垦种之用。以上银米，臣俱亲自验明，当众散给。土民扶老挈幼，叩头祗领，感激皇上格外天恩，即别属土司头人，亦皆以为从来未有之事。臣复饬该州朱锦昌，于冬令水涸之际，率同土司将该处河身勘丈，挑沙去石，大加疏导，以为善后之计。

所有此次赏给房价银两及抚恤籽种、米谷价银，事无成例，容臣另筹归款，未便报销。所有臣抚恤土夷各得实惠缘由，理合缮折陈奏，仰慰圣怀，伏乞皇上睿鉴。谨奏。

乾隆四十七年九月初二日

○知道了。

〔据《宫中档乾隆朝奏折》第五十二辑第815页辑录。〕

署理云南巡抚刘秉恬奏报修浚抚仙湖水利以裨民生折

署理云南巡抚臣刘秉恬跪奏：为修浚抚仙湖水利，以裨民生，恭折奏闻事。

窃照水利乃农田之本，全在修浚得宜，始于民生有益。况滇省山多田少，水利之应讲求，尤为地方要务。臣随处留心体察，并于接见属员时，每以兴修水利谆切告诫，毋使稍存膜视，致害闾阎。

查澂江府城南有抚仙一湖，介在河阳、江川、宁州三州县之间，周围三百余里，北纳诸溪，南受星云湖，东由海口汇入清水河，下达铁池河，滨河田亩咸资其利。上年秋成以后，雨多水泛，一时宣泄不及，附郭之河阳并江川、宁州三州县滨河田亩多被淹没，幸时在秋收已过，尚不致为民害，然不及早办理，则本年即难以栽种。臣以该处系三州县管辖，恐彼此因循观望，或致误事，当经遴委石屏州知州蒋继勋，会同署河阳县知县顾嘉颖前往确勘。此湖因何忽然为害，如何筹办可以受益之处，务期因势利导，妥酌查议。去后，旋据委员蒋继勋会同该管府县等详晰勘议具禀，并绘图呈核前来。

臣查抚仙湖下游，有清水河一道，承海口所泻大湖之水，由海晏桥汇出，直达铁池河，形势较低。迤逦而东，有浑水河一道，受宁州诸山溪之水，亦泻入铁池河，形势较高。向于浑水河建有牛舌石坝一道，防浑水之入清水，以资捍御。去秋，因溪流湍激，牛舌石坝冲倒二十余丈，浑水散漫，汇流入清。维时浑水河沙石填塞一百三十余丈，几成涸地，清水河遂至淤塞二百余丈，不能宣泄大湖之水，以致逆流，三州县滨河田亩尽皆淹没。推原其故，总由清水河直当牛舌坝之冲，牛舌坝倾倒，则沙石随水下刷，浑水泛溢，故清水淤塞而不通。是牛舌一坝，实为三州县水利通塞关键，不可不亟加甃治。但此坝系就浑水河形势而建，河流纡曲，由南而西，直当清水河海晏桥之冲，一有冲溢，则浑流即直入清水，故易于淤塞。今议于原建牛舌坝之东象鼻山脚凿通四十余丈，另开子河，直泻浑水河之水，即将牛舌坝基址移进十余丈，重建石工，俾河身改直，水可顺流而下，直达铁池河，则牛舌坝便无顶冲之患，而清水可永资畅达。

以上开河、筑坝、挑淤等事，三州县士民情愿同心协力，兴工赶办。臣阅其所议，参观绘图，筹办甚为合宜，且工程出自民捐，不动官项，尤见众擎易举。随饬署河阳县顾嘉颖，会同江川、宁州二州县，照议妥协办理，并令该管之澂江府知府马可继、临安府知府阿敏稽查督办，期速蒇工。兹据报称："新建牛舌石坝一座，坐落象鼻山脚，长四十五丈，高一丈五尺，较原建坝基移进十二丈有零。河身改直，其坝工用五面石砌成，石灰抿缝，铁锭骑缝嵌镶，做法极其坚固。石坝后身，将挖河泥沙筑成护堤，下宽上窄，堤坝平齐，坝下接砌碎石堤一道，长一百一十丈，工坚料实，足资捍御。新开子河四十三丈，深一丈余尺，直接宁州诸山溪之浑水。其子河上下未改处所之浑水河原身，挑宽四五丈，深八九尺丈余不等。清水河挑宽八九丈，深一丈余尺不等。从前坝倒沙冲、河身淤塞之处，均已疏浚深通。经该府马可继等勘明，坝工合式坚固。两河水势循轨顺行，汇注铁池河，三州县被淹粮田现俱全数涸出，本年业已栽种有收，从此浑水不致混入清水，抚仙湖下流通畅，可永免倒灌之虞，实于水利农田两有裨益，濒湖黎庶靡不欣跃乐从。"此事虽系督率士民自办，若不据实入告，恐地方官日久怠生，小民不能长享其利。臣现在檄饬藩司存案，嗣后令该管知府督同三州县，于每岁冬深水涸之际，董率民夫，通力合作，将河身堤坝量修一次，以资宣泄，永保安澜。

所有办理情形，臣谨恭折奏闻，并绘图贴（帖）说，敬呈御览，伏乞皇上睿鉴。谨奏。

乾隆四十七年十月二十八日

〇好。知道了。

〔据《宫中档乾隆朝奏折》第五十三辑第550页辑录。〕

署理云南巡抚刘秉恬奏报乘时修浚昆明六河以裨农田折

署理云南巡抚臣刘秉恬跪奏：为乘时修浚昆明六河，以裨农田，仰祈圣鉴事。

窃照云南省城之六河，昆明一带田亩赖以灌溉。六河之中，最大者莫如盘龙江，由省城东北盘绕于城之东南西三面，至西北而入滇池，故曰盘龙江。其次如金汁河、银汁河，又其次如宝象河、海源河、马料河。支分派别，各有源流，随宜建设坝闸，以时启闭，资其蓄泄，旱潦无虞，水利甚为有益。前因历次岁修但经培筑堤埂，久未挑浚河身，以致日渐壅塞。乾隆四十二年夏间，大雨时行，河水辄致漫溢，水利转成水患。臣莅滇以来，思患预防，每届六河岁修，均于冬深水涸之后、农事未兴之前，督令修浚河身，培堤筑埂，以为未雨绸缪之计。即如去夏雨多水大，滨江之楚雄等处猝有被淹，而昆明六河幸得及早疏治，水流顺轨，田稻丰收，其明验也。

查省城河工系粮储道专管，该道永慧在滇年久，熟悉河防。臣平日与之讲求水利，该道议论切当，迨遇鸠工修筑，无不竭尽心力，经画得宜，历已著有成效。此次应修河工，臣先于上冬会同督臣富纲，董率该道预期堪办。其金汁、银汁、宝象、海源、马料等五河工段不长，集事亦易，委员分段修理，业于春前一律完工。惟盘龙江为六河之巨津，彼时水势未退，难以施工，只可暂缓从事。目下积水已消，沙滩现露，正宜及时赶办。当饬该道永慧前往盘龙江及各支河逐加查勘，分定段落，派委干员，协同云南府水利同知，乘此春晴日暖，兴工修浚，将河身淤浅者挑挖深通，堤埂低薄者加培高厚，坝闸坍损者砌筑完固，分别工段大小，定限报竣。臣仍与督臣不时亲往察看，指示妥办，务使工归实用，料不虚糜，以御暴涨而卫田庐，仰副圣主爱育边黎之至意。

所有臣筹办昆明六河情形，理合恭折奏闻，伏乞皇上睿鉴。谨奏。

乾隆四十八年二月二十二日

〇好。知道了。

〔据《宫中档乾隆朝奏折》第五十五辑第209页辑录。〕

署理云南巡抚刘秉恬奏报滇省雨水田禾情形折

署理云南巡抚臣刘秉恬跪奏：为奏闻事。

窃照滇省地方入春以后雨水调匀，麦豆畅茂缘由，经臣于正月二十四日具折陈奏在案。时届仲春，正雷乃发声之候，省城于二月初二日亥刻鸣雷得雨，至初三日子时止，入土一二寸不等。初九日暨二十日，各得有阵雨。二十一日，雷雨交作，逾时始止。节次得雨，虽未克臻透足，而去岁冬雪优沾，地气通泰。今复春泽频施，土膏殊觉滋润，甚于农功有益。他如澂江、曲靖、东川、楚雄、大理、永昌、武定等府州属，亦据报于初二三及初八九等日连得时雨，情形都与省城相仿。惟永昌雨势较大，入土有四五寸不等。各处所种大麦现当抽穗，小麦正在含苞。蚕豆为炎方最早之物，目下多已结实。从此晴雨一律调匀，又可卜春收丰稔。市卖粮食因上年秋获甚丰，闾阎藏粟较多，现皆纷纷出粜，是以价值不昂。民夷乐业，景象盈宁。臣谨恭折奏闻，仰慰圣怀，并将正月分粮价另缮清单，敬呈皇上睿览。谨奏。

乾隆四十八年二月二十二日

○知道了。

再臣本日正在拜折间，阴云四布，细雨绵密，看来势甚广远，可期沾足。理合附片奏闻。谨奏。

○欣慰览之。

〔据《宫中档乾隆朝奏折》第五十五辑第210页辑录。〕

云贵总督富纲奏报滇黔二省雨泽应时春花畅茂情形折

云贵总督臣富纲跪奏：为雨泽应时春花畅茂，恭折奏闻事。

窃照滇黔两省瑞雪优沾，麦豆长发情形，节经臣恭折奏报在案。兹当东作方兴之始，正春田待泽之时，云南省城于二月初二三两日，得雨一二寸，初九暨二十、二十一二等日，复得有阵雨，土膏已属滋润。兹于二十三日下午，阴云四合，入夜雷鸣雨施，达旦未已，至二十四日午后，间带雪花，入土极为深透。适提臣海禄查竣东、昭营伍，于二十五日回省，询悉迤东一路得雨深透，亦与省城无异。并据云南、澂江、曲靖、东川、楚雄、大理、永昌、武定等府州属申报，均于二月初二三及初八九等日，得雨三四五寸不等。查南豆现已收获，二麦、春荞正届升浆结实之际，得此渥泽涵濡，弥觉发荣滋长，丰收可必。市集粮食充盈，中米每仓石价银一两四钱五分，各属价值虽增减不同，均属平价。黔省贵阳等各府厅州属，据报雨水调匀，二麦茂盛，粮价每仓石价银自六钱至一两六钱五分不等，亦不为昂。

两省地方宁谧，民夷乐业，边关亦极宁静。理合一并恭折奏闻，仰慰圣怀，伏祈皇上睿鉴。谨奏。

乾隆四十八年二月二十五日

○知道了。

〔据《宫中档乾隆朝奏折》第五十五辑第232页辑录。〕

云南巡抚刘秉恬奏报滇省雨水田禾情形折

云南巡抚臣刘秉恬跪奏：为奏闻事。

窃照滇省地方春雨应时，麦豆畅茂情形，经臣于二月二十二日具折陈奏在案。滇中风多土燥，际兹东作方兴，全赖春泽频施，始于田功有益。省城于二月二十三四、二十七八及三月初六、十二、十三等日，叠沛膏霖，雷鸣雨大，入土二三寸至四五寸不等，高原下隰在在潴蓄有资，洵称沾足。首郡所属州邑禀报，得雨情形大概相同。他如曲靖、临安、澂江、楚雄、东川、大理、丽江、永昌、广南、普洱、开化、昭通、蒙化、景东、武定、广西、镇沅等府厅州属，节据报到，二月二十一二三四暨二十五六七八并三月初六

七、初九、十二等日连得时雨，入土均极深透。蚕豆正当收割，亦有上市出售者。大麦现俱黄熟，小麦都已扬花，将次结实，获此雨润日暄，颗粒更臻饱满。麦秋瞬至，可以预卜丰登。稻田次第浸种，其早者秧针出水已有寸许，山荞、园蔬亦皆茁发繁盛，农勤南亩，遍处欢呼。市卖粮价虽随地长落不齐，而通省核计，尚系中平，且各属额贮社仓谷石目下多有循例详借，以为出陈易新之计，尤足补助春耕，无虞市值腾贵。民夷乐业，四境敉宁。臣谨恭折奏闻，仰慰圣怀，并将二月分粮价另缮清单，敬呈皇上睿览。谨奏。

乾隆四十八年三月二十一日

〇知道了。

〔据《宫中档乾隆朝奏折》第五十五辑第460页辑录〕

云贵总督富纲奏报滇黔二省晴雨应时麦收丰稔情形折

云贵总督臣富纲跪奏：为晴雨应时麦收丰稔，恭折奏闻事。

窃照滇黔两省雨水、春花情形，节经臣恭折奏报在案。兹查云南省城，于三月初六、十二、十三及二十三四等日，节次得沾时雨，入土二三寸至四五寸不等，近省各属据报得雨分寸、日期大概相同，其余各府厅州属均报于三月初六七、初九、十二等日连得透雨。查南豆业已收获，大小二麦渐次登场。前者既得甘雨滋培，兹复旬余晴霁，日暄雨润，颗粒更臻饱绽，其已种之秧苗亦觉发荣滋长，待种之秋田均各乘时翻犁播种，民情甚为欣悦。各属申报二麦收成分数，统计九分有余，南豆尤为异常丰足，现与大麦俱有入市者，市廛粮食充盈，价值平减。黔省节候较之滇省稍迟，现值二麦升浆结实，早禾插莳齐全之际，查核各属旬报，亦俱晴雨应候，粮价平贱。

伏思滇黔二省虽僻在边徼，而民依时廑宸衷，兹仰邀圣主洪福，雨旸时若，大有频书，四境敉宁，民夷乐业。臣职守封圻，听郊野之欢腾，曷胜额庆。理合恭折奏闻，仰慰圣怀，伏祈皇上睿鉴。谨奏。

乾隆四十八年四月十三日

〇欣慰览之。

〔据《宫中档乾隆朝奏折》第五十五辑第669页辑录。〕

云贵总督富纲奏报滇黔二省甘泽频沾禾苗长发情形折

云贵总督臣富纲跪奏：为甘泽频沾禾苗长发，恭折奏闻事。

窃查云南省城于五月初一日甘霖大沛，十分透足缘由，经臣附片奏闻在案。旋于初二三四五、初九、初十等日，或微雨廉纤，或阵雨如注，随即晴霁，日暄雨润，于秧苗最为有益，发荣滋长，日渐改观。并据云南、曲靖、澂江、昭通、东川、楚雄、临安、广南、大理、永昌、丽江、永北、蒙化、广西、武定等各府厅州县禀报，均于五月初一二三四五及初九、初十、十一二三、十五六等日，先后普被甘霖，得以乘时播种晚稻。其早种之禾苗获兹润泽，欣欣向荣，弥望葱郁，秋成有望。粮食充盈，现在省城中米每仓石价银一两四钱五分，并不为昂。黔省贵阳等各府厅属据报，四月下旬雨泽频沾，陂塘积水充裕，禾苗插莳亦将次齐全，粮价每仓石自六钱五分至一两七钱不等，尚属中平，民苗乐业。滇省会城金汁等六河，先经委员于农隙之时分段疏浚修筑，勘明一律深通坚固。兹当大雨时行之际，水流宣畅，堤岸坚实。现饬粮储道永慧，督同水利同知，不时巡察防护，以资巩固而利农田。所有滇黔两省雨水禾苗情形，理合恭折奏闻，仰慰圣怀，伏祈皇上睿鉴。谨奏。

乾隆四十八年五月二十二日

〇欣慰览之。

〔据《宫中档乾隆朝奏折》第五十六辑第249页辑录。〕

云南巡抚刘秉恬奏报滇省雨水禾苗情形折

云南巡抚臣刘秉恬跪奏：为奏闻事。

窃照滇省地方芒种节前秧雨沾渥情形，经臣于四月二十八日具折陈奏在案。省城一带于五月初一二、初三四五、初九、初十及十二、十四等日连得阵雨，丝丝入土，平原田亩多有积水，禾秧均已栽齐，惟高阜之田犹需透足雨泽，才可插莳周遍。

今自二十三四五至二十六七八等日，或昼或夜，虽间遇得雨，而雨势不大，且亦不久，高田仅能滋润，尚无积水。现冀大沛甘霖，今沾足否？以资及时耕种。至曲靖、临安、澂江、广南、开化、东川、昭通、大理、丽江、永昌、顺宁、楚雄、蒙化、永北、景东、广西、武定等府厅州属，节据禀报，五月初一二三四五及初七八九十暨十一二三、十五六等日，先后得有透雨，高下田畴俱经栽插齐全，黍苗芃茂，弥望青葱。各处市卖粮价，虽随时长落不同，而统计尚属中平，不为昂贵。民情安帖，边境敉宁。臣谨恭折奏闻，并将四月分粮价另缮清单，敬呈皇上睿览。谨奏。

乾隆四十八年五月二十九日

〇知道了。

〔据《宫中档乾隆朝奏折》第五十六辑第323页辑录。〕

云贵总督富纲奏报滇省甘霖大沛晚禾插莳齐全折

云贵总督臣富纲跪奏：为甘霖大沛，晚禾插莳齐全，仰慰圣怀事。

窃照云南省城五月望前雨水、禾苗情形，经臣于五月二十日恭折奏闻在案。旋据近省各属禀报节次雨泽，虽属普遍，于平畴已种之秋田大有裨益，而山阜高田积水未充，必须渥泽优沾，始能赶紧栽插。五月下旬虽得阵雨，为时不久，高田仍未能蓄水。节逾夏至，民望颇殷。兹于六月初四、五等日，密雨如注，不疾不徐，彻夜连朝，十分沾足。初六、初九、初十等日，复得澍雨滂沱，早种禾苗时得滋培灌溉，弥望青葱。其未种高田得此积水充盈，农民插莳纷纷，莫不争先恐后，现已一律播种齐全，秋成有望，民情甚为欣悦。臣出郊查看，沟渠积水充盈，金汁等六河水流宣畅，堤岸坚固。四望雨势浓厚，此次甘霖，各属谅可普被。除俟查报至日再行具奏外，理合恭折奏闻。

再查黔省各属旸雨应时，二麦收成实有九分有余，禾苗播种已齐，粮价平减，民苗乐业。合并陈明，仰慰慈怀，伏祈皇上睿鉴。谨奏。

乾隆四十八年六月初十日

○欣慰览之。

〔据《宫中档乾隆朝奏折》第五十六辑第420页辑录。〕

云南巡抚刘秉恬奏报滇省雨水禾苗情形折

云南巡抚臣刘秉恬跪奏：为奏闻事。

窃照云南省城小暑节前连得透雨，田禾遍插缘由，经臣于六月初六日具折陈奏在案。兹省城一带复于六月初九、初十及十三、十七、二十四、二十六等日，澍雨频施，禾苗滋长。臣与督臣富纲亲往课农，周行郊野，弥望青葱。他如曲靖、临安、澂江、广南、开化、东川、昭通、大理、丽江、永昌、顺宁、楚雄、永北、广西、元江、武定、镇沅等府厅州属，节据禀报得雨日期并禾苗情形，与省城大概相同，应时膏泽，洵称普遍均沾，从此宜晴宜雨，一律调匀，可卜秋成丰稔。市卖米价虽随地长落不等，而核计尚属中平，贵食无虞，闾阎宁谧。昆明六河为水利攸关，因先期修浚深通，值此大雨时行之候，河流顺轨，甚有益于农田。臣谨一并恭折奏闻，仰慰圣怀，并将五月分粮价另缮清单，敬呈皇上睿览。谨奏。

乾隆四十八年六月二十八日

○欣慰览之。

〔据《宫中档乾隆朝奏折》第五十六辑第628页辑录。〕

云南巡抚刘秉恬遵旨覆奏滇省五月以后连次得雨沾足禾苗畅茂情形折

云南巡抚臣刘秉恬跪奏：为钦奉朱批，恭折覆奏事。

窃臣于七月十七日，接到行在兵部由五百里发来夹板一副。当即敬谨拆阅，内有五月二十九日臣具奏雨水情形一折，于“现冀大沛甘霖”句旁奉朱批：“今沾足否？钦此。”臣伏查云南省城一带，本年夏至过后未得透雨，高田不能遍插，农望正殷，雨泽愆期，最廑慈虑。臣不敢稍事讳饰，爰于五月二十九日，据实陈奏在案。旋于六月初间，屡得阵雨，而势仍不大，迨初四、初五两日，澍雨滂沱，连宵达旦，初六日清晨，更复大雨如注，沟浍皆盈，可谓十分沾足。高田多有积水，禾苗尽可乘时栽插，已种低田益臻芃茂，臣即于六月初六日恭折奏报。复于六月初九、初十及十三、十七、二十四、二十六等日，大雨时行，田禾滋长。臣与督臣富纲亲往课农，周行郊野，弥望青葱。其外郡各属亦皆禀报雨水普沾，禾苗畅盛，又经臣于六月二十八日缮折奏闻在案。此臣两次续奏得雨沾足之情形也。

今我皇上于臣初次奉到望雨之折，即蒙朱批垂问，仰见圣主念切民依，无远弗届，滇南虽僻处万里之外，而闾阎休戚如在目前。臣职司守土，凛惕弥深。兹省城自七月初旬以来，或三日一雨，或间日一雨，且得雨之时多在夜间，昼则炎日薰蒸，势若催晚种之稻及早成熟。目下四乡田禾，凡在五月内栽插者均已抽穗，六月内栽插者亦俱含苞。询之土人，佥云今夏得雨少迟，郁之较深，转觉发之愈畅。此外各府厅州属节据报到雨水禾苗情形，多与省城大概相同，看来本年滇省秋成仍可预占丰稔。此皆由我皇上敬天勤民，感召庥和，故得有以被及遐方。臣实不胜庆幸，不胜感戴之至。

缘钦奉五百里递到朱批，臣恐前此续奏两折一时未能齐至，谨将五月以后连次得雨沾足，禾苗畅茂情形，恭折由驿复奏，仰慰圣怀，伏乞皇上睿鉴。谨奏。

乾隆四十八年七月十八日

〇欣慰览之。

〔据《宫中档乾隆朝奏折》第五十六辑第772页辑录。〕

云贵总督兼署云南巡抚富纲奏报滇黔二省晴雨应时秋禾畅茂情形折

云贵总督兼署云南巡抚臣富纲跪奏：为晴雨应时，秋禾畅茂，恭折奏闻事。

窃查滇黔两省雨水、禾苗情形，经臣节次恭折奏报在案。兹查云南省城自入秋以来时雨时晴，早晚二稻日暄雨润，均极发荣滋长，即一切杂粮亦俱畅茂，弥望郁葱。并据迤东、迤西、迤南各属禀报雨水、禾苗情形，均与省城相等。兹于八月初六七及十一二等日，省城复得霖雨，不疾不徐，丝丝入土。现在早稻业已结实，晚稻正在含苞，得此时雨滋培，颗粒愈加饱绽，丰收在即，民情欣悦。

查应试士子云集省会之时，臣惟恐市侩居奇，粮价腾贵，先期即谕令司道，议饬云南府及昆明县，将存仓溢额兵米开粜三千石，委员分厂出粜，现在粮价并不增昂。至黔省雨水，查据各属旬报，亦俱应候沾濡，秋禾均极茂盛。该省节气比滇省较早，现已陆续登场。据藩司孙永清详报，通省秋禾约收九分有余，洵称上稔。此皆仰邀圣主慈福，是以滇黔两省秋禾均获丰稔，边关宁谧，民夷乐业。臣职司守土，目击熙皞情形，曷胜愉快。所有雨水、秋禾情形，理合恭折奏闻，仰慰圣怀，并另缮滇省七月分粮价清单，恭呈御览，伏祈皇上睿鉴。谨奏。

乾隆四十八年八月二十一日

〇欣慰览之。

〔据《宫中档乾隆朝奏折》第五十七辑第201页辑录。〕

云贵总督富纲奏报兴修云南府属呈贡县化城等七村沟渠折

云贵总督兼署云南巡抚臣富纲跪奏：为循例借项兴修水利，以裨农田，仰祈圣鉴事。

窃查乾隆二年四月内，钦奉上谕："云南田号雷鸣，凡系水利，皆当及时兴修。钦此钦遵。”历任督抚臣董率属员兴举，间有工费浩繁，民力不逮者，均经奏明借项兴修，分年缴还在案。

兹据云南府属呈贡县之化城等七村士民张云等，以七村田亩地势过高，无水引灌，必待雨水沾足，方能插莳。若遇雨泽愆期，即树蓺失候，秋收便与下隰地亩厚薄迥殊。今踩得梁王山下有泉一股，春末夏初，水势微细，必待六、七月大雨时行之候泉源方盛，节逾芒种，已属无用，向来听其漫溢，殊为可惜。若汇聚一处，以时蓄泄，七村地亩即可咸资灌溉。随查相距六七里之老李冲地方，四面皆山，周围辽阔，堪为潴水之区。拟于梁王山开沟一道，约长一千三百余丈，顺山直流，即可引灌。又于附近老李冲口横开地沟一道，约长四十余丈，遇水旺时引聚冲内，并于山口出水处建筑坝埂一道，高二丈，长十九丈，进深三丈，并镶砌坝口沟道以资启闭。每年六七月间，将无用之水引聚塘中，以资次年春耕时引灌，放后复聚，源源盈满，即雨水偶尔愆期，亦可有备无患。惟冲内有田三十七亩，计田粮二石三斗一升五合，既作陂塘，不能栽植，需买价银五百九十二两。开沟一道，搭枧五道，并开挖沟道、筑坝及镶砌坝口等项工费，连地价共估需银一千九百三十三两零，七村士民已凑捐银一千一百三十三两零，并愿将冲内田粮公摊完纳，尚不敷银八百两。呈贡地瘠民贫，其余无力措办，恳请循照新兴、禄丰、东川等各府州县之例借项修筑，分作四年公摊完缴，经该县勘明详报。

臣复饬委署云南府知府本著前往履勘，开筑处所并无田园庐墓，照估开筑，必能成功，裨益农田，不致虚糜。士民公捐银两均系出自情愿，不经官吏之手，并无藉端科派情弊。其不敷银八百两系必需之数，造册绘图，贴（帖）说结报，由布政使费淳会同粮储道永慧详请，循例奏明，于司库报部充公闲款内如数借给。前来。

臣查兴修水利裨益农田，乃地方之要务，既据委员勘明，开筑成功，实资引灌。理合循例奏恳圣恩，俯准借给，俾得乘此农隙之时上紧开筑。仍令该县不时前往稽查，毋许胥役从中滋扰，俟工竣后，将所借银两按照得水田亩公摊，分作四年征解还款。其冲内田粮，亦如该士民等所请，公摊完纳。则从此七村之民永资利赖，顶沐皇仁于无既矣。为此恭折具奏，伏祈皇上睿鉴。谨奏。

乾隆四十八年十月初四日

〇知道了。

〔据《宫中档乾隆朝奏折》第五十七辑第586页辑录。〕

云贵总督兼署云南巡抚富纲奏报瑞雪应时麦豆滋长情形折

云贵总督兼署云南巡抚臣富纲跪奏：为瑞雪应时，麦豆滋长，恭折奏闻事。

窃查滇黔两省雨水、麦豆情形，前经臣恭折奏报在案。入冬以来，节据滇黔两省各府属州县禀报，或偏得阵雨，或普沾渥泽，虽气候不同，寒燠各异，而麦豆春花均得滋培长养。兹云南省城于十一月十九、二十等日，瑞雪缤纷，随落随消，土膏滋润，现犹天气凝寒，彤云四合，看来沾被必广。

臣查上年瑞雪优沾，今岁春收大获丰稔。今冬复幸寒暖应时，厚泽必能踵至，来岁春收又可预庆，民情欣悦。云南省城市集粮食亦尚充裕，惟因时近岁暮，粮价虽觉少增，而较之往年，尚为平减。黔省中米每仓石价银五钱七分至一两六钱五分不等。两省民夷乐业，边境敉宁。理合一并恭折奏闻，并缮具滇省十月分粮价清单，恭呈御览，伏祈皇上睿鉴。谨奏。

乾隆四十八年十一月二十日

○知道了。

〔据《宫中档乾隆朝奏折》第五十八辑第323页辑录。〕

云贵总督兼署云南巡抚富纲奏报滇黔二省瑞雪优沾情形折

云贵总督兼署云南巡抚臣富纲跪奏：为恭报滇黔两省瑞雪优沾，仰慰圣怀事。

窃查云南省城于本年十一月十九、二十等日瑞雪缤纷，麦豆咸资润泽，经臣于本月二十日恭折奏报在案。兹据滇省丽江、顺宁等府属禀报，于十月二十六七八、十一月初七八等日，得雪二三四寸不等。并据云南、曲靖、东川、昭通等府属禀报，均于本月十九日得有瑞雪，积厚二三四五寸。其黔省贵阳省城及安顺府属之普定、镇宁、安平，南笼府属之普安等各州县，亦据禀报于十一月十九等日得雪三四寸至六七寸不等，其余较远之各府州县，现虽尚未报到，看来沾被亦必普遍。一切麦豆春花得此雪泽涵濡，愈可发荣滋长。此皆仰赖圣主洪福，是以滇黔两省同日均沾瑞雪，春收丰稔可期。民夷乐业，边隘敉宁。理合恭折奏闻，仰慰慈怀，伏祈皇上睿鉴。谨奏。

乾隆四十八年十一月二十六日

○欣慰览之。

〔据《宫中档乾隆朝奏折》第五十八辑第421页辑录。〕

云贵总督兼署云南巡抚富纲奏报滇黔二省雨雪频沾麦豆滋长情形折

云贵总督兼署云南巡抚臣富纲跪奏：为雨雪频沾，麦豆滋长，恭折奏闻事。

窃查滇黔两省瑞雪优沾情形，经臣于十一月二十六日恭折奏报在案。兹云南省城复于十二月十五六等日，始则细雨廉纤，继则雨雪相间，彻夜连朝，入土极为深透。并据云南、曲靖、昭通、东川、澂江、临安、武定、广西等府州属禀报，均于十一月二十六七、十二月初六七八九、十五六等日得雪四五寸至八九寸不等，一切豆麦春花频得雪泽滋培，均极发荣畅茂。省城市集，现在粮食充盈，节近交年，欢腾里巷。黔省贵阳、安顺、南笼、黎平、铜仁、思南等府属各州县，亦据报于十一月三十、十二月初一二三四、初九、十一二等日得雨积雪情形，俱与滇省相等，春收丰稔可期。黔省中米每仓石价银五钱七分至一两六钱五分不等。两省民夷乐业，边境敉宁。理合一并恭折奏闻，并缮具滇省十一月分粮价清单，恭呈御览，伏祈皇上睿鉴。谨奏。

乾隆四十八年十二月二十四日

○欣慰览之。

〔据《宫中档乾隆朝奏折》第五十八辑第805页辑录。〕

云贵总督兼署云南巡抚富纲奏报滇黔二省续获瑞雪折

云贵总督兼署云南巡抚臣富纲跪奏：为续获瑞雪，仰祈圣鉴事。

窃查滇黔两省三冬瑞雪优沾，麦豆滋培长养，节经臣恭折奏闻在案。兹云南省城复于正月十一二日，瑞雪缤纷，积厚盈尺，旋即晴霁融化，入土极为深透。复于十九、二十等日，天气严寒，又得春雪二三寸，于二麦、荞麦甚有裨益，惟早种南豆正当扬花者无少受冻压，然仅只十之一二，其迟种者尚未长发，询之农民，俱称毫无妨碍。并据云南、曲靖、东川、昭通、临安、广西等各府州属禀报，均于正月十一二等日得雪五六寸至尺许不等。现在市集粮价照常，并不昂贵。黔省贵阳、安顺、大定、镇远、南笼、思州、平越等府属，亦据禀报，于正月初九、十一二等日得雪三四寸至七八寸不等。黔省气候较寒，二麦藉滋覆压，蓄根深固，一交春令，发荣滋长，自倍寻常。现在中米每石价银五钱七分至一两六钱五分不等，亦属平减。两省民夷乐业，边境敉宁。理合另缮滇省十二月分粮价清单，恭折具奏，伏祈皇上睿鉴。谨奏。

乾隆四十九年正月二十日

○欣慰览之。

〔据《宫中档乾隆朝奏折》第五十九辑第130页辑录。〕

云贵总督富纲奏报滇黔二省晴雨应时春花畅茂情形折

云贵总督臣富纲跪奏：为晴雨应时，春花畅茂，恭折奏闻事。

窃查滇省三冬瑞雪优沾，入春以来晴雨应时，一切麦豆春花均极发荣滋长。至三月初间，虽时有阵雨，不能涵濡浸润，春田不无望泽。兹于十六日，天气骤寒，午后雨中间带雪花，旋落旋消，入夜雪势较大，积厚二三寸不等，次日即天气晴暖，顷刻消融，入土极为深透。

臣出郊察看，弥望青葱，南豆、二麦俱有益无损，稻秧甫经浸种，尚未抽针，亦无妨碍。现在南豆陆续登场，大麦亦将收割。省城中红米每仓石价银一两六钱，其余各属粮价虽长落不齐，亦不为昂贵。黔省各属雨旸时若，二麦俱各茂盛，二月二十七日及三月初五等日，复普得透雨，更滋长养，丰稔可期。市集中米每仓石价银五钱七分至一两六钱六分不等，核计虽有略增之处，较之往年尚不为昂。两省民夷乐业，边境敉宁。理合恭折奏闻，仰慰圣怀，伏祈皇上睿鉴。谨奏。

乾隆四十九年三月二十七日

○欣慰览之。

〔据《宫中档乾隆朝奏折》第五十九辑第600页辑录。〕

云南巡抚刘秉恬奏报滇省雨雪禾苗情形折

云南巡抚臣刘秉恬跪奏：为奏闻事。

窃照滇省地方春分以前雨旸、麦豆情形，经臣于二月二十七日恭折陈奏在案。三月初间，省城雨水稍稀，农田正在望泽。十六日，天气忽寒，雨中夹雪，昼则雨多雪少，旋落旋融，夜间雪势较大，积厚二三寸不等，次日天晴气暖，顷刻全消。

臣以滇处炎方，季春遇雪，恐非所宜。随亲赴郊外遍加察看，二麦、蚕豆不特毫无损伤，抑且愈滋畅茂。询之农人，咸称雪后即晴，融化又速，水流入土，比雨更觉透润，春花固可丰收，稻秧刚值浸种，田畴沾渥，尤为有益。附省之云南府属各州县报到雪雨情形，与省城大概相同。他如外郡各属节据具报，三月上中两旬膏澍频施，共欣时若，节候较早之区，秧针渐次出水，所种麦豆竟有已经收割者。目下市卖粮价，虽随地长落不齐，转瞬春田丰获，可期日臻平减。现在民夷乐业，边境敉宁。臣谨恭折奏闻，仰慰圣怀，并将通省二月分粮价另缮清单，敬呈皇上睿览。谨奏。

乾隆四十九年三月二十七日

〇知道了。

〔据《宫中档乾隆朝奏折》第五十九辑第608页辑录。〕

云贵总督富纲奏报滇黔二省晴雨应时春收丰稔情形折

云贵总督臣富纲跪奏：为晴雨应时，春收丰稔，仰祈圣鉴事。

窃照滇黔两省自冬及春雨雪应时，豆麦畅发，节经臣恭折奏报在案。兹查云南省城于三月二十八九及闰三月初四、初八等日，俱得阵雨，虽为时不久，亦足以资润泽。并据各州县具报，亦于三月下旬得雨一二次不等。大小二麦正当成熟之际，得此雨润日暄，颗粒更臻饱绽，所植稻秧俱已抽针秀发，其蚕豆一项业经刈获，豆粒亦极充实。本年麦豆收成，各属册报虽尚未齐全，而高低牵算，约可八分有余。即向种豆麦之车里等各土司，据报春收亦均在八分以上，洵称丰稔。惟现在麦未登场，省城市卖粮价较常时不无稍贵。臣已饬司，议动仓粮，照例开粜，以资接济，并查明各属中有应需粜借之处，饬令详办，以期一律平减。黔省气候较迟，二麦正在升浆结实，稽核各属册报，每旬俱得渥雨，土膏滋润，于春种更有裨益。市粮充裕，价值中平。两省民夷乐业，里巷恬熙，边境亦甚宁谧。此皆仰赖圣主鸿慈广被之所致，理合恭折奏慰慈怀。

再查云南省金汁等六河，附省田亩全资灌溉，所关最为紧要。臣亲加查勘，各河间有沙石淤积，堤岸亦有残缺之处，随饬粮储道永慧，于春初水落之时，督同管河厅员，于河道淤浅之处及堤岸损缺者，分段挑修。现已一律深通坚固，蓄水充盈，足资引灌，即将来夏雨时行，亦可宣泄，不致有泛溢之虞。合并陈明，伏祈皇上睿鉴。谨奏。

乾隆四十九年闰三月十一日

〇欣慰览之。

再，臣前因祥符等三十八州县麦地被旱，奏请酌借籽种、口粮，并缓征银谷在案。兹查被旱各州县，均得雨二三四寸及深透不等，受旱稍轻之处，尚可望其有收。其麦苗黄萎地亩，亦可翻种秋粮。且省城于初九日复得甘雨，被旱各属自必一律均沾。臣现饬藩司江兰遴委妥员，确勘实在情形，撙节办理。合并附折奏闻。谨奏。

〇知道了。

〔据《宫中档乾隆朝奏折》第五十九辑第726页辑录。〕

云南巡抚刘秉恬奏报滇省雨水并粮价情形折

云南巡抚臣刘秉恬跪奏：为奏闻事。

窃照滇省地方谷雨以前雨旸时若，麦豆畅茂情形，经臣于三月二十七日具折陈奏在案。

云南省城续于三月二十八九及闰三月初四、初八、十二三、十八九、二十四五等日，连得时雨，入土深透。外郡各州县报到三月下旬暨闰三月上中两旬得雨日期，与省城大概相同。节交夏令，大小二麦正当结实之候，得此雨润日暄，颗粒更臻饱满。稻田浸种以来，秧针出水已有一二寸，渐觉葱郁可观。蚕豆为炎方最早之物，现已成熟，次第登场。惟市卖米价不无增长，皆由滇省僻处万山，不通舟楫，全赖本地所产供其食用，是以一遇青黄不接，价易高昂。目下远近各属，有循例动支常平仓粮分别详请粜借者，有请借社仓谷石者，以资接济穷檐，先经司道详复，臣与督臣俱随时批准，俾市价可平，而民无贵食之虞。现在闾阎安舒，边境宁谧。臣谨恭折奏闻，仰慰圣怀，并将三月分粮价另缮清单，敬呈皇上睿览。谨奏。

乾隆四十九年闰三月二十七日

〇知道了。

〔据《宫中档乾隆朝奏折》第五十九辑第836页辑录。〕

云贵总督富纲奏报沿途雨水禾苗及厂运情形折

云贵总督臣富纲跪奏：为沿途雨水、禾苗及厂运情形，仰祈圣鉴事。

窃臣遵旨查阅滇黔两省营伍，业将先赴云南之东川、昭通、临安、开化一带营伍校阅，顺查铜运缘由，恭折奏闻在案。

兹臣于四月十五日自省起身，由曲靖、寻甸、东川以至昭通，所经各处，豆麦俱已登场。询诸里民，佥称上冬今春雨雪沾足，藉滋长养，收成八分以上，实属丰稔。自四月初旬以来，每旬得雨四五次，非特田间积水充盈，而一切沟堰陂塘亦俱潴畜盈满。臣目睹农民翻犁栽插极为踊跃，凡山头地脚，无不随宜种植，其早插禾秧业已长发，即迟种者亦觉葱郁可观。据省城及迤西、迤南各州县陆续禀报，俱得雨充足，一律普栽完竣。臣查滇省本年豆麦已获丰收，今当栽插之际，又得渥沾膏雨，及时广种，洵属预兆农祥。一路民气恬熙，愈征康阜。积谷之家，见此雨旸时若，秋稔可期，各将余米出售，因之市粮充裕，价值称平。黔省各属节据禀报渥泽频沾，高下田禾栽莳将竣，粮价照常，间有略增处所，已饬司酌粜仓粮，以裕民食，均堪仰慰圣怀。

至每年运京铜斤，大半取给于东川所属之汤丹等厂，最关紧要。臣至东川阅兵后，即赴各该厂查察。在厂炉户、丁夫人数颇众，月办额铜并无短少，当即分别奖赏，示令加工、采办、发运，务于本年八月前多为运贮泸店，以供甲辰开帮之用。臣沿途留心察看，并带熟识引苗之人详细查问，见一路山势颇有丰厚之处，谆令地方各官于附近山场寻苗试采，冀得矿硐，俾资腋凑。查署东川府知府萧文言，厂运相兼，办事熟练，其原管汤丹厂采获额铜核计尚有盈溢，且四十六年，前督臣福康安令其于正额之外加办铜五十万斤，四十七年，因该府踩获裕源新厂，臣勘明山势丰厚，饬令调剂督采，并奏明于年额正数外加办铜四十万斤，俱已如数办足。上年四月，复令加办五十万斤，现已办获将竣。又碌碌、大水、茂麓三厂，从前年办铜斤屡有缺少，自统归该府管办以来，三厂额铜亦俱足数，厂势渐有起色。臣随面谕该府，照前上紧妥办，以期获铜日臻丰裕，裨益京运，余存泸店以备底铜。

其自寻甸以至下游昭通各站，臣逐一挨查，见驮铜牛马络绎前进，催运各员皆知急公奋勉，虽值多雨之时，而沿途尚无停积之铜。统计已到泸店及发运在途共铜一百四十余万斤，八月开帮例限不至迟误。

臣现赴临安、开化各镇营查阅，除仍不时严催外，惟该二处与各路运站相距道远，一切稽查催儹，总须时刻留心，庶可源源济兑。查藩司费淳，年来办理铜务诸事认真。现饬该司将迤东、迤西各路铜斤不时督催赶运，更可毋虞延滞。至臣考验过昭通、东川镇营弁兵，统俟阅竣各营，分别等次，另行汇折陈奏。

所有沿途查勘雨水、田禾、厂运情形，理合先行恭折奏闻，伏祈皇上睿鉴。谨奏。

乾隆四十九年五月初二日

〇好。知道了。

〔据《宫中档乾隆朝奏折》第六十辑第268页辑录。〕

云南巡抚刘秉恬奏为修浚剑川州水利以裨农田而益民生折

云南巡抚臣刘秉恬跪奏：为修浚剑川州水利，以裨农田而益民生，恭折奏闻事。

窃照水利乃农田之本，全在修浚得宜，始于民生有益。况滇省山多田少，水利之应讲求，尤为地方要务。臣前因邓川州之瀰苴河、太和县之响水溪、楚雄府之龙川江、澂江府之抚仙湖，水不为利而为害，督率各该地方官设法兴修，均已著有成效，节经缮折，奏蒙圣鉴在案。

伏查丽江府属剑川州境内，有剑湖一区，合境诸水咸汇于此，附近各村粮田每遭水患。臣以事关民瘼，一面留心体访情形，一面檄饬原署剑川州任锡绂确加履勘，此湖因何历年为害，如何疏导可以受益之处，务期穷源溯流，相机筹办，并经叠次指示。去后，旋据原署州任锡绂会同现任知州金之昂详晰勘议具禀，并绘图呈核前来。臣阅其所议，参观绘图，筹办甚为合宜。

查剑川州之剑湖，在城东南五里，又名东湖，周围约四十余里，潆带西湖，汇纳金龙、蝗螂、永丰、石菜、回龙、隔渼六河之水。湖以南有总水口，名曰湖尾大河，承湖水由海虹桥顺流而出，会同城西地角场旁流之水，迤逦而达蒙化厅属之合江。其六河皆在剑湖上游暨湖之左右，发源不一，内惟金龙、螳螂二河出水合流，为势较大。金龙河本系清水，螳螂河受远涧冲激之水，每遇夏秋潦发，挟砂带砾，建瓴而下，横流入金龙河，以致金龙河淤垫，水有漫溢。是金龙、螳螂二河，实为剑湖上游之要隘。至地角场，在城西十五里，发源甚远，一遇山水暴涨，挟数十里之沙石而来。其旧河形势，系由西而东，复折而南，归湖尾大河总口，因河身纡曲，是以每遇涨发之时，水即直冲而东，挟沙石灌入大河上游，不复折而南下达尾闾，且对岸有一小沙山，沙与沙遇，遂致淤塞六河去路，剑湖之水难免倒灌。是地角场尤为全湖下游之关键。从前疏治之法，言人人殊，道旁筑舍，迄无成功。今相度形势，通盘筹画，剑湖上游之金龙、螳螂二河，金龙本系清水，因螳螂之沙泥横冲而入，以致淤垫，金龙河身漫溢为患。为今之计，自应将金龙河大加挑挖，俾河身深通，清水得以畅流，庶可抵螳螂沙水之势。臣并示令于两水会归之处建一撇沙坝，以资捍御，使螳螂夹杂沙泥之水直达湖内，以免金龙河再受淤塞之害，兼将湖口受水之处开挖深通，俾两水得以畅泄。查金龙一河，挑挖河身计长五百三十一丈，宽三丈，深四尺四五寸不等，并就金龙、螳螂二河旧有堤埂加高培厚，共长五百八十一丈，其新建撇沙坝一座，计宽丈许，长一百二十余丈，均已如式办竣。地角场原有旧河，因由西而东，复须折而南，河形纡曲，是以水易直冲而东，挟沙石壅塞湖尾大河。今于西南一带另开新河一道，长三百三十丈，俾地角场之水自西而南一直下达河口，汇流入江。其地角场上游河身二百九十丈，亦一律疏浚深通，使之循轨畅流，直入新河，并于自西而东之旧有河处建石坝三座，以防地角场之水冲入湖尾大河。

以上开河筑坝诸费，各业户情愿自行措办。该二员捐资为倡，选派老练士民董理其事，众擎易举，踊跃赴公，遂得克期告蒇。现在剑川全湖，上流有归，下流有泄，水势安澜，各村被淹粮田数千亩均已涸出，曾栽春麦有收，近又翻种秋禾，沮洳之瘠土竟转而为沃壤，舆情极其欣悦。并据该员等禀称："湖边一带尚有涸出余地，现令附近居民用工开垦，丈给管业，俟成熟后再请升科。其河坝应行修补之时，金龙、螳螂二河及归湖口门，派上游各村居民分段承修；地角场湖尾各河，派下游各村居民分段承修，以专责成而均劳逸。"等语。除饬该管府州不时前往查勘，并将一切善后事宜酌定章程，以垂永久外，臣查水利之于农田，民生攸赖，最关切要。该州金之昂、署州任锡绂，于频年为害之湖河，能不辞劳瘁，寻溯源流，出资倡捐，修浚有效，洵属崇尚实政、留心民事之员。可否将现任剑川州知州金之昂、原署剑川州事丽江县因公降调奉旨送部引见知县任锡绂量予议叙，以示鼓励之处，出自天恩。如蒙俞允，不惟该二员感而加勉，且使牧民群吏咸知所激劝矣。臣谨恭折奏闻，并绘图贴（帖）说，敬呈御览，伏乞皇上睿鉴。谨奏。

乾隆四十九年五月二十五日

○有旨谕部。

〔据《宫中档乾隆朝奏折》第六十辑第519页辑录。〕

云南巡抚刘秉恬奏报滇省得雨情形折

云南巡抚臣刘秉恬跪奏：为奏闻事。

窃照滇省地方夏至节前雨水、田禾情形，经臣于四月二十六日具折陈奏在案。庄稼栽完之后，全赖晴雨协宜，方能发荣滋长。省城于五月初一、初七、初十等日，虽得有阵雨，仅资润土，尚未深透，农民正当待泽。十二、十三两日，大沛甘霖，连宵达旦，势甚沾足，高原下隰在在潴蓄充盈。此后天气晴日为多，即间得微雨，亦系旋雨旋霁。迨二十二三等日，又得澍雨滂沱，入土优渥，高下秧田内均复得有积水，宜晴宜雨，备极调匀，实有胜于去年。

臣亲历近郊，目击禾苗畅茂，弥望青葱。外郡各州县节次报到晴雨日期，核与省城大概相同，时和可期岁稔，洵堪为边黎预卜有秋。市卖粮食，因四月间刚值麦豆收割，入市犹少，各处粜价致多报增。自五月以来，省城粮价业已较前递减，他属可知。民夷乐业，气象熙宁。臣谨恭折奏闻，仰慰圣怀，并将四月分粮价另缮清单，敬呈皇上睿览。谨奏。

乾隆四十九年五月二十五日

〇知道了。

〔据《宫中档乾隆朝奏折》第六十辑第521页辑录。〕

云贵总督富纲奏陈滇黔二省雨旸时若并禾苗栽插齐全情形折

云贵总督臣富纲跪奏：为敬陈滇黔两省雨旸时若并禾苗栽插齐全情形，仰祈圣鉴事。

窃照云南地方本年夏至前后渥沾澍雨，大田栽插情形，业经臣缮折奏闻在案。时届小暑，不特未种山田尚需雨泽，即已插田禾亦资雨水涵濡，方能发荣滋长。兹省城自六月初旬以来时沛甘霖，入土既极深透，积水亦复充盈。

臣诣郊外察看，高原下隰俱已一律普栽，且早种禾苗得此时雨沾润，尤见葱郁长发，向后惟期晴雨均调，可望秋成丰稔。各属具报得雨日期，核与省城大概相似。目下虽值青黄不接，然豆麦丰收之后，市粮充裕，是以一切粮价在在称平，民情极为悦豫，边境亦甚宁静。至黔省各州县，节据禀报，于五月中下两旬连得透雨，田水充足，并不过多，所有早晚二禾及各项杂粮，业俱全行栽种，粮价照常，亦无增昂之处，各属苗民俱极宁谧。谨一并恭折奏闻，仰慰慈怀，伏祈皇上睿鉴。谨奏。

乾隆五十一年六月十八日

〇欣慰览之。

〔据《宫中档乾隆朝奏折》第六十辑第772页辑录。〕

云南巡抚刘秉恬奏报滇省得雨情形折

云南巡抚臣刘秉恬跪奏：为奏闻事。

窃照滇省地方本年夏至前后雨水沾足，田禾栽插情形，经臣于五月二十九日具折陈奏在案。月交季夏，正值大雨时行之候。兹省城一带，自六月初旬以来二十余日，晴雨相间，每逢得雨，势甚稠密，为时亦久，入土极其深透，积水益复充盈。

臣出郊周视，早种之低田禾苗芃茂，甫插之高田亦皆滋长，野无旷土，弥望青葱。节据远近各属报到得雨日期及田禾情形，核与省城大概相同。今夏甘澍频施，栽秧得以及时完竣，惟希从此日暄雨润，总合其宜，滇中庄稼自可预卜有秋。目下市卖粮价虽随地长落不齐，而汇计悉属中平，并无贵食之处。民情和乐，边境敉宁。臣谨恭折奏闻，仰慰圣怀，并将五月分通省米粮时价另缮清单，敬呈皇上睿览。谨奏。

乾隆五十一年六月二十七日

〇知道了。

〔据《宫中档乾隆朝奏折》第六十一辑第15页辑录。〕

暂署云贵总督印务云南巡抚谭尚忠奏报滇黔二省得雪情形折

暂署云贵总督印务云南巡抚臣谭尚忠跪奏：为恭报滇黔两省得雪情形，仰祈圣鉴事。

窃照滇省地方入冬以后晴雨调匀，麦豆滋长缘由，经臣于九月二十八日缮折陈奏在案。滇中四时协序，气候温和，向交冬令，雪不多见。兹于十月二十一日，云南省城同（彤）云密布，六出飞花，历辰巳两时而止，平地旋落旋融，高阜积厚一寸有余。正值大雪节后冬至节前，得此雪泽，洵为应时之瑞。外郡各属曾否同时得雪，虽未据报到，而是日天气凝寒，雪意广远，必有沾及之处。现在二麦、蚕豆益资长养，农民极其欣悦。至黔省地方，臣自十月十二日兼署督篆以来，叠据贵阳、安顺、大定、平越、都匀、遵义等府属各厅州县先后禀报，九月三十日暨十月初一、初三等日，连得瑞雪，积厚二三寸至四五寸不等，土膏滋润，甚于现种麦苗及菜蔬、杂粮各得其宜，来岁春收可期丰稔。

两省粮价平减，闾阎宁谧，均堪仰慰慈怀。理合恭折奏闻，并将滇省九月分米粮时价循例另缮清单，敬呈御览，伏乞皇上睿鉴。谨奏。

乾隆五十一年十月二十六日

〇欣慰览之。

〔据《宫中档乾隆朝奏折》第六十二辑第106页辑录。谭尚忠（1724—1798），字因夏，一字古愚，号荟亭，江西南丰人。清乾隆十六年（1751年）进士。初任户部主事，升员外郎郎中，转监察御史。清乾隆四十六年（1781年）任云南布政使，后升任巡抚，清嘉庆元年（1796年）任吏部左侍郎。〕

云南巡抚谭尚忠奏报省城雨雪情形折

云南巡抚臣谭尚忠跪奏：为附奏省城雪雨情形，仰祈圣鉴事。

窃照滇省地方冬雪普沾，春花畅茂缘由，节经臣缮折陈奏在案。入腊以后，云南省城复又连得大雪，平原积厚七八寸，高阜积厚一尺余寸，炎中获此腊雪，洵为应时之瑞。交春已阅数日，膏雨频施，土脉尤极透润，二麦、蚕豆发荣滋长，弥望青葱，来岁春收可以预占丰稔。外郡各属叠据报到情形，与省城大概相同。粮价称平，闾阎宁谧。臣谨附折奏闻，仰慰圣怀，伏乞皇上睿鉴。谨奏。

乾隆五十一年十二月二十一日

〇欣慰览之。

〔据《宫中档乾隆朝奏折》第六十二辑第696页辑录。〕

云南巡抚谭尚忠奏报滇省雨水田禾情形折

云南巡抚臣谭尚忠跪奏：为奏闻事。

窃照滇省地方本年春雨应时，麦豆畅茂情形，经臣于正月初九日缮折陈奏在案。春分节后清明节前，远近各属雷既发声，雨复叠沛，地气通而土膏润，洵称时若。大麦现俱抽穗，小麦亦已含苞，高原下隰弥望青葱，蚕豆成熟最早，目下正皆结实，颗粒极其饱绽，春收丰稔已可预占。通省市价米粮，虽随地长落不齐，而计价中平，闾阎无虞贵食，含哺鼓腹，共乐恬熙。臣谨恭折奏闻，仰慰圣怀，并将正月分米粮时价另缮清单，敬呈皇上睿鉴。谨奏。

乾隆五十二年二月十九日

〇欣慰览之。

〔据《宫中档乾隆朝奏折》第六十三辑第419页辑录。〕

云南巡抚谭尚忠奏报好雨知时农田沾润折

云南巡抚臣谭尚忠跪奏：为好雨知时农田沾润，恭折奏闻事。

窃照滇省地方本年春分前后雨水、麦豆情形，经臣于二月十九日缮折陈奏在案。臣拜折旬余，天气晴多雨少，正当蚕豆结实，二麦扬花之候，却于暄曝为宜。惟节交谷雨，稻秧茁发，又须膏泽应时，始于农功有益。今省城自三月初五六、初七八九暨十一、十五、十七八九等日，或雷鸣大雨，或密雨如丝，入土既极深透，田畴亦有潴蓄。得此好雨滋培，不但麦豆结秀，愈臻饱绽，而秧针出水弥见青葱。

首郡所属之富民、宜良、昆阳、安宁、嵩明、易门、罗次等州县，及迤东之澂江、曲靖、广南、昭通、武定，迤西之楚雄、丽江，迤南之临安等府州属地方，陆续报到三月望前连次得雨情形，与省城大概相同。春花现俱成熟，立夏以后即可刈获登场，丰收在目，庆洽边农。通省市卖粮价咸称平减，食贵无虞，闾阎宁谧。臣谨恭折奏闻，仰慰圣怀，并将二月分米粮时价另缮清单，敬呈皇上睿鉴。谨奏。

乾隆五十二年三月二十一日

〇欣然览之。

〔据《宫中档乾隆朝奏折》第六十三辑第685页辑录。〕

云贵总督富纲奏报旸雨应时及滇省春收分数折

云贵总督臣富纲跪奏：为旸雨应时及滇省春收分数，仰祈圣鉴事。

窃照云贵两省今春雨水调匀，豆麦畅发情形，节经臣缮折奏闻在案。滇省地处炎方，气候较早，时届立夏，蚕豆业已登场，二麦亦将结实，尤宜雨润日暄，俾资长养。

查省城自三月初旬连得渥泽之后，半月以来又得雨数次，甚属相宜。臣察看近郊，二麦俱已成熟，粒满穗长，极为茂盛，现在次第收割，随后即可全完。稽核各属具禀晴雨日期，与省城大概相似。本年通省春收分数，虽尚未报到齐全，而附近州县已经报到者，计自八九分至十分不等，均属丰稔。迤南各府州现已种植秧苗，余亦赶紧翻犁，乘时栽插。至黔省地方，向须四月内外收割，目下二麦正在升浆结实，据各府州县禀报，三月上中两旬俱得雨二三次，获此膏泽应时，更于麦田有益，自可期一律丰稔。

两省市卖粮价尚俱照常，并无昂贵之处。民夷乐业，边境亦极宁谧，均堪仰慰慈怀。理合恭折具奏，伏祈皇上睿鉴。谨奏。

乾隆五十二年三月二十六日

〇欣慰览之。

〔据《宫中档乾隆朝奏折》第六十三辑第734页辑录。〕

云南巡抚谭尚忠奏报滇省秧雨应时农田遍插折

云南巡抚臣谭尚忠跪奏：为秧雨应时、农田遍插，奏慰圣怀事。

窃照滇属地方本年自春徂夏，雨水调匀，麦豆丰熟，通省收成实得九分有余，经臣于四月初十日开单陈奏在案。芒种前后，正值秧苗茂发，翻犁插莳之际，全赖雨勤水足，始于田功有益。

兹查远近各属节据禀报，四月初旬以来，每旬得雨五六次不等，入土极其深透。省城一带甘澍频施，尤为沾渥。高原下隰在在积水充盈，获此膏泽顺时，农人现皆分秧栽插，不待夏至之期，可以一律栽完。臣出郊周视，青葱溢目，预祝西成。刻下市卖粮价，虽随地长落不齐，而汇计中平，无虞贵食。民情乐业，气象恬熙，洵堪仰慰圣怀。臣谨恭折奏闻，并将三月分米粮时价另缮清单，敬呈皇上睿鉴。谨奏。

乾隆五十二年四月二十八日

〇知道了。

〔据《宫中档乾隆朝奏折》第六十四辑第182页辑录。〕

云南巡抚谭尚忠奏报滇省得雨情形折

云南巡抚臣谭尚忠跪奏：为奏闻事。

窃照云南地方本年芒种前后通省秧雨情形，经臣于四月二十八日缮折陈奏在案。滇省跬步皆山，旱田多而水田少，栽禾之际，全赖雨泽滂沛，才能及时遍种。

兹省城一带，自五月初旬以来连得时雨，大小相间，入土极其深透。高下田畴咸有积水，农人莫不尽力翻犁，分秧赶插，夏至节后小暑节前，均已一律栽完，田无旷亩。现在油云叠作，甘澍频施，洵称优渥。臣出郊察看，新苗滋茂，弥望青葱。外郡各州县气候较省城为早，据报雨勤水足，田禾插莳已周，从此宜晴宜雨，暄润有资，可卜秋成丰稔。市卖粮食价俱中平，民情和乐，地方宁谧。理合恭折奏闻，仰慰圣怀，并将四月分粮价另缮清单，敬呈皇上睿鉴。谨奏。

乾隆五十二年五月二十七日

〇欣慰览之。

〔据《宫中档乾隆朝奏折》第六十四辑第527页辑录。〕

云南巡抚谭尚忠奏报滇省雨水田禾情形折

云南巡抚臣谭尚忠跪奏：为奏闻事。

窃照滇省地方本年夏至节后小暑节前雨水沾足，田禾栽竣缘由，经臣于五月二十七日缮折陈奏在案。

兹云南省城自六月以来大雨时行，正值禾苗长发之际，得此润泽，畅茂条达，弥望青葱。外郡各属节据报到情形，与省城大概相同。惟气候最早之临安、开化、普洱、景东、元江等府厅州，田禾已多抽穗且有扬花者。现交秋令，农人无不各勤耘耨，以期收成丰稔。市粮充裕，粜价称平，民情极其宁谧。臣谨恭折奏闻，仰慰圣怀，并将五月分粮价另缮清单，敬里皇上睿鉴。谨奏。

乾隆五十二年六月二十六日

〇知道了。

〔据《宫中档乾隆朝奏折》第六十四辑第734页辑录。〕

云南巡抚谭尚忠奏报滇省雨水粮价情形折

云南巡抚臣谭尚忠跪奏：为奏闻事。

窃照滇省地方本年立秋以前雨水、田禾情形，经臣节次具奏在案。滇处万山，高田多而低田少，全赖晴雨得宜，始于庄稼有益。云南省城自七月初旬以来宜晴宜雨，极其调匀，正值秋禾吐穗扬花之际，得此雨润日暄，更足以资长养。

臣出郊周视，高下田畴无不倍臻畅茂，西成在望，喜溢三农。外郡各属报到情形与省城大概相似，其有栽插较早之区现已结实，次第刈获，据报约收分数核有八九十分不等，洵为丰稔。各属市卖粮价在在称平，并无昂贵之处。闾阎乐业，边宇敉宁。理合恭折奏闻，仰慰圣怀，并将六月分通省米粮时价另缮清单，敬呈皇上睿鉴。谨奏。

乾隆五十二年七月二十八日

〇欣慰览之。

〔据《宫中档乾隆朝奏折》第六十五辑第152页辑录。〕

云南巡抚谭尚忠奏报滇省田禾情形折

云南巡抚臣谭尚忠跪奏：为奏闻事。

窃照滇省地方本年白露节前雨水、田禾情形，经臣于七月二十八日具折陈奏在案。秋分前后，正当禾稻成熟之际，日暄雨润，各得其宜。臣出郊察看，高下田畴重穗交垂，黄云遍野，实坚实好，有胜往年。此时将次刈获，天气晴和，约计九月中旬即可普律登场，田夫野老莫不含哺鼓腹，共庆盈宁。外郡各州县，西成较早者陆续报到约收分数，自八九分至十分不等，洵称丰稔。容俟通省报齐，另行开单汇奏。

目下市卖粮价在在平减，转瞬新谷出市，更可日臻减落。民情悦豫，边境安恬。理合恭折奏闻，仰慰慈怀，并将七月分滇属米粮时价另缮清单，敬呈皇上睿鉴。谨奏。

乾隆五十二年八月二十九日

〇知道了。

〔据《宫中档乾隆朝奏折》第六十五辑第429页辑录。〕

云南巡抚谭尚忠奏报滇省雨水禾苗情形折

云南巡抚臣谭尚忠跪奏：为奏闻事。

窃照滇省地方本年秋禾丰获情形，经臣节次缮折陈奏在案。立冬以后天气晴和，纳场禾稼咸得及时晒曝，早贮仓箱。边农力作维勤，告成穑事，即皆翻种春花，野无旷土。惟日暄之余又宜雨润。兹省城一带，于十月初间连朝得雨，高下田畴新种之麦荞、蚕豆，出土已有一二寸不等，获此润泽，弥觉发荣滋长，殊于来岁春收有益。各属市卖米价，缘新谷纷纷入市，较前更臻平减。民情悦豫，景象盈宁，洵堪远慰慈怀。理合恭折奏闻，并将九月分通省米粮时价另缮清单，敬呈皇上睿鉴。谨奏。

乾隆五十二年十月十八日

〇知道了。

〔据《宫中档乾隆朝奏折》第六十五辑第844页辑录。〕

云南巡抚谭尚忠奏报滇省得雪情形折

云南巡抚臣谭尚忠跪奏：为奏闻事。

窃照云南省城于十一月十七日及二十七日两次得雪情形，业经臣具奏在案。续据云南、曲靖、昭通、广南、丽江、永北、武定、广西等府厅州属禀报，十一月二十五六七等日，雪泽均沾，积厚自一二寸至三四五寸不等，洵为应时之瑞。其余各属虽未同时得雪，而雨泽频施，土膏透润。通省二麦、荞豆际此冬深，非雪即雨，咸获滋培，弥觉青葱长发，来岁春收又可预占丰稔。目下市卖粮价在在称平，廛货亦极流通。岁除伊迩，民情欢洽，气象盈宁。臣谨恭折奏闻，仰慰圣怀，并将十一月分市粮时价另缮清单，敬呈皇上睿鉴。谨奏。

乾隆五十二年十二月十八日

〇知道了。

〔据《宫中档乾隆朝奏折》第六十六辑第724页辑录。〕

云贵总督富纲奏报滇黔二省雨水豆麦情形折

云贵总督臣富纲跪奏：为敬呈雨水、豆麦情形，仰祈圣鉴事。

窃照云贵两省上冬优沾雪泽及豆麦滋长情形，节经臣缮折奏闻在案。入春以后，风日融和，豆麦借资煦育，甚为合宜。

兹云南省城于正月十六七等日又连得雨泽，土膏滋润，更于农功有益。臣诣郊察看，蚕豆高已盈尺，其早种之区并有扬花结粒，入市售卖者。二麦、杂粮亦俱荣发，弥望青葱，从此旸雨一律均调，则今岁春收又可预期丰稔。近省各属据报晴雨日期，与省城大概相似，市廛居积，惟粮食为最多，因之米价有减无增。而节届上元，衢歌巷舞，民情倍形熙皞，沿边关隘据报甚属宁谧。至黔省各属地方于十二月上中两旬续得雨雪一二次，入土深透，一切春种均得乘时长发，市卖粮价照常平减，民苗亦甚乐业。理合一并恭折奏闻，仰慰慈怀，伏祈皇上睿鉴。谨奏。

乾隆五十三年正月二十五日

〇知道了。

〔据《宫中档乾隆朝奏折》第六十七辑第139页辑录。〕

云南巡抚谭尚忠奏报滇省雨水田禾情形折

云南巡抚臣谭尚忠跪奏：为奏闻事。

窃照滇省地方去冬雪雨频沾，麦豆滋长情形，经臣叠次具奏在案。省城序逢元旦，风和日丽，三农预庆丰年，巷舞衢歌，万姓偕游寿寓。年前立春，节候较早，新正上旬天气暄暖，草木无不萌动。一交雨水，膏泽应时，土脉咸臻融润，大小二麦早者将届含苞，迟者亦俱茁发青茂。蚕豆为炎方最早之物，现有扬花结实者，从此宜晴宜雨，一律调匀，可期春熟稔收。省会人烟稠密，食指殷繁，岁除之候市粮云集，粜价照常平减。通省时和民乐，景象盈宁，洵堪远慰宸衷。理合恭折奏闻，并将上年十二月分粮价另缮清单，敬呈皇上睿鉴。谨奏。

乾隆五十三年正月二十五日

〇欣慰览之。

〔据《宫中档乾隆朝奏折》第六十七辑第146页辑录。〕

云南巡抚谭尚忠奏报滇省得雨情形折

云南巡抚臣谭尚忠跪奏：为奏闻事。

窃照滇省地方本年清明以前雨旸，麦豆情形，业经臣于二月二十七日缮折陈奏在案。时届春深，蚕豆早已成熟，二麦正当吐穗扬花，将次结实，天气晴多雨少，颇为合宜。惟稻谷浸种之后又须雨水优沾，资其茁发。

兹据云南首郡暨曲靖、澂江、临安、广南、大理、楚雄、普洱、元江、广西等属各州县先后禀报，三月十二三及十四五六七八等日，甘澍频施，入土透润。谷雨节候，得此应时膏泽，田有潴蓄，喜溢三农。市卖粮价在在称平，闾阎亦极宁谧。臣谨恭折奏闻，并将二月分通省米粮时价另缮清单，敬呈皇上睿鉴。谨奏。

乾隆五十三年三月二十六日

〇知道了。

〔据《宫中档乾隆朝奏折》第六十七辑第636页辑录。〕

云贵总督富纲奏报滇黔二省雨水豆麦情形折

云贵总督臣富纲跪奏：为滇黔雨水、豆麦情形，仰祈圣鉴事。

窃照云贵两省今春雨水调匀，豆麦畅茂情形，业经臣缮折奏闻在案。滇省气候较早，时届立夏，蚕豆业已登场，颗粒极为饱满，大小二麦将次成熟。昨于谷雨前后，省城地方及外郡各州县复得阵雨三四次，土膏湿润，不特有裨麦田，且谷秧初发，得此沾濡，并可藉滋长养。近省各属已据报春收分数八九分不等，其较远处所虽尚未报齐，而体察情形，均属丰稔。至黔省各州县，节据禀报，于三月上中两旬均得渥泽，目下二麦正在升浆，有此膏雨滋培，亦可期一律稔收。两省市卖粮价尚俱照常，并无昂贵之处。民夷乐业，气象恬熙，边境亦甚宁谧。理合恭折奏闻，仰慰慈怀，伏祈皇上睿鉴。谨奏。

乾隆五十三年三月二十八日

〇欣然览之。

〔据《宫中档乾隆朝奏折》第六十七辑第657页辑录。〕

云南巡抚谭尚忠奏报滇省秧雨情形折

云南巡抚臣谭尚忠跪奏：为敬陈秧雨情形，仰祈圣鉴事。

窃照滇省本年自春徂夏雨旸时若，通计麦豆收成实得九分有余，现经臣开单，另折奏报。小满前后，农事正殷。滇中跬步皆山，旱田多而水田少，分秧插莳，全赖雨勤水足，始于耕作有裨。兹云南首郡所属州县暨迤东、迤西、迤南各属地方，均据报于四月初间连朝得雨，备极优渥，高原下隰潴蓄充盈。省城一带复于中旬以来，或廉纤夜雨，或昼雨缠绵，不骤不徐，丝丝入土，益为深透。各属栽田，较早之区现将告竣，其稍迟之处，芒种节候，亦可完功。

臣出视近郊，询之农人，咸称今岁秧雨早沾，栽插及时，又得预占丰兆。市卖粮价在在中平。舆情欢洽，边宇敉宁，堪以远慰慈怀。臣谨缮折具奏，并将三月分通省粮米粮时价另缮清单，恭呈皇上睿鉴。谨奏。

乾隆五十三年四月二十一日

〇知道了。

〔据《宫中档乾隆朝奏折》第六十八辑第37页辑录。〕

云南巡抚谭尚忠奏报滇省雨水田禾情形折

云南巡抚臣谭尚忠跪奏：为奏闻事。

窃照滇省地方本年夏至前后雨水、田禾情形，经臣于五月二十九日缮折陈奏在案。六月以来，省城大雨时行，高原下隰无不潴蓄有资，较之往年尤为雨勤水足。禾苗沾润，早者现已抽穗扬花，迟者亦多含苞，远近各属报到情形均与省城相仿。臣亲诣农郊，循行劝课，目击庄稼茂好，遍野青葱。立秋伊迩，从此时雨时旸，咸臻顺叙，则边徼收成今岁可期倍稔。兹当青黄不接之候，粮价虽易增长，而户有盖藏，纷纷运粜，市值仍称平减。闾阎熙皞，四境敉宁。臣谨恭折奏闻，仰慰圣怀，并将五月分通省粮价另缮清单，敬呈皇上睿鉴。谨奏。

乾隆五十三年六月二十八日

〇知道了。

〔据《宫中档乾隆朝奏折》第六十八辑第687页辑录。〕

云贵总督富纲奏陈雨水田禾情形折

云贵总督臣富纲跪奏：为敬陈雨水、田禾情形，仰祈圣鉴事。

窃照云贵两省今夏雨水充足，禾苗畅茂，及臣所经迤西各属田禾情形，节经缮折奏闻在案。交秋以后，正禾苗吐穗扬花之际，尤赖雨泽调匀，方足以资长养。

兹查滇省自立秋至今，或阵雨经时，或阴晴相间，旸雨极为合宜。臣于七月二十日由大理回至省城，察看沿途，高下田禾俱已抽穗扬花，一律茂盛，瞬届秋成，洵可预卜丰稔。本年预行己酉乡试，目下多士云集，保无匪徒混杂，乘间绺窃之事，臣先派拨弁兵分路巡查，现在省城内外甚属宁静。而闾阎知丰收在即，乐业安恬，倍形熙皞。至黔省各属，节据具报，七月上中两旬，每旬得雨二三次不等，禾苗获此济润，更与农功有益。两省市卖粮价尚俱照常，并无昂贵。民情悦豫，边关亦甚宁谧，均堪仰慰慈怀。臣谨恭折具奏，伏祈皇上睿鉴。谨奏。

乾隆五十三年七月二十八日

〇知道了。

〔据《宫中档乾隆朝奏折》第六十九辑第110页辑录。〕

云南巡抚谭尚忠奏报滇省雨水田禾情形折

云南巡抚臣谭尚忠跪奏：为奏闻事。

窃照滇省地方本年立秋以前雨水、田禾情形，经臣于六月二十八日缮折陈奏在案。七月初间，节交秋令，正禾苗吐穗扬花之候，全赖雨泽调匀，始于农功有益。

兹喜省城一带，兼旬以来甘澍频施，大小相间，且雨润之后即继以日暄，高下田畴咸资长养。出郊周视，弥觉芃茂可观。迤东、迤西各属报到情形，都与省城相仿。惟迤南州郡地处炎方，气候较早，稻田已有结实者。今岁时雨时旸，最称顺叙，通省收成又可预占丰稔。现在乡试届期，士人云集省中，食指虽增，而市粮充足，粜价仍平，远近民情均极宁谧。臣谨恭折奏闻，仰慰慈怀，并将六月分通省粮价另缮清单，敬呈皇上睿鉴。谨奏。

乾隆五十三年七月二十八日

〇知道了。

〔据《宫中档乾隆朝奏折》第六十九辑第113页辑录。〕

云南巡抚谭尚忠奏报滇省雨水田禾情形折

云南巡抚臣谭尚忠跪奏：为奏闻事。

窃照滇省地方本年入秋以后雨水、田禾情形，经臣于七月二十八日缮折陈奏在案。节届秋分，正庄稼成熟之候，八月初旬以来日暄雨润，各得其宜。

臣亲诣近郊查看，高低稻田重穗交垂，黄云遍野，实坚实好，胜于往时。现在天气晴和，颗粒益臻饱满，登场伊迩，力田农人莫不欣然色喜，咸庆有秋。外郡各属刈获较早者报到收成分数，自八九分至十分不等，洵为丰稔，容俟申报齐全，另行开单汇奏。目下市卖粮价在在称平，转瞬新谷出售，更可日就平减。民情悦豫，气象安恬。臣谨恭折奏闻，仰慰圣怀，并将通省七月分米粮时价另缮清单，敬呈皇上睿鉴。谨奏。

乾隆五十三年八月二十四日

〇欣然览之。

〔据《宫中档乾隆朝奏折》第六十九辑第335页辑录。〕

云南巡抚谭尚忠奏报滇省地方得雪情形折

云南巡抚臣谭尚忠跪奏：为奏闻事。

窃照云南省城一带于十月二十三日得沾时雪情形，业经臣恭折具奏，并声明各属是否同时得雪，容俟陆续报到，再行汇陈在案。嗣据首府所属之昆阳、嵩明等州县及曲靖、澂江、楚雄、武定、广西等府州属禀报，十月二十二三等日，先后得雪，积厚一二寸不等。序逢小雪，远近咸沾渥泽，洵为预兆农祥。十一月初旬以来，天气晴和，间得微雨，二麦、蚕豆藉以滋长，高原下隰弥望青葱，从此日暄雨润，一律调匀，来岁春收可占丰稔。各处市粮充裕，粜价称平。民情欢悦，景象盈宁。臣谨恭折奏闻，仰慰圣怀，并将十月分粮价另缮清单，敬呈皇上睿鉴。谨奏。

乾隆五十三年十一月二十四日

〇知道了。

〔据《宫中档乾隆朝奏折》第七十辑第398页辑录。〕

云南巡抚谭尚忠奏报滇省得雪并糖价情形折

云南巡抚臣谭尚忠跪奏：为奏闻事。

窃照云南省城并外郡各属于上年十二月十二日复沾雪泽情形，经臣汇折陈奏在案。嗣于二十五六等日，省城连得大雪，积厚三四寸至六七寸不等。首府所属之嵩明、宜良等州县暨迤东、迤西、迤南之曲靖、澂江、东川、广南、丽江、楚雄、大理、临安、武定等府州属，节据报到，同时得雪，积厚亦与省城相仿。岁钥将更之际，重逢六出飞花，洵卜农祥，预兆献岁发春，风和日暖，民物极其恬熙。正月初十及十一、十六等日，叠沛时雨，入土优渥。甫交春令，获此应候膏霖，尤于二麦、蚕豆大有裨益。

省中乃五方杂处之地，每届年底，粮价最易增昂。所幸去秋收成倍稔，户有盖藏，均各乘时出粜，以资度岁之需。市集粜价仍称平减，各属开报亦复相同。现在舆情乐业，四境敉宁。臣谨恭折奏闻，仰慰圣怀，并将上年十二月分通省米粮时价另缮清单，敬呈皇上睿鉴。谨奏。

乾隆五十四年正月二十五日

〇欣慰览之。

〔据《宫中档乾隆朝奏折》第七十一辑第106页辑录。〕

云贵总督富纲奏报春雨应时豆麦长发情形折

云贵总督臣富纲跪奏：为春雨应时，豆麦长发情形，仰祈圣鉴事。

窃照云贵两省上年冬雪普沾，土膏湿润，民间所栽各项春种均得藉以长养，入春以后，尤宜雨泽沾濡，庶与农功有裨。兹查滇省开化府地方，于本年正月下旬，或间日一雨，或绵密经宵，不疾不徐，入土极为深透。察看豆麦、杂粮，俱已葱郁可观。今得此应时膏泽，更可发荣畅茂，则春收丰稔又可预卜。并据附近各属具报，得雨日期大概相同。其较远处所虽尚未报到，而此次雨势甚浓，看来沾被必广。再查黔省各属禀报，正月上中两旬均得雨一二次不等，二麦、春荞乘时长发。

臣稽核两省开报粮价，尚属平减。民夷乐业，地方亦极安静，均堪仰慰慈怀。理合恭折奏闻，伏祈皇上睿鉴。谨奏。

乾隆五十四年二月初七日

〇欣慰览之。

〔据《宫中档乾隆朝奏折》第七十一辑第194页辑录。〕

云南巡抚谭尚忠奏报滇省雨水情形折

云南巡抚臣谭尚忠跪奏：为奏闻事。

窃照滇省地方本年立春前后雨旸、麦豆情形，经臣于正月二十五日具折陈奏在案。滇中届逢春令，每日多风，朝起暮息，麦性最喜风翻，甚合其宜。惟山高土燥之区，又须间沾雨润，始为两得。今云南省城自二月初旬以来，一旬之内得雨二三次不等，膏泽所施，恒多在夜，入土极其深透。正当惊蛰节后春分节前，雷乃发声，地气尤皆通泰，不特麦苗滋长芃茂，而蚕豆都已扬花，更臻繁盛。

臣出郊察视，高原下隰弥望青葱，春收可占丰稔。外郡各属报到得雨情形，核与省城大概相仿。其有气候较早者，麦已含苞吐穗，豆则次第结实，转瞬成熟登场，足供春耕先助。市卖粮价在在称平，民情宁谧，均堪远慰慈怀。理合恭折奏闻，并将正月分通省米粮时价另缮清单，敬呈皇上睿鉴。谨奏。

乾隆五十四年二月二十七日

〇欣慰览之。

〔据《宫中档乾隆朝奏折》第七十一辑第339页辑录。〕

云贵总督富纲奏报云贵二省雨水豆麦情形折

云贵总督臣富纲跪奏：为雨水、豆麦情形，仰祈睿鉴事。

窃照云贵两省入春后雨勤水足，豆麦长发情形，业经臣缮折奏闻在案。查滇省各属地方，春分前后旸雨调匀，土膏湿润，甚于农功有益。开化、临安一带气候较暖，蚕豆业已成熟，收割将竣，颗粒饱绽，洵称丰稔。兹于三月二十及二十一二三等日，或阵雨经时，或缠绵终夜，远近普沾，极为优渥，不特二麦得此滋培，愈见颖垂实茂，即新出谷秧获沾膏泽，亦觉秀发可观。现在上紧翻犁，将次即可栽插。

臣已札饬各州县，速将春收分数查明，据实开报，另行确核具奏外，至黔省各属，节据禀报晴雨合宜，二麦、杂粮一律茂盛。两省粮价虽有高下不齐，尚无昂贵之处。春收在即，民情倍形熙皞，沿边关卡亦极宁谧，均堪仰慰慈怀。臣谨恭折具奏，伏祈皇上睿鉴。谨奏。

乾隆五十四年三月二十五日

〇欣慰览之。

〔据《宫中档乾隆朝奏折》第七十一辑第534页辑录。〕

云贵总督富纲奏陈雨水栽插情形折

云贵总督臣富纲跪奏：为敬陈雨水、栽插情形，仰祈圣鉴事。

窃照云贵两省今年入夏后雨水、栽插情形，业经臣缮折奏闻在案。查近河田亩先俱乘时栽竣，惟高阜之区尚须积水，以资栽种。兹云南省于五月中下两旬连得膏泽，极为优渥，不特山田积水充盈，现已一律栽竣，其已种田禾得此沾濡，更获长养之益。即臣现在查勘所经之江川、通海等县，目击禾苗长发，四野青葱，并未因地震有误栽插。其被灾各户业已领得银谷，咸各得所，莫不感仰皇仁，共深顶颂。

臣因时届青黄不接，市粮或有短缺，并即酌量出粜，以资接济，闾阎极为宁贴。至黔省各州县，节据具报于芒种前后叠沛甘霖，田水充足，秋禾俱已栽插。现在各属粮价虽有长落不齐，然较之往年时值，尚不为昂。两省民夷乐业，沿边关隘亦甚宁谧，均堪仰慰慈怀。理合恭折具奏，伏祈皇上睿鉴。谨奏。

乾隆五十四年五月二十八日

〇览奏俱悉。

〔据《宫中档乾隆朝奏折》第七十二辑第105页辑录。〕

云贵总督富纲奏陈雨水田禾情形折

云贵总督臣富纲跪奏：为敬陈雨水、田禾情形，仰祈圣鉴事。

窃照云贵两省今夏雨水调匀，禾苗及时长发，节经臣缮折奏闻在案。时届立秋，正田禾含苞抽穗之际，尤藉雨润日暄，方足以资长养。兹云南省城六月中下两旬以来，或间日一雨，或三两日得雨一次，甚为合宜。臣诣郊察看，高下田禾均极畅茂，其栽种较早者业已吐穗扬花，且本年雨泽应时，不特平原地土广种无遗，即山头地角亦莫不随宜种植，葱郁可观。从此旸雨一律均调，又可卜秋成丰稔。并据各属具报得雨日期，均与省城大概相似。而气候较暖之普洱、元江等府州，禾稻已将次结实，据报情形极为茂盛，喜溢三农，民情倍形熙皞。闾阎知丰收可必，各将余粮出售，市卖米价均属称平。

至黔省各州县，据报每旬得雨二三次不等，积水盈畴，禾苗甚获滋培，秋成可望。稽核所报粮价，虽有长落不齐，尚无过昂之处。民苗乐业，各边关亦极宁谧，均堪仰慰慈怀。理合恭折奏闻，伏祈皇上睿鉴。谨奏。

乾隆五十四年六月二十八日

〇欣慰览之。

〔据《宫中档乾隆朝奏折》第七十二辑第706页辑录。〕

云贵总督富纲奏陈雨水禾稻情形折

云贵总督臣富纲跪奏：为敬陈雨水、禾稻情形，仰祈圣鉴事。

窃照云贵两省本年自夏徂秋旸雨合宜，田禾畅茂，节经臣缮折奏闻在案。兹查滇省地方，自七月以来，每旬得雨二三次不等，极为调匀。正当稻谷升浆结实之际，得此雨润日暄，更于农功有益。臣诣郊查看，高下田禾莫不颖实穗长，芃芃畅茂，其早栽处所业已渐次成熟，颗粒尤见饱满。刻下已届秋分，约出月初，即可陆续刈获。丰收在即，喜溢三农。

今秋恭值举行万寿恩科，士子踊跃观光，纷纷云集，较之往年人数为多。臣恐宵小匪徒匿迹其间，鼠窃为害，即派拨员弁兵役于城厢内外留心查察，并于贡院禁地，专派干练将备带兵设卡，分段巡查。昨于八月初一日，臣复会同抚臣谭尚忠亲至号舍，逐处搜检，并无埋藏字迹，其周围墙垣栅栏悉属高厚坚固，尚为严密。今正副考官冯集梧、刘锡五已俱于本月初二日到省。臣虽例不入闱，而场外一切防范更宜严肃，惟当督饬文武，加意防查弹压，以期镇静而襄盛典。再据黔省各属禀报旸雨情形，核与滇省大概相似。稻谷俱已升浆结实，丰稔可期。

两省市卖粮价虽间有长落不齐，尚无过昂之处。民夷乐业，边关亦极宁谧。理合一并奏闻，仰慰慈怀，伏祈皇上睿鉴。谨奏。

乾隆五十四年八月初四日

〇知道了。

〔据《宫中档乾隆朝奏折》第七十三辑第159页辑录。〕

云贵总督富纲奏报旸雨应时田禾丰稔情形折

云贵总督臣富纲跪奏：为旸雨应时，田禾丰稔，仰祈圣鉴事。

窃照云贵两省本年秋分以前雨水、田禾情形，节经臣缮折奏闻在案。兹届稻谷成熟之际，尤宜雨润日暄，俾资长养。查滇省八月上中两旬晴雨得宜，极为调匀，于农田大有裨益。臣诣郊察看，秋禾俱将次黄熟，颖实穗长，颗粒饱绽，现已次第刈获，约九月中均可全数登场。各属秋成分数，虽未据报齐全，而近省州县已经报到者自八九分至十分不等，洵属丰稔。至黔省，秋来晴雨亦极合宜，禾稻均属畅茂，统俟各属将收成分数开报至日，另行分晰具奏。现在市卖粮价业已日减，随后新谷全登，价值更可减落。两省民夷乐业，气象恬熙。

本年八月，恭值举行万寿恩科，多士观光云集。臣于场试之前，会同抚臣逐细察看。臣并专派将备，带领兵丁在于近地设卡稽巡，以昭严密。兹三场已竣，内外俱属镇静。其应试诸生内，查有昆明县增生汤祚昌，年八十四岁，通海县附生钱大有，年八十一岁，精神步履均皆康健，妥协完场，足征寿世嘉祥。除俟发榜后查明有无中式，会同抚臣谭尚忠另行具奏外，合并恭折奏闻，伏祈皇上睿鉴。谨奏。

乾隆五十四年八月二十六日

〇欣慰览之。

〔据《宫中档乾隆朝奏折》第七十三辑第305页辑录。〕

云贵总督富纲奏陈滇黔二省旸雨情形折

云贵总督臣富纲跪奏：为敬陈地方旸雨情形，仰祈圣鉴事。

窃照滇省地处炎方，向于稻谷登场之后，即须播种豆麦。立冬以前，各属秋稼业已收割完竣，正在翻犁种植。于九月二十及二十一二三等日连得雨泽，甚于农功有益。今岁粮价本不为昂，此时又得新米接济，市粮充裕，价值日减，民情倍臻熙皞。其黔省各属据报晴雨均调，与滇中大概相似。现亦翻犁大田，播种豆麦。稽核粮价，在在平减。民苗乐业，边关均极宁谧。

现在恭逢万寿恩科武闱乡试，各属武生云集省城，习练弓马，其中贤愚不一，易于撞骗招摇。臣先期出示晓谕，并专委云南府知府蒋继勋、署臣标中军副将百福严密查拿，倘有作奸滋弊，立即严究，以肃法纪。其外场所用硬弓，向由提调制备，弓力多有不准，且每力仅止一张，终日扳拉，至下半日，弓多疲软。此次臣预令营匠制造各力硬弓两分，校准弓力，派令备弁管理，轮替换用，俾轻重一律，以示均平。臣例应会同抚臣监看。臣惟有秉公持正，细心校阅，俟外闱逐一考试完竣，分别双好、单好字号，密移抚臣，以备内闱考试取中，仰副圣主慎选干城之至意。理合一并恭折奏闻，伏祈皇上睿鉴。谨奏。

乾隆五十四年十月初十日

○览奏俱悉。

〔据《宫中档乾隆朝奏折》第七十三辑第656－657页辑录。〕

云贵总督富纲奏报瑞雪应时丰年兆庆折

云贵总督臣富纲跪奏：为恭报瑞雪应时，丰年兆庆，仰祈圣鉴事。

窃臣奏明于十月二十八日由省起程，校阅迤东各镇协营官兵。兹于十一月二十九日回省，所有经过滇省之云南、曲靖二府并贵州之威宁州及回省经由昭通、东川各府属地方，臣逐一留心察看，平原、高阜俱已广栽豆麦，春荞乘时长发。复于十一月初七等日得有雪泽，虽旋下旋消，而土膏湿润，殊于农功有益。省城于二十七日先雨后雪，积厚四五寸，沾被甚为优渥，并据大理、楚雄等府属禀报，于十一月十五等日瑞雪缤纷，积厚三四寸不等，一切豆麦、杂粮得此雪泽滋培，尤见荣发，实为应时之瑞。现尚彤云密布，其余各州县自必一律普沾。现在行查，俟覆到另行具奏。至黔省各属，节据具报，于十月二十七八九、三十及十一月初一等日得雪一二寸不等，各项春种亦俱长发。

近年滇黔两省岁获丰稔，户有盖藏。刻下新粮入市，络绎而至，市米益臻充裕，价值日减。民夷乐业，闾巷恬熙，边关亦极宁谧，均堪仰慰慈怀。理合恭折具奏，伏祈皇上睿鉴。谨奏。

乾隆五十四年十二月初四日

○欣慰览之。

〔据《宫中档乾隆朝奏折》第七十四辑第343页辑录。〕

永郡疏浚海口沟渠呈两院禀

朱凤英

为请修复水道以益农功事。

查得永北一郡，内地防维，民食军储，关系綦重。但山多田少，户口殷繁，尤当相度地形，筹画经理。巡道按临永郡，博采周咨，而知该地之水，可资灌溉者三：一曰黑雾海，一曰九龙潭，一曰羊保草海。是三者，现有办理工程，或系在民，或兼在官，然必先经画久长，统计全局，实心董劝，而后于民有济。

查的里坡下有黑雾海，一名程海，长计三十余里，广约有七八里，山水汇聚，无所归泄。自乾隆三年，里民情愿合力开沟引灌田亩，经前守详请，每年修浚助给社谷一百石，奉宪准行在案。今沟道疏通，自河口引入金沙江，蜿蜒九十余里，其中马军、石湾、宋官、清水驿、螃蟹箐、栗山、满官、期纳等处，洋洋沃土，实称膏腴。至刘官屯、老虎山以下，长计三十余里，则水源已竭，如雨水缺少，则其流间断，未能直抵金江。似此亟宜疏浚深广，而后盈科渐进，长流不匮。查现今河口七尺，今宜加广一丈二尺；现今河身五尺，今宜加广八尺，深亦倍之。该府派役加工，悉心经理，则水源既裕，匪徒刘官屯以下三十余里足资挹注，即马军、石湾等处高田，亦可引渠滋灌矣。

又，太保山下九龙潭，向有长沟一道，自芮官沟、顶官沟以至包官、沈官、陈官、顾官、金官等处，总归木科，挟同泥河入江，积久沟道壅塞，前经里民疏浚，自芮官、顶官而止。其下因包官一处，沙土积厚约有一丈，长约十余丈，以致无力中止。过此则沟道原属疏通，只待引流灌注。巡道当经委员查勘，饬令照旧开浚，如果沙土积厚，实难开挖，即从低田纡道下注吴官等处，仍接旧沟，二者均堪裁酌，相宜而行。至此沟一开，则相循而下，次第沾溉，而吴官等村数十里之田尽成沃壤矣。

又，顺州土州同所辖坝口下流，有羊保草海一区，纵横八里，向有消水洞口，年久壅塞，置为荒地。上年，该府绅士等情愿备赀，开浚洞口，疏沟种垦，业经该府行查据覆并无违碍等情，准垦在案。今工力甫兴，人心怀疑未定，请行令该府晓谕里民，先期报垦，稍缓升科。如是，则民心踊跃，匪徒草海八九里田摊作膏田，即上流坝口十余里之地，久就荒芜，一旦水道有归，亦将渐次垦辟矣。

以上三事，因地利之自然，顺人心之所向，行之若果，成效立臻。现在督令地方官开浚，但其中措置之道，无惜工力，狃于小成，无徇偏隅，致亏全局，可大之模，尤期可久。仰祈俯赐核督，饬加董劝，则该地方官奉行益力，民情趋事赴工，欢欣踊跃，乐乐利利，沾被无涯矣。

〔据陈奇典修，刘慥纂乾隆《永北府志》（故宫博物院编《故宫珍本丛刊》第229册《云南府州县志》第4册，海南出版社2001年据清乾隆三十年刻本影印，下同）卷二十七《艺文志上》第21页辑录。朱凤英，清乾隆年间云南迤西巡道。〕

兼署云南提督腾越镇总兵苏尔相奏报滇省雨泽应时豆麦丰稔折

查今岁滇省自入春以来，雨泽应时，豆麦丰稔，合总计算通省豆麦收成实有九分。至于腾越、龙陵及所辖各土司地方均不产豆麦。

嘉庆元年五月十二日

〔据中国科学院地理科学与资源研究所、中国第一历史档案馆编《清代奏折汇编——农业·环境》（商务印书馆2005年版，下同）第329页辑录。〕

云南巡抚江兰奏报滇省晴雨协宜稻谷丰稔折

〔臣〕七月二十六日自省起程巡查边境，所过地方沿途察看，平原、高阜及山头地角悉皆广种。自交秋以后，晴雨尤为协宜，稻谷现已次第刈获。佥称今岁收成实属丰稔，为近年年未有。

嘉庆元年八月二十六日

〔据《清代奏折汇编——农业·环境》第330页辑录。〕

云南巡抚江兰奏报滇省雨旸时若情形折

滇省各属本年秋收极为丰稔，业经具折奏报在案。……今自八月下旬及九月初旬以后，雨旸时若，农民将稻谷收获，乘时晒晾，现在洒（撒）种春花，通省远近情形相同。

嘉庆二年九月初十日

〔据《清代奏折汇编——农业·环境》第332页辑录。〕

云南巡抚永保奏报滇省得雨大麦丰稔情形折

自湖南澧州直至贵州，二月初间连日大雨。入滇后渐觉晴霁，佥称日前亦俱得透雨，大麦间有收刈，春收甚好。现已栽种秧苗，大田亦可冀丰稔。

嘉庆八年三月初二日

〔据《清代奏折汇编——农业·环境》第344页辑录。〕

云南巡抚永保奏报滇省得雨稻谷收获情形折

各州县八月内得雨，稻谷俱属饱满，近水低田先刈获登场，山阜高田现亦次第收获。

新粮陆续入市。

嘉庆十一年九月二十八日

〔据《清代奏折汇编——农业·环境》第353页辑录。〕

云南巡抚孙玉庭奏报滇省得雪情形折

十一月分省城地方连得瑞雪，并附近各州县陆续报，上中下三旬自初一、二，初七至初九及十一、二十九等日皆获瑞雪，积厚一二寸至三四寸不等。距省较远之处亦间有报得雪者。滇省气候温和，不甚见雪，今岁叠获祥霙，可卜春收丰稔。其余各属亦俱渥沾雨泽，土膏滋润。

嘉庆十五年十二月十三日

〔据《清代奏折汇编——农业·环境》第367页辑录。〕

云贵总督伯麟、云南巡抚孙玉庭奏报云南禄丰县被水情形并粮价折

本年云南禄丰县低洼田亩被淹。〔……〕查本年秋收通省牵算八分有余。该县除被水之田外，其余皆有七分，米粮充足，价值平减，而□□之田皆已补种豆麦。滇省气候较早，与他省不同，明年二三月内即可收获，则民食接济有资，于青黄不接之时可以无虞拮据。

嘉庆十七年九月二十八日

〔据《清代奏折汇编——农业·环境》第374页辑录。〕

云南巡抚孙玉庭奏报滇省雨雪情形折

十一月分上旬，省城地方微雨先施，旋经得雪。省外各州县俱于上旬得雪，土膏滋润，豆麦藉以长发。如能再获透雪，即可望春收丰稔。

嘉庆二十年九月二十八日

〔据《清代奏折汇编——农业·环境》第385页辑录。〕

云南巡抚李尧栋奏报滇省雨水情形折

九月分据远近各属报，上中下三旬俱得雨泽，稻谷、晚荞陆续登场，南豆、二麦亦播种出土。〔……〕九月中旬，曲靖府属之马龙州北风忽起，天气阴寒，又丽江府属之鹤庆州及维西厅寒雨连朝，严霜迭降，致该二处晚禾未能一律饱绽，收成较歉。

嘉庆二十二年十月十二日

〔据《清代奏折汇编——农业·环境》第 391 页辑录。〕

云南巡抚李尧栋奏报滇省雨水调匀田禾收成分数折

八月分据通省远近各属报，旸雨匀调，早稻、山荞业经次第收获，晚禾亦俱结实，陆续登场。通省牵算约收八分有余。

嘉庆二十三年九月初七日

〔据《清代奏折汇编——农业·环境》第 395 页辑录。〕

〔兼署〕云南巡抚庆保奏报滇省得雪情形折

滇省雪泽本稀，今积至尺余，为数年来所未有。

嘉庆二十五年十一月十三日

〔据《清代奏折汇编——农业·环境》第 405 页辑录。〕

云南布政使王楚堂奏报滇省雨雪沾足情形折

沿途经过湖南常德、辰州、沅州、晃州等处，雪泽优沾，土性不宜于麦，种植稍稀。入贵州镇远府界及道经都匀、贵阳、安顺、兴义等府地方，冬春连得雨雪，土膏极其滋润，二麦长发。二月初七日入云南境，所过平彝、南宁、霑益、马龙、寻甸、嵩明、昆明等州县，雨雪亦均沾足。因两旬以来天时晴霁，滇省节候较暖，麦田一望青葱。

道光六年二月十五日

〔据《清代奏折汇编——农业·环境》第 421 页辑录。〕

云南巡抚颜伯焘奏报滇省雨雪情形折

十一月分据远近各属报，晴雨相间，云南、昭通、临安三府所属并报有得沾瑞雪之处，土膏滋润，豆麦青葱。

道光十九年十二月二十日

〔据《清代奏折汇编——农业·环境》第 450 页辑录。〕

云南巡抚程矞采奏报滇省田禾歉收缘由折

各属稻谷乘时刈获，豆麦次第播种。〔……〕田禾因扬花时叠被凉飙，浆水不足，旋又受霖甚重，以致结实未能饱绽，高下一律歉收。

道光二十八年十月二十三日

〔据《清代奏折汇编——农业·环境》第471页辑录。〕

云贵总督林则徐奉朱批奏报云南省昆明县被水情形折

云南省昆明县迨冬间雨雪较少，种麦比往岁稍稀。〔……〕正值麦穗半黄之际，忽于四月十六日起，连八昼夜大雨，至二十四日以后始转晴明。二麦本已垂成而被压在田，颗粒多有脱落，遂致实收减色。且逢闰节较迟，秧苗尚未栽插。本年春季民食幸赖蚕豆稍丰，堪资糊口。

道光二十九年五月十三日

〔据《清代奏折汇编——农业·环境》第472页辑录。〕

云南巡抚张亮基奏报滇省雨旸时若丰稔情形折

滇省本年春夏之交畅晴日久，栽插稍迟。迨后雨旸时若，土脉滋润，禾苗长发青葱，结实均能饱绽，多有一茎二三穗者，丰稔情形实为近年来所罕见。石屏、建水二州县被旱减收。现在早稻渐次收获。

咸丰元年闰八月二十三日

〔据《清代奏折汇编——农业·环境》第478页辑录。〕

云南巡抚岑毓英奏报滇省秋收薄歉片

再，臣等接准军机大臣字寄：同治九年十月初三日奉上谕："各省被灾地方应行调剂抚恤之处，着该将军、督抚等一并查奏，候旨施恩等因。钦此钦遵。"寄信前来，仰见圣主轸念民瘼，有加无已之至意。

伏查滇省本年五六两月久雨，禾苗已多受伤，秋间正值扬花，复被北风冰雹，田谷大半不能成实。合计通省地方，除贼踞荒芜外，所有获种田亩，秋收不足四成。入冬以来，又值久旱，恐明年春麦亦难丰收。现在米价较常增至五倍，军糈民食在在堪虞。当此剿贼吃紧，饷需万难之际，别无调剂抚恤之方，惟有仰恳天恩，敕催各省协饷源源接济，俾军需有着。臣等查看情形，酌免地方钱粮杂派款项，庶可稍纾民力。其各属荒芜田亩，实因兵燹之后瘟疫流行，人民逃亡过半，容俟军务肃清，饬司委员查勘造册，汇案奏请豁免。

是否有当，理合附片具陈，伏乞圣览训示。谨奏。

同治九年十二月初九日

〔据岑毓英撰《岑襄公奏稿》（清光绪二十三年刻本，下同）卷五第11页辑录。〕

云南巡抚岑毓英奏报滇省各属灾田分别减免钱粮片

再，臣等接准军机大臣字寄：同治十年十月初三日奉上谕："各省有无被灾地方，应行调剂抚恤之处，着该将军、督抚等一并查奏，候旨施恩等因。钦此钦遵。"寄信前来，仰见圣主轸念民瘼，有加无已之至意。

伏查滇省上年夏间，因大雨连旬，山水骤发，所有省城附近及东川、晋宁、嵩明、富民、河西、嶍峨等府州县被灾情形，曾经臣等奏报在案。嗣又续接安宁、呈贡、宜良、昆阳、罗次、武定、禄劝、元谋、河阳、路南、新兴、江川、南宁、宣威、罗平、陆凉、霑益、寻甸、弥勒、鲁甸、通海、宁州、宁洱、思茅、新平、楚雄、姚州、大姚、镇南、广通、丽江、鹤庆、剑川、浪穹、邓川、中甸、维西、宾川等府州县禀报，均称水灾较重。当即饬司委员分投前往查勘，各属被淹田地自四五成以至七八成不等，村舍亦多漂没，饥民甚众，赈恤难周。省城秋收之后，斗米百斤犹卖银三两数钱，恐今春青黄不接之际，民力愈形拮据。值此军务方殷，百姓疮痍未起，加以连年饥馑，深堪悯恻，合无仰恳天恩俯准，将同治十年分各属被灾田地应征钱粮分别减免，稍纾民困，仍俟军务肃清，臣等再将节年荒芜田地应免钱粮并同造册，咨部查核。

是否有当，出自逾格鸿施。谨合词附片具陈，伏乞圣览训示。谨奏。

同治十一年正月二十八日

〔据《岑襄公奏稿》卷五第53页辑录。〕

署理云贵总督岑毓英奏报滇省被水被雹情形折

滇省气候较迟，栽种收获均晚。本年夏初亢阳，秋多阴雨。节据宾川县报被水，镇南、嵩明、恩安等州县报被雹，禾稼均有伤损，永北厅报墨林等村被水，云南县报被旱歉收，业经具折奏报在案。〔……〕永北、宾川、云南三属被灾较重，镇南、嵩明、恩安等处虽被灾伤，尚有三五分收成不等，设法疏消积水，乘时补种杂粮。幸自九月以后，晴雨调匀，新谷已经登场，冬麦一律播种。

光绪十一年十一月二十日

〔据《清代奏折汇编——农业·环境》第550页辑录。〕

署理云贵总督岑毓英奏报昆明县被霜成灾委勘情形片

再，昆明县属本年水灾较重，栽插本迟，讵九月初间，阿角堡、中闸、八甲等六村，长坡、花箐等四村忽陨黑霜，连宵不止，田禾杨花者均遭萎折，含浆待实者亦为寒气所侵，概成空壳。该县诣勘被霜各田，阿角等村共二千亩，长坡等村共三百八十余亩，等情禀报前来，除批司迅速委勘，一面饬令补种杂粮，以济民食，其本年钱粮应如何蠲缓，俟勘覆至日，再归并水灾案内核计，分数办理。

所有昆明县属复被霜灾，委勘大概情形，谨先附片具陈，伏乞圣鉴。

再，云贵总督系臣本任，毋庸会衔，合并陈明。谨奏。

光绪十二年十二月十七日

〔据《岑襄公奏稿》卷二十七第51页辑录。〕

云南巡抚谭钧培奏报建水通海二县被雹成灾情形片

再据建水县知县王衍谦禀报：六月十五日雨雹大作，该县曲江南北两岸沙沟、大宫等村田亩、稻谷均被摧折无存。并通海县知县陈其栋禀报：该县寄征建水县属曲江地方钱粮、雨雹为灾。等情。当经行司委员驰往，并责成该管道府督饬并同逐一查勘，分别抚恤，毋令一夫失所。其被灾钱粮及田亩能否补种杂粮，俟造册查覆到日，另行核办。兹据藩司会同粮道详请具奏前来，臣覆查无异。所有建水县并通海县寄征田粮、被雹成灾、委员驰勘大概情形，谨会同云贵督臣岑毓英附片具陈，伏乞圣鉴。谨奏。

光绪十三年六月十八日

○知道了。即着饬属道查明，妥为抚恤，毋任失所。

〔据中国第一历史档案馆编《光绪朝朱批奏折》（中华书局1996年版，下同）第101辑第64页辑录。〕

云南巡抚谭钧培奏报平彝县被水成灾情形片

再据平彝县知县刘树勋禀报：本年六月十二、十三两日大雨倾盆，河水陡涨，该县附城一带田禾、民房均被淹没，牲畜亦多冲失，幸未伤损人口，堤埂冲缺数段，约长四五十丈或百余丈不等，两岸田亩多被浮泥淹没。等情。当经行司筹款，委员驰往并责成该管道府督饬逐一查勘，分别抚恤，毋令一夫失所。其被灾钱粮及田亩、河堤如何分别挑修，能否补种、杂粮，统俟造册查覆到日，另行核办。兹据藩司会同粮道详请具奏前来，臣覆查无异。所有平彝县被灾、委勘大概情形，谨会同云贵督臣岑毓英附片具陈，伏乞圣鉴。谨奏。

光绪十三年七月

○知道了。即着饬属道查勘被灾地方，分别妥筹抚恤，毋令一夫失所。

〔据《光绪朝朱批奏折》第101辑第73页辑录。〕

云南巡抚谭钧培奏报滇省雨旸时若田禾畅茂情形折

滇省十月份据各属报，雨旸应候，暄润得宜，豆麦长发青葱，杂粮、蔬菜亦皆畅茂。〔……〕惟阿迷、蒙自等州县田谷被虫，威远厅属被水成灾。

光绪十四年十一月二十四日

〔据《清代奏折汇编——农业·环境》第558页辑录。〕

云南巡抚谭钧培奏报威远厅被水成灾情形片

再据威远同知方桂芳禀报：该厅西萨、猛乃、猛班三乡于七月二十日山水陡发，冲塌桥梁，因溪河甚窄，沿河田谷漂没成灾，田内堆沙积石，灾民荡析离居，深堪悯恻。经该同知捐米赈粥，赶饬修垦，灾区以西萨乡为尤重，经臣饬布政司会同善后局司道筹款，委员星驰赈抚，并加拨该厅存谷以资接济，毋使一夫失所。一面饬该管普洱府亲率印委查勘田亩钱粮及被灾情形，分别造册详办。至此案系七月二十日被灾，该厅虽距省窎远，何以直至十一月初十日始据禀到。据称前署同知彭述贤已曾禀道等语，该道迄未转报到省，究系何日出禀，有无迟延，曾否并报该管知府，未据详晰叙明，该道因何延不转报，该管府何以亦未禀闻，事关民瘼，未便含糊。现饬布政司查取各职名，至日另行参办。兹据该司会同善后局司道详请具奏前来，臣覆查无异。除咨部查照外，所有威远厅属被水成灾大概情形，谨先会同云贵督臣岑毓英附片具陈，伏乞圣鉴训示。谨奏。

光绪十四年十一月至十二月

〇知道了。即着饬属妥筹赈抚，毋任一夫失所。余依议该部知道。

〔据《光绪朝朱批奏折》第101辑第87页辑录。〕

云南巡抚谭钧培奏报石屏州干旱成灾委勘及平粜情形片

再据石屏州知州毛诵芬禀报：该州去冬今春雨泽稀少，四月二十二、五月初十等日连得细雨，因土性过干，仅能湿润，直至十四、二十七八九等日及六月初二日方得大雨，均为时不久。低下田亩得水栽秧，而高阜及距水较远之区仍均无水，连日晴霁，烈日干风，田复干涸。现已节近大暑，秧苗已老，未能栽种，夏灾已成。而米价日昂，民心惶恐，请委员确勘。等情。当经行司筹款委员带往该州，就近采买米粮，至州平粜以定人心，并责成该管道府督饬印委各员逐一确勘，未种田亩能否补种杂粮，钱粮应否蠲缓，分别核办。兹据蕃司会同粮道具奏前来，臣覆查无异。所有石屏州干旱成灾，委勘及平粜大概情形，除咨部查照外，谨附片具陈，伏乞圣鉴。

再，云贵总督系臣兼署，毋庸列衔，合并陈明。谨奏。

光绪十五年六月

〇知道了。

〔据《光绪朝朱批奏折》第101辑第92页辑录。〕

云南巡抚谭钧培奏报昆阳等州县被水委勘赈抚情形片

再据昆阳州知州苏忠廷禀报：本年五月二十一日大雨倾盆，接连三昼夜，二十四五等日山水、海水同时陡涨，州属芭蕉箐子河堤埂被山水冲开三十余丈，白塔中庄、前庄各村漾塘各冲塌三十余丈，老虎滩至归化滩一带河埂共坍塌百余丈，又下游之晋宁州属清水滩大河沙泥淤滞，致上游水难畅销，查勘白塔等村民田被沙石淤埋约百余亩。又据太和县知县张曾亮禀报：五月二十日县属苍山小箐出蛟，山水暴发，近海田亩多被冲淹，沙淤石积，并冲塌石桥二架，幸村寨人口均无损伤。各等语。当经行司筹款，委员并责成该管道府督饬印委各员逐一查勘，妥为抚恤，毋令一夫失所。滇省栽插较迟，被水田亩、河堤分饬赶紧挑修，尚可补种，以冀秋收。钱粮应否蠲缓，俟秋后确查再行核办。兹据蕃司会同粮道详请具奏前来，臣覆查无异。所有昆阳等州县河堤被水，冲塌田内沙石淤积，委勘赈抚情形，谨附片具陈，伏乞圣鉴。

再，云贵总督系臣兼署，毋庸列衔，合并陈明。谨奏。

光绪十五年六月

○即着饬属妥为抚恤，毋任灾民失所，并将河堤赶紧挑修，以卫农田。

〔据《光绪朝朱批奏折》第101辑第92页辑录。〕

云南巡抚谭钧培奉朱批奏报滇省地方雨水并栽插情形折

新平县田亩因去冬今夏天气亢旱，得雨迟而不畅，栽插本未及半，入秋又复晴霁，栽者复就枯槁，秋成无望。建水县四五两月雨水稀少，西南屯之左中、前右、新安等乡不近潭河，各田因栽插较迟，并于扬花之际复遭狂风烈日损伤谷胎，又有白色小虫伏啮根节，以致谷穗白而不实，收成大减，秋灾已成。

光绪十五年十月二十九日

〔据《清代奏折汇编——农业·环境》第560页辑录。〕

云南巡抚谭钧培奏报元谋县久旱不雨秋成无望折

云南元谋县属甘棠等村上年七月以后，久旱不雨，禾稻、杂粮尽行枯萎，秋成无望。元谋县属各村被旱民田共二百五十一顷六十亩四分四厘，十分成灾，情形甚重。

光绪十六年四月二十七日

〔据《清代奏折汇编——农业·环境》第562页辑录。〕

云南巡抚谭钧培奏报南宁县宣威州被水委勘筹赈情形片

再据署南宁县知县黄毓崧禀报：本年四月二十七、二十九等日连日大雨，河水暴涨，将中东两路、柳树等村九圩堤埂先后冲决，水势浩大，一片汪洋，圩内居民五百余户以及圩田新秧全行被淹，倾倒民房二百余间，恳请发帑赈济，委员查勘办理。又据宣威州知州陈鸿勋禀报：四月初四、二十八等日大雨倾盆，该州灰洞、大塘等村及本城西门外田地，被山水冲坏七百余亩，石桥一座。又二十日，夜来、宾铺、马街等处被蛟水冲坏田地六百余亩，大小石桥两座，已栽秧苗尽被沙石积压。各等情。当经臣先后行司筹款，委员驰往，并责成该管道府督饬印委各员逐一查勘，妥为赈抚，毋令一夫失所。现在时节尚早，并令督饬农民赶将圩堤决口及时修筑，疏消积水，挑出田中沙石，补种晚稻、杂粮，以资秋收。接济仍分别村庄区图，先行造册详送备查。钱粮应否蠲缓，统俟秋后由各地方官复勘是否成灾，再行照例办理。兹据署布政使汤聘珍会同粮储道松林详请具奏前来，臣覆查无异。所有南宁县、宣威州属民田被水，委勘筹赈大概情形，谨会同云贵总督臣王文韶附片具陈，伏乞圣鉴。谨奏。

光绪十六年五月至八月

○即着饬属认真查勘，赈抚以恤灾黎。余依议。

〔据《光绪朝朱批奏折》第 101 辑第 114 页辑录。〕

云南巡抚谭钧培奏报滇省雨水情形并米粮价值折

云南巡抚臣谭钧培跪奏：为恭报滇省七月分雨水情形并各属米粮价值，仰祈圣鉴事。

窃本年六月分雨水、粮价情形，前经臣恭折奏报在案。兹查七月分据各属陆续具报，雨水得宜，土膏滋润，禾苗吐穗扬花，杂粮长发。惟晋宁等属阴雨过多，河水涨发，以致房屋、田禾有被淹没之处。现已分别委勘，将大概情形另折具奏外，据布政使史念祖查明，各属米粮价值列单汇报前来，臣逐加覆核，惟曲靖、临安等府属粮价较增，大理、蒙化等府厅属粮价较减，其余各属虽亦互有低昂，大略与上月相同。现在农民乐业，地方安静，洵堪仰慰圣怀。理合恭折具奏，并缮粮价清单敬呈御览，伏乞皇上圣鉴。谨奏。

光绪十六年八月二十七日

○知道了。

〔据《光绪朝朱批奏折》第 95 辑第 8 页辑录。〕

云贵总督王文韶、云南巡抚谭钧培奏报滇省被水情形折

滇省气候较迟，收获最晚。本年初夏亢旱，入秋以后又复阴雨连绵，以致昆明、晋宁、昆阳、嵩明、呈贡、南宁、寻甸、宣威、建水、安平、蒙化、永平、鹤庆、邓川、赵州等十五厅州县均各有被水之处，淹坏田亩，冲倒房屋。太和、保山、剑川等三州县亦因起蛟水涨，淹没田房人畜。新兴州先旱后水，成灾较重。〔……〕各属九月以后，天气稍晴，新谷登场，豆麦播种。〔……〕续据赵州具报，田禾被水。

光绪十六年十一月二十三日

〔据《清代奏折汇编——农业·环境》第 563 页辑录。〕

云南巡抚谭钧培奏报滇省雨水情形并米粮价值折

云南巡抚兼署学政臣谭钧培跪奏：为恭报滇省上年十二月分雨水情形并各属米粮价值，仰祈圣鉴事。

窃照上年十一月分雨水、粮价情形，业经奏报在案。兹据各属陆续具报，雨雪沾濡，土膏滋润，二麦一律畅茂，南豆渐次结实。至各属粮价，据藩司史念祖查明，列单汇报前来，臣逐加覆核，惟云南临安等府属粮价较增，广南、大理等府属粮价较减，其余各属互有低昂，大略与上月相同。现在农民乐业，地方安静，洵堪仰慰圣怀。理合恭折具奏，并缮粮价清单敬呈御览，伏乞皇上圣鉴。谨奏。

光绪十七年正月二十八日

〇知道了。

〔据《光绪朝朱批奏折》第95辑第69页辑录。〕

云南巡抚谭钧培奏报滇省雨水情形并米粮价值折

云南巡抚臣谭钧培跪奏：为恭报滇省四月分雨水情形并各属米粮价值，仰祈圣鉴事。

窃本年三月分雨水、粮价情形，前经奏折奏报在案。兹查四月分据各属陆续具报，甘雨应时，高原下隰悉皆滋润，二麦业已登场，民食得资接济，蔬菜亦皆畅茂。并据藩司史念祖将各属米粮价值查明，列单汇报前来，臣逐加覆核，惟临安、普洱、武定等府州属粮价较增，东川府属粮价较减，其余各属虽亦互有低昂，大略与上月相同。现在农民乐业，地方安静，洵堪仰慰圣怀。理合恭折具奏，并缮粮价清单敬呈御览，伏乞皇上圣鉴。谨奏。

光绪十七年五月二十八日

〇知道了。

〔据《光绪朝朱批奏折》第95辑第69页辑录。〕

云贵总督王文韶、云南巡抚谭钧培奏报滇省被水情形折

查滇省气候较迟，收获最晚。本年夏初无雨，入秋以后又复阴雨连绵。节据会泽、平彝、宣威、永善、师宗、寻甸等州县具报，河水陡涨，淹坏田亩，冲倒房屋，伤损禾稼。又石屏州先因得雨太迟，后值河水暴涨，亦有田亩被淹。鲁甸厅荞、芋、小麦失收。〔……〕各属九月以后，天气明朗，新谷登场，豆麦播种。

光绪十七年十一月二十二日

〔据《清代奏折汇编——农业·环境》第565页辑录。〕

云南巡抚谭钧培奏报滇省雨水情形并米粮价值折

云南巡抚臣谭钧培跪奏：为恭报滇省上年十二月分雨水情形并各属米粮价值，仰祈圣鉴事。

窃照上年十一月分雨水、粮价情形，业经奏报在案。兹据各属陆续具报，雨雪沾濡，土膏滋润，二麦一律畅茂，南豆渐次结实。各属粮价，据藩司史念祖查明，列单汇报前来，臣逐加覆核，惟广南、开化等府属粮价较增，云南、永昌等府属粮价较减，其余各属虽亦互有低昂，大略与上月相同。现在农民乐业，地方安静，洵堪仰慰圣怀。理合恭折具奏，并缮粮价清单敬呈御览，伏乞皇上圣鉴。谨奏。

光绪十八年正月二十八日

○知道了。

〔据《光绪朝朱批奏折》第95辑第216页辑录。〕

云南巡抚谭钧培奏报武定等厅州县被水成灾情形片

再，滇省本年雨水较多，灾区较众，前已将续报被水州县委勘赈抚情形附片驰陈在案。兹据各属陆续禀报，复有武定直隶州属之龙潭村因河水陡涨，淹没官田二百二十三工；蒙化直隶厅属之浪仓江一带蛟水为灾，漂没沿江田禾，冲塌民房一十四所，淹毙男妇一十四丁口；永北直隶厅属之龙潭约河水决堤，淹没田亩；马龙州属之上土桥等村民田并觉照寺僧田，均被海水涨泛冲淹成灾；文山县属之藤子寨等处田地，被淹六百余亩；永善县属之锅圈滩等处江水暴涨，漂没沿江民房二百余户；并据路南州续报，万户庄民田被淹一百余亩；昆明县续报普自、桃园、西宁、张家等堡田地被淹；建水县续报西庄坝等村淹没田亩，淹毙幼女一口，各请委员会勘，等情。臣据报，当经行司会局筹款，委员分投驰往，会同各该地方官逐一查勘，妥为赈抚，造册详办在案。此外有无被灾地方，仍俟查复到日，再行核办。兹据布政使史念祖、粮储道英奎会同善后局司道会详请奏前来，臣覆核无异。除咨部查照外，所有武定、蒙化、永北、马龙、文山、永善等厅州县被水成灾，并路南州、昆明、建水等县续报被灾缘由，谨会同云贵督臣王文韶附片具陈，伏乞圣鉴。谨奏。

光绪十八年六月至七月

○知道了。

〔据《光绪朝朱批奏折》第101辑第179页辑录。〕

云南巡抚谭钧培奏报滇省雨水情形并米粮价值折

云南巡抚臣谭钧培跪奏：为恭报滇省上年十二月分雨水情形并各属米粮价值，仰祈圣鉴事。

窃照上年十一月分雨水、粮价情形，业经奏报在案。兹据各属陆续具报，雨雪沾足，土膏滋润，二麦一律畅茂，南豆渐次结实。各属粮价，据藩司史念祖查明，列单汇报前来，臣逐加覆核，惟云南、曲靖等府属粮价较增，普洱、丽江等府属粮价较减，其余各属虽亦互有低昂，大略与上月相同。现在农民乐业，地方安静，洵堪仰慰圣怀。理合恭折具奏，并缮粮价清单敬呈御览，伏乞皇上圣鉴。谨奏。

光绪十九年正月二十七日

〇知道了。

〔据《光绪朝朱批奏折》第95辑第411页辑录。〕

云南巡抚谭钧培奏报滇省雨水情形并米粮价值折

云南巡抚臣谭钧培跪奏：为恭报滇省四月分雨水情形并各属米粮价值，仰祈圣鉴事。

窃本年三月分雨水、粮价情形，前经臣恭折奏报在案。兹查四月分据各属陆续具报，甘雨应时，高原下隰悉皆滋润，二麦业已登场，民食得资接济，蔬菜亦皆畅茂，并据藩司史念祖将各属米粮价值查明，列单汇报前来，臣逐加覆核，惟东川、昭通、永北等府厅属粮价较增，澂江府属粮价较减，其余各属虽亦互有低昂，大略与上月相同。现在农民乐业，地方安静，洵堪仰慰圣怀。理合恭折具奏，并缮粮价清单敬呈御览，伏乞皇上圣鉴。谨奏。

光绪十九年六月十五日

〇知道了。

〔据《光绪朝朱批奏折》第95辑第484页辑录。〕

云南巡抚谭钧培奏报石屏等州县被水成灾情形片

再据石屏州禀报：该州六月十五日后大雨倾盆，湖河各水泛涨，异龙湖东南并宝秀乡沿湖依河田亩尽被淹没；又据续报，七月二十五日后雨水更大，赤瑞湖水并大松树一带溪谷各水并下，以致冲决河堤，沿河田亩淹没成灾；又据建水县禀报，七月初九、初十等日昼夜大雨，拖泥坝等处蛟水陡发，冲倒堤埂三十余处，淹坏五十余村寨，坍塌民房、庙宇三百余间，淹毙男女二丁口，田谷、牲畜尽被淹没；又据江川县禀报，入秋以后雨水过多，海水涨发，致富荣等六乡近海田多被淹没，房屋亦有倾倒；又据永平县禀报，六月二十八日夜，风雨交作，县属梅花村后黄庄坡山自顶塌下，宽约三十余丈，长约百丈，覆压居民彭万春等三户，均全家压毙，共计二十丁口，又陈有才一户被压草屋二间，尚余二丁口，粮田四十余丘及所种山地概被覆压，钱粮无着，各请委勘等情。臣据报后，因建水灾情较重，石屏次之，当经行局会司，两次筹发建水县银六千两，石屏州银一千两，江川、永平两县亦酌筹银两，分别委员驰往，责成该管道府督饬印委各员逐一履勘，妥为赈抚。赈款如有不敷，俟禀复到日，再行酌核，接续筹发，务使灾民不致失所。并令督饬农民赶将冲决河、被压被淹各田及时修筑，挑修疏消积水，补种杂粮，以资接济。被灾钱粮分别村庄区图、成灾轻重，造册详候核办。兹据署布政使岑毓宝会同署粮储道李肇锡详请具奏前来，臣覆查无异。除咨户部查照外，所有石屏、建水、江川等州县被水，并永平县山塌覆压民居、田地成灾，委员勘抚大概情形，谨会同云贵总督臣王文韶附片具陈，伏乞圣鉴。谨奏。

光绪二十年八月二十六日

〇着即饬属妥为抚恤，毋任失所。户部知道。

〔据《光绪朝朱批奏折》第101辑第235页辑录。〕

云南巡抚黄槐森奏报鲁甸等厅州被水被雹成灾委员勘抚情形片

再据鲁甸厅禀报：该厅七月二十日后暴雨连宵，山水涨发，将米家湾等处田禾尽被淹没；又据续报，七月二十四日暴雨如注，山水陡涨，并桃源等处河埂冲断，田禾淹没；又据永北厅禀报，该厅八月初六日夜大雨淋漓，蛟水骤发，沿河西边沙堤并魁星阁上下河堤冲坏，田禾被淹，房屋倒塌，冲毙二人；又据鹤庆州禀报，该州八月二十四日雷雨交作被雹，打伤吉庆等村田禾，各请委员勘抚等情。臣据报后，当经行司会局分别筹款，委员驰往，责成该管道府督饬印委各员逐一履勘，妥为赈抚，毋使一夫失所。并督饬农民赶将冲断河埂、被压被淹各田设法堵筑，挑修疏消积水，补种杂粮，以资接济。被灾处所分别村庄区图、成灾轻重，造册详候核办。据布政使裕祥会同粮储道英奎、善后局司道详请具奏前来，臣覆查无异。除咨户部查照外，所有鲁甸、永北、鹤庆等厅州被水被雹成灾，委员勘抚大概情形，谨会同云贵督臣崧蕃附片具陈，伏乞圣鉴。谨奏。

光绪二十二年九月

〇户部知道。

〔据《光绪朝朱批奏折》第101辑第311页辑录。〕

云南巡抚黄槐森奏报石屏等州县被旱被水成灾委勘赈抚情形片

再据石屏州禀报：该州去冬雨泽稀少，自春徂夏又无透雨，日烈风干，田水枯涸，直至六月初六七等日始获大雨，近海低下田亩得水栽插，其余高阜及距海较远之区，仍均无水，节届小暑秧苗已老，未能栽种，夏灾已成，无从补救；又据建水县禀报，该县本年入夏以来，雨泽愆期，至六月初旬始得大雨，节逾夏至，栽种失时，县属西后各村田亩干涸，多难补种，秋成无望；又据宾川州禀报，该州六月初四日，赤耆之江外各村蛟水陡发，冲坏田亩、房屋，淹毙男妇二十丁口，并淹毙乞丐五人，田亩被水成灾；又据禄劝县禀报，该县六月初九十等日，鲁溪境转龙马等处大雨倾盆，山水齐发，冲倒房屋，淹没田亩，秋成失望，各请委员勘抚等情。臣据报后，节经行司会局筹款，委员驰往，责成该管道府督饬印委各员分别逐一履勘，妥为赈抚。并令督饬农民赶紧设法疏消积水，补种杂粮，以资接济。被旱被水钱粮分别村庄区图、成灾轻重，造册详办。据布政使裕祥、粮储道英奎详请具奏前来，臣覆查无异。除咨部查照外，所有石屏、建水、宾川、禄劝等州县被旱被水成灾，委勘赈抚大概情形，谨会同云贵总督臣崧蕃附片具陈，伏乞圣鉴。谨奏。

光绪二十三年六月

○知道了。石屏等州县除业经赈抚外，着查明被灾轻重、区图，照例办理。

〔据《光绪朝朱批奏折》第101辑第337页辑录。〕

云南巡抚黄槐森奏报平彝县属久安里地方被水雹成灾委勘情形片

再据代理平彝县禀报：县属久安里地方本年七月十三日夜雷雨交作，冰雹如注，田禾、杂粮均被打伤，收成难望，禀请委勘等情。臣据报后即行司会局委员前往，逐细履勘，妥为赈抚，并令督饬农民赶紧补种杂粮，以资接济。被雹钱粮分别村庄区图、成灾轻重，造册详办。据布政使裕祥会同粮储道英奎详请具奏前来，臣覆查无异。除咨部查照外，所有平彝县属久安里地方被雹成灾，委勘大概情形，谨会同云贵总督臣崧蕃附片具陈，伏乞圣鉴训示。谨奏。

光绪二十三年八月

○知道了。

〔据《光绪朝朱批奏折》第93辑第191页辑录。〕

云南巡抚裕祥奏报昆明县属石闸等村被水成灾委勘情形片

再据昆明县禀报：本年九月下旬雨水过多，县属石闸村官家屯一带河水漫溢，淹没田谷，颗粒无收，禀请委勘等情。经前抚臣黄槐森批饬司道委员会勘赈抚，并令督饬农民赶紧设法疏消积水，补种杂粮，以资接济。被灾钱粮分别村庄区图、成灾轻重、应蠲应缓，造册详办。据布政使汤寿铭会同粮储道英奎详请具奏前来，奴才覆查无异。除咨部查照外，所有昆明县属石闸等村被水成灾，委勘大概情形，谨会同云贵总督臣崧蕃附片具陈，伏乞圣鉴训示。谨奏。

光绪二十三年十月

○知道了。

〔据《光绪朝朱批奏折》第101辑第348页辑录。〕

云南巡抚裕祥奏报滇省晴雨得宜并平彝县雹伤情形折

伏查滇省地处边隅，气候较迟，收获最晚。本年夏初雨泽愆期，栽插多有过时，入秋后阴雨连绵，低洼处所致被淹没。节据石屏、新兴、建水等州县具报，得雨最迟，高阜之区未能栽插。宾川州属之江外各村蛟泛为灾，冲没田庐，淹毙人口，自和等村雨水较少，田亩干涸。昆明县属石闸等村河堤决口，冲坏田禾。禄劝县属鲁溪境等处山水陡发，淹没田房。平彝县属久安里冰雹如注，田禾伤损。现又据永昌府具报，保山县属南下哨栽插过晚，田谷秀而不实。

光绪二十三年十月二十八日

〔据《清代奏折汇编——农业·环境》第577页辑录。〕

云贵总督崧蕃、云南巡抚裕祥奏报滇省雨水情形折

滇省九月份据各属陆续具报，晴雨得宜，稻谷乘时收获，南豆、二麦次第播种，园蔬亦皆畅茂。惟平彝县属久安里地方七月十三日夜雷雨交作，冰雹如注，田禾、杂粮均被打伤，业已成灾。

光绪二十三年十一月十六日

〔据《清代奏折汇编——农业·环境》第577页辑录。〕

云南巡抚裕祥奏报滇省雨水情形并米粮价值折

云南巡抚裕祥奴才跪奏：为恭报滇省上年十二月分雨水情形并各属米粮价值，仰祈圣鉴事。

窃查上年十一月分雨水、粮价情形，前经奴才恭折奏报在案。兹据各属陆续具报，雨雪沾濡，土膏滋润，二麦一律畅茂，南豆渐次结实。并据藩司汤寿铭将各属粮价查明，列单汇报前来，臣逐加覆核，内云南、曲靖、临安、普洱、东川、昭通、大理、蒙化、广西等府厅州属粮价较增，丽江、永昌、顺宁等府属粮价较减，其余各属虽亦互有低昂，大略与上月相同。现在农民乐业，地方安静，洵堪仰慰圣怀。理合恭折具奏，并缮粮价清单敬呈御览，伏乞皇上圣鉴。谨奏。

光绪二十四年正月二十七日

〇知道了。

〔据《光绪朝朱批奏折》第96辑第300页辑录。〕

云南巡抚裕祥奏报滇省雨水情形并米粮价值折

云南巡抚裕祥奴才跪奏：为恭报滇省六月分雨水情形并各属米粮价值，仰祈圣鉴事。

窃本年五月分雨水、粮价情形，前经奴才恭折奏报在案。兹查六月分据各属陆续具报，雨水调匀，禾备长发，杂粮、蔬菜亦皆畅茂。并据署布政使陈启泰将各属米粮价值查明，列单汇报前来，奴才覆核，内云南、曲靖、澂江、东川、顺宁、楚雄、广西、元

江等府厅州属粮价较增，顺安、开化、大理等府属粮价较减，其余各属虽互有低昂，大略与上月相同。现在农民乐业，地方安静，洵堪仰慰圣怀。理合恭折具奏，并缮粮价清单敬呈御览，伏乞皇上圣鉴。谨奏。

光绪二十四年七月二十六日

○知道了。

〔据《光绪朝朱批奏折》第96辑第409页辑录。〕

云南巡抚丁振铎奏报滇省雨水情形并米粮价值折

云南巡抚臣丁振铎跪奏：为恭报滇省八月分雨水情形，并各属米粮价值，仰祈圣鉴事。

窃查本年七月分雨水、粮价情形，前经督臣崧蕃恭折奏报。兹查八月分据各属陆续具报，雨旸得宜，土膏滋润。云南收获较迟，早稻已渐登场，晚禾亦次第结实。惟永北、宣威、昆明、宜良、邱北等厅州县于七八月内大雨时行，河水涨发，田禾、房屋多被淹坏，业由督臣崧蕃将委勘赈抚情形驰奏。又嵩明、姚州、呈贡、恩安等属，八月内及九月初间阴雨连绵，河水泛溢并被冰雹，将田禾淹没打坏，现由臣将赈抚情形另折奏报各在案。据署藩司林绍年查明，各属米粮价值汇报前来，臣逐加覆核，内云南、临安、东川、昭通、楚雄、永北等府厅属粮价较增，普洱、顺宁等府属粮价稍减，其余各属虽互有低昂，大略与上月相同。现在农民乐业，地方安静，洵堪仰慰圣怀。理合恭折具奏，并缮粮价清单敬呈御览，伏乞皇太后、皇上圣鉴。谨奏。

光绪二十五年十月初六日

○知道了。

〔据《光绪朝朱批奏折》第96辑第409页辑录。〕

云贵总督崧蕃、云南巡抚丁振铎遵旨奏报滇省被灾各属赈抚体察情形折

云贵总督臣崧蕃、云南巡抚臣丁振铎跪奏：为遵旨查明滇省本年被灾各属均已分别赈抚体察情形，来春毋庸接济，恭折覆陈，仰祈圣鉴事。

窃臣等光绪二十五年十一月初三日承问候语军机大臣字寄：光绪二十五年十月初三日奉上谕："本年云南新兴、昆阳、邱北等州县被水，均经该督抚等查勘抚恤，小民谅可不至失所，惟念来春青黄不接之时民力未免拮据，着传谕该督抚等体察情形，如有应行接济之处，即查明据实覆奏，此外有无被灾地方应行调剂抚恤之处，一体查奏，候旨施恩，将此各谕令知之等因。钦此钦遵。"寄信前来，仰见皇太后、皇上轸念灾黎，恩加无已之至意。臣等忝膺疆寄，任重抚绥，曷敢稍存膜视。

伏查滇省地居边徼，气候较迟，收获亦晚。本年入秋以来，雨水连绵，以致新兴、昆阳、邱北等属被水，当经驰奏。嗣据永北、宣威、昆明、宜良、嵩明、姚州、呈贡、

恩安、鲁甸、永善等厅州县禀报，又复被水被雹成灾，亦经臣等督饬司道筹款，委员会同各该地方官妥为赈抚，并责成该管道府督同印委各员将被灾田粮确勘详办，业将大概情形先后续陈各在案。本年钱粮应蠲应缓均俟造册至日，再行分别奏恳恩施，以纾民困。此外各属均据查报雨旸时若，秋收丰稔。九月以后天气晴明，新谷登场，豆麦播种均极畅茂，民皆乐业，如此后旸雨合宜，来春自可毋庸接济。据署布政使林绍年会同署粮储道全楙绩暨善后局司道详请具奏前来，臣等覆加查核，系属实情，仍当随时督同司道悉心察看，如届时尚有必须调剂之处，自当仰体圣怀，筹款办理，用纾宸廑。除咨户部外，所有查明本年被灾各属，均已分别赈抚，体察情形，来春毋庸接济缘由，谨合词恭折具奏，伏乞皇太后、皇上圣鉴训示。谨奏。

光绪二十五年十一月二十一日

〇知道了。

〔据《光绪朝朱批奏折》第101辑第407页辑录。〕

云贵总督崧蕃、云南巡抚丁振铎奏报滇省举办开垦渐有成效拟择尤请奖缘由折

云贵总督臣崧蕃、云南巡抚臣丁振铎跪奏：为滇省举办开垦渐有成效，拟择尤吁垦天恩俯准奖叙以示鼓励恭折，仰祈圣鉴事。

窃臣等承问候语军机大臣字寄：光绪二十五年四月初六日奉上谕："立国之计，足食为先。近来米价腾踊，户鲜盖藏，而各属荒田尚多日久淤废者，亟应因时开垦以广利源，着各督抚认真查勘。该省荒地共有若干，责令各该地方官妥定章程，设法劝谕承认耕种，毋任吏胥骚扰苛索，亦毋庸遽定升科年限，一切务以便民为主。果能办有成效，准由督抚奏请奖叙，仍将垦出田亩数目随时奏报，以备查核等因。钦此钦遵。"当经行饬司道详定奖罚章程，通饬各属遵办。

去后，兹据署布政使林绍年会同署粮储道全楙绩详称："查有前署嵩明州知州贺宗章因该州永荒，粮额历久未能规复，查系嘉丽泽为众水所汇，自兵燹失修，下流淤塞，淹没为患。该州到任后，即捐廉劝谕绅民，共集民夫亲督疏浚，不三月将尾河开通，涸出粮田五十顷零三分一厘。所有永荒二十余年未征之条粮，共银五百四十七两一钱二分零，即于是年具报升科，粮额因此规复，并相度土宜，劝民广种橦青树，逐渐成林，民资利赖。又现署安宁州知州伍春滦到任后，即以荒芜为重，随时亲历各乡挤查隐匿，设法招垦，民不烦扰，功归核实。据报陆续垦复田地八十八顷九十余亩，升科条粮共银五百九十七两六钱七分零，均于二十五年一律起征。报解虽未复原额，所垦田地计数较多，洵皆尽心民事，办理得宜，并未迫以升科，而民情鼓舞，输将恐后。使各属皆能如此督劝，匪特荒芜不难尽复，即地角山限，有利皆辟，其裨于边民生计，尤非浅鲜。"等情，详请从优奏奖前来。臣等覆查滇民生计日蹙，垦荒为目前要务，该州等以署事之员均能悉心经理，不惮烦劳，既经办有成效，自应酌予奖励，以昭激劝。合无仰恳天恩俯准，将留心水利、全复额征之前署嵩明州事同知衔补用知县贺宗章，俟补缺后，以直隶州知州用，并将垦查复额较多之现署安宁州事五品衔补用知县伍春滦，俟补缺后，以知州用，俾示

鼓励，而资观感，出自逾格鸿施。除将该员等履历清册分咨吏、户部查照外，所有举办开垦渐有成效，择尤请奖缘由，谨合词恭折具陈，伏乞皇太后、皇上圣鉴训示。谨奏。

光绪二十五年十二月二十六日

〇着照所请，该部知道。

〔据《光绪朝朱批奏折》第93辑第352页辑录。〕

兼署云贵总督云南巡抚丁振铎
奏报滇省雨水情形并米粮价值折

兼署云贵总督云南巡抚臣丁振铎跪奏：为恭报滇省上年十二月分雨水情形，并各属米粮价值，仰祈圣鉴事。

窃查上年十一月分雨水、粮价情形，前经臣恭折奏报在案。兹据各属陆续具报，雨雪调匀，土膏滋润，二麦一律畅茂，南豆渐次结实。并据署布政使林绍年将各属粮价查明，列单汇报前来，臣逐加覆核，内云南、澂江、开化、普洱、东川、昭通、顺宁、广西等府州属粮价较增，曲靖、大理、丽江、楚雄、永北等府厅属粮价较减，其余各属虽亦互有低昂，大略与上月相同。现在农民乐业，地方安静，洵堪仰慰圣怀。理合恭折具奏，并缮粮价清单敬呈御览，伏乞皇太后、皇上圣鉴。谨奏。

光绪二十六年正月二十六日

〇知道了。

〔据《光绪朝朱批奏折》第96辑第686页辑录。〕

兼署云贵总督云南巡抚丁振铎
奏报滇省雨水情形并米粮价值折

兼署云贵总督云南巡抚臣丁振铎跪奏：为恭报滇省八月分雨水情形，并各属米粮价值，仰祈圣鉴事。

窃本年七月分雨水、粮价情形，前经臣恭折奏报在案。兹查八月分据各属陆续具报，雨是宜，土膏滋润。云南收获较迟，早稻已渐登场，晚禾亦次第结实。惟永平县属于八月初三日大雨如注，蛟水暴发，冲坏民房五十五家，淹毙男女九丁口，田禾亦有损伤。云龙井地亦于是日陡发蛟水，冲没商民盐、马、房屋，业将筹款委员分别前往勘赈情形附片奏报在案。据藩司李经羲将各属米粮价值查明，列单汇报前来，臣逐加覆核，内澂江、昭通、大理、永昌、顺宁、景东、广西等府厅州属粮价较增，曲靖、永北、镇沅等府厅属粮价较减，其余各属虽互有低昂，大略与上月相同。现在农民乐业，地方安静，洵堪仰慰圣怀。理合恭折具奏，并缮粮价清单敬呈御览，伏乞皇太后、皇上圣鉴。谨奏。

光绪二十六年闰八月二十二日

〇知道了。

〔据《光绪朝朱批奏折》第96辑第686页辑录。〕

云南巡抚丁振铎奏报师宗县阿公果等三十余村被雹成灾查勘抚恤情形片

再据师宗县申报：本年二月十三日，该县北乡阿公果等三十余村地方突被雹灾，将所种豆麦、杂粮概行打坏，值此青黄不接，民情异常困苦，申请核办等情。臣据报后，即行司局筹款，委员驰往，责成该管道府督饬印委逐一履勘，妥为抚恤，毋任失所。并督饬农民赶紧补种杂粮，以资接济。被灾田地及应完夏税，分别成灾轻重造册详办。去后，据布政使李经羲、署粮储道曹鸿勋暨善后局司道会详请奏前来，臣覆查无异。除咨部查照外，理合附片具陈，伏乞圣鉴训示。

再云贵总督系臣兼署，毋庸列衔，合并声明。谨奏。

光绪二十七年三月十二日

○知道了。

〔据《光绪朝朱批奏折》第93辑第396页辑录。〕

兼署云贵总督云南巡抚丁振铎奏报滇省雨水情形并米粮价值折

兼署云贵总督云南巡抚臣丁振铎跪奏：为恭报滇省本年二月分雨水情形，并各属米粮价值，仰祈圣鉴事。

窃本年正月分雨水、粮价情形，前经臣恭折奏报在案。兹查二月分据各属陆续具报，晴雨得宜，土膏滋润，二麦含苞，南豆结实，杂粮、蔬菜亦皆畅茂。惟师宗县属北乡阿公果等数十余村地方，于本年二月十三日突被雹灾，将所种豆麦、杂粮概行打坏，业将筹款委员驰往覆勘、抚恤情形附片奏报在案。并据藩司李经羲将各属粮价查明，列单汇报前来，臣逐加覆核，内云南、曲靖、临安、澂江、广南、开化、普洱、昭通、永昌、楚雄、镇沅、广西、武定等府厅州属粮价较增，大理府属粮价较减，其余各属虽亦互有低昂，大略与上月相同。现在农民乐业，地方安静，洵堪仰慰圣怀。理合恭折具奏，并缮粮价清单敬呈御览，伏乞皇太后、皇上圣鉴。谨奏。

光绪二十七年三月二十九日

○知道了。

〔据《光绪朝朱批奏折》第96辑第878页辑录。〕

云南巡抚李经羲奏报滇省雨水情形并米粮价值折

云南巡抚臣李经羲跪奏：为恭报滇省五月分雨水情形，并各属米粮价值，仰祈圣鉴事。

窃本年四月分雨水、粮价情形，前经臣恭折奏报在案。兹查五月分据各属陆续具报，雨泽沾足，高下田亩一律栽插，杂粮、蔬菜亦皆畅茂。惟黑盐井于是月二十一日因龙沟河蛟泛，附近民灶各房屋以及井口均被冲刷淤塞，业经附奏委勘赈抚。又昆明县、宣威州所属地方亦于是月因大雨连朝，河水骤涨，冲决石堤，幸田禾淹没无多，米价尚仍照常，亦经委勘另片附奏。据署布政司全楙绩将各属米粮价值查明，列单汇报前来，臣逐加覆核，内大理、顺宁、楚雄、广西、元江、武定等府州属粮价较增，曲靖、临安、昭通等府属粮价较减，其余各属虽亦互有低昂，大略与上月相同。现在农民乐业，地方安静，洵堪仰慰圣怀。理合恭折具奏，并缮粮价清单敬呈御览，伏乞皇太后、皇上圣鉴。谨奏。

光绪二十七年六月二十三日

○知道了。

〔据《光绪朝朱批奏折》第96辑第878页辑录。〕

云南巡抚李经羲奏报滇省雨水情形并米粮价值折

云南巡抚臣李经羲跪奏：为恭报滇省上年十二月分雨水情形，并各属米粮价值，仰祈圣鉴事。

窃查光绪二十七年十一月分雨水、粮价情形，前经臣恭折奏报在案。兹据各属陆续具报，雨雪调匀，土膏滋润，二麦一律畅茂，南豆渐次结实。并据藩司林绍年将各属米粮价值查明，列单汇报前来，臣逐加覆核，内云南、昭通、楚雄、景东等府厅属粮价稍增，普洱、丽江、永昌、顺宁、永北等府厅属粮价较减，其余各属虽亦互有低昂，大略与上月相同。现在农民乐业，地方安静，洵堪仰慰圣怀。理合恭折具奏，并缮粮价清单敬呈御览，伏乞皇太后、皇上圣鉴。谨奏。

光绪二十八年正月二十四日

○知道了。

〔据《光绪朝朱批奏折》第96辑第987页辑录。〕

云南巡抚李经羲奏报滇省雨水情形并米粮价值折

云南巡抚兼署云南学政臣李经羲跪奏：为恭报滇省本年二月分雨水情形，并各属米粮价值，仰祈圣鉴事。

窃本年正月分雨水、粮价情形，前经臣恭折奏报在案。兹查二月分据各属陆续具报，晴雨得宜，土膏滋润，二麦含苞，南豆结实，杂粮、蔬菜亦皆畅茂。并据藩司林绍年将各属米粮价值查明，列单汇报前来，臣逐加覆核，内临安、丽江、镇沅、元江等府厅州属粮价稍增，曲靖、开化、大理、顺宁、永北等府厅属粮价较减，其余各属虽亦互有低昂，大略与上月相同。现在农民乐业，地方安静，洵堪仰慰圣怀。理合恭折具奏，并缮粮价清单敬呈御览，伏乞皇太后、皇上圣鉴。谨奏。

光绪二十八年三月三十日

〇知道了。

〔据《光绪朝朱批奏折》第96辑第1018页辑录。〕

云南巡抚林绍年奏报滇省雨水情形并米粮价值折

云南巡抚臣林绍年跪奏：为恭报滇省十月分雨水情形，并各属米粮价值，仰祈圣鉴事。

窃本年九月分雨水、粮价情形，业经前兼署抚臣魏光焘恭折奏报在案。兹查十月分据各属陆续具报，雨旸应候，暄润得宜，豆麦长发青葱，杂粮、蔬菜亦皆繁茂。并据藩司李绍芬将各属米粮价值查明，列单汇报前来，臣逐加覆核，内永北、镇沅等厅属粮价较增，开化、元江等府州属粮价较减，其余各属虽亦互有低昂，大略与上月相同。现在农民乐业，地方安静，洵堪仰慰圣怀。理合恭折具奏，并缮粮价清单敬呈御览，伏乞皇太后、皇上圣鉴。谨奏。

光绪二十八年十一月二十五日

〇知道了。

〔据《光绪朝朱批奏折》第97辑第66页辑录。〕

兼署云贵总督云南巡抚林绍年奏报滇省雨水情形并米粮价值折

兼署云贵总督云南巡抚臣林绍年跪奏：为恭报滇省上年十二月分雨水情形，并各属米粮价值，仰祈圣鉴事。

窃查光绪二十八年十一月分雨水、粮价情形，前经臣恭折奏报在案。兹据各属陆续具报，雨雪调匀，土膏滋润，二麦一律畅茂，南豆渐次结实。并据藩司李绍芬将各属米粮价值查明，列单汇报前来，臣逐加覆核，内云南、永昌、楚雄、永北、景东等府厅属粮价稍增，曲靖、澂江、东川、大理、蒙化、镇沅等府厅属粮价稍减，其余各属虽亦互有低昂，大略与上月相同。现在农民乐业，地方安静，洵堪仰慰圣怀。理合恭折具奏，并缮粮价清单敬呈御览，伏乞皇太后、皇上圣鉴。谨奏。

光绪二十九年正月二十八日

〇知道了。

〔据《光绪朝朱批奏折》第97辑第97页辑录。〕

云南巡抚林绍年奏报滇省雨水情形并米粮价值折

云南巡抚臣林绍年跪奏：为恭报滇省六月分雨水情形，并各属米粮价值，仰祈圣鉴事。

窃本年闰五月分雨水、粮价情形，经臣恭折奏报在案。兹查六月分据各属陆续具报，雨水调匀，禾苗长发，杂粮、蔬菜亦皆畅茂。惟寻甸州属于六月二十七日夜大雨如注，河水陡发，致将果里、金所等村河堤冲决六处，附堤田亩多被水淹沙压；新兴州属新宁、后裕、左德三乡入夏以来亢阳无雨，不能栽插；昆明县属西宁、阿角、莲花等堡入夏雨泽愆期，未得透雨，田禾多未栽插，旱灾已成，秋收无望。据该州县先后具报，业经行饬司道委员驰往履勘，另片奏报。并据藩司李绍芬将各属米粮价值查明，列单汇报前来，臣逐加覆核，内云南、曲靖、临安、广南、开化、普洱、昭通、丽江、楚雄、镇沅、广西、元江、武定等府厅州属粮价稍增，其余各属虽亦互有低昂，大略与上月相同。现在农民乐业，地方安静，洵堪仰慰圣怀。理合恭折具奏，并缮粮价清单敬呈御览，伏乞皇太后、皇上圣鉴。谨奏。

光绪二十九年七月二十八日

〇知道了。

〔据《光绪朝朱批奏折》第97辑第187页辑录。〕

云南巡抚林绍年奏报滇省雨水情形并米粮价值折

云南巡抚臣林绍年跪奏：为恭报滇省上年十二月分雨水情形，并各属米粮价值，仰祈圣鉴事。

窃查光绪二十九年十一月分雨水、粮价情形，前经臣恭折奏报在案。兹据各属陆续具报，雨雪调匀，土膏滋润，二麦一律畅茂，南豆渐次结实。并据藩司李绍芬将各属米粮价值查明，列单汇报前来，臣逐加覆核，内云南、开化、顺宁、楚雄、元江等府州属粮价较增，广南、丽江、永昌、蒙化、永北、镇沅等府厅属粮价较减，其余各属虽亦互有低昂，大略与上月相同。现在农民乐业，地方安静，洵堪仰慰圣怀。理合恭折具奏，并缮粮价清单敬呈御览，伏乞皇太后、皇上圣鉴。谨奏。

光绪三十年正月二十八日

〇知道了。

〔据《光绪朝朱批奏折》第97辑第267页辑录。〕

云南巡抚林绍年奏报滇省雨水情形并米粮价值折

云南巡抚臣林绍年跪奏：为恭报滇省八月分雨水情形，并各属米粮价值，仰祈圣鉴事。

窃本年七月分雨水、粮价情形，前经臣恭折奏报在案。兹查八月分据各属陆续具报，雨旸应时，土膏滋润。云南收获较迟，早稻已渐登场，晚禾亦次第结实。据署藩司陈灿将各属米粮价值查明，列单汇报前来，臣逐加覆核，内顺宁府属粮价较增，云南、临安、大理、广西、元江等府州属粮价较减，其余各属虽亦互有低昂，大略与上月相同。现在农民乐业，地方安静，洵堪仰慰圣怀。理合恭折具奏，并缮粮价清单敬呈御览，伏乞皇太后、皇上圣鉴。谨奏。

光绪三十年九月二十八日

〇知道了。

〔据《光绪朝朱批奏折》第97辑第370页辑录。〕

云贵总督兼管巡抚事丁振铎奏报滇省雨水情形并米粮价值折

云贵总督兼管巡抚事臣丁振铎跪奏：为恭报滇省上年十二月分雨水情形，并各属米粮价值，仰祈圣鉴事。

窃查光绪三十年十一月分雨水、粮价情形，前经臣恭折奏报在案。兹据各属陆续具报，十二月分雨雪调匀，土膏滋润，二麦一律畅茂，南豆渐次结实。并据藩司陈灿将各属米粮价值查明，列单汇报前来，臣逐加覆核，内普洱、丽江等府属粮价稍增，云南、永昌、顺宁、楚雄、蒙化等府厅属粮价稍减，其余各属虽亦互有低昂，大略与上月相同。现在农民乐业，地方安静，洵堪仰慰圣怀。理合恭折具奏，并缮粮价清单敬呈御览，伏乞皇太后、皇上圣鉴。谨奏。

光绪三十一年正月三十日

〇知道了。

〔据《光绪朝朱批奏折》第97辑第427页辑录。〕

云贵总督兼管巡抚事丁振铎奏报寻甸等州县被水成灾妥为抚恤片

再据云南寻甸州知州晏端溶禀：州属五月中旬连日大雨，十九日夜摆宰、以则两河水陡涨，沿河甸头等村及功山前后各田亩均被冲坏，沙淤石压并冲倒房屋、淹毙人口；又据署永平县知县周儒彬禀，该县于五月十四日夜雨如倾盆，乌芦溪地方蛟水暴发，顺流而下冲坏衙署、民房，压毙人口，水深丈余，沿河田地概被淹没；又据署浪穹县知县吴昌祀电禀，该县于六月初五以后连日大雨，湖水泛溢，河堤冲决淹没民田，秋收失望，先后请委勘赈，各等情到臣。当即行饬司局筹款，委员诣该州县责成该管道府督饬印委逐一履勘，妥为抚恤，毋任失所。并督令农民赶紧疏消积水，挑浚沙石，补种杂粮，以资接济。仍将被灾田粮应蠲应缓，分别轻重，照例详办。据云南布政使刘春霖、署粮储道柳旭会同善后局司道详请核奏前来，臣覆查无异。除咨部查照外，谨附片具陈，伏乞圣鉴。谨奏。

光绪三十一年六月

〇着妥为抚恤，毋任失所。

〔据《光绪朝朱批奏折》第101辑第495页辑录。〕

筹修澂郡东西两大河情形禀

陈 灿

敬禀者：窃善后莫急于开垦，而水利实系乎农田。查前奉宪谕，谆谆于水利河防，饬地方官随时修举，仰见宪台轸念民依，培养生成之至意，莫名钦悚。卑府到任后，即知东西两大河为澂郡第一要患，故于禀报地方情形曾首及之，嗣于去冬复与前署河阳县某令传集绅耆等，谕令筹修。该绅耆等询谋佥同，于今年二月初三日禀请勘验兴修。卑府等连日顺河履勘，详加体察情形，缘东、西两大河皆发源于北，南流汇抚仙湖，土人名之为海，下出海口坝，入临安府属之宁州界。承平时，堤树蟠结，岁修有章，犹不免时有奔决。兵燹后，树掘堤毁，遂致乱流冲激，顺田身为河道，重以河源发于北山，山石崩塌，每夏秋暴涨，洪波挟乱石南下，所过辄为石田。除从前册报永荒之田一万数千亩不计外，即丈量时指为成熟之田，亦多有淹没者，若不亟为修浚，将来旋淹旋徙，愈冲愈宽，为害伊于胡底。卑府等以事关切要，不惮与城乡绅士往返筹商，并传询沿河老民，详求利弊，现据阖邑绅士某等、老民某等公禀，将筹修情形呈请核示前来，卑府等复查无异。

查东、西河改道后，旧日河身淤坚结高，新徙之道至一丈数尺，若欲挽行故道，功巨费侈，民力不逮，现惟就水势所趋，于因势利导之中，行补偏救弊之法。东河河患大约有三：自二家村南至中所中间，水势散漫不能归槽，任性窜越冲湮田亩，若不严加范围，则沿河一带及东南附郭成熟之田，势必渐次波及，患一；右所营等处沟槽浅狭，不能翕受洪流，率致泛滥，患二；大人庄等处水势湾曲，往往冲泛土埂，以旁溢停蓄泥沙以成淤，患三。现在随地酌量，拟于水之散者浚沟筑堤以束之，水之浅狭者开浚宽深以纳之，水之湾曲者修直沟道以顺之。此筹修东大河之情形也。

西河决后，初徙于旧街，再徙于西街，水发时现，专由西街奔溢，故西街诸村有请分决口之水半入旧街者。查初徙河道流经旧街等处，率自村中穿出，田庐在在可危，且旧街以东二十余村，西引龙潭之水，由沟道东出灌田，若复导北来，河水横贯其中，势必将沟道截断，诸多窒碍难行。现拟仍从西街修治，其西街以上十里亭一带，田皆冲壅，沙砾弥漫，似不能与水争地，一任游波荡漾，缓其南下之势，以不治治之。西街以下直至万家营等处河流所经，沟道极为浅狭，暴涨一来，万难容纳，两旁成熟田亩悉被冲淹，现拟首尾疏浚，务期一律深阔，并为之沿途筑堤防护，逢湾取直，但使沟中流通之水增多一分，即田中冲淹之水减一分，似可有利无害。惟西街之水既不能分流旧街，其下流香村等处河水灌其东，立马河注其西，为害较深，亦宜筹画。查河自西街北来，中经撒马都，其西南一直沟，河流自此径出正东一横沟，支流从此分入，现拟修横沟为直沟，开广挖深，西沟之水流经香村一带，至万家营入海，东沟之水流出狮子大桥，由孙家河入海，如此分杀水势，则香村等处水患似可少减。此筹修西大河之情形也。

特是河工重务，非得老练耐劳、实心任事之人不足以襄斯举。查有绅士等堪以遴委监修东河，绅士等堪以遴委监修西河。其修理东河即派近东各村及城内东南门出夫，修理西河即派近西各村及城内西北门出夫，勿论绅士及兵役人等，一例按户出夫，更番递换，务使贵贱同工，贫富齐力，令其按段分修，以专责成，而免推诿。查承平时，澂河岁修，率以牛拽沙耙，疏浚泥沙，老民犹有识其制者，今拟仿照，以期事半功倍。其经费皆由各村公项垫办，如果办有成效，将来拟定岁修章程，由卑府禀请立案，每岁秋收后，仍按村分埂，责成各绅管督率修浚。并仿老河旧例，沿堤插柳，坚束堤身，从此逐渐培修，即可有备无患。此就地筹画工费，将来议设岁修之情形也。

至于发源处所，亦宜修治，东河则拟于牛厂下各山箐，西河则拟于梁王冲各山箐，栽桩砌石为栅，只许通水，不令夹带乱石，并续为植树，株培山脚，以免崩塌而期久远，惟河口之壅疏，视海水之涨落，而海水之涨落，视海口之通塞。查海口牛舌、梅子二坝，原定有宁州、河阳、江川三州县岁修章程，自乱后失修，海口不无壅阻，海水遂多涨盛，每南风吹激，海潮倒漾河口，河弱海强，河不能刷沙直下，海返能挟沙逆上，河口每致淤塞，是治河必宜疏海，亦有不得不虑及者。此拟修上游河源，预筹下流海口之情形也。

伏思澂郡河徙二十余年，此次甫议兴修，事创功艰，卑府等深知库款支绌，既不敢妄请经费，而河患切要，尤不敢日事因循，惟有就地方之民力，筹地方之河务，保地方之田庐，该绅民等咸仰体宪台德意，力办河工，维持大局，尚属踊跃急公，除俟办有成效，再为分晰造册详报外，所有筹修澂郡东、西两大河情形是否有当？理合恭绘全图，先行禀明，伏祈查核，批示饬遵。谨禀。

〔据陈灿撰《宦滇存稿》（贵阳交通书局民国三年排印本，下同）卷一第1－3页辑录。陈灿，字崑山，贵阳人，进士，清光绪三年进士，六年莅滇，知澂江、楚雄、顺宁、云南等府，署开广、迤南诸道粮储道，升按察使、布政使，辛亥革命前始离去。著有《宦滇存稿》五卷，其中收录《筹修澂郡东西两河情形禀》《澂郡河工修理已成各情形禀》《新建新平县大开门河铁桥记》《重修楚雄府龙神祠碑记》《新建新平县大开门河及甘棠河两铁桥工竣详立案文》等五篇，涉及云南水文献。东西两河堤，发源于河阳县北，南流入抚仙湖，郡中水利，以此为最，因年久失修，沙石壅积，频年溃决，为害甚巨。光绪八年(1882年)，知府陈灿、知县马恩荣、绅士郭洪恩等筹款修浚，阅五月工竣，东西河畔田亩，悉资灌溉。是年冬，知府王堃续修，新开立马河一道。此文，光绪《云南通志》卷五十三《建置志七·水利二·澂江府》、光绪《续云南通志稿》卷二十二《地理志·水利一》、《新纂云南通志》卷一百四十《农业考三·水利二·澂江府·河阳县》，皆题名为“条陈东西两河事宜”，内容较《宦滇存稿》本略。〕

澂郡河工修理已成各情形禀

陈　灿

敬禀者：窃卑府前将筹修澂郡东、西两大河情形与河阳县知县绘图具禀，曾经宪台指示，饬遵在案。卑府奉批之后，愈不敢少涉疏懈，所有修浚一切事宜，当即会同某令与该绅耆等随时随地会商妥办，并谆谆示谕，饬令认真经理，不得苟简从事，以期有备无患。卑府复督同某令轻骑减从，日履河干，阅视工程，分别勤惰，酌加劝惩。该绅民等亦皆知河患切要，踊跃从公，丁壮麕集，畚揭云兴，添用牛犁沙耙，疏浚河心，不辞劳瘁，相与图成。兹据监修东河绅士等、监修西河绅士等将两河动用民夫数目、日期并河工修理已成情形及议定岁修章程开具清折，禀请通详立案。复据河阳县知县查勘无异，据情禀请，转禀前来。卑府复亲临履勘，亦属相符。

查澂郡东、西两大河现已节节开挖疏通，至于海口两岸新筑堤埂，绵亘各数千丈，亦已次第告成，其间添筑外堤，并栽桩编竹诸法，亦尚非草率从事。虽以区区之民力，平数十年未治之河患，原不敢谓一劳永逸，常保无虞。卑府逐段详查其河心深浅、堤埂高卑厚薄，亦间有未能一律之处，应俟栽插少闲，即以农隙余力补修尽善，并饬令岁培修，方可期保固而历久远。惟是大局告成，有基无坏，果由此慎终如始，逐渐加修，使堤埂永无坍塌之虞，中流常有畅通之势，则沿河一带田亩不惟成熟者免于湮没，即现在荒芜之区，亦可渐次开垦，以仰副宪台轸念民依之至意。

所有该绅民等襄理斯役，不惮悉心经画，竭力图成，实属急公可嘉，应否奖励之处出自鸿慈逾格，理合陈明。并将两河动用民夫数目、日期及河工修理已成情形暨议定岁修章程，开具详晰清折，呈请查核，批示饬遵。

再，此次筹修河务，均系就地筹画工费，并未支领库款，邀免造册报销，合并声明。

——东河自二月初十日动工起至四月二十六日停工止，共用民夫二万九千四百二十名。

——东河自二家村以下至中所一带河流改道，水势散漫，现就河心挖挑沙土，由两旁新筑堤埂以束之。河面计宽三丈数尺至四丈不等，河心加挖三四尺不等。

——东河大人庄、中所、右所、旧城等处水势湾曲，现俱改修，一律径直。

——东河右所营以下一带沟槽本极浅狭，现已将河面开宽三丈四丈不等，河心加挖四五尺不等。

——东河自二家村以下直达海口两岸，新筑长堤计四千九百一十丈，内外用草饼帮贴，皆因地制宜，堤高四五尺不等，顶宽四五尺不等，脚宽八九尺不等。

——西河自二月初十日动工起至四月二十六日停工止，共用民夫二万六千五十名。

——西河万家营、木瓜树等处水势湾曲，现俱改修，一律径直。

——西河撒马都下现已将横沟改修分水渠一道，以杀水势。

——西河自西街下至海口沟槽均极浅狭，两旁多系田亩，势不能十分开广，河面计开宽一丈八九尺至二丈零不等，河心加挖三四尺不等，从中挑取沙土培筑两旁堤埂，计新筑长堤一千七百六十丈，皆因地制宜，堤高五六尺不等，顶宽五六尺，脚宽九尺一丈不等。

——西河自分水渠至孙家河海口，河面计开宽一丈数尺不等，河心加挖二三尺不等，从中挑取沙土培筑两旁堤埂，计新筑长堤一千零八十七丈，皆因地制宜，堤高四五尺不等，顶宽四五尺不等，脚宽八九尺不等。

——西河河尾两边栽桩编竹，以防渔户分水阻河。

——东、西河上流一带均栽桩砌石，以防沙石涌下。

——东、西河紧要之处，或添筑外堤，或栽桩编竹，或作篾篓插桩，装石堆于水势冲刷之处，以期保护。

——东、西河各有石木桥数处，或经水冲塌，或桥梁低矮，现俱修理完好。

——东、西河堤埂皆酌镶涵洞，用水时放灌田亩，不用水时以石条封闭。

——岁修仿照老河旧例，沿堤插柳，使树根蟠结，坚束堤身。

——岁修定于冬令水涸、农功已毕时，将堤埂加高培厚，以人力疏浚河心，其可藉牛力疏浚之处，应于水发时用牛犁沙耙，藉水推沙，以期事半功倍。

——岁修东、西河，沿河村寨均已分村、分段造具清单，由府县存房立案，地方官于应修之时谕令各绅管督，率民夫分村、分段认真修浚，其有阳奉阴违或修理不力者，由地方官勘明村段，加以惩究。

〔据《宦滇存稿》卷一辑录。〕

云贵总督兼管巡抚事丁振铎奏报滇省雨水情形并米粮价值折

云贵总督兼管巡抚事臣丁振铎跪奏：为恭报滇省本年五月分雨水情形，并各属米粮价值，仰祈圣鉴事。

窃四月分雨水、粮价情形，经臣恭折奏报在案。兹查五月分据各属陆续具报，雨泽沾足，高下田亩一律栽插，杂粮、蔬菜亦皆畅茂。惟寻甸州属稍觉过多，是月中旬大雨连宵，致摆宰、以则两河水泛溢，冲坏沿河田亩二千余工，并淹毙民妇一口。永平县亦于十四日夜雨如倾盆，蛟水暴发，衙署、民房并被冲塌，淹毙男妇数人，坏田百余亩。均经饬委妥员会同勘抚，另行附片奏报外，兹据云南藩司刘春霖将各属米粮价值查明，列单汇报前来，臣逐加覆核，内临安、广南、普洱、丽江、永昌、镇沅、广西等属粮价较增，武定州属粮价较减，余虽亦互有低昂，大略与上月相同。现在农民乐业，地方安静，洵堪仰慰圣怀。理合恭折具奏，并缮粮价清单敬呈御览，伏乞皇太后、皇上圣鉴。谨奏。

光绪三十一年六月二十九日

○知道了。

〔据《光绪朝朱批奏折》第 97 辑第 493 页辑录。〕

云贵总督兼管巡抚事丁振铎奏报滇省雨水情形并米粮价值折

云贵总督兼管巡抚事臣丁振铎跪奏：为恭报滇省上年十二月分雨水情形，并各属米粮价值，仰祈圣鉴事。

窃查光绪三十一年十一月分雨水、粮价情形，经臣恭折奏报在案。兹据各属陆续具报，十二月分雨雪调匀，土膏滋润，二麦一律畅茂，南豆渐次结实。并据云南布政使刘春霖将各属米粮价值查明，列单汇报前来，臣逐加覆核，内东川、元江等府州属粮价较增，昭通、永昌、蒙化、广西等府厅州属粮价较减，余虽亦互有低昂，大略与上月相同。现在农民乐业，地方安静，洵堪仰慰圣怀。理合恭折具奏，并缮粮价清单敬呈御览，伏乞皇太后、皇上圣鉴。谨奏。

光绪三十二年正月二十八日

○知道了。

〔据《光绪朝朱批奏折》第 97 辑第 577 页辑录。〕

云贵总督兼管云南巡抚事调补闽浙总督丁振铎奏报滇省雨水情形并米粮价值折

云贵总督兼管云南巡抚事调补闽浙总督臣丁振铎跪奏：为恭报滇省雨水情形，并各属米粮价值，仰祈圣鉴事。

窃查本年六月分雨水、粮价情形，经臣恭折奏报在案。兹查七月分据各属陆续具报，雨水尚调，土膏滋润，已种各禾苗均已扬花吐穗，杂粮亦长发结实，惟失时未能栽插之处尚多，据陆凉、南宁、马龙等州县具报，被旱成灾，业经札饬司道委员会勘附片陈奏。兹据云南布政司刘春霖将各属米粮价值查明，列单汇报前来，臣逐加覆核，内普洱、东川、楚雄、蒙化、镇沅、广西等府州属粮价较增，云南、临安、景东等属较减，余则互有低昂。幸农民各安生业，地方静谧，堪慰圣怀。理合缮具粮价简明清单，恭折具奏，伏乞皇太后、皇上圣鉴。谨奏。

光绪三十二年八月三十日

○知道了。

〔据《光绪朝朱批奏折》第97辑第678页辑录。〕

云贵总督兼管云南巡抚事锡良奏报滇省雨水情形并米粮价值折

云贵总督兼管云南巡抚事奴才锡良跪奏：为恭报本年八月分雨水情形，并各属米粮价值，仰祈圣鉴事。

窃查滇省光绪三十三年七月分雨水、粮价情形，经奴才恭折奏报在案。兹据各属陆续具报，八月分雨水太多，禾苗吐穗，杂粮结实，低洼田地颇多苦潦。并据云南布政使刘春霖将各属米粮价值查明，汇单详报前来，奴才逐加查核，内云南、曲靖、永北等府厅属粮价较增，开化、丽江、广西、武定等府州属较减，余则互有低昂。现在农民安业，地方静谧，堪以上慰圣怀。理合缮具粮价简明清单，恭折具陈，伏乞皇太后、皇上圣鉴。谨奏。

光绪三十三年十月初五日

○知道了。

〔据《光绪朝朱批奏折》第97辑第807页辑录。〕

云贵总督兼管云南巡抚事锡良奏报滇省雨水情形并米粮价值折

云贵总督兼管云南巡抚事奴才锡良跪奏：为恭报滇省上年十二月分雨水情形，并各属米粮价值，仰祈圣鉴事。

窃查光绪三十三年十一月分雨水、粮价情形，经奴才恭折奏报在案。兹查十二月分据各属陆续具报，雨水调匀，土膏滋润，二麦、南豆渐次长发。据云南布政使刘春霖将各属米粮价值查明，汇单详报前来，奴才逐加查核，内惟昭通、广西等府州属粮价稍减，余均与上月略同。现在农民安业，地方静谧，堪慰圣怀。理合缮具粮价简明清单，恭折具陈，伏乞皇太后、皇上圣鉴。谨奏。

光绪三十四年二月初一日

〇知道了。

〔据《光绪朝朱批奏折》第97辑第864页辑录。〕

云贵总督锡良奏报
云南昭通府恩安县连降大雨冲决河堤田禾被淹妥筹赈抚情形片

再据云南昭通府知府庆桂电禀：恩安县属地方于五月十九等日连降大雨，冲决河堤，居仁乡一带田禾尽被淹没，并冲倒民房一百余户，压毙一人等情。当经行饬司道筹款，委员前往会勘，妥为赈抚，并令督饬农民设法疏消积水，补种杂粮，以资接济，仍将被灾钱粮分别应蠲应缓，照例详办。据云南布政使沈秉堃会同署粮储道方宏纶及善后局司道具详前来，除咨部查照外，谨附片具陈，伏乞圣鉴训示。谨奏。

光绪三十四年七月二十一日

〇知道了。

〔据《光绪朝朱批奏折》第101辑第529页辑录。〕

云贵总督锡良奏报云南宣威州属宣化等里
罗平州属大小撒召村田亩被水成灾妥筹赈抚情形片

再据云南宣威州知州黄乾济、署罗平州知州梁豫同时具禀：均五月下旬大雨倾盆，山水涨发，宣威州属宣化等里、罗平州属大小撒召村各田亩均被淹没成灾各等情。当经行饬司道分委妥员前往会勘，妥筹赈抚，并各令督饬农民设法疏消积水，补种杂粮，以资接济，仍将被灾钱粮分别蠲缓，照例详办。据云南布政使沈秉堃会同署粮储道方宏纶暨善后局司道具详前来，除咨部查照外，谨附片具陈，伏乞圣鉴训示。谨奏。

光绪三十四年八月初一日

〇知道了。

〔据《光绪朝朱批奏折》第101辑第529页辑录。〕

云贵总督锡良奏报
云南镇雄州连日大雨河水涨溢田禾被淹妥筹赈抚情形片

再据署云南镇雄州知州陈象离禀：该州属五月下旬连日大雨，河水涨溢，上西、三甲等处田禾概被淹没，并冲倒石桥、房屋，淹毙人口等情。当经行饬司道分委员前往会勘，妥筹赈抚，并令督饬农民设法疏消积水，挑挖沙石，补种杂粮，以资接济，仍将被灾钱粮分别蠲缓，照例详办。据云南布政使沈秉堃会同署粮储道方宏纶及善后局司道具详前来，除咨部查照外，谨附片具陈，伏乞圣鉴训示。谨奏。

光绪三十四年八月初一日

〇知道了。

〔据《光绪朝朱批奏折》第101辑第529页辑录。〕

云贵总督锡良奏报
元江直隶州属各处被水成灾妥筹赈抚片

再据署云南元江直隶州知州赵心得电禀：该州属十月中旬连日阴雨，上游蛟水暴发，沿江一带田地及城垣、民房多半冲塌，铁索大桥全行冲断，田亩尽成沙滩；又据署新平县知县廖鸿宾禀，该县属跨角地方于八月二十五日夜陡然山崩，蛟水暴发，压坏房屋，淹毙人口，附近田亩多被冲塌；又据署镇南州知州陈先濂禀，该州属罗家冲等处于九月二十四日，暴风烈雨，杂以冰雹，打伤田谷；又据临安开广道增厚等电禀，十月中旬蛮耗、河口两处连日大雨，河水陡涨数丈，铺户、居民仅得保全性命，全埠已成汪洋；又据署威远同知蒋可成电禀，厅属十月中旬连日大雨，河水陡涨三丈有余，致将距城二里之大街各居民房屋、米谷、衣物、牛马全行漂没，并溺毙三人，墙倒压毙一人，灾情奇重；又据赵州知州吴耀奎电禀，十月中旬连日大雨，河水暴发，漫决堤埂，东西城垣倒塌，顺河一带田谷概行冲没；又据大理府知府邹志清等电禀，太和县属十月中旬连日大雨，溪水暴发，冲毁阳溪、喜洲等处田数百亩，已割未收谷亦俱被水冲没各等情。当经行饬司道委员分往会勘，妥筹赈抚，并饬查明元江、新平、威远等处曾否伤损田谷，应否蠲免钱粮，照例详办。据云南布政使沈秉堃、署粮道方宏纶同善后局司道具详前来，除咨部外，理合附片具奏，伏乞圣鉴训示。

再，滇中气候较迟，收获最晚，虽交冬令，犹未刈田谷，合并陈明。谨奏。

光绪三十四年十月

〇览。

〔据《光绪朝朱批奏折》第101辑第536页辑录。〕

云贵总督锡良奏报滇省雨水情形并米粮价值折

云贵总督兼管云南巡抚事奴才锡良跪奏：为恭报本年十月分雨水情形并各属米粮价值，仰祈圣鉴事。

窃查滇省光绪三十四年九月分雨水粮价情形，业经奴才恭折奏报在案。兹据各属陆续具报，十月分雨水太多，颇苦水患，稻谷收获完竣，二麦、南豆多被水淹。并据云南布政使沈秉堃将各属米粮价值查明，汇单详报前来，奴才逐加查核，内惟云南、曲靖、开化、普洱、东川、昭通、永昌、楚雄、永北等府厅属粮价较减，余则互有低昂。现在农民安业，地方静谧，堪以上慰圣怀。理合缮具粮价简明清单，恭折具陈，伏乞皇上圣鉴。谨奏。

光绪三十四年十一月二十七日

〇知道了。

〔据《光绪朝朱批奏折》第98辑第10页辑录。〕

云贵总督锡良奏报滇省雨水情形并米粮价值折

云贵总督兼管云南巡抚事奴才锡良跪奏：为恭报本年十一月分雨水情形并各属米粮价值，仰祈圣鉴事。

窃查滇省光绪三十四年十月分雨水粮价情形，业经奴才恭折奏报在案。兹据各属陆续具报，十一月分雨水调匀，土膏滋润，麦豆长发。并据云南布政使沈秉堃将各属米粮价值查明，汇单详报前来，奴才逐加查核，内惟临安、大理、蒙化、永北、镇沅等府厅属粮价较减，余则互有低昂。现在农民安业，地方静谧，堪以上慰圣怀。理合缮具粮价简明清单，恭折具陈，伏乞皇上圣鉴。谨奏。

光绪三十四年十二月二十九日

〇知道了。

〔据《光绪朝朱批奏折》第98辑第35页辑录。〕

禀陈查勘潞江桥工

余泽春

窃卑府奉札委办腾越釐金，复奉藩司面谕，前往潞江查勘桥工今年可否完功，需费若干，详细禀明核夺，并传永昌刘守、腾越陈丞赶紧督催，务必限定年底造成等因。奉此，卑府遵于十月十七日由省起程，十一月初十日到永昌，会商刘守。据云潞江桥工向归腾越厅经理，今年三月被风吹断，时值烟瘴日起，不敢动工。七月，陈丞到任，即谕派绅董劝捐筹款，伐木兴造，陆续预备。直至十月，烟瘴消退，该管事等方敢前往桥边雇工修造。尚传腾绅到署严饬年内必须完功等因，已由刘守禀明在案。十三日，卑府到潞江桥边查得，此桥为腾永要路，桥断后，现以大竹十根编联一筏，一人篙撑。每筏仅载四五人，货二三驮，不过数十，往返计共七筏。遇夏水涨，尤为难渡，马则浮水随筏而渡。此桥一断，商贾往来，跋涉维艰，且于邮政大有关碍。当即传集桥工管事，详细访问，并亲诣断桥处查看情形。查得潞江约宽里许，水深如蓝，两岸平坝地十余里、三五里不等。每日寅卯时，烟瘴即起，笼罩江岸，接连山脚。自上视之如白雾，水涛氤氲汹涌，至午方收。夏秋则五色斑斓，尤为毒险，行人中之即死。惟摆夷耐瘴，约有千余户居于平坝。其造桥处两岸约宽五十余丈，东头长二十四丈，西头长十八丈，中有大石礅，约宽八九丈。石礅中间暨两头各以大木斜出三层，上安大铁链十二根，平绷石底，约五丈即横贯铁一根，上铺平板，扣以铁绊。两旁再用大铁链二根抬栏，直贯铁柱，五尺一柱，接连二头。

今年三月被怪风一鼓，桥链齐断。现在永昌打造铁链，约八寸一扣，重约八斤，所需铁条二百余驮，约银一千六百余两，木石铁匠工价约六七百两，桥板木值约五百余两，其余藤麻绳索、往来夫役杂款约三百余两。从前，桥由潞江土司派夫搬运粮草、木石。此次工程浩大，所需夫役约一万有余，潞江土司因夫役太多，不肯应，必须由腾各乡雇往，是以夫价增至一千余金，无从措办。此项用度，除挂捐外，在潞江桥往来驮马抽还归款。现因英缅构兵，新街商贩不通，各捐款颇多退缩，驮马稀少，无从抽收。卑府再三开导，晓以大义，该管事等因卑府未奉有札谕，颇形龃龉。十六日到腾，当与陈丞会商，传集绅董，严加督雇。一面赶紧完工，先由陈丞暂行借公款垫用。惟忽增夫价一千余金未及筹获，且夫役亦一时难雇，大约明春方能告竣。合无仰恳宪恩，俯为邮政起见，批由金暂行筹借数百金，发交管事。一俟桥工告成，即由驮马抽收归款，庶邮政、釐税俱有之裨益，商民亦感戴无暨矣。

〔据李根源辑《永昌府文征·文录》（民国三十年排印本，下同）卷十七《清八》第7-8页辑录。〕

示

清

祈雨示

莫舜鼐

为百谷渐成枯槁，一诚庶可格天，祈祷甘霖以滋润泽事。

照得时当仲夏，正禾苗发生之时，乃自四月下浣连雨之后，迄今将届一月，杲杲烈日，泉竭渊涸，火云适足以烧原，暑气惟能于焦稼。况元阳坡地层叠如梯，蓄水既易于干耗，源泉复继其分流，嗟兹苗穑，何以资生？

本县见其久旱，心切痛瘝，即欲为下民请命，仰告上苍。而边远末员，凉材薄德，且动即招尤，恒多过戾，不足以感格天庭，徒亵诸神之灵。爽然坐视其毙而不为分忧，又非身居民上之义思之无已。惟有诚为心之所专，至诚之道可以前知，我为我民请命于天，尽我微诚。倘以为令之不德，愆及此方，则罪当独加我身，以彰幽罚。甘霖早沛，救济万灶生灵。所有斋戒日期，合行晓谕。为此示，仰县属绅士、乡耆民、汉彝人等知悉。本县择于本月二十三日斋戒沐浴，虔诚祈祷，以期天鉴垂怜，赦赐滂沱。例应禁止屠沽，盖体上帝好生之德，而有是行也。若元阳斗大，日宰一牲，间或云集，方得屠沽，又非繁区可比，此当破越常规于兹。祈雨有一期，本县一人之身，有诚可格，有心可及，不茹荤，不饮酒，尽我至诚，以听于天，是与军民百姓毫不相关也。本县亲自祈雨，此当不禁屠沽，至于随从师生耆役，有愿斋戒虔诚者，均听自便，各处街子任其照常易市。为民如此，法不因此以禁民也。本县此种血诚，天其鉴之，但无故违。

〔据莫舜鼐修，王弘任续补康熙《元谋县志》（《中国地方志集成、云南府县志辑61》，凤凰出版社2009年影印本，下同）卷四《艺文志一·谕示》第35页辑录。莫舜鼐，浙江会稽籍山阴人，由例监保举于清康熙三十年（1691年）四月十二日任元谋知县，倡修便民桥。三十八年（1699年）八月升贵州都匀府独山州知州。〕

大河口船路桥碑示

佚　名

为颁示勒石以垂永久事。

照得妥妥大河口，乃运盐支薪要路，往来行旅通衢，造船设桥，不但行人有济，抑且国课攸关。向有唐策射利掯（揹）渡，行人无钱，解衣涉水，是以或伤人命，或溺牛只。往来之人，类皆贫窘，每每临流悲叹。曾经前任沈公详革禁示，欲另设掌渡人。有琅井灶生杨藻德目击心伤，情愿竭力置田一份，递年收租五石，以作掌船供膳，其掌渡者不得需索船钱。外造桥六座，莺歌嘴一，船房门一，陡扒坎一，密苴桥一，安乐村门首一，大河口一。

藻德曾于康熙四十二年买置广通县李兆生民田一份，约租一石二斗，以作造桥之费。藻德犹恐年久，船桥并路不无损坏，兹又置田一份，每年收租五石，永为修桥造船补路之资。更虑日久废弛，掌渡者遂拥为己有，仍复射利揹（揹）渡，具呈吁请颁示勒石。

〔据孙元相纂修乾隆《琅盐井志》（芮增瑞校注，杨成彪主编《楚雄彝族自治州旧方志全书·禄丰卷下》，云南人民出版社2005年版）卷四《艺文志》第1268页辑录。〕

永北黑雾海疏沟引灌示

朱凤英

余官京都，与滇南士大夫游，即知永郡有黑雾海，疏沟引灌，受其利者恒以开导未广为憾。迨受职迤西，明年，历巡至永，登的里坡，群山环抱中，见天镜星河，圆灵莹徹，而龙宫鳌窟，隐见波心。驻马久之，问诸涂人，即向所传黑雾海云。适营弁来谒，余即委令查勘水道。越日，绘图以进，且曰："海周围六十里，河口引水蜿蜒九十余里，流入金沙江，其经过之地，东南一带马军、石湾、宋官、清水驿、螃蟹箐、栗山、满官、期纳、刘官、虎村，迢递至江，咸受其利。"余曰："海之泽普矣哉！"虽然，犹有未尽。

夫一井之水，养且不穷，以兹海道里计之，宜其灌数百里不匮，马军、石湾等盈科而进者耳。据该营弁称，海口开浚才广七尺，河身才计四五尺。民力之待于董劝也，信哉！

余谓永北为滇西重区，北接三巴，西连昭、藏，南巩维、甸，东护邓、宾，筦钥提封，金城千里，而山多田少，产米有限。思我国家经画营田，尤于夷方边境周详备极。九边重地，如宁夏渠工、哈密军垦，以及赤金柳沟、清水黄甫等处，简员捐帑，积岁程功。至今紫塞龙沙，洋洋乐土，不啻与两浙海塘、大江南北吴越财赋之区相埒，而况滇南炎徼保障，天末雄关，不以培养滋息水利田功为首务哉！

闻黑雾海旧属村镇，沉塌成海，则前此有沟引水可知，即今所开，安知非前所壅？一疏浚间，俾高阜艺为良田，而泽国垦成沃壤，人事回天，理必然也。海有消水洞二，一过两山灌溉陶营，一则灌溉陈村。《易》曰"井谷射鲋，瓮敝漏"，盖以是矣。为此仰该府查勘情形，勤加董率，约计河口广至一丈二尺有余，河身约至八尺有余，始足裕民灌溉，且功可垂久。至岁修工费，详定散给社仓米石，如其不敷，再请酌增。

此外有九龙潭长沟久湮，见在委员查勘，修复羊保草海消水洞口，见经居民报请开浚，行之果力，自有成效。昔罗明德公为屯政道，著有《滇南水利》一书，书虽遗逸，然山川具在，固可按图而稽也。至因民情所向，奖掖兴除，以成康阜，非良有司之事而谁责哉？

〔据乾隆《永北府志》卷二十七《艺文志上》第19页辑录。〕

劝民培筑新河堤埂并插柳以期永固告示

廖 瑛

照得时当仲夏，将届栽插，近城一带田亩，全藉新河之水引流分灌，务使蓄泄得宜，斯称有备无患。查当日初开之始，河堤本属单薄，年复一年，日渐埈塌，不日雨水时行，山水涨发，难免冲决淹没之虞。临时堵筑，非惟所费不赀，抑且伤损禾苗，秋成失望。凡沿河有田各户以及安碾之人，均当未雨绸缪。目下天气晴朗，正可乘时工作，乃俱膜不关心，必致追悔莫及，合先出示劝谕。为此示，仰马鞍山起至新河尾止，沿河用水人户及乡保水约人等知悉，即便逐一细勘，各按所种田亩分清界址，自雇人夫，凡有堤埂单薄者挑培厚实，埈塌者补筑坚固，仍密插柳枝以资永固，不得彼此推诿。至乡保止准督催，其一切工费惟听田户自办，勿许包揽科派。俟工竣日，该约等禀请查勘，如有潦草塞责虚应故事者，必非诚实务本之人，定即重处以儆。此系尔等切己之事，其各凛遵毋忽。

〔据方桂修，胡蔚辑乾隆《东川府志》（清光绪三十四年重印本，下同）卷二十下《艺文志》第53页辑录。廖瑛，字璞完，福建汀州府人，进士，清乾隆二十三年（1758年）任迤东道兼摄东川知府，时严革夫马积弊，途有险阻者，尽为修整，力除奸商屯贮，民爱而颂之。〕

碑记

明

洪武宣德年间大理府卫关里十八溪共三十五处军民分定水例碑文

洪武宣德年间大理府卫关里十八溪共三十五处军民分定水例碑文（一行）

大理卫指挥使司，为屯军事。据左千户等所管屯□百户严斌等手本呈：该取勘到各屯原有河沟涧溏去处，俱系（二行）洪武年间军民分定各该放水则例，呈禀行司、大理府照依原分军民水例日期、分数，依例轮流灌田栽插便益，庶免临期争夺。开呈得此，今照得即日农忙在迩，各执碑（牌）面，将（三行）所呈原分水例于上，逐一明白开写。如遇栽秧之时，照旧分水灌田，毋容争夺。今置坎字号牌面开发，委官收掌，军民务在遵守。所委官员，至期会同有司，委官（四行）亲议。各屯军民相参田处，常川点闸，毋致失误农时。敢有互相争夺水例者，就便踏勘看问明白，将犯人严枷痛治，毋致偏循，取罪不便！须至牌者（五行）。

坎字互号一面关里三十五处（六行）：

一处，河尾西山涧水，军左所三日三夜，民二日二夜。

一处，杨南村沟水，车前所二分，左前所五分，民水三分。

一处，杨皮村西涧水，军左所二分，左前所一分，民七分，昼夜放（七行）。

一处，马蝗沟涧水，军前所三分，中左所二分，后所二分，民三分。

一处，大龙潭水，军前所一分，左所一分，后所一分，民一分。

一处，感通寺涧水，军前所三分，中右、中左所一分，民三分（八行）。

一处，十里铺潭水，军中后所一分，民一分。

一处，七里桥涧水、阳和村沟水，军左所三分，中所一分。阳和禄各庄民六分（九行）。

一处，五里桥涧水，军左所二分，民八分。

一处，城南厢苍山涧水，军本卫秧田四分，前所二分，民四分。

一处，古城涧水，军秧田四分，前所三分，右所一分，后所二分，民一分（十行）。

一处，五里桥涧水，军后所五分，民五分。

一处，江心庄涧水，车后所五分，民五分。

一处，黑桥涧水，军后所三分，右所一分，中所一分，民五分（十一行）。

一处，塔桥涧水，军左所四分，民二分。

一处，古城外摩用涧水，军右所三分，左所一分，民四分（十二行）。

一处，上洋溪涧水，军左所五分，民五分。

一处，作揖铺涧水，军左所四分，民六分。

一处，小邑庄泉水，军左所三分，中所二分，民五分（十三行）。

一处，西山观音寺涧水，军中所三分，民七分。

一处，灵会寺泉水，军中所五分，民五分。

一处，大院塝村下水，军中所五分，民五分（十四行）。

一处，峨崀涧水，军中所四分，民六分。

一处，三舍邑涧水，军五分，民五分。

一处，沙坪村涧水，军中所三分，民七分（十五行）。

一处，白石涧水，分开三分，周城民七分，军中所二分。牧马邑民水七分，军中无。峨崀里民水七分，军水三分。

一处，周城涧水，军中所四分，中前所二分，民四分（十六行）。

一处，周城泉水，军中所四分，民四（六）分。

一处，神摩洞涧水，军中所四分，民六分（十七行）。

一处，白花涧水，军中所三分，中前所二分，中右所一分，民四分。

一处，草脚屯西山下泉水，军中前所四分，中所二分，民四分（十八行）。

一处，波罗塝大路下泉水，军六分，民四分（十九行）。

宣德□年四月吉日立（二十行）。

〔据张树芳等主编《大理丛书·金石篇》（大理白族自治州白族文化研究所编，云南民族出版社2010年版，下同）卷一《碑刻、摩崖、器物铭文一》第312页辑录。此碑今不存。据大理市下关图书馆藏民国三十三年（1944年）大理县志局拓片录文。碑高91cm，宽39cm，直行楷书。文20行，行10－66字。明宣德年间（1426—1435）立。碑文标题为三十五处，实际只列出三十二处。明洪武年间大理地区实行军屯，所开垦田地需要溪水灌溉，于是发生了与当地民众争水的问题，春耕农忙时更为严重。该碑记录当时大理卫指挥使司所作的军民分定水例的规定，并重申洪武年间的规定，是研究大理地区军屯、水利及历史地名的重要碑刻。〕

永定水利碑记

云南按察司金沧道委官洱海卫指挥吴，为分水利（下缺）（一行）。

本道批状据□□卫旗军□□□等连名告称：先年（下缺）（二行）原开设古沟在地名清花洞后九龙潭涧于水接连，流至（下缺）（三行）过共上坝壹拾伍道，离屯壹拾余里，方才流到田内。每遇（下缺）（四行）挖沟坝，得放灌溉栽种。近被大理洱海、景东、赵州并（五行）邻近本营，计将水利筑砌硬坝，扛抬久病男妇图赖（下缺）（六行）等因。蒙此，依蒙着今告人孟鉴等指引，亲诣所皆艰（下缺）（七行）分水。圆牌到官，酌量各屯远近军民田地多寡，断定（下缺）（八行）。今将分过水利，仰□□等置立圆牌壹面，该屯收执。用（下缺）（九行）敢有故违不遵，仍前混乱，势强霸占，许指名执牌赴官陈（下缺）（十行）给者，□□计开分定水利。（下缺）（十一行）蒙化卫中右所百户符铎所军屯分放肆昼夜，（下缺）（十二行）中前所百户玦官所军屯分放叁昼夜。（下缺）（十三行）

弘治贰年陆月□□日给（十四行）。委官（十五行）

〔据《大理丛书·金石篇》卷五续编《碑刻、摩崖、器物铭文》第2505页辑录。此碑存弥渡新农村（原名撒麽依）农户家中。残高47cm，宽36cm，大理石质。直行楷书，文15行，行2－22字，共270字。有圆弧形碑额，下截残损，碑面已被敲击成“芝麻点”。碑立于明弘治二年（1489年），至今500余年，记载当时大理弥渡地方所属的行政区划、卫所分布及兴修水利，开发利用水利资源的情况。〕

重修龙王庙碑记

辛酉经魁赵仪撰

太和后学张兰谿篆额

龙关密僧杨子中书（一行）

天开地辟，山高泽卑之势已定。其间名山大川，必有神以司其地，而祀典在所必举。维大理点苍山（二行），伟叠环于西；洱水汪洋，周绕于东。形势胜概，与中州抗。而原委蛇峙，至于斜阳峰止。叶榆精英（三行）固闭不泄，地之最灵者也，而神实司之。粤稽龙王姓李，起自大唐。将军领命南巡，至此而终，遂□□（四行）贞感，而威灵主庙。享祀与古者句龙后稷之类，有功于世而人祀之者，一道也。其变化无方，历□我（五行）朝混一海宇，人心愈敬者，无他，盖以发源于西，东阡西陌，资之灌溉，时或旱涝，祷雨祈晴，随机赴□。无（六行）或愆期，五谷熟，人民育，而乐鸢飞鱼跃之天者，神之余荫也。是以里有仁厚之俗，实赖其默祐之也（七行）。人之敬慕，自不容已。昔神有前庙而后殿则缺，有南堂而北堂方牌未构，制度规模狭隘，遗缺颇多（八行）。神之所居也，被其泽者安可不加意乎？识者有见于此，毅然捐其所有，以为众倡。董良匠，备□□，经（九行）之营之，不日之间，后殿、北堂方牌、殿阁，焕然鼎立，堂陛森严，俨然不怒而威，不动而敬也。其□视（十行）昔为何如哉！非神不疾而速，曷克臻此？神之妙用如彼，人之兴作如此，宜在所表。而乡耆杨□□（十一行）、苏文添请文以揄扬之。予虽不敏，不足以言幽明之妙，然不可默然无言，敢以荒落俚辞，述□□（十二行）以诏后世。是知岳渎固天下名山大川，而苍洱龙王神祠，亦大理名山大川也。神之尊严，□□（十三行）将见介尔遐福，而享祀于无穷。多方士民，咸跻仁寿之域矣。庸勒铭碑，传诸不朽。其有善士□（十四行）舍秋田壹亩，以为万年香火之寄，金石无移。所有苑囿花卉，周围芳菲于四时者，敢有无□□（十五行）违戕伐，（十六行）神其鉴之，以昭灵应。庙前空地，许初心者偕住持仁晓开垦成田，以供庙祀。巫觋有谄渎鬼神□（十七行）人民者，昭报无遗（十八行）。

大明正德二年龙集丁卯仲春月下浣之吉（十九行）。

赐位阿咤力龙关赵金刚宝、当祠住持仁晓同立。

石匠杨安（二十行）。

〔据《大理丛书·金石篇》卷二《碑刻、摩崖、器物铭文二》第567页辑录。此碑原立于大理市下关龙王庙内，明正德二年（1507年）立。今庙碑均毁。据云南省博物馆所存拓片录文。碑高94cm，宽62cm。直行楷书，文20行，行3－36字。〕

新开黑龙潭记

陆 栋

新开黑龙潭记（一行）

赐进士出身知鹤庆军民府事余姚陆栋撰文（二行）

赐进士出身工部职房司郎中郡人陆经篆额（三行）

乡贡进士正德庚午科郡人朱珮书丹（四行）

予家山中，喜农事，有薄田数十亩。相度土宜，树艺稼穑，竟不惮劳。凡水泉可及，远者率乡中子弟浚源（五行）导流，无遗焉。盖虽劳而发生畅茂之趣，亦自有可乐者。尝以为苟得子民之职，亦当如此矣。初知河间（六行），河间为古九河下流，水聚而土松，既筑堤以障汪①澜，复分流以灌滨河之田数百顷。既而移知鹤庆，乃（七行）询郡人之在都下者，佥曰：郡有东山河，河东田资以灌溉，河西田则唯龙泉是赖。龙泉凡十余所，而黑（八行）龙泉之利物居多。泉出郡之西南宣化山下，经行溪涧，皆有泉迸出，处高则泽可以及远迩。至郡，将首（九行）图之。二守张君君用，已命百户刘仪辈兴此役矣。因督之亟，且②授以成筭，再阅月来告成。遂偕君用，命（十行）驾溯流而上。沟开广五尺，深三尺许，绕山之曲二十有四，约三十余里。跋涉险阻，摄衣攀崖，艰涩万状（十一行），而后至潭所。是日，惠风拂面，丽日当空，命从者斧朽木，薙秽草，驱乱石，而潭之景益奇。盖戊寅三月九（十二行）日也。有父老进曰：凡达官至此，辄风雨，若靳其景者，今独不然，岂神物亦有意耶！予应之曰：是非我所（十三行）知也。庠生赵汝询等请曰：是水下流，析为十余沟，惟迎邑与何邑③一沟阻三溯④。涧上旧架木为槽以过（十四行）水，补槽木之朽折，开泥沙之壅填，岁勤数百人。迨泉方流，又夺于强暴，视他沟每力多而功半。农之病（十五行）夫水也如此。正德乙亥，汝询暨董叶⑤省祭、生学辈谒张君⑥，指以南坡，可凿水道。张君审其宜于民，出令（十六行）示众，檄千户李墳监工。始于三月甲子，毕于四月甲寅。农之不病于水，盖三年矣。以⑦公之来，水利聿兴（十七行），与张君省耕，躬历沟道，深而广之，泉之流殆遍，而豪夺者自远。若百户、薄秀等屯田均得沾足，岂特迎（十八行）邑、何邑二村而已。是郡昔长于土酋，政之苛，民之病，不暇论矣。厥后守郡者不知其几，更无一言及此（十九行）。二公为民之心亦至矣，吾侪其忍忘之？请一言勒石，以垂永图。利均而分定，豪右其敢有复窥者乎？於（二十行）乎！昔古人有言，驱民南亩，而后民可使富。然雨旸不能以时，旱涝不可无备，于斯而不为之处，虽有爱民（二十一行）之心，亦为徒善而已矣。昔安定胡先生教授弟子，即设水利斋，议者以为有用之学，况夫有子民之责（二十二行）者，独

---

① 汪 万历《云南通志》卷三《地理志·鹤庆军民府·堤闸》作“狂”。

② 且 万历《云南通志》作“日”。

③ 迎邑与何邑 万历《云南通志》作“迎揖和邑”。

④ 溯 万历《云南通志》作“涧”。

⑤ 董叶 万历《云南通志》作“董华”。

⑥ 生学辈谒张君 万历《云南通志》作“王学章谒张君”。

⑦ 以 万历《云南通志》作“今”。

可不念及此耶？今吾辈坐啸一堂，而吾民不免于饥寒，其心乐乎？不乐也。然则兹役也，将以利乎（二十三行）□□□□[①]也，将以乐其利乎民也。是为记。

正德戊寅孟夏月吉旦立（二十四行）。

〔据《大理丛书・金石篇》卷二《碑刻、摩崖、器物铭文二》第582页辑录，漫漶不清之处，以万历《云南通志》校补之。此碑存鹤庆县金墩乡和邑村迎邑三家村屋后。青石质。额半圆形，有云纹，中留一方形如印，篆文不能辨认。高130cm，宽92cm，厚23cm。两侧有花纹，碑座龟头已损。直行楷书。文24行，行6－39字。明正德十三年（1518年）立，为鹤庆县现存最早一块水利碑刻。陆栋，浙江余姚人，明进士，正德间任鹤庆知府。明代鹤庆军民府城有三潭：青龙潭，在府东北四十里；西龙潭，在府西七里；黑龙潭，在府西南。皆有记，见万历《云南通志》卷三《地理志・鹤庆军民府・堤闸》。〕

洗心泉诫碑

洗心泉诫（一行）

昔人云泉水为上，井水次之，河水又次之。凡我同乡饮此水者，当知掘地溯源，三百余丈之远；导流砌石，一千余工之多。非特供饮济（二行）渴而已，必也涤去旧污，滋长新善。为父正，为母慈，为兄爱，为弟恭，为夫义，为妇顺，为子孝，为女洁；为士廉，为友信，为仆勤，为婢实，为富（三行）仁，为贫忍；为长者以身教，为幼者以心学。善者众共尊之，恶者众共除之。邻保相助，患难相恤。过失相劝，德业相成。不可为僧为道，不（四行）可为寇为巫。不可集聚赌博，不可结党游荡。不可习尚懒惰，不可沉迷酒色。不可相侵界埂，不可损坏桥路。不可增减秤斗，不可用强（五行）买卖。不可重算利息，不可相效奢侈。不可倡率凶武，不可夸恃强盛。不可相诬词讼，不可泼骗咒骂。不可欺玩法度，不可制造违式。不（六行）可浸润衙门，不可抗拒官长。不可私借官物，不可暗买盗财。不可畜养鹰犬，不可暴殄服食。不可酷好博弈，不可隐攘器物。不可听信（七行）邪妄，不可混杂男女。不可兄弟计利，不可婚姻论财。不可喜谮听谗，不可溺爱护短。不可妄生猜疑，不可行使左计。不可报复宿仇，不（八行）可遗弃故旧。不可毁谤诡随，不可嫉妒骄傲。不可忽略疾病，不可轻用刀针。不可敛用金玉，不可葬用火化。不可犯尊长之讳，不可滋（九行）恶少之党。不可交结无藉之人，不可轻传无据之言。不可偏执己私，不顾众论之公。及不可横截直冲此水来历之处，务要用力农种（十行），勤看经史，严防水火，保护身家。无田产者，或施训迪，或行医药，或学手艺，或习推卜，或做买卖，或开山冈。诸事不能自胜者，为人佣工（十一行），为人服役，为人牧放，为人栽植。贫富相资，强弱相依。差徭用心供办，税粮用心上纳。但凡一人首倡良善，则一家皆良善，一乡一郡相（十二行）效，而同为良善，礼义之俗自此成矣。自然福寿康宁，灾害不生。父母妻子，同庆太平之世。坟茔门户，可必保全之久。相承相继，绵延无（十三行）疆。存无愧行，没有芳名。不亦荣乎？不亦乐乎？若有不依此者，必是弃德薄福之流。此水入腹，必不滋长通快。而灾害之生，近及身家，远（十四行）及子孙。抑且生前恶行，既深入于众心；死后臭名，必唾骂于众口。非天

① □□□□ 万历《云南通志》作“民也，兹行”。

所厌，乃己所自取也，有何益哉？此论虽若迂，于理则不妄。但天（十五行）道或迟或速，或隐或显，莫能测度。所以愚顽执迷，只顾目前，不肯信从。又有一等低下之人，每以贫不得已藉口。尔想贫至乞丐者，设（十六行）养济院以生之；贫而妄为者，设奸盗律以杀之。何者为荣？何者为辱？何者为乐？何者为忧？慎思自择可也。然欲洗心，一时难便深责，须（十七行）用日改月化渐摩之，久习与性成，实易易也。致仕御史杨南金，生长邓川，无以淋乡人也。昼夜切切，凡关系地方风俗急务，每与同志（十八行）者讲究开导，或请行于父母斯土之官，数年事事颇尽心矣。正德十四年春，复于通衢疏导此泉，而僭为之名曰洗心泉。因缀此诫于（十九行）下，尚冀后之同志，增补宣谕，永远警劝。同乡而少读书者，早晚常闻常见此诫，各洗其心，以去恶而崇善焉。于往日之鄙陋，将来之变（二十行）化，或未必无小补云（二十一行）。

正德十四年岁次己卯仲秋月吉日立（二十二行）。

〔据《大理丛书·金石篇》卷二《碑刻、摩崖、器物铭文二》第587页辑录。此碑立于洱源县旧州村街心。青石质。额半圆形，刻“洗心泉”三字。通高153cm，宽60cm。直行楷书。文21行，行4-15字。杨南金，字本重，一字用章，大理邓川人。明弘治己未（1499年）进士，授江西泰和县令。正德丙寅（1506年）擢陕西道监察御史。为官刚方质直，平介公恕，身心端洁，政务循良，民有刁诈胁不动，财利惑不动，权豪撼不动“三不动”之称。著有《禅乡集》《守土训》等，纂《邓川州志》。此碑为研究明代大理洱源地区白族社会道德风尚的重要资料，类似乡规民约。碑文以48种“不可”劝诫世人，达到善者众共尊之，恶者众共除之的教育宣传作用。故名曰“洗心泉”，而缀此诫于碑石，用以警俗。〕

鹤庆府西龙潭水利碑记

杨士云

鹤庆西龙潭，在西山之麓。泉水出焉，或喷或泛，汇而为潭。旧因潭筑堤，灌下流田万余亩，然潴之弗广，防之弗固，播之弗节，受之弗均。岁旱，近者、强者先利焉，远者弱焉，恒病焉，争讼纷起，田至卒荒，民至捐瘠者有矣，郡惟旱用忧尔。

嘉靖乙酉冬，林虑马君以浙江右布政使知郡事。丙戌夏旱，祷雨响应，既行，视潭水，曰：“是足利吾民矣，何忧乎旱？”乃至冬，告旅鸠工，畚土伐石，修潭之堤，增卑培薄，完阙塞崩，周里许。潭下复筑堤，作潭堤，曰万年，高二丈，广丈有五。潭曰龙宝，周五百丈许。上潭东南置二闸，曰北清渠，溉波头邑；曰南清渠，溉秀邑。至于里城东北，置闸曰普利，通流下潭，分小闸，曰涓流，溉至周、王二屯。下潭东置闸，曰永固。又下闸，曰会济，第为四大闸。末为四渠闸，溉河头。至于迎春尾村、彭杨母屯，又分小闸，曰波流，溉至城西。九闸必时启闭，定等差，潭例有祈报。今表潭浒三峰，曰秀台，建亭中峰，曰礼神；南峰曰齐明；北峰曰偕乐，以时事事修告戒。

嘻！潴之广已，防之固已，播之节已，受之均已，力之尽而虑之远已，民其永利哉！他如青龙、黑龙诸潭，逢密迎揖，诸村准此。

是役也，董工则千户李贵，百户王汉，驿丞周寅，耆民杨寿延、张定。以十一月辛巳始事，正月戊寅告成，众罔不胥庆，佥谋镵石纪事。乡父老、乡大夫、士学师弟子所守御合书，以义官张质暨诸生寸金、高金辈来征记。惟《周官·稻人》：潴以畜水，防以止水，沟以荡水，遂以均水。匠人善沟水，漱之善防水，淫之咸旱备也。沟洫废，民罔赖矣。幸而文翁召信臣之流，穿湔灌田，起水门堤阏作均水，约束万世，言水利者必称焉。繄君斯举，其法盖《周官》遗意，其功讵下二良吏哉？可书已。

君名卿，字敬臣，举弘〔治〕乙丑进士。为庶吉士，为给事中，为畿府，为兵备，为提学，为参政，所历赫有声称。在浙则痛恤民隐，力亢中官，得奇祸弗辟，左迁遐土，裕如也，尤帅师是任。简赋役，清刑狱，罢追呼，授经学，演阵图，制壶漏，廪廪古君子风。水利一事，尤代天施，长地力，衣食元元，攸系法，当备书，庶来者，知所嗣，守禅勿坏，民益永利哉！

〔据杨士云撰《弘山先生文集》（民国元年排印本，下同）卷十一第18页辑录。李根源编，李希泌校《云南金石目略初稿》（苏州葑门曲石精庐1935年排印本，下同）卷二第14页题录："《鹤庆府西龙潭水利碑记》，杨士云撰，嘉靖年，在鹤庆县，见《弘山集》。"〕

海口修浚碑

杨　慎

谯允南《巴蜀志》云：滇池之水出盘龙江，亦名积波，凡九十九窦，汇为昆明池。其水乍深广，乍浅狭，似如倒流，故名曰滇池。汉武帝欲开越巂、昆明，闻有此池，先于长安凿池象之，以习水战是也。今其名迹可覆，悉如《志》言。而汉唐历宋，叛服亘恒，娄闿复塞。入我皇明，大一统百七十年，九州同轨，四海一家，荒服之区，化比畿甸矣。

昆明池，近在云南治城之外，环而列城者，州以安宁、昆阳、晋宁，县以昆明、呈贡、归化，皆边昆池，土人亦称曰海。在昆阳州地名曰海口，实此池之咽嗌，盈涸因之，水旱系焉。滨海泽田，或遇涔涝之岁，浮甽没畬，秱藁澹淡，徒饫鴯鶓。

弘治中，巡抚都御史应城陈公金始为开浚之役，有《记》勒于碑。嗣是岁一兴役，谓之小修。正德间，巡抚都御史安福王公懋中、副使昆山史公良佐继之，始扣子河。乃嘉靖戊申至庚戌，天雨洽旬，水大至，盘猛激而成窟，淌湃滐而为阜。则石龙阻流而成徙，黄泥填淤而象鞭，海田无秋矣。泽甿及滇之仕宦归田者，相率陈于两台。于是巡抚都御史吴兴顾公应祥、巡按御史莆田林公应箕、总戎都督古濠沐公朝弼集议于藩臬诸司，而右布政使南昌刘公伯跃总辨护其事。刘公与参政南充谯公孟龙、泰和胡公尧时，参议晋江王公时俭，按察副使乌程张公永明、长乐林公恕，佥事泽州孟公霦、内江刘公望之，都指挥佥事重庆耿公垚、成都陈公蘩，躬往阅视，维时南至届节，东作未起，乃檄命云南府同知孙衣核给餫饷，通判胡嵩、桂士元，安宁同提举姚文，昆阳州同知詹法棃乱之，其分役诸末职，照磨、典使、驿丞、河泊、巡检、千户、百户、义官而下凡二十人有差。

经始于己酉十有一月望后三日癸未，是时来庀役者夫仅七千而余。二十五日庚寅，裁肇工子河。至十有二月庚戌，扣子河成。其豳水大坝工繁未憖，乃先筑少坝于子河故堤。二十四日己未，为土人星回节[①]，少坝成，乃暂休百工。越今岁庚戌十月乙亥[②]，而庀役丁夫至者满一万五千，分委诸末职，授斠赋鏈，偕手竞作，乃浚大河。斮石龙浑，创繑于河。南曰平定铺，至于白沙河，又至于白塔村，又至于翤穲，又至于新村，再至于大河南堤之新村，再至于北岸之沙翤村。各以石致川广，而溓窌其中，为泄水之坝杙九座，坝各存水窗，俾磢砾漂沙不冲塞焉。其皭水大坝成于仲春下旬乙卯，乃并启少坝而挖黄泥滩，复自茶卜墩下汇子河故涓新筑堤虆，编篁折[illegible]，囊石怀壤，如蜀之湔堰，升于蛇笼之制，以扫綳淫波，若黄河软滩嫩堰法，盖其䃅栏障流，迥县禯道，自杞齿山堨沙，水引入子河，以斶黄泥滩之患。辭计始汉厂以逮石龙坝，以丈算者三千二百有余，落成以三月己卯。大坝碻焉放流，下安宁、富民，而滨海环滇者泽口出，海心凸矣。风回涟漪，并灵河九里之润；月堕清泚，无浊泾五斗之泥。绿蓱青葑，若踊跃而来；白沙丹畴，状奋迅而出。

是役也，允如前《记》所云，不一劳者不永逸，不暂费者不永宁。嗣是，则岁之小修可免，匪惟滨海得佃其田，仂其力，环海卫所州县，若云南六卫兜鍪屯戍之籍，以及安宁、易门两守御所，若安宁、昆阳、晋宁、嵩明、新兴之五州，若昆明、归化、呈贡、易门、罗次、禄丰、三泊、宜良之八县，皆蠲有息肩之庆矣。箬溪顾公、石海林公，二公之功于是为大，而罗湖刘公经画始终之勚，及诸公同寅协恭大作元吉，不可诬也。

先是，总戎都督云楼沐公式遏之暇，尤垂意兹事，偕箬溪公出宿海口，且斶其膏田若干顷，穿为沟隫而不惜，又和众丰财之盛心也。兵备副使宜宾郝公维岳、山阴周公浩、万安郭公春震、武昌李公维、提学副使永宁赵公维垣，或届期而适至，或时视而赞襄，皆聿观厥成也。役成，当有乐石之锲以垂久远，箬溪公猥以属博南戍史杨慎缀辞焉。

公蕴纬文大略，开物宏材，而于古人历数如张平子、郭守敬，无多让焉。平子之修南阳淯水十二堨流，有阳镌之碣可乱。守敬修北方水利，载在《本传》。《易》曰："精义入神，以致用也。"慎尝谓不精义不能入神，不入神不能致用，公其有焉。石海公，文献世家，激扬雄断，天赞令图，人与成能，易之裁成，右民书之，协心同道，公其有焉。继顾公者，雪滩胡公奎，继林公者，剑门赵公炳，然期期并逮，克成厥终，宜镂灵陶，铭称无极。

易溃艰乱，莫水大也。人于其间，鹈鹕载也。万宝千仓，咸水赉也。浮丘沉陇，粤水害也。变理之方，惟人赖也。维滇有土，荒甸外也。池以昆明，实襟带也。周环三百，涵漪濑也。田于何所？泽涓派也。岑云波水，则壤坏也。咢腹待哺，盼且眦也。哲匠奠邦，赋以怪也。事不避难，职思届也。役不再籍，润南戒也。行险而信，洊至卦也。函山刊谷，啮彼阂也。我行其野，懿经画也。鬢河酾流，若恭羿也。嘉树则里，锄菅蒯也。脉联膜輷，井疁艘也。自今以始，三登快也。滤也陆泽，星毕洒也。华黍芳秬，灭杀稗

---

① 二十四日己未为土人星回节 据《中国史历日和中西历日对照表》，嘉靖二十八年己酉十二月二十四日为"己未"，不误；然明代云南星回节在六月二十五日，本书卷二《大理府·古迹》"占文峰"条载"世传六月二十五日星回节，各寺皆燃炬"，日期与此不符；明初王绅《云南恸哭记》载，其父王祎于"腊月二十四日"遇害，"盖僰人以此日为节日，故久不忘也"。云南民间腊月二十四祭灶，准备迎接新年，万历《云南通志》卷一《地理志·全省风土》：腊月"二十四日，祭灶，送五祀之神。"《滇略》卷二《胜略》："广通县翠屏山中有汤团箐，云武侯擒孟获，驻师于此，是腊月二十四也。军士追思荆楚，以汤团祀灶，乃炊而食之，未尽者弃之而去。至今箐中小石，形类汤团然。"又，《明史》卷五十《志第二十六·礼四》吉礼四《五祀》："岁暮，合祭五祀于太庙西庑下，太常寺官行礼。"此云"星回节"有误。

② 乙亥 此处缺纪月份，据《中国史历日和中西历日对照表》，嘉靖二十九年庚戌一月初一为"丙寅"，"乙亥"为一月十日，"十日"前应补"正月"二字。

也。霭乃齐榜，欣击汰也。葭蘩藋森，逮苏薮也。左食右粥，公遗爱也。东阡西陌，骂无餲也。蜗髻鹤鬓，欣圣代也。上章阉茂，月采艾也。砻石陻山，碣彼埭也。吮丹馔诗，禁勿沫也。

〔据李元阳纂万历《云南通志》（刘景毛、江燕等点校，中国文联出版社2013年版，下同）卷十五《艺文志·碑类》第1454页辑录。杨慎（1488—1559），字用修，号升庵，四川新都人，明正德辛未（1511年）举进士第一，授翰林修撰。嘉靖五年（1526年）以议大礼，谪戍永昌，滇名士多与之交往，吟咏甚多。海口开浚，早在明云南巡抚陈金时，始于弘治十二年（1499年），成于十五年（1502年），撰有碑记勒于石（见前）。此碑今未见，记述嘉靖二十八年（1549年）云南巡抚顾应祥等人重修海口事。《云南金石目略初稿》卷二第21页题录："《滇池海口修浚碑》，杨慎撰，在昆明县海口，见岑《志》，年谱庚戌四月台司顾箬溪请公记其事于石。"此文天启《滇志》卷二十四《艺文志第十一》、康熙《云南通志》卷二十九《艺文志七》、道光《云南通志》卷五十二《建置志七·水利·云南府》、光绪《云南通志》卷五十二《建置志七之一·水利一·云南府》、《新纂云南通志》卷一百三十九《农业考二·水利一·云南府》、道光《昆阳州志》卷十四《艺文志·碑》均收录。〕

禹王碑

成都杨慎谨释。

承帝曰：咨，翼辅佐卿。洲渚与登，鸟兽之门。参身洪流，而明发尔兴。久旅忘家，宿岳麓庭。智营形折，心罔弗辰。往求平定，华岳泰衡。宗疏事裒，劳余伸禋。郁塞昏徒，南渎衍亨。衣制食备，万国其宁。窜舞永奔。

郡人段世忠谨书。

〔据《大理丛书·金石篇》卷二《碑刻、摩崖、器物铭文二》第648页辑录。碑刻于昆明安宁温泉岩洞内。高192cm，宽125cm。正文部分，直行篆书，文7行，行11字；释文部分，直行楷书，文3行，行9－42字。杨慎释文，段世忠书。明嘉靖十六年（1537年）立。〕

赵州甘雨祠记

李元阳

赐进士第荆州府知府前翰林院庶吉士江西道监察御史太和中谿李元阳撰文（一行）

乡进士什邡县知县太和石园韩宸书丹（二行）

乡进士太和高河吴懋篆额（三行）

尧峰潘侯守赵州之三年，为岁丁未，旱暵方千里，其邻郡之长，接邑之令，咸躬亲祈祷。或以春秋繁露致（四行）蜥蜴，作土龙；或以巫觋致蛇，竟亦无雨。侯曰：阴阳失节，咎在长吏。民之无辜，罹此荼毒。言已泣下，徒跣从（五行）事。父老前曰：距州治若而里有古潭，湫龙实宅之，以侯之仁信，祷可得雨。侯如言而往，路见一蛇，迎侯而（六行）前。众崩拜曰：龙见，龙见！侯未之信。佥曰：蛇则无足，今四足俨然，鳞角金灿。数十年前，尝有神僧召龙，见之（七行）即今状也。侯以食以罂，祝曰：若真龙者，当受食，入吾罂。蛇辄舔食入罂，父老曰：今当大雨，愿侯疾驱。行未（八行）数里，一众沾湿。是夕，大雨如注。农人歌曰：致蛇得龙，惟侯之衷。雨既三日，田事用兴。起视邻境，焦土如故（九行）。农人又歌曰：雨我而止，惟侯之似。是岁大稔，其入三倍。侯乃谢雨，龙迎如故。嗣是屡至屡迎，如期约然。侯（十行）因作祠，题曰甘雨。明年，迁侯秩贰蜀之乌撒府，侯得檄而行，赵人留之而无从也。乃相与谋记其祠，以无（十一行）忘侯惠。具以祠之首末告李子，而请记焉。且曰：州固压于郡也，然乌撒僻简，而赵繁冲，且郡贰之专，孰与（十二行）州守？以侯之才且仁，将处之，非其宜乎？世曾莫侯知乎？李子曰：尔侯之才且仁，有可言乎？曰：有。自吾州之（十三行）有徭也，征丁而遗田，故富人独佚。侯至而均之，今茕独见忧矣。吾州当冲衢，民力疲于将送，视他邑独劳（十四行）。侯取助于邻而裒益之，民始息肩矣。北郭奔潦，世为田庐患，莫吾忧也。侯至而沟之防之树之矣。李子曰（十五行）：止止！不须复言。均田赋则不畏强御，可知；先沟洫非知豫者，不能也。斯二者信乎？智勇之事，尔民以才且（十六行）仁目之，固也。然而尔侯能以诚信孚鬼神，而不能感动乎当轴；能回甘雨于大旱，而不能以膴仕润其身（十七行），是求天知而不求人知也，久矣。尔属既知侯之才且仁，而犹区区以利钝逆侯之欣戚，乌在其为知侯也（十八行）。众沮而退，顾为士者笔余言以为祠记。侯名嗣冕，字宗周，号尧峰，广西灵川人（十九行）。

嘉靖二十七年戊申九月，同知徐允德，学正刘相，吏目苏人望，生员黑文举、陆穗、张云路、李以恒、王梦龙立石（二十行）。

〔据《大理丛书·金石篇》卷二《碑刻、摩崖、器物铭文二》第678页辑录。碑存大理市凤仪镇。大理石质，通高127cm，宽55cm。额半圆形，高34cm，左右边缺损。方框内篆书“甘雨祠记”四字，四周为云纹。直行楷书。文20行，行11－40字。书刻精美。明李元阳撰文，韩宸书。为研究明代民俗的资料。〕

水利碑记

大理府宾川州为务□□□□□□□□□□□□□□□。（一行）巡按云南监察御史赵□□□□□□□□□□□□□□□（二行）州，即将董鹤程、张清等各告水□□□□□□□□（三行）龙水二道，查照旧规，仍令张清等轮流□□□□□□□□（四行）日期，并南北山形沟势于上印刷，回报仍佥水利老人一名，印给水簿一本，将□□□□□□ □□□□□（五行）上月终，选州查考等因。奉此，卷查先为极恶土官卖放，强盗致死人命，谋夺军民纳粮，□□□□□□□□（六行）小民不得安生事。奉（七行）兵备副使郝宪牌，拟本府呈前事。案照先奉（八行）钦差巡抚都御史应批，据本州官邑、拴廊等里民张志刚等告为极恶乡虎，霸占古塘，阻□□□□□□（九行）负累钱粮事。奉邱批，宾川州勘断明白，报缴。续奉本府帖文，蒙（十行）兵备卞批，据张志刚等告，备行本州朱知州亲诣各告□坝龙泉处所拘，集乡老王俊等欺□□□□□□（十一行）泉水一道，积堰塘左边大涧上应踏枧槽，引水放大场曲前萱甸田地三百余余亩，右边一道灌□□□□□□（十二行）下甸田地三百五十余亩，所告东山大涧原旧三分之水，着钦照旧分放，其中一小分流至拴廊，□□□□（十三行）远水渐微，细不足救荒，无雨之年未免争兢。合无分定日期，大场曲二大分，该放水二十日；小场曲二分□，（十四行）该放六日半；拴廊一小分，该放三日半。候详允日令各置碑一座，刻定分水日期，备申（十五行）钦差巡抚都御使吴批。据申所分水利似亦允当，但分水日期已定，恐大分者妄尔执，一先放二十日而后（十六行）小分，则小分候放未至反误众事。邱定各照日期多寡，每遇放水，大分、小分各轮放一日，周而复始，庶得均（十七行）沾，各适所愿，其余依拟施行。奉此，案经遵照在卷。今奉前因，邱将发去，详允事由，刻立石碑，永为遵守。各照（十八行）后开分定日期轮流分放，如有豪强之人倚势霸占，许令管水老人指名呈来，捉问不恕。须至出给者□□。（十九行）计开：放水日期，每年俱以正月初一日为始，大场曲贰日，小场曲、拴廊壹日。（二十行）

嘉靖三十年十月二十日，委官由白羊市巡检司巡检同众立石。（二十一行）

刻碑阴缘由（一行）

大理府为党恶土舍朋计誓饮血酒，欺灭官□，霸占水利，贿卖索取财物（二行）事。嘉靖三十二年八月初四日，蒙（三行）巡按云南监察御史黄批，据本府经历司呈前事，蒙批：王廷弼等姑依（四行）拟发落处分，水利比前更允当矣！行令永为定规，再不许紊争，通取实收（五行）缴。蒙此，除佥取分水老人并置格眼文簿填注外，今将分定放水日期刊（六行）刻于后。（七行）计开（八行）：每年俱自正月起至四月终止，每轮大场曲放两日，次小场曲放壹（九行）日；又大场曲放两日，次拴廊放壹日。如正月初一、初二大场曲放，初（十行）三日小场曲放，初四、初伍日又大场曲放，初六日拴廊放，周而复始（十一行），以次放去，其拴廊放水日期，将景帝庙左边龙泉原搭枧槽□□□（十二行）沟横放入前宣甸水一股，迳溉限满，仍归枧槽，小场曲□□□□□（十三行）例，永为遵守，不许紊乱（十四行）。

嘉靖三十二年八月□□□□□□□□□□□□。（十五行，下残）

〔据《大理丛书·金石篇》卷五续编《碑刻、摩崖、器物铭文一》第2527页辑录。此碑现存大理市挖色镇大成村文昌宫内。大理石质，通高146cm，宽54cm，碑已残断。碑阳额中部刻四圆圈，圈内阴刻“水利碑记”。碑身直行楷书。文21行，行8－41字。碑阴额书“水利碑记”，碑身直行楷书，文15行，行2－28字。碑文叙述大理府宾川州对官邑、拴廊等地极恶乡虎霸占水利的判决，并明确规定大场曲、小场曲、拴廊等村的放水日期，对研究明代挖色地区的水利及地名情况有一定的价值，明嘉靖三十年（1551年）立。〕

建立赵州东晋湖塘闸口记

建立赵州东晋湖塘闸口记（一行）

赵州治东北十五里许，有陂堰一区，南北亘十里，东西约五里。中有九泉，冬夏不涸。在古为潴水之湖，冬蓄夏泄（二行），以灌栽插。军田则大理卫后所资之，民田则赵州草甸里三村资之。今观湖之南有埂，坚厚广博，古人垂远之意（三行）巍然在目。凿穴一区为桥，以关启闭，信为陂堰无疑矣，但名为东晋，不知所考也。弘治初，分巡林公曾鬻之以城（四行），赵州民厄于灌，复醵金赎之。然湖之势西深东浅，水落湄地可以播艺。湖之东汉邑村民利之，与掌湖口者为弊（五行），暮闭夙启，于是水蓄不足者有年。嘉靖癸丑，屯军遡于当路，求分河水为灌，乃付赵守坤泉潘公议之。潘公审斯（六行）弊也久矣。乃哂之曰：是犹衣带有珠而不知，乃丐食于人者乎？审于众曰：湄田之利与灌溉之利孰广？治河之力（七行）与堰之力孰简？河之水及与湖之水及孰多？然则何不求之湖？遂解之曰：民不知义，为无觉者以诲之。法不能远（八行），为无当心者以忧之。民无所威，为无严以畏之。何谓无觉，今夫人则知自利，不知利人。自利者，神嫉之，利人者，神（九行）听之。云何曰旱潦、曰疫疠、曰争讼、日虫荒、曰盗贼、曰灾眚、曰饥馑、曰夭札之类不生是已。然则与湄田之利孰强（十行）？诚知此必不肯以一己而防群众也。何谓无当心？譬之人家不相犯者，谓各有主也。今湖专于后所之掌，思以防（十一行）之卫之如治家然，其谁敢侮？何谓无严？《易》曰“谩藏诲盗”，盖盗本无心，因谩而有心，是以谩诲为盗也。苟湖口之关（十二行），如他处闸口之密诡焉，得而伺之，于时掌所千兵宋君胤闻而作曰：吾愧矣！吾愧矣！乃谢于潘公之门，唯公所诏（十三行）是从，愿竭力输财无难也。曰：有是哉，事可济矣！复于当路许可。于是宋君请匠于邻邑，购财于山谷，凿石为池，如（十四行）楼之制楼之。凿石为孔，三孔各置一桩，上为锁钥以扃之。由是水无漏泄，启闭有时，垂之亿年，犹一日也。是时潘（十五行）侯受曲靖秩五月矣。又明年乙卯潘侯往曲靖，水利大兴，民思之。宋君谓石园子曰：子其被水之利，其深知潘侯（十六行）者乎？余曰：窃有志，恐以私而累侯之德也，有命其乌辞？乃稽首飏言曰：养民者，农事为本，水利为急，陂堰为美。有（十七行）

自然之利，而民不被其泽者，无忧国者以为之也。潘侯破群迷之见，察起弊之源，开成务之宜，竭心思之巧，仁政（十八行）弥于上下，此则见诸一端。宋君承而荷之，则斯民粒食之报，在颂祷者，自引于无尽也。是为记（十九行）。

嘉靖三十四年乙卯冬十二月吉日。

石园子韩宸稽首谨识（二十行）。

〔据《大理丛书·金石篇》卷二《碑刻、摩崖、器物铭文二》第715页辑录，并据道光《赵州志》卷四《艺文志》校改。此碑在大理市凤仪镇。通高146cm，宽62.5cm。额半圆形，方膀内刻“湖塘碑记”四字。碑身直行楷书。文21行，行11－43字。〕

大理卫后千户所为申明旧制水利永为遵守事碑

宋胤

大理卫后千户所，为申明旧制水利永为遵守事。奉（一行）云南按察司分巡临元道带管屯田水利佥事欧批，据本所申准掌印管屯千户宋胤关案。据本所百户徐镗等伍并赵（二行）州草甸里军民李瓒、尹缙绅等连名告称：洪武年间设有东晋湖塘一区，每遇九月九日闭塞湖口积水，至五月五日，三次（三行）开湖放水，灌溉六百户，并本里军民田地千万余亩，已成定规。后弘治二年内，蒙（四行）云南按察司副使林爷按临，筑砌赵州城墙，因乏工料，将前湖卖与豪舍陈达等，开种为田，致使军民无水栽插，田荒，告蒙（五行）巡按刘爷，并守巡道毛、周俱亲诣湖所踏勘明白，责令瓒等父祖用水人户照亩出钱，共银一千三百二十四两五钱，给还（六行）买湖陈达等，将湖赎出，仍旧积水灌田，刻碑在州。后被邻住本州汉邑村豪民杨永、杨廷玉、马能显父叔马安等捏报，并利（七行）用船载土填筑高埂，成田种食，阻塞水道。及至九月九日闭塞，持（恃）称有粮，又不容填塞。以至水积微少，军民不能栽种，田荒（八行）粮累，寒苦逃移，不可胜数。自本州到任以来，悉知前弊。又见军舍吴凤翔、李润等，各于塘口水源起盖碓硙，图利窃水，蒙痛（九行）自禁革，民便稍通。伏望再乞移文，作为经久，庶后纷扰。等情到职。切照屯种以水利为本，先被豪徒霸阻，今承潘知州不畏（十行）势豪，将各犯枷号责治。卑职既叨管屯责任，须要处于将来。乘今农隙之时，本官比照先委勘筑洱海卫青龙坝湖塘，修砌（十一行）闸口，下锭石纂，依期起落闭放事规，每岁咸（佥）揭，余丁二名看守，督匠会估，共用银一十八两。本官将本州赃罚，动支一十一（十二行）两二钱，责令旗军田章、马相等，收买木植、砖石、灰瓦等项，其不敷工食银六两八钱，卑职将俸粮借措，供应匠作。见今修筑（十三行），若不申请明示，恐潘知州升任，卑职庸薄，又被杨永、马能显等积袭故弊，仍将闸口暗挖，不容依期开闭。军舍吴凤翔、李润（十四行）等复盗水源，未免湖水浸散，军民仍又失望，合候呈详允，日会同本州，建立石碑，将呈允明文刻字，竖立塘口，永为遵守，及（十五行）严行禁约，杨永、吴凤翔不致霸阻侵占偷挖，结状在官，屯粮不致贻累。缘未申禀，不敢擅专，为此合关前去，须为备达施行（十六行），准此，拟合通行。为此除申呈府衙外，今将前项缘由，卑所理合备申，伏乞照详施行，奉批屯田，以水利为急。今潘知州修复（十七行）〔水利，禁治奸恶，其惠溥矣。石筑闸口，依期起闭，揭丁看守，立碑禁约，俱如议行。

敢有将闸暗窑，起盖碓硙，霸阴侵占，及杨永〕（十八行）、吴凤翔等仍肆偷占者，许指名申道，以凭拿问重治，仍行该州一体严禁，此徼。行间，又奉（十九行）云南布政司分守金沧道左参议崔批，据本所申同前事奉批，如拟刻石立碑，以垂永久，如有阻霸者，重治枷号。又奉（二十行）差整饬澜沧姚安等处兵备云南按察司副使周批，据本所申奉批，仰潘知州即查报，缴。又奉（二十一行）差整饬金腾兵备，兵备带管分巡金沧道云南按察司副使李批，仰州查报，缴。又奉大理府批，仰该州作速立碑，以垂永久（二十二行）。

嘉靖三十四年乙卯冬十二月吉日。

大理卫后所掌印管屯千户宋胤立。

总小旗田章、李瓒、徐锐、董茂；尹缙绅袁杰、马相、马良。

旗吏承大有书丹（二十三至二十四行）。

〔据《大理丛书·金石篇》卷二《碑刻、摩崖、器物铭文二》第728页辑录，参原碑校改。此碑在大理市凤仪镇。高124cm，宽65cm。直行楷书，文23行，行20－47字。宋胤撰文，承大有书。明嘉靖三十四年（1555年）立。宋胤，生平事迹不详，明嘉靖年间任大理卫后所掌印管屯千户。碑文反映了明代大理卫水利灌溉问题。前因云南按察副使林修筑城墙缺乏工料，将一处湖塘的前湖卖与豪舍“开种为田，致使军民无水栽插”。文中虽未言明林之过，但斥责之意，不言自明。与林形成鲜明对比的是巡按刘，守巡道毛、周，他们亲诣湖所踏勘明白，并责令用水人户照亩出钱，将湖赎出，恢复湖塘积水灌田的功能。潘知州更是不畏权势，将霸阻、侵占、偷挖水道的“各犯枷号责治”，使破坏水利的恶行有所收敛。作为“掌印管屯千户”的宋胤，不仅利用“农隙之时”，修砌闸口，依期闭放，“将俸粮借措，供应匠作”，还“建立石碑”，“永为遵守”，“严行禁约”。最后，为防“复盗水源”，一一列举崔批、周批、李批、大理府批，以强调其合法性、权威性，文词恳切，申说严明。〕

明代昆明农民控告沐庄霸占水利碑

云南府昆明县为乞均水利，以苏民困事。奉（一行）云南等处承宣布政使司札付，奉（二行）钦差巡抚云南兼建昌、毕节等处地方赞理军务兵部左侍郎兼都察院右佥都御史邹批。据县民角应高、杨尚儒、杨仪、张应儒等连名告称：村居城西石鼻，相连沐府庄田。麓（三行）涧有源，均灌田亩，栽不失时，钱粮得输，民稍充裕。嘉靖十一、二等年，有家人张时泰〔等〕，仗倚营充参随、管庄、听用等役，持势每自栽插，将水霸占轮放，兼行倒卖肥己。民无涓（四行）滴，如遇亢旱，荒者十常八九，致使栽插失时，久绝依源。比欲投告，惧各持势，含冤到今。幸逢（五行）天星抚镇兹土，惩宄殄恶。窃思横恶不忖庄田止有三百余亩，民田约有一千五百余亩，□各逞势，将水侵放，百计殃民，实难聊生。如蒙准行，拘提本庄积恶张凤岐等四十一户（六行），清出二彼田亩，均分水利，刻碑垂久，以为万世之益等情。奉批：仰布政司委官查报。□札仰县奉此，行拘词内犯人张时泰等到官，该本县掌印知县胡押带各犯，亲诣所（七行）告田所，拘集知音公勘。审得张时泰等供，系沐府家人，先年本府置有庄田五百余亩，与昆明县石鼻里地方纳粮民田一千一百余亩相连。县民与本庄家人相搀种，办钱（八行）粮，水用麓涧山脚下左边温泉右边冷水沟会流，二水聚合，均灌俱得，成收为定，钱粮易完。嘉靖十一二年，时泰与在官家人张凤岐、苏春、赵美、李茂生、段有爵、苏友良，各逞（九行）府势豪，每逢栽插，将会流活水一股阻截，流归庄田足用，方令民田栽插，以致失时无收，累及告民角应高等赔纳差粮消乏，各畏势强，不敢声音，递年无望。隆庆六年七月（十行）内，角应高等思得民田纳粮之外，又有海夫杂派差役，庄田止纳额粮，欲告复旧，将情具告。备札行县勘报间，赵美与时泰各仍倚势用强霸占，套捏虚词紊规争夺等情亦（十一行）告。批：仰布政司并问报。蒙并仰县查得，县民田原有定赋，正粮之外，且有里甲公堂及均徭差役，庄田止纳秋粮，各项尽免，并无负累。及将活水一股霸占，实为民害。所告庄（十二行）民二田，较量田亩多寡，分为宽狭二股，各流灌溉，仍于适中之所，勒石分界，以为永久，如此则水利均平，豪强不得多占，县民不致贻累。具由连人关县申解（十三行）本司。蒙批：据申查勘已明确，审各犯亦无词，仰该县即究招报详。蒙复提各犯到官，审看得时泰等倚仗权豪，欺压乡民，积恶已非一日。温泉、冷水会流，系一方灌溉之源，却（十四行）乃倚势霸阻，以致民田不通水利，遂生告扰，应当拟究，以惩奸欺。断将前项水利，不分清潢，各照田亩多寡，分为宽狭二股，各流灌溉，以免争紊。如遇潢水泛涨，照旧依古，下（十五行）河流海，不许阻冲民田。其冷水沟一线之水，断令小邑村人民灌田食用。蒙将时泰与张凤岐、苏春、赵美、李茂生、段有爵、苏友良各拟不应杖七十俱稍有力赎折；角应高等（十六行）告实。具招申详（十七行）本司，转呈（十八行）部院，奉批：依拟实。收缴备牌仰县发落外，合行颁勒石文，仰各悉照前议事规，均行灌溉，永为遵守。以后各家人敢再仍前违犯者，许受害人民印碑赴告，明究治罪不恕。（十九行）

皇明万历元年岁次癸酉孟春月吉旦勒问官知县胡崧立石。

本村告状耆民：

杨　松　□　楫　李文魁　张　镗　张应黉　张汝林　张受保　董同生　杨舜卿
□　杰　张崇德　张　勋　杨茂时　董　恺　张福元　张　呆　张应儒　□文礼
李应旸　董　贤　段　元　李逢春　杨汝科　张允高　杨尚儒　杨尚仁　赵尚义
杨廷和　张应爵　张应誉　杨廷相　张　栢　角应高　段崇仁　杨景秀　李习登
赵应麟　杨汝和　蔡　怀　张大□　杨　仪　□崇德　罗尚锦　角应龙　周孟儒
杨惠中　张孟保　杨汝移　杨　俊　□志辉　张应举　张应学　张文才　张文合
杨自然　张应元　杨廷美　□习成　角应魁　角应鳌　杨廷相　角应斗　角　宸
张王保　李廷□　段文杰　□天禄　杨廷爵　赵德儒　杨九华　罗尚绣　杨　元
董山保　苏元卿

小邑村：

赵　宾　李　元　张〔仲〕学　毕　五　李文德　李德高　董志广　李三奴
毕　义　李　森　赵容解　冤　奴　李阿黑　李　本　毕　保　张引生
李六生　张六斤等建（二十行）

〔据《云南各族古代史略（初稿）》（云南人民出版社1977年版）附录《云南重要碑刻录文》第728页辑录。该碑约高1.60米，广0.70米。凡20行，行68字。最后一行有小字题名9行，详细列举“本村告状耆民”名单。此碑立于明万历元年（1573年），原在昆明马街小学。系明嘉靖年间，昆明石鼻里、小邑村92位农民联名控告沐庄霸占水源，使农田无法灌溉，以及官府处理案情经过之碑。沐氏祖先是随朱元璋在凤阳起兵的沐英，因讨平云南有功，世代镇守云南，官爵黔国公镇守云南总兵官，200年后，其裔孙沐朝弼继任。沐氏历代在云南置田庄，俗称沐庄，势大豪强，人不敢犯。沐朝弼更是一个倚势凌弱、贿京官、侵占民田之典型代表。其爪牙张时泰、张凤岐、苏春等狗仗人势，阻截水源，霸占水利，祸害村民达40年。石鼻里农民忍无可忍，愤然上书控告，在宰相张居正、云南巡抚邹应龙的协力之下，隆庆六年（1572年）朝廷逮捕沐朝弼，押解京师，判免死罪，禁锢南京故第，后死去。石鼻里水利案以农民胜、沐庄败结束，万历元年（1573年）昆明知县胡崧立碑为证，正文1000余字，写得尽情尽理，大义凛然。〕

建雷公祠碑记

邹应龙

昊天以正气生万有，妖邪则雷殛之；圣主以常道育万民，暴逆则兵击之。殛之击之，固以生之育之也。夫何迷蒙之地有獛匪㹱匪乌合纠结，豺狼纵横山川，猩秽人迹且息。监司以告予，乃躬行天讨，身率三军，环穴而攻之，一鼓而破坚利，再鼓而尸横野，三鼓之烟飞灰灭，天日朗映。予自迷入蒙，草露布上闻余贼奔窜，犹匿于鬼兜鳌及禄丰谷中。谍者启报，诸山顶上有黑云压之，少焉电火飞流，霹雳走岩谷，曩者所窜残凶尽毙于雷，府相枕籍（藉），俄而山川如洗，林木欣生，殆天助乎？予听骇焉，毛骨竦立，乃召蒙令雷子起蛟，谓曰：子知天人交感乎？夫天人之际微矣，惟天威无弗加，谓天网弗漏者，天之未定也；惟圣天子威无弗加，谓王法可逃者，时之未至也。天人交相助其今日乎？圣人神道设教殆有渊旨，其建雷神祠于象山，岁时祝之，以表威灵，以保界河山雷，令曰：唯。乃命指挥李春华（以下文字漫漶不清）。

〔据李焜纂修乾隆《蒙自县志》（故宫博物院编《故宫珍本丛刊》第230册《云南府州县志》第5册，海南出版社2001年据清乾隆五十六年刻本影印，下同）卷六《艺文志》第16页辑录。邹应龙（1520—1580），字云卿，号兰谷，陕西长安人，嘉靖三十五年进士。隆庆时巡抚云南，万历二年（1574年）蒙有（倮儸）（苗族支系）为患，应龙躬亲抚剿，驻师蒙城，复讨定迷之濮乱，民咸德之，立石于邑署之前，大书“平定阿迷，安抚蒙自，邑令雷起蛟”，为文记之，今其碑尚在。邑人立祠祀之，有碑记，在蒙自县北四十里。〕

九天观水塘记

曾所能

万历丁丑冬十月，予承乏来守石屏。时年饥，久不雨。越春徂夏不雨，春秋例得书之。予偕僚属出舍，斋宫礼神祷焉。越旬，雨如雾。又五日，雨沾足，而田亩之涸如故。盖州治自城垣外可数步，即沃壤平衍，而无水源，独治东有异龙湖，又其最下。予循故道抵湖源，似可通人力引水上流，遂下令浚治之。发仓给饷，躬自督率，往来于阡陌之间，无宁处也。已而浚尺土，得尺水，水所至，咸得播种。民翕然乐趋，不自爱力，日出而服劳者几千百人，无倦[①]，匝月而河工告成者，计二十有三。复召车工作车汲水，民得水如得雨，可无旱忧。又令有力者耕湖田，戒豪家兼并，赋十一入社备赈，计得谷三百余石。社仓已行，而社学亦因以立矣。

一日，父老告予，以州西去可三里，有九天观，俗名以海，地势平窅，深山长谷之水四面汇入。昔人曾各捐田二亩入官为堰，蒙抚按诸上游委[②]卫使庞君松督修，可足灌汲下方田数千亩，岁输公饷六千余，民方利赖无已。无何，总府田间于中，岁征籽粒，水盈则病于耕，而籽粒无或贷也，岁久令弛。每有庄户盗决，一旦堤溃，潴水转以入海，春耕无赖，公私告乏。

予毅然欲为修浚[③]，适科臣见华王公有兴水利之议，疏上天子，可其请下天下郡县行之。予奉檄而喜，遂欲民力浚治之。移旧堤于百步之上，就其岗陵之隘而阨塞之，中为石闸，以通启闭。立碑一所，佥水利官一员、坝夫二名，掌之。工成，盖戊寅八月也。湖水渐盈，汪洋千顷，农夫欣然，喜如居者之有积仓也。

是岁，果大稔，而庄户群然竞争，鸷悍莫能御。予召而语之曰："以利害较计，渰没庄田不过失籽粒十金，若决堤则失旱田粮动以千计，何执而不通也?"渠曰："潴水灌溉，利在军民，乾赔子粒，偏累庄户，非便也。"予曰："然。"试为若等图之，思总镇公有世德，滇人怀之，非独以其威足以慑之也。兹有利于生民，知必乐以俯从，乃以军人李友松等所为状白之于公，果乐从，使百户赵文清来状其事。清，亦伟人，遂以故复于公，公曰："州守数岁一代，乃今有此，况吾世镇兹土，又有明旨在，何所利而不为也?"遂给帖，岁蠲籽粒银十两，以所渰没田入官潴水，且示庄户，以盗决者罪。公之泽在人心，当与此湖相终始矣。后之耕田而食者，敢忘所自哉！予不敢悖公德意，为文通详，蒙两台监司郡长相与乐成，褒嘉如出一词。《书》曰："元首明哉，股肱良哉，庶事康哉。"噫！今益信矣。

此湖之复固，有待于今日也。虽然潴水之利，务在及时，盗决之患，不独庄户，又在长吏者加之意焉。盖滇南冬多不雨，秋雨不闭闸则冬水必涸，春耕无赖，是无冬水即无春耕也。必乘秋雨之后，即严闭闸之令，而阻挠者罚之，毋使失时。春水之泄，渔者利于渔，耕者利于耕，不相紧闭，必致失水。必均其分数，时其启闭，强梁者罚之，勿使失水。如此则潴之有地，御之有法，司之有人。浚其源，节其流，水利当无穷矣。

湖成，一日具壶觞与二客游其上[④]。客曰："昔苏子守杭州，开西湖，杭人德之，至今颂苏公之功不衰。公亦蜀人也，是湖之浚，与西湖并胜乎?"呜呼！彼以人胜，非独以其地胜也。

〔据管学宣纂修乾隆《石屏州志》（清乾隆二十四年刻本，下同）卷五《艺文志一·记》第39页辑录。曾所能，四川涪州人，明万历五年（1577年）署石屏州知州，治政宽仁，入祀名宦。九天观闸，在城西三里，受宝秀、高家冲诸水，万历间知州曾所能移旧堤于百步之上，就其冈陵之隘而阨塞之，潴水以资灌溉，中为石闸，以时启闭，至今民赖其利。清康熙三十七年（1698年）知州张毓瑞增修。〕

---

① 无倦　民国《石屏县志》同，康熙《石屏州志》作"无感倦也"，意长。
② 蒙抚按诸上游委　康熙《石屏州志》作"告蒙抚按委"。
③ 予毅然欲为修浚　康熙《石屏州志》作"予毅然有修浚意"。
④ "上"字后，康熙《石屏州志》有"众上横环，辽阔瀠湾，楼观嵯峨，花木栅栅，歌枕清风，而忘乎人间"数字。

建西河永春桥碑记

张烈文

建西河永春桥碑记（一行）

赐进士第中议大夫赞治尹奉（二行）敕提督三郡整饬井陉道兵备山西按察司副使郡人晴湖张烈文撰文（三行）。

乡进士奉直大夫协正庶尹刑部浙江清吏司员外郎郡人卓轩刘师颜书丹（四行）。

乡进士承德郎四川重庆府通判郡人东泉范元恺篆额（五行）。

蒙部民处郡河西者三有二焉，河受诸山壑水，顺流而下，通于大江，入南海。倏雨洪涨，渡而溺毙者，年每五六十人。先是，善（六行）耆巨族尝营筑石墩数座，排木为道，往续赖之。水或骤泛，渐随崩圮。隆庆间，掌郡事通判天山吴侯，怜民无辜堕落，捐俸（七行）博劝，计作高堤石岸，架桥屋十余楹，状如长虹，数年，民庶登涉，颂德称便。比今柱木悬脱，桥栋欹沉，溺伤如故。逖迩感戚，胥（八行）存建助之思。一日会大人长者，皆云构木难久，罔若朋心分力，起石联砖，世世可无虞也。于是偕智士仁老，相与列图规画（九行），费可千金，即首捐金百余两。募石工治料，陶人模埴，山人伐材，灰人煮石，掘筑之具靡所不预。然后周劝减义，施助有差。不（十行）数月间，木石山积，砖料云仍，乡老矢心，各厉管摄。时荷署郡五井提举顺宇刘侯、顺蒙参将两江刘公，分俸乐倡，严命（十一行）阖城运石，董以才敏，计日报绪。卜期始浚河，底功入孔艰。乃合力车水，且掘且报，深六尺余，得实地，即累石，密树墩基。墩中（十三行）插列石柱十余，下横条礎，参差犄角，隙缝填充泥砾，边石四围，锁以铁锭，历级如是。未盈三月，两墩俨峙。秋夏架木，人获利（十三行）涉，袤春，圈龙骨，起丛台，将四月而桥成矣。势如玉龙挺汉，光腾渊渚，为一方巨丽。虽工繁力重，曾无一夫伤、一石损，基立允（十四行）坚，功举如料。谓非昊明幽相也耶？夫桥功莫浩矣，艰于创始，顺于结终。永固求弗悔者，尤在经计之慎密也。故非官长罔以（十五行）肃督责之令，非士庶罔以裕广费之资，非约众罔以效阅察之劳，非不佞罔以任运率之机。是故桥功克就，善惠圆成，经行（十六行）者乐于坦途，过涉者免于沦溺，永无履险之忧矣。功德在人，岂浅浅哉！然斯桥也，匪但济人，壮国唯甚。郡东诸山合翠，西岭（十七行）隔流，灵络不续。是桥既建，通金麓之脉，锁归城西，形势钩连，会灵泮水时于东南之岭，高造文嘌以应之，则峰貌凌云，桥光（十八行）焕日，两沛精华，涵孕英杰，而科名彬彬矣。岳灵生甫，及申其肇兹哉！况春和景明，山川敷彩，桃妍柳映，环布桥岸，冠盖绮绣（十九行），相望于道，而壮观殊胜，雄焯一时。又郡中硕秀也。河岳错瑞，霞景联辉，目豁神恰，不独为一人之乐而已。噫！永春名桥，创开（二十行）钻石，冀神明之永护也。俾上下恩功，昭垂百世，登游者宁无颂祷之快哉？是为记（二十一行）。

万历戊子岁仲春月吉旦（二十二行）。

〔据《大理丛书·金石篇》卷二《碑刻、摩崖、器物铭文二》第866页辑录。西河桥，又名永春桥，在大理巍山县城西五里许。碑立于桥旁，高118cm，宽62cm。直行楷书，文21行，行10－46字。明万历十六年（1588年）立。张烈文，事迹详康熙《蒙化府志》卷五《人物志·乡贤》，字元焕，明嘉靖癸卯（1543年）举人，癸丑（1553年）进士。初授浙江嘉兴县令，有惠政，升南京户部湖广司主事，转北直井陉兵备按察司副使，士民爱戴。生平无书不读，博通今古，长于应变，归里乐道逍遥，飘然有霞外之致。辑有《百氏统要》《文海流奇》，梓传于世。编修李士龙撰《张晴湖生祠碑记》。此碑题名，康熙《蒙化府志》卷六《艺文志·记》作“建永春桥记”，文字略有出入，可参。〕

宝秀水利碑记

萧廷对

《易》师之象曰：“地中有水，君子以容民畜众。”夫周制寓兵于农，一变为内政，迄今已渐灭尽，独所在屯田固犹有饩羊之思焉。

宝秀去城西舍许，东与石屏合为两屯，输屯储养临城卫军，力耕敢斗。先是，丁改啸聚剽掠，闾阎若扫，独宝秀未敢一矢相加，遗兵农合一之制，即蕞尔明效较著。矧建屯而后国家文教翔洽，多士黉序，翩翩应科贡。庶几免置之什，宁复兵食不支是虞。惟是四山葎窠，苦无原泉灌注田亩，山雨暴涨，岁久为民患二焉。其一通远桥，桥直接高、余二箐，牌楼坡诸水下达河口，初沟广六尺，深如之，水循故道，民居安堵。正嘉以来，下流沙壅，沟道高与田园等，且藩垣隔绝，久不复寻故址。近佃牟利，奄有播种。众水漫演四出，道途日高，庐舍日卑，至以民居为壑，旦夕弗退，水啮居垣，老幼凛凛，莫必其命。其一中、左二所屯田逼草海，雨集辄为巨浸，山下旧河一沟势难容泄，又数十年无议开者，浚之难，不胜其壅之易也。诸生某某偕诸父老，且以利弊陈余。余惕然于民生安危，国储登耗，始亲诣桥畔，宥诸侵占罪。斩荆茨，履亩而南，度古沟广狭所直立之标准，督沮洳人户疏之。旬有几日，告竣，凡千四百六十八丈，视昔制尺寸不爽，军民佥异其事。

戊戌夏，淫雨，中左田禾初生两耳，寻漂没无余，力为请灾伤弗获，则约各伍疏旧河，计亩出力，画地置标，每丁各循丈尺，毋许盈缩，被浸者工再倍。复向山麓开沙沟一道，捍泥沙杀入，旷土不得直趋河埂下流，计各千八百丈有奇。又下令，自是而后，相度时势，毕力排瀹，悉遵前议毋挠。盖自二役兴，向苦圮倾者风雨攸宁，虞漂没者菑畬次于两岩之间。则此一水耳，壅之而害也，疏之而利也，而孰知利之久而必害也，害之除复为利也。先王兵农合一之制，谁谓终不可复乎？诸父老虑无以垂永久，谋镌之石，丐余纪其巅末，因三致意于《易·象》容畜之旨云。

〔据乾隆《石屏州志》卷五《艺文志一·记》第34页辑录。萧廷对，字观我，太和（今大理）举人。明万历二十六年戊戌（1598年）由国子监助教出知石屏州事，政宽守洁，精风水家言，初创南北东三城楼，鼎建尊经阁，兴学课士，更筑堰塘，以兴水利，置三社仓，储粟备荒，士民爱戴，立祠城东祀之。此碑记，叙述当年其两次率领军民疏通沟渠、兴修宝秀河之事，指出“盖自二役兴，向苦泛倾者，风雨攸宁”、“害之除复为利”。30年后，顾庆恩署州事，又有开宝秀直河，更治宝秀水利，详见杨忠亮《石屏宝秀新河碑记》。〕

宝秀新河碑记

杨忠亮

我国家方制万里，兵与农共。凡卫所峙列之处，分置营屯，滇更倍之。山川险远，输运未易，督兵屯种，庶几养兵无费，又可备战守，故以区区一州，合之宝秀两屯额粮至八千有奇，屯饷多于田赋，为军国虑，至渊深矣。

夫军以捍城，屯以赡军。近例屏纨绮独以催征属之有司，则军民皆长吏之赤子也。然有屯田，必需水利，有水利，必赖治水之良有司。古有凿离碓而灌沃野之渠者，有通泾水而溉泽卤之地者，有引漳水而注邺下之田者，皆从无处寻有，用力甚艰。如以固有之利，反罹啮桑之害，宁惟病屯究且病军，宁惟病军究且病国，故民屯者，军国之元命也；水利者，民屯之活脉也。良有司者，司命之枢管也。

宝秀之草海，国初置屯田于此，屯粮四千，民赋千余，额数亦不为少。乃三面阻山，山水时发，旧有河沿山足下，屈曲沙冲，随浚随塞，上积而益深，下激而愈壅。腴田为波臣所据，近以灾伤改折，得蒙轻减，而赔累者已数十年矣。先长老御史白塘许公目击而叹曰："嗟乎！草海据上流，无山石为梗，若于田间开一直河以泄水，则沙不能冲，为利最溥，然必俟贤父母，方可请行，不然恐任事者少只滋扰耳，慎勿轻举动也。"此语传三十年，而判府顾公适至，建学缮城，岁无宁居，大工甫竣，复议水利。盖机之会者，时与人若相待，而言之中者，古与今亦券合也。军民朱廷弼等陈情吁苦，台司道府切由己之恤，可其请。公遂履亩踏勘，一意开浚直河。荐绅素封之家有田错处河中，各捐让不惜。公曰："舆情协矣，大役可兴也。"屯长列沮洳人户若干田，下令河工多寡称是，人人裹粮，竞跃举锸为云，决渠为雨。然水势建瓴而下，漫漶可虞也。酌为三停，混混而出，洋洋而去。初及五亩一带，浸灌菑畬，次及九天观之陂池，吞纳沉蓄，又次及州治之附郭田。南北交流，东西互注，湖水决矣，民屯出矣，经理不可后也。审沟塍之遗迹，正疆界之定分，乘时率作，获田以数千顷计。旧河存之，用遏流沙，直河设水利官，领疏瀹之寄。盖九天陂池，惟及时潴水，均其分数，时其启闭，使受水之利。

宝秀直河，当淫雨连绵，客水暴集即开浚，后势不能保无填阏，责成水利官上阏则导之使下，下阏则通之使流，水利中善后第一义，公早筹之矣。当是时，三十里之土田，或易蛟宫为沃壤，或更斥卤为神皋，数万口之生灵，近者任土乐业，远者仰沫承流。始以为害之自此而除，讵知利之自此而兴也。始以为饶有济于屯，讵知兼有裨于民也。虽知民屯之利赖无算，又讵知大有补于军国也。

夫芟薪楗橛之劳，孰与陆博蹋鞠之逸；莞蒲蜃蛤之饶，又孰与梁茨京坻之利。然所以裁成疆理，导利而均布之者，独赖一良有司，第问桑田变矣。沧海如昨，昔之难也，如精卫之填海；今之易也，如巨鳌之转石。岂非难者军民岐视，相推相诿，而易者不惑不惧，惟公惟忠，因民而利，顺风而呼者哉！

白塘公当年遗意，三十载而始成，其美贤父母，洵非偶然矣。不佞尝谓悬鱼却馈，鞭蒲示法，或酿为岐麦之瑞，贤良亦炳炳史册，然清惟洁乎一身，泽仅及于一时而止。

治河之后，计工万有五千，不费公帑，不动声色，以三旬毕事，嘉惠我屏，最弘且远。遂偕荐绅父老，镌石纪其成功，享乐利者忍忘河洛之思乎！

公讳庆恩，号纶堂，直隶之吴江人，文雅有高韵，并书以肖之。

〔据乾隆《石屏州志》卷五《艺文志一·记》第64页辑录。杨忠亮，字荩卿，一字元蔼，石屏州人。明万历丁酉（1597年）举人，任平武知县，擢固原镇同知，居官廉洁，后挂冠归里，优游泉石，撰《石屏名胜记》。〕

均平水利碑记

委官蒙化府经历方，为水利事。奉（一行）本府委职，踏勘均平水利缘由。照得南庄大箐水利，原议（二行）官民共为拾昼夜，今因魏老、张彦和告争紊乱（三行），本厅亲诣踏勘。据军民李棠各执（四行）察院许屯田刘印帖圆牌，并各村军民议复，照旧为拾昼（五行）夜均平分放，深为民便等情。据此，合行晓谕。为此示，仰立（六行）碑，其南庄十三村官舍军民人等知悉，自今为始，遵照旧（七行）规，仍为十昼夜，周而复始，轮流分放。其加增新水，悉行除（八行）革，不许侵占霸阻。如有似前紊乱旧规者，严拿解（九行）府，定行重治不恕。为此立碑，永为遵守（十行）。

下厂水壹昼夜，宗住等官下水壹昼夜，葛登等队伍壹昼夜，探金等（十一行）桥头水壹昼夜，李方等□古城水贰昼夜，杨北赵润等抄漠壹昼夜，华拱于等（十二行）机民水壹昼夜，张希晋等寄庄水壹昼夜，李永等下南庄壹昼夜，杨□□（十三行）。

万历三十年五月初七吉旦（十四行）。

〔据《大理丛书·金石篇》卷二《碑刻、摩崖、器物铭文二》第889页辑录。此碑存巍山县庙街乡占城村寺内。红砂石质，高95cm，宽60cm。直行楷书，文14行，行12－22字。记载蒙化府经历奉命均平水利，照旧为例，禁侵占霸阻，并规定各处放水时间，立碑为记，有章可循，有法可依。〕

启明桥碑记

王锡兖

溯沅水而上，造化之气结多融。水出万山，漩洑怒斗，淫潦暴发，其悍莫攖。故陆行者遭兹辄止。汉司马长卿梁孙穷水之源，实开滇之始。其后博南兰津，怨歌焉作。我明光被日月之表，自兰津下至元江，有两铁桥，以弘利济。其溪间险坎，咸设舆梁，烟谷堑岸，悉遵周道。吾邑在滇池右，合武定、罗次达于沅而入交赕。隘悍驶迅，不減两津。凡为桥者三：曰宿，西环邑治者也，邑令向君成之；曰飞凤，东环邑后，南达金沙江者也，予奉先大父命，合乡人成之；曰启明，东扼邑前，南联省会者也，方伯木君成之。兹桥又与星宿、飞凤之脉相通。桥通则兰盘之势合，而七郡斗绝，若在襟带。前代不宾会，悉坚九轨矣。

适木君丐予记，获亲履桥而坚致修广，不烦募助，鸠工庀材，视前人创造为尤难。木君世继丽江守，捍卫西陲，晚谢郡事，柄心竺轧，有味乎楞严持地之法。凡道途突陷，防损车马，靡不铲削，期跻世界于掌平。每输赀数十万助边饷，朝廷嘉其忠贞，方之汉唐卜式、韩滉淆尤为过之。兹桥特其万一，而利固已远矣。因为铭曰：

史传，西南吾南吾滇大也，右界碌琫距滇会也。涧里稽天互利害也，鼋鼍乍起鞭石磕也。牡举千贯罔象桧也，铁犀夜沉骊龙蜕也。长虹萦空行道兑也，是曰启明永不艾也。飞凤星宿三辰会也，丽山之金贤侯赉也。分财量工靡募丐也，小人熙熙裳履泰也。君子翱翔车音哕也，殊方来同走琛贝也。夫子万年德无外也。

时崇祯十四年辛巳仲夏吉。

赐进士出身通议大夫礼部左侍郎兼翰林院侍读学士掌院事詹事府掌府玉牒总裁管理浩勒纂修经筵□郎官卿侍生王锡兖顿首拜撰。

〔据张方玉主编《楚雄历代碑刻》（楚雄彝族自治州档案局编，云南民族出版社2005年版，下同）第376页辑录。此碑今已断为两截，有40余处漫漶不清。启明桥，在禄丰县城南十五里，滇洱古驿道上的重要桥梁，为三孔石拱桥，明天启间丽江土知府木增建，清乾隆四十九年（1784年）冲塌，五十一年（1786年）知县戴士炎同绅士捐建。〕

清

路南州民和乡安家桥坝碑记

路南州民和乡安家桥坝碑记（一行）

□者井田之制，分布画井，而田□□达于沟，沟达于洫，□□□□达于川。沟浍时修，农功毕举（二行），洵美利哉！则今之为民牧者，顾我疆我理。东南其亩，其大且急，孰有过于水利者乎？予守路南（三行），修废除害，次第举行，附郭东坝暨三元桥河渠开濬告成，州城内外，水患已平矣。惟兹民和安（四行）家桥，旧有一坝，可听其塌圮而弗事于修筑耶？督捕吴裕生进言曰，善都人士咸揖而前曰（五行）：维公之力。予即倩工聚石，委督者若而人，监率者若而人，众皆踊跃力奋功倍。计始于康熙六（六行）年四月朔，至闰四月望日输竣。共工四十五□，用夫一万有奇，灌田若干顷。所谓美利之兴，庶（七行）几无憾也。夫雨阳在天，而时其蓄泄，以待旱魃者，人也。筑斯坝，则旱魃不足虑，而乐岁无饥耳（八行）。

〔据周恩福主编《宜良碑刻（增补本）·水利》（政协宜良县委员会编，云南大学出版社2016年版，下同）第6页辑录。碑存安家桥村。高142cm，宽62cm。砂石质。额半圆状，碑阴刻“功宏利济”，有阴刻云、日、雉纹饰；碑周如意草纹饰。〕

小龙洞水永远碑记

尝考之古志曰：离城东南十五里，有小龙洞水一穴，灌溉玉龙村、下伍营田亩。有大龙洞水一穴，灌溉上伍营（一行）、大营田亩。按二洞之水，距隔一里，各有堤埂，原不搀溷。其制创自洪武年间，军民分处之初，计屯分田，计田分（二行）水，按田数之多寡分洞口之大小。不知费几调停，始立为定规。立规之初，岂不欲亘古亘今，垂之千万世，恪为（三行）遵守者也。但大龙洞水出自箐底，顺箐下流，沟道便利，且切近田亩，即有万夫之力，不能拦窃其点滴。小龙洞（四行）水出自山腰，凿石穿罅，沟道险隘，且窎远艰阻，屡被窃水之人一锄决之，水即绝流而倾倒。彼时军强民弱，虽（五行）有堤埂，无可奈何。先民有李萃安者，不忍听其肆害，慷慨直前，于明朝万历八年间，伸告（六行）两院，批委屯田水利道罗道尊，督同本县正堂沈，亲临小龙洞口踏勘，即于洞口安置石槽，分为两股，仍（七行）与玉龙村、下伍营照旧分放。其上伍营等仍放大龙洞水，勿得混行私窃，二比俱遵照洪武年间旧制，再不得（八行）紊乱旧规。石槽一立，案倒如山，讼端乃止，盖经三百年矣。不料于（九行）周甲寅年[①]正月二十八夜，又被上伍营等之民，不遵旧规，将小龙洞水一股决挖，豆苗尽晒枯槁，民不聊生。二村士（十行）庶万不得已，控告于（十一行）本县太爷吴台前。亲临小龙洞口踏勘，见洞口自古立有石槽，蒙审批云：小龙洞水一穴灌溉玉龙村、下伍（十二行）营，原系沈老先生分断，开载志书，立有陈规，且今本县亲眼观看，断难更改，仍准照旧灌溉二村，勿得紊乱。此（十三行）照存案在县。为此，二村共同商议，此水上关国储，下关性命，似此豪强屡窃，后世子孙受害不浅。于是将从古分水（十四行）来历，并控告剖断情由备述之，以铭于石，以传于后。真有风会可移，此水必不可移；气化可更，此水必不可更（十五行）者。自立石以后，倘有再为肆害者，即将碑记垂之于墨，以白于公庭云（十六行）。

庠士刘际泰撰，后学李含乙书丹，石匠杨似雄（十七行）。

周二年[②]岁在乙卯仲夏月二十二日黄道良辰谷旦。

玉龙村下伍营士庶众姓人等同立（十八行）。

〔据《宜良碑刻（增补本）·水利》第8页辑录。碑存狗街镇玉龙村土主寺正殿西墙。青石质。额高50cm，宽87cm；碑身高140cm，宽70cm，通高190cm。额题楷书阴刻“小龙洞水永远碑记”。清康熙十四年（1675年）立。〕

新建云涛寺及新温泉碑记

石　琳

宇宙间英奇瑰伟之气，不钟于人物，则钟于山水。而人物之生，又藉山水为之苞孕焉。滇地界域外，博大不如中州，雄放不及秦楚，韶秀不逮吴越，然其冥壑激湍，往往发为幽怪，大抵蜀粤之流亚欤？惟是脉近崑崙，发舒未畅，以故钟毓于山水者十之九，而著于人物者十之一。余尝读有明《名臣传》，慨然慕杨少师文襄之为人，知其出于滇也。及建节金碧之间，弭棹滇池，乐其汪洋灏瀚，穷尾闾之所泄，则自西而北，汇为螳螂川，蜿蜒奔注，达于泸，入于江，而朝宗于海矣。

连然当川之腰膂，文襄石淙实据其胜，山水有灵，笃生异人。洵矣夫！上下数里中，

① 周甲寅年，即清康熙十三年（1674年）。“周”为吴三桂反清建立的割据政权的国号。

② 周二年，即清康熙十四年（1675年）。

有温泉焉，曹溪焉，虎邱焉，皆滨兹川，与石淙盘互拱揖，温泉之胜甲南荒。昔贤品藻详之，毋容余赘。泉南数百武，岩洞八九，嵌空玲珑，莫可穷诘，诚群真秘府也。志乘既不备载，土人命名又颇不典，有文之者，或曰弱流、曰双柱、曰雨花岩、玉壶天、醉醒石，亦不过随地因时托物比兴，而未尝有所切指也。

地去会城，不足赍粮，为政之暇，与制府范公迭游交赞，一时藩臬诸君子，共惬忻赏，佥谋所以薙茀榛而显灵闷者。会泉南数步，复出一汤，滮池莹靓，殆与碧玉旧泉相映发，似造物者特秘斯珍，为今日开生面。范公而下，咸出缗钱襄厥事，而臬使许君尤力任规画，谓非立招提不足恃以久远。于是卜地岩洞之中，脉络融结之区，创寺曰"云涛"，以奉乾竺先生。募禅僧主事经营，而若亭、若轩、若室，次第毕构。参差乎泉石，映带乎林峦，仰而睇则露栋云窗，飞革松筠之表；俯而视则雪淙雨瀑，瀺灂阶除之侧。而穴岫蔽亏，蚪猊潜骇，歘嗡万态。有时春畴数骑，秋波一艇，或指为尘壒之壶峤，未必不疑鬼神之创辟矣。

夫滇自未立国以来，有是川即有是泉，有是岩洞，宜乎奇材辈出，奈何落落数千百年，仅笃生一石淙也，其无待欤，或尚有待欤？俱未可知，抑宇宙英奇瑰伟，丰于山水，而不得不啬于人物乃尔耶？工甫就讫，会余叨圣恩迁制两粤，濒行再履斯境，延伫久之，不能无有望于后之人，待山水而兴者，如前之有石淙也。若夫逸豫之吟，穷揽之胜，如昔人之所以修禊雅集，传为美谈，非余之所笃好也。爰记数语，锓诸岩阿，以志一时聚散之迹尔，恶敢言文？

〔据范承勋等修，吴自肃等纂康熙《云南通志》（日本京都大学藏清康熙三十年刻本，下同）卷二十九《艺文志六》第35页辑录。石琳（1638—1702），字琅公，满洲正白旗奉天人。历官山东按察使，转任河南、浙江，升湖北巡抚。清康熙二十六年（1687年）调任云南巡抚。任间上疏请减田赋、盐课、茶税、商税等，人受其惠。二十八年（1689年）任两广总督。此记撰于作者离任赴两广总督之际。另见雍正《云南通志》卷二十九《艺文志六》、雍正《安宁州志》卷十九《艺文上》。《云南金石目略初稿》卷三第7页题录："《新建云涛寺及新温泉碑记》，巡抚石琳撰，康熙二十六年在安宁县北十五里岱晟山麓，见《滇系》。《徐霞客游记》有杨师孔'醒石'二字、'此处不可不醉'六字、'虚明洞'三字，何孟春'听泉'二字，杨慎'此处不可不饮'六字，姜思睿诗一首，又朱化孚碑一方，'青龙洞'三字、'大曲龙宫'四字等摩岩，附记之以待访。"〕

本州批允水例碑记

大理府宾川州为夥虎乱制，势霸水例事。据大罗卫利交营张卜下梅三伍军李凤鳌、阮有贤、田自成、谢宾、张联元、范如鸾、杨得受（一行）、卜文龙、谢瑞民、卜良、应天泽、文尚彩、杨思谏、邝高昇等连名诉前事，词称：情原大罗军伍，始于洪武三十一年，调拨澜沧卫张卜下（二行）梅三伍分土屯田，已坐落利交营。原纳税粮七百余石，仅有东山龙王庙箐水一沟灌溉。后于弘治七年设立宾川州，遂奉勘合即（三行）将大罗卫改调归州，输纳钱粮水例无异。不料有倮㑩周能，开挖荒山住坐，闪门差报投沐府，输纳籽粒，因而有沐府委官查看投（四行）报庄所，见得周能村系是乾庄，乃向张卜下梅三伍官军索水。彼时众军系国公步卒，安敢不遵？即送食水八寸，立有成规。岂期日

（五行）久势重，竟被霸阻，致令三伍田地丢荒。众军难忍具告，抚按屯田各衙门批行澜沧卫踏看，分定尺寸，安立水扳钜口均放，见有（六行）正德、嘉靖年间印册可据。周能村止水八寸，古制难紊。于顺治十六年，沐氏府庄尽归吴王，委官看恶等倚势横行，如狼似虎，尽将（七行）箐水雄踞，忍令三伍田地荒芜，完纳不前，军皆逃散。屡屡上控，蒙准除荒招抚，众军方归复业。见今输纳钱粮五百余石，众恶霸水（八行）二十五年，今幸府庄归州，云开见日。鳌等窃思，每被众恶霸阻，恐其册案难存，具禀前任，本州敢祈照例勒石，以垂不朽，普救苦（九行）军。蒙批总管季先元、王受先取结报投，竟被虎棍王泽洪等奸谋不究，不遵具结，逐户齐银贿嘱，恃恶恃财，捏耸前任周太爷，欲（十行）以三石有零府粮之田，霸吞军余五百粮田之军水，情理何辜！横行无忌。祈天赏准批示，责令旧职张百户并三伍乡约遵奉勒石（十一行），以垂不朽。苦军免遭截杀，田地不致荒芜，功垂万代。等情。奉本州太爷甘批：仰张应昌会同各乡约矜士，查明旧册旧例，秉公勒（十二行）石，务令均沾水利，两无偏枯。奉批，当即查照旧额回报。本州遵奉勒石，庶册坏石存，水例不紊。一均放水，军民人等不致抗违。须（十三行）至勒石者。所有各沟钜口开列于后（十四行）：

第一钜口：周能村，八寸。

第二钜口：卜伍军水，二尺八寸，折钜一尺四寸；职水四寸，折钜二寸，送戚家庄水二寸（十五行）。

第三钜口：张伍南沟军水，一尺七寸，折钜八寸五分；租米水四寸，折钜二寸，送圆觉寺供佛水二寸（十六行）。

第四钜口：散波浪水，一尺二寸，折钜六寸，送食水二寸（十七行）。

第五钜口：张伍北沟军水，一尺七寸，折钜八寸五分，职水一尺，折钜五寸；黄甫水八寸，折钜四寸，邝表挖沟水一寸（十八行）。

第六钜口：老人沟白岗水，八寸，折钜四寸，送食水二寸（十九行）。

康熙三十一年岁在壬申应钟月朔之五日。

张卜下　梅三伍同立石（二十行）。

〔据《大理丛书·金石篇》卷三《碑刻、摩崖、器物铭文三》第1111页辑录。碑存宾川县力角乡圆觉寺。大理石质，长155cm，宽72cm，厚13cm。碑头刻“本州批允水例碑记”八字。直行楷书。文20行，行14－50字。记载明洪武至清康熙时宾川军屯与民田用水例规情况，为重要的水利历史资料。〕

马隆乡古溪泉水分碑

粤稽滇中开辟启自庄蹻，而明之黔宁王犹继，以开田制产。按其始计，原因水开田，因田聚（一行）众，以疏水道，相传数百年不易之良规也。所以大则有江河，小则有溪滩。因而离城十五里之（二行）地，自西而东，倚山接庐，村曰马隆乡，有住后古溪一泉，只能救济秧苗，举凡栽种田地，皆赖大雨（三行）施行，灌溉田亩。后溪水大定，分派毛家营有水壹分，马龙乡有水陆分，内陆分内头壹分有马龙（四行）乡随田典去水壹淋。各照次序，相传以至当今，不紊旧例。往往因天年不顺，村人以此争告，于康（五行）熙四十二年，有毛家营具控篆（六行）本县太爷詹，构齐当堂审讯，复仰乡约、练总到滩验槽踏勘查明（七行），回覆众等遵依，具结在案，同至城隍庙凭神写立合同，照旧轮放。凡有流水，总归沟行。外有夫役（八行），各村分当，不得扳扯。如再行争竞，仍蹈前辙，有负先王制产深心也。若有违抗，不遵照合同，公（九行）议甘罚银拾两入官公用，仍同合村禀究。但村众军民犹恐日久事更，合同隐废，仍起事端，祈请（十行）天星赏批勒石，以杜后患。蒙（十一行）本县正堂詹批：准行勒石，以垂永久。于是合村老幼无不仰体遵行，欢心乐道。自此之后，气数有变迁，而（十二行）此水不得紊乱。顶戴勒石，以志不朽云（十三行）。

今将四十二年二月十九日公立合同与中人姓名开列于后（十四行）：

王佐国　李逢春　李盛春　时　明　时开泰　罗发早　李正春　时　连　任万朝

訾洪先　孙必贵　孙受众　时　俊　时　汉　时　敏　时　朝　时佩玉　李培厚

訾朝奉　时起龙　李必昌　保　正　毛　葵　訾　玉　弘　谟　毛有龙　时杨昇

毛如望　任时正　同奉立

康熙四十二年岁次癸未孟秋月望九日黄道立。

〔据《宜良碑刻（增补本）·水利》第 19 页辑录。碑存宜良狗街镇马隆乡村土主庙。青石质。高 156cm，宽 70cm。碑额呈半圆，额题楷书阴裹阳刻“奉县勒碑”。清康熙四十二年（1703 年）年立。知县詹琪芬，民国《宜良县志·秩官志》：“江西抚州府乐安县辛未进士，三十七年任。”〕

均平水利永远碑记

均平水利永远碑记（一行）

从来有泽之厚而功之弘者，莫若雨露；亦有同其泽厚功弘者，莫若龙泉。然龙泉不易得，活龙泉尤不易得。惟（二行）本境龙泉，诚活龙泉者也。混混涌出，潺潺涛声，畎亩禾苗，尽频灌溉，倚欤休哉！何泽之厚而功之弘哉？在曩昔，先（三行）人既已淋水为额，宜后代所遵循。惜乎良法未极于尽善，原非经久不易之道，更非子孙千百年之谋。所以争（四行）竞斗气，往往凌替之风不胜发指，总由田土远近不同、水势到与不到置是故尔。时有村中父老世俊，阅其水（五行）利有劳逸不均之弊，于是倡首以迁，阖村众姓事从简要，其水每照各户门差而放。庶几水泽之功，盈科后进（六行）；田禾遍济，人民胥安。恃强挟弱、倚众欺寡之端，自此息矣。如是经久不易之道，与子孙千百年之谋，益自此基（七行），何必别求宁人利物之道也哉！故以文扣予。予岂能文乎？不揣俚言，姑为叙其始末以勒石，以志未艾，以垂（八行）不朽云。

昆庠儒学生员李鳌撰书（九行）。

第一淋　王龙卿　王法汤　王保卿　王云卿　王华卿　王元卿　程　建　黄小普（十行）实计山上夜水第五、第十淋系程兆祥放

第二淋　李运泉　李云龙　李如美　李华早　李先贵　李先魁　李先琼　李如兰（十一行）北边日夜八日一周与程兆祥无干

第三淋　杨鸿喜　杨鸿鸣　杨鸿鹄　杨鸿芳　杨鸿儒　杨鸿业　杨鸿声　李国祯（十二行）

第四淋　程兴龙　程　珍　程　琼　程　章　程　玠　程　迤　李先连（十三行）

第五淋　王志立　王志鼎　端正国　程世俊　程　平　王明卿　李先明　程　遗（十四行）

第六淋　朱老五　李先惠　王朝卿　李如松　尹良弼　尹良法　尹老三　尹一清　周之富（十五行）

第七淋　朱朝栋　朱　珍　朱朝元　朱朝杰　朱朝勋　程国纪　程国经　程国纶（十六行）

第八淋　王一卿　王文卿　王志广　王若兰　訾　金　訾爱吾　李　朝　穆之早（十七行）

石匠　李云龙　李先魁

大清康熙三十四年岁在乙亥季夏六月朔日谷旦，南溪乡马军村阖村众姓仝立（十八行）。

〔据《宜良碑刻（增补本）·水利》第16页辑录。碑存宜良狗街镇马军村。青石质。高160cm，宽60cm。碑额呈半圆，线刻腾龙文饰，双钩阳刻行草书“泽润生民”。碑体周饰缠枝文饰。正文楷书阴刻，计18行。〕

勒石永遵输水公议章程碑

谨将我屯先辈所守上下沟输水公议章程铁案开后：

且上古之时，禄邑中屯地方，山多田少。于洪武之前，我始祖开荒报垦，有粮无水，若遇天年亢旱，秧苗未生，左右荒芜。□□□有安宁地界牛厂箐、密麻龙二箐，龙泉直灌其下，被路溪屯、弓兵村人一再阻截而去，点水无滴。始祖自万历告至康熙年来无有决断，于□□八年，李槐田各宪辕门投告，任将安宁地界龙泉断入我屯灌溉田亩，不准路溪屯、弓兵村人一概横行阻截，大家均沾其水，所以断为十分均摊。我中屯五村均放三分，而路溪屯、弓兵村均放七分，以三七规为定，永无更改。康熙二十八年四月内，天气亢旱，有路溪民霸据上流龙泉，一再阻截，以致中屯五村民韩正春，以群虎绝命吁天急救倒悬事具告等情，而争端永杜矣。等因申详到府。据此，本府查此案已各上宪批允三七轮放，饬令遵行在案。何□民、潘润屡抗不遵，殊属可恶。但水性自上而下，必雨泽充足，上下田亩皆可无虞，若遇亢旱，上流堵绝，则下村失望。况天下有分土而无分民，两县均为□□，何至各存意见，殊属不合，合行饬驳。为此牌，仰该县吏查此下令详内事理。遵照牌内事理，即刻会期，同禄丰县、罗次县，单骑减从，亲诣各该村秉公确勘，勿致徇私，务将水源期于均沾，从公报夺。倘刁民仍行恃强争辩，该县一并解府重惩，转解以儆。俱毋违延，速速。诉状人韩正春、章表华、李槐、李如旦、李楷、李□金等，系禄丰县中屯五村军民，连名诉为铁案难移，复行妄渎，叩天烛卷，神奸立见事。情因路溪、弓兵二村阻挠水利一案，于康熙二十八年并经两院司道批，据本府本县确审踏勘，详定三七分，饬令勒石遵守在案。虽历经四载，每至东作奸恶，仍蹈前辙，阻挠邀截，则三分之中止得其一。众等含冤无处伸，不敢渎扰至今。陡于本年四月内，被弓兵村神棍何珍等大肆横豪，水沥处所起盖房屋二十余间，纠连恶少昼夜把守，涓滴不容过界，则三分之定例一旦化为乌有，返行控情妄渎天台。蒙批：罗次关提查报，哭思县分两邑，民无差别，分放灌溉均皆国赋，何已定之案复生波澜？其中之弊总因路溪屯□□财豪伊买弓兵村之田，复而连姻，则何珍与弓兵村之人，皆伊同类之亲，不过借何珍之名，实潘润翻案之计。一旦死灰复燃，孰不知水性自上而下，先由路溪屯至中屯。居上者虎踞，而在下者安能有涓滴乎？至使中屯之田一苗未插，满隅流泣，哭声振地。似此残毒，律法空悬，勒石枉然，欺天抗断，案□□□□□大彰公道，为民作主。剪一救万，查阅原卷，俯赏亲提，委员踏勘，恶焰难逃。天鉴审实，拟详庶神奸，知有明禁之条，而愚弱之民，庶遭□□□□□□□□致尽矣。为此迫情，匍匐叩光上诉本府大老爷台前，施行被诉潘润、何珍等，奉批仰禄丰县会同罗次县查照原案，限三日内严□□□□□□□□□不得再延迟，误栽插等因。奉此宪行牌内事理，该卑职遵即移会于禄丰县，于七月十一日减从会诣于龙泉处所，唤集弓兵、路溪、中屯□□□□□□□□，秉公同勘验，弓兵村民何珍所告韩正春越夺水源一案，屡经互告，府县审明，蒙各位大老爷以三七批允，永为遵守，取据两屯遵依，结□□□□□□违不遵。不料韩正春等于批定三七均分之外，动辙将沟坝挖倒，其弓兵之田全无滴水引之也。卑职等会勘，得罗次山大小二泉合流十余□□□□合为一股，沿山而行，至弓兵村山坡，先灌弓兵、路溪二村，后灌中屯，顺山沟而流。今卑职等于分为二股，一股之处今许中屯逐年修挖，涓滴□□□□□□□截。今两泉之水尽归于沿山一股，引至三村均可分灌之处，名曰石咀，于此设石刻立分水。石坪划作十尺，以三尺灌中屯五村，以七尺灌路溪、弓兵□□□昼夜皆放水之时，而不失三七之规。无守候之苦，有灌溉之利，可永息争水之端矣。至于中屯新开沟道，实系罗次地界荒山荒地，日后弓兵村□□□□□各相允服无辞，除取据何珍、韩正春等遵依存案，相应据实申详。

云南府安宁州禄丰县，为势豪越夺水源紊制抗粮绝食杀命事。康熙三十二年六月十二日奉本府正堂张信牌，康熙三十二年五月二十八日据卑县申详前事，康熙三十二年四月初五日奉本府批，据罗次县弓兵村民户何一梧、何珍、刘秀儒、李捷芬、李逢春、李自贵、李先阳、杨名轩、宋长才、罗元、罗荣、陈佩、陈蕙、陈忠等诉前事。诉称云：为此牌，仰该县官吏云云等。奉此，该卑职□遵即移会罗次县，于七月十一日减从同诣分水处所，唤集弓兵、路溪、中屯等村里老并原被何珍、刘秀儒、李槐、韩正春、潘润等，公同勘验弓兵村民何珍等所诉李槐越夺水源一案。盖即韩正春、李槐、潘润等屡经互告，大小二龙泉之案，也业经府审县审详明，各宪大老爷批令三七均分，勒石永遵。取据两屯遵依，结报在案，何可翻易？只因路溪、弓兵两村为移云换月之计，假以中屯放水必由弓兵村沟道开挖其坝始得下泄，遂谓有妨弓兵灌溉。所以何珍等有越夺水源之控，其实中屯开坝放水止十日内之三日耳，在弓兵、路溪轮放之七日阻塞其坝水尽壅入两村田亩，处处盈满，何至以三日间断轮，□涓滴无润也。会审之时，罗次县议于三七之中以日时均分者，今改以尺寸均分，向之于团山脑响水河设立水闸，必由弓兵村沟坝放水者，今改于石咀□所设立水坪另开一新沟，与中屯放水避过弓兵村沟坝，免致开挖。此于三七之规既无更易，而又两顺民情。卑职亦劝谕李槐、韩正春等共相遵从，但此议维善有可虑者二焉，一则堵截之坝难免溃决也。盖二龙泉之水合流十余里，其势浩瀚湍激，顺两山夹行之漕，自然冲成一河，直注弓兵沟坝下泄，中屯此所上及下水性然也。缘路溪屯田隔一山坡，不能顺流引灌，所以古设潘家坝一座，将水分为二股，一股顺水之性，听其自下一股，逼入山足水漕，漾过山坡，灌溉路溪村田，其团山脑石咀皆此水引注之路也。今止议堵截下流逼入沿山一股，而不将修筑此坝利病预为议明。无论汹涌之水势难堵截，即使渗其一二，堵其七八，□路溪潘润等曰：此我家祖坝也，不容中屯修筑。在弓兵村何珍等曰：此我罗次山界也，不容中屯就近取木取石取土，何以筑之□坚？又此坝踞石咀处所，尚有七八里之遥，一丝羊肠水，□随处偷，一蚁穴，便可倾注山沟，流入伊之沟坝，石咀水坪之设，虽有三七虚名，恐无一分实济矣。一则新开之沟难免唇舌也，盖石咀之下原无沟路，今以避弓兵村沟坝之故，议令新开一沟，虽系罗次荒地，原无升合钱粮，却与弓兵村相去不远，恐日后藉端阻挠破田之控，不更甚于把沟乎？卑职与罗次县令，弓兵村、路溪屯、中屯三处居民，将设立水坪三七分水及中屯筑坝开沟，弓兵、路溪并无阻挠诸事，写立合同停妥，并其遵依会移立案，始行详覆。不料刁民何珍等竟不写立合同，亦无遵依投递。业经罗次县一面会稿，一面详申宪台，蒙批勒石永遵，卑职曷敢异议？只是三村之民素性刁悍健讼，恐合同未立，古坝之堵，新沟之间经成画饼，又启日后争端，有负宪台均分水利，息讼爱民至意。合再叩请宪恩，再缴罗次县斟酌尽善，立押何珍与李槐、潘润等三村之民写立合同，遵依并勒石，分水开沟筑坝，一一见诸实事，确然遵依具报结案，庶三七之断不为纸上空言，两县军民一体均之利赖矣。为此，今将前由誊具书之珉为具中，伏乞照详施行。

〔据《楚雄历代碑刻》第410页辑录。碑立楚雄禄丰县中屯村土主庙内。高127cm，宽98cm。直行行书。文43行，行60字。清康熙年间立。当时中村、路溪屯属禄丰县，弓兵村属罗次县，水源出自安宁州。位于下游的中屯五村为争水，与上游的路溪屯、弓兵村自明万历年间至清康熙三十二年先后争讼49年，该碑文即详细叙述当时争讼及仲裁经过。〕

海口龙瑞两见碑

李从纲

从来弥纶参赞，建树非常，天征其瑞，地效其灵。故大禹治水功成，神功出洛，千古昭垂。滇自周楚庄蹻略地而后，迄汉唐元明，历代文教武勋亮工，熙绩史册，所传未有盛于我少保公鄂大公祖大人者也。

公节度三省，燮调元化，开拓疆域，平定蛮僚，改设郡邑，增立学校，凿山浚川，通舟便贾，举凡体国经野，嘉谟嘉猷，难以枚述。盖公平生才华学识，事业经纶，为天下名臣第一，更念政在养民，养民惟土。滇之膏腴植坟夺于滇池浸没者半，滇之水患不除，则滇之沃壤不出。滇源广末狭，势若倒流，海口为宣泄咽喉，历来修治，不过筑坝障水于清水诸闸，搜剔壅塞，即多方区画，亦止深浚豹山之下，至牛舌洲横于前，石龙硖梗于后，千百年无有人见及此者。

公仰体皇上为国为民万里澄清至意，相度形势，悉得要领，卓然创谋，凿牛舌之洲，疏石龙之硖，他滩碍者亦尽去之，不惜资帑，兴工大修，为一劳永逸计。自此百川奔流，四滨涎积，垦田万顷，烟树千家，而环海桑麻，熙熙然群歌沃壤，裕国足民，莫此为甚。斯举也，功在一时，利在万世，德施之溥，洵大人龙德哉！

时抚军公沈念切民膜，与有同心藩宪张制用持衡，克明克慎，臬宪常监宪冯、永昌道宪贾、咨询佥协粮宪黄，数临河，借著祠神劳工，聿昭诚恳，本府袁、曲靖府终纾筹周至，清军府臧总理攸宜，父母官刘实心实力为地主内外倍劳，并前署州徐、候补罗平赵、昆明县吴、晋宁州邹、呈贡县殷，各殚乃职，兢兢处命，于时庶民子来，休嘉兆庆，今庚戌孟春廿二日，白龙一见，仲春望再见，俱起自河北凤凰山，旋升于海门龙马山之巅。头角巍然，鳞甲璀璨，峥嵘而夭矫，磅礴而蜿蜒。全身毕露，虽雷雨中祥光四射，一海如银，官民睹者踊跃欢欣，咸颂我公丰功厚德之感召也。如此瑞应昌利见之，斯著明良之盛而重熙累洽亦于斯见乎？诚旷古罕觏者矣。

顾龙何以独白意者，滇流独西海之口西入，于位为兑，于色为白。《诗》曰："西有长庚。"庚，金体也。龙殆庚星之精，居得其正，故其白纯粹，有莫能缁莫能京者，况长庚后于日，所以续日之长龙之见也，实为公寿国寿世，以寿斯民之明验也哉！夫大禹治水神龟出治，我公治水神龙见滇，是神龙之显灵于滇，犹神龟之负书于洛，其功德直可比隆于禹矣。公黼黻升平，勋庸懋著，允惬宸衷，前有庆云之见，今又有龙瑞之征，治敉黔粤，福造昆明，犹善不自居，曰吾君圣哉，吾民淳哉！猗欤？其心休休，上相之风欤？然惟心在君民，则开旷世之永赖，自膺旷世之殊荣，厥功厥德，当与山共高、水共长矣。

从纲巨桥迂陋，恭逢盛瑞，敢攄其概，以志不朽。又为之歌，歌曰："维山嵂巃兮维水洋洋，六诏绥辑兮宁我封疆。黔南粤西兮仁风化雨，幅员开辟兮超今轶古。地平天平兮水既治之，工歌大夏兮底绩称奇。神龙神龟兮后先辉映，我公创此大烈兮亿万斯年，蒙休无竟。"

〔据朱庆椿修道光《昆阳州志》（《中国地方志集成·云南府县志辑 3》，凤凰出版社 2009 年据清道光十九年刻本影印，下同）卷十四《艺文志·碑》第 13 页辑录。李从纲，澄子，字又纪，号渠川，一号盾堂，昆阳州人，清康熙三十五年丙子（1696 年）举人，官贵定县知县，有政绩，民立生祠祀之。性笃孝，以母病谢归，遂不复出。著有《盾堂文集》。〕

重镌玉龙村下五营分放小龙洞水碑记

重镌玉龙村下五营分放小龙洞水碑记（一行）

宜良县正堂吴，为灭制殃民事。康熙四十五年十一月二十四日，奉（二行）护理云南通省民屯粮储兼管水利道印务罗信牌，前事内开：康熙四十五年十一月初六日，奉（三行）总督云贵部院加四级署理云南巡抚印务贝批：遵照旧制，拆去新沟，修复古沟，以杜争端。据护道呈详，宜良县上、下五（四行）营告争小龙洞水缘由。该护道查看得上五营与下五营之争小龙洞水也，调阅前案，提讯供词，盖盗水也，非争水也。凡被（五行）此共放之水，或以先后不齐而争，或以多寡不均而争，然后谓之争水。若上五营独放大龙洞之水，下五营与玉龙村合放（六行）小龙洞之水，载在县志，截然两分，无所容其争也。即使有争，亦惟玉龙村可与下五营争耳。上五营原无水分，岂得过而（七行）问焉？大龙洞水流箐底，乃天然之沟渠。小龙洞水出山腰，依山傍岩，培补沟路，宽不逾尺，深甫数寸。时有渗眼漏下箐底，流入（八行）大龙洞沟内。夫以涓涓细流，使有漏而不塞，宁复有灌溉之利哉？今岁春月稍旱，秧苗乏水，小龙洞沟石罅渗漏，下五营惜（九行）水如金，徙沟以避之。上五营村民汪濮等，恶其补罅塞漏也，遂掘开其沟渠，独不思他人之水遇有渗漏，固沾余润。即无渗（十行）漏，不失故我，何至掘开沟渠，以渗漏之不足而使之竭流倾倒耶？其为盗水也明甚。从前查勘承审之官，不从盗水根究，不（十一行）从大小龙洞分别源流，不查县志于审详，文内声说旧制明白，惟就小龙洞沟漏水渗眼较量，暗漏明流孰少孰多，遂议（十二行）于十分之中分水二分与上五营，是不揣其本而齐其末也。护道以水利，相沿日久，止可申明旧约，难以创设新规。上五营（十三行）田较多，应仍独放大龙洞水，下五营田较少，应仍与玉龙村分放小龙洞水。各放各水，无庸于旧制之外更有二八分水之（十四行）议。再令下五营修复古沟，许其补塞渗漏，上以遵奉，拆去新沟，遵照旧制之。宪批：下可永杜上下五营之争端也。

再查原告许志等散押在外，并未刑禁，原息张君彩等匿不到官，亦非捏详。至汪濮等盗（十五行）水诬诉，本应究拟，但牵审数月，合无怜其拖累，寘宽免省释出，自宪恩非护道所敢擅便也。合就呈详，统候（十六行）宪台批示遵行等因。奉批：如详缴。奉此，查原被干证许志、孙永祚、时现文、汪濮、那广锡、陈元吉、杨国兴等，前已令解役，连（十七行）批带回外，今奉前因，合行发案省释。为此牌，仰该县官吏遵照。详奉（十八行）宪批事理，即谕令许志等修复古沟，补塞渗漏，拆去新沟，遵照旧制，毋得再起争端，并将原卷志书存县备案，仍具遵依报（十九行）查，俱毋故违。计发原卷一宗，志书一本等因。奉此，合行出示晓喻。为此示，仰玉龙村军民人等知悉，嗣后修复古沟，补塞渗（二十行）漏，拆去新沟，各放各水，毋许擅越。如敢仍前混争，定行指名详究，按法重处，决不姑宽。各宜凛遵，毋违。特示（二十一行）。

康熙四十五年十二月初一日，示玉龙村士庶人等（二十二行）。

〔据《宜良碑刻（增补本）·水利》第11页辑录。碑存狗街镇玉龙村土主庙正殿东墙。青石质。碑额高45cm，宽80cm，碑高155cm，宽74cm，通高200cm。额题楷书阴刻“上宪明文永远碑记”。吴庸勋，《宜良县志·秩官志》：“江南苏州府吴县举人，康熙四十五年任。”〕

蒙化水利碑

奉（一行）本府大老爷正堂加一级赵（二行）、本厅老爷田，乞恩颁示勒石，以严水利，以垂永久事。晚南庄约士民危嗣徽、李崇义、张绶（三行）等连名禀□事，词称：情缘南庄大箐之水，一约分放一月，三约各有两分，勿容紊乱，皆界□□（四行）沟下。有利己损人之辈，开挖塘口，阻截水源，致今为害村民。虽有水分，不能到田。是以水利□（五行）均□□史台，蒙批乡约理处禀覆。乡约即遵理问，踏勘水源。坝头□之水道理处明白，水利只（六行）增不减，将水平移至山门口沟，还塘不栽种，总共俱在山门分放。后有塘者不得移水到塘□（七行）塘者，为水易至田地，村民悦服。伏乞颁示勒石，以垂永久。俾强不凌弱，富不欺贫，以杜后日争（八行）端，合约沾恩无既等情到厅。据此，合行出示，给牌勒石。为此牌，仰南庄合约士民人等知照。仍（九行）照前议，将水平移出山门沟，还塘下总坝，俱在山门分放，永为遵守，不得再行争执。如有违者（十行），许即指名报厅，以凭申详，重究不贷。须至给牌勒石者。

李先芳施田三坵，杨德星、杨述觐施田二坵（十一行）。南庄合约士民人等危嗣徽、苏来石、杨廷斌、李崇美、张文俊、李琼林、罗经世、张海、施锦、刘乐善、张淮（十二行）、左嘉让、李先芳、李选、张浩、杨廷觐（以下十三至十七行，人名略）。

康熙五十二年癸巳岁五月十三日。

合约士民、乡保、乡约、里约杨选、张文伍、刘海全正人杨兴、施光、张光廷仝立石。

〔据《大理丛书·金石篇》卷三《碑刻、摩崖、器物铭文三》第1162页辑录。碑存大理巍山县大寺。高118cm，宽55cm。直行楷书。文17行，行1－45字。〕

水目山普贤寺水利诉讼判决碑

姚安军民府督捕堂兼摄云南县事加四级沈，为恃强越界霸夺水利，含冤久困呼天临勘急救事。康熙六十年闰六月二十日，奉（一行）本府正堂加一级纪录四次程批，据本署县申详，县辖水目山普贤寺住持僧正国、正峯，具告杨渠、杨维唐、杨维极等缘由一案：审看得民以食为天，田以水为利，田水之（下阙）（二行）之有疆界，无庸混淆。此水利攸关，民命于是乎生（三行），国课于是乎出。若不溯流而源，安能分其泾渭？如正国、杨渠等于五十五年争此水利，控于前任伍令，而伍令虽经躧看，却被杨渠等朦胧掩却松毛、小冲二股。但指蜂窝之水（下阙）（四行），且不眼同两造瓜李之嫌，伍令亦自无辞。杨渠之朦胧控县，伍令之朦胧详府，府案之朦胧批下，一误再误，竟以僧人百年衣钵相传之源流，而忽归杨渠。一朝波浪翻天之（下阙）（五行），正国等晓晓署县，有此恃强越界霸夺水利，含冤久困呼天临勘急救之诉也。署县即批，于二十日着原被齐候，亲往踏看。及到其地，前后细观，杨渠之田皆由松毛、小冲二（下阙）（六行）水，惟有蜂窝一源，井井之界，了如指掌。杨渠等何得迷天黑雾，复施前番伎俩乎？且杨渠执正德年间之合同，正国有嘉靖年间之告示，署县细阅示同，与署县之躧看，前后（下阙）（七行），始信前人之权衡冰鉴，迥非后人所及。乃伍令何云李仲文不过一出名之状头，认为李仲文放水十二昼夜误矣。查李仲文当日之控，亦犹今日正国之控也，非关切己（下阙）（八行）诉，而当日蜂窝之水，即批仲文永管。仲文之田转售峯人张文焕，而文焕后舍僧寺。僧人之田，即系仲文之田。仲文之田，即系蜂窝之水。而伍令又云：蜂窝山涧水系河尾（下阙）（九行）有年所，而仲文之田正属河尾站村，杨渠之田系隔山之赶香村，更为风马牛之不相及。其云历有年所，历者何历？年者何年？前人明明断与仲文，而又为此无稽之词，真（下阙）（十行）分矣。在杨渠不霸占于未入黉宫之前，而霸占于既入黉宫之后，明以青衿为护身符，明以青衿为虎生翼，而视此阇黎辈，其犹腐鼠狐雏乎？贪狼司灶，饿虎监厨，有不任（下阙）（十一行），嗟嗟！水目山寺，以僧伽度世之道场，忽变为罗刹害人之陷地，此伍陆（中阙）难支，更迟时日，则将来寺废僧逃，粮空课绝，能不为催科之累乎？据（下阙）（十二行）（上阙）经控伍令之后，但（下阙）（十三行）永无替，其御灾捍患，以□□（十四行）父老子弟者，有不与苍山同高，洱水同深乎？而照法则以创之之难，窃虑夫守之之不易也。来乞余言以志之。余既忝守土之责（十五行），目击其成，义弗可辞。爰述梗概，以劝后之能继其志者。至捐置银田数目，例载碑阴（十六行）。

雍正乙巳岁中秋吉旦。

原住持僧寂受，徒重修住持照法，护国居照灿，徒孙普学，重孙通住（十七行）。

〔据《大理丛书·金石篇》卷三《碑刻、摩崖、器物铭文三》第1185页辑录。碑原在祥云县马街乡大井村。高130cm，宽34cm。额圭形，横刻“遵奉申详图”。直行楷书，残存13行，行19－67字。〕

奉上疏通水道碑记

云南县正堂加一级纪录一次张，为恳恩颁示疏通水道，赏准勒石，以（一行）垂久远事。据生员张训、杨承业等呈前事，呈称：本村有田十余顷，久被水淹，诉经（二行）本县宗师，蒙恩批准，兼捐银十两。训等尽力修明，伏乞赏给碑文，以为定例。适（三行）本县因查大波那前甸沙海，以现纳粮田，久经湮没（四行）。本县捐资督修，不惜亲临，尔士民亦体此意，逾月告竣。转许勒石，以垂久远。至（五行）一年一浚，照例举行，合村分作三甲，挨次疏通，无得推诿抗拗。若上下两（六行）湾，亦照田多寡，派夫疏挖，其有沿河作坝，以邻为壑，其害非浅，尤当永禁（七行）。至于小波那坝，亦止许用木板，而下闸定于九月初一日，放闸定于六月（八行）初一日，不得过期，如违重究。特示（九行）。

雍正三年八月吉日众姓人等仝立（十行）。

〔据《大理丛书·金石篇》卷三《碑刻、摩崖、器物铭文三》第1190页辑录。碑存大理祥云县刘厂乡大波那小学。青石质。高100cm，宽67cm，厚20cm。碑头横刻“奉上疏通水道碑记”。直行楷书，文10行，行13－30字。对研究清代民间水利管理问题有一定价值。〕

龙川江桥田碑记

刘　俊

事之利于民生者，有君子起。虽废复兴，虽颓复振，如龙川江桥与喇李花家寨彝田近是。考桥于康熙八祀，有李和尚名让者重修之，随置田施桥，为递年修补计。复于二十八年，同协镇林公再造，及让仙游田为李姓收租多年，桥田断落。雍正元年，我孙公讳弘本者协镇腾越，目击恸心，与前任本府林公约捐金修建。夙夜经营，谋诸绅士量才分任，致斋告庙。维时天心感应，神灵默相，群工毕力，履险若夷，不数月而桥功告成。我以孙公至诚格天，坐升本镇，尤虑桥成之后，修补无出。面喻李姓吐田，绅士亦具呈本府。蒙本府李大宗师审断，喇李花家寨彝田永远归桥，且亲制文勒之石云。

雍正四年四月石刻。

寸黯、寸瑄、梅应魁、阙有贵等立。

按：允升先生《曲石成德桥碑记》，根源曾于碑下摩挲读过，拓钞未得，暂缺待补。又先生有《宦楚诗钞》，亦未访见。

〔据《永昌府文征·文录》卷十《清一》第14页辑录。刘俊，字允升，腾冲人，有《宦楚诗钞》。〕

建民功桥碑记

石去浮

郡沧江之南三十里许有巨川，其发源甚远，洑流南来，东则铁城之水，西则练洞、宾川之流及众壑之涓滴渗淫，莫不潋滟踧沺。于是而后瀼瀼湿湿，北注于江。每夏秋之际，雨降川溢，利涉维艰。前州牧田公建桥于此，六十余年，商旅称便。至康熙辛丑桥圮，续建乏人，岁则驱夷民建木桥于下流，以济往来。又旋建旋圮，无宁日也。

今年春，予自会城回郡，道经此川，访之故老，知旧有此桥，履其地而视之，则两山相对，石峙中流，天设之以待后人，而田牧昔日之建，即师古也。爰捐资檄郡博士杨君文征董其役，郡之明经子衿又踊跃而分其事，父老子弟又云集而赴其功。不匝月，桥成。杨君请予言勒石。予曰：不佞之出守兹郡，非一日矣，川无桥梁，守之责也，三年而始议及斯举，守之过也。一呼而士民共成斯工，惟诸士民力，予尚忍觋颜而贪为己功乎？虽然予窃有言焉，自士民之惑于祸福也，浮屠之创建则不惜重资，以邀求于冥冥，而益人之事不讲也。矧长民者，岂肯不以刀笔筐箧见事功，而顾留心穷山深谷，耳目罕到之处，为利民济物之举。诸君幸成此桥矣，桥成而回念前此望洋长叹之行，因时时修葺保护之，则斯桥也，固可永作沧阴大观，凡履其上者，皆诸君纪功人也，岂必勒诸金石，始垂不朽哉？诸君无忘余言。

〔据乾隆《永北府志》卷二十七《艺文志》第44页辑录。石去浮，河南开封府陈留县人，进士。清雍正六年（1728年）任永北知府，修建学宫，制祭乐器，筑各坛基址，制忠孝节义牌位入祠，筑板山河石坝，建民功桥，创修志草，后升至湖北臬司。民功桥，原名龙门桥，在府城南二百城金沙江南，桥圮废已久，河阔水深，夏秋人不能过，有停留数日者。清雍正九年（1731年）知府石去浮委教授杨文征等重建，改名民功桥，后冲圮。清乾隆二十一年（1756年）知府袁德达同绅士捐建，仍名龙门桥。〕

福山泉碑记

张允随

福山泉，广通旧乾海资也。崇山围之，有田二千余亩，地以乾名，志无水也。既无水，何以田？曰耕以雨，栽以雨，苗而秀且实亦以雨，盖不徒恃地，而尤恃天也，雨偶愆可若何，则曰无如何也。滇之田类是者，皆呼曰雷鸣田，不独广邑一乾海资矣。今天子重农贵粟，讲求水利，燕赵黍田也浚而宜稌，秦陇陆地也疏而为泽，滇岂独以山国异哉！

余抚滇，每以农事饬有司，在尽人之力，以通地之穷。比岁农利灌溉，年多顺成，亦既有效矣。广通令杨登以乾海资之啬于水也，徘徊周视于山后五里许，得泉三股，发源福德山麓，欲导之而阻于山，请示于余，余勉之。乃出赀鸠民，凿山腹七十丈，宽三尺，高增其一，水瀌瀌入于峒，达于沟，引于田，蓄泄有法，工役不扰，业是田者皆喜曰“乾海资不乾矣”，请易名。申到下其议于司，司上其名曰“福山泉”，溯其源也，并请记以勒石。余曰："此牧民者常职耳，何必记？虽然有可风者，三史起令邺引漳水而魏富，白公在汉引泾水而民饶，地无论肥瘠，顾人力何如耳。"滇所在多山田，苦无水，司牧者苟皆能营度而补救之，无诿地利，无任天时，无徒责劳于民，是瘠者可肥而歉者可丰也。《传》又曰："政如农功，日夜思之，思其始，而成其终。"杨令果知此意也。凡牧民之政，其勤如探源，毅如凿山，收效如登百谷，又何往而不治？夫奉宣德意，有司事也；先公后私，民之分也。服其畴，食其利，尚思国家，所以任吏治，重农功，嘉惠黎元，无微不至，忠敬之心，油然以生乎！是为记。

〔据雍正《云南通志》卷二十九《艺文志六》第86页辑录。福山泉，位于楚雄广通县（今禄丰县广通镇）城北八十里，旧名乾海资，四围皆山，苦无水道。清雍正十二年（1734年）知县杨登捐资凿通山腹七十丈，资灌田二千余亩，详请勒石，易今名。《云南金石目略初稿》卷三第23页题录曰："《福山泉碑记》，巡抚张允随撰，雍正八年，在广通县，见《滇系》。"〕

水利碑记

蒙化府正堂加一级又军功加三级纪录二次杜（一行）、大理府赵州正堂加三级纪录四次程，为祈天为国为民赏照勒石以垂永久事。雍正十（二行）一年五月二十一日，蒙孙瑾、周据仁、邹孝孔（三行），云南分巡迤西道按察使司副使加三级雷批，据蒙化赵州地方白崖川各村住民龚让、黄琦、梁正、杨（四行）朝应等诉前事，诉称情因□的等畊种蒙化府赵州二处田地钱粮共千石有零，旧有坐落袁家营古沟（五行）一条，接放大可□因昔年兵变人走田荒，洪水泛涨，将沟渠冲断，彼时田地荒芜未经修理数年，难于畊种，前于雍（六行）正八年屡奉上行今民间闻通水道除踦□□房基外，均令竭力开挖，众民袚此洪恩，无不歆声在道，小的等（七行）相约各村写立合同，凑修银百余金，仍照古制协力修通水路，灌溉一带田亩已经四载，无异穷恐后有不法之（八行）徒，不见小的等具诉请照勒石，横行填塞使水□大河流于无用之处，有幸（九行）宪洪恩使毘荒□耕种维艰，民生涂炭，伏乞天星上体（十行）皇□□民瘼，赏准给照勒石，恩垂永久，德配无疆等□，蒙批应否勒石，仰蒙化府会同赵州查议报。等情。蒙批（十一行）到□□□节季蒙赵二处约马耀龙等将待前龚让等所诉袁家营藉有古沟，今已开挖四载，况各（十二行）□人□已□有合同，仍照古沟轮流分放灌溉，蒙赵田地千百余石，本州（府）覆查无异，相应许请勒石，以垂永久（十三行）。具文□□（十四行）巡宪蒙批，如□勒石，仍具碑摹查核缴等因。蒙批到本州（府）蒙化合就勒石永为遵守，毋违。须至勒石者（十五行）。

雍正十三年三月二十四日，乡约李淳柏、掌印同知杜思贤、知州程近仁、乡约段从文率军民（以下人名略）仝立（十六至二十行）。

议定汪家营一昼夜，张官营一昼夜（二十一行）。

〔据《大理丛书·金石篇》卷五续编《碑刻、摩崖、器物铭文》第2654页辑录。碑现存弥渡县红岩罗营村委会汪家营文昌宫内。青石质。宽59cm，高100cm。碑额左行横书"水利碑记"。正文直行楷书左行。21行，行14－43字，约600字。碑文记叙雍正年间白崖地区因水灾造成一些田地灌溉用水纠纷，为解决纠纷，将共同商议后制订的水利事项刻制成碑约遵守。〕

详置金江渡夫赡田碑记

江嶠孙

为详明请示事。雍正十三年闰四月十五日，奉云南布政使陈宪牌，内开：“雍正十三年四月十七日，奉云贵总督部堂尹批，本司会同按察司护粮道，查得永北府金江渡口。据该署府详称：‘设船三只，一只载马为大船，二只载人为小船。大船需水手四名，小船各需水手二名。三年一大修，一年一小修。大修需银五十余两，小修需银十两，又添补绳桨等项需银二两，水手八名年给工食银九两，共银七十二两。’”

本司道询，据钱守禀称：“水手原系住居江边，四班轮应，互相更替，若即于沿江附近置买口粮田亩，分给水手，上班撑渡，下班耕田，更为妥便。并称近江一带，有土知州应袭高龙跃卖去田地，择其附近水手者备价。令高龙跃赎取一百六七十亩为水手口粮田，听其自种自食。该地价值每亩不过三两左右，统计五百金足矣。”等语。

本司道查此项，水手原系近江村民充当，与其年年支销公项，不如以公项买田分给，伊等得有恒产，又可以就便耕种，更于渡夫行人永有裨益。其水手名数，据江丞止开八名，长年应役，亦于农工有误，必分班更替，便于耕作。遇有水涨修船，仍可两班协助，而钱守所开三十二名，亦觉人多田少，难以供役，应分上下两班，共十六名。所需渡船田亩，查官庄余谷，据江署府报出每年应存四百九十六石九斗六升，自雍正十二年起至本年止，共应存谷九百九十三石九斗二升。照江署府所议，以二谷一米易银一百两计算，共应变银四百九十六两九钱六分，约敷钱守禀开所需田价之数。应请即以此项余谷，饬令该署府照数变价，会同土知州高龙跃赎取附近田亩，均匀分给上下两班渡船水手，听其耕种完粮，藉资日食，仍不得强压夷民，勒赎骚扰，致干查究。自奉文之日起，即将收取渡钱概行禁止，嗣后永为官渡，统归文员经管。仍将置获渡夫赡田坐落坵段、粮条数目及禁止收钱缘由，勒石渡口，永远遵守。如渡夫人等有将额设田亩私行盗卖，及争夺渡田、抛荒渡船、措勒行人、私索钱文等弊，立即严行查究，革退另佥。其渡口往来人等，仍责该汛官防守稽查。至于渡船大、小修费，每年约需银二十四两零，请自丙辰年起，于应存官庄余谷四百九十六石九斗六升内，每年拨谷五十石，以作渡船大修、小修及添补绳桨等费等因。奉批：如详，移行遵照，仍候抚部院批示，缴。

奉此，又奉云南抚部院张批，本司道详同前由，奉批：如详，移行遵照。仍饬勒石渡口，永远遵守。取具碑摹送查，并候督部堂批示，缴。等因，由司饬行到府。奉此，该署职府遵奉宪行事，理当即转行北胜州土知州应袭高龙跃查明赎取，又复叠次行催去后，续据该应袭将原典与王锡鼎、谭智等大小康二庄田租赎回，署职府亲往查勘，委系近江应赎之田，并无强压夷民、勒赎骚扰等情。随将雍正十二、三两年分官庄租谷九百九十三石九斗二升，变价发给银四百八十两，挑田一百六十亩，令上、下两班渡船水手十六名，每名十亩，均匀分领讫。其每年大修、小修渡船以及添补绳桨等费，亦应遵照。自丙辰年起，于官庄所余租谷内动支五十石开销，除将嗣后永为官渡，统归文员管理，往来人等仍责该汛官兵防守稽查，一切收取渡钱，概行禁止。如渡夫人等有将额设田亩私行盗卖，及争夺渡田、抛荒渡船、勒措行人、私收渡钱等弊，立即严行查究，革退另佥。各缘由出示晓谕，并申覆各宪存案外，合就勒石渡口，永远遵守。所有置获渡夫赡田坐落坵亩、粮条数目以及渡夫姓名开后。计开：

一段民田叁亩肆分伍厘叁毫壹丝，坐落大康。

一段民田捌亩肆分伍厘肆毫壹丝，坐落大康。

一段民田伍亩肆分叁厘肆毫，坐落大康。

一段民田拾壹亩捌分壹厘壹毫，坐落大康。

一段民田壹亩玖分贰厘伍毫，坐落大康。

一段民田壹亩陆分贰厘贰毫玖丝，坐落大康。

一段民田陆亩捌分柒厘壹毫捌丝，坐落小康。

一段民田陆亩壹分贰厘玖毫壹丝，坐落小康。

一段民田拾叁亩陆分叁厘柒毫伍丝，坐落小康。

一段民田伍亩柒分，坐落小康。

一段民田叁亩贰分叁厘捌毫伍丝，坐落小康。

一段民田肆亩捌分伍厘玖毫壹丝，坐落小康。

一段民田肆亩叁分贰厘玖毫壹丝，坐落小康。

一段民田拾壹亩捌分伍毫，坐落小康。

一段民田陆亩肆分陆厘伍毫陆丝，坐落小康。

一段民田壹亩叁分肆厘伍毫捌丝，坐落小康。

一段民田拾壹亩贰分柒厘玖毫，坐落小康。

一段民田伍亩柒分柒厘玖毫壹丝，坐落小康。

一段民田叁亩玖分肆厘柒毫玖丝，坐落小康。

一段民田伍亩玖分壹厘陆毫陆丝，坐落小康。

一段民田陆亩贰分捌厘贰毫叁丝，坐落小康。

一段民田叁亩陆分伍厘叁毫壹丝，坐落小康。

一段民田拾伍亩伍分玖厘陆毫壹丝，坐落小康。

一段民田叁亩壹分肆厘伍毫捌丝，坐落小康。

一段民田壹亩柒分壹厘捌毫柒丝，坐落小康。

一段民田伍亩伍分玖厘柒毫玖丝，坐落小康。

以上民田贰拾陆段，共田壹百陆拾亩。每亩算该照下则科秋粮壹升玖合肆勺陆抄，共该秋粮叁石壹斗捌合捌勺，每石该征条丁银捌钱柒分捌厘陆毫，共该条丁银贰两柒钱叁分壹厘叁毫玖丝壹忽陆微捌纤。

一额设水手拾陆名：

张仁、马仲骥、张元成、祁应祖、左应元、樊二、张仲仁、底明祥、王有能、马良玉、张云贵、张云先、李昇、左老三、李荣、张二头。

〔据乾隆《永北府志》卷二十七《艺文》第45页辑录。江峤孙，湖北汉阳人，举人，清雍正十二年(1734年)官永北府同知，署知府事，建万寿亭、晴川学舍，设立各义学，开浚海河，设立官渡，捐置冢地。此碑记载清雍正十二三年间，永胜县境内金江渡夫之补助奖惩、管理约束、水手额定数及水手的具体姓名等内容。〕

重立北沟阱水利碑记

重立北沟阱水利碑记（一行）

自古水利，上关国赋，下系民生。轮放各照日期，古规实难紊乱。凡放阱水，村民定期遵守，如北沟一阱曾于万历十一年内有王显（二行）登等与张文盛等互相告增（争）。蒙（三行）钦差提督学校带管屯田水利道云南按察司佥使聂批，仰大理府查报，后本府以恳恩均平水利等详覆。又蒙（四行）钦差管理驿传兼清军带管屯田水利道云南按察司副使□批，据本府呈详犯人张文盛等招罪缘由，蒙批：王显登等所告水利，既（五行）议处明悉，准照行，仍竖碑存照，以杜后争。实收结状檄，已于万历十三年正月二十日竖碑于定西岭驿前，永为遵守。后裁驿失落（六行）碑记，止存碑文给帖。至康熙二十八年，因铸邑村轮水，止放北沟一阱，其余各村俱放二阱、三阱。众村公议，让与铸邑村榨水一昼（七行）夜，至今无异文。于康熙五十九年，因双村住居阱口，屡受截水之害，众村无奈，于未轮之先，议与全阱漾水二昼夜，以杜截水之害（八行），并各村争斗之患，后照期轮放。昨于乾隆元年四月二十六日，遇孙璠、杨一瀚、黄国正等三村轮水日期，遭财（豺）虎杨焕等得陇望蜀（九行），倏生过沟水之新例，反行捏控。璠等情出无奈，止得以财（豺）虎纠衿串蠹，越例紊规等情，奔诉州主。蒙州主唐太老爷于八月十八（十行）日，差提严讯，烛破杨焕画蛇添足诡计，责惩示众，余皆宽免，取结立看存案在。杨焕等纵有移天之手，难摇已定铁案矣。窃恐日久（十一行），诡弊复生，二十六村众姓公议，录看立石，以垂不朽。本州看云：审得孙璠等与杨焕等互控争水利一案，缘孙璠等有田在北沟（十二行）下十五里之远，杨焕田近北沟，从前于万历年间，定有二昼夜三昼夜之成规，可谓永久无弊矣。讵乾隆元年四月二十六日，轮该（十三行）孙璠下坝应分二昼夜之水，而杨焕于过水沟中，欲分水以济耽田，此孙璠等藐宪紊规之控所由来也。廷讯之下，据杨焕供称，康（十四行）熙五十九年立有合同，镌刻石碑，载有分放过沟水分字样，竟被磨去。再四详阅，并非六字形迹。且合同碑文内无此字样，其为虚（十五行）捏可知。询知乡约地方干证，并在场诸生，众口如一，皆曰实未见闻。则杨焕之违例霸水，实出一人己见，并非有人于中主使者也（十六行）。如使杨焕之计得行，则上坝之人皆可借口就近分水，孙璠下坝二十六村沾水之田皆不可耕矣。水利固系公物，灌溉则有定规（十七行）。近阱分放，利在一人，阻绝下流，害非小可。杨焕等借倚老迈祖母王氏出头，挟制贫民，应从重究，姑念愚顽，薄责以惩。着令仍照古（十八行）制行水，勿得混争。取其两造，遵依甘结存案（十九行）。

乾隆二年四月三十日。

遵看立石人白亮采　孙　璠　许弘猷　王　琼　王士伟　徐士逵　张　亮　高　腾　徐　忠　罗　经　杨国用　刘弘泽　杨一沛　丁　俊　陈　武　彭泽普　李国正　张天和　赵邦彦　杨应魁　赵　正　张拱昊　段　统　李腾伯　李士弘　王士恪　周永富　龚　伟　黄国正　杨一瀚　龚世蕃　赵国彦　杨一汭　杨时健　范心荣　左君用　师受益　李如汉　张拱正　李如澜　张拱周　白奎采　时之滨　杨天爵　张　忠　彭万里　傅　崇　吴世荣　张心义　杨凤仪（二十至二十二行）

生员傅肖弼　廖天爵　杨一渭　郑汝惠

乡约张毓华　杨时逢　李士选　许弘勋　丁怀信　廖超众

总催刘有余　原差李　青

计开：洱海水（二十三行）三昼夜，寄庄水一昼夜，蒙化水三昼夜，民水二昼夜，新增水一昼夜，景东水二昼夜，总府水二昼夜。轮水以三月十五定期（二十四行）（下阙）漾水一昼夜（下阙）（二十五行）。

〔据《大理丛书·金石篇》卷三《碑刻、摩崖、器物铭文三》第1201页辑录。碑存弥渡县新跃乡双村。高117cm，宽60cm。直行楷书。文25行，行9－50字。额刻“遵看勒石”四字。对研究大理州东南部水利、水规，有一定史料价值。〕

江头村永行豁免海口夫役碑

云南府宜良县正堂加二级段，为恳恩赏准勒石，以均劳逸永远遵守事。据县民官上宇、杨洵、杨芳等禀（一行）称：窃查宜邑官河，昔蒙（二行）分巡临沅道文公按临县境，不辞劳瘁，躬亲踏勘，追大禹明德之功，踵八载治水之绩，相形度势，审其高下（三行），开山浚流，引阳宗海水至江头村界，筑大坝一道，水入官河。上自江头村，下至落（乐）道村，沿河两堤涵洞定规（四行）：夜则上放，日则下流，按日分放，灌溉田亩，利济民生。缘汤池海口，每年春首，按得水人户，派夫开修。其江头（五行）村大坝，系小的等阖村挨户拨夫挑筑，不派各村。其河源三十余里，如大雨时行，万水来归，水势奔腾．其坝（六行）被水冲决，坍塌无定，不时需夫挑筑，蒙（七行）前任县主朱洞悉民苦，免应海口夫役，未经勒石。天星莅宜，犀烛小民偏累之苦，亦免海口夫，黄童白叟，无（八行）不被德。兹蒙恩谕，责成挑筑本村河坝，小的等凛遵，具情禀明。伏乞天星赏准，批示勒石，永远遵守，恩垂不（九行）朽等情。据此，为查江头村大坝乃官河堤防，救济田亩甚溥，不时需夫培筑，俱系江头村民应付。其汤池海（十行）口一带，每年沙土壅滞水源，于农隙按得水人户出夫开修，使水畅流。今查江头村民既应坝夫，又应海（十一行）口夫，实属劳逸不均。嗣后，江头村民永行豁免海口夫役，准其勒石。其江头村大坝，着该地头人水利，于本（十二行）村拨夫培筑，务使坚固。需水之际，该头人水利实力奉行，每日拨夫五名在坝看管，如有添漏，即刻挑筑，倘（十三行）敢玩忽，责有攸归，凛之慎之。须至碑者（十四行）。

乾隆三年四月　日示，发江头村耆庶人等勒石遵守（十五行）。

〔据《宜良碑刻（增补本）·水利》第21页辑录。碑存宜良县西河管理所。砂石质。额高40cm，宽75cm，碑高120cm，宽60cm。额题阴裹阳刻篆文“重修碑记”。段大策，贵州都匀府清平县人，清康熙庚子（1720年）举人，清乾隆元年（1736年）任宜良知县。朱干，江西南昌府丰城县举人，清雍正八年（1730年）任宜良知县。〕

响水河龙潭护林碑

楚雄府镇南州正堂加三级钱，为神人攸赖，禁止樵采，以遂舆情事。照得州治北十五里，有响水河龙潭一区，水入白龙河，灌溉田畴千有余顷，利益民生，泽施甚溥，为州民祈年云祷之所，载在州乘，昭昭可考。

本州莅兹三载，日以劝农教稼为事，广开水利为先，凡疏浚利导，悉穷其源，其无虞旱干者，皆藉龙水，神实司焉。乾隆四年二月二十二日，省视春耕，行至响水，有州属士民陈于廷、谢继尧等公吁，此地龙潭向来树木茂盛，拥护灵泉，今被居民砍伐，渐次稀少。粮宪宫前任兹土，欲勒石禁止，立案未行，似将有待。因亲往踏勘，缘系龙潭无人看管，以致近城居民，纷纷樵采，虽柴薪为日用所需，但砍负售卖，获利有限。倘再行樵采，数年之后即为童山。而泉水灌溉，惠泽无穷。查水防水庸，不过田间沟洫，列祀八蜡，吹豳击土，岁报厥功。矧此龙潭泽及蒸黎，周围树木神所栖依，安可任民砍伐。准据舆情，勒石永禁。凡近龙潭前后左右五千五丈之内，概不得樵采，如敢违禁私携斧斤入山者，即行扭禀。

乾隆四年二月二十八日示。

〔据《楚雄历代碑刻》第325页辑录。碑现立于响水河龙潭。16行，行13－26字，直行楷书。碑额书“神民永庇”四个大字。响水河龙潭，位于楚雄府北十五里，森林茂盛，泉水汪洋，灌溉田亩千余顷，民甚利之。清乾隆四年（1739年）二月，镇南州知州为禁止采伐龙箐森林，养护龙潭，颁布“禁山告示”。示曰：“凡近龙潭泽及蒸黎，周围树木神所栖依，安可任民砍伐?”规定“凡近龙潭前后左右五千五丈之内，概不得樵采，如敢违禁私携斧斤入山者，即行扭禀。”〕

湖塘碑记

王锡侯

湖塘碑记（一行）

大理府赵州儒学生员王锡侯瑞五氏撰文（二行）。

山西有湖塘二座，载在志书，由来久矣。自兵燹历乱之后，俱已倾颓。上一座开挖成田，下一（三行）座洒布秧母。值栽插之时，遇大雨施行各得胼胝，倘滂沱不降，遍坝田地尽属赤土。瞻彼阡陌（四行），咨嗟无已。所以前辈人不忍倾颓，将下一座陆续挑抬。数年来，稍可灌溉。第人心不一，水有（五行）难流之处，竟行霸阻。因是踊跃者固多，而退缩者亦不少。虽曰稍可灌溉，功犹在于半途。于（六行）乾隆四年七月初一日，合村军民士庶人等欲复古制，重修上一座。妥议明白，具呈戴大（七行）宗师老爷台前，呈荐修湖备旱，蒙批协力挑抬，赏给执照，迄今二载，事就功成，众姓人等凭（八行）神勒石，以垂永久。嗣后每年沿门轮流，出头十人管水，下一座栽毕之后，闸口挑塞，满满积（九行）聚。上一座稻谷收尽，亦行积聚，俱在十人积满。倘水积不满，亦系十人之责。两湖身下田亩（十行），或有泡豆麦者，各去冲内挖放，不得偷放湖塘之水。如违查获，罚银拾两，以作修理塘埂之（十一行）费。至于开湖，先开上一座，上座之水用完，方开下一座。如水低田高，有戽得处，任人戽用。若（十二行）无沟道处，逢田过田，田主不得壅塞阻挠。事关合村钱粮衣食，户役门差，其冲内水利四昼（十三行）夜，五月栽插，止容大路上下分放，亦不得强挖于湖下。因议定事例，备垂于石，世世遵守。倘（十四行）后之人逮例不遵者，沿门赴官惩处，各不得徇情。为此勒石

（十五行）。

乾隆六年岁次辛酉仲秋月团圆日，合村军民士庶众姓人等仝立（十六行）。

〔据《大理丛书·金石篇》卷三《碑刻、摩崖、器物铭文三》第1210页辑录。碑立于大理市市郊乡山西村。高116cm，宽47cm。直行楷书。文15行，行4－35字。碑额刻“永传世代”。〕

云南县水例章程碑

云南县正堂加三级汪、督捕厅徐，为遵依勒石，以垂久远事。窃查和甸莲花曲一带并无灌溉，原□□□□□（一行）村屯田亩尽资海水灌溉，因从前加埂淹没，彼此控告，曾经（二行）各宪批示，勒石为界。今年深月久，碑记无存，复蹈前辙，互控不休。因上年减水，沟壅塞，浸没大淜头禾（三行）苗，以致争竞，嗣后栽插完备。令坝长积水，以济来岁春禾。大淜头村不得晓□其耕种之时，使水□（四行）得阻遏，着坝长常川看守，总以石碑为界，其小山头后（下阙）（五行）大淜头民人撒秧，倘水势泛涨在界石之上，着□（下阙）（六行）彼此不许争论。如有违禁等情，各罚白米拾石（下阙）（七行）。

大淜头村士农，莲花曲七村，乡约董维柱□□文（下阙）（八至九行）。

大清乾隆八年岁次癸亥孟秋吉旦（十行）。

〔据《大理丛书·金石篇》卷三《碑刻、摩崖、器物铭文三》第1212页辑录。碑存大理祥云县。高178cm，宽61cm。碑左下方残损。直行楷书。残留文10行，行14－35字。碑额刻“永定章程”。〕

重修大海子碑记

彭潋吉

汉武侯驻师永昌，即其垒之西南浚为堰，周遭八百九十余丈，引沙河水以注之，灌万余亩[①]。至明成化三年，巡按朱公皑增修，以石缶触浪卫土堤，四百年赖之。倏于乾隆十年十月二十七日，东北溃决长十八丈，自海底下泄深四丈，而清泉由地中涌出者，凡三穴。其二穴出堤西数丈，一穴伏堤内，即今涓涓循沟东出者。郡守曲辰徐公同邑侯一斋顿公视之[②]，咨曰：“此非可以易为力而又不容缓之须臾者，倘必俟报而后治，往复迟延，沙河之水已濄，若苍生何?”即购材鸠工，不费民间毫末，日夕往来堤畔。役戒其速筑，饬以坚[③]。始于十月二十九日，至十二月望五日落成，而沙河水尚滔滔然来，而海底之尘飞沙起者，且清波荡漾矣。诸父老有请于余者，曰[④]：“愚民无以报上，愿立石以表

① “亩”字下，乾隆《永昌府志》卷二十五《艺文志·碑》有“厥功伟哉”4字，中国保山市委史志委、保山学院编，北京方志出版社2016年版，第285页。

② 郡守曲辰徐公同邑侯一斋顿公视之　乾隆《永昌府志》卷二十五《艺文志·碑》作“本府曲辰徐公同本县一斋顿公视之”。

③ 即购材鸠工，不费民间毫末，日夕往来堤畔，役戒其速筑，饬以坚　乾隆《永昌府志》卷二十五《艺文志·碑》作“即刻酌议兴工，买砖石、石灰、器用并泥水工价，俱公捐银两，不费民间毫末。命吉鸠工，日夕堤畔，且夙夜忧虑，间一二日一巡视之，郡宪邑侯躬亲指画，工戒其速筑，饬以坚”。

④ 诸父老有请于余者，曰　乾隆《永昌府志》卷二十五《艺文志·碑》作“百姓请于余曰”。

之。”余曰：“仁者之于民也，行乎其心之安焉而已，何取乎石？且而不见太守[①]之于尔民乎？十余年来，何利不兴，何弊不革，德政之垂于久远者，亦何能殚述？况捐金修治之处，不胜数矣，我知其无取乎石也。”诸父老曰[②]：“是固然也，而百姓之心不能已也。嗟！我百姓之待此海而贡赋税者数千家，待此海而全性命者数万人，海决水渴，而流亡而死者立至矣。太守[③]之为我成此堤也，是克保我父老也，无流亡我子弟也。况我世世子孙受兹水利于未有艾，不与汉丞相之创始、明御史之增修，其厚泽深仁后先有同乎，是又乌得而忘之而不志之?”余感其诚，为固请于太守，乃许之。于是并勷[④]事诸人姓名，俱列于石。

彭公字志丹，弥渡人。举雍正壬子，乾隆丁巳成进士。乙卯春，开讲诸天寺。先君负笈以从，甫三月，课文百余篇，薪米偶不继，辄分给之，每进一艺，必击节叹赏。先君为范言及，声泪交迸，盖感知己之恩也。其后人迁居云南县之米甸，多不振，因录此记，谨识之。气体敷畅，结构完密，天性与古文相近，惜乎其不多见也。徐公名本仙，蕲水人，后升盐道。能诗善书，亦著循声。丁卯祀灶日，师范手记。

〔据师范纂辑《滇系》（清光绪十三年重刻本，下同）八之十五《艺文系》第 14 页辑录。彭敬吉(1691—?)，字志丹，大理弥渡人，乾隆丁巳（1737）进士。永昌府教授。《云南金石目略初稿》卷三第 29 页题录：“重修大海子碑记，赵州彭敬吉撰，乾隆十年，在保山县，见《滇系》。”另见乾隆《永昌府志》卷二十五《艺文志·记》、《永昌府文征·文录》卷十《清一》。〕

修下坝水界碑

修下坝水界碑（一行）

三岔之修下坝，由来已久矣。先民失隆，百有余年，未经修筑，古制虽存，竟无兴工重修。所谓“前有所□（二行），虽善不固。后无□继，有美弗彰”。□之灌溉田亩岂缺不齐？有水之岁干浸，亦易；无水之岁滋润（三行），□艰。致使有害之水变为无泛之形，其中肥饶厚薄，未有不望洋而喑叹者。荀士英、任越先辈（四行），目击情形，欣然一举夫人之遗制，为后之津梁。邀众捐金重修石闸，□银所费四百余两，计（五行）工则用千有余。□水源既立，水利亦兴。上□□国储□称贷而益之叟，下遂民生免啼饥号寒（六行）之苦。将见人民乐业，风水攸关。有裨于斯地者，其获利岂浅鲜！功成告竣，□勒石永垂不朽云（七行）。

署曲靖府南宁县正堂加一级记录五次又随带军功加一级□太老爷示□（八行）。

生员荀士英、任天民、易镇乾都修（九行）。

（后十行为捐金者姓名及分水田地名册，此处略）

乾隆十二年荀士英撰文。

〔据徐发苍主编《曲靖石刻》（云南民族出版社 1999 年版，下同）第 103 页辑录。碑现存曲靖市麒

---

① 太守 乾隆《永昌府志》卷二十五《艺文志·碑》作“府宪”。
② 诸父老曰 乾隆《永昌府志》卷二十五《艺文志·碑》作“百姓且固请曰”。
③ 太守 乾隆《永昌府志》卷二十五《艺文志·碑》作“我父母”。
④ 勷 乾隆《永昌府志》卷二十五《艺文志·碑》作“办”。

麟区文化局院内。高170cm，宽80cm。文17行，行12－37字，计490字。碑作半圆长方形，碑额为双凤图案，中有八卦图。碑身正中刻“修下坝水界碑”。清生员荀士英文。记载西山下坝水利工程修筑情况，为研究曲靖地方水利珍贵史料。〕

义渡碑记

疆有三川九渡，古称名胜。惟池江盘绕全邑，故又曰盘江问津，往来济渡者众。近有江东程端谷营新（一行）设鼠马街，□民贸易者，上由时家渡，下由狗街渡，皆惮其远。惟马房适当冲要，众村捐设小舟，立为义渡（二行），以利行人，□舟子所由招也。江滨有小新沟直通草海，淤有余地，与李国佐典出载册三亩五分之地相（三行）连。村人妄生觊觎，影照冒争。控经（四行）县主张亲临勘丈□记十七亩三分，将载册之地归国佐管理，余地断作义渡之资。由是国佐亦乐义举（五行），并将身已之地赎回施卖，永为义渡公产。后蒙（六行）县主亲立界址，取具四至地邻，遵依赏给，遵照为据，载册三亩五分，并地改立义渡册名。余地十三亩八分（七行），俟成熟具报升科。□诚（八行）县主利济洪恩，万古舟楫也。此地所收之麦，凡修造照只建拾小新沟木桥以及舟子工食费。每年管事（九行）人等俱当秉公清算，不得侵渔。若有余积，□培功德。所有四至、钱粮、众姓捐资开列于后（十行）：

赐进士出身第文林郎知宜良县事宜良县正堂加三级纪录五次张太老爷永远遗爱建立（十一行）。

施卖陆地李国佐凭弟李国仕，其地坐落窑敞嘴下，东至李凤田地，南至李国士、肖缙蒲田，西至陈子伦地，北至窑敞路。四至载明，随纳南乡老垦税粮二升，已蒙拨入义渡册名（十二行）。〔程元春谷三斗〕，绅衿窦恒牲、乡约马文通地□□，办事李森银五钱，李先举银一两，李湑银三钱，谷斗银五钱，谷介银五钱，功德陈礼银一两五钱（十三行），萧国章、李文耀、肖□□、周绪昌银五钱，王仁银五钱，谷珣钱三百文，谷训银五钱，葛宗贤银五钱，周悦昌钱四百文，车同信银三钱（十四行），张肇泗、黄子用、肖元□、程元勋、谷沣、何国聘银五钱，陈学思银五钱，李藩银五钱，谷相国银五钱，陈瑶、陈琨银一两，周士传银三钱，周士英银三钱（十五行），何其昌、苏象晋、杨澳、李和银□钱，李敏银五钱，李柽银五钱，鲁经银五钱，□琳银五钱（十六行），□□、段玮、李本实、王建中银五两，杨□银五钱，周思夏银五钱，谷浩银五钱，端容谷三斗，李生银八钱，程元弼银三钱（十七行），孙春堂银五钱，徐公亮、杨涛□银□钱，殷礼银五钱，高其信银五钱，葛宗尧银五钱，张崑山谷三斗，程振龙谷三斗，李良银八钱，□助国银四钱（十八行），端尚中、何元□、周玥、程六龙银五钱，杨华银五钱，谷琳银五钱，谷兴国银五钱，程元和谷三斗，夏秉学银三钱，罗国侯银三钱（十九行），丈□寺两斗，众会首功德银一两二钱，陈联科银六钱，程世美银三钱，端□银二两，王日宽、谷芮银五钱，周思法银五钱，程翠谷三斗，夏秉国银三钱，陈学圣银三钱（二十行），朱琦、陈联甲钱九百二，陈琳银五钱，王日敏银五钱，程端银三钱，李兰银三钱，曹文□银五钱，李纲谷三斗，谷开银五钱，谷炎银五钱，孙萼堂钱六百，张致银三钱，王日藩银三钱，高昂银五钱（二十一行）。

大清乾隆庚午年季夏月吉旦。

〔据《宜良碑刻（增补本）·交通》第197页辑录。碑存宜良狗街谷家营。青石质。碑高185cm，宽70cm。额半圆形，双凤朝阳纹饰，双钩阳刻“义渡碑记”。〕

江神庙碑记

王曰仁

长江以天堑称，盖南北限也。然无盲风怪雨，则权夫奏功，一苇可航天下之险。惟溯江而上，若岷，若涪，若三巴，则大石横江内踞，水势鼓喷益急，滩高丈余，实为至阻。而于瞿塘之滟滪等尤甚。独金沙一江，亘古不通舟楫焉。《禹贡》称岷山导江，岷属湔氐道西徼外。又云浪架岭在西番界，而梁州黑水亦发源于西番之诺莫浑、五巴什诸山，分支而东，田塔城关流入滇境，鹤、丽诸镇皆经之，至大姚之左却乡，与打冲河会，又经楚雄、武定及东川数府而抵昭之永邑，古牂牁地也。其先属蜀，后归滇。黑水之入境，横奔几五六百里焉，然后合泸水而入于大江。汉孝武时通道西南夷境，拓地至若水，为桥与孙水上。郦道元《水经注》则分若、绳、孙为三水，至唐始统其名曰金沙江。明正德、嘉靖间欲开浚，议格不果行。是金沙一江，由来虽久，疏凿之功，俟后圣焉。国家继继绳绳，奄有中外，六合八方，海嵎日出，罔不恩普德洋，浸润于泽，决排疏瀹，水利毕兴，非常之功，懋于禹甸。岂滇省跬步皆山，难通利涉哉！我皇上为民理财，念滇铜足供鼓铸，而悬崖峭壁，鸟道羊肠，陆运苦之。又念六诏苍黎所需用物皆腾贵，以陆路贩往故，于是清问集群议，乃令前督臣庆、前抚臣张委官分职经营厥事，召募石匠，以锥以斧，就其故道，去其壅淤，不惜币金，惟期以利行舟。自乾隆六年估勘始，明年兴事，又明年工竣。遂卜小江八口至黄草坪为江上游，由黄草坪以下抵泸州为江下游。各委正副两员承办，定以额铜数目，俟江水归漕即令开运。由是舻舳相接，欸乃之声，应山而响。而自蜀至滇商贾贸易者，亦络续往来矣。然而巨不嶙峋，大滩栉比，崿磕隐訇，连山喷雪，虽人功之可藉，实天险之难夷。故铜运商贩尚多惶惧。我皇上轸念民依，特加恤典。复恐行运未便，又命大司马舒暨湖督新沿江查视[①]，务冀万全，弗拘成议。以金沙江上游较险，爰准停运，其下游各旧行，并建江神庙宇，以妥厥威灵，以酬厥功德。俾川谷导气，合通四海；俾风涛永息，铜艘咸安；俾商民通货易财，溯江上下无事。崎岖于险阻，然则庙貌维新，明禋用享，其默佑护持，以承天子之德意者，何险阻之足虑哉！

邑等承命建竖，因饬永善令就近董治于黄草坪地，由是治其庭坛，广其堂庙，翚飞鸟革，刻桷丹楹。四月庙成，因勒石以垂永久，既叙而歌之曰：“维兹金沙江，源远流长。奔腾澎湃，叠浪光芒。嵚岈起伏，峰高摩苍。亘古未辟，用待我皇。括海宁涛，归化万方。乃命臣工，开凿鸿荒。疏川导滞，桂棹兰桨。铜运攸利，商贾启行。聿新庙貌，衮冕琮璜。贝阙珠宫，西序东房。明用享锡，俎豆馨香。神其凭依，渡彼慈航。”

---

① 此指乾隆十四年（1749年），钦差九门提督舒赫德、湖广总督新柱沿金沙江实地查勘后，为避免铜运沉船事故，废止东川小江口至永善黄草坪段水运事。

时乾隆十七年，永善知县王曰仁敬撰。

〔据查枢等纂，刘伯墉补修嘉庆《永善县志略》(《中国地方志集成·云南府县志辑25》，凤凰出版社2009年据清嘉庆八年稿本影印）下卷《艺文略》第739页辑录。王曰仁，四川阆中县人，清乾隆丙辰（1736年）进士，乾隆十七年（1752年）署永善知县。〕

化所华严寺公地并宝子箐放水条规碑记

盖闻胜地名区，必得人而后能传，亦必赖人而后能久。莫为之前，虽美弗彰；莫为之后，虽盛弗传。此（一行）梵刹琳宫，有其制之，必有其守之，斯可永保无虞。治南四十里许，村名化所，寺名曰华严楼，接倚东（二行）山之麓，而遥映西崑之岫；笮箐侍其南，而赤江绕其北。层峦耸翠，烟波掩映，绣楼参差，村居历落，诚（三行）一方之胜□也。村中祝国祈年，悉于是焉。寺后门外原有官厂一块，内有官路一条，以为上下村邻（四行）往来出入大道。每凡赈济报赛，以及晾晒谷石，悉于此焉。历世相传，未之或易。祸因年深日久，今于（五行）本年内，忽有不肖之徒妄生觊觎，以为此地相连房边房后，意欲侵占为业，断其官厂官路，灭（六行）公地而暗作一己之私。于是村中众姓等，不忍于佛祖地而忽被财豪谋骗，有杨文斌等连名，投（七行）县主太老爷台前诉告。蒙庇金批，赏断归公，准给道教真言四字额悬挂中殿，后给牌文匾式“召棠郇（八行）雨”四字，勒石不朽。而张县主乃关西名儒，滇南循吏，一闻是举，欣然而乐从之，且题匾额以示永（九行）久。如此胜□，诚以菩提心布广长舌而种福田于未艾也，将来陈金鉴作，帝师正可拭目以俟。而□（十行）等合村之公地，亦得以永垂不朽矣。岂非胜地必得人而后能传，亦必得人而后能久耶？兹将厥地（十一行）四至及众村姓名胪列如左。但村中人众不能备载，将具诉之人约略记载，以志不朽云（十二行）。

云南府宜良县正堂加三级纪录六次张讳大森书额。

查禀复乡约刘朝相、保正沈士俊（十三行）。

又据村众禀称，宝（豹）子箐之水灌溉田亩，合村共食其利，但放水之人势（恃）强无法，恐起争端，今并定治（十四行）条规：上甲放水一昼夜，天明为止；下甲放水一昼夜，天明为止。以勒诸石，永为定例，□□遵守，不得（十五行）妄为更易。如违，赴官惩处，甘罪无辞，条例是实。其官地东至城埂，南至姚家房、刘家厂，西至周姓（十六行）房，北通土官村大路，四至分明。

遵领官地人：杨文斌、杨源、陈子章、□琼、王进业、杨□、□琳、魏□、陶起文、陶凌曜、沈映瑞、尹开甲、□敬礼、洪丕章、郑家祥、陶凌秀、周子治、王文（十七行）。

其有古沟黄家塘水沟租谷二石，案年上纳。华严楼原寺中有空地一块，坐落村子南首，东至毛家田，南至毛家房，西至大路，北至公众田（十八行）。

（补记行）康熙四十六年蒙县主徐太老爷断给在案，永以为记。田一丘，东至毛家田，南至官地，西至大路，北至洪家出水沟，四至分明，随纳本寺册名秋粮五升五合。

后学庠生段庆恩敬书，石匠董士俊（十九行）。

大清乾隆十七年岁次壬申孟冬月朔八日黄道良辰合营敬立。

〔据《宜良碑刻（增补本）·水利》第23页辑录。碑存宜良化所村华严寺。砂石质。高154cm，宽74cm。碑额呈半圆状，额题“召棠郇雨”，其左右分刻“华严”“碑记”，正中上方双钩线刻圆形“佛”字图案，左右雉鸟纹饰。张大森，陕西咸阳人，清乾隆甲子（1744年）举人，故称“关西名儒”，乾隆十六年（1751年）任宜良知县。〕

□□洋溪海水例碑记

□□洋溪海水例碑记（一行）

蒙化府正堂加五级纪录十次赵，为（二行）吁恩赏准示定水例以杜后患事。据生员董国宰，军佃董思九、董玉篆、董国学、董玉英、董三圣等禀□□（三行），禀称：情因生等原籍浙台，于洪武从军来滇，分屯云川，辟居董家营，领屯田二顷零，俱系雷鸣，毫无泡水（四行）。先代曾开堰塘一座，名洋溪海，川广各二百余丈，积水滋灌。年远阻塞，仅存基址。合族于乾隆五年公捐（五行）银二百两搬挖，积水不能灌溉。上年复借贷银四百两，括地增修二次，共费银六百两。平地挖深五尺，堤（六行）埂筑高丈余，今幸落成。粮赋粒食，两有所资。原议按田派银，按银分水，无奈塘低田高，必用撬瓢脚车，方（七行）可胜水达田。而田又多寡远近不一，居民之勤惰贫富不齐，众议此无源之水，例难画一。必每年估水势（八行）之浅深，按户计田，均撬均车，或三轮五轮，周而复始。则田多之富而勤者不得任意全泡，田少之贫而惰（九行）者不致袖手咨嗟。俾水例均而争竞息，衣食足而风俗醇。叩恩金批勒石，永定章程，世世遵守。遐川士民（十行）顶祝仁恩于不朽矣。据此，当批准其勒石，永为遵守。奉此，合行勒石，所有一应水分，无论远近高低，按（十一行）分品搭，毋得恃势就便，越分多放。所有水排及应行事宜备载于后，为此勒石，须至勒石者（十二行）。

五军公议遵示，每轮放水三昼夜，写立合同五纸，各执一纸，永为遵守。首轮：西南北五沟，放至横路（十三行）止。二轮：放至朝昇大田、董庶横田及以网横田止。三轮：放至大堆子及学圣湾田，并牛角田止（十四行）。四轮：放至房后并桑子树止。轮数已定，周而复始。有十工者只放五工，有六工者只放三工。若强放（十五行）一工者，罚银三两修海，绝不宽宥。若有数轮未到，以势混行者，亦罚银五两。若有使妇女放蛮，紊乱法（十六行）规，将妇男子及亲支男子拿入祠堂责打。如若不遵，齐集赴官。至于吾族，原系一脉，粮赋一事，一人领（十七行）田，合族摊种，自古迄今，并无争端。今支分派别，倘有无知者，欲以户夺田，实为悖祖逾法。此数事倘有（十八行）违犯者，合族将碑文并府主所给遵照赴官。其海系董思九、董玉篆、董国学、董三圣、董玉英为首（十九行），借贷修筑，方才成功，每人先放水三工，世世子孙永不得阻。

董灏书，董玉楚刻，军首董学圣（二十行）。

乾隆二十二年正月二十八日。

请示贡生董仕儒、生员董国宰、举人董玉堂协五军同立（二十一行）。

〔据《大理丛书·金石篇》卷三《碑刻、摩崖、器物铭文三》第1216页辑录。碑存大理祥云县前所乡董营小学。青石质。碑高140cm，宽75cm。碑头刻“遵示勒石”。直行楷书。文21行，行7－40字。〕

开浚白龙山泉水利碑记

乾隆己卯秋，余守郡之明年，以水利为政事之急务。凡山川远近，土地肥硗，靡不经筹区画。咸思措施得宜，以为民利。值郡东北隅陆地缺水，田苦硗瘠，计虑久之，遂偕署姚州屠牧可堂，访求水利。得距城十五里许，巍峻而阴翳者曰白龙山。履危巅，瞰幽壑，观兹山之泉穴，涓涓不竭，其源有自，惜皆散漫山陂，阻积坎石，闲置于无用之区。顾谋诸屠牧曰：奉天子命守牧兹土，凡以为民兴利也，利之所在，胡可晏然已诸？爰相泉势所至，右绕班家屯、左届武德卫，为斯泉之羽翼，使循其脉胳，顺流而利导之，则东北一带田亩，旱既可引以为灌溉。且蛉水在北，大河在南，皆堪容受。其上流则又斯泉之门户，倘涝则泻之二河以达金江，更无忧及泛溢，是水旱皆有备，其为利诚溥而事有不可缓者。乃上其议于各宪，曰可，即鸠工庀匠，以兴厥事。无何，屠牧以忧去，余因独任之。计里开沟，计沟□民，严守□□，新旧为三，水之急者，曲之使缓；水之泄者，补之使聚；水之腾沸而漫溢者，束之使赴壑流。□□□□水，遂循山绕岭，出诸山口，而达之平原，散漫者归，阻积者通，既皆得其所用矣。复□□□□□□□营屯，又得古名仙家石闸一座，修自前任汉军施守。碑载：岁以冬至收水，夏至车水□□□□浇灌田亩，其利甚巨。缘年久沙淤石圮，余循古制，修而复之，时其启闭，俾与斯泉之水上□□□□□□为一脉。于是泉流四达，蓄泄有资，而前此硗瘠之田亩，均可易而为膏腴矣。是举也，□□□□□己卯之冬，竣工于庚辰之夏。继以州宋牧益金、府经历陈琦、暨署吏目沈永祺等督□□□□□并建龙祠三楹于兹山之阳，榜曰灵跃，以妥神庥而驻祈祷焉。计费三百余金，经营仅止数年，□所获利赖，实百千万亿而无穷，岂曰小补之哉！州牧辈丐余为记，且议善后条规，勒诸府堂之前。余虽逊不敏，然喜其事之有成，足以为吾民之利，更冀后之同志者，继事于□□□，因以为记。

大清乾隆二十五年岁次庚辰六月朔日。

知姚安府事、世袭骑都尉辽海杨重穀撰并书。

姚安府学教授蔡馨□、训导李□、姚州□□□登仝校正上石。

附〔碑阴〕：

知姚军民府事、世袭骑都尉杨重穀，字百修，祖系从龙汉军正白旗人，由世荫出身，历任兵部、户部员外郎。在部俸满，推升引见，奉旨以繁缺知府记名。乾隆二十三年二月，分部选除授姚安府职，十一月十五日莅任，年三十七岁。原籍辽东铁岭人也。

〔据《楚雄历代碑刻》第331页辑录。碑原立姚安县大龙口乡白龙寺龙王庙内。高154cm，宽87cm。直行楷书，20行。杨重穀，清乾隆二十三年（1758年）任姚安军民府知府，倡导水利，开浚白龙山泉水，使硗瘠田亩易为膏腴。〕

靖安哨新建茶房碑记

新建茶房碑记（一行）

从来善善相承，非因获报；乐施济众，岂为徒功？但愿善念不没，千古而不可易者也。宜邑离城十五里，名曰（二行）老大坡，盖为山高水遥，济溉维艰。蒙姚大老爷目击心伤，往事有饥渴之叹，建房以周道路之饥渴，历（三行）今百有余年。又因庵上而路下，茶水不能相济，则往来无停息，且又捐置田亩，疏通水道，诚千载之善缘。于是，另（四行）盖茶房三间于路旁，朝夕应济。实出己财，除树木之外，并不擅动常住分厘。功竣之日，蒙龚大老爷赏赐（五行）匾函，若不勒石以垂，则姚大老爷之功，湮没而不彰也。因而寿诸石，则往事行商无不尧赞歌颂，称念不已。此（六行）功此德，垂千古而不朽耳。是为序（七行）。

古匡后学彭燕题书。

乾隆二十八年蒲月朔六日立。

〔据《宜良碑刻（增补本）·交通》第200页辑录。碑存宜良靖安哨村白云庵院内。沙石质。碑高160cm，宽60cm。篆额“法良意美”。〕

新开大石桥堰塘碑记

新开大石桥堰塘碑记（一行）

予莅河邑年余矣。山水清远，亩浍如绣，故而乐之。城东北七十里，有草甸乡，土地平衍，纵横二十余里。旧有龙泉灌溉，而（二行）田多水少，分润难周。其龙池、地马二村，待泽尤急。每当俶载之期，群切溣凄之望。倘若雨不及时，遂至货弃于地，村民苦（三行）之。村旁有大石桥，地势卑凹，可以筑埂，潴蓄水泽。予筹画再四，特恐闾阎之智有未逮，贫富之力有不齐，因循苟且，亦付（四行）之无可如何耳。适村人士马国勳、唐朝凤等，呈请于予。予欣然曰：兴水利以利民，此有司事也。昔刘□善治，水利为政，皆（五行）兴水利有功。予虽未逮，窃尝有志焉。爰命鸠工兴作，不一二月而告成。其积水堰塘，长二里许，宽一里许，深五七尺不等（六行）。秋冬潴蓄，春夏引放，灌田可得千有余亩。龙池、地马二村之田，向之一望赤土者，今旦满眼绿畦矣。予方愧利济之无术（七行），毋之流风，岂予小子所能。仪式型于万一，是所望于后之莅兹土者。因以镌诸石（八行）。

文林郎知河阳县事韩江詹时敏（九行，正中行）。

（略篆印三方）

邑人马国勳定之氏书（十行）。

（略篆印二方）

计开：

管事人员李明、李兴、李忻龙、李化林、李赛龙、李实。

（共略八行，行十一姓名）

大清乾隆三十六年岁次辛卯季夏月吉旦龙池、地马二村士庶人仝立。

〔据《宜良碑刻（增补本）·水利》第30页辑录。碑存宜良草甸龙池村关圣宫正殿外西墙。砂石质。高154cm，宽78cm。〕

洱河祠碑记

西洱之滨，有神祠焉，即《志》所谓苍山之足入海最深者，此庙适当其（一行）冲也。稽厥由来，创建最古，洎乎屡倾屡修，皆捐资协力，率以为常。但（二行）殿庑合完，而优厂旷荡，斯亦新正祝寿之鈌典也。于是筑登登，削（三行）冯冯，而台观告竣焉。且夫可凭者前有作，难料者后有继。适有李兰（四行）买获田一丘，价银二十两，情愿将田舍入庙内。独白塔坪、何矣城两（五行）村士民，又同捐银七两，加我田主共银二十七两。嗣后修葺，照碑均（六行）摊，而江上村不与焉。碑记实可凭也。某等嘉李氏子乐善好施，又于（七行）众有规也。彼禳送之获感，祈祷之必灵，当自有在。岂徒工歌巫舞已（八行）哉！明乎此者，兹祠遂与洱流孔长矣。是为记（九行）。

绅士仝记（十行）。

乾隆甲午年十月朔日信士李兰同男显唐立石（十一行）。

〔据《大理丛书·金石篇》卷三《碑刻、摩崖、器物铭文三》第1239页辑录。碑原立于大理市喜洲镇河矣城村洱河祠内，今不存，据大理州博物馆藏拓片录文。高74cm，宽37cm。碑头刻“洱河祠碑记”。直行楷书。文11行，行4－26字。洱河祠系白族本主祠。〕

盘江渡碑记

乾隆三十九年三月初四日

盖闻水懦民玩，川溃人伤。故王政不废，杠梁而相才，端需舟楫。仁者博施济众，儒生后乐先忧。天下有溺，虽□□汝之（一行）责，巨川利涉，当存由己之思。路甸以西，巴盘一带，白云野渡，间逢怒起。阳候绿树山村，岂乏径登彼岸？愁人荻花，风雨（二行）何处问渔郎，匝地野水烟波，谁为招舟？予加以晓寒春歇，晚日欲斜。既不能摘芦渡江，又宁免褰裳涉溱，用是当难□（三行）。己敢不善，与众同造舟为梁，御冬宜夏。捐资有限，不过省一掷之金；为益无穷，早已胜千佛之会。驾中流一叶，风送慈（四行）航；过溪涧小桥，霜留客迹。此时与济，仅予如斯。他日道援，又当别论（五行）。

立亭张珊撰文，光宇罗兴□书丹（六行）。

今将功德胪列于左（七行）：

张境捐小羊寨庄田租五斗，该价银十七两，年纳秋粮一升五合，永卖出租三斗，受价十两二，坐落舡房下扑至河边。张珊捐小羊寨庄田租一石，该价银三十七两，年纳秋粮三升五合，共二块，坐落舡房门沙滩外（八行）。

（略捐资姓名七至十五行不等，行十人，计七十四人，共捐银四十八两八钱）

董事：张福履、张炆、张珊、李□、罗发昆、李乾。

石匠：杨开宗、杨兴宗、杨荣宗、杨耀宗、杨成用。

〔据《宜良碑刻（增补本）·交通》第203页辑录。碑存宜良竹山乡小羊寨村公房。砂石质。碑高108cm，宽53cm，额高26cm，宽65cm，通高173cm。额题正书“盘江渡”，碑心右上横书右行“乾隆叁拾玖年叁月初四日”。盘江渡，亦名小羊渡，位于竹山乡（旧为路南辖地）小羊寨村西，系巴江（珠江水系南盘江支流）重要渡口，旧时以木船摆渡，路南（今石林）、弥勒商贾士庶多有经此，过团山，达狗街、宜良至省城昆明。〕

为开河有碍粮田贻患邻邑事碑记

特授澂江府河阳县正堂加三级纪录三次富、云南府宜良县正堂加三级纪录三次素、云南府正堂加三级纪录六次永、澂江府正堂加三级纪录三次孟，为开河有碍粮田贻患邻邑等事。乾隆三十九年九月初二日奉（一行）宪牌，乾隆三十九年八月十二日奉（二行）云南等处承宣布政使司布政使加六记纪录六次王宪牌，乾隆三十九年正月二十三日奉（三行）太子太保兵部尚书总督云贵部堂彰批，仰云南布政司会同粮储迤东二道查明，妥议详报。

又奉（四行）兵部侍郎巡抚云南部院李批，司会道饬行云、澄二府率同宜、河二县亲往确勘，秉公妥议详报。去后，兹据云南府知府永、澂江府知府孟，率同宜（五行）良县知县素、河阳县知县富等，勘明河阳县属炒甸草海积水，向由落水硐泻入杨（阳）宗海，因久不疏浚，硐路阻塞，水难宣泻。今于龙池村明沟泻（六行）入宜良之狮子箐，归于文公河。第文公河身浅狭，不能容泄，宜邑田厘必致为害。乾隆十五年，草海水涨，该处居民曾于龙池村地方开沟，引由狮子（七行）箐出水，泻归文公河，以致宣泄不及，水溢宜城，沿河田地房屋遍遭湮没。经前任云、澂二府批示，永行禁止开沟有案，未便利小失大，请将杨万化等（八行）在龙池村开沟泻水之处勒石永禁，无许再行滋讼。责令四村民人集力挑挖，疏通落水硐，以资宣泄，毋再畏难苟安，因循自误。等情。录供议详前来（九行），本司道复查。田亩被淹，开沟泄水，固属农功要务，但须开改得宜，彼此相安，方免争讼。今河阳县属之炒甸草海积水，漫溢附近前卫等四村，田亩被（十行）水浸淹，杨万化等不疏浚向来泻水之落水硐，使积水畅流归汇杨宗海，乃请于龙池村置田开沟，泻入宜良之文公河，而文公河身浅狭，难以容泻（十一行），势必殃及宜民，利小害大，实多未便。应如该府等所议，令勒石永禁，毋许再行开挖，以杜讼端。杨万化、杨万育、杨学海、王宽等违禁开沟，缘水淹情切（十二行），武生马国骧讯非多事，河阳县差役余有章催取遵依，系该县富令所差，并无串结情事。应如该府等所议，请免置议马国骧衣顶，并免斥革。龙池村（十三行）开沟现请禁止，所需沟路、田价及开挖工费，亦可毋庸估报。是否如斯，相应具详，呈请（十四行）宪台查核批示，以俾饬遵等因。奉（十五行）署理云贵总督部堂觉罗图批：据详已悉。

又奉（十六行）巡抚云南部院李批：既据勘明河阳县草海积水，向由落水硐宣泄，前卫等村民人因旧道阻塞，于龙池村开沟有碍宜民田土，致相构讼，仰即照议饬（十七行）禁，仍令集力挑挖，俾落水硐疏通畅流，保护田畴，以复旧规。余均如详，免其置议等因。奉此，合就饬行。为此，仰府官吏即便转饬宜良县会同河阳县（十八行）查照，由龙池村开沟引泻之处勒石永禁，毋许再行开挖，以杜讼端。余照详看，遵行在案。龙池村士民人等遵奉勒石，永禁开挖，以垂久远（十九行）。

岁进士候选儒学窦维绚书。

（略六行姓名）

合村仝立。

大清乾隆四十年岁次乙未孟秋月吉旦石匠宗贤刊。

〔据《宜良碑刻（增补本）·水利》第36页辑录。碑存宜良草甸龙池村关圣宫正殿外东墙。青石质。碑额高37cm，碑通高240cm，宽98cm。额题篆书阴刻“永远碑记”。该碑及《恒公河碑记》皆记叙清乾隆十五年（1750年）至道光二十年（1840年）间，河阳县（今澂江县）属草海周边前卫、后所、秧田、黄泥等四村与草海出水口处龙池村及宜良县的一段水患历史公案。时间持续近百年，最后在督府县三级共同调停下得以妥善处置。〕

重修龙江露桥碑记

吴　楷

龙江桥，创自前明弘治年间兵备赵公炯，寻废。嘉靖辛卯，兵备潘公润重建，以铁缆系之，志载《祭江文》，传颂士林。在今桥之上流二里，遗迹犹存，为旧路。嗣于万历二十八年，州牧郑人和以形家言议，改罗武塘通乱箐哨，为新路。三十一年，桥圮。四十一年，州牧李之仁以直使毛公、观察李公之命，建桥于木瓜寨壶瓶口，亦为新路，由山心通潞江渡，兵备童公彦为作《募疏》，具载旧《志》。嗣后兴废移置，莫可详考。

康熙三十七年桥毁于火，唐公翰弼来牧是州，仍定于壶瓶口，往来称便。有协镇张友凤，率弁属设塘卡于桥之左方，严汛守。后于四十五年，桥复圮，行者以小舟渡。至雍正二年，协镇孙宏本擢永顺镇，与永昌府林公世俊相地，复建于此，邮传改由分水岭。三韩杨公之盛曾记其事。乾隆三十三年正月朔二日，桥焚。军事正兴，署州事唐思率绅士昼夜修筑，以李让桥田租所入并公捐讫工具报上官，以绅士李承恩、张大成、陆嘉品、段敏才、李基圣、王修六人急公奖励。时果毅公副将军阿里衮、巡抚明德方驻腾，请发帑修理腾越桥梁道路。于是，龙江露桥之名上达宸听。今卷宗具在，有添大铁链二十，令垂永远之檄。值军需扰攘，前州蒋公曰杞未暇如式修治，时论惜之。

余于三十五年六月来治州事，询之父老，知桥身连络止有铁链四匹，半系毁，余并唐任添造者。余曾小加粉饰，题额“肃观”。忽忽已十年，今秋九月朔，余上永昌，经是桥，震撼神悸，大惧斯桥之就倾。命绅士陆自泰、王俨以积年租入余息，鸠工庀材。铁冶土木之工毕具，令紧束铁链十四，复新增二介其中，用厚板加阔，密铺重钉，绕以围栏，坚致砥平。又于桥之左首，翼小楼三楹，以为览眺之所。十月十三日，余自永回，则工已落成，作文祭江而过。既嘉绅士之竭力，并嘉此桥之坚固，几与澜沧之霁虹相上下。江神庙貌，道路阶级，焕如翼如。绅士等请为记其事，因为叙述建桥始末。

是役，经费皆取桥租所入。桥租田坐落喇里花家寨，岁纳河六甲粮四石六斗，年收租一千二十六箩，系善士李让所置，施入桥所，岁择缙绅之正直有身家者迭掌之，官为稽核。近又以所余息，置买靖十甲田一段，坐落缅箐下村，纳租一百箩，例得附书。

乾隆四十一年小春月记。

〔据屠述濂纂修乾隆《腾越州志》（《中国地理集成·云南府县志辑39》，凤凰出版社2009年影印本，下同）卷十三《记载下·记》第15页辑录。吴楷，字式斋，江阴人，进士。清乾隆二十八年（1763年）来滇，历署永平令、永昌同知、弥勒牧，补易门令。三十五年（1770年）升腾越知州，干练精细有设施。戎马倥偬时，仍留心于考核，著有《腾越州志稿》。四十四年（1779年）丁忧去，旧志祀《名宦》。龙江桥修建始末，可参明潘润《重建龙江桥祭文》、徐泰《重建龙川江桥记》及清唐翰弼《重建龙川江壶瓶口桥碑》、张大成《重建龙江桥记》等文，见前。此记题名，《永昌府文征·文录》卷十一《清二》作“重修龙川江露桥碑记”。《云南金石目略初稿》卷三第36页题录：“《重修龙江露桥碑记》，吴楷撰，乾隆四十一年，在腾冲县龙川江，见《腾越金石目》。”〕

重修社稷风雨雷云坛碑记

吴 楷

出城西二里，为小西地，昔建社稷坛于此。土阜一区，遇春秋祭日，胥吏用纸书神位，祝号不文，拜跪无所，秽亵殊甚。余惟社稷风雨雷云之神，载于典礼，列诸令甲①，自《周礼》崇祀社稷、风雨，领于宗伯之官。社稷自天子之都，至于国里，通得祭。风雨之师，唐以来诸郡皆祀之。雷师起于唐天宝间，与雨师同坛。云师则自前明，合雷雨共为坛。今郡县祀典，自文武庙祀外，惟此为古礼所存。顾坛壝分合之制，自来无究心及之者。盲风暴雨，云变雷驰，黍稷不馨，社土不飨，其咎不在于此欤?

余治腾七载，凡有关正祀坛庙，亦既次第兴修。谨按古礼及朱子之说，因旧址扩而大之，画为四坛。东社、西稷居前，风伯、雨师、雷师、云师居后。少却，节三成为三级，变通壝之制，列于坛四方。前二坛皆方二丈五尺，崇二尺有奇。后二坛方一丈六尺五寸，崇尺六寸有奇。壝筑坛之四方，视坛身尺寸倍之，虚其左右，前临级，便献礼，从其简也。社稷、风各有主，雨、雷、云共一主，皆崇二尺五寸，剡其上，倍其下，半用石镌其位，置坛之后，壁南向，视壝稍穹，昭其敬也。四坛外筑土墙围之，丹其墙。坛南为门栅，立斋房于左右厢，为文武官斋戒所。外复立大门，严严翼翼，不侈不僭。

是役也，经始于丁未②八月秋祭日，讫工于十月朔日。计经费不过三百，用民力不过九旬。举百年废坠缺略之典，忽焕乎其改观，秩然其有制。于以上妥神灵，下遂民生，诚足以感阴阳而召和气。又恐日久荒芜，视为无足重轻之祀，爰为志其筑坛本义及营建岁月，刻石以告来者。

〔据乾隆《腾越州志》卷十三《记载下·记》第13页辑录。风云雷雨坛，清乾隆四十二年（1777年）知州吴楷建于社稷坛内，仿朱子议筑坛。此记记述筑坛本义、营建时间，目的是上妥神灵，下遂民生。另见民国《腾冲县志稿》卷七下第三《舆地二·坛庙》第111页。〕

---

① 甲 光绪《腾越厅志稿》卷十七《艺文志·记》作“典”。

② 丁未 光绪《腾越厅志稿》卷十七《艺文志·记》作“丁酉”。

鹿城西紫溪山封山护持龙泉碑序

在昔周礼，土木水草之资，必深为谋之，而不惜委曲护持之力者。盖谓一年种谷，所以养生济物也；十年栽松，所以为栋梁，古圣之厥有成规矣。

所谓紫溪山，乃楚郡之发脉，所以护持者，已培风水，尤为扼要。若山若水，系关国赋，如公山大龙箐，水所从出，属在田亩，无不有资于灌溉。是所需者在水，而所以保水之兴旺不竭者，则在林木之荫翳，树木之茂盛，然后龙脉旺相，泉水汪洋。近因砍伐不时，挖掘罔恤，以至树木伤残，龙水细涸。俟后来，合郡丛林寺院，栋梁难已采办，上下各村，无数田亩救护。僧俗同议立石，共相护持，凡龙箐公山，勿容妄为砍伐。在俗，存爱惜之民，培养合郡来脉之胜地；在僧，尽樽节之道，蓄源泉以流腾。俗以谕僧，勿蹈前辄；僧以劝俗，益加栽培。遵约，则佛地人天，共成善果；背约，则私惩公断，难免纠绳。所幸在俗檀越，与僧同共，勒石永垂。嗣是而后，诚有不得擅为砍伐者，栽培久之，则丛林自尔幽邃，龙泉亦必汪洋，养生取材，收不可胜食、不可胜用之效。又况龙脉风水于兹而更盛也。爰勒之石以为碑记，自立之后，如有违犯砍伐者，众处银五两，米一石，罚入公，以栽培风水。合郡龙脉之山，永远为记。

寂光寺、紫云寺、紫溪庵、源淙楼、福星庵、等雨庵、竣卓庵、普贤寺、中华庵、朝阳寺、中峰庵、法云寺、云台庵、真宁庵、显法林、松霞林、法藏寺、大紫溪、九族河、日乐村、阿补良、朵基村、木兰村、彭家村、干家箐。

乾隆四十六年岁次辛丑孟夏二十四日。

僧俗人等上下各村同立石。

〔据《楚雄历代碑刻》第301页辑录。碑立楚雄市紫溪山南麓紫金村公所内。砂石质。高120厘米，宽52厘米，直行楷书，20行，行30字。清乾隆四十六年（1781年）由楚雄紫溪山东南麓之寂光寺等17座寺庵和大紫溪等8个村庄之僧俗民众同立的乡规民约，指出封山育林、保护水源、灌溉农田的重要性，规定如有违犯砍伐者，罚银米入公，栽培风水。〕

严禁残颓桥梁碑

署大理府云龙州正堂加三级纪录六次记功二十三次沈，为请示严禁残颓桥梁，以济行（一行）人事。据顺荡灶户等禀称：顺井有板桥一架，历今百有余年，以利领发（二行）盐斤，及来往行人之要。竟有脚户牲口歇宿其上，致桥易于颓坏。适于洪水陡（三行）发，运盐者隔路，贸易者阻道。众井等复行募化，纠工派费修葺。脚户等毫不顾惜，仍歇（四行）桥上，伏乞州主赏示严禁等情。据此，合行出示，仰塘兵乡保人等知悉。嗣后来往（五行）牲口，不得留宿桥上，及牲口过桥，务须按骑逐放。倘敢故违，立即扭解赴州，以凭从重严禁（六行），讯究不贷，各宜凛遵毋违。特示（七行）。

乾隆四十七年正月癸巳日合灶立（八行）。

〔据《大理丛书·金石篇》卷三《碑刻、摩崖、器物铭文三》第1254页辑录。碑存大理云龙县。高118cm，宽66cm。碑首横刻“永禁遵守”。直行楷书。文8行，行27－35字。〕

太和龙尾甸新开水利记

太和龙尾甸新开水利记（一行）

叶榆枕苍山，襟洱海，郡治中溪。以北为溪十一，迤南为溪六，合十八溪。自上而下，田亩咸资灌溉。由阳南（二行）而南，为龙尾甸，前后计亩二千有奇，十八溪之水所不到，仅取注于将军庙涧，田多水少，半付蒿莱。余自（三行）己亥秋承乏兹土，兼管云龙州属之大功、白羊二厂，取道合江，于练场铺右顾，遥望对山，溅珠飞瀑，泻出（四行）两峰，直循海尾而下。询之，乃响水箐也。喟然叹曰：天施地生，其益无方，安得祝使逆流，以济我龙尾甸乎（五行）！随以移牧邓川，未果。越辛丑秋，还，士民遮道以请曰：公任邓未期，筑长堤，开大河，涸出良田万余亩，不动（六行）声色，而民庆更生，其何以苏我？爰偕父老，遵山陬，寻箐而憩，议所以沟之。佥以箐处下游，且地多浮沙，渗（七行）漏淤塞为难。乃相其高下，随山凸凹，启土开沟，伐石为槽，会涧而止。计长一千九百七十弓，石甃者过半（八行）。捐俸为倡，余以赀力续。兴工于壬寅仲春，越三月蒇事。复为定章程，俾善后。由是水源分道，汇注青畴，向（九行）患涓滴不足者，今且有余沥矣。据摭颠末，白（十行）上官会疏入（十一行）告。岁庆有秋，诸士民乃登堂请记，以告来者。余谢曰：此令职也，何记为？然余因之有感焉。此水之弃于箐，与（十二行）今之会夫涧，其有益无益，既判然矣。知有益而善用之，利及数十世。反是则害，若辈亦知之矣。今夫天心（十三行）仁爱，欲人人各得其所。然必稼穑而后有食，蚕桑而后有衣。时礼树畜，而后养生送死无恨，要莫非取益（十四行）于造物之自然者。党庠术序之设，以人治人，亦只益之，而非创之也。以视导水而收其利，有以异乎？且夫（十五行）业荒于嬉，功败垂成，席素封之产，一旦骄惰生心，不念作者劳，守者苦，而乃狼藉之，耗蠹之，曾几何时，丰（十六行）啬改观矣。子弟承教，可望有成。或暴弃自甘，业废半途，功亏一篑，则秀顽殊致矣。以视导水而计长久，有（十七行）以异乎？故益之。取象始于利用，协占终于无恒，垂戒君子，观于水可以鉴矣。我士民尚勉旃哉！庶而富，富（十八行）而教，先民有言，余将于是役有后望焉。区区疏凿，不过山下出泉，导予先路。若云食德饮和，贪天功以为（十九行）己力，余滋愧矣。事宜悉载碑阴，是为记（二十行）。

乾隆四十七年十一月日知太和县事湘乡王孝治撰（二十一行）。

大理府太和县贡生苏云望、赵公禄、段绣，生员李让、马润、苏霖望，耆民何国栋、张斗、赵公旦、杨孔昭、杨晖、李旭等仝立（二十二行）。

〔据《大理丛书·金石篇》卷三《碑刻、摩崖、器物铭文三》第1256页辑录。碑存大理市下关龙尾街。高165cm，宽95cm。直行楷书。文22行，行5－40字。〕

重修大波浪桥碑记

重修大波浪桥碑记（一行）

从来桥梁之设，原通往来，况其为厂课攸关者乎。今（二行）此桥自前任厂主邓公起建，至王大老爷兼理（三行）厂务，上忠国课，下利民生，捐资重修，洵称义举。蒙（四行）州主许大老爷捐俸乐施，并谕里民协力行工，是以（五行）劝首阿风朝、杨永癸等合志劝勷而焕然一新，以永垂不朽云（六行）。

原任大理府太和县正堂兼理厂务王大老爷（七行），赐进士出身奉直大夫云龙州正堂许大老爷功德碑（八行）。

白羊厂课长金三品捐三十两，大功厂课长刘子孝捐五十两，金泉井贡生段之昆二两，白石里杨纯祖五两、杨顺得来九两，白羊合铺捐□十二千四（九行）。

客长李正轧十两，马琏十两，许□三三十两，李名扬十两，侯君彩五两，任太元二十两，甘清诚五两，施占元五两，夏德晓四两，苏凤玉四两，徐万全四两，关世贤四两，唐文仲四两，许从元二两，何国勋二两，刘世富三两，杨瑞三两，甘全三两，李正富二两，曾贵宝一两五分，甘□一两，甘国贤一两，黄宗孔一两五，沈荣一两，范文藻一两，杨润五分，唐文乐三两。王坤先二两，陈大本二两，董崙五两（十行）。

云龙州儒学生员杨继世书。

木匠杨文庆、石匠杨卜美（十一行）。

乾隆四十九年仲冬月吉旦（十二行）。

〔据《大理丛书·金石篇》卷五续编《碑刻、摩崖、器物铭文》第2684页辑录。碑立于云龙县长新乡包罗村通京桥。红砂石质。高160cm，宽65cm，碑头刻“王政济人”。碑文直行书写，楷书阴刻，文12行，行8－58字。为重修大波浪桥的功德碑。〕

富村坱泽河建桥碑记

唐　典

今夫欲垂久远之谋者，其见地宜高，其因势取材尤宜当。苟明知任重致远者，于其前而舍而弗用，无（一行）怪乎？千金之费，每付波流也，如坱泽河桥可睹矣。夫泽河宜桥，岂缓固哉！缘两岸夙产铅砂，开采供铸（二行），百奇年于兹矣。运驼由此而便，远近攸往必经，虽非通邑，大都要亦两厂咽喉之地，往来关键之区，而（三行）桥之不容以已也，故修建者代不乏人，而费亦不知凡几，惜皆不能坚稳而垂久。几经年、几数月，至稳（四行）者不过数年，鲜有不被波冲者。继用舟济覆溺，尤为堪伤。嗟乎！何其操督频劳而利济维艰也！果地利（五行）之难得欤？抑其见未高、取材未当焉耳。吾观夫泽河险壮，穷崖绝壁，断岸千尺，既河隘而波急，亦山堪（六行）而溪漻。苟非高梁，何能通山川之气，避汹涌之涛，以镇立无虞也。夫桥宜高则其礅耸，何幸天驱大（七行）石，盘然中流，因势利辇，允堪抵柱。一切所谓任重远以垂久安者，舍此不能。

兹两厂缘善，具双眼以取（八行）材，为此桥独开生面，倡众擎以共举，为往来蠲灭顶之伤。工起于癸卯仲夏，越甲辰春而梁成，并盘石（九行）开道，约费二千金。余功甫就，适得新任熊邑侯因公径临，见规模高固，捐俸乐襄，且欣然谓众曰：是（十行）桥既成，率愿者如入山阴道中，明知人精力锐，亦须诧异惊神，事半功倍，不可谓非大石之力与用大（十一行）石者之智也。然此石乃众所习见，胡早不之用而取其材也？又安怪前此桥之不固，而地势之不利也（十二行）哉？兹祗惧木力脆柔，未免风霜剥蚀，后之人葺而修之，庶斯桥之代不朽也（十三行）。

特授曲靖府正堂楚南庠生唐典撰书。

署理罗平州正堂盛老厂寿佛寺住持僧朗贤讳性照募建，徒光纶，孙海纶。

特授平彝县正堂熊捐俸一百五十两。

信士黄学圣捐银一百两，室人曹氏捐银十三两。信士唐胜玉捐银七十两。信士郁文凤捐银五十两零二钱。信士曹光祖捐银三十六两。信士段世臣捐银三十两。信士曹良才捐银二十两。

信士乐代庆、曹光贤、袁汉臣、郁文龙、黄献珍各捐银二十两、二十两、十五两、十五两、十五两。

老厂众案棹捐银十二两。

立 达　　　　李志华
石匠　邹□海　等　　木匠　　　　等
富 振　　　　杨素新

〔据《曲靖石刻》第135页辑录。碑现存富源县富村乡与罗平县富乐镇交界处的块泽河桥上。高160cm，宽78cm。文13行，行39字，计397字。碑首刻“悠久无疆”。楷书，阴刻左行。正文后为捐俸银两人员及数额、工匠人员。块泽桥，工起于清乾隆四十九年（1784年）仲夏，竣工于五十一年（1786年）。记载富源、罗平交界的块泽河两岸的交通艰险状况和当地民众建桥激情，为研究当地矿产资源、交通运输的珍贵史料。〕

永泉海塘碑记

天一生水，地六成之。是水原于天而毓于地，屯则为海，流则为河。吾乡地居僻壤，犹幸在（一行）村之西北有三木阱水与邻村轮放，而西北之田地，燥者得其润，湿者得其浸，丰收有赖（二行），人物咸熙，国赋可偿，皆得水之力。独东南之田地，虽有五里坡后之细流，惜其所济无几（三行），亦只灌溉回汉三村正二三月之秧母，而吾乡之苦于东南者，每号叹于稼穑艰难之故（四行）。第豪杰举事，鲜藉亦兴，矧势可明乘，岂甘为瓠瓜哉！所以乾隆十二年，有李文光为首而（五行）统合村妥议，有黑泥阱可以搬作海塘，岂不有益吾乡哉！所以少长咸集，询之此而曰唯（六行）唯，询之彼而曰诺诺，众口一词。于是同心同意，捐金出米不惜其资，做工勤劳不吝其力，（七行）不四年之功而海塘成焉。自春而夏，而东南之禾稻，不虑其丰收。自是而人物之恬熙，国（八行）赋之输纳，均沾水泽之功。尤幸前人所肇造，原为后人所师资，是贵遵寻焉，垂久也。但不（九行）邀其原无以知始，不究其极无以晓其终，有是泽必有是贻，不为之严其防则必为之悔（十行）。其后恐时势之迁移，人心之变态，强者无水而有水，弱者有水而无水，思患预防而为人（十一行）心，惟其患以定规制。每年自清明后，修沟开放海水，或秉公公放，自远而近，或照分数分（十二行）放。设坝长二人，放水一分，只得将各沟应通，令近者方开水口。凡寻沟分水公平，不容恃（十三行）强者截挖。如若徇情不公，连坝长恃强之人，一概公罚以修海垦。又递年至八月十六日（十四行），收集海水，责在坝长，若推诿疏忽，更听赔罚，切勿怨言。爰是为序。今将所出银米开于后（十五行）：

一户李文光为首，水贰分，系李鹏掌管。一户李诠，出银六两、米六斗、工贰百，着水贰分。一户李文科，出银三两、米三斗、工壹百，着水乙分（十六行）。

一户李灿，出银三两、米三斗、工壹百，着水乙分。一户李文棠，出银三两、米三斗、工乙百，着水壹分。一户李兴，出银三两、米三斗、工壹百，着水乙分（十七行）。

一户李凌云，出银四两五、米四斗五、工壹百五，着水分半。一户李杞，出银三两、米三斗、工乙百，着水壹分。一户李茂，出银三两、米三斗、工壹百，着水乙分（十八行）。

一户李登云，出银四两五、米四斗五、工壹百五，着水分半。一户李腾云，出银三两、米三斗、工乙百，着水壹分。一户李文玉，出银三两、米三斗、工壹百，着水乙分（十九行）。

一户李发，出银三两、米三斗、工壹百，着水乙分。一户李世第，出银三两、米三斗、工乙百，着水壹分。一户张朝选，出银三两、米三斗、工壹百，着水乙分（二十行）。

一户张元，出银四两五、米四斗五、工乙百五，着水分半。一户张应光，出银乙两五、米乙斗五、工五十，着水半分。一户李春、李世茂，出银三两、米三斗、工乙百，着水乙分（二十一行）。

一户张贵，出银三两、米三斗、工乙百，着水乙分。一户张显光，出银乙两五、米乙斗五、工五十，着水半分。一户张美，出银三两、米三斗、工乙百，着水乙分。一户张富，出银乙两五、米乙斗五、工五十，着水半分（二十二行）。

乾隆五十五年桂月吉旦，天水郡庠生杨鹤鸣题，乐生李位书。

乡长张显光，里民李世英，老人李凌云、李世禄、李诠、李学圣、李朋、张明光匹工仝勒石。

〔据弥渡县图书馆藏拓片辑录。碑现存大理弥渡县新街镇上马营村观音寺南墙壁上，保存完好。青石质。高103cm，宽60cm。正文15行，行35字，后7行为乡民捐银米工具体姓名、数目等情，共963字。竖行楷书。记载上马营村为解决农田用水，集资兴修水利的经过。〕

响水沟碑记（之一）

乾隆四十七年壬寅季冬吉旦（一行），署云南府宜良县正堂加五级纪录六次苏，为（二行）陈请赏示勒石以垂永久事。乾隆四十六年九月十八日，据属士民李旭、李文藻、杨贵、王尧鼎、李得才、蔡加相、罗士龙、罗万章、白玉成、方在智、吕经、杨占理、官尚显、李田、王光侯、李茂（三行）、罗士珍、方显荣、李昂、张联科、李伯才等具禀前事，禀称："情缘士民等乡村有响水沟一道，灌溉路南、陆凉、宜良三属田亩，源流约有三十余里。自〔乾隆〕三十二年工竣至今，田亩受利甚著，但（四行）未经请示勒石立定章程，恐将来沟道遇有坍塌，彼此推诿，是以本来七月内叙情，分禀陆凉、路南二州主，俱蒙给示勒石。仰恳（五行）天星亦给明示，以便勒石遵守，并请赏给沟首水利匾二，以示鼓励。"等情。据此，除批示外，合行给示。为此示，仰蔡家营等村沟首水利，以及得济士民人等知悉。嗣后凡有沟道坍塌，多需（六行）按照得济田亩多寡，共同出夫修筑，勿得观望延挨，彼此推诿。倘有特符恃强不行出夫修筑者，许该管沟首水利查勘具禀，以凭提究，各宜凛遵毋违。特示（七行）

示给响水沟沟首水利人等永远遵守（八行）。

乾隆四十六年十二月日示（九行）。

告示（十行）

今将响水沟上下七村公议修筑沟坝长短丈尺数目开后（十一行）。

计开（十二行）：

车田分得龙口第一截，上自龙口起，下至小龙潭上；又一截自桥房过枧下起，至大村界限止（十三行）；

大村分得龙口第二截，上自小龙潭起，下至钱姓麦地止；又一截自大村界限起，至蔡家营涵洞止（十四行）；

蔡家营分得龙口第三截，上自钱姓麦地起，下至小沙枧石咀止；又一截至蔡家营涵洞起，至蔡恒生田头止（十五行）；

中村分得龙口第四截，上自小沙枧石咀起，下至摆夷村界限止；又一截自蔡恒生田头起，至本村石岩头止（十六行）；

摆夷村分得龙口第五截，上自摆夷村界限起，下至新村界限止；又一截自中村石岩头起，至新村界限止（十七行）；

新村分得龙口第六截，上自新村界限起，下至杨贵田止；又一截自新村界限起，至前所界限止（十八行）；

前所分得龙口第七截，上自杨贵田起，下至桥房过枧止；又一截自前所界限起，至李晃大田止（十九行）；

上前所军田未曾分沟（二十行）。

以上七村，上自沟口，下至沟尾，每村均分二截。上七截每田一工，分沟四尺六寸；下七截每田一工，分沟六尺四寸，俱系按田多寡量定尺寸，立清界限，不得更移。至于响水大坝（二十一行）、蔡家营小坝、地枧、石块冲过枧、王音洞石岸、羊卷洞过枧、中村石岸、小里沟过枧，系七村公办，不得推诿（二十二行）。

至于七村水利，务需上下不时巡查，恐有坍塌淤阻，即按田亩派夫修筑。如有推诿不前，因循怠玩者，沟首禀官究治；如有人夫抗拗者，水利亦指名赴官（二十三行）。

车田水利：王尧侯、王希尧、龚淳、王琰（二十四行）。

大村水利：李茂、蔡琼、蔡全、何显堂（二十五行）。

蔡家营水利：罗士珍、蔡胜朝、蔡允中、蔡荣祖（二十六行）。

中村水利：白天贵、方发科、周起（二十七行）。

摆夷村水利：周阳甫、李有先、舒发甲、蔡显祖（二十八行）。

新村水利：李沛、张焕、李槐（二十九行）。

前所水利：李伯才、杨槐、赵莲升（三十行）。

公议监管大坝、龙口水利：李希颜、仕家骐（三十一行）。

公议上下巡查沟道、催收上前所军田水租水利：龙云淳、李伯才、王琰、蔡全、何显堂、蔡允中、蔡荣祖、舒发甲。以上十人务宜尽心协办，勿得怠情偷安，如违，赴官惩处（三十二行）。

龙飞乾隆四十七年岁次壬寅季冬月吉旦，八村沟首水利田户人等暨石工阮全立（三十三行）。

〔据《宜良碑刻（增补本）·水利》第49页辑录。原碑无名及序号，系编者所拟加。青石质。额高57cm，宽97cm。碑身高135cm，宽69cm。额题刻“功垂万世”。响水沟碑共三通，碑记一、二详细记载开沟工程始末、保养维修、任务分配、经费筹集、用水规章、管理制度、管理组织等；碑记三则对自乾隆十七年（1752年）兴工至乾隆五十五年（1790年）共38年间所有银两费用作一总的结算公布，并将所有开沟底册、文券、单账、簿子当众焚化销毁等情翔实记载。三通碑均完好保存于宜良北古城镇蔡营村土主庙正殿东墙。〕

响水沟碑记（之二）

特授澂江府路南州正堂加三级记录十次褚，为（一行）陈恳勒石以垂永久事。乾隆四十六年十二月初三日，据民乡士民李恒、李文藻、李德才、罗士龙、罗万章、蔡加相、杨贵、王尧鼎、白玉成、方尚贤、杨占礼、吕经、官尚显、杨沛，水利罗士珍、王尧侯（二行）、李伯才、李霈、白天贵、周阳甫、李茂、任家骐等禀称：“响水坝水沟一道，有济田亩，现有沟首水利不时疏通，得以田亩及时灌溉。特恐相延日久，众心不一，难免淤塞之虞，为此具恳勒石，赏（三行）悬匾额，发给执照，以示遵行。”等情。据此卷查，响水坝原系自响水石山嘴修筑拦河鱼鳞石坝，顺赤江南岸开挖至王音洞，拨石岸至车田，下大村、蔡家营，由糯米庄小河内打坝，绕至中村（四行）石岩，劈凿沟路，开挖至摆夷村、新村及上下前所引水归沟，遇有水旱，庶可相济，三属八村田亩禾苗藉以滋长，农民咸望丰收。本州念切民瘼，水利最关紧要，三属士民人心不一，此（五行）勤彼惰，以致沟坝淤塞冲圮，所关匪小，除给匾并发沟首执照外，合行勒石。为此示，仰该处士民人等遵照。嗣后，所有三属，同筑石坝二道，石枧四座，遇有倾塌，即须即时修葺，其属各得（六行）济田亩之水道，亦宜于水涸之时，上视修浚，务使水道畅流，田亩有济，慎勿互相推诿，致碍农事。如有该处田户人等，偷安玩误，许即赴州禀报，以凭究治，各宜凛遵勿违。特勒碑示（七行）。

乾隆四十六年十二月　日示发响水坝勒石晓谕（八行）。

乾隆四十七年壬寅冬月吉旦。

从来良田资乎水润，而道水端赖夫人工。陆平之西，匡城之北，有河一道，名曰赤江。发源于曲靖，由霑益、马龙而道之，始（九行）出陆良、路南、宜良等处地方，其源盖亦远矣。夫源之远者，流自斯巨流，可置之无用地乎？爰有路南州主张，下勘獐子沟，睹此流水，面谕车田、大村、蔡家营、中村、摆夷村、新村、上下前所八村士民三十余人，筑坝开沟，引水灌田。士民等于乾隆十七年（十行）五月初六日公议，禀请上宪自响水开挖一沟，捐金浚筑，约长卅余里。由是八村田亩咸资灌溉，利诚普也。至二十一年，蒙路南州主张、陆凉州主包、宜良县主张，公同踏勘（十一行），业经给照水利，不时巡查，至三十二年功成告竣，灌溉田亩四千余工，共去公本银五仟六百六十余金，利银在外。又虑日久年湮，人心懈怠，恐废前修，复于四十六年五月由八村公议，禀（十二行）路南州主褚、陆凉州主刘、宜良县主苏，蒙恩通行给示，赏给沟首水利，遵照匾式镌之于石，以垂永久。众等宜同心协力，依照奉行，庶田亩常资灌溉，士民永享乐利之休矣。此序（十三行）。

今将乾隆十七年开沟认捐工本银两开后（十四行）：

车田盛士伟捐银贰拾两，王经捐银贰拾两，杨明泰捐银贰拾两，周士甲捐银贰拾两（十五行）；

大村李德才捐银壹佰两，蔡雄生捐银肆拾两，蔡加相捐银叁拾两，蔡加瑞捐银叁拾两（十六行）；

蔡家营罗春贵捐银叁拾两，罗发甲捐银肆拾两，罗发轫捐银陆拾两，罗之荣捐银贰拾两，路云程捐银叁拾两，蔡秀生捐银贰拾两。

以上三村工本自捐（十七行）。

中村白元有、方在智、白声有、方在义同合村捐银贰佰两（十八行）。

摆夷村李文灿、吕齐封、吴国顺、洪惠同合村捐银贰佰两（十九行）。

新村李沆、李文灿、李文照捐银贰佰两（二十行）。

前所杨映元、李增、李经、官尚显、赵珍、李起文、段文科、李起林、赵天华、李伯才、赵荣、李文龙同合村捐银贰佰两。

以上四村工本（二十一行）按田亩。

借过路南州社谷叁百肆拾五京石，借过宜良县社谷陆百京石（二十二行）；借过义太公租银贰佰两，借过刘琮银叁佰两，借过李晖银壹佰两（二十三行）。借过马体坤银贰佰两，借过李琼银壹佰两，借过罗发轫银陆拾两（二十四行）。借过杨占礼银叁佰肆拾两。以上所借银两，当众算明，俱已本利还清，嗣后恐有文约不清，系是故币（二十五行）。

二十九年，车田、大村、蔡家营、中村、摆夷村、新村等六村，每田壹工捐谷一斗，卖钱壹佰陆拾叁文。三十年上三村每田壹工又捐谷壹斗，卖钱贰百肆拾文（二十六行）。

云南府宜良县儒学庠生张预庆撰并书（二十七行）。

乾隆十七年董事士民罗发甲、李沆、李文灿等卅六人（以下略姓名 36 人）同立（二十八行）。

龙飞乾隆四十七年八村岁在壬寅冬月吉旦。

沟首水利石师阮大名、木师周阳。

〔据《宜良碑刻（增补本）·水利》第 54 页辑录。碑存北古城镇蔡营村土主庙正殿东墙。青石质。额高 60cm，宽 98cm。碑身高 135cm，宽 74cm。额题刻“千古常昭”。张大森，清乾隆十六年（1751 年）任宜良县令，撰有《学宫帮祭卷金碑记》《徐氏捐乡试卷金学田碑记》《重修南关土主庙碑记》。褚其章，长洲人，监生，清乾隆四十六年（1781 年）任路南知州。〕

响水沟碑记（之三）

特授云南临安府阿迷州、曲靖府陆凉州正堂加三级纪录六次刘，为（一行）恳恩给示勒石垂久事。照得农田先资水利，修浚必赖人工。查路属之蔡家营、车田、上前所，陆属之新村，宜属之大村、中村、摆夷村、下前所共八村。兹士民李旭、杨贵、罗士龙、万章（二行）、李得才、方在智、吕经、官尚显，水利罗士珍、王尧侯、李沛、龚淳、李希颜、李茂、方显荣、李伯才等禀称："乾隆十七年，奉（三行）上宪开挖响水一沟，约长三十余里，自乾隆十七年兴工，二十一年蒙陆凉、路南、宜良三州县主亲临踏勘，至三十二年功成告竣，灌溉八村田亩四千余工，共去工本银五千六百六十余金。今（四行）十载有余，士民等安享乐利之庥。又虑事世远年湮，后人无物触目，必不经心，复请给示，以同路南、宜良二州县主之示，勒石遵守，并请赏给水利沟首，遵照匾式，免当夫役，以□□门，士民等顿（五行）祝无暨。"等情。据此合行给示。为此示，给各村水利沟首遵照，不时巡查，但凡沟坝坍塌淤阻，即照田派夫修筑。倘有抗拗人夫，许尔等指名禀报，以凭拿究，决不姑宽。宁之慎之，毋违。特示（六行）。

乾隆四十六年十二月（七行）。

告示发给响水沟沟首水利勒石晓谕（八行）。

今将八村田亩捐收消除银两数目开后（九行）：

车田成熟田柒佰陆拾叁工，王音洞上下田五十五工，新改田叁拾肆工（十行）；

大村成熟田肆佰陆拾叁工，新改田叁拾工（十一行）；

蔡家营成熟田肆佰柒拾工，新改田壹佰叁拾工（十二行）；

以上三村共成熟田壹仟柒佰肆拾肆工，每工科银贰两贰钱，共科得银叁仟捌佰叁拾陆两捌钱；新改田壹佰玖拾肆工，每工科银叁两，科得银伍佰捌拾贰两（十三行）。

中村成熟田贰佰玖拾叁工，新改田捌拾工（十四行）；

摆夷村成熟田肆佰捌拾工，新改田捌拾工（十五行）；

新村成熟田伍佰肆拾捌工，新改田肆拾伍工（十六行）；

前所成熟田肆佰伍拾肆工，新改田壹佰陆拾陆工（十七行）；

以上四村成熟田壹仟柒佰柒拾伍工，每工科银贰两贰钱，科得银叁仟玖佰零伍两，新改田伍佰壹拾捌工，每工科银叁两，科得银壹仟伍佰伍拾肆两（十八行）。

上前所军田贰佰伍拾伍工，每工科银壹两陆钱，科得银肆佰零捌两（十九行）；

以上八村成熟、新改、军田三项共田肆仟肆佰捌拾陆工，共科得银壹万零贰佰捌拾伍两捌钱（二十行）。

又将十七年兴工至四十七年费用银两共同结算，历年销数开列于后（二十一行）。

计开（二十二行）：

上自响水龙口，下至前所约长三十余里，石坝、石沟、土沟、石岩、石岸、过枧、沙枧、地枧、涵洞、小坝，共费银伍仟陆佰陆拾余两（二十三行）。

七村田户，每成熟田壹工，上社谷三京斗，每工扣银叁钱，七村田户共扣银壹仟零伍拾伍两柒钱（二十四行）。

上三村下五村（二十五行）自二十二年至四十七年，沟坝、过枧、石岩、石岸修理共费银壹仟贰佰壹拾贰两捌钱，后又费银叁佰叁拾伍两柒钱（二十六行）。

施入王音洞功德银拾伍两肆钱；又成熟田柒工沟价，施入大河口舡桥功德银贰拾伍两（二十七行）。

蔡家营罗姓公田肆工，该银拾壹两贰钱，麦地两块，以补小河坝之资（二十八行）。

施入民和乡公所银九两，八村不认。高田伍拾工，平田伍拾工，共折银贰佰陆拾两，偿所借银数。去息银壹仟柒佰两（二十九行）。

八村公议，嗣后凡有花户改田者，沟首水利仝收沟价入公费用。其沟首有荒滩可改，沟价概免（三十行）。

乾隆五十二年，每田壹工捐银贰钱，八村田亩共捐得银捌佰玖拾柒两贰钱，修造小河坝地龙一道，发卷羊圈沟过枧一道，修补王音洞石岸，修补小黑沟过枧，此银俱已费清（三十一行）。

其李沆、李文灿二位沟首等，借当银两，其有亏欠，永作功德（三十二行）。自十七年至五十五年，所有开沟底册、文券、单账、簿子当众焚化（三十三行）。

龙飞乾隆五十五年仲春月吉旦八村沟首水利石师罗发富等同立（三十四行）。

〔据《宜良碑刻（增补本）·水利》第58页辑录。碑存宜良北古城镇蔡营村土主寺正殿东墙。青石质。额高57cm，宽100cm。碑身高135cm，宽75cm。额题刻“永垂不朽”四字。〕

三角塘碑记

特授云南府宜良县正堂加三级随带军功加一级纪录六次纪大功二次李，为遵（一行）谕议复事。案据南屯乡约刘昭协同原差具禀前事，禀称：“缘奉天星饬差押陈可贵等到公所公议，化（二行）鱼村人民帮补上伍等营谷石以作修沟，立即禀复，遵此但约等，即会同四村营公同妥议，令化鱼村人（三行）民每年与上伍等营谷三石，作岁修大龙洞沟道之用。至龙洞之水，俟秋末冬初之季，听化鱼村人民放（四行）入塘内积聚，以待秋夏二季，化鱼村放水灌田，上伍等营人民不得阻挠。原上伍、化鱼等四村历系五轮（五行）轮流分放，五日内化鱼村分放二日，上伍等三营分放三日，二比各放各水，永远不得抗谷（鼓）争竞，俱各允（六行）议，理合禀请查核，批示立案，四村营人民永远遵守，永息讼端。”等情。据此，查所议化鱼村每年帮三营岁（七行）修沟道谷三石，甚为公允，仰取具各结附卷以凭，给示立碑，永远遵守可也。除将此案缘由通详（八行）抚督院大人刘、富，既藩宪谭，粮宪永，本府罗俱批准到县，奉此，即饬承粘卷立案外，合行给示勒石。为此示（九行），仰上伍营、山上营、南大营、化鱼村人等知悉，嗣后尔等各按照旧规五日一轮，化鱼村放两日，三营放三（十行）日。三营三日之水，化鱼村不得阻挠；化鱼村两日之水，三营不得觊觎。各管各塘，各聚各水，均匀分放，毋（十一行）得恃强欺弱，致干法处。至于化鱼村借三营沟道放水聚塘，经众公议，每年帮三营谷三石，以作修沟之（十二行）费，如违差追。三营亦不得侵蚀，各宜凛遵毋违。特示遵（十三行）。

照给化鱼村民士刊石勒碑，永远遵守（十四行）。

云南省宜良县右堂督捕厅高（十五行）。

时请示开沟李鹤鸣、李朝相、李腾蛟、陈伦、方盈廷、李凤翥、李世勋（十六行）。

乾隆五十一年五月十六日合村士庶人等同立。

〔据《宜良碑刻（增补本）·水利》第62页辑录。碑存狗街镇化鱼村慈云寺右厢房。碑额高42cm，宽68cm。碑身高162cm，宽68cm，碑心宽56cm。额题刻“开沟引水遵照碑记”。〕

金家营义渡碑记

金家营义渡碑记（一行）

尝思山有村落，水隔长堤。若非舟楫，无以登彼岸，又何以（二行）升此堤。惟兹一堤，虽非巨津要河，而樵山贸市，与夫耕作（三行）燕会，往来者不乏。虽然，宇宙之大功大德，莫不有有识有（四行）力之士，为之肇于前；亦莫不有信善急公之人，为之继（五行）于其后。莫为之前，虽美弗彰；莫为之后，虽盛弗传。于乾隆（六行）十年，有先达郑公讳宇者，有识有力士也，乐善好施，捐一（七行）己之田，以为舟子之费。复捐一己之金，以为舡支之价。历（八行）数年，舡支朽敝，而田租只支舟子之费，至其造舟木材人（九行）工之用，衣袽驭朽之资，无所出也。遂将此渡废去数年，为（十行）之奈何。爰是，乾隆三十四年，有耆老二公：郑讳廷扬、廷生（十一行）者，信善急公之人也，慕义感兴，捐一己数金，又复作兴。众善（十二行）士捐资，不拘上、中、下，而乡党亦欣然乐与，共成四十余金（十三行），择立管事人，滋生此行功德，复造舡支，而人免厉揭之艰（十四行）。是先后继美，而相与有成也，不亦相得益彰，盛德共传（十五行）哉！嗣是以来，宇又造舡一支，功德重重。今方朽敝，管事人（十六行）将生息之赀，新造舡支。爰勒诸石，协洽终陬为序，愧不能（十七行）文，谨胪众姓功德，以垂来兹。后学夏克生撰书（十八行）。

计开（十九行）（以下姓名及所捐功德银数略）。

管事人：郑志、金桂馥、苏毓才同（又一行）。

时大清乾隆五十二年岁在丁未二月朔十日阖营众姓同立（又二行）。

〔据《宜良碑刻（增补本）·交通》第211页辑录。〕

双龙桥碑记

双龙桥小引（一行）

桥梁普济往来，而兼系风水。凡江河沟涧要津，所在捐资修设，洵盛举也。第徒杠之成也易，舆梁之成也难（二行）。而舆梁之两成也，为尤难。古匡僻壤有鱼古村者，居两山对峙之间，内隔龙渠一道，夏秋二季，水势汹涌，疑（三行）于徒步涉。昔人建立平桥二座，但道徒行，未济车舆，且历年既久，水冲石塌。前人美绩，于今将废。全村老幼感（四行）慨系之，因奋然兴起，新建舆梁二座。协力同心，鼓舞振作，未经两月，共襄厥成。於戏！韩子云：莫为之前，虽美（五行）弗彰；莫为之后，虽盛弗传。此又鱼古从未有之胜概也。于是，车舆往来，如履坦途。且上开龙梁之水，下锁（六行）两山之脉。异日者，人文蔚起，甲第宏开，未必非风水也之助云（七行）。

今将全村功德银两开列于后（八行）。

计开全村每家上下小工十八个（九行）。

（略第八至十四行，83人名姓及功德数额）

大清乾隆五十三年岁次戊申仲吕月之朔八日吉旦。

庠生王廷存书，全村同立。

〔据《宜良碑刻（增补本）·交通》第214页辑录。碑存宜良耿家营乡玉鼓村金钟寺。青石质。碑高140cm，宽67cm。碑额高50cm，宽85cm。额题刻“永垂不朽”。〕

捐资新修蒙姑坡桥路碑

捐资新修蒙姑坡桥路碑文（一行）

堂琅一邑，幅员辽阔，壤接川黔，固商旅辐辏之区也。而岁赋京铜不下数百万，尤为运道为扼要（二行）焉！奈地多崇崖峻岭，山重水复，令人同嗟蜀道之难者，其处盖不一而足。丁未秋，予以差竣旋滇，（三行）道经于此，险阻备尝，慨然曰：除道成梁，为政之体，通运利国于是乎？在予安得自为之也！阅戊申（四行）冬奏檄，回任入邑之西鄙，曰：野马川往来省会所必由也。是处坎坷，于陷輴輠莫施，忽于中绵坦（五行）数里，砥道坦然，与人告予曰：是邑绅汉鼎刘君之所为也，予已心识之。视事后，每以劝农讲学，路（六行）出四乡于水，见玉虹、巧家、臭水井各处俱有石梁高驾，接通断壑。询之土人，则又曰：刘君之力也！（七行）不宁惟是，又有阿白塘路、蒙姑坡路，皆其所捐资而独修者也。予益心异之。历观阿白塘路，其功（八行）与野马川等，而最难者莫如蒙姑坡。当三里输纳各厂铜运旧路倾圮，不复可行，刘君别开新（九行）径，较旧平近二十里。隘者辟之，坎者补之，悬岩不可栈者斧凿之，山涧不能船者桥跨之，盖其中（十行）仿佛巨灵之迹者八百丈，而蜿蜒长虹之势者十二寻，自是而巧家通郡城一路，如履康庄矣。初，（十一行）刘君欲辟此路，或有以形势之难告之者，刘君力排众议，踊跃趋工。计其功，起于乾隆丁未春三（十二行）月，距辛亥夏，凡阅四载，允观厥成。视玉虹野马于桥路，功则犹是也，而心力十倍矣。呜呼！士君子（十三行）心存利物，不必尽在当途也，量力而处，为所得，为不必以图美报也。兹刘君所为，皆予所极图而（十四行）未及者，而顾已先得我心。推其志则渡蚁埋蛇，可合古人，而其事则溱洧乘舆，殊形小惠，使出而（十五行）仕焉。本其美意，施诸行事，一切急公利人种种当自有所表现。乃徒以处士，为善于乡焉。良可惜（十六行）也。然而，天道善因，后来食报必隆。予固深嘉刘君乐善不倦之德，而思有以彰显之，以为士民劝（十七行）。适其子忱，廪生名城者，以所修蒙姑桥路报竣，予遂欣然题额，而详为之记（十八行）。

敕授文林郎知会泽县事年家眷弟蔡世忱拜撰（十九行）。

大清乾隆五十六年秋七月上浣立（二十行）。

〔据《曲靖石刻》第141页辑录。碑位于会泽县娜姑镇西约10余公里之石匠房山涧东侧的耕地中。长方形，墨石质，有碑座。高151cm，宽75.5cm。文20行，行11－37字，计664字。楷书，阴刻左行。

主要记述蒙姑坡古道，系古堂琅（东川府）与川黔之间及进京的交通要道，亦为清时的铜运要道。由于当地多崇山峻岭，十分难行，特别是省会往来必经之地野马川一段，则更为艰险，商贾皆视为畏途。巧家乡绅刘汉鼎捐资新修此段道路，起于清乾隆五十二年（1787年）春三月，至五十六年（1791年）夏，凡阅四载。时会泽县事蔡世忱因公道经此处，深受感动，于乾隆五十六年秋七月撰立此碑，为研究当地矿产资源、交通运输提供了珍贵史料。〕

新建桥神庙碑记

新建桥神庙小引（一行）

余年七十矣。忆自总角时，随先君拜扫先王父（二行）墓，信宿经古，往来皆度板桥。及稍长，闻河口渡险，戕（三行）生殒命，往往有之。迨乾隆癸巳岁夏秋之交，水势泛（四行）涨，舟师不戒，同舟覆没者三十六人，而牲牸不问也（五行）。余闻而惊心，自愧无术者文之。甲午秋，燕宜张君至（六行），欣然曰：河口至今可免覆溺患矣。余跃然问故，张君（七行）曰：凤楼李君，善行士也，今领捐重资造石梁以济，偕（八行）蔺若赵君同心订定，且有同善之约，君其勉力否？余（九行）曰：唯唯。劝善成美，此夙志也，力虽不逮，愿从诸君子（十行）后。即同张君邀院友廷璧，苏君亦慨然乐从焉。于是（十一行）定期诣河口，会渔古、车田众善姓，集议终朝，众情踊（十二行）跃。凤楼公慨然倡首，余等亦竭绵薄，三村父老变船（十三行）桥之积，以襄盛事。岁冬，鸠工庀材，造为石梁七孔，蒇（十四行）事于乙未四月，一时诸邑善士云集解囊，咸庆功成（十五行）不朽。偶以工作少疏，随倾于洪水者半。余时因内（十六行）艰杜门，苏君又构疾谢事，李、赵二君复造舟梁，权济（十七行）一时。立冬补缮，李君一人，身任其事。赵君与余，仗策（十八行）相从，而功复成于丙申之春，迄今廿余年矣。李君窃喜（十九行）多年巩固，众善克金领建庙，以答神庥，业已经营缔造，工料悉备。余乃为之揆日卜吉，定（二十行）其规模，创为正殿二楹，陪以两厢。前列三楹，中为神（二十一行）门，旁作二铺，年征微息，以供祀典。赵君范像于殿（二十二行），以显（二十三行）神功。李君捐资置田，永作岁修，实为首善。君子而乐善（二十四行）不倦，始终至成厥事者，乃燕宜张君、帝臣刘君也。是（二十五行）为序（二十六行）。

渔古老人李节民撰（二十七行）。

晴轩夏培元书（二十八行）。

嘉庆二年仲冬月吉旦（二十九行）。

木工段光祚，泥工李木丙，镌石吴秀。

〔据《宜良碑刻（增补本）·交通》第219页辑录。碑存宜良北古城镇新街村桥神庙正殿北墙。墨石质。碑高74cm，宽132cm。〕

水例碑记

特授楚雄府楚雄县正堂加三级纪录六次何，为奉（一行）本府正堂翟委讯给示勒石，以垂永久事。嘉庆九年十二月初八日，据镇南州生员（二行）周琳、周丕光、李如琳、赵世禄、周瑞、张会楹等禀称："缘生等具控石鼓沟三夜水例一案，（三行）今蒙讯断，令生等仍照古规，自坝口起至龙树沟止，若至轮水，作三夜周转灌放，两（四行）造俱已允服，具结在案。俯祈赏给印示，将三夜水规，自坝口至杨显吾口一夜，杨显吾（五行）口至漆树口一夜，漆树口至龙树口一夜，逐一载明印示，以便两造勒石遵守。"等情。据此，除（六行）禀批示存案外，合行给示。为此示，仰州县吕合、白土城、张官、石鼓等屯生民田户人等知（七行）悉，所有石鼓官沟灌溉田亩水浆，若遇忙种，轮水均照古例灌放。夜水三夜，从坝（八行）口至杨显吾口一夜，杨显吾至漆树口一夜，漆树至龙树口一夜。自龙（九行）树以下，放日水五日，上旗二昼，下旗三日，周而复始，不得紊乱。其有沟工，凡现存（十行）田亩，不得隐匿，水冲沙淤田亩，不得科派，各宜遵守，慎毋藉端翻异，如违，一（十一行）并究治不贷。特示遵。右仰通知（十二行）。

嘉庆九年十二月十一日示（十三行）。

告示押发公所勒石晓谕（十四行）。

〔据《楚雄历代碑刻》第304页辑录。碑立楚雄市吕合镇大天城村土主庙内。石质砂岩。高92cm，宽45cm。直行楷书。文14行，行8－30字。为楚雄县正堂关于石鼓官沟轮流放水之告示。〕

沈伍营永济塘碑记

储不涸之，原者《管子》也，而《周官》之精寓焉。宜良南屯水希田广，涸地也，而沈伍营尤甚。地居南屯河外之中间，四面皆极平（一行），东西南北田亩不下数万工，而缺灌济。岁有荒歉，往往栽植不全。虽旧有古城外之柳堤塘，大寺前之小桥水，所溉者亦几希（二行）耳。今合营公议，旧有公项银八十金，众心合一，以公办公，即将此项银两并大寺内公谷三十余石，又公探合营田亩谷三十（三行）余石，于南首凿一大堤蓄水灌田。村中一呼而应，不待鸠集，旬日应工者二三百人，不一月而堤成，启名永济，因嘱予为文纪（四行）成事焉。予横览夫堤势，东受土官村箐水，南接竹山下河流，西助北龙潭活渠，北有过街沟传送，所储至广，所灌莫量。但得众（五行）心不变，事例同归，永为子孙灌溉之根，则殷富可拭目而待；且也教养相关，耕读并济，以合营人户之多得堤水滋益之利。由（六行）是而仓箱不匮，由是而诗书共敦。培柳榆于堤前，树花木于堤下，水色漪涟，烟云共锁，行见风景俱开，俗情□异，是永济之名（七行）。又不但田顷滋培，而并助民风之兴起也。其储蓄之利，岂非有目者所共见哉！《书》曰：正德、利用、厚生、惟和。此物此志也。余惭（八行）不文，勉为之叙，愿有志善后者共调成之，其勿弃基可也。是为记。所有条规开列于左（九行）。

晓峰李继晟撰。

计开（十行）：

田亩被湮者分为两等，塘底常受水湮者，每年每工补谷乙斗五升，不收水租。上层未挑者，补谷乙斗，亦不收水租。倘后又挑着者，亦加五升（十一行）。

沟口，凡放水之时，自西而北而东，以地势水势深浅为凭，不得依势乱挖。如有乱挖者，□官惩处，仍罚谷千乙石，以作公费。其南头田高者，听其拉塘水灌溉，照例科租（十二行）。

放水，上满下流，分为上、中、下三等，田近塘者先放，田在中者中放，田在后者后放，以田埂近远为凭。凡以水信水、澈上济下者，均作公水上租论。如有越次乱挖水者，照前公罚（十三行）。

水租，先得水者为头，中得水者为中，后得水者为下，其租田岁之丰歉顺流年妥议，亦分为先后三等，在先得水者不得委缩，在后得水者不得恃富乱挖。如有乱挖者，照放水例公罚（十四行）。

年岁风调雨顺，需提水少者，得租有限，不能敷补，合营田亩均贫无辞（十五行）。

年岁荒歉，需提水多者，得租必长于敷补塘田租谷；塘田租谷补筑堤埂之外有长余者，积金买田。但得塘底田亩尽行抵补，更属美举，管事者不得滥用（十六行）。

放水必须以本营为主，先后放清。有余水者，方许卖与邻村灌溉，不得在先图利公卖（十七行上部）。

凡澈水之时，以日出为始，日落为止。但上下三塘开车三日，方始开东闸、西小闸三天，次开西大闸三五天（十七行下部），后开北大闸。东、西、北平平相济，总以水吏为准，不得恃强擅挖。凛之，慎之（十八行上部）。

嘉庆十五年岁次庚午，合营齐心，又筑东塘。凡塘内湮挑之田，不得阻滞，但春发仍照旧规。（十八行下部）其香严寺密川老和尚慈心送水沟一条，自大沟至塘内，并无升合钱粮，永送三教殿。道光十五年孔天福施公得（功德）银五两，永入常住。陈兆雄、何安、□世忠施田一丘，记十五工，坐落大坝口，秋粮乙斗四升，南七甲十户永入常住（十九行上部）。

凡澈水之时过着水之田，不俱高下，但有田之家亦不得阻滞（十九行下部）。

大清嘉庆八年岁次癸亥又二月十八日，合营众姓仝立（二十行）。

〔据《宜良碑刻（增补本）·水利》第74页辑录。碑存宜良沈伍营村。青石质，高160cm，宽67cm。额题“永济塘碑记”，纹饰。〕

济众塘碑记

济众塘碑记（一行）

滇南山多田少，而水更少。山居十之七，田居其二，水仅得其一，非筑塘积水□备利用，民何以堪。如邑南四十里许化（二行）所一隅，水希田广，耕者苦之。虽有东山之倚，实无活水之靠。当岁丰则灌溉易周，岁歉则灌溉难遍。夫以年之丰歉（三行）实系民之困苦匪轻。所以村中绅耆莅而议之曰：吾村土广水涸，栽种甚□，因之，国赋维艰。卜于村南甸内筑塘（四行）焉，谓其塘曰众济塘。劳力两月，功乃告成，共费八百余金。筑斯塘也，以积秋冬无用之水，而为来年有用之需。正格□（五行）未雨绸缪，毋临渴而掘井。由是所储甚广，所灌莫量，则物阜财丰，而人文蔚起矣。窃为之喜曰：旱暵之乡，成为□□□（六行）区，济众之塘，如有博施之行云尔。是为序。

六十叟周廷模撰并书（七行）。

大管事：杨占鳌、周潞、魏倌、吕朝侯、尹正甲、周君龙。

计开公议条规录列于后（八行）：

开塘撤水定于夏初之日。有塘内高田，先于未开塘口三日扯水泡田，方至开闸灌溉塘外田亩，永为定例（九行）。之后上满下流，不得违拗，永为定例。

塘内挑土者，每年每工永补春发一斗，不收水租，以为定例。

塘内不挑土（十行）者，每年每工永补春发五升，不收水租，以为定例。

塘内先已被淹而后干者，扯水泡田不收水租，补春发五升，以（十一行）为定例。

撤水不通沟之田，放塘水时俱要从在下之田过水，不得阻挡，永为定例。

撤水有不通沟之田，撤（十二行）水时田在上者准扯不阻，永为定例。

栽后苗科水撤上济下，以水性水均作公水，按三等收谷，永为定例（十三行）。

塘外灌溉之田，随年公议收谷，以补塘内被淹田亩，永为定例。

两头小闸口撤水之日，俱系一齐开放，不得偷挖，永为定例。

采买大夫、牌头、乡约、社长等项贴费银两，俱系公众，永为定例。

寨子箐、杨保冲箐（十四行）、大小冲箐三处之水，俱系第年公议。又土官村箐水系上一日、下一日，永为定例。其寨子箐、杨保冲箐、大（十五行）小冲箐三处之水，立夏、小满自塘□以上之田，紧上灌济，只泡发（垡）（十六行）子，不得私放苗水。各宜遵守条规，不得紊乱。如有不遵，罚谷（十七行）五斗。再有不遵，赴官理处（十八行）。

大清嘉庆十四年岁次己巳仲夏□□□旦合营同立（十九行）。

〔据《宜良碑刻（增补本）·水利》第86页辑录。碑存宜良化所村华严寺。青石质。高162cm，宽66cm。碑额阳刻“源远流长”。〕

孑济桥记小河底在腾冲

尹学源

城南三十余里许，一水西流，直达盈江，横截南甸，六司通路必由之要道也。冬春徒涉无虞，夏秋水暴发，奔若怒马。曾建有小平桥，倏焉漂没，附近人士屡议兴修不果，至今往来行人，实病涉焉。

有荷花池郡人尹相孔，以斯渡太近盈江，为害颇巨，心甚惨然。遂乃孑志捐修，旋虑力不能支，又不喜捐募毫分。伊妻王氏襄成善举，且曰：“果能使千万人安全无道阻之忧，虽饔飧莫继，所甘心也。”爰捐养老田亩，抵白金四百五十两，余家君庠生讳圣谕董其事。自嘉庆十四年春暮起工，延至季冬告成，名曰孑济桥。彼夫妇能好义急公如此，今后飞虹稳渡，永庆安澜，则其德之也。岂仅地方之人士云尔哉！是为记。

嘉庆十五年庚午仲春中浣郡生尹学源撰书石刻。

〔据《永昌府文征·文录》卷十四《清五》第4页辑录。〕

安澜桥碑记

维马龙一河，绵亘西南，景普等处必渡之津。吁！旧有桥梁，已废多年，漂没行人，不计其数。余代庖（一行）斯土，触目关口，爰商二三绅耆，前往度地计工。旋据生员黄均、鞠士修，耆民罗凤超等业已踩妥（二行），白鹤箐山底两岸，天然石基堪建铁锁长桥。并因众念同切，踊跃捐输，兼往邻邦劝捐，不期募获（三行）千金，以蒇其事。且建桥处，本南安州属，休哉！虚初士庶，不论彼疆我界，拳拳乐善，数旬竟已告成（四行）。皆（五行）圣朝化洽边隅之所及耳。兹将桥工任力劳名并镌于石，以记众志，垂不朽云（六行）。

总管功德：生员王体文、鞠士修（七行）。

督理桥工：生员郭开芬、耆民罗凤超、童生王载诰（八行）。

大村里募捐功德：生员王裕泰、王立本、颜怀忠、赵宗普、王思孔、耆民王培荣（九行）。

（以下十至二十一行募捐功德姓名略）

云南布政使司经政厅署碍嘉分州闽中饶仁修静庄氏题（二十二行）。

嘉庆辛未年仲夏月　日吉旦立（二十三行）。

〔据《楚雄历代碑刻》第367页辑录。碑原立楚雄双柏县碍嘉镇桥头，现存碍嘉镇政府院内，已断为两截。碑高134cm，宽64cm。直行楷书。23行，行1－37字。清嘉庆十六年（1811年）州判饶仁撰书并立。记述其到任后，倡议劝捐在马龙河谷白鹤箐山底修建铁索桥的经过。〕

三善塘碑

甲戌之秋，七月既望，余游于赤江之下，清风徐来，水波不兴。适有友嘱余曰：此筑堤焉，为文命名以记。余愧无文采（一行），强为之记。窃思管子储不涸之原，稻人掌蓄水之方，堤之由来旧矣。兹堤之成也，有三善焉。赤江之东章堡之西（二行）有凹焉，可以为潴。此固天造地设，以待后人培植者也，兹相宜而用之，其智可记；耜人攻土，匠人为沟，不吝千（三行）金之费，使子孙受无疆之福，其仁可记；而且兴工于壬申之春，告成于是年之秋，其勇可记。夫一堤也，不失其利（四行），不惜其费，不惜其力，可谓之智，可谓之仁，可谓之勇，可因以三善名其塘（五行）。

今将条规列后（六行）：

开塘日期必须公议，不得私自开挖。未开塘口之先，凡两道车可济之田，许扯三日；一道车可济之田，许扯三日。方开大闸水泡（七行）田，自近及远，不得以强紊乱。塘水凡过着之田，具准过水，但不得使原水有亏。至有不准过水，将田开沟，不补田价。塘内淹着之田（八行），村内田每工补谷八升，章堡村田每工补谷一斗五升，以抵下发（九行）。今将施田作塘埂姓名胪后：李玉才、李天寿、鲁伦、鲁起、鲁兴杰、鲁文祥、鲁兴周、鲁文广、鲁文焯、鲁相、李显才（受银二两）、葛万春（抵补）（十行）、葛富

（受银十五两，公众纳粮一升）（十一行）。

廪生陈嗣昌撰书（十二行）。

□山李润镌石（十三行）。

大清嘉庆十九年岁次甲戌孟秋之二十一日。

董事：鲁俊、荀富、李文才、李玉才、鲁兴杰、鲁兴义（十四行）、葛士元、鲁文元、葛万春、葛天禄、鲁文雄、周乘凤、葛采、葛应顺、李占甲、鲁伦、鲁相暨合村仝立。

〔据《宜良碑刻（增补本）·水利》第89页辑录。碑存宜良狗街镇高古马村大寺。原碑无名，系编者所拟加。青石质。碑高192cm，宽70cm。〕

佐力丛修理赤水江末段碑记

佐力丛修理赤水江末段碑记（一行）

佐力丛当赤水江下游，距弥渡城六十里，定西岭一百里。江水（下阙）（二行）而其势渐大，至比齐河而其量愈大。□□至佐力则两面高山，中（下阙）（三行）环尘上游淤塞，往往归怨于佐力其势然也。岁壬申余莅兹土，于（下阙）（四行）明春因勘杜润官田，始悉该□有河水之患，于是有修河之议焉。（下阙）（五行）游或又以为宜专决下游，议论纷歧，旋值雨水，事遂寝息。越明年春，（下阙）（六行）乡沿河踏勘，亲赴佐力丛锁云桥、乡水滩、密汁郎等处，勘明河道源流，（下阙）（七行）在上游壅滞，堤低河凸，实非下流之堵塞。于是集众兴修，划锁云桥上（下阙）（八行）下之渔坝。生员李唐寿首倡义举，即命督修本段工程，而各衿耆亦踊跃。（下阙）（九行）自闰二月十五日兴工，至五月初三日竣事功成。而红岩上段弥渡中（下阙）（十行）亦以次告竣。是岁秋霖大作，全弥获安，且垦复民田百余顷，年谷倍（下阙）（十一行）矣。查佐力山高河窄，水势陡下，即有石成滩，无干河道。而李生等（下阙）（十二行）凿兼施，将石搬运两岸至密汁郎，横冲之沙石逐加挑治。况村（下阙）（十三行）患，非其切已，乃能不分畛域，不介嫌疑，是则大公无我之心。（下阙）（十四行）各衿耆佥请勒石，爰具书始末，并题各衿耆姓名于后（十五行）。

计开：生员李朴、李唐寿、郭郁文、李培因（下阙）（十六行）；监生杜学儒；耆民李嗣通、李培栋、雷广□（下阙）（十七行）；耆民李谦、李东荫、张缙绅、李□（下阙）（十八行）；乡约段发、□□、熊□恭、李耀章、□□、李富阳；伙头□士周、李（下阙）、李福、黄（下阙）（十九行）。

诰授奉直大夫知云南大理府赵州事钱岭李振□（二十行）。

嘉庆十九年岁次甲戌（二十一行）。

〔据《大理丛书·金石篇》卷五续编《碑刻、摩崖、器物铭文》第2721页辑录。碑在今大理苴力镇文化站发现，已残损，残碑高59cm，宽48cm，大理石质。直行左行楷书，行8－27字，全碑残存460余字。记述当时弥渡全程维修赤水江，亦即昆雄江，或谓西大河的起因、经过及维修后的水利效益。〕

新建青云桥记

新建青云桥记（一行）

人材之炳蔚，物产之繁昌，谓必归美于风水，是通都大邑，皆不贫贱，而山陬僻壤，无富（二行）贵时矣。夫岂其然？论地理，惟决之于天理。入其乡而礼让成风，勤俭成俗，知必有阀阅（三行）之家，素封之室，出乎其中也。石门关峻岭嵯峨，激湍澎湃，堪舆家以为沘江东北水口（四行）之一大都会也，先大夫有志成梁其间而未逮。癸未岁，余以母丧，自秦回籍，适当秋水（五行）时至，见夫乘槎竞渡者，屡濒于危而莫之避。询之，则曰：采薪以供课，性命不遑恤也。乃（六行）恻然念先人成梁之意大且远矣，非仅培植风水之说也。使此梁而成，竟无胥溺之灾（七行），即酿祥和善气，咸遂急公之愿，即成共顺淳风，岂非（八行）盛世一仁寿之域哉。即以是为培植风水，抑亦地理之转移于天理者也。程子云：一命之士（九行），苟存心于爱物，于人必有所济。余愧乏舟楫材，无济于人。窃会先人之意，而谋诸井里（十行）父老。佥曰：有系于人命，有关于国课，即有裨于风脉，是一举而三善备者，宜共成之（十一行）。于是鸠工庀材，四阅月而告竣。颜之曰青云，盖取康乐题石门，共登青云梯之义。望我（十二行）乡之应运而兴者，他日得路，本济乡人之意，以济国人，以济天下人，则天理之推施，岂（十三行）不更大且远，而地理之转移，斯为信而有征矣（十四行）。

道光四年岁次甲申孟夏邑人杨名飏撰（十五行）。

〔据《大理丛书·金石篇》卷三《碑刻、摩崖、器物铭文三》第1322页辑录。碑存大理云龙县石门镇南侧青云桥头。红砂石质，高129cm，宽64cm。直行楷书，文15行，行16－35字。杨名飏（1773—1852），大理云龙石门人，清嘉庆戊辰（1808年）举人。官陕西按察使、陕西巡抚等职，兴水利，建桥梁。岁十九，出任鹤庆州训导。清道光四年（1824年）以母丧自陕西回籍，至石门值秋水，见当地乘槎竞渡者，屡濒于危，而莫之避，询问缘由，乃忙于伐薪供课，顾不及性命之忧。于时在沘江上倡修铁链桥，建成，名曰青云，盖取康乐题石门，共登青云梯之意。事迹详光绪《云南通志》《新纂云南通志》。〕

更建副官村龙神祠碑记

副村龙神祠，旧建圣庙前街。甲申初夏，钧假丞于兹，值亢旱，率士民沐浴斋戒，虔祷神前。祠仅一楼，桷朴褊隘，历年久失修理。祷祝既毕，因呼士民而谕之曰："民生于食，食出于苗，苗资乎雨，《甫田》之诗所以咏，祈甘雨介稷黍也。而楹桷狭陋，乌足以竭虔降祥乎？宜改建而更新之。"随闻前莅斯土者曾公名亮亦有此谕，维时魃虐方炽，舆情如熏。钧虽言之，众仍姑听而已。乃后甘霖遍布，四野咸沾，东作始兴，西成有赖。于是士民欢呼集议，相与跻堂而告曰："今岁之收，民之幸也，亦莅兹土者之诚也，吾侪其思负改建意乎？"爰择爽垲于城隍庙之东，共醵金以襄其事，抑副村有魁阁，无斗阁，商之绅士，以奉龙神之旧楼，补填修葺，敬祝斗姥。庶几魁斗辉煌，或以征学人，云蔚霞蒸之盛。逮工告讫，众更请为记勒石，以志不朽。钧喜士民之乐善也，顾而嘉之，且捐款以成之。

夫是役也，所以彰神之有求必应也。而亲睦乡里，振兴学校之意，即由是而生，非所谓行一物而三善皆得者乎。钧为记，其何敢辞？爰志其端委如是云。

道光五年正月丞永善事钱塘卢钧撰。

〔据查枢等纂，邹勗旃校订嘉庆《永善县志略》下卷《艺文略》第758页辑录。卢钧，浙江钱塘县人，监生，清道光二年（1822年）七月署永善县分县，四年（1824年）四月复署。〕

孙家营公浚淤泥河碑记

公浚淤泥河碑记（一行）

天难之作，天将开示后人。当行不行，为害滋深，况洪水为灾，自古皆然。惟有以堤防之（二行），□国赋民生，克有济而可久。孙家营地处偏隅，地窄民贫，事虽属公举，行实难。夫河水（三行）东西更变不常，乾隆以前，营门前旧有淤泥，河水弯弯曲曲，由坝口西合蛇洴水，东合（四行）小桥水，顺流合张家沟洴水，转西合老黑洴水，由山脚合吴家营南首洴水，出大柳树河（五行）。河低田高，两岸田亩不伤，又有石槽渡龙泉水灌济，营虽小，耕耘甚便，纵有小患，无大（六行）害。及嘉庆二年丁巳，河溢两岸，田亩堆积砂石数尺，赔粮不耕，糊口无资，愁苦情状，书（七行）不尽言。至二十一年丙子，老幼重叹：再不浚河，转徙而他食者愈众。且营中人不理，外（八行）村人孰肯代为？于是商议再三，公立合仝，凭邻村绅耆出契借贷。管事孙槐、孙润、樊谨、张桂芳、孙荣、孙和林、孙（九行）□、吕国玉、孙□、谷宝、孙开培、孙爱培、孙珍、孙禄、谷邦国、蒋国喜、孙银龄、孙望龄、陈兆祥、陈兆顺等，齐心并力，十月兴工，浚通西河坝口（十行）至窑场河数百丈长，顺流而下，无复壅阻。河底三丈，河埂一丈二尺，阁门前系一丈五（十一行）尺；田归于东，单筑东一岸河埂，开中沟一条泻水。正月中请杨天禄、谷丕国分田，每工计十六（十二行）丈，量丈清楚，六月内修补。七月初九公算，共费银三百四十九两七钱九分，照田均摊（十三行）。成田每工银三钱五分，砂田每工银二两，收谷跟利，民生遂条粮资。数十年前之害由（十四行）此消，数十年后之利由此起。盖自开辟以来，事之巨，费之广，为之难，累之久，未有甚于（十五行）浚河者也。賨银不敷，道光元年加伸本村砂田银三钱，道光三年又加伸五钱，外村不能加。亦吾营数百年村运衰微一大升降机会也，天地鬼神实鉴临之。自是而后，年年（十六行）轮流管事人收谷修补，庶河埂无倒踏之忧，或可望数十年之计。

邑增生孙福基撰书（十七行）。

砂田计开（十八行）：

孙珍四工半，孙纪一工，蒋洪二工，蒋开元二工，柿花树五工，孙槐八工，孙荣四工半，樊谨（十九行）五工半，孙锡林十四工半，孙桂芳十二工半，孙炷工半，孙玉培工半，孙才培工半，孙开（二十行）培三工，孙和林工半，孙锡林工半，孙禄工半，孙祥林二工，孙望林七工，吕国玉七工，每工银二两把钱（二十一行）。

杨天禄五工，鲁绍周四工，公众十工，每工银二两。夏连达四工半，夏本厚一工，吴世瑞一工，孙恩培工（二十二行）半，陈家半工，吴姓三工从未收（二十三行上部）。

成田计开：

孙纪卅一工，鲁绍周十八工，樊谨十六（二十三行下部）工，孙和林十五工，陈兆科廿工，孙桂芳十五工，孙望林十工，柿花树三工，孙祥林（二十四行）一工，孙荣九工，孙珍五工半，吕国玉一工，孙锡林六工，吴名玉三工，蒋开元四工半，蒋洪二工，孙吟（二十五行）工半，吴会二工，杨天禄五工，汤重四工，孙才培一工，孙师培三工，孙润五工，孙寿林四工，孙禄（二十六行）工半，蒋国喜四工，陈兆顺十工半，孙开培六工半，陈兆祥四工，谷保十六工，萧荣八工，孙兴一工（二十七行），马越三工半，马起六工半，孙登林、孙诏林六工半，夏喜半工，李□生半工，蒋国定三工半，谷邦国三工，张（二十八行）永二工，每工银三钱五分。万家田八工，夏本厚半工，吴世瑞七工，吴伯卅三工，孙思培三工半从未收（二十九行）。

二十一年十月买夏姓田二分，坐落石□河前，东至凡姓，南北至孙姓，西至石山，一计十二工，秋粮（三十行）□斗，价银九十三两，税契七两九钱四；卜义助二次十三两，一计六工，秋〔粮〕六升，价三十四〔两〕，税契三两一（三十一行）钱四；卜义助十六两，后又助银五两，共一百七十二两八钱（三十二行）。

（补记）神明

十月借银二百五十两，接賨银一百一十二两，交田价。得麻排银四十一两，又借賨银九十八两五钱。自丁亥年十月至壬午年十月，河埂跟賨银本利银一百四十（三十三行）八两，賨完，下有银五十五两，入公收利。辛卯年恩培银公收（三十四行）。

□系夫马賨银买田一分，坐落蛇箐南首，秋〔粮〕一斗八升，银五十二两，税契四两五钱，义助廿两，作夫马费，计十五工（三十五行）。

大清道光五年十月二十日，孙家营凭中、段联奎、魏倌、杨天禄、谷玉国、沈尚义、沈尚礼暨合营众姓、石工张荣仝立（三十六行）。

〔据《宜良碑刻（增补本）·水利》第91页辑录。碑存宜良狗街镇孙家营村关圣宫正殿左山墙。青石质。高60cm，阔104cm。〕

土官村小河口堰塘放水章程碑

署澂江府路南州正堂加三级纪录七次林，为（一行）朝廷国储之需，钱粮为重；下民养命之源，稼穑惟艰。立国莫先于足民，由来旧矣。土官村、小河口两村夹界之旁（二行）有雷鸣田五百三十六工，无水灌济。大旱之年，不惟无秋登之望，屡且受赔粮之苦。离村高数十余丈两山凹内（三行），有水巴箐一条，天降大雨，箐内之田地湮成塘子，数年不能浚开。绅士耆老触目伤心，相约田户数十余家，与塘（四行）子内有粮之人，同其公议，认抬粮补田地价值，以作聚水宴（堰）塘，每升粮之田地补价银五两，粮钱□出自堰塘水（五行）。所灌济之田，上纳公算得粮四斗七升五合。补田价，打围筑堤共费五百余金。二比情愿办理成□，得济十六年（六行）。彼时堰塘内之粮，年年完秋完税，堰塘外之田户，户余九余三。法之良者，意自美也。忽于道光三年，围埂朽坏，众（七行）人公议每工田捐银一钱五分。修补告竣之后，陡有李□□诬骗钱粮四升，将出头办事人李琱、马中材等八人（八行）具控在案。蒙（九行）州主林大老爷当堂讯明，按理公断四斗七升之外，并无余粮，□□实系捏控，俱有朱批遵结存案，并□□两村，认粮（十行）者不得短少，无粮者不得躲骗。今因刻石勒碑，永息讼端。钱粮有定，公议章程遗后遵守。每年立夏八日开塘放水（十一行），勿容阻滞。沟路每村一条，而土官村之田参杂小河口者居多，日后修沟照田分派人工，不得抗□。愿众人食旧（十二行）德者，思高曾之矩镬；服先畴者，念前人之勤劬。因为之梓石以志不朽云（十三行）。

今将两村公议开塘放水乡规刊列于后（十四行），计开（十五行）：

放水走漏者罚钱三百文。私自开放者罚钱陆百文（十六行）。两村提沟按田之多寡分派人工。放水之日不得以强欺弱，借事生端（十七行）。放水之人不得一丘开数个水口。寻水人务要小心巡查沟道，不得徇私舞弊，使流水走漏（十八行）。

并将放水田户姓名开列于后，计开（十九行）：

李□汉、李琼、李元、马中材、宝洪寺、李从厚、李锦春、河口义渡（二十行）、李本植、李权、李勋、李承宗、凤山寺、马贞、李维元、李□林（二十一行）、李瑞、李琱、沈端、李亮、小村合村义渡、李学富、李诚（二十二行）、夏济河、李惟泗、李刚、李章、土官村公众、李联捷、李毓成（二十三行）、毛文元、李盈、李恺、李纯、李文荣、李兴唐、李齐（二十四行）、李名魁、李文华、孟天章、何存得、李本芳、陆有能、李瑾（二十五行）、李□卓、李毓文、李发春、李贞、灵应寺、王保寿、小四（二十六行）。

大清道光六年岁次丙戌孟夏月朔五日谷旦，土官村小河口村田户仝立。

〔据《宜良碑刻（增补本）·水利》第95页辑录。碑存宜良土官村小河口。原碑无名，系编者所拟加。青石质。高137cm，宽76cm。碑额刻“水塘碑记”。〕

义安桥水分碑记（之一）

署云南府宜良县正堂加五级纪录六次周，为平地风波强夺越霸事。本年六月初二日奉（一行）本府正堂史牌开，嘉庆三年五月十五日奉（二行）粮储道钱批，本府呈详，该县民李中荣等与骆丕等互争水分一案，缘该县骆家营、化夷（鱼）村有公共沟水一道，地名平地哨，沟上建桥一座，名（三行）义安桥。其沟自东至西约长里许，骆家营田亩在沟之北首，地处高阜；化夷村田亩在沟之南首，地势低下，沟水至上而下，先由骆家营高田（四行）经过，历系该二村分放，从前并无争控。查阅化夷村民李中荣等所呈碑摹，系乾隆十七年该县张令所立。内载化夷村有沟底水七分之四（五行）字样。骆家营民人骆丕等虽无分水执据，历年实系该二村分放。近因雨水稀少，骆家营民人辄行堵截，使水不能下流，以至化夷村低下之（六行）田无水灌溉。李中荣等赴县具控，经该县勘照田亩之多寡，均匀分放。化夷村田多，有粮三十七石四斗零，断令放水六分；骆家营田少，有粮（七行）二十六石一斗零，放水四分。取结给示完案。讵骆家营民人骆丕等，以此水出在该村地界，希图多放，遂赴（八行）藩宪、宪台辕门翻控，批县勘讯。该县将勘断缘由具详，因未将该二村从前分水章程及化夷村所呈碑文何年何月何衙门给示，有无案据可稽，声叙檄（九行）府，亲往勘讯酌断具详在卷。前揖府未及勘讯，旋即卸事。卑府到任后，查案饬催，据该县将原被人证批解到府，逐一查讯，据各供认前情不

（十行）讳。查此案，控争水分虽无案据，但乾隆十七年前县张令碑载，化夷村有沟底水七分之四，确凿可据，即或今昔情形不同，经县（十一行）署县周令亲勘，按粮分水已属公允。但定以十分分放，未免为期过远。卑府改拟五日一周，化夷村田多，断令放水三昼夜；骆家营田少，放水二（十二行）昼夜。周而复始，轮流分放，两造据各允服，出具遵结，前来应请给示遵守，庶免日久争兢而杜讼端。至骆丕等随强翻控，实有不合。事犯在清刑（十三行），恩旨以前邀免置议，并免复勘。现值农忙，除将人证释回安业外，合将讯断缘由，取结录供，具文详请（十四行）宪台府赐查核，批示饬遵缘由，奉批据详。宜良县民骆丕、李中荣等互争义安桥水分一案，兹该府讯断，照田之多寡酌定日期分放等情。殊属平（十五行）允，仰即转饬遵照，仍候（十六行）藩司批示缴结存等因。又奉（十七行）布政使司陈批，同前由，奉批如详饬遵，仍候（十八行）粮道批示缴遵结存各等因。奉此，合就饬行。为此，仰县官吏即便谕令两村人民遵照，酌定日期，勒石永远轮放，毋得更章，以诏平允。余照详悉（十九行）饬遵，仍取碑摹送查毋违等因。奉此，合行给示勒石遵守。为此示，仰县属化夷村、骆家营士庶人等知悉，尔等务须遵照（二十行）本府呈详，断令五日一周，化夷村田多放水三昼夜，骆家营田少放水二昼夜。周而复始，轮流分放，毋得恃强纷争。倘有不遵，立即指名禀报赴（二十一行）县，以凭申详，按例治罪，决不稍为宽贷也。凛之慎之，毋违。特示遵（二十二行）。

示发化夷村勒石永远遵守。

庠生李永馨书丹。

案内人：李腾蛟、方盈廷、李鹍腾、徐发甲、李义、李世辅、李奇等（二十三行）。

管事：李中才、李鹄超、方超、许起、陈经、徐敏仝立（二十四行）。

石匠：沈建中、沈建林、王顺、杨富（二十五行）。

〔据《宜良碑刻（增补本）·水利》第68页辑录。碑存宜良狗街镇化鱼村慈云寺右厢房。原碑无名，为编者所拟加。青石质。通高190cm，宽72cm，额高25cm。额题“永远遵守”。义安桥，旧在骆家营村南、化鱼村东北，今已不存。〕

义安桥水分碑记（之二）

旧章永定（一行）

特授云南府正堂加三级纪录六次马（二行），给示勒石遵守，以垂永久事。案据宜良县属骆家营士民陈五华等与化鱼村民人李兴等赴（三行）藩、粮宪衙门控争水分一案，本府核看得骆家营与化鱼村有公共沟水一道，发源于黑石岩，由陈官营石坝上漫过，下注和尚硐，流至义安桥下（四行），筑有土坝堵蓄，两村分放。乾隆五十五年，陈官营在石坝上加筑土坝，使水不能漫越。骆家营控经（五行）前粮宪永临勘，断令小水专注陈官营，大水漫注骆家营，水尾仍听化鱼村分灌，立碑遵守有案。至嘉庆三年，骆家营在于和尚垌下筑坝（六行）开沟，就近引水灌田，化鱼村无水可分，控经前升府史勘讯，断令仍在义安桥下筑坝分水。化鱼村田多，放水三昼夜；骆家营田少，放水两（七行）昼夜，五日一轮，周而复始，亦有碑据在案，历久无异。因此沟之水须俟雨水涨大，由陈官营石坝漫越下注，始得分放，故干涸日多，有水日少（八行），栽种之时，两村皆另有泉水堰塘资灌，并不全赖此水润溉。惟骆家营地处高阜，在和尚垌下筑坝引水易于灌济，且乾隆五十五年与陈官（九行）营争控水分时，化鱼村未与其事，骆家营士民陈锐等遂误会黑石岩水分系向陈官营争得，与化鱼村之义安桥下沟底水无涉。又见化鱼（十行）村争控案内碑载，平地哨义安桥下沟水两村四六分放，并无和尚垌字样，故于和尚垌下筑立土坝，另开引沟，使水旁注。而义安桥下无水（十一行）分放，化鱼村民人李兴等不依，欲令拆坝，陈锐等不允，致兴讼端。兹经该县会同委员勘明沟水来源去路，及两村田亩灌溉情形，并前后两（十二行）次断案，碑载未明之处，向该士民等层层开导，细加劝谕，断令仍遵嘉庆三年旧案，在于义安桥下筑坝分水。化鱼村田多，放水三昼夜，骆家（十三行）营田少，放水两昼夜，五日一轮，周而复始。至陈五华等新开沟坝，饬令骆家营拆坝填沟。义安桥下分水大坝坍塌，饬令化鱼村修整。嗣后再（十四行）有坍塌，二村同修，同归和好。再，义安桥以上至和尚垌，二村俱不得复行开沟筑坝，两造允服，各具遵结具详到府，业经本府核议转诤，于（十五行）道光八年八月初九日奉（十六行）藩宪王批示，仰候粮道核示饬遵。又于八月十三日奉（十七行）粮宪嵩批，同前由，奉批如详，饬遵销案。兹据李兴等呈请给示遵守，前来合涵示给。为此示，仰化鱼村民人李兴等遵照详定章程，勒石永远（十八行）遵守。毋得违断，再妄分水分，致启讼端，有干重究。遵之。特示。

陈其瑜、方灿东、李发秀、李德高。

遵案内人：李德安、赵炳、李增起、李如玉、方盈廷、许朝栋、张彩、赵明龙、陈炳、赵□□。

管事人：李受、许□□（十九行）、方智德、李□□。

示给化鱼村民李兴等遵守（二十行）。

告示（二十一行）。

道光八年十一月十五日示，全村士庶人等仝立。邑人灿东照示书。

石师：张登云，同徒张兆有、陈友刻（二十二行）。

〔据《宜良碑刻（增补本）·水利》第71页辑录。碑存宜良狗街镇化鱼村慈云寺右厢房。青石质。高158cm，宽58cm。〕

永济塘碑记

特授云南府宜良县正堂加三级纪录六次吴（一行），勒石遵守事。照得本县下车三月，据桥头营生员邱鸿锐、邱占琼等及娄桃营、左所、前卫营、毛家营、樊官营、葡萄村、前所、哈喇（二行）、九甸营、张家窑、沙子河诸士民等公呈，十年前议约，请示勒石，以垂永久。本县如其议而稍变通之，桥南之田为士民旧业（三行），深虑三春干旱，引水维艰，因取沙子河甸一带，东至众姓田，南至陈家埂，西至大路，北至横地，修筑堰塘以备潴蓄。塘埂脚宽（四行）一丈六尺，高一丈。塘内之田与塘埂所压之田，公议概不补租，亦不派筑塘工费。塘外放着水之田，照田收租，为岁修塘埂（五行）之资。于立冬日积水，小满后撤水。芒种后五日，水涸塘空，仍得接踵栽种。虽先后稍殊，及其收成则一耳。呜呼！前事之不忘，后（六行）事之师也。诸士民率由旧章，以人力而代天工，即以人力而兴地利，不合安平康乐和亲之雅化而见于斯欤。是为记（七行）。

知宜良县事吴右给勒石（八行）。

今将详定章程开列于后（九行），计开（十行）：

塘内有田者，倘至立冬前不收田谷，任随放水积聚，不得争竞。若有争竞。公议罚银二十两入公。塘埂与塘口不得擅挖，倘有私挖者，公议罚银拾两入公。塘内淹着之田，仍照旧规，不收水租（十一行）。

塘水救济秧田，必须照田收钱，为岁修之资，倘有不出水钱者，公议每工罚钱二百文入公（十二行）。

塘外扯着塘水之田，必须照田上纳水租，倘有拖欠者，公议每工罚谷二斗入公（十三行）。

修补塘埂照户派夫，不得违拗，倘有不做夫者，公议每夫一名，罚银一钱入公（十四行）。

塘水撤出之日，必须照塘规轮溉，倘有紊乱者，公议每工罚银三钱入公（十五行）。

今将预先筑塘办理十（九行后）人姓名开后（十行）：

邱炳南　张文德（十一行）、邱凤瑞、刘联元（十二行）、邱文周、黄凤昭（十三行）、邱文宣、曹恩甲（十四行）、邱鸿基（十五行）、邱映富（十六行）

又将众村人名开后（九行后，72人姓名略）。

邑人邱占文书丹（十六行），镌石人李富春。

大清道光十年岁次庚寅十一月初十日，给桥头营、前卫营勒石晓谕（十七行）。

〔据《宜良碑刻（增补本）·水利》第77页辑录。碑存宜良南羊镇桥头营村报恩寺正殿外廊南墙。青石质。高205cm，宽65cm。额题“永济塘碑”。吴均，字紫楼，浙江归安举人，清道光十一年（1831年）任宜良知县，疏浚沟河，修筑龙王庙堤20余里，民沾惠泽。〕

重修堰塘碑记

重修堰塘碑记（一行）

从来创业者，莫贵守成，而守成者，尤莫贵乎光烈。我东山二村于嘉庆元年旧塘之下，已新筑塘一个，奈塘窄水细，难以敷数百亩（二行）之灌溉。于是二村父老相约二宾，一曰功德，二曰继美，借两宾二六之光，得银（钱）一百八十余贯，又买塘中田亩，又将公项抵补，而鸠工挑（三行）筑，较前塘愈增个半矣。庶几润泽愈深，而家给人足，鼓腹以游（四行）。盛世之天，家弦户诵，雍容以乐（五行）熙朝之岁矣。爰勒诸石，以垂不朽（六行）。

将所送田亩抵补开列于左（七行）：

公众雇工搬挑塘子，共费钱壹佰贰拾捌仟文（八行）；

赵玉送秧田壹坵，坐落塘子边，授价伍仟文，秋粮壹升（九行）；

赵联贵、联富、联华送秧田壹坵，坐落塘埂下，授价钱拾仟文，秋粮贰升半（十行）；

赵联福、联和送水田玖工，坐落塘心，授价银叁拾两，秋粮玖升；赎赵安秧田钱玖仟文，赎赵思秧田钱八仟文（十一行）；

赵门赵氏送园地二块，秧田一截，授价钱三千五百文；赵信送瓜田一圤，授价钱壹千文（十二行）；

赵门李氏送地一块，秧田二小坵，授价钱玖千文；赵联勋送园地一块，授价钱壹仟伍佰文秋粮贰合五勺（十三行）；

赵相秧田一丘，坐落塘边，公众将窑门前田壹截抵换；赵开贤送田一截，授价钱壹仟文，粮无（十四行）；

赵联云田三工，坐落塘心，公众将窑门前田三工抵换。实计以上田地、园子、秧田等项俱永为塘底，日后子孙断不得异言（十五行）。

邑人赵体敬撰书（十六行）。

时龙飞道光十二年岁次壬辰孟春月建癸卯朔三日谷旦暨合村同立（十七行）

〔据《宜良碑刻（增补本）·水利》第98页辑录。碑存宜良汤池镇东山村青龙寺左厢房。青石质。高164cm，宽78cm。额题“万古不磨”。〕

重修龙箐水例碑记

重修龙箐水例碑记（一行）

夫水者，龙箐龙水，攸关国赋钱粮数十余（二行）石。其水自上古于来，丁、徐二姓写立合约（三行），打立石碑石刻，均榷五分，丁姓四分，徐姓（四行）一分，各照分数灌放。所因年久，石碑遭被（五行）栽获之人隐灭，丁、徐二姓屡次争论，请凭（六行）乡练村邻公议言明，从另打立石碑石刻（七行），各照古规灌放。其水路各照各沟，不得紊（八行）乱。如若紊乱，凭众理言，执约赴官，自任其（九行）罪。其水春救秧，夏泡田，各宜谨慎。为此勒（十行）石，永垂不朽矣。龙王庙水轮古规开列于后（十一行）：

以上六轮半，每年议定：立夏日起头，各照古规，周而（十二行）复始，轮流灌放，不得以强凌弱，以长挟幼，错乱古规。倘（十三行）有光棍不法之徒，混行偷放者，一经拿获，罚白银三两（十四行）、白米三斗，充公费用。各宜凛遵，毋贻后悔。谨白（十五行）。

计开：首轮、二轮丁友成，三轮丁养志，四轮徐永旺（十六行），五轮、六轮丁友忠，半轮王国亮（十七行）。

道光十四年八月十五日合村仝立石（十八行）。

〔据《楚雄历代碑刻》第320页辑录。碑现存楚雄紫溪镇丁家村土主庙内。高55cm，宽60cm，厚2cm。文18行，行8－16字。直行楷书。〕

小渡口义渡碑记

小渡口义渡碑记（一行）

特授云南府昆明县正堂兼署宜良县事加三级记录三次吴（二行）、特授云南府宜良县正堂加三级记录六次陈（三行）、特授云南府宜良县右堂加三级记录三次吕为（四行）严禁事。照得宜邑小渡口，路当孔道，下通两粤，往来商旅络绎不绝。而大赤一江，截为天堑。冬春，乡设渡杠；夏秋，必招舟（五行）子。向有功德船只，久而就淹。该处村人自置渡船撑驾，盖济人也。而因以渔利，肆其需索，以病行人。本县莅任以来，闻之（六行）悯焉，亟欲除弊。爰查县志究出，该村原设功德船二只，水田三工，瓦房三间，给水手居住。又添置大船二只，将史夏氏所（七行）收租谷，除四石归入书院外，拨给十六石作水手工食，不准私收渡钱。于今三年，行人赖之。然犹以租资未裕，每逢水涨（八行），船不敷用为虑。适有陆凉周龙峰太守捐资造船一只，署田二分，收租十石，呈请施入渡口充公，合并官船济渡，以有余（九行）补不足。招募水手，通力合作，永为义渡，当经准行在案。统计船五只，租谷二十九石，内除纳粮岁修，余给水手工食，已属（十行）宽裕，自不应再收钱文。合行示禁。为此，示仰该船户等遵照，嗣后勿得妄萌利心，私收来往人马分厘钱文。倘感（敢）阳奉阴（十一行）违，仍行勒索，有病商旅，一经查出，或被告发，立即提案究惩，革退更换，决不故（姑）宽。毋违。特示（十二行）。

计开（补书院利谷四石，道光十八年十一月十三日已还清本银，不上利谷。有官朱批在书院底册）：

官船四只，长三丈六尺，口宽七尺，内只长三丈二尺，俱楸木底；

原功德田三工，坐落凹子田，小木叉（渣）村人耕种，年纳租六京石，红契一张，该村管事收执；

瓦房三间，坐落小渡口；

史夏氏施陈官营租谷十六石，红契五张，典契三张，借约一张，交大小木叉（渣）村管事人收执；

大木叉（渣）村每年捐帮船户谷一京石五斗；

即用府正堂前任贵州正安州陆凉周宧捐船一只，长三丈六尺，楸木底。又捐置水民田二分，坐落小渡口村南。一分大小二丘，计五工，四至俱李姓田，东至水沟，南北至李姓田，西至大河。原田十工，嗣开垦增广约计二十工，每年纳秋粮三斗五升三合三勺，收租四石。

文契抄白存卷。

道光十五年六月立。

告示右仰遵守，发署前勒石晓谕。

〔据《宜良碑刻（增补本）·交通》第223页辑录。碑存宜良文庙（今宜良一中）大成殿露台。青石质。高162cm，宽71cm。碑额题“功德碑记”。〕

重修七局村龙神祠碑记

武康臣

司治西北有七局山，山顶有龙潭，碧水一泓，灌田千顷。中有龙祠，内祀龙王，其形九首，或曰即所谓九头金介如意大自在龙王也。左女像，亦九首，或曰龙女也。右有神，青面赤目，或曰蟹神也。兴云沛雨，泽被一方，相传为井主龙。自有元建庙始，前明弘治及本朝康熙、雍正等年，重修朱志，载之详矣。乾隆四十二年，宫井司率众捐修殿庭廊户，规模备举。有司于春秋以少牢展祀，盖与井诸龙祠并重云。顾其地，距井六里有奇，除祀事外，辙（辄）无人登其堂。环祠居民，率皆村农，不知所以妥神灵而勤修葺。兼之历年既久，剥落摧残，正殿势欲倾颓，大门、两厢将成废址。值灶困民疲之会，焉能胜兴发举坠之功。

至道光乙未，邑侯刘公石生，西江名进士也，政事文章在在著有成效。公余之暇，灶长道及斯祠建置之由，公欣然往勘履废坦，抚遗碣，为之惨然者久之。乃与首事再三筹酌，借支祭祀牲醴十五六年，分银八十两，又借桥路功德四年，合银一百六十两。鸠工庀材，风雨不辍，经三月余而竣事。由是，向之坍塌者，栋宇巍峨矣，向之剥蚀者，金碧辉映矣。龙之灵有以安其宅，益以昭神应于此方，我民荷神之佑，安在非受公之赐也。公之关心民瘼，此不足窥一斑哉！

工料之外，尚有余银，置买武仁等庙傍开出田丘，李荣、李华、李富等山地林木一段，其昔日有无常住，已迷失无考矣。谨就此日工费开支香火之增设，笔诸石以志不朽云。

井生施光灿书。

辛巳科举人署他郎厅儒学事井人武康臣撰。

具禀：灶生施经、包炯章、刘大海、史永昌、杨基、张永太、施雄才、熊运昌、梁玉山、施宗鲁等，请禀司主台前，禀为建置香火常住，恳恩勒石，以垂永久事。

窃查黑井原建七局龙祠一所，供奉总龙，历年久远，旧有修建碑铭，并未勒有香火常住田租谷四至，祠之前后亦无界址，渐为邻田侵占。虽有看祠一名，毫无所出，亦如借祠栖止。以至历年既久，殿宇梁木朽坏，瓦砾剥落，两楹大门神马倾圮，目击心伤。无奈灶情日见颠危，力竭筋疲，万难再输重建。如再延缓，必致全行坍塌，灶等再四思维，邀恳赏借道光十五、十六两年分祭龙牲醴银八十两，并桥路租各项下动支，如有不敷，接续借支修补。于是鸠工备料，自十四年十月兴工，至十五年正月工竣。培补基址，因革损益，装颜神像，配塑神马，绘画栋宇，焕然一新。共实用工料等项银一百八十九两，除祭祀银八十两外，下余不敷，均于桥路租谷项下弥补。惟是祠既告成，而其中香火无维，常住无资，一有损坏，又无岁有资修，焉知日久倾颓，未有不似从前之敝坏，不惟考究不可，仍置之不为设法。因暂借银两，将武姓卖出山场一段，坐落龙祠后首，备价银赎回，水远卖入龙祠。四至山场，田丘，载明契内，然必再加开挖，亦须数十金方能种植禾稼。一经清理，则香火常住，岁修□省籍□□□□期久远。惟因纸书契券，碍难传久，禀请勒铭诸石，使其一目了然，众所皆知，日后不为肖小无端隐混，自可垂之久远。禀请仁恩批示饬遵，顶祝鸿慈不朽矣。为此具禀，计呈武姓卖契一套，恳恩查验存案。奉批：所办甚属结实，即准照禀勒石，以垂永久。所买山场田丘，仍俟择日行香后，便勘并带弓步丈量，一并勒珉，永杜他虞。道光十五年八月初七日批。

计田丘一，殿周围量长一百四十六丈的。一卖获武统绪同男侄武仁、武士经，凭亲族乡保中人等立约，永远吐退杜卖七局村山场一段，田丘四至，坐落龙祠庙宇之后，东至龙祠左首小箐，南至张姓田垦水沟，西至山顶张秀田垦茨棚，北至李名起田头小箐。外有秧田一丘，坐落龙潭左首。其田大小八丘，实受价银二十八两整。其粮二升，归入东界井粮局内，充公收纳。经凭亲族武功懋、武新恩、黄荣、黄文科、黄照、黄起、山必成等，共收契约六纸，禀缴官案存户房赵钱粘卷存查。

一买获李荣、李富、李华经凭中证立约，赎回七局村龙祠后山场林木一段。契内载明四至，东至龙祠大路，西至老垦，南至水沟小箐，北至田头小箐，四至分明为界。用赎回山价银十二两五钱。又义找李荣弟兄银三两栽立四至，永远吐退，杜交众灶，任凭招人耕种，培植树木，以作龙祠香火之用，李姓永远不得复称业主。前后契约五纸，缴官粘同前案存查。

道光十七年三月十四日立。

永远吐退人：李荣、李富、李华凭。中人：李泽长、张万镒、张必选。

经理灶长：施雄才、包炯章、张明远、杨基、包裕昌、史永昌、熊运昌、施宗鲁、杨泽润、杨乐安。

总理督工灶长：刘大海、施文简、武文斌、萧启佑、武惟恒、李永茂、李发林。

催工：李春园。

石匠：杨有发、杨淇。

包揽看守：蔡世富。

揽约一张。

时道光十七年岁次丁酉菊月望日立。

〔据《楚雄历代碑刻》第469页辑录。碑现存黑井中学。高69cm，宽96cm。楷书直行。武康臣撰，施光灿书。据《云南金石目略初稿》卷三第10页题录可知，黑盐井龙王祠原有康熙三十三年（1694年）提举王策撰、岁贡杨璿书《七局村龙神祠碑》，今未访得。〕

永警于斯碑

道光二十年二月二十二日午时，井役文杨芳为上坟，一时冒昧，误将豚菜拿往三道河上村房后，阖村吃水沟内泡洗，辙（辄）被村党见获，即欲鸣官。是以文杨芳自知理屈，邀请绅灶耆尊挽留，从中理饬服理修沟，情愿罚出银三十两，入井东之德海寺修用，垂石以警，日后不期混误。为此，勒石谨闻。

庚子岁清和月中浣日文杨芳立石。

〔据《楚雄历代碑刻》第425页辑录。碑原立于楚雄禄丰县黑井镇三道河上村后路旁。碑高110cm，宽47cm，直行楷书。碑额刻“永警于斯”。〕

龙祠碑记

盖闻，莫为之前，虽美弗彰；莫为之后，虽盛弗传。由来尚矣，而况井地以卤代耕，国课民生，胥利赖焉。饮水者必思其源，食德者必报其功，理固然也。黑井大井一区，在司治右万春山下，旧有盐龙祠。因明末兵燹焚毁，迨本朝康熙年间，始则提举聂公新建，继则丁公重修。越雍正二年，敕封灵源普泽庙号，并崇祀。典盐宪李公，率提举陈公及灶民等改建。至乾隆四十六年，朱公又为重修，前后美举，于今传焉。然自乾隆以来，历兹已六十有余载矣。道光二十年，余奉命莅任，谒祠之际，见大殿规模狭隘，两楹倾圮，即欲筹款整理，以昭诚敬，嗣因调署白井未果。逾年回任，灶绅等复以重修盐龙祠为请，余思井地无款可筹，惟有众力捐修乃可。遂倡捐百金，而黑、元、永三井灶绅暨省商等，共捐银一千五百金。预计木料石瓦工价，约费银二千四百余金。不敷之数，复详请盐宪周发给小票一千六百张，俟每年销征正加溢课足额外，陆续趱销弥补。遂于二十二年十二月兴工，二十二（四）年十月吉竣。庙貌辉煌，气象更新。从此祈神降福，卤脉兴旺，盐斤畅销。上裕国课，下足民生。是则莅斯土者，重修祠宇之微意也。是为记。

特授云南黑盐井直隶盐课提举司岭南萧榕撰并书。

大清道光二十四年岁在甲辰季夏月。

捐金姓名胪列于左：

特授黑井提举司正堂萧捐银壹百两。

（以下姓名及所捐功德银数略）

〔据《楚雄历代碑刻》第464页辑录。碑现存黑井中学。高69cm，宽95cm。楷书直行。清道光二十四年（1844年）重修立碑。〕

恒公河碑记

开河碑记（一行）

尝考禹疏九河，历代得免泛滥之苦；稷教稼穑，万世同享甘脂之休。是知我（二行）圣王治世安民之恩，不可一时或忘，日久湮没也。今河阳县属永昌乡之草海，水长（涨）淹倒前卫、秧田二村房屋，奉发库银买田开河渲泻海水一案。因地震山陷，落水洞阻塞，出水微细，以致海水节年渐长。至道光二十年秋冬（三行）二季积水满，不但淹没沿海之后所、前卫、秧田、黄泥等四村田禾，并将最低之前卫、秧田二村房屋淹倒多半。村民杨高腾等情急，将堤埂下挖洞泻水，出龙池村门首，该村戚矣。宜良县士民马坦等先后上控违禁开沟（四行），不容水出。当斯时也，若非宪恩浩荡，不惟四村田亩浚多旱少，钱粮难支，即前卫、秧田二村房屋尽被淹倒，无所安息，田亩淹没，日用无资，难免流离失散，弃业逃荒。恭幸蒙制宪挂念切民，优（忧）惟恐失所。札委粮储（五行）道沈，督同署云南府官委员署镇州恒，亲临勘验二县被淹情形，札饬委员恒会同宜、河二县，逐细踏勘，妥议具详等因。查恒大老爷会详内开：卑职恒文遵即前往该处，会同宜良、河阳二县，迅即查明确拟议详（六行）覆。等因，奉此。遵于道光二十年十二月初六日驰诣宜良，会同卑职陆葆遍查宜良各河道来源去路，详细踏勘，四围皆山，形同釜底，每遇大雨时行，各处山水涨发，由石牛箐、文公河等处汇归大赤江，去城东南四十里（七行）之红石岩。岩口虽宽三丈，因两岸石壁中多石龙，出水微细，以致大赤江水不能畅下，是以沿江低田，节年多被淹没，再加以炒甸草海积水最高，泻入石牛箐，直归文公河，河身又极浅窄，河高田低，不能加深挑挖，河身（八行）涨满，堤岸涨裂，则文公河两岸之田亦多淹没。此宜良历年被淹之情形也。卑职随又驰诣河阳，会同卑职胡炯勘得前卫、后所、秧田、黄泥四村，各相距四、五、六里不等，四村之中有草海一潭。草海之西，乾隆年间有落（九行）水洞一处，水自洞出，归入阳宗海中。因地震山陷，水洞阻塞，出水微细。道光十三、十六两年地震之后，更觉积水难消，除由龙池村堤埂外，四围皆山，水无泻处。该民等于堤埂下现挖一洞，开沟泻水，计以两月之久，而前（十行）卫等四村田地尚未全行涸出。此河阳县现在被淹情形也。卑职等会议河阳，草海积水四村现已被淹，若不设法渲泄，日积日多，不但四村受害难堪，将来水满堤溃，宜良亦有桑田沧海之虞。若竟任其直泄，不与限制（十一行），其水由永济河流入狮子箐，即泄入宜良石牛箐中，则文公一河亦断不能容受。唯有两县官民同心协力，无分彼此，先将下游受水之区，设法疏浚堤防，使水势稍分，俾上游水有宣泄，不致停积，庶于两邑水利、农田均（十二行）有俾益。等情。除勘丈宜良之石牛河、涚桥河、双龙桥河、文公河、大赤江等处应修丈数、需费银两，因文长碑小，不能备载删去外，仅将勘估草海尾河一节录列，以便后人稽考。内开，又查河阳县所属草甸四村积水尚未全（十三行）涸，兹值冬晴日久，宜良下游水有所容，则河阳下游之水正可趁时宣泄。该民等现于龙池堤脚开洞放水，洞高三尺余，宽一尺五寸，卑职等因正当水涸之际，令其每次挖深尺余，使水畅流，以便即时泄尽。惟是土（十四行）硐出水，日久恐致损坏，且易启私挖宽深之渐，拟修石闸一座，其闸高一丈二尺，长宽均一丈六尺，中开一洞，高二尺五寸，宽一尺三寸。涵硐一个，石硐高下，以出水之土硐为凭，俟水放毕，土硐之底即石硐之中。修建闸（十五行）座，俱用整石厢砌，中灌灰浆。闸上仍旧筑堤，以垂永久。至现在四村开沟处，挖伤龙池村豆田八丘，应由卑职胡炯查照该田原价补给；其堤外沟路宽窄不一，自愿挑挖，一律深通，拟沟五尺，即可畅流，由永济河经狮子（十六行）箐归入宜良石牛河中。所有建闸开沟估需银四百余两，卑职胡炯惟当竭尽心力，如式修建挑挖，以期草甸四村民人田永无水患。其龙池村民开沟有碍之处，卑职并应宽为多买丈余，妥为培修，庶能稳久，以冀仰慰（十七行）宪台轸念民依之至意。

以上各条，卑职陆葆、胡炯悉心商酌，意见相同，传问两邑士民，剀切晓谕，亦俱欢悦诚服。当经取具各结备案，所办两县工程经费另详粮宪批示饬遵，等因，详奉批结在案。查经费银两，宜良县需银一千六百两（十八行），河阳县需银两四百两，业经藩粮宪议详，请于道库米余项下借支，放给宜良县银一千六百两，在于云南府宜良县二缺各年分银八百两；河阳县借银四百两，在于本缺摊捐，均限四年摊足还款。详奉批准发给。业蒙县（十九行）主请领银四百两，传齐龙池村应买八丘田主，各照原价发给承领。余银购料兴工，蒙督同委员陈庆基赶紧修建草甸尾河已。于是翌年闰三月初十日工竣，造册详报请销，并饬将所买田亩，除开河外尚有畸零可耕之处，令（二十行）四村承种，按年完粮，如有盈余，为岁修之费。等因，在案。是自今以后，不但四村所淹田亩业有限制，即秧田、前卫二村可保房屋坚久，得免流离失散之苦，皆赖各上宪轸念民疾之德，恩同再造，不替疏通九河，教民稼穑之圣王哉！诚恐日久或忘，故刻之于石，以垂永久云（二十一行）。

为首人：杨高腾、崔景、张希德、杨学在、石有锦、王国佐（二十二行）、张希长、杨学在、石贵玉（二十三行）、王国佑、张正泰、王国泰（二十四行）。

恩赐九品八十叟速禧述详叙（二十五行）。

县庠生员王廷杰书（二十六行）。

石师李珍镌（二十七行）。

大清道光二十六年岁次丙午季春月廿七日阖营士庶同立（二十八行）。

〔据《宜良碑刻（增补本）·水利》第41页辑录。碑存宜良草甸前卫营村大寺左陪房东墙。青石质。高200cm，宽84cm，22行，行86字。碑额题刻“恒公河碑记”。该碑和“为开河有碍粮田贻患邻邑事碑”时隔71年，所叙均为草海水患治理一事。惟此治理工程规模范围更大，涉及宜良石牛河、滉桥河、双龙桥河、文公河、大赤江（即南盘江）等。治理措施亦更为完备，包含工程技术、财政支持、省县统一协调等，因而效果更为显著。〕

封山护林永定章程

署碍嘉分州即升县正堂军功随带加三级纪录，为永定章程，以广水源事。

兹据道光三十年二月十三日，旧县里士民黄金铠、黄金铣、王丰泰、黄金钊等呈称：本里有种不肖之徒，私行刊伐老柴窝山树木，烧炭种地，以致筑窑烧石灰，泥沙壅塞，阖里粮田无水灌溉一案。当即分州提讯，俱各供认。重加惩责外，取具甘结，日后不得妄伐一草一木结状。大村里士民等犹恐日久仍蹈前辙，禀恳永定章程，保护泉源，俾世无乏水之患，请示垂后。等情前来。本分州查访老柴窝所发之泉，历代灌田食水，历代取资，所利甚巨，岂容卑鄙小人妄行刊伐，开挖烧炭使泉源无所庇护，致有干涸之患。夫一人得利，万人被害，此种行为，不但王法之所不宥，即家理亦不相容。言念及此，深堪痛恨。为此示，仰汉夷人等知悉。自此以后，仰大村里乡约随时稽察，不惟不准开挖烧炭，即取薪者亦不准登山剪伐。倘敢不遵，许该约扭禀来署，按照绝人饮食以致死者律讦办，决不宽容。□□□□愿我士民□□□永矢勿替，俾泉源不竭，庶类得以资生，则幸甚矣。遵之凛之，勿违。特示。

一不得放火烧山打猎；一不得筑窑烧炭烧石灰；一不得开挖采种地；一不得采取柴薪；一不得放牧牲畜。以上诸条俱系有关水源来龙，仰大村里乡约递年稽察，如有犯者，该乡约□禀报究治。

道光三十年三月示。

特授楚雄府碍嘉分州加三级纪录□次涂，为再行剀切示禁，永定久远事。

照得碍邑居山谷之中，地多坚石，难以凿井，城厢内外，灌田汲饮，全赖老柴窝山箐积水分资，相传已久，关系匪轻。前有不法之徒，赴该山伐树种地，筑窑烧炭，士民黄金铠等即联名呈禀，经前任分州判□□□等察实责惩结案，晓谕在案。本分州莅任，复据该士民王亿兆等抗官藐法，纵火烧山等情，□□□经提讯究治，履勘定断，取结在案。查老柴窝山，系碍城来龙，非如别处公地可比。该山附近旧县邦粮山、核桃山、老铁厂等士民，各以利己之心，几至树株伐罄，沙泥壅塞，殊于水道大有窒碍。兹经本分州明断立案，令士民沿山一带撒种松秧，培植树木，至于炭窑概行拆毁。但恐日久沅生，合再剀切示禁。为此示，仰合邑汉夷及附近居民人等知悉。嗣后倘有再赴老柴窝山箐刊伐一草一木，以及开挖种地筑窑烧炭者，许该乡保等指名俱禀，以凭锁拿到案，不特治以应得之罪，且必从重罚银，充合草木损毁。若隐不报，并及是案严惩。本分州言出法随，决不稍宽。自示之后，尔士民互相稽察加以维持，庶泉源远长，世无涸□，利民饮水灌田矣。各宜凛遵毋违。特示。

道光三十年十月三日示。

合邑士民仝立。

〔据《楚雄历代碑刻》第371页辑录。碑原立楚雄双柏县碍嘉古镇，今已毁。碑高110cm，宽50cm。直行楷书。碑文是道光三十年三月、十月，两任楚雄府南安州碍嘉分州正堂为禁止在哀牢山老柴窝箐砍树种地、筑窑烧炭之行为，以“保护泉源，俾无乏水之患”的五条裁决，告示合邑汉夷，严格遵守，封山育林。士民以“永定章程”刊刻立石。〕

水利碑记

大理府赵州云南县为重水道以养民生，蒸民粒以重（一行）国储事。奉（二行）澜沧兵备道据廪膳生员王巩栋所议前事，奉批仰云南县查报等因。奉此督修一沟三坝，功已告竣，□（三行）有各村田亩水利，合照县前碑记，永为定规。为此示，仰和甸五村人等知悉，毋得以强凌弱、以众暴寡，各自增减水（四行）分，诡混田亩，自有成局。今将水例款目开列于后，以示遵依（五行）。

计开（六行）：

一水利照县前碑记，溯灯二村二昼一夜，下简村二昼一夜，阿狮邑二夜一昼，新生邑、左所二昼一夜，上简村、许长（七行）村二夜一昼，毋得增减。

一水利照古会轮流，由朋灯而左所、新生，由左所、新生而上简、许长，由上简而下简，由下简而（八行）阿狮邑，由阿狮邑而后朋灯，周而复始，毋得搀越。田亩照县前碑记，上朋灯三十双，下朋灯三十双，下简四十双，两（九行）李乡绅二十双，新生邑三十双，左所三十双，上简三十双，许常三十双，阿狮邑六十双，毋得诡混。

一水利照县前碑记，如有洪（十行）水泛涨，任从沟道平流，不拘水利，不得散漫田亩，借口生事，某家侵□。

一水利照前县碑记，如无洪水，须备水利，倘上流有侵窃（十一行）一分者，许值水利村人禀究。

一水利轮流须依时刻，寅时交割，寅时接放；戌时交割，戌时接放。交割迟一时者，定以霸占水（十二行）利论；接放早一时者，定以侵窃水利论，法不姑贷。

一水利原照田亩，有此一分即有此一分灌溉之水。今有卖田（十三行）而不卖水者，有买田而不得水放者，卖主则□田□卖水，买主则有田而无水，何从□□，如再有此等，许买主禀究（十四行）。

一水利须照亩放水，有村恶□□□□之□□霸二分之水者，许村人禀究。

一水利原照亩照夫，今有值冬秋兴夫时则减田亩，值（十五行）春夏□□时增水分，□此奸诈诡混，何以□□，许村人禀究。

一水利自今年夫役□定，□他年即有修筑□，有如今年一沟三（十六行）坝夫役浩烦，□如今年不行，更待何年再行。

即将本人田亩水分革去不与，以□数款□□必践，法在必行，永为定规。敢有村民（十七行）人等抗□不遵者，许村□里老指名□报，以凭详□解究，决不姑贷。

右□村村□杨□□、〔杨〕□□、罗儒、〔罗〕□、王□纪、王胜先、汤立祯、〔汤〕学□、李□□、〔李〕尚明、卢勘、段松、王屏、杨照（十八行）。

以上崇祯水利，虽云旧有章程，未免缓急不均。至雍正四年，蒙县主张亭□□一定□□在人，因时因地，宜缓宜急，公□田土多寡之（十九行）数，分析用水多寡之分，将十日一轮之水利变为五日一轮，每大村各□□夜，□□水分轮放，确有印册可凭。□因咸丰戊午年间惨遭（二十行）大乱，龙宫三殿尽被烧毁，一沟三坝俱被水冲，幸有王飞□兴工□□□□成功，继有罗先甲□□□□先于同治癸亥、甲子年运人修（二十一行）筑下坝，又于乙丑年重建龙宫二殿，夫役钱米俱照水分均派，毫无偏□，不三年间，三善□□。生斯际者，亦良苦矣，犹望后世勿□前（二十二行）□□□□□□所愿也。仍将雍正四年□□□所□□□逐□□□于后（二十三行）。

〔据《大理丛书·金石篇》卷五续编《碑刻、摩崖、器物铭文》第2778页辑录。碑存祥云县禾甸镇龙泉寺，嵌于寺门过道西墙。青石质。高91.5cm，宽59.5cm。直书楷体。23行，行2－45字。碑头右行横书楷体“水利碑记”。清同治四年（1865年）后立。碑文反映当时该地区水利设施的建设和使用情况、管理办法、各村田亩数目及龙宫殿宇兴废历史。是研究当地农业、水利和民俗的参考资料。碑文中使用“双”作为田亩计量单位，每“双”相当于五亩，是南诏、大理国计量田亩单位的延续，显得尤为珍贵。〕

新建飞龙桥碑记

新建飞龙桥碑记（一行）

且凡事有难为者，未易遽必其成，况欲其速成乎？乃不惟可必其成，而成又若甚速，此中盖有天意存焉，非人力之所能强也。如新建之沧江桥（二行）是已。是桥为西北一带所由之路，在昔承平，孰不知其当为哉？卒之得为者弗肯为，欲为者力难为。非（三行）元帅宏施济之恩，恐终古无为之者也。树自癸亥三月恭奉（四行）帅命，总握斯土，到州后见往来过渡之人，艰辛困苦，莫可名言，实为可悯。虽将船费禀免，难保后之不行。因与各部将官相约，如蒙天福得任一年（五行），定当禀请以成此举，而同人皆有难色，以为功程浩大，用度实难筹办，树曰：“非然，特恐时日耽延，多费经营而已，事在人为也。得为而不为，不几（六行）上负委任之恩，下负苍赤之望乎？”延至秋七八月，水势大长，不能开船，即将此情申禀，请以公田作底，再捐再议，以作递年船手之费，可以稍便行人。祈（七行）恩定夺。至于造桥一件，虽可调为，必延时日，不期我（八行）大元帅广胞与之台，切拯溺之怀，止议由之说，兴造桥之举。遵奉之下，刻即函请各里官绅到州，妥议金费，并各处催调工人，于十一月十二日兴工，阖（九行）州士民无不仰体此意，踊跃从公。迨月余以来，江水渐消，工人渐集，已有成局。又值岁腊之变，两江内外，军务纷纷，商旅不行，居民逃遁。而督工（十行）者若行所无事，做工者亦置若罔闻，非冥冥中有默为之维持者哉！且不但此也，于春初将欲起底，而东岸稍露岩形，西岸全无依据，不数日之（十一行）间，江水大涸，忽现石牛，可以下石，询之居人，俱未见过。且言江水之消，亦未有若是之甚者。树不禁私心窃喜，曰是（十二行）天默鉴（十三行）元帅救济斯民之心，俾树得与其成，不可谓非幸也。今不数月而竟告成矣（十四行），元帅赐名曰飞龙桥，盖取利济苍生之义。昔子产以乘舆济人，孟子以惠予之，以不知为政讥之。今（十五行）元帅此举，远过公孙氏什伯，其惠泽所及，岂但一时一世而已哉！故特记其日月，与在事官绅及经费出入，一切泐之于石（下阙）（十六行）。赋成喜诗四律（十七行）：

万古长江西隔东，崇山尽处挂飞虹。木兰在昔愁风阻，星汉于今有路通。似叱鼋梁沧海上，如乘鹊架碧霞中。□□虽□□□□，□□□□□□□（十八行）。

运转鸿钧笔我疆，休言世变值沧桑。济民念切催科拙，拯溺情深画策长。绝壑相连成荡荡，凭空结板□堂堂。从今稳步□□□，□□□□□□□（十九行）。

岂龙天堑俨雄关，叠叠云山任往还。不似玉龙千丈起，宛同新月一钩弯。狂澜力挽鲸鲵伏，孔道宏开草木删。举足莫□□□□，□□□□□□□（二十行）。

谩道西南胜迹留，可能堤柳赛苏州。补天事迹曾闻耳，甃石功程若点头。未必福星称一路，何妨砥柱永千秋。兰□□□□□□，□□□□□□□（二十一行）。

岁在上元甲子孟秋吉旦，总镇云龙大翼长李玉树（二十二行）。

〔据《大理丛书·金石篇》卷三《碑刻、摩崖、器物铭文三》第1412页辑录。碑存大理云龙县飞龙桥畔。高12cm，宽60cm。直行楷书。文22行，行7–55字。该桥为沟通澜沧江两岸之重要孔道，杜文秀所任命之总镇云龙大翼长李玉树所建。上元甲子，即同治三年（1864年）杜文秀起义时。〕

雍正五年立云南县水例碑

云南县正堂加一级纪录一次张汉，为恳恩赏给碑文，饬定水例，勒石以垂永久事。

雍正四年九月（一行）初三日，据生员刘鼎汉等诉前事，词称：情因先人从征，洪武到滇，屯田本县刘官厂，约有七十二户。后（二行）因彫敝逃亡，迄今仅存十户。虽人烟辏集，而土瘠民贫。村中父老子弟所日昃不遑者，半在身家，而鲜（三行）及心性。蒙宗师广辟朝廷义路，造就人文，赏立社学，开塘报垦，诚教养之兼举而父母斯民者也（四行）。但恐事久或废，其食德未深。祈恩赏赐碑文，将田粮、四至、坐落、水分、人名胪列于石。俾时势有殊，无得（五行）更易。贤奸不一，群奉章程，德配尼山并峙，泽与洙泗长流。等情到县。据此，本县为照设立社学，教育人（六行）才，诚第一美举也。但恐日后人情变态，历久弊生，或将水分次序前后搀越，或将田地四至彼此混夺（七行），甚至短少租谷，以及抗骗租石者，则此番公举，必至流为祸胎。欲其持久而不废也，难矣。应即照依所（八行）诉，将水分次序及各田地四至并诸姓名，逐一胪列于后，以垂永久。倘异日有违抗不遵，以私灭公，许（九行）尔众人立即首报，以凭惩处。

务使雅化洪开，英才蔚起，世世相循于勿替，庶不负本县振兴文教之（十行）心，亦不虚尔等具呈设学之意云尔。

计开：新垦本伍久荒田一块，坐落海下，东至严端吐退田，南至（十一行）荞地，西北至沟。报秋粮六亩一段二丘，坐落营后，东至陈凤田，南至沟，西至胡会荣田，北至路，报税乙亩（十二行）。领到严端、严智、严以仁吐退田一区，坐落任官海稍，东至严端田，南至海，西至徐文凤地，北至龙田，认（十三行）秋四亩，其粮总归社学完纳。原修筑海面上下二坐，东至荞地，南至张伍田，西至山，北至大路，工力共（十四行）费银五百二十三两七钱。其海水定例十二分，内刘鼎汉、邹绣、刘睿、陈武道、徐联第、王泽湘、胡象乾、严（十五行）怡、许正国、梁九成等，每户水一分，田一分，纳租二石。外十户公捐关圣殿常住田一段，东至沟，南至秧（十六行）田，西至胡家荞地，北至梁家田。以上额例，永垂不朽，是为石（十七行）。外刘光暄水一分，职田十四截，四至俱至社学田，秋一亩，不入社学（十八行）。

雍正五年三月十六日，坝长夫头刘汉英、陈宏烈、徐联第，典史彭云翼，教授简重，经承朱兴文、段心贤，乡约张凌立（十九行）。

同治四年六月初二日合伍重修（二十行）。

〔据《大理丛书·金石篇》卷三《碑刻、摩崖、器物铭文三》第1417页辑录。碑存大理祥云县刘厂小学。青石质。高130cm，宽65cm，厚25cm。碑头横书“社学碑记”。直行楷书。文20行，行13－39字。清雍正五年（1727年）立，同治四年（1865年）重立。碑文对研究当时农田水利、民间办学及群众资助发展教育，具有一定价值。〕

续修飞龙桥碑记

续修飞龙桥碑记（一行）

澜沧江，其源来自西番，其流归乎南海，水势汹涌，深不可测。过渡者每涉风涛之险，前人未始（二行）不以利济为怀，竟阻于下手无地云（三行）。前任大翼长李桂楼公见兢渡维艰，心焉悯之。禀请（四行）大元帅示，始度地议修铁索桥。敦劝各里绅民捐资，一时鼓舞乐从者众，遂兴是举。不数月而规模（五行）大备，盖志切惠民，心存济众，默默中自有（六行）神力相助也。乃桥梁甫架，旋即卸任。甲子秋，园恭膺（七行）帅命，镇抚斯土（八行）。前任以未竟工程付园，园以此事善事也，以善继善，何乐不为。覆思此桥创千古不易之基，造（九行）百姓无疆之福，值此四方多事，若非深谋远虑，终恐枉费财力。爰商诸地方绅耆，各匠人等，悉（十行）心筹画，再加铁链，再甃石岸。凡有未妥者，在在添修，务期一劳永逸而后已。又于桥之东西两（十一行）岸，各安营寨，相为犄角。又改设街场，移置税所。则处常得赖以岁修，即处变可恃以防守矣。从（十二行）此，攘攘而往，熙熙而来，永庆安澜，同登寿域，何莫非（十三行）大元帅之所赐也。经费不济，复于各里续捐前次功德之半，历三年而工始竣。所有前任移交存银（十四行），并续捐功德，及筹拨款项，与在事出力人员，另为勒石，以垂不朽。噫！是举也（十五），桂楼公开之于先，园得续之于继。尤望后之（十六行）仁人君子，随时留意，庶几不弃前功，近于坚久焉（十七行）。

总镇云龙总理行营军务大司寇李芳园匡洲甫序（十八行）。

岁在丁卯仲冬月吉旦（十九行）。

〔据《大理丛书·金石篇》卷三《碑刻、摩崖、器物铭文三》第1422页辑录。碑存大理云龙县旧州乡飞龙桥望江楼内。青砂石质。额半圆形。高133cm，宽68cm。直行楷书。文19行，行6－37字。清同治六年（1867年）立。是研究杜文秀起义的重要史料。〕

文公河岁修水规章程碑

署云南府宜良县正堂加三级纪录六次卓异侯陞陆（一行）给示遵守事。

照得宜邑水利，前明嘉靖间临元道文公开修河道，上自江头，下至乐道，历年均有岁修。其沿河各村有水分者则派岁修人夫，无水分者均不（二行）派，及此旧章也。道光二十年冬，本县躬为督率挑挖各河，查黑羊村以下，下游河身多已淤塞。劵查，道光十二年前县吴任内，确查上下游河身相接处（三行）所，没入胡家营堰塘之内，此外河身并有改成田亩，种植树木者。逐段踩定河形，首先捐廉，劝谕开挖。并令胡家营让出堰塘二百五十三弓，修筑堤埂，以通上（四行）下游咽喉要口。功已垂成，调任而去，迄今未及十年，前功几已尽废。今据桥头营士民邱占琼、吕元清，下墩子营士民王树堂、袁文蔚、盛永裕，中所士民（五行）王世琼、王文魁、罗宝等先后呈请，各愿兴修。查桥头营本有水分，惟地高河长，工费最巨；中所则向无水分。然自前县吴任内，即与桥头营同请修挖，同已用（六行）过工费。下墩子营虽有文公河水分，仅引上游余水灌溉低田，而正河之水与该村沟路不通。今疏通正河，水难下注，仍于高田无济。复查该三村见义勇为（七行），既已同愿请修，自应同沾水利。其桥头营、中所两处本有沟路可通，下墩子营一处，踩得柴家营村前可以开修沟道，引正河之水下通该村老沟。当令下墩子营（八行）与柴家营商让沟路，代为抬粮补价，写立合同议单。柴家营村民亦已应允。于道光二十一年三月十五日一律兴工，宽深如式；复于沙沟经过河身处所，镶（九行）砌大小石过涧十道，上过沙石，下通河流，以防淤塞，于六月初十日，一律工竣。其堰塘内堤埂，以及胡家营村前桥闸，各工应行培修之处，现因江水已发，田禾（十行）正茂，无处取土，不能加修。已据下墩子营生员王树堂、袁文蔚等呈请，水涸时再行认真修建，投递认状在案。今议定各该村放水章程，先满桥头营堰塘，次满（十一行）下墩子营堰塘，次满中所堰塘，轮流分放，以免争执。至岁修章程，各依本村界址修挖河身，其公河、公埂依十分算，桥头营认四分五，下墩子营认三分，中所认（十二行）二分五，均于每年十月间认真修挖一次。其过涧、桥闸各工亦各依门面随时修补。再查前所涵洞系桥头营士民镶砌，为引上游余水灌溉低田而设。今文（十三行）公河下游已通，而前所涵洞低于河身，倘仍终年泄放，则上游河流至此已泻，便不能直流下游正河。嗣后，桥头营、下墩子营、中所等村于冬春存蓄余水时，准（十四行）将前所涵垌堵闭，以使河流直下，不准他村擅行开放；其大雨时行之际，恐河流满溢，仍旧开放以畅支流。又查上墩子村本无文公河水分，本年开修下游（十五行）河道，该村亦并未帮夫挑挖。惟鉴查道光元年前县江任内，详准上墩子村由桥头营二道涵洞地方开沟引水，灌溉该村田亩在案。查二道涵洞之水由（十六行）前所涵洞放下，今准桥头营等村堵闭前所涵洞，则水难下流，于上墩子村未免向隅。今议定先尽桥头营、下墩子营、中所三村堰塘放满后，亦准令上墩子村（十七行）由柴家营所开新沟内接放河水五日。俟五日后，仍归桥头营等村依次灌放，不得紊乱。其每年岁修，亦应令上墩子村酌量帮给，以归平允。至桥头营、中所附（十八行）近各村，历查旧卷，向无文公河水分，本年亦未帮同派夫修挖。现据左所民人李紊、尤凤书、钟大宝等呈请，情愿帮同岁修，分沾水利等情，业经批准在案。此外（十九行），各村以后每年岁修之时，如有情愿帮同修挖者，准其自向桥头营、下墩子营、中所等处绅耆公同酌议，分放余水，以从民便。如本年并未帮夫，各村及以后（二十行）又不认岁修者，不得恃强争水，自干究处。以上各条业经本县详明（二十一行）督部堂桂、抚部院张，署藩宪费、护粮宪郑署云南府官批示饬遵，合行出示晓谕。

为此示，仰该村营士民等知悉，以后放水岁修章程，均各遵照详定章程办理，毋得推诿草（二十二行）率，以致前功废弃。其附近各村，如有不帮岁修，恃强争水者，准随时禀官究处。各宜凛遵毋违。特示（二十三行）。

道光二十一年七月初三日示，右仰通知（二十四行）。

告示发桥头营，勒石遵守（二十五行）。

光绪六年庚辰岁仲夏月望三日吉旦。

晋阳同治壬申年岁贡生七十有一李休书。

桥头营士庶同建。

镌石工张自诚（二十六行）。

〔据《宜良碑刻（增补本）·水利》第102页辑录。碑存宜良南羊镇桥头营村报恩寺正殿外廊北墙。原碑无名，标题系编者拟加。青石质。高175cm，宽65cm。〕

重修温泉浴亭记碑

重修温泉浴亭记（一行）

水随地而有泉，而温若有独异者，以其或有而或无也。然山之有阳谷，地有火井，水之有温（二行）泉，皆聚气使然，非如德水醴原之偶尔清甘也，又何异焉？且浴沂征于鲁论，温谷纪于秦都，他（三行）若王褒之铭，张衡之赋，郦（骊）山华清之所游，庾信、秦观之所述，凡见于《博物志》《水经注》及古图经（四行）地志者，殆将以什百数，而滇未有闻。滇于中州最远，其入职方、列版图又最后，元明以前，冠盖（五行）之所罕经，文人学士足迹不至焉。安宁号第一泉，实自杨升庵始，而螳川更未有及者。斯泉（六行）也出于硗确之下，芜没于荒榛断梗之间，徒令樵夫、牧竖、野人、游女、夷倮之属，玩之濯之，相与（七行）嬉戏，而评论泯泯然弗传于世，即传而弗及于远，其沈晦不知几千百年，吾以悼斯泉之不遇（八行）也。光绪丁丑冬，元燮来守郡，公余之暇，览山川，访遗轶，闻陕人崔公乃镛者为守，雍正时尝种（九行）柳，筑室其上，距今百五十载，已圮毁扫地无迹矣。嗟夫！士君子蕴四时之气，具中和之行，蠲慝（十行）荡秽，兴羸（羸）起瘠，其泽足以及庶类而垂永久。遭时不遇，屏于寂寞之滨，为谗人媚子所龂龁。而（十一行）扯抑者何可胜道？斯泉虽僻处，尤得崔公表彰之，自为东川十景之一，灼然在人耳目。然则斯（十二行）泉亦不可谓不过也。岁壬午，元燮将去郡，捐金，属郡人为浴亭，阅三月而毕工。凡为屋二所，计（十三行）高八尺，深丈许，广七尺，门其中，以便浴。如施薄然。明年冬，予以铜务镌职，重游于此，始取道往（十四行）浴焉，前既歌咏之，爰为之铭，曰（十五行）："寒谷春，邹吹律。烧冰雪，成金玉。泉之温，匪幻术。解愠郁，涤烦疴。伏炎德，起喧波。非石硫，或丹砂[①]（十六行）。水火合，元气多。亘[②]百世，养太和。构斯亭，久将敝。嗣葺之，期勿替。寿诸石，为泉慰。"（十七行）

光绪九年岁在昭阳协洽冬十一月。

武陵蔡元燮记（十八行）。

螳川刘昭鉴书丹（十九行）。

石工卜云（二十行）

〔据《曲靖石刻》第240页辑录。原碑文缺部分，"安宁号第一泉"以下文字据民国童振藻《云南温泉志补》校补。碑现存会泽县城西约8公里处的热水塘。青石质。半圆首长方形，高134cm，宽69cm。额正中刻"滇南第二泉"，正书阴刻。四周加刻两道阴线，呈长方形框，框外加刻如意纹装饰，形同牌位。左右两边阳刻两组如意纹装饰，图案细腻而精美。碑文正书阴刻左行，20行，行4－36字，计583字。主要记载会泽温泉虽独异，但因文人学士足迹罕至，为天下人所不知，安宁温泉之所以传世，皆因杨慎所书"天下第一汤"。会泽温泉，东川十景之一。另见光绪《东川府续志》卷四《艺文》第4页，题作"重修温泉浴亭记"。〕

上沟塘子碑记

盖闻，泰山不让土壤，故能成其高；河海不择细流，故能成其深。河者沟土脊（瘠）民稀，缺水灌溉。村之南有地名（一行）秧田湾者，可作宴（堰）塘：三面山而一面河，真天生之塘也。于乾隆三十年，得陈公瑞睹其形势，爰集合村公同（二行）妥议，凿山开河，集旧河为塘埂，三年而塘遂成矣，取其名曰永济塘。每年积水灌溉合村田亩，必须上满下（三行）流，永定章程。□思前辈费千万苦心而集成斯塘，使□土而成膏腴，俾合村庆鼓腹之欢，得非有赖于斯塘（四行）哉。今恐代远年湮，没其懿行，谨勒诸石，以志不朽云尔（五行）。

乾隆四十五年，本村开挖上沟一条，每年修通放塘子水。其沟头自白莲寺杨家老坟山脚接水，直开至本（六行）村塘子内止。其沟底宽三尺，上下沟埂厚共六尺。其开沟时经□着白莲寺、古城各姓山场田地，俱照时补（七行）过价银，立有契据为凭。其沟系由马安山脚经过，倘后日被河水将沟冲倒，准有河者沟挖上补下，另开沟（八行）道。今恐代远年湮，人心不古，故勒石永远遵守为据（九行）。

凡每年放塘子水，定于四月小满三日开闸，其所泡后之田，每年公议抽以水租，以补塘子内水淹（十行）之田。

凡众姓有塘子田者，每田壹工每年补谷三斗（十一行）。

---

① 砂　原碑缺，据《云南温泉志补》补。

② 亘　原碑缺，据《云南温泉志补》补。

邑人陈荣黼撰并书（十二行）

大清光绪十五年十月初十日合村士庶仝立（十三行）

〔据《宜良碑刻（增补本）·水利》第100页辑录。碑存宜良狗街镇河者沟村。白石质。高127cm，宽56cm。无纹饰。〕

重修南薰桥碑记

重修南熏桥碑记（一行）。

宾邑出南城外不数武，一溪横绕，东山诸箐水归之，夏秋见流，冬春则涸。向架桥其上，往来行旅甚（二行）利。丙申夏，蛟水涨发，桥为倾圮。凡出其途者，褰裳濡轨，甚病涉焉。用是戚戚于心而未释也。语有（三行）之：桥梁不治，道路不平，为有司之耻。熙承乏是邑，知耻而不能免耻，其何以释吾戚？越明年春正（四行），偕同寅诸君集议，幸获同心为之怂恿，遂以邑绅袁君董其役。而若者捐募，若者出纳，若者鸠工（五行），袁君复分司其责。乃诹吉兴工，而一切布置，较前加密，桥身向支以木，今易以石。桥北一带，向无（六行）硎岸，箐水陡发，易损桥根。今复甃以巨石横亘，俾遏其冲。且赐坊翼其旁，层阁耸其上，于以励忠（七行）节而培风脉。周之密之，轮焉奂焉。而桥之事毕矣，凡六阅月而工竣。是役也，董其事者为袁君绍（八行）魁，捐募者为方文奎，出纳者为何永吉，鸠工者为蒋春荣、董绍康、李朝阳诸人。而阖州绅耆士庶（九行），颇有捐赀。若不寿诸贞珉，何以劝善而垂久远。熙不敏，深嘉诸君之急公，复乐宾民之好义，而（十行）幸其相与有成，卒能免吾之耻也。用记颠末如此（十一行）。

权州事灵川黎元熙谨记并书（十二行）。

前宾川州右堂黄钧培，特授宾川州儒学正堂张维源、副堂叶熙春，署理宾川州汛部厅羊立朝，署理宾川州右堂张孝慈同倡建（十三行）。

光绪二十三年九月吉日立（十四行）。

〔据《大理丛书·金石篇》卷三《碑刻、摩崖、器物铭文三》第1607页辑录。碑存大理宾川县州城乡南薰桥桥亭内。大理石质。高112cm，宽68cm。碑头刻“永垂不朽”。直行楷书。文14行，行7－37字。南薰桥，一名南津桥，明嘉靖二十三（1544年）年宾川知州朱官建于城南，李元阳撰有《南薰桥记》，见后。本文为清光绪二十三年重修碑记。〕

修弥渡通川河记

修弥渡通川河记（一行）

光绪乙未孟春，余权大理府事，会弥渡绅士杨玉发等以酌提公产，添修河工为请。西巡观察使张公韪之，顾谓其属吏应梧曰，向闻子守澂（二行）郡时，勤求水利，弥渡河务，还以劳子。子太守，其亟往图之。应梧谨再拜受命。先是，岑襄勤之督师讨平杜逆也。清釐各属叛产，无虑数千百顷（三行），悉畀地方，岁济公用，订为卷金，宾兴、膏火、义学、河道，暨伤亡兵士家属养赡诸名目，酌济多寡，俾无侵紊。分命绅士司其出纳，岁终，上会计簿于（四行）官，德甚盛甚溥也。厥后司公产者率多侵渔干没，置河弗理，亦莫有稽牍按问者。河害寖深寖广，淹没田亩，冲踣路人及畜，居民行旅咸病之。杨（五行）绅等毅然以修河自任，而有是请，不得谓非行仁义者矣。仲春之杪，余往勘河，循河下至弥渡三十里，再下至苴力河五十里，河至此止矣。住下（六行）则深窟密箐，莫可究诘焉。则见有蹒跚水中者，所募之百余壮夫也。问其经始于役，两越月矣。稽其度支，所费千余缗矣。河之长，直计八十里，纡（七行）曲计之，不仅百里。已浚者六里许耳，待浚者繁不胜纪。纪其尤为险要而旦晚可虞者，尚二十余区。矧河宜治，江亦宜治。厥江三，实维河原，曰赤（八行）水，曰昆雄，曰昆雌，与夫九股箐之水，俱入于河。次第治之，斯诚正本清原之道云尔也。顾时迪工巨，应募复寡。守甫下车，信未孚，民可若何？嗟呼（九行）！民之痛等切肤也，守之责毋旁贷也。守固无良图也，佚道之使而已，亦匪别图也。前事之师而已，因民力，治民事，具有澂江治水成效在。遂乃号（十行）于众曰：具尔畚锸，饲尔牛，负尔耒，偕往勉从事于河之干。示汝险且要者先治之。饥吾饷尔，兼犒尔牛。险要既平，乃疆乃理，毕尔耕稼，完尔廪。吾将（十一行）与尔共庆。夫岁之大有，秋咸纷然以起，谓太守忧民之忧如此，有不惟命者众弃之，余窃幸厥事之集也。因以下游之役，属署通守毛司马瀚丰（十二行），以上游之役，属冼大令祖祥，仍责在工绅耆，五日一报。郡居数日，乃返，粘河图于壁，日审焉。洎仲夏，河流报疏矣。秋时再往，则黄云遍野，向之污（十三行）泽，悉复沃壤。田夫野叟，稽首道侧，或奉斝以进，把盏顾盼，为流连久之去。复语以续修之役底完善乃已，后此岁修，不复劳尔众矣。并助百缗为（十四行）之劝，属其事于实任通守孙君绳武，命商巡政廷倬佐之。明年春，续修告竣，余卸肩去郡矣。兹因绅耆之请，为记其事，俾书之碑（十五行）。

卸大理府事迁江凌应梧撰并书（十六行）

在事绅耆衔名附刊于后。军功：刘锐、成起龙、许双科、任邦、丁绍兴、王凤、谷煌、杨恩、杨洪兆。武举：张伦。武生：傅太任、徐乘龙、李占魁（十七行）。文生：王宾、李林、杨焜、李祥云、刘光尧、李崇义、秦继先、王圻、韩蹲、成文藻。监生：黄万川、杨光春、李壂、杜善嵘、史从智、从九、奎登云、郭琼（十八行）、蔡钟杰、杨灿。世职：师谕、师儒藻、李兴裔。管事：杨名魁、孔宪章、万德盛、李塘、郭闻唐、王正魁、潘应禄、何占槐、董正光、董开科、白玉珍、白（十九行）酥、时旸、邹立山、杨粹、蒲逢春、宋儒、李梓、吴耀宗、邓崇忠、田旺、赖东升、侯仲、雷材、姚湘、奎锡章、杨伦、李发、王尚质、李茂亭、李福海、杨得（二十行）珠、李树、沈昭、师学道、杨锦、唐文广、张荣宗、李天培、李昌、刘萱、王金、蒋有、张忠（二十一行）。

光绪二十三年六月初十日勒石（二十二行）。

〔据《大理丛书·金石篇》卷三《碑刻、摩崖、器物铭文三》第1609页辑录。碑存大理弥渡县文化馆。大理石质。高169cm，宽78cm，厚5.5cm。阴阳两面俱刻内容相同的碑文。直行楷书。文22行，行7－55字。碑文所记为弥渡县历史上一次重大的治水工程，为研究云南历史上的水利工程提供翔实资料。〕

银河桥功德引碑

银河桥功德引（一行）

古今来，宏规巨制，创于前者，必续于后，乃能历久不坠。稽银河桥创自乾隆癸卯，其始末端委，前碑载之已详，无庸复赘。第自始创至今，相距百有余岁。其间（二行）迭经朽坏，其附近士民起而重修之，然亦增补缺漏而已。迄今多历年所，深为风雨剥蚀，全桥有岌岌难久之虑。且数十年来，河中沙石漾满，几与岸平，故桥（三行）墩亦必继长增高。有心者睹之，而喟然叹，苦无积款，复无乐施巨富重建自任者，然终不忍坐视其圮颓也。戊戌秋，有志诸君相与会集踌躇，择郡中慷慨好（四行）善之家，及附近居邑，量力劝捐，得银三百有奇，是冬兴工，幸有志竟成，不惟仍复前规，而且增广旧制。赀有羡余，又以修桥南北之道路，而气象焕然一新矣（五行）。己亥春落成，诸首事念是桥之成也，悉出于募化，不忍捐赀者之姓名湮没，特勒石以示来兹云。

邑廪生汉章段星照撰。

邑增生箴卿张国铭书（六行）。

钦加提督衔鹤丽总镇都督府岑捐银拾两，高履康拾贰两，张桂林壹两五钱，武生施荫芳壹两，永和号壹两，赵心广壹两，杨钟仁壹两（七行），钦加四品衔卓异候升丽江府鹤庆州正堂王捐银拾两，监生赵根润伍两，段有盛壹两五锲（钱），武生赵品纯壹两，怡怡号壹两，赵树谷壹两，赵士圻壹两（八行），钦赐双眼花翎黄马褂哈希巴巴图鲁丁槐捐银拾两，生员高廷俊壹两，难荫知县张国崇壹两，武生高杨蕃壹两，李崇芳壹两，赵富泰壹两，赵祖兴壹两（九行），赐进士出身翰林院编修赵鹤龄捐银壹两，职员赵应云伍两，工师赵维仁壹两伍钱，恩生赵源亮壹两，潘鹤鸣壹两，赵福全壹两，赵祖善壹两（十行），记名简放提督喀勒崇依巴图鲁杨建勋捐银壹两，张树培叁两，附贡杨维清壹两，五品衔丁镛壹两，万方靖壹两，赵锡爵壹两，赵寿泰壹两（十一行），钦赐花翎贵州补用知县杨国柱捐银贰两，赵年治叁两，廪生张文熿壹两，职员杨振纲壹两，张树楷壹两，杨重发叁两，杨赵为壹两（十二行），兵部武选司主政四川补用直隶州杨金铠捐银贰两，职员施万金叁两，廪生高璞山壹两，职员潘文奈壹两，李举龄壹两，张席珍壹两，赵瑞骞壹两（十三行），赐进士出身四川即用知县赵耀基捐银贰两，和顺堂贰两，廪生段星照壹两，职员高士芳壹两，赵玉龙壹两，张永泰壹两，赵南壹两（十四行），钦赐花翎副将衔寸玉兴捐银叁两，监生杨景猷贰两，增生赵之瑜壹两，职员高廷琛壹两，李联吉壹两，张尚铨壹两，杨恩锡壹两（十五行），五品衔舒金和捐银伍两，乡饮张汝安贰两，生员杨继时壹两，职员赵映美壹两，高映品壹两，张鸿飞壹两，李锡童壹两（十六行），鹤丽镇中营汪捐银贰两，乡饮高如桢贰两，生员高文沛壹两，从九赵耀曾壹两，高树棠壹两，赵昌裔壹两，赵金树壹两（十七行），鹤丽镇左营萧捐银□两，从九赵会元贰两，生员赵文健壹两，监生朱以嗣壹两，高桧壹两，赵立中壹两，赵永春壹两（十八行），己酉选拔进士特授澂江府教授张星耀捐银贰两，杨佑天贰两，生员段斐绍壹两，乡饮张国安壹两，赵显贵壹两，寸白珩壹两，杨肇元壹两（十九行），署理保山县训导前任广西州训导张赵仪捐银壹两，从九张东亮壹两伍钱，生员赵士贵壹两，乡饮杨丽华壹两，赵麟忠壹两，赵维义壹两，杨寿松壹两（二十行），丁酉拔贡吏部候选教谕舒嘉猷捐银贰两，乡饮□双美壹两伍钱，生员赵扬润壹两，职员纡诚远壹两，赵瑞龙壹两，赵启昌壹两，李继清壹两（二十一行），钦赐花翎尽先补用副将马国卿捐银伍两，武生施兆荣壹两伍钱，生员潘兆鹏壹两，文华号壹两，赵鸿柱壹两，刘金魁壹两，职员杨有筠壹两（二十二行），岁进士试用训导施泽荫捐银壹两，赵秀珍壹两伍钱，武生李明山壹两，永兴号壹两，赵文治壹两，刘士杰壹两，赵盛寿壹两（二十三行）。

〔据《大理丛书·金石篇》卷三《碑刻、摩崖、器物铭文三》第1615页辑录。碑原在鹤庆县金银寺，现已不存。碑高143cm，宽64cm。直行楷书。文23行，行6－60字。段星照撰文，张国铭书。清光绪二十五年（1899年）立。银河桥，始建于清乾隆四十八年（1783年），至清光绪二十四年（1898年）已有百余年历史，其间屡经修补。光绪间，河中沙石漾满，几与岸平。士民有心增修，苦无积款，后得益于众人捐助，方成此事。碑文对研究晚清云南大理地区乡村社会道德有一定参考价值。〕

酬勋祠碑记

酬勋祠碑记（一行）

昔叔孙豹论不朽云：太上有立德，其次有立功（二行），其次有立言。是三者有一于此，皆足于溥惠利（三行）于无穷，系追思于靡暨，昭令名于来兹，食馨香（四行）于后世者也。本营田土广腴，向艰水利，往往雨（五行）泽愆期，或先则播种无资，或后则灌溉无恃。人（六行）力虽勤，地利虽厚，而屡丰大有之歌，但听诸天（七行）时之若而已矣。自前明嘉靖年间，蒙临元道文（八行）公开池江河，由江头以迄乐道，而水利乃兴。然（九行）人事不齐，沟渠渐塞，利亦未及久济也。嗣于道（十行）光十年，蒙前任县主吴公，准与开修沟道，兴筑（十一行）堰塘，于是永丰塘成而利乃大焉。道光十六年（十二行），蒙后任县主吴公，立定修河章程。道光二十六（十三行）年，蒙继任县主陆公，准与疏通河道，而水利乃（十四行）永济无穷矣。将所谓以人力而兴地利，即以人（十五行）力而代天工者，非耶！然是役也，约邻村以请示（十六行），纠众力以筑塘，自始至终，任劳任怨，则本营邱（十七行）公凤瑞、鸿锐、鸿基、鸿彦、占全、占文，吕公绍显、绍（十八行）寅、元清、元明、元春，刘公联元等诸公之力居多（十九行），勋成永济，至今赖之。迨光绪甲午年重建报恩（二十行）寺，工竣之明年，合营士庶思造福之有自，念旧（二十一行）德而不忘，谋于寺之南，建祠一区，中祀文公牌（二十二行）位，酬水利之由兴也；配以吴公、陆公酬水利之（二十三行）由成也；陪以邱公凤瑞等位，及合营三代灵位（二十四行），酬其兴利筑塘，修渠襄事也。复陪以吕公元汉（二十五行）、邱公世增长生之位，酬其重建报恩及昔年保（二十六行）御之力也。至建寺勤劳诸公，年尤壮盛者，未敢（二十七行）预焉。名勒寺碑，确有可考，名之曰酬勋。黍稷馨（二十八行）香，用以伸世世报本之思焉，而将来循吏、乡贤（二十九行），犹虚其位以待之也。於戏！兴利除弊，仰先辈之（三十行）经营，崇德报功，兹后人之悃愊。谨略叙其原由（三十一行），用昭示于来许，寿诸贞珉，以志不朽云。

邑廪生杨桂清撰，增生邱占莲书（三十二行）。

光绪二十五年季冬月十六日合营士庶敬立。

〔据《宜良碑刻（增补本）·水利》第106页辑录。碑存宜良南羊镇桥头营村报恩寺。白石质。高52cm，宽95cm。〕

将军桥碑记

桥何以为将军名？纪功也。楚雄、广通交界处，旧有石桥，因年久失修，半（一行）就坍塌。倘仍圮焉，终废，恐行旅往来，不免有望洋之嗟。岁辛丑夏（二行），炳堂将军门奉檄西来，棨戟所经，悯然动念。以为路接康衢，平日既无人（三行）培补，复经骡马连绵，日引月长，遂碍及遄征。于是慨捐巨金，派员会商（四行），沿途有司，将迤西大道一律修治。历数月而功告竣，喜见成梁有惠，褰（五行）裳无忧。要非（六行）军门之功，未易臻此桥，以是名，爰志其功，亦与之不朽云（七行）。

钦命云南迤西兵备道松塄（八行）

花翎盐运使衔特授广南府调署楚雄府奎华识并书（九行）

同知衔署楚雄县事黄守正（十行）

同知衔署楚雄县事黄泽书（十一行）

同知衔广通县事蓝荣畴（十二行）

钦赐花翎二品顶戴游击衔补用都司监修委员张健（十三行）

副将衔补用参府董云庆（十四行）

恭将衔补用游府廖运昌（十五行）

候补道王炽（十六行）

监工尽先把总杨德胜（十七行）

监工尽先把总浦连升（十八行）

六品军功李权材（十九行）

六品军功王兴（二十行）勒石

光绪壬寅年仲冬月谷旦立（二十一行）

〔据《楚雄历代碑刻》第322页辑录。碑现存楚雄石涧铺村委会。高162cm，宽82cm，厚82cm。文21行，行5－27字。直行楷书。楚雄、广通交界处，旧有石桥，年久失修，半就坍塌，清光绪二十七年（1901年）云南提督军门蒋炳堂捐资重修于苍岭镇石涧铺水井屯村头河上，名曰将军桥。翌年立碑，以志其功。〕

云南县水例碑

云南县正堂汪，乞恩勒石，永定水例事。乾隆七年，据举人（一行）杨知颖、生员杨芳等呈称：同族内弟兄子孙并里民段美，同请皇本银叁百两（二行），炤十一分僝工修乐耕堤坝塘上下二座，坝塘告竣，皇本还清。递年所积之水（三行），已炤十一分平放。乞恩赏给过印册，以垂永久。为此合行给册，仰杨芳永远（四行）遵守，无得以强凌弱，私行挖钻，偷水坏规。如违，许该在分之人禀官究治（五行）。须至册者。右给举人杨知颖，永为遵守勒石。计开：

水分人等（六行），杨芳乙分，杨家政、杨家声二人平放，杨知权乙分，杨启泰放弎分半，杨开泰放伍分，杨溶、杨藩乙分，杨家康、杨家顺二人放乙分半，杨家绪放柒分半，杨家齐、杨家庆二人放柒分半（七行），杨知颖乙分，杨嵋、杨嵂二人平放，杨淮乙分，杨国正全放（八行），杨知贞乙分，杨锦章、杨金章二人平放（九行），杨知襄、杨知述乙分，杨培桂放乙分半，杨嵂放柒分半，杨嵋放柒分半，杨知潚、杨知讷、杨知潞三家共乙大分，杨开甲放贰分半，杨镒放贰分半，杨德裕放伍分，杨开业、杨开先、杨开后共放壹分，杨知湄、杨知肃、杨知湘三家共乙大分，杨家绪放乙分，杨国梁放伍分，杨国正放贰分半，杨国久、杨国佐二人放贰分半，杨开业、杨开先、杨开后三人共放乙分，段姓放柒分半，杨承阻放贰分半，段美、段文灿乙分，段姓共放贰分贰分半，社卖与杨培笼、杨培蛟柒分半（十行），杨淇乙分，杨国久、杨国佐二人平放（十一行）。

光绪三十年岁次甲辰桂月上浣重立（十二行）。

〔据《大理丛书·金石篇》卷三《碑刻、摩崖、器物铭文三》第1630页辑录。碑存祥云县禾甸乡黄莲小学内。高110cm，宽63cm。直行楷书。文12行，行15–30字。〕

宾川县水例碑记

特授大理府宾川州正堂加三级录四次记功一次廖，为（一行）勒石立坪，以垂永久事。今据大禾头村贡生张鹏翼等禀称：宾川赤石（二行）岩大禾头村东山有箐水一沟，定例一十四班，照田粮之多寡轮流灌（三行）溉。此历年放水之成规，并无紊乱。因近年以来，时值天旱，下箐水势渐（四行）减，有小禾头村赵城等出而争夺，已经前任州主严断，给赵城（五行）小禾头村放水四寸，大禾头村放水三尺七寸。前已申详，今蒙（六行）巡宪本府饬取遵结，准令勒石。张鹏翼等当堂具结，仍遵前断，令赵城小禾头（七行）村放水四寸，张鹏翼大禾头村放水三尺七寸。由村头建立石坪，据此准（八行）勒石，永为遵守。须至碑者（九行）。

赵人龙、觉华庵、何多法、李法纲、何亦经、何溶、何多学（十行）、弥勒院、赵国政、何亦遵、李尚智、张鹏翼、李朴美、报恩寺（十一行）、李觐光、高必盛、杨昇灿、李纯义、杨有定、赵城、董秀宇（十二行）、杨夺魁、杨允秀、杨昇旭、杨奇、赵增、何多就、李琼（十三行）、何多慎、何多贤。乡约李时亨，石匠张士相（十四行）。

乾隆二十七年十二月初五日阖村士民仝立（十五行）

附勒者：此碑原立于旧本主庙之廊西，因代远年湮，庙毁碑坏。幸有贡生何守治令（十六行）文生杨承武、白玉书抄藏宝秘，于是阖村会议，照旧重修古碑，只字未改，滥碑仍存管（十七行）事之家。至今庙迁村头，亦复建于庙之廊下，以垂永久，是为记（十八行）。

监生杨畅、何镜清，文生赵光祖、何濬、杨藻、张仲清、李正秾、赵如兰、李逢春（十九行）。

光绪三十一年孟夏月管事张致中、何国珍，乡长李国铭，沟头李长福、何万洪等重修立石（二十行）。

〔据《大理丛书·金石篇》卷三《碑刻、摩崖、器物铭文三》1632 页辑录。碑立于宾川县平川乡大禾头村本主庙内。大理石质。额刻“水例碑记”。通高 124cm，宽 78cm，厚 21cm。直行楷书。文 20 行，行 21 –29 字。清乾隆二十七年（1762）立，因庙毁碑坏，光绪三十一年（1905 年）重立。碑阴刻“禁止滥砍森林碑”，已磨蚀无法辨认。〕

建修龙沟河堤记

天下之水患，莫甚于黄河；中国之堤工，亦莫大于黄河。此外，支流别派，虽有疏浚堤防，似难与之絜长较短矣，而庆安堤则不然。光绪二十有七年春，余莅斯土，鹾政暇，历览山川，见井前由南而北，有河曰龙川江，源出镇南，由楚雄来，与井诸河汇焉，北过元谋，入金沙江。井后有龙沟河，发源于菖蒲潭，踞西山之颠，奔湍下出石门箐，由井北入龙川江约十里。平时涓涓细流，深不没胫，以比龙川江之水，殆十不及一也。然溪侧累石为堤，高数十尺，厚十数层，长数十丈，睹之，以为溪小若此，何必重劳民力乃尔。井人曰：是河也，每当夏秋之际，或雨水聚集，或蛟泛为灾，洪水横流，水高井低，不减于黄河也。溯自开井迄今，时而修堤，时而疏浚，所费帑金，不知凡几。河之广狭虽不同，而屡为民害，则与黄河同。疑信参半。是岁夏五，适有蛟泛一事。时余因公在省，井署委员以蛟泛成灾，具禀前来。据称，五月二十一日午未之交，雨倾盆，逾时不止，迨至申刻，洪水自龙沟河上游汹涌而下，所过之区，山谷俱震，以致决开石犀下河堤六十八丈，致淹塞龙泉井、新井，冲坏文庙、财神祠、学署各要地，及灶房、民房数十间，淹死人民数十丁口，湮没牲畜无算。□□方寻至河之上游，有山名黄泥嘴，自山顶下裂数十丈，宽深丈许，盖即蛟之所自出也。并据绅等恳请，转禀详查□，修复河堤在案。余当即禀恳委员查勘，旋返井会同委员叶倅树勋、蓝令荣畴、焦令鼎铭，并集绅灶耆民往复勘察，安置受灾灶民，提修井眼、街道。一面将各祠署核实估计工程，另禀筹修。又复切实商订堤工，始议请款九万余金，继而□□虑难以照准，□后乃减为五排细石，前三后二，中用毛条石及铁炼、石灰、胶泥等项，省至二万六千余金。开□□□□通禀。旋蒙抚御院兼署督部堂李片奏，七月初八日奉旨：“览奏，殊堪恤恻，著督饬妥为赈抚。一面堵塞决口，免致停煎误课。钦此钦遵。”由户部咨滇转行查照□□□□□□两作修堤费。谕令官绅匠役，出具切结，保固三十年。但在限内，遇有雨水蛟泛，堤岸坍塌，无论若□□□□□□□□□赔三賠贴。嗣经各灶绅等呈请，邀免蛟患赔修。复蒙批示，以后果遇蛟患，惟有山摧地陷，形迹可□□□□□□□□□水涨，导致损河堤，仍勒令依限分赔在案。于是，由库照数领银，择吉兴工。监修委员则有两□□□□□□□二日开办，至二十八年春正月，将岸脚浮松处所，一概掬深。照原议□修二丈高堤岸，诚不足以□□□□□筹一变通之法，将堤岸上十层，减为前用二排细修，后用一排细修，下十层前后各用细修石一□□□□□修石数排之工，以弥补加高数层之费。询谋佥同，一面上禀请详，一面督工修砌。旋奉批驳，将原定□□□已成之工拆毁，一律照原案改修。井地灶绅以堤岸为井口，民命所系，若不禀准加高，纵照案兴修，亦终未□邀求。旋蒙委邹寅臣太守暨原勘监令，于九月先后到井复勘，逐段较量丈尺，有应加高二九层者，或六至五层者，高低牵算，约若应加三层半之数。其已修上段之三十四丈，井绅等公同邀免拆修，恳请于正岸外附案邹公据情通禀在案。批准时监修王委员辞差，接委竹轩周君到井督工，以二十九年夏四月二十四，署任提举李公良年验收。禀请详咨完结修堤事件，惟今堤加高三层半，及附加细石三排，并掬河各件，约共上宪拨款发给。井地被灾之后，各灶艰难万状，实属□□□□□。念余莅此邦□父母斯民之□民之溺，由已水患。余曷忍复以重累害民耶？有欲为我上禀，请□□□谓□时帑项奇□，必因此而□□焉。非臣民所宜□十，余愿捐廉以资弥补。是役也，需款三万六千八百三十五两八钱五分一厘，其奉蕃祀另捐掬修河□□□有六月，计需细石一万六千六百一十八块，计八千三百零九两。毛石□万二千九百五□□□□□□□□尺，铁锭四万零三百九十八，细石灰一十八万一千三百三十斤，糯米一十一石九斗。撮□□□□□□□□□一段，上五段三十四丈，边附石三排，共二丈三尺，□□□□三十四□，计□二丈，原□二十□□□□□□□□半有余，总计一千六百零十丈。噫！此堤纯用石料□□□之，以上□□为□治之□□□□□□□□□□□□□下一段及沿河碎石沙泥，随时修浚，务使河流顺畅，水道疏通，□□人民□□□□□□。

光绪三十一年仲春月仲春　宣统元年仲秋月谷旦

卸署署理黑盐井提举□□□□□□井庠生□□□□□。

〔据《楚雄历代碑刻》第421页辑录。碑立禄丰县黑井镇龙沟河堤外。石质砂岩。主碑书“庆安堤”三个大字。左右副碑各高191cm，宽67cm。直行楷书。多处文字已漫漶不清。记载清光绪二十七年(1901年)五月二十一日黑井暴雨成灾，洪水自龙沟河上游汹涌而下，决开石犀下河堤六十八丈，造成灶户民房数间倒坍，淹死十余人之惨状。时署黑盐井提举据实申报朝廷，奉旨修建新堤，计用白银36835两余，历时一年半建成。〕

重修界明桥碑记

吴振勋

腾北龙川江有界明桥焉，架以木，锁以铁，为中外人物荟萃之地，商旅往来贸迁之要道也。自昔建后，民无揭厉，人免卷裳，熙来者不待临河而返驾，攘往者何须隔水以问樵，空行复道，阅几辈人矣。年代湮远，人马经过，桥非金石，岂无朽坏？前人成其始，后人贵保其终。幸界明绅士艾天培、赵德荣、王思太等继志乐施，未几，又整旧如新。夫一剥一复，虽云天道，而可不加以人事乎。诸善士其功莫量，其德无加。于今告成，嘱余作记，余故笔之于石，以垂不朽。深望后之仁人君子，念前人创造艰难，而随时修整，期于永久焉。是为记。

光绪三十三年十二月二十二日。石刻

〔据《永昌府文征·文录》卷二十一《民三》第23页辑录。〕

重修普济桥碑记

重修普济桥碑记（一行）

盖闻，莫为之前，虽美而弗彰；莫为之后，虽盛而弗传（二行）。旨哉言乎！路邑河口有普济桥一座，中分七孔，居宜（三行）、路、陆三邑之界，创自乾隆甲午年。得善士李君如（四行）桐、赵君相璧、苏君士瑶、李君节民四君子协力同心（五行），鸠工庀村，不惮其劳，不吝其财，积捐重赀，共襄厥成（六行）焉。诸君之心不但此也，又为之建桥神庙数楹，中塑（七行）神像，以为五村祭祀之所。而又恐创兴有能，修补无（八行）费，幸有赵君相璧同诸君商议，将嘉庆二年与阿（九行）保村□种之松，施□□□桥神庙□□，俾后日修桥（十行）□□□至于□□□□□□□□□塞，难免雁齿之不（十一行）朽，波翻浪涌，几致虹腰之将倾。五村董事者目击心（十二行）伤，不惟抱负于前，而且贻羞于后。于是光绪三十四（十三行）年，有善士罗君以礼、蔡君秉坤、何君正明、李君连（十四行）科、王君正春、赵君凤书、钱君国选、钱君如科、刘君开（十五行）先、钱君泰等，公同妥议，别无筹款，将庙中所蓄柏树（十六行）二株，变银三百余金，以为重修之费。是年延工聘匠（十七行），有圮毁者从而更新之，残缺者因而补苴之。其修桥（十八行）（以下漫漶）。

署理宜良正堂加三级记大功十六次龚、十九次桂公为（以下漫漶）

大清光绪三十四年（以下损毁）

〔据《宜良碑刻（增补本）·交通》第221页辑录。碑存宜良北古城镇新街村桥神庙。白石质。高61cm，宽88cm。龚泽培，四川举人，清光绪三十三年（1907年）任宜良知县，在任一年。继任者桂运炳，贵州举人，清光绪三十四年（1908年）任。〕

小龙洞口放水石槽碑

钦加同知衔云南府宜良县正堂加三级纪录六次记大功三次桂，为（一行）给示勒碑事。案据玉龙村士民李增华等（二行）禀称：缘士民等与下伍营争控水槽一案（三行），蒙恩亲诣，勘得士民等村石槽上深五（四行）寸四分，下深五寸七分，宽七寸三分；下五（五行）营石槽上深五寸三分，下深五寸四分，宽（六行）九寸二分。去后，蒙恩复讯，当堂断令，两（七行）村同放龙口之水，仍照旧分放，其石槽之（八行）深宽仍照旧，不准凿动，倘有不遵旧规，准（九行）其禀究。下五营之余水，断令从今永远与（十行）士民等村同其灌溉，不收水租。上满下流（十一行），下五营不得擅放入河，士民等村亦不得（十二行）阻淹田苗。两村士民等均已遵结在案，惟（十三行）有叩恳（十四行）仁恩，垂鉴赏示，勒石遵守，以绝讼端而免（十五行）后累等情。据此，查此案前经两造具控，断（十六行）结在兹，据请示前来合行，给示遵守。为此（十七行）示，仰该两村绅民人等一体遵照堂断，勒石（十八行）立碑。所有应放水分，务须循照旧规（十九行）分放，互敦和好，以后勿再起衅争讼，倘有违（二十行）抗不遵者，许即指名禀究不贷。各宜凛遵（二十一行）勿违。特示（二十二行）。

右仰通知（二十三行）

宣统元年五月二十日，士民杨桂清、杨发桢、李增华、李峄、李振熊、李景昌、杨茂湖、杨玉泉立，李荫南书（二十四行）。

告示发玉龙村勒石晓谕（二十五行）。

〔据《宜良碑刻（增补本）·水利》第14页辑录。碑存宜良玉龙村土主庙前厢房。原碑无名，标题为编者所拟加。青石质。高55cm，宽76cm，字26行。桂运炳，贵州举人，清光绪三十四年（1908年）任宜良知县。〕

增修连厂桥记

连水发源于州西圆鹤山，东北行汇弥溪水，北行经连厂，遂名连水。州西千岩万壑，咸趋而赴之。夏秋淫霖，洪流暴涨，舟楫难施，行者有漂没之患。前明万历年间，知姚安府事李卓吾先生，始聚石为桥，利行旅，通往来，垂三百余年矣。夫绳锯木断，水滴石穿，万无不朽之物。矧兹人迹所践，马蹄所经，巨浪所冲激，其能历久不坏乎？

光绪丁未大水，石桥倾圮，里人集议增修，以工费无出而止。戊申十月又大水，倾圮弥甚，前之集议者曰："无可缓矣！盍劝捐以集其事。"议既定，以告予。予曰："桥梁之不修，病涉也；而兴役动众，则病民也。诸君好为之，勿以病涉之故，而病吾民焉，则得矣！"佥曰："是举也，赀费出于募捐，多寡随愿，无强迫也；工役给以薪米，勤惰相称，无压制也。"予曰："善哉！是可以修废举坠，继前人之休，而谋乡里之公益矣。"乃以己酉二月兴工，三月既望竣事，坍者补之，卑者高之，利行旅，通往来。自兹以往，又数百年之计也。而在事诸人与捐赀官绅、士庶，例得镌名于石，里人属予纪其巅末，乃泚笔而为之记，并撰联语付之。

癸酉科举人特授保山县学正堂甘孟贤撰。

〔据《楚雄历代碑刻》第328页辑录。碑原立姚安县官屯乡连厂河桥头。高90cm，宽36cm。直行楷书，共373字。甘孟贤，字应埙，一字伯埙，姚安人，同治癸酉（1873年）举人，保山县学正。生有至性，颖悟异常，中试后，以亲老诸弟幼，遂绝意进取，惟以养亲教弟为事，时三迤人士，无不知有姚安甘氏，达官贵人见之者，靡不退然若惭。尤好性理，晚年尤深于《易》，知得失，著作甚富。连厂桥，明万历间知府李贽（号卓吾）建，清光绪丁未（1907年）、戊申（1908年）两次大水，桥已倾圮。清宣统己酉（1909）邑人李春灿、陈飞熊倡捐重修。此碑文即记述李贽建桥和重修经过。碑已毁，仅存6块残片。碑文据民国《姚安县志》卷五十六《金石志之一·碑碣》第9页钞录。〕

三庄坡施水设田亩碑记

杨运昌

从来修桥补路以利行旅，岂敢曰广行阴骘？而功德所在即阴骘所存，况于缺水之区施之以水，其功德又有大焉者乎。夷考鹤庆甸南三庄坡一岭，山高路险，土少石多，跻其颠者，无从邀杯水以解渴，行者苦之。虽南有三庄河，北有桃树河，不尽长流滚滚而来，顾箐底源泉自非资人力以转输，无由激而行之，使之在山，此仁人君子目击情形所为轸念者也。幸廿年前早有甸南好义诸公倡施水之议，更得旅永贸易诸君子赞成之，共结善缘，计醵白金一百五十金，购置田约五亩，以其租入为施水之费。山顶置石缸一，责成领田种者随时运贮之，如或缸中无水，即拨佃另行公举。惟良法美意端赖后君子之遵守，或更能扩充，使如南海杨枝之甘露遍洒大千世界，其为功德，更何可量耶。兹特将所制田亩及乐善各芳名勒之碑，用垂不朽。计开：

一买获溪鲁村后甸内水田一亩五分，计四丘，去价银五十六两五钱正。

一买溪鲁村后甸内水田五分，计一丘，去价银六两五钱正。

一买溪鲁村后甸内水田五分，计一丘，去价银十一两正。

一买西甸村水田八分，计一丘，坐落松树曲后甸内，去价银十五两正。

一买西甸村水田一节，计一亩，坐落南安道甸内，去价银二十两正。

一买西甸村水田五分，坐落漆场甸内，去价银二十五两正。

一买西甸村秧田一丘，坐落西甸村舍北，去价银六两正。

以上所置田计四亩六分，又秧田一丘，共去价银一百五十两，其田四至及随粮俱在契纸。首事人为杨天德、赵宗佑、杨发时、刘永锡、赵荣基、赵璠、李恒春、杨恺、庆云号、宝兴号、万有堂、万应堂、恒春堂、恒丰号、兴发号、杨春育、杨元达、赵英荣、赵建中、赵发科、杨重建、赵连生、奚应宝、杨奉祖、源春号、大生堂、元发号、赵金柱、杨德、宝源号、占盛号、祥瑞号、高遇祖、刘复昌、鹤顺号，计共三十五人。

〔据杨金铠纂辑民国《鹤庆县志》（大理白族自治州图书馆1983年据民国十二年稿本油印，下同）卷一之中《地理志子部·道路子之六》第14页辑录。杨运昌，鹤庆人，明经，由贡生官广西州训导。〕

民 国

清水堰塘润泽海碑记

钦加七品衔赏戴花翎在任即补直隶州特授云南县正堂加三级记录六次记大功十九次庄，为（一行）黄联署职员杨培桂，举人杨家兴，世职杨国佐、杨国久、杨国正，民杨家齐、杨开业、杨金章、杨开泰、杨启泰、杨镒、杨家康、李开科、李正昌、汤致祥，明镜灯杨金元、周湛、杨泰、杨呈源（二行）、李茂、杨枝萃、周士茂、李炳、杨梧、杨洪源、杨文魁、杨汉文、杨林、杨朝栋、周钧、杨暹等禀称两村偒（拼）股修海，订立合同，轮班灌溉，请示勒石，以垂永久，而兴水利事。情缘（三行）因黄联署杨姓，有祖遗山产一项，坐落白井庄，其箐可以修理海塘，是以两村先辈人同修有双龙海一座，无如海面不称，屡修屡坏。双龙海下黄联署杨姓，又（四行）修有青水堰塘一座，足以灌溉白井庄之田亩。青水堰塘下杨培桂、杨家兴之祖人，又私修一座，灌溉神道碑下田亩，名曰监生海，今易名曰润泽海。此海海面（五行）涧大，地势相称，若两村竭力修理成器，则亢旱无忧。与其二家私而有之，独享权力，不若公诸一村，一村灌溉不尽，又不若公诸两村，而公德公益之为愈也。今培（六行）桂与家兴念切桑梓，愿将此海送出。白井庄愿将青水堰塘偒笼，邀约黄联署汤、李二姓，与明镜灯周、李、杨三姓，以十股修理。每股偒银一百两，每股每（七行）轮放水一昼夜。杨培桂与家兴一股，除与旧修功成半股，减半股偒银五十两。白井庄一股，亦除与旧修功成半股，减半股偒银五十两。其余八股黄联署四（八行）股，明镜灯四股，以每股偒银一百两之数，陆续偒出，陆续修理。准于本年修就，若九百不敷，得照十股均摊。即俟后恐有倒踏，一切夫役，仍照十股摊来修理。若有一二股不修，一二股（九行）即为无分，几股修即为几分。倘所均偒不修者，海面仍归还黄联署杨姓原主照管。凡来入股者，不得视为己有也。但黄联署杨姓，不能以山产海面系属自己，而欺压外来入股之人（十行）。而来入股者，亦不能因海而骗及黄联署杨姓之山产。至白井庄秧亩水，原以青水堰塘灌溉，准其预为开放灌溉秧亩。但只可足用，不得滥费。若两村秧亩原有水灌溉，不望此海，或遇（十一行）天时告变，有欠缺时，准其放出一日，照股数轮分。愿放者放，不愿放者听，但不能因此而灌溉豆麦也。海头每年四人，一村二人，照股数轮当，并无薪水。开海日期，以芒种节为定，二比公议，但（十二行）放水之大小，开海议定，前后一律，不得前大后小。两村或先或后，至期拈阄。惟白井庄一股开海准其先放，不与两村拈阄。黄联署拈在先者，先放五日五夜。明镜灯拈在先者，先放四日四（十三行）夜，彼此交代。其交代地方时刻，以小松坡门首日落为定。其有水规，务要严重水规，严则二比自然和美无事矣。凡轮著黄联署者，明镜灯不得偷放；轮著明镜灯者，黄联署亦不得偷（十四行）放，即放水时或遇下雨，亦不得以为横水而乱挖也。若有不法之徒，破坏所议规则，公议罚银五十两，入公培补海塘。若有修至半途退缩者，亦公议罚银五十两。但海塘既以修理成器，沟（十五行）路尤要阔大，沟心宽定二尺六寸，仍照旧沟修理，勿论伤著两村地面，两村定让出，不得阻挠。至于与乾海孜沟路相挤一节，彼此不能相阻。开海时二比相商，若此二座芒种放，乾海孜（十六行）夏至放，此二座夏至放，乾海孜芒种放。一面写立合同，一面请示勒石，以垂永久，则后世子孙自无争竞之患矣。为此写立合同一样三纸，杨培桂、杨家兴与白井庄二股收执一纸，黄联（十七行）署四股收执一纸，明镜灯四股收执一纸，以为信据。垂之片石，以志不朽。

光绪三十三年七月十八日立。

执约合同人明镜灯、黄联署两村姓名俱见前（十八行）。谨将明镜灯四大股水分姓名，以及由光绪三十三年兴工至民国元年勒石每大股偒派银两钱米各项，逐一刊列于左，其所派小工土丈不在此列。计开（十九行）：

周支十五家半，汪康附偒一小分，共偒一大股，分为十五分半。周湛一分，周钧一分，周银一分，周学洽一分，周学清一分，周士茂一分，周鋙一分，周钱一分，周学书一分，周桢一分（二十行），周学曾一分，周茂一分，周善继一分，周丕成一分，周吕半分，汪康一分。此大股共支费银一百一十六两九钱，支钱四十八千五百文，又米四皇石二斗七升（二十一行）。四甲二支共二十七家偒一大股外又偒入十甲一股之中八分。杨松一分，杨材一分，杨栋一分，杨恩荣一分，杨柱一分，杨枝萃分半，杨开泰分半，杨枝和一分，杨枝富一分，杨泰一分，杨口（二十二行）一分，杨汉文二分，杨开文半分，杨远文半分，杨康半分，杨高半分，杨朝栋分半，杨春富一分，杨春秀一分，杨德光一分，杨春树一分，杨春魁一分，杨珍一分，杨璠一分，杨□（二十三行）分半，杨暹一分。此大股共支费银一百一十六两九钱，支钱四十八千五百文，支米四皇石二斗七升（二十四行）。十甲共十一家傌一大股，于此大股之中，有四甲二支傌入八分，除四甲放八分外，十甲分放。杨金元二分一掗，杨梧二分一掗，杨达一分，杨章半分，杨佐半分，杨佑（二十五行）一分，杨东山半分，杨文魁一分，杨遇庆一分，杨光炳半分，杨光灿半分。此大股共支费银一百一十六两九钱，支钱四十八千五百文，支米四皇石二二斗七升（二十六行）。长支与李姓共十九家半傌一大股，杨呈源一分，杨洪源一分，杨凤一分，杨晶一分，杨绍孔一分，杨照孔一分，杨垚一分，杨嵩一分，杨治一分，杨潜一分，杨荣一分，杨文秀一分，□□（二十七行）半分，李炳一分，李士林半分，李珍半分，李培本半分，李琼一分，李茂一分，李兰半分，李芋一分，李双贵一分。此大股共支费银一百一十六两九钱，支钱四十八（二十八行）千五百文，支米四皇石二斗七升。其余海上合同三纸，黄联署杨培桂收执一纸，杨国久收执一纸，明镜灯杨金元收执一纸，再刊（二十九行）。

民国元年岁次壬子孟冬月上澣（浣）吉旦谷立。

云南新学生建中甫杨标敬书。

石匠段文滨刊（三十行）。

右将承办乡约附后（三十一行，下略）。

〔据《大理丛书·金石篇》卷三《碑刻、摩崖、器物铭文三》第1683页辑录。碑存祥云县禾甸乡明镜灯村土主庙内。高157cm，宽92cm。碑额刻“青水堰塘润泽海碑记”。直行楷书，文31行，行35－71字。〕

重修双硚哨永安桥碑记

重修双硚哨永安桥碑记（一行）

凡事，莫为之前，虽美弗彰；莫为之后，虽盛弗传。米甸东北隅二十里遥，有永安硚者，迄今倒踏。此途上通永昌、大理，下通会理、成都。每逢（二行）雨集，涌水沸腾，乃硚两端又无蔀屋，行人到此，谁不咨嗟。于清光绪三十三年冬，幸有杨公培桂、张公煊文、雷公开基、邵公德恩、廖（三行）公映元，五老义举重修。深恐巨款难敷，因思成裘无非集腋，幸得仁人君子，解囊相赠，共成善举，作万年有道之途，积百（四行）世无穷之福，庶不贻深厉浅揭之忧。有志者，事竟成；乐施人，天不负。爰书其事，以为志云。

邑人吴鑫品三氏谨识（五行）。

谨将收入支出款项开后，计开（六行）：

收入项下：

一入李佩兰、周大章、三星号、吴焕云、吴湗、刘廷贞、周国昌、段桢、段国义、杨绩、杨德茂，各捐银五钱。

一入谢兴顺、张映谱各捐银一两五钱（七行）。

一入白井文提举司捐银一百两。

一入云发祥捐银五十两。

一入富春元捐银五十两。

一入雷开基捐银六十五两。

一入聚盛祥捐银四十两（八行）。

一入乾泰丰捐银二十两。

一入杨培桂捐银四十两。

一入邵德恩捐银四十一两三钱。

一入光裕荣、联兴号各捐银二十两（九行）。

一入义昌盛、利昌和各捐银十两。

一入兴盛和、李成林各捐银八两。

一入杨琼楼、李荣昌各捐银六两。

一入亿中号、德兴号、庆（十行）昌和、永昌祥、福和公，杨嵎、杨家兴、陈兴发各捐银五两。

一入裕泰长、福春恒、永裕号、文华号、钱宝光、虞起科、罗世杰、李永顺、张三（十一行）老爷长官司公上、陈豫丰各捐银四两。

一入裕泰店、同森永、伍云呈、复泰和、江洪兴、月盛号、张仙槎、黎叔平各捐银三两。

一入同盛昌、同（十二行）信公、同心成、元盛和、元和仁、聚宝号、李仁山、王聘三、毕云峰、王伯安、曹敬谦、左思龙、张耀东、刘思富、李星亭、张晓初、陈一斋、李枝俊、毕福兴、钱（十三行）大元、钱开元、郭守堂、刘珍、姚子亮、潘维祺、王联春、李廷英、杨光廷、何天位、李荣标、杨晸、王泽春、杨国久、甘师、韩吴鑫、郭焕、顾鸿顺、王秉乾、曹华（十四行）廷、刘岐山、张万年各捐银二两。

一入义生和、德裕兴、金鸿号、兴顺号、和盛昌、张济清、戴吉昌、王镜湖、陆现南、张荣峰、刘兆兴、邹毓奇、杨维廷、张桂轩（十五行）、钱笙堂、彭绍卿、阮云峰、王昌、毕吉伍、潘登荣、刘彦生、韩达、杨紫廷、陈观浩、吕采臣、施发贵、杨凤翥、杨正照、杨国桂、罗国彦、袁增堂、李安邦、杨国佐（十六行）、杨国正、杨开业、杨金章、杨家绪、杨家齐、罗文英、高彦、张泽生、布永福、罗同山、李福春、罗用美、张文瀚、罗茂才、王席珍、白少辅、郭绍夷、杨正才、鸿顺店、张从（十七行）仲、万玉亭、吴兴发、赵国富、杨绍曾、洪辉、伍尚志、洪阙泰各捐银一两。

以上通共捐获功德银七百五十两零八钱（十八行）。

支出项下：

一出支请喜洲匠人李联魁承包石头、小工、油盐柴米、菜蔬至修就，合用银七百三十五两。

一出开桥包席以及零星费川银（十九行）一十二两五钱。

一出打功德碑一同连抬竖用银六两三钱。

以上通共用银七百五十五两八钱。入出两抵，不敷银五两，即培桂一人捐出也（二十行）。

民国三年岁次甲寅二月上旬吉旦（二十一行）。

〔据《大理丛书·金石篇》卷三《碑刻、摩崖、器物铭文三》第1689页辑录。碑存祥云县米甸乡永安大桥。青石质。高117cm，宽65cm。碑额刻“永安硚”。直行楷书。文20行，行10－54字。〕

谨将大达村民新沟□温沟二条规□大略勒石碑

谨将大达村民新沟□温沟二条规□大略勒石，碑文作为后生知□□（一行）从于明朝永乐二年，兴工开沟，开至三年工竣，开通沟□工□费用□□□（二行）十银两，未单刻立碑文。至民国五年，合村乡老公议刻立碑记，新□之□（三行）墓根、石桑场、普提树、三甸□、人墓岭、古秧田一段，大秧树、柴柒场，逐工□□（四行）。

田□出□，余自柴柒场外至沟头等甸，尽由沟开出而始守田，然□相述古□（五行），彼时契约所载，此时□远来存，今人未尝目观，将规□规未定仁，今□禁□名皆□（六行）册，此沟下自沟头，至柴柒场外之田，不议水分，只许芒种前、小满后五日，放（七行）水栽种，如期延误，只得夏至后十日之外，开沟引□耕种，不□□□□（八行），有截放者，仍然照于上沟规责，干罚银二两。

一议温沟沟规之责，□于洪□四年（九行），当初开通沟路，原开沟□□□，今一百四十余载，已历四百余年之久。后（十行）甲辰、乙巳二年，雨水广阔，山崩地烈，石岩倒下，将原沟塞断，实水不足，田数荒（十一行）。至民国二年，合村乡老重修温沟一条，承上启下，将此段开沟道以复之水足（十二行），分润美景光华，岁上有丰年之庆，至重修温沟之□，赏□于田，数摊派谷米吕献（十三行），邑人得工价，开合谷十六石之资，自从立碑之后，各人遵□照水分之灌溉，□（十四行）不致兴新沟之水，将腰截放，如有沟长查获者，一并二罚，为此刻后碑记之道（十五行）。

一议温沟章程，□年二名沟长□□照水□□定□水头分两轮引水尾而从（十六行）。

乡老：张众选、张开甲、张春福、张毓贤、陈训、张吟、杨芬、张凌云、张崐、张辉斗、张□全立（十七行）。

民国五年岁次丙辰□月良旦立（十八行）。

〔据《大理丛书·金石篇》卷五续编《碑刻、摩崖、器物铭文》第2848页辑录。碑立于长新乡大达村，红砂石质，高100cm，宽58cm。碑额刻“永享太平”。碑文直行，楷书阴刻，为大达村民分水的公约碑记。〕

署马龙县知事云南陆军兵站长六等文虎章王公德元之纪念碑

杨家盛

禹疏（一行）九河，除洪水之害，明开堰塘防旱魃之灾。后世歌功不朽，万民获利无穷。今之牧民北辙，言兴利除害，仅见坐而言之，未能起而行之。吾邑素（二行）称瘠区，贫甲滇南。推言无故良田。旱潦不均以致低霍；北常变水潦之患，高阜北西遭旱魃之虐。□防旱无术，修潦无方，往往临渊羡鱼不能退而（三行）结网，惟有徒手兴嗟卷舌坐叹而已。何幸天降生佛来守，是□下车供，始见民瘠苦。乃嗟曰：“何不开筑堰塘、提防水势，变旱潦无扰，自然转贫为富（四行)?”士庶答以工程浩大，手候烦杂，遂相远戒以云事之不可为。先生听闻斯言，愀然而告曰："庞皇坚大之事业皆受于人类热肠，力之下北□不能为（五行）不少为之有哉?"是以凡刮□吾民北靡不提倡而整理之云，地方之幸福笔难尽述。兹反四旗田之一部分而言之是役也，窝目者□百年矣，历任（六行）郡治谁不欲负此举盛名？奈心思将动，话饼成归而我德元，先生能于车□忘午之际不辞劳瘁，禶然行之。特请上峰拨提巨款于亥巳季整之（七行）垂不朽。余不敏，弗顾侣词，遂破胆援笔以猷曰（八行）："造福通泉，子惠元元。虚堂悬镜，化洽琴弦。万民翘首，白日青天。永垂利赖，世泽绵绵。"（九行）

马龙县总团兼陆军兵站员杨家盛撰（十行）。

陆军兵站员兼团务事李德彰书（十一行）。

兼理本村事务各员：范建离、杨家桢、施朝凤、陆兴德、陆□春、施仕宏、施应中、范云光、徐连洲、施朝剀、施应昭、吴应现、施朝贤、邱怀珍、陆兴昌、施应相、施仕堂、施朝清、施仕全等建（十二行）。

堰坝开沟一事通行合村，公开无得横毫阻抗，倘有不明阻抗持力，报告明官承条□□，孙星亮金呈将（十三行）。

民国六年八月朔日，四旗田阖村绅商士庶人等同立（十四行）。

〔据《曲靖石刻》第298页辑录。碑现存曲靖马龙县，保存完好。碑心书"署马龙县知事云南陆军兵站长六等文虎章王公德元之纪念碑"十六字，两侧书碑文。碑高190cm，宽68cm，文14行，计650字，正书。记载民国初期马龙县自然、气候、水利及当地民风等，对研究地方史，尤其水利状况有一定参考价值。〕

南庄约学堂水碑记

南庄约学堂水碑记（一行）

有田有水，轮牌分溉，通例也，无所谓水租也。水有租者，惟中三约则然。南庄阱水，自古分为十牌，各（二行）立名目。一下厂，二官下，三队伍，四桥头，五、六古城，七抄漠，八百姓，九南庄，十季庄，有明朝古碑可证（三行）。当日按村摊分，想必无租，继因田多水少，而水乃有租矣。又因沟远者难放，而水有买卖矣。迨至增（四行）添火醮水、左家水，而水乃成十二牌矣。夫火醮水以公济公，尚属公理，若左家水，则必强权也。古城（五行）水内变出雷家水一夜，亦为强权无疑。所以左、雷二水繁乱复杂，百弊滋生，约中人久有赎买归公（六行）之意。适于民国三年，本约得赈款银三百余元，公议即将此银赎买左家水一牌，更名曰学堂水。其（七行）纳租与火醮水相等，暂作学校款费。如学校有变更，即将此租轮办水利。至水利足时，仍归学务。或（八行）分或合，因时制宜，但不得于学务水利外，借故侵挪。惟是火醮水则七甲之公也，学堂水则九甲之（九行）公也。而九甲中又各分多寡，则由赈款之多寡而定也。当即立有合同九张，各村柄存，互相维系，以（十行）息争端，以防破坏。兹并详十二牌之原因，寿诸础碣，惟望后之人能善其后，永保公益云尔。古碑并（十一行）立于旁，以备参考。各村应在租数附计于后，以备将来（十二行）。

宗旗厂应有租四石，顾旗厂应有租二石五斗，古城村应有租二石五斗（十三行），上南庄应有租五斗，河上湾应有租二石五斗，下南庄应有租二石五斗（十四行），中南庄应有租一石，谢旗厂应有租二石五斗，罗华闭夏村应有租二石（十五行）。

前清岁荐隐园居士刘应元子乾甫谨识（十六行）。

民国七年岁在戊午孟春月中浣吉旦阖约绅耆（略二十五人名）同立（十七行）。

〔据《大理丛书·金石篇》卷四《碑刻、摩崖、器物铭文四》第1716页辑录。碑存巍山县庙街乡古城村寺。大理石质。高70cm，宽45cm。碑额刻“永保公益”。直行楷书。文21行，行8－38字。记录水利及办学资料。〕

下南庄赎水碑

下南庄赎水碑（一行）

盖闻国以民为本，民以食为天，而食之所自来则在于田，与水何涉乎？然苟无水，则田不得灌溉，禾（二行）苗必槁，又安望其结实乎？然则食之原因固在田，尤在水也。原本村自古领有南庄大箐水一昼夜，其名（三行）即曰南庄水，每牌十二门一轮。本村之水，全箐又分为二十份。先年卖出者已多，而未卖者甚少。今因田多（四行）水少，难以灌溉，阖村老幼公同妥议，集股银将此水赎回。而犹恐后人复又租卖与外，爰邀阖约绅民，公（五行）议条规敛则，勒石以垂不朽云尔。谨将公议水规开列于后，计开（六行）：

一水既赎回，永为本村之水，不得任意租卖于外。若有租卖与外村者，即将其水归公。

一水每年自五（七行）月初一必至摸左坟大水平下，方得分放。自十月初一，分放于各家水塘内亦可。

一每逢大箐水（八行）之日，小箐中不准私彻塘水。其大小箐水会合，共作二十三份，大箐水二十份，小箐水三份。小箐无论遇（九行）何样水，均照此数，不得增减。倘有强霸盗窃此水，公议处罚兴办水利费用。

一大箐接水之（十行）时，皆以日出为定。每遇水期，日出从总坝挖来，至次早日出，寄庄水方得挖去，不得先后（十一行）。

一小箐遇大箐水尾之日，必待大箐水断，方许砌完。不得总坝方挖去，即切水尾。

以上五条，系（十二行）阖约绅民公订，本村之人个个均有保守之责。逮者以破坏公益处之（十三行）。

凭绅老（略二十八人名）

本村（略二十五人名）

竹圃居士郡人虞克昌绍义氏谨识（十九行）。

民国九年岁次庚申孟夏月上浣之吉合村士庶老幼人等仝立（二十行）。

〔据《大理丛书·金石篇》卷四《碑刻、摩崖、器物铭文四》第1724页辑录。碑存巍山县庙街乡下南庄村华严寺内。大理石质，高78cm，宽42cm。碑额刻“永垂不朽”。直行楷书。文20行，行6－40字。〕

重修天渡桥碑记

重修天渡桥碑记（一行）

弥邑介群山万壑之中，溪涧纷出，毘雄江直贯南北，自红崖迄苴力，徒杠舆梁，节节相通，若彩云，若（二行）永渡，若天舟，登鳌锁云，皆为东西交通枢纽。而天渡一桥，建筑高爽，规模雄壮，尤极一川之盛。盖是（三行）桥临近城治，东达省垣，西接顺云，为昔日缅人入贡要道，车辙马迹，骈阗殷繁。前清同治间，邦人士（四行）以水势浩荡，旧址难容，增其制而修之为石闸五，上铺巨木，建以栋宇，画槛雕楹，备极华丽。每当风（五行）日晴和，游春避暑者登临于斯，莫不心旷神怡而有快哉之感。然时过境迁，金石易化，风漂雨淋，蹄（六行）击毂摩，曾几何时，而栋朽轩崩，已无复飞云卷雨之观矣。民国甲子秋，余以菲才承乏兹邑，适当匪（七行）势猖獗之后，城楼碉堡营缮维殷，又益以水涝偏灾，伏庭攀辕相告，昏垫者日不下数十起，宵旰焦（八行）劳，越四月始稍就绪。而是桥之修葺，又不容或已幸。而邦人士热心公益，颇资臂助，乃酌提河道余（九行）款百元，择其勤劳夙著者，募资积财，以涂以塈以绳以削。凡诸椽槛榱桷之腐折者，盖瓦踏板之（十行）缺陷者，采色杂污之不鲜明者，作而新之，无侈前人，无废后观。既讫功，敦事者咸相告曰：是不可不（十一行）记。余思夫桥梁为交通关键，弥邑自水患震灾后，永渡全毁，登鳌半冲，下游之锁云亦倾圮绝渡，皆（十二行）为余心意中所急欲为修缮者也。第土木工程非旦夕所能猝办，是所望于邦人士之热心者，故并（十三行）记之。

五等嘉禾章、六等文虎章署理弥渡县知事王家修谨撰（十四行）。

一等金质章广东荐任县知事彭祜敬书（十五行）。

民国十四年岁次乙丑仲秋月重修天渡桥监修邵懋、杨暹监刊（十六行）。

〔据《大理丛书·金石篇》卷五续编《碑刻、摩崖、器物铭文》第2864页辑录。碑原立天渡桥东牌坊两侧屏壁上，1977年拆除天渡桥，重修碑也被拆下，现藏于弥渡县文物管理所。碑高106cm，宽58cm。大理石质。直行楷书，行7－38字，计16行530字。叙述弥渡坝区地理及桥梁交通状况，“昔日缅人入贡要道，车辙马迹，骈阗殷繁”，“规模雄壮，尤极一川之盛”，为研究弥渡民国年间的交通桥梁状况保存了珍贵的资料。〕

永远决定水例碑文

云南省公署水利诉讼终审决定书第六号（一行）

原再诉愿人：陈崇儒年四十五岁，李士林五十三岁，陈浩三十六岁，陈崇顺年四十岁，均属弥渡县属茅草房村住民，务农。被再诉愿人：孔士煜年（二行）五十一岁，自魁年五十二岁，康鸿喜年四十七岁，邹文元年三十四岁，均属弥渡县属孔家营村住民，务农。右列原再诉愿人，对于民国十三年九月三十（三行）日所为之第二审裁决不服，提起再诉愿，经本公署以书状审理决定如左（四行）：

主文：实业司第二审所为之裁决变更之两造所争东北箐水分为两期灌放，第一期自清明节起至立夏日止，分为四六灌放，茅草房民人放十分之四，孔家（五行）营民人放十分之六。分水方法或以水碑（砰），或轮班次，由原被两造邀请邻村公正绅耆协同商定；第二期自立夏后起，无论何时，两造所有田亩之水份均系上满下（六行）流，顺次第灌放，茅草房民人在海塘下流，就秧田沟、独立树沟、河边沟引水之田在第一期得附随于孔家营人所得十分之六之水分中灌放，在第二期仍规定为上（七行）满下流，茅草房人由独立树等沟引水，每年帮孔家营人巡水费用铜钱二千文，讼费十元，由原再诉愿人及被再诉愿人共同平均负担。

事实：缘弥渡县属有孔家营及（八行）茅草房两村，孔家营村居茅草房村下，相距约三四里之遥，其灌水份一方系与苏家沟、禹家沟共放东南箐水，一方系与康家沟（即茅草房人放水之沟）共放东北箐水（九行）。其放水规章，在清明至立夏期间，于前清乾隆四年二月二十二日，曾由该地同享水利之禹家沟、苏家沟、康家沟、孔家营等处人众共同会商，就各沟安设水砰一道，东南箐（十行）水由苏家沟、禹家沟分放十分之四，孔家营分放十分之六，东北箐由康家沟分放十分之一，孔家营分放十分之九。现苏家沟及禹家沟之水砰尚属存在，独康家沟之水砰已（十一行）无安设痕迹。该砰究系安设后毁去，抑系从未安设，及两造现在在该时期中放水实际上是否按照水规册，此时已无可考。此两造自清明至立夏期间之放水情形也。至立夏（十二行）以后放水规则，按照该地习惯向系上满下流，在被再诉愿人孔仕煜等所提出之前，清乾隆四年二月二十二日，各村人众议立之永远水规册，并未载有特别分水办法。又（十三行）在该两造所争之东北箐之下，被诉愿人孔家营民人旧人曾筑有海塘一座，塘下之独立树沟、河边沟、秋田沟，每年于撒秧插秧用水之时，亦有就孔家营水份中享有分用之（十四行）权，推用水时须支付铜钱二千文与孔家营人，作为巡水费用。民国八年旧历五月中，该地以插节属时，雨泽愆期之故，两造因此遂起讼争案。经实业司第二审裁决，维持民国（十五行）十年六月十二日弥渡县前覃知事所为之第一审判决，判令康家沟安设四六石水砰一道，孔家营分水六分，茅草房分水四分，不分先后两沟照砰并放。茅草房之独立树沟、（十六行）秧田沟引灌秋田之水，每年不帮实用，由正月初直放至芒种节。等语在案。该陈崇儒等不服，向本公署提起再诉愿，经本公署令委该现任弥渡县知事亲往勘查，该东北箐出（十七行）水无多，每年以四六分，两造均有不利，是实。

理由：本案据原再诉愿人陈崇儒等再诉愿意旨略谓：

一、被再诉愿人提出，前清乾隆年间各村公定之水规册系属伪造，该册能否（十八行）发生效力，须视黑箐厂海塘之水是否确有轮排分放之举动。现查黑箐厂海塘前人迭次修筑，卒未能储蓄水份涵养水源，至今各村引为恨事，从未有订立水规轮排分放之（十九行）举，该水规册何能发生效力？

二、茅草房民人所居地位概系深山穷谷，所有田亩肥硗不同，以䀖股分放则茅草房虽多得水份，而禾苗亦难葱生，故该处水利不能分䀖灌放，向（二十行）系上满下流。

三、康家沟如果确有一九水砰，孔家营自应认真保管，何以该处并无水砰，现该处既无水砰痕迹，是该等自弃权利坐失时效。按之法理，茅草房人已具占有主权（二十一行）。

四、独立树沟、秋田沟、河边沟，在正月至芒种期间，非用水时间，此时水份即涓滴不下，亦无甚妨害。芒种以后，需求水如金，而斯时乃断令不得用水，殊有未合。

被诉愿人答辩意旨（二十二行）略谓：

一、被再诉愿人等提出之前清乾隆年间之水规册，订自前清乾隆四年，迭经法庭认为有力证据，何能认为伪造，且纵属伪造，该陈崇儒何以不于数十年提起控诉（二十三行），请求取消。依法例，当事人负有举证之责，该等究持何种证据与孔家营人争康家沟水份？

二、陈崇儒等引放独立树沟、河边沟水份，何例每年须帮孔家营巡水钱二千（二十四行）文，覃前县长断令免除与旧规不符，应请恢复。

三、茅草房田居少数，孔家营田居多数，放水规章二百余年均系茅草房人分放十分之一，孔家营十分之九，请仍照旧制（二十五行）断给茅草房民人十分之一。云云。

本案判决要点略分为四：

一、被再诉愿人孔士煜等所提出乾隆四年之水规册是否伪造，及该水规所载自清明至立夏康家沟放此水十（二十六行）分之一之规例现在曾否实行？查该被再诉愿人提出之水规册其上虽无官府印信，然查其纸色墨迹均系远年旧物，毫无瑕疵可指，确不能认为近年伪造之物。惟该水规册（二十七行）虽不能认为伪造，然该册所载孔家营与康家沟一九分放之例是否历来实际？不可不详言及之。查被诉愿人等对于本案所争之点，始终主张东北箐水份，历来确系按照乾（二十八行）隆年间各村公众所议立之水规册，于清明至立夏在康家沟安设一九水砰，而孔家营人与茅草房民人一九分放是东北箐水份，非系轮班灌放，实系由水砰砰分賰灌放可知。夫（二十九行）既由水砰分放，则该水砰之存否，实为该两造分放沟水曾否按照水规册之一最大关键。现查康家沟据该弥渡县覃知事及现任王知事之查勘，并弥渡县中乡第四保（三十行）新旧保董李大俊、邹璋等之证明，均无一九水砰存在。该被再诉愿人孔士煜尚无其它反证，可以证明该处东北箐水确系一九分放，则其所谓一九分放之语亦不过昔日过（三十一行）去之陈迹，非现在两造所继续实行之规章也。盖被再诉愿人所提出之水规册，其效力仅足以证明东北箐水份在乾隆年间有一九分放之规定，而不能证明其一九分放之（三十二行）规定继续实行至今。而该一九分放之规继续实行至今与否，当以康家沟有无一九水砰存在，以为判断也。现康家沟既经查明确无一九水砰，当即推定该被再诉愿人所（三十三行）主张一九分放之规例，现在实未实行，且其未实行之日期，非自近年始。该处水砰虽据孔士煜等谓系起诉特由陈崇儒等挖去，然挖去后必留有挖去痕迹，现迭经多次踏勘（三十四行）均无水砰痕迹，则在第一审程□该弥渡县第四保新旧保董李大俊、邹璋及该地老民禹登桂、罗士贤所供，康家沟素无水砰之证言与事实相符，即应发生证据力，因此认定（三十五行）该处水砰非自近年失去。按法例水流之通过使用权，应以习惯为标准，然习惯又必须其有不妨害公安及历来公然平稳实行等条件，始有采用价值。本案该被再诉愿人所（三十六行）主张一九分放之规例现在既未实行，当然不能采用。惟东北箐水份在清明至立夏期间一九分放之规例，既已不予采用，而该沟现在所实行之规例，该当事两造人等均各（三十七行）保留在心，未肯轻于宣露，则该沟在清明至立夏之水份当何处以为判断，是又不可不注意该东北箐水份以一九分放可否实行。

二、东北箐水份在清明至立夏期间，由茅草（三十八行）房及孔家营民人一九分放可否实行。欲知东北箐水份于清明至立夏一九分放可否实行，不可不以康家沟现在无水砰之原因及该箐水量之大小，以为判断之根据。（甲）就（三十九行）康家沟无水砰之原因言，查水砰系属分水之物，倘砰分水各方所分之水无大偏倚，实为双方放水便利。既经议定，必当见诸实行，并见诸实行，必不更行毁去，纵更毁去，不（四十行）久必谋修复。该沟水砰如谓自始并未安设，则何以议定后而不安设。如谓安设后毁去，则又何以毁去后不谋修复。可见，该沟安设水砰一九分放之规例，实有不能实行（四十一行）处可知。（乙）就康家沟之水量言查康家沟水量。据现任弥渡县知事王家修踏勘主覆，谓该箐沟水份宽不过一尺，深不过数寸，并无源头龙水，以全数灌溉尚不能救其秧田，若（四十二行）遇天干以四六分放，恐不能得其效用，等语。可见该箐满水量以四六分晅灌放尚未能实行，况以一九分放乎？因此推定，该箐沟水份在清明至立夏期间，以一九分放确系不（四十三行）能实行。且陈崇儒等对于该沟水分在该时期中不仅分放十分之一，惟查陈崇儒等对于该箐沟水份虽不仅十分之一，然亦非上满下流。盖当时水量稀少，农家用以用灌小（四十四行）秧，倘定为上满下流，则孔家营孔士煜等田亩在下，小秧必无水灌溉。实业司第二审裁决，维持弥渡县第一审覃前知事判决，断令四六分放尚属平允，惟分放时期并未指明（四十五行），县判令安置水砰，使该当事人等就自己已确定之权利中，实行权利时舍由砰分放外，别无选择。最便利之方法之余，假使沟过微不能分晅灌放，则两造均感不便，不（四十六行）免稍有未协。用是变更将分水日期依水规册，定为清明至立夏，放水方法或分晅数成分班期不予限定。

三、东北箐水在立夏后是否上满下流。东北箐水份据孔士煜等主张（四十七行）分晅灌放，然分晅灌放之时期据水规册所载，明明系自清明至立夏止，是立夏后之水分，从该水规册之所规至今完全实行，茅草房人尚不能受其拘束，况该水规册之所规（四十八行）定又未当实行乎。故该箐沟在立夏之水，孔士煜苟不能特别提出证据，证明系属分晅灌放，则其分晅主张，当然只能认为在清明、立夏期间，过此即无何等根据。斯时水份（四十九行）自应按照本省各地用水惯例（本省在立夏后用水惯例：除龙潭水塘水将自规定由放水人分放之水之外，其余河水、山水等均系上满下流）及该弥渡县第四保新旧保董（五十行）李大俊、邹璋及该地老民禹登桂、罗士贤等之证言，认定为上灌下流。

四、陈崇儒等引放河边沟、独立树沟、秧田沟，应否帮费及限制时间。查河边沟、独立树沟、秧田沟位置系居（五十一行）东北箐及康家沟下，其水份来源系孔家营人孔士煜等一方由东南箐分来，一方由东北箐，即陈崇儒等康家沟水分之来源分来，其主权系由孔家营管有，陈崇儒等引放。该（五十二行）数沟水放，陈崇儒对于该数沟得享有分放之权，在孔士煜业已承认，故无须特别证明。按照法例自应遵依古规，帮补孔家营人之巡水费用，以昭权利义务之平均。至陈崇儒（五十三行）等对于该数沟放水日期，该两造并未争论，自易勿庸特为限制。第二审维持该弥渡县覃前知事之第一审判决断，令陈崇儒等引放秧田等沟水份每年不帮费用。至正月（五十四行）初一日放至芒种节止，不论认为允协亦应变更。综上所述理由，特为决定如主文（五十五行）。

本案照章以本公署为终审机关，两造所争之点，自决定书送达之翌日起，即发生确定力，不得请求再审。钞录费照章每千字一元，计三千八百字应征三元八角，由（五十六行）请求送达决定书者负担，并注（五十七行）。

民国十五年八月　日（五十八行）。

〔据《大理丛书·金石篇》卷五续编《碑刻、摩崖、器物铭文》第2869页辑录。此碑是弥渡县境内现存最大一通碑刻。高160cm，宽135cm，厚10cm。沙石质。存红星茅草房里营。碑额阴刻楷书“永远决定水例碑文”左行横书。正文直行楷书左行，行8－68字，计58行3800余字。系民国十五年（1926年）弥渡县东壁因争水诉讼一案所作终审决定书，刻碑勒石，是一份研究清末民初该地生产用水分配管理难得的文献资料。〕

重修飞龙桥碑记

重修飞龙桥碑记（一行）

云龙县域多河流，其澎湃急注百里而不息者，若泚江、胜备江、漕江等，颇称巨浸，而澜沧一江，流域为尤长。考县志，江源出西藏，经兰州而入县境，环（二行）流山谷，势甚汪洋。县属内地食米，半多运自江西，而井盐销路，又必过江，以达腾、永。乃水横沮，深不可渡，土人编竹为筏，以济往来，然巨浪时作，倾覆（三行）可虞。当前清同治年间，有回委吏李大翼长桂楼者，曾于桥街东岸造有铁链桥一道，题曰飞龙，商旅便之，至今称道弗衰。迄去秋丙寅，迤西股匪相（四行）继倡乱，驻井陆军排长萧鸣梧，阴受伪命，僭称司令官，盘踞县城。未几，省军大至，匪势不支，萧逆遂窜走泸水。恐兵追及，迨众渡尽，将桥烧毁。于是米（五行）盐运输，为之一阻。步三团中校营长陈君自新，既克复县境，目击灰烬，慨然伤之，因倡仪修复。众虽踊跃，然难于款项之无出也。则严清散匪，察其逆（六行）迹可原者，许以自赎，共获罚缳（锾）二千余元，留为基金，诿其事于官绅而去。时余下车伊始，思丧乱之余，流亡亟应招徕，圜圚亟宜恢复，是修桥之举亦（七行）属先务。得陈君倡议，遂与诸搢绅急起赞助。款不足则复广为筹募，并抽获诸盐红息一千九百余元，于是共集八千有奇。遂择日庀工，举邑绅字瑞（八行）河君总其成，施君文侯、赵君瀛洲、刘君天祥董其事，监工则杨君龙滨、赵君时霖，收支则李君叶菁。诸君子皆和衷共济，罔僭劳力，故克相与有成。字（九行）君素精计画，县境桥梁得君监修者，靡不坚固。至是出而布置，凡桥墩之高卑，铁索之提链，及位置之测量，皆奔走指顾有方。自去春二月兴工，迄五（十行）月而工竣。是役也，初估计时约费五六千元，即可蒇手。嗣因旧有桥墩将近朽坏，复即另砌，而工作开费，遂亦增加，统计用去至九千余元。凡所不敷（十一行），皆赖邑绅共筹措焉。余每观巨役之兴也，居民上者类多役民力以为之，致征调之叫嚣，使闾阎失其安宁，是即为谋大益而不知德。今斯桥之修筑（十二行），未劳一民而顿复旧观。过其上者，其亦知陈君倡始，字君经营，与诸搢绅筹画之力乎？若余何有焉。他日陈君度来，睹斯桥之落成，其亦同为忻慰也（十三行）夫！铭曰：

彼山峻兮，无涂不可步。彼水沮兮，无梁不可渡。江曰澜沧，有桥如虹。系彼妖孽，一炬而空。汹汹浪涌，胡克厉揭。兴修不亟，人迹将绝。爰（爰）来（十四行）陈君，实倡厥首。块我作牧，苦举敢后。冶铁伐石，乃经乃营。凡四阅月，功卒底成。民曰诸公，苦为我谋。我力未与，亦孔之羞。桥昔毁矣，我步之艰（十五行）。桥既复矣，载往载旋。彼高空兮，有影宛如龙兮，将永奠而腾彩，亘万古而不改（十六行）。

前云南省议会议员建国联军佽飞第四军部秘书长省公署总务处员现署云龙县知事李

攀桂撰（十七行）。

民国十七年岁次戊辰仲秋月谷旦立（十八行）。

〔据《大理丛书·金石篇》卷四《碑刻、摩崖、器物铭文四》第1745页辑录。碑存云龙县旧州乡飞龙桥望江楼。青砂石质。高133cm，宽67cm。直行楷书。文17行，行1－57字。记录飞龙桥遭兵燹后的重建经过，涉及民国滇西社会动乱情况。〕

横水塘筑塘开沟修庙碑记

盖闻人存政举，经训昭垂。是地方之兴废，靡不以经（一行）理之贤否为权舆。亘古以来，得人而理明效昭，然固（二行）有毫发之莫爽也。吾宜横水塘一区，地僻民瘠，兵燹（三行）后元气未复，加以丛树森林代（伐）取殆尽，附近童山濯濯（四行），环睹萧然，荒凉尤甚。自孟君宣三经管公款以（五行）来，凡地方应兴应办之事宜，无不任劳任怨，热心勇（六行）力进行。宣三秉承于下，殚竭心力，不惮烦劳，今成（七行）效昭著，有裨地方，试胪举之。

一恪遵部令，注重森林（八行）也。宣三于蒋公任内，遵令种植松柏茶梨，诸山（九行）殆遍，目下成活者计达数万余株。所谓百年利民之（十行）图，舍此而谁？

一疏通沟渠，以资灌溉也。吾村地居高（十一行）阜，向乏潴水以利田亩。村中虽有旧塘，然因浚浚久（十二行）缺，以致填塞，遂成荒废。每至夏届栽插，田亩乏水，村（十三行）农兴嗟。幸蒋公莅任，垂询民间疾苦，首悉此端因（十四行）。宣三会同阖村父老子弟，有公禀请筑堰塘之举（十五行），毅然准行，分别布告，即饬农会勘定，另开新沟三路（十六行）。并于沟流所经之地，妥商地主，协定合同，藉免轇轕（十七行）。不匝月而塘成功竣，年来栽插已无缺水之虞。歌（十八行）颂功德，阡陌相闻，谓非贤能曷克办此？

一重修庙宇（十九行），以重礼祀也。吾村向有土主庙一所，岁久坍塌，赖（二十行）蒋公提倡，令宣三鸠工庀材，鼎建前殿及两厢。房（二十一行）屋落成后，蒋公手书匾联悬挂内外。今于民国十五年（二十二行）重建后殿，庄严佛像，庙貌重新，村人报赛酬神，举（二十三行）皆欣然色喜，称道弗置。

噫！维持地方，旁及于此，所谓（二十四行）一乡之善士，宣三其当之无愧耶。前经蒋公呈（二十五行）请政府发给匾额、奖章，成人之美，固已尽彰善之能（二十六行）事矣。惟是吾村人既叨：贤县长百废俱兴，尤感（二十七行）宣三利我桑梓，且得村众量力资助，乐成其事，不可（二十八行）不有以昭示来兹。爰泐石以志不朽云（二十九行）。

谨将开光奠土募捐功德芳名列后（三十行）：

孟怀德捐洋五十元，孟怀昌捐洋五十元（三十一行），郑鳌芳捐洋五十元，王家留捐洋十五元（三十二行），王建忠捐洋五十元，张玉贵捐洋十元（三十三行），段宝国捐洋五十元，孟怀馨捐洋十元（三十四行），李陆氏捐洋五十元，王文捐洋十元（三十五行），湛权捐洋五十元，孟香捐洋十元（三十六行），李金成捐洋六十元，王家兰捐洋十元（三十七行）。

管事：张玉贵、孟怀昌、王家恺，木匠吴明安、吴发兴、王家祥、王家明各捐洋十元（三十八行）。

泥水匠：秦崇兴、郭寿堂（三十九行）。

石匠：杨家明、普云寿（四十行）。

书画匠：李树奎、张护灵（四十一行）。

许克襄遯龛氏拜撰（四十二行）。

严霨庆氛氏敬书（四十三行）。

民国十八年季春月吉日横水塘合村父老仝敬立。

〔据《宜良碑刻（增补本）·水利》第109页辑录。碑存宜良横水塘村土主庙。原碑无名，标题系编者拟加。白石质。高80cm，宽140cm。碑文含筑塘、开沟、修土主庙等内容。许克襄，字蓂阶，号遯龛，少聪颖，工书能文。历署象州知州、明江厅同知，而尤以任镇边县（今广西那坡县）事最久，为官清廉，卓有政声，回籍病逝后，县民为其修建假冢，刻碑纪念。1989年新修《那坡县志》，特为其立传。事迹详民国十年（1921年）《宜良县志》卷九《人物志·宦绩》。〕

重修庆安堤第一段工程碑记

黑井地势狭隘，两山壁峙，龙江中流，南来北去。而龙沟河流，高出场地，自西来汇，冬干春晴之候，水不盈尺，及至夏秋之交，辄因阴雨绵延，山水大发，则洪涛巨浪，陡凌横流，石大如舟，填满江心。考诸历史，居民之受其害者，尽数年或数十年必一遇焉。而光绪二十七年之水灾，则又为其最者也。时提举江公睹水患之频仍，恐井场之沦没，乃禀准巨帑，筑庆安堤凡十一段。工程浩大，建筑巩固，诚西北之保障也。民十三年秋九月，河水又大发，而第一段石岸，首当其冲，崩溃数丈。后以政局迭变，故数年来尚未修复也。民十九年，场长傅铭彝、盐税局长李一廷两公，先后莅井，见石岸日就颓倾，深恐殃及全岸，慨然有兴修之志。于是请款重修，并举娴熟工程之段心元、龚兆、龙周仁诸君监工而董其事。计石料工资用去滇币九千二百余元，费时三月有半，始克蒇事。爰立石而记其始末，以资他日之考证云。

民国十九年十二月剑川稚徽张籍敬志并书。

〔据《楚雄历代碑刻》第419页辑录。碑原立于楚雄禄丰县黑井镇庆安堤旁，现存堤南岸一居民家后院。碑高150cm，宽63cm，直行楷书。记载黑井镇龙沟河水患及民国十九年重修庆安堤第一段的历史。庆安堤，位于黑井镇西北的龙沟河河尾与龙川江交汇处，是中国历史上最早的专门防治泥石流的水利工程之一，2005年公布为楚雄州文物保护单位。始建于清乾隆四十四年（1779年），后屡毁屡修，现存堤为清光绪二十七（1901年）重修，至三十一年（1905年）建成。〕

沟坝纪念碑

新筑窑安闸开沟碑序（一行）

大凹之北周官庄一带，为西涧河流域。旧于闵家坟左侧立平坝一道，以缓水势，无甚关系。惟坝后有天然陂塘，可蓄水以资灌溉，□二（二行）窑村高水缺，若于播种之际，屡欲以此地筑坝开沟，化无用为有用，均以人众意纷，财力不足，未克举行，听其荒废者已数百年矣。时庚午（三行），玉溪熊公心畬主掌陆政，开凿西河，除去石坝，东南二区受福无穷，二窑之水困，愈形拮据。公复曰：两害相权，取其轻者。二窑秧水，（四行）可开上游以求水利，则福不减于东南。议成，绅民张鉴渠、赵光华、王福兴等禀情于公，筑坝置闸，开沟浚流，作利民之本。得公亲临踏看（五行）数四，相其地形之高下，一一擘画，檄委中尉黄炳玉、绅民王泽民、唐秉清、赵玉春、常发贵、张映枢等经理其事。而熊公升擢以去，继任张（六行）耀华以旧政之托，竭力提倡。自二月五日开始动工，至翌年八月中旬，由史家坟至窑上，约五六里之大沟告厥成功。所需款项由二村之（七行）户口摊逗，银二千余百元，小工三万二千余百名，附近村落以□沟边有地之家，并未助一钱一夫之力，他方倘用此坝之水，应当（八行）水租以均担负而筹管坝之费。是役也，非得熊公规划于前，不足以兴工动重；非得张公维持于后，亦不能各事齐备，踊跃工作；更非得（九行）之父老民众，一德一心，尤不足以沾水利坐享幸福。今坝事已厥，村老请勒石垂远。猷以书生，从事其间，知其底蕴，故略记之，以告将来（十行）。

〔陆良县建设局长俞斯猷允升氏撰书〕（十一行）。

又　序

二窑村高，面河背阜，灌溉之福，从未曾有。在昔，先民于河中造坝，尚可积水播种，踩水栽秧，以谋日用之需。至民国庚午之岁，东南区求去水（十二行）患，改造两桥，消除石坝，吾村之水困，较前尤甚。幸得邑侯熊公约盘济虚，将村北大凹之天生坝塘提倡修筑，二窑无水之患，稍得以解其痛（十三行）苦，并承城中绅老俞世琼、梅耿泰、俞之碧、张全□、俞立□、□祖□等，协心□同，沟坝始告成功。然工成窑财尽力竭，未得圆满之用。是后沟边旱（十四行）地若改成水田，就坝水之便，以应补助工钱，以保□□□□□□□□□人劳我逸，坐享渔人之利。计斯坝之成，也费去银二千余百元，民（十五行）工三万二千有余名，艰弥困锁，口不能言，古□□□□□□□□□有地之户，喧宾夺主，置吾二窑经始之苦心于不顾，愿后之君子保（十六行）护维持，寻源溯流，勿使强夺，方不负官绅前人。□力偶导之，或□□□□□，万世永轻矣。故记之于石。

清庠彦张鉴渠镜泉氏撰（十七行）。

民国二十一年岁次癸酉季春月下浣之吉黑白窑村父老民众公立（十八行）。

〔据《曲靖石刻》第325页辑录。碑现存陆良县窑上小学。高185cm，宽68cm，共840字。碑文分两部分，上部书“新筑窑安闸开沟碑序”，文10行，时任陆良县建设局长俞斯猷撰文；下部书“新筑窑安开沟碑又序”，文8行，清庠彦张鉴渠撰文；碑顶部书“沟坝纪念”，正书阳刻。是研究陆良水利史的重要碑刻。〕

玉龙村新建水碾碑记

玉龙村新建水碾碑记（一行）

吾村有小龙洞水焉，龙泉混混，昼夜不息。向例与下伍营平均分配，吾村约可得二车力之量，以作灌溉（二行）田亩之用。其分放办法另有淋水规目及碑记，相缘成习，兹不复赘述。民国十八年秋，阖村老幼人等咸（三行）以此项龙泉水除灌溉田亩而外不作别用，坐失其利，殊为可惜；概由水份门户之负担又复过重，若不（四行）从而生利以补助之，则势难承当。遂选材兴工，水碾之建造从此始。然斯举也，计自民国十八年九月兴（五行）工，经四月而告竣，约费通用纸币五千余元。虽其间由每水份捐洋十元，不敷之数由殷室借贷以成，全（六行）要皆由群策群力经营布措，有以致之也。迄今基础巩固，阖村人户利用水碾之便，宜特将始末别为序（七行）次如左，以备参考而期利赖无疆云（八行）。

一陡坡寺住持僧湛权送水碾地基一份，随房北首场一块在（八行下部）内，东至李荇地，南至水沟，西至杨姓塘子，北至常住田；并所建碾房木料，仅给香资洋三十元。又李荇（九行）送水碾入水沟一条，长约七丈余，宽约二丈。兹将出水捐姓名开后。计开（十行）：

李光斗水二份，李钟南水五份，李增贵水二份，蒋国正水二份，李怀智水一份（十一行）。

何祯水一份，杨家祜水一份，杨寿增水一份，杨兆臣水一份，李中坤水三份（十二行）。

杨起鸿水一份，杨洲水二份，杨琳水一份，李怀馨水二份，李增华水三份（十三行）。

李锐水二份，李凤仪水一份，杨应魁水三份，李光裕水三份，李国正水四份（十四行）。

杨家荣水一份，陡坡寺水三份，杨希增水二份，李怀本水一份，李续水一份（十五行）。

李枝水一份，李怀秀水一份，李周南水五份，杨家桂水一份，李锦秀水二份（十六行）。

王有能水二份，杨泽水一份，杨兆顺水一份，李锦章水一份，李凤书水二份（十七行）。

杨家林水一份，杨玉清水二份，李怀安水二份，杨续水二份，杨周氏水二份（十八行）。

李镜水一份，李振熊水四份，杨氏族水三份，杨绘水一份，李涛水二份（十九行）。

杨绣水二份，李杰水一份，杨有水一份，李树茂水三份，杨文季水一份（二十行）。

李举水二份，李怀琛水二份，杨寿彭水一份，杨寿春水一份，杨正和水一份（二十一行）。

李端水一份，蒋国珍水一份，李岗水一份，李五桂水一份，李氏族水一份（二十二行)。

李树森水二份，杨家彬水一份，杨芬水一份，李夔水一份，李镕水一份（二十三行)。

李荇水一份，李怀松水一份，李忠水一份，李凤章水一份，杨绍春水一份（二十四行)。

杨兴章水二份，杨希春水一份，李自昌水一份，李润水二份，李怀忠水二份（二十五行)。

一建水碾共去洋五千余元，除由各水份捐洋一千二百三十（二十六行）元外，不敷洋三千七百七十元，由本村公众垫出。俟水碾完（二十七行）成，由公众收租，以四年为限，如数赔偿后，仍归各水份收租（二十八行)，以作答报。复载之费，其夫役六百余名，均系村内按户摊做（二十九行)。

玉龙村乐山李增华提倡并撰书。

木匠：陶正章。

石匠：沈世达、双有德镌石。

民国二十一年四月十五日阖村各水份仝立。

〔据《宜良碑刻（增补本）·水利》第113页辑录。碑存宜良狗街玉龙村土主庙南厢房外山墙。白石质。高100cm，宽66cm。额题“利赖无疆”。〕

让解桥记

让解桥记（一行）

明弘治戊午届云南乡试，史城杨公士云遇研友杨公宗尧于城南桥畔（二行)，语之曰：今科公当抡元，我亦不作第二人想，然则解元将谁属？让久之，以（三行）齿推尧往。是科果以《易经》获解，尧遗云丹桂一枝，为次科兆。辛酉乡试，云（四行）亦以《诗经》获解。至正德己卯，云捷南宫，入词林，以宫花遗尧。庚辰，尧相继（五行）捷南宫。事之奇为振古所仅见，虽宋胡旦能必其得之于己，犹不能必其（六行）得之于人也。万历间，艾公自修纪以诗云：“解元相让亦奇哉，让与他（七行）人可复来。让去让来成戏局，胸中笔下有专才。功名原属天将数（八行)，两解相期谁把住。德器潜修鬼阚身，启心动口神天护。非徒物（九行）类两争夸，云足功夫已到家。自揣文场无与敌，后先信手若拈花（十行)。”

按：尧号复斋，官户部观政。上《正人心崇正学》一疏，以圣学为己任。殁祀乡（十一行）贤。云号宏山，精研理学，以给事中致仕。科道交荐，不起。闭户著书，有理学（十二行）名臣之目。《理学宗传》列明儒五十六，云居三十三，在冯从吾下，唐顺之上（十三行)。殁并祀乡贤。裔孙杨君立珍，缅怀旧德，冀阐前徽，爰命喆嗣联芳昆季，重（十四行）修让解桥于史城南野。

余得濡笔为记，并系以七言一章。其诗曰（十五行)：“解首荣名艺林重，抡才微权操主司。如何一时兴到语，辞受浑同左券持（十六行)。宏正前旌休便易，唐皋结想却非痴。花与遗花人共笑，戏耶真耶天为之（十七行)。”

民国癸酉冬清癸卯进士户部主政同邑李玉振撰言（十八行)。

〔据《大理丛书·金石篇》卷四《碑刻、摩崖、器物铭文四》第1765页辑录。碑现存大理喜洲镇坡头村。大理石质。高96cm，宽64cm。直行楷书。文18行，行4－28字。民国二十二年（1933年）立。碑右侧顾视高题“让解桥”桥名碑，大理石质，高100cm，宽37cm。主要记录明弘治戊午年（1498年）、辛酉年（1501年）云南乡试时，大理杨士云与杨宗尧互让第一，却又相继进士及第之与桥梁有关的轶闻趣事。〕

陆良南区建筑大麦冲经始落成碑

陆良南区建筑大麦冲经始落成序（一行）

古来建大功、立大业，必有非常之人，持坚忍久志，方能成功。于当时兴利，于后代溯思。吾陆南区一带，土壤肥沃，良田遍野。惟泉源稀少，素有旱虞。罕（二行）遇雨旸时若之年，亦能歌入有之庆；若遇久旱不雨之岁，则难免岁歉之戚。频年以来，对于旱瘼，有关心者每欲设法筑坝蓄余水，以资灌溉之需，尽（三行）人力而补天时之缺。然徒托空谈，不能以行践言。逮及民国十有八年，熊公心畬来长吾之县篆，下车伊始，即征求民疾。凡有水潦患者，辄凿河疏流（四行）；若夫忧旱者，必筑坝补救。史营长光培卸盐津渡厘差归籍，见公之为官，以民为怀，乃予公言云：吾邑之南区一带，有田而乏水，民间历年时欲筑坝（五行）于大麦冲，言而未行。此冲生于石鱼村与木凹子两寨之间，东西两山，延绵环绕，中有平坦之地，长二三里，阔里许，无洼无坡，半草半土。附近西山之（六行）麓，有清泉涌出，约有车水之谱，惜乎流至于冲底地洞泻下。公闻之，毅然与史君光培、俞保董敏仁、杨分团首春廷、赵保董映昌、郭老太爷明唐乘马（七行）前来亲看斯冲之环山及地形。公至而举目四视，即与史君等言曰：此冲面积平而且广，筑数仞之坝堤，容水莫测，灌田无数，显然一天生之蓄水池（八行）也，君等何不早为之提倡乎。当即与史君等斟酌筑坝之所在，计划筹款之筹法。转至县府，即委俞保董敏仁率领石工张有其前往玉溪，参看其县（九行）官坝之筑法，归来以便摹仿。复与史君商委提调、经理、督工、文牍、会计各执事人员，择吉兴工。款项由沿沟可救之村寨认真清查人工之数目，按工（十行）每年每工出银一角，小工酌量摊派。统计各村田工，合一万二千一百六十四工。建筑两载，共捐用银二千七百三十二元八〔角〕，共食米五十余石，共小（十一行）工三万六千四百九十二工。而镶闸之石业已完毕，惟小工之工程尚未告竣，而公即奉调昆明市政府之督办。延至今岁，幸遇张公耀华继任（十二行）陆，亦有爱民之仁，乃续与各执事人商酌，除石工已竣不再兴工之外，复按各村田工分摊小工，每工个半，赓续兴工，共去小工一万八千余。迄今幸（十三行）已告落成，征余为序。余雕虫小技，才非子建，笔岂班马，只能略述斯冲筑坝之巅末，以为序云。史营长和而赞之曰（十四行）：

呼哉此坝，宽而且长。他日蓄水，如海似洋。吾区田亩，随时种良。旱而无忧，水溢田庄。早种先收，户户小康（十五行）。

云南民政厅区长训练所毕业员代任此坝文牍陈汉弼撰并书（十六行）。

总提调：前任县长熊心畬、新任县长张耀华、营长史光培、分团首杨春延、建设局长俞其观、自治主任杨体元。

督工经理：郭明唐、赵映昌、俞敏仁、皇甫应、俞万吉、俞良臣。

会计：岳兴培、他占真。

石匠：张有仁、郭中山、郭金玺。

各村补助首人：俞本仁、郑明兴、许忠才、俞万国、唐应忠（以下34人名略）。

熊公之□，民愿将地通□。

大中华民国二十年三月二十六日建立。

〔据《曲靖石刻》第319页辑录。碑现存陆良县召夸新庄。碑呈长方形，额书“功震芳河”，阳刻。高230cm，宽85cm。文16行，行57字不等，计1050字，正书阴刻。叙述民国二十年陆良县长熊心畬、张耀华等与当地士绅倡修大麦冲一带水利经过，是研究陆良水利史的重要碑刻。〕

汇东桥纪念碑记

主座龙公志舟□然决然督饬建造，建设厅张厅长邦翰鸠工庀材，积极□行，（一行）旋以□□□□□□□移归公路经费委员会办理。原定桥址在古城右侧，陆主（二行）任□□□□□□□□委员文清，段委员纬先后往勘，熟审利害，改定今址。以技（三行）正□□□□□□□□道，负指道（导）全责。吕旋他调，设宜良大桥工务处，以宜（四行）良□□□□□□□上任□于工程部分，以技士张祖武负责处置。张又他调（五行），添□□□□□□□□□□□□充之，罗因病不能服务，以督工员王世光代理，刘（六行）委员世□□□□□工。是时，全部工程完成约十之四五。乙亥（民国二十四年，1935年）夏四月，改设公路（七行）总局（八行），主座兼督办，陆杨雨委员任会办，内外机关变更组织，改工务处为工程处，以（九行）技正刘治熙为主任。责权既专，工作益力，丙子（民国二十五年，1936年）夏四月克竟全功（十行）。主座题额曰汇东桥。窃以雁齿新排，溱洧免蹇裳之苦；鼍梁高架，大川喜利涉（十一行）之占。况在滇省为艰巨之工程，在东南握交通之枢纽，自非寻常桥梁可与比（十二行）拟。大义初任常务，继长枢要，于斯桥之经始及落成均预其事，因据事实，谨缀（十三行）数语以为之记（十四行）。

中华民国二十五年六月吉旦古榆张大义敬撰，遂宁吴绍璘书丹。

〔据《宜良碑刻（增补本）·交通》第234页辑录。碑存宜良匡远社区永新村委会小渡口村水云庵。原碑无名，标题为编者拟加。白石质。高120cm，宽105cm。楷书阴刻，边框横台街纹饰。〕

云南省公署水利诉讼终审决定书碑记

云南省公署水利诉讼终审决定书第八号（一行）

原再诉愿人徐安邦、王惠、那世国、达文俊、达永常、戚基仁，年甲不一，均属宜良县属下达村住民，务农。

被再诉愿人禾登村赵凤云、杨槐、杨天智、赵万秀，可保村李美才、李存忠、李茂芝，永丰营张国辅、李开枝、徐清、赵兴国，均务农，年甲不一。

右（二行）当事人等因水利涉讼，诉于实业司，于民国十五年四月三十日所为之第二审裁决不服，提起再诉愿及附带再诉愿，经本公署以书状审理，决定如左（三行）：

主文：第二审裁决一部变更，下达村徐安邦等新设水碾仍准继续修筑，开碾期间定为每年自立秋后两星〔期〕起，至次年小满节令一星期止。闭碾期间定为每年自小满后一星期起，至立秋后两星期止。开碾期间下达村民人可以随时引水冲碾。但引水时须注意沙泥侵入水碾水沟，如有（四行）不慎致沙泥侵入，下达村民人须负挑挖及赔偿责任。在闭碾期间，下达村除依旧立碑文引水灌田外，不得引水冲碾。老直河中下达村民人所修筑之石坝迅即取销，改筑临时沙坝，高不得超过一尺五寸；坝上□□（五行），下达村引水沟口所镶石闸闸底提高五寸。再诉愿讼费十元归两造共同平均负担（六行）。

事实：缘宜良县属有老直河一条，河头东西两岸出有龙潭三个，一曰大龙潭，一曰二龙潭，一曰虚龙潭。大龙潭、二龙潭均在河东，虚龙潭独居河西。三潭水流均灌禾登、可保等村田亩。惟因禾登田亩系在老直河西岸，故该赵凤云等引放（七行）潭水份灌溉该村田亩，须将该潭水份由老直河底引过河西，经过下达村田亩后始能达目的。去岁十二月间，该下达村民人徐安邦等，因筹学团两款起见，拟就该村达街坝口二龙潭水经过处修建水碾一盘，借资舂米，以便筹款（八行）项。旋因二龙潭水份稀微，不敷冲碾之用，遂又拟由该河上游西岸下达村引水旧沟引用河水，以补不足，并将老直河河身拦河草坝改筑石坝，以为截水工具。在碾尚未修成期中，赵凤云等（九行）为该河西岸下达村人引水旧沟其紧接沟头东岸，亦有旧沟可通大龙潭，将来下达村人安设水碾水份不足时，恐有挖放大龙潭水之情事，及洪水发时河中沙泥有侵入沟身，填实二龙潭水（十行）沟危险之故，遂向该宜良县公署提起诉愿案。经实业司第二审裁决，断令徐安邦等新设水碾仍准继修筑，老直河中所修筑之石坝迅即取销，改修沙坝，坝高不得超过一尺五寸，坝（十一行）西岸下达村引水沟口可镶石闸，闸底提高五寸。并限定自旧历四月初一起至八月底止五个月内，除四、五月中河水稍平，闸下田亩须水灌泡时，下达村人得由闸口引放苗水外，其余时期均不得（十二行）开闸引水冲运新碾。又被诉愿人等对于旧沟，亦不得任意开挖宽深，且除小满三日三夜内应得水份外，不得挖放大龙潭水份。在案。该两造不服，先后提起再诉愿（十三行）。

理由：本案据原再诉愿人徐安邦等诉愿意旨及答辩意旨略谓：

一、老直河原系沙坝，现改筑石坝之两岸，尚高过于石坝四五尺之多，上游沙泥何由流出？纵即流出，而近河一带田亩均系下达村所有，非禾登村（十四行）所有，且距禾登村田亩尚有四五里之遥，亦不得损害禾登村田亩，如有损害，下达村人甘愿负责，何必定欲取销石坝？二、老直河西岸沟口原打有石闸枋一道，洪水发时将闸关闭，泥沙自可顺坝头而下，何（十五行）能侵入沟中？三、二龙潭水份在平时仅有两车有余，不敷冲碾所用，故冲碾水份须借老直河水份。而老直河水又系无源水流，须在夏秋始有充分泉源。二审判令夏秋闭碾，冬春闭碾，开碾时期老直（十六行）河中全无水流，何以开运，团学两款更何以筹集？四、大龙潭水份在小满三日后由下达村引过西岸，日出归下达村灌放，日入归可保、永丰灌放，此系历来旧规。五、现在下达村建碾地点，原系下达古代箐沟，并非戚忠让与赵凤云等所开之沟，有戚基仁证。

被再诉愿人赵凤云等答辩意旨及附带诉愿意旨略谓：

一、潭水来源系出于石隙，如沟底既高，沙水倒灌入潭，一旦将石隙倒填，水源必阻。

二、河身改修石坝，系违旧规。二审判令改筑沙坝至为平允。

三、此次涉诉主要部分系在不准侵地建碾，并未与下达村争执水份。

四、禾登村灌田水份原来并无缺乏，何必下达村人引河水代为增加，矧河水（十七行）坝入潭沟时，于禾登村田亩尚多危害。

五、下达村新建碾房，系骑河修筑，侵及禾登村沟道，应请责令退出。

本案判决要点，当以原诉愿人徐安邦等引灌老直河水份舂碾，有无淹埋禾登（十八行）田亩之虞，及其对于现在建筑新碾地点有无享有安置水碾之权两点以为断。

就前一点言，老直河系沙河，且该下达村引水舂碾地点系居上游，与发水山麓相近，每当夏季雨泽多时，倘沟口（十九行）闸枋关闭不严，山水陡发，难免不无沙泥侵入沟身之危险。此危险虽经该原诉愿人徐安邦等在二审程序当庭具结，如有砂泥入沟，甘愿负担挑挖，不致害及禾登田亩之责任。然山水陡来，防（二十行）备多有不及，如俟将来实害发生时再事赔还，则不惟于国民经济上多所损害，且亦非所以保护所有权人利益之道，故不如先事预防之为得策。此所有权人对于他人之行为有防（妨）害其权利（二十一行）之虞者，得为请求避止其足为防（妨）害之行为之法理所由设也。本案该徐安邦等引水舂碾，沙害虽属尚未实现，然夏季确有沙害侵入之虞，当然应于夏季禁止其足为妨害之行为。原审断令自旧（二十二行）历四月初一日起至八月底止，禁止徐安邦等开闸舂碾，尚属合法。惟禁止开碾时期不以节令为标准，而以月份为标准。每年节令早迟不一，而雨水收发亦因之以异，故不若特予变更，以节令而限制（二十三行）之为妥善。但在此有限制节令外，其余开碾节令亦难免绝对无雨水发生之时。厥当此雨水发生时间，下达村人民除应注意避止沙泥侵入沟中外，倘如再有沙害淹及禾登田亩，尤应负赔偿之义务（二十四行）。

就后一点言，现下达村民人徐安邦等修碾沟道，虽据赵凤云等指声原系下达村民人戚忠让与该村田亩所开之沟，其有所权本属禾登、可保等村。然经本公署审查，该禾登等村由戚忠让与田亩所开（二十五行）之沟道，据其提出前清乾隆三年七月刊立之碑文所载“二龙潭居河之北，古人开之，原欲利济万世而垂子孙于无替。为想其时水高河底（低），混混而出，不禁源源而来，迨其后河水频涨，砂石渐淤，致使有（二十六行）源之水阻于河北，不能南渡，望洋咨嗟，兴叹无济。赖有识者示以开沟，河内引水归源，乃获有济。忽而水起又被淹埋，一年之间，几劳数次，岂其不惮烦。与亦为生计，是以不惮其烦，爰备花（二十七行）红酒礼，与下达村民戚忠、戚恺义让田亩，开挖沟渠。于河于路俱让过硐，因势利道复还原沟”等语以观，是该禾登村由戚忠让与田亩所开之沟，系专为引放二龙潭水过河而设，现下达村设（二十八行）碾之沟，据两造所绘图说，该沟水流系与大河平流直下，经过下达村田亩，会合该禾登村由河下穿过引放二龙潭水之水沟后，始达设碾沟道。其设碾沟道非专为禾登引用二龙潭水（二十九行）份而设。显明易见，原有再诉愿人徐安邦等指称被再诉愿人赵凤云等向戚忠让与所开之沟，为现在赵凤云等由河下引放二龙潭水之横沟，非下达村人现在设碾之沟，尚有相当理由。现（三十行）赵凤云等既不能提出别项有力证据，可以证明该沟为禾登等村所私有，且下达村民人运冲水碾，碾下仍留有出水水口，于赵凤云等用水权利亦无损害。等情。当然应即准其继续建设，勿庸退（三十一行）让。原审裁决对于此点判决并无大误，应予维持。至河中石坝，非系旧有之物，且有沙壅之弊，按法例自应仍照旧日习惯，迅即取销，改筑临时沙坝。放水规章仍照旧规，勿庸特别限制。本上（三十二行）所述理由，特为决定如主文（三十三行）。

省立第一中学毕业生李镇书，石匠龚家存镌。

民国二十六年闰五月廿日禾登、可保、永丰三村仝立。

〔据《宜良碑刻（增补本）·水利》第116页辑录。碑存宜良汤池永丰营村凤仪寺前殿后矮墙。白石质。高150cm，宽80cm。为云南省公署审理宜良县属下达村与禾登、可保、永丰营等村营间水利纠纷之终审判决书，不仅详尽陈述原、被告双方诉愿、事实、理由，更从法理层面深入剖析案件本质，提出审断要点，从历史文字中提取证据，从而作出公正、平允的审断。而之前宜良县公署一审、二审程序，因为在法理认识方面的偏颇，致原、被告双方都不服判决，最终上诉至省。碑文从一个方面表明，运用法律之方式调整社会矛盾，处理民间利益关系，调解各种纠纷，已成为当时社会的普遍认同，社会法治已具相当水平。是碑实为不可多见之现当代法律文书碑，颇具特色。〕

修筑石龙街龙沟河北岸石堤记

县城北关外，有所谓龙沟河者，居高临下东流而入大河。河身广达数十丈，河之南为市井，河之北为石龙街，柳往雷来，是此区交通要道。每夏秋雨集，山洪暴发，水势如万马奔腾，惊心动魄，有时急流转石，庐舍为墟，泛滥成灾，数见不鲜，临流所太息者比比皆是。在昔关心水患者，于两岸筑石为堤，以资防御，惟年湮代远，莫可追考。自清光绪五年河堤崩溃，提举萧公培基呈准拨款，两岸同时鸠工修筑，居民得庆安堤，卤井亦赖以屏障。迨光绪二十七年夏而为灾，两岸又被冲溃，提举江公海清复呈准修建。先由南岸动工，甫经工竣，江公奉调离任，以经费无着，北岸工程竟尔搁置。迄今三十余年，历次溃决成灾，殊属可悲。去岁南岸下段，又蒙运筹拨款请修，南岸因以无患。去年夏初，余奉命来宰是邦，目睹石龙街地面低洼，河身高过街面，始遇决泛则全街将成泽国，不禁□焉。□之回思，南岸为井灶所在，关系固大，而北岸有居民百余户，多为井灶工匠之家，复为义仓租谷及教育田产之所在，关系亦非浅。除非两岸同时并重不可也，拟筹款修治。适逢鹤丽中维华永边防保安司令史公敏斋自事回籍，亦认为北岸有积极修建必要。乃邀集石龙街绅民沈立基等四十余人联名呈请县府，转呈省府，援绩修南岸庆安堤下段，例请饬由盐税项下拨款修筑。史公到省后，复亲向上峰要求，遂蒙核准。派盐兴烟酒牲屠税局长李君向东，估勘工程，发给修费新币八千零八十元零五角五仙七厘，由黑井盐税局拨领。奉令后，遵即开会筹商，组织工程委员会，公推沈君立基、史君应兴、史君贻直、刘君实、胡君绍唐、李君惠、胡君有德、李君□□、张君能等九人为委员，以主其事。县府场署、税局各派监工员一员，逐日监修。堤之长为三十丈，分为五段，每段高度自一丈二尺至一丈五尺止，堤之阔概以一丈为率。

是役也，于本年三月中旬兴工，于六月底完成。为时不及四月，已将三十余年岁岁蕴蓄之隐患一旦解除，是皆史公及诸委员会见义勇为之力也。可以□矣，而主座龙公，于此非常时期，经费支绌之际，慨然拨给巨款修筑，造福地方尤无穷焉。工既成，委员会拟勒石刻碑以垂盛举，丐序于余。自不避谫陋，略述颠末，始此□之工，拙不诀也。是为序。

盐兴县县长陈培松谨撰并书。

中华民国二十七年七月。

〔据《楚雄历代碑刻》第417页辑录。碑高256cm，宽79cm。直行隶书，文17行，行56字。记载黑盐井北关外龙沟河水患，及民国二十七年石龙街人修堤保村的历史。〕

永定铁锁桥碑记

永定铁锁桥，于民国五年冬十一月兴工，于次年工竣，成功之速，出人意外。考其原（一行）因，实由全县人民之协力同心，亦由总理其事者之期于必成，众擎易举，信而（二行）有征，行旅往来，交口称便。桥成至今已三十年，原拟建碑纪事，因经费无着，迟（三行）延至今。民国三十四年春，崇继母刘杨氏佛名杨淑贞者，以先君刘锡三任桥（四行）工总理，苦心孤谊（诣），以观厥成，中因司账王仲懿病故，各乡欠交，功德未收，不但无力（五行）建碑，且无法结束偿债。妙在入出相差不多，先君筹画清偿，以尽前功。恐日久湮（六行）没，无以对先君，更无以对地方，特由继母杨淑贞，以节约所得，捐出谷子一县石六斗，售得（七行）国币八万元，并雇石工张正品，于民国三十四年四月兴工，建造石碑一座于永定桥（八行）之南，三面嵌大理楚石。将原日吴树三先生所撰之《募捐启》刊于碑首，出入账目次之，附（九行）记又次之。是举也，无继母杨淑贞以继其后，则前功不彰；无先君锡三公以开其先，则（十行）斯桥不成。所谓先后继起，相得愈（益）彰，造福无量者也，故附记以志之（十一行）。

邑人刘崇先撰（十二行）。

王崇志书（十三行）。

民国三十四年四月初八日立（十四行）。

〔碑阴〕谨将建修永定铁锁桥各项出款逐一开录于后（一行）：

一出买铁练（链）、铁桩、铁扁担共重一万二千三百一十一斤，每斤价洋八仙，合洋九百七十一（二行）元零四仙；一出石匠孙祯祥工资洋五百一十元零八角；一出石匠张正品工资洋（三行）四百一十三元九角；一出买石灰七万五千五百七十斤，每千斤价洋三元，合洋二百（四行）二十六元七角一仙；一出督工、监工、司账、役丁薪工洋二百五十一元四角五仙五厘（五行）；一出小工三千六百零八个，每个工洋一角，合洋三百六十元零八角；一出募捐夫马（六行）洋六十四元八角四仙；一出买糯米四斗、腐豆一石三斗、麻一百二十一斤，合洋三十（七行）四元九角九仙；一出改路及抬石、铁桩工洋一百四元零三仙二厘；一出印刷票（八行）簿捐启洋四十元零三角；一出商议建修席洋四十元零一角五仙七厘；一出买笔（九行）墨纸张洋五元三角五仙；一出十切杂费洋一百五十元零八角九仙二厘；一出垂（十行）功德碑买碑心及石工洋八十七元（十一行）。

以上共支出花银三千二百六十二元二角六仙六厘（十二行）。

一收大姚县公捐银一百二十四元；一收姚安县公捐银二百元；一收县署领出账款银一百四十五元六角八仙（十三行）；一收吴树三由省汇交银一百九十七元；一收吴葆初由省汇交银六十元；一收毕煜南由镇南汇交银十元（十四行）；一收由县署领出六睉公债银一百元；一收中区捐银六百二十元；一收东一乡捐银一百四十四元（十五行）；一收东二

乡捐银一百五十元；一收全南乡捐银三百七十七元四角；一收西一乡银一百六十六元五角（十六行）；一收西二乡捐银二百二十五元一角；一收北一乡捐银二百八十三元七角二仙；一收北二乡捐银一百五十八元三角（十七行）。

以上共收入花银二千九百五十二元六角八仙（十八行）。

两品不敷银三百零九元五角八仙六厘（十九行）。

〔据《楚雄历代碑刻》第348页辑录。碑立牟定县龙川江上铁锁桥头。大理石质。高94cm，宽60cm。直行行书。14行，行4－33字。永定桥位于盐运古道，历史上屡修屡坏，民国六年（1917年）募捐修建，事详《牟定县建修永定铁锁桥募捐启》。因建碑经费无着，民国三十四年（1945年）始由刘崇先继母杨淑贞捐银造碑，以纪其事。〕

龙公渠新渠落成纪念碑

中华民国三十二年夏四月

龙公渠新渠落成纪念（碑阳北向）

云南省建设厅长张邦翰题（碑阴南向）

龙公渠记　邑人段克昌制文　徐自立书丹（一行）

宜良东河议修久矣。以宜路两邑利害迥别，明清两代屡议兴修，俱不果。民国廿六年春，省主席龙公关怀各县生产，毅力主持开凿，命克昌董其事。昌以（二行）乡人对于地方生产建设义不容辞，遂协商两邑父老共襄斯举。爰于是岁二月兴工，翌春竣事。北自安家桥起，疏浚河身，增筑河堤，需民工十六万名，补（三行）占用地价十四万元，建涵洞三十有六，双渡槽一，费财十二万元。水门桥以下，桥涵河身咸为新凿，全长六十华里，灌田二万余亩。工竣，父老以斯举发自（四行）今主席龙公，易名曰龙公渠，志善政垂久远也。第上游通而下游涸，利犹未溥，于是乡人陈禄、马负图、傅瀛建议，由水门桥达三龙潭另开新渠，向农贷会（五行）贷款为之。虽工程困难，负责者持以毅力，经始于三十年，越岁而观厥成，两渠贯通为利溥矣。建设厅长张公西林记之綦详，不赘。始修其事者，乡人董钜（六行）、陈禄、张树德、傅瀛、马负图、陈永德、陈旭。监修者，县令王君丕，而陈禄、傅瀛、马负图计划督导，寒暑无间，尤为难能。旧渠疏凿，为工四十有六万元，用币百五十（七行）有六万元。凡事经始为难，而众擎易举，使斯渠而不决策于上，尽力于下，则日就湮淤，胥受厥害。今得早观厥成，两邑咸获其利，功不可没，故记之（八行）。

云南省政府督开宜良东河河工处

处　长　段克昌

副处长　王　丕

委　员　陈　旭　陈永德　傅　瀛　董　钜　陈　禄　马负图　张树德

绅　耆　刘　润　李绍虞　陈尚廉　陈永安　陈建中　陈国佐　谷钟英　马朝栋　陈绍德　段祥云　李　杉　杨　润　杨向齐　杨　瑾　李凤章　李　进　李占科　杨金培　李如惠　杨思贤　朱从坤　杨正昌　陈文蔚　宋正炳　孙永寿　陈培桂　沈文明　许树榕　马维骐　李培基

乡镇保长　李　成　马朝荣　李　嶍　李赓尧　陈永龄　杨德显　陈　锐　朱绍坤　李家培

督工员　董　纯　骆鸿祯　官　勤　任廷润　何桂芳　杨国安　侯开辅　李光清　段正芳　陈绍虞　刘　荣　余　泽　李克昌　高明中　谷宗树　端彩文　杨雨时　王家政　毛兴荣　官尚宗　张　智　普　跃　洪礼廉　黄　琳　李守仁　傅　济　杨华林　何增龄　董丕臣　许永昌

同建

（*碑左西向*）龙公渠记（一行）

自安家桥北起而南讫于南狗街有渠焉，绵亘三十余公里，引南盘江水入其中，深潴以灌下游旁田约二万亩者，龙公渠也。众感本省政府主（二行）席龙公倡浚此渠也最力，故请以此名之。先是，明嘉靖时临沅佥事道文衡浚西河，思正东河而渠焉。东河者，今此渠也。终为古城人士地域（三行）之见，阻不果浚。迨清乾嘉间，开河议复起，仍被梗阻。由是遂垂为永禁，而见成愈坚，不可回矣。方龙公倡浚此渠之始，知昔事之艰也如彼。顾（四行）邦翰既承治渠命，敢畏不往？乃诣古城，集宜良、路南两县官绅，晓譬疏解。当议纷且烈之际，众中有昌言者曰："均是人也，闻厅长词，宁不动于中（五行）耶？然果屈于今日之所言，其奈吾侪祖宗反对开河耻辱之原议何？"历二日夕，反复剖析公私利害备至，卒得释怨，寝其事。今邑士之贤也又若（六行）此，特表而出之。于是量度经营既久，三十一年春三月兴工，至三十二年三月而渠成。是渠也，乃合上下游新旧水道而贯通者，由南盘江别决辟（七行）口导水入，延三公里余而达水门桥，曰上游新浚渠道。至水门桥而下为二十六年段君小峰董其事，知宜良县事王君丕，督县绅首董钜、陈禄（八行）、傅瀛、马负图、陈永德等掘以成之者，是曰下游旧渠道。计新渠所设，有拦河大坝一，引河水坝一，进水闸门二，片石渠基四千公方尺，石护坡一（九行）千余公尺，石拱桥六，涵洞十，挡土墙三，土方六万余公方，占用田地九十亩五分二厘，补价三十七万四千九百九十三元七角，其所费为六百（十行）万元云。一渠之成，用力也众，费财也巨，成功也亦非易，后之人其可忽乎哉！凡今之役于渠者，又曷可忘也？故类其姓名别勒石后。

中华民国三（十一行）十二年夏四月　日。

云南省建设厅长兼农田水利贷款委员会主任委员张邦翰，兼副主任委员蒋震扬，兼委员缪嘉铭、陆崇仁、马镇国、黄家骧、王振芳、吴任沧（十二行），兼总工程师朱光彩，秘书兼技术科主任马跃先，工程师兼技术室副主任揭曾佑，工务科长赵本务，会计科长刘景寿，总务（十三行）科长王执中，工程师赵鉴培、张连荣、冯钏豫、王炳章、张建德，工程员宋彧浙、高德亮、辛耘尊，宜良县长王丕、路南县长罗人吉，工程处主任尤（十四行）瑞霖，工程师李傅基、王海波、张锷、李开勤、张济时，监工员曹扬凯、任铭美、章云峰、李佩钏、张汝淮，会计员王民兴，会计助理员马良图，事务（十五行）员凌子余、张述文，书记李庆熙、陈淋慈，水利协会会长董钜，副会长陈禄、溥瀛，总务股长马负图，工务股长陈永德兼，会计马良图，事务员李镜、谷春（十六行）芳，征工队长董钺、陈旭，征工副队长董纯、杨德显，督工员李家培、朱绍绅、卢松年、赵富，古城绅首李占科、杨思贤、李进、李凤章、杨瑾（十七行）。

〔据《宜良碑刻(增补本)·水利》第122页辑录。碑坐落今宜良县北古城镇南盘江桥闸顺流左岸桥头。正方形四面体塔式建筑，白石质。碑身高250cm，宽70cm。额高50cm，宽90cm。座为两级，第一级高20cm，宽120cm；第二级高108cm，宽85cm；通高428cm。此记另见《龙公渠纪事》卷一，文字略有异同。〕

宜良县龙公渠水份及水规碑

宜良县龙公渠水份及水规碑记（一行）

甲、水份分配（二行）

一、龙公渠共分为七个水份、四个时期。每份灌田一千五百亩。第一水份小木兴村、大木兴村、下任营；第二水份陈所渡、上任营、大小梅子村、许家营；第三水份城东、城北村、小渡口、化鱼村、玉龙村、马隆乡；第四水份（三行）东毛营、马军村、端家营、谷家营；第五水份中营、小里营、湾子；第六水份西村、竹瓦仓；第七水份狗街。

二、第一个时期春季蓄堰塘水。自清明节日晨起，每个水份五日夜，接水时间，以日照西山顶为准，共（四行）计三十五昼夜，今后永久由此类推轮放。

三、第二个时期名为栽秧水。每水份两日夜，自清明节日计算至三十六日晨，日照西山顶为准，仍由轮当头淋者接放，周而复始，共二次，计二十八日夜。

四、第三（五行）个时期名为夏季添苗水。得自清明节后六十日晨，日照西山顶时接放，每水份一日夜，周而复始，至秋分末日止。

五、第四个时期为闲水。自寒露节日起可泳豆麦，仍由头淋轮放，每份一昼夜，周而复始（六行），至次年雨水节末日止。

乙、水规（七行）

每年每个水份第次可为头淋，依次得轮。当一次头淋自民国三十三年起，系第一水份为头淋，从此推而下，每七年内各水份轮回一次。以后照此类推，周而复始，不得争论。

各水（八行）份轮放时期，沿渠各村按规定执行，禁止偷放禾苗水情事，倘有偷放渠水一小部分，一经拿获，罚谷一市石，不认罚者，乡台游示众。若有破坏泄堤、偷开渠洞者，实触犯水规，罚猪羊各一头，猪（九行）重一百斤，羊重三十斤，外加罚谷二市石以供正用。设盗水人家境赤贫，不能负担者，由居住之村营公众负担。

各水份和村营蓄积之堰塘水，于栽秧时得不畛域灌溉，余水应听其顺流（十行）而下，不准擅自放入盘江。放渠水入盘江情事，一经查获，应受最严重之处分（十一行）。

丙、附记（十二行）

龙公渠岁修之实施。岁修任务按受益田亩之多寡，分段工作，限定小雪节止，全渠修理完竣。惟自化鱼村锁水门以上至许家营汗滩之段，及汇东桥以上起至进水闸门之段，并包括（十三行）大小坝在内，列为特别工程，由七水份共同负责，各段工程岁修，务须在规定期内修理完善，经验收后方能卸责。

龙公渠永久集会日期每年两次，春季订于夏历正月十六日，秋季七月七日。惟某（十四行）水份轮当头淋□□□□□□□。

各村营田地已经登记，水权颁发三联单为证。今后，凡未领获三联单者，均不得享受同等得益。全渠受益各村田亩，历年水租谷永远系属（十五行）个人，何村耕地则由何村收储使用。

大小木兴村、上下任营、陈所渡等蓄水地点即在大小木兴村堰塘内。自民国三十三年春季起，所有塘内豆麦，成熟时务须提前赶收，以便储水。塘埂即由上列各村（十六行）负责加高二中尺。湾子、小里营、竹瓦仓、西村、狗街蓄水地点而西村新路，即由上列五村加高三中尺（十七行）。

龙公渠□□□□□出款及做土方一览表（十八行）

（略一览表四行）

会员：马负图（以下略十八人，二十三行）、陈永德（以下略十八人，二十四行）、陈旭（以下略十八人，二十五行）、段纯之（以下略十八人，二十六行）、李绍先（以下略十八人，二十七行）。

中华民国三十五年正月十六日。

〔据《宜良碑刻（增补本）·水利》第127页辑录。碑存宜良狗街镇陈所渡村东河水工队（今陈所渡村智慧树幼儿园）内。白石质。高220cm，宽80cm。〕

龙公渠管理处、水利协会水规草案会呈件碑

宜良县龙公渠管理处、水利协会会呈一件：为订立水规，经试办圆满，缮呈水规修正表暨第十四次会议纪录，请鉴核备案示遵，并祈准予（一行）刻石立碑，以垂永久，而昭信守由（二行），呈为呈请备案示遵事。

窃查宜良县龙公渠，原名东河。自明代嘉庆（靖）年间文公衡开凿西河即有开凿之意。其后文公去任，地方人士亦常提倡开凿，终因（三行）协议未妥，不能实现。民国二十六年，蒙云南省主席龙公倡导于上，并命军需局长段公筱峰主持其间，上游沿用安家桥等村旧渠，将渠身扩大，渠岸增高（四行）；下游自水门桥起，沿旧渠水尾，新开渠道，渠尾达南狗街。全长六十华里，以接旧渠余水引灌下游农田。后因同一沟渠常感上溢下涸，灌溉不周，民国二（五行）十八年，复由龙公渠水利协会呈请中央农田水利贷款委员会，贷款六百万元，即由水利协会主持其事。自水门桥以上至拦河大坝止，另辟龙口，新筑沟（六行）坝，占用田地先补价而后兴工。又蒙前建设厅长张公西林、中央水利专员朱公华舫亲临踏勘，劳心规划，自民国三十一年兴工，三十二年竣事。沟坝完善（七行），水量充分，万五百亩旱地尽变良田。水规草案经试办三年，灌溉圆满，有利无弊，农贷款亦还清。前经第十四次全渠会员代表大会决议，须将水规草案（八行）略加修正，呈请上峰备案，并准刻石立碑，以垂永久等语，纪录在卷。为此，根据议案，缮具水规草案修正表，备文呈请（九行）钧厅衡核备案，并祈准予刻石立碑，以垂永久而昭信守。

谨呈（十行）云南省建设厅长杨

附呈水规草案修正表暨会议纪录各一份（呈宜良县政府文与此相同，故不重录）（十一行）

宜良县龙公渠 管理处
水利协会 正副 处
会 长董　钜　陈　禄　傅　瀛（十二行）

云南建设厅指令 总字第九十五号 民国三十四年廿二日

令宜良龙公渠管理处/水利协会正副处/会长董　钜　陈　禄　傅　瀛（十三行）

会呈一件：为订立水规，经试办圆满，请准备案刻石立碑，抄呈水规修正表暨第十四次会议纪录，请鉴核示遵由（十四行）呈及附件均悉。查所呈水规表厘订尚属周详，且经试办三载，灌溉圆满，应准予备案并刻石立碑，以资遵守。其执行办法，应饬查遵前颁各渠灌溉管（十五行）理暂行章程之规定，发动人民组织水老、斗夫、渠保等，以便协助管理。至所呈第十四次会议纪录，核查亦无不合，并准备案，仰即遵照。

此令

厅长　杨文清（十六行）

宜良县政府指令 建龙水字第三八二号 民国三十四年六月九日

令龙公渠水利协会正副会长董　钜　陈　禄　傅　瀛（十七行）

一件：为呈报水规草案，请查核备案，并祈准予刻石立碑，以资遵守由（十八行）呈悉。查此项水规草案，既经试办三年，水量有盈无缺，应准刻石立碑，以资遵守，仰即遵照。

此令

附表存

县长　邱名栋（十九行）

中华民国三十五年三月五日寻阳秦开基书

〔据《宜良碑刻（增补本）·水利》第130页辑录。碑存宜良狗街村。原碑无名，标题系编者拟加。白石质。高208cm，宽82cm。〕

记

元

大德桥记

孙大亨

营缮之兴以其时，皆所以修政经，虑民患，非直为快登览而崇宴游也。夫观射以练武实，塘池以虞旱灾，囿苑以资匮乏，虽哀民之役，劳而不怨，知夫惠及于己，上之人无专利也。况当要冲之津，建舆梁以惠乎？

中庆，古鄯阐也，山川明秀，民物阜昌，冬不祁寒，夏不剧暑，奇花异卉，四序不歇，风景熙熙，寔坤维之胜区也。抑尝闻向之未沾王化也，土悍俗恶，庞宇湫隘，毡裘椎髻，而与中国殊绝。粤自世祖皇帝恢拓疆宇，重以六诏相为雄长，干戈日寻，生灵涂炭，神兵所向，遐域悉定。凯旋之日，命镇戍缉绥诸部，继署省台以控驭之，置郡县，设庠序，宣教化，布政令，移风易俗，不啻影响之应形声。由是远夷蚁附，烟火相望，千里无间，既富且庶，诸蛮朝贡，络绎不绝，有以见圣元德化之盛，敻掩前闻也。

去城之东百举武，有江横绝，曰盘龙。正北八十里许，屈偿、昧样、邵三甸，凡九十九泉，混混然与诸涧会而为一，乃其源也。蜿蜒滂湃，南入于滇池。夏秋霖雨，泛滥涨溢，波及阛阓，民甚病之。旧虽草创二梁，但树柱架木，叠攘支撑，因循苟且，屡为洪涛所摧，不特稽留远迩，仍惕于蹴踏倾覆之患。迨夫霜降水落，辄复募民料理，岁以为常，靡财耗力，不可殚纪。荣禄大夫云南行中书省平章政事也先不花慨然曰："是津也，梁王经行之所，可不防虞？又且岁岁勤民，曷若坚其基本，壮其规模，为暂劳永逸之策，不其韪欤？"左丞月忽乃、参知政事阿叙、参知政事忽速剌暨幕府诸君咸赞成之，遂命中庆路总管李顺义、千户杨德元董其事，嵩明州倅刘甫杀水势，奠地形，庀工度费。于是工役云集，木石山委，蹲鸱深矮，干泉甃石，巨木为阁，酾水三通，覆以层宇，翼以栏楯，列为九楹。其广二丈七尺，袤十丈有奇，观其壮丽，彼建宁之平政、新州之仁义，曾不是过，屹乎若蜃楼之跨海，灿乎若螮蝀之截渊。轮焉奂焉，实百代之奇功，一方之伟观也。高揖碧鸡，嵯峨千仞，俯临云潴，渺漭万顷。居民父老愕眙而相谓也："不图中国之制度获睹于斯也。"举欣欣然有喜色，而歌之曰："昔我病涉兮，今安若于衽席。昔我之劳勚兮，今憧憧而自适。皆我公之惠政兮，服之无斁。"由此观之，民之所以奔命乐从，如子趋父事，知其不专利于上也。如此彼以乘舆济人于溱洧者，又焉足云乎哉！经始于丁酉孟春，落成于是年季夏，总其工役一千有八十，铁以斤计一万一千二百，木石各十余万。

事既，诸僚属各订其名曰某，平章公皆未之许。绩用方成，朝廷遣使持诏改元，公曰："灼见圣上之德被迩遐，民劳之功适遭盛际，我辈实无预，当以大德名之。"佥曰："善。"仍属笔于大亨，辞不获，已乃直纪其实。

於戏！公之意何其深且远哉！盖以方今圣天子治政以德，海宇宁谧，四夷咸宾，诸藩内附，时和岁丰，斯元之所由改也，以是扁颜岂不宜乎？然盛德元勋而不自居，《易》曰“劳谦君子，万民服也”，我公有焉，故乐为之书。

〔据陈文修景泰《云南图经志书》（李春龙、刘景毛校注，云南民族出版社2002年版，下同）卷一《云南府·事要·桥梁》第35页辑录。孙大亨，元大德年间（1297—1307）官云南儒学提举，掌各路府州县学校祭祀、教养、钱粮等事。大德桥，在昆明城东南二里许，水出盘龙江，流经商山下，过郡城，入滇池。元大德元年（1297年）荣禄大夫云南行中书省平章政事也先不花倡建，毁于火。明洪武二十六年（1393年）西平侯沐春甃石重修，以其当云南之要津，更名云津桥。清康熙年间，赵良栋于此取得平蒲战役关键性胜利，故又改名为得胜桥。此记记录元大德元年倡修此桥的源由、经过、时间、经费等情况，以议论开篇，强调“营缮之兴”。“大德”名桥，既是以新元年号名之，也为造福人民之意。桥经始于大德元年孟春，落成于是年季夏。另见万历《云南通志》卷二《地理志·云南府·桥梁》。〕

至正桥记

邓 麟

至正桥者，云南省治东新桥而蟠龙江所经也。至正者何？纪年号也。以年号名桥者何？示创始也。示创始必以年号者，一以记创始年岁于不忘，一以兆桥之端直于永久，且俾由斯者知王道平平而皆无党偏也。

上即位之十有八年，惟云南居荒服外，极边中国，去天里以万数，仁被道洽，尝后他省，宜得重静老成而文武忠孝者往保釐之。以故今右平章政事岳柱伯高公由河南省右丞实授特命，来镇兹土。比至，左丞不老赤君章、参知政事斡栾景仁二公，莅政适逾年矣，三公协心，废举弊除。越明年，政通人和，乃亦有秋。冬十月，因经桥所，见横波植柱，栈木布土，往来者动摇惊惧，如临履渊冰然。先是，霖潦时涨，顺流一空，且修且坏，岁以为常。岳公曰：“古人云桥梁不修，刺史过也。矧兹桥西抵通衢，东揵驿路，而控制方面，雄伟尤称。苟改作，徒劳民力，事有似缓而实急者，正谓此欤?”二公及僚属等闻而是之，谋不再集，各割俸金以蒇厥事。云南王孛罗暨本道宪副也先明德等，嘉是役便也，竞以资俸见畀，其隶省长百、千、万夫与远迩职民者，莫不奔走相率，亦惟俸是助。

乃卜日差时，庀匠鸠徒，泝石于海，沿木于山，命宣使赵哈实普化董之。于是形石鱼二，酾水道三，石鱼并岸址先入地，于上平坚木，酒灰以锢石，铁定以连缝。其长尺一百三十而有五，广五分长之一而去二，为屋十有四楹，高与广等五分损一，而下不与，翼以密栏如长之数而左右之。用工粮悉皆僦籴。公退之余，时一往犒。暨靡金钱为缗七万五千有奇。岳公手扁“至正”四大字，颜其两楣焉。

始事于是月之乙未，讫功于今年春后三月之甲午。是日，三公同幕僚等设燕落成，王越宪司官若吏等咸会，司属长幼，黧老童孺，隘巷沸郛，鼓舞欢忻，胥来观睹。桥东普安堂主庐陵僧刘觉正愿输止善坊店房为间二十有八、西乡浦并北庄村水陆田为双三十，请具案在官籍，其入以充葺桥费。觞半，耆老李贤等进曰：“愚等生长遐陬，久沐圣化，凡官省斯者所阅多矣。自相君来临，宣布德泽，辑宁我边陲，劳徕我民庶，雨旸时若，灾沴不兴。而是桥倏起，意者真有待邪？当经营时，民安于家，农安于陇亩，百工技艺安于业，安屯戍行伍者军卒安居，途者商贾无一毫相及，且拱手视成，实能为者。厥谋厥功，其可泯乎？顾莫图报，请勒诸贞珉，以寿不朽。”岳公固不许，愈请愈力，谨征记于余。

麟目熟始末，未敢遂喑。尝考夫“造舟为梁”，著乎《诗》，载亲迎也，而制非经久；“初作河桥”，见于史书，首事也，而本非为民。是役也，层致石梁巨木，于以见永逸之谋焉；雨有避，日有袪，于以见利民之功焉；攻于冬春，不夺农时也；贸迁有无，市获定所也；宵则门之，闲寇偷也。一举数得其是役乎。昔子产济溱洧，未免有不知为政之讥；杜预桥孟津，来众以为不可之论。尚观此举，谋决而浮议莫摇，功成而声不动，杰构奠若《大壮》，西南望者增骇，过者就安，方之昔人，斯为盛矣。或曰：“凡能创者未必能名，能名者未必能书。岳公始而创，创而名，名而书，是实难者。”麟曰：“奚翅此！他如亭止戈存儆戒之意，甃石路通使客之行，巡防理而边境无虞，海口疏而水利均足，迎送有所，又所以尊王命而笃往来之礼焉。是皆岳公能事，二公同协所致也。”其余德政，弗克罗缕，指日柱石天朝，舟楫巨川，其丰功懿德，自有良直笔大书特书不一书，敢以是而就正。

〔据景泰《云南图经志书》卷八《元文·记》第402页辑录。邓麟，官云南省管勾。“勾”原作“句”，据正德《云南志》卷二十九改。句，勾之本字。管勾，官名，《元史》卷九十一《百官志七·行中书省·各省属官》曰：“架阁库，管勾一员，正八品。”为主管储藏账籍文案的官员。至正桥，在昆明城东咸和门，俗称大东门外，遗址位于今昆明市五华区青年路小花园东。正德《云南志》卷二《云南府·关梁》：“溥润桥，在城东咸和门外，云津桥北，旧名至正。”至正，元惠宗顺帝年号（1341—1368）。此记开篇对“至正桥”的命名作了解释和阐述，“以年号名桥者何？示创始也。”至正十年（1350年）岳柱受命官云南右平章政事，越明年秋，见旧桥危旧，乃与下属合谋捐俸倡修。经始于至正十一年（1351年）冬十月，功成于十二年（1352年）五月，耗时半年有余。清康熙三十五年（1696年）重修。〕

玉[①]井亭记

杨 庭

云南乃古六诏之地，去天万里，僻居一隅。岁在癸丑，我世祖皇帝应运龙兴，御趾亲临其所。毳裳椎髻之民，咸谓天人降，不加一兵而尽归职方，非神武不杀之恩，其孰能致于此？赵州北十里许陵陆之上，曾驻跸焉。时旱不雨，军士皆称咽乾。上大悯之而祷，乃以宝剑插地，果应圣衷而清泉涌出，因井之，深凡数尺。在当时以济其师，而后世则被其泽，此其惟德动天，至诚如此者也。《易》之九五曰“井洌，寒泉食”，五以阳刚、中正、德位，俱尊君之象也。井洌而清，为人汲食，飨居住用事，泽及于民，谓能济众者也。其观感造化，岂偶然哉！

井上有亭，岁久漫漶而皆堛堞。至[②]己亥冬，宪使秃鲁公中顺按临大理，见而叹曰：

① 玉 光绪《云南通志》、《新纂云南通志》同，万历《云南通志》、道光《赵州志》皆作“御”。

② 至 道光《赵州志》同，《新纂云南通志》作“至上”。

“此先皇之盛世，宜崇修之，以永臣民之所观感。”乃捐俸资，俾路尹段公亚中董其事。民悦趋之，不日而功告成，命庭为文以记。

庭乃拜手稽首而言曰：“我世祖之崇建功德也，家四海而阂八荒，收三代、汉、唐、宋所无之地，于此掘井以察天心，其圣德所昭之，实莫能名焉。宪使公承耳目之寄，振纪纲以按百司，雷历风飞而边地底，于此修亭以从众望，而其所著之功亦有至焉。是知泉益甘而亭益翚，明良先后之用，岂特一时之盛，将见皇元之休风，与天地相为永久也。宪使公之令绩，亦与国家相为光大也。”系之以铭，曰：

玉泉涌清，华亭奂轮。于穆圣德，不显惟神。亿万斯年，惠及下民。惟泉斯流，惟亭斯周。赫赫宪公，克黼皇猷。令闻令望，与民咸休。

〔据阮元等修，王崧等纂道光《云南通志稿》（清道光十五年刻本，下同）卷二百一十《杂志一之二·古迹二·大理府·赵州》第13页辑录。杨庭撰于至正十九年（1359年）。玉泉井，景泰《云南图经志书》卷五《大理府·赵州》：“在州治之西十五里许。元世祖平云南驻师于此，时天旱水涸，军士皆渴，世祖拔剑插地，须臾泉涌，因号玉泉。”万历《云南通志》卷二《大理府·古迹》：“御井，在州北一十五里。元杨庭《御井记》曰世祖癸丑南征，驻跸其所，时旱，军士渴甚，上悯之，祷神，以宝剑插地，清流涌出。井之亭废，碑存。前志讹以御为玉。”天启《滇志》同。另见道光《赵州志》卷四《艺文志》、光绪《云南通志》卷二百三十五《杂志一之二·古迹二·大理府·赵州》《新纂云南通志》卷九十四《金石考十四·后期三·元》。〕

明

云津桥记

王景常

云南城东陬，有池曰昆明，池之大不知其几百里也。昆明之上游，有江曰盘龙，江之源亦不知其几百里也。汪洋湍激，深广莫测，而大逵寔通。昔有桥，曰大德，毁于兵有年矣。

天朝下云南，内讧外攘，庶事草创，随葺随罅，行道用棘。今西平侯沐公以为桥梁之政，王道攸关，不一大举，无以示悠久。乃命立表识，耷巨石、杀川流、揵石菑、度丈尺、计工庸，锢石趾以厮暴湍，疏三门以通舳舻，穹窿块轧，夹以石槛，琳琅簇篴，横截天堑。方轨长驱，肩摩毂击，屹若金堤，亘若垂虹，行者若履平地焉。是役也，经始于癸酉之冬十月，视成于甲戌之春三月。凡鸠军工，以日计之，几万几千。以其当云南之要津，故名。

夫十月成舆梁，古之制也，然未有梁以石者。至汉以石梁灞，李得昭以石累洛，其来尚矣。矧云南遐逷万里，新建岷府，辇毂之驰道，三军之扈卫，控扼大藩，詟伏百蛮之地，苟无舆梁以观之，何以为名城内地哉？西平奉扬天子休德，凡所以镇绥经理、兴利殄菑，以与前人确类如此。然夷人得践大中至正之途，捐绳牵索引之习，绝摄衣褰裳之艰，释龟足皲瘃之难，而喁焉以哗，群焉以趍，蠕焉以履，欢欣鼓舞，以自蹈于夷途，繄谁之力欤？昔司马相如桥孙水以通莋都，通使节也；史万岁锢铁桥以渡金沙，利行师也。史犹书之。然通使节与通辇辇孰重？济甲士与济国人孰亟？由是曳之，云津光臻前古矣。

於戏！天子休德，西平布之。天子有民，西闰济之。巍巍石梁，万世赖之。西平名春，字景春，黔宁昭靖王子也。

〔据景泰《云南图经志书》卷一《云南府·事要·桥梁》第36页辑录。王奎，字景常，又云名景，字景章，避讳改常字，因号常斋，浙江松阳人。明洪武初任凤阳怀远教谕，累擢山西右参政，以事谪戍云南临安。博学宏才，诗文尚古，一时好诗学文者多从之游，后召还，预修《高庙实录》，为翰林侍读。明永乐间升学士。有《南诏稿》《玉堂稿》行于世，流风余韵，至今不泯。云津桥，位于昆明市内，原在旧城东南二里许，水出盘龙江，自商山之麓流过郡城，所谓萦城银棱河者是也，入滇池。原名大德桥，毁于兵燹，明洪武二十六年（1393年）西平侯沐春甃石重修，其东西表以旗楼，以其当云南之要津，改名为云津桥。道光八年（1828年）总督阮元重修，上覆瓦屋，彻夜灯烛辉煌，俗名“云津夜市”。另见正德《云南志》卷三十《艺文志·文章八》、万历《云南通志》卷二《地理志·云南府·桥梁》、天启《滇志》卷十九《艺文志十一》。〕

龙泉山道院记

王景常

逾昆明二十里，有山曰龙泉。山之下有穴焉，广二寻，深称之，涌泉漫出，鲦鱼数百伏其隩，每岁旱，则云气敦敦而上，或以为有蛟龙焉。自蒙、段时，水旱必祷，祷则雨旸时若。其泉斯而东南流，溉田数百顷，民赖其利。元初，尝构祠禜之，中遭兵难，祠毁。皇明平滇阳，环山皆为屯，今西平侯沐公以为此邦微是泉，禾稼且槁死，而祠宇弗葺，神灵不栖。岁甲戌，肇于泉之傍构祠以栖神。乙亥，又择地之高亢构道院一区，以为之镇。院之东堂曰栖真，宾游之所也；西轩曰超玄，休偃之所也；北为重堂，以奉天师像。左右庖湢房宇，翚翼有伉。又上五十弓，复构草亭，以备观览，一目丘坂，弥漫数百里，碧鸡、玉案诸山，罗列几席，东盘西纡，辐辏如束，真世外之桃源也。既成，命道士徐日暹主之。

夫神依人而行者也，而能兴云雨，见怪物则祀之，以其功在生民也。今是泉也，既有泽物之功，又有休征之应，祠而禜之，宜矣。沐公纂黔宁王之绪，温恭俨恪，以究以度，以阐明祀，非徒欲俾斯民享有土毛，以膺灵贶，而神亦永有所依归矣。日暹请记于后，因系以诗，诗曰：

龙泉之山，有涌者泉。蛟龙洄漩，斯而为渠。溉我稻区，奄为膏腴。盘盘囷囷，有宫聿新。以迓天神，飚轮云驭。从龙上下，洋洋乘宇。有报有祈，景光棽丽。降临孔夷，明明我侯。诞阐灵休，以疏民忧。民忧既弭，神具格只。维侯之祉，雨旸孔时。菑沴不滋，维侯之釐。侯曰匪躬，万福攸同。天子之功，龙泉于渊。道侔于天，亿万斯年。

〔据景泰《云南图经志书》卷一《云南府·事要·寺观》第22页辑录。龙泉观，位于昆明北郊黑龙潭公园内，旧名龙泉道院。〕

宜民桥记

王景常

甬东李公复丞蒙自之明年，洪武二十二年也，奸窒敝补，彝僚向化，驿夹两山，潦溢不时，坏圩区，漫无津，涯驿且绝，民揵石澮，菑流弗澌，以病告丞曰："民溺不拯，何以为民父母，称上意旨？"乃度工隶，调役夫，偫巨木，具虆畚，立表植识，并植臿木立柱，以经中流，架立冲梁，亘以环材，钩缨联络，平如砺砥，夹以栏盾，乘可方轨，以经计之一百七十又三，以尺引之九千有七百，南北相属，望若舰水光摩荡，云影渺忽，作于某年阳月戊寅，成于明年腊月甲子，有桥自此始。由是彝之往来者如履平地，以手咿驿曰："丞之惠也。"署曰："宜民按周制十二月成舆梁，政治不可以复，奈何诸葛相汉致力梁传，若劳民者治有大小，政有先后也。"今是桥也，言其便则不可不有也，言其制则朴而不侈也，言其后则暂劳永逸于民乐赴也，一举而三善，备丞之政多于前，故为记。

〔据乾隆《蒙自县志》卷六《艺文志》第 42 页辑录。宜民桥，在蒙自县东，洪武二十三年（1390 年）建。〕

汤池渠记

平　显

汤池渠，肇始于洪武之丙子，时西平惠襄侯沐公在镇，以云南师旅之众，仰给饷馈，因备攻守用，广辟屯田为悠久计。宜良在滇东南，当陆凉、路南喉襟，既置兵守，必谋其食。公相度原野，旧有沟塍，广不盈尺，流注弗远。汤水在傍，人不知用，底平膴膴，弃为荒隙，不尽地产。是年冬，发卒万五千，荷畚锸，董以云南都指挥同知王俊，因山障堤，凿石刊木，别疏大渠导泄，于铁池之窾而洑，其袤三十六里，阔丈有二尺，深称之。逾月功竣，引流分灌，得腴田若干顷。春种秋获，实颖实栗，岁获其饶，军民赖之。越二年，公薨。壬午夏，既芒种，雨不时降，人方为忧，独宜良水利不竭，首毕农事。将校黎老益追慕公德，咸愿镌石以纪，颂于不朽，丐铭于平显。铭曰：

汤池之渠，宜良之利。人食以生，维公所施。我公伊谁？黔宁冢嗣。善继厥志，奚啻一事。渠流沄沄，浸彼田稚。勿罹勿勚，冬有敛穧。公虽云逝，我思无替。穹石斯砺，宪于万世。

〔据景泰《云南图经志书》卷一《云南布政司·云南府·山川》第 7 页辑录。平显，字仲微，浙江杭州人，明洪武初官广西藤县令，寻谪戍云南，博学能文，为诗豪放自喜，西平侯请于朝，除伍籍，为塾宾。汤池渠，位于昆明市宜良县西南，明西平侯沐公始修于洪武二十九年（1396 年），《明史》记载："（沐）春在镇七年，大修屯田，辟田三十余万亩，凿铁池河（即开凿汤池渠），灌宜良涸田数万亩，民复业者千余家。"今碑无存。此文始见于景泰《云南图经志书》，碑文虽短，却为宜邑水利开发兴起之肇端。另见正德《云南志》、万历《云南通志》、天启《滇志》、乾隆《宜良县志》、道光《云南通志稿》、民国《宜良县志》诸书。〕

新建南坝闸记

陈 文

云南，古滇国，其城濒于滇池。乘高而望之，则商山在其北，左金马，右碧鸡，支垅蜿蜒，相属环抱，方数百里。其间远村近落，良畴沃壤，弥望而不可极，惟窊其南而池浸焉。

南坝据池之上流，距城五里许，其源出东北之屈偿、昧样、邵甸诸山，凡九十九泉，或濆而流，或潛而潴，或激而波，或浍注而溪焉，或山夹而涧焉，潋焉汩焉，会于盘龙江。

至松华坝，则岐为二河，一由金马之麓过春登里，一由商山之麓过云津桥，皆趋于滇。蒙段氏时，过春登者堤上多种黄花，名绕道金棱河；过云津者堤上多种白花，名萦城银棱河。尝筑土石为二堰于河之要处，障其流以灌田，凡数十万亩。元时，云南行省平章政事赛典赤亦复增修之，民甚赖焉。今所谓南坝，即萦城银棱河之所流也。然前此为堰，不过兴一时之利，而于经久之计则未闻也。

惟我皇明混一区宇，云南恃远弗庭。洪武壬戌，黔宁昭靖王时为西平侯，奉命率师平之，留镇其地，定以经制，昭以威信，厚以惠利，俾兵民并力于田亩，以耕以获，不违其时。而南坝之修，岁有恒役。后定边伯继领镇事，思以弘黔宁之绪，谋造石闸以蓄泄其水，为经久利。方储材命工，值边境多事，未就其志。

景泰癸酉，今总戎继轩沐公乃图成于参赞思庵郑公，议定而后会焉，时镇守都知监左监丞罗公、右监丞黎公、布政司左布政使贾公、按察司按察使李公暨二三同志皆力相之。既而上其事于朝，亦不易其初议。乃计旧储之材增以十倍，而凡富人之乐助者亦不拒之，仍择将校之有智计者田凯、李振、郭进三人董其役。其条画之出，用度之宜，则沐、郑二公自主之。于是甃石为闸而扃以木，视水之大小而时其闭纵。又因其余材，相闸之西为庙，以祠神之主此闸者。其东为亭，与庙相直，而春秋劝省耕获，则休于其中。于景泰甲戌八月十有三日始役，而以明年三月一日卒事。其所用之工力，合之凡八万二千九百有奇。既成，云南之兵民无少长皆悦曰："自今以始，田不病于旱潦而吾农得以足食者，诚二公之赐也，愿纪其事于石，置诸亭以传悠久。"二公皆不能止也，乃以记丐于余。

余谓沐公为定边之孙、黔宁之曾孙也，学兼文武，崇德象贤，拜右军都督同知，握征南将军印以总戎事。郑公以经纶之才，弘达之识，廉方公正之操，参赞其事，累升至佥都御史兼巡抚之寄。相济同道，以绥靖此方，又能兴历代之遗利，以成累世欲为之志，使兵民蒙惠于无穷，实君子之事也，乌可以不记？然余于是而知二公之所为，当于古人中求之。昔晋羊叔子、杜元凯二子继守襄阳，皆能修政立事以成晋业，宋欧阳文忠公称其功名盖当世，而流风余韵，蔼然被于江汉之间，至今人犹思之。盖思元凯以其功，叔子以其仁，二子所为虽不同，然皆足以垂于不朽，此乃异时同道而得人心者也。今二公以道相济，而同时出治，余窃以谓沐公以孝，郑公以德欤！盖善继人之志者，孝之大；善成人之美者，德之推。行仁始于孝，立功本于德，视古人奚远哉？余虽欧阳公之乡人，而言不足以永二公之孝之德，若羊、杜二子之功与仁者，盖云南兵民少长之心，实欲纪以传也，余岂得已哉！若夫匠氏之良、富人之助，亦君子所不弃，乃以其名氏列于碑阴云。

〔据景泰《云南图经志书》卷十《今朝文·记》第522页辑录。陈文（1405—1468），字安简，庐陵（今江西吉安市）人。明正统元年（1436年）进士，授编修，景泰二年（1451年）八月升为云南布政司右布政使。在云南为官6年，后入朝，官礼部尚书、文渊阁大学士。南坝，在昆明城螺蛳湾、黄瓜营、马洒营一带。原为水利设施，元初赛典赤赡思丁在昆明兴修水利，于此筑堤坝。因地处县之南，故名南坝。盘龙江水所经，修建松华坝和滇池上游六河诸闸，“溉军民田数十万顷”。明初虽坚持岁修，但因闸少且闸体结构不善，未能有效控制河水，“霖潦无所泻”。明景泰五年（1454年）云南总兵沐璘、巡抚郑颙，对滇池上游盘龙江上重要的南坝闸及诸闸，进行了一次大增修，甃石为闸，因水盈缩，时其启闭，修成后添设守者，民甚便之。另见正德《云南志》、万历《云南通志》卷二《地理志·云南府·堤闸》、天启《滇志》卷十九《艺文志第十一》、《滇系》八之二《艺文系》、道光《云南通志稿》卷五十二《建置志·水利·云南府》。〕

宝泉坝记

彭　时

宝泉坝，距云南县西北二十里，乃云南宪副麻城周公鉴与参政连江赵公雍之所倡而为之者也。盖二公行部至县，守法勤政，协德一心，进文武诸司，询民所利害而罢行之。于是，洱海卫镇抚孙谦进曰：“民事莫重于农，而农之所忧惟旱为甚，不可无以备之。县境有地曰游峰场，四山环列，而中为巨浸者三，俗呼为海子。其源深以长，其流散漫而广衍，非筑坝堰以闭纵之，则傍近之田不可资以灌溉。间尝有筑之者矣，然苟利目前，屡筑而屡圮，一遇亢旱，则田辄失利，而民以病告。”二公愕然相顾曰：“此急务也，为之不可缓。”因行视其地营度之，集文武官属，激之以义而必其成。众欢然唯命。指挥同知张盘、云南县令赵彦亨、杨宗辈咸捐赀俸，以鸠工庀材。而指挥佥事吴瑾、千户丁晟则相与董其役。垒石为坝，高二十尺，长二百五十尺，广半其长之数，中为十门[①]，视水之大小而闭纵之。又作亭于坝上以休，置祠于坝之南山，以祀龙神焉。既成，名之曰宝泉，因坝之西宝泉山以名也。然水之所注，可以溉田万顷，而利民于无穷，其实与名亦克称矣。

时监察御史荣昌王公骥适奉玺书谳狱，至而见之，喜为赋诗，以记其盛。而指挥使陈胜、曹宏等，乃合词言于公曰：“是役之兴，石以层数者二十有四，木以枚数者五百八十有奇，用人之力以工计之三万六千一百二十有五。经始于景泰六年二月丁丑，而卒事于四月辛丑，为日八十有六，可谓费且劳矣。然人不可以为费且劳者，由藩宪二公信孚于下，而激劝之有方也。愿伐石刻辞，以无忘二公之德，且告来者俾无坏焉。”公曰：“诺。”乃命训导张衡具始末，而以书走京师属予记。

予惟自三代沟洫之法废，而民始以旱为忧，故君子心乎爱民者，恒务兴水利以备之，

① 十门　光绪《云南县志》作“斗门”，是。

所以代天施而长地力，若孙叔敖立芍陂、马臻理镜湖之类是也。顾其遗迹往往而在，民至于今受其惠。夫二公之心，亦古人之心也。使是坝幸久存而不坏，则其惠利于民，岂有穷已哉！而诸君子又欲昭示后人，使图其无穷之利，与御史公能成人之美，皆可嘉也。不可以不记，遂为之记。

〔据周季凤纂修正德《云南志》（国家图书馆藏民国年间钞本，下同）卷三十二《文章十》第14页辑录。彭时，安福人，左春坊大学士，翰林侍读。宝泉坝，位于大理祥云县北二十里，积水御旱，景泰间宪副周鉴、参政赵雍重修，经始于明景泰六年二月（1455年），成于四月。明崇祯间兵备道何闳中继修，久复淤圮。清雍正八年（1730年）知县王璐加修。另见光绪《云南县志》卷十一《艺文志》，题作“游峰坝碑记”。〕

海口见龙记

秦　颙

成化壬辰五月，民忧海口淤塞，滇水为患。镇守钱公、总戎沐公体朝廷一视同仁之心，偕役治水。不数日，而淤塞者通，灌溉田亩，民得其利。是岁龙见，咸以为丰稔之兆，非我公诚心孚格，以和召和，焉能若是。《易》九五曰“飞龙在天”，又曰“见龙在田”。明良遇而君臣同庆，上下交而德业并修，此之谓与。嗟夫！龙既彰兮我公，祥必兆兮滇中。时之和兮，十雨五风；年之丰兮，禾麦芃芃。鼓之舞之兮，乐及老翁；不识不知兮，歌及小童。荷圣朝大化兮，公秉其忠；使西南无事兮，大建厥功。

〔据道光《昆阳州志》卷十四《艺文志·记》第32页辑录。秦颙，明参政。〕

昆阳州重修滇池神庙记

童　轩

距云南郡东不百里许，合诸山之泉，自南而西，汇为巨浸者曰滇池，即古昆明池也。每飓风挟怒涛至，则澎湃荡击，茫无涯畔，势若海然，故又名滇海。比岁，池〔口〕淤塞，水逆为患，兵民田负郭者悉垫为涂泥，桑田谷畜，咸失其所。

成化壬辰，钦差镇守云南御用监太监钱公能闻而叹曰：“古之善为政者，率能引水为利，今顾壅水为患，可乎？失兹不治，殆将鱼其民，沼其田矣，而先王顺时观土之政，果安在邪。”肆命都指挥陈俊方亲身率兵民以疏导之。乃以是岁二月始事，偫畚挶，薙菑秽，刊湮浚涸，逾三月而讫工。

公遂偕钦差镇守云南总兵官征南将军黔国沐公琮巡行以观省之，顾瞻之际，见有祠颓然于洲渚之间，栋宇倾侧，垣墉圮坏。二公相与谓曰：“是必主斯水者，神无凭依若此，奚以福吾民乎。”于是各捐己赀，慨然以重修为事。不日间，材用坌集，工役毕至，公仍命指挥熊志以董其成。凡榱桷之桡折者易之，板槛之腐朽者新之，甎级瓦盖之缺落者缮治之，黝垩之漫患者黑白之。无几落成，公俾轩记于石。

嗟夫！事神治民，初非有二理也。然治民以仁为本，事神以诚为要，向使田功不兴，民食不足，谓之能仁夫民者，吾未之信也；神宇不饬，祀事不将，谓之能诚于神者，吾亦未之信也。今二公者，俱以王室之裔，挺魁杰之材，当封疆之寄，其于边务固已区画有方，而保厘有道矣。兹焉除水患以即田功，新祠宇以承祀事，非于民而仁、于神而诚者，能若是乎？《商书》曰：“民罔常怀，怀于有仁；鬼神无常，享享于克。”诚二公可谓能尽之矣。

呜呼！世固有视民如秦越，谓神鬼犹桃梗者，彼方且虐之慢之不暇，又奚暇为二公之所为乎？由是言之，则二公之用心皆可书也，故为之记。

〔据正德《云南志》卷四十四《外志九·文章三》第14页辑录。童轩（1425—1498），字士昂，江西鄱阳人，明景泰辛未（1451年）进士，历官都给事中、佥事、提学。长于诗，撰有《清风亭稿》《枕肱集》等。明弘治七年（1494年）任南京礼部尚书，十年致仕。此记撰于明成化八年（1472年），道光《昆阳州志》卷十四《艺文志·记》第23页题作“重修海口神庙记”。〕

新建安宁州永安桥碑记

欧阳旦

华亭张公以都察院右副都御史奉玺书出抚云南既二年矣。以四方无斗争金革之声，年谷屡登，民以丰乐，廪有余饷，库有余财，文修武练，重为大备。公乃访民之所不便及所愿而不得者，次第罢行之，大慰民望。

安宁距滇池七十里许，西南四达之冲，而东河之源，吐于昆海，百川之所会也。先是，有司岁敛民财，架木为梁，而雨潦无常，修而复圮，冬涉之艰，在所不论。夏秋横流激湍，辐辏不通者，动经旬月。待其稍息，济之以舟，而颠踣覆溺之患，时出不测，行者病之。公曰：“吁哉！惟久惟安，其惟石乎。”谂诸镇守太监刘公明远、总戎黔国沐公益斋、巡按侍御张公叔亨，佥曰：“宜哉！”议已克合。

公乃择部吏之能者，曰知府董复、指挥李英俾筹其规制。同知王璿、指挥欧洪俾司其工用。所在知州胡安、董玉，千户李烟、王琮俾分理其庶务。总督之任，则以委诸副宪林君延珍，君以练达老成，经画程度，一如公意。石出于山泽，财出于错置，工出于操隙之军，士民不与焉。

经始于弘治癸丑八月，庚辰朔明年乃克有成，公名之曰永安桥。广四丈，而高如之，袤二十四丈，翼以扶栏，如长之数，坚两址以防其齿，疏三门以通其流。合滇之津，无有要于此者，而桥之弘长坚美，亦无有过于此者。用是行者莫不便且安焉，无复沮溺徒步之艰，欢忻歌颂，翕然同声。

州之民乃作亭砻石，愿纪其事，以告来者。惟险者易之为彝，危者去之为安。自滇之人以及于天下四方，往过来续，不绝于道。矧物之坚而不朽者莫如石流，而不息者莫如水。自今伊始，曷有穷极，然则一桥之惠，自公视之，推其所余耳，而利济于人者，不亦大且远哉。

昔者先王之政，自井田学校以至桥梁道路，无一不备。盖虑民之深者，其法详忱，民之切者，其利周理，固然也。是故川泽不梁，过者兴叹，乘舆济人，君子不取。惟公负王佐之才，抱经世之学，佐圣天子以道理天下，施之纪纲法度，无精粗，无巨细，一皆公平正大，精密详尽，罔有遗缺。孟子曰：“禹思天下有溺者，犹己溺之。”于此见公之心，其视吾民之休戚利害，何所不用其极哉。

《诗》曰：“乐只君子，民之父母。”公其有之。又曰：“乐只君子，邦家之光。乐只君子，万寿无疆。”此则民之祝愿于公者。若夫公之忠义在朝廷，文章在后学，功业在天下，当有董狐之笔，特书大书，以诏后世。予故略而不及。

公名诰，字汝钦，起成化丙戌进士，入翰林，为庶吉士，改监察御史，历陞至今职。

〔据杨若椿修，段昕纂雍正《安宁州志》（清乾隆四年刻本，下同）卷十九《艺文志上》第 32 页辑录。欧阳旦，字子相，江西安福人，明成化十七年（1481 年）进士，由休宁知县擢御史。明弘治初尝请逐刘吉，罢皇庄，历湖广佥事、浙江副使，终南京右副都御史，历任三十余年，清节始终一致。永安桥，在安宁州东，东西向飞架于螳螂川上。据载，明朝初年安宁螳螂川上只有一座藤桥，旧名东桥，明弘治七年（1494 年）巡抚张诰倡议，建成木桥，提学佥事欧阳旦撰记。十八年（1505 年）改建成石桥，名曰永安桥。清康乾间先后进行重修。历史上，螳螂川曾多次发生洪灾，但永安桥却始终巍然屹立。在滇缅公路通车前，一直是昆明通往滇西的咽喉要道。《徐霞客游记·滇游日记四》：“戊寅（1638 年）十月二十六日……过沙河桥，又西北一里，则省中大道自东北来，螳大川自城南来，俱会于城东，有巨石梁东西跨川上，势甚雄壮。过梁即为安宁城。”这座“势甚雄壮”的古桥就是永安桥。昔日螳螂川水奔流，两岸绿柳成荫，“东桥烟柳”为旧时安宁十景之一。〕

游温泉记

杨一清

温泉堂川胜景，匪特南国重，而天下亦驰誉焉。盖泉之微妙，不尽其说，穷源溯流，大抵天地之功用，二气之良能也。吾友少师西崖李公曰：“闻泉之寓滇中，清孰尚焉，世之所奇宝也。莫非苍碧效灵，昆洱蕴精，不复发为异物，而独钟为此泉。斯泉西南山川灵气之成，造化之治也。”予曰：“然。阳气作用，神道推行，乃能至和融凝，缙绅辈素有似天、似月、似镜之喻焉。猗欤，盛哉！虽新丰之骊山、黄山之红泉，敻乎其莫埒矣。惜乎钟于僻壤，而不得在九域之内，若在域内，使秦汉之君游焉荡焉，尤有胜于神女、太真之叹赏焉。临冲庾亮诸公，又不知何以出天巧，呈地奇，锦心绣腹而赋诗也。虽然古人不幸不得遇于斯泉，犹幸斯泉而得遇于今人也。”

吁，美矣哉！予承命扫茔，缘暇降观于泉。异哉！人文之盛者，余波润泽之及也。书之为温泉记。

〔据雍正《安宁州志》卷十九《艺文志上》第 42 页辑录。杨一清（1454—1530），字应宁，号邃庵，谥文襄，安宁石淙人。明成化壬辰（1472 年）进士，仕至少师、大学士。历事四朝，出将入相，功著边疆，名垂简策，祀乡贤。著有《关中奏议》《石淙类稿》等行于世，语具《实录》。杨一清幼时随父亲居于巴陵（今湖南岳阳），后迁居丹徒（今江苏镇江），成化二十二年（1486 年）依例回家乡安宁扫墓祭祖，次年离滇，有机会游览温泉。云南温泉众多，有名之温泉，一在安宁州北十里，一在宜良县汤池巡检司傍，一在富民县南三里。但以安宁者为最，色如碧玉，可鉴毫发。于是写下《游温泉记》，着墨不多，但安宁温泉胜于新丰骊山、黄山红泉的赞赏之情，溢于言表，并借此抒发闭域边远之地的有识人才难获机遇，空老林泉的怨愤，寓意深远。另见《滇文丛录》卷七十七。〕

笕泉亭记略

林　凤

景东卫治设在无量山麓，叠嶂层峦，穹然后负，峭壁悬崖，左右环拱。前则原野宽平，一望无际，溪流潆洄，错综旋绕，特其中之所少歉者水耳。虽有寒泉数穴，脉地细微，不足于用。昔人于创建之初，有见于此，乃随山溯源，决渠接笕，将一舍许，顺势自然而导之，直抵城之南隅，凿池一区，深阔各丈余尺，甃以砖石，上覆以亭，下实以沙，岁令定夷门卒更相巡视，俾无壅滞。故水之来无穷，而其用不乏。

自成化初，亭废池塞，时或寒泉少竭，则皆群趋竞取，惟恐弗得，甚至担瓶负瓮，下汲溪流，人甚苦之。弘治甲寅，回禄为殃，毁串楼若干楹，延及敌楼，时欲索杯水以救烈焰，其可得耶！

岁至丙辰，怀远将军杨侯佐总司兵政，视篆之余，惕然惩创往事，谓斯亭正以充不足，防不虞而设，今乃废而弗修，可乎？乃疏池建亭，凡三阅月而功成。众皆谓杨侯之惠吾侪者至矣，索予记之。

〔据万历《云南通志》卷四《地理志·景东府·宫室》第360页辑录。林凤，明成化庚子（1480年）举人，景东卫人。笕泉，源发无量山，景东卫城旧无井泉，明指挥袁贤始以竹笕引蒙乐山泉入城，凿池潴之，上覆以亭，取汲于此，因曰笕泉，题为“笕池漱玉”。明弘治七年（1494年）毁于火灾，九年（1496年）总兵杨佐重修。〕

海口记

陈　金

滇池，在云南会城之南，周回三百余里，诸山之水皆归焉。其水自南流而西折，历安宁、富民，入金沙江，源广末狭，若倒流然，滇之名所由始也。滨池之田无虑，数百万顷皆膏腴沃壤，亩入可六七石。顾下流地势颇高，加以两山沙石雨水冲入，众流之会日溢焉。故泛滥弥漫，而膏腴沃壤浸没十之八九，民甚苦之。

弘治己未，巡抚李公若虚慨然有志疏浚，予时为左布政司使，承命偕按察使陈君敬、都指挥佥事孙君辅往视之，得其所以泛滥弥漫之故。归，白于公，而东作方兴其事，已后时无能为矣。

庚申冬，予受巡抚，寄水患滋甚，军民恳乞疏浚者日急。辛酉夏，乃会镇守刘公明远、总戎沐公镇之及藩臬诸君，相告曰：“滇水为害久且大矣，御灾捍患，非吾辈分外事。”佥曰：“公忧思及此，地方之福，军民之幸也，其共图之。”遂伐木于山，采竹于林，取海簰于水，成铁具于冶，攻器物于肆，俱命官董之。按察副使曹君玉实督率而经理之。未几，曹又为抚彝之务所夺，爰会刘、沐二公，起借六卫军余，安宁、晋宁、昆阳三州，昆明、呈贡、归化、易门四县民夫二万有奇，各委官分领，而提督其事则按察司佥事范君平也。

壬戌正月望，予偕刘、沐二公诣海口神祠，竭诚告祭。翌日，诣下流滩厂筑坝障水，自坝而下至青鱼滩凡若干里，以卫州县官夫画地分工，照界疏浚，以一丈五尺为则，不及数者，因地势也。青鱼滩至石梁河皆横石，乃相度地势于青鱼滩之左、石梁河之右，各新开一渠，广三尺许，水从此泄而横石不能为河流之碍。至黄泥滩、黄土嘴、平定铺、白塔村等处，以及官庄上下栏水乱石，凡阻塞河流者，悉平治而尽去之。未几，范归视司篆，以副使毛公科代之。又于河之两岸，环筑旱坝十有五座，以栏榭两山水冲流壅塞河道之患。各设坝长一，坝夫十守之。军民夫匠，各给以粮，粮皆取诸屯仓及赎罪之数，无滥费也。

三月十有六日，毛因工匠告完且军民布种者急于得水，移文于余，而障水之坝拆焉。水得就下，其声如雷，不数月，而池之水十已去其六七，不复昔之泛滥弥漫矣，地土尽出，而所谓膏腴沃壤者，不复昔之浸没矣。乃命云南知府张凤、指挥魏闰查勘，退出田地前后约百万有奇，将有主而入赋者给之，主与赋俱无者查给附近军民与，主有而赋无者验数升科焉，通计赋之增者若干石。查滨海州县卫所递年虚赔之数而尽补之，苏军民之困也。患之消，利之兴，惠之及于人者，盖亦大且溥矣。

藩臬长二，李君诏、王君弁，佥以事之首末，皆予所究心者。爰恪恭请予记之，或者问予曰：“夏禹决汝汉，排淮泗而注之江，万世永赖。公浚滇池而注之金沙江，与禹功不相类乎！”予曰：“不然，禹之功在九州，予特为一方之利耳。”又曰：“元赛典赤凿金汁渠，引松华水以溉滇城东西之田，至今滇人仰其利而庙祀之。公浚滇池之水，而田之出者动以数百万计，较之赛典赤之功大乎?”予曰：“不然，赛典赤凿渠引水，滇人以享百世之利。予浚水出田，特今日事，但恐将来又复淤塞，水复泛滥，而田复浸没，则又不逮赛典赤者多矣。今予将有去志，后之继其事者，忧民之忧，利民之利，而加之意焉。见河流壅塞即督工浚之，见旱坝毁损即督工修之，俾两山沙石，终不入河，下流滔滔，终无阻碍，使泛滥弥漫者不复再见，而膏腴沃壤不复淹没。黄云霭于陇亩，嘉谷如茨如梁，则将为滇人子孙亿万载无穷之利，而予生平志愿足矣，夫复何言?”问者唯唯而退，遂并书而记之焉。

〔据康熙《云南通志》卷二十九《艺文志四》第43页辑录。陈金（1446—1528），字汝砺，号西轩，湖北应城人，明成化八年（1472年）进士，明弘治年间任云南巡抚，大修海口，农田复业者万余顷。《云南金石目略初稿》卷二第11页题录：“《海口记》，巡抚应城陈金撰，弘治，在昆明县，见岑《志》。”另见雍正《云南通志》卷二十九《艺文志六》、道光《云南通志稿》卷十三《地理志三·山川·云南府下》、光绪《续云南通志稿》卷二十一《地理志·水利一》、道光《昆阳州志》卷十四《艺文志·记》。〕

栋川桥碑记

张朝用

弘治十有六年春三月，姚安栋川桥成。惟姚古弄栋，其地崇山修谷，平畴广川，汉名仍之，唐更姚州，至元设姚安路。迨我皇明，始升姚安军民府，声教渐讫，百三十年于兹矣。

弘治庚申，郡侯王公祐之守姚安。下车以来，政教举行，岁丰民乐，四境及州县晏如也。明年辛酉，乃修栋川桥。桥在郡治南门外，架濠临城数十丈许，川源涓流至惠通泽，筑堤修防，潴水以时。迤北至右所冲，蜿蜒至南城下，会九龙桥水，之华邑村白塔，俱灌溉田亩，无虑数千余顷。前此成桥上架木，岁久易砖，皆苟简粗略，冲塌屡矣，虽随葺之，仍病涉焉。侯经叹曰："不重修何以通往来而利灌溉，况乃郡之城南正门，四方阛阓，为政者能恝然稍缓乎？"遂谋诸同僚土官同知高公凤暨属土舍高椿辈，佥曰："姚城独兹为最，此举盖有待于今日矣。"侯一日命驾，令左右导自川发源处，沿至桥所，相地形，验水势，知前往往倾塌，由旁无岸堤，中难当横流也。为今之计，必固左右砖岸，杀上流冲激，深厚其基，使由中行，庶可经久而免倾圮也。

乃筹画经营，鸠庀匠作，木石采于山，瓦砖陶于冶，通底揭沙，易之以土，两岸鳞砌，环洞以石，其上两旁则置石兽阑干，下可通舟楫，上可并车马，宛然驾长虹，坦然履平地也。桥之南竖以坊，匾曰"栋川"，原所自也。规模轩豁，体势尊严，一郡伟观也。凡所供亿，皆随宜措用，费不侵官，力不损民。经始于是年春，落成于壬戌冬。姚之军民及往来过客，莫不啧啧叹曰：吾侯诚神灵君耶！是何成之易而计之久，官不扰而民不烦也。桥成当记，识岁月，垂永久，非炫功也。侯乃命教授先楷缄书走介，嘱予记。

予与君同乡同年，昔同侍于朝，兹同官于滇，知最厚，义难辞者。窃惟桥梁道路，为政之先务，古制所不废也。昔诸葛武侯治蜀，首建桥梁，修馆舍，汉史韪之。陈文惠公造木笼，筑长堤，杀水势，时人利之。今侯之治姚也，行王政之所先，识利民之急务，可谓知大体也。况斯桥之成，一则便往来，以利病涉；一则资灌溉，以裕公私。实为经世之图，惠爱及人，岂不公而溥且远哉！予尝按部斯地，有以见侯之政治，兴利除害，锄强扶弱，崇重士风，兴举乡老，姚之风俗，为之丕变。三载之间，两勒旌奖，为外郡首称。视兹所就，岂在武侯、文惠二公之下哉。

侯名嘉庆，早岁发解西蜀，继登甲戌进士六名第，授刑曹主事，转尚书郎。以忠直上疏忤旨，谪守寿、泗二州，因事陟防，奏黜权奸，遂升今职，屡遭屈抑而不变，如水之百折而必东也。其敭历中外，所至有声，兹因一善而备述之，以见原委有自如此，将来陟藩台，入辅佐，功业讵可量耶。是为记。

〔据陆宗郑等修，甘雨纂光绪《姚州志》（清光绪十一年刻本，下同）卷八《艺文志上》第40页辑录。张朝用，四川人，官参政。栋川桥，在府治南门外，明弘治十六年（1503年）知府王嘉庆（字佑之，内江人，进士，弘治间任知府，甃石桥以通镇远、蜻蛉诸渠之水，民不病涉）重建。此文题名，万历《云南通志》卷三《地理志·姚安军民府·桥梁》作"栋川桥记略"，民国《姚安县志》卷六十三《金石志之八附文征三·论事记事之文》作"栋川桥记"。〕

重建龙川江桥记

徐　泰

永昌西南百五十里，有江曰潞江。西南下百二十里，有江曰龙川。固皆天堑，以限南北者也。然宦游者、奉使者暨当道之巡历者，凡有事于腾，以达于干崖、陇川、木邦、猛密、孟养、缅甸诸夷，未有不由永昌而进越二江者。然潞则江阔而流缓，方之舟之虽险，犹之可也。其龙川发源于峩昌，东下合阿幸、明光、顺江诸流，百折至麓川，而莫知所终，较潞稍狭而流则孔急，波涛汹涌，虽巨舰亦难于渡。旧惟假艟舟航之，危险万状，人马覆溺，无间岁时。况一雨即涨，而经旬罔敢渡；旬雨则涨漫，而经月罔敢渡。昔人每患覆溺，易以绳桥，乃取长藤绞绳结桥，系于两岸之巨木，名曰吊桥。越者足方登于一端，而两端辄动摇弗已，俯瞰江流，身俨悬于空中，毛骨悚然，殆有甚于乘艟舟者。故凡欲如腾与诸彝者率惮之。盖不以道里之险阻为患，而有患于龙川之越也。是故，金腾民以及往来诸人，恒欲侔澜沧江之桥为桥，求以脱其危，然靡主之以倡之者。

弘治八年，兵宪永川赵公，乃为之桥，三载始成，所费金逾二千两。陆载而倾圮，仍代以绳桥，然藤易朽，经岁即易，易时即复以艟舟代之，为费殊多而劳力频仍，险患时作，自肇辟迄今，莫克为计。

去年秋，建平潘公来诘戎于金腾。不数月，政平讼理，汉夷奠安。洎暮冬如腾，渡二江，目击其险，恻然以悯行者。适腾父老佩公惠，字知其，长于综理，佥述往事，恳请为桥。公许之，乃先出俸赀以倡之，既而两郡居民商贾辈闻之举，欣然踊跃，各欲捐己赀以供之者，无虑数百，弗俟强也。乃涓吉，始令吏目李孟芳总理之，千户张镇，巡检李如膺、李珏分任其事，而指挥王科亦赞理于其间。乃精选木工、石工、冶工、甓工以分治之，伐木于林，采石于山，取铁于冶，给灰于场。诸工亦各趋副所命，弗俟督也。军民素患兹险而欲桥者，暇则自鸠率以赴工，弗俟役也。旬则公命官戒视之，月余则躬临其所，奖其勤，激其怠，程其能，赏其劳，惟为讦谋远猷，永不拔于千百世，不惜工而吝费也。虽夏月瘴烟苦雨交作，人皆惮往，公亦不暇自恤而往视焉。是故，捐金者感而愈不吝，造作者感而愈勤、愈不苟，效力者愈忘其劳。越月甫七，所费不及昔之半，而已告成矣。

公凡百营砌竖创，取自督览。过桥用楠木五，桥上盖以板，桥覆以楼，楼七楹。两桥头则砌以大石，贯以铁锭，各缝觗以油灰。虑以垂之不永，则两旁系以大铁绳各五。为千万年计，又于桥南北各起房二十间，赁乐居者居之，以庐旅岁入，则积为葺桥之需。又立庾以便行者之委积，增设哨铺以防不虞之患。又复巡司于旧所，以察非常。凡所以利济之者，靡所不用其极。其桥式虽则霁虹，而林木之修大，工之坚致，势之雄丽过之矣。

是役也，岂惟有裨于民，而益有功于赵公也。况财出于义而不官，力出于效而不役，工出于倩而不假，成之不费岁时，而固实可永千祀，盖公利济之政夙庇于民，怀来之感默动乎民。才周制事，精神鼓舞，故不期月而成不世之伟绩也。不然，能遽臻此哉？先是，公犹不欲自专其惠，上请于巡抚顾公，侍御毛公、叶公，佥曰："可。"郡伯永康余公、保山邵尹亦先捐俸，以襄厥事。告成间，广南伯莆田郑公来摄郡事，见其功之大，成之易，且速而不苟，欲为记之，寻以覲期迫，不来，乃误委泰。泰末学，敢固僭而矧不能也耶？第命下不敢方，姑撮其由之大者如左。若夫纪桥之制，及功之永利之溥，详之以附坚珉，庸垂不朽，又当有名笔者任之，岂泰所能尽。姑记以俟。

〔据罗纶修，李文渊纂康熙《永昌府志》（云南省图书馆传抄上海徐家汇藏书楼藏清康熙四十一年刻本，下同）卷二十五《艺文志二·记》第28页辑录。龙川桥，腾越州东七十里，跨龙川江，旧编藤铺板，名曰藤桥，明弘治八年（1495年）兵备副使赵炯建，后圮，仍绳以藤，险患时作。明嘉靖十年（1531年），兵备副使潘润效霁虹桥制重建，郡人徐泰、张含分别撰记。后屡修屡废，清康熙三十七年（1698年）毁。三十八年（1699年）副将张友凤、知州唐翰弼重建于壶瓶口。清雍正元年（1723年）知府林世俊、副将孙宏、本知州杨之盛同建。清乾隆三十三年（1768年）发帑重修。《云南金石目略初稿》卷二第12页题录："《龙江桥记》，永昌知府徐泰撰，正德二年，在腾冲县龙川江桥，见腾冲金石目。"此记题名，乾隆《永昌府志》卷二十五《艺文志·记》同，《永昌府文征》卷六《明五》作"重建龙江桥记"。〕

太平桥记

杨士云

按《志》：银龙江源于上甸里，或云自云龙甸阿荒出也，至于永平，贯御城而南，城有水关制之。城南孔道之冲，旧有桥曰太平，每秋夏，霖潦奔湍射啮，岸善崩，桥乃数失。后甃石为堤，索址于渊，用坚厥岸，桥乃可久。

弘治辛酉，水斗于东岸，堤弗支，沦及居人，桥乃再失。自是水势日东，江面寖广，桥乃艰复，东西道阻。所司频岁征夫，架木济盈，水辄击去，费倍百于桥，人乃告病。

嘉靖丁亥，千户赵辅谋于众曰：事固有一劳而久逸者，孰险弗可夷？惟人焉。尔因请于分道之宣司、监司，曰复桥便，报可。乃自庀材，劝氓赀佐之，鸠丘惟良尽图，惟永抡巨木者三十七章，剜巨石者千余丈，炼灰六万斤余不在算。复甃东堤高丈有八尺，长倍高九，广杀高一。完西堤亦如之。咸壮于故，为楼镇堤，以楼承巨木，次以木相承，中以木相函，管于岸，梁于空，桥长二八，广杀长九，覆以屋七楹，两涯连以楼各三楹，表以绰楔二，守以石兽，四庙以祠龙神于左，咸故所无，今始有也。

信乎！如鳌之戴，岳之压，如犬牙之函，鱼鳞之密，如蛟螭之盘结，若飞若动，由是居者宁，行者利，道涂可通，阻固可守。佥曰：惟功之成，斯千户之能；惟能之任，斯宣司、监司之政。

君子曰：夫辰角见而雨毕除道，天根见而水涸成梁，营室中而土功其始，火初见而期于司理。先王所以不用材贿，广施德于天下者也。道路若塞，川无舟梁，是废先王之教也，兹桥之复，礼也。百户甘洪以状及图，及乡进士杨元吉书伻来请记，遂记之。经始以是年正月丙寅，告成以五月丙戌云。

〔据杨士云撰《弘山先生文集》（民国元年排印本）卷十一第14页辑录。《云南金石目略初稿》卷二第15页题录："《太平桥记》，杨士云撰，嘉靖丁亥，在永平县，见《弘山集》。"此记，《永昌府文征·文录》卷五《明四》题作"永平太平桥记"。〕

西碧龙泉碑

董云汉

吾郡附郭邑维河阳，距治所十余里乾隅，经松枰西下而南，双墉高峙，题曰"西泉胜境"，转小石梁，沿堤向龙冈少南，祠曰"西碧龙泉"。厥源左自本境罗藏山涧，右则昆明之海宝山涯，脉窦萦连，至龙冈巨石巉岩下，混混分注，冽而寒，合流于祠之前，逦迤南达于抚仙湖，近者向东引之，极于犁华、鲁溪诸村营，放于湖滨，其利甚溥，祀典具载。每岁春三月上巳日，郡守率僚属致祭，诸村营继之。因修禊事，坛壇松阴郁郁苍苍，有浴沂风雩遗意，迄于初夏。相传，昔近村杨镇宁理岩下创建祠四楹，后其子坚移前数十武，中设神像。又前丈余为门屋，傍列神马及执辔者，顾公祭毕，燕休无所，即于神像之傍。

嘉靖癸卯春署郡事，会省贰守李侯允简首捐西市征税堂食白金十有六两，择委近村民杨宪、尹贵督建寿乐亭于祠左之后，侧为庖所，周以垣。复杨之后，一人司祠事。县令刘侯鼎亦量助赎金，更募诸村营建丰乐亭于祠右，余胥如左。又建寝殿于祠后，奉移神像，虚其前为堂，寿乐亭后岩建小亭四，寻向上去，凿磴盘旋而登至最高处，岩石环抱，直祠后俯视，数十仞构亭曰"高明"，凡湖山林野，天光物华，举在目前。祠前中流，叠土石为台，构三亭其上，曰"观澜""宗瀛""会泽"。其修禊所为，垣以障之，惟是土木之功，必资修葺。

辛酉春，尹贵等白于郡邑，爰稽沾利诸村营，酌其多寡，使分任其责，伐石为碑以刻之，庶垂永久，以汉与闻其设，请为记。惟兹实为报本，矧便我公私，自今始事及嗣修葺者，尚勉殚心力，共图坚久，毋苟且虚应以自遗累。旧名"西浦龙泉"，考浦之义不甚协，维石岩岩，民具尔瞻，更曰"西礐龙泉"，斯允称云。

〔据李熙龄纂修道光《澂江府志》（清道光二十七年刻本，下同）卷十五《艺文志·记》第47页辑录。董云汉，字倬庵，河阳人，明正德甲戌（1514年）进士，官佥事。性狷介，读书尚气节，居乡恂恂，历仕多惠政，至巡方剔蠹首，重激扬，有揽辔埋轮之风。归休，著述颇富，今无存，考古者不能无憾焉。〕

清流普济祠碑记

邹尧臣

清流普济祠之建，所以为民也。龙泉之溪，清而不浊，故曰清流。祠之维何？曰：昭龙德也。曷言乎为民也？曰：嘉靖丁未岁大旱，郡侯尧峰潘公为民祈祷，靡神不周。比夏将至，旱愈太甚，人心皇皇。乃督僧氏祈雨于龙。佥曰："董氏有龙，祈雨辄应，但其出不易，其家难之。"公曰："有是哉？乃躬亲往祷之，曰：岁既大旱，祈尔龙神出而行雨，以泽吾民，吾将建祠以永神祀。"少顷，龙遂安然而出。命僧取以归，观其似鱼非鱼，似蛟非蛟，圆目细鳞，断尾四足，油油洋洋，人甚异之。越三日，天果大雨，上下沾足。暨秋，岁则大熟，嘉禾挺生。公心大悦，若有感焉。乃即江头，相度地灵，则见龙山之脉，蜿蜿蜒蜒，伏于平田。左据汤颠，右临曲别，溪流内绕，风岭外峙。公曰："郁乎佳哉！真龙宫也。"乃遂谋建祠焉。基未辟，江头殷民协然丕应，有梁栋者以其梁栋至，有枋木者以其枋木至，有椽栈者以其椽栈至。州之里民闻风而往，若有争先然者。村众既集，公乃命陶人冶瓦，石工凿石。夫取之农隙，匠出诸在官。

以十一月十三日起工，越明年三月某日告成。祠之中为堂三间七架，两廊各二间五架，前为仪门一间，构楼于上，四面洞达，围以重垣。仑（轮）奂之美，可游可观，山川之胜，可登可眺矣。公曰："形势既胜，其神必灵，祠宇既崇，其泽必普，而今而后，吾民可无旱忧矣。"乃遂议举祀焉。询之董氏，则曰："吾龙派出海东，本号青龙女神，乡人以其泉流之清，故俗称为清流女。庙相貌似女，神斯有归。”或者又曰：“龙鱼身而蛟足者，绘以女相，何？”公曰：“龙之灵昭昭如此，泽物有清泉，救旱有甘雨，则有龙之功德矣。既有功德于民，则其祠而祀之也固宜，而况有人心之神昭昭也，何形之求而迹之泥？乃遂因民心神而神之，故曰清流普济祠之建，所以为民也。”

祀礼毕举，公适升任，同寅右潭徐公洪溪、苏公广文、南屏刘公，乐成其美，谓予曾偕公往，获睹其盛，不可无述。予谓昔人苦旱，求之于蜥蜴，或求之于蛇豎，皆足以致雨，然未有若是其神且异者。天下事固有出诸常理之外，使人始而疑，中而信，终而钦且崇者，类若此。是举也，龙有救旱之功焉，公有爱民之政焉，民有好义之忠焉，是则可书也。遂记之。

〔据程近仁修，赵淳等纂乾隆《赵州志》（故宫博物院编《故宫珍本丛刊》第231册《云南府州县志》第6册，海南出版社2001年据清乾隆元年刻本影印，下同）卷四《艺文志》第30页辑录。邹尧臣，字廷俞，号和峰，云南赵州人，明嘉靖丙戌（1526年）进士，选御史，历官参政，所至以治行称，任南城知县，邑遇水灾，捐俸赈救，全活甚众，值大造吏有欲伪增户口，以侥功者，尧臣不许，民深德之。丁艰归，遂不出，设义田，立家塾，宗族德之。清流普济祠，位于赵州（今大理凤仪）南曲别山麓，乾隆《赵州志·祠祀》记载：明嘉靖二十六年（1547年）大旱，知州潘嗣冕祷于董秘僧之龙湫，龙果见，大雨二日，因建祠祀之，岁春秋二仲月中庚日祭。〕

新建龙王庙碑记

石　银

归阳带山襟坂，川泽竭。隆庆六年夏，公官此。明年，治顺人和，建白三营，修堰康农二乡地，洊举白云村去县二里，旧泉脉脉，疏治方始。是年七月十三日午，泉之上隅，忽声如雷，喷沫百丈，作云雨状，布濩周匝，田夫掘者见之，诩众往观，一涌泉也。

泉阔五尺，汩汩渊渊，佥曰异哉。先是，六月十二夜，公梦一白叟，自称龙神，如揖如告，旦则以语千兵楚偎记。今是泉出，仅一月耳。乃今始悟为龙之言。呜呼，异哉！记曰：地出醴泉，大顺之应。方今主圣令贤，治顺充溢，渊泉时出，恐不独一方兆也。董子曰：心和而天地之和，应今神人相与至形，梦寐志壹，动气其机，必有所召焉。夫自子丑迄今，恐不多见，公乃会逢其适，呜呼，异哉！昔钱武肃王，拊掌泉涌洞霄，余杭世赖。他如惠山，味美克收，有济之功，翁源流长，方锡无方之益。若兹于邑，小补云乎。

嗣年，邑人少尹张君云汉，邑庶百十辈缘义起礼，立庙享神，建修三楹为堂，肖像于内，绕垣于外，财力各具，不假公私，旬日竣役，巍然伟观矣。际厥成者，晋牧黄公宏，公名可渔，四川涪州人。典史程朝凤，蜀之隆昌籍也，并书以记之。词曰：

维民之生需五谷兮，维谷蕃茂资水土兮。维侯惠民兴水利兮，维神眷德甘泉驶兮。如江如河其利溥兮，我疆我理既沾足兮。相彼原隰成乐土兮，我谷用登岁其穰兮。其谁致之神之力兮，其谁感之侯之德兮。神之惠民曷有极兮，民之祀神岂容已兮。庙貌是崇灵其妥兮，千秋万岁报无尽兮。

〔据朱若功纂雍正《呈贡县志》（清雍正三年刻本，下同）卷三《艺文志·记》第22页辑录。石银，字子重，呈贡人，明嘉靖庚子（1540 年）举人，荐历任四川合江知县、陕西陇州知州，存心恺悌，冰蘖自矢，凡不便于民者，悉为厘正，以戆直忤时，左迁韩府长史，陇民思之，诣阙上书请留，公答以诗，有古人风，祀陇州名宦。〕

五十三空桥记

王德超

盖闻十方善果，待人以成；八部胜因，须时乃建。是以富平致筑，实维泰始之年；洛阳告成，岂尽神符之力。有龙溪渡口者，当河东之冲路，乃往来之要津。开辟始于明时，徒杠成于盛世。但历遭水害，湮没孔多。隔岸相呼，恨天涯于咫尺；蹇裳莫济，悲歧路以徘徊。凡各村该渡人等，望切河清，情深利济。予怀渺渺，孰从在水伊人；微步姗姗，空羡凌波仙子。试思梁成十月，王乃命于冬期；爰念桥圮经年，人实悲夫春渡。于是会集十二村等，议捐费资，通力合作。更得一带仁人长者，捐助亦复不少，故二月而告竣。自是磅磅雁齿，将与圣德齐隆，行见蔼蔼龙光，常并青波永贮。超时维清袖，术愧布金。爰序其始末，以志成功之自来。是为记。

〔据民国《鹤庆县志》卷二《建置志丑部·津梁丑之十二》第 37 页辑录。五十三空桥，在鹤庆治北，前嘉靖间建。〕

南桥记

王鸣凤

南桥，当官道之中，四路通衢，一日而不可废者。先是，旧桥创自永乐，年久倾圮，邛州守邑人施公一中号春溪重建。未几，遭回禄之变，没燎殆尽，往来病涉，公复修之。制度焕然，较前尤胜。疏二门以通其流，树三址以防其啮，高二丈，而阔如之，开四窗以通其明，标两鳌以载其额。通济利涉，而行者无忧矣。袒肩持担，而劳者复息，故辰象昭回，天江临乎折木；鬼神幽翊，海石倒乎桑田。诚一邑之伟观，为政之急务。桥之南，扁曰“弦歌”，颂王公佩建学立师，以礼乐为教之意，志后思也；桥之北，扁曰“春溪”，昭施公一中始破天荒，捐赀建桥，而成利涉之具，志不忘也。

夫桥梁所惠有限，而学校之教恩无穷，非细故也。嘉靖二十五年，大中丞顾公应祥、侍御林公应箕、准药亭王佩之议，佥题今皇上以安陆亲藩中兴令主，欣可其奏，降印铨官，恢宏治化。适东川李公朝宪，自增城升擢今职。典教以来，师道自任，迪正学，崇正道，发明良知性善之学，阐扬阳明夫子之教，汲引后进。尝曰：学校为风化之原百八十年，而今始为志书，为一邑之史，而今昔所无，非文献何从考据。以鸣凤年跻耄耋，三举孝廉，忆有所征，以备文献之考。是故建桥济人，仁也；徒杠利物，义也；兴学顺事，礼也；修志图远，智也；事不虚美，信也。一举动而成五美，天将储其桢，地将阜其物，财将盈其用。圣皇之化，不其大行矣乎！岂曰荒服云乎哉。因记桥而历论之，后之司国记者，当以文献为重也。故复系之以铭：

姚邑南河，山水互湊。秋霖夏潦，奔突延袤。往来病涉，上下兴忧。抒材创制，施侯协谋。虹飞电拖，虎步龙构。截险船轩，檐牙云窦。中流立址，以杀龙斗。王侯建学，弦歌声奏。文教诞敷，风俗淳厚。北走盐司，南驰辐辏。郡邑襟带，金沙领袖。海东鞭石，鼎新易旧。千载不磨，预告豪右。

〔据黎恂修，刘荣黼纂道光《大姚县志》（清光绪三十年刻本，下同）卷十四《艺文志上》第13页辑录。王鸣凤，楚雄大姚县人，明嘉靖间贡生，官江西安福县丞，升四川峨嵋县知县。〕

阿庐仙洞记

解一经

嘉靖庚子孟夏，余来守是邦。闻城西五六里有仙洞，即欲驰行，而仆夫以草深水湿告，已而弗果。越明年春二月初，风和日暖，政暇休闲，命仆持炬往观之。遥见山石粗蠢，全无秀气，其中必无足取者。乃至大洞口，有太湖石当门右，左有廊一，连四隔，颇露其奇。行数武，又有小洞口，止容一人，匍匐而入，亦有太湖石当门。行数武，路甚狭窄，若人之咽喉然。行数武，其路宽厂深邃，不辨东西南北也。行数武，下有雕栏一周。行数武，上有彩云一段。行数武，左边有大伞盖一柄。行数武，右边有二女共炊。行数武，旁有宝塔一座。行数武，旁有狮、象、猿三兽，固无全形，皆显其首焉。行数武，悬石甚多，鸣哑各异。以石敲之，其声有如大鼓者，有如洪钟者，鼛鼛隐隐，足以耸人之听闻。行数武，水滴有灯盏，圆深可爱。行数武，有擎天玉柱，高三丈许，身披锦绣，挺然特立，直抵于山顶，真天下之奇观也。行数武，有水田一段，牛眠其内。行数武，有瑶床一张，若施帐幔者。行数武，有佛龛一座，构檐结栋，虽工于画者，不能摹写其妙矣。行数武，左边直下有水，其深莫测矣。凡此数事，特指其中有名者也。至于上则层峦倒挂，呈奇而献巧；下则群峰矗起，斗丽以夸妍。千态万状，莫非天造地设之景象。神仙养道于斯，所谓“洞里乾坤大，壶中日月长”者是已。且山之外面，全无秀气，乃知君子盛德容貌，若愚者焉。前太守贺公有诗云：“云散芙蓉露玉巅，四时花木尽争妍。烟霞古洞苍苔合，仙景分明不浪传。”太守郭公有诗云：“误入阴沦宫里行，恍然飞渡到沧瀛。春游白昼如长夜，延赏浑忘宠辱惊。”太守朱公有诗云：“黑雾空濛白石尖，曾闻仙子硐中潜。公余有客同清赏，坐久能消六月炎。”三公俱咏其意而已。噫！山之中，藏奇绝如此，惜无以表彰之。予因悉焉，以见其胜。山左犹有二硐，亦可观。韩文公有云：“每见山之奇异，窃怪造物者不为之于中州，而列是遐荒，徒劳无以售其技。”或曰：“以慰夫贤而辱于此者，文公未为信。”

〔据周埰纂修乾隆《广西府志》（清乾隆四年刻本，下同）卷二十五《艺文志二·碑记》第11页辑录。解一经，山西交城县举人，明嘉靖十九年（1540年）知云南广西府，恬静不事，刑省民安。好吟咏，初撰本府志略。在任七载，清白无瑕，任回，馈赆丝毫不受，始终一节。《云南金石目略初稿》卷二第18页题录：“《阿庐洞记》，知府解一经撰，嘉靖辛丑，在师宗县西五里，见岑《志》。”〕

安宁州革免海口力役碑记

吴士达

按地志，昆明池规三百里，其水倒流泓阔，故名滇海。其海口出于沙锅摆，沿岸垦为阡陌。晋宁、昆阳、昆明、归化、呈贡之田丽焉。每春积雨，淤塞海口，则水溢而沿岸之田病矣。司水利者首以为忧，节年议委贤能官二员督理厥事，坐派各州县夫开挖子河以疏水患。虽安宁无田亩相连，顾一概借派以协济乃事，每夫一名，工食糜费银三两，百夫计之，所捐多矣，自后习为旧规，民久为困，且决海口而注之河，则水势混流，安宁临河之田，未有不湮没者。夫既劳其力，费其财，又病其田，民之不堪殊甚。

嘉靖十八年，予承乏安宁州。十九年三月，适海口兴役，概州之民，咸以海口劳瘁，吁天无由。先年，曾具实于上，蒙行抚按衙门守巡安普道屡次亲踏，看得安宁与海口虽相去几百里，并无升合钱粮田亩干涉，沿海地面，议呈准免，已经四年。况安宁当迤西冲要之地，地瘠民贫，比之晋宁等州县，大有不同。兹又加以分外力役之征，则财尽不能胜用，力竭不能胜役。

予忝司郡牧，安能坐视民瘼，以置斯民于困极耶。即以民情申呈云南监察御史彭，蒙批，看得杨秉诉称安宁并无田亩与前开浚沟坝相连，且经奏奉勘合优免，屡行告诉。又查得每年开挖子河，徒费民力而无补实效，亦应革免。子河既不开浚，各州县民夫自可足用，安宁之夫相应革免，仰州遵照施行。是年获免，民皆称便，自拟永逸矣。

二十年二月，复行坐派开挖，民情复尔，嗷嗷排年。杨秉等仍以前情申诉，续蒙御史彭批，仰予查照原行即行豁免，毋致劳扰，此缴。是年安宁之民，方得豁免苏息。今照二十一年二月，又当开挖之期，诚恐复行坐派，未免上下劳扰，有怀隐忧，备将前项申水利道鹿溪郑公府主、鹤峰柳公，是年始得停免。十里之民，相与曰："海口之役，今方革免矣，吾民得安息矣！"且喜且惧，咸诉予公庭，曰："吾父吾母，为民造福。今虽革免矣，第恐自今以往，官吏去就不常，卷案沉匿多弊，亦或复兴斯役，上负父母为民申请至意。伏乞纪其巅末，勒之石碣，以垂不朽，以永斯役，实为万便。"概州士夫亦相登堂激曰："父母斯民，慎终惟始。与其革免于今日，孰若求逸于无疆，士夫亦从拜焉。"辞弗获已，遂检阅文移，以纪其事云。

〔据雍正《安宁州志》卷十九《艺文志上》第38－40页辑录。吴士达，四川绵州人，明嘉靖十八年(1539年)由举人知安宁州。〕

修龙川江桥记

张 含

嘉靖廿五年六月十有二日，永昌守过禺山外史庐征辞，以龙川江桥记讯，含害敢辞不敏？桥规制闳广延袤，备创载，乌复纪？桥验逵准涂，控毳假琛赞，贡赋昌越衢，涉喉襟江，迅湍奔涨，水石嵯峨，突觳洪涛，悍激驾岸，桥乌可弗葺？况厥高畀霄，越水千尺，栏楯空覆，极木工、石工、甓工、铁工费，苟圮倚，宁病于涉，乃亏形胜，弛封疆，葺乌可迟？腾越牧虑萌陈于郡，是以征辞，请纪业以昭事焉。

外史曰：含乌辞，辞不敏，乃敢不唯唯。苟否否则抗，乌乌可？乃纪厥初，州陈于郡，郡陈于分巡佥事道，道陈于巡抚、巡按、都御史、御史府，咸允若辞弗舛。牧乃鸠工鬻材，市甓铁，财给帑积，无所募。乃复俾腾冲卫万户同牧督理，乃俾牧判、卫参董程。暨聿役群事，事事协衷，惟公财罔毫发乾没，竞劳弗倦。凡工般廉惠，惕刚明，咸悦以趋事，弗逾历时，将迄工，乃复陈于上，上乃虑蒙，乃俾守躬历所勘校。

守由昌及越，行三百里，经驲传凡三宿。守恐费侈伤夷萌，米才足济饥，肉不重味，凡从咸抑弗扰。乃厥地，昔经守历所，雄索痡征，暴迫无厌，乃过江则势横曰：此叫魄钱，例不可破。况无名巧索犹滋。乃今守历所，廉静肃慎，迈往越例，潞萌耄稚，拱手呼天，欢声撼地，咸曰：天地覆载，父母生养，恩乌异是！

暨历所勘校，凡事事靡弗备，迄若州陈于郡，辞弗爽，乃般曰：是庶无替，在上惓惓注概，台于是何憾？乃复曰：传曰桥覆弗修，刺史过也。又曰：传曰无云尺五，后补则报。台于是恒餍。乃谓牧曰：兹厥功，惟女贤，然厥功，女弗伐，良哉！良哉！谓万户曰：惟女才，故将牧协力不忒，成厥功，懋哉！懋哉！乃谓判、参曰：匪女能，乌绩厥功，昌哉！昌哉！

外史曰：於乎！业若兹，吾守展矣，大矣，惠矣！杜称赤菅，侨济乘舆，乌以语此。夫桥匪守宿洞于廉惠，牧宿励于操履，万户宿跂于慎敏，判参宿庶于恭恪，乌以若此，功若兹，功若兹。於戏！含闻诸谁昔有云：人性恶劳。乃今悦以趋，弗恶劳。夫人性犹水，水性弗顺则阻，顺则逸，是事事以顺民，民乌弗悦。乃今观之，厥守超矣，牧将万户、参、判弗顺民于宿，安卒事成厥功，而民悦若是。夫桥匪创乃葺，维肖规准制，第闳固跂，恒峙弗朽，譬李代郭军，一麾精神勃勃，乃若此。

守童君蒙正，牧刘君恒、万户明君照、判舒君显富、参张君用和，乃将守同理桥事，同过外史庐征辞，则贰郡戴公希灏、判郡唐公天寿、推郡黄公爵，乃崇守廉介刚特，正定不阿，凡检身发政，咸重典刑，若此桥所以济，由政所以成也。政成则远人安，远人安则赋税足，赋税足则琛贡通，琛贡通则葺桥之功亦大矣，葺桥之功亦大矣！富而又丽，金石之文也。

〔据《永昌府文征·文录》卷四《明三》第12页辑录。张含，字愈光，金齿卫（今保山）人，明正德丁卯（1507年）举人。少随父志淳官京师，与杨慎同学，及慎谪滇，遂为昕夕之友。其诗《禺山集》行于世。龙川桥，在腾越州东七十里，跨龙川江，旧编藤铺板，名曰藤桥，明弘治间兵备副使赵炯建。明嘉靖十年（1531年）兵备副使潘润效霁虹桥制重建。《云南金石目略初稿》卷二题录：“《修龙川江桥记》，张含撰，嘉靖二十五年六月，在腾冲县龙川江桥，见《腾冲金石目》。”〕

汇泉、如逵等桥记

郭如磐

姚安，古栋川郡，南接镇阳，西接洱海，东抵定远，北抵会川，其宦游商贩，往来接踵，亦迤西襟喉重地也。嘉靖三十年冬，姚郡缺守，杨公以宗人府经历，简在帝心，擢守姚郡。盖轸念边方，要在得人，而重公之才，素履无咎，闻彻中外，故有是选，而寄以保障大任也。

公，西蜀新都人，国朝首相石斋之侄，亚卿瑞虹之子，状元升庵之弟。其薰陶渐染，家传世讲，学养可想见矣。而又以方壮之年，握专城之寄，其施为措置，迥出人表。莅任三月，六事毕举，百废皆兴，政成化行，诸下用命，公庭清肃。

适有郡中耆逸沈鳌具呈，以为明公府事聿修，绰有余暇。郡南三十五里许，自黄土坡以上，至峡口四十余里，轿马通行，担负攸往，一遇霖雨，坡坎沟涧，泥滑崎岖，险阻万状，行人趦趄，而舆台艰苦，鳌侧目抱歉久矣，经百七十年来，未闻有议修建者。今幸遇明府，大有作为，善推余恩，命鳌修建六桥，万载一时也。杨公首肯，即命承牌督修，改路于山下，变崎岖为平道，转险阻为通衢。鳌亦幽人之贞者，年至八旬，识时礼贤，乃为其所难为，而非有所为而为。非明府之贤，固不足以致幽人之贞，非幽人之贞，亦何足以动明府之委托哉。

桥成在黄土坡者，名曰汇泉。在石峡者，名曰如逵。如磐濒伏林下，得明府之惠政，感沈鳌之公勤。时值盛事，因摭俚言，以垂不朽。若夫明公懋树绩阶，以跻台鼎者，有观风当途纪焉，兹不备录。杨公名慥，别号未庵。

〔据光绪《姚州志》卷八《艺文志上》第 35 页辑录。记述明嘉靖三十年（1551 年）四川新都杨慎之弟杨慥任姚安知府，命郡人沈鳌等复修两桥的经过。郭如磐，姚州人，明嘉靖壬午（1522 年）举人，官清神知县。归田后，下帷讲诵，教授生徒，恂恂如诸生，家徒壁立，不知其士大夫也。汇泉桥，在城南二十里，明洪武间建。如逵桥，在城南十里，明知府马自然建。另见民国《姚安县志》卷六十三《金石志之八附文征三 · 论事记事之文》。〕

潘公桥记

赵汝濂

昔子产听政，以乘舆济人，孟子讥之曰“惠而不知为政”。夫政以行惠，惠而无本非政也。经常之典立，博济之用行，譬有源之水流灌不竭，而后可言政惠也。

坤泉潘公之刺赵也，周察民隐，参考利便，竭心思以立政，百废兴矣，百利行矣，惟桥梁之政未修，公之心不能一日安也，盖赵隶大理，实西南要郡，舆马往来，络绎道路，川泽之阻，匪桥奚通。由城而南二里许为水碾桥，又五里为白桥渡，又三里为狮子口桥，旧各架木为之，辄圮坏时苦修葺，或淋潦骤溢，奔突延柔，则流滞经行，仓卒犯之，多至漂溺者。公故勇于仁，岂堪目击。虑初政未信，不忍遽尽民力耳，既三年政化大浃，诚德已孚，其日舒以长，其民闲暇而力有余。《易》曰：“说以先民，民忘其劳。”民可劳矣，乃谋始作，则为久逸计。捐俸倡义，民欢趋之，弱者输资，强者陈力，争奋恐后。奚赵子来时，则拨土度功，鸠工选材，伐木徹堰，以通舟车。舟车既通，城村毕集，其輂运有法，虽俗所未谙，一时咸如驯习。由是分置工役，电掣云屯，截崄乘流，三桥并作，桥长九丈余，阔八尺，酾为七空，槊趾幹地，两岸山峙，中叠方石，而墩者六，上平跨长石，皆浑实坚致，屹如天造，又如玉虹连延，骊龙偃伏，何其壮哉！

白桥之水，原行南岸，近溃泄漫流，伤害田顷，则延筑长堤，约水循故道。堤共百五十余丈，广丈有二尺，高五尺，计费岂止百金，爰借力军民，数日告竣。余流星派□桥者十数人，各以义建造，不烦督劝，堡人叶英劳费独多，尤为尚义者。自此功济行路，利捍良田，虽使大浸奔驱，悍流激注，亦恶能轶峻防而浸厚址也。夫公以先物之智，移俗之才，谈笑之间，成此大惠，可调治无遗政，其心慰矣。而又以余力构亭桥左，缘堤杂植花柳，赵之人岂惟忘涉，亦足嬉游，咏德思功，永矢无斁。昔崔亮渭水为桥利，百姓名崔公桥，谢安至新城筑埭城北，后人思之，名曰召伯埭。今兹三桥，宜统名潘公桥。云是役也，经始于癸丑之九月六日，落成于十二月十日，凡三阅月。请予记者，郡博周子武乡钟子景春也，其效劳赴义者，书名碑阴。嘉靖三十二年甲寅春三月记。

〔据乾隆《赵州志》卷四《艺文志》第32页辑录。赵汝濂（1495—1569），字敦夫，号雪屏，太和人，明嘉靖壬辰（1532年）进士，选庶常，转考功主事，刚直不阿，擢南京都察院右副都御史。有大臣风节，致仕家居，敦内行，不置产业，营一草庵，匾曰觉真，推俸与亲族共之。〕

建立东晋湖塘闸口记

韩宸

赵州治东北十五里许，有陂堰一区，南北亘十里，东西约五里，中有九泉，冬夏不涸。在古为潴水之湖，冬蓄夏泄，以灌栽插，军田则大理卫后所资之，民田则赵州草甸里各村资之。今观湖之南有埂，坚厚广博，古人垂远之意，巍然在目。凿穴一区为桥，以关启闭，信为陂堰无疑矣。但名为东晋，不知所考也。

弘治初，分巡林公曾鬻之以城，赵州民厄于灌，复醵金赎之，然湖之势西深东浅，水落湄地，可以播蓺。湖之东，汉邑村民利之，与掌湖口者为弊，暮闭夙启，于是水蓄不足者有年。

嘉靖癸丑，屯军诉于当路，求分河水为灌，乃付赵守坤泉潘公议之。潘公审斯弊也久矣，乃哂之曰："是犹衣带有珠而不知，乃丐食于人者乎？"审于众曰："湄田之利与灌溉之利孰广，治河之力与治堰之力孰简，河之水及与湖之水及孰多，然则何不求之湖？"遂解之曰：民不知义为无觉者，以诲之法不能远为无当心者，以忧之民无所威为无严以畏之。何谓无觉？今夫人则知自利不知利人，自利者神嫉之，利人者神听之。云何曰旱潦，曰疫疠，曰争讼，曰虫荒，曰盗贼，曰灾眚，曰饥馑，曰夭扎之类不生是已。然则与湄田之利孰强？诚知此必不肯以一已而防群众也，何谓无当心譬之人家不相犯者。谓各有主也。今湖专于后所之掌，思以防之卫之如治家然，其谁敢侮，何谓无严。《易》曰："慢藏诲盗。"本无心，因慢而有心，是以慢诲为盗也，苟湖口之关如他处闸口之密诡，焉得而伺之。于时掌所千户宋君应闻而作曰："吾愧矣。"乃谢于潘公之门，唯公所诏是从，愿竭力输财无难也。公曰："有是哉，事可济矣。"复于当路许可。于是，宋君请匠于邻邑，购材于山谷，凿石为池，如楼之制，楼之坂石为孔三，孔各置一桩，上为锁钥以扃之。由是水无漏泄，启闭有时，垂之亿年，犹一日也。

是时，潘侯受曲靖秩五月矣。又明年乙卯，潘侯往曲靖，水利大兴，民思之。宋君谓石园子曰："子其被水之利甚深知潘侯者。"余曰："窃有志恐以私而累侯之德也，有命其乌辞？"乃稽首飏言曰："养民者农事为本，水利为急，陂堰为美，有自然之利，而民不被其泽者无忧，国者以为之也。潘侯破群迷之见，察起弊之源，开成务之宜，竭心思之，巧仁政弥，于上下此则见诸一端。”宋君承而荷之，则斯民粒食之报在颂祷者，自引于无尽也。是为记。

〔据乾隆《赵州志》卷四《艺文志》第28页辑录。韩宸，大理人，明嘉靖戊子（1528年）举人。任四川什邡令，清介自持，于署左建琴鹤二亭，延士大夫议公事，询民瘼。未久，以直道去官，邑人怜其清贫，率以金帛为赆，宸受之，戒行稍远仍反其主是，归家僦屋以居，授徒自给。杨用修怀以诗云："出宰千家邑，归无三径资。"〕

白龙潭碑记

段尚云

邑东距县十里许，有白龙潭，出罗藏山，山形屼曲，石势参差，面案琴横，两臂分抱，自成堂局，宛若棋枰。四顾外山，浑无半点，山腰洞辟，状类龛扉，而高厂过之，寥远莫窥底，止惟见苔痕苍翠，滴乳离奇，左流泉，右沙渚。乡人尝有从石室入者，渚行百二十步，壁间石鲸鳞甲，风气清冷，心怖而返。洞口封石欹危，上可五六人趺坐。俯瞰游鱼，投饭饭之，群然竞至，闻语声则逝，顷之悠然复来，令人勃起庄周兴矣。蹑憩小亭，山水之间，真可以寓醉翁幽意。若夫日出霏开，鸟鸣谷应，落晖晚照，沉璧耀金，岸柳拖烟，岩萝挂月，春风沂水，童冠咏归，此则龙潭胜概也。源泉混混，昼夜弗停，大者成河，细者成涧，分支别派，滋润四境之田，殆不知其几千万顷。折旋二十余里，盈科而进放乎滇池，此则龙潭巨泽也。旧立庙肖神，每岁三月，邑侯往祀。万历癸未，日渐倾圮，久之荡然，仅存遗址。

迨丁亥春，任轩聂侯如期修享，见之咨嗟不已，谓兹潭也，以龙名而利溥一方，龙之为神不诬矣。苟属意于民必崇祀之，矧原隰固赖源泉，高阜犹需时雨，近雨泽不时，民忧滋甚意者，神亦未妥与蚤夜，当为庙计。于是鸠工命材，揆日兴作，地卑湿则驱石累基制，浅隘则核复侵地，费则量动赎锾，更捐俸入戒深勿亟义笃子来，若堂若门，胥以四楹，塑之绘之，焕然一新，不两阅月，聿观厥成。夫五岳四渎，圣王有秩祀焉。凡境内龙潭，守令例得祀之，侯兹举既报功且祈年，不但利泉已也，年来雨旸时，若高下有秋，国赋早输，家食咸给。昔也忧，今也乐，神之功也。要皆诚感而然侯之功，讵不侔于神哉。然民知乐其乐，而不知侯之忧其忧；侯知忧其忧，而不知民之乐其乐也。计侯来祀兹庙，曾日月之几何，忽乔迁之伊迩，而山川不可淹留矣，美侯襟宇轩豁，每当明禋既毕，与宾僚把酒临流，凭高一笑，宦况寄诸景中，此其涓涓者耳语，其至则泽润生民，随处充满系我士民之思，如潭水之行地。合并记之。

〔据雍正《呈贡县志》卷三《艺文志·记》第21页辑录。段尚云，字从龙，别号屿川，明嘉靖甲子科（1564年）乡荐，任四川武隆知县，慈祥恺悌，深得民隐。及归，倾囊作善事，恤贫施椋，修桥建阁，有《白龙潭记》载于志。此文题名，《滇系》第二十五册《艺文系》八之九第35页作"白龙潭记"，有删略。另见光绪《呈贡县志》卷七《艺文志·碑文》。〕

游安宁温泉记

张佳胤

嘉靖丙寅十二月廿三日，余校士安宁毕，将欲观汤池，先遣一力挐舟螳螂川。厥明，径盐井观之，盐官令灶丁以皮囊汲卤水。据晋常璩《南中志》云："连然县，有盐泉。"近志乃谓唐武德间因阿宁始掘地得卤者，非是。观毕，屏舆从出大界村，乘舟顺流，北行一里，东望，龙宝寺隐丛竹中，亦萧远可嘉。舟子报，郡吏驰骑率鼓吹追，余亟遣去。舟中望一山，峻插东北隅，两峰如削，凹其中，如笔架形，土人因以名山，一名岱晟山，一名坎山。昔僧张善信有异术，除妖坎山，即此。又北行五里，径石淙渡，故郡人杨少师一清筑精舍读书处，诗文具集中，一时名家，则李长沙东阳、陆上海深、李北地梦阳最称杰作。沿两岸，土人引水溉田，堰坝鳞次，舟过若决吕梁；水车高翻，溅珠成雨，似瀑水飞洒空中。又北行五里，水回折作曲瓠形，螳螂川多直，北流至此，周绕二里，径龙山下，山川窔窕，松石参差，最为佳境。东岸一带，岩石硌砑，上镌"曹溪夜月"四字。稍下，红石削起，镌"赤壁天成"四字，皆杨太史慎题也。行半里，七洞临水，飞岩峭立，五彩绚杂，洞口重扃，大（太）似雕藻。再行半里，至温泉，乃舣舟登其亭。

饭罢，观〔温〕池而浴之。池水皓洁，纤毫不隐，四面壁起，不烦甃甓。中二石，光腻胜玉，碧色夺目，《华阳志》云："水神祠祀，亦有温泉。"顾祠，今废矣。浴罢，风乎亭上，一峰对峙，命觞相瞩，觉两腋间徐徐风举。余尝浴骊山、香陵、渝夹（峡）诸泉，类多秽气逆人鼻，杨太史品兹泉为"海内（天下）第一汤"，似非溢美。

时日且午，闻西岸有圣水，一名海眼泉，潮应子午卯酉之候。亟渡而西，登陆陟其所，古木参云，水自窦中出，盈盈沟涧，土人谓此午潮至，遂名曰"圣水三潮"，不云四者，子夜故不及见耳。余曾观泉华清宫下，水出左右二窍，应朔望不爽。自是造化气数，兹泉无足异者。

又披荆榛，南陟一里，至曹溪寺。寺在龙山之麓，土人一名葱山。草径盘历，可肩舆上，无甚陡绝。《郡志》云高八百丈，周遭七十里，诬矣。寺殿因山层构（楼），中有杨太史碑文，不减玉简栖头陀之作。第四级殿宇闳丽，佛像庄严。前行十弓许，一楼显厂，右植木莲花树，青葱可玩，俯视螳川，清涟如带。稍东一园，凿山〔石〕作几形。桃杏蔷薇，屏架繁杂。道上曝曲蘖数石，余呼僧笑曰："僧家有是哉?"僧叩首若请罪状，余曰："昔支道林好养鹰骏，惜尔无大韵也。"觞出，寺右一泉，虢虢鸣乱莽间，循泉散步，南行一里许，下有龙洞。造其门下视，深黑不测，寒气逼人，投石其中，逢逢成响，七八叠而后止。

又西南步行，可三里，至龙潭，乃水源处，有二穴，穴口多小鱼。山树蓊菁如盖，坐树下饮水，甘之。俯瞰平畴，如波文可爱。指顾太华，累累远近，奇峰错列，杖舄下，问之，类皆夷名，甚辱兹山也。

由东南下山，复登舟逆水行，夕阳既下，万峰尽紫。西望，虎邱山寺与太极诸山，棋布相属。复系舟登岸，里许至寺，襟带螳螂，枕藉虎邱，信一灵境。前殿榜曰"妙果禅院"，殿制古丽，画笔精工，非时师可及。相传为唐殿，余观之，多元制也。出山门，南望郡中，烟树万家，暮霭如罩。遂从陆归，时列炬在门矣。

返署中，追忆斯游，操舟随流，左右山色，应接不给。濯足振衣，登高睇远，而梵宫钟声，沿口松涛，所至奇出，令人忘归。惜哉绝域，往往好游之士，无因振策于烟火空翠之间。兹游，盖万里奇踪也，遂秉烛记之。

〔据天启《滇志》卷十九《艺文志第十一》第618页辑录。同时，以王云编辑《滇志校考》改补之。张佳胤（1527—1588），字肖甫，号居来山人，四川铜梁人，由进士以礼部郎中谪河南陈州同知。嘉靖间任云南提学佥事，有文武才，边务多取决之。工吟咏，善书，所历名胜，题咏殆遍。官太子太保、兵部右侍部。卒，谥襄宪。另见康熙《云南通志》卷二十九《艺文志四》、雍正《云南通志》卷二十九《艺文志六》、雍正《安宁州志》卷十九《艺文志上》，及明何镗《古今游名山记》《名山胜概记》。〕

九龙池沟道记

陈 善

由下关取道永昌，皆崇山峻岭，鸟道纡回，绝类贵阳。自关坡而下，平原博野，四望如一，周道逶迤，抵于郡城，盖西南一大都会也。城西南隅有龙泉山，山下出泉，为九龙池，幅员仅亩许，清冽见底，昼夜沸腾，流沫三十余里。循池而西，积土筑垦，导由南海，以资溉灌。

先是，分为四十一号，以通远迩，均疏泄。然土性善崩，溃决莫固。弘治、正德间先任宪副林公某议甃砖石，自二号至十四号业已就工。后因升代不常，无继之者，每横泛流溢，沮洳为患。前已修治，水流不盈，沟浍旁达，农夫拱手，西成晏然。其未获水利，兼受水害，及遭时旱干，农不耕收，财粟匮缺，官租私券，悬罄待尽。盖自正德以至于今，其患非一日矣。

隆庆元年，鄱阳鹤山邹公备兵此邦，冬十有一月，军民陆景春等陈牒台下，以修甃沟道为请。公曰："吾受命于朝而育斯人，其可已乎！"乃檄先郡守浦江张公暨指挥赵衮，博询乡耆黎老，以求至当。议既定，则以白于中丞江陵陈公，曰："此万世之利也，修坠典，恤生人，流惠实多。"俱如议行。公乃动黑白窑六百四十两有奇，行指挥赵衮及时鸠工，范砖采石。起十五号，止三十六号，甃以城砖，边用覆石，灰土相辅，沃以糯糜，荒石内列，错若棋置。又山脚一沟，郡流汇合，土壅沙塞，患在咽喉。乃随地之高下以浚沟，筑闸三座以杀湍，计费一百三两。公不时经行，稽其赢缩，又益工料一百二十三两。厥功告成，一望如截，溯源达委，会为安流，远郊近坼，无不如志。

乃三年之夏，遍省蕴隆，此邦晏然，烝民讴歌，枕卧待获，盖数十年所仅见也。于是，士民喜相贺曰："逝彼流泉，公为治之。终年阻饥，公粒食之。维兹芜秽，孰谁理之？于皇新畲，孰谁开之？公辟书院，髦士以兴。公清庶狱，枉抑以伸。节议里甲，民无滥征。清理屯田，师有余粮。荷公之功，没世难忘。"于是，乡大夫霍公薰辈述民之歌，屡促予为纪德之碑。

尝闻：自古为国，以水事为重。故台骀宣汾、洮，障大泽，帝用佳之，封诸汾川。邹公举数十年弛废之业，完二百年未就之功，所以安养斯人，远矣。吁！斯池也，使在朔方、西河、汝南、九江，作史者当叙入《河渠书》，修渠之功，亦宜与西门豹、郑国并传矣。今在西南远徼，谁知之者？至今永昌称沃野，无凶年，渐致富强，邹公之功也。用是假辞勒石，以诏来祀。

经始于隆庆二年四月，迄工于三年十二月，为费八百六十余两，修完沟道七百八十余丈。效劳官员如指挥赵衮、车渠、万彙、谷印、路九万，千户陈训、耿星、刘昌龄、辛凤、李世勤、侯度，百户戴翱、刘良臣、刘彦珍，镇抚刘必兴①、陶衷，皆得备书云。

〔据万历《云南通志》卷十四《艺文志·记类》第1374页辑录。此文题名，天启《滇志》卷十九《艺文志第十一》同，但删略末一段文字。康熙《永昌府志》卷二十五《艺文志·记》、《永昌府文征·文录》卷六《明五》皆作“重修九龙池沟道记”。〕

横山水洞碑记

罗元祯

去会城而西几三十里，为龙院诸村。村凡八，村之田凡若干顷，田税岁输县官凡若干石。村故枕山而襟水，水即昆明池也。池抵村，地势隐起，差具倾倚状，可立上游走丸，以故池水不可逆引而仰溉，村之负山而田者，无论愆阳，即旬日不雨，土脉辄龟裂，岁辄不登。中岁，他境稔而兹境不厌半菽，民苦之。村迤西三十五里为白石崖，崖故有泉，其山形隐起，则又高龙院诸村什九，度崖泉可引而东以灌，然横山墙立于前，岸然峭阻。

先是，议凿山之凹为渠，引泉逾山而东，乃其山石脊而土麓，石坚不可凿，议凿其麓，自西以跨于东，五十又八丈，村农合力率作，纷若蚁之营垤。逾岁，讫无成绩。

方伯敬亭陈公以省耕至，问焉，众告之故。公曰：“兹吾事而以疲若等，吾为若成之。”乃谋诸同寅，计其费可三十金，移议御史台，报可。公檄掾尹德先、何献荣、刘俍②先后继董兹役，曰：“德先，汝往视疏凿，相度规画，以树尔功。”洞可高五尺，广二尺，断木如高广之数，以支颠圮。功成，徐易以石。发帑储如议数授之，上下其工之直以廪焉。曰：“献荣，汝往，卒德先功。”曰：“俍，汝其嗣德先、献荣，以督诸役之力者、不力者。”已，又檄舍人袁应登佐掾以辖群工。应登简工之不习者，请以矿夫代。公可其请，召朱祯辈二十人以属应登。

余时参藩政，同公往视，指授向道，分东西凿，凿几半而道不值。予当入贺，行念前功，恐或弃之者。公请于抚台曹公云山、巡台许公保宇，佥曰：“政在利民，毋惜费，毋惮劳。其往督诸掾役，毋隳前功。”各捐赎金佐工，诸掾役矜奋如命，道果直。实隆庆壬申之二月十一日也。

溯始事庚午，凡二岁。易掾董役者三，掾以直尽告者五，告即议发，先后五发帑，发百有十金而讫功。敬亭公曰：“吾可休矣！”公与时不甚合，久欲乞归，会水洞未成而未决也。明日，遂谢事去。

狮冈陈公继公，愈益振策诸掾役，寻以成功报。灵窍朗辟，洞中可偃蹇行。公复起

① 刘必兴　康熙、乾隆《永昌府志》作“刘必真”。

② 俍　天启《滇志》作“升”，康熙《云南通志》、《滇系》皆作“得”。

掾寻源，引白石崖沟，山腰连山奄，亘得泉二十二道，蜿蜒萦纡四千一百八十三丈，广盈尺，深逾咫，泉抱山而东赴，若带而绾，若白龙挟雨，偕山势俱来；若玉虹下饮，潜入洞口。由洞口而东出，喷薄沦涟，偃潴而渠分。村之耕者需濡，稼者需溉，植者需滋，畦者圃者需润，不雨而泽，不祷而免于旱槁，民甚便之。而德诸公之功，乃歌曰："横山之麓，可屋可田。白崖之泉，可引可沿。山麓可凿，伏流潺湲。兹麓既辟，不淤不颠。溉我稼穑，充廪盈廛。我公之绩，亿斯万年。曷俎豆之，以输我虔！"

适邹公兰谷来代曹公镇南服，闻所天歌。予转今秩，侍公之侧，语予曰："古诸侯采风，贡于天子，天子受之，列于乐官。今民谣不领于乐官，亦观风者之所采也。子职臬史，曷采民风?"予受命，因叙其颠末，喜诸公同心胥成，而又叹诸公之远识焉。

滇，故金方境，饶金银气，凿山求金者所在雾集，山崩乃压焉。徼外蛮夷中产珍石，采色晶莹，石故产于井，入井以求者，绳系以人，往往葬井中，亦大艰危矣。二物者，寒不可裘，饥不可炊，俗多冒险浚求。而五谷者，一日不得则饥寒至。利泽当前，藐不起事，惟上所率之耳。语曰："明君贵五谷而贱金玉。"乃自古记之矣。诸公莅滇，闻以矿告，辄报罢，而宝贡奉诏停寝，至稼穑所需，即穴重山，汇断流，发帑鸠工不靳，功不成不止。盖视民所天，不宝玉而珍，不兼金而贵，真知轻重大丈夫哉！昔周以农开国，周、召守家法，以《绵》遐历，周公赋《豳风》以讽王，而却越裳氏之贡，召公茇棠以勤农，而告王则曰"不贵异物贱用物"。诸公之远识，周、召之遗矩也。

邹公名应龙，字云卿，长安人。曹公名三旸，字子泰，宜兴人。许公名大亨，字贞甫，安肃人，皆起家进士，扬历中外，大有功于滇人，异日太史氏有传。敬宁公名善，字思敬，浙江钱塘人。狮冈公名时范，字敷畴，闽长乐人。同嘉靖辛丑进士。回翔滇藩臬间，皆三任善政，未易更仆数兹其一云。

〔据万历《云南通志》卷十四《艺文志·记类》第1366页辑录。罗元祯，字汝符，江西鄱阳人，进士，官云南布政使。横山水洞，在昆明县西三十里龙院村西，明隆庆六年（1572）布政使陈善所开，历两年时间，引白崖水溉田四万余亩，山横如墙，凿山坳为东、西洞，自西跨东五十有八丈，得泉二十二道。另见天启《滇志》卷十九《艺文志第十一》、康熙《云南通志》卷二十九《艺文志五》、道光《云南通志稿》卷五十二《建置志·水利·云南府》、《滇系》八之二《艺文系》。康熙《云南通志》删略较多。〕

永济桥记

李元阳

蒙化甸头永济桥，府通判成都泮江薛君之所建也。此桥于春冬可有可无，若夫百川灌河，流潦奔骤之时，顷刻之间，水深丈许，频年人马冒渡而死者，不知其数，铺邮递文，戴星承命者往往阏阻，以此罹法网者，岁又不知其几矣。自有郡以来，孰究孰思，薛君莅任既两朞月，政成化行。万历初元春，仍以桥事谋于乡大夫晴湖张君，遂兴兹役，委仓使梁儒督发山木，五材既具，首尾十月而竣工。

愚谓近代守令，但知计俸度日，任满而去，境内桥梁道路大为民病者，一切付之不问，乃薛君毅然任为己事，捐俸廪，首倡义举，一时士民，莫不感动，效工施财有差，而太学童瑜季昆其著也。

呜呼！非有感人之素而能然乎。余居邻壤，闻行旅欢声，因买石识其岁月。此桥共费银玖拾两，其施一钱以上者，并列名氏于碑阴，庶几将来随坏随修，勿替嘉惠之意云尔。薛君名希周。

〔据蒋旭修，陈金珏纂康熙《蒙化府志》(《中国地方志集成·云南府县志辑79》，凤凰出版社2009年据清康熙三十七年刻本影印，下同）卷六《艺文志·记》第24页辑录。永济桥，在蒙化府（今巍山县）城北七十里甸头巡检司南，明万历元年（1573年）通判薛希周建，今圮。〕

苏髻龙王祠记

胡信

赵邑东十五里许有山，俗呼龙伯，巉岩耸峻，西与相国山联。其巅有潭，名曰天池，麓有双流，石穴形若虾须。一入石窍，通白崖覆釜山下，溉田利溥；一流成池，出与乌龙水合，溉麻地、云浪等八村民田数百顷。元至正间，土酋为寨山下，古号为蔓神寨山，抚景者题曰“石寨鸦归”，今尚然也。俗传龙女见形，元世祖封为“苏髻龙王”，乡民构庙，肖像以祀之，旱祷辄应。

万历庚辰春，余从侍御江陵刘九泽公乃西巡，过此见庙貌倾圮，旋与沈郡守议新之。沈君以贰守张君董其事，余素重其才华，勤且敏，遂如所议，厥后诹日命匠。不浃月，而厥工告成焉。庙宇维新，门厢具举，创建危楼，楼凡三楹。前有污池，常为乌龙潭水济湃，今顺势利导，拓其池为方塘，周绕凡二十余丈，水心构亭，良可游憩。

辛巳秋，余奉勅守洱海，复过之，视昔殊为改观，停骖久之，叹赏至再，爰赋封二联，题额二匾。楼曰“俯泉”，志兴也。亭曰“濯缨”，志洁也。时郡庠师生有镌石之请，余嘉其绩，故直书其事以应之。

〔据乾隆《赵州志》卷四《艺文志》第34页辑录。胡信，明按察使。苏髻龙王庙，在赵州城东龙伯山下。明万历间知州沈奎灿建，有亭曰“濯缨”，有楼曰“俯泉”，岁春秋二仲月上庚日本州祭。〕

洱海兴造记

李元阳

嘉靖三十九年秋，会稽沈公以云南提刑按察副使饬兵澜沧道。既至，问民疾苦与致盗之因。叹曰：“盗起于饥，农病于涸。”遂周行原隰，相度水泉，则见水政废坏，蓄泄无伦，膏腴之壤，鞠为灌莽。乃檄吏召工，复陂塘十有二，所筑堤坝千有余丈，浚沟渠三十余里，作石椎、石闸。如其陂之数作石梁七埠，以通人行。或因旧而广之，或创作而补之。水道纡阻者，至劓石成渠；水源细涩者，能聚潦成荡。欲启闭之慎则为屋，以居其人；欲垂之久远则标界，以责之吏。初，公之兴此役也，人力出于兵，木石出于山，犒劳之费出自分俸焉，故其吏民若不知也。既而思曰：“大利将获，坐享宁安。”于是，吏自出米，民自出力，不召而来，雾滃云集。首尾四月，厥功告成。吏息于署，民息于家。公乃曰："吾亦有所息乎?"于是筑堂题曰"课农"，疏水利之目于座右，以备观省。又曰："水则为田利矣，民之无田，其若何?"乃治社仓于东序，募吏民出谷为歉岁之备焉。又曰："养而不教，如愚何?"乃治社学于西序。群吏民子弟之俊秀，择师而董之。谘诹善道，惟日不足。会迁贵藩参政，遂行，洱海之人遮道涕泣，远近闻者皆啧啧称叹。

吾大理为属郡，距台署二百里而近。于时，吾土不及饯送，方用咨嗟。其文武属吏耆老，众口同词，咸愿志公之迹，使永无忘。里居赵中丞汝濂、参议高對诸君谓阳宜秉笔。阳沐公之知，其何敢违。始述兴造之大者，以为守牧劝焉。公为人长者，所至节用爱人为本，临事沉毅有力。在蜀循良上等，在滇治苴却、东川之兵，动中机宜，所活千余人，当有良史书之。兹不敢赘，姑书其治洱海者，以泄士民之思云。公名桥，别号南山。

〔据施立卓总编校《李元阳集·散文卷》（云南大学出版社2008年版）第135页辑录。《云南金石目略初稿》卷二第24页题录："《洱海兴造记》，李元阳撰，为澜沧道会稽沈桥立，嘉靖三十九年（1560年）秋，在大理县，见《中溪集》。"沈桥，字宗周，浙江会稽人，嘉靖二十年（1541年）辛丑科进士。〕

清溪三潭记

李元阳

溪在点苍山马龙峰之南，水出山石间，涌沸为潭，深丈许，明莹不可藏针。小石布底，累累如卵如珠，青绿白黑，丽于宝玉，错如霞绮，上有坠叶，鸟随衔去。潭三面石崖，其净如拭，观玩久之。乃侧上左崖右罅中，避雨而坐，俯瞰潭水，更互传杯，不觉尽醉。右崖有"禹穴"二字，太守杨邛崃所刻。出潭东行，见石上流泉渐靡成渠，最滑不可着足。中潭深二丈许，以水明见底，人多狎易之，不知其叵测也。下潭水光深青色，中潭鸦碧色，上潭鹦绿色。水石相因，水光愈浮，石色愈丽。缘溪而出，水之所经，因地赋形，圆者如镜，曲者如初月，各有姿态，皆可亭以赏其趣焉。

余每至溪上，縠纹璧影，印心染神，虽出溪而幽光在目，樵唱在耳，累月不能忘。此溪四时不竭，灌润千亩，人称为德溪云。

〔据傅天祥等修，黄元治等纂康熙《大理府志》（故宫博物院编《故宫珍本丛刊》第230册《云南府州县志》第5册，海南出版社2001年据清康熙三十三年刻本影印，下同）卷二十九《艺文志上·记》第91页辑录。另见明何镗《古今游名山记》《名山胜概记》，清师范《滇系》八之九《艺文系》。〕

邹公塘记

李元阳

万历元年冬，兵部侍郎巡抚云南都御史关西兰谷邹公平定铁索川、赤石崖诸夷寇，暂驻宾川州，行且凯旋，轻裘缓带，与监司陟降山原，以观形势。州西二十里，见土地膴美，而不加耒耜，问其人，则曰："无水。"公复前数百步，指泉曰："此非水乎?"

曰："建瓴而下，于农无赖。"公复周览，见地有废埭，问故，众曰："此地所以障水，坏于孽龙久矣。"公曰："可塘矣，东岸山，西岸埭，补筑南北二面引泉注之，潴四山之潦以益之，龙性畏浮屠，建塔以压之，塘其可水乎？"监司以下皆曰："然。"

于是，下其事于州，州守胡君崧受命，惟寅召公计度，堤塔俱兴。塔则举高五丈，堤之在南面者修八十丈，深八尺，在北者修九十尺，深一丈，内外土趾广二丈，结脊丈许，塘周围二百五十丈。堤之中凿石为斗门，视水溢乾而时蓄泄之，门之上架徒杠以便行者。堤既坚厚，复以百夫杵筑其底，以防渗漏。于是，引大王庙龙泉，合诸渠流并注其中，而塘遂成，水之所溉，官屯军民田至千亩而赢。塘中旧有田百五十六亩六分，粮十四石有奇，以其粮洒派于塘外得利之户。又勘故绝田土，量其亏损而补给之，军民众口欢声如雷。无水而有水，失田而得田，斥卤之地行且变为沃壤矣。

凡用银四百九十五两有奇，皆取诸大罗卫公租马料及无碍官银。役夫三千工，皆召诸得田利之户。经始于万历二年春二月，是年十二月乃告成。州人呼其塘曰邹公塘，而作生祠三楹于塘之上，貌孔明与公二像奉安于祠中，将以岁时伏腊，严香火以祀之。且曰：武侯之像南中在在有之，今人因睹像而思其功。此时人得见我公仪容，后人不复见矣，故存像者所以慰后人之愿睹者，亦如今之睹武侯焉。

州守率父老请阳作文以记之。阳曰：有功于民则祀，然有国祀，有民祀。公之功大矣美矣，民之祀之乃至情也，庸何伤？又闻公于龟山建玄天庙，俾其人舍弓弩而持香火，去毒害而为良善，其惓惓于教化养育，无所不用其心，如此杀伐岂得已哉！

公名应龙，字云卿，长安人，嘉靖丙辰进士。尝为御史请诛佞臣，盖有直声于天下云。

〔据周钺纂修雍正《宾川州志》（清雍正五年刻本，下同）卷十二《艺文志》第20页辑录。〕

青龙桥记

李元阳

万历三年冬长至日，提刑分巡毕公于威楚东门外平川河新作青龙桥成，以状来属余记。古者，辰角见，雨毕而除道；天根见，水涸而成梁。此在官之常法，无书可也。若夫虹桥则不然，积材如山，鸠工如蚁，多历岁月而后有成，乌可以不书乎哉？

按：平川河发源于南安之黑龙潭，与茅津合流，横绝孔道，凡布政郡国，若奉贡、输赋、邮驿、传命，皆由此焉。冬春之交，犹可揭厉，秋水时至，四山奔潦聚之，弥漫汹涌，行旅阻阂。时常以小艇济人，淹滞晨昏，急迫竞渡，或至没溺。自有郡以来，上下咸以为忧，而卒无主其议者。

公至，恻然弗安，进守长而谓曰："事有不可已者，平川河桥是已。顾官帑不可辄发，而重役必至厉民，其奈何？"太守张公曰："川而无梁，公私交病，颇闻民间宿有此愿，盍以意示之，当必有从者。"公曰："可。"遂相与捐俸以倡，佐属无不翕然，风声所树，一时慕义之人踊跃于下。客民有徐应中者，先众出赀，辇石百里外。其同业十余辈，亦各出赀有差，寸积尺累，日增月益。财用既具，穿地筑址，阅十甲子而讫功。桥之修二百尺，高二十五尺，脊之广与高等，址之深半之。酾水为三道，而堤其两垂，以排激射。费以两计者三千有奇，役以佣计者一万二千有奇。既有余力，拟于桥侧立塔庙以压水怪。事虽未举，要之必不可无者。

夫举重，非一夫之力；钜费，非一家之财。诸有施货、施财、施谷粟者，所捐之多寡不同，均为好义；有督率，有劝募，有擘画者，所职之轻重不一，均为有功。其名与勚，不能悉载，列之碑阴。又受职任役之中，有奋然发心，值不偿劳，不暴其名，不求人知者，亦无从而列矣。夫啬施吝力，人之情也；济人利物，性之德也。今千百其人，皆能背情顺性，革其素习而惟德之归。然则明明德于天下，古今不甚相悬，惟在上之人操其机耳！于此重有感焉，故乐为之记。

〔据张嘉颖纂修康熙《楚雄府志》(《中国地方志集成·云南府县志辑58》，凤凰出版社2009年据清康熙五十五年刻本影印，下同）卷九《艺文志中·记》第14页辑录。《云南金石目略初稿》卷二第30页题录：“《楚雄青龙桥记》，李元阳撰，万历三年冬十一月长至日，在楚雄县东门外平川河，见《中溪集》。桥，分巡道彭泽毕天能造。”另见嘉庆《楚雄县志》卷八《艺文志·记》。〕

晋宁州重修四通桥记

黄明良

晋宁为滇省之藩臂，东连澂郡，西扼棋阳，南揾江邑，北丽昆明。郡西南三里有桥曰四通，会大堡关岭之津，合诸溪别涧之水，千回百折，洎入滇池，往来病之，鲜克有济。在昔架木，徒杠结构，无何旋复摧决。

弘治初，郡守熊公甃石为桥，以贻久计，民不病涉而歌咏之，故合祠名宦焉。越九十余年，江河变古，每春夏之交，流潦横溢，冲塞倾圮，水泛坏梁，沙充襄涧，荡无遗址，修治虽殷，未克底绩。

万历五年，赵公以贵竹名英自临郡节推擢守兹土。甫三月，百废具兴，公才擅济川，守贞介石，乃稽天时，崇地利，辨方审势之规，人官物曲之具咸备，爰遗旧址，秩新道，作石堤于两岸以捍流，累四级于重渊以釃水性，为桥亘百尺，横十七尺，峻二十六尺，崆峒三门，奔腾滞塞者顺而下矣，斤铁数千，木石夫工称是。是以事不烦，民不扰，财不绌，功遹成，车马担负客之途皆达于桥，樵采携挈民之市皆趋于桥，巍然一郡大观。盖不特枕盘龙，跨望鹤，且控金马，引碧鸡，视畴昔殆百倍焉，使倾废蹶蹋之患既免，而井屋之富廛市。烟火与桥相望，象齿文贝之来，匪但四通且通道于九夷八蛮矣，功在社稷，生民、朝家攸赖焉。夫莫为于先，虽美弗彰；莫为于后，虽盛弗传。美而彰，盛而传，公之谓也。行且作舟辑，作霖雨，非名宦流品与？是役也，董之者郡二公燕公、奉公，覃勤虑，材用庀，工役宣，力率作，裘葛弗遑，与其幕陶君暨百户李承勋，省祭杨辂，义官陈举、姚宗文辈，各以能效托。

始于丁丑冬，讫工于戊寅春，于时太守乃率僚佐师儒耆旧以觞俎，落其成且曰：“百年颓废，一旦修复，吾民去危即安，是虽有待，非得司风者振举而激劝之，乌能尔耶?”犹见公之让德也。乃会役数工数财颠末，属余记之。余惟春秋之法，常事不书，然门关、道路、庐馆、舟梁，皆王政之所急，厥系尤重，不可以不书。乃为之书，俾列于石，来者思诸君子之勤，而思保其成于勿坏，以为斯民永久之利云。

〔据杜绍先纂修康熙《晋宁州志》（云南民族社会历史调查组1960年钞本，下同）卷五《艺文志》第62页辑录。黄明良，字时际，敏才子，晋宁州人。明嘉靖乙酉（1525年）举人，知温江县，擢知温州，升户部员外郎，所至俱有政绩。复升贵州按察使佥事、毕节兵备道，抚军士，清屯田，理冤狱，建学校，绝馈遗，武备修举，蛮夷怀服，罢归谢客，诗文自娱，著有《西牧山人集》行世。四通桥，位于晋宁州西，路通新兴、元江等府州，明弘治三年（1490年）知州熊弘始建，明万历五年（1577年）赵时雍重修。清嘉庆十二年（1807年）李鼎元、李德元、赵升重修。另见乾隆《晋宁州志》卷二十七《艺文志上》，文字略有异，可参。〕

浚泉亭记

马顾泽

武定依山而城，山势岋嶪，而山峆岈，若有雄踞状，故以狮名云山。何以亭为浚泉也。泉孰浚之？侍御荆南刘公也。公奉玺书按全滇，王事孔殷矣，曷暇浚之。噫！物之遇、不遇，固有时哉。

盖泉源发狮山西之极颠，距城几十里而遥。武定新芟逆凤，去彝未远，滇郡中颇荒简，观风者往往不乐居之，不逾旬辙行，奚暇于泉？公曰：“是郡也僻，可居。”惟公生厌纷华，乐恬淡，性然也。

万历庚辰，初夏徂秋，驻骖凡六阅月，视巡历他郡县期最久。于时按滇事且浚，及瓜未代，百务底成，德化旁浃，威信贴彝酋，膏泽沛全滇。迤东及西，雨旸时若，边圉晏如，父老嘻嘻相传道路曰：此千载一时也。以故多暇日，得登临是山，穷其巅。苍茫流观，四境沧空，徘徊岩崖，一径潜通，乃见水流曲折，潺潺有声，莫得其所自。公曰：美哉！泱泱乎！”余春游鹤拓，偕中溪李公登荡山，有泉一泓，爱其寒泉，兹泉殆庶几乎。于是相与斩荆棘，探幽奇，寻泉源而浚焉，作亭其上，曰“浚泉”，命顾泽纪其事。

噫！武定有是山，山有是泉，有鸿蒙而已肇秘矣。汉武开疆，仅通名于昆水，唐宗覆师，宋祖画剑，地不入于中原。蒙段南诏，莫洗彝俗之污。逆凤倡师，徒饮戎马之血。虽今日改土归流，人文渐著。斯泉也，湮没于蛮箐，沉埋于沙砾，溷浊于泥滓，谁则知之？杞楠柏梓，樵人且折以为薪，遇工师斫之，能梁清庙而栋明堂。骐骥困于盐车，遇造父御之，能骋轮蹄而神八极哉！泉也，遇公一浚，疏导其源，流注不竭，味甘若醴，气冷如冰，与斗杓而斟酌，通天汉之灵津。乾坤清淑之气，自此磅礴而回潆，下岐峗，入金沙，达四川，经滟滪。放乎江海，功施宇内，名列图经，岂复潺潺一勺之旧哉？物之遇不遇，信有时也。

亭成于仲秋之朔日，凡三楹，广若干丈，饰以榱桷，绕以樗坦。凿方池以蓄泄，引曲水以盘旋。可涉而嘻，可坐而息，可荫而风，可触而咏，可止尼父之渴，可濯孺子之缨。乃若徒倚槛曲，极目烟际，峭石奇峰，秀树佳卉，凝烟秀蔼，四时朝暮，不可名状，举一山之胜，皆斯亭所有者也。

昔王右军修禊兰亭，苏子瞻亭喜雨，欧阳公亭醉翁，古之人不过寄情一时耳，迄今传为盛事，称之不衰。公也登荡山，则寒泉亭于鸡拓；登狮山，则浚泉亭于武定。由今观昔，其一揆哉！亭以泉之浚而名，泉以亭之胜而名，盖不朽诗歌，《甘棠》曰：“勿翦勿伐，召伯所茇。”公之德在人心，与泉同流，然则登斯亭也，能不有感于斯泉？

〔据王清贤修，陈淳纂康熙《武定府志》（曹晓宏、周琼校注，杨成彪主编《楚雄彝族自治州旧方志全书·武定卷》，云南人民出版社2005年版，下同）卷四《艺文志上·记》第195页辑录。马顾泽，明永昌兵宪。浚泉亭，武定古迹，明万历八年（1580年）侍御荆南刘维建，在狮山之巅，结构精工，前为流泉曲水，古木一株，枝干苍古，如虬如龙，常有海中荇菜挂于其上，亦奇观也。今废。另见光绪《武定直隶州志》卷五《古迹》。〕

游浚泉亭记

刘 维

万历八年庚辰夏四月，余以使事至武定。越一月，为首夏之闰六日，甲辰，门人孙起谟、袁焕、石元龙自永昌来见访，携之游狮山。

是日，出郭登山，及寺，酬酢杯酌，具见晴景。移时，登观音阁，忽见阴云且作，雷雨双虹见于阁外，气色明朗，酬以清醑，彩桥高驾，逼于寰宇，山前之奇观也。既霁，更上绝顶，周览山后，有石沟如线，曲曲远引，穷其际，得源泉一泓，在山隅间，问之山僧，曰“古龙泉”。泉之所出，一方资之以饮。元龙等曰：“兹山高明旷荡，而出其泉，浑浑下注，景之至佳者也。宜浚而表之以亭，登览斯不徒矣。”余雅取其意，退与太守商之。

武定初平凤贼仅十余年，新造之郡，彝民疮痍初起，不任兴作。而一时共事诸公，时方以仪物相馈，贮之可待用者，乃属和曲州守，易其直为公费，就山取材，度地而亭之。亭成，三子既返，门人叶中彦、王宠、谭继统、李佳会，或自临安，或自禄丰至。余方落成此亭，而喜四子不期而来，若有符于初议之三子者，则与之偕往。

时孟秋，大火西流，天清气肃，瘴敛岚收，烈日皜皜，凉风飕飕。爰载壶觞，压以文馐，野簌山肴，不戒而修，更有山童，嘹亮歌喉。于是相与抚佳景，畅幽怀，任真率，忘形骸，仿兰亭之遗事，因曲水以流杯，岂曰饮少而辄醉，固以欢合而量开。已而，酒酣兴适，列星在天，刻漏屡下，众籁恬恬，乃振衣命驾，望公庭而相旋。

明日，同游者进曰：“兹山兹泉，其来旧矣。顾混茫之前山，且未有其名也，而暇及于泉，迨逆乱于贼凤，泉且不遑于饮也，而暇及其源，且浚之乎？自公驻此日久，民物熙恬，意沉闲而山灵发，得遂登览，诚奇也，不可以无纪。”余闻斯言，亦恍然悟，释然喜也。

命永昌刘松绘其事，集诸君诗歌成帙，丐宪伯马君具泉序之。越仲冬戊子，灯下检校书笥，此帙在目，展而玩之。台殿垣牖，森然俱备，宝塔玉立，梵宇金贲，古木丛林，远近蒙密而亏蔽者，狮山之泉也。山路三台，负岩而特立者，玉虚阁、观音阁，并新建层楼也。有山中高，而两垂势若屏藩，前有台，台覆以屋，九曲之水流于面者，浚泉亭也。亭下有池，水光澄碧，群松苍翠，株连而虬绕者，龙泉之所趋也。亭左有树，大合数围，石砌方整，围而护之者，古罗汉松也。山渐回合，郁郁古林，林中有碑，碑前有池者，藏鸡足纪游诗文处也。

山景既列毕，次及缙绅容。喜而欢见威仪，约略有须者，澜沧兵宪马君顾泽也。丰颊疏眉，年清中坐者，屯田宪副陈君诏也。面方而阔，须眉骨肉相匀者，金沧分巡佥宪胡君僖也。黑肥而侍立者，元谋县丞戴应兆也。兆傍立面红白多须者，百户来应宣也。丰伟庄和，古雅有度者，武定太守辛存仁也。瘦而露骨，古貌自得，略无尘俗者，姚安太守李贽也。中坐而依树，面雄而直视者，楚雄推官邹国卿也。清俊而英，妙坐左方者，大理推官周于用也。右坐而面稍修瘦者，武定同知蔡呈奇也。肥而黎，劲而扬，敦重其气象者，禄劝知州何守拙也。瘦而髯清，左手摩带者，和曲州吴洸也。面正而坐若侧，若有所思，左手扣带者，元谋知县胡允平也。眼短视，髭多，首偏而俯者，署武定庠事训导彭翘南也。戎衣山立，貌雄而俊者，洱海王三聘也。与马君、胡君、陈君相向坐，而着色喜，衣有文绣者，昆明风俗使也。大理太守丁应宾，永昌太守单诗，云南推官赵楷，安宁迁客、南部正郎方沆、楚雄县尉冯于达，先后俱在此游罗汉松。

嗣作有记，记登之碑。碑有石亭，亭傍有石庙，祀龙王。藏碑处亦建以亭，亭下之泉扩而大之，横以石梁，超然一景。而松皆不可绘，或以旋游旋去，则不及绘，或绘后创始，则不及补绘也。

记已取首序，读之，并讽咏诗歌，宛然目前事。而追忆之，复如幻如梦，杳不可执者，萍迹之聚散也。迹有聚取，而求之，又复若真。不虚者，则以此绘、此序、此诗歌、此记之兼也。

甚矣，君子之际遇于名山胜概，将观我观民，因以商略其政教。是故游之多不可废，而载笔之不容已也。昆明风俗使为谁？江陵九泽主人刘维也。

〔据康熙《武定府志》卷四《艺文志上·记》第197页辑录。刘维，号九泽，湖广江陵人，明万历间任云南巡御史。〕

通济泉记

何邦渐

万历壬子岁，适我吴公莅政之三年。一日，见城西麓有石甃而涸，询其故，曰：旧井也。今井侧贡生李栋材之祖李森者，自世宗朝开砌以瓦筒从地中引西山流水来，惟时邑令君永宁陈公儒捐助竟其事，为邑人之利久。后水道为塞，栋材及邑人冀修之未逮也。公慨然曰：引水济民，亦司牧事。即捐俸资，属邑幕罗公总其事。西岭之长流已混混而下，且又清例（洌）而甘，邑人忻戴感颂，题其碣曰“玉液清流”。

公讳嘉麒，号瑞宇，黔之都匀人也。幕罗公讳有德，号仁庵，蜀之射洪人，赞助督成皆其力，例得并书。邑士人与事效勤者，附列于后。

〔据赵珙纂修康熙《续修浪穹县志》（国家图书馆藏民国年间钞本，下同）卷七《艺文志》第11页辑录。〕

周守新创瑞应桥碑记

张 壁

州治西五里许为白龙河，接弄栋诸水，倾洞演泻，数百里而东汇，孔道亘起，天堑中分。先时架木为桥，夏秋间霖潦，则众谷奔湍，震荡洄潏，渺焉。斜梁悬水，断山星渡，间造舟为乱，而威楚人不习桡楫，致沉沙腹鱼，不可胜数。乃频河腴田万亩，实灌溉资焉。然溢而患者又什三，农与商盖交病矣。

州守周君，匡庐名品。闻始至，出霹雳手，握旋境内，咸勇行而诚格之。既周诹舆图，陂地、原隰、川壑之势，先筑堰通渠，以防河溢已。复浚李子湾一带，悉汇桥下，使支流入，而会流有所泻。土膏至是去垫溺，无鲛人患矣。守既去，所以病穑者益计，所以病涉者询谋。诸父老子弟佥谓："非甃石不可垂逸。"顾州当西事之后，帑无羡积，野无盖藏。守不忍罢劳孑遗，驱之。咄嗟瞀盻间，慨然于筑舍之谋立断。一朝遂捐俸百余金，量材徒庸，糇粮鸠工，凿石锢山，首所事事，士氓感而踊跃，子来争先后，裒其资又若干金。一时群工献艺，机运梯乘。经始于辛丑之秋，越明年冬，竣役。桥长十五丈，广半之。两岸延袤各一十五丈，基倍之，左右有栏，岸西有亭，颜曰"小憩"。

时络绎而来乎徒者、负舆者、载躡蹻而游旌者，向之旅颜破而庞眉信也。是岁，桥畔陈生国谟，田产嘉禾有一茎四穗者、三穗者、并穗者，及萧生振芳家牛生双犊，皆并见一时。恤寺绿萝江公贴诗纪其事，荐绅先生属而和者盈帙，遂以名桥曰"瑞应"，从异征云。先是，不穀衔命南诏，经其地，辄谓守苦心业，为蒿目握筹，而佐其费。已而州人士丐所以记石者，夫畴谓蜀险，守能平之，畴谓汉广，守能济之。惟守斧藻与神明伍，而喘息与闾阎通。盖已保邕凝和，胞胎万彙，迓帝之宠贶而灵承之，致嘉禾瑞犊，呈奇兆祯，此助信助顺之说也。昔张君淑守渔阳，麦秀两歧；黄次公守颖（颍）川，凤凰神雀数集。天子下玺书，赐黄金百镒，爵晋关内侯，然则迤以西从此长无事矣。

夫秀麦视嘉禾孰多，而并犊视凤雀较实。守方以治行高等，考政太宰氏。今令甲奖，兴吏治，一昉汉制，赐金晋秩，此其券乎？且以诏后有土者，睹津逵康庄，此昔之蹇裳而急帷者。阡陇周回而沃饶，此昔沮洳而败殖者。生齿之熙熙日舒以长，此昔之劬劳所贻而乃深仰止者。瞿然惕若，衷思以保，乂之毋遏佚前，休谓守之功，继自今与霄壤俱可也。因缀其概也，而系之以铭。铭曰：

惊涛绝涧，疾霆奔汉。谁通金堰，独横银栈。矫矫游龙，南渡牵牛。负鳌飞楹，接唇危楼。纷纷冠盖，漾渤鸣璆。利涉成梁，王政之首。卓哉瑞应，吏治孰偶。问之化工，化工不有。咨尔小民，归之郡首。郡首不知，曰惟何有。勒此贞珉，用垂不朽。

〔据陈元、李犹龙纂修康熙《镇南州志》（曹晓宏、周琼校注，杨成彪主编《楚雄彝族自治州旧方志全书·南华卷》，云南人民出版社 2005 年版）卷六《艺文志·记》第 62 页辑录。张璧，明分守道。周守即周国庠，江西庐陵举人，万历间知镇南州事，催科不扰，修平彝大桥以便利涉，寻升勋阳同知。瑞应桥，即平彝桥，在镇南州治西五里，万历年知州周国庠建，清乾隆元年（1736 年）知州钱汧重修。另见咸丰《镇南州志》卷六《艺文志·记》、光绪《镇南州志略》卷十《艺文略·记》、民国《镇南县志》卷十一《艺文志》。〕

永惠坝碑记万历二十四年

阎应儒

田水之利遍滇南，而牂牁独无之。先是，莅兹土者往往议以泸源洞流水，欲为坝灌溉田亩，恒苦于工浩大，费无措。虽曾有筑者，倏兴倏废，徒善已尔。欲兴水利，裕民食，其道无由也。

万历癸巳春，葵轩陈公忠拜命知郡。甫下车，询及民间疾苦，得闻其详，即恳恳以筑坝为计，洵恺悌君子也。越明年甲午，周视原野，相度山泽，卓有定见。遂捐俸多金，佥掌计出纳者三，通知水利者四，鸠工觅役，砍运木石，兴事任力，日省月试，略不惮风霜昼夜之苦。值淫雨滂沱，河水泛滥，乃乘小舟，阅历海岛，量度山石可出水者，凿口疏通约十余处。故民乐有水田，且乐有泄水之路。视曩时民居淹没，无尺寸田者，霄壤矣。仁夫陈公，绥惠人民者，抑何至耶！由是远近见闻，无不悦服，庶士争相义助，不啻子来。他如土舍沙夷辈，或输力，或输财，或输车牛，欢欣鼓舞，趋事赴工。帅郡民以仁而民从之，理同然也。逮丙申孟春落成，当其时，阖郡士民男妇，乐其乐，利其利，歌德美者盈路。

其坝长百丈有奇，阔五丈八尺，高四丈二尺，两边各有闸，名曰永惠。东开一道，达于府城竜甸，西开一道，达于石洞村，再开子河两道，且桩上加桩，石上加石，无时刻，无念虑，少置既竭耳目心思之力，求为千万世永赖之利。嗟乎！公之用心，仁且远矣。监管则十八寨所吏目邹绅、维摩州吏目虎仁恩，后先一心，协力效劳。至经历蓝应魁尤成始成终，夙夜匪懈者焉。余幸际其时，得与公共事，兹乐观厥成，特原始要终以志云。若夫颂扬盛美，则有三代之民在。

公，直隶河间府献县人，姓陈名忠，别号葵轩。

〔据乾隆《广西府志》卷二十四《艺文志一》第18页辑录。〕

蒙自白谦渠记

包见捷

去临郡之百八十里为邑，曰蒙自，枕輢莲滩与日南界，盖重地云。然环郭以外，极目灌莽，无川泽陂塘之饶，田作者仰天雨而举趾，稍旱则桔槔靡施，绠汲亦涸，识微之士控揽而谈水利，计无复之。

万历丁未，王侯为政，明年政和民乂，以其间召三老杨德宏等谓之曰：吾闻邑东上游白谦渠者，以林谷蒙翳，细民未知其利，弃为漏流已耳，奈何浚凿之是惮，而不以溉泻卤，为若导予，予往视之。乃郊行二十里，援萝披棘，上下原坂，得水所从来，盖两山夹峙，泉流溢溢，中有三岭峻起，皆大石，广轮数丈，如布坛席者，可三里许。侯笑曰：是天作之渠也。毅然捐俸，首倡其事。

始于戊申春三月，集工画程，筑为堤，高十余丈，广二倍，深四十余丈，长三倍之，镌凿三岭几什之七。功渐就绪，费颇浩繁，侯始以闻于部，使监司请借积谷若干石，咸报可，更檄助赎镪二十金。于是众心竞劝，杨德宏以土夷舍补者习知白谦水源通塞处，侯闻色喜，命赏劝使导，果得洞口，不二里而近，乃乘瑕攻坚，薙芜决淤，陆省凿之半，泽省堤之半，平水穿山腹，始涓涓流，已而奔腾澎湃，如轮瓮盎以入，转车毂以出，顺流而下，直达县郭，注之泮池，环如鞶带，垦辟灌溉田亩无算。

嗟乎！以予观于天下事所由废兴，未始不成于能为，而以逸豫隳也。以蕞尔之邑所绾绶而奏者几何，持筹而议者几何，肘腋之间，而任其地斥卤也。乃侯决筴一语，不摇道谋，不动帑饷，断而行之，议不旋踵而渠成焉。自兹云雨生于畚锸，金汤隐于隰畛，蒙邑岿然增重矣。

昔郑渠名以史公，杨堰名[①]以召伯，惠泽所存，声称至今。彼循旧迹，引鸿泽，不爱财力，以究厥施，虽心计精，亦机势然也。谁与侯之卓识雄断，能以落落难合之议，子来众庶，财不逾千，役不逾期，夫仅满万，而建百世永赖之利哉！

侯名邈，楚京山人。

〔据《滇系》八之九《艺文系》第 36－38 页辑录。包见捷，事迹具《明史》本传。云南临安卫人，万历十七年（1589 年）进士，改庶吉士，授户科给事中。累迁太仆少卿，以右佥都御史巡抚江西。光宗即位，召拜吏部右侍郎，明年卒于官。白谦泉，一名白溪河、白期河，在蒙自县东二十里。明万历三十五年（1607 年），知府王邈始浚为渠溉田，流入泮池，今废。〕

广利坝碑记万历戊戌年

张光宇

郡城东三里许各有泽，俗名海子。泉出山下，停蓄汪洋，盖天地自然之利，而郡以僻处边隅，罔谙耕作，不知因其利以为利也，所从来矣。先守陈公，为治西坝，引水灌田约五千余亩，民裕饔飧，有今日也。公去，郡人亦尝数效治东坝，然病治无术，迄无成功，是实有利而未广耳，

万历己酉，余来守是郡。下车，周咨所以宜兴除者，而父老子弟前以东坝之水对。因承命修治，郡人以数无成功，且信且疑，初无踊跃趋事意。数谕以苦乐劳逸理，民始蒸蒸知赴功。于是委官董理，捐赀觅匠，计亩升夫，开东、西子河，砌左、右二闸。东西距里许，顺流而下，至广福寺南，约可达六里许。计所灌田，当不下万亩。

自庚戌二月初经始，迄五月而工告成。众问所以名是坝者，妄意当曰“广利”云。若曰因民利以利民，如何敢居？是役区画经营，既竭心思，是余分。然履亩相度，朝夕拮据，则署经历司十八寨所吏目刘子登之功实为居多。至协力赞勷，接督观成，学博魏君国鼎、经历夏君俱有力焉。乃若奔走致勤，分猷料理，则有武生赵成，乡长赵弘，义民张问政、赵之元、赵秉恕等在也。因并记之。

〔据乾隆《广西府志》卷二十四《艺文志一》第 21 页辑录。张光宇，字怀山，山西太平举人，明万历三十七年（1609 年）由广南调任广西府知府，秉性公直，正风化，立旌善、申明二亭，兴学校，捐资奖励，四时履亩劝农，增修陈公东、西二坝，升山东都运使，祀名宦。广利坝，在城东七里江头村，明万历三十八年知府张光宇筑，清康熙间知府万裕祚重修。〕

---

① 名 原本缺，据嘉庆《临安府志》卷十九《艺文志》第 19 页补。

霁虹桥记

刘庭蕙

今澜沧，盖汉博南兰津流云。源出吐蕃嵯和甸西南，入丽江，度云龙。已，折罗珉，东流顺宁，历车里，下交趾，汇于南海。岸峻千丈，延袤四千余里。傥所称天堑，非耶？世传忠武侯南征，支木渡军，而桥始鼎建，澜沧其遗迹也。余不佞，典校西迤，登睇其上，则见临江石壁，峭立万仞，想侯出隆中，魁垒气节，凛然若在。悬涧怒涛咆吼，如雷声隐隐，有灭汉贼，匡复王家忠愤，低回寓之不能去。亡何，于（予）役归，不数日许，而桥以火闻。其以彼丑之焰，不扑将自焚，抑物力成亏有数，与情形之顺逆适相乘耶？吁，可镜已！

粤惟我高皇帝平定滇南，方内外畏威怀德，二百余年，武功震耀，文教伦浃，西南诸夷，辐凑归顺，埒为郡县。乃重修津梁，冶铁柱以为舟楫，更澜沧曰霁虹，而云龙并峙，严夷夏之防，彰声教之讫，古今称烈焉。承平日久，诸土酋环江而治，屈首袭符，障靡有二也。

万历丁酉春，大侯州奉学夺印谋官，借资顺宁酋长猛廷瑞。廷瑞者，素蓄不轨，惴惴虞其及也。遂取二桥，一日而畀炎火，若曰："示我军无西意。"此不亦叛逆魁渠哉？且足觇顺逆成亏一大较也。大中丞毓台陈公暨侍御宾廷张公赫然会疏，得朝请曰："而其悔祸，献所叛，不践军师，犹生之也。不尔者，执而俘之，伏斧锧。"亡悔。猛辞檄使再三，不奉诏，抗于颜行。师竟大举，俘廷瑞与从逆者。露布以闻，上嘉悦，赉予有差。顾二桥斩然烬余，犹病涉，非可以委土寅射例（利）者。因命（令）所部备兵邵大夫某，优治办檄葺之，而大夫刻期结构，征工之梓。若石者，若所需利用物者，约金钱八十万，类不动公帑，出自大夫以下郡、邑、卫、伍所捐俸及诸部民乐施，亦可若干。工得之丘甸之众，不行筑者，而无弗勉。经始于秋仲，讫工于嘉平月之十月（日），凡五阅月而二桥告成，规峙犹廓焉。两台且从大夫请，易霁虹为永济，云龙为永定，以示不朽，而属余纪其事。

余惟天下物力无有成而不亏，丑夷情形无有顺而不逆，数也。亏与逆值，成与顺值，亦数也。此不系人事者也。惟知逆而顺之不使复逆，知亏而成之不使复亏，此以人事而回气数，不尽委之数也。释氏称世界为劫灰，而舍利子能以慈航离人苦海之外，夫人一心尔，从逆则灰，助顺则济，无庸以数论也。武侯一腔精诚，盖不待梁沧江而此心已利涉矣。其计及千百之后，志于石，托于人，感通于中丞陈公之梦寐，纪猛酋焚桥事如目睹，侯岂尽谶纬哉？其忠顺心所相照也，故能预计夫逆贼之不免为灰劫，而又预计陈公之以顺讨逆，其必克有济也，而示之梦，若石意乎？予固曰，不尽委之数也。

是役也，中丞壮猷为宪，侍御雅志澄清，藩臬都阃诸司勰策共念，而邵兵宪尤始终其事，备加劳勚，皆以顺济顺，永销逆萌者也。由今观之，桥其果有成亏乎哉？其果无成亏乎哉？余乐观其成，用志修攘大者，以风来兹，匪徒记二桥颠末云。

〔据天启《滇志》卷十九《艺文志第十一》第633页辑录，同时以王云编辑《滇志校考》改补之。刘庭蕙（1547—1617），字云嵩，福建漳浦人，明万历八年（1580年）进士。初授江西新昌知县，升户部山东司郎中、云南按察司佥事兼提督学政。在任提学时，提拔人才，大得士心。不久升广西布政使司左参议。霁虹桥，在保山县北八十里，跨澜沧江。汉诸葛武侯南征架木桥以济师。后以索为之。元至元中重修，名曰霁虹。明洪武中镇抚华岳铸二铁柱于两岸以维舟，然岸陡水悍，时遭覆溺，后架木为桥，又为回禄所毁。成化中僧了然募化建桥，以铁索系两岸，上盖以板，为亭二十三，楹题石壁，曰“西南第一桥”。明弘治十四年（1501 年）兵备使者王槐重修，构屋于上，贯以铁绳，行者若履平地。清顺治、康熙间累修。南北往来孔道，亦曰澜沧江桥。明万历二十五年（1597 年）春，桥被猛廷瑞所毁，作者借撰记二桥重修始末，意指治理边地夷方，应以顺济顺，方可永销逆萌。此记题名，康熙《云南通志》卷二十九《艺文志五》同，康熙《永昌府志》卷二十五《艺文志·碑》、乾隆《永昌府志》卷二十五《艺文志·碑》皆作“重建霁虹桥碑”，光绪《永昌府志》卷六十五《艺文志·碑》作“重修霁虹桥碑”，《永昌府文征·文录》卷八《明七》作“重建霁虹桥碑记”，作者皆为刘廷蕙。〕

重修霁虹桥记

邓原岳

由永昌北出九十里而近，有山曰罗岷。其下为澜沧江，考之汉志，有《澜津之歌》，杨太史用修曰“即澜沧也”。源出吐蕃嵯和甸，深广莫测，两岸飞嶂插天，不啻千尺，岸陡水悍，不可方舟。其上架飞梁为桥，旧矣，递修递毁，其详不得而闻。猛酋作难，一烈而焚之。主者竭力修建，盖募众缘而成。无何，蒲夷再叛，大中丞陈公命率总偏师剿之，兵宪杜公监其军，授以方略，军威大振。贼飞走，路绝，计无所出，夜潜出烧桥，欲以断饷道而因（困）永昌，一夜尽为煨烬。

惟兹澜沧，在郡治为咽喉，此北走滇云道也，譬如人身然，一扼其吭，则手足痺矣。〔杜〕公曰：“贼敢凭陵，罪在不赦，当灭此而后朝食。”于是，亟檄郡守，期不日而成功。而前募建时颇有赢镪，度不足，则捐俸为大役先，巡宪张公割廪余佐之，二三守相及缙绅三老亦各乐助其成。经始于春二月，而毕役于夏六月。矫若长虹，翩若半月；力将岸争，势与空斗。利涉之功，于是为大矣。守华君勒石于江上，用示永永，则以杜公之命，命不佞纪之。方春之暮也，不佞以校士往来兹江，春水始涨，舟楫戒心。今幸睹兹役，安敢以不文辞也？

夫徒杠舆梁，则王政所有事，又司险知山川之阻而达其道路，古之行师者亦率用此。汉赵营平奏治湟陋以西，道桥七十所，令可至鲜水左右，以制西域，威行千里，如从枕席上过师，前史以为美谈。而魏崔亮治渭水，获巨木数千章，取而桥之，百姓以为便，至目之曰“崔公桥”。盖济人利物，知为政者矣，况在御侮？是为要害之区，困兽犹斗，何所不至？跋胡疐尾，将狼顾不遑；前茅虑无，若臂指之相使，则兹桥胡可缓也？初，贼烧桥，势犹猖獗，幕府以为忧，公谓：“贼且困，螂（螳）臂何足以当车辙！”乃悬重赏而购之，督战益急。贼穷，竟缚其魁，歼刈殆尽。盖贼平而桥亦告峻（竣）。

是举也，不烦管库之士，民毋告劳，财无过费，垂永利而豫军兴。此之为功，即赵营平、崔雍州无能为役矣。今天下津梁称巨丽者，宜莫如吾闽之万安，顾所由不朽，则以蔡君谟之记在。君谟不嫌于自叙其绩，而公乃藉手于刍荛之言，将毋令兹桥以公重也，而以不佞之文轻乎哉！

〔据天启《滇志》卷十九《艺文志第十一》第 634 页辑录。同时以王云编辑《滇志校考》改补之。〕

泛舟昆明池历太华诸峰记

王士性

余以辛卯春入滇。滇迤东西花事之胜，甲于中原，而春山茶尤胜。其在昆明者，城中园亡论，外则称太华兰若焉。余时随监郡诸大夫入省，以上巳日道出碧鸡关，去会城三十里而遥，盖跂指之矣。乃问途为太华之游，循关右箐斗折而南五里，至高峣，旧有杨太史用修海庄，已废。又一里许，适有高台曲池，层楼犟榭，前用五色杜鹃棚之，题构方新也，至此遂俯昆明池。余视步无余皇，乃买渔舟一叶，命驺人踦跂皋陆，独挟一二黄头郎泛焉。

池一望五百里，潴西南隅，俗号滇池。滇去海远，水顷亩即称海。下高峣，轻洲浅渚，蒲苇飒沓长过人，又称草海，海长廿余里，草中津港，以千数往来，系罜䍡而渔。余荡桨其中，不复知非山阴道上也。草穷且挂席出水，海水不及余东海一汧澳，而风力差足畏。滇中镇日咸西南风，春风较狂掠，余帆堕水中，乃回棹泊焉，易笋舆而登。渐霁，盘桓上数里，及太华山门，蕋宫琳宇，辉煌金碧，倚山隆起，拟于紫霄碧云之间。余右陟飞磴，历龙藏，东下黔宁祠，览其世像出文，陛前两墀，山茶八本，高三丈，万花霞明，飞丹如茵，列绣如幄，倦䟃坐其下，神㦆㦆复王，疑入石家锦步障也。廊右绕出缥缈楼观海，危樯一粟，水势黏天，颜以“一碧万顷”，然哉！夕阳西下，太华踞其东，倒影半浸已，素月复流光于上，山影为藻荇据之，更胜也。是夕，宿僧榻，漏下月色入户，宿鸟惊栖聒人耳，余旅思转深矣。质明，缘碕岸碛，历而南，远见山顶室庐嵌空，一如罨画，舆者云“罗汉寺”也，以有石像比丘而名。稍近之一村落，居河之麋，渔者织宿楚，以家傍置官署焉。寺敞数千步，绝壁上仰视之如欲堕者。盘辟而升，计四五曲入寺，问南北庵，寺后树金马碧鸡碣。摩碣，乃入南庵丘亭，杳宇咸崭，岩檐覆之，承以瑶台，趾半悬外。北入南出，过一刹庙，复问一亭台庙，为雷神，为龙伯，为大士，为玉虚师，相杂以释道，亭为回澜，为望海。又有赵羽士之塔，文殊之岩，咸傍海岸，时而惊涛拍空，飞沫可溅佛身也。路回则转北庵，蹑级而上，过朝天桥，谒老君庙，入真武宫，最上升玉皇阁，如鹊巢燕寝，悬度飘摇，雷祠龙井，跆藉足下，益又胜也。二庵者，南疏朗，北幽峭，南庵横截山麓而过金铺绿房，足称近水楼台；北庵抟扶摇以上，层层各十丈，转山椒斗大崖则宇一字焉。人侧身而度鸟道尔，然北庵虽高，仅见草海，白蘋红蓼，楚楚有致。若南庵面东南，水海风帆雪浪，日月出没其中，故大观也。下山，邑令棹芦舟以迓，稍具舲艇，欲放中流，以五两尚颠，复穿荻蒲，披鱼梁，鸣榔击汰而归。睆西山顶上，丹垩之丽，适当李昭道得意笔也。时水浅舟胶，不及过杏花村。

余行滇中，惟金、澜二江横络，其他多积洼成海，如洱海、通海、杨林海，是不一海焉，非独滇也。惟滇流如倒囊，腹广而颈隘，且逆卤北流，故称滇。云昔汉武帝欲取昆明，乃习战长安，凿池以象之，至劫灰出于人世，麻姑云东海复扬尘也。信如斯言，则此真滇池者，不知几更劫灰矣。

〔据康熙《云南通志》卷二十九《艺文志五》第42辑录。王士性（1547—1598），字恒叔，浙江临海人，明万历丁丑（1577年）进士，官云南副使。著有《五岳游记》十二卷、《广游志》二卷、《广志绎》六卷。另见雍正《云南通志》卷二十九《艺文志六》、《滇系》八之二《艺文系》。〕

易田开渠记

熊应祥

城南乌龙河，分东、西两渠，涝则泄水，旱则涝田，民以为利久之。东渠低洼，水常泛滥。西渠淤垫，无水灌溉。民均病之，欲就两渠附近处中开一渠，导水而西，而阨于军田未便。

万历癸卯初夏，直指宋公、司理钱公巡驻昆阳，田民张俊、施溥等告，行州勘议，得渠西冯廷美等五家军田三亩八分有零，以渠西瓦窑塘滩田七亩七分有零倍抵，众允同参，条上其议，皆报曰可。于是贸田而渠之，渠成而民得水耕，军无失业，盖两利之矣。乃进冯廷美等而与之约曰："今以官田倍易汝田岁租，照军田原额，官田无科，慎无藉口逋负。"又进张俊、施溥等而与之约曰："今易军田，为若开渠，荒易熟，远易近，虽倍不为过，慎无退有后，言以坏渠。"议皆曰如约。既又谂于众曰："易田开渠，以备旱涝，州民百世之利，而世远无征，不信奈何。盍砻石载事，竖之通道，俾尔子孙世世守之可乎？"皆曰诺。遂为之记。

〔据道光《昆阳州志》卷十四《艺文志·记》第33页辑录。熊应祥，江西金溪人，举人，明万历二十七年（1599年）知昆阳州。〕

建星宿桥记万历甲寅

袁茂英

禄丰，古名甸白村，地邑旧无城，逆举之难，中祸最烈。维时，督抚周公，直指邓、毛公相继经营澄安。民既辑和，因下令成城。北、西门俯临星宿河，民病涉，复下令成梁。秋九月，告竣，行者庆涂，居者庆闾，信非常之愿力，万世之所享利也。邑大夫请记成绩，余乐得而书之。其词曰：

维星宿河水自注，仰吞四流，俯灌六趾，是称要津，实扼堑险。伏秋潦溢，牛马不辨。祭璧啮骖，望洋兴叹。至于襟抱亏疏，风气荡泄，邑居勿宁，民鲜固志。绵历年所，孰究孰图。皇帝御宇之三十五载，此邦之人，遭逢阳九。凶竖嗷噂，百里炎骇。井里俱烬，河水尽赤。爰拯其坠，爰治其疵。衽而席之，伊谁之赐。流恺荡螯，唯中丞之钺；凛霜濡露，唯直指之斧。涤彼疵疠，酿成太和。室家胥庆，人力有余。爰命设险，为邦之备。爰作川梁，锁带八区。河水汤汤，砬石渠渠。自西徂东，望城如归；自东徂西，荷插而驰。昔为流沙，今成膏腴。昔为畏津，今成坦衢。开天之造，因地之利，顺人之情，聚气之宜。及臻厥成，而闾阎晏如也。数善具备，万世赖之。天地无极，此桥虹蜺。金城永固，此水汤池。三公之功，与星宿昭回。爰伐山石，刻之日月。彰示来者，俾知所自。

〔据刘自唐纂修康熙《禄丰县志》（国家图书馆藏民国年间排印本，下同）卷三《艺文志上》第8页辑录。明按察司袁茂英撰于万历四十二年（1614年）。星宿桥，一名永丰桥，位于星宿河上，系通迤西大路，随修随圮。明万历四十年（1612 年）知县向兆麟详请修建大桥，历时二年，长三十丈，阔四丈，计五硐，即名星宿桥。清康熙三十九年（1700 年）倾圮，总督范承勋、巡抚王继文檄迤西各官捐修。四十六年（1707 年）复冲断，布政使刘荫枢亲勘，议修不果。四十九年（1710 年）知县刘自唐捐俸重修，并亲身督率，中建龙王庙，铸造铁牛三头，五十一年（1712 年）四月告成。清雍正五年（1727 年）水涨复冲坏，暂以船只济渡。清道光五年（1825 年）士民等又捐修。〕

重修龙桥碑记

杨春震

宣父提衡，当世所亟称者无几，何也？惟子产曰君子，曰惠人，曰遗爱，若津津乎有味其人者。孟子则讥曰“不知政”。夫以彼练达，岂不知徒杠舆梁之广济，平政得人为得体，至举养尊之具，与人共之，不几无等耶。毋亦介在强大间，兵车络绎，供应烦难，词命旁午，不得已为权宜计，无非慈惠使然，未可执成说按也。

禄劝自兵变来，流移未复，疮痍未起，荒芜未辟，反侧未安，皇皇岌岌，盘错不啻十倍郑也。使君郭公奉简命，以通材伟抱迎刃解之。未期月，诸艰即叙，惟是官租减，催科宽，狱讼清，盗贼息，出民涂炭，登之毡褥。民于是歌舞载道，公亦获宁一持平。评题者咸怀仙吏神君之慕云。

于是百废俱兴，仅中道以龙桥日久汩没，往来病涉，夏秋间泛溺可虞。公捐俸鼎建，经略备至，遂至子来。不日，耸拔如长虹饮涧，雅素若明汉横空。比肩十轨，足以齐驱；联镳五驷，可堪并驾。其坚固又不异铅镕，而铁为之骨者，其利济岂仅徒杠舆梁已哉！不独一州赖之，全郡受其赐；不独一时安之，百年蒙其庥。

君子曰：仁人之举，其利溥哉。窥一斑而全豹可睹已。故颂之曰：“天有意兮地有灵，赐使君兮仁且明。硋之贞兮水之清，正我德兮厚我生。何以祝之寿而宁，子孙亿兮云且仍。”噫嘻！召公之仁，以棠憩兴。歌君侯之德，因桥成致颂。藉令夫子秉铨衡，子舆司荐举，其遗爱且超子产之上，治行当为天下第一，行将如古之卓异者，赐爵关内，宁止奉直禄劝已哉！

公起家广文，始而司训大昌，既而司成昆阳，才守兼优，于是擢亦佐之令，勋猷茂著。于是晋禄劝之守，甫及瓜而荐剡，又已首列矣。乃公慕二疏之致，诣告者至三至四未已，民之借勉者亦至三至四愈切，父老童稚，群起属予以纪其盛。予据实而直叙之如此。

公名鋐，号实吾，楚之汉川人。其先后分治，而臻厥成者，为本州吏目金杓、普渡巡司周仁、环州驿宰杨正宾，例得以纪劳并书。

〔据康熙《武定府志》卷四《艺文志上·记》第 217 页辑录。记述明嘉靖间知州郭鋐及州吏目金杓等人重修经过。杨春震，字起蟠，其先江西临川人，明嘉靖间其父一山公随吕光洵抚滇剿寇，遂移居武定。明万历庚子（1600 年）举人，仕至湖广彝陵州知州，后告归里，杜门教授，著述甚富。龙桥，在城西三里，明嘉靖间建，任水冲突，无倾圮之患，人传有仙迹，又呼为仙人桥。今圮。〕

重修温泉记

杨 慎

督学大宪伯仰斋胡公按部行教，暇豫降观温泉，惜胜地之倾醉，慨古迹之蓁芜，乃命摄州篆顺宁府判孙衮曰："咨尔贤真符，不必分矣。"再命安宁世守知州董沂曰："咨尔材孱功，其可鸠矣。"出罚锾为材庀役也，如期成之，不日，慎也乐焉，观焉，觞焉，游焉，语诸丘文举辈曰："公斯举也，匪兴颓起芜之为，兼得公之教焉，汝知之乎？澡雪精神，以遊高明，脱去淹滞，聿从蠲洁，是日新之教也。观乾坤交泰之合德，悟水火既济之成功，是格物之教也。别生辨类，毋俾相渎，深宫固闺，庸或窥观；正内正外，而男女贞，分阴分阳，而仪象立，是匪俗之教也。"诸生端拜而赞曰："吾师之旨，微斯言曷发其覆？昔任仲文新酒官之肆而拔十之科兴，今我公葺玉泉之废而再三之教显，实同一机也。"竣事宜有记，乃文而刻之乐石，云"椽榱土石与匠石之力，有不足书书其大"。

是役也，石梁郝公、龙崖赵公、泉坡孟公，方罚锾以助之，而碑则黄潭陈公、竹岩李公命鹾司姚文所竖也。

〔据康熙《云南通志》卷二十九《艺文志四》第73页辑录。另见雍正《安宁州志》卷十九《艺文志上》。〕

海口记

许伯衡

古称滇池，周五百里许。今高者为平陆，下者为田汙，恐不能一二百里。环池而居者，晋宁、昆阳、昆明、呈贡、归化五州县，惟[①]属昆明者最多，故又谓之昆明池。

余尝自南坝往碧鸡山下，但见荷花田稻，如一乡村。尝闻之老长云：先是，昆阳学前与教场南村诸处皆滇池也，池水上接松花（华）坝，下出昆阳海口，其源大而流细，故谓之滇海口。淤则上流不通，夏水盛则会城必漫，故每岁三月，须挖海口。初时，五州县之民，每年一用，既而分昆明、晋宁为一年，昆阳、呈贡、归化为一年，皆昆阳主之，法非不善也，而不得任事之人。

余尝观海口之势，自昆阳至安宁百里，两边皆山，每遇大雨，则山上之土皆冲河中，安得不塞？故昔人之法，每岁挖海口，先凿子河。子河者，盖于大河之旁别浚一河，以防山土随雨而入于河也。但子河原无几许，则河中所浚之土宜为处置，乃每岁委官惟图了事，不惟子河不治，即浚出之土就堆两岸，旋以充塞，徒劳百姓而已，且多有冒滥。及余在昆阳都减去，又建议委官，不得用武弁。议已行，而次年昆阳所用非其人，晋宁民大扰，可恨也。

〔据道光《昆阳州志》卷十四《艺文志·记》第35页辑录。许伯衡，江南崑山县人，举人，明万历

---

① 惟 道光《云南通志稿》作"为"。

四十四年（1616年），知晋宁州，廉明公直，综核古今，纂修州志。另见道光《云南通志稿》卷五十二《建置志·水利一·云南府下·昆阳州》、光绪《续云南通志稿》卷二十一《地理志·水利一·云南府·昆阳州》。《新纂云南通志》卷一百三十九《农业考二·水利一·云南府·昆阳州》沿引道光《云南通志稿》，文字有删略。〕

修黄家桥碑记

王元翰

宁西去三十余里为黄家桥，乃甸苴关一带，山水牵合灌注。每夏秋雨集，沟潦瀑涨，虽两岸咫尺，必相望坐待，无敢狎而蹈焉。盖山逼石门，水轻其中，激而生怒，而逢其怒者，时遭漂没，势使然耳。余先外祖黄公讳澄者，引年种德，颇饶余资，遂捐赀转石，建桥一控，往来便之，近百年所故，人咸曰黄家桥。以此岁久，水啮石无存者，两舅氏正芳、联芳跉跰自立，时念先人手泽，弗安其圮，又以力之不充，仅架木以代石。一切杂用松植，则采诸世守之山场无靳也。自戊午十月兴工至八月望日工峻，未尝别募一文。观西道人曰："修理桥梁道路，乃王政急务，而有司者之弗暇，则听民自便，法所不禁，况以子孙而缵祖考之服乎?"故是役也，有三焉：伯仲断金多寡无间，义也；继志述事茂祖功德，孝也；俭衣节食割润利众，仁也。可以风矣，因以记之。

〔据光绪《宁州志·文集》（云南省图书馆藏传钞本，下同）第30页辑录。《云南金石目略初稿》卷二第39页题录："《修黄家桥碑记》，王元翰撰，万历四十六年，在华宁县，见《华宁县采访册》。"〕

游抚仙湖孤山记

王元翰

孤山注一峦于银镜中，或沉或浮，乍明乍灭，特焉而无与助者，直指邓壶邱公偶陟其巅，叹曰："彼金焦安得独美于长江乎?"遂更名环玉山，赋长篇以纪之，而山益重。

今秋，余张帆三宿精舍，见澄湖凝绿，真与潇湘斗色，而金莲、玉笋、抚仙诸峰飞眠掩映，绕碧呈黛，始信环玉之名逼肖。恍然此身，如坐西湖南北两高峰间。少焉，钟动月上，波光月彩，自相摩荡，则金紫闪烁，状不可名。生平看月，自洞庭秋霁以外，此为大快吁佳哉！然犹恨山巅固平，平无奇也。或曰兹山之胜，不在顶而在麓。于是，晨兴饮罢，爰命小艇三绕山麓，凡一水一石一壑无不领会，森奇古怪都非尘世中品。因谓游环玉者，非破巨浪，乘皎月，周遭其麓，不足以穷兹山之胜也。他日诛茅容膝，斯亦不佞投老之菟裘矣。

〔据道光《澂江府志》卷十五《艺文志·记》第36页辑录。〕

新建钵盂冲天生桥碑记

刘联魁

昔人悬絙以度，造舟为梁，不过一时权宜之计，非经久不敝之道。故夏令申于十月，周制毕以三冬，古圣王盖欲俾险阻于荡平，胥惊澜而晏谧也。然则修理桥梁，其切要乎？兹桥之建，更有不可缓者。

桥之东西两路，约有二十余寨，前者过度皆在宜松古门首。是水也，一发源西山竜，蜿蜒三十里许；一发源分水岭，蜿蜒四十里许。当春冬水涸，或褰裳而度，或履石而过，危而不觉其危。一遇夏秋大雨时行，沿山一滞，沟涧溪壑，合而为一，其倾泻莫遏也。即乘槎之使，亦畏其威，其澎湃难御也。虽摘芦之僧，亦惧其势，隔岸相痛乏呼，恨无神鳌之驾；咫尺相隔，痛乏飞仙之术。设冒焉一试，往往有漂没之惨。乃善士目击心伤，就此两岸之天生者，施以斧凿，上甃以石，而月余成功。但见岩与桥融，若陶铸之无痕；桥倚岩坚，曾蚁穴之弗渗。因即额曰天生桥。天既生之，天必祐之。斯桥之亘古亘今，有与天地而俱永矣。至泛滥弗惊，行者免晚度之呼；蓄泄皆利，居者无病涉之苦。诸君子之为功为德，啧啧人口，亦将与桥而不朽焉。是为记。

〔据光绪《宁州志·文集》第31页辑录。〕

浚路南黑龙潭水利记

吴元孝

盖水利之为政，治要也。国赋民生，实根本焉。古昔名宦循吏，靡不惟是为务，泾之三渠，漳之十二渠尚矣。其后倪以公修治于六辅，范文正浚筑于广陵，信阳令有子贡坡之号，胡襄守有如春阳之歌，流泽无穷，声施后世，岂偶然哉？慨诸当年所为虑始，以臻厥成者，相视营度，功诚伟矣。

路南州界深阻，山泽未辟，水源出自黑龙潭，而陂堰弗建，蓄泄无备，旱潦曾不得一勺之用。自赠中大夫大参邹公莅兹土，奉职循理以为治，百姓乐业，讼狱平反，他如增课解羡种种，又其绪耳。然于水利尤加之意，爰筑堰束水势，凿渠数十里通水道，由潭口抵大屯，原隰几千顷皆为沃野，无凶年。州民粒食之休贻于万世，洋洋乎惠泽流传，与古争烈，而建祠崇祀，俎豆无替，视歌诵殆远过之矣。

岁久，陵谷迁徙，渠渐阏而野几涸。夫亦川泽在前，弗因之者之过也。今闻孙公宪台总滇臬，平反无冤，世德直与于门并称，尤勤水道遗迹，以光大先泽。方元孝入境贽谒，首举以询，时故拙劣，未遑开浚。蒙臬宪授以方略，始知所向以从事。爰循故道阅视，实由谷口之冲，水激沙崩，此塞彼必决，毋怪乎旋修而旋湮也。于是坚甃谷口，增榥横石，洒荡沙泥，使不堕塞满沟渎中。而后溃者筑之，阏者疏之，渠复其故，而沃野再睹于今日。军民之欢欣鼓舞，戴德于宪台者，犹当日之戴德于赠公矣。惟赠公经画之远猷，宪台绳武之极思，精神潜孚而不隔，故功烈经久而聿新。

路南亿万世之利，孰非食邹庭两世之泽也哉！祖孙济美，德业交辉，宁啻李贽皇[1]、黄安陆已耶。杨伯起之五代，张子孺之七叶，其绳绳无多让矣。无烦公帑，非余泽之浸灌，有以感动之，乌能若是？元孝下吏，何敢以不文之辞为扬厉，幸附畚锸之役，而兴仰止之思，敢缀志之！

其董督则本州吏目黄君应登，实有劳勋焉。分修则得水利老人夏时泰、王朝、栗正芳也，例得并书。

〔据道光《澂江府志》卷十五《艺文志·记》第40页辑录。吴元孝，江南休宁县人，明崇祯年间知路南州，持己严正，吏畏民怀。此记题名，康熙《路南州志》卷四《艺文志·记》、乾隆《路南州志》卷四《艺文志·记》皆作“修浚黑龙潭水利记”。〕

江川海门桥记

佚　名

江川之南有海焉，周围凡百余里，瀰澄渺漭，一碧无际，海门其要津也。南抵临、元，北接滇、澂，商旅之辐辏，使节之交驰重译，贡篚之往来络绎，先后动以万计，尝树柱栈木，布土为梁，以济行者。每岁霖潦涨溢，辄为洪涛所摧，至冬复裒民修之，随时补罅，糜耗财力，居行并病焉。

景泰甲戌，彭水张侯俊来宰是邑，三年政通化行，民用康阜。爰谋以石易木，为暂劳永逸之计。首捐俸以倡，远近闻者举，欣然奔走，相率出金助之。由是鸠工募力，礲石杀流，甃垠岸以锢本址，疏三洞以通舟楫，桥之两傍，翼以石槛，层致砻密，华质得宜，侯之用心亦勤矣。

是役也，肇谟于天顺庚辰春二月，迨终十二月讫功。望之若长虹截渊，履之若巨鳌凌波，虽濯锦之昇仙，昆明之云津殆不是过。凡取道者，不惟旷然四达，无稽滞之患，抑且夷然自安，绝倾圮之虞，莫不击节鼓舞而相谓曰：“仁哉！侯之惠利吾人也，厚矣。”耆老李玉辈嘉侯之功弗宜湮晦，走郡庠请记其事，以寿诸石。惟桥梁之修以利民也，而王政系焉。然子产乘舆济人，固昧为政之体，周人十月成梁，亦非经久之规，君子所弗与也。张侯下车以来，孜孜焉奉扬天子休德，以绥缉所部，兴利去害，日夕究心。观是桥之成，规制一新，屹然巩固，其利泽之及人博且远矣。视彼缘木通便桥，金沙以济师功，岂居其下哉？远近乐于趋命，不迫而从，知侯之兴作，志在利民也。《传》曰“悦以先民，民忘其劳”，张侯有焉，是宜铭。铭曰：

维昔海门，梁木以济。波涛荡决，朝葺夕隙。贤侯曰呼，兹实要会。矧兹舆梁，王政攸棘。曷若大举，易木以石。募力于民，众力云集。礬（礲）石于山，巨石山积。程督劬勋，及时奏绩。如蹑垂虹，如履平地。观者怡愕，游者欣怿。嗟侯之功，永矢无斁。

〔据道光《澂江府志》卷十五《艺文志·记》第43页辑录。〕

[1] 李贽皇　康熙《路南州志》、乾隆《路南州志》皆作“李赞皇”。

重修永惠坝碑记崇祯辛巳年

李章铉

广西郡改自成化二年，府廓环数十里，地亢土焦，苦无泉流灌溉，四望皆蔥草所栖。额有粮编，制府属两州征解。嗟我黔黎，既病土满，复苦追呼，非一日矣。

郡西泸源洞，水潺潺可溉田万亩，先人曾未经意。幸葵轩陈公祖于万历间出守吾郡，留心民隐，筑堤筑坝，而功乃成。按坝制亘以长堤，砌以石闸，疏以东西两子河。落成，题曰永惠，厥功至今不衰。无如桑海易变，堤倾河壅十之七矣。迩来更益加编，百姓疾首，计莫能支，仰天叹曰："安得如陈公者再造吾泸哉!"

越五十年，遘我黔之高公祖，甫下车，川流利病，尽悉胸中。时两大构师，烽火相连，苦无宁日。而公计定，召父老，命之修督。某处倾塌宜补，某处淤塞宜疏，遂出胸中成算，如数家计。晨出暮归，捐赀奖劝。一时赴工者云兴雨集，未匝月，而长堤成，两河疏。最难者无如罗和白溪流泛涨，流沙梗塞。先是，父老辈欲建桥跨之，公曰："彼两山夹峙，一水飞流，虽跨长虹，能与河伯战乎?"乃分为八字水以杀其势，故水得所归，不复有冲阻之患。郡之绅士童叟往观，异之。视而堤，昔筑土，今易石，宽三丈许。视而闸，昔冲塌，今坚致倍之。视而两河，昔淤塞，今汪汪流泻不尽。东河约修一千二百丈，达竜甸村，灌田二千二百五十亩；西河约修二千九百丈，直达格路河，灌田五千一百七十三亩。

嗟乎！天福吾泸也。生陈公于前，继高公于后，阅五十年，经纶如出一手。兹坝中一滴水，不且为两公之心血，而万姓之膏液也哉！士民歌曰："前有陈父，后有高母。和如巽风，甘如解雨。操凛冰霜，才兼文武。"猗欤休哉！勒之贞珉，寿公不朽。

〔据乾隆《广西府志》卷二十四《艺文志一》第19页辑录。李章铉，字怀庚，广西府人，明天启甲子（1624年）举人。刚直倜傥，父死停柩，誓读书成名，以慰父志。事母纯孝，知四川高县，赠封如官。迁知蓬州，剔弊折狱，蜀中有半仙之谣，出方略御流寇有功，调赴夔州，委署监军佥事。致仕养母，流寇至，执其弟参铉，挺身出救，不屈遇害。入乡贤。〕

清

西碧龙泉碑记

杨应策

顺治己丑春，余守澂江，见环澂皆山，渟泓注海，峙流明秀，固人文之所蒸变也。迄乎暮春，大雨时行，涧水泛溢，东西浦民，高告旱而低告冲，请致祭于西浦龙泉庙。及至，而庙貌倾圮，神像淋漓，董先正纪牒罕有存者，惟龟形载纹石若堆螺髻于其上。浊泉通昆明池，清泉本罗藏山左右映带，流一里许，合而汪洋散布，灌溉澂郡田畴千万亩，计是泉之有大造于西也。国计民生，实嘉赖之，岂但为游地而听其走沙塞路、溃浪冲堤、人迹罕至可乎？沟洫未尽其力，泉涌而溃，东道之不通，稼禾受之而反罹其害，则疏瀹堤防，敬鬼神而务民义志乌容已。或曰戎马倥偬，时诎举盈非策也。

夫国之大事在农，古昔神农氏为民立命，姚姒曰一民饥我饥之也。崇伯子洒灑澹灾，稷播树艺，立万世生民之极。《诗》曰：粒我蒸民，莫匪尔极。邠风七月，惓惓农事。孟叟告滕，经画于沟涂封殖之界。非以为国根本，惟在是哉！

越明年庚寅，政通民和，调繁曲靖，澂人借寇将有事于西畴，而浚川鼎庙，力不从心，寤寐展转，适元戎周公抚景，兴怀捐金，首事譬平地一篑乎？虽冰署萧然，苟有利于民社，吾何爱于发肤？相与缙绅长者，豆区釜筐，委照厅赵时学勤其事，因颓基而壁瓦，栋宇一从新葺，庄严肃雍，堂堂如在。又于祠前建三楹，塑白衣大士于中，设大门三楹，题额曰“广派庵”，右开甬道，以曲径通幽处竖庭三楹，为谒庙而更衣履，祭毕而饮神，余左三楹，僧房行厨在焉。

余守澂二年余，秋敛则罄折事神，使澂民贴席；春耕则日乘马视，筑东西两坝，行水利道。劳不肩舆，暑不张盖，而尽力乎沟洫，后之君子因流溯源，毋壅毋溃，其与我同志与？若曰取清浊而歌沧浪，但以临流兴羡适观而已。非志也，亦非记意也。

〔据道光《澂江府志》卷十五《艺文志·记》第54页辑录。西碧泉，一名西浦，在河阳县城西七里，注抚仙湖。此记题名，道光《云南通志》卷十八《地理志·山川八·澂江府》作“西碧龙泉记”。《云南金石目略初稿》卷二第54页题录：“《西碧龙泉记》，澂江知府杨应策撰，照磨赵时学董修，辛卯年，在江川县抚仙湖西碧溪，见岑《志》。”〕

平西亲王重建龙川江桥碑记

袁懋功

盖抚滇而知天堑之险，称四塞焉。进金马上而东得一，曰盘江；出玉龙关而西得三，曰澜沧，曰潞江，曰龙川。而龙川尤华服幅员几尽处也，南甸、干崖、陇川、猛卯、遮放诸土彝环绕参错，过腾越西行即入缅，要津焉。

稽古讨征不庭过此水者，汉丞相武乡侯亮、元诸王相吾答儿、明兵部尚书靖远伯骥之三君子，立功阃外，书名竹帛，甚盛也。然其于龙川，悉得济辄返，未闻能为桥以利行旅者。至弘治，赵兵备炯始效盘江、澜沧之制，缆铁为桥。迨潘公润更踵事增饰，民以永赖。顺治己亥，钦命平西大将军、平西亲王亲统禁旅，蹙赋于高黎贡之巅。逆臣李定国计穷力诎，焚桥远遁，我师截流横渡，追至孟卯而还。敷天之下，盖已尽入版图矣。逾年，当事者以疆圉虽全，而游魂未殄，非所以示无外，招天讨也，重烦六师遂征荒服。

维时，亲王抚御六诏，百废俱兴。若盘江，若澜沧，则已复旧制；若龙川，则先以浮梁。啴啴之旅，越若康庄，压缅酋之境，执讯获丑，远震百蛮。斯时也，苟快意目前而罔虑久远，有勒燕然之石，立伏波之柱，以夸耀成功焉已耳。乃我亲王之意，则不尽于此，以为自永抵腾，两江之险虽等，然而潞流阔而缓，龙川流狭而急。缓则舟渡无碍，而急则飘没常多；阔则架木或难，而狭则结构易就。彼此相权，龙川之不可以浮梁为久计，应不俟再虑而决也。

乃命纪佥宪尧典，汝其总厥纲。乃命周守元芳，汝其庀乃材料。乃命徐丞启祚，汝课工作必亲。既复命袁判翼龙，汝桥澜沧，惟汝绩法验于已效，汝尚克底厥功。乃命张牧善化，汝应征发。无或后始事，以辛丑闰七月生魄暨明年季秋，而桥以成。桥之外为台，台高六十有二尺。台之外为坊，高称之，其上为房，各四。桥之上为飞轩，十有九。桥之旁维以铁缆五，缆长倍桥，中绕出于桥底。两端挽以缆各二，缆短桥参之一。坚緻整密，称钜构焉。其匠集自浪穹、剑川；其料运自云龙、顺宁；其米粟、金与腾交供之；其费千几百金，则皆我亲王禄米之所入也。

今夫天下事，以苟可已之心已之，则无不已；以必欲成之心成之，则孰不成。然每每作焉而罕就，或就焉而未必坚緻整密，可垂长久者，岂人情之便险而畏彝，厌成而利毁哉？时势有所不及谋，物力有所不及备，智虑有所不易同，费用有所不易集也。以龙川处万山中，寸板铢铁悉来自远方，非能以神输而鬼运也。丧乱初宁，疮痍未起，百工技艺，靡有孑遗，非可以一呼而即应也。数百万之师往来馆谷，米斗十千，虽欲乞籴，亦无从也。岁歉物艰，地残人困，利涉有心，点金无术。诸执事纵明知有桥之利与无桥之害，与浮桥之暂利而旋害，而慨然修举。事有万难，鲜不苦于欲从而无其倡者。

幸矣遇我平西亲王，善于用人而不吝于用财，宜其逾年之中，成数十载不能成之业。有如此也，于是天子嘉乃功成，特赐褒纶，并宠锡尚方诸物，以表扬利涉大川之丕绩。盖尝论之，通济行旅，至仁也；丁日而谋久远，至预也；遴委得人，至明也；不惜重费故能无以兴作累民间，至便也；忘私以急公，至忠也。有一于此，咸可以风后世，况其全焉者乎？自今而后，履风涛若平地，联外内为一家。讨不庭无事投鞭以断流，修岁事不致望洋而莫济。以视武乡、靖远之经营南服，似尚有详略久近之不相肖焉。彼徒以兵威詟服，若相答吾儿者，斯不可而语矣。

余因大师西征，职专内守，未及偕履其地一瞻胜构，顾于事之颇末闻之已。素爰书而勒之石，以俟后之记载者采览焉。

康熙癸卯秋八月既望。(石刻)

孟述绪书，孔延禧篆额，冯甦立石。

〔据《永昌府文征·文录》卷十《清一》第4页辑录。〕

黑井龙王灵瞻碑记

今夫两仪广大，无物不覆载；二曜代明，无物不照临。戴履者忍之。其中原隰平芜，生殖货财，掌于虞官；湖海江汉，繁兴珍错，职之衡人。未尝不岁登其利，上报国书，求其不匮不竭，恒久以佐军储者，数数矣。惟黑井始于宋，历于元，盛于明，褒崇封谥，大井之名所自来，譬犹裘之有领，而为白、琅、阿陋等八井之标表。今我大清定鼎，闳扩版图，凡隶职方，悉正经制，年议井课，计数万有奇，赋税固甲全滇，一隅足敌两迤，尤有伏、东二井副其饶乏，庶饷足而灶安也。

于顺治辛丑四月内，遴授本司恢远聂公督理鹾篆，甫下车而饮冰茹蘖，体国恤民，兴废举坠，未能尽述。独异兵燹之后，地脉失和，大井泽涸，伏卤变淡，艰危特甚。无米难炊，办纳逋逃，乐郊滋叹，百计调停。宵旰靡逸，屡陈疾苦，拯救无术，孑孑残黎，如数万之课何？公则矢诚致祷，集众淘挖。幸托朝廷洪庥，百灵效顺，是以龙神格祐，复涌咸泉。流膏注液，苏困惫于沉痼之余；吐润滮甘，回淑气于枯莞之际。乃数十年来，重新恺泽，再沛恩波也。其变化既已无方，原本不可测度。在老者手额称庆曰："非龙之灵，而福国庇民不致若是。"少者亦鼓舞聚乐曰："惟龙之灵，而殷时阜物乃获如斯。"至于灶裕矣，此神之功，司牧何有？商通矣，则神之力，不敢归美其上。第觉天地广大，而井之取携弗罄者，似之日月照临，而井之遐迩溥及者类之。《羲易》云"井养不穷"，又云"井收勿幕"，至此真不穷也，真勿幕也。前之炊无米而叹乐郊者，宁复睹此情形哉！故千秋永赖，万物知归，阖井士庶灶耆，绘像勒石，彰大神功，俾后世生斯食斯者，颂龙之恩，因而见公之德。翌时调羹著绩，彝鼎铭勋，是亦公循良之券，夫复何赘！谨记之，用志勿谖云。

康熙二年岁在癸卯林钟月吉旦。

〔据沈懋价、杨璿纂修康熙《黑盐井志》(《中国地方志集成·云南府县志辑68》，凤凰出版社2009年影印本，下同）卷六《艺文志·记》第46页辑录。〕

河阳游记

赵士麟

丙午之春，潘明扬、马昌明、郑四可、张履庵、师太古、叶闇修辈邀予曰："吾澂湖山之胜，徒望之而不亲之不洽也，亲之而不文之不远也。兹春和景明，屏舆骑，期半月，因地为粮，酒蔬果茗，皆山中有也，曷游之？请于仲春之朔，首事西山，而北，而东，而南，次第登览可乎？"予曰："甚矣，游之难言也。浪游不律，限游不适，燥游不舒，忙游不慊，閧游不思，穷游不泽，苦游不继，老游不前，稚游不解，富游不都，势游不甘，官游不韵，士游不修，孤游不语，便游不敬。今之所谓游，则当酌衷于数者之间，避所忌而趋所宜，释其回而增其美。游道如海，庶几乎蠡测。"同人曰："善。"

于是，于一之日登西山。自西街始，出西巷，过西成桥，流水滔滔，长堤绿柳，一柿园极茂，种蔬而外，方田秀麦，尽堪娱目。过西村，竹林千亩，葱蒨蔚如。渐步渐高，见两小孤山累累如柿，怪石嶙峋，皆靛花色，或曰仙人担山而行，天明抛此野语也。前去为朱家山，瓦屋茅檐，烟树笼之，比户业耕织。一里，过石桥，陟元天阁，可纵目。再上，宫阙崔巍，下奉维摩、观音大士，旁曰"盘龙活佛"。上则玉皇阁，玉相金身，余尽庄严。山于澂为右，为虎而形又类之。下两山如足，此地昂如首，再上乃身，尾达晋宁。古有"食澂实晋"之谣，以晋民富而吾澂素瘠也，因建寺以镇之。下视村落原隰平如掌，一一可指数。由右肩臂上，曰盛家庵，颇精雅。越十里，为白云寺，一道人仙骨稜稜，偕侣栖焉。绝无烟火气，白云往来屯其中，不复知有五浊世界。由此北折而上，又十余里诣山巅，西可望太华、昆明、昆阳诸胜。晋宁之盘龙寺，即所谓活佛坐化处，肉身在焉。琳宫梵宇，极其壮丽。此地外不见寺，内不见山，今内外一视皆在眉睫下。东则河阳，湖光潋滟，不仅华藏、凤城罗列拱伏，而极远之广西、广南咸隐约于混茫一气中。日夕，急下山，宿白云寺。道人习丹炉，出酒款同人，同人有与之谈悬者。谈黄白术者，予坦卧，闻异香，时起啜茗，倦而就卧。

二之日，黎明，闻钟磬声清越，起。粥罢，循故道下山，且歌且乐。至西泉山，如一巨螺壳覆山麓，疑昔神鳌负山置此。鳌穴其中，西穿昆池，流于腹里，从罅迸出，洞洞嗒嗒，呟呟噌噌，混然滐然，动而愈出，出而愈新，不涸不溢，利赖烝民，仙人高士之所乐浴，而墨客词卿之所来吟者也。夫泉貌不难于澄而味难于甘，神不难于寂而韵难于活，惟兹泉则具有之。色如银而加湛，味如饴而加冽。其奋而上涌者如泡突，其不翻而沤泛者如珠喷、如玑跃，其清激而隽快者如哀玉出声、霜钟递响。滋为萍藻，葱郁而浮动者如镜窥绿鬟、风牵翠带。或孤往，或偕游，声色味俱佳，耳目心皆快，而深领之则肺肠都濯，梦魂亦清。我辈受益于泉者多矣，因与同人商所以酬泉者，为泉加护惜焉。须得白璧砌而青玉阑，毋为顽石所辱也。瘿瓢吸而定瓷贮，毋为恒器所亵也。战茗取足于灵液，漱濯不得轻试也。标格欲称其清容，尘俗不得少著也。又拟为泉加点缀焉。芝兰丛种，松竹环列，而恶草不容托，常木不容荫也。白鸥睡其旁，朱鱼戏其中，而俗禽不许浴，凡鳞不许泳也。俾尔之常清者不受溷，常静者不受喧也。泉受益于我辈者亦不少矣。是泉于我辈交相遇、交相益而交相酬也。奈何每暮春修禊，童冠偕浴，少长杂沓，至几千人，层崖绝壁之下，三五坐而觞焉。或云良辰美景，借以点缀太平，亦不可少。幸止此二三日，未可禁也。

由是登山，参差尽石，有若虎蹲、猊立、蛇行、龙飞、凤舞者，若葆盖、屏幛、参笋者，郁若翠、灿若绣、赤若髯、燔若樵者，殊状异态，不可殚述。由吕仙阁蹑而上，嘉卉美植，经纬之石，峭特且怪变，凸者、跂者、伏者、立者、仆且僵者、散而布者，如瓶之乳，如鹿之奔，如鼠之飞，如鸟鹊之俯啄，如兔之自吐其子，猿猴之垂藤而饮于水也。攀跻其间至高明亭，见蜃气龙光，隐见明灭，沙禽水鸟，出入烟波杳霭间。且喜且愕，盘旋踯躅而下，荡一叶至中央，踞沧浪亭。堤上垂柳舒绿映水，游鱼乐焉。荡而北，危岩乱石，水为虬行势，出石坛下，锵锵作环珮声。客有善琴者，不肯使泉声独清，鼓琴以争，琴声与泉声相和，子期、伯牙共成知己。舍艇由山行至燕窝塘，岩如墙峙，倒出水上。鸣泉下泻，斜而窥之，深不可测；遇石激之，泉怒跃起。鱼尺许，见人来则出，抛饼则迎而啗之。折而西，列刻石，乃予与冯再来太守、刘文季太史、潘明扬明经唱和诗。又一巨石，龟形，刊前太守诗。西折，曰龙王庙，轩豁，无血祀气。前为观音大士殿，又前供弥勒像，极庄严，扁曰“西磬龙泉”。行数十武，过木桥，有两澄潭水涌出石隙，予公车曾有诗忆之。西行，果园数亩，桃花烜烂，则龙岗寺也。习俗称三教，中塑维摩，右列老子，并屈吾夫子列于上。予心不然，相沿已久，谁为辨之。同人曰：“和尚拜佛，道人拜道君，吾孔子徒也，拜孔子。”是夜，宿于左方丈。

三之日，游定光寺。万竹丛中，屋瓦皆绿，人色如碧，幽而又幽者也。旋望宝化寺，发途次与游侣约曰：毋匆匆，见山骨稜稜，云破雾裂则少住；见两山忽豁，千峰誓出则少住；见古木萧萧，柯韵悠扬，石桥流水，悄然如话则少住。惟画栋文楣即掉臂而过之，以所不足者，非此物也。前为龙山，石色尽蓝，如龙鳞，独蜒蜿一拖二里许，似血色，年久化为碧。或曰此两龙斗于泉，其一伤目走血滴。《易》曰“龙战于野，其血元黄”是也。一山宛然，具鳞甲，名麒麟山，高峙天外，望之果如吐玉书于阙里者。去为白土坡，即誾修叶君庄，兄誾然结茅于此。同人登堂拜母。茶饭毕，至青龙庙。每六月一日，游者千人，祀龙也。稍过为三教殿，即予昔年同马五全先生读书处。自巳至二鼓，饮火酒六十觔，论文于此也。今先生逝矣，乃昌明伯，嘘唏久之。北行，一泉清冽。过茶圃，僧徒采之，立观移时。须臾至大悲阁，菩萨千手目，中为毘卢殿。过圆门，则宝化寺也。

妙相端凝，狮象莲花，巍巍高坐。其外巨竹参天，松杉蕉柳，映带左右。水以竹笕自山腰淙淙而来，瀹茗添香，或曰松火也。予曾读书于此。湖天在抱，平畴阡陌如棋盘，区画井然。走石门坎，即罗藏山足。居民朴野。日西崦，宿于此。主人以鸡黍饷，酌酒无算，同人醉焉。

四之日，登山。湍水奔下，如雷鸣而过。山多薇蕨药物，人采之。深箐悬崖，林莽蓊翳，或断或续。至山腰，此身在云雾之上矣。同人围坐，问观山有道乎？曰：“有。”远观欲得强其气，近观欲得弱其质；外观之欲其无遮，内观之欲其无饰。是故骨欲老而肤欲少也，主欲幽而客欲明也。予曩行河北、河东，遥望大山青青，小山紫翠，殆若可餐。逼而视之，童块耳，顽礓耳，此能远而不能近者也。次行黔楚之间，山尖万点，诡状奇形，致可游目。顾在重岩叠嶂之中，不睹旷然域外，此能主而不能客者也。若夫吴山悠悠，轻冶而乏气；粤山苍苍，裸袒而乏饰。是其风土故然，观者不能无歉。兹之梁山，其崔嵬嵯峨，郁盘险固，远而望之，满平端正，博厚深沈。方之五岳，绝类嵩高，并类泰华，斯其气已雄矣。迫而察之，靡颜腻理，细草幽花，古木苍藤，青崖绿藓，滨滨点缀，若绘绣而成，斯其质固丽也。同人曰：“阅历多，故审理细，非具眼孰察之。”徐行，见瀑布如雨霰飘空，曰异哉。凡瀑皆倚壁而下，触石而注，而此瀑独无所倚负，无所抵触，从绝壁石凹中倾泻。故凡瀑皆冲激湔汯，而此瀑独委蛇缥缈，或久阁不下，一下而愤懑偪亿，盛气以赴，则飞电迅雷之时发也。或忽然四散，不知所之。已散复集，而奔腾杂沓，一时齐至，则羽林三十万，披坚执锐，如墙而进也。当其舒徐时，其为响如琴、如笙、如簧、如籥，而及其纷轮沕潏，则又如走石、如裂竹、如鼖鼓，如钟、如镛、如鎛之具奏也。盖蚴蟉者其常，而砰磕者其变也。少选五彩，注射作五色长虹，炫煜不定，白者白附，青者青莲，绿者绿珩，红者红罽，紫者紫磨，如人面目衣裳皆受彩绘而又神矣。是于物为帝青宝、为瓶迦，于服为霓裳、为六铢衣，于人为洛妃、为汉女、为藐姑射之仙。僧曰：“此五色瀑最不易得，即千岁老头陀罕有见此者。是山灵有知，独属意于公辈耶?”为之惊喜。努力而上，不知若干里，登其疏处，徘徊大啸，仰瞩青天，俯观无际，乃知天地大矣。而其炉冶融结，分形布位，无一雷同。至于小水小石，未尝草草，各极其致。吁！何造物者之神一至此欤？其初上也，众山以渐而低。今到最高处，则此山如大父，而众山皆儿孙绕膝；此山如天阙，而众山皆大海波纹矣。下视澂境，一时暗如墨漆，乱云飞驰，惊雷震叠，电光如金蛇旋绕于五峰玉笋金莲间，雨如河汉下泻于抚仙之湖。踰时而过，天朗气清。同人曰：“此风暴春天，所谓二十四番花信风也。”日西坠，忽云霾与日光摩荡，相为蔽亏，半绀半赤半淫。山水草木皆焕金碧闪烁，万状中冲黄气一道，若界天画地，而长空虹霓交亘，如蜀锦秦篆错成，文理灿而复犁，不可以状。

兹游也，疑误入皓冥，吸吞元气，置身邃古之初，吾辈其破鸿濛也乎！同人曰：“不可无诗。”予深思之不得，曰：“予少好吟，于寻常景物率尔下笔，颇得佳语。至于名山大川，立意构词，乃反失之。物有以夺其气也。览兹大荒，不无自失。辟如解声音人，曲窗呕哑亦成佳韵。乃置酒高会，冠舄纷错，辄面赤口颤而不能吐者，气先慑也。”暮色欲晦，急步菜花坪，就僧纲体文所构鹫峰寺而宿。暮鼓晨钟，峨嵋天半，不记尘世有何劳攘。

五之日，未明而兴。看东方红日，如一大金轮涌于海底，迟回摇曳，渐上高汉，普照下方，世界复得光明。风自远来，其力甚劲，候与地下绝殊。循崖而下，夜半乃至前之宝华宿焉。城中刁仲熊、杨巽耳、梅调伯、丁文相偕来，责同人以失邀，恚甚。予解之曰："奇境非一，大抵巨灵五丁洗凿之地，并出于神鬼护呵。俗子命车，则风雷雨雪随其后，非夙具灵根者不能游；猱岩虎窟，蛟穴鼍宫，狐狸啸而休鹠啼，非有胆智者不能游；栈腐梯残，葛枯藤绝，非捷如猿禽而顽如樵牧者不能游；寒暑载途，变色而进，喘不续吁，胸与膝拄，非精爽壮旺而好奇者不能游。诸游具矣，而纠于俗冗，顿于老疾，左于非时，甚则兴尽者才尽，才尽者山川之秀亦尽，而胜不足及，及亦不足文者多矣。吾友年方壮，一胜也；能文，二胜也；兴勃勃，三胜也；家无俗累，四胜也。胜概无穷，订日尚有十，时与景并在，何怨之有？"各罚酒三巨觥，命清歌一曲。仲熊为崑调，调伯为古歌，文相理江乡之曲。更阑，酒罢。

六之日，晨。复出白坡，东行半里，升北山，诣予考妣茔前，同人肃拜。过棕树村，抵郑家庵，曰竹林寺。山如夹，周匝皆竹石，涧澄清，嵸巃嵔崎，奇峭之状，幽静可掬。一茶即行。经如是庵，山阜旷衍，田如梯磴，层级而上，前后左右皆种禾。昔人缅云啸月，讨松论桂之意，仿佛可求。而穆王八骏之所未巡，秦隋六龙之所不及，皆得与壶公一壶，巢公一巢，共缩而游之。数百步间，王悬仲举烟为信，韩昌黎恸哭缒书，谁为劳逸哉！里余，至五灵庙。每九月二十八日，俗曰庆神诞，携觞挈榼，聚万人。由此可登凤山，形如舞凤，郡治建其下。山色如赤脂、如丹、如绯、如绛，桃松色、青草色、翠树色秾。山铺朱底，草散茵毯，灿若舒颜，色鲜如霞。凤之所翔，百鸟集焉。有鸾青其翎，有鹤丹其顶，有鹳墨其足，有鸡玉其羽，有金衣华其身，有孔雀采其尾相掩映。形家曰可惜山破，予曰此术士之瞀见也。山不破不分，不分非羽非翎，凤具五苞，赖有此耳。瞰城中万家烟火，华阳拱其左，虎山伏其右，五峰如屏，仙湖如镜，巨观也。至翠竹庵，凡竹之所在，虽姹花异草，嘉木奇馨，皆削其色，而减其神。不知何以能使芙蓉城中失其芳妍，桃花源上让其幽邃？此不可解。次则华严阁，极壮丽雄大者曰风翔寺，回廊列罗汉，规模宏大，气象轩朗，离城不过数十武。是夕宿此。

七之日，北折入万花谷。正芳菲候也。花为夜雨洗，娟然如拂，鲜妍明媚，如倩女之靧面，髾鬟之始掠。花非一种，色之佳者，如胭脂初从火出。丹砂、翡翠、瓜皮、竹叶，鹦绿鸦青。上有猩红云五千尺，是四十里石家锦，又有无数碎剪鹅毛霞，俱金黄荔锦，水晶葡萄紫也，又有远岚数层，斗出鱼肚白，穿入出炉银。金光熠熠不定，盖聚天地、山川、云霞、日采，烘蒸郁衬。开此一大染局于此，欲作何制，其为天帝之裳乎？或为天女之罗襦乎？意者炉海蜃焕色呈奇，故为此荡胸决眦之胜耶？抑假吾辈以文章使之变幻离奇，照耀古今耶？流连久之，琼筵飞花，若王谢家子弟，不复知灶下盐米事。近接三春池，村落相联，海上三山、忉利五院，依稀似之。若夫山裹田间，泉周塍外，花里有耕耨之客，谷中闻鸡犬之声。人境耶？蓬莱耶？其孰能辨？

回抵华藏，先诣东浦。看泉涌处，浮青吐澜，皎然不滓，泡沸如争，回盘如合，沦漾如织。湲辟而流，其势不返；混哗而出，其源不竭。为渚为沚，为潏为清溪，沛然而达。旁无萑葭旄柽之扰，中无舟楫沿洄之挠，故得保其文洁。达于水阁，水气林光，明霞艳日，风轩月榭，皆纳而有。俄而仙云驾飙，冉冉来栖迟阁外。凫鹥鸥鹭，群飞窈窕。上视珠宫玉殿星列，碧树撑天，鸣莺好鸟，崖石玲珑，不知几千仞。远视则水霞氤氲，芙蓉万顷，田畴龟拆，带绿攒青，此则名都所未觏也。

由此而上，入山门，一座乃布袋和尚坦腹而坐，四时向人笑。历级升阶，为大殿伟然，云创自齐梁，又曰鲁般所造，又曰敬德重修。栋梁皆本色木，无饰，徒手架成，不用钉铁、竹木屑，不用洒扫自然无尘。传此间有避尘珠，未可信，然异极矣。廊外僧舍、殿阁如云。是夜宿此。

八之日，步瑶光台。嵂屼崚嶒，俯视四极，苍然一色，云雾屡散屡合。大石离立，禽骞兽伏，或磔如戟，或蟠如龙，或怒如虬，或踞如虎。或拱立如端人正士，或如飞云攀缘而过。曰金鸡崖，曰仙人洞，蜒蟺扶舆，磅礴而郁积。台宽平，可坐可饮，可吟可娱目。翠竹茂树，朱藤蔓络，从积铁冷金中时出云溜藓斑，不可穷其状。右曰一天门，越百级至虚楼。危甚，下空不可测。历二天门、三天门，最高处曰玉皇阁。前则大士殿，相传两壁乃仙人朱碧峰所画，年久，彩色不无剥落，独大士一大身、百小身周遭独全，余庵观人物、鸟兽、树木则不完，亦异事也。吾爱长松落落，远者一二百年物，近亦数十年。寅朝夕照，邀清晖于明月，漱爽籁之清风，即水远不闻湍激，僧懒不习鼓钟，而树杪生涛，山空响梵，划然而虎豹啸，喁然而蛟螭吟，此皆松之余韵也。夫松固木中龙类也。松脂入地为琥珀，龙血亦为琥珀，同气相求也。岚峦叠翠，如缋如藻，映于竹树葱笼之间，断而复连，直达三清阁。泉出山巅，酿而为池，池可施筏，派能流响，不俟漱浥而烦襟如洗。玉之膏乎？坤之液乎？瑶池之桃之汁乎？峨嵋之雪之沥乎？中泠不足道也。阁最高题曰“一尘不到”，吾尝读书于此，身并于云，耳属于泉，目光于林，手缁于碑，足炼于坪，鼻慧于空香，而思虑冲于高下。薄福人享此，罪愧，罪愧！是夜畅饮，论数日所历名刹以何为最？予曰：“名刹之胜，不在焜炫，而在古雅。老树插天，连章合抱，霜皮绉理，滴溜成疣，一古也；殿阁参差，丹雘暗淡，女萝陵苕，赤纷绿骇，二古也。小有颓落，不伤静窈，若金碧烁睛，固为严饬，搜讨幽怀，转非所惬。华山寺虽丽不足，而邃穆有余，大都借荫于叠岫，而贷色于崇柯。更以缔构既远，兵燹不加，非六季之遗规，则唐宋之故址。倾听而清音集，瞠视而裔影现。嚣垢屏涤，靡侈汰静，正令人超忽荒藹，有烟外之意。若使梵响时闻，禅规肇整，即鹫峰、狮堂，何多让焉？予妄谓华藏匪特澂无，即滇东、西迤亦无。匪特滇无，吾历海内过半，未之睹也。”

九之日，下山。欲行，僧款留。同人曰：“吾辈欲遍览湖山之胜于半月，忙甚，似六国征调百万军骑分路战祖龙者，安可再留。”辞去。二里许，为笔果庵，树木繁蔚，石芒硝峻，髻盘鬟绕，云驶雾腾，幽而奥僻。而小茶毕，即行，里许至新庵，一名药师庵，吾嫌其俗，易曰慈云庵。望仙湖如出匣之剑，光气熚熚，时时闪暗推磨，万顷不定。正欲呼吸天风，而触肤薄射，元气团人，都无所见，仅有玉笋峰恍惚中聊相慰藉。耳潺潺，目灼灼，桃花流水，白白红红。庵左右两臂及脐以下，五色杂陈，枝头叶里，自然焕目，酹酒赏之。里许即东照寺，寺近旧城，友人张思九、张大罗、施东曙、徐应谷、张开基、王锡九、徐闇修至，曰：好游兴，不知不获共，明日追随。寺清雅，长林乔松，夹山攫云。去秋游此，寺内大柑树烂熳披离，翠羽丹苞中无数金珠、火齐。僧剥柑烹泉，香风沸沸，仍落八柑相赠。富丽中幽逸清美，木鱼声、钟磬声与梵音响答，万虑俱清。是夜宿此。稍去，即金莲山，谒文庙。至中城，四平无倚，突耸一山，曰凤窝，上建元天阁，高槐翠柏，随石低昂而笼罩之。

十之日，走象鼻岭。鼻入湖内，似渴而饮。凡山以鸟兽草木名，或类或不类。独吾澂名凤即似凤，名虎即似虎，名龙即似龙，名麟即似麟，名金莲即似莲，名玉笋即似笋。

而此之名象即似象，又非仅曰似之也。遵湖岸至温泉，泉在湖边，去不数武，声汤汤然，气滃滃然，若不可向迩。即而视之，静若悬鉴。热甚，未可掬而嗽。其气香，其味冲，泡起于下，若转念珠，投以钱，作蛱蝶舞，与泡影相頡颃，良久乃下。可以熟鸡，其他可知。或曰山多硫磺，煴水成汤，此言之有理者。去十里，则蒿子箐也。引水灌田，土沃，挺嘉禾。师太古兄号天睿居焉。一室临湖，可千仞，开窗视之，波涛排击，如电掣雷轰，所谓“晴波跃金锦鳞游泳”，语不虚也。杀鸡为黍而食，同人见其二子焉。天睿同至海口。一山曰文星，锁水口，又曰“渴龙奔水”。湖水由此东泄，千山万山，中开不过数丈，水得无阻。予曰：“山足稍伸，则吾瀓尽泽国矣。造物者有心耶？或有灵物如蛟龙类，穿而东之，辟此一境，是未可知。”过松子园，群山皆松，望之蓊蔚。乔生来迎。村少田，比户以渔为业，时晒网罟，编竹作笼以取鱼。生邀同人至其庐捕鱼，长数尺者百尾。酒如海，皆大醉。次日，舟楫毕具，进鲜晨食。

十一之日，泛湖。望孤山若小青螺，在游气溟茫外。连舻縻舰，与波上下，类凫鹥点点拍水上。此山金银宫阙，浮屠摩天，松桧林木皆非近代物。乃为流寇所劫，远迩人之避兵于上者，僧俗并屠，焚其梵宇台殿。菩萨之范金者，击碎辇而铸钱，咸阳一炬，片瓦不遗。予曰：“佛亦不能自庇其身乎？使佛有灵，尽沉此贼于水底何难？而乃听贼残其躯，火其庐，戕其徒众及男女至万。谓舍身耶，何舍于贼也？谓慈于贼耶，何弗慈于良也？谓厄运耶，夫佛平日大言神通法力，指天天开，画地地裂，何运之能波荡也？可见奉佛者之惑也。”江川明兴、浪广，茫茫列湖边，湖与江川海通，一巨石界焉。江川之大首鱼肥美异常，至石而返；仙湖之鱇䱀鱼亦名物，至石而返。彼此不相过，大不可解，亦异也。忽密云蔽空，微浪披拂，隔岸峰峦，或隐或现。遥望五峰，若覆盂横压水面，俄而风涛稍震，潘明杨、张思九、张大罗、张开基、师天睿、乔生诸君默忌寡言。余人或曰吾欲探骊珠，或曰吾欲据鳌背，或曰安得覆舟，则吾人蕊珠宫而结水仙之佩，或曰吾欲得龙女，生龙子龙孙乘云上天，独予曰否。安得酿湖水为佳醪，而脍北海之鲲，脯南溟之雕，起金莲为盂，握玉笋作箸。予则偃仰其中，余则皆让诸君为之。狂谈怪论，未暇绝口，而扁舟已抵山麓矣。麓颇巀嶪，下接湖。水声鞳鞳震荡啮山足，任飞击不为动，可知石性刚故也。少开朗，则凤山凤城，华山梁山，一一分奇取秀，以效于前。登岸绿冲，庠友十余人来相迎，烹鲜设馔，出美醽，清歌达旦。此地依山临湖，山倍秀，湖倍清，故人文莫盛焉。湖侧多鱼洞，累石为界，每洞价值数百金，富室乃得有洞连数十。鱼目红则其来信也。每盛暑，鱇䱀鱼发，则蔽湖而来，鳞砌入洞，或入巨笼中，或竹兜、或竹簸撮入舟中，舟舟皆满。来观者白手求去，不用钱。或有连洞皆进者，或进此而不进彼者，此主载去如山，彼主求一不获。或曰：命也。予曰：不然。鱼之行有导而前者，一鱼进则群鱼皆进，一鱼却则群鱼皆却。导者顾盼，不知何所喜、何所怯而然。又以夏则湖水热，洞出清流，故群然而赴也。主获鱼，则命工人取盐数千觔，于瓮于盆于缸急腌之，以篾笆晒之，惧腐臭也。贩者携数千金售之元江、交趾，皆获大息。

十二之日，登五峰。罗浮四百里不足比，缥缈七十二峰未足方也。南望临、元、交、广，隐隐朦朦，一派清碧色，须臾雾合，人山俱失。就茅庵而休焉，啜茗飞白，诸主人曰：“吾辈居湖上，日观水不得其要。孟子曰‘观水有术，必观其澜’，言乎流水也。湖为水之归，先生何以教之？”予曰：“请以观海论，由其异者而观之，则万物可视为一身。苟欲观海之形，其茫浑弥漫，浮天地，浴日月，抗阴阳以侔大，阅古今以为寿。章亥不能测其数，海若不能述其概，庄周不能尽其辞。苟识其理，则浮沤流沫，举足为学者师。今试与诸君观湖于形质之表可乎？彼其倏焉而盈，忽焉而涸，进退消长，与时升降者，能知其故以处。夫贵贱富贫祸福之间，则可以忘得丧，捐忧喜，浩然而无疑。夫彼之无所不下以成其深者，能以之为法，则可以自卑而下人，以成其德。彼之兼容泛爱，不择细大，暴以久旱而不灭，灌以洪流而不加者，能因之以廓吾量，则可以容众养人，临大事，遇大变而不惑。于其摩荡、涵浸之势，可以作吾气，于其生育、濡载之利，可以推吾仁，是则诸君居于湖上，晨夕领略，其得于湖者多矣。若曰燕闲之余，衔杯棋奕，咏歌而恣其槃乐，啸傲以自逸，此直庸众人之事，而非吾辈之所为快也。”诸君谢，谓今日得闻所未闻，吾辈益湖亦益矣。晨兴，雾迷，不辨咫尺。有泉鸣林薄间，如鼓瑟，类金奏阕而石声间作。又有霭氛如浮云飞絮，浮空而前。数日之内，自魂魄所征候，口鼻所受纳，以至便遗所化捐，无非云气水声，花香草色。此皆王子晋、葛炼师、魏夫人辈骑青鸾，乘云车，吸金浆，而调石髓之所也。夫吾辈目不过两寸，恶能穷宇宙之变哉！一眺望间便欲了上下千百年事，此不过望屠门而食气，不可以饱，骄人虽然疏笼之羽，义不反顾，而吾辈犹得翱翔践盟以去，虽不满腹，亦不虚归矣。一脔全鼎，蜜无中边，其韵一也。且食肉者，何必马肝相与唱凯。

十三之日，还绿冲。诸君宴花宫，登翠景楼，搴蘅掇藻，骈秩宾筵，饔子烹鲜，鲂鲤杂荐。松柏竹树之阴，森布蒙密。时风日和畅，草木之葩烂然。香气拂拂袭人，禽鸟之声不一类。更扫石而坐，上下天光，悉出樽俎之下。诸君曰：“十余日之游，至是观止矣，先生宜一评之。”曰：“吾澂之山，高为罗藏，奇为玉笋，名为华山，巉为西磬。此山之胜也。麒麟山之石，鳞摇甲动；龙山之石，怒虎伏犀；华藏之石，丹梯翠屏；五峰之石，吞波吐浪。此石之胜也。新治两河交会，明湖在抱，群峰如侍，登楼一望，平畴衍野，似入潼关得百二山河者。此凤城之胜也。西山梅，旧府杏，花谷樱，东照橘，新庵橙；杨梅早熟，橄榄并登，瓜甜如蜜，桂黄如金；桃有如蟠之号，梨有似雪之称；山茶第一，牡丹亚之。此花果之盛也。绝壁森倚，呼吸通群帝之座；陟降信宿，迄于仙都，双阙云耸以夹路，琼台中天而悬居。此仙迹之胜也。岚光波绿，状如削瓜，弥天放白，拔地簇青；始经魑魅之涂，卒践无人之景；倒景重溟，匿峰千嶮，云来争坐，方欲尼之肤寸，即入贮于室中。此梁山幽居之胜也。泰山以孔子小天下传，特出《孟子》，寓言固非其实。嵩山传汉武三呼之事，颇涉虚诞，亦著为典。盖孔子大圣，汉武人主，其尊大实重于岳，苟有所寄托，则交赖以为胜。衡山传韩昌黎开云，朱张霁雪二事，亦偶然语耳。今书林艺圃，夸诩欣艳，为天外三峰之藻色，言必举之，不亦系乎其人哉！然则人士微渺，欲驰声千载事岂在大。要亦先修其大者为之本，而末自举也。今西山崔巍，阐幽显微，挺然秀出，可拟东岱。罗藏，郁郁律律，如荩臣戴朴头，垂绅搢笏，可方西华。凤山中峙，如千本火树逆吐银花，突如其来，烟飞雪洒，嵩山少室似之。五峰，当风烈雨晦之日，洞穴开噎，若欲云歕雷，嶷嶷然望而畏之；烟霁景丽之时，岩崿霳霸，若拂岚扑岱，霭霭屈指可数，又可逖而爱之。天台、雁荡差足仿佛。玉笋特拔，直上青霄，五峰如架，仙湖如砚。类卓笔峰而过之。昔谢康乐席父祖之资，呼其童仆门生探峻造幽，伐木开径，既登石门之顶，遂营所住。其云‘乘日’用‘慰营魂’，以为是三万六千日中之日也。昔人卧游五岳，吾辈今实以踵游五岳。昔人游所不及，以笔代踵，吾辈半月竟以踵代笔，孰得孰失？”一座大笑。

十四之日，至玉笋山。念所经游，过山不啻千重，纳水不啻万流，虽崇岭峻巘，俱有回避、倚著，无一能孤立如龙门、底柱，岿然中流者。今玉笋高可千仞，围不过数里，上撑昊天，下维地纪，纤尘不染，波荡不惊，亘万古而常新，历千变而作镇，乃人之一心，本与天地通。或为巧言所入，或为正议所拂，或为纷华相牵，或为非道所接，遂乖其正理，乱其常性，不若兹峰。何耶？孟子曰："居天下之广居，立天下之正位，行天下之大道"，"富贵不能淫，贫贱不能移，威武不能屈，此之谓大丈夫"。若玉笋者，真可谓大丈夫矣。予方十龄，先慈梦予擎此向空而书，后文思大进，书法亦臻。玉笋亦名曰文笔，山曰尖山。

迤逦而下，抵龙王庙。循湖边行如队，载笑载歌。一路多渔人设罾布网，或依沙洲石濑为舍，或浮舍水上，或隐其身树底，或就大堤编竹篱蘧居，或将鱼蟹向人卖青蚨换酒。悠悠天地，此何人哉！堤之里芦苇丛青，荷蕖出水。其田田而高于盖、亭亭而联如云者，约十余里，曾不得周其涯焉。至此中之婀娜而芗泽者，菰之叶灿如华的者也，莩之须戟如而森如者也，菱之团如镜结、如带而缀如火齐也，芡之供如盘盂、如遗钿堕珥、如散万斛珠也。其始步也，不雨不雹，浮光荡金，如潜师枚士，钲鼓殊不震扬。湖里湖外，景色已隐，如长平、钜鹿战，张羽卫而不驰。一旦雷帅电伯号令，肃然与蛟吼相乘，风翻雨洒。急奔大河口，宿河口。中道也，有由是而之东者、入城者。吾西畔数友，十五之日抵舍。

充然者，其气沛然者，其词纵横排宕，可谓极才人之能事矣。至记序夹以议论，而于华藏、玉峰反覆咏叹，尤见作者自命不凡处。戊辰新正朔二日师范手识。

师太古，名古，乃予宗之在河阳者，与少宰同举顺治庚子，后官上林县。集腋成裘，酿花成蜜。

〔据《滇系》八之十四《艺文系》第4－23页辑录。赵士麟（1692—1699），字麟伯，号玉峰，河阳县（今云南澂江县）人，清康熙三年（1664年）进士，历吏部郎中，浙江巡抚，官至吏部侍郎。毕生以提倡宋儒理学为宗旨，所至修学校，亲至书院讲学。著有《读书堂彩衣全集》。此文记康熙五年（1666年）受邀与友人徒步十五天，环游河阳全境经过，对所经地之山川、湖泊、气候、物产、名胜、寺观、道路桥梁、民风民俗等均有记述，对研究明末清初澂江及环抚仙湖流域之自然生态、经济与社会变迁史有重要参考价值。〕

广济桥碑记

王 佐

桥以广名，普济也。建县川西南，往来者众。溯河源，绕团山麓，北流直下，纳青龙、洪本二河水，倒转东流。每夏秋，雨集水沸，难容舟楫，至止者褰裳浩叹，有急莫告。邑父老相议曰："天下大利莫如水，大害亦莫如水。我新之河，灌溉膏腴，食我农夫，谷我妇子，利不殚述。独至雨溢，势并怀襄，威亢龙门，虽善涉，能凭以济乎？殆非徒杠之设不可。"予侧闻之曰："吁！善甚！"曷请谋诸邑公，倡捐厥事，吾侪并力以赴。庶几永不病涉，俯安澜，乐澄清于不朽矣。工落成，予不揣鄙俚，爰为之记。

〔据李诚纂修道光《新平县志》（民国三年排印本，下同）卷八《艺文志》第17页辑录。王佐，新平人，邑庠生，性行纯厚，安贫读书，乡人推重，叠为西席，一时庠彦多出其门。吴逆时不应试，本县匾曰“渭萃待聘”，平滇后复应试，衣顶终身，年八十一而卒。广济桥，在新平县城西五里，跨襟带河，清康熙初年邑人公建，久圮，架木桥以利涉。另见民国《新平县志》卷七第二十三《诗文征》。〕

新筑堤坝碑记

刘维世

粤稽浚浍载在《虞书》，壤赋定于《禹贡》。三代以来，疆理南东，法咸备焉。惟我盛朝，奠鼎扩基，中外一统，疆域既属版图，粮税讫无遗土。军国是需，课最尤亟。夫古来一夫之田有遂，十夫有沟，百夫有洫。旱则挽沟洫之水达于遂，潦则泄遂之水注于沟洫。虽有桔槔之劳，竟无旱魃之虐。今吴越楚豫间犹食利赖焉。

滇省居万山中，田无川渠灌溉。石屏地颇平衍，畎亩绣错。余来守兹土，甫下车，即以兴百废、培风水为己任，而尤兢兢于劝课以为征输急著。及天稍旱，民间便束手坐困，犁锄高阁。询之士民，佥云：“旧日七伍军田尚有小沟承接上流以资栽种，为东北一隅之利，水有余竟放流入海，西南依山麓一带皆为石田。”余乃喟然曰：“天泽难恃，人事既尽，不可以获地利乎？”因乘骑上下山原，相杨柳坝之下筑横堤，造石坝，足注无穷之水，而灌无数之田。遂捐俸募夫，亲负土石，不辞劳瘁，浃旬，而功辄告成。

士民于是额首曰：“我辈踌躕数年而莫可措置者，公乃不日而克竣，厥举诚爱民深，故经营速也。”仍将所障之水分作十一分，画成三大沟：头沟水计三分半，往东北流，以利军民田，而军田居多；第二沟水计三分，往西山脚下，以利民田；第三沟水计四分半，往东南流，以利军田。盖因田之多寡，以得水之多寡，而无所偏也。又于田旁无碍处细开小长沟，使高下各足，远近均沾，军民共被。复逐日巡行阡陌间，督其刺秧，劝惩勤惰，形虽劳，心殊慰矣。犹恐法立弊生，时久争起，豪强者兼并，附近者霸取。遂从众请，勒石永著为例。某日应某处某人接水灌田，循次渐被，不得恃强攙越，违者许众赴官究治。自后倘堤坝日久颓损，士民当多方修整，则水利溥遍，土旷无虞，大有频书催纳易办。本州一片爱百姓之苦心，亦藉是以不朽矣。是为记。

〔据乾隆《石屏州志》卷五《艺文志一·记》第74页辑录。刘维世，山东广宁人，清康熙五年（1666年）知州石屏。任职六年内，政绩颇丰，兴建寺观，兴建四成楼，尤注重水利建设。后升河东道同知，石屏士民感念其德政，入祀名宦。康熙七年（1668年）刘维世甃石增筑化龙桥堤，农田、行旅两受其益。八年（1669年）筑西堤，储水灌溉，长八十余丈，作三闸，聚弥勒沟一带流水，因时启闭，水分十一分，各有定制，远近均沾，灌军民田万余亩，民赖以利。担心时久争起，豪强者兼并，附近者霸取，刘氏遂从众请，立此碑文，勒石永著为例。〕

新筑西堤碑记

罗天柱

国家分土置州，以抚绥生养之事，付诸亲民一官，任不綦重哉！乃为司牧者，率牵扰于刑名、钱谷间，日不暇给。其或案牍无留，催科有术，萑苻锋靖，逋逃不匿于郊，即可以书上考，不次超迁已。至若穿白渠，通召渎，不费民财，奏功旬日，遂以开粒食之源，垂千百世永赖之泽。岂第今鲜其人，历稽往代循良，盖亦几几难觏焉。

我靖翁刘公以辽左英豪初令威楚，报最，擢守屏阳。数年来，善政仁声，更仆难纪。其大者，下车之岁即捐金建四城楼。越明年，重修泮璧，继疏湖口，增东堤，百废靡弗兴矣。且轸恤民艰，苞苴、羡耗悉与蠲除。严保甲以防逃，守险隘以御寇，凡所以为民去害者，不遗余力矣。独是西南田畴，每三春微亢，半属污莱。公询其故，绅士耆老佥曰："去城西二里许，旧修小坝障水，今历久湮颓，以致播种无从，正供难办。"公遂履其遗址，慨然曰："斯坝湫隘积水盈尺，暵则涸，满则泛，其能济几何？吾当更为筑之。"于是相度形势，爰择傍堤近麓之交，截流作堰。

遂于己酉秋初兴役，先挑浚河底深丈余，密布杉桩，填巨石，层累而上。中建二礅台，连开三闸，左右皆砌石岸，既整且坚。更凿山数丈，移土筑堤。其崇两倍于旧，广亦如之。堤当水冲处，灰嵌条石百余丈，虽暴雨汹流莫能犯。闭闸则以仲秋潴弥勒沟诸溪流水，一望汪洋。孟春启闸引水，自高而下，缕分沟遂，灌军民田万余亩。蓄泄有方，旱溢不能为患。由是从前蓁莽之区，一朝尽为沃壤。家多盖藏，民无逋赋，公私均受其利焉。

是役也，用桩以万计，石若土不可胜算。日役屯丁二百余，乡民二倍之。公身先倡率，辨色而出，戴星而入，拮据泥涂之中，几百工程皆亲为指授。余尝从之周旋，窃悯其过瘁，而公不自知也。方经营之始，诸荐绅先生私相计曰：堤成实无疆之利，然厥功艰巨，非渐次鸠材，纾其岁月，难以观成。乃未及三旬，竟已毕事，莫不相顾欢跃，惊服其神。盖公之精诚格天，勤劳动众，故能成功若斯之速耳。既告竣，后构亭堤上，为省耕劝农之所。复就闸旁新凿之地，起三台阁，危檐飞栋，巍然直接重霄。远眺龙湖，俯瞰城郭，凭栏四望，则见云峰缥缈，烟树参差，郁郁葱葱，使人流览不暇，洵为一郡奇观。最上一层奉梓潼帝君，置田以供禋祀，意在忠孝训人，且以振兴文教也。

今秋，屏中士荐贤书者四，录副卷者一，科名甲于两迤。良田神明启佑，川岳效灵云。阁之左，山畔有亭，以憩游宾，对山有亭，竖碑以均水分。阁亭相望，其景各殊。游斯地者咸叹所费不赀，乃公筑堤建阁，凡匠作木石之需，不扰于众，不费于公，皆出自清俸，诚无负于设官养民之责矣。食利泽于无穷者，乌得而忘其功哉！若夫历年渐远，或有罅漏倾攲，后之君子当思缔造艰难，时加修葺，则斯堤也自可存诸奕世，与河山并永矣。是为记。

〔据程封纂修康熙《石屏州志》（国家图书馆藏清康熙十二年刻本）卷九《艺文志·碑文》第51页辑录。罗天柱，安宁州人，举人，清康熙五年（1666年）任石屏州学正，十一年（1672年）撰此文。西堤，即杨柳坝，在城一里黑龙坡旁。清康熙八年（1669年）知州刘维世筑，参见上文。此记，乾隆《石屏州志》、民国《石屏县志》均未见。〕

重修来宣桥记

许弘勋

濞水吐于珧湖，贮于榆泽，喷天生桥，自北而西而南，盖逾数百里，始经郡牛街，名曰小江，为蒙、通、顺暨缅瓦之大津要也。较蜀瞿塘、粤泷水、闽九龙、粤西之大藤、淮之天妃雄堑、秦之龙门，怒涛澎湃，更狭而猛。土人刳独木，涉惊波，倒磕横冲于廉利剑戟间，卜鸡而济者，已非一日。

明季时有判杨廷璧者，度两岸相向之址而为梁，不二年，湾甸、镇康土司诱李忠武作祟于顺之境，蒙土官左氏虑其扰之及己也，遂火之。

迨我皇清一统，中外胥宁，先任米使君璁于壬寅年重就旧址而仍桥，题曰来宣桥，于来威宣化之义，当矣。何己酉夏方经余补造，至今岁春而复有祝融之妒也哉？余因鸣其毁之时日而上请焉。蒙诸宪台各捐俸以襄厥成，戴兹德意，宁不令山川感惕而效灵哉！乃力不烦民，工出于募，不期而向之排摆增其二，铁索增四而八，两墩高与横者各增其丈，房宇增其旧制。

工竣矣，余持卮酒而告之曰：圣朝重在边筹，尔澫水允宜奉若，须安尔澜，守尔渊，呵护此桥，以垂万亿斯年，庶几为南渎之波巨，而永芳声于蜢蝶之山下也。爰勒兹言于桥龟云。

〔据董永芰纂修康熙《顺宁府志》（云南民族历史社会调查组1960年钞本，下同）卷三《艺文志》第17页辑录。许弘勋，关东人，清康熙间由官生任顺宁知府。来宣桥，俗名小江桥，在顺宁府城北一百八十里，跨澫溪江，其渡最险，因路通蒙化及缅之要道，历史上曾多次重修。初为藤桥，清顺治七年（1650年）通判杨廷璧始易木梁，后因李忠武之乱焚毁。清康熙元年（1662年）知府米璁重建，长九丈，挽以铁索，上有瓦屋二十余间。八年（1669年）复毁，知府许弘勋捐建。〕

龙尾关桥石阑记

张泰交

邑龙尾关外，两山对峙，绝壁深堑，一石跨空，洱水从兹出焉。风自山夹中来者，为两山所逼，势雄而力劲。每当冬春之交，撼山摇岳，其轰然入于耳者，如百万兵金鼓声。其卷尘而上青霄者，不异云雾之障太空也。谷口有桥，虹跨长空，适当其冲，傍无扶栏，飓风一起，雪浪翻飞，过者目眩，而风伯复鼓其全力，遂揭人马而掷之阳侯，其间得不死者，亦幸矣。

余每肩舆过其上，必十数人左右拥之，然且惊心骇目，况孑然蹈空者乎？急欲增修，顾萧然囊橐，有志未逮。会普济寺正觉施茶桥头，发大愿力，苦化善信，凿石墙之，左右翼然，历两春秋始告成。噫，正觉之功伟矣哉！他桥之患在水，独斯所患者在风，石栏成而往来者如从巷中行矣。风伯其奈之何？余乐观厥成，深嘉正觉之愿力，遂取捐赀姓名镌诸石，以传不朽云。

张公，山西之阳城县人，令太和。时吴逆初平，抚伤残，兴学校，政多可纪者，后官至侍郎。

〔据《滇系》八之五《艺文系》第57页辑录。简要说明龙尾关多风，过桥不便，及在桥上修建石栏的意义。张泰交，字公孚，山西阳城县人，清康熙壬戌（1682年）进士，任云南太和县令，有能声，擢监察御史。〕

岁科两试卷金水利碑记

李云龙

云南府晋宁州为公溥水利，以垂永久事。照得本州盘龙、达摩二坝，源出东北，其水甚小，田地颇多，屡屡争斗截挖。昔年前任鉴其弊端，立有成额，虽高低得以均匀，而水价安置尚属不妥，殊非长计。

本州莅任之初，时遇送考，目击通学诸生卷金无措，已经捐俸买给，特一时之济，不能永久。次查二坝水价，从前似属耗费，无济于公，应宜酌以为岁科两考卷金。倘或不足，诸生捐添；如或有余，以作科举卷价。但恐异日更易，合行立石，以垂永久。

其盘龙坝递年自十二月十五日始，至次年三月头龙止，每昼夜水价银一钱。达摩坝自十二月十五日始，至次年立夏止，每昼夜水价银五分。俱着坝长收计交库，试期支领，买备试卷。各庙住持不得干与，仍禁生员不得充当，坝长各宜遵守。须至勒石者。

〔据毛嶅纂修乾隆《晋宁州志》（故宫博物院编《故宫珍本丛刊》第226册《云南府州县志》第1册，海南出版社2001年据清乾隆二十七年刻本影印，下同）卷二十七《艺文志上》第40页辑录。李云龙，辽东人，监生，清康熙二十六年（1687）任晋宁知州。另见道光《晋宁州志》卷十二《艺文志·碑记》第62页。〕

广通县新铺修路建设桥碑记

李　铨

太史公作《大宛传》，称：于阗西，水皆西流，注西海；其东，水东流，注盐泽。《括地志》谓：盐泽即蒲昌海，辅目海亦名临海。海何多焉？读《太康地记》，始知其义。云：河北得水为河，塞外得水为海。今滇凡有水处皆曰海，是以滇池亦曰滇海，不独于阗为然也。

余始至滇，环而视之，滇海直弹丸一区，而实皆陆壤。昔分其地为东、西两迤，言迤逦行之，而路道之关于滇者最重。去滇五站许，入赕，层峦峭削，盖迤西十八站，崎岖赕为最，而赕之阻绝为尤最。且水冲其壑，当甚涨时，澎涛胜他海，莫能名状，行者苦之。邑人倪起鹤，目其艰且阻，谋于前令胡公顼，思为削而坦之。未几，胡令去，余莅任方始，即以为首事，而俸不能资，当道诸公见而爱之，各乐称其镪。于峻者削之，壑者梁之。越二年，底于成，则向之澎涛者济以桥，而险峻者出于坦矣。行者乐之，名其桥曰通济，仍其道曰新铺，义旧而事则新也。

今且欲继此而至楚雄，地近百里，为赕属者，一如治新之道治之。继此而至极边，即不为赕属者，亦推赕治新之义而并治之，则新始治之力不致足多乎？父老曰："迤西十八站，宛如常山蛇势，即此渐削以至于平，虽处陆海层峦，而颠蹶之虞得以永销，观此蜿蜒天乔于滇半壁间，而新昂乎其首相焉。是凡散金努力于新者，均应表爵里，详姓氏，泐石以垂久远，属令为之记。

〔据李铨纂修康熙《广通县志》（张海平校注，杨成彪主编《楚雄彝族自治州旧方志全书·禄丰卷上》，云南人民出版社2005年版）卷九《艺文志·记》第564页辑录。广通知县李铨撰于清康熙二十六年（1687年）。〕

温泉碑记

丁亮工

余之守云龙也五年，于兹矣半老。倦于政事，公余偶暇，癖嗜寻芳。一日，步于署之左偏，地名石城，有温泉出山半，清且香，为六诏第一泉，州人皆就浴焉。

泉之前，奇峰若屏，壁立千仞，行人登眺，如飞鸟间云，飘然天半。泉之左，雷鸣狮吼，瀑布高悬。泉之下，则又安澜潆洄，寒潭澄碧，游鳞皆现。泉之巅，半空飞洞，疑有仙居，因颜之曰别有洞天。泉之右，沙渚汀洲，游人来往，编竹筏以渡，真胜地也。

惜乎有泉无屋，州人士女露浴其中，殊若不便。余曰："此太守事也。"遂鸠工庀材，构其上，盈尺之间，有楼焉，有宇焉，有桥焉，有亭焉，有郇氏之庖焉，有出泉之龙、伏水之豹焉。

于是，都人士群相告曰："太守之为我谋者，事虽小而流泽长。我辈沐浴其中，而寝处其下，无虞风雨之不蔽矣。"予则曰："未也。褰裳而济，奚若伐山可通，谋诸匠氏另辟蹊径，无俟济涉而可至。"捐义田半顷，置守者以司启闭。工既讫，都人士举觞为余酧曰："泉之生也，天地之功；泉之成也，太守之力。今日者览胜之际，树木荫翳，鸣声上下。可赋诗，逸兴湍飞；可鼓琴，弦韵幽响；可点棋，子声铮铮。可放舟，顺中流而莫知其所止；可网鱼，土歌互答而难译；可赏花，绕山红紫有如隋宫剪彩；可观灯，荧星上下有如秦楼张乐；可玩月，瑶天清籁又萧寺谈禅。游斯泉也，此乐何极。"余曰："噫嘻！异矣，此良刺史①醉游事也，留以俟后之来者。"

〔据陈希芳修，胡禹谟纂雍正《云龙州志》（《中国地方志集成·云南府县志辑82》，凤凰出版社2009年据清雍正六年钞本影印，下同）卷十二《艺文志》第39页辑录。丁亮工，浙江副榜，清康熙二十六年（1687年）任云龙知州。〕

路溪屯分水碑记康熙庚午

丁宗闵

县正堂丁为群虎绝命，祈天急救倒悬事。案据署县令夏申详，本县中屯路溪军民、铺堡庄民李槐、潘阔等连名互争水利一案，遵奉本府罗批行转奉粮道孔、布政司于批："查两屯水利，务令上下均沾。"本县躬亲踏勘大小龙泉，乃天地自然之利，议以路溪、弓兵等村，田近龙泉而地势颇高，断令十日之内轮放七昼夜。中屯、蒋家山等五村，田远龙泉而地势稍卑，断令十日之内轮放三昼夜。具详。蒙批"如详，勒石遵守"在案。

① 史 原本无，据云南省社科院图书馆藏钞本雍正《云龙州志》补。

何路溪民潘洛等复以“奔天斧断”等词诳耸，总督范、巡抚王批行本府，会同中军龚，审得潘洛等欲行独占龙泉，涓滴不与中屯，残忍刻薄极矣。具详两院。蒙总督范批：“三七定议已公，应永为遵守。仰即饬令勒石，以绝曲防，以敦邻睦。”又蒙巡抚王批：“如详行檄。”康熙二十九年六月二十一日，转奉本府信牌行县勒石等因。奉此，本县遵即勒石遵守。自后，每年元旦黎明为始，路溪、弓兵等村连放七昼夜。至初八日黎明为始，中屯、蒋家山等五村连放三昼夜。照此轮流，周而复始。倘遇小建，连放三日、七日之额，不拘初一、初八之期。庶几上下均平，普被泉源美利。两屯田亩无此丰彼啬之虞，两屯人民亦无曲防盗决之斗，争端永息，邻里常和。岂不相亲相爱，共乐尧舜荡平之世哉！用镌诸石，各宜恪遵永守，毋得故违取究。

〔据《禄丰县志》卷三《艺文志上》第 14 页辑录。丁宗闵，字再骞，当涂人，清康熙己未（1679 年）进士，二十八年（1689 年）任禄丰县知县。遭滇逆之变，地荒民散，宗闵买牛种招流，移民皆乐业。又创义学课士，自是科第相继。摄禄劝州事，单骑谕降土酋之抗令者。以卓异征，值忧归，卒庐州府。〕

重修星宿桥碑记康熙辛未年

于三贤

余奉天子命屏翰滇南，绥驭荒服，凡关政治之要，靡不殚心区画，仰佐澄清之至意。其间有因革损益、举废兴坠，数百年而不易者，尤鳃鳃焉日廑诸怀。

云南府属之禄丰县郭外有桥，曰星宿。水之发源最远，一自罗次流入，一自武定灌注，二水汇合而奔腾溯湃，势不可遏。桥梁跨于惊涛湍激之中，岁月既久，其不至于倾圮者几希？庚午季夏，淫雨连绵，洪水陡发，桥被冲坍，随据丁令报闻。余思是桥为迤西孔道，羽书络绎，行旅往来，莫不经此。今一旦隔岸相呼，褰裳莫济，岂为政者所可漠视哉？但虑功大而费不给，蒙制宪范、抚宪王、提督诸各捐俸修葺，余会同臬司许、粮道张、永昌道毕、提学道吴、楚雄镇何、永顺镇偏、鹤丽镇林、洱海参将郎共捐，以襄其事，以及迤西郡守邑令，莫不踊跃捐助。因檄发丁，令鸠匠采石，刻期兴工。桥阔四丈，长二十九丈。工始于庚午之冬，告竣辛未之夏。不劳民力，不废公帑，而桥以成。从此，往来无病涉之患矣。遵奉宪行，命余记其事，以志无谖。

夫事之利于一二人，其利未溥，安足登诸贞珉？事之利于千万人，而又昭垂永久者，是可记也。余因记其事，而系之铭曰：

桥名星宿，上合穹窿。云汉为章，焕乎彩虹。凌虚架嵘，耸峙飞空。周道如砥，襟带西东。车书罔阻，永奠蛟宫。王政所重，舆梁克崇。康庄西达，万世之功。

〔据康熙《禄丰县志》卷三《艺文志上》第 16 页辑录。记述清康熙三十年（1691 年）潘司于三贤等各级官员捐俸重修经过。于三贤，汉军正黄旗人，清康熙二十九年（1690 年）任云南布政使，首修学宫，制乐器，减开化府税粮，除诸厂课额，后以疾卒于官。星宿桥，位于禄丰县境，往来要道，明万历四十年（1612 年）知县向兆麟始建，清康熙二十九年（1690 年）水发冲坏。〕

巡金江至石鼓汛碑记康熙三十年辛未

范承勋

金沙江源出土番，由丽江经北胜，过武定，注东北而入蜀，蜿蜒数千里，为滇西北藩卫。言行势者，恒倚为天堑焉。余披金图，见此江控绕丽江，通番汉往来之交，划中外华夷之界，诚要隘也。虽沿江守险，前此从未闻有至其地者。今幸四境宁谧，百姓乂安，未雨绸缪，尤守疆者之责，因特疏入告，请同提军诸公亲往巡视，得荷俞旨。

于辛未十月既望，帅官兵由武定而西至宾川会提军，渡江过北胜，转鹤庆、丽江，循木别湾溯流而上，抵石鼓，驻师江滨。因览胜势，稽察汛防，信宿而返。防弁叩马首请曰："金江石鼓为滇省西北要隘，从来镇滇大帅未尝有至于斯者。今二公为固圉至计，不惮劳瘁，跋履山川，使外番部落望旗旌而畏威。边境克靖，穷黎颂德。是行也，藩垣屏翰，柱石爪牙，胥于是乎在，乞留序言以纪。"诸公谓余曰："斯言近理。"余因倚马书巡江之年月，并余与提军衔名，付防弁俾勒之石，以告夫后来者。

〔据官学宣修，万咸燕纂乾隆《丽江府志略》（《中国地方志集成·云南府县志辑41》，凤凰出版社2009年据钞本影印，下同）下卷《艺文略》第63页辑录。金沙江历来为滇西北天然屏障，石鼓汛则为滇西北要隘。云贵总督范承勋有感于边疆守卫责任重大，而历史上从未有镇滇大臣亲历，故上疏请求前往巡视。此记叙述清康熙三十年（1691年）范承勋会同提军诸公，亲往金江至石鼓汛巡视之经过，十月既望出发，由武定至宾川，渡江过永胜，转鹤庆、丽江，溯流而上，抵石鼓，遍览形势，稽察汛防。〕

丛山石泉记

李倬云

山之盛，得水而益奇。或峭壁千寻，根插水底，噌吰镗鞳，浸薄舂撞；或垂绅飞瀑，下注悬岩。又如幽涧清泉，涓涓细流，淅沥林谷之间，虽未极耳目之观，亦殊增游眺之兴也。丛山为云龙形胜第一，而水绝少，惟山麓有泉，止而不流，骚人墨客，每以是为恨。

壬申秋，余偕学人段嵩如饮于丛山顶，箕踞古柏下，睇览既久，以醉欲归。忽闻水声淙淙，出林树间，因步寻之，东西数十武，果得泉。其源在乱石中，下流倏伏倏现，从岩上跌入谷中，势急而咽，沸而为沫，激而有声。有巨石横其冲，分为二道，至谷口仍汇为一渠。旁多枸杞、冬青之属，侧垂曲映，实累累，赤黑异质，错落披拂。中为小邱，可容三五人。与段子左顾右盼，欣然忘返，不觉酒力忽解，遂移具重酌。且谓段子曰：水动似智，而静似仁，至其怒流冲激，不为岩石之所挠则勇甚，泉之德殆不可及也。惜也僻处山陬，而余波之润未广，世莫有知之者。

〔据《滇系》八之十四《艺文系》第65页辑录。李倬云，鹤庆人，岁贡生。《云南金石目略初稿》卷三第10页题录："《丛山石泉记》，鹤庆贡生李倬云撰，康熙壬申秋，在云龙县，见《滇系》。"与康熙《鹤庆府志》相校，文字有删略。〕

重建永平县温泉自新轩记

姚孔鍹

滇志云："天下之山，萃于滇黔。"永邑居滇之极边，四山环抱，一水回流，非无灵秀清奇之所以资游览，而历询其迹，则茫无以对，何也？永邑屡遭兵燹，居民流离逃窜，去其乡者多矣。今幸皇仁遐被，海内升平。数十年来，生聚教养，而吾邑之流离者渐复其业，逃窜者渐归其土，无非草率经营，即有林壑之美，何暇过而问焉？予莅永之三月，喜其民淳而朴，风俗殊敦厚，簿书之余，思有所适，兼以省吾民疾苦。

闻西南有泉，温而清，邑民常就浴其中，因一往观焉，则温流涌溢，环达四境，气蒸蒸然。于此知造化之奇，陵谷之异也。泉旧有池，倾颓久矣，虽有屋以蔽风雨，亦皆废坏。予周行其侧，见其地广而且平，群峰翠色，蔚然在望。欲重构数椽，以为往来修禊之所，且将与斯民共之。于是捐俸鸠工，不一月而告成。遂有来语余者曰："斯邑也，地处蛮荒，民贫土瘠，以公之操，恐自给且难，而顾捐俸为此。昔欧阳公守滁，因民之欲而立丰乐亭，当时之民群然乐焉。至今数百余年，其亭犹在，而人人共道之。公之为此，殆亦有此意乎？请命名以志不朽。"予曰："噫，予何敢希古人哉！"虽然，不可以不名，乃颜其轩曰自新，所谓去旧染而即于新之意也。

呜呼！予之来此也万里矣。历江汉，泛洞庭，过沅湘，越五溪，山川之壮丽，崖壑之幽奇，皆悉揽之。入滇又见诸峰挺立，流瀑潺湲，怪石幽泉，历历在目。其于山水之胜，所获已多，而何以独有意于斯泉耶？非然也，盖吾永邑苦于蹂躏已久，又当冲衢，百姓胼手胝足，终日勤劳，犹不自赡。虽以休养之世，稍有起色，然田野岂能尽辟，民情岂能尽达？余苟日坐于高衙官署之中，能必其不为吏胥所蔽乎？爰葺数椽于此，而余于此游焉。凡吾邑之人士，无不于此游焉，而凡吾民之事，亦无不可于此而周知悉访焉。余固乐其乐，而吾民亦得以乐其乐也，则余之所期以自新者，实与民共之矣。因书以为记。

〔据康熙《永昌府志》卷二十五《艺文志二·记》第49页辑录。姚孔鍹，安征桐城人，监生，清康熙三十三年（1694年）任永平知县。自新轩，位于永平县境，旧《云南通志》："曲硐河东流至永平县南二里入银龙江，其南有温泉。"《永昌府志》："上有自新轩，知县姚孔鍹建。"〕

新建崇义桥记

莫舜鼐

岁丙子冬，乡耆赵邦贵等于县治西北里许山箐中，修建石梁以通行旅。为疏簿求序于余，因即信手拈写，惟述劝募之意而已。越三月，为平世春上正月既望，桥工告竣。余往视之，桥长二丈八尺，宽一丈二尺，石卷（券）高一丈，宽一丈八尺，两块八字石岸，各一丈五尺，百日而成。此箐之水，自牛潺塘发源，由桥下出阿郎，与西溪河合流，北入金沙江。迨通往下而马街，为商贾辏集，子、午二日一期，驼贩肩挑之辈得此便之。

余亦喜其落成。

夫桥之处于滇，所谓石梁济涉者甚少，郡治之北议建，经三年甫成而即圮。其外石段中分，架梁坦道，在武阳一路，则亦计不及四五，可见石梁之难，而首倡捐建之为不易。卫大夫泽及道途，郑子产济人溱洧，至今称之。事在昔贤，亦所罕观，以一庶民而卒以成其志者，邦贵等有焉？惟其一念之诚，一心之坚，际此盛平熙皞之时，人乐于助，工力于凿，尅日而成。孟子曰“十一月徒杠成，十二月舆梁成”，亦为山（王）道之一端，况垂之永久，又何止徒杠、舆梁成哉？今则圣皇统天驭地，虽遐陬荒箐，亦且荷其光华，何莫非雅化之流行远被，而始有此也。爰为之记。

〔据康熙《元谋县志》卷四《艺文志·记》第50页辑录。莫舜鼐，清康熙三十四年受命为元谋知县。崇义桥，清康熙三十六年（1697年）乡耆赵邦贵等倡建。〕

新建永福桥记

莫舜鼐

驾石为梁，工之坚者可数百年，是成于一时，所济正不止也几。暨乎日积月累之久，跋履之纷纭，当亦习焉而忘其所自，要其利于攸往，则为功实多。以故桥梁之除，为王政所必备。而舆梁徒杠，在每岁之因乎天时而补乎地道，似更不若攻石筑之之坚而且久也。然营作之举于公以者其常，兴修之集于众成者犹易，而创建之出于独立者诚为可异，而实有所难。县北二十里那乌山之麓，以行潦所溃，其土不留。历时既远，遂裂而为深堑，虽非长江巨川之险，而行旅载途，阴雨泥泞，每嗟艰涉。况为滇蜀通道所经，往来甚众，既不至呼招招之舟子，又不便褰裳之是从，其遂将裹足以不前乎？

有邑民赵邦贵，谋建以桥，即不无资于众助，而彼乃力图其始，而克完其终。宽一丈二尺，长一丈八尺，高一丈九尺，两下八字坻岸，各一丈三尺，前后除道，铺石十六丈四尺。自春徂夏，五阅月而告竣。昔之断壑陷坎，今则式歌如砥矣。向惟崇义桥之建，邦贵既倡之，未几而复事，此亦可谓乡里中之乐善者。夫国家雍熙，翔洽久被，遐方小民优游化日，因得出其沐膏，咏勤之余而乐为善举，则是地有向善之人，人多向善之事。岂非王道荡平所致，而化行俗美之一征哉？余喜而名之以永福，以示嘉与之意，而因记其工之所成。

〔据康熙《元谋县志》卷四《艺文志·记》第62页辑录。永福桥，一名花桥，与崇义桥皆清康熙三十六年（1697年）乡耆赵邦贵等倡建。〕

镇州桥记

陈　元

《王制》：辰角见则除道，天根见则成梁。《尔雅》云：堤谓之梁，石杠谓之倚，其小者曰榷曰杓。《周礼》：司空氏掌之。古大夫采风问俗，每以桥之兴圮，觇政务之得失。而世俗不察，猥以修桥济物为浮屠家功德，岂不谬哉！

吾寅友段君襄宇，明于从政者也，世为州司马，有恩德及人。君尤练习时事，所条画兴釐，多中可念。城南有大河，发源苴水，合注白龙川，灌溉万顷，州人赖之。但山溪陡涨，则横流冲激，搴裳而涉津者，率多沉溺。君悯之，谋于前州守李公，建桥以便行者。未几，李公升擢，段君以独力不支，遂辍役。阅己卯三月，君谓善念不可中止，手持李刺史募缘疏一帙，遍告官绅士庶，大兴工作，迄今告竣。君曾为余言，开工之始，人力千余，无下礅处。夜梦金甲神指示，始得天然石脚，虽曰巧匠琢山骨，盖亦有神助焉。

是役也，经始于辛未之冬，落成于庚辰之夏，越十年而始完。段君之焦劳其志，坚忍其力，备历风雨寒暑，为邦人造福，概可见矣。

嗟乎！镇南自罹兵燹后，民之凋瘵也久矣。余莅任以来，目及冲疲之状，日务宁民而噢咻之。方将辟污莱，招流移，苏徭役，兴学校，而君能除道成梁，以广利涉，斯真识为政之先务，而足佐余之一得也已。是为记。

〔据康熙《楚雄府志》卷九《艺文志中·记》第37页辑录。陈元，浙江余杭进士，清康熙三十八年（1699年）任镇南知州。镇川桥，在州治东南二里，清康熙三十九年（1700年）土州同段光赞新建桥，左建观音阁，以培一州风脉，知州陈元为记勒石。另见康熙《镇南州志》卷六《艺文志·记》、咸丰《镇南州志》卷六《艺文志·记》、光绪《镇南州志略》卷十《艺文略·记》、民国《镇南县志》卷十一《艺文志》。〕

游黑泥温泉记

陈 元

余守镇南之二年，行部至英武乡。有山曰黑泥，孤危一径，舆马不能入，悬崖扳木而登，峭壁削立，俯瞷溪流一线，有坠石森列如剑戟，从客皆股慄。行二里许，始得平阜，宽广盈亩，可膝坐。对望清流，涓滴不绝，乃温泉也。

泉之名有四：最高者曰鹦歌潭，在山绝顶，人迹罕到；次曰天蓬潭，潭上石擎如华盖，旁穿一小孔，亦莹洁可爱；又次曰象鼻潭，奔泻如瀑布；最下马槽潭，则递注会流之所也。山罅多石硐，林木蓊郁，有彝妇数十，羊裘裹足，避匿于此。余怪，询之土人，则曰："自洱海赵州来欲就浴者。"余笑谓友人曰："汾阴之泉，汉天子幸焉；骊山之泉，杨太真浴焉。斯泉之秀彻香润，仅供倮㑩僰彝之濯足，山川遭际之不同，乃至此耶！"昔柳州作《马退山茅亭记》，有曰："兰亭也，不遇右军，终湮没于荒郊蔓草。"今吾与二三子，梯登幽壑之巅，澡雪琼浆之畔，使非作赋能诗，表章胜迹，则斯泉之浴士大夫，与浴倮㑩僰彝何以异？元也不文，以俟君子。

〔据康熙《楚雄府志》卷九《艺文志中·记》第38页辑录。此记题名，康熙《镇南州志》作"游黑龙潭温泉记"，并载"州西南一百五十里黑泥山有温泉，喷涌清润，远近男妇多来就浴。"《云南金石目略初稿》卷三第14页题录："《游黑泥温泉记》，知州余姚陈元撰，康熙三十九年，在镇南县西南百五十里，见岑《志》。"另见李坤《云南温泉志》、康熙《镇南州志》卷六《艺文志·记》、咸丰《镇南州志》卷六《艺文志·记》、光绪《镇南州志略》卷十《艺文略·记》、民国《镇南县志》卷十一《艺文志》。〕

重修复隆井龙祠碑记

沈懋价

《志》载复隆者，黑井之一也。在司治北，去大井十里许，源出山足。其地重岗复谷，削壁巉崖。夏秋之交，石崩流沸，令人不敢仰视。旧名崖泉，因其出没不常，更名曰复隆。刳木引泉，熬以为盐，以佐大井之不逮。明朝加貤封，褒以“灵液裕国”，立祠祀之，每春秋有司例往祭，用王者礼。

予奉命任井事时，至其处，见设坛以祭，心窃疑之。询之故老，乃知山水汹暴，祠之荡去者三十，凡几年矣。夫治民以事神者，有司事也。山川神祇，有不举者为不敬，非其族者不在祀典。今井之得名以盐，盐之所出以卤，隆杀盈缩，必有神焉，主之即所谓龙也。井课计万，神与有力焉，况井人之赖以生全者众乎？祠之废坠，毋乃陨越，以贻君子羞，用是滋惧。乃捐俸构祠，肖神像其中，以为祭祀所。而楹栋槛牖，髹镂黝垩之饰，固不知其视昔何如也。工既讫，因记年月，以告来者。至若地不爱宝，润下作咸，山泽效灵，课赋殷给，此又圣天子之洪庥也，予何与？

康熙辛巳年十二月谷旦，奉直大夫云南黑盐井盐课提举司山阴沈懋价撰。

〔据康熙《黑盐井志》卷六《艺文志·记》第76页辑录。沈懋价，浙江江阴人，清康熙二十八年（1689年）任黑盐井提举司提举。〕

惠远桥记

沈懋价

桥在井治东七十里许，地名沙矣。旧往者来者，皆于是止宿焉，盖挽运孔道也。旧亦有桥，其地丛山四塞，溪狭流湍，夏秋雨积，水割桥圮，商旅裹足，挽运望洋，以致国课日逋，民食告匮，有由来也。

予既修五马桥之明年，乃具状达盐宪李公，报可，即捐俸助之。择期于正月十二日起工，落成于三月十八日，两岸甃石各十丈余，上架以木，覆以板屋，以避风雨。计费银一百四十余两。工既迄，取名惠远桥。昔子产以乘舆济人，子舆氏以惠予之，以“不知为政”讥之，因举徒杠舆梁以为听政者法。今盐宪此举远过子产什伯，其惠之所及，岂可以岁计哉！因纪其日月，以告来者。

康熙四十四年岁在丙戌三月十八日，黑盐井盐课提举司山阴沈懋价记。

〔据康熙《黑盐井志》卷六《艺文志·记》第26页辑录。惠远桥，在黑井沙矣，为赴省大路。清康熙四十年（1701年）提举沈懋价建，后圮。清雍正间监生梁翊材重修，更名仁寿桥。清乾隆三十年（1765年）冲没，提举张珑率灶户重建，四十五年（1780年）又冲毁，提举徐统潘率灶户重修，旋圮，五十八年（1793年）井生梁之权倡建。〕

重修东井龙王祠记

沈懋价

井在司治东可一里许五马桥上，卤出河中。大井旧名西井，今井名东者，对大井言也。旧有祠，重檐广榭，中肖龙王像，在西山下李贤者泉侧，与三官庙、铎风台前后建。万历间山崩，台与庙倾圮，龙王庙独存，故井人至今犹呼其地为三官庙，即今龙王祠地也。井开于隆庆二年，有井，因建庙以祀龙。有司以状闻朝，允其请，赐褒封，敕曰“涌卤惠民”。加以王号，春秋祭。以丁与大井同，用王者礼。卤簿服色如王者，讫明代无异。

己亥，我朝开滇，既入版图，凡一应兴革事宜比照万历朝，故龙袭其封如前代。康熙辛未，井水灾，山崩于上，水割于下，祠堕入河中，东井亦漂泊无存。后二三年，井司寻井旧迹，粗加修葺成井形，而龙祠兴废，不复有问之者。即春秋享祀，第设主以祭。井水味变，井灶每见告，上官不为之省。

岁己卯，予奉简命任司事，例谒各祠庙，次东井，无展拜所。询之，父老为予指其地，徒见乱石巉崖，崎岖觱沸，无复所谓龙祠者。用是心恻，无如初莅任，诸兴革事，仓卒难以措手也。明年，予见井灶拮据状，咸以东井为辞，心知运东井以合煎，不若就东井以分煎之为愈也。问之，众灶同声曰：“就煎便。一可以免卤水之渗耗，一可以省汲运之人工，就煎便。”予从众议，择地之近井者，因盐课司旧署，起建灶房若干间，仓房若干间，以时煎办，以时锯发。不一年，盐之逋者日以足，灶之惫者日以苏。可已而不知前此之井，既经水灾，又值地震，所谓修葺者，亦规模粗具耳。井出河心，淡水浸漏，而灶又以艰难控矣。

岁乙酉，予周视井之上下四旁，得其故。予曰：“利不百则不议兴，弊不百则不议革。今东井出河中，与河水相上下，苟不为穷源竟委之计，则咸淡无别，其受累宁有已乎?”遂具文达各宪，去其旧石之腐败者，易以新石之坚致者。别其源流，分其咸淡，而卤味如故。后三年而卤味又变，灶又以为苦。予相之度之，而闵前此之举，犹未尽善者，盖修其半，犹未修其半也。遂集众论，庀材石，不分昼夜，不辞劳瘁，别其去来，疏其高下，阅一月告成。出河水上一丈五尺，入河水下一丈五尺。井告成，而龙之弗祠如故也。因念季梁对随侯曰：夫民，神之主也。是以圣王先成民，而后致力于神。故务其三时，修其五教，亲其九族，以致其禋祀。于是乎民和而神降之福，故动则有成。又《谷梁》亦曰：宫室不设，不可以祭。有司一人不备其职，不可以祭。又曰：非命祀，不敢祀。《礼》：天子大蜡。蜡也者，索也。岁十二月，合聚万物，而索飨之也。蜡之祭也，主先啬而祭司啬也，祭百种以报啬。飨农及邮表畷、禽兽，仁之至，义之尽也。古之君子，使之必报之。迎猫，为其食田鼠也；迎虎，为其食田豕也，迎而祭之也。祭坊与水庸，事也。卤出于井，井出于龙。报土功者以社，报田功者以稷。彼猫与虎，且迎而祭之，矧龙之涌卤出泉，煮以为盐，以足民食国用，以供天地祖宗之享祀者，其可忽诸龙王命祀也。予有司也，祭之举废，予实有责。不有以祭之不可，不祠而祭之尤不可。因即其旧处，辟之使宽，甃之使高，经营栋梁，制造黝垩。宇其地，人其貌，春秋享祠。

其于治民事神之义，庶几有合。而守土者，可告无罪于鬼神也。否则，养尊处优，肆志妄意，尸位素餐，人怨于下，神恫于上，且以数之偶然，理之因然以自解，不亦惑且愧乎！祠既成，因记其日月，而益不禁其凛凛也。

康熙丙戌春三月记。

〔据康熙《黑盐井志》卷六《艺文志·记》第6-9页辑录。东井龙王庙，在贤者泉左，明万历间山崩圮，清康熙四十四年（1705年）由本井提举司沈懋价新建。岁以春、秋二仲丁日诣庙致祭。〕

修黑井运盐路记

沈懋价

黑井在万山中，路不止一处也。由土主庙下南行者，通琅井。由龙王庙右白衣庵下西去者，通姚安。过龙沟北去者，往元谋。过五马桥上山东去者，往武定路也。

诸路亦常修之，今之修者，则自井治至会城路也，计五程，凡三百六十余里。而修之自井之南山庙始，去庙百余步，地名清水沟。每阴雨，泥沙水石，混流莫测，昔曾建桥，桥被冲后开路，辄又冲去。崖坎相向，左逼山，右逼河，莫能来往。因凿石为路，甃以石磴，两面相向至菜园。下二里至白土坡，坡有崖，亦甃石磴绕崖上，可百步许。又一矢地至三道河，即三合哨也。从哨处至河，可一里许。河，山涧也，涨缩不常，乱石嶙峋，人不能信步，因其高下平之。至山下有坡，俗名水牌坡。坡陡峻，随其可顿足处辟之，左右曲屈至坡顶五里，差平，然每阴雨甚泥滑，乃甃以石磴。一二里地名新鸡村，盖山脊也。多夹道，每夏秋必用工填治。一里至罗武哨，又五里至老王坡下，盖黑井与琅井分路处。从山断处过水，聚辄不能行，可半里许接坡下石磴。曲折一里许至老王坡，坡上有人户十余家，有僧庵一所，井人迎候上官至此，过客亦于此少憩焉。又一里至虾蟆井，又三里有坡，东下陡滑。十里至起岗地，又三里至合力哨。下至花箐，箐底有茅屋三四间，门前有小石桥。过桥即上坡，过坡斜行五里，地名乾海孜，以地势洼，故名也。然不甃以石，则泥水不能行。至小花箐，有山涧，建小石桥。上小坡至羊毛关，又东下十五里至张起哨，树木阴翳，险峻泥泞，非斩木筑道不可。自哨下坡十里，坡泥石间杂，晴雨皆难行，故随其形势，以石甃之，或五七丈，或三五十丈，非好劳也。下至河，河畔地名沙矣，旧有土巡检，居民可三四十户，往来者常于是止宿焉。计自井至此八十里，一程站矣。河水入秋辄泛涨，两岸相隔，商旅以为患。旧架木梁，覆以板屋，曰惠远桥，后被水冲，今复建，予为文记之。自沙矣旧起至鹦哥哨十里，坡高树密，崎岖坎坷，不时加修理，则牛马颠蹶。五里至罗锅塘，盖沙矣旧山脊也。地形三方隆起，若以石揹锅者，路忽下忽上，岐石碍足，人畜俱苦之。下至秧草地，地有甘露庵，僧人间煮茶饮过客。自庵东下，有民居三四户，过谺口下山十里，地名大庄科，有人家，大抵皆夷人也。又上山十里，地名小庄科，山势险隘倍前，依山盘屈五六里，至山尽处望见刺桐哨，然相隔尚十里，中有（以下原本缺）。

〔据王定柱纂修嘉庆《黑盐井志》（清嘉庆间刻本，下同）卷三《疆域志·艺文附》第48页辑录。〕

新建桥路庵记

沈懋价

是庵之建，凡以为桥路计也。形胜险仄，非路无以便来往；溪涧浅深，非桥无以省厉揭。此修理桥梁道路，有事兹土者所不容已也。自井治至禄丰县，计地一百五十余里，计程二三旦暮。山之下有涧，涧之上有山，倏尔登山，倏尔越涧，不能如通都大邑之可以长驱并驾也，不能如长江大河之可以方之舟也。雨积山崩，潦涨路塞，行李不便，挽运不前，比年以来往往见告。

予自己卯夏莅任井司，日以陨越是惧。目击此桥此路，所关系于国计民生者，匪浅鲜也。因是设法捐俸，命匠庀材，路之当修者修之，桥之当设者设之。不执己见，不袭故事，因势利导，相地制宜，桥以济路之穷，路以达山之隘。积日以月，积月以岁，疏凿畚甃，十易星霜，而坏者理，圮者治，此可以往，彼可以来。其于桥梁道路也，庶几矣。虽然此目前计耳，过此以往，安知此桥此路之不复坏且圮乎？与其拮据于此时，尤当持筹于后日。桥路之不能修者，其故有二，一则苦于修之无其人也，再则苦于修之无其资也。苟欲修矣，不得其人，将若何？苟得其人矣，不有其资，又若何？五夜思维，爰集众议，竭力倾囊，建庵于秧草地。上价置□地，水田□亩，年获井斗租谷□石。延僧伽之能且慎者，住持其中，以董其事。租谷收入义仓，田粮开入义户，登以文簿，稽以耆老。取其一，以供僧人之衣食；留其九，以备桥路之动费。东至禄丰，西至本井，无论多寡，无论雨晴，随坏随修，随修随用。不烦劝募之劳，而自获挹注之逸，此桥此路，或可以图存也。

嗟乎！天下无不敝之人，而有不敝之法。当其事之将然，虽补偏救弊，足以为功；及其事之已然，虽改弦易辙，适以滋累。宁独一桥路云尔哉？因题其额曰“桥路庵”，如其顾名思义，触目兴怀，扩而大之，续而行之，是所望于达人君子。

康熙五十年岁在辛卯五月既望，黑盐井盐课提举司提举山阴沈懋价撰。

〔据康熙《黑盐井志》卷六《艺文志·记》第38页辑录。〕

游乾阳洞记

张端亮

丙戌春三月，刺史刘公挈予往祀龙祠。五里，至莱玉山麓，有潭净影回波，远混天碧，下注于田，溉禾可千亩，民利赖焉，故祠之。左为龙泉书院，仅废墟，相传州人士读书其间，兆飞腾者甚夥，龙之为灵昭昭也。

刺史归，予小憩龙树下，盼乾阳洞未远，遂勃勃然动游兴，命从者携壶挈榼，邀孙子子仪籍咸辈童冠与俱。既行且止，至二天门，怪石林立，马不能进，褰札而陟。三里至榔梅亭，亭肖真武入山像，奉之亭右，僧舍为滚石所击，僧不荼毘，而齑粉矣，伤哉！由亭而折而西，为真武阁，梯石攀附里许，始到飞甍。画栋曲堤，回廊皆在藤萝之上，下视城郭，东带异湖，特蜉蝣一邱，主者进杯茗浇余，快甚。良久，孙子谓予曰：兹山拗折险阻，未易穷尽，曷努力焉？折而东为雷神殿，踞大石，四虚无倚俯，临巨壑，天风所激隐隐动，霹雳声靡直心者，同居不可。又折而上，为三元宫，宫后为凌霄殿，昔毁于野烧。今易土木，嵌砖石，规制坚伟，不异嵩山之石室，至此更无上矣。取路而下，益陡削逼仄，夹道之石，若猕怒猿奋，龙攫虎斗，厥状不一。有片石印仙人履迹，长尺深寸，左趾宛然，伪配以右，殊不类。转至佑圣宫，风急如矢，阖户默坐，越百余步，始至乾阳洞。俨莱玉山脐，窅然而深，廓然而敞。老树屈铁，苍藤舞蛟，细草蒙茸，幽花妩媚。中奉大士，石窟间错置罗汉。洞之右，凿石磴数十丈，为灵官殿。殿左突垂崖壁，扪壁而过，则老君阁。地仅十笏，架屋于空，直等危巢。像则冶金为之，数十人难举，传有樵者负而置之龛中，稍侧更不能移。阶下镂石，作七星导泉环流，暗泄于太极池，由池而泄于洞口，泠泠碎玉，戛击有声。其高绝险绝如此，余心冲股慄，不克久持，复止于洞，与诸子酌。甚欢，无何，夕阳在山，促我归。步过磨针亭，仰视石刻，已模糊难辨。徐至山麓，仆夫整鞍候，抵署而心之冲股之慄仍未已。客有问之者曰：乾阳之游乐乎？答曰：乐则乐矣，若兹游也，不可无一，不必有二。

〔据《滇系》八之十四《艺文系》第61页辑录。张端亮，蒙化斤人，清康熙己酉（1669年）举人，官潍县知县。《云南金石目略初稿》卷三第18页题录：“《游乾阳洞记》，学正蒙化张端亮撰，丙戌三月，在石屏县北五里乾阳山，见岑《志》。”〕

阳宗周令川记

章尔佩

阳宗黑子小邑辖两乡，上乡附城南，枕明湖；下乡名炒甸，绕山数十里，无灌溉之利，岁数旱，五谷罔播，矧有获。令尹潞河周君进父老而谓曰：点画造于圣人，物所称名，祯咎分焉。天比不雨，而甸更以炒名，宜其干矣。《说文》：水流通为川。盍名以川，然甸实无川也。君行山麓，见草际有水涓涓没根节，则又谓父老曰：刺刀得井，卓锡涌泉，专一所至，鬼神应之，况令为斯民请命，草际有水，实告以端，其奈何不具畚锸从事。于是，以鸡豚祀神，诹吉启土，一时听者咸窃笑：甸苦旱且十年，苟有水，奚待今日？难重违令言，强从事，然私计为必不得，徒劳民耳。稍入，水出石齿间如珠，既而泛溢，掘之数尺，浮出成渠，引而行，依山入明湖，灌溉之利，举上、下乡诸村俱受焉，是年大穰。向之窃笑者咸歌舞相庆，谓非吾令不及此。周君逊不居，归之于神，复为祠祠神，逾年，堂庑备。

适余北迎节度使过甸，广文武君述其事，且请文以记。余应之，曰：是阳民之遭也，苟无水焉有岁，苟无岁焉有民。今得周君而正名，以回天行野，以度地致祷，以格神信令以动众，枯焦之亩变而为膏腴之坵矣，抑不特此也。肇功以识，立功以断，居功以让，失一于此，不足以集事，君此举三善备焉。事成，民受其利，神受其享，而谓君可忘乎？白公、郑国浚渠，即以名其渠，诸葛君筑堰，即以名其堰，示不忘也。兹甸名川，而川未有名，曷即以君名之？武君曰：善。爰砻石而题曰“周令川”云。

〔据道光《澂江府志》卷十五《艺文志·记》第58页辑录。〕

新兴新德桥碑记

管 灏

求州距城之二十里许，其西北隅为关岭隘口，上通省会，取道刺桐、铁炉两关。夹岸崇山蜿蜒，下伏龙湫，沙渍汇为河流，奔注求原，入大河同逝。其初，渡者由梅园两庄联络数屯，而前卫屯于渡最近。先是架木为桥，飘摇漶漫，有卫之衿士耆民谂于众曰：我等遭逢尧舜圣主鼓腹含哺，得享升平，又值廉能太守与民休息，拊循备至，如建学、修城诸大事，且不惮力以垂永久。今东渡之流，每阴霖冲涨，鲜不病涉，盍勿新易略行，俾永固无虞，以长我子孙甚盛举也。众曰：唯唯。

爰是请诸太守，太守曰：善亟图厥成，余分俸助且将踏焉。遂尔鑫屯蚁聚，并役捐金，卜于庚寅之秋杪，舁石购材，筑以崇堤，横以巨木，覆以广厦，施以棱版，三阅月而落成焉。维时衿士里民，竞相色喜，思以名斯桥，记斯役，往询于余。余曰：噫嘻！除道成梁，载诸夏令，诸君此举亦食德抒诚，润色牧圉之一事也。从此，河旧而桥新，人旧而德新矣。其以“新德”为斯桥颜额乎？且于东则面映龙马，于西则直通钟鼓，于北则上溯玉龙，而于南则又旁绕龙池。其间堤柳掩烟，野芳含露，弦诵万家，绿野千畴，悉有炳蔚日新之盛，而革故趋新，敦诗说礼，以跻于人文之彬郁，则于联络斯桥之各屯，尤愿循名务实焉。至若潦水无忧，行人为便，则自昆阳、易门，以达迤西，咸资利济，又不止求州之西北隅称快也。余故嘉其绩，乐其成，遂不揣无文，濡笔而为之记。

〔据道光《澂江府志》卷十五《艺文志·记》第62页辑录。管灏，郡人，清康熙间进士，官至吏科掌印给事中。〕

重建联玉桥碑记

谢 俨

距郡城十五里玉笋山北有溪水，上总诸壑，下汇仙湖。冬春水涸，可褰裳而涉矣，夏秋则洪涛怒溢，激石摧山，畏途者临流而返，急趋者随波而溺，行者苦之。康熙二十一年，善士刘廷富捐资倡建木桥，行人利赖十有余年，其如年远易朽，木久则腐，不旋踵而刘老之苦心付之乌有矣。

兹邑侯翟父母莅任，甫三年，政通人和，百废俱兴。凡学校、城池皆已殚心修筑，更周行环境，察视桥梁，见玉峰山下圮桥，为民其咨，实惟心恻，自捐金力请于府厅公祖，倡僚属，风士庶，共为捐造。进都人李天润、李崇高，石匠李文清等区画经费，择日兴工。自康熙四十四年六月起，不半年，而巨虹高架，民无病涉矣。

夫修桥梁、通道路，守令之功也，而留意者常少。玉笋一峰，钟吾澂文明之秀；峰下之桥，为临元旅道之所必经，与环郡父老子弟之所往来而取济。桥既成，垂之久远，其利赖实多。余所为乐传其美，以志将来，而并题其桥曰“联玉”，见我侯之德高联玉笋，澂人世世仰之，无已时也。是为记。

〔据道光《澂江府志》卷十五《艺文志·记》第66页辑录。谢俨，进士。〕

玉溪河记

任中宜

玉溪之水，源有二，一出江川兽头山，一出州境香柏河。至小矣资合流，则撒喇哨河水注之，至戴家屯，白龙潭水注之，至康阜桥，罗木溪水注之，至通年桥，奇梨、西河二水注之，至甸尾村行山际中，出嶍峨城，下及阿迷、弥勒州界入盘江，达广西泗城，归南海。

冬春少雨，溪流常弱；夏秋洪涛汹涌，漫及于中卫屯、中古城等处，不知何时筑堤障之。然山峦沙石，随波而下，日久淤塞，河身渐高。崇祯二年，摄州事武定司理宜宾何公宪集州民数万人疏之，自玉溪桥而上，与大营屯而下，高阜如束，可无水患，中间两畔，堤岸十里，往往冲决湮田庐，以致忿角伤人，守土者当留意焉。疏浚用夫甚多，难以轻议，惟每岁春增修堤岸之为愈也。

〔据道光《云南通志稿》卷十八《地理志·山川八·澂江府》第 36 页辑录。任中宜，字宏文，号怀庭，浙江山阴县岁贡，洎康熙三十七年（1698 年）任平彝知县，纂修《平彝县志》十卷，四十五年（1706 年）任新兴知州，纂修《新兴州志》十卷。玉溪河，明崇祯二年（1629 年）由新兴知州何宪集州民疏之。《云南金石目略初稿》卷三第 16 页题录：“《玉溪河记》，新兴知州山阴任中宜撰，康熙四十五年，在玉溪县，见岑《志》。”〕

重修九天观堰水利碑记

卢 炳

水利之关于民者重矣。自古贤守，遑遑修堤堰，资蓄泄，经画尽善，为百世计，军民永赖焉。

州西有水，出自宝秀，汇于九天观塘，潴中小屿一区，旧属观址，植园以供香火。屿麓之田属军屯勋庄者，昔年曾户捐数亩，以为聚水池用，其田之屯粮子粒，详请蠲免。

明初，蜀涪曾公筑堤作闸，秋冬闭闸蓄水，春则决之，以资耕播，利为最溥，详在旧《志》。日久倾塌过半，蓄潴较少，民无望焉。郡侯张公下车，咨民疾苦，以兴利除弊为己任，有裨民生者行之，不遗余力。闻一日郊巡，目击兹堰，喟然曰：“修废举坠，事在牧民，是予之责也。”遂集村农，萃畚锸，竖桩运土，捍以巨石，较旧堰增高数尺，而坚厚弘广过之。不伤财，不费工，历旬而功告成。积水汪洋，东下亢旱之田数千亩，皆借其灌溉，岁歌大稔云。公之为民，其用心深且至矣。

昔乐天刺史杭州，浚西湖水入河，灌田几万顷，暇则吟咏湖中，有“松排山面，月点波心”之句①，历宋废而不理。至东坡守杭，复举废筑堤，以为湖水蓄泄之限，诗酒徜徉其间，杭人德之，号曰“苏堤”。公之筑兹堰也，不亦后先合辙乎？州民欲立石，以永

① 此句出自白居易《春题湖上》诗：“松排山面千重翠，月点波心一颗珠。”

其传，邮寄手札，道公盛德难泯，问记于余。余曰：储水兴利，为循良第一善政，矧屏堰数处，惟此渟蓄广深，引溉经旬不竭，利赖非他堰比。公此举，泽流百世矣。矧公善政种种，指日嘉丕，绩陟台鼎，霖雨海内，可拭目俟之，仅屏民之食其德乎？爰纪其事，以镌之石。

〔据乾隆《石屏州志》卷五《艺文志一·记》第106页辑录。叙述清康熙三十七年（1698年）知州张毓瑞增修九天观闸之事。卢炳，字子阳，石屏州人，清康熙戊辰（1688年）进士，任南昌知县，清勤明练，剔弊除奸，行取吏部主事晋郎中，后擢兵科给事中。《云南金石目略初稿》卷三第15页题录："《重修九天观堰水利记》，给事石屏卢炳撰，康熙年，在石屏县，见《滇南文略》。"〕

知府潭记康熙三十七年

李佩瑶

郡之南有大溪，泄水为泸川之尾闾。溪中有石，石隙有水，水深而鱼肥。每值春和景明，水落石出，古太守常萃阖郡人士捕鱼于潭，以供祭祀，与民同游观之乐，遂名为知府潭，亦名支脯塘云。游览之际，熙熙攘攘，辐辏溪旁。朝烟夜月，气象万千，岂非一郡之盛概，而同民之伟绩与？当鱼发之期，罾网千层，烝然罩罩，各执其物，环潭而渔焉。太守亲临，升高而望，把酒临风，其喜洋洋，必悠然而动遐思。见潭之上，杂树浮青，远烟笼碧，闲云一片，渔火千庐，必曰"此美景也！思所以共之"。见潭之中，施罛濊濊，鳣鲔发发，沙汀鸥鹭，与几叶渔舟争出没，必曰"此乐事也！思所以同之"。见潭之左右，笑歌而管弦，伛偻提携，往来不绝，或希蜗头之利，或佐斗酒之需，必曰"此小惠也！思所以公之"。触类而思，不一而足。瑶知斯潭之生，古人以之绥缉人民，因物感兴，无不动其惠爱之思。奚只取供祭祀，流连光景，观鱼于潭而已哉？彼神池太乙，非不可久也，不过娱一代之耳目，计暂时之小利，不旋踵而感慨系之，瑶不知其为何说也。虽然，知府潭东发源于江头，西喷津于泸洞，滔滔百折五十余里，而分泄于诸海眼。淤滞失疏，淫潦夹旬，梁黍麦菽，汇为巨津（浸），久矣，夫将成江河不治矣。前人几欲疏凿而不果者，无他，志不在民也，畏难苟安也。异日或有贤大夫而辱于此者，殚心民瘼，加意边疆，慨然以开决海口自任，非所称忧民之忧、乐民之乐者乎？陈公永惠之坝，可谓辅相天地之不及兹，而为前人之所难为，又所谓裁成天地之过矣。

瑶也生逢盛世，愧乏长才，而井田学校之思，有油然于中而不能已者。虽不获躬逢其事，徒为托诸空言，而吾郡忧乐同民之先务，有可略纪以俟后之君子详者。

〔据乾隆《广西府志》卷二十五《艺文志二》第15页辑录。李佩瑶，广西府人，贡生。佩瑶、佩海，昆季俱幼，父庠生梦庚为盗所害，瑶为笔佣，控告经年，卒得凶手冯选等，手毙之。父仇既报，奋志力学，后应岁荐。〕

重修金鸡温泉亭记

罗　纶

出永城拱北门三十里为金鸡村，村旧有温泉一池。人之熙熙而来者，殆络绎焉，然墙卑室浅，或时有显者临之，则士民来此每多跼蹐。夫以游乐之地，而有一不足以爽心，殊非快事。余于辛巳岁首捐俸而葺治之，复砌外池一所，与民共适。工竣之日，正逢上巳，因修禊其地，甫至而习射，射毕而浴，浴毕而饮。庭除雅洁，清风徐来，谈笑之余，不觉气清神爽焉。时幕参钟子前席请曰："春和景明，刑清赋简，乐事同民，兴复不浅，盍匾斯庭以志胜事?"余曰："人生贵适志耳！即所处之地，乐日用之常。昔曾点志在暮春，风浴咏归之外，已无余事。今日之游，即从目前起见，颜其额曰'来爽'，可乎?"乃又为之歌曰："有泉斯温，有酒斯清。以浴以饮，两腋风生。仰观宇宙之大兮，觉放旷而忘形。兴尽归来兮，戴新月之与明星。"

〔据康熙《永昌府志》卷二十五《艺文志二·记》第51页辑录。罗纶，直隶人，由贡生升奉天府通判、户部湖广司员外郎、本部江南司郎中、永昌府知府。金鸡温泉，位于保山金鸡村，相传为三国吕凯所立，清康熙四十年（1701年）知府罗纶重新修砌，以为憩息之所。《徐霞客游记·滇游日记十》记载："一里而至金鸡村，其村居庐连夹甚盛，当木鼓山之东南麓。村东有泉二池，出石穴中，一温一寒。居人引温者汇于街中为池，上覆以屋。……池四旁石甃，水止而不甚流，亦不甚热，不甚清，尚在永平温泉之下。"〕

重建龙川江壶瓶口桥碑

唐翰弼

凡层峦叠嶂，岝㟧巑岏之区，下汇为溪，以蓄泄源水，水得所聚乃汪洋以成。大川曰江，其流湍激，沛然莫能御，维舟难渡，民或病涉，盖非桥梁莫济。龙川江之于腾，巨浸也。江三发源，会众流而下，蜿蜒数百里入缅，会大盈而归金沙江，其险可颉颃澜、潞二水，过永、腾者必渡焉。

先是，江无桥，建桥盖始于弘治，继复建于嘉靖，然皆不详其地界。越万历二十有八年，州守郑人和以形家言议改路，由罗武当通乱箐哨，是为新路。三十九年，以龙江圮，又议建木瓜寨壶瓶口桥，改新路由山心通潞江渡口，正今所议建桥处。四十六年桥成，副使童公世彦为之记，以抚彝陈公锡爵、州守李公之仁董其事焉。历今八十余年，中不知又几修建，其年岁莫考。兹旧桥于己卯秋九月告灾，州士民群请复古，仍壶瓶口建桥，岂兴废有时，非人所可亿逆，有莫之为而为者与？今复童副使诸公之故志，仍其旧基，因峡口收束若瓶，且两岸如天造地设，江窄，故庀材稍易。

是役也，始于己卯冬季，成于辛巳春。初木石铁冶及工匠之用，俱捐资措给。若综核经理，罔敢有冒破乾没，则余实究心焉。输无论多寡，愿者听之；工不伤农时，隙则举之。然而费繁不赀，经营况瘁，不得不广为说法。幸天不靳顾，时和年丰，功用告成。

盖余叨牧兹土，心期利济，欲民无病涉，则政在成梁。非细事也，是以不惮倡率，而镇守副总戎张公厥有同志，亦率弁属以襄此举。因遂议改铺设塘，以严汛守；修路盖房，以惠行旅。俾得人行坦道，骑骋康庄，不致望洋兴叹者。非敢曰创兴也，只复古耳。功既落成，诸绅士咸属余为文以记之，且以告后之守土诸君子，起衰扶敝，永固津梁，总不忘利济之本怀，是所厚望者耳。

〔据康熙《永昌府志》卷二十五《艺文志二·碑》第19页辑录。唐翰弼，汉军正黄旗人，号星岩，清康熙三十五年（1696 年）任腾越知州，在任十年，兴废举坠，政绩甚著，百姓呼为老唐公，祀《名宦》。《云南金石目略初稿》卷三第 14 页题录："《重建龙川江壶瓶口桥碑记》，知州唐翰弼撰，康熙辛巳春初，在腾冲县龙江，见腾冲金石目。"此记题名，《永昌府文征·文录》卷十《清一》作"重建龙江桥壶瓶口桥碑记"。〕

重修金马里上枝诸河碑记

吴宝林

嵩明州金马里上枝地方，踞嘉利泽之上游。玉龙总河自屼峅发源，受诸山溪壑之水，至南冲出平川，会总闸，分中、西、东三河入于泽，蜿蜒六十里。夏秋间，淫雨暴作，洪波迅发，夹老沙积石俱下，倏忽震荡，堤埂尽决，化桑田为鱼鳖之乡，势也。

余莅嵩有年，其于城池、学校、书院、祠祀，以及桥梁、道路，无一不兴举，而此独频年以水患见告。余目击心伤，思为此一方民，起溺亨屯而未有得，即时为修葺，不过目前之计，终非经久之谋。于是广延众论，专委其事于驿厅孙君，督同乡耆水利及各村历练者董其事。令照式宽一丈二尺，深五尺，按田出夫，择日兴工。未几，孙君报称，西河张官营有废桥一座阻水，以至大树营田禾济没，今新其桥以阔水路，其河尾新开一百三十余丈。中、东两河，并黑蟆沟、地河、船沟、官渡小坝河、罗良村河诸水道，次第如式，开挖疏通，以百余年之积害，未三月而去之。

噫，成功何若是之速也！盖前此不知上流壅塞由于下流沙淤，其高者同于陆地，细者不绝如带，而承其任者率多虚事，迄无成功。今孙君实心为民，以河之事为身之事，故能择人任势，恩威并用，巨细分合，悉心经理。浅者深之，狭者广之，塞者通之，疏者坚之，譬之一身元气流畅，百脉疏通，无纤毫阏闭之患者。孰谓水利之兴，无关于民生之重欤？况孙君以佚道使民，吾知鼛鼓不设而趋役恐后抑。孙君有言曰："职之承是任也，惧无以上慰委谕之心，次期与此邦绅士里民图善后之计，其要在开河尾以泄水之势，设闸枋以定水之数，而其补救之目则又有三：一曰禁冲沙，滨河之民，冲沙广地，则河阻；二曰禁土坝，以木易之，则不淤；三曰去截泥，河尾交接处，必多横截之泥，责令滨河之地之民去之。嗣后，设水利二人复其差，比年一小修，三年一大修，率以为常，而河自是无患矣。"余闻其言而善之。夫水有利有害者，势也；而能使其有利无害者，人也。孙君能成余之志，兴其利而除其害，且欲为此邦之人永除其害而享其利，所谓仁人之心，其利甚溥也。业经申详，上宪永著为令，以俟后之官斯土者，知余两人乐善同心，仍其法于不朽，是余之所望于将来者也。

孙君讳师灏，字幼梁，有俊才，通经术。为杨林驿驿丞署本州捕厅，兴水利，平徭役，以公明著。浙江山阴县人。同时董事者，乡耆史藻、崔致中，驿书柏长春，水利陈运泰、杨德君，其余姓名不及尽载云。

〔据汪斝修，任洵等纂康熙《嵩明州志》（民国二十二年钞本，下同）卷八《艺文志·记》第 11 页辑录。吴宝林，字荣期，石门（今湖南常德市石门县）人，贡生，清康熙四十六年（1707 年）任嵩明知州，升奉天府治中。〕

重建赤子龙王庙碑记

郑　荣

国家事神治民，爰修祀典，凡有功德于民者，例得春秋报赛，而淫诬者不与焉。赤子龙庙，为州祀典之一。庙在州治西，距城不数里，左龙右凤，枕翠岫而瞰丹甸。灵泉古木，清绝尘埃，说者谓为风脉所关，而龙亦颇著神异，祷雨祈晴，无不立应。惜其栋宇狭隘，莫详创建之始。曾得古历于旧像中，阅之，为明正德四年己巳，去今二百有二年。历世既久，风雨摧残，且祷祀之人因陋就简，芜秽不治，非所以妥神明而严祀事也。今年春，乡耆栢参天、杨弘文谒余，言曰：龙王庙灾日就荒坎，曷请葺之。

予询其事于州人士及赵发村村中，皆曰：可。而赵士元、赵祚弘更以营造为己任，议于田亩公捐得数十金，工力则东北二门与赵发村各分其半，官绅士庶亦间有资助。遂于春仲，凿山拓地，先构正殿三楹，尽废腐恶，故像而更新之，金碧辉煌，灿然可观。次构前楼，再次营两庑厨室，皆弘厂巍焕。楼之前，因树为台，引流为池。池水清湛，曲折回旋于绿叶青阴之下，每朝霞夕晖，树阴匝地，山影横塘。而溪流一泓，澄碧拖蓝，登临其地，颇能涤襟怀而怡心目，洵风城佳胜矣。

是役也，创谋于春二月，越秋八月而营缮毕。何成功之速哉？盖龙之灵有以阴持而默相之尔。沐其庥者，乐膏泽而望甘霖，勤力作而不以为劳，捐资财而不以为苦，遂能扩往古之制，极一时之观，非敢曰重困我父老子弟也。予不敏，因得藉之以告成事，其宣力之人捐资备载于后，以垂不朽。

〔据乾隆《赵州志》卷四《艺文志》第50页辑录。赤子龙王庙，位于赵州城西冲三里，旧有庙圯，清康熙四十七年（1708年）解元郡绅郑荣重建，前有萃爽楼。〕

新兴通年桥记

任中宜

州西门五里玉溪也，玉溪之右第一支流，源发大堡，经龙门箐河入于溪；第二支流，源发于昆阳州之铁炉关，入州城刺桐关，经梅园、棋盘诸山，山谷深密，聚泽成波，蜿蜒奔放，至陈家屯，合九龙池水，涓涓潺潺，其势颇张，穿安流桥，达玉溪。昔人筑堤障之，用溉民田。堤屈曲如长虹，随水罄折，柳林蓊郁，回环交织，村落棋布，左右映带，亩浍如绣。行人缘堤为径，往来绿树中，人影依约，所谓“余堤柳浪”，乃州中第一名胜也。第当春秋雨潦，众水汇归，波涛震荡，争相出峡。隔岸居民以数千计，纷错种植，行者望于道周，苟无梁以济，则农者辍于耕，而贾者阻于途矣。前之人驾木杠于其上，但木体轻弱，不敌惊波之汹涌，风雨飘摇，难经久远。

州之待选官李定鳌、诸生李文煜等倡引，乡邻之人各输金粟，即其地易木为石。创始于辛卯冬十二月，落成于壬辰春三月，凡百有余日而工竣。所费仅百余金，材坚而良，工密而致，游龙舞鹤，隐见水中。固哉！此桥将与河山并永矣。

余因定鳌等之请，特名之曰通年，取三年通一之义，志予为民祈年之心也。书捐金姓氏，勒之贞珉，为后之好善者劝。是为记。

〔据道光《澂江府志》卷十五《艺文志·记》第80页辑录。通年桥，在城西北三里，清康熙五十一年（1712年）知州任中宜建。〕

重修新兴丰乐桥碑记

严　慎

尝考星纬，辰角见而雨毕，天根见而水涸，故《夏令》曰“九月除道，十月成梁”。凡有裨于民者，必适当其时。昔杜预建桥于富平，武帝举觞属预曰：非君不能成此桥也。一桥之兴，君子每以察吏治，验民风焉。

棋州平衍，罗田万井，烟火相望。百里之内，溪流环绕，如玉溪、宏济诸桥，皆整饬周密。独城南二里许，有泉出自灵照山麓，逶迤而西，横当孔道。冬春之交，河干水涸，值暴雨聚至，河潦奔会，驶为怒涛。明初建桥，历年久远，沙石壅塞，其不便于民实甚。

值郡侯鲁公下车以来，政尚宽和，休养民力，凡因革损益，尽力举行。有僧寂莲及乡人黄业久等持疏请曰：此桥北通会城，南接新嶍、元江、普洱诸路，凡官商车马之往来，输赋邮驿之接踵，罔不由焉。方今百务维新，可听其埋没于乱石颓沙中耶？公可其议，捐俸倡首，慕义之人一时踊跃趋事若子来状。

于是，甃石如跨虹，蹁水为夹道。桥长十尺，墩高丈余，阅三月而厥工告成。夫举重非一人之力，经费非一人之财，捐虽不一，均为好义，至督率劝募劈画者均为有功。然感动自上，惟公爱民，故民有余力，不令而行也。且知人善任，大得民也。一时父老子弟咸欣然色喜，群游于春风化日中，可卜其时和而年丰焉。因题其额曰丰乐桥。

公，会稽世宦，起家阀阅，莅治期年，政声丕著，因勒石以志不朽云。

〔据道光《澂江府志》卷十五《艺文志·记》第81页辑录。严慎，字思庵，州岁贡，敦孝友，琢品仪，淹贯经史。从张方起参订文体，为后学指南，赞修州志，扶掖善类，及秉铎罗次，振兴文教之功居多。事迹见道光《澂江府志》卷十四《文行》。〕

重修新兴玉溪桥碑记

夏　昌

尝闻十月成梁，王政先廑乎利涉。经年垒土，富平克济，夫往来虽创始维艰，实邀功于前哲；而续修不易，尤待造于后人。如棋阳玉溪者，固一邑之要津，为行人之孔道，修建之功，诚不可须臾缓者。

予于壬戌春来守是邦，凡四属，有利当兴，弊当除，因革损益，悉警于心，而地隔数百里，每切鞭长莫及之恨。适因公至棋，见山川秀丽，人物轩昂，灵照诸峰，峙若朝拱，玉水大河，环如围带。美哉山河！洵甲一郡，而特出矣。随谘及风土形胜，父老为予言曰：玉溪河水，源远流长，来自夹雄山，经江川口，蜿蜒三百余里而入州治，自北而南，一州田亩赖灌溉焉。及其出也，由嶍峨达南掌、交阯，而归南海。溪中有桥，建自有明雷宗伯，日久倾圮，刺史耿文明增修，阅数十年，而刺史任中宜重修。及今四十余载，沙淤水冲，桥梁损坏，房屋坍塌，济渡者苦于厉揭。予与刺史徐君方思酌修，时有绅士孙敬等慨然各肩其任。

于是，兴工于丁卯岁之冬，告成于戊辰之春。照依旧址石墩五座，每墩增高五尺，桥西迎水马头增添八丈，又添楞木加扣承，上覆瓦房二十间，以蔽风雨。两岸建牌坊二座，桥东立庵阁三楹，中塑观音大士像。两厢各设官厅三间，以便憩息，门外立牌坊三间，均以石狮砥柱。

是举也，千锤万凿，动若鸣雷，肩石担泥，奔若集雨，虽经营伊始，戒以勿亟，而庶民子来已不日成之。伟哉！焕然一新矣。从此徒杠既就，弗闻舟子之招招；舆梁新成，谁叹北流之活活。且栖迟得所，不致悲歧路于穷途；利涉大川，岂复恨天涯于咫尺？遥望彩虹如带，引地脉而锁烟霞；仿佛玉马凌虚，接舆图而增风景。人文蔚起，福祉常新。予与徐君且共遂河清之志矣。是为记。

〔据道光《澂江府志》卷十五《艺文志·记》第82页辑录。〕

新建新兴仙人坝碑记

张　晅

环棋皆山也，自灵照分派，迤逦而东，层峦叠嶂，作州治之右屏。其间田畴参差，半依山冈，以待泽于天雨者，约千余亩。中有随山诸水，蜿蜒奔注，直过煤炭冲，统汇于仙人塘。是水也，是中右数屯所急需，而卒归于无用者，何哉？盖田高塘低，势不能使数仞以下之水，仰润数仞以上之田，所以临流而兴叹者已多历年所。

丁卯夏，值郡侯徐公省农于此，目击枯涸之象，不胜悯恻之忧。适绅士刘君文锡等呈请作坝，壅水于仙人塘，以救此一方民。公即诣其地，细览形势，慨然允其议，据情详请上宪借给公银三百两，择于缙绅中举魏君世綖董率其事。乃鸠工庀材，凿山削壁，甃石为坝，宽七丈许，高九丈许，自塘至沟口，长三十余丈。势若建瓴，无漱啮之患；形似盘石，有巩固之坚。

肇工于戊辰春二月，至冬十一月工竣，约费三百余金，惟得水之家，按照两年均捐以还项，概无波扰。是则财不省而用自裕，民不劳而事已集矣。由此秋冬蓄水，春夏开放，分润涸田千余亩，向之一望赤土者，今且数顷碧波矣。吾知崇墉比栉，永享乐利之休者，公之赐也。况水势渐积而高，灌溉由近而远，异日三屯以外，其推暨正自无穷，亦公之赐也。然公岂第惠此一方哉？成梁于西路，筑堤于北河，浚亩于南方，兹又建坝于东隅，凡四境内，可以甦民之困者，靡不毅然引为己任，而力成之。鸿功伟绩，真堪不朽矣。

昔李冰凿离堆之渠，而水道通；高駢筑麋枣之堰，而水利兴。类皆名垂竹帛，泽流奕祀。今之仙人坝，亦犹是离堆渠、麋枣堰也。其所以垂竹帛而流奕祀者，应与秦之李冰、蜀之高駢，后先相辉映耳。东地士民，食公之德而不能忘，嘱予次其巅末，以勒诸贞珉焉。是为记。

〔据道光《澂江府志》卷十五《艺文志·记》第84页辑录。〕

重修新兴永济桥碑记

高 锦

永济桥，距城南五里许，四流毕合，东发蒙习之源，北接龙门之水，西收桐关之泽，南注窑河之波，故惊涛怒浪，再倍于普惠，三倍于玉溪。旧有津梁，架木牵枋，以便往来，号曰桂家桥，载在《州志》，日久倾颓，大为行人之忧。

甲寅冬，府宪来公过棋，偕前牧芮公留心水利，巡视其地，颇有修建之思。适绅士史君可记等呈请修建石桥，以垂永久，府宪及前牧均可其议，慨然捐俸为士民先。一时好义者云屯雨集，惟恐或后。于是甃石八墩为砥柱，中列楞木，铺以犁板，上覆瓦屋二十九楹，北岸竖碑亭三间，与南岸大士庵相对。阅两载而工竣，焕然一新，诚巨观也。迄丁巳夏五月，溪流聚涨，漭腾泖湃，石墩冲决者二，桥房漂没者九，向之期其永济者，今且济之不永矣。

值予来牧是邦，甫数月，史君等诣予而言曰："水啮桥断，民何以济？"予曰："成梁利涉，责不可辞。"随至其所，探受病之原，乃植基不坚之故。即具禀府宪来公，公与予复剖俸议修，士民亦醵金有差，遂分流以杀水势，掘沙以平桥基，布长桩一万三千，盘巨石四十二丈，灌灰汁而衅隙可涂，镕金灩而上下相连。由是底固则墩坚，墩坚则桥永。告成之日，第见彩虹跨河畔，长卧绿杨之波；金鼍稳江心，讵惊白浪之撼。我车尔马，驰驱而弗摇；后应前呼，络绎而不绝。佥曰刺史之功。予嗟叹久之，因谓史君曰：桥之成于今日者，上赖府宪，下藉士民，予何敢贪天功以为己力？然成人之美者，君子也，予窃比焉，不堕前功者志士也，诸君有焉，诸君与予同乃心、一乃力，故能相与以有成也。继自今之官斯土者，倘念成梁之不易，而乘时修补，普利济于无穷，又予之所厚望也。是为记。

〔据道光《澂江府志》卷十五《艺文志·记》第85页辑录。〕

重修星宿桥碑记康熙壬辰

刘自唐

桥名星宿，志经纬也。汇三江，瀹六坝，会通往来，利涉东西。建自前代，匪伊朝夕矣。己丑冬，余恭膺简命，来莅兹土，见桥梁倾圮，硐石坍塌，查修筑之役甫兴于癸未之春，旋颓于丁亥之夏，万不得已，于是搭木以供行走。此前藩司刘躬亲诣授，暂便目前，而登斯桥者，不无摧折恐惧之忧。余恻然者久之，因商诸绅士，谋诸父老，矢志修葺。佥曰："斯桥也，忽修忽圮，欲底安澜，想天意在贤侯乎？"余云："事固美，其于独力难支何？"思千金之裘，聚腋始成。爰设法详请，当蒙上宪仁覆无疆，发给帑银二百两，提督军门遍捐赀一百三十八两，腾越牧吴、鹤庆太守艾、保山令金各捐银八两。余不惮勉力捐修，用襄盛举。择庚寅岁十月，鸠工动众，而庶民踊跃子来，遂于壬辰四月告竣。由是东西往来，欢歌载道，举向所为恐惧摧折者，今喜有坦途。呜呼！伊谁力也？余曰民之力，民曰余之功。余以为经天纬地，俾舆梁永奠，与星宿光昭，非各宪恩，莫由致也，余于功何有？是为记。

〔据康熙《禄丰县志》卷三《艺文志上》第47页辑录。刘自唐，字尧封，陕西关中人，清康熙丙戌(1706年)进士，四十八年(1709年)任禄丰知县，五十一年(1712年)纂辑县志。星宿桥，禄丰境往来迤西要道，明万历四十年(1612年)知县向兆麟始建，后大水冲断，清康熙三十年(1691年)藩司于三贤等重修，四十八年(1709年)倾圮，四十九年(1710年)知县刘自唐倡修，历二年告竣。此碑刻记当时倡建之原因、经过、捐银倡修者等情形。〕

修大村沟坝碑记

刘自唐

水利之兴，关乎国赋，厥功懋哉！禄邑旧设六坝，而县辖大村母子河，去城五十里许，有沟坝一道，始前明永乐年间，其工程浩大，较他坝最甚。坝高二丈，阔一十六丈。沟长二十里，阔四尺，沿沟溜槽三十余道。坝外悬崖十多丈，石壁阻塞，凿山通引，翻迭而出，灌溉两村秋税田二百余亩。迨明末丁亥、戊子，兵火连绵，人民逃散，坝倒沟埋，田地荒芜，居民苦之。康熙三十五年奉文开垦，生员何如文等遵依宪文，仿旧修筑，引流灌溉。始于康熙三十六年，成于四十一年。约记所费五百余金，总为国赋攸关，不惜重赀者，有自来矣。

余己丑冬来守兹土，值奉续修三十年以后志，因而登山岭，寻河流，窃不禁喟然叹曰：美哉！斯坝为大村一带田亩所倚，其利溥，其功难，若非修葺有人，防卫周备，未有不旋修旋圮者。是所望于望乐善不倦之诸君子也。因为记。

〔据康熙《禄丰县志》卷三《艺文志上》第39页辑录。大村沟坝，始修建于明永乐年间，工程浩大，迭经兵火，坝倒沟埋，清康熙三十六年(1697年)，生员何如文等仿旧修筑，周围田亩，赖其灌溉。清康熙四十八年(1709年)刘自唐任禄丰知县，撰此碑记述当时事。〕

三乡十一坝水利碑记康熙壬辰

刘自唐

县正堂刘为劝谕共井和睦，均沾水利事。据三乡村民李立等诉群虎抗断阻挠水利，又据丁启建等诉土豪越界挖水，各等情互控到案。据此，本县随即单骑减从，亲临勘踏，看得水源之发，亦属浩浩不竭，迨十一坝各分其势，则渐以寖微，而白邑村更居下流之末者也。查上满下流，古之常理。近水居民，均沾灌溉，宜也。独白邑村地在水尾，远莫能致，秧母亢旱，殊可悯恻。李立等之越界挖水，情非得已。丁启建等之阻挠，亦为久旱，切切自防之故。此屡挖屡阻，叠控不休，均勿怪其然也。

本县相度水势，细阅案卷，平情酌理，劝谕尔等谊属同乡，则田可同井。嗣后，如遇亢旱之年，先听老鸦关各坝居民灌溉秧亩外，余水让与白邑撒秧。其白邑村间田，固不许过贪放水，而上流各坝亦不得尽泡田亩，而坐视下流之秧母枯槁而不知救也。如此，则上下均沾水利，而葛藤可断。仰遵本县劝谕至意，不惟和睦乡里之风行，而公庭亦免质对守候之苦矣。倘再抗违，立拿重究。除立案存房外，堂即出示，并谕乡练传知在案。本县仍恐愚民不遵劝谕，彼他乡练互相容隐，复委在城乡耆林蕃、城守郎志捷等，前往三乡劝谕均水。去后，据乡耆林蕃、郎志捷回称“遵稟即往老鸦关，传齐十一坝放水军民人等公同前往查看，有各坝放水军民赵溯、丁启建等凛遵朱牌告示，事理出具遵依结状。嗣后如有恃强复起争端者，自认抗断之罪，二比允服，写立合同，永为定例。仍恳俯赏勒石，庶便遵守”等情到县。据此，随查此水屡经控告，群争不休。今本县平情公断，尔百姓既恪遵守心服，相应准其勒石永久，使豪强不得窃越，远近均沾利泽。并使后之抚兹土者，共谅本县公道爱民之至意，相传不朽云尔。特示。

〔据康熙《禄丰县志》卷三《艺文志上》第45页辑录。三乡十一坝，《禄丰县志》“三乡老鸦关河，年筑十一坝，上下流，每岁争讼，知县刘自唐每坝分设水长一人，统立水练总一人，断令先济秧母，循次灌田，勒石遵守。”〕

新修赛宝坝碑记康熙壬辰

武光绪

民生之计，莫重勤农；稼穑之资，尤先水利。田之需水，犹民之需粟也。禄邑地在冲邮，山多田少，附郭之区，土高泽卑，若东麓以及南郊，率皆待雨而耜者。我邑侯刘公下车之二载，见西畴绿满，东皋尚赤，不禁恻然于怀。乃寻城北飞虹桥上河六七里许，至黑龙潭坝，则北附郭引流灌溉旧址。公徘徊审处，辄怡然喜曰：“此坝高河丈余，不几且润东南之陇乎?”立召户民宋士廉等指授规画，贷以谷钱，俾率有田家合力修筑，增石坝至二丈余，开沟十有里许。

自庚寅冬，迄辛卯春，凡三月，而东南千亩可播矣。佥曰：我侯之惠，向者望雨如珠玉，今则千仓万箱，皆由始矣。因拟其名曰赛宝，请寿诸石。夫民非无利，必待上之人有以开之。昔邵父疏河，时称除苦，毛公浚漕，人颂其德，西门邺令，发民凿十二渠成，民以攸赖，是皆千万世所瞻，名载简青，功同禹绩。公殊政良法，概不止此，要莫非心乎民之心，事乎民之事，日取民之身家饮食而悉寿之，公诚不愧为民之父母欤！敢约其概而为之序。其勤劳趋事者，皆刻名于石，以为后人劝。

〔据康熙《禄丰县志》卷三《艺文志上》第49页辑录。赛宝坝，在禄丰县城东北，临大河，三面无池，清康熙四十九年（1710年）知县刘自唐筑坝引水，环城作濠，凡三月，亦饶灌溉之利。兵燹后倾圮。〕

泚江路记

王 游

全滇皆山也，云郡滇西鄙，山陡涧逼，路皆盘旋鸟道，值积而淖没及膝，行者艰之。

斗阁之下，沘水经焉。缘江行数武而至砥柱桥，其间顽石当路矗立，高低欹斜，晴明犹多坎坷，夏秋江涨，隔塞者恒数日。此虽山谷小郡乎，然公事征发，不可愆期也。五井额盐，尤关民食也。

甲午秋杪，募剑川石工作堤四十丈，相地势之起伏，高四五尺不等，以河水不可没为准。日督工于侧，取水涯积石以树墙，凿石桥畔以覆其上，其当路而欹斜者掩于下，以资镶垫，高出其上者削之使平，事不劳而功倍，至便也。适有兰州之役，胡君渭圃、张君念修更左右之，往还旬日而工竣，游其上如砥也，往来者歌坦坦也。因积工徒而酬以直，曰："叠土亦可行否?"曰："第下有江水之啮噬，上当牛马之踏践，仅保三四年。"又曰："似此石堤何如?"曰："百年以内无毁矣。"

嗟夫！天下之物，未有成而不毁者。斯路之颓于前而治于今者，数也；历之久而必敝者，时也。吾弃家万里，而官于斯，不能必数岁不归；值旁午构隙，不能必旦暮不得罪归。今易坎坷而为平地，履斯者已无憾矣。至保固于无穷，后之君子，谅有同志，又况雒马烟火数百家，百年之内，夫岂无一二尚义者而听其终毁也耶。是为记。

〔据雍正《云龙州志》卷十二《艺文志》第43页辑录。王澥，字征远，山东福山贡，清康熙五十二年（1713年）任云龙知州。明廉毅，好学崇文，详究傈僳抢掠，革除井里陋规，善政班班，士民爱戴。〕

诺邓桥碑记

王 澥

诺水之阳，产邓井，为雒马五井之一。岁办课与天大石等，以非孔道，无由遽至，以辨其勤惰，而观其风俗。任事后，稽其册籍，逋欠无多，诸生以公事来谒者，类恂谨谦和有书卷气。值童子试，能文而拔前茅者若而人，心窃异之。

癸巳初冬，例巡山后六里，由石门西北行，沘水别流，叫聒之声无闻，山势迤逦，上下不甚陡峻。阅六七里，峰回路转，崇山环抱，诺水当前，箐篁密植。烟火百家，皆傍山构舍，高低起伏，差错不齐，如台焉，如榭焉，一瞩而尽在目前。旂导前呼，趋迎路左，黄发者、垂髫者不必一致，而俯仰之间，皆有以自得。询之曰：诺之内有变风乱俗者乎？曰无。井里桑麻无恙乎？曰然。陈诗书以启后进尚有人？曰有。又曰山高势迅，湍激桥低，溪水暴涨，将何以济？曰舍傍山限，所处既高，水日低洼，形不相称，非仅病涉且泄地脉，会当架屋敷板于上，奈有志而未逮也。事竣而回，阅载余，岁丰稔，诸生共卒前志而祈言于余，答之曰：若辈多收十斛麦，用培风气，而成津梁，其志可嘉矣。

斯桥也，非当孔道，无皇华馆途之责，无公事征发之期，皆无足纪，矧子固陋，又何能纪？第念斯人之厚重不佻知敦本也，课额无逋知急公也，父兄之教必先知启后也，子弟之率必谨知承前也。用志其日月，连类旁及，以俟后之君子甄别而鼓励之，且嘱多士，慎终如始，勿俾历久而此风或坠焉则几矣。若夫木石之经营，工徒之多寡，皆略而不书，近纤也。

〔据雍正《云龙州志》卷十二《艺文志》第45页辑录。诺邓桥，在云龙城北四十五里，跨诺江，清康熙五十四年（1715年）知州王澥重建，上架屋。〕

修东山河记

王迪吉

玉湖在东山南，周三里许，受研和诸山泽，出梁海村，行山际中，至河西县碌碑乡，入大溪。夏秋雨潦，田禾常溺，以湖小不能容受，泄口平狭故也。山流涌激，沙石并下，泄口日就淤塞，近湖民少，力难自任。明季申请三院，照昆阳海口例，每三岁发研和一乡夫并河西碌碑乡壖及其田之夫，共相修治，著为令。

康熙壬申、丙子、己卯，州三给示，于春孟兴工，迪吉父子监之。约长二里许，积久不治，壅遏倍常。乙未，迪吉请于州牧任公中宜，批照往例行，水流畅达，无淹没之患。然玉湖潴水，旱可以蓄，潦可以泄，大为稼穑之资，唯沙泥渐渍湖身，或致平满为患，恐不止湖畔数屯也。在今日以疏口为沛流之计，若异日则又以浚身为探本之论也。

〔据道光《云南通志稿》卷十八《地理志·山川八·澂江府》第38页辑录。《云南金石目略初稿》卷三第18页题录：“《修东山河记》，土州判王迪吉撰，康熙五十四年，在玉溪县碌碑乡，见岑《志》。”〕

拖梯水道碑记

王清贤

士大夫入佐天子以黼黻太平，出宣皇猷以经理民事，虽遇有不同，苟有裨于国，有利于民，常而不失其变可也，变而不失其常亦可也，安在其固执为？

余莅武之二年，值丙寅春三月，有庠士苟尚礼、赵恒、杨超梓者，讼镟匠村军民施国贤、武应侯越地穿疆，侵其本界之水道。其界维何则拖梯也，去禄阳二十里许，居镟匠村上流，既苟、杨诸士之山庄。其地无平坦处，靠山而田，田如梯形，因此得名。

诸士进而陈曰：“方今神君坐理，吏畏民怀，无相争夺者，此辈越于制，虽农家事，敢请命吏决之。”余曰：“沟洫讵细事乎？古井田之制，亦戒豪强，经界必正，子舆氏所以切切言之也。乌得侵侵有罚，盍往勘之？”于是单骑就道，过禄邑，越秀屏，沿鸠河而上，极一日浏览之致，二处形势悉在目中焉。更进父老而询之，遍历沟洫而巡之。见夫石田数顷，维草宅之者，为军余久废之亩也。询其废之之故，咸谓：“旧作桶车注鸠水，以逆灌之，民力几何，而堪年换月添也耶，所以任其废弃若斯。”余不胜慨忾焉，思所为救之术而未得，又见夫新浍在傍，遥遥数里间，其为军余所方凿，而因以致讼者乎？嗟嗟，惫矣！工食其频耗矣，筋力其既穿矣，民力其堪念矣。

余素厌俗吏之所为，拘牵文法，每藉口于旧制不可逾制，诚不可渝也，宁不可通乎？时州牧李子在侧，因谓之曰：“水必有源，试穷其源，吾自有议。”李子曰：“唯唯。”尚未知余意之所在也。相从余骑而行，越数里，入石箐，骑不能驰，遂秣马于野，扪萝攀石而登焉。此初入壑时，犹见水渗沙石中，流甚细，余有忧容，忧其水之止能济拖梯，而不能济荒陇也。更振衣直上，将次山巅，紫藓云封，苍藤壁挂，恍若别是一天，余亦不暇顾其景色。遥见古木掩映内，隐隐龙湫一泓，至则清澄可爱，较流于山下者加大矣，不觉怡然色动曰：“吾解此讼，其在斯乎？”乃临流而谓诸士曰：“子从太守断乎有泉如此，此天地自然之利也，不足固不能以及人有余，又何得独私其造化，盍于尔农桑沾足之后，分其余流以惠彼瘠土，诚吾儒不费之惠利甚溥焉。但禁彼军人不得窃之于未足之日，是又太守杜侵渔之微意也，勉之哉！戒之哉！”语甫毕，两讼忽应声而解。余既喜士民之淳而厚，且自笑余之迂而劳也。倘所谓政之变而不失其常者，是耶，非耶?

李子请而志之，余再从而赋之曰：“松迳行来十里香，绿畴点处嫩晴光。烦余花马踏轻重，任彼山村计短长。源本何来通石箐，流于几处灌农桑。须知所利公斯溥，但愿吾民解讼场。”

〔据许实纂修民国《禄劝县志》(民国十七年排印本，下同）卷十三《艺文志上·碑记》第16页辑录。王清贤，清康熙二十六年（1687年）任武定知府。〕

创开通济沟碑记

谢宗枋

《易》曰地水师，君子以容民畜众，盖惟水生利，故为容畜之象。水利不綦重哉！乙酉冬，余受命来治禄。禄邑土城里许，旧称瘠壤，附郭固滋灌溉，而十里外依山傍麓，其为石田者皆是也。水利不兴，农事坐废。顾瞻田野，汉少彝多，大半鸠形鹄面之辈。目击心伤，思为振兴，以仰体上宪为民兴利之至意，以自尽父母斯民之实心，则沟渠所宜急讲也。且禄阳城外二河萦绕，其从右入者为盘龙河，其自左来者为掌鸠河，盘龙则南北两岸共资溉润，而掌鸠惟东岸稍受其利，西岸无有焉。

嘻，有津若此，果不可以通沟洫乎哉！爰谋诸父老曰：“自州北溯掌鸠而上，至镌字崖，崖前汪濊若截流，为堤引水而下，则伏同庄与拖梯、镟匠村西岸数十里之陇可溉也。”余曰：“吾北京人也，未习水利，但初仕山左，久居运河，闸坝疏泄，颇了了于胸中，盍往观之?”会丙戌八月，军民施朝安等以开挖水道请，遂单骑沿河而上二十余里，至镟匠、拖梯诸村，又二里至伏同庄，其间数十顷半熟半荒田无沟水，俟雷雨大作，乃克有济。又沿上十三里有奇，抵镌字崖，其形势可以疏凿，果如父老言，遂定谋焉。所虑者镌字崖下为法泥泽，若沟道下引，必假法泥泽界朱生田内经过，乃可达荒陇，而时正有秋，未经收获，难以意度。冬十月，复行踏勘，思欲请之上宪，以决可否。乃文未缮，而群情呼吁已抵宪辕矣。批令查报。

余于正月廿八日，偕绅士、耆老、匠役躬亲相度，定以水平，绳以丈尺，颇得高下之宜。再计沟道广狭，截长补短，约需朱生之田五亩有奇，计亩授价，生始难之，虑坍塌冲决为患。余曰：“吾已三度其势矣，无伤也。”生许之，始详覆各宪檄下如议行。于是择吉祭祷，军民彝倮踊跃从事，惟是工繁费浩，且也内有悬岩屹立者里许，恐民力艰而有鲜终之叹也。余捐薄俸，措升斗。经营两月，而厥工告成。此其间若有非人力之所能及者，诸绅士率父老彝倮而前，曰：使天地自然之利，得及于编氓者，非使君之力不及此。请为记，以志不朽。余曰：是役也，主其议者督抚两台也，襄其成者两司暨道府各宪也，允宜志之，以见食德者之不忘所自也，割爱善邻廪生朱声进也。奉行惟命乃吏之职，余何力之有，敢并志之？以是为记。

〔据《禄劝县志》卷十三《艺文志上》第18页辑录。谢宗枋，直隶监生，清康熙四十四年（1705年）任禄劝知州。〕

重修天顺桥碑记

胡朝宾

尝闻蛾蜺跨海长堤之烟树，期登螮蝀插天蓝水之风波。乃渡虹桥，建自武帝银梁，修于孔明，千载犹令人歌颂之不辍，可以思其故矣。

顺宁郡北二百里许，有东木龙天顺河，其源自永平汇于阿林寨东，入大江下。水深无底，两岸皆累嶂层崖，如锋鋩剑戟之不可犯。湍流涨急，高浪排空，原置有桥利济往来，其来久矣。不意今岁冬初，淫雨滂沱，波翻怪石，河水泛滥，桥梁冲倒，人民褰裳而涉者咸有濡首之嗟，物类负涌而过者皆有奔殒之壮。长江鸟道中，凡输将贸易过往行人至此，莫不望洋而叹。修建桥梁，洵不可缓也。

适有耆甲张所蕴等目击心惨，毅然发愿欲募而修建之，请文于余。余嘉其善，但桥横铁缆，临天堑而驾长虹，工程浩大，岂一木所能支哉！一人倡之，众人和之，济舟楫，值云月，而别慈航。滴水成河，望烟波而渡飞锡，江桥告成，一劳永逸。几见行旅之负戴而趋者，商贩之担囊而至者，车马之簇拥而驰者，士大夫之曳袖而游者，荡荡焉，平平焉。若履长堤而登宝筏，不为风涛之所震恐，蛟鳄之所怒骇，则人咸登彼岸，宁非功德之不朽与？是为记。

〔据康熙《顺宁府志》卷三《艺文志》第 19 页辑录。胡朝宾，北直人，清康熙间由贡生任顺宁知府。〕

方池记

程 封

州署左方池，不知何人所凿？偶壁上得一小石，正德十一年，知州洪君锡所镌。内云：州治后堂东，前州后，杨君相地凿池，思结亭，未果。余至，士夫以杨志告余，采木陶瓮，建一亭，书“并杨”二字于中，再书“镜天”二字于楣。

〔据袁嘉穀纂修民国《石屏县志》（民国二十七年排印本，下同）卷三十四《艺文志附录十五·杂记下》第 2 页辑录。〕

河头营新造义船碑记

窦若斗

粤自白马西来，人多佞佛，故武帝构精舍，则云获释愆尤；太后建虹桥，而云脱离苦海。此作之前者，班班可考，而修之后者，应亦无穷矣。然中峰尝云：善之在一刹者，其功小；善之利一国者，其功宏。仁人具欲立欲达之愿，存利物利人之心，志不可靳于小，而事必图其大。

吾匡大河，发源曲阳，迤逦陆凉，北自河头营入邑，而环绕匡城，人民殷富，有自来也。然大渡小渡之经通衢，巨商大贾往来络绎。其募建桥梁常易，独河头一渡，地限南北，应接甚广，所过者皆担柴负米化居贫窭之人。旧日民和乡善士薛、王二公设立义船水坝，以济往来，众甚便之。特是三春之时，则负担舒徐，优游让路。若夫隆冬冱寒，街场辐辏，车马喧阗，则咸思急渡，望洋兴嗟，思舆梁而无术者比比矣。

廷选吴君辈目击情形，筹度庀材，醵金聚谷，一旦[①]不避艰辛，慨然博济。其成功也甚难，而用力也甚瘁。始于秋季初旬，落成于孟冬望五。自此而如砥如矢，永无褰裳之劳，毂击肩摩，常履坦平之道，顾不伟哉！尤虑每岁一修，终或久而废也。因问引于余，以寿诸石。余曰：此诚善之大而功之宏者，首事之勤，赞襄之雅，皆不可泯泯于后也。诸君嗣此，尚慎终如始焉，则广济之施，将与水而永利也。

〔据乾隆《宜良县志》卷四《艺文志二·记》第15页辑录。窦若斗，字天枢，宜良人，清康熙丙午(1666年)举人。乾隆《宜良县志》卷三《人物志·文苑》记载其“刻苦力学，诗格清新。治家严肃，教子义方，且乐善好施。家非素封，捐租以建义学，制衣以济贫人。教授生徒，培植后辈。刊《明善录》有裨风教。后裔科甲绵绵，实公之所造也”。另见民国《宜良县志》卷十上《艺文志上·记》第9页。〕

观瀑亭记

孔宗舜

夫天地之间，莫大乎山水。山水者，代天地而生万物者也。其利无穷，其趣更无穷。其乐之者，宜乎众矣。孔子何独曰“知者乐水，仁者乐山”，且朱子解云“知者周流无滞，故乐水；仁者厚重不迁，故乐山”，则是山也水也，非知者仁者，不能乐也。予不敏，敢以仁知自居，而其志常在山水。

粤自丙辰年从家大人移居虎溪，无日不徘徊览胜。每风清雨霁，天空云静，闲游独步于村之西。不数武，见其层峦绝巘，叠嶂巉岩，竹木菁葱，清流旋折，恍然如武陵深处。仰视山腰，悬流万丈，腾空而下，如银河倒泻，珠飞玉喷，龙吟风吼，莫可名状。探其源，盖出云台，奔泄赤江，而流逝不竭者。未尝不喟然叹曰：山水之趣，何有过于此者？予家述远兄曾筑台于旁，以为避暑地，名人尝题诗石壁。今岁月日深，荆榛满目，正柳子厚所云：兰亭不遭右军，则清湍修竹芜于空山矣。

于是有构亭之想。爰约山僧，偕邻友，同诸兄弟相与有事于其间。芟茅剪棘，创其始也；筑地甃台，开其基也；架桥凿石，通其径也；植名花，插垂柳，养修竹，种芭蕉，陈其趣也。亭成，则瀑布之奇，不更增十倍哉！坐斯亭也，见夫飞鸟上下，树影参差，林花开谢，皆有会心。呜呼！人生天地间，谁无知仁之体，流峙之机，窃愿与达者察造物之盈虚，寻圣贤之真赏，而不徒山水亭榭，怡情悦目已也。是为记。

〔据乾隆《宜良县志》卷四《艺文志二·记》第19页辑录。孔宗舜，呈贡人，清康熙间生员。〕

---

① 一旦 民国《宜良县志》卷十上《艺文志上·记》无。

徐侯筑堤引泉创兴水利碑记

许贺来

中州广陌平畴，济以长川巨津，故称饶沃者十邑而九。滇土处荒僻之乡，亩浍寄山谷中，农人在在占风望雨，春霖失期，惟焚香吁天，束手坐困，岁成终无望焉。即田之近湖邻泉者，水道所不及，只凭桔槔以从事，民力疲而旱如故，其有裁成辅相，补造化之所不及者，诚戛戛乎其难之！

州有里曰海东，田不下数十顷，居湖东之畔，历年以荒旱闻。前人数有凿渠之谋，或畏难苟安，或工力不逮，无毅然成之者。徐侯以阀阅世家、闽海循吏奉檄莅事，下车以来，洁己清心，除羡耗，革供应，慎编审，仁风善政，不一而足治。通人和，百废俱兴，古所未有。更念水利之关于民者重，公事之暇，屏车骑询野老，巡行阡陌，堤之宜筑者筑之，堰之宜修者修之，泉之宜浚者浚之，其蓄水通流以利灌溉者，指不胜屈。一日道过海东，喟然曰：龙井之泉决之，海则无益；通之，田则有裨。吾其与尔民成厥事乎？令出，而民之欢呼祷祝者数千人。遂鸠工运石，筑堤拥水，既厚且坚，为万世不拔之计。复沿山通道，引其流而遥注之。我徐侯不惮披荆斩棘，亲指画于泥涂原隰间，兴作之日，发廪捐俸，以犒役夫，不伤财，不费工，甫阅月而功告成。以无穷之水，灌无穷之田，昔之旱荒悉变膏腴，苏堤白渠何多让焉！吾因之有感矣。天下非常之举，必待非常之人。龙井之泉，为千百年未开之利，前以犹豫而无成，岂非山川神灵必俟守令之廉明卓异者，始以呈其奇而著其绩也哉！若夫善后之策，设堤夫以司之，均其分数，时其修筑。强梁者有罚，阻挠者有禁，俾荒旱之田长歌丰稔，水利之创兴，其功岂小哉！异口奏最。

彤廷司国家大计，经营调燮，泽海内而福苍生。作霖大业，于兹可卜其梗概矣。是为记。

〔据乾隆《石屏州志》卷五《艺文志一·记》第103页辑录。许贺来（1656—1725），字燕公，号秀山，石屏州人，清康熙乙丑（1685年）进士，授翰林院吉士，改编修，升侍讲。徐侯，即徐应祖，辽东人，监生，清康熙二十八年（1689年）任石屏知州，以廉能著称。念水利之关于民者重，公事之暇，巡行阡陌，询野老，堤之宜筑者筑之，堰之宜修者修之，泉之宜浚者浚之，其蓄水通流以利灌溉者，指不胜屈。尤其是捐俸筑堤引泉，创兴坝心海东大龙井龙潭水利，不伤财，不费工，阅月而功成，为千百年未开之利，开“前人数有凿渠之谋，或畏难苟安，或工力不逮，无毅然成之者”之事，福泽州民。此碑记称颂“天下非常之举，必待非常之人”，徐侯之功甚大。后升四川成都府同知。〕

新浚海口碑记

许贺来

屏郡地势东下，汇而为湖，环匝百十余里，海门山麓石龙峡，其尾闾也。泄则沿湖沃壤，塞则苦涝焉。旧《志》州守顾公言之已悉，数十年来，壅滞愈甚。值夏秋之交，淫雨不息，狂流暴发，黄茂尽委巨浸，民益苦之。乙亥岁，芝山张公来守吾屏，下车之日，革支应却馈遗，清里甲，葺城垣，善政实多。越明年，政通人和，百废俱兴，瞿然曰：田稼灾伤，民天所系，治屏急务，莫有大于此者。乃集众纠工，亲诣海口，揆形度势，深悉淤塞有数患焉。乾沟水自脩冲关来，昔人堤之，堤坏则土石直奔海口，此一患也。王家冲水必令分流归海，以杀其势，否则河堤难免冲击，又一患也。南岸乾溪数处，须布桩甃石，捍之别流，否则雨水暴集，砂砾随至，亦一患也。更有村农欲激水入田，架木作坝，横截河中，沙日壅，水日淤，其患尤甚。缘此数患，故屡开屡塞，卒无成功。嗟嗟！吾屏上流之田，半属亢旱，春雨愆期，徒悬耒叹耳。望在下流，秋复苦潦，是两病也。公蒿目民艰，为一劳永逸之计，当疏者疏，当浚者浚，人力难起者，牛耕以起之，其作坝激水之弊，立行严禁。河渠浚深丈余，开凿十有数里，他若坝心山间诸水，或分其势，或厚其防，有条有理，云涛怒卷，雪浪遄飞，决之如建瓴下，而畇町邻亩亦大沾余润，称两利焉。

余匏系京华，未获亲见其盛，里人来辄称公疏通海口之法甚详，则屏之粒食皆公赐也。闻公复为后事计，设堤夫以掌之，禁刍牧、渔丁不得践踏倾圮。清海口堆沙，浮粮之公田，以资堤夫用。令少有壅塞，即行修治。

是役也，公捐俸犒夫，舍郊亲率，越月而功始竣，民之感德者，思勒石以颂公，乡荐绅走字属余为记。余曰：海口之病民已久，前此非不日言排决而畏难，苟安袭为故事，非公之实心实力，彻底疏通，其曷有济乎？

公荆南世阅太先生少司马，公为当代名臣，封章数上，直声震天下。公治行卓荦，皆本家学渊源。兹者浚河功成，万世永赖，且与郑陂、白渠史氏所称者共垂不朽矣。爰镌诸石，以纪其颠末。

〔据乾隆《石屏州志》卷五《艺文志一·记》第101页辑录。张毓瑞，湖北江陵人，清康熙三十四年（1695年）任石屏知州，却馈遗，清里甲，葺城垣，善政实多。他通过实地踏勘，认为海口河壅滞严重，及时疏浚可免两患，疏浚成功则有两利。州人许贺来撰文详细叙述张毓瑞新浚海口河之经过及后期防护等事项。〕

新建锁水阁碑记

陈一敬

阁名锁水，培风脉也。定邑之水，发源西北而流于南，当水之口，风脉系焉。建阁锁之，正以培之也。昔有阁，不知创自何年，迄于今，仅存旧址。间尝过其地，不禁喟然曰："诚有兴废举坠者，起而新之，亦定之幸也。"

适庚辰岁，我张父师来莅斯土，甫下车，即以兴除为己任。于是葺学宫，修神祠，改建三塔，重造四桥。夫役悉免柴草，尽革一切陋弊，蠹剔殆尽，催科不扰，讼狱不繁，盗弭民安，政成化洽，邑内大治。越壬午，父师乃谋诸绅士，庀材鸠工，前建锁水阁，上祀玉帝，下奉帝君，中建大殿三间，内塑八蜡像。左右厢房六间。绅士见父师之有造于定也，为之公建后楼，上供万岁圣座并三世古佛，下立父师神位。左右厢楼六间，一一悬额制联，以庄严之。又置常住田数十余亩，以供香火，命僧会宗珂职之。

呜呼！世之废坠者不少矣，而斯楼复兴举于荒残之余，且规模宏敞，焕然维新，伊谁之力欤？非父师其孰能举前人之所不能为者，独毅然为之，且为之而成，成之而速，是孰使之然哉？盖缘父师之泽，入人之深，故人之心，感父师之切，不日而成，其速若此。邑之绅士，立位以报父师也，宜也。虽然，余又因之有庆焉。昔也碎瓦颓垣，今则峻宇雕墙矣。昔也椽倾栋摧，今则宝网珠宫矣。昔也颜消色减，今则丹垩辉煌矣。嗟夫！昔日之所有，今日无之者，时也。昔日之所无，今日有之者，人也。岂非地之灵，由人之杰，时之盛乎！

今时际清晏，天子圣明，特简循良，牧兹定邑。地虽弹丸，僻在边陲，而士乐诗书，民安耕凿，皆我父师数年之间，抚绥教养，风渐返淳，俗皆还朴。今日得以乐睹斯阁之成，皆父师之赐也，其能忘耶？故不敏为文记之，俾后之人知培风脉者，盖有所自云。

〔据张彦绅修，李仲伟等纂康熙《定远县志》（卜其明校注，杨成彪主编《楚雄彝族自治州旧方志全书·牟定卷》，云南人民出版社2005年版，下同）卷八《杂纪志·记》第88页辑录。陈一敬，楚雄定远乡绅。锁水阁，在定远县南三里迎恩桥左，此地即龙川江去处，地势水法，关定文风，宜有关锁，风脉乃盛。清康熙四十年（1701年）知县张彦绅捐资新建锁水阁，上祀玉帝，下塑帝君像，以锁水口。邑之乡绅杨魁先、王天锡、陈一敬见是举有功县脉，率阖邑士公捐于阁。次年楼成，内塑八神，春秋索飨，并置田八十亩，招僧崇供。此记详记当时修建经过。张彦绅，汉军镶蓝旗人，清康熙三十九年（1700年）任定远知县，刚直明敏，修学宫，建城楼，造桥梁，葺祠庙，兴利除弊，纂修县志。另见道光《定远县志》卷七《艺文志上·记》。〕

重修永定桥碑记

陈一敬

盖闻修桥之制，见诸冬官；成梁之文，垂之夏令。以其事关王政，故古来哲后，恐民病涉，恒加意焉，重可知也。

邑东南大河名龙川江，为诸水之汇，乃一县之要路，亦合郡之通衢所必由而不可越者，修之诚宜亟亟也。前县父师袁君，于丁丑岁冬十二月率众修之，人以为便。后袁君以卓异内升，而桥因冯夷肆虐遂圮，迄今多年，无有过而问之者。适清河张父师莅定，凡所经营，无一非造福定邑起见，若文庙，若官廨，若城，若塔，咸焕然一新，百废皆举。复虑斯桥不葺，无以慊利济意。爰集绅士暨乡耆辈，募诸四境，乃鸠工重修。始于仲春，竣于孟夏，不两月而桥成，更其名曰永定。

是役也，虽邑中父老子弟趋事维勤，实我父师抚字有年，惠爱情殷。父师以百姓之事为事，故邑民子来，拮据恐后，百姓皆以父师之心为心，是以河伯效灵而功成之速也。

嗟乎！昔也夏秋之交，洪流暴涨，隔岸相呼，褰裳莫渡。睹此水也，有来者以悲，往者以戚，踟蹰不前，逡巡欲返者矣。今也幸我父师，竭虑劳心，庀材创建，势比垂虹，步若行空。履斯桥也，则有民歌于路，旅颂于途，行人以利风脉以培者矣。虽然予尝粤稽晋武帝时，杜预为桥孟津。帝举觞属预曰："非君，此桥不成。"至若以数年难就之功，而奏效于两月，非父师其孰能之耶？今圣天子加惠元元，恩诏下逮，海宇人安，率由王道。我父师上体朝廷爱民盛德，为滇中良吏最，各上宪以卓异荐之，当宁异日课绩，其治行当不在孟津下矣。是我父师之泽，不亦与水俱长，与桥俱高也哉！

〔据康熙《定远县志》卷八《杂纪志·记》第88页辑录。永定桥，位于定远县南二十里，为府属诸处必由之道，前知县袁公率众创建，因河水涨泛，石尽湮没。清康熙四十一年（1702年）知县张彦绅捐资率绅士里民，采石烧灰，鸠工重建，阅两月而桥成。另见道光《定远县志》卷七《艺文志上·记》。〕

公筑何湾石堤碑记

王立宪

郡诸水汇于东南，以阁洞为归，东南田皆膏腴，近河者先收其利。年来山垒水涣，沙土填实，河身日高，河咽日塞，膏腴者渐变为泽卤，众河皆然。而泸江之患为尤大，盖河之腹既无宽广渟蓄之处，以消融其暴戾，而举骤盛之势，一往冲射，两岸更低，任其狂澜肆溢，则未得就水之利，而先受水之患矣。

河湾有堤，名白仓田，大河之水至此正当驰急，而堤皆浮沙，不足以当其狂势，前之决者累矣。田成沙砾，租赋不收，动勤文武，执事之忧，勘踏指授，谓非易土而石，必不能胜规画，诚善矣。然岂附近河堤十数家能办此哉？今冬农人张如玉辈，合众力，伐木伐石，以速坚此堤，而请予为记。予谓水之关于治大矣，《周礼》遂人掌邦之野，遂沟洫浍，井然有条，又稻人掌稼下地，其为潴防诸法尤详且备。顾欲得上流之消泄，必先下流之疏通，是谓疏分之以杀其汹涌之势，复合之以一其奔放之冲，是谓浚。至若塞之者，砂土之力不敌木石，则石堤尤要矣。然先在疏之浚之，而后塞者。功可成，是必有起而任其责者。康熙四十年孟冬朔日也。

〔据祝宏纂修雍正《建水州志》（清雍正九年刻本，下同）卷十一下《艺文志·记》第27页辑录。王立宪，字法之，建水人，清康熙丙子（1696年）举人，官绵州知州。任广宁令，值水患，邻属告饥。大府檄立宪司赈，因条陈《救灾策》及《兴革事宜》，皆中窾要。〕

重修江股揽溪桥碑记

周钺

州之西北不二十里，曰江股村，村有长川，其水发源于观音箐，所谓玉溪者。由陀罗疋穿金银甸，绕村而流，东入纳六大河，直达金沙江。此江股之所由名也。

天启中，州守蒋公尔第建驷马通桥，既圮，屡葺而厥功未讫，涉者褰裳而济，颇以为病。康熙辛巳，里人李乘龙者捐赀重建，更其名曰揽溪，勒其缘起于石。至于今，星纪载周，以积雨水暴至，桥复坏。乘龙之孙荫廷，余所拔士也。贫而有志，不忍其先祖贻泽之废坠也，殚力修筑。余行部过之，再拜而请曰：此荫廷先祖之所构也，今重修之，旧有碑，残缺不能复识矣，愿乞一言记之。余惟古之君子论撰其先祖之美，而明著之后世者，礼也，荫廷有焉。且徒杠舆梁，王政之所重也，在今日则为司之事矣。荫廷不惮经营之瘁而新之，其弗忘先祖之贻泽，而实有裨于有司之事矣。余故乐为书之，俾刻诸石有闻于后云。

〔据雍正《宾川州志》（清雍正五年刻本，下同）卷十二《艺文志》第30页辑录。〕

龙泉井记

周 钺

宾川州治后园有神井焉，水洌且甘。壁有龛，供龙王之神像，可尺五，颇灵异，能驱祟，又能祸人，官于斯者多惮之，至易置其神于庙，余则奉归祀之井傍，有神井碑。万历中，署州事西蜀剑阁王皋记其有寒疾，医者谓不可以水，至病笃，家人祷于神，昏梦间神若相之，醒而索水急，家人弗能禁，饮之无算，汗大出如沾，病遂良已。因谓神能祸人，即能福人，是在从政者自知之。

余前莅此境内，疫病流行，求水者者众。余为启重门纵其来，汲食者辄获痊，益征神之利于物者溥也。《易·象》曰："木上有水，井。君子以劳民劝相。"其九三曰："井渫不食，为我心恻。"余惟时为之加甃焉，收而勿幕焉，挹其有孚，以资其养而不穷，使人并受其福斯已矣。余又闻之其地旧为龙潭，是有神物潜伏乎其下，故名之曰龙泉井。

〔据雍正《宾川州志》卷十二《艺文志》第 43 页辑录。〕

洴溪桥记

周 钺

宾川群山绣划，众水盘盂，而水皆发源于山箐，滥觞飞瀑，瓯窭污邪，硗埆之区咸资灌溉。其流之所抵，则皆以金沙江为尾闾者也。

州之西北二十里有上下江股村，相距非遥。两村之水，皆自寒玉溪而来，东汇于纳六河，以达金沙。其所称江股者，若曰此江所受水之上下两股云尔。其地昔皆有桥而圮，其在下江股者曰揽溪，李生荫廷起而修之，余既为之记其颠末，俾勒诸石矣。兹上江股张生炳极造，余而请曰揽溪，既新，独上游未能兴举，行旅病涉。夏秋之交，积雨骤涨，每至望洋而叹。前有比并募建，绩用弗成，今将鸠群力以冀僝功之讫，敢丐一言，锡嘉名以张之。余嘉其志之奋然倡导，不复以既罢，辞为书其缘起，并题之曰洴溪。洴者，导其水使之平也。盖以其与揽溪同受寒玉之水，归墟于金沙焉耳。

〔据雍正《宾川州志》卷十二《艺文志》第 52 页辑录。〕

鼎建弘济桥碑记

杨谊远

地利之兴废，虽属之天时，实本诸人事。人事理则山川以之效灵，各露所有以供采择，故蕴者出而隐者彰，荒者辟而险者夷，人定固可以胜天也。

滇为西南绝徼，自庄蹻略地而后，虽与中国通，然声教不能暨，迄迨元明纪入内地，规模始廓，而声明文物渐臻上理矣。国朝定鼎以来，万国咸宁，六府孔修，举凡山林川泽之利，莫不呈祥献瑞。滇南固五金薮也，西迤一带，石羊其一，每岁四季，随多寡赋之。去年夏，朝廷籍为军储，督抚专令太守，太守分遣有司亲临董率，云集于山巅水涯者已数万众。独是入山者必渡长江、马龙之水。江桥幸成于数年之前，而马龙之崩涯裂石，怒浪惊湍，较长江尤甚。所谓“舟一失势，则糜碎土沉”者，比比矣。

太守卢公临其地，而叹曰：“山林之利固兴，岂忍使吾往来之民伤于苦叶乎！此吾与有司之责也。”乃于上流十数里，择其地之可桥者，同有司捐资造之，而石羊之商众亦同心济之。不日，舆梁遂成，民之往来于其间者，并忘其为深山大泽也。呜呼！公之利赖百姓者，何其弘也！夫天地之蕴酿有年，非若农夫之春耕而秋获也，非若罟人之朝渔而夕有也。石羊之蕴已发之于数十百年前，今人犹得而有之，岂非天地之有待于人，人事之萃于此时者耶！

太守讳询，字舜徒，竟（景）陵人。前守丹阳郡，却万金之馈，丹阳尸祝之。今任楚未二年，上宪以才能廉洁，提调广西。楚民老幼，如婴儿之失慈母，攀辕卧辙，罢市还泣者弥月。石羊之众亦惶惶莫措，唯搔首吁天以希借寇耳。或者曰：不然。公之历任有年，在在皆扬声著绩，今天子圣神明断，将擢而立于庙廊，霖雨天下，作济川才，则被其泽者又岂独一郡耶？桥成，因撰其事，以志诸石。

〔据张伦至纂修康熙《南安州志》（杨壬林、张海平校注，杨成彪主编《楚雄彝族自治州旧方志全书·双柏卷》，云南人民出版社2005年版，下同）卷六《艺文志·碑记》第65页辑录。杨谊远，昆明人，监生。弘济桥，在南安州西南二百里，路通石羊厂，民皆病涉，清康熙四十六年（1707年）知府卢询、知州张伦至捐资率众，熔铁索，联络木石建之。卢询，字舜徒，祖籍奉天，隶何旗不详，湖北景陵县人，康熙四十五年（1706年）十月任楚雄府知府。甘淡泊，绝苞苴，抑奔竞，严私派，省徭役，建书院，立义学，置义田，除陋规，疏官盐，捐送合属卷金，及于遗才，离任之日，父老遮道泣留，赴省乞请者数百人，准兼摄一年，后官至云南布政使。张伦至，字明宗，号瀛斋，岁贡，福建福清人，清康熙四十五年（1706年）任南安州知州。在职七年，视邑之士民若子，迄今口碑载道。建妥稍、马龙之桥，修石羊之道路以运粮饷，兵之累民，议折米以省其徭役。建大魁阁以培士风，立文明坊以兴学校，建书院以奖励士子，设义学以教养蒙童。后篆摄叶榆，士民于书院中塑其像祝之。另见乾隆《碍嘉志书草本·艺文志·碑记》。〕

闽福建洪济桥修路碑记

杨毓昌

今上御极之四十有七年，海隅出日，罔不共被亲贤群歌乐利矣，而利有出于山泽，上足以资国用，下足以济民生，不加赋而财用裕者，矿税其一焉。但矿之生也，类在崇岩峻壑间，非若通都大邑之川原膴膴也，非若市廛镇集之康庄大道也，更非车马所素通、舟楫所习渡，可朝发而夕至也。苟非规画得法，利济有方，将涉者汩没，行者稽迟，其害不可更仆数。

石羊厂，南安之属地，越郡城者四宿，越州治者三宿。惟马龙一河介于其中，夏秋之交，受千岩万壑之冲，惊涛怒浪，不顷刻而响震云衢也。洪波急流，不移时而潆洄澎湃也。行者骇然，靡不色阻，不得已，露宿于两岸。此则粮积而雨霉，彼则腹饥而目望，纵募人设渡，往往吉凶相半焉。佥曰："必石而梁之，方为永图也。"

丁亥夏，刺史张公奉督抚两宪暨太守卢公檄，总理兹厂。一履其地，即怒焉伤之。今年春，集众诹询，谋所以利济而垂永久者。佥曰："建桥便，而特艰于资。"公于是单骑减从，上下水浒，经营相度，殚厥心思，择两岸石壁可用兴凿架桥者，首捐俸若干，鸠工庀材，且命众曰："凡事难于虑始而易于乐成，但众擎易举耳。尔其劝乐输，毋草率，毋虚费，务坚致，务体各宪意，毋贻①破冒羞。"不数月，功告成，而人胥庆安登矣，倚欤休哉！但路经新辟，险亥②嶙峋，其间运负驱驰者日以千计。公曰："吾农吾商皆吾赤子也，忍于羊肠鸟道中任其阽危颠仆邪！"复捐俸修成坦阔。盖至是而往者熙熙，来者攘攘，农民日以裕，国赋日以克，仁人之功，其利溥于是乎？在矣。亿兆念昔日之河流险仄如彼，今日张公之丰功伟绩若此，讴歌勒石而颂焉。

公讳伦至，号瀛斋，福建之福清县人。颂曰："石羊之东，厥河马龙。洪波浩瀚，行者冲冲。吾侪小人，惟利是饫。不有君子，其何能穀？惟我张公，建此长虹。民不病涉，乘高御风。凿山成路，运石填崩。履道坦坦，阻险皆通。商贾鳞集，国赋用克。太守嘉慰，上宪推崇。张公之德，民无能名。纶褒晋锡，奕祀长新。"

〔据康熙《南安州志》卷六《艺文志·碑记》第66页辑录。杨毓昌，楚雄监生。洪济桥，一曰宏济桥，在南安州西南二百里，路通石羊厂，民皆病涉，康熙四十六年（1707年）知府卢询、知州张伦至捐资，率众熔铁索络木石建之。另见乾隆《碍嘉志书草本·艺文·碑记》。〕

鼎建妥稍河永安桥碑记

杜 皖

州城东南四十里，有诸山之水，迤逦经流楚雄东界，合沙甸河，入沅江者，曰妥稍河。奔流激射，啮石漱麓，夏秋淋雨，弥望汹涌，行者病焉。然其与王程不相属，自有州以来，未有石而梁之者。元至元间，始建南安州，故明因之。我朝定鼎，裁碍嘉县入州，而州之编里曰沙甸等乡者，入州郡必经于妥稍，则是永安桥者，非但商贾之往来，乃各乡士民输将之络绎。昔间亦架木为梁，中更修葺，仅以支吾目前，及今而倾圮无遗矣。乘筏而渡，漂流卒不可救者，岁常十百人，而病涉者莫以告，以告而莫为缓急者，费也。

天以张公惠民，顾视其址曰："此岂不可更为者邪？"视帑帑虚，募民民劬，乃奋然捐俸四十金，进二三诸生耆老而教之曰："闻之用地者以利，用天者以时，而用人者以和。不和而强使之，虽万人不能用也。泛纠集此州之穷黎以成此桥乎？其必公以和，而后能集事。"皆曰："谨如命。"公之清虚微远，以远正其体，显允疏越，以道弘其用，与物无营而与民有经。所治僚属绅士，下及闾井匹夫，匹夫妇之微，与同忧乐。急人之善而宽其过，得可而止。其容蔼然，其衷穆然，未期而士民安之豁如也。涤疵道休，善气

① 贻 乾隆《碍嘉志书草本》作"赔"，有异。贻：遗留。作"贻"意胜。

② 险亥 乾隆《碍嘉志书草本》作"险仄"。险仄：崎岖而狭窄，比喻艰难险阻。作"险仄"是。

条遂，公所起意，莫肯用戾。于是，一州之士民，皆知公之有意乎成梁，而趋走欢呼以集事者也。精耆指麾，信老度支，伐石冶铁，排槎锻灰，平佣善估，谁往跃来？

盍兴工于戊子十月，一季而水门具告成于己丑四月，逾时而石道平，何其快也？官无薰稽，民无劝追，何其佚也？桥成而居者连连，行者翩翩，又何适也？高雄敞鲜，旁无蔽亏，起望四山，开烟吸霞，亦何壮哉？长虹亘施，潜飕折螭，永无害灾，又何固也？斯时也，士民欢舞道幸，佥曰："桥成，当名张公，以附于范公、苏公之义，以垂永久，此其理也。"以为天、地、人合发于兹，不知我公所以执天机，立地符，起人心者，盖有道焉。道全而功成，而公不言功，挥毫而题其名曰永安。是则公之政惠嘉士民者，以实言以名之，盛心皆此类也。予谬铎是州，属公宇下而知德教最深，士民谋所以言者以命，予又安得以不文辞？谨记其实而镌诸石。

公讳伦至，字明宗，号瀛斋，福建之福清人。首事生员，则杨英、杨绾、尹师惇、赵师普等，亦得并书。

〔据康熙《南安州志》卷六《艺文志·碑记》第63页辑录。杜皖，广西府岁贡，清康熙四十五年（1706年）任南安州（今双柏县）儒学训导。妥稍河，在南安州城西四十里，流经楚雄东界，合沙甸河下流，入元江，两岸田亩，沿引灌溉。河上有桥，通往法脿、撒甸路，河窄流急，架木不坚。清康熙四十七年（1708年）知州张伦至捐资，率士民，砌以石，以利永久，改名曰永安。〕

济渡桥记

杨　书

桥以济渡名，存其义也。先儒有言曰：苟存心于爱物，于人必有所济，济之为义大矣哉！龙川河源发镇南诸山，流经威楚城北，会广通、定远诸水，由黑盐井、元谋县归金沙江。广三十余丈，惊波怒涛，汹涌滂沸。郡城百里之内，素无桥梁，水涸则褰裳而涉，水溢则小舟以渡，往来行人日苦于济。癸巳秋，山水泛滥，横舟晚渡中流覆溺者，几三十人。呜呼！斯时也，不有济民者，苍生其何所恃乎？

太守张公，心焉恻之。适遇方伯卢公有发买义田之余银二十两，太守因慨然复捐俸三百余金，于丙申春正，鸠工庀材，相度凌虚街渡口，建以石桥，涵洞五，不日告成，名曰济渡。董其事者土官杨世勋，而赞其成则平江高子羽丰也。夫功之成，非成于成之日，必有所由始；事之举，非举于举之日，亦必有所由兆。兹桥之成也，垂永久，广利济，功归太守，而赞襄者亦与焉。是知存心爱物，于人有济，其义诚大，善政流风，将与龙川而俱远矣。

余属令定边，悉其事，爰簪笔而为之记，并作小诗二章以赠高子。云："幕府镜悬双日月，书生剑倚一云天。即今共指龙川渚，片语贤于十万钱。""渡口惊湍起怒潮，垂虹换却木兰桡。谁知别有高阳客，潜德平分济渡桥。"

〔据康熙《楚雄府志》卷九《艺文志中·记》第61页辑录。杨书，武进监生，清康熙四十七年（1708年）任定边知县。济渡桥，在县治东北四十里曲甸，又名土官桥。清康熙五十六年（1717年）知府张嘉颖捐俸建，委土县丞杨世勋董其事，工程浩大，赞襄之力居多，而助其成者，平江高子羽丰也。〕

重修温泉记

杨 书

滇地温池有数处，非炙则秽，悉无足取，惟安宁称为第一。定邑斯池，或以为次。噫嘻！此池夏不热，冬不寒，四时相济，与候致宜。何安宁之弗若也？乃在安宁者获显名，在斯邑泯泯无闻焉。岂池有优劣耶？抑地有不同耳。安宁池幸在车盖络绎之疆，时有高人骚士过而访焉，流连而品题焉，故名播。此一池也，独在深山幽谷之中，惟有绿衣翱翔，白云止宿，故名之湮没也，久矣。

予初莅邑，新浴方出，身轻如解，不觉神澈而气清。振衣而起，飘飘欲飞，凉风入怀，好鸟载鸣，洵胜迹也。纵观远眺，背龙峦而面太极，左夜月而右朝阳，二水迤流而交注，一山孤峙以自开。前则苍崖百尺，飞泉流水，边人乎为“久雨不晴”。下有双石，屏泉忽涌，后则峻峰千寻，抱池而立。更有老仙洞、仙人迹、晨夕一灯，如游华胥。嗟！此池胡为乎斯邑哉？池间旧虽有室，规模狭陋，池上亦有神祠，风雨将倾，游人至此，每动萧条寂寞之感。有其地无其人，如池何？如邑何？予叨司牧，凡境内之山川有可游观者，皆足适吾怀也，而无能为之增色，岂不遗山水羞哉？昔柳子厚在永、柳二州，显奇石，疏幽渠，以传于世。予才虽不逮，心切慕之匪一日矣。时汪桥门、张时修、刘兴、孔茂才相与偕游，皆有同心，遂谋而修之。狭者扩，倾者起，不期月，而焕然改观，以无负予之温池游也，以无负温池之与予遇也，以无俾安池之专美也。于是为之记其事于石，以启后之好观游者。

〔据杨书纂康熙《定边县志·艺文志》（云南民族社会历史调查组 1960 年钞本，下同）第 43 页辑录。〕

麯泉记

杨 书

阅《南涧志稿》，县治后有麯泉焉。寻视无之，审其遗迹，有坎深数尺，傍卧一碑，题曰麯泉。呜呼！兹泉也，再后数年，或为水土所掩，不几湮没而无闻耶！夫泉以麯名，为酒者资之，岂其无大功德于民而不可久耶？不然何其塞而不流也？虽然天地之化，盈虚消长，有而无，无而有者，大率如此，岂独麯泉也耶？因作《麯泉记》，使后之人知有麯泉之名，此泉亦不朽矣。

〔据康熙《定边县志·艺文志》第 48 页辑录。〕

修普应溪碑记

许贺来

有溪流于河西普应山下，附城而东，水不甚巨，而上流地高多石，每涨发水石争击，其声砰砰然，澎湃汹涌，土岸当之辄溃。自崇祯辛巳，邑大水，螺髻山崩，冲没民田庐，溪遂没为壑，深谷大陵，崄岈破坏，浸以日久，不及城者丈余耳。邑人日夜旁皇忧之，而束手无可如何。夫城坏矣，渐及庐舍，吏民何所栖？仓库何所备？邑将溃于废弃，至于水行地上，下流全无堤埂，左右泛滥，近城田土一望砂砾，芜秽不治，又其余也。

岁辛卯，邑令周君甫下车，环视城郭，喟然而叹曰："奉天子命吏于此土，奈何令至是？"于是相度经营，凿琉璃山麓，引水北行，南为高堤障之，不使近城，复疏其下流，筑堤卫水，南入于湖。县父老子弟欢呼感激，走二百里丐予为记。予曰："治一水之微耳，何大功德而称颂若是？"人曰："昔我邑无城，为山寇凭陵虐不可言，明抚军蔡直指姜檄我司李周公筑石城，乃得安处，我邑至今尸祝之。今公之治水捍城，使城不堕坏，得圜土而居，其功德何以异是？且我邑之有此城也，不易矣。历县三百余年，经大吏之题请，竭府库之资用，绅士奔走陈词，凡数往复，而乃得固其垣牖，使因循不治，不幸城为水毁，复欲再为岂一手一足之力？且不幸再遇山寇如前明蹂躏，父老子弟虽欲图一日之安，亦胡可得？然则公之功德，可一日忘乎？"予曰："美哉！前有所为以遗其后，后人因而守之，勿使坠失，由此道也。唐虞之制，虽至今存可也。且夫事创始甚难，因其成而保护之，庶用力不多而为功甚巨，此古良有司之作也，可以书矣。"

河西与石屏为邻邑，俱界万山中，明末屡当寇盗，而河邑无城，受祸独惨。今河民之感公也，其创于昔者深矣，天下事有以殃之者，而乃益见福之者，之泽之深甚哉！君子之不可以不为善也。

公讳天任，字克亮，蜀之富顺人，由癸酉科举人，任河西令。甫下车，釐河西陋例，革除殆尽，日蔬食，怡然甘之，此君子而介者也。而又能尽心民事，勇以为之，如此他日之励精以图，终循良以报主已，于此可见矣。因书此为公左券。

〔据董枢修，罗云禧等纂乾隆《河西县志》（清乾隆五十三年刻本，下同）卷四《艺文志·碑记》第 9 页辑录。普应溪，源出河西县城西南十里螺髻山，入杞麓湖，每暴涨，山岸辄溃。清康熙五十年（1711 年）知县周天任凿琉璃山麓，引水北行，民利之。另见《滇系》八之十四《艺文系》、道光《云南通志稿》卷十六《地理志·山川六·临安府下》。〕

修青石桥大路碑记

吴宝林

会城东七十里接嵩明南界，越小哨、小堡子之间有所谓青石桥者，昔砌桥以通水，今水不归桥而啮路，桥存路圮，久必桥亦不独存。昔人谓山断云连，岸分虹合者，世少绝迹，飞行之侣，岂能超越而过耶！余往来其地，见行人舍正路而入歧趋，其为车颠马踣，势不得不乖其所之者，每恻然于心久矣。会抚都院甘公严檄催修，凡境内大路，专委驿厅孙君悉心督理，具文报可。而此路断阱百尺，纡回屈曲，受两山横流暴涨之冲，筑土架木，俱无所施。余同捕驿驻防诸君，各捐俸先之，签令老人乡耆朱云龙同各地好善士民等，劝助银米，鸠工采石，层累而上，高三丈三尺，长十丈零，广二丈有奇，下开涵洞以泄溪壑之流，前竖巨石以止淤泥之入。工不派而人集，劳独任而怨寡。

嗟呼！云龙等可谓既厥心力矣。功成，请记于余。余嘉其立志有成，而因喜共事者之乐善同心也。将见路以辅桥，桥以接路，桥与路既可行人，又可通水，以百余年中绝之路，不数月而断者复联，岂非远近行人之一大快事欤？虽然善始必思善终，有基期于无坏，惟愿后之好善者时为修其废坠，更冀往来是道者乐相捐助有成，以东达神京，南入省会，不其歌如砥而庆康庄也乎？所有捐助姓名，例得并镌于左。

〔据康熙《嵩明州志》卷八《艺文志·碑记》第13页辑录。青石桥，在城西南四十里，知州吴宝林捐建，并撰记。〕

重建永济闸记

吴宝林

水利之有关于民生也大矣，然欲其有利而无害，惟在乎蓄泄之得宜。而蓄泄之方，莫大乎建闸，以时启闭，而使之旱涝有备也。按晟志载，县治东四里，三泉合流出落龙河，水势低下，故建闸障水上流，以济东西两河村落之田亩，其所由来旧矣。无何岁久倾圮，自戊辰己巳以来，迄今三十年，仅有大坝之名，而无蓄泄之实，即如癸巳秋，淫雨不止，而大坝水涨，淹没上下古城民房、田禾不可胜数。

乙未秋，余来摄县，而田禾缺水，民以为忧。因与邑之绅士咨访利弊，溯流穷源，见夫滔滔者尽流入海，即大坝隐有闸形而已成土坑，坑之上所植木已拱矣。噫！此民居之所以没，而田禾之所以涸，岂非由于无蓄之而泄之者哉？思欲重建，而时际荒歉之后，计及民力民财，辄欲中止，既复慨然曰："煦煦之仁，何以兴百世永赖之利？"乃与诸绅士耆老从长计算，每田一工，约出银一分五厘，以备石料，其夫役则出之烟户。于是，捐俸命匠鸠工。经始于康熙五十四年十一月，落成于五十五年三月，盖以其农隙也。时武林蔡君辅臣适河工效力，来任尉事，精于修治，举经营筹度，悉赖其力，而乡荐诸君子襄事者亦靡不竭力董劝，以底厥成。其民间之供力役而出财赋者悉皆均摊，并无偏累以及包揽侵渔之苦。余顾而喜曰：是不可以无记也。

夫天下事经始不易，图终亦难。兹役也，力出乎民，财出乎民，而民踊跃从事，欢欣鼓舞，不日成之，是岂可以无记也哉？从此因势利导，蓄泄得宜，行且岁书大有民乐丰年，即或稍有倾圮，可以不时修葺，所谓有利无害，有备无患者，非是之谓与？至于闸之旧制，考之从前，未免因陋就简，故屡建屡废。今特从其坚厚久远者，闸身石计三丈，迎水石二丈，送水石五丈，皆备载之，以垂永久。若夫水分东西，界至斗南村、罗家营止，昆明之矣苴堡不与皆关系要，例宜并书。是为记。

〔据雍正《呈贡县志》卷三《艺文志·记》第34页辑录。另见光绪《呈贡县志》卷七《艺文·碑文》。〕

新置海口田租碑记

叶世芳

自古水能为利，亦能为害，故神禹导河，先利用疏，凡以杀其势，不使有壅溃之虞也。屏有湖曰异龙，尾闾东泄，附近之田利赖实多，第雨旸不齐，通塞靡定，当淫霖大作，转石砯崖，流沙溃埂，田之受害，可胜道哉！其最甚者，则回龙河渡沙桥与范白、凹有两冲。余负丞斯土，目击心恻者久之，因谋之郡绅士，募坝夫时加疏浚，十余年如一日，冲决之伤庶几可免。因为之建官廨，置公田，除完粮外，一以借坝夫，一以备器用，务使岁岁以时淘修蓄浚，有利无害，而后即安。窃恐日久弊滋，侵渔不免，爰泐石以告后来，倘后起之士，鉴予苦衷，而因以事其事，则幸之幸矣！所有田租数目、四至并新开垦田坵粮价，俱开载于后：

一买王冀之山地一块，坐落海东里十甲石桥漫坡黑蛇窝，价银三两，起盖官房。吴名冲河边苏姓田旁开田一丘。又买乡绅刘兆麟、刘祥麟田大小十四坵，坐落海东里四甲范白冲，秋粮二斗，价银二十一两，东至沙河南，西至山脚，北至路。又海田二坵，坐落棠梨树脚，东南北俱至毛家田，西至李家田。又乡绅刘兆麟、刘祥麟送田半分，计十五坵，坐落海东里四甲少都，秋粮二斗，东至沟，南至沟，西至山，北至卖主官田。又买唐谋、唐元升田一段，坐落海东里十甲黑冲，秋粮一斗七升，价银三十五两，田计十坵，东至普家田，南至山顶，西至一剪冲，北至河，河外有田三坵。又买毛玑、毛嘉祉、毛嘉晏田一段，共六坵，坐落海东里六甲，秋粮一升，价银四银，东至红坡坟脚，南西俱至沟，北至路。又买王秀之田一段，共十八坵，坐落海东里十甲范白冲坝下，秋粮八升，价银十两五钱，东至普家田，南至山脚，西至沟，北至白家田。又买毛嘉祉报入归公田五亩七分七厘，共十八坵，坐落坝心铺大树冲赵姓坟脚，秋粮一斗五合五勺，东至沟，南至大路，西至小路，北至赵家坟边。又一坵，坐落漆树嘴，东至毛家田，南至张家田，西至李家田，北至毛家田。又王秀之田旁开田一坵，毛玑田旁开田五坵。又乡绅刘兆麟、刘祥麟田旁新垦田二十三坵。范白冲刘田尾开田十四坵，漫坡坝下开九坵。

以上共开田五十二坵，尚未议收租，其所买田原收租二十一石，契书文簿，造册存官衙查收。

〔据乾隆《石屏州志》卷五《艺文志一·记》第96页辑录。叶世芳，浙江绍兴人，清康熙五十六年至雍正十年间署石屏州吏目，多治水利，有政绩。〕

续修晏清桥记

李升瑚

建舆梁，辟周道，王政不遗。郡南桥适南垌，达临、元诸路。旧毁于架木，岁不胜修。先任晋太平公祖捐赀，风民易之以石。虹跨三洞，隆隆崛起。时河水涟漪，澄波潋滟，题曰晏清。会频年大水，未卒业，报升行，面石未铺，拦马未砌，桥东南路低陷者未填。清江萧太公祖嗣之，神注民阽，矢兴百废。虑前工不续，非所利涉，首捐俸若干，别驾上饶郑公祖捐若干，民议助未尽者，劝之。

甲寅冬，水落桥见，乃召耆民王大成董事，踵成前迹。伐石庀材，鸠工董役，以平石铺桥面，以条石竖拦马，低陷者取土填高。东接于南关，南达于子河之西。筑台于桥西，构大士阁以镇洪水之汛。民于是乎免厉揭摩毂以行，功倍之矣。王大成偕同事磨贞珉请记。

瑚惟太公祖抱方正平直之心，蕲于利民，未尝有我。故桥工未毕，利于民则葺之，西闸圮坏则补之，海眼则浚之，不谓事属前人，置之不问。旧学不利于士则迁之，书院则创之，文峰则垒之，新路不平不便行旅则辟之，枭獍则除之。苟利于民，则垂橐不惜，清也；可因可革，不嫌人我，直也；巨盗在涂，不避虎兕，勇也。昔邵康节谓傅钦之至清而不耀，至直而不激，至勇而能温。司马君实亦叹："清、勇、直三德，吾于钦之畏焉。"公祖有之矣。《易》曰："贞固足以干事。"《诗》曰："周道如砥，其直如矢。"李白言："千寻见底清。"瑚时登南楼而有感于公祖也。为之记。

〔据乾隆《广西府志》卷二十五《艺文志二·碑记》第17页辑录。李升瑚，清郡人。晏清桥，在城南门外，明万历年间知府张光宇、萧以裕先后修建，上有大士阁。〕

重修安宁州永安桥记

陈玉振

宇宙非常之功，有创之于前，则必有继之于后者，虽曰人事，亦气运之有待而成也。安宁城东永安桥，弘长坚美，甲于滇南，扼两迤之冲要，泻昆明之源流，前襟恩纶，后带拱华，攒簇江城，一方形胜。凡天下四方，冠盖往来，车马辐辏，以及商旅盐鹾、彝汉军民，匪由是则弗通焉。

先是，明弘治七年都御史张公肇造斯桥，历今二百余年，接因风雨剥蚀，波涛残啮，遂致崩塌，十去其四。而桥临东岸，倾踣尤甚，其可通舆徒者不绝，如幅睇而履之，仅丈有尺焉。吁，危乎哉！于时官斯土者，肃然恐，惄然忧，窃虑不胜旦夕，但以功程浩大，几经估计，相视莫敢措手，屡议屡寝，固知气运循环，桥之功果有待而成也。

幸值总制贝抚军郭公留心国计，慨然兴复，不费公帑，不劳下民，捐俸金若干。方伯刘、臬宪张福星同照，痌瘝民瘼。爰檄我郡侯高公，即日治事。维我郡侯，素切利济，闻命踊跃，早夜督理，障水以筑堤，镕金以固柱，采石于山，求木于薮，严戒砻者、斲者、甃者、甓者、圬者、墁者，俾人各自效。

经始于丙戌十一月，落成于十二月。维石屹然，惟垩焕然，履道坦然，扶栏翼然，与谯橹岑楼新造者颉颃相望，诚足继前人之烈，弘利济之泽，壮一方观矣，岂曰小补之哉！于是阖郡绅士人民，悉合志同词，浴恩盥手而为之记。

〔据雍正《安宁州志》卷十九《艺文志上·记》第35页辑录。陈玉振，字鸣球，玺之子，安宁人。官县学博，孝友端谨，言行循矩，能攻苦读书，学有文名，清康熙四十四年（1705年）除太和教谕，捐修文庙、书院，一时士风丕振。事迹见雍正《安宁州志》卷十七《人物·文学》。安宁永安桥，都御史张诰始修于明弘治七年（1494年），后经风雨剥蚀，波涛残啮，遂致崩塌，十去其四，因其地处两迤冲要，泻昆明之源流，系一方形胜，清康乾年间重修，雍正《安宁州志》卷五《疆域》"附津梁"记载："永安桥，东门外。弘治七年巡抚张诰建后，倾圮过半。康熙四十五年总督和诺贝公、巡抚璪郭公同捐俸银，州守鈐高公督修，后复倾圮。乾隆元年布政弘谋陈公捐银八百四十两重修。”此记记述清康熙四十五年(1706年)抚军郭瑮（字子灿，满洲人，清康熙四十五年抚滇，四十九年升总督，性情和易，明察无偏，属吏不敢干以私，于士子尤加意爱惜督责，禁苞苴，绝馈送，地震恤死，岁歉赈饥，功德在滇，军民蒙惠，卒于官）重修经过。]

修五马桥记

李　苾

五马桥者，黑盐井桥也。予奉命理盐法，既莅任，检阅图籍，云南产盐之井九，而黑井盐课十倍他井。考其里道关梁，乃知黑井去会城三百里，而五马桥其要津也。前井司王子策易以石，未几，西洞坏，费且数千。心已异之，以他务未悉。后，井司沈子以公事谒于予，问井形势及桥状。沈子曰："黑井者，统名也。井有三：大井在西山下，东井在河中，复井在绝峰山下。桥在大井上、在东井下，去司治里许，自西徂东，长二十丈，广二丈六尺。自桥面至水迹，高三丈六尺强，凡三洞。”予曰："井，弹丸耳，桥之高且大，胡为者?”沈子曰："桥之广狭高下，因河为之也。河源出洱海界，经楚雄，受二州五县水。夏秋之交，百川来注，波翻流疾，泥沙水石，浊混不辨，舟楫莫能施。砯崖转石，雷轰电掣，有望之色变者。且井地在万山中，居民两岸相向，而五马桥其咽喉也。”心欲一至其地，以快所闻，而道亦旧有巡行各井例。乃予既理盐法经年所，而壅滞者日疏，残废者日起，井务渐就，理遂无事。巡行至黑井，而见所谓五马桥者。后，予以内艰去藩司，摄道篆，其知井形势倍于予。

甲申秋，井司以水灾闻，云：入秋雨集，河水腾沸，东井去其半，五马桥东岸崩，桥圮。藩司闻之骇，谛问之，乃知坏者东洞，而中洞、西洞尚存也。东洞坏，往来不能通挽运，奈何！因以权宜计，檄井司沈子，因其未圮者架木成梁，以便挽运，而民食幸以无缺。且檄中有许其“水缩再议兴修”语。后十月，予复至滇理盐法，知桥状，有枝柱于心者。适沈子具文请曰："前桥之坏，以木代之者，权也。风雨浸蚀，木其能长恃乎？设也来秋水势如今年，则木架不可以图存也，谋新之。”予曰："子言是也，予亦念之。桥有三洞，互相依倚，势如唇齿。东洞去，而中、西两洞能保其无恙乎？无论木架不可以图存，即使可以图存，而中、西两洞不能无虑也。语曰：‘多算胜，少算不胜。’子其善为我计之。”后又具文乞详："查前卷，井修此桥，共费银四千四百有奇，内动公帑三千两，所不敷者，灶户出三之一，牛脚出三之二。奈今之日非复昔之日矣，不可为也。以今之时，处今之事，惟盐斤余羡或可加意耳。议于正额外行盐八万斤，该获价银若干两，以若干两修东岸桥，以若干两修东井，以若干两给灶作薪本。既不累灶户与牛脚，不碍正供，以公济公，此末议也。”予然其说，就商于藩司，适与予议合。请于两台，佥曰："可。”予乃檄沈子曰："达者识未萌，明者睹未然。天下事能预为之计，虽补偏救弊，足以为功。迨其废且坠也，即改弦易辙，徒滋扰耳。且修理桥梁、道路，尔有司事也。例有殿最。通往来，便出入，苟有益于人者，人且争为之，矧是桥为挽运要津乎？灶一日不出盐，则饷课逋；桥一日不通挽运，则民食缺。而国计民生，其关系有如是者！予也鞭长不及，吾子其勉之。乘天之时，相地之宜，尽人之力，予将乐观厥成焉。”沈子如予指，经始于正月十一日，以度其形势，以鸠工凿石。二月十一日撤水，以量其深浅，下橛立岸，岸入地五尺，镇以巨石，石五层，层一尺。后施以料石十层，层八寸，乃加劵，劵八十八层，层七寸，长三丈三尺，高三丈六尺，广狭如东、西洞。补葺上岸之缺折者，以达其气，增长下岸之短缩者，以壮其卫。制炼铁以联其泽，和矿灰爨隙。以其石之能激薄者，凿之以杀其怒；石之能壅阏者，去之以顺其势。其上绕之以阑楯，俾往来有所凭；列之以廛肆，使商贾有所归。且设谯楼，建扉闼，置器械，列兵卒，以司启闭，以缉奸宄。又四月初八日告成。予览其状，予虽不至其地，而五马桥历历如在目前也，嘉叹者久之。一日，沈子具文请曰：“桥工告成，俾往来有道路，挽运如流水，民食有资，饷课得以不匮，皆大人之赐也。不独井之人士戴大人之德，即滇之食黑盐井盐者，且颂大人之德于不衰。”为文以记之，归功于予。予曰：“是两台之赐也，是子之力也，而藩司之加意为尤厚，予何与焉？虽然，言之者易，行之者难。服官者视官为传舍，借修练储备之虚名，以罔其上，以行其私者，未易更仆数。予如是以诏之，子能即如是以应之，委曲繁重，不啻出诸予手也，可不谓贤欤?”沈子曰：“唯唯，否否。两台固为国课民生计，而不有两大人左右其间，而舆情无由达，则桥未必修，修之亦未必果也。有司者，虽夙夜匪懈，罔敢陨越，亦不过奉令承教焉耳。使下作而上不应，虽有志计，亦穷于无所施。匪大人赐，桥何由成!”予听其言，察其行，盖非挽近世涂民耳目，以幸成功者。因记其颠末，勒之贞珉，以见两台之与、藩司之为民生国计者深且重，而予与沈子与有荣施焉。是为记。

时康熙四十六年岁次丁亥八月初九日吉旦。

督理云南分巡通省清军驿传盐法道按察使司副使加一级李苾撰。

云南黑盐井盐课提举司提举沈懋价　盐课司大使任廷枢。

〔据康熙《黑盐井志》卷六《艺文志·记》第72页辑录。李苾，字洁庵，直隶大兴县人，清康熙四十八年（1709年）以荫生累迁黑井驿传盐法道。初莅任，革陋规，裁冗费，九年利弊备悉上闻。初抚军犹未之信，后察之，不诬，果盐行课足，因重之。公丁内艰，抚军特疏保留，再任盐道。今升本省臬司，不滥一役，不取一钱，安灶相安，九井宁帖。后以丁忧，归篆卸肩，治丧如礼，阖井绅士乡耆灶民同立《督理云南按察使司分巡通省清军驿传盐法道布政使司参议加四级李公去思碑记》。五马桥，跨龙川江，为运盐孔道，屡修屡圮，元大德五年（1301年）建，明万历间冲毁，后建石墩，架木为梁。清顺治间提举林启杰重修，清康熙六年（1667年）提举朱濠重修，三十年（1691年）水涨基圮，提举王策重建。四十三年（1701年）水涨复圮，提举沈懋价重修。清雍正四年（1726年）又圮，十年（1732年）提举安鼎和、定远县知县唐世梁详请动帑重建，改名永济桥。清乾隆三年（1738年）西硐冲坍，提举王勃、定远县知县沈堂详请动帑兴修。十年（1745年）提举孙必荣、定远县知县李堂补修。十三年（1748年）驳岸冲坏，孙必荣复详请动帑补修。十八年（1753年）冲坍，提举邱兆熊捐修。二十八年（1763年）又冲坍，提举高其人、广通县知县宣世涛详请兴修。三十七年（1772年）水涨冲没，奉檄勘办，提举张珑以需费不资，且屡修屡坏，不能永久，议请令各灶户于夏秋设船济渡，冬春造浮桥，于是岁多耗费，而行旅挽运益艰，往往有覆溺者。五十二年（1787年）提举吴公璘倡建石墩五座、东驳岸十余丈仍架木为梁，由是往来称便，无烦舟楫，亦无病涉矣。清嘉庆二年（1797年）提举叶道治增高石墩数层，铺石易木。六年（1801年）西岸墩倾，提举张度重修。〕

修五马桥记

李 苾

五马桥者，黑盐井之要津也。其桥创建于元时，兴废几更，莫可考矣。前井司王策易以石，未几，西硐坏，费且数千。后，井司沈君懋价以公事来谒予，问井形势及桥状。沈君曰："黑井者，统名也。井有三：大井在西山下，东井在河中，福隆井在绝峰山下。桥在大井上、东井下，去司治里许，跨东西两岸，长二十丈，广二丈六尺。自水面至桥顶高三丈六尺有奇，凡三圜硐。"予曰："井，弹丸地耳，桥之高且大，胡为者?"沈君曰："此因河之广为之也。河名龙川，其源出洱海界，经楚雄，受二州五县之水，迤逦经武定达金沙。夏秋之交，众水来注，飞湍高涌，转石轰雷，舟楫不能施，两岸居民商旅及挽运，非是桥莫能通也。"予颔之。

越明年，盐政稍就理，遂以巡行。至黑井，见所谓五马桥者，诚如沈君所语云。后予以忧去。甲申秋，井以水灾告：东井坏，东岸崩，桥之东硐圮，而中硐、西硐尚存也。沈君乃为权宜计，即桥之中抵东岸，因其未圮者，架木成梁，以便挽运，而民食亦无缺。摄使事者檄井司，许其水缩再议兴修。后十月，予复至滇，适沈君具文请曰："前桥之坏，以木接架者，权也。请筹其费而新之。"予查前卷，向之修此桥者，共费银四千四百有奇，动公帑三千两，其不敷者，灶户出三之一，牛脚出三之二。今昔时异势殊，未可再议给帑。沈君又具详酌议，惟盐斤余羡尚可办。请于正额外行盐八万斤，当获银若干两，以若干修东井，若干修东岸桥，先以若干借给灶户作薪本，以公济公，庶不累。予然其说，就商藩司，请于两台，皆报可。予乃檄沈君为之。

沈君如予指，以正月十一日，相度形势，鸠工斩石。二月十一日，撤水量深浅。先下橛立岸，岸入地五尺，镇以巨石，石五层，层二尺。后施料石十层，层八寸，乃砌圜，圜八十八层，层七寸，计长三丈三尺，高三丈六尺，广狭如中、西硐。补葺上岸之缺坼者，以通其道；增长下岸之短缩者，以壮其卫。制炼铁以联其缝，和矿灰以弥其隙。桥之下，石之能激水冲者，凿之以杀其怒；石之能壅阏者，去之以顺其势。桥之上，绕以楯阑，列以廛肆，设谯楼，建扉闼，置器械，列兵卒以司启闭，缉奸宄。于闰四月初八日告成。予览其状，嘉叹者久之。

一日，沈君请于予曰："桥成，俾往来有道，挽运无阻，皆公之赐也。其为文以记之。"予曰："是子之功也，两台之赐也，藩司之赞成也，予何力之有焉？虽然，言者易，行者难。服官者视官为传舍，借建修储备之虚名，以罔上行私者，往往然也。斯桥也，子请之，予从而济之，予如是以诏之，子能如是以成之，委曲繁重，终克有济，以永为井地利，赖予与子并有荣施焉。"遂不辞其请而为之记。

〔据嘉庆《黑盐井志》卷三《疆域志 · 艺文附》第 45 页辑录。此文与康熙《黑盐井志》卷六《艺文志 · 记》第 72 页《修五马桥记》，题名、作者相同，但内容多异，故二篇皆辑录，以存异同。〕

江源记

吴 麟

金沙之源有二[①]：一出唐武特，盖古乌斯藏地。西僧号达赖剌麻者，世居之。境内有山状类牛，水从其尾流出，名乌宁穆苏。西南流六七日程，名穆鲁乌苏，入巴党。巴党者，西僧所属之城名也，又名巴除。入云南丽江府，是为金沙江。历鹤庆、武定，至蜀之马湖口。昔南诏蒙氏有国时，册为四渎之一，即此也。一出呼湖诺尔，即唐人青海地，有山名马尔杂尔柰，泉水出焉，为杂马木特河。南流，入唐武特之里塘，名亚龙江；入打箭炉，名密尼雅克除。番人谓河为除，其地有密尼雅克山，故名焉。

自是入蜀之建昌盐井卫，名大冲河。至三江口，入金沙江。打箭炉者，唐武特之东界，去丽江府四千里，去西僧所居诏三千七百里。诏即庙，番音之讹也。东至亚龙江四百里，江以内即中国地，炉居番、汉之冲，颇饶给，中国商贩多集焉。其西南九十里，有岭曰居拉，诸细泉出，曰绿河。再东，曰绿江。入建昌之大树堡，曰大渡河，与川江会，自建昌陆行，至云南武定府，经火焰山，渡金沙江，多瘴气，春夏时，昼不可行。途中往往有唐三藏释遗迹，意当时取道于此，而番羌好佛，故附会为之。

澜沧之源，亦在唐武特之察木道西北，名阿克河，流为阿木除。又积鲁池，在察木道东北，流为杂除。二水至察木道庙前，合流为拉克除。察木道庙者，西僧别部所居也，有弟子万余，部众五万余。庙在山上，山出金银铜铁。二水合流其前，折流入云南之永昌，是为澜沧江，自腾越州入于缅。

大约西南徼外国以什数，而唐武特为达赖剌麻所踞，故其国最富。其地北接青海东界，滇蜀土著而耕，有城数十，有名桑阿绰宗者，与缅近。其俗僧多民少，女多男少，女之无夫者多，有夫者少，夫死无再嫁者。妇女衣用倭段[②]，有裙无袴，首饰以木板尺余穴其中，蒙以赤皮，缀珠玉其上，不盥沐，以饧敷面，商贾尽妇女。男子服亦用倭段，以刀为饰。土官亦然，惟冠以白布为之，似古内臣纱帽状。土产麦、青科（稞）、枣、柿，常食所重者蒜，最珍者败肉及碎骨和米面煮汤。俗皆生食，惟僧以熟。皆以手，惟僧以箸。凡人死，富者则折而盛于囊，妻子随哭，置河次石上，倩善割者并其骨碎之以食鸟兽，偶不食，即云死者有罪，谴复诵经忏，贫者则弃之。惟僧得火而瘗，此亦积重之势致然也。

自中国至其处，有三路：一自西宁镇海堡，经古尔板索罗木，其北五六日程即河源也。南渡穆鲁乌苏抵诏，凡三千六百里，路虽平而多瘴气，行者多食即肿头目死，尤不利于牲畜。《汉书·西域传》所载大小头痛山赤土身热坂必其地，古今气候，信不殊哉？一自建昌抵打箭炉，前所云三千七百里至诏者是也。自炉至诏，有大岭百余，多茂林，路皆在山半，率用偏桥栈道，极险。一自云南丽江府三百里至杨大木，经家大木、拉李

---

① “金沙之源有二”句前，《昭代丛书》本有“滇蜀之水，以江名者甚众，而金沙、澜沧、绿江最著，其源皆在西南徼外，前代图籍无考也。近自西域用兵，征哨所及，其略可得而记焉”一段文字。

② 段 绸缎。《昭代丛书》作“缎”。

城抵诏，凡四千里。家大木有地名中甸者，西僧掌土地官居之，滇军所需马皆买于此。自此至诏，路险如打箭炉[①]。

〔据王锡祺辑《小方壶斋舆地丛钞》（清光绪十七年上海著易堂排印本，下同）第四帙第十册第642页辑录。查拉吴麟，字子瑞，号晚亭，满洲镶黄旗人，清康熙戊子（1708年）举人，清乾隆丙辰（1736）举博学鸿词，官内阁中书，有《黍谷山房集》。另见《昭代丛书》己集《广编》卷三十五。〕

重修七局龙祠碑

杨　璿

井滨河，四山高，居常属目，遂以所见为山颠，盖不知山之上更有山也。由井西北过龙沟，出龙门寺，上折西背走，缘岭彳亍，羊肠绳曲[②]，可二里许。行者喘息，回首眺望，井地人烟，霄壤相隔，有心目俱豁者，且得一境焉。上下衍而旷荡，下蒙茏[③]而崎岖，坂坻巘嶭而成巘，溪壑错缪而盘纡，田畴相望，茅蔀相次者，心焉异之。人曰此七局村也。又见夫郁岔蒕以翠微，崛巍巍以峨峨者，人告予曰此七局山也。又见夫攒立丛骈，青冥盱瞑，杳蔼蓊郁于谷底，森薄薄而刺天者，或曰此七局龙潭也。又见夫垣墉黝垩，隐见在目者，或告之曰此七局龙祠也，心益异之。遂肩舆至其处，拾级登堂，展谒如礼。见夫神之为像也，黻冕端拱如王者，后肖蟠龙形九首，错[④]列覆神上。人曰此龙王也。旁坐者肖女像，冠帔静好，搢笏垂带，后亦肖龙形七首，人曰此龙女也。女称曰姑。龙王有女七，各有所适，此其七姑也，故其山名七姑，而今曰七局，盖讹称云。又有神，面青而狭，目赤而深，髡顶挛耳，齞唇历齿，执鞭侧立者，或曰此蜃神也，亦龙属。龙行雨，蜃以先之，盖龙使也。

继出祠后，至龙潭，见其攒柯挐茎，重葩晻叶，轮囷[⑤]虬蟠，插堞鳞接，荣色杂糅，下开上合，出水成潭，濡瀑渍溃，汩若扬波，沛若涌涛，潜瀘洞出，分沙擘石，隐蚊伏螭，云翕风阴。既而开窦洒流，浸彼稻田，翼翼与与，随时代熟，心益异之，迥非所习见者。此左太冲、张平子之赋材也，吾恶乎遇之。视事暇，考《井志》，有李阿召者，居七局村，养一黑牛，日饮井水，肥泽异他牛。一日，失所在，迹之，因得卤泉。白蒙氏开之，是为黑井。予以官不受，求为僧，赐紫衣，井人至今祀之。

又载：楪榆人杨波远，号神明大士，常骑青牛，开盐井四十，盖永徽时事也，第弗具论。今庙貌无所谓李阿召者，更参之《古滇说》并《南诏野史》，其名字不概见。夫张道宗、杨升庵所为博学深思，心知其意者，如其有之，我知其不以草莽弃也，且神明

① “打箭炉”句后，《昭代丛书》有“此其大概也。在昔乙未岁，哈密有惊，未几，唐特被兵，圣朝伏义，万里出师，克复其地。时余在中书，颇见军中奏报，故得知其山川形概。后于一友人处得行程记一帙，词虽不文，然与前所闻者，足相证据，暇日录之成篇，并其风土识之，以见圣朝之广大，且以补桑钦、郦道元之所不逮，未必非他日职方之一助也。若水之不入中国，与其地之无关于冲要者则略焉”一段文字。

② 绳曲　道光《云南通志》、光绪《云南通志》、《新纂云南通志》皆作“蟠曲”。蟠曲：曲折环绕。作“蟠曲”是。另，绳，亦音mǐn，绳绳，连续不断。绳曲，连续曲折，亦可解。

③ 蒙茏　原本作“蒙笼”，据道光《云南通志稿》改。蒙茏：草木茂盛的样子。

④ 错　此字，道光《云南通志稿》、光绪《云南通志》《新纂云南通志》皆无。

⑤ 轮囷　原本作“轮菌”，据《新纂云南通志》改。

大士《野史》《滇说》两载之。予少时读桑钦《水经》及郦道元注疏，有曰：周宣王时，天竺摩耶提国阿育王有神明大士者，能知盐泉，王命开之，常骑青牛，随一犬，色白。又曰：王生三子，长福邦，次弘德，次至德。因父有神骥，争之莫能决。王纵骥东奔，许获者主之。至滇池，为季子所得，因留滇，即金马也。王忧思，遣舅氏神明以兵迎之。诸书载之，互有异同。

又常至大井龙祠，亲见其庙貌。神有三：中者男像，躬甲胄；左者女像，蹑屦；右者僧像，披袈裟，执拂，前蹲一犬。问之，居人咸曰：中天王，左龙王，右大士。开井时，常骑黑牛，随一犬。牛入井化为石，故今井底有石如牛状。予聆其说，有与《水经》相符者，盖阿召与阿育字仿佛，其天王即阿育，大士即神明，牛与犬即大士故物也。大士，西域人，信佛，其披袈裟也固宜。其所云阿召者，特阿育之讹耳。且井源自盐海来，北至吐蕃界。在金江外为盐井，因设卫，至丽水为南州井，东至黑水楪榆间为云龙井，递至弄栋蜻蛉则为白井，递至髳州界则为琅井。定边、景东亦产盐井者，盖此山之右臂也。黑井独中出卤什百于他井，故以大称之者，盖曰他井特黑井之支流余裔云尔。

井源所出，山名万春，与七局山共幹。有龙潭二：一曰菖蒲，在山腋；一曰七局，在山阳，盖山之左臂也。山来处有崇嶂千仞，名白马山，即琅泉分派处。石上有马迹，僧人以伭（玄）奘事傅会之，殊可哂也。山后有哨，名马撒尿。小石门有龙马潭，奔走蹀躞，遗踪石上，皆金马所经道，井人能言之，则井之为阿育王与神明大士所开无疑也。《志》所云李姓者，或常主此井，或南诏大理以井报蒙氏，未可知。不然，何以不传？虽然滇介荒服，高尚抗志之士亦所时有，而知名者独张叔、盛览二三人，其淹没者可胜道哉！

或又曰龙一也，二祠异像何也？曰是有说焉。尝考之，泉水甘，其性阳；卤水咸，其性阴。阳像男，阴像女，二祠异像，是之取尔。七局龙祠，载在祀典，义与井祠相表里。设祠致祭，古人不为无见。今以祠之既坏，勉井人士新之，且捐俸先焉。经始于二月，告成于四月。因文以记之，以俟后之君子。

岁贡进士他山杨璿撰。

〔据康熙《黑盐井志》卷六《艺文志·记》第95页辑录。杨璿，进士，贵州余庆他山人，清康熙四十九年（1710年）为黑盐井候选训导。此文题名，道光《云南通志稿》卷九十二《祠祀志二·俗祀二·黑盐井直隶提举司》、光绪《云南通志》卷九十二《祠祀志二·俗祀下·黑盐井直隶提举司》、《新纂云南通志》卷一百十三《祠祀考五·俗祀二·黑盐井直隶提举司》皆作“重修七局龙祠记”，作者题为“提举沈懋价”，文字亦有异。〕

赤瑞湖记

张 汉

石屏治西、宝秀驿东有巨潴焉，俗为宝秀海，又以东异龙湖称西湖，无定名也。湖濒南有砦，我张氏聚族居之。湖西南之山，由笔架山、燕子洞跳踯而来，至湖南大展如屏嶂，嶂中起一阜，张氏世世会葬之山。由西下者，秀山达西塞有关，折而北，乾柴岭、凤凰山、虎头山、宝山以至水清坳、坦甸，会湖口之迤络桥，湖腹充而口隘，如倒壶而流，一衣带水，直走十余里，入九天观鉴湖，又分两带，抱城南北，入东湖，东达临安之泸江，会曲江、澜沧江而去，流之长不可以里道计矣。

湖中有石版，俗号云梯，有龙孔泉沸发伏湖中莫见，水洌可鉴毛发，虽雨涨淖流赴入不能浊。康熙癸巳春，水忽赤月余，每初曙及薄暮，如丹砂倾泻被湖面，舟人惊怪，不省何祥。是秋，予万寿科得第。嗣丁酉春，水复浅赤，予蒙子乡举，或曰予先世兆域临湖上，应此祥也。丙午，水复浅赤。丁未，同得第四人。又西郭喷珠泉及泮池，壬子岁水亦赤，癸丑同第者二人。年来得第，以水赤为瑞，而总无如癸巳湖赤之烈也。

抑闻城北乾阳山石参土有赤色，昔人相传有"北山青，出翰林"之谶。国朝以来，山日苍以翠，馆选屡有人意，山水人文显晦有时，其光气薰郁亦灵奇而诡变，有开必先耶！予因更湖名曰赤瑞湖，是为登第谶。至乾阳山，定名久矣，署山阁曰青瑞阁。牵连纪之。

〔据乾隆《石屏州志》卷五《艺文志一·记》第114页辑录。张汉，石屏人，清康熙癸巳（1713年）进士，官临安府知府，仕至御史。赤瑞湖，位于石屏县西，俗称宝秀湖，又曰西湖。形如倒壶，以水赤应科第祥兆，故又名赤瑞湖。水由迤络桥达九天观，入异龙湖。另见道光《云南通志稿》卷十六《地理志·山川六·临安府下》。〕

八达江源委

管　棆

八达江，源出旧霑益花山洞，经霑益州东北，会盘溪、腊溪二水，交合南流至曲靖府之桥头，再流而为陆凉州之湖里。经陆凉，南流折而西北，为宜良之大池江，再东南流而为阿迷州之盘江，合弥勒州之巴甸江，又为广西府之盘江。经飞土坡，再东北流而为师宗州之浑水江，六庆拐村可渡，稍东流而为鲁克之便柳可渡。方水落时，只五六十步耳，水势湍急，截流乃济。夷人刳木为舟，如鱼腹然，狭而长，仅容两三人。河流再折而东南，则合罗平州之喜旧溪，又合清水江，入粤西之西林县，达于右江。

此河之在师宗境者，几百余里，而夷人遂有江内、江外之分。清水江源出邱北旧城之龙潭，东流，近处溉田数百顷。夏秋则涨倍之，东流入粤西界。

〔据乾隆《广西府志》卷二十五《艺文志二》第22页辑录。管棆，江南武进县人，清康熙五十四年（1715年）任师宗知州。师宗旧无志，清康熙五十六年（1717年）管氏草创《师宗州志》二卷，粗具大纲。〕

重建永康桥碑记

沈　鼐

余治琅，案课之暇，睇川原之流脉，览道路之津梁，见治西有废桥旧址，民多病涉。量地度势，思是桥为井之锁钥，源接清水河，由西北流注，东入楚雄，合流金沙，达于蜀楚。当其伏秋涨泛，砰湃之势，蜿蜒而下，如狮怒吼。萦回相望，白练长无决其上，而坝堤崩塌走其下，而危激桥梁。抑且琅为盐课之区，盐为柴办，而斯桥山蹊要径，凡负戴柴薪，必由是路。桥不建而不遏其湍，民之负戴者不免截径以窘步，宁不为之创举乎？于是余捐资首倡赞襄，绅衿商灶莫不踊跃乐输，人不罢劳，欢欣助力，如云来而星行，风应而日作，期旬之间，而桥告成也。

虽曰奏绩平湖，柳子以树远防患，而成梁除道，王政以便民往来。今则白沙之境，仰赖永康，因而名之。由是奠安磐石，所以便民灶而裕国赋也。余虽不能进篴古人，亦以是桥为井地之重赖。是为记。

〔据沈鼐纂修康熙《琅盐井志》（《中国地方志集成·云南府县志辑67》，凤凰出版社2009年影印本，下同）卷四《艺文志下·记》第8页辑录。沈鼐，江西长洲县人，清康熙四十八年（1709年）任琅井盐课提举司，重修井志，至今赖之。永康桥，在治西里许，清康熙五十年（1711年）提举沈鼐捐建，清乾隆十四年（1749年）提举孙元相重修，为薪柴要路。〕

修亚泥河桥碑记

张云翮

《夏令》曰“九月除道，十月成梁”，盖农工告毕而岁事用修，此徒杠舆梁之制，古先王所以岁为小民谋利涉也。若求其经历久远，堪成不朽之功，而造无疆之福，使人慨之慕之，歌颂而乐道之，则洵非寻常架筑者，可得同日而语。

是岁春初，予奉命来宰斯邑，逾峻越险，涉水登山，指不胜屈。山之阻勿计也，至水之可厉揭者，不知凡几。由蜀而黔而滇，他若毕节、赤水、七星、可渡等隘，非有若长桥卧波，巨虹飞控，任擅冯河之谋，无或凌虚而过者。越一月，至所谓亚泥河，去县治东四十里许，驻足少憩，见彼四维皆山，而一水中出，河内乱石交叠，涉者摄衣褰裳，若惊惴状，予窃异之。环顾两岸，砖石层磊，匠工林立。询之左右，有为予告者曰：“此水源出嶍峨之丁癸乡，至下流与邑之甸水合，时安澜恬静，泳游尚便。每至夏涨秋涛，势若瀚海，差使临流而反，商贾望洋以叹。纵使羽檄星驰，不能飞渡；即令皇华载道，无计投鞭。匪特行旅往来，在所必经，实为新平一邑之津要也。向来或构木为梁，或造舟济渡，靡不备极区划。但一遇波臣肆虐，澎湃汹涌，悉皆逐流以去，行者苦之。幸值参戎冯公镇兹下邑，省会往来，目击心愀，力存兴复。首倡清俸，毅然以建筑为己任，计费不赀，命麾下百夫长陈子善道者董其事。而陈亦奉命唯谨，罔敢辞劳，相度营谋，议于两崖岸底各甃以石，石上架木成梁，梁镇以板，而上又为栋，为椽，为楹，为棁，覆被以瓦。桥之西凿山通道，除地町町，俾行道者视若坦途，永无及溺之虑，诚义举也。”

予不禁欣赏击节，叹羡莫置。及莅任之次，予往拜谒，瞻公丰采，聆公绪论，真有轻裘缓带之风，雅歌投壶之致，将古所称寓甲胄于诗书，藏折冲于樽俎者殆其人欤？俄而百夫长持公《募引》见示，予读之，其一片利济之心，迥异于近名者之为愧。予远涉长途，资斧告竭，搜索空囊，仅佐集腋成裘之万一，并所募诸信善之同志喜舍者，始得克全胜果。

夏六月桥成，问序于予。予不揣谬，颜诸额以契公之心。因念是役也，佥谋惟公，经始惟公，拮据落成亦惟公。公之大有造于地方者，宁仅彼一邑、垂一时已哉！爰约略其概而勒诸石，以志不忘焉。是为记。

〔据道光《新平县志》卷八《艺文志·碑记》第8页辑录。张云翮，四川宜宾县举人，清康熙五十一年（1712年）任新平县知县。首倡义学于文昌宫，捐俸延杨友梅教学，士风丕振，复设义冢，纂修邑志，善政不一而足。另见民国《新平县志》卷七第二十三《诗文征》。〕

重修中渡桥碑记

张嘉颖

鹿城为滇省迤西孔道，往来如织。东讫广通数十里，曲涧盘旋，为山水所自出，雨后泛滥，行人多阻。官斯土者，不暇经营，居是邦者，又秦越相视，病涉非一日矣。今大方伯卢公，前癸未岁出守于兹，留心民事，百废具举。有耆庶杨志能、许国荣者，心伤石头河，白家屯方家、水车二哨，凡六所，非建桥梁无以济渡，连袂以告。方伯卢公因乐助而奖励之，志能等遂捐赀起工，先于石头河建中渡桥。适明经孙廷绍起而赞襄，于白家屯修路数十丈，建普济桥，更转募捐助，增建小桥一座。又于方家哨建普渡、遐龄二桥。志能欲延母寿，独于水车哨建延生桥。数十里内，数年来次第兴修大小桥共六座，俱已告成，而中渡桥工程为最。嗣是水涨不能为患，往来称便，洵为善事，志能等可谓乐善不倦者矣。

甲午岁暮，历序工次日月，请记于余。余愧不能文，且愧未少助以襄善举。然窃喜大方伯之善其始，志能等之乐善不倦，而余得乐观善果之告成，并喜志能之具有孝思也。后之君子能留心民事，典型举坠，自不无好义者，趋承恐后而相与有成焉，善政善教，岂独建桥修路而已哉？于是乎记。

〔据康熙《楚雄府志》卷九《艺文志中·记》第29页辑录。张嘉颖，江南长洲（今江苏吴中）人，清康熙五十二年（1713年）五月任楚雄府知府。〕

溯澜桥碑记

黄叔琪

景东郡治前有河曰中川，源出蒙乐邦泰之石峡，其流劲疾，夏则弥漫。旧时建桥其上，桥柱浸水，年久朽颓，民病涉焉。

壬辰岁，余奉命来守是邦。谋于绅士，各捐金得二百有奇，庀材鸠工。经始丙申冬，至戊戌夏桥成，名以溯澜，纪实也。越日，门人孝廉李澄自榆来访，谓予曰："此桥加美于旧，可谓宏利济之功矣，然不足为夫子颂。昔杜武库、蔡端明皆一代伟人，文章功业，卓卓有声。其河阳桥、洛阳桥者，不过出绪余所为而政成，绩懋包蕴，经纶此外，正自有在世人顾啧啧艳之，岂不过哉？"余曰："不然，天下事尚本无之则已矣，创于先者，必继于后。杭之西湖，乐天所以为民田也，后则有苏长公增筑其堤。豫之白鹿，李常所以藏书也，不数年，而晦庵继之，降而二亭一馆，莫不踵事增华，比比然已。吾纵不敢媲迹古人，今忝司郡守，既未能宣化教养，竟致我民有病涉之虞，且不能雅寄道观，为一觞一咏地乎？《周礼》曰泽不陂障，川无舟梁，是废王政之大者。斯桥之成，固守土事也，不可以无记。”

桥凡长二百尺，广丈余，架屋二十一，上覆以瓦，下叠以石，工称巩固。同官捐金者，副戎昌公宏猷、教授杨君郊俊、训导杨君之祯、经历胡君天锦、土府陶君大鉴。董其役者，贡生王举，庠生杜如越、尹城镗，例得附书，以为好义者劝。

〔据吴兰孙纂修乾隆《景东直隶厅志》（国家图书馆藏民国二十二年钞本，下同）卷四之二《艺文志·记》第12页辑录。〕

新建中河石桥碑记

曾 旭

河自西南来，左掖泸江小河，为远近山民及诸司甸往来之会。旧架以木桥，山水骤集辄拥去，又必更置。丁丑冬，郡绅士恻然感之，为久远计，谓非甃以石不可。一时杂裒醵，会畚锸，齐兴伐，山作礎，煮石为垩，雁齿横施，历历可指。天光雨霁，有长虹欲饮之状，往来者方轨并驾，如砥如矢，极利涉，欢嗟乎其功钜，其事可谓久远矣。其在《书》曰“政在养民。水、火、金、木、土、谷惟修”，《夏令》曰“九月除道，十月成梁”，是故清沟洫，葺桥梁，所以备旱涝，免搴濡也。

郡南河一带，村落相望，疆场沟塍，绮分绣错，灌溉蔬植，居民尤便。频年泸水沙壅堤隤，每夏秋淫雨溟涨，无端凌跨兹河，交相为害。渡者以航灾状屡告，为之计者，宁独兹桥云尔哉？会当事留心民瘼，导壅疏滞，固金堤，培柳埂，而泸水之患一除，是河亦与有利焉。乃兹桥适，于是乎告成，且镇以楼，竦峙高瞰泸江，竹树参差，烟光迷离，蒲菰菱藻，凫鹥飞鸣；上下远眺城廓，歌钟隐隐如相接太平，风致洵足乐也。予因庆圣天子德被八埏，河清海晏，政修人和，百废具举，故民有余闲，得以共襄厥成，同乐康衢。因记之如此。

〔据雍正《建水州志》卷十一《艺文志·记》第29页辑录。曾旭，字旦生，号文山，龄长子。幼颖异，年十一，为学使寿公所器，入郡庠，称奇童，遭吴逆弄兵，结庐于祖父墓侧读书励行，时开伪科不赴试。王师复滇，领补行辛酉科乡试，下春官第，归益留心经济，念切桑梓，倡绅士修书院，理义仓，泸江每苦水患，条列修浚保固之法，至今利之。出宰山西安邑令，下车赈济，活万余人。署蒲夏皆有惠政。以勤劳卒于官，崇祀名宦。康熙五十八年，阖郡公呈，详允置主入祠。事迹见雍正《建水州志》卷七《乡贤志》。〕

岁修海口碑记

周 勋

州城东隅异龙湖，周围百里，田连阡陌，舟通城壕。水自宝秀环山漫流，总汇异龙湖中。村居错落，离城三十里，地名海东，有泄湖水河道。其中两山峻挟，曲折长流，建水、泸江一带田亩咸资灌溉焉。只缘水口河道箐山多破，一经雨水，沙石下行，每遭阻塞。两岸沙堤约长十里，若非倍费人工，难保无虞。久雨山崩，巨石滚堵，河中更有回龙岔河，沙淤尤甚。壅阻遏流，湖水泛涨，田庐受淹，村民散居，钱粮赔累，苦莫能诉，此屏郡之积患也。向曾开挖疏通，皆由沙不远发，以致随掘随淤。况要地无人巡守，屡被附近村民放火烧山，挖掘柴根，土松上浮，雨霖成沟。兼之纵放牛马，聚众捕鱼，载重行船，直抵石桥，沿堤践踏砂坍，历年莫能禁止。旱则湖水不泛，海田稍可布种；涝则一望汪洋，民人束手无策。前于康熙五十七八等年，已经吏目叶世芳公同绅士遵奉上行，每年农务稍暇，齐集人工三百名，动工二十日，疏浚河道，堵筑堤埂，宽深五尺，于破山处建造木桥，引渡沙水，不使填河壅滞。由是湖水渐消，海田得种，所获不下万计。劝民乐输，每租一石，捐谷一斗，三年共捐谷四百余石。散给人夫饭食，择地河边大桥宽敞要隘处，盖造瓦土房三十余间，招募坝夫十名居住，使其便宜巡守。更置垦田租二十余石，除完赋外，买备应用桩木、挑箕、什物，其余接济坝夫。如费有余谷，陆续再置田亩，则坝夫耕守有赖，亦且动用人夫，不乏日食。业经绘图，申详在案。但思天时之旱涝无常，人事之修浚必力，若始勤终怠，自是前功废弃。嗣后时当农隙，疏浚动夫于水退得栽田亩者，计租十石，应夫一名，是诚使之自营其利之善术也。倘遇大水淋漓，山崩砂石壅阻，田垣受淹，则用四门村寨人夫协力共修，设有偷安抗违仍前作践者，必以法惩。合勒诸石，以垂永久。

〔据乾隆《石屏州志》卷五《艺文志一·记》第80页辑录。周勋，江西铅山县人，清雍正四年(1726年)任石屏知州，捐金三百余两，首建东楼。〕

重修砥柱桥碑记雍正五年

陈希芳

州治有砥柱桥者，距晋不数武，往来行役，入境即见，为锁水之一大观也。象岭龙山，交相环抱，尔乃沘水夹泄，急湍怒号，水底立石，汹浪莫摧。昔人穿岩砌岸，织铁链，架木板，上覆几厦，以蔽风雨，此砥柱之所由名也。前明以来，其间补阙修葺者不一，自我朝风化远讫，商贾车旅之迹俞众，历久而桥渐倾。凡守土者未尝不触目廑念，无如皆惧其费繁而工浩也。

乙巳冬，余来莅是邦，见桥将圮，奋然自任。曰："州治者，四境之所观瞻也。以襟带前，为土守所必由者，尚藐然视之，况其远者大者乎？"于是，倾囊五百金捐之，乡缙绅人士有不介而孚、不谋而合者，咸乐竭其所得，为以一椽、一木、一工、一瓦襄事焉。不日，而桥遂落成，金碧辉煌，虹跨百丈，无忝我皇猷丕丕，舆梁善政焉。邦之人士咸曰："此刺史之功也。"余曰："微邦人士之力，曷克臻是？"是日也，余携壶挈馌散步，慰劳襄事同人，登临极目。北望江隈，烟火千家，人称乐土；南观山沓，彩云一片，日射晴岚。有不觉情生于境者，曰："水濡弱而日流，风披靡而日下，是赖有司卓然树立者，起封建之既坠，挽风气之将颓，回狂澜于既倒焉，庶有得于砥柱之意云尔。"是为记。

〔据雍正《云龙州志》卷十二《艺文志·记》第48页辑录。陈希芳，字惕山，镶黄旗色衣监生，清

雍正三年（1725 年）任云龙知州。〕

修云龙大路碑记雍正六年

陈希芳

云龙斗大一州，介在万山深处。里列十二井，产八区，皇华有征发之烦，邻封赖行盐之重，道路所系非细故也。自云、浪分疆，以迄州治，百有余里，若天耳之水箐以上，雒马之邮亭以下类，皆壁立巉岩，纡回鸟道，所称蜀道之难，孰有过于此者？即前司牧未尝不修治而芟除之，然往往界之乡地士人，又皆以公役使，未免草率塞责。不数年间，车辙马迹，奔驰蹂躏，又复险阻。时而春秋天气晴明犹可吉也，每值夏秋雨水泥泞，洪波汹涌，倾塌尤甚，不可名状。余以时往来，不禁恻然心惊。急欲图之，无如簿书鞅掌。砥柱桥功未成，日无宁晷，且继奉恩纶敕建忠孝节义祠、先农坛壝，工作日兴，未遑兼营。

丁未冬，农功稍暇，余起而谋诸州绅士曰："道路修明，守土之平政也。然于此而扰民财，劳民力，余实不忍。"爰捐薄俸，自制锄锹，倡募同心，复虑不得其人，仍蹈前辙。于是选老成明经，以分其任。自州治以至太平哨，佩组段君任之；自太平哨以至石门，丹璧杨君任之；自石门以至关坪，王若施君任之；其自关坪以至云浪分疆，则州尉会稽章维立分任，其劳以助余之不逮。广觅工匠，先给工费，辟土凿石，大施经营。相地势之起伏高低，高者平之，下者砌之，狭者辟之，期于一劳而永逸。余不时备壶飧，率僚属，躬为慰劳省视，奖其勤而警其惰，以示馌饷之意。诸君不辞劳瘁，栖风宿雨，力肩其任。未几三月，而天耳之水箐易溪为桥，险者夷矣；雒马邮亭以至太平哨为栏制险，凿石伐木，陂者平，狭者广矣。熙熙而来曰康庄也，穰穰而往者曰坦途也，倘所谓周道如砥者，是耶非耶？夫王道荡荡，古志之矣。

沐圣治广大宽平，海隅边陲，无人不履蹈于中和，即令易崎岖为坦平，何莫非王道荡荡之休欤？余官守于兹，睹舆情之感戴，益庆皇图之经久矣。迨千载下补偏救敝，是又厚望于后之君子焉。

〔据雍正《云龙州志》卷十二《艺文志·记》第 49 页辑录。〕

郡侯陈公捐修大路落成恭纪雍正六年

佚 名

滇为极边之地，云龙又滇之极边也。南连腾永，北通丽水，而邓浪其密迩焉。幅员广袤数百里，崇崖顽石，鸟道羊肠，崎岖险隘，行人固已临歧兴叹，侧目心惊。矧夫阴雨淋漓，洪流泛滥，往来困踬，夹背汗零。有心者未尝不补偏救敝，又皆以工大费烦，聊且迁就，不旋踵而即圮，其何以垂久远而通利济耶？

我陈侯下车，甫期年，政通人和，百废具兴，砥柱桥成矣，文昌宫建矣。复念行鹾之挽运紧要，商贾之贸易急需，而黄华之使节不能无也。不惜倾囊捐金，简选缙绅老成，慎畀责任，宁费毋简，宁实毋浮，叮咛告诫，期于坚固久远。凡所以凿之、辟之、伐之、砌之者，如邮亭一路，天半悬崖，石栏护道，建坊以壮大观。其平川曲折难以悉举，更复省视频行，奖劳频施。感奋之下，庶民子来，不三月而功就，猗欤休哉！向之畏崎岖者今庆坦途矣，向之苦险隘者今歌乐土矣，尚有临歧兴叹侧目心惊者乎？夫官为传舍，亦不以路为传舍也，此非我侯心殷利济饥溺由已之意欤？吾侪感戴念切，祝颂无由，爰合刍荛之语，共录短篇，敬镌一片之石，永垂千古。凡我士民步趋于荡平正直之中者，当佩我侯之功德于不朽也。夫敬志。

〔据雍正《云龙州志》卷十二《艺文志·记》第54页辑录。〕

以里堤路记

张　恒

以里一路，为汤丹各厂孔道，贩负驼运者络绎不绝。夏秋间水潦泛溢，泥泞深险，行人苦之。

雍正辛亥，余自寻入东，路由璧谷小江抵以里。时方雨集，行旅甚夥，颠踣之患，殆无有不怨咨者。甲寅，复馆东署，再经其地，则康庄在望，矢直抵平，巨石沿甃，迤逦约二百余丈，为水洞五，为木桥二，坦涂高爽，渠水循流，荡荡平平，伊可乐也。后询及之，乃知太守公之注意于兹役者殆非一日，始以城工旁午，经理未遑，继以经费孔艰，支用无措。迨癸丑岁，地震山崩，各处道路壅圮，当事者檄饬修葺，乃得拨厂项五百余金，庀役兴事，而病涉之忧，至此始释然矣。

东人感公之勤民也，索余为记，以示来者。余告之曰：太守承天子命抚此土，莅此民，环四境之人喁喁望治，孰非分内事哉？除道成梁，分所应尔，非过也，宜也。方今东郡之内，兵燹方熄，疮痍未起，饥者何以饫之，寒者何以燠之，劳者何以息之，强者何以锄之，疾痛呻吟者何以噢之咻之，鳏寡孤独者何以安之措之。欲与聚而恶勿施，所当殚夙夜之忧劳，负王之讬寄，以求慊于幽独者正自无穷，特经理桥梁路道乎哉！虽然，政无洪纤，宜民者贵；惠无巨细，被物则深。夫九月除道，十月成梁，固先王仁政之一端，而公之惓惓于此，其惠又曷可谖也？遂援笔而为之记。

〔据方桂修，胡蔚辑乾隆《东川府志》（清光绪三十四年重印本，下同）卷二十下《艺文志·记》第7页辑录。张恒，寻甸州知州。〕

创建龙潭庙碑记

崔乃镛

雍正三年，皇上以龙德承天福泽生民，功不可以缺祀，而祈祝不可以不虔也。颁封龙神，命直省督抚祀之，祈报有所则雨旸，不忒义至深礼至肃也。滇中称龙潭之处多且神异，其守牧令莫不因俗祀祷，由来已旧，而民间于溪壑涧谷中，凡所资于灌溉者，奉香火尤谨愢焉。

余牧寻七年，凡于旱则祈雨，潦则祷晴，非愚忱之能格而呼之若应，益信龙神之灵也。辛亥之春正元次日，抵东川，逼城三里南山之麓，山势耸矗，磊石崚嶒，石罅清流，蓄汇澄澈，祠宇临焉，亦胜概也。询之，曰此龙潭也。潭出中流为河，左右疏两渠，一川田亩所资注也。殿楹，则前守黄公士杰所创建者也，惜以兵燹践毁，亭楹悉圮。抵夏月，命工葺之，欲为扩其规制，而弗暇及也。

甲寅之夏，暵干不雨，禾稼就槁，秧不插莳。会泽县令祖承佑请祷神，余以病不能奔走。祖令与守备李成露顶跣足，曝于烈日中，时五月初九日也。方祖令率士民出赴祠宇时，余同参戎王曜祖候于西城楼前，翘望四郊，无纤云翳空，安知有雨？而遥见旗旙入龙潭，度梵呗尚未毕讽，而龙潭后山忽腾片云，迅雷即自山起。祖令率士民迎神，甫入城，而大雨滂沱，至夜分乃止。时雨沾足，信乎？神之灵与人为通，此余所目睹而深信之者也。躬谢神赐，祖令请改建祠宇，谋之于余，余则勗之曰："奉职守土，所以谋民也。政不利民，奚以为司，利民之政，莫大于人事神矣。今是水为利于东人溥已，然犹未足以大神之施也。此潭东西二渠，昔人筑堤障之，惜乎堤仅数尺，潴水无多也。若于水前筑横堤三十丈，高过五丈，则此水东可引之绕城，及于马五寨，为隍为池为塘堰；西可引之塈五龙募，岂惟沾润广哉！东郡其为名区已，独憾城役未毕，衰惫乘之心力不及谋，此后有作者必且不遗此善。今为祠近水则此潭，无能再谋兴筑者矣，曷留此地以预为蓄水计，而直移神祠于山之上，非但观瞻崇峻，且遗泽于后世无穷也。"祖令于是筑石台于山，为殿宇二层而栖神焉。门棂阶砌，黝垩丹漆，踞山水之胜，卓然东僻一伟观也。而在祖令，则于神为报功，于民为祈福，于官为尽职矣。

落成之日，问记于余，余既以神之灵识之，仍复殷殷属念，敬告后之守斯土者，勤民事神，度地势，扩堤障，疏浚两渠，使水利普被，不但区区谋民之心藉手以观成，而神功浩荡将使风物繁衍，山水嘉会大有造于东矣。爰叙其事，以笔之贞珉云。

〔据乾隆《东川府志》卷二十上《艺文志·碑记》第29页辑录。崔乃镛，字伯璈，陕西同官人，进士，庶吉士，清雍正二年（1724年）任寻甸州知州，上书大宪，请以东川改隶云南，以便控制。九年（1731年）擢东川知府，由筑城建署修堤，设书院，皆力任之，兴举废堕，尤留心教士养民。离任后，犹附书至东川，谆谆训勉诸生不倦。〕

新建登瀛桥碑记

王　缙

徒杠舆梁，岁以时成，此王政之大端也，故先王之教曰"雨毕而除道，水涸而成梁"。要皆有司政治之所关，匪但为一方一路，利涉之便行人也。吾州西境有大河一水，弯弯远抱城郭，映带龙沙，是水法之合莫善于此。而且滨河之田，无虑数万顷皆资灌溉，是水利之兴，又莫大于此。而且探河之源有二，一出自关岭山麓，一出自大堡龙泉，奔放数十余里，为众涧所汇，及小寨、团山二水合流而下，其势益盛，六七月间，往往河水涨溢，东西道阻，民皆病涉也。问诸父老，自康熙丁卯，撤铺木板，易以石条，漫衍平敷，今经二十八年矣。

然而途人称便，车马难行，揆之王政，尤未尽善焉。适有乡人之善者，相聚谓曰：

时当清晏，上有圣君，下有良牧，百度维新，正此桥可重建之日也。但不大创举，不能为一劳永逸之计，遂蠲吉明晨，诞告尔众，曰：某也鸠工，某也庀材，某也捐资，某也效力。

始作于雍正元年正月十一日，落成于二年三月十八日。远近相望，如元窍通天，如长虹驾海，如罗星锁水，如偃月映川，名其桥曰登瀛，宜也，非过也。至若大夫叱驭，志士题毫，小可步而大可车，往者过而来者续，诚一郡之大观，千秋之伟绩，又不独为西南一带作津梁，使人人得而济之也。一日，诸信善谒予丐言，谨搦管而书其建桥之巅末如此。

〔据朱庆椿纂修道光《晋宁州志》（民国十五年排印本，下同）卷十二《艺文志·碑记》第60页辑录。〕

镇沅双泽泉记

孙　鹏

双泽泉，在新建石城之东门内，去郡署数十武，湛然一泓，镜山之坳而活活云。郡易土而流，自雍正五年始，其时有土墙自山顶围下半圮，无所谓石城，且无水饮，城以内人饮者必出城，走一二里就河掬之，或以杓侧承而起注于木桶，担之来家，去来不绝于路。

先是城基甫定，偶与李公资园登眺其巅，慨然有感于曩劫，因论兵家攻守之道。至耿伯宗以戊己校尉引兵据疏勒城，为匈奴所困，绝其水源，未尝不危，伯宗之穷，若非整衣一拜，则其城不为敌人立破者几希。李公曰：冥漠之际，其理不可测，其说不可执为常幸，而精诚可通已绝之。水源随念而转，若握在手，然万一天道茫茫，感而不应，应或不如此之速，城中岂能十日不水与敌人相持哉？此地即可城，如无水何？舍此又无可城之地。余曰：城之哉？姑徐以计泉，而资园司马亦若逆知泉之难得也，惟城之是急。

工未竣，郡太守易斋张公来受代，即始议建城者也。计岁已一周，而灰石、砖瓦、工匠之营仅过半，方斤斤督工，不遑暇逸。一日，司马忽指苦竹丛下曰：掘此，是泉。有止之者曰：此为土守故宅，一片瓦砾，且多大石横亘其下，奚以凿为？李公不谓然井之，不数尺深，已若牛涔，更深至数丈，得其源，涓涓出不止。渊然而深，澄然而碧，时时汲，滉漾不少减，不汲亦不溢。其味甘，其气清冽，自是城中不复担河水。

嗟乎，城工人力可为者也，泉岂人力也哉？泉若为此城出者天秘，此不竭之源，以待李公揭于今日，不偶也。李公曰：得泉之日，为张公到郡之七日，其与渭川之飞泉随刺史马足涌出者无以异，是为张公之泉。张公曰：李公之所得者也，其诚于求泉亦已久矣，吾与兵若民俱德之，请为亭其上，而以李公名。二公推议久之，余因题曰双泽泉。二公相视而笑，属余为文记之。

此事奇而韵，南村名之又记之，张、李二公借以俱传矣。笔墨之所关，岂细故哉？南村负不可一世之概，与月槎侍御同戊子乡举，互相砥砺，诗文俱有本源，然有意求奇，反觉晦涩，亦是先生一病。文较诗似为明畅，以其不尚机锋，尚见大家面目。戊辰人日，师范记。

〔据《滇系》八之十四《艺文系》第32页辑录。《云南金石目略初稿》卷三第22页题录：“《双泽

泉记》，昆明孙鹏撰，雍正五年在临安县，见《滇系》。"〕

见龙桥记

佚　名

由临安治而沿泸江以溯上游，旧有跨黄龙之渠而为永安桥者，前明成化时之所建也。历经岁年，渐就倾圮，行旅望洋而叹。居民缘岸而咨，功用浩繁，瞿瞿乎无能为役也屡矣。洎乎乾隆乙酉，郡人图垒石而新之，而善士张翁勋臣首出白镪五百为之倡，其时勇于从义，如唐若梁、叶春生者皆相率以应，顾惟河形宽衍，虑庀材之钜以艰也。因少徙于旧址之下流创某构造，则又以堤虚岸削耗所蓄租，日月侵寻，具功不究。韶舞者，张翁之仲子也，顾瞻崖畔，于心怦怦，乃纠约同人敬恢前绪，而而众亦感而竞劝，欣助以赀。

于是，鸠工于甲寅之春，以乙卯之三月竣事。论其协力而既底于成，则一年之工作也。论其绳承而有基弗弃，则三十年之经营也。顾予窃于兹有感焉，建石普元要冲，斯在睹乎此者，恻然念行人之病涉而输囊，集众懋建崇功，殆于克广德，心无愧，仁人之博爱者耶。而其不忘前人未逮之志，以期要之于有终所由，激发于孝子之思者愈益有足尚矣。呜呼！一桥之成，而仁人孝子之行备，匹夫为善，竟于士大夫，是亦足以助教道之流，而裨益于人心者甚钜。书以示劝守土者之所欣也，至于更其石而曰见龙者，以龙潭之水瞻之在前云尔，必曲为之说则凿矣。

〔据雍正《建水州志》卷十三《新增艺文·记》第18页辑录。〕

重修见龙石桥碑记

杨　镐

予闻程子曰：一命之士，存心爱物，于人必有所济。夫济人之事，何必他及？即道路桥梁以时修之，无忧行旅，亦一端也。故《夏令》曰"十月成梁"，然予意役以时兴其事或易，非若后世以石为桥，工巨费广，必合众人之力以图之，且竭一人之力以济之者矣。予于张子仪鸾造见龙石桥，成其先人之志者，以为义而可书焉。

先是，府治西十里，距泸江河上流，跨黄龙渠之水，有桥曰永安，载于旧志，昔以木，其易以石也。前无所闻，今可据者，自张君九锡字勋臣始。君，邑人，好义乐施，艰大不辞。因桥圮，行人觅路难，捐金首倡，同时慕义之侣多应之，谋徙故趾下别造新桥，工将毕，暴水夺之，不克成。张君志弗移，复谋所以成之者，益力诸同事共赞之，卒不遂而君殁矣。其嗣仪鸾戚于心，越数年，遂与先同事者共成此桥，而张子力为多。工竣，更易其名曰见龙，请记于府宪江暨以白予。予慨夫俗之不古也，如此义举，已为罕觏，间有为之，亦子舆氏所谓好名者耳。今张子因先人之绪，不惜财，不惜力，殚厥心，成厥事，过而问之，忘其为仪鸾也，仍为乃父功。善则归亲，固人子大义，而斯桥之成，则其人之孝于亲，爱于民，亦可想见矣。予以是而占临俗之厚也，乐为书之，以告世之好义而不私其力者。

〔据雍正《建水州志》卷十三《新增艺文・记》第21页辑录。杨镐，满洲人，县尹。〕

鄂少保开岩洞碑记

王立宪

少保大司马西林鄂公之来总制斯土也，视三省如其家，心民心，务民务，虽边徼异域，苟有济于民闻于公者，罔不切肌肤、耸骨髓，不为不已，为之不底于成，以不朽于后世不已，矧其托宇下者乎？

临安去会城不五百里，古晌町国也。崇山大泽宅其中，长江巨河环其外，每夏秋溪水涨溢，望如海，故以建水名。水大而能利民，亦能害民者，莫甚于泸江。其发源也，则始于石屏之异龙湖，合塌冲、象冲暨六河九洫诸水皆会于泸，以奔赴岩洞。岩洞者，所称石岩山之水云门也。洞前虚厰，可坐数百人，登岩以望，洋洋乎，浩浩乎，利田畴，资灌溉，地肥饶，民殷富者，不恃有此川哉！然当其水势泛涣，决圩防，没田庐，又往往为民患。揆厥所由，则岩洞实障之，泸水从众流来合，东至于岩洞，伏流十余里，出阿迷，入盘江，以为归宿，此其性也。而岩洞之前，石磴嶙峋，纵横洞口，细流则峡道曲入，洪涛则湍波四溃。復多石埂，横截中流者十有三重，惟伐石凿埂，使无壅遏，顺流而下，则水利兴、水患息矣。

自少保公至，召我郡县告之曰："泸水之患溢临境，岩洞之障，厥宜屏，刊乃石，断乃埂，民害除，农力省，功惟速，志惟猛，我忧以纾，而汝是儆。"属吏闻命者，咸唯而退。故老相传，洞口有神物凭其上，动一拳石者辄大风骤起，烟雾迷离，咫尺不相见，所击砂砾飞数十步外，能中伤人，以故鲜有过问者。

雍正八年正月十七日，郡守东莱张公无咎与总镇张公应宗、州牧祝公宏既奉少保公命往疏河。甫至，令伐巨石，锥凿不能入，强入之，获未寸许，忽风起砂飞，石击工人手，落其一指，众皆惊散。诸君子相顾错愕，闻于少保公，公曰："神庇吾民者也。吾惠吾民，而神不许，谓神何？唯子之诚不足以感神，故神弗灵。吾其祭以文，通以诚，神必许我，汝敬往哉！"太守乃赍文以祭，祭毕，云开烟敛，天大晴霁，光色照耀。于是督工凿石，而向之刚者柔，坚者脆，应手而伐，辄得大块，或数尺，或数十尺，不一月而十三重埂尽拔而去。自此水涌沙流，河身丈余，无復避碍，岩洞遂不为患。下流既疏，然后上流得肆其力。于是溯众水所经，按一江所入，凡河之浅者深之，滞者通之，岸之低者崇之，薄者厚之，垒浮沙者易以茅块，堆淤淖者运于远邱。又復伐木为桩，编竹为篾，以为两岸之障。耸如壁，平如削，坚如石，滑如漆，风雨不能摧，波涛不能入，鱼鳖不能损。

功成之日，计程不二百里，计地不三万丈，篾数千，桩数万，工数亿。官勤劳，役奔走，上无懈心，下无惰志，而后得以有水利，无水患。虽积雨经旬，连阴累月，而沿流循渚，堤以永固，禾以永丰，岁书大有矣。

于是，郡人士咸相尚庆曰：此少保公生我也，愿记一言以贻我子孙，使后之饮若水者知源，服若畴者识德。爰歌以记之，词曰："云门凿，泸川浚。龙湖来，阿迷进。达盘江，往而迅。水安流，谷丰润。恬河伯，熙田畯。囷仓盈，鳞介牣。亿姓欢，百神顺。

官弁康，吏治振。古禹稷，翼尧舜。理水土，钦且慎。今其谁？维公仅。”

雍正九年八月朔日，州人公立。①

〔据雍正《建水州志》卷十一《艺文志·记》第31页辑录。王立宪，字法之，清康熙丙子举人，任广宁令，值水患，邻属告饥，因条陈《救灾策》《兴革事宜》，皆中窾要。此记题名，雍正《云南通志》卷二十九《艺文志六》作“开岩洞碑记”；道光《云南通志》卷十六《地理志·山川六·临安府下》作“郡城修岩洞记”；《滇系》八之十五《艺文系》、《滇南文略》卷二十六作“开建水岩洞碑”。〕

泸江桥碑记

赵　节

滇南临郡之泸江河，发原石屏州异龙湖，至西屯而诸水会合，复有象冲、塌冲归其右，窑沟、南庄归其左，绵延浩瀚，阖郡灌溉实攸赖焉。然古桥噎隔于中流，岩洞纡回于去路，河水泛溢，每为临城之忧。

岁在己酉，我郡守张公讳无咎，山东莱州府掖县人，升驿盐副使。来守是邦，凡兴利除弊、修废举坠诸大政无不毕举。复遵少保鄂公指授，穷源溯流，遍履津要，分委贤员督修泸江诸河，厚筑堤岸，宏开岩洞，向之浸淫者悉资灌溉矣。原泸江一桥，逼近城郭，旧制卑狭，山水骤发每致壅阻，堤岸崩决，田庐淹没，实为泸江上流之害。此桥不广，此患终无已时。

张公洞悉其情，复委员监修，捐俸首倡，属员绅士欣然乐助，以封君傅讳大美者董其事，解囊好义，会同委员庀财鸠工，卑者高之，狭者广之。自庚戌莫春，迨辛亥仲春，而桥工告竣，自兹田无淹没，庐无漂泊，车无濡轨，人无蹇（褰）裳。

昔有许公堤，讳宗鉴，福建泉州府晋江县人，临元兵备副使。今有张公桥，后先辉映，均足千古哉！维时分修堤工，开凿岩洞者，则有署石屏州牧祖讳承祐，教授夏讳冕，学正关讳绳武，经历詹讳在亨，司狱朱讳国瓒，吏目黄讳环，通海典史金讳禄基，临溦镇把总姜讳志广、陈讳士俊，外委把总李讳忠、董讳其複、邢讳腾蛟、王讳永甲、胡讳永成、罗讳万有、曾讳世荣，百总毛见采、曾朝相，农官唐诗是，皆实力奉行。有事河工者，至监修泸江桥，则石屏州吏目叶讳世芳专其任也。宜并勒诸石，以示后来焉。是为记。

〔据雍正《建水州志》卷十一《艺文志·记》第34页辑录。赵节，郡人。〕

修同缘桥碑记

黄鹤鸣

吾滇在天南万里，崇岗巀嶪，激涧萦纡，而临安旧以沃壤名，即唐之乌麽蛮地，元始拓而州焉。城南之水曰泸江，汇众流入岩洞，北则有南庄、马家冲诸水，历八十余里

① 文末，《滇系》增补“雄直处得昌黎之一体。西林公之制滇也，拓土开疆，兴利除弊，其善政不可殚述。记中‘视三省如其家’数语，已将西林公画出，滇人世世尸祝之，宜哉！”数语。

至宗所，折入泸江，地当孔道，非桥不济。旧架以木，夏秋淫雨怒发，万壑争趋，奔腾溯湃，水不能支，时与波俱逝。乡之父老戚焉，曰：固不敌石之牢且永，顾其费不赀，爰乃盟心协力，庀鸠工，累千金，而不日告成。噫嘻，可以为难矣！父老曰犹未也。由桥而南，有周行焉，乘者徒者，负者戴者，牛马走者，肩相摩趾相错也，荦确泥淖，苦之久矣。桥成而路不修，缘虽善，如未完，何必砌以石，平如砥，量其费，略与桥相当。众益劝，不数月，而复平。

我国家承平百年，虽古所弃为蛮陬荒徼，如吾土之远者，而风气烝烝，不教而劝，则观于乡，而更知王化之隆，无远弗召已。余不佞，少长，乡曲某水某邱钓游历历，父老之所苦者咸知苦之，父老之所举者亦愿举之，顾屡膺民牧常惧不克，宣土德意而独乐。闻吾乡父老之所为，故不敢以不文辞，倘曰：是役也，吾之素志，且与有劳焉，是伐人之功以自封也，夫岂吾乡长厚之风哉？时州侯夏君治源先率作之，而董其成者则封翁傅公大美也。是为记。

〔据雍正《建水州志》卷十三《新增艺文·记》第9页辑录。〕

改建九司大石桥记

孟廷对

闻之“十一月徒杠成，十二月舆梁成”，桥之所以广利济，关政治也，而于附近城郭者为尤要。郡西五里许，新建石桥，旧名九司，盖郡属九土司，往来之要道也。桥跨泸江，江之水发源于石屏之宝秀、异龙两湖，而旷野诸山之水皆汇焉。桥之初但架以木，既不耐久，且遇雨集水涨，往往漂没，人多望洋之叹。绅耆等为坚久计，遂弃其木而易以石，此石桥之始基也。方其既成，行者咸歌利涉。未几，而水壅川决，桥复倾圮。人几谓木石无分矣，殊不知河形本曲，而水性迅驶，建桥于曲乃顺河之形，而逆水之性也。逆之则水多纡回而沙易停，易停则水溢，水溢则堤溃，堤溃则桥不固，是水之决固有所激，而成桥之圮亦相连而及者也。首事者知其故，咨诹相度，几费经营，乃顺水之性，而自北移南，以南陌沙淤之田而疏为河，即以旧桥之地而培为田。田固犹是也，而河则大顺矣；河亦犹是也，而桥乃永固矣。桥固而行旅安，水治而狂澜息，不禁有感夫旧基之有治，人无治法也。

兹桥既成，堤工亦竣，绅耆等请予丈旧河之地，以还南陌之田，因索予为记。予乃跻桥之巅，远眺近瞩，山光水色，秀丽宜人，沃野田畴，绮分绣错。资灌溉于是河者初不知其几千顷，而城市楼台、山村院落比户相居，而与桥相向者，更不知其几万家耳。环顾四野，竹树参差，山鸟水凫，鸣声上下。乐目前之佳景，思致此之有由，因庆圣天子德被八埏，泽及百蛮，海晏河清，年丰人寿。诸君子优游闲暇，乃得以始终成此胜事，而汉夷共乐此康衢也，岂易言哉！

询其始建之年则在乙酉，始成之年则在丁亥，其河决则在戊子，又历七年，乃图此举，至戊戌而桥复成。呜呼！诸君子竭尽心力，自始至终，盖已十有三年，于兹矣岂易言哉！予欲后之往来于斯者知所由来，故为之记。

〔据雍正《建水州志》卷十三《新增艺文·记》第25页辑录。孟廷对，山东人，清知县。〕

堂川记

孙人龙

堂川故多胜景，独怪以名著者仅温泉也。按：安宁州系汉连然县，既以地处天末，四方贤士大夫罕有驱车过之者，虽有灵区奥迹，莫或探索而表彰之。且乡之人耳目浅陋，第见泉出崖穴，清洁香温，澄澈至底，俯视砂石，咸深碧如玉。明修撰杨用修题为“天下第一汤”，遂谓胜景甲南荒，惟此泉尔。

岁丁巳上元后二日，余往迤西，自会城行七十里，方抵其地，虽时已昏黄，特从夜色朦胧中恍睹，夫烟峦耸峙，林木蔽亏，复闻水声潺湲，有作咿哑声相答应者。是晚，憩云涛寺。寺负山面水，庭宇修广，山茶两株，花盛开，色纯赤，枝下垂，偕友人借榻于客堂，亦一胜境也。诘朝由寺门而南，岩洞八九，如云窝、巨灵擘、七窍通天及醉醒梦诸石，惜其名不甚雅，然皆嵌空玲珑，为世所不经见。前临堂川，川中设水车，车翻水如瀑，与溪流虢虢属和不绝。又其上有惠风亭，与引胜山房诸处都层台曲榭，参差掩映于其间，盖所可供人游眺以怡情者，洵目不周赏，而惜乎仅以温泉名也。

先是，徐观察敬斋曾镌“堂川仙境”四字于石壁，而余于憩览之余，更为记其概。呜呼！彼世有穷乡僻壤，未经贤达之品题，往往抱其奇以终古，而名湮没不传者，乌可胜道哉！

〔据雍正《安宁州志》卷十九《艺文志上·记》第 71 页辑录。孙人龙，浙江乌程人，清雍正八年（1730 年）进士，授编修，清乾隆元年（1736 年）任云南督学。另见道光《云南通志稿》卷十三《地理志三·山川三·云南府下》。〕

涎泽记

方文英

凉之东有积盘山，流处曰云岩泽，又曰湘浦，载志乘则曰中涎泽。泽何以涎名？一山傍水而来，蜒蜿数十里，至泽畔而昂其首曰龙，山以龙名山，因以涎名泽欤？泽源于乌蛮，经流花洞，历石城，汇潇湘，由东北入境，与山下之十八泉合而成潭，周可百余里，然有常名无常形，方其涸而就道也。一线如带，绕城南而西，而下注于匡州。泽之两岸平原数百顷，腴可耕，瘠可牧，茭可刍，藿可茹，而水之鲜则可渔，所以滨泽而居者，亦犬相闻而烟相接也。陨霜之后，何草不黄，泽之汀畦常留晚绿，故尔牧来思騋牝不让三千，其犉何止九十，豚不必栅，鸡不必栖，各适其饮啄飞走之天。

睹斯泽也，不独无寒泉寂寞之感，且有庶类繁膴之象焉。至若春雨一犁，芳洲极目；鹤群雁阵，声澈碧空；洁鹭轻鸥，迹分翠渚；渔歌牧笛，清越沁人心脾，古所称游目骋怀，足以极视听之，娱者未至，能驾斯泽而上之否也。迨雨集浍盈，诸泉涨发，则倏然改观矣。鸟兽之乐地，为鱼鳖之幽宫；菽麦之大田，为藻蘋之波国。水面浮村，苍烟数点。但见东汩山椒，几欲浮山以去；西逼城麓，俨若撼城而来。辗转南北，则水色山色，几与太空之气合同而化焉。及其涝净而波清，萍花浮白，一望如银，葭影含苍，远观若画，鱼罾错落，时闻欸乃，声声色色，又何畴昔之足据耶？至于皓魄东空明，一派参差荇菜，复作桂免婆娑之影。斯时也，万籁无声，扁舟未返，直令人神骨俱逸，气体欲仙，又安知身之在泽中也？未几，夜凉入月，更见萤光千点，明灭于烟波荡漾中，星耶渔火耶，转盼间亦不知其所之也。嗟呼！天地之大，无一息之停，盈虚消息，不能执昨日之见以律今日者，于斯泽而有感焉。是为记。

〔据民国《陆良县志稿》卷七《艺文志上》第40页辑录。方文英，字芝仲，号耨史，敦伦励学，书画诸体俱工，督学犟深嘉其文。清雍正戊申选拔，己酉乡荐。清乾隆元年以孝廉方正，诏给六品顶戴，绝意仕宦，讲《易》自娱。著有《耨余草》，年七十犹讲学不辍，临终作“大去吟若道，画前原有我，堂堂归去复奚疑”之句。〕

海河记

孙人龙

昔欧阳永叔《唐书·地理志》凡开一渠，立一堰，俱附详于其郡之下。顾余尝考其时，大抵在天宝前者居十之七八，岂不以太平之世吏治修而民隐达，故能用一方之财，兴期月之役，而创千年之功。厥后河朔兴兵，催科是急，斯民间水道，遂有不暇讲求者。然大历迄咸通，犹时时载之，不绝于册，未有如后此数十年间，每寥寥不多觏者。迨明洪武朝，特诏国子生分诣天下郡县，集吏民乘农隙修治水利，奏开塘堰四万九百八十有七，河四千一百六十有二，坡渠堤岸五千四十有八。历览前代勤民之政，所可考而知者，莫大于是。惟我国家重熙累洽，规画弥局，讲求水利，尤为尽善。

今永北郡丞江君峤孙，前曾督理直隶营田，早传治绩。甫之官，又委修会城诸河，贤劳倍著，盖于水利一道固精且熟矣。岁乙卯，摄理郡篆，兴利除弊，百废具修，既又浚疏海河故道，并设法以垂永久，厥功最巨。予兹校士榆城，公事初竣，永北绅士就试者咸请作文以为记。

余窃闻雨者，水气所化，故水利修亦致雨之术也。倘水乾而土日积，山泽之气不通，又焉得而无水旱哉？况海河发源程海，阅三折而入金江，此七八十里间，村烟鹜列，阡陌云连，郡之田赋多取给于中。乃明季湮塞以来，渐且淤为平陆，殊可惋惜也。君倡率郡人，不两月而工告竣，直达江流，向日之悬耒兴嗟者，今皆复故业，且岁必有秋，固宜都人士既沾贤郡侯之恩泽深幸。夫吏治修而民隐达，竟欲得一言志其事，俾传千百世，偕此河长流于无穷也。至若海河形势及修理巅末，向所勒诸石者君详哉言之，予故不赘焉。

〔据乾隆《永北府志》卷二十七《艺文志·记》第43页辑录。〕

重修灵官庙复兴桥路记

李廷柏

郡城西南五里许，襟西湖，带草海，一堤中峙，有余杭之概。说者谓临安之命名以此，然不可考矣。堤为纳楼诸司赴府之大道，任辇车牛，日以千计。堤上建有石梁，不知始自何时，创自何人，然以下疏流水，上利行人，甚要也。堤尽，镇以灵官庙一楹为休憩之所，往来者咸便之。第夏秋雨水时行，流潦泛溢，入庙者且数尺，而所为桥与路者俱淹没，而不可识。及春冬水涸，则又硗确崎岖，滞轮碍蹄，而艰于行。近村善士吴士琳目未其艰，恻然悯之，不惜捐赀修葺，既有白君珣者，与白来朝相为劝勉，厥兄玺及侄廷弼等各捐赀谋建桥。会原任衡水县刘君士玉葬其先人，道经于此，捐助若干，纳楼司捐助若干，益以募化，桥遂成，名曰复兴。更以其余启灵官庙，而轩朗之，而数十年，崎岖之路遂成康庄矣。夫倖于福以为善，希翼之私，君子有所不取，而即此徒不病涉，车不濡轨，则固已无负于王道之正矣。况当此夷夏之交，示以荡平正直之路，诸善士之功讵不伟与？予先人墓道亦经此，岁时省视，恒病险阻，既而履此坦途，心甚韪焉。时学友白廷飏为予道其事，因书以记之。

〔据雍正《建水州志》卷十三《新增艺文·记》第26页辑录。李廷柏，邑人，教授。〕

锁水塔记

赵继松

十月之望，岁在丙辰，乃乾隆纪元也。邑人洪绪汪公素称善士，独力捐金，重建城东北五里锁水塔。夫塔自康熙十九年地震倾圮，于今五十余年，本与风水无关，而说者谓户口瘠贫、人烟寥落、科甲未显，未必非斯塔之缺略乎？公闻之，慨然以复古为任，是大有造于斯土矣。公之为一郡善士也，其义行不可枚举，聊撮其要者言之。

戊子之秋，捐卷金以奉多士；城郭之邑，置便宅以利死生；道路之旁，设茶水以济渴烦；河津之隔，造桥梁以便行李。而且修寺院，建育婴，置漏泽，然此犹公壮年事也。所堪异者，公今行年七十有四，皓首庞眉，而好施不倦。复沿西山旧址建既毁之寺，掘既涸之井，题曰“云泉胜境”，是郡脉之蔚然耸秀不且与文笔之挺拔凌空，同见公之义举也哉！

公诚一乡之善士也。彼斯塔虽无关于形家所言民生富贵，而锁水灌溉之利，实有潴蓄而无泛滥之忧，未必非斯塔之有造也。乃为之记。

乾隆元年丙辰十月立石。

〔据崇谦修，沈宗舜纂宣统《楚雄县志述辑》（《中国地方志集成·云南府县志辑60》，凤凰出版社2009年影印本，下同）卷十二《艺文述辑下》第10页辑录。赵继松，楚雄人，举人。〕

新建玉河龙王庙碑记乾隆六年

管学宣

郡城北五里许象山之麓有泉焉，沮洳觱沸，出山根石发间，清莹秀澈，可镜须眉。混混汩汩，汇为河流，南注里余，支分三歧，二由白马、剌缥，原隰之高高下下者，以灌以溉；一由府城宛转环流，居民之列肆者，以饮以汲。至东园桥会流入鹤拓，是为漾工江。

岁丙辰夏四月，河源竭，越孟秋乃复，丁巳夏又竭。时守者莅丽，丽人士皇皇若失，众言朋兴，归咎于山巅之茔，谓茔实污泉，泉以兹故竭，群肤懟欲徙之。守者曰："奚有于是？吾民且静俟，泉将自达。"言既出，朝夕惴惴，恐惧弗释。考之《礼》，命有司为民祈祀山川百源，盖以其能御灾捍患，福庇是民也。

今丽郡之食福于玉河者，不下十千户，其庇民孰大焉？而坛祀缺，然祀报无闻，非所以迓神庥、勤民隐也。爰相士食吉于泉之上，得隙地甚敞，余曰："是足以妥神灵矣。"乃捐赀，属其事于从事赵君良辅，欂栌节棁，与时鸠兴，商贾士农咸醵金趋事，逾月而庙成。向时告竭者，且沛然方至，愈奔放肆大焉。

噫嘻！川之神亦灵矣哉！于是士民忭舞欢呼，佥曰："地效厥灵，惟守者之赐，亟请记以文。"守者曰："奚有于是贪天功以为己力，吾将谁欺？是惟神之灵，将大庇吾民。"越三岁，泉不复竭，借象山片石，镂词纪神功，庸有当乎？历戊午、己未，迄今庚申，泉混混不舍，及夏乃愈盛。守者乃进丽民而告之曰："山谷川泽，神实凭依，黍稷非馨，淫祀用靡，故先成民而后致力于神。神有功于民，则庙祀之，此礼也，非淫也。始可以竭守者之愆也，抑尔民之食德罔报，且或作不善奸慝淫邪以及此患也，今何以达神之灵也？抑或鉴我官民上下皇皇若失，恐惧祇省，不终以涸辙毙民也。自今以往，官若民其一秉于礼，洗心必净，澡身必洁，治家治事，清本澄源，毋淫以污，此则守者勤民祠神之本意乎？若夫春祈秋报，定有常经，亦惟是藉馨香，以荐明德，其必信必时，毋渎毋慢，否则神不飨矣。宁毋虞其再竭乎？抑闻之山下出泉，君子以果行育德，育德则有本，果行则不息，是不竭之道也。守与民其于兹水鉴欤？"爰书于石，付守庙者藏之。

〔据乾隆《丽江府志略》下卷《艺文略·记》第78页辑录。玉河，位于丽江城西北二里，源出象山麓，泉眼数处，汇流成河，南流入鹤庆，为漾工江，附近城郭田亩，咸资灌溉。清乾隆丙辰（元年，1736年）、丁巳（二年，1737年）连续河源水竭，知府管学宣借此事，主张修建龙王庙，让当地民众知晓礼敬自然，祠祀有序，保护水源之重要性。〕

锁水塔记

丁栋成

水利，通天下之要津也。水利之兴废，实与民生之休戚相关。当今圣朝，百废俱兴，人文蔚起，黎庶乂安，修举废坠，典至渥也。

滇南去京师万里，而教化浃洽，无远弗届，向风慕义者，不间遐迩焉。威楚界在滇西，为省门户，西通九郡。予躬膺简命，以副使为斯土守。下车，询士民寒苦，问水土利病，乃知地瘠民贫，心实悯之。凡经理区画，必以因民之利为急务，整齐风化次之。时邑绅言：郡城东北隅有锁水塔，向接庚丁，两峰对锁，直撑艮坎，一水中流。盖自庚申倾圮而风会稍殊矣。幸福星莅止，保民若赤，振贫起瘠，庶富之象，或者由斯塔之复旧可卜乎？余披图而览，郡城八景，晨钟无响，莲池无馨，余虽名胜，要不过游眺讴吟已也。彼斯塔亦不过观瞻耳，岂真有风水之说，培助文风之盛哉？实无益于民生。但念锁水之利实有益于斯土，因而登临踏看，议复古制。适有善良汪涛慷慨好义，捐金独理。

不日而石工告成，巍然与雁塔遥应。此岂足壮都人士之巨观乎？而予所重者，在锁江水之利。俾沿江干居民得以潴洫此水而耕种无忧，依然全盛之威楚也。方今朝廷道隆郅治，休举废坠，以通天下之利，则斯塔之锁水，不无小补，而予亦乐观厥成云。

乾隆元年丙辰十月五日。

〔据宣统《楚雄县志述辑》卷十一《艺文述辑上》第11页辑录。丁栋成，科贯失考，清乾隆元年（1736年）任楚雄知府，率知县黄士鉴设义学，修水坝，并率知县王绍文、刘嗣孔、赵屏晋补葺文庙、武庙。禁衙役拖连苛索，止头人摊派赔累，各属俱化。锁水塔，在城东北五里龙川江南岸，王寿始造，清康熙十九年（1680年）地震倾圮，清乾隆元年邑人汪涛修复，郡守丁栋成、邑人赵继松各有记。清乾隆五十七年（1792年）大水，大中丞刘秉恬勘灾至此，易名锁水塔。〕

代吴彤轩巡政重修南涧永宁桥记

刘德绪

兹桥起建之颠末，山川之形势，水道之源流，与往来络绎而交通，前守桂江康公已历历言之详矣。顾岁久而礅座之衝突于洪波迅涛者且渐圮，板木之漂剥于蛮烟瘴雨者且渐朽，修不及时，前功将弃，而望洋之叹不免，所关匪细故也。予尝阅《郡志》，知蒙属如漾濞之大江、浪沧之渡口、南涧之大河，俱号巨津，而合漾一带之桥，年来以王师平缅，司事者俱随废随修。惟浪沧、南涧所经桥梁，自承乏兹土，拟巡视其有无存废以为吾民便，但承办一切，仆仆奔驰未暇也。抑又闻罗盘山峻水悍，每骤雨暴涨，怒号喷薄，滚斗大之石如泥丸，视冲激下游如摧枯振槁，而桥适当其趾。倘仍熟视无睹，后将难以为力，且俟再为之力，而当之迫不及待者，已不胜其病也，而况后此之力，又未知何如也。

生等是举也，思其患而预防之，得易之道焉，所谓植其颓而救其敝，踵事之增为不可泯也。特是事虽仍旧，工不减初，经费所需，不无将伯，则在存心济物者之佽助焉。至于碎山骨而度山木，运心工意匠于坚牢质实中，使砥柱之功永奠中流。从此支祁受命，河伯效灵，生等倡义之功，与善姓众擎之力，将与桥不朽也。吁！除道成渠，此守土事也，予得借手以告成功，嘉赖良多矣，因综其约略而为之记。

〔据刘垲等修，吴蒲等纂乾隆《续修蒙化直隶厅志》（清光绪七年刻本）卷六《补遗艺文志·记》第5页辑录。刘德绪，孝廉，四川人，清乾隆丁卯（1747年）举人，任永北直隶厅训导。〕

大成井记

万 听

天降甘露，地出醴泉，则养道大成。若夫草昧经纶发见，当可此圣德之时也。邑城井养，专恃北门文井、武井不远焉。孰知圣德流膏，在文、武二井之间欤！今年四月无雨，井泉水缩，不足供阖城之需，居民苦之。而文庙、皇殿两介之间，为学署甬道。文井、武井上下之中，东文庙而西皇殿也。殿墙外东有蚁文，予过，见之曰："是必有异。"

商诸街邻，掘土数丈，甘泉涌出，众为乐从，其中甃石，不日井成，其草昧经纶之发见欤！

夫水行地中，无往不在，凿井得泉，而曰水专在是，非理也。斯泉远胜他井，阖城人井养不穷，是盖圣主至圣，作君作师，大德敦化，渊泉时出，地不爱宝，井其一端，不异汉宣时之甘露降于学宫，世宗时之醴泉出于白崖也。孟子曰："孔子之谓集大成。"《〔易〕·井上六》曰："元吉在上，大成也。"君道、师道于是为极，因以大成名井，而记之如此。

〔据李德生修，李庆元纂道光《定远县志》（清道光十五年刻本，下同）卷七《艺文志上·记》第37页辑录。万听，楚雄定远县人，清乾隆壬申（1752年）科乡试副榜，品端行洁，博通经史，潜修授徒，著书自乐。训二子齐登岁贡，课生徒俱列黉宫。著有《易卜一贤》《易列疏粹》《书经疏粹》《书经云汉》《春秋分类》《春秋疏粹》《春秋纪要》《诗经解》《毛诗疏粹》《学庸解》《芸窗随笔》等，惜未行世，称博学焉。〕

重建西洋江乐安桥碑记乾隆二十一年

蒋　衡

郡当滇粤通道，西洋一江，其天堑也。江距郡南百里，源出自板郎、速部、沐王三川，汇而成巨津，盘旋郡境，下流合于粤西之右江。每夏洎秋，雨淫涨急，波涛澥滂，猝不可渡兼地苦炎郁。瘴烟时起，需渡者日暮途远，而舟小难容，几不免望洋叹矣。

雍正六年，太傅西林相国总制滇黔兼东西粤省，道路之艰辛，悯边氓之病涉，始开凿此途，特建桥一座，以便往来。但值基之所，适当水势冲激之地，旋即漂没。迄今断矶残磴，犹星星浮沉于苍茫烟水间，而居民过客之出入，尚时时指示相与称颂之弗衰。

乾隆十有七年岁壬申秋九月，余奉大宪调移兹郡，自维谫陋，不逮前贤远甚，而于民间疾苦，地方利弊，以及一切应行修举事罔敢怠荒，期以不负职者，不负国也。先是，抵任日适奉恩诏："凡桥梁道路所在，有司各以时修举。"故自城垣、黉宫及祠庙坛壝之有关祀典者，率僚属各捐资次第葺治，靡不竭力亟为经理也。创议曰："或以工浩费繁，僻在边隅，猝难集事告。"余独以为否否。事难经始，易与观成，亦存乎人之志耳。我朝定鼎百年，重熙累洽，凡在山陬海澨，梯航恐后。广郡虽极边末，而路属通馗，商旅遝至，而使一江为中衢梗可乎？涂无舆梁，政之弛也；民婴瘴疠，道暍时闻，斯亦守土者之耻也。其兴役便，爰亲诣江干营度形势。咸云：仍旧基，则覆辙堪虞；运旧石补新工，则挽运转艰。乃去旧基约一里，测水势之平缓，度山形之延属者，先立表以定位，兼就岸之左右，筹山之多骨者为采石地，行不二里许，则有竹树蒙茸，嶙峋峭骨，临江倚天而壁立者，余顾而窃喜，此天之位置默相我成事也。遂诹吉祭告山川，而鸠工肇役焉。役兴，余先捐俸倡，并邀僚属暨绅士等各量力出资，专其责于依丞振裔，俾董厥成，率皆踊跃乐从无难色。一时畚挶咸偫，锤凿皆兴，鏦鏦登登，嘘与上下，恍与激湍飞瀑相应。

始于乾隆十有九年四月，讫于次年十月，凡十有九月而竣。余喜其应候落成也，因往观焉。桥长八丈许，宽四丈，高四丈许，下设环洞三，墩位四，累石以万计，工倍之，前后需费共二千五百余缗。此皆赖襄事诸公暨各士民相与有成，其爵里姓氏，另碣详镌，余弗敢掠美也。从此长虹远跨，骇浪不惊，瘴雨清，炎飙远，俾遥天远岸，拾级如历康衢。上以昭王会车书一统之盛，下以继前贤康济未竞之心，不亦休乎！

桥两岸树坊以旌者，地自宋入中国，为特磨道隶邑州也。桥名乐安者，余族姓故出乐安郡，而兹桥时倡于余志所始也，且愿商民涉足于是者，群乐其业而安焉。爰为之记。

〔据李熙龄纂修道光《广南府志》（清光绪三十一年补刻本，下同）卷四《艺文志·记》第38页辑录。蒋衡，江南吴县人，贡生，博学工书，赠翰林院编修。清乾隆十七年（1752年）出守广南，留心教化，民风大变，捐廉倡修西洋乐安石桥，至今永赖。乐安桥，在城南九十里西洋江，原设渡船，水涨时往来甚艰，清乾隆十九年（1754年）知府蒋衡捐建石桥，后桥坍塌，筹款修理。〕

重修龙潭神祠记

义 宁

去城西五里，有所谓龙潭者，山下蒙泉也。泉流漫衍，左列神祠三层，外有门庑临大路，进门则放生池，逾尺高丈余，傍潭有堂僻阻直上二尺许，踞山之麓有寝。前人祈雨西城，见云起是山，霎时沾足，因感神灵而卜筑焉，嵌石壁间，以志其异。

予莅东之次年乙亥，公暇郊行，恻海田万亩栽迟，霜早苦不就熟，遂于上流开新河一道，长亘三十里，预济海田，兼润高田，且欲劝垦荒田也。顺流离潭不远，乃使从西灌南，环过潭下，导潭开石会于河，水势迅激，似有黄淮合流之意，出北向东而去。其西东绕折之处，建两石桥，翼亭其上，登祠视之，俨若飞鸿之拱双翅也。

又明年丙子，新河成，收获丰稔，享献宜隆。寝宫迫狭，无可舒展，竟移座于潭侧，增其檐楹，新其庙貌，旧处设风云雷雨神位，以合龙神之分司，于体裁似更有当乎。窃稽之于古祠重民功，龙神泽沛春田，不犹愈于坊庸之祭也哉！吾徒受命兹土，甫辟荒裔，渺无功德，而食厚禄，对醇风，坐享太平之乐，绝不于庇民者是依，稍致其足食而兴教焉，其安于心乎？乃或求利福田，糜人工以崇奉天竺之教，抑又鄙矣。倘若因俗成化，迂怪其形，至求夫土主而淫祀之，则惑之甚者也。予不敢以鄙且惑而庶几于是心之安，则龙神祠之重修，又曷可少乎哉？且予犹有冀焉，过是祠者，仰明德惟馨，而黍稷是馨也，后有同志其必嗣葺焉，以助成边方之殷阜也夫。

〔据乾隆《东川府志》卷二十下《艺文志·记》第8页辑录。义宁，满洲正白旗人，清乾隆十八年（1753年）任东川府知府。〕

九灵龙王庙记

义 宁

东川踞迤东至高处，东牛栏，西金沙，策骑而下，皆数十里。翠屏又踞东川高处，府治在山麓，群峰环拱，云气常幂。余守土二年，以高陡未暇一至。前《志》称翠屏，亦名灵壁[①]，意必有神灵显赫，默相呵护，出云降雨，为苍生福者。自去秋历合岁[②]，春夏苦旱，菽不入土，苗不栽插，城内外井垙皆竭，余忧之。故老云：灵壁山绝顶有泉，无心则遇，访则迷。亟悬赏格，有得之坠叶枯草中者以告，时余步祷五竜募龙潭，旬有七日。既得大雨，清和月望后，率同人且步且骑，攀藤附葛，贾勇而前。将三里，巨石当道，名仙人栈，两旁石壁崭然。又数十武，有泉飞溅下，长丈余，名水晶帘。又上三里余，有潭盈丈，泉从石缝中出，其声汩汩，清澈见底，名九灵泉。爇沉檀礼之，坐石上相庆。又意此特阻于乱石溢出，必更有源，命从人遍搜幽篁密棘。上约二里，得泉二脉从地出，左视右稍狭，亟疏之。去三丈余，泉更涌出，平其地，得泉如贯珠数十串，前二脉更大，合为一，是乃真所谓灵泉也。现而伏者几三里，于是集锄锸，去土石，引入城中，旬日竣事，逮合流而清浊见，始知潭所蓄一泉也，源所浚又一泉也。各捐俸建神祠三楹，募僧居之，于仙人栈构亭以息往来者。夫天下之灵物显晦各有其时，然余不以神奇惊怪或隐或现为灵，而以渟泓蓄泄润泽生民为灵，民亦不得以神奇惊怪或隐或现故为之答其灵，而以渟泓蓄泄润泽生民宜群焉昭报其灵，则幽与明各尽其道，是则余疏泉建庙之深意也。是为记。

〔据乾隆《东川府志》卷二十下《艺文志·记》第10页辑录。九灵龙王庙，在灵壁山，清乾隆二十年（1755年）知府义宁建，有仙人栈、水晶帘、忘劳亭、佚使亭、惠民亭诸胜。另见道光《云南通志稿》卷九十二《祠祀志二·俗祀二·东川府·会泽县》《新纂云南通志》卷一百十三《祠祀考五·东川府·会泽县》。〕

新河水碾记

义 宁

客有进而请于余曰：远宦滇南，职当方面，深居无事，坐享令名。君何下车伊始，冒暑雪，而履巉岩，以开新路，劳费不支，既加惠于无知之牛马，又复往来相视，遏流泉而凿沟渠，以资荒垦，经营不息，徒计食于有源之草木。物岂有灵耶？何君之疲于奔命也。予应之曰：是何言哉！是何言哉！为之自我者当如是耳，我亦问心无愧而已矣。予本旂员，在部有年，发滇莅澂有年，调任兹土，方愧无以仰报深仁。初开运路，劳费有几，又何足道？乃若新河一役，长三十里，溉海田万亩，其余润膏腴辟荒土无算。溯水源自野马川过三十里箐，直趋待补旁一枝出者，补绕牯牛寨，会于以濯河。其流颇大，漫衍至马鞍山，向北顺流为以里河，谛视山下，足以分水趋上。另开一渠，始隔寻丈，渐流渐远，有相去数里者绕过龙潭，更合潭水过府城西北二门外，埂高地七八尺，加石筑二三里，环抵华宜寨而止。自龙潭以下，北门以上，相流急处建碾六盘，每盘捐费筑屋，司启闭，可获租半百，分给文武城隍等庙及书院各一盘，作为岁修，其余二盘作为书院膏火，通详有案。若此者大则资灌溉，小则济公用，因所利而利之，不劳民力，不亏帑项。经营两载，告厥成功，盖府名东川，县名会泽，庶不负顾名思义之道焉。客起

① 灵壁　道光《云南通志稿》、《新纂云南通志》作“显壁”。

② 合岁　道光《云南通志稿》、《新纂云南通志》作“今岁”。

而谢曰：谨如教。予遂笔而为之记。

〔据乾隆《东川府志》卷二十下《艺文志·记》第11页辑录。乾隆《东川府志》卷四《疆域志·形势山川边要》“义通河”条记载：“按义通河二闸及五涵洞，有泄无蓄，启闭以时，并设水约经管，沿河设立水碾七盘。”所有水碾七盘捐建，各有定例：“分给学宫修葺一盘，关帝庙香火一盘，城隍庙香火一盘，书院修葺一盘，书院作膏火二盘。以上六盘，详明归公，余一盘给前任朱参将孤寡养膳，以前此开河，多出于朱赞画之力也。”〕

捐建白井社稷山川诸坛记

郭存庄

国家抚一区宇，自帝都至于郡邑，莫不建有群祀之坛，所以报享神祇，降福受祉，礼也。白井分治姚安郡地，甲戌之岁，余提举鹾司，周视境内，乃社稷、山川风雨诸坛皆无有者。询诸胥吏，则向者遇临祀之辰，皆随地设位以飨，盖坛之阙久矣。于时莅任伊始，盐政方剧，思有以建之，未果。迨丙子，鹾务就理，民业以安，若社仓、书院、关隘、杠梁以次兴举，遂捐俸择地，于西北尾井八阁庵之前为坛，以奉社稷，而山川风雨亦同时于关南并置焉。因念昔朱子《鄂州社稷坛记》有曰：“郡国祀典，自先圣先师之外，惟是五者，盖以为二气之良能，天地之功用，流行于覆载之间，以育万物而民生赖焉者，其德惟此为尤盛。”观于朱子之言若是，则坛之弗立，不惟常尊无所，而燎瘞亦非其地，岂所以钦崇天子命祀之义？兹坛之建，虽限于偏境，未能悉按典制以宏丽其规模，而所为主石壝壝者亦略具，庶几妥神陈祭，瞻敬有向，于昭事明神之义，其亦稍有合也。坛成，爰敬记共建置之由，以勒于石。

〔据郭存庄修，赵淳纂乾隆《白盐井志》（《中国地方志集成·云南府县志辑67》，凤凰出版社2009年影印本，下同）卷四《艺文·记》第24页辑录。郭存庄，山东汶上举人，教习。清乾隆十八年（1753年）任霑益知州，十九年（1754年）调任白井提举，二十一年（1756年）新建白井“山川风云雷雨坛”，位于南关外，修坛立碑，外筑围墙，起大门三间，春秋二仲月戊日祭。另见光绪《续修白盐井志》卷九《艺文志中》、民国《盐丰县志》卷十一《艺文志》。〕

海堤碑记

王以宽

呈邑之海宴、安江、梅子、斗南等村，沿海而居，民以其海边淤出圹土报垦升科，名海淤田，此旧规也，而其中亦有辨。斗南西隅有海岸一条，长约里许，横约十余丈、二十丈不等，村民中有以其地闲旷呈请开垦者。经余前往踏勘，勘得地原可垦，而堤内一带多民闲秧母田，地一垦，则堤易溃，而秧母随之，是因未熟之土而坏已成之田，非计之得，而报垦之说宜寝也。随谕令村民嗣后当多培树木其上，以固长堤，以资民用，并可使野无旷土，地无遗利，毋为后来报开垦者所藉口。众曰：唯唯。仍述及该村每年应纳下五甲条粮二百余石，约共不敷夏税一石三斗二升一合零，向由里长赔累，岁于水月庵常住内拨市米一石五斗以帮条粮之不及。今愿将前项堤岸树株归水月庵管业，兼可可以帮常住之不及，恳请给示勒石，以垂永久。余维此一举也，息讼端，固秧母，兴地利，贴浮粮，培常住，于是乎在乃乐为之，叙其巅末以为记。乾隆二十五年岁次庚辰季冬月。

〔据朱若功原本，李明鍫续修光绪《呈贡县志》（清光绪十一年刻本）卷七《续修艺文》第61页辑录。王以宽，荣泾人，进士，清乾隆二十一年（1756年）任呈贡知县。〕

八丰亭记

谢圣纶

乾隆壬申冬，予由黔之天柱调莅洱上，至则岁大丰稔，余喜甚已。周历四境，川原坦夷，又喜无巨川深涉致病行人，舟楫桥梁可无烦经画。然道通八郡，经县境百有余里，炎天瘴雨，苦无息肩之处，予悯焉。

癸酉仲春，乃进各寺僧于公庭而诏之曰：佛与儒异道，然其汲汲于济人之心则一。不归实际，虽兀坐焚修奚补也。往予遇天柱老僧悟透，蓬头跣足，零丁黔楚之交造渡舟，置渡田者廿有四所，予赖其力，已成桥梁凡三焉。释也，其进于儒乎？子盍师是而成县境各亭，俾有实际欤？众皆曰：唯唯。爰捐金，命各寺僧分董其役，并募各邑民之乐善者以补不足。五阅月，而八亭成焉。予既爱洱上山川风景之美，又幸其民乐岁物之丰成，而俗尚之朴厚也。因取欧阳子“丰乐”之旨，各系以“丰”，其曰咸，曰恒，曰益者，食为民天，自今以始，岁其有乎？曰泰，曰萃者，欲为民之安于无事，萃聚而不涣也。用不节则易匮俭，其美德乎？履者，礼也。物蓄然后有礼，一道德以同风俗，所欣望焉。天下和平，万民顺治，曰豫。圣王当阳声教，遐畅吾民，其遵道而遵路顺帝之，则永享朝廷太平之福乎？既额各亭，且牵连书之，冀吾民之知所取义，而加鼓舞也。乙亥中夏，闽中谢圣纶研溪氏记。

〔据项联晋修，黄炳堃纂光绪《云南县志》（清光绪十六年刻本）卷十一《艺文志·著述》第29页辑录。谢圣纶，福建人，清乾隆年间知云南县事。〕

卧龙石水沟碑记

汪浩存

绰山一河，引可灌溉，奈路经卧龙石屼嵲难通。乡先辈于乙卯年筑墩搭枧，才建旋坍，屡修未竟。延及数年，齐集相度，作久远计，砌堰凿疏至卧龙，工惮于力，携赀潜逃。迨丙子年，乡众等复集会议曰：“毋狃小成，致亏全局。”爰厚价鸠工，费至百十余金，崖关幸告成矣。突衅起，同类抗阻构讼，长久之计厄于一旦，曷胜悼惜？迟至辛巳年，大旱，乡众等议，复理旧贯，再三设法，而当年之纠阻者方始回心同虑，乃估价鸠工，派轮出费。近两载，又费至七十余金而事集。照出资多寡，分水立法，镌石为记。

夫事无难易，惟一私隔阂百艰顿生，寸舌掉弄尺地亦障，有初鲜终，可不慎哉！

《书》曰："惠迪吉，从逆凶。"从此各守轮规，永遵碑盟，灌溉无穷，旱干有备矣。但开创之始，智岂周于万全；而既定之局，功必期于及远。纪颠末者有厚望云。

〔据屠述濂等修，何发祥等纂乾隆《镇雄州志》（国家图书馆藏清钞本，下同）卷六中《艺文志·记》第 43 页辑录。汪浩存，安徽人，清乾隆二十八年（1763 年）十二月任镇雄州州同。〕

东川温泉记

朱 榕

盛世休征，所以表一时之异者。山出器车，地出醴泉，器车不无人巧，而醴泉则秉于自然。或曰：天岂以酒池祸人哉？取以为酿则加旨焉，而神其说者，遂为和气薰蒸至比之凤凰蓂荚，洵是言也。醴泉，其即温泉乎？胜地所在，多有其最著者，沂水之于鲁阳，汤池之于华清，玉泉之于西山，尝从诵读吟咏间得之。车尘仆仆，辄未能纡途一至，濯足其中，既而幕游南滇，耳熟焉能详者，盖指不胜屈矣。率皆淤臭不洁，淘而后净，便道过，从未有如安宁之滢澈清煦者也。兼之山势玲珑，溪流浩瀚，幽居禅院，点缀不俗，每一登临，飘飘然有舞雩之志，观止矣。其擅名天下者，岂复有过之者哉，而况乎其他？

不数年而至东川，去城西二十里，下坡陡削，四山之奥，隐露亭台，缭曲窈深，温泉仰出其下。试之，性更和平，流更舒缓，视安宁又尽善焉。其外之景象，揽不盈掌，而迂折回环，别具一邱一壑，抑宜于骚人迁客之徙倚耶。噫嘻！设移此泉于中土，繁华不知几倍，文人学士作为诗歌，以惊为宇宙奇特者，当更烈于沂水、汤池、玉泉数处，何乃委弃于云山万里之外，前贤罕到，表著无闻。而又在安宁者，接壤通衢，常为显宦寓宿，足以奔走一时，稍邀拂拭，奚至有元气浑然杰出众竗，限于境幽而势阻。近年荆棘虽开，下流丛杂，偶疏修葺，终不免狐狸所居，山灵所笑，如在东川之尤者哉！

至考泉之由来，前人有谓矿气所出，其息有朱砂、硫磺之异，然则泉下有物，造化其或然乎？又谓泉皆温也，窍于土而不同，是直以天地为炉，阴阳为炭，吾将起混沌氏而一询其原，且日事解衣磅礴，脱屣于污俗之汶汶。后有君子，谨护兹一泓清水，亦可见太和鼓荡，不遗遐陬，其监于此夫！因感而记之。

〔据乾隆《东川府志》卷二十下《艺文志·记》第 39 页辑录。〕

大龙泉碑记

李 鹄

皇帝御极之二十有九年岁在甲申，余奉简命出宰易门，甫莅兹土，第见绣壤相错，一碧万顷，或比屋而居，或聚族而处，皆傍山依水，俨若画图，泱泱乎大国之风也！昔圣云："明伦必先教稼，厚生乃可正德。"易邑室盈妇宁，烟火万家。为斯民幸，旋自为幸焉。公余，晤别驾董公良材、明府周公绂，皆邑名进士也，及孝廉于公有光、侯公煦照、昆仲王公劬、王公皙，明经刘公嘉瑞诸人，始悉西山之麓，距城数里，古有大龙泉在。奈榛莽丛生，亭榭摧残，虽有老僧，竟谋食远出。

呜呼！得水思泉，谓之何哉？余商之绅士，欲成盛举，董公、于公、刘公慨然董其事。集腋于父老，分润于诸山。庀材鸠工，建大殿三楹，群楼一带，移泉香亭于左，创观澜亭于右，至乙酉年而功竣矣。固风俗之淳，亦龙神之灵乎？

噫嘻！夫龙也，或飞于天，或见于田，嘘气成云，茫洋穷于元间。薄日月，伏光景，威震电神，变化以霖雨苍生，亦何不可，而必潜于泉？夫泉也，致之沣镐鄠社，通都大邑，贵游之士，击毂摩肩，觥筹交错，坐起而喧哗。今僻处天末，寂寞荒凉，农夫渔父，或过而陋之，而竟列于易。虽然方隅蕞尔，国计生民，所关綦重。龙泉为衣食之本，利赖之原，历亘古而不朽，其功正非浅鲜。且乙酉、丙戌，滇南忧旱，吾邑得泉，独获丰年。更迭沛甘霖，千斯仓而万斯箱。国史频书，大有崇德而报功，谁曰不宜？援笔而为之记。

〔据严廷珏修，严仲泽纂道光《续修易门县志》（梁耀武主编《玉溪地区旧志丛刊》，云南人民出版社1997年版，下同）卷十二《艺文志下·记》第320页辑录。李鹄，山东诸城人，进士，清乾隆二十九年（1764年）任易门县知县。道光《续修易门县志》卷九《秩官志·循吏》记载，其“在任三年，公平正直，慈惠廉明，以劝农课士为急务，凡有利于民者，知无不为。日坐大堂，案无留牍，邑无冤民，颂声载道，至今不衰”。〕

重修龙神庙水塘义学碑记

傅　圣

粤稽古帝，六府聿修曰“水、火、木、金、土、谷”。《易》曰“井养不穷”，是知水之用，难容缺也。故浚亩浍，筑堤堰及凿井修塘，莫不科济一方，而施及于奕世。矧在山国鲜有添源泉者乎？

郡城旧建于天梯，雍正九年，禄逆跳梁，天威震迭，芟刈而荡涤之，始改筑城于治。此三十年来，生聚教养，湛恩汪濊。凡我血气之俦，已靡不饮和食德。顾掘井九轫，深不及泉，烟火万家，污尊杯饮，等若沆瀣。

前郡首徐公讳德裕，会堵截溪流，引泉开沟池。然地处山河，到夏易竭。农事一兴，灌田尚虞不给，城中汲水，取其艰可想矣。前任沈公，复凿池城内西偏。顾峰土崩颓，淤泥污浊，居民且纵放牛猪为畜牧场。旱则池水仍涸，雨则街巷积污汇入池中，食之多染疠疫。抚此苍黎，能不恻然动念欤？

予于壬午春调守兹土，即谋修治。顾下车伊始，百务未遑。时为仲夏，旱魃为虐，池已竭矣！池畔旧有龙神祠，乃率僚使士民虔祷，睹屋宇湫隘，半就倾颓。曰：“吁！是不足以妥神灵，又安得以邀神贶也！予守令乌能辞其责？”时多士复南顾，指曰：“斯即西门义学也。”边瓦堕壁倾，风雨不蔽，雒诵声几寂矣。愿兼而营之，诚一举而三等备焉。

独是工大费繁，非谋之于众，恐不能成事。予以为众志成城，抑又何难？爰与县令汪君议，捐资为众倡。时又武士商军民亦皆乐从，募有成数。乃先议浚塘，扩而大之，浚而深之。计长十七丈零，阔四丈，深六尺。将自城外引入塘中一百二丈，俱易为石沟，上覆版。复别开石渠，纳各街积污，去庙后一丈余流出城，则垢秽可无虞矣。次于塘北购民间隙地、庙基，改旧宇为庙门，后买偏左民房，撤而新之，岁时祷祀，其生息有所矣。以作庙余财修义学，更其方向，增其室庐，藏修有地矣。议成而后举事，谓计日而可以奏功也。如无人心易涣，锐始怠终，捐项半属空悬，工程尤多草率。岁聿云暮，匠工星散，几不可复振。

次年春，胡君来署县事，劝化居人，欢欣佽助鼓舞，司事且罄竭己囊，设法部署。于前之修而复圮者，加桩添石，甃砌维坚，三次始次第告成。盖兴工于壬午之冬，落成于癸未之夏。胡君瓜期已届，汪君复任矣。

塘临市路，复议环以石栏，起屋十间，听人僦居。既可以障尘坌，更可以获赁资，以供祠祀及续修费。又置庙户一人，执扫除役。自落成迄今又年余，而后蒇事也。

今吾阖郡汲取深池，饮水思源，尚其敬迓神庥，俾雨旸时若大于不兴乎？青青子衿，肄业于侧，其亦对清流活泼，疏沦而聪明，澡雪而精神，日新而又新乎？

胡君、汪君俱去矣，予亦旦暮。为解组计，又何敢以不文之辞，辱此灵源？然喜斯举之泽及生民，功在学校。不能讵邦人之情，故略志始末，勒之石，犹冀后之君子随时补葺，庶可功垂永久云尔。

〔据汪炳谦纂修宣统《恩安县志稿》（《中国地方志集成·云南府县志辑 5》，凤凰出版社 2009 年据清宣统三年钞本影印）卷六《艺文志》第 418 页辑录。傅圣，字成山，直隶灵寿人，进士，清乾隆二十九年（1764 年）知昭通府事。〕

改祀龙硐神祠碑记

佟国英

郡制跨岗脊而城，旧不宜井。西门有池焉，然瓮汲泥沙，滤不满缶。太守傅公董吏民，甃榦以石，此饮和既一事矣。余莅镇之明年夏五月，不雨，池且涸，需汲西郊之利济河河水，方日落，灌不及亩。北而上溯河源约二十里，龙硐在焉。西门之池，亦导自龙硐，迂流转注，其细已甚，无怪汲饮之难也。会从同官往祷龙神祠，祠距硐半里，蜗墙蛸户，苔侵草窃，徘徊凭吊者久之。巡祠而南下，坡绕涧折而度板桥，则渊乎虚谷，珠泉碧沼，环披襟带，洵别一洞天也。乃订太守傅公迁神祠，属恩安邬令及署任雅中军董其事，且告之曰："夫神，民之依也；山川，神之宅也。舍土作社，社宅乎土；因硐事神，神宅乎硐。事从其溯，礼也。"随撤旧祠而墠之吉，黝饰神像，告宅焉。度隙地，建斋宫两楹礎，谨时事也；葺祠祝住房一间，谨日事也；伐石而桥，斲水而槛，谨无废事也。志谨祀事，而神降之福。况山川出云降雨，俾能年谷顺成，岂仅饮水知源而灌溉蒙泽也？余乐与诸君子交致谨焉，遂记诸石。

〔据符廷铨、蒋应澍总纂，杨履乾编辑民国《昭通志稿》（民国十三年排印本，下同）卷八《艺文志·记》第 14 页辑录。记述清乾隆三十年（1765 年）夏五月不雨，佟国英会同官往祷龙神祠，重迁建新祠经过。佟国英，汉军籍，清乾隆二十九年（1764 年）任昭通镇总兵。〕

新修镇岭桥碑记乾隆三十年

张志超

桥名镇岭，以镇高山。镇高山者镇大川，然岂徒夸扼险握要、弹压飞度之奇，与山水争雄哉？盖必因其势，顺其性云。白井东西两干山，直趋一泡、金沙江岸，岭经于此，嶒峻苍郁，巀嶪奔壮，岩悬涧涌，峰高日寒，人马声迹，悚应林壑。每过山足矗窄，水逼石根，斯径蹊渺乎绝矣。井之水，自阿拜汇流，次合九寨河，复收格古箐，其间幽溜曲泉，靡胜指屈，而大水凡四道焉。若夫路通四夷，达于鹤、丽、永、剑，旅人樵子，从两岸折叠寻迹，经涉七次，皆极危险。春冬厉揭，苦若履霜。夏秋则自崖而返，或冯河者，杳不知其所之。前贤心恻，锤幽凿险，筑石堤沙，刊水辟道，而七险渐夷其六矣。唯此一险，山愈雄勇，水深澎湃，激石巨滩，深涉者尤股栗。安所得好人者，共出大力以济之哉！

乃有乡耆吴君继昌、王君丕文，乡人马自新、洪序忠、奚给尧、洪贵、启显宗慨然捐资出力，普地劝助，得金若干。度地庀材，越五月而桥工告成，缘谒余颜名。余观夫斯举，喜形于色。向之倾者易，而危者平，货殖交通，不特代为行道者幸，且为吾白井庆矣，乐书之以彰人善。或曰："先生名，不曰镇川，而曰镇岭，何也？"予曰："山下出泉，山为川母，川为岭脉。此地两岭奇杰雄峙，赖得此桥以镇之，故岭镇则不骞不崩，斯川乃有条有理，而桥不亦亘千秋而永镇与？矧井之第一桥曰迎峰，此曰镇岭。登高而望，置身于峰回岭转之间，前有所迎，后有所镇，不益动人以回狂澜，障百川之思而快然兴歌清晏也乎？是为记。

〔据郭燮熙纂修民国《盐丰县志》（民国十三年排印本，下同）卷十一《艺文志之五·杂记》第29页辑录。张志超，清乾隆癸酉（1753年）举人，官陕西紫阳知县，升刑部安徽司主事。〕

城东筑堤防水碑记

殷王臣

闻之岁一熟曰稔，再熟曰平，三熟曰太平。我国家重农贵粟，长治久安，四海享太平之福者，至深且厚矣。其或偶遭水旱，则蠲赈特颁，且又岁下明诏，凡利益三农道资九谷者，垦畻开畲，穿渠筑堰，劝民为之，期有以尽地力而厚民生也。

余作宰滇南，屡任所经，类皆山多地少，阡陌奇零，刀耕火种之伦，甚可悯焉。维兹宜邑，界居两山之间，东西相距未盈十里，自北之南袤长百二，登高远眺，平畴万顷，称沃壤焉庶几哉！沟塍刻镂，原隰龙鳞，决渠降雨，荷锸成云，有似班孟坚之所赋耶？乃有赤水长流，贯串其中，虽非长江大河之险，然而夏秋雨集，潢污瀑涨，往往渟淤泛溢，浸伤禾稼，宜人患焉。顷据邑东患水者，筹所以障之。用是，比亩村墟，佥谋皆同。缘旧路以为堤，而培之使厚，增之使高，用以障彼横波，卫兹顷亩。起自六十铺之龙王庙，经五百户营以前而上，围夫城东、城北，止于段官村甸外，约长有四里许，而保障者几万亩焉。再则倚桥建闸，时其蓄泄。更为善后计，构舍三楹于桥之畔，募人居守之，俾司闸之启闭，兼防堤之坍塌，以时修补，洵古田畯釐成事也。

昔曹华信治余杭，筑塘防海，募至土石，一斛与钱一千。初至者予之，继而来者如云，乃示不须土，众皆弃土而去。塘成，因名曰钱塘。是堤之成也，敛彼茨梁京坻之遗粟，乘乃耕耘收获之闲暇，用而主伯亚旅之余力。经始于壬午仲冬，落成于丙戌初夏。功不劳而事毕举，众志合而利赖均，行将与钱塘并不朽矣。

夫筑堤者，蜡祭之防也；建闸者，蜡祭之水庸也；构舍者，蜡之陲表畷也。《礼》曰“土反其宅，水归其壑，昆虫不（毋）作，草木归其泽”，所以为祝也。于斯堤亦复云然，因乐为之，序其颠末，寿之碑阴，用以副襄事者之请。若乃成功不坠，裨补缺遗，永保完固，是在为其后者。

〔据乾隆《宜良县志》卷四《艺文志二·记》第30页辑录。殷王臣，字又衡，号傅岩，陕西咸阳人。清乾隆辛酉（1741年）拔贡，三十年至三十一年任宜良县令，后任路南州知州。原碑今无存，当撰于乾隆三十一年。另见乾隆《续修宜良县志》、民国《宜良县志》。〕

黑羊村筑堤聚水记

王诵芬

滇南山多田少，而水更少。《周礼》所谓山国者，非耶？每当夏秋之交，山水陡涨，朝泛而夕涸，无陂塘渟潴之用，欲望其水泽均调，多黍多稌，其可得耶？

丙戌九秋，来莅兹土。考其地，唐曰昆州，元曰宜良。沃野百里，地利五谷。邑之水利，惟文堤为大。自江头村纡折而东，绕溉田五十余里。而邑南之黑羊村，独不被其泽。盖其田三面皆山，东则官河堤埂，地势低洼，旱乏水，潦被淹，村民生计维艰。职是之故，士民徐天赋等，请于秋杪冬初，收聚官河下流无用之水，于山麓筑高埂路，围截其中。春初沿山皆可插青，夏初开涵洞灌路下田。聚水处涸出，亦可随时播种。涨盛则闭洞，水亦不能溢埂为患。余亲诣其地，相度形势，果有利无害如所言。适好事者梗之，严约毋得阻挠，趋令鸠工。乡民咸踊跃争先，裹粮荷锸而来者以百数，越三旬而堤始成。

柳子厚云：昔之为国者，惟水事为大。自有此埂，当日文公开渠导水之功，至今日而并及于黑羊村之民，其利不亦溥哉！后人当思创筑之难，因时整葺，勿使堕坏。士民等请寿诸石，固余所愿也。是为记。

〔据乾隆《宜良县志》卷四《艺文志二·记》第31页辑录。王诵芬，号兰舟，山东济南籍，江南苏州人。清乾隆己卯（1759年）举人，二十六年（1761年）内阁中书，三十一年至三十二年任宜良县令。原碑今无存，所筑聚水堰塘今犹存，塘内种荷养鱼，灌溉塘东田亩。《云南金石目略初稿》卷三第33页题录：“《黑羊村筑堤聚水记》，王诵芬撰，乾隆三十一年，在宜良县，见《滇系》。”《滇系》八之六《艺文系》第40页题作“宜良县黑羊村筑堤聚水记”。〕

旧洄澜亭记

蒋振阅

屏城东四十余里有海口，异龙湖水所从出焉。海口南一带村落星罗棋布，达于临安，咸取道于是。旧固有桥，桥甫成，前牧会迁移去，未遑建亭也。癸巳夏，恒雨不时，波臣为患，水及城闉。予谋于众，大事浚疏，既又修筑长堤，复绕堤栽柳，凡所以捍蔽河堤者颇备。逾年，作亭于桥上，亭虚四，照轩如翼。如水面风来，微波荡漾，同事诸公喜斯亭之可供登眺也。请记之。

予来屏三年矣，簿书鞅掌，政拙形势，幸屏人安予之鲁，而自愧不如能者之逸，讵敢以亭榭为娱，虽“喜雨”“醉翁”诸名昔贤，亦有因政务之余，旁及亭台，以成一时之盛事者。予何人，斯讵敢效颦于子瞻、永叔之流风也？惟忆初莅任时，道经此地，桥半埋砂，碛榛莽中，下无涓滴之流，桥以上则弥望汪洋，即最高如望海，桥仅露片石于洪涛巨浸中，此时几不知有桥，遑问夫亭。今幸水归其壑，淫潦无忧，安澜之庆，将与民同之，微二三子之经营不及此，虽然吾因之有感矣。

屏之湖，利害尝参半。约全湖之水周遭不下百十里余，仅借此一线尾闾为消泄地，而两山逼窄，砂石倾崩，一有阻塞，涨漫立见。自非勤事疏瀹，鲜不望若而惊者。吾与二三子之往来此桥也数矣，炎日暑雨，冷露寒风，吾与三二子同之，敢辞况瘁？今有斯亭，则异日岁时兴举长史以鼙鼓从事，今与吾民从容商蹉于斯，知无不集之事，且览川泳之无心，知水流之不竞，虽暂焉小憩，有挹取之而不尽者，岂仅供游息登眺已哉！颜之曰“洄澜”，并志其构亭之始事焉。

〔据民国《石屏县志》卷三十四《艺文附录十五·杂记下》第21页辑录。蒋振阅，全州人，清乾隆己卯（1759年）举人，三十八年（1773年）署石屏知州。洄澜桥，在城东四十里海东湖口，知州管学宣建，清乾隆三十八年蒋振阅重修，清光绪二十八年（1902年）王镇东捐俸重修（详见清孙松森撰《新建洄澜桥碑序》），并建阁于桥，以兴屏邑之文风（详见清陈先沅撰《新洄澜阁碑记》）。〕

利济桥碑记

王特晋

郡邑西南隅长河一道，自石闸分流而下，两旁灌溉数千余亩，泻入滇池。跨河有梁，明季万历戊午金砂端庭杨公所创也。此桥历有年所，为风雨损耗，夏秋之交，洪水涨溢，觉石之力，不敌于水，而桥于是乎圮矣。年来架木板于上，以渡行人，今木将腐败，独奈创建一语藐焉，无闻非尽人心之不慈也，意非权位才力之大，人未易发此宏愿。

时庠友王凝祉、李鸣雷、赵亢宗、叶华廷、苏联元，计商此事，欲得银十两，先付匠入山采石，以成斯桥。家大人遂携册叶入告徐师，侯师闻之，展然色喜，题赐弁引，捐俸十金，给用符章，且转送儒家两衙。陈、丁二夫子，好施乐善，俱有同心，各捐银六两，夹辅有成。于是复签邑人杨参天、赵御瑾、李攀龙、王奠鼎、胡登俊等分任其责，从而协理之。遍恳阖州绅衿、先达、乡保、善信助其余赀，以补未逮。谨诹吉于正月初三日，禀请亲临，祭告神祇，兴工起土。迨至二月十九日封顶告竣，诸友属生为文。

生因有言曰：盖闻古者桥梁道路，司空与邑大夫事也。幸我师侯，以叶榆赞府署守是邦，梦应三刀，镳联五马，福星之照，非一日矣。兹者推爱民保赤之怀，宏利物济人之愿，心存拯溺，不屑以乘舆小惠，夸耀一时，共我庭训，慨然有徒杠舆梁之举，彼乡民闻命而趋事赴工者，日有增加，谓非德惠所感信而后劳，皆善愿之所孚动也欤？

睹斯桥也，固难云插天蝃蝀，跨海鲸鲵，然而金背玉腰，已称高阔，纵未铸蒲津之牛，宛若驱东海之石。两阅月而梁成矣。恭念我师侯为一代之硕儒，钟四明之间，气行将邀圣天子宠眷，晋秩台鉉，为舟作楫，俾河伯效灵，澄清万里。其丰功伟烈，自当勒铭彝鼎，岂仅托之片石，藉此桥留美名于一邑焉矣乎？虽然，王周偿粟修桥引为刺史之责，往事尚载简篇。今我师侯，上修职业以报朝廷，下施德惠以贻兆姓，其功德顾听其湮泯，士庶之心忍乎？是以顿忘荒陋，纪序其事，寿之贞珉，令后来之履此桥者，咸识所自，期歌颂于不衰云尔。

〔据道光《晋宁州志》卷十二《艺文志·碑记》第50页辑录。王特晋，字唐侯，晋宁州人。嗜古能文，落笔如夙构，教授生徒，登科甲者半出其门，举乡饮僎宾。后任石屏学博，多方造士，州人德之，赠有《龙湖师范集》。弟特授，亦任蒙化训导，其博雅渊通，与之齐名。〕

修太平桥碑记

陈 松

戊戌八月壬午，余莅新平任，即于是日以公事往元江道。出城东二里许，舆人停舆，请曰：“此太平桥，损坏久矣，恐不胜多人，请出舆，疾步过之。”余足甫至桥，桥且随足浮起，眩乱如在云雾，但闻波涛汹涌之声与人声相杂。喟然叹曰：“嗟乎！是吾民晨夕出入之道路乎？”

兼旬返，将召吏往山中取材木。绅士闻之，请曰：“是桥将谋久远，请易木以石。”余曰：“吾恐工料浩繁耳，果如是，讵不甚善？”乃出公钱百串为之倡，而邑绅士亦各有所佽助，付董事者经理。逾三月，报卒功，余往观之，其高且大，可行巨舟。而但不见有所谓牝牡笋、银锭扣，如吾江南桥工者，心窃虑之。数日后，水大至，桥果圮，盖地淤沙而匠工复利于速成，是以不固也。

邑绅士又请曰：“是处水势激湍，土松石粗，恐不足以当冲击，盍去其高且大者而平焉。虚其中以木，而实其首尾以石。”余曰：“吾意但欲利行人为目前计耳，诸君欲课久远，愿善为之。”越庚子夏六月，所谓平者成焉，继又以余力，其上覆以瓦屋，中作一亭，翼然而轩豁，坐有板，凭有槛，以为冷雨炎日肩负者片时之一庇。

工竣，而请为记。余曰：“甚哉！天下事之成功如此，其善哉！”孟子曰：“十一月徒杠成，十二月舆梁成。”盖岁岁可也。兹桥成而有司可免岁修，行人可不病涉，工坚材善，其利济诚不可以岁月计，即后有修补亦因之而易易矣。是为记。

〔据道光《新平县志》卷八《艺文志·碑记》第15页辑录。陈松，江苏如皋举人，清乾隆四十三年（1778年）任新平知县。太平桥，一名永定桥，在城东五里，清雍正六年（1728年）阖邑士民建。另见民国《新平县志》卷七第二十三《诗文征》。〕

普渡河记

檀萃

禄劝经流，大则金沙，次惟普渡，发源于安宁州螳螂川，受滇池之水，越罗次，经富民县南门外为大河，至县属为普渡河，然普渡乃禄劝之专名也。渡在撒马邑之东，两崖悬峭，中流一线，清澈无底，为通东川孔道，行李日无已时，而自黔来滇，不趋昆明走此捷径，直往迤西，故名普渡耳。自入县界，绕河外四马，经乌蒙雪岳，至三江口，入金沙江焉。

按：金沙为大江之源，滇南之水入江者，惟普渡、车（牛）栏为大，故据此水道，定为越嶲。旧履河经县之达矾村有温泉一泓，洁清见底，可以疗病，松声鸟语，笙簧两崖。又河岸与金沙江多藤索渡，盖岩峻壑险，水势湍激，难施舟楫。距官渡处往往迂远，隔岸相望，一舍之地，而由官渡诣之，辄经数日，乃以藤绞为巨絙，缚两岸大树上，谓之藤索。索上缚小木筒谓之橦，欲渡者自缚于橦，缘索而渡，谓之溜橦。其溜速捷而滑，虽所赍货装亦可先溜而过，其侣接收，而后自渡。故私枭奸匪，荒忽往来，不可捕执，则溜橦滋其奸也。

〔据民国《禄劝县志》卷十三《艺文志上·记》第62页辑录。檀萃（1725—1801），号默斋，安徽望江人，清乾隆二十六年（1761年）进士，官云南禄劝县知县。罢官后，主云南五华书院讲习。博极群书，以渊雅称。著有《大戴礼注疏》《穆天子传注》等。〕

金江源流记

檀萃

金沙江，在邑之北界，发源于吐蕃之崑崙。四大水源，三入中华，一入南海。其东北隅河水出焉，而南流东注于无达，即黄河之源也。西北隅黑水出焉，而西流注于大扜，即南金沙江之源也。东南隅赤水出焉，而东南注于泛天之水，即鸦砻江之源也。西北隅洋水出焉，而西南流至于丑涂之水，即此金沙江之源也。鸦砻江即打冲河，于会川卫之孔卜苴地入金沙江。

谈江河之源者，测极以准度。河源距北极三十六度，当西十九度。鸦砻江源距北极三十四度，当西十八度，与河源南北相距二度，偏东一度。金沙江源距北极三十二度，当西二十度，与河源南北相距仅三度半，东西只偏一度。每度当二百五十里，则金沙江源距河源不及千里，其中刻崑崙山也。

又，江水有三源：曰岷山，岷江所自出；曰崃山，南江所自出；曰崌山，北江所自出。南江云者，即赤水；北江云者，即洋水。洋水纳赤水入川而会岷江，所谓大江也。先辈以金沙江为大江之源，金沙江既纳雅砻而后趋元谋之北境，今巡检司地为其渡口。

予尝至江口，见汹涌澎湃之势，固已骇参，然夜声尤聒，殆难为怀。[①]

〔据郭怀礼修，孙泽春纂光绪《武定直隶州志》（《中国地方志集成·云南府县志辑62》，凤凰出版社2009年影印本）卷六《艺文志》第20页辑录。〕

重修薇溪山龙神祠碑记

陈文灿

县治西四十里许薇溪山建有龙神祠，其地上接紫顶，下瞰鹿城，林木蔚云，松篁飞雨，实一邑之胜景。每岁春秋，邑侯亲临致祭，或雨不时至，率士民祈祷立应。历年既久，祠宇倾颓。值邑侯周印名炎，下车伊始，亲诣致祭，恻然兴怀，欲改而新之。旋以村民首告山树互讦至案，邑侯听讼清查，乃知附于龙祠之树被村人隐蚀不少，爰准情理，宽其既往，禁其将来。村人悔改，愿缴隐伐树木银三百余两，侯复捐俸，责成鞠生士斌择吉兴修。于辛丑十月经始，壬寅三月落成，共费银四百余金。其附祠树木，仍令寺僧、附近居民公同照管。所余山场，接种新松，严禁一切践踏砍伐。迄今门堂寝室、左右廊庑，殿宇层叠，倍形巍焕，以视向之蒿莱满目、鹿豕充庭，斯一复旧而不可得者，今且无烦思议矣。

嗟夫！兴废无常，成败顿易。邑侯此举，实民生所仰赖者也。不然，荒烟蔓草，日绕浮镜之潭；寒蛩秋蝉，时吟奉社之橘，谁之责与？谨录其事之始末，寿之于石，以志我邑侯敬神勤民之至意焉。是为记。

乾隆四十七年壬寅冬十月立石。

龙祠界址树木、田工、水分、秋米，另载《食货·公产篇》。

〔据宣统《楚雄县志述辑》卷十二《艺文述辑下》第11页辑录。陈文灿，楚雄县人，清乾隆癸酉（1753年）举人，官腾越厅训导，以军功迁颍上知县，政绩卓著，告终养归。龙神祠，宣统《楚雄县志述辑》卷五《祠祀述辑·典祀》载："一在城内高等小学堂右，建自前明，国朝咸丰十年城陷毁，同治十年知府陈灿建，勒碑记之；一在薇溪山，潭水深阔，前明成化年知府邵敏建，国朝乾隆四十七年知县周名炎重建，邑绅陈文灿为之记；一在金蝉寺左，乾隆四十六年知县周名炎重修，兵燹毁，同治十三年邑绅李军门维述重建。"〕

山脚营永公塘记

李 淳

治南山脚营村有龙潭，而无塘堰，耕者苦之。余因公过其地，见村有田数十区，三面皆高，堤其一面，即可为塘。询之居民，已构讼四十余年矣。余召田主，婉谕不从。详经观察，永宪勘视，无异余议。不数月而塘成，居民请名其塘。余复往视之，汪洋若湖海，叹曰："旱暵之乡，而成膏腴之区，非永宪之功乎？"因名曰永公塘，纪公德不朽，

① "金沙江……殆难为怀"句 原本缺，据乾隆《华竹新编》卷三《名胜志·山水·水》补。

又见永为公济云。

〔据乾隆《宜良县志》卷四《艺文志·记》第36页辑录。李淳，字雪堂，湖南衡阳监生，两度任宜良知县。清乾隆五十年（1785年）秋复任邑令时，捐俸造陈所渡桥、狗街渡桥，善政多端。离任后县民建雪堂书院以纪念，春秋祭祀。另见民国《宜良县志》卷十上《艺文志上·记》。〕

重修陈所渡桥碑记

李 淳

陈所渡者，迤东通粤之要道也。江水泛溢，舟楫二三。询之绅耆，始知前之桥木朽败，舟人狡黠者视为利薮，行者难焉。余假百金，捐赀二十，俾新建板桥。绅士耆庶义其举，慨然捐输，不数月而桥成。又思夏初拆卸桥木，无所覆庇，非久远计。村人士请建阁于通道，庇行人之风雨，桥木无遗失之忧，搜渡田于隐没，舟人无分外之索。桥之事备矣，后之君子，其谨守之。是为记。

〔据乾隆《宜良县志》卷四《艺文志·记》第37页辑录。陈所渡，位于昆明宜良县城东五里，旧为迤东通往路南、开化、两广之重要道路，桥为木板桥，日久朽坏，渡者难行，知县李淳捐金倡建新桥，并建阁楼三间，使行人免风雨之忧。碑记无纪年，今碑已无存。据李淳《新建狗街渡桥碑记》记载："余既倡士庶建陈所渡桥，复倡建狗街渡桥。"《云南金石目略初稿》卷三第38页题录："《重建陈所渡桥记》，李淳撰，乾隆四十九年，在宜良县城东七里，见岑《志》。"另见道光《云南通志稿》卷四十八《建置志·津梁·云南府》、民国《宜良县志》卷十上《艺文志上·记》。〕

新建狗街渡桥碑记

李 淳

余既倡士庶建陈所渡桥，复倡建狗街渡桥，非喜事也。政非虚文，要于实事；事非一节，归于便民。便民者在去其所病而期于有济，夫民之所病而期于有济时①，莫渡若也。

狗街距宜城三十里，承大池江、大赤江之流，汇明湖诸水之灌注，而出铁池河，入路南界。其水较诸渡口为大，其病涉尤甚。旧设有船渡，便夏秋之往来，至冬春水势稍杀，则于板桥宜。惜兴举无人，行者苦之。余乃捐赀二十，士庶乐义，争先购材鸠工，不日竣事，并升高旧桥房为拆卸之所，经画田租为久远之计，而桥事备矣。

夫今圣人在上，轸恤民艰，饥溺廑念，而司牧者仰承德意，循分而尽所得，为邑宰职也。谨书其事，以期后之斯土者共勉焉。

〔据乾隆《宜良县志》卷四《艺文志·记》第37页辑录。狗街渡，位于昆明宜良县城南十五里，旧为宜良经狗街往来路南、泸西、弥勒等地之重要通道。旧设有船渡，便夏秋之往来，至冬春水势稍杀则渡船难行，清乾隆四十九年（1784年）知县李淳捐金倡建陈所渡新桥后，再次捐金倡修狗街渡桥。碑制

① 时 道光《云南通志稿》、《新纂云南通志》、民国《宜良县志》皆作"者"。

于乾隆四十九年，今无存。1972 年改建为永久性桥闸，2005 年重建为钢筋混凝土桥闸，宽稳坚固。《云南金石目略初稿》卷三第 38 页题录：“《新修狗街渡桥记》，知县李淳撰，乾隆四十九年，在宜良县城东南三十里，见岑《志》。”另见道光《云南通志稿》卷四十八《建置志・津梁・云南府》《新纂云南通志》卷三十六《地理考十六・津梁一》、民国《宜良县志》卷十上《艺文志上・记》。〕

新建普济桥碑记

徐文明

宜邑大赤江，发源霑益之花鱼潭，浸淫于曲靖，渐渍于陆凉，经路南北界，盘折数百余里，始西达宜良，厥名大河口。自是东折而南，蜿蜒于宜坝几百余里，竟红石岩而出河阳界，会仙湖水以去。其江之在宜者，冬春以桥济，夏秋以舟济，所在皆然。惟河口较他渡难甚，盖其地两山壁峙，水甫出峡，急流陡下，且界居三邑之交，众流奔汇，冬春稍杀，而中间怪石谽谺，仿佛瞿塘滟滪。至夏秋而积，势益张大，矶蹴洪涛，訇訇声彻数里许，险渡也。

旧设舟楫以济行人，而临危蹈险，戕生殒命者多有。至乾隆癸巳六月，水势混流，舟师下我[①]同舩覆没者三十余人，尸横江岸，枕藉沙碛，闻者恻焉。路南太学李公如桐、陆凉太学赵公相璧、吾邑太学苏公士瑶、岁荐李公节民者，均善士也，目击神伤，誓造石桥，易彼舟渡，慨捐重赀，共襄厥成。相形度势，鸠工庀材，身亲董役，甃以巨石，贯以铁柱，造为长桥。中分七孔，高三五丈，长三十丈，宽二丈许。计工约费数万，计赀约费数千。始甲午冬初，落成于乙未春莫，再修补于丙申之夏，今阅九春秋矣。凡往来者莫不感四善士之德焉，而四方仁人君子，颇有捐赀，若不寿诸贞珉，何以劝善而垂久远？明不敏，深嘉四善士，不忍人之美意，而乐其相与有成，名曰普济桥，并记巅末如左。

〔据乾隆《宜良县志》卷四《艺文志・记》第 38 页辑录。徐文明，宜良人，清乾隆甲午（1774 年）贡生。普济桥，位于宜良县城北三十五里，横跨南盘江南北岸，现名新街大桥，建于清乾隆三十九年（1774 年），为珠江源头第一桥，是宜良、路南、陆良三州县重要通道。保存完好，为县级文物保护单位。《云南金石目略初稿》卷二第 37 页题录：“《普济桥记》，徐文明撰，贡生李节民倡修，在宜良县城北百三十五里，见岑《志》。”碑制于清乾隆五十年（1785 年），今无存。另见道光《云南通志稿》卷四十八《建置志六・津梁一・云南府》《新纂云南通志》卷三十六《地理考十六・津梁一》、民国《宜良县志》卷十上《艺文志上・记》。〕

骆家营双塘灵泉记

马培元

县治东骆家营里许有双泉塘，俗名日月塘。塘阔半亩，中有二窍，左呼右吸，滃然出泉，如涌珠焉。时而沙水团结，矗起数尺，逾时始平，有痕如晕。随竿投之，一吸以

① 下我　道光《云南通志稿》、《新纂云南通志》、民国《宜良县志》皆作“不戒”。

入，一涌以出，吞吐出纳，浮精耀景，莫能名状。窃以水，阴象也。从太阴之盈虚以为潮汐，阴阳阖辟，气机鼓荡，湖海之大应尔也。而兹塘也，水不过一勺，而一阖一辟，尺水有湖海之观奇矣。名以日月，固宜。乃省志弗采，邑乘不传，而喷珠漱玉之灵境，付之闲旷之区，士大夫鲜有知者。樵夫牧竖，虽知而不能言，此其所以寂寂欤，抑山水之知遇，亦有待欤？今逢李邑侯重修县志，一邱一壑，俱入采择，以备披览，则日月塘亦如兰亭之遭右军也。余故幸泉之遇，而不计文之陋，聊为之记。

〔据乾隆《宜良县志》卷四《艺文志·记》第39页辑录。马培元，宜良人，清廪生。《云南金石目略初稿》卷三第41页题录："《双塘灵朱记》，宜良廪生马培元撰，乾隆年，在宜良县，见《滇系》。"另见《滇系》八之十四《艺文系》、民国《宜良县志》卷十上《艺文志上·记》。〕

重修黄宝村大石坝记

马翰琼

夫天地生成，万姓享自然之利者，水也。然有不能坐享其利，而必曲成以利之者，则沟坝是。宜邑东北田下水高，其利可免①而获；西南田高水下，其利非劳不成。此余村大石坝之所关甚巨也。盖地多空阔，山复高峻，其间瘠田数十顷，使无水灌溉，难谋生聚而供赋②。幸田西有山曰挂榜，下有龙泉，虽无浩瀚之势，而浸淫会合，足以滋润田亩。但河低田高，艰于疏引。明末，余始祖人龙与阖村家姓，积石鸠工，造为堤坝。水顺本村山脚，沿流数里，润泽高田，然非予一村之所敢私也。是以万家凹、许家凹士庶建恒济塘，接石坝之水，由和尚庄作五龙坝引之。其源流实由大石坝，所关岂浅鲜哉！惜数十年来，渐就倾圮。癸卯岁，我衡阳李公莅任兹土，日以农田水利为急务。全③同乡人仰体德意，将坝重加修筑，纵山水暴涨，不至坍塌。所济虽少，实一隅之保障也。用寿贞珉，使后之修补者有所考焉。

〔据乾隆《宜良县志》卷四《艺文志·记》第40页辑录。马翰琼，宜良人，清生员。黄宝村，今名黄保村，分上、中、下三村，为回族聚居村。另见民国《宜良县志》卷十上《艺文志上·记》。〕

疏浚城河记

史 褒

髳阳势若仰盂，中平地可耕者，周环只十数里耳。而雨旸时若又难以人力定，所赖导原泉以资灌溉，岁可望登。厥水从西北云龙山发源，由文龙川分为二支，流入城河，用以兴地利而作池隍，攸关最钜。考《县志》：城曰耐笼，唐时所建，则河为同时所凿。

① 免 民国《宜良县志》作"逸"。
② 赋字前，民国《宜良县志》有"国"字。
③ 全 民国《宜良县志》作"余"。

可知迄今盖千百年于兹矣。

癸丑之秋，余署篆斯邑，循例阅城，见城河淤塞，与平地埒，不特附郭居民无水可汲，并无水可潴。亟思疏浚，而工役无项可动，恐劳民力，逡巡未果。越明年甲寅秋，大熟，时和岁稔，物阜民安。乙卯正月，素书李少府来告余曰："事之有待而兴者，天时与人和交际，而地利因之以成。方今春和，东作未兴，民力可用疏浚城河。此其时，与现据绅士暨四界乡保询谋佥同，费不动帑，夫出于民，公议妥协，请及时图之。"余曰："唯唯。修举废坠，守土事也，先之劳之，其曷可辞?"由是卜吉，于二月中旬兴工，督率绅士同心展力，城乡人民踊跃争先，日趋事赴公者不下数百人，畚锸争先，未匝月而工竣。

城河四面，渠水流通。试登堤一望，清流映带，即昔日泥沙淤塞之场也；岸芷郁青，即行人履道往来之所也。岂徒曰利吾民，亦藉以固吾圉也。惟是两岸河底，必如旧时界址一律宽深，斯河水畅流，永无壅塞之患。所虑者，宦迹萍踪，迁徙靡定。自兹以往，三年一浚，是所望于后之牧民者。文水汤汤，维城之隍。固我金汤，殖彼农桑。溥利无疆，流泽孔长。爰珥笔而为之记。

〔据道光《定远县志》卷七《艺文志上·记》第29页辑录。史褒，陕西朝邑县举人，清乾隆五十八年（1793年）任定远知县。〕

毘卢寺观瀑楼记

王　昶

腾越之叠河，盖瀑也。其水自赤土、罗生诸山来，流为大盈江。至是，崖忽断缺，水悬以下，注于壑，凡百有余尺。其声訇然硡然，若骈车，若雷霆。稍近，渡石梁，沫随风着衣袂及面，若散丝，若雾雨。暨迫而视之，若悬布，若翻雪。褵褷跳荡，翕张捭划，汩汩沄沄，骇心眩瞩。惟两崖道芜苐，无驻足所，游人病焉。

水东坡上故有毘卢寺，寺后翼以楼。州牧吴君撤楼之西壁而窗焉，瀑之全势可一揽以尽，因颜曰"观瀑"。余以冬十一月来，坐斯楼而望，大盈江经南甸，又南过干崖出关，合蛮暮湖，汇于南大金沙江，循阿瓦城以入海。而兹水实为其源，盖中夏之气达于缅甸，势必与中夏合。应作如是观。

〔据乾隆《腾越州志》卷十三《记载下·记》第8页辑录。民国《腾冲县志稿》卷七下第三《舆地二·坛庙》《永昌府文征·文录》卷十一《清二》题名"叠水河观瀑楼记"。〕

募修潞江荡锡喧双虹桥疏[1]

陈孝昇

太守告郡与州人士，滇渡险恶，莫如潞江，故名怒江。其波凶怒，源自蒙番，南流少东，经怒夷山乃入滇界。循山西行，南五百里至永昌境蒲缥站西，实当永、腾之孔道

① 疏　光绪《腾越厅志稿》卷十七《艺文志·记》《永昌府文征·文录》卷十一《清二》皆作"记"。

也。江怒愈甚，倚瘴为威，渡者苦之，至夏尤剧。两岸相距，舟楫往回，彼此卬须，动经弥日。竦岐两浒，浒瘴袭之，其入甚甘，前涂毒发。先者不救，后复踵乘，明知畏涂，不得自脱，则守渡待舟之祸烈也。

旧有飞桥，若天师之掷杖以梯月，行旅之至，止急趋而过。瘴在其下，不能上干，况掩鼻而驰，瘴不及人。获脱此厄，曾不需时，所全者大矣。此桥既断，重续维艰，风喙为胶，力薄难购。

今士民佥谋于荡锡喧，议建铁桥。为工甚钜，力出众擎，丐长吏倡，风行草偃，甚盛举也。以请于屠使君，使君转告太守，以图进，则知荡锡喧据乾沟上游，两岸石壁对峙，中流孤石突起，俨若砥柱。旧有飞梁，桥迹尚存。太守见之而喜曰："天设此险，以待后人之善用善因耳。用之而不能因，如我民何？天既生此一方民，岂无康庄俾之，率由乃故为此瘴疠以害之哉！吾人奉天架天桥，以因利乘便，宜为众人倡。且夫僻处边徼，瘴雨蛮烟所在多有，在亲民者调剂而利导之耳。"

试观昔之荒榛断梗者，今则绣塍绮陌矣；昔之雕题凿齿者，今则声名文物矣。国家休养生息，至德覃敷，声教四讫，输诚纳赆，极于炎陬，士庶往来，汉夷辐辏。是桥也，所关者钜，岂惟一州！吾郡邑人宜共出力，太守与使君先捐为之倡，疏于簿，尔士民情殷利济，共乐输，以副于次。

庚戌九月，永昌守武原陈孝昇撰。

〔据乾隆《腾越州志》卷十三《记载下·记》第21页辑录。陈孝昇，浙江海盐人，清乾隆间任永昌府知府，后升云南布政使司。双虹桥，《永昌府志》载"在城西一百四十里，跨潞江上游，系永、腾孔道，乾隆五十四年，知府陈孝昇就江中石岩建立铁索桥，咸丰九年毁于兵"。另见光绪《腾越厅志稿》卷十七《艺文志·记》《永昌府文征·文录》卷十一《清二》。〕

游龙洞记

王廷桂

住宅东有龙洞，溪水出焉，流绕凤凰山麓，居人为竹轮汲灌稻田，盖上下大小坝所利赖也。甲申夏，余教读西塾，引诸生泛舟避暑，溯流而上，达崖口断壁中，旭光不到，一泓冷碧，爽透人肌，郁热为遽解。俄见芦丛中有老翁浮伐提网而来，形神殊怅惘，顾非相识，遂泛然过。行里许，对面高耸石山，山下两洞相近，左洞外沙洲方丈，履迹历乱，右洞外水平如镜。凝望洞中，窱寥黝黑，而傍崖石径类凿成。乃系舟，就左审视，水黯黮色，性特异，张生掬饮，忽腹胀，疑藏怪。方欲俱还，适大兄树三继至，曰："出出！此渔洞也。闻渔者来此，稍得而止，则识归路，不即迷罔有死者。右洞具灵异，盍往观？"于是转棹更前，则石龙口如为扃钥，始进数十步，若向晦时，止见近。又进数十步，若将晓时，见渐远。复进数十步，一石段横截中流，溢而陡落，喧豗雷震。岸列石门，方正高大，晴影斜抹。门内旁之右壁，金翠烂熳，乃率诸生从门而登。恢廓穹窿，顿开异镜，钟乳参差叠互，欲飞欲堕。顶上一窦，天光下照，渊渊皛皛。周围磊硌蹲立，象虎豹，象蛟螭，口鼻皆喷珠溅玉，激射流离，似争效。洞东崖半石龙口之源，源浩浩，输泻渟蓄，难量底里者。古人往往观水而有会于学，良有以也。夫宇宙之大，八埏之广且远。无论游历所未到，即耳目之前非有道，余先路几亦及半而返，徒供舟人渔子徜徉萠伥其间，是雁荡、石钟、投金濑、钴鉧潭诸胜概之表著，待人毋亦有数耶？因以念怀奇抱异，其不遇尝识者不知凡几矣。爰为之记。

〔据乾隆《镇雄州志》卷六中《艺文志·记》第47页辑录。王廷桂，昭通镇雄人，清乾隆壬子（1792年）科举人。另见光绪《镇雄州志》卷六中《艺文志·记》。〕

溪口渡碑记

王廷桂

镇北溪口一渡，旧在大滩之首，土人刳大木为槽，乱流而济，屡遭覆溺，往来者视为畏途焉。余尝相度形势，自三胜岩而下，两山夹束，岸窄流奔；自虎跳石而下，水虽纡徐，而右岸不能蹊径，俱非设渡所。

昔徐刺史讳柄过此，有意捐金造舟。以更木槽。会迁，不果。迩来居人稠密，山箐老株斩伐殆尽，大木槽且难为继，诚不可不用舟，第思舟大，虽善而地险，尤当虑。惟旧渡上数百步，岩口山开崖阔，水至此而汇，涟漪平静迥殊，滩首湍急。于是集诸耆老议，疏道造船，移渡口于此，抱利济之怀者，尚其永之。

〔据乾隆《镇雄州志》卷六中《艺文志·记》第49页辑录。溪口渡，在城北一百八十里，水势迅急，板舟难济，仍用木槽。另见光绪《镇雄州志》卷六中《艺文志·记》。〕

大修海口新建屡丰闸记

伊里布

滇之有昆池，境连四邑，流汇六河，浩瀚汪洋，周三百余里，而以昆阳之海口为尾闾。此河不治，则沿海之田庐被淹，而会城亦多水患，故自前明以及国朝守土者，皆以海口之疏浚为要务。然是河界两山之限，每夏秋雨集，左右诸箐之水，挟沙石而奔赴正河，不数年而即淤，治之稍缓，其害立见。且其治之也，又必于钜浸之中筑坝断流，费甚巨而民亦劳。乾隆中邦人士有以闸代坝之议，以费无所出，屡议屡寝。

丙申之秋，河流阻塞，四邑之民复申前议，昆邑绅耆谊切桑梓，踊跃捐输。余知其事之可以成也，遂与同官集议，令在籍观察廖君敦行、邑令李君芬率诸绅耆董其役，在工员役由粮道沈君兰生、郡守黄君士瀛、邑令宫君慕久捐及薪水，循例动用。四邑民筑坝堵水，并鸠工伐石，于川字河建立石闸三座，凡为闸墩一十有八，雁齿六闸，顶架石为梁，以次将正河、支河疏浚深通。复以余力修惠济龙王庙，新开桃园箐，凡民夫几二万五千，用银一万五千有奇。

阅九月而工成，命粮道沈君兰生率四邑官绅士民以落之，于时启坝放水。势若奔雷，积潦既去，淤田渐出，而闸座高张，峙立中流，既便役人永免筑坝，四邑之民鼓舞欢欣，共感上德，咸颂神功。余喜功之成而民之和也，爰以“屡丰”名其闸。此虽颂祷之词，而有年之象已寓于目前矣。顾余窃有虑焉，石闸之建，藉以浚河，即藉以泄水也。使竟视以为可安，而忘疏浚之勤，则湖水之为害犹在也。石闸虽存，名困如故，夫因利乘便者事易集，慎始图终者功乃久，后之君子尚其念此日经营之劳，筹将来善后之计，轸念民艰，以时疏瀹，则余之所谓屡丰者，不徒见之目前，而且延及奕世矣。大害永除，大利常新，岂惟滇民之幸，是亦守土者之光也。因书之，以告后之从事于河者。

〔据道光《昆阳州志》卷十四《艺文志·记》第46页辑录。屡丰闸，在海口川字河上。南河闸墩十座，闸口九空；北河闸墩五座，闸口四空；中河闸墩七座，闸口六空。先筑土坝，清乾隆中昆明绅耆谋易坝为闸，以工钜费繁，款无所筹，屡议屡寝。清道光十六年（1836年）总督大学士伊里布劝昆明绅耆捐银倡建，砌以巨石，联以铁锭，共成闸墩二十有二，墩高二丈一尺，径丈三，上跨石梁，以便行旅。嗣此大修，既省筑坝繁劳，更免坝土淤塞，事半功倍，一劳永逸。工竣，赐名“屡丰”，为记以志，并酌订善后事宜。旧制大修海口详情，可参道光《晋宁州志》、道光《昆阳州志》两书之《赋役志·水利》。〕

重修白莲塘碑记

丁爔南

《易·兑》之辞曰：“悦以先民，民忘其劳。”兑也者，泽乎民者也。泽乎民，以使民，故民悦而忘其劳也，世之盛也。货恶其弃于地，不必藏力于己，恶其不出于身，不必为己，盖惟上之使民也悦，故民亦相悦而忘其己也。

吾滇山国也，泉出山上，田在山下，所称名水支水之汇四渎者，又在其下，其可为滀陂堰埭之利者，在在有之。而且朝有耑敕，官有经费，岁时巡督，以相鼓舞，其人功之修也豫。故虽有水旱而不能为灾，昆阳守王公所称悦以先民者，其人也。

州治旧有白莲塘，创于明正德间，实为诸水所蓄泄。一以利仙鹤、河泊、甸心之田，使无忧旱；一以利新生、古城之田，无无忧涝。年久不治，外圮中淤，蓄泄无所，则旱涝能为之灾。公曰：“是有货焉而弃诸地，有力焉而不以为身也，然非吾民责，而长吾民者责也。”于是捐金发粟，急为开浚，诸父老子弟亦莫不相戒勉子来趋事，不日告成。嗟乎！是数十年人以传舍视其官者，公若利害之切于身也；是数十年人皆坐相观望而委诸道傍者，而今之父老子弟独若利害之在己也。视古西门、郑白、芍陂、钱塘，上下相悦而忘其劳者，岂不古今有同揆耶？

吾滇山国也，可为蓄泄利者，所在皆有。今自吾公为诸郡邑倡，将四方于此式效，又况后之人得不永守而时修之。是役也，总其成则经度者若而人，分其职而奔走者若而人，斗粟缗钱争相助者若而人，皆得书名碑阴。

王公讳宏缔，字于野，吾黔丙午科乡进士。因士民之，至昆明述状，而乐为之记。

〔据道光《昆阳州志》卷十五《艺文志·杂体文·记》第6页辑录。〕

永昌种树碑记

陈廷焴

水利者，守土之专责也。培其本源，因其势而顺导之，则又治水之要道也。郡有南、北二河，环城而下者数十里，久为沙碛所苦，横流四溢，贻田庐害。岁发民夫修浚，动以万计，群力竭矣，迄无成功。盖未治其本，而徒齐其末也。

二河之源，来自老鼠等山，积雨之际，滴洪蹦湃，赖以聚泄诸箐之水者也。先是，山多材木，根盘土固，得以为谷为岸，藉资捍卫。今则斧斤之余，山之木濯濯然矣，而石工渔利，穷五丁之技于山根，堤溃沙崩所由致也。然则为固本计，禁采山石而外种树，其可缓哉？

余乃相其土宜，遍种松秧，南自石象沟至十八坎，北自老鼠山至磨房沟。斯役也，计费松种廿余石。募丁守之，置铺征租，以酬其值。日冀松之成林，以固斯堤。堤坚，则河流清利而无沙碛之患，岁省万夫，田庐获安。此余志也。

独是天下事，不难于创始，而艰于图成。愚民狃于积习，斩及勾萌，为炊爨计，牛羊又从而牧之。欲其继长增高也，其可得乎？所望后之贤大夫随时按察而剔釐之，勿使翦伐，以垂永久，则幸甚矣。至若审端径，遂别创规，为以期于美善，此又余之所引领而俟者。是为记。

〔据《永昌府文征·文录》卷十三《清四》第11页辑录。陈廷焴，汉军人，清嘉庆十四年（1809年）任昆阳知州。〕

由旺少保山种树记

沈宗海

昔子产相郑，松柏满野；子路治蒲，桃李盈街。是种树一事，政教所关，亦风脉所由系也。及读南城张合《宙载录》，云“郡城主山，北高南低，若育树茂密如屏，自能人文蔚起”。要非无所见而云然？盖天地精华之气，恒酝酿于山川，而人才叠兴，又必资山川之毓秀。太保钟灵，非此之故欤？自北而南六十余里，吾永盛乡西麓之阳，迤逦蜿蜒，翼张环抱，仿佛九隆。至于超然独秀，连云耸翠，则以街左尖峰为第一。意者地灵人杰，实基于此乎？

近年来，牛羊践踏，草木摧枯，兼以雨水淋漓，渐有坍颓之象。向之葱茏在望者，今则若彼濯濯也。爰集会捐资，种之以松，借人功之保护，培造物之生成。行见蔚然深秀，郁乎苍苍。非特层峦拥翠，万壑留青，为一方生色，而将来栋梁之选，祯干之材，亦可预储其用。况气脉得所，息而益深，息之深者达自亹。则此山之钟灵，亦可与太保并峙不朽焉。是则今日虽为树木计，而实则为树人计也。是为序。

嘉庆十年乙丑仲夏十日。

〔据《永昌府文征·文录》卷十四《清五》第4页辑录。〕

三多塘碑记

欧阳道瀛

城之有池，不徒为捍御计也。而晨夕饮烹，养生之政以寓。昭郡袭乌蒙旧址，背山为城，距大河十数里，关以内无井泉，唯资涓涓之龙硐，由沟入城，停蓄于大小两池，每无雨，则涸且秽，军民病之。即官斯土者，佥谓形势所艰，无长策焉。迄嘉庆戊辰，奕山王公来篆恩邑，初下车，询民疾苦，耆士以修龙硐为请，公曰："水由硐出，天造地成，无所庸其导浚，宜更于北城外择地浚深池，余则潴，溢则泄，既以便郭外之取携，又足济城中之挹注。"令甫下，民争赴之，阅五月而池成，既乃建庙以祀龙神。前列船房，左立仙阁，池中砌石架为歌台。费不下数千金，皆公与士庶所筹画而乐输焉。事将竣，而公适解篆，属余续完之。余谓台祇饰观，而歌非恒有，爰增为阁而奉大士像于其上，俾祷祀有常而悔愆祈福，可以导人向善之心。

越辛未夏，大旱，龙硐以支分流细，不能远达城沟，致城内两池俱竭，万家火食惟藉，是以免涸鲋之伤。因忆前之兴土木，几费经营，苟当风雨调和，原不见凿池之利，而转疑力役之劳。即过客登临，抚曲槛之远映，把酒赋诗，亦只谓游观有地，而莫识为缓急之需。至今日而始悟此地之济我生灵者，不啻甘霖之大沛焉。先诅之而后祝之，遗爱如郑侨尚有余憾，又何伤于奕山哉？余既不忍创置之善莫传，而复虑士庶之功德不著也，故志之。

〔据民国《昭通志稿》卷八《艺文志》第 18 页辑录。欧阳道瀛，湖南举人，清嘉庆十四年（1809 年）任恩安知县，廉洁自矢，不妄取民间一钱。三多塘，亦名清官亭，在城西北隅，源出大龙洞，内祀龙神，清嘉庆十三年（1808 年）知县王禹甸建，储蓄城中上下堰塘饮水，并灌溉西南菜园。〕

龙神祠记

唐晟衡

昔人云："水不在深，有龙则灵。"郡环四山，其西偏天碧一峰，势雄气厚，壁立千仞，望之若图画然。山之西麓，磅礴绵衍，竖峰如戟，趋于平原，下有深穴，是名龙洞。幽厂旁达，石乳凝结，千态万状，缘入深四五里，窈冥恍惚，是非秉炬未易得其尽境。水声潺潺，昼夜不息，察之在山根深穴，伏流如湍，于山之东麓溢而出之。小水一勺，其深无底，流为湖，约四十亩，则以石堰其口，畜以捄各村之禾稼。旱不竭，涝不溢，水之灵，是则龙之灵也。

前陞令何公构亭植轩，以祀神。第神位居小石室中，制度促隘，难以展拜将敬。余自庚辰冬奉委代庖，是年三四月间，时颇伤旱，因同镇台雷公，游府松公，副府林公、李公，宁洱单公往祷。不旋骑，而大雨如注，民兢以为神吁民之福也，是则神之灵也。夫有其功者，必报其德。因捐[①]廉俸，构祠三楹以妥神，洁其祭以报功焉。

时则辛巳八月朔之昧爽，天气清朗，晨光初发，白云在山，红渠万朵，辗然迎笑，香雾轻烟，缥缈入座，乃知神之肸肸然来飨也。因为之记，并作迎飨送神诗，俾普民之歌，以侑神也。歌曰："山莪莪兮水溶溶，竹木阴森兮神宅其宫。斟十雨兮酌五风，时清泰兮年频丰。馨香上升兮福禄攸同。"又歌曰："神升降兮秋复春，佐天子兮福我民。蛇蛟蟠结兮千亩如云，驱鼠豕兮绝祲氛。年年祈报兮爰及子孙。"

〔据郑绍谦纂，李熙龄续纂道光《普洱府志》（清咸丰元年刻本，下同）卷十九《艺文志·记》第 36 页辑录。唐晟衡，江都人，署普洱军民府。〕

① 捐 原本缺，据云南省社会科学院图书馆藏道光《普洱府志》钞本补。

虹桥碑记

周 赞

记徒杠于夏令，弗悼褰裳；横略彴于春潮，奚烦鼓棹。是以杏花村里，遥临紫鹅；桃叶渡边，斜连朱雀。斯则问津之所最切，亦为平政之所当先也。

景郡有虹桥者，地近城垣，名垂志乘。乍疑霏霞饮涧，将作瑞于韦皋；旋讶度幔行空，欲成文于王勃。今经岁序，渐致倾颓，指螮蝀则断影空留，弹箜篌则哀音又起。人思选盛，末由摛御笔之奇；鹊惧填波，几若同银湾之隔。不须折柳已觉销魂，即善吹箫徒教对月。拟仍旧制，还创新规。惟众力之能擎，即民瘼之顿灭。效子产乘舆有几难，免抠衣知长卿毫管犹存。更看立柱经始，欣由武库如顺庆屯持筹。以建标题总说将军，解囊即赖同乡；似须弥山，积土方成，喜舍均称佛子。从此，百年巩固，重著长天雨日之观；千尺崚嶒，益增阖郡军民之福。是为引。

〔据罗含章纂嘉庆《景东直隶厅志》（云南民族社会历史调查组1960年据清嘉庆二十五年刻本钞录，下同）卷二十六《艺文志一》第19页辑录。周赞，江苏元和县人，清乾隆五十六年（1791年）署任景东。时疫流行，赞为疏祷，愿以身代，疫竟息。公随殁于景东。〕

修景东孔雀溪广济石桥记

罗含章

物必有坚贞不拔之具，而后可历久而不敝。若木若器，若屋若山，若石若金铁，无不皆然。昔孙武子尝论兵矣，曰："可斗而不可乱，可胜而不可败，可存而不可亡。"孟子尝论学矣，曰："富贵不能淫，贫贱不能移，威武不能屈。"尧舜禹汤文武之治天下，孔子颜曾思孟之治其身，非有坚贞不拔之具，何能历千万世而不敝哉！

彼桥梁，其小焉者也。景东城南三十里孔雀山下，有溪源出无量山，流入银江，为郡人上下必由之路。溪心多石，喷激奔放，势若建瓴，不可以厉揭涉，不可以舟楫济。前人架木为桥，不知几百年矣。木朽辄坏，坏复易之，以木取其价廉而功省也。

嘉庆己卯夏，桥被水圮，行者苦之。郡士孙露若、彭东敬、邓兆瑞、李霖培，耆民邓天锡、邓崇高等倡议修葺，众善乐助，得银百数十两，儿辈赞成之，易木以石。凡用石若干丈，灰若干斤，工若干名，计支银六百余两。经始于庚辰正月，落成于是年四月，仍名之曰广济。郡耆儒来轩先生征记于余，余惟木之性可支数十年，石之性可支数千百年，前之人岂不知木不如石，而仅仅以木从事者，无石之价与功，不得不以木应目前之急耳。夫天下事何在可以不深其功，而能传之久远哉？有一分之功则收一分之用，有十分之功则收十分之用，有百千万亿之功则收百千万亿之用。圣之所以为圣，贤之所以为贤，其道皆由于此。斯桥虽小，可以悟大，故为记其材质之异与修复之岁月云。

〔据嘉庆《景东直隶厅志》卷二十六《艺文志一》第31页辑录。〕

建北屯石桥记

罗承休

《广志》曰“横木为彴”，《尔雅》曰“聚石为徛”，徛与彴，皆桥梁也。《夏令》曰“十月成梁”，《大雅》曰“造舟为梁”。《周礼·夏官》司崄知川泽之险，而达其道路之阻，则桥梁之。盖天不为人之恶寒而辍其冬，地不为人之畏险而辍其深，惟在人因天时乘地利，以尽人之力而已矣。

景东城北十里，地名北屯，为合郡通衢，山高阱深，行旅不便，遇溪水暴涨，厉揭尤艰。前人架以巨木，数年辄坏，人足马蹄，往往蹶跌，废而不修者凡数十年。嘉庆己卯，士民赵元魁、张国良、赵元爵、张华等议建瓦桥。余曰：“吁，十数年后，不又将归于瓦颓木坏耶?”为请于家严，捐金二百七十两，令乡众集腋成裘，易之以石。始事于是年十月，告成于庚辰正月，凡用石二百余丈，灰七千斤，工千余名，支银三百余两。既竣事，众首事问叙于余。余以为山川者，天地之所生成，然天地之所不足，恒待补于人。故《泰》之象曰：“后以财（裁）成天地之道，辅相天地之宜，以左右民。”今区区石桥，何敢妄拟裁成辅相之说？然因天时乘地利以尽人力，是亦国家荡平之政所由见也。于是乎序。

〔据嘉庆《景东直隶厅志》卷二十六《艺文志一》第34页辑录。〕

重修碧霞井龙神祠记

陈璜

楚郡城内外有龙神祠三，皆列祀典。城西三十里，紫溪山之半，祠者曰民龙；城西十里，金蟾寺之侧，祠者曰军龙。率为民赋军屯而祈报也。城中雁山之麓，古龙泉书院左有井曰碧霞泉，三眼正出南，湛然而清，北流而折东，入泮池。浚于文明之方，注乎文明之地，又曰文明水。碧霞状其体，文明表其用也。夫军民之龙，有资乎养道；碧霞之祀，有裨于教泽。维养与教，治之大端，宜乎三祠之并重。

予下车，谒碧霞祠，见其宇隘而地湫，非所以妥神灵。于是购旁地一区，廓而大之。祠仍在井后，而高其闬闳，固以垣墙，庶几神有安宅，而浚出者，愈以不竭。滃乎泱乎，与龙泉泮池争呈明洁。多士沐其余波，将必云蒸霞蔚，怀好音而重南金之选者，源源辈出。予以是卜之。

〔据苏鸣鹤修，陈璜纂嘉庆《楚雄县志》（《中国地方志集成·云南府县志辑59》，凤凰出版社2009年据清嘉庆二十三年刻本影印，下同）卷九《艺文志中·古文》第32页辑录。陈璜，字兰皋，文灿子，楚雄县人，清嘉庆甲子（1804年）科举人，承孝友之家风，学有渊源，博极群书，于经史子书无不通，设帐授徒，从游者众。年逾冠，登贤书，部选知县，辞不赴。邑宰苏鸣鹤初修县志，采辑多手笔。年七十卒。著有《五经释义条辨》及诗文若干卷，清咸丰十年（1860年）城陷，毁。碧霞井，嘉庆《楚雄县志》卷一《建设志·坛庙》记载：“神龙祠三，一在紫溪山，曰民龙；一在金蟾寺，曰军龙。二祠皆知县周鸣炎乾隆五十年重修。金蟾寺，嘉庆二十二年知县苏鸣鹤补葺。一在龙泉书院左，碧霞井引泉入泮池，曰文明泉。旧祠湫隘，嘉庆十七年知府李长庚购旁隙地拓建。”〕

广济桥记

余允中

郑子产乘舆济人，孟子讥其惠而不知为政。子产为治，善政孔多，岂其独暗于此？或当晋楚多事之秋，众困而惫，徒杠舆梁之成，力有不暇及也。

嵩明甸头，民素贫瘠，然知勤于力作。历任贤君子体而恤之，俾各安恒业。庚寅仲冬，家出一人，为桥于黄泥田右，以便往来。纵横宽长，可以丈计。其土石金木之工，皆村民所自为力。董事则某某以及排长某某二十余众。辛卯孟春望六日告成。是役也，夫岂民之喜事哉？由上之休养滋息，裕之有年，故得于服田力穑之外，有暇日而为之。可知能惠民于平日者，其效堪立睹也，名其桥曰广济，可以观君子之政焉。

〔据《滇系》八之十四《艺文系》第39页辑录。另见《滇南文略》卷三十。余允中，字惟一，昆明人，贡生。崇尚理学，教授乡里，学者多宗之。选蒙化训导，未之任，卒。〕

重开城内古观音塘碑记

宋　湘

余于嘉庆十九年八月，自曲靖来署广南府事，既与民议兴水利，城外开古劳、古蚌两塘，筑法达、魁额、那昌三坝，有成说矣。郡学弟子员周国灿等来请开复古观音塘，其说曰：城有二塘，西曰古浮，宽而淤犹可为也；东曰观音，狭而更淤不可为也。城中烟火万户，滴水如金，曲突徙薪，犹有烂额，稍或不戒，谁挽天河？昔年往事，言之动心，民愁水浅。公其如何？今方思引江湖而陆注，沃硗确为膏腴，古人用心实先我劳，岂伊旧制，听其堙废？即属练达董厥丁男工鸠材庀，计日而竣。

凡后旧址东埂十六丈，西埂十三丈，南北埂各二十二丈，围七十二丈，心二十丈。凡用夫若干，石工若干车，桩若干根。或以其财，或以其力，惟民之从，胥隶不干。瓜棚豆架罔不除也，民自除也；豚栅牛宫罔不去也，民自去也。堤式郭矣，水深广矣，桃柳植矣，鱼游泳矣，民乐恺矣，无郁攸矣。余方欲构一茅亭，赋诗其上，而未暇也。士民来乞记，书以应之。

〔据道光《广南府志》卷四《艺文志》第41页辑录。宋湘（1756—1826），号芷湾，广东嘉应州人，编修，工诗，所作能自成一家。清嘉庆十九年（1814年）由曲靖府调署广南知府，公正廉明，政先教养，以莲城少水，于城东凿催耕塘，城西凿洗马池，潴水灌田，重浚观音塘，挑挖深广，筑南外八达河堰以障水，又浚西北官井二，水源不竭，至今利焉。西南北城楼颓废，又独鸠工建修，以壮观瞻。增设膏火，不时就书院讲学，为诸生正其趋向，一时感兴激励，为立生祠于莲峰书院，奉祀不忘。观音塘，在城内东北隅，旧建观音阁于内，故名。近年渐被淤塞，清嘉庆年间，知府宋湘率民拓之，仍复古制。〕

平成闸记

李德生

定邑跬步皆山，田少地多，忧旱喜潦，且并无积蓄，不通舟车，设一遇愆阳，即成荒岁。余自莅任以来，日以水利为急，而境内概系穷民，极难振作。如庆丰、安乐等闸，业已出示，捐俸三年，于兹未获兴修，余心犹歉然未释。今夏四月，邑东长冲士民温储元等，具控上麦冲温寅揽修水闸有碍坟茔一案。余亲临勘查，该地有河泉三处：一源出黑家河，一源出清水河，一源出马厂河，三水总汇于马厂河口，两山夹峙，源泉中流。庠生李洋生等，约众农民按田捐赀，相地造闸。其闸口即藉山之石脚，穿硐而出，形势巩固，此诚天造之堤岸，一劳永逸，便莫便于此者。且其地在温姓祖茔之左，相距约五里许，隔山三重，乃温姓虑其有碍坟茔，因而生讼。余深以为不然。

嘉庆甲戌诸岁，余肄业京师，曾留心于沈公地学及四弹子诸书，见形家之说：高一寸为山，低一寸为水，阴阳两宅，总以结聚为主，堂岸以外，概可不论，从未闻隔山数层，而尚有干碍者。堂讯时，传集两造，旁引曲喻，闻者莫不悦服。遂具结完案，准其兴工修凿。越两月工竣，该生民等请序于余，并恳刊入县志，以垂永久。余允其请，并名其闸曰“平成”，盖取《虞书》“地平天成，万世永赖”之意也。此闸一成，不第上麦冲一带田亩无虞旱魃，再能广其潴泻，即尔温姓之田亦可藉兹润施，尽成膏腴。况因此一案，温将军数代之名，俱载入邑志，其利益为何如耶！自时厥后，温姓之坟山与众姓之闸功，并行不悖，各修旧好，毋滋讼端，以共体命名平成之意焉！是则余之所深望也夫。

〔据道光《定远县志》卷七《艺文志上·记》第35页辑录。〕

灵雨亭记

胡庆元

遥望东南半壁，山势巉巄，巃嵸磅礴绵缈，界在蛮夷，徒供樵夫牧竖采取，无有举其名者。

嘉庆丙子夏，旱甚，太守何公祈祷殆遍，卒不得雨。因思曰：名山大川，实兴云雨，东南一带，山势巍峨，丰年洞幽深，焉知非山灵攸居，神龙攸宅也。于是率同城文武绅士，涓洁拜祷山下，请水洞中。逾日，山前后云雾弥漫，霶雨霧霈，是岁滇南各郡奇荒，独广南大熟。郡人士感颂公，公曰：“山之灵也，吾何与焉？非所谓归功太守，太守不有者耶?”因山本无名，随名为灵雨山，自山脚至山腰，翠微处约高数十丈，洞穴深邃，视丰年洞稍隘，旁有路可通。公乃塑龙神、山神像，设龛而祀之。土目侬应祥等仰体公意，挽运木瓦构亭于其前，公因颜曰“灵雨亭”，以答神贶。

公守广南最久，偶遇亢旱，祈祷无不应。每岁嘉平，必刲羊屠豕，登陟而报赛焉。年来山下左右数十里寨民豚蹄鸡酒，求福祷病，匍匐而跪拜亭下者，日络绎不绝，非风行草偃之象欤？公闻之，曰："吾止为祈雨计，此则非吾所知也，然亦不必作道学家语而禁之也。"庆元以待坐得聆公论，又喜为吾郡表兹灵境也，故乐而为之记。

〔据道光《广南府志》卷四《艺文志》第34页辑录。胡庆元，广南人，清道光丙戌（1826年）进士，官山东夏泽知县，历任昌邑、平陆县。〕

冯公堤碑记

金 冕

堤名冯公，纪善政也。公岂自谓善政而以是名哉？以是名未免矜其能，伐其功也。昔者冯将军异当论功时，独立大树下，一若无与于己，则公之不自矜伐，其渊源盖有自焉。然则州人士舍是别无以名之者，因实命名，无可易也。侧闻古《志》，井有以桓公名，泉有以范公名，亭有以谢公名，且西湖长堤亦以苏公名，即吾邑志邹公堰，何独非此意乎？此数公者非徼名也，当时之人感其德，不能不纪其实耳。

州之东有河曰巴江，发源于黑、白两龙潭。自东而南，距城里许，远近田亩，赖以灌溉，泽至渥也。日久岸倾，淫雨泛溢，匪特有伤禾稼，即城垣居民悉受其害。公为之恻然，率众履勘，返即筹款募工，选邑绅之谙练者襄其事。凡低陷处，筑堤二百余丈厚为之防，又植树数百株为护堤计。俾向之罹其害者，咸安之如常，惠莫大焉。若夫杨柳依依，松柏丸丸，与河水之清且涟、清且直，上下相映。后之览者，爱其树不啻甘棠蔽芾，垂荫南国，则公之有造斯土而令人不忘者，不与范公诸君子比德哉！德同，则以公名堤也固宜。襄事者，王子廷桂、赵子时薰，冕舅父李公琎、叔父履惠也。

〔据马标修，杨中润纂辑民国《路南县志》（民国六年排印本，下同）卷九《艺文志·金石》第9页辑录。金冕，路南县人，拔贡生，以文名于时，学者称为"竹樵先生"，多所著述，咸同之乱毁于兵燹。〕

重修光法寺武侯桥碑记

万 听

桥以驾溪，利涉也。风行水上，焕乎文章，然而险矣。无桥以济，则于涉也，占曰不利。大《易》之言利涉也，必坎而有震、巽与乾之象焉。震得乾，画于初；坎得乾，画于中；巽得乾，画于二，三皆取象于乾也。震、巽为木，次为水。乾刚健中正，纯粹精也。木浮水上，刚健中正，故利涉也。乾与震，《说卦》为龙。龙，文明而武备者也。春分出渊，秋分入渊，水物而出于水，以济人者也。《易》曰："或跃在渊，无咎。"商为说，周为旦，蜀汉为武侯。《书》曰："若济巨川，用作舟楫。癸卯，师渡孟津。"《诗》曰："造舟为梁，不显其光。"《出师表》亦曰："五月渡泸。"惟有桥，而后师渡，而光显也。

邑城西北十余里，名曰光法寺，为武侯驻师处。前里余有溪焉，昔人桥之曰武侯桥，南征迹也。武侯者，蜀汉之说与旦也，故其号曰卧龙。龙反其渊，安其壤土，所以为利涉者，当有举莫废也。有邑人习位者，因首倡捐助，力董其事，众亦乐输，庀材鸠工。

经始于辛巳之冬，共费金五十有余，而人不以为多；用力凡二百有余工，而人不以为劳。今得书曰："壬午年三月廿七日，武侯桥成，习位力也。"思其艰以图其易，予亦深幸前贤之迹，得以终于不泯，爰将乐输姓名及所输钱米银工数目，胪于左，以告来者。

〔据道光《定远县志》卷七《艺文志上·记》第48页辑录。光法寺桥，旧有木桥，年久秋雨涨泛，冲倾无存。清康熙四十二年（1703年）知县张彦绅鸠工重建，清道光元年（1821年）重修，易名为武侯桥。〕

宁津铁索大桥碑记

张允随

滇之宁州，古时黎州地也。自唐中叶，没于蛮。至元时，始仍隶版籍。其地绵亘数百里，州东之婆兮大江，源从抚仙湖，流入州境，下注盘江，为滇粤往来要津。虽设舟济度，一遇飘风急雨，则浪骇涛奔，覆溺不免，乡人士陈丕显、田德馨等目击而心恻焉。爰捐资鸠工庀材，为之倡，乃建是桥，长二十丈，高亦然，阔丈有五尺，其制仿盘江、澜沧旧式，周遭俱环以铁束，期以永久。一乡中富者输财，贫者出力，经始于乾隆六年八月六日，成于七年三月十五日。凡费白五千六百有奇，既不清领官帑，亦不募化商旅，并不请助于州城及各乡人士，洵可称淳乡仁里见义勇为、争先恐后者矣。

尝闻古圣王之治天下，以民生之利病为休戚，故雨毕除道，水涸成梁，草木余节而备藏，陨霜而冬裘，具清风至而修城郭宫室，所以不用财赌，而广施德于天下也。昔子产以乘舆济人，孟子讥其惠而不知为政，岂古之遗爱，尚难免其訾议哉？夫亦谓徒杠兴梁，政以时举，斯民不病涉，君子秉政，自有经久之鸿图耳。

是桥也，临安李守鼎望、暂署州事河西戴令允成，均各捐廉俸以助，而会勘之通海令调、会泽蒋令雯，复能多方劝诱，用成善举，是皆识为政之大端者。予既嘉丕显诸人克创此不朽盛业，又喜守土牧民者董劝有方，捐助至成，其功均有不容泯者。因取往来恬适之义，名其桥曰"宁津"。而于首事之人，今藩司各奖以存心利济之额，继自今经其地者，风涛可以勿忧，覆溺可以无患，良由圣天子仁渐义摩，声教四讫，以故遐邦人士，咸能乐善好施，聿襄盛举，以仰副九重已饥已溺之殷怀，有如是也。

距桥半里许，名曰小江，亦涨时波涛汹涌之所，丕显等复以余力，倡首捐募，并众姓乐施，得六百余金，创建石桥，长十有二丈，高丈有八尺，阔长有六尺。乾隆七年六月起工，八年三月竣事。新任苏牧岱察，无抑勒派累，咸出自乐输，续为勘报，因就其地，颜之曰"得渡桥"，与宁津铁锁大桥并峙焉。至两桥捐资细目及与事姓氏，俱书碑阴云。

〔据光绪《宁州志·文集》第33页辑录。《云南金石目略初稿》卷三第28页题录："《宁津铁索大桥碑记》，总督张允随撰，乾隆八年，在华宁县，见《华宁县采访册》。"〕

梯云桥碑记

董 玘

余给假归里，喜放浪山巅水涯间。爪江乃余之旧游也，婆兮离州五十里，余亦游历数数。大寨后有龙潭，潭甚深，灌溉周二十里，江流浩浩，喷入大江。古无津梁，人多病涉焉。自康熙三十三年，有善士饶翁应会等建木桥，往来殆便，已经二十余载，年久颓圮，倘无倡义举者，听其颓圮焉。且即间有一二善士捐赀修葺，只曰小补而已，谁克建久大规模，以垂不朽哉？

大寨庠友朱德新暨合寨等毅然兴曰："小江桥系通两广大路，车辙马迹往来，指不胜屈，叹徒杠之不同可以久也。爰是捐金首倡，雨毕除道，水涸成梁，构石桥三空。不数月，而告厥成，虽亦有募助，而自尹始，迄落成，大半出诸君子之力居多云。夫天下事，莫为之前，虽美弗彰；莫为之后，虽盛弗传。如斯举可谓中流砥柱，亿万姓之津梁也。自兹后，履坦途者免褰裳之苦，过津梁者有利涉之休，故《夏令》曰："九月除道，十月成梁。"其时儆曰收尔场功待而畚揭倘其然欤？行数里至大江，有冬渡桥可济。半载余，小江复有梯云桥，可垂千百世脱。今后君子见兴此举，踊跃争先，量力捐金，更于大江起木建石，则相与有成，是有望于继起者以善劝善，自足嘉矣。况斯桥也，岸柳拂波，绿野竞秀，坐堤边俯流泉，足以添人游兴。桥固不朽，景更足多焉。落成后，诸人请记于余。友王珹以彰善舍余友，转欲借余一言，以记年岁。是为记。

〔据光绪《宁州志·文集》第36页辑录。〕

得渡桥碑记

李鼎望

宁州婆兮江，即婆兮江之所经也。地当孔道，行旅往来，势难飞渡，而江流震悍，搏沙卷石，拆岸奔云。每春夏泛滥，鼓浪雷鸣，浮天万顷，舟子奋揖争先，至中流而饱鱼腹，往往数十百人，盖叹望洋者久矣。

绅士陈田诸信善愿切慈航欲结莲华胜果，呈请修铁锁桥，藉佛家龙象之力，成鬼工斧凿之奇，凌空越险，行客歌履坦焉。距大桥里许，又有小江，发源于七犀潭。横截路口，遇雨暴涨，呼风汹涌，仍多阻滞，是虽檄江神，而不免水诱河伯。乾隆七年八月，请于守土，接建石桥，勉助良金，更烦巧匠，迄本年三月二十六日，工适落成，记请于余并为署名。余嘉众志之愿矢，通济而度迷途也。既能使迅激之狂澜千秋可障，又复束浸淫之余派，一苇兼施，从此虽外疆遥域，皆语言文字之所通，岂非现慈悲身而得渡者耶？夫自渡而接引，人人得以共渡者，其功溥矣。因题曰得渡桥，而并记其成功岁月焉。是为记。

〔据光绪《宁州志·文集》第36页辑录。〕

龙泉观碑记

刘大绅

恩永泉，距城五里许，从山麓石孔间出，沸然跃水面尺余，会为池，逵为沟，近郊田皆于是取足。又时能兴云出雨，值旱祷辄应，意其中有神焉。近岁吾乡人相与建祠，祀之礼也。适慈光寺归公田得若干石，为社报之助，属予纪以文。予思空清如镜，纤芥不留，游鱼鼓鳞，翔鸟现影，天光下澈，月彩深涵，风皱微波，雨酥细浪，自非会心，未易领取。若夫飞花夹岸，误引渔郎；落叶满山，争延樵客。或横溪漫吟，或倚石长啸，或汲水烹茗，或临流引觞。此又存乎其人，自为消受，是皆可无侈。及惟被润泽而大丰，美歌颂功德，则予今日之事，而愧不文也。乃勉为迎送神，章其辞曰：

杨柳绿兮桃红，春酒熟兮荐神宫。云为车兮风为马，神有知兮飘飘而来下。神陟降兮左右，侍从杂喙兮奔走。击春鼓兮永春画，无怨恫兮神其佑。山之巅兮水之湄，画栋结雾兮雕欂。烟飞福我土兮无我，违神不乐兮我安归。我有田兮瘠薄，不我坼兮耕泽。泽岁大旱兮霖雨作，禾苗黍麦兮无槁落。仰事俯育兮获多，左餐右粥兮啸也歌。岁时伏腊兮宾朋过，酒食欢晏兮乐如何？吁嗟我乐兮乐且无，夫神之赐兮我忘敢忌。我祝不工兮中沁彷徨，我惟自今兮岁岁跻堂。

〔据光绪《宁州志·文集》第36页辑录。〕

开沟尾碑记

傅子敏

窃闻开沟引水，灌溉田亩，上增国赋，下济民生，讵细事也。我朝定鼎，屡次劝导水利之兴，于今为烈。邱之西，层峦耸秀，十余里许，有旧城龙潭一湾，源深流长，实天地造以流泽万民者也。念昔先人相其地势，观其流泉，渠坝备沟，水分溉田，报粮开垦，利甚溥焉。迨乾隆四十九年，详请大宪首报升科，县尊奉文督催，捐赀引水，给照奉行。凡经过村墟、陆地，有双山隔层者造架石枧，有二水争流者安置沙礅，背水济处，计亩均分。功成，约算费银数千。故决东则东沟之庆，决西则西沟之福，灌溉挹注，于今有年，继因水势不足，阿诺一带田已成石。于嘉庆四年，复念前功不可墟掷，照分兴工，未获实济。兹于道光元年八月初，彼寨同议，仍请旧日讲友管事写立合同，醵金酌办，增其式廓，补其隙漏，见水分田，无异至今。

道光二年三月，接开沟尾大功已竣，奚勒贞珉，以志不朽云。

〔据徐孝喆修，缪云章纂民国《邱北县志》（民国十五年石印本，下同）第九册《艺文部·诗文》第19页辑录。〕

修田沟石枧田碑记

丁 春

闻之老子曰“上善若水”，水善利万物而不争，观浚亩距川，蒸民乃粒，而知水利之不可不兴者也。代民之施无旱潦，长地之无硗卤。故叔敖起芍陂，楚受其惠；文翁穿腴口，蜀以富饶；吴起引影水于魏，而鄴旁有稻粱之咏；郑国导泾水于秦，而谷口有禾黍之谣。

我邱地僻维摩，山峙暮冶，盘一溪实储清江之源。自乾隆九年，新城、旧城、山北、马头山等处凡一百二十户，建筑龙潭大坝，十三年功成，分东沟六十户、西沟六十户。其东沟水止于马头山而入河，惟西沟地阔水宽，可分数派，山北、布申等三十户，因接一沟出马鞍山，复接出大栗树、矣堵，有新旧王翁瑶、李翁上元、段翁世熙等三十户，见水仍余，另接一沟，出阿路白、七田、阿诺、白脸山等处。在四十一年，凿石洞，架木枧，溉田无数，后因木枧倒塌，未获升科。复于五十年，邀约沟支，设管事十二人，分五股、十三股，造架石枧，倾囊捐费，鸠材庀工，倾其半水渡于梁。诸翁成允成功，心力俱困，余俱费银三千余两、升粮一石一斗八升，家亲预其事，春也备悉之。至于今，桥上水横锁一川风景，陆中泽注，胥化万顷琉琉。是何楚之芍陂，人悉受其惠，蜀之腴口，家皆致其饶，而稻粱之咏，禾黍之谣，不可不于诸翁先生颂之乎？

是役也，阿诺于北地尤坦腴，倘更加赀浚导，灌溉无方。吾见用力在一沟，而善利在万人也；且用力在一时，而善利在万世也。具诸君子所称：上善者，善利万世，而孰与争哉！今诸翁命予叙其事，予不敢不综其颠末，敬志之。

〔据民国《邱北县志》第九册《艺文部·诗文》第19页辑录。〕

捐建法白西济石桥记道光七年

萧炳椿

昔孟子论为政，在徒杠舆梁之成，原为民之病涉也。兹郡城之西法白地方，为通省小路，有河横亘其间，因路便捷，士庶争趋。每至水涨之时，木桥倾圮，行人深厉浅揭，岁或溺数人至十数人不等。以一郡共赴之途，而每岁时闻陷溺之事，为政者能无恻然，则徒杠舆梁，盍先事之为备乎？予与诸同寮义切己溺，思利周行，缘集郡中士民为醵金之举，起建石桥。一时慷慨好义者，踊跃襄事，得若干金，庀材鸠工，遹观厥成。今而后，康庄可履，灭顶无闻，夫岂一朝一夕之利哉！至该处系属僻径，向无夫马供应，所有来往官差，由斯道者不得开端扰累，致使康衢为畏途。因并勒石，以示久远。桥成，名之曰西济，亦免病涉之讥云耳。

〔据道光《广南府志》卷四《艺文志》第43页辑录。西济桥，在城西法白塘，清道光七年（1827年）知府萧炳椿倡捐建。〕

重疏水城碑记

李德生

察附城南、北、中三沟之水，皆发源于大龙泉，兹邑称巨观焉。数里而下，左襟小龙泉，右带龚家箐泉，回潆曲纡，近城一切军民田亩皆资灌溉，其利高出寻常万万。

前明万历二十二年，邑宰余公维漳开沟分水，厘定章程，其团牌潼口昼夜长短之轮规，纤悉俱到，易民至今守之弗敢改。厥后，黄公世臣平粮均税，王公国勋履亩筑埂，皆因余公之法而振而兴之，遂成善政。

王公国勋，吾乡先生也。其莅易之日，正当崇祯甲申兵燹四出之时。公虑山城无水，守陴甚难，因于西门之外，捐廉甃结水城，广轮共计十九丈许。暗引中沟之水，由地道出入，诚为上策。今治平日久，按其形势，犹慨然想望遗徽。

我朝宰斯土者，乾隆年高公铨、黄公有德、何公煜，近年李公耀瑚、陈公桐生，皆仰慕王公之烈而修挖水城各一次。岁戊戌，予由定远调任斯篆，迄今年余，案牍甚稀，暇则亟亟于农田水利，日偕二三沟长，照旧定牌，口悉心勘。察俾其间，浅者空之，淤者通之，坍塌者补筑之。首先南沟，次及中沟、北沟，而水城之孔道亦渐次修筑焉。是予之疏水城，实因兴水利而递及之也。工竣，勒诸贞珉，直书诸公之名而不避，盖欲邑之人饮水思源，不忘诸公之德，并不忘诸公之名，是则予之所以钦慕诸公也夫！

〔据道光《续修易门县志》卷十二《艺文志下·记》第326页辑录。李德生，河南镇平人，进士，清道光十八年（1838年）任易门知县。〕

移建风云雷雨山川城隍坛记

黎　恂

古时祭祀之礼，掌于秩宗。《周官·大宗伯》：以槱燎祀风师雨师，以貍沈祭山林川泽，天神与地祇并尊。是故燔祡升烟，瘗埋达气，皆所以祈福祥，顺丰年，逆时雨，宁风旱，弥灾兵，远辠疾也。其典礼之重，司乐大小祝诸职载綦详矣。顾古惟诸侯得祭封内山川，非是而祭则僭。今山川风雨之祀，守令得而主之者何？盖郡县仿古侯国之制，虽等威不同，其膺专城之寄，宰割[①]一方，权实与诸国并，故非诸侯不祭，礼也，守令得行诸侯之事，礼之以义起者也。

考汉唐宋，风雷雨皆各坛以祭，未尝及云。明洪武二年，始令天下郡县，立社稷山川风云雷雨坛。六年，定风云雷雨及境内山川共为一坛。八年，又以城隍合祭于坛。城隍之名，见于《易》。《礼记》：大蜡八神，水庸居七。说者谓：水则隍也，庸则城也。城隍之祀，盖昉于此。有唐以来，始入祀典。然既有庙貌，复列于坛，殆陆清献所云于彼于此之意，与邑之立坛，由来已久。

① 割　光绪《云南通志》卷八十九《祠祀志一之二·典祀二·楚雄府·大姚县》作“制”。

旧坛在城南凤仪寺之右，地势窍洼，又逼近墟墓，历年既久，坛垣倾圮，神位亦为风雨剥蚀。春秋有事，草率成礼，亵慢明神，心窃惧焉。城东里许，有金龟山，平峦涌秀，陂陁易登。北则书案眠云，拥护于其后。南则文笔纱帽，诸山拱卫于其前。西望则白塔耸峙，雉堞参差，烟火数百家，俨然图画也。东望则紫邱山崔巍绵邈，磅礴郁积，是又出云降雨，以泽润生民者也。而兹山适当其中，巅顶宽平，气象高敞，于建坛壝为宜。山椒旧设先农坛，坛左省耕之所有余地，爰諏吉兴工，移建神祇坛于此。凡瓦甓、木石、工匠之费，蠲金给之，土工则稍资民力。矻矻劼劼，登登冯冯，始作于乙巳季春，讫役于仲夏。坛制仿旧，稍增缭垣，周方一十六丈。正门南向，新锲石主三而奉之。坛之内外，募山下居民种植树木，岁时守护，以期久远。继自今虔修秩祀，妥奉明灵，庶几风雨以时，山川启瑞，民和年丰，而神降之福乎？庸摭实而为之记。

〔据道光《大姚县志》卷十四《艺文志上》第 24 页辑录。另见光绪《云南通志》卷八十九《祠祀志一之二·典祀二·楚雄府·大姚县》“神祇坛”，题作“移建神祇坛碑记”。〕

棠阴待渡碑记

严廷珏

易门县兼督厂政，年办京局粤采额铜六十余万觔，其加办或数十百万觔不在此数，洵滇省近日之丰厂也。厂大著名者三：曰香树，曰万宝，曰义都。产矿之多，炉丁之众，以香树为最。厂在南安州界，去县城百里而近。由大龙泉历永靖、捕贼、亮山三哨，以西越尖山、团山至猴子坡，悬崖千仞，盘旋而下，中有绿汁一江阻之，为昔日鲁魁负险门户。江水源出县西六十里诸山中，两山夹峙，一水中流，曲折逶迤，莫之所极。向由司厂者招募船户，具舟以渡。每当春夏之交，大雨时行，山水暴注，江流骤长数十丈，汪洋恣肆，势不可遏，往往历数日不能渡。厂地悬隔，江外揹炉者、打尖者、负矿者、售柴炭者、贩油米者以及行商坐贾之有事斯厂者，熙熙而来，攘攘而往，日夕待渡不下数千百人。驮运铜觔之牛马骡驴，尤难数计。舣舟次仅一席地，水隔人聚，即露处无立足所。亦有冒险迳渡，水激舟覆，多濒于危，人恒苦之。

予摄篆是邦，凡有便于民者，皆所得为。况查厂往复，道必经此，目击心伤，不能不急为之计。爰择渡口近处，平治其地，建屋数楹，缭以墙垣，辟以户牖，以避燥湿寒暑。庀材兴工，不两月而功成。俾向之立足无所，冒险欲渡者，皆得有所栖止，待时而动。江流如故，从此得免于濒危者，岁不知几辈矣。欧虚舫明府题其楣曰“棠阴待渡”，而乞予纪之。岂敢谓召伯《甘棠》，永留遗爱，亦执政者因地制宜，重惜民命，深冀后来者之勿剪勿伐云尔。是为记。

〔据道光《续修易门县志》卷十二《艺文志下·记》第 327 页辑录。严廷珏，浙江桐乡人，廪贡，清道光二十年（1840 年）任易门知县。〕

新修天生桥记

高仪

天生桥，开郡城西一大津梁也。曷为乎以天生名？登巉岩，陟峭壁，俯视流泉，若天造地设。然睹斯桥者佥曰：天也，非人也，直从而名之也。虽然此亦有人事焉，非可坐观而失之也。往者郡人以天生洞渐渐石卒孤悬水面，行者多所不便，别为徒杠以通道里，意非不甚善，竟无如久而易倾也。

岁丙子，余自澂江调守是邦，甫下车，里民以修凿故道请。余喜而喏之。阅数月，而工告竣，《书》曰“王道荡荡，无党无偏”，《易》曰“履道坦坦，幽人贞吉”，天生桥兼而有之矣。既而增修一小庙于其上，享祀无忒焉。山川有灵，往来行施之人，胥凭藉以为呵护，此又高高下下，无不宜之未始，非神道设教之一端，亦即古诸侯祭封内名山大川之大较也。抑又思之木石之事，固有开而必先，亦有初而必继。余来此土，捐俸以成此举，尤愿后之君子踵而葺焉，绵绵延延，传之数十百世而不变。虽谓是桥也天之生，是使独亦无不可也。

〔据何怀道修，万重贤纂道光《开化府志》（清道光九年刻本，下同）卷十《艺文志·杂记》第63页辑录。高仪，建水人，清训导。〕

重修松华坝闸开挖盘龙江金汁河并新建各桥碑记

崔尊彝

昆明六河，盘龙江为大，分流为金汁河。江之首，有松华闸，二河橐钥也。盘龙江水流低于田，有闸以束之，分水由金汁河循山而行，东菑数万田畴，咸资灌溉，利莫大焉。

自历朝迄国朝，叠经修葺，蓄泻有制，滇志载之详矣。咸丰丙丁以后，昆明祸患频仍，沿河堤埂闸坝，折毁居多，水利全荒，农民失业，国家额赋亦无从征收。

迄光绪三年，予权粮储道篆时，军务甫竣，善后之策，农田水利为先。予叠次亲履河源，熟加审视，并访六河利弊，次第兴除，因亟请之上宪选派官绅襄理其事。始修松华闸，继修军民塘堤埂，长七十五丈，复建新济桥、军民闸，重修沈公闸、大波村桥坝、白龙闸、明月桥、南坝、迎仙桥、前卫营桥、梁家河桥。民忘其劳，尚有余力，重修安澜亭、观音寺、咸阳王陵、万庆塔，开挖转（篆）塘河、摆渡河。

是役也，费取诸公，夫出于民，诸官绅勤劳襄事，各农民俱踊跃趋公。工既竣，诸父老欢声载道，佥跽而请曰：“使君恩泽，再造我民，亟宜勒诸贞珉，以垂永久。”余曰：“此官之职也，地方自有之利也。兵燹之余，救其弊，扶其衰，使复其旧，余何功之有？余所廑念者，河道一年不治，即多阻塞，堤埂闸坝，数年不修，难免倾颓。有司岁殚民力，奉行故事，弊逾增而害逾甚。惟冀后之来者，珍念民瘼，不辞劳瘁，尔绅民等随时择要而请，俾弊常除，利常兴，斯百年之利也，余亦与有荣施焉。”

遂书以勒诸阴，各官绅与有劳者，水利同知魏锡经，委员陈勋、潘祖恩，绅士张梦龄、张联森等，例得附书。

〔据光绪《云南通志》卷五十二《建置志七·水利一·云南府·昆明县》第16页辑录。松华坝，在昆明城东北山下，元平章赛典赤赡思丁经画水利，筑坝分水，一为盘龙江，一为金汁河，并修建六河诸闸，以溉东菑田万顷，郡人感之，为立石将军庙以祀。明万历四十六年（1618年），水利道朱芹条议大修，虽衰全不一，而水利频年节缩之费取给为多，月加省试。鸠工庀材，无不精坚，民不劳而永逸，官经费而永宁，功甚懋焉。明督学鄱阳江和有《新建松华坝石闸记》。清康熙五年（1666年）以来，屡次水泛堤决，巡抚袁懋功、李天浴题请岁支盐课银葺之，名曰岁修。二十年（1681年）大兵平滇，坝已倾毁。二十二年（1683年）巡抚王继文会同总督蔡毓荣题请捐修。历年相继疏浚，未几复壅。肖雍正八年（1730年），总督鄂尔泰、巡抚张允随题修。咸丰军兴后，墩台渗漏，堤岸坍塌，沿河壅淤太甚，近村田亩多致淹没。清同治二年（1863年）绅士黄琮筹修，历经三次，未竟阙功。清光绪三年（1877年）粮储道崔尊彝督同水利同知魏锡经，委员陈勋、潘祖思，绅士张梦龄、张联森筹款重修礅台、闸坝、河道，阅四月而功竣，沿河田亩，资灌溉焉。事竣，崔尊彝受民所请撰此文。《云南金石目略初稿》卷三第61页题录："《重修松华坝闸开挖盘龙江金汁河并新建各桥碑记》，粮储道太平崔彝尊撰，光绪三年，在昆明县，见岑《志》。"〕

义渡记

秦述先

县治大开门河，为迤南要津，桥梁倾圮，重修亦难持久。盖地多淤沙，难胜石墩，虽长虹飞控，亦无所施其力也。每逢夏秋雨集，众壑奔流，澎湃汹涌，莫不望洋而叹。遇有羽檄星飞，谋善水者挟腋而过，辄有其鱼之嗟，行者苦之。

幸值巡宪沈观察莅任南土，目击心愀，创造义渡，捐廉置田，募附近水手充当其役，以田租给其工食，过渡不取值，田户免其额输，船只岁修则责成有司，诚善举也。

公之利济于民，岂仅惠南陲，被一时已哉！然即此一端，已足见其区画尽善，造福岂有涯欤？谨略述梗概，载其田地四至，而勒诸石，以志不朽云。是为记。

田地四至，附记于后，计开：

买李毓松田贰拾柒坵，坐落季拉里，价银壹百两。寨门前一段拾玖坵，东西至孙姓田，南至李姓田，北至水沟坝心。又肆坵，东南西北至孙姓田。又石头田肆坵，东西南至李姓田，北至孙姓田。载粮改米叁斗伍升，官纳契存县署，渡夫自种，岁收市斗谷拾捌石，佃种平分，收谷玖石。

知新平县事秦述先谨记。

光绪七年岁次辛巳仲夏月谷旦立。

〔据王志高修，马太元纂民国《新平县志》（民国二十二年石印本，下同）卷七第二十三《诗文征》第17页辑录。秦述先，字寿彭，湖南人，清光绪三年（1877年）署新平县，七年复任，勤政恤民，兴利除弊，数修县典，两署并设立义渡，培植学校，善政实多。〕

重修楚雄府龙神祠碑记

陈 灿

闻之国以民为本，民以食为天，然必雨旸时若，而后百谷用成。龙神者，所以敷霖雨、滋稼穑、粒蒸民、裕正赋者也。赫灵濯声，载在祀典，礼至隆而所关亦至钜焉。

郡城旧有龙神祠，兵燹后，祠毁弗修。光绪甲申夏，雨泽愆期，余约同寅诸公恭设神位于城隍祠，竭诚步祷，甘霖立沛，农田溥沾，官民大悦。余语诸公曰："是既有以荷神庥，而无以妥神灵，可乎哉?"因共诣神祠旧址，徘徊瞻眺，泉香草美，地敞培幽，四面峰峦，环抱拱向，洵地脉之所聚，神灵之所宅也。爰与龚海门明府首捐廉为之倡，而同寅诸公暨郡中绅耆复醵金若干，属绅耆卜骧衢、朱洪鸠工庀材，监视督修。

经始于光绪甲申九月二十日，落成于十一月二十日。余与海门明府率绅耆设位而荐馨焉。祠宇丕焕，神所凭依，祈祷报赛，于是乎在。自今以始，迓和风甘雨之祥，衍岁丰民乐之庆，以介我稷黍，以谷我士女，不其懿欤！抑余重有望焉。

祠之中为龙泉，一名碧霞井，澄莹甘冽，号郡中第一泉，东与凤泉汇，因楚俗有"龙泉汇凤泉，三年出状元"之谚。祠邻祇园寺，即古龙泉书院，为传胪李公启东读书处，乡先达流风遗韵犹有存焉。都人士来游于此，挹碧霞之清波，沐先辈之遗泽，无负乎灵秀之钟，而思为山川生色，当必有憬然悟、勃然兴者，是则余之所厚望也夫。

〔据《宦滇存稿》卷一第17－18页辑录。龙神祠碑，在楚雄城内碧霞井，清光绪十年（1884年）知府陈灿立石。此记题名，宣统《楚雄县志述辑》卷十一《艺文述辑上》作"重修龙神祠碑记"。〕

镇龙桥记

陈宗海

城北六十里有两河汇流于龙川江，为界头、瓦甸、曲石、北练、西练达城之要道也。左流一道，有永济桥，复修于光绪六年。右流一道，水势较阔，向有铁练桥，立于沙滩。两岸皆砌石，不足以当大水，断者多年。去此二里，下流水合，天生石岸，形成勾儿。水倒激飞，如涌雪翻花，其声轰轰如奔雷响炮。盖奇观也。行者度地改建木桥，为三段，名双龙。工成而修亭于桥之东。兵燹之际，桥尽毁断。前任吴君启亮倡捐修复，工亏一篑，卸任而去。其下石工不固，涨发即圮，桥木遂倾，行者惮之。

及海莅任，清查边界历其地。小住流连，瞻其胜境，颇觉愉目。已而叹息此方蹂躏一至于此，非生民之无福，抑当事者之不急于济人也。立传绅耆，毕集于亭，大加奖劝，倡捐百金，以候补州判陈昌炽督工修理。增高石墩以防大潦，又相度阴阳，改形易向。宽一丈五尺，长八丈五尺。上盖长亭，立神龛，左右设栅栏，坐板桥之两端。因水分流，另建小桥两渡，皆增高焉。鸠工于光绪六年九月，落成于七年三月。虽云仍旧，而气象已焕然改观矣。噫！此海之功能耶，抑众绅民从善之诚且速也?更名"镇龙"，取义镇定龙江。为之禀报上宪，蒙赏匾额"功占利涉"四字，所以示奖励而垂不朽也。海因为之叙。

〔据《永昌府文征·文录》卷十六《清七》第9页辑录。陈宗海，字春源，会稽人，监生。清光绪五年（1879年）由峨峨令调腾越厅同知。性刚明，治事敏锐，变卖回产，修理衙署、庙宇，亲督工役，自校簿书，人有毁者，置不问。十一年（1885年）选授复任，为治更精勤，举凡苏民困、培士类、旌节孝、表贤良，知无不为，为恐不逮也。又修复练卡、碉堡，以整边备；建造来凤书院，以宏作育；增设义学，筹巨款创卷金规条；复设济善局、育婴堂、安节堂等，以救济矜寡孤独。其他仓廒、坊表、桥梁、道路，一切兴建，咸捐廉倡率，于是士民翕然颂之。又聘举人赵端礼等纂修《厅志》，志成，自为序刊之。卸任后，历署丽江、普洱两府知府，擢迤南道，政绩灿然。殁于道署，士民悼惜，清廷准于历官之所以名宦祀之。《云南金石目略初稿》卷三第62页题录："《镇龙桥碑》，陈宗海撰，光绪七年，在腾冲县，见《腾冲金石目》。"〕

重修腾越龙神祠碑记

陈宗海

考国朝祀典，凡九有之中，六合之内，山川社稷，上下神祇，其有功于天下苍生者，俱入正祀，属在有司以时祭之。懿哉！此我盛朝德配天地，治格鬼神，实万世无疆之体也！

腾越厅治之西门外，旧有龙神一祠，晴雨之祷求无弗应，是诚泽润生民，田禾黍稷，罔不咸赖也。龙之为灵不亦昭昭，乃自道同之乱，祠宇俱为灰烬。洎乎承平，守斯土者又以民义是务，未暇致力于神。迨光绪四年，海承乏是邦。虽修废举坠，日昃不遑，而事之不能猝然毕举者限于势。每于祭祀往来之余，睹颓墙废址，伤神明之无所栖。

七年春，与腾之乡饮明於朗等妥议熟商，命将龙神祠宇照旧修筑。鸠工庀材，悉该乡饮等经理其事，而该乡饮等谓海曰："祠在城外，则拈香拜谒，多于官长不便。昔人曾有议之者矣，今欲重修，莫如移于城内。"海允其请，乃择城内白鹤井之侧闲十余丈之地，以为龙神祠基址。兴修数月，其庙始落成。计修正殿三间，厢房三间，大门三间，围墙全举。凡砖瓦木石之需，匠人力役等费，约开除银三百有奇，无处筹款，俱由海捐俸发给。嗟乎！世历红羊之劫，煽恶者毁寺院而飞灰，肆凶者向神祠而举火。念往昔则瞻庙貌以无从，顾今兹则喜丹楹之如故。神有所托，民之福也。自今而后，雨旸时若，水旱无忧，可为吾民幸矣。兹因工竣，谨记其颠末，勒之贞珉，俾后之览者知修理为不易云。

〔据《永昌府文征·文录》卷十六《清七》第11页辑录。〕

重修曲石夹象石桥记

陈宗海

盖闻大《易》有利涉之文，《夏令》有成梁之政。桥梁之设，无非期于便民。便民者，在去其所病而期于有济也。腾越僻处西陲，川流岩谷，舟楫难施，桥梁是赖。宗海自莅任兹土，凡已圮之桥，罔不次第修复，以便往来。

查曲石瓦甸地，旧有夹象石桥，与向阳桥相连。其水自大塘关来，曲折数百里，而斯桥之建有利行人，是诚西北一大要渡也。咸丰癸亥焚毁，行道之人，设筏以济，而临危履险，恒多湮没。海闻而恻然，因谕该地绅耆汤近仁、黄纲等重议修建，捐赀成美。乃于光绪六年冬月朔三日兴工庀材，于桥东建将军庙一楹，至壬午春，共阅十八月而告竣。兹于落成之日，履桥之时，诸绅请序于海。海思夫坠者复兴，阻者复达，则斯桥之作，皆由诸君子之慷慨捐施，而民未病涉，未始非守土者之一快事也！是为记。

〔据《永昌府文征·文录》卷十六《清七》第12页辑录。夹象石桥，位于县北百里三练，旧志有载。《云南金石目略初稿》卷三第62页题录："《重修夹象石桥碑记》，陈宗海撰，光绪七年，在腾冲县曲石，见《腾冲金石目》。"〕

重修长庚桥记

陈宗海

前明中，邑庠刘心等于大西界头之交建一桥，曰界明。以所用余赀置产生息，为修补计。至本朝乾隆五十六年仲夏，水溢桥圮。时巡检陈君谕饬绅董王绍唐等募赀重建，越明年四月告竣，易名长庚，以取永远镇西之义，百余年来称荡平焉。迄咸丰丙辰冬，汉回起衅，扰乱连年，桥遭折毁。是以卧波之长虹莫睹，岑楼之寸木无余。当此民困兵燹，疮痍未愈，彼岸呼舟，民多病涉。

光绪戊寅，余莅任至腾。丙戌，公出抵界，由界抵大西。道经两岸，睹波涛之汹涌，感津梁之未备。即捐廉百金，面谕绅士曾守信等速为重建。又饬该地头目相邀同志，劝募市乡，征昔时之租贷，添此际之工赀。鸠工庀材，力为修作，阅数月，而桥复旧。

其桥工之作，经始于光绪丙戌冬十月，告成于丁亥春三月。由是负者歌于涂，行者快于路，荡然视若坦途焉。而余恐其后之修葺无资也，因拨乌索公田三箩，使之收租生息，以为岁修之费。盖不欲视为缓图，亦以免往来者之徒涉也。是为记。

〔据《永昌府文征·文录》卷十六《清七》第13页辑录。陈宗海两历腾越，勤政爱士，德在人口。惟出身吏员，短于文字，其有制作，皆其幕友杜培支与赵会楼先生代笔。次岁，升丽江府知府，去腾。《云南金石目略初稿》卷三第64页题录："《重修潞江桥记》，陈宗海撰，光绪十二年六月，在龙陵县潞江桥，见《腾越厅志》。"〕

重修龙江桥碑记

陈宗海

环腾皆山也，其东南诸峰极险峻，历万仞而不可穷诘者，高黎贡山也。山之麓，东界曰潞江，西界曰龙江。龙江之水，源出峨昌蛮地，下流至明光、固东，顺江而至曲石，乃与界头、瓦甸之水合而为一焉。由是蜿蜒数百里，急浪奔流，通陇川，通猛密所部莫勒江，去腾逾远，乃会大盈江而入大金沙江，以至于海。

然观其在腾也，众水合流，尚未及潞江之大，但潞江阔而流缓，虽险犹可舟。龙江狭而流急，波涛汹涌，巨舰难施。昔人于此曾设有桥焉。自明以来，为绳桥，为藤桥，为木桥。其间兴而复圮，圮而复兴，载在前志者不一。乾隆中，大军过而桥不戒于火，以独木船载兵过。后奏闻发帑兴修，桥之设孔急矣！然吾思济险以桥，莫难于始，亦莫难于继。其始也，工力并焉，众志奋焉。及其后，互相推诿，以急为缓，即有出而营办者，又或见利侵渔，优游怠玩，其害不可胜言。

光绪戊寅，余莅任至腾。时当兵燹之余，诸多废坏，而余以兴复为念。越明年，即命绅士筹款兴修。凿石冶铁，鸠工庀材，于朽坏者易之，坍塌者补之，盖以坚板，抿以油灰，而桥告成。乃桥之东数十步，山水时涌，路多阻。余又捐建一桥，名曰普济。左右砌桥门二道，覆以瓦，缭以木签，往来视若坦途矣。无何，岁壬午，风涛大作，桥木铁絙几坠，行者有履险之忧。时余又将以引见北上，乃急委绅士筹资修葺。至二年，桥始告成，而余乃卸去。及乙酉秋复任，视桥之坚致仍旧焉，其围栏、石脚、板片、铁索亦未有损坏焉。而余犹有虑焉者，谓桥之修，有其始，每恐难为继。于是命诸绅管将桥之公款严加布置，又清釐其租息，岁收一千一百二十六箩，俾得存积生息，以备不虞。庶桥之修葺有赖，而岁岁可占利涉矣。是为记。

〔据《永昌府文征·文录》卷十六《清七》第13页辑录。《云南金石目略初稿》卷三第62页题录："《重修龙江桥记》，陈宗海撰，光绪乙酉秋，在腾冲县龙江桥，见《腾冲金石目》。"〕

重修界明桥碑记

陈宗海

尝闻深厉浅揭，风诗有歌；除道成梁，王政不废。凡有人心为其棘矣，矧为司牧盖可忽乎？本府自下车以来，凡道路桥梁之不便于民者，无不修理而整葺之。

兹有界明绅管王风、艾绶、杨坤贞等禀请续修界明桥。虽居界北，路达明西，实明光、大西、滇滩往来扼要之通衢，商旅络绎不绝。自康熙甲戌年，剑川客人杨济昇创始，至乾隆、嘉庆叠次续修，重加铁炼（链），阔其规模。仁人君子，乐善好施，捐田捐地，积有谷荞二租，年立管事收办。除迪年庆诞上坟管桥费用外，后滚放以备整桥之用。因军需年久，人走田荒，章规散漫，无由稽查。其匪练纵横，往来残踏，桥梁折毁大半，将至倾圮。民伤病涉，禀请修理。钜巨费繁，非由各处摊派难以成功，自应准其所请。本府捐廉四十金，与矜耆董首酌议，即日鸠工庀材，彻底更换。铁锁横江，津梁耀日，期年告成，皆诸君子急公好义之力也。予故弥嘉其志，后之莅斯土者谅有同心焉。

光绪十五年三月廿日府正堂陈宗海撰。

〔据《永昌府文征·文录》卷十六《清七》第13页辑录。〕

重修潞江桥记

陈宗海

潞江当永昌西百余里之冲，乃跨江而桥焉，曰惠人，昔巡抚颜公伯焘所题也。其水源于西藏哈喇脑儿东南，入喀木界，名哈拉乌苏。又东南流至维西，贯怒夷境，曰怒江。入腾越之大塘隘，绕潞江司署之东，遂命曰潞江。潞江之陆，其气恒暑，烟瘴喷兴。种夷皆山居，无敢宅平土。行人懔懔，暂至辄病，自古患之。其谣曰："愿在芒市坐，莫向潞江过。"盖少憩于斯，而以瘴殁者相踵甚矣哉！地气之淫毒，而创斯桥者之为惠大矣。

始也两崖绝远，中无砥柱，施功极难，旋修旋圮。桥所自始，莫纪其详。此凡百君子所以临流遐思，咨嗟太息，而不能自已也。故老相传，在道光中雨亭周公始任腾越，继升永昌，念斯桥为滇要道，爰捐集金数万，饬郡绅明清宠等修理，訾蒇厥功，五年弗就，一时士大夫智尽能索，悼心束手。倏焉盲风骤雨，江水沸腾，顿见巨石屹于中流，其大如屋。佥曰天赐，鼓舞欢踊！于是甃石贯铁，凭为中墩，自岸东西锁分二段，皆系于此。各连铁索，覆板植栏中，建瓦屋凡六间。铁索为桥身，计长四十二丈，宽丈二尺有奇。坚光劲捷，如驰坦途，行旅跃然，举手加额曰：今而后瘴莫予毒也已。又以余金置买田谷，岁收二千三百余箩，为续修计，所筹诚备矣。不意咸丰丙辰后，桥毁于兵燹。光绪二年，同知吴君雪堂始为复其旧。光绪十一年三月，狂风又折之，其铁絚木片俱沉于水，行者复患之。嗟乎！成且毁者物之常，而剥必复者亦天之道也。

宗海承乏于腾，义无容诿，尝三年四修。兹于光绪十一年九月经始，增铁索大渡为二十股，小渡十六股。木板覆之，如砥如栉。长栏坊屋，并还旧观。更修镇江庙正房三间，厅房三间，左右厢房四间。至十二年四月初一日甲子毕工，且清釐桥租，具牒于府。嗣是修葺一付腾绅，以为永例。

是役也，捐金盈百者，前署腾越镇朱君洪章、署同知吴君晴琦、督办釐务候补知府余君泽春也。计驮出赀者，众商号也。寓于桥畔朝夕行筑者，监生尹其懋也。兹予乐观厥成，前后捐廉银八百两，通共工料费银六千七百两。会修郡志，因备书始末，以附于篇。

〔据《永昌府文征·文录》卷十六《清七》第14页辑录。《云南金石目略初稿》卷三第64页题录："《重修潞江桥记》，陈宗海撰，光绪十二年六月，在龙陵县潞江桥，见《腾越厅志》。"〕

修建镇关、彩虹两石桥碑

张维宗

大关为东迤分郡，当西蜀冲衢，车马之辐辏偕来，商贾之懋迁毕集。凡河梁道途，惟赖贤司牧有以平治之也。乃出水洞、栅子门等处，山溪深险，架木为桥，一遇伏秋盛涨，辄为水没，邦人士久欲改建石桥而未果。

壬午岁，楚北胡绣珊太守调署是邦，悯跋涉之艰，作创修之举，爰商同城马腾霄游戎、游清臣守戎，首倡捐廉，并劝绅商捐助，共集经费八百余金。委任武营掌稿吴裕昆、陈焕奎两君董理其事，鸠工庀材，阅数月而新建石桥，先后落成。

兹幸绣珊太守再莅严疆，见创建之桥，一在出水洞，名曰镇关桥，一在栅子门，名曰彩虹桥，工坚石固，聿观厥成。太守顾而乐之，益信有志者事竟成。

是役也，胡太守创之，谢司马继之，马游戎、游守戎及陈、吴两君均与有力焉。因援笔而为之序，以志我太守惠人之政于不朽云。

〔据张维翰编纂民国《大关县志》（刘宗伯等点校，《昭通旧志汇编》第五册，云南人民出版社2006年版）卷十六《艺文志·文编》第1525页辑录。张维宗，字海楼，大关人。清光绪壬午（1882年）举人，选授江川县教谕。后闭门不出，以经史自娱，从游者众，著有《丛桂山房文集》《闲云野鹤》《小草》。入乡贤。吴良澍撰《张海楼先生德教碑序》，可参。〕

游南州第一泉记

甘季贤

光绪丁亥，余馆于镇南，闰四月十九日，课徒稍暇，偕友人出东郭游。不数武，至古井屯，见草翳尘秽中，累如负土而上者，石槛也；浏如溶漾而出者，井泉也。

友人指而告曰："是井也，甘冽异常，旧为吾镇诸泉之冠，有亭翼然其上，榜曰'南州第一泉'，登探者往往而在。"余曰："异哉！胡盛名之不可常恃有如斯乎？似君之言，则昔者亭高而广，渊深而凉，文人学士来往而不绝，洵胜概也。夫泉甘则土必肥，野芳争发，佳木斗美，风露揖清，霜雪增洁，计沙砾土涂，堆积无有也。许荆棘蓬蒿，蒙翳无有也，故人皆得隆其名而骄之。众泉而今安在哉？且余亦尝凭吊古今胜迹矣，他不具论。汉光武中元元年，醴泉出京师；唐贞观六年，醴泉出仁寿宫。辟亭台之壮丽，动圣上之亲临，邀词臣之纪录，彼其一时盛名卓著，匪直百倍于斯泉已也。而承以兵车蹂躏，烟火焚燎，与汉唐俱灭亡而无存矣，而况斯泉乎？而况斯泉之负郭镇南，数经兵燹乎？庄生曰：'直木先伐，甘井先竭。'斯泉源裕泽长，幸以不竭，而亭台竹树，化为禾黍邱墟。昔为文人学士之所珍重，今则樵夫牧子皆得易而侮之，已无复知为南州第一者。夫使实亡而名不属，于泉何憾？乃至实存而名不彰，不得不为斯泉发一慨也。古来豪杰显晦升沉，倘亦斯泉之转徙无常耶？"友人喜而笑，爰携手同归，至室而为之记。

〔据李毓兰修，甘孟贤纂光绪《镇南州志略》（清光绪十八年刻本）卷十《艺文略·记》第19页辑录。甘季贤，字幼卿，一字随安，雨少子，孟贤季弟也。年十八，举于乡，以亲老隐居授徒侍养，四方闻风来学者百余人，尤重礼教，所得脩金，创立养节堂。里中贫不能葬者，尝资助之。丙午（1906年），学制改，邑中试办中学，聘任讲师，捐所得脩金，修建学校，创设织局，募技士，招青年学织，邑中之有织纺，实始于此。生平肩任道义，言忠信，行笃敬。年四十二卒，门人挽以"文章辉栋水，道学绍姚江"。著有《姚安节妇事略》《先考言行汇纂》《历史世运表》《历史讲义》《三先兄豹卿先生年谱》等十余种。光绪《镇南州志》卷十一《杂载略·井泉》记载：古井在城东门外，水清而甘，汲者甚众。相传凿自元时，井旁旧有亭，贡士鲍毓英题曰"南州第一泉"。经乱倾圮，光绪年间重建。〕

大石淜记

陆宗郑

凡水之渊渟不流者，曰湖，曰泽，曰池。燕齐间谓之淀，又或谓之泺。淮南有芍陂，堵阳有都水潭。其在江东，亦称为荡。泖，则吾郡专之。至壅土遏水，若塘、堰、堨、埭，史志所书，皆异名同实。

滇多广薮，如滇池，如嘉利泽，如抚仙、异龙诸湖，俗呼海子，即洼下积雨沮洳，粼粼清浅，亦冒海名甚矣。坳堂之见，殆同于蠡测也，而姚独以淜著。考《集韵·淜训》淜滂，水声。《玉篇》淜，古“凴”字，亦作“溭”。溭潩，风水相激貌，均无陂池义释。昔柳子厚记袁家渴，云：楚越方言，谓水之反流者为渴。亦非渴，正诂淜之称名，无乃类是。尝观水所演漾处，多淤淀沙砾，不能复施耕种。

姚之淜，冬潴而春泄，以次递注沟渠，资灌溉。涸出之壤仍为田，尽上腴，惟宜稻，不宜麦，岁不能再熟耳。淜，志载十余处，有久废不治者，州南大石淜，利最溥。青蛉水，源三窠关，曲折箐谷中数十里，至是峡坞大豁，若瓶之哆其口。昔人就两山间，筑堤横截之，东西置石闸二，道流分泻其中，高平坟衍数百亩，闭闸则数百亩者皆成巨浸。东作兴，始启闸，环城田畴咸赖焉。

余自会城入境，见夫畛畷修治异他处，谓是淜之设，前人劳而创之，后人逸而获之。迨观闭闸必具畚鍤，下茭楗，集百夫之力，旬日告巩，启亦如之。乃叹姚民之勤，能虑于事先，洵可与图始乐成者矣。然姚民虽勤而贫瘠特甚，家鲜半年储衣之絮，短不蔽骭膝，寒至辄瑟缩，向榾柮取暖。其生计拙，故终岁力田，无赢财，亦无逸志。长民者诚审知疾苦，兴革劝惩，因利而利，何难？为闾阎谋富庶，乃智与力均有所阻，何欤？大不使吏久于其职，上之失也。受牧而不能求牧与刍，吏之过也。若其种植之异，宜赋役之不均，与夫盖藏之匮，风俗之婾，告诸有司，以时损益补政令之阙失，斯非邦人之秀，而良者莫与沉思远计相助为理也。则所谓虑于事先，图其始而乐其成者，又岂独在是淜也哉？

〔据光绪《姚州志》卷八《艺文志上·记》76辑录。另见民国《姚安县地志》之《河湖泉》。〕

修筑广济沟堤埂记

梅增荣

昔后稷教民稼穑，大禹尽力沟洫，可知吾中华自古以农立国者也。盖天下大利尽归农，农人之利端在水，然水性就下，必筑堤以堵御水，斯积必开沟以引导水，斯流积愈厚流愈长，斯水利兴农田，治民食，裕财用，足国本立矣。

禄劝县城居秀屏山之东，南北二水交流附郭田千余亩，北流掌鸠水较大，惟河流平衍，筑堤导水不易，南流盘龙水虽小，惟河流较高。前人于盘龙河上游距城八里虎跳滩之下，筑堤开沟引水以资灌溉。是时，沟尚无名，后因距堤半里，有石岩高三四丈，壁立河岸，前人用木搭桥，镶沟渡水。咸同间，县典史韩公见之，以木沟欠稳便，且难经久，遂捐廉凿石成沟，为一劳永逸计，因名为韩公广济沟。自堤口流一里，经木果甸七里过县城，又二里至英子竜村止，凡沟下田亩灌溉咸称便利焉。惟堤埂单薄，值雨泽稀少之年，河水不发，堤埂不伤，沟自川流不息。如遇雨泽太多之岁，河水暴涨，堤埂冲决沟水不来，值四五六月之间，农田需水紧急万状，是必群起兴修，乃堤埂修复，而暴水又来，常有一年修堤至二三次者，劳民动众，莫此为甚。近来农民知非长策，欲加厚堤埂，作永久计，惟士为民旨不为主持，屡议终成画饼。

民国十三年秋间，始公举郭瑞云先生为经理，先生热心毅力，主持兴修，开会议决。即于次年春正，请匠雇工，打凿石块，将堤埂加厚贰丈。后二年，就祀龙神日，复开会议决，又雇工匠用石块将坝口沟垦加厚一丈五尺。先后二次，均未派用民力。凡沟水经行之处，塞者通之，塌者补之，窄者修之。计先后三年始成功，约共需银陆百元之谱。在昔接前经理刘、马两君移存洋贰百伍拾元，至此除支用外，尚有存余款贰百余拾元，要皆经理三年，撙节始克臻。此迄今两载，淫雨为灾，河水暴涨多次，而此堤无损，是其贞固不拔，永久不坏之基，早卜与盘龙河并寿矣夫。而后源源而来，无殊得时，甘露滔滔不绝，宛如大旱甘霖，行见万民歌利乐之休，百室尚丰盈之颂，知不徒清流作枕，风景宜人，玉带缠腰，风脉足取也。挟西江之惠泽，既足以裕民生；挹南海之恩波，复足以立国本。三年有成，万世永赖，岂曰小补之哉！

郭君此举，余始终与闻。爰为之记，并勒诸石，俾后之人知举办公益之不易，而饮水思源，则幸矣。兹并将此沟所有公田坐落四至，坵工粮条及上下两碾房、常年公益捐及修沟轮班放水规则刊刻于后。

〔据民国《禄劝县志》卷十五《艺文志下·记》第 32 页辑录。〕

新洄澜阁碑记

陈先沅

人物钟山水而生，山水即因人物而见。石屏，固山水奥区也。昔诸葛武侯南征，遥望白云密布，询知其下石盘如盖，遂占为文明之兆，则夫屏之素称文献名邦，代生贤哲，而为人文之渊薮，信乎不诬矣。

今王董事镇东以为州之众山罗列拱卫，风气皆已完聚，惟城东湖口虽有迴龙一山崛起作屏幛，而水势直下，少纡徐曲折之致，不无遗憾，若得建阁于斯，则一州形胜，诚完善也。于是，遂议捐资，鸠工庀材，兴修石桥。势若飞虹，而高阁耸峙于其上，矗立云表，屹然与城西之笔架山相雄视，遥遥在望，几不知其为阁也。

夫宇内之山川形势本自天成，非人力所能为者，然而造物亦岂能无缺陷哉？造物之缺陷，固藉人力以斡旋，屏之湖口即屏山川之缺陷，亦即造物之缺陷也。镇东建兹阁以培补之，此岂非斡旋造物之缺乎？

屏邑文风之盛久矣，然扶舆磅礴之气融演迄今，自此而益发其光，又安知不跨越乎前代，而抗衡于中土也哉！癸卯冬，工始告竣，盖凡三年矣。嗟呼！自明迄今，几五百有余岁，而竟阙焉莫补，岂山川亦有厄运限以数而有待乎时耶？盖创始如斯之难也。管子曰："民可与乐成，而不可与虑始。"镇东能创建之，镇东可与虑始也。可与虑始即可与有为也，镇东勉乎哉！屏邑当为之举夥矣，扩是志而振作之，谅必有不仅于此者。虽曰积众力以成厥功，然而倡议而经始之者，镇东也。兹予因其请，遂援笔而为记，盖喜镇东之可与虑始，而并志夫桥阁之所系也，镇东勉乎哉！

〔据民国《石屏县志》卷三十四《艺文志附录十五·杂记下》第22页辑录。陈先沅，字芷薌，四川人，清光绪二十八年（1902年）署石屏知州。〕

修浚嘉丽泽河口碑记

陈庚明

距州治东南十五里，曰嘉丽泽，实受嵩明全境之水。水之汇而归泽者，凡四十八溪，由泽尾而下迤三十余里，出河口而流入寻甸界，泽周百余里，环泽皆稻田，而民居五十三村错焉。州界分九里一厢，惟邵甸里远于泽，余皆资泽之利，而亦同其害。比年以来，河口泽尾皆壅于泥沙，而沿河居民又截河为防，以便私图。以故河身益壅，泽之水无所泄，每夏秋淫潦，溪流灌注，泽不能受，则泛滥而为民田害，而报灾免粮之请岁以为常，而催科亦累，州之人深患苦之。

丁酉孟冬，贺邑侯来权州篆，既视事，问民疾苦甚殷，州之人复以水患告。侯亲履之而信，乃大集州之耆俊规所以治之，且请于大吏。既得报，于是遴绅董专责成，赋工于民，计其近远而第其重轻，通力合作。由河口沿流而上，分段程功，壅者开之，防者毁之，先畅其流，次疏其支。虑其或弛也，复请大吏严檄以谕，而委员专董其役，侯则间数日一亲临视而奖励之。凡官之费，一出于官，不扰于民。民之费，一出于民，亦不以烦官。群情踊跃，悦以忘劳。

经始于戊戌二月十六日，告成于三月杪。州人士不能忘侯惠，复请余文之碑。余以谓国家畀教养之权于司牧，而大吏层累以临之，民之利病，司牧不言，大吏不得而知也。知之矣而所为兴除之者，则仍听司牧者自为之，而大吏特观其能否，以为殿最。唐李习之有言"囊帛椟金，笑与秩终"。今之司牧，其视民之利病，如秦越人之肥瘠也。嵩之民苦水患久矣，前乎此未尝不以告，司牧者亦未尝不为之理，而水之患卒如故。今侯之举，亦以民力除民患耳。而嵩之人独眷眷乎不能忘者，汉申公所谓为治不在多言，顾力行何如耳。若侯者，盖深有味乎此言，而可免于习之之讥也。

夫是役也，计民工十二万有奇，为期四十余日，而蒇事亦可谓不疾而速矣，抑余尤有虑者。夫创钜则痛深，事难则气馁。今日者河流畅矣，继自今愿州人士惩其钜而思其难，力役者毋恃成功而忘其苦，沿河村民目击夫钜且艰者，勿便私害公而轻为截防，多树木以固堤，勤刷沙以防壅。后之君子惩前毖后，常省察而激厉之，则今日之成功可久，而嵩之人不忘侯之惠者，亦与之俱永矣。

〔据民国《石屏县志》卷三十四《艺文志附录十五·杂记下》第26页辑录。陈庚明，字又星，清光绪辛卯（1891年）举人，任安宁州学正、弥勒县训导。有《愿学斋诗文集》，尤工草书。嘉丽泽，即杨林海，又谓杨林海子，或谓罗婆泽，位于嵩明县东南，源出寻甸县西南六十里果马山泉，流为果马溪，南流为龙巨河，一曰龙济溪，纳众水流汇为嘉丽泽，周百余里，水涨时面积约十万余亩，水涸则分为清水、八步二泽，水可以灌鱼，可以食，环泽稻田，皆资灌溉。光绪年间因泥沙壅塞，夏秋淫潦，民田深受其害，以致州境常年报灾免粮，征科尤累。此碑记记述光绪二十三年（1897 年）贺邑侯权州篆时，修浚嘉丽泽河口水患之经过。经始于二十四年（1898 年）二月十六日，告成于三月杪，为期仅四十余日而速成。为感侯君之政，邑人陈庚明受州民之请，撰此碑记，旨在提醒力役者、受益者、管理者等，常思疏浚之艰，重公轻私，植树培固，则水利之利，方可永久。〕

游九台茈湖记

徐崇岳

人传浪穹为小西湖，其胜在九台，心仪者久之，无因至。丙寅秋，过浪穹，得观所谓九台者。台在城东里许，出东门即草湖，湖中砌一线堤，沿以柳，毶毶与水相映碧。复跨以石梁者四，风致虽小，不减六桥苏堤之胜。湖中有地可半顷，人匝居之。复有怪石如龟蛇状，高丈余，相传与水相上下，亦灵石，故构真武阁镇焉。石窦中，温泉虢虢涌出如鼎沸，不可试以指者。九朝望气，缕缕如水数，故名。煎茶不须铛，汲泉入茗即可饮。而僧人复以椒盐少许点汤，谓消道宽胞胄[①]，沽酒置汤中辄热。坐石上饮，暖如重裀，土人引汤为浴池，温热随其蓄泄。浴罢，两腋风生，

爰登阁旷览，见平湖中十树一村，五树一坞，水面人家，以蒲柳之疏密为隐现，时出小舟，人影半绿。而苇藻荇蘋间，鸥鹭出没，浩眺久之，忽动濠濮间，想因鼓棹寻诸水村。大约烟从户出，水与阶平，可濯足床下，垂钓枕上，致足乐也。复得残荷数十顷，如秋后芙蓉，淡而犹艳亦留人。舟至海口，纵然一碧如绿玉，无复湖中荇藻，惟茈碧傍生焉。茈碧花如锦边莲而小，叶如初生荷钱，其蒂长可数丈，最清香，湖之得名以此。《山海经》谓“罢谷之山，洱水出焉”，即其地也。谷源在望，拟寻跃珠，处以日夕且风涛不果，然亦观止矣。

遂回舟，因而顾标□□林麓[②]，东仰赤壁之巉岩，如迎如送，而九台忽亦入望，气缕缕如春烟。柳堤尽处，树抱山城，西峰寺观，倒影湖中，黄绿组织如画，使人应接不暇。人知浪穹之胜在九台，而不知九台之胜尤在茈湖一水，正不得重耳而轻目也。杨用修谓“新蒲细柳似江南”，信然。

夫湖山，体也；亭台，饰也。惜未经人工点染，茈湖之名是以未振，人之抱奇负异，名漂没而不彰，无以异此。既而思之湖山自有真面目，不在亭台楼阁，西湖无太朴，谓以“青泉白石化为粉地糟丘”，是又不可不贺茈湖之遭也，以其名之未振而得全。七月既望，因记其游之颠末于象岳止舫。

〔据《续修浪穹县志》卷七《艺文志》第 19 页辑录。徐崇岳，清永昌举人。此记题名，《永昌府文征·文录》卷十《清一》作“游九气台茈碧湖记”，文字有异，可参。另见《滇系》八之十四《艺文系》、光绪《浪穹县志略》卷十一《艺文志·记》。〕

---

① 谓消道宽胞胄 光绪《浪穹县志略》作“谓能宽肠胃”，《永昌府文征》作“谓能宽胸胃”。

② 因而顾标□□林麓 光绪《浪穹县志略》作“因西顾标山之林麓”，《永昌府文征》作“因西顾标山之麓”。

濔溪怀安桥记

马驷良

乘橇乘樏，水行山行，相其宜。阻险阻深，载驰载驱，因其便。由是，遵道路而兴及桥梁焉。此王政，所以有“岁十一月徒杠成，十二月舆梁成”之说也。然徒杠虽可以渡浅溪，而不足以经泛滥；舆梁可以通车马，而未足以垂永长。故后世有甃石跨河，横铁絚江，悬乎水曲山阿，如虹影之挂，如雁齿之衔。行者彳亍安步无虞，憩者凭阑俯瞰中流，虽浪滚波腾，马萧萧而控辔，人闲闲而意适，喜石梁之巩固，纵工钜而不辞，其规制视古异已。

姚安西有连场河，纳大小苴、圆鹤峰、腊梅村数百里诸山之水。冬春则褰裳可涉，夏秋则急涨奔泷，无从问渡，冒险而过者，灭顶漂溺西市。趋一时之便，未知详审地势，仅沙壤立桥，固非不甃石也。而堤薄质松，当洪流齿吞，东崩西决，河形变徙，桥已坍颓。数十年来，旧址徒存，病涉如故。惟地居六诏咽喉，川滇接壤，官道迤逦，上通腾永，下达昆明，文报所必经，商旅所与由，一遇阻水，公私胥滞。

光绪甲午，适今州侯李公少怀来榷鳌务，稔悉栋水为患，慨然捐赀百七十金，嘱蜀人林财源等择地另建板桥，以利行者。未几，公榷任满，未及目击其成。后功虽告竣，不数月，桥即为水冲毁，闻者叹息。

越甲辰，公知姚州，甫下车，即惓念前功，谋再举。复捐廉倡首，不厌咨访。别属徐广、文虹舫等度地，就螺旋坡下扼要处，新建石梁，倚山为堤，垒石为岸，桥身高厚宽广逾恒，坚固视旧桥远已。初，逆亿工资匪细，州侯以民命至重，独毅然肩任其钜，不足则募诸好义者。士民感侯之嘉惠，富者助赀，贫者助役。任搬运者，农隙则于于而来；操工艺者，锤凿则丁丁有声，日殆数百人。经始于春，落成于冬，费不满二千，功堪垂万载。看虹飞百尺，高悬乎两峰之间；鳌载三山，普济于连水之上。公私称便，利济无穷。邑人咸曰：“何以名桥？”愚谓：“造桥惠政，黎民怀之，即以怀安名，可乎?”众曰：“唯唯。”

是役也，或谓官民合力，成此钜功，有足多者，凡从事绅董，亦云劳已。然非贤侯始终提倡，则民志无由兴，乌能成此一劳永逸之事？吾知颂声之作，正不止姚民已也。按董率者，为徐广、文虹舫；在工监修者，为徐君恭寿、杜君钟等；石工则李嘉猷也，皆有力焉。例得备书亟举而记之，以寿诸石。

〔据霍士廉等修，由云龙纂民国《姚安县志》（民国三十七年排印本，下同）卷六十三《金石志之八附文征三·论事记事之文》第46页辑录。马驷良，姚安人，清光绪元年（1875年）以浙江宁绍台道诰封资政大夫。怀安桥，在城西四十里弥兴镇北，光绪三十年（1904年）州牧李金鳌倡建。李金鳌，字少怀，四川成都人，光绪二十三年（1897年）司三姚鳌务，严禁昔时丁役四出磕诈诸弊。三十一年（1905年）任知州，在任三载，听断明允，案无留牍。大石淜旧设坝长，久为民累，特豁免，官得水费，将坝长废除，倡建濔兴怀安大桥，邑人称颂。〕

光绪丙午、丁未姚州救荒记光绪三十三年

甘孟贤

吾姚丙午、丁未间，灾沴叠至，饥馑荐臻。赖李少怀伯侯、马星五观察等赈筹粜，起沟壑而跻之衽席，挽流离而安其乡井。嗣以丁未秋熟，戊申大有年，家有盖藏，虽经己酉水灾，民无菜色。庚戌春，州人以水灾故，大浚蛉河。工竣，予记其事。明经章君心斋、夏君兰陔谓予："由子记河工，将使后之举事者有所循也。夫天灾流行，国家代有襄救荒之政，尤民命所关。子可无一言示后，俾有所循，以活吾民乎？"予以事系民生之重，不敢以不文辞，用述当年被灾之状，与吾州侯及观察之所以救灾者，而约记之。

先是，丙午季春，淫霖弥月。朔乍晴，历闰四月、五月，凡百余日无雨，井涸泉竭，一望赤土。六月望后，得雨种荞，继以螟虫，秋收遂大歉。秋末，遍种菽麦，为来岁计。丁未正月，霣霜杀，菽麦悉槁，而吾民之生意，于是尽矣。滇自谭遂初中丞创置义仓，本可以为荒歉之备。而吾姚义仓，循夏粜冬籴旧例，于丙午初夏出放民间，已十之八九。兼以邻邑如镇南、定远、大姚、祥云县，诸处灾荒略同。四方无输入之粟，市井罕出售之米，嗷鸿遍野，惨象在目。附廓九坊，有倡办蠲赈者，得钱三百九十余缗。以丙午十一月望日，就文昌宫发赈。初拟以坊中之钱，专赈坊中之贫户。而是日，西界饥民亦纷集求赈，不得已，遂遍赈之，三百九十余缗顷刻而尽。在事者，蒿目其事，思再筹补救。商之李侯少怀，将举办平粜，忽有起而梗之者，事遂终止。马星五观察闻之，奋袂而起，谒李侯议曰："灾深矣，非赈粜兼举不可。两事兼举，非转粟入境不可。顾安所得市粜之资乎？"李侯曰："赈可吁请，粜则义仓犹有未粜之存谷，其已粜者，存有谷本银千两，可权作市籴之资。"议既定，李侯具灾状上请，得赈银三千五百两，并义仓谷本银千两，悉付观察，听措置。观察端居默计，立大纲五：曰官赈，曰绅粜，曰市粜，曰查户，曰画区。计义仓存谷仅六百余石，知市粜最所当先。乃为书告谕州境远乡积谷之家，勿闭粜，听公家买取。又赍银赴祥云县禾甸、米甸产米之乡，增价订买。旬月间，转运到州，而赈粜之基立。旋择士绅之存心利济者，执稽户册，遍查坊界。贫户分极贫、次贫两等，极贫者，官赈之；次贫者，绅粜之。并注丁口，给谷之多寡，准之二者具矣。乃就州城夫马局立赈粜总局，司稽察者若而人，司斗斛者若而人，而文籍书牍，则观察自典之。议定期限，赈则月一期，李侯亲往；粜则三期，士绅分任。虑其挤而相蹂也，度村庄远近，画州境为十区，各立分局，令各区诣各局受粟，而蒙袂辑屦者，不至相践以死。又按稽户册，创为符牒给粟，而狡黠者无从冒滥侵渔。赈粜皆用市斗，粜则斗粟减市价五百。起丁未正月，讫八月秋熟而止。方春末夏初，时雨早降。李侯以赈银二百两，付章君心斋、夏君兰陔，市嘉种散之，是以秋收甚丰。

是役也，每届赈期，李侯乘竹兜子，上覆油布，往来四乡，不避暑雨。其勘灾区，请免逋赋，亦如之，可谓劳矣。观察卧起小室中八阅月，左稽粜谷，右核粜钱，虽分任有人，而事必经心，可不谓实心为民乎？盖非李侯持心之坚定，观察用心之精密，不能救流亡而使之生全也。然兹事之举行，所以能使数千石粟，粒粒入饥人之口，则查户给牒，实握其枢。观察在局，自具釜甑，炊爨以食，不用公家一钱，其灯烛纸笔之费，节

之又节。分局司事诸人，值粜赈之期，给三日之食费，此外无一钱之酬。故卒事之日，呈缴粜钱，买谷入仓，足原额外，有长钱三千五百余缗。旋经提解省垣者，皆从爱惜吾民之脂膏，事事节缩中得来，夫岂偶然哉！

李侯，上元人。莅姚三载，救荒而外，兴学务，修街衢，裁坝长，清盗薮，善政颇多。卒因吏议去职，州人惜之。观察幼读书，留心时务，长游戎幕，以功授道员，分巡浙东。未几归休，不竟其才。然林下优游，系心桑梓，其举办乡团及此事，皆功在生民，而经济亦于此见一斑云。

〔据民国《姚安县志》卷六十三《金石志之八附文征三·论事记事之文》第50页辑录。由此记述清光绪三十三年（1907年）因连续两年水旱灾造成姚安境内歉收，知府李金鳌、观察马星五积极多方请款筹粮赈灾、疏浚蜻蛉河的经过，是保存至今少有的记载水灾赈济之事的文献。甘孟贤，雨长子，姚安人，清同治癸酉举人，授保山县教谕。〕

修浚蜻蛉河工记宣统二年

甘孟贤

上有大泽，必递推而后及下。直省之督抚，宣上德而布之有司者也；州县之牧令，承所布而致之民者也。牧令亲民，然不能事事而躬之，人人而语之，必邦人士之留心民瘼，熟知利病者，相助为理，斯上德下究而无屯膏之虞。光绪丙午，滇中大旱，我德宗景皇帝轸念民瘼，赏赈银贰拾万两。吾姚灾剧，例得银叁千两，寻以秋熟罢赈。前州侯上元李侯少怀，请以此银存库，为异日修河复淜之资。今上御极之元年己酉，州大水。州侯黄公符阶以灾闻，得赈银陆百两。计灾区太多，不能普及，请合前存之银，修浚蜻蛉一河。适制府李公仲宣节钺莅滇，惓惓以养民为急，饬如所请。

既得命，我侯进士民而诏之曰："今新政，讲求自治，聚邦之秀良而肄习之，务在官民一心相与，宣上德而逮下。蜻蛉河堙塞久矣，尔州人宜亟思自治之义，毋规避，毋自利，广播皇仁，周于蔀屋，吾将视其勤惰而赏罚之。"州人闻命，跃然悚然。遂以庚戌正月十日兴工，二月晦毕。

是役也，相度河势，起大石淜，迄万川桥，凡陆仟捌百零玖丈，分段兴修，注重在幹河也。添浚贰段，一紫云岩，讫大石淜凡一千九百丈，浚其源也。一则中路支河，凡二千三百丈，以其西北众流之所归，浚而深之，所以杀幹河之势也。河分大段，段设总督工员一人或二人，大段中又分二百丈为一小段，则有督修员、监工员，递相节制，如身使臂，如臂使指，其事易举也。设会议局于文昌宫，会计有员，文册有员，稽工有员，密查有员，事有分任，责无旁贷也。在河诸员，风日沙泥，奔走巡视，日给食费钱八十枚或六十枚，以枵腹不能集事也。在局诸员，设有饭食，不受一钱，以事属公益，无受钱之义也。征召民夫，一丁应役四日，绅民一体，示均也。每夫日给食费足钱三十枚，力杜侵蚀之弊，劳其力必恤其身也。贫者应役，富者以钱募之。计公私所给，日得钱八九十枚，则有济于贫民也。沿河建平水闸四区，杜争也。工役将竣，设农官，置庄田，为岁修计，免后此劳民动众也。继自今春霖可通，秋霖得泄，向之忧旱忧潦者，庶有瘳乎！论者以此银发赈，利在一时，以此银浚河，利在数世，所以宣畅皇仁，恩周蔀屋者，于是乎在，是固然矣。

考之州乘，蛉河工役，凡三见：一见于道光五年，二见于道光二十五年，三见于光绪五年。自起工以至毕役，或百有六十日，或百有二十日。其最速者，向推南丰吴公子诚道光二十五年之役，以九十日完峻。而今日万丈之役，竟以五十日蒇事，盖诚感宵旰之忧劳，制府之勤恤，我侯之敦勉。又值新政初颁，人思自治，故其工役之神速完善，一至于此。

草莽小臣甘孟贤，彭腹林下，仰瞻帝力，谨笔记其事。北面再拜，稽首作颂曰："惟皇承运，监临九有。滇虽极边，敷泽罔后。偏灾上告，圣心忧劳。乃命疆臣，大沛甘膏。宜发帑金，活我赤子。勿听流离，沟壑转死。蕞尔姚地，圣泽所周。朝命甫下，谷熟孟秋。有臣金鳌，请兴水利。有臣玉方，请申前议。愿以赈金，浚兹蛉河。姚人闻命，踊跃欢歌。谓我圣皇，恩流下土。利我农田，溉我蔬圃。负畚持锸，罔敢不恪。千夫共趋，万手齐作。掘其壅塞，刮其泥沙。洪流畅达，旱潦无嗟。遐荒稽首，圣德如天。被我姚民，于万斯年。"

〔据民国《姚安县志》卷六十三《金石志三八附文征三·论事记事之文》辑录。〕

重修安顺桥记

佚 名

尝读帝君《阴骘文》，有云"修数年崎岖之路，造千万人来往之桥"，功德无量。诚以桥之于民，所以通往来，济跋涉，无沉溺之虞，有平安之庆。在官为惠政，在民为善举也。

我关城西北下俯临水田有木桥，为西山人往来所必由，嘉庆朝伊公辛（莘）农来守是邦始创造焉。道光庚子，姚公子卿莅任，为我关培植风水，建文庙于龟山，见桥倒塌，又重新修造，题名"化龙"，取鱼化为龙之意，而我关文风亦由此蒸蒸日上。则此桥也，不特为往来必由之路，亦且为风水祀典所关矣。乃不十数年而山暴涨水，漂荡无存焉。咸丰四年，吴公乐亭来任我关，以地势未善，移之下流重修木桥，上盖瓦屋，金漆匾对，辉煌壮观，更名"安顺"，即今修石桥处也。自兹以后，谢公寿山、胡公秀珊、许公少卿，历任皆加培修，而要皆旋圮，盖水势湍急，河风抖（陡）峭，木桥为难支持也。

光绪壬寅，陆公长洁字守之任内，得建禁煮酒，此数家共罚银六十金，谕职与陈君蔚廷重建木桥。职曰："木桥不能经久，自嘉庆至今未逾百年，而新造者二三，其间岁修培补已不胜屈指矣。今欲垂诸久远，必改建石桥，庶乎一劳〔永〕逸。"陆公命职估工计费，非数百金不可。时以巨款难筹，不可修建。迟之年，职与君蔚廷商曰："是桥成也，因我等次改石桥而当道者不欲，故延至今日。若不鼓励以成此桥，则此善举是由我废驰之也。"乃相与钉簿募化，蒙请乐善好施，捐多助少，积腋成裘，共有二百金之谱。时职亦接得"至公会"银一百金，即以兴公之用。不数月，而石桥造成，于甲辰四月二十四日，请官绅踩桥。陆公曰："是桥成，从此人文蔚起，更名启文可也。"方待监（竖）碑勒石，以昭久远，倏于六月初十日洪水大涨，石桥竟随波倾圮焉。职闻之骨悚，意欲图在举，奈需款过大，不识何日始克遂此愿焉。时彭公和叔新任，仍谕职等督修，认代筹款。职又与陈君等商议，职出银五十两，陈君蔚廷及舍弟巨卿各出银二十两，外凑成二百金之谱，仍饬石工朱洪顺建修。若幸诚心所感，不日告竣，乙巳年四月二十日，请官踩桥。职以前名启文，即被水坌碍，请彭公，曰：“是桥造成，功德不没，必垂久远，即名曰成德可也。”兹已告竣四年，桥愈坚固，在功未张，心悬悬焉。谨将两次功德并诸公芳名暨出入数目，勒诸贞珉，以垂不朽云。〔是〕为序。

〔据王心田等编辑民国《大关县志稿》（唐洁誉等点校，《昭通旧志汇编》第五册，云南人民出版社2006年版）卷四《杂记》第1358页辑录。安顺桥，在大关城北西五里，石制，清嘉庆年伊里布始建，清道光二十年（1840年）姚廷之重修，改名化龙桥，日久倾圮，山水冲没。咸丰四年（1854年）吴乐亭重修木桥，更名安顺。后屡修屡圮。清光绪二十八年（1902年）陆长洁筹费重修石桥，改名启文桥，旋洪水暴涨冲没倾圮。三十一年（1905年）署大关同知彭汝鼒率绅民重建，易名成德桥。〕

龙井甘泉记

世　楷

龙神祠成，规前隙地，宽广约十余亩，外环溪流，每遇盛涨，辄浸为坡，直灌河北街，历苦水患，因缘溪砌堤，就围隙地为莲池。

收荒土，培雅景，而水患以除。池东岸有清泉喷出，下沙土板掀露如唇，尤凝滑似石，搯之泥也，益异之，试取水饮，甘洁异常。溯此泉来自龙山踽行地中，经石沙淬滤激厉而出，宜其在山出山无异致也，是地盛烟瘴，水尤恶劣，饮者辄病，砌石储之，命曰龙井泉，以济居民而便行人。

光绪丙午年二月世楷附记。

〔据甘汝棠纂修民国《富州县志》（《中国方志丛书·华南地方》第二七二号，台湾成文出版社1974年据民国二十一年油印本影印，下同）第二十三《诗文征》第120页辑录。〕

富通桥小亭记

谢　栻

富城三面临河，夏秋雨水涨发，波流浸灌甚且泛滥入城，居者有及溺之忧，行者有病涉之叹，佥以为不便，乃集赀建南北两桥。南桥成于民国癸丑，又五年，而北桥成，更筑堤若干丈尺，障河流，复其故道，水患以息，近河田亩，藉资灌溉焉。工既竣，邑人士以其余力，于堤畔构小亭，为文宴地，风景遂为阖邑冠。

岁庚申，余权篆斯邑，吏事稀简时，与二三友人游憩于亭上，俯瞰清流，游鱼可数，对岸田畴鳞比，农歌四作，俨然击壤吹豳之盛，因牓其额曰“省耕亭”，并记作亭之颠末，泐石亭左。

〔据民国《富州县志》第二十三《诗文征》第126页辑录。〕

复修温泉记

蹇念咸

滇故多温泉，省志所载者三十六，而安宁为最，杨新都所谓“天下第一汤”也。东川之温泉，在城西十余里云弄山麓，昔之人曾结亭其上，环种以柳，名曰“温泉柳浪”，为十景之一。蔡寄庐太守作记刻石，题曰“滇南第二汤”，盖欲以嗣安宁也。

壬辰冬，余奉檄守斯郡，政暇，偕幕中二三友人往游，见四山兜合，泉自山腰石罅中出，淙淙有声，气若鼎沸，明澈沙砾，池上石若张盖，玲珑撑拄，天然灵境也。解衣就浴，爽沁心脾，觉凡骨可换，不独身忘尘世矣。惜经年既久，亭柳尽荒，慨然欲谋兴。复余与邑令王君芷裳捐赀为倡，诸同人从而和之，共为集腋，而属邑孝廉倪君宣三董其事。既建亭于池上以便浴者，亭前筑客舍三楹，以为风咏之所，外缭以垣，蔽出入焉。工役甫毕，而淫雨骤发，山水大涨，客舍一夕荡然，亭于是孑立矣。然余眷恋斯泉，终未已也，因复裵裒山半，别得一泉。去旧池数武，喜而谋诸义仓绅管购买其地，适邑令曹君次斋来，又极力襄成之。虽池伤于凿，不若旧者之天然，而为亭为舍，则仍其制而加闳矣。

於戏！斯泉一游戏之地也，余之偶作斯泉，事亦微也。乃先后九阅月，而功始成，是泉之忽出忽没，山之灵其有以凭护否乎？吾不得而知也。第观其由兴而废，由废而兴，朞月之间而已，如是，则天下事概可知矣。顾余之来也，值饥馑之余，哀鸿遍野，盗贼滋起，余则骈诛首恶，用警其余，劝富者出粟平粜，以赈饥民，疏通河渠，以备水潦，方孜孜焉，惧不胜任，遑暇沈溺于游咏哉！虽然，宋僧可道（遵）诗云：“直待众生总无垢（尘垢尽），我方清冷混常流。”是举也，岂结习未忘耶？抑亦愿东人士，澡身浴德，刮垢磨光，以求臻于治焉尔。

〔据余泽春修，茅紫芳纂，冯誉骢续修《东川府续志》（清光绪二十三年刻本）卷四《艺文志》第13页辑录。另见李坤《云南温泉志》，有删略。〕

东河水碑

袁文典

水郡之水，东河为巨津。源出龙王泉，流入郎义，泛于北津，汇清水河，经峡口，消纳众浍，顺流下，横冲大路。河身仅宽二丈许，冬春分渠灌溉，水势稍杀，至夏秋隆霖涨发，水溢桥上，道路皆为所淹没，使人有褰裳之叹，车多濡轨之嗟。

此北津桥之建所由来也，首创于于明洪武十有五年，指挥李观聚石立基，列板其上，行人便之。嗣后相继修葺，殊难枚举。洎本朝以来，莅兹土者如郡守费公，总戎偏公、周公，协力重修，实在康熙癸未。经今七十余年，木石倾圮，河身日耸，涉者病焉。适太尊特公身历目击，心恻然。先出俸资以倡同寅，率属吏，委邑侯前任李距，今潘公继董其事。乃属彼地耆老，多方捐募，合官商士庶，约集若干金，复檄委捕厅李公专督。

厥工肇兴于己亥中秋，落成于辛丑仲春，凡阅六月余而告竣。夫桥专用木则易坏，必仍以石为基；桥势渐低则木易淹，当先培厥路。今惟高其路以崇桥，则水不至漂没；石为脚以受板，则水亦难以冲决。上仍覆以小亭数间，俾行者皆得憩息，斯固垂久之道，且成一方之胜也。

噫嘻！舆梁徒杠，特王政之一端耳，而修桥平路，为司空之时务。是役也，功继前贤，永传美举，讵止板桥折赠，徒咏唐人送别之句已哉？然而北津杨柳，风景不殊，行道之人，群以《甘棠》视之矣。因书其事于石。

〔据《永昌府文征·文录》卷十二《清三》第10页辑录。〕

龙陵纪善桥碑记

赵心得

厅西达芒市，道途所经，曰围墙河，源出黑山、雪山之间。秋冬水落石出，行人截流迳涉，习以为常。夏秋霖雨时降，则山溪诸水，轰腾洊湃，迅急来汇，波涛汹涌，如万马蹴踏。涉者相与联手臂，去衣带，足揣踵接，寸步移徙，渐达彼岸。偶一失慎，即随波漂没，瞬不可救，盖为行旅之患者久矣！

余承乏来兹，闻而苦之，拟易畏途为康庄，多事卒卒未暇也。赵生珠璋、姜生期阳、杨生菁华、杨生近融各愿出百金以为倡，而职妇张钟氏尤慨捐巨赀，乐观厥成。乃议于河之腹建石桥一座，由北达南，广四丈有奇。广募善众，经始于乙巳冬月，落成于丙午三月。既成，诸生问名于余。余曰："是善也，不可以不纪也。"昔周公以"归禾"名书，苏子以"喜雨"名亭，皆纪实也。兹既桥成，向之忧褰涉者，今则如履平地矣；向之虑灭顶者，今则悉庆更生矣。化险为夷，易危为安，天下之善，莫善于是。然非赵、姜、杨诸生则无以倡其始，非职妇张钟氏则无以赞其成。其成也，谓非众善之力乎？因名之曰"纪善"，而志其颠末如此。

〔据《永昌府文征·文录》卷十八《清九》第3页辑录。〕

龙陵永安桥碑记

赵心得

纪善桥既成之匝月，姜生朝阳、赵生珠璋以职妇张钟氏独捐巨赀，修建永安桥，亦告厥成，而请记于余。余闻赵生之言曰："龙陵地居边徼，山多田少，所产粟米不足供城中一二月食。惟芒市田肥美，五谷蕃熟，千仓万箱，龙之人皆仰给焉。马骡络绎，终年运载，相望于道。由龙至芒至遮，以达缅甸之木邦、新街等处，皆由是途，设无桥以济，下游虽有纪善桥，以免急流之险，犹憾事也。故鸠工伐石，两处兼营，于下游河之阔处再建此桥。更以余赀周视此途之狭隘者而宽广之，险峻者而夷治之，泥淖者则砌以石，蓊翳者则剪其茅。于是行役往来，始无所苦。"余聆此言，欣然喜，怅然感！

夫斯途之辟，不知其几何年也，未闻有建桥者也。生人以来，不知其几何世也，未闻谋利涉者也。今职妇张钟氏与赵、姜诸生，奋然出而肩其任，不数月，而两桥俱成，为千百行人所利赖，不诚为人之所难能乎？方今朝廷力图自强，广行新政，皆所以谋利益斯民也。使诸生与职妇推此建桥之心，以扶翊地方有益之举，则此邦之人其所以收其利惠者，庸讵此一桥之可限乎？因二桥既成，诸生请记于余，既叙“纪善”之原委，复涉笔为此后之来者，亦可以兴起矣。“永安”二字，则余所取名云。

〔据《永昌府文征·文录》卷十八《清九》第 4 页辑录。〕

腾越二江记

赵继善

越州有二水：一龙川江，在潞江之西，发源傈僳地。自土大塘隘入腾越州北马，南流经马面关，约百十余里至曲石，名曲石江，固东、瓦甸诸水入焉，曲石江自北折而东入焉。又南流经橄榄坡，东折而西南流，名龙川江。又折而南流约百余里，经青凉山，猛弄二水西入焉。又西南流八九十里，沙木陇山东之水入焉。又南流五十余里，芒市河自西南入焉。又西南流百二三十里，至汉龙关东，陇川土司之蛮胆景坎河、南澜河共为岗碗河，南入之，至天关而西，入缅甸之东北界。大盈江发源腾越州城东北之青海、北海，经州城西南流，东纳城南之水，西纳缅箐、猛蚌诸水，经南甸土司西，又纳喇巴、曩宋、曩硔诸河，西流四五十里，至干崖土司北，入槟榔江。槟榔江，源出古永，南流百余里至此与大盈江会，而西南流四五百里入缅甸之东北界焉。

〔据《永昌府文征·文录》卷十八《清九》第 4 页辑录。〕

民 国

太极桥记

李根源

桥在叠水岩上，跨江据石，上覆石亭。民国纪元之春，有松园王氏设织机，引水力。凿石，石现太极图。时邑人张文光少三为滇西都督，捐资建之，遂以名桥。桥不甚高大，而适当水口，惊涛激浪自桥下奔腾澎湃，叠为瀑布。从断崖百余丈，下注于壑，声若雷霆，形若雨雾。如银河倒泻而匹练横陈，如雪花并落而轻棉软坠，远如玉龙腾空而起，近如快马蹴浪而来。朝晖夕阴，相互掩映，尤放异彩，真千形万态而不易名状。伫立桥头，可以观，可以听，邑乘所称“龙洞垂帘”，宜为吾郡第一名胜也。桥旁巨石蹲立如龟，上有老树一株，盘根错节，偃卧如龙虬状，大可五十余围，荫被桥亭。距桥西上数百步即龙光台，左为毗卢寺，右为白衣阁，此即尽桥之大观也。余不解桥石所现太极，岂成于鸿蒙未判前耶，抑成于鸿蒙既判后耶？造化神奇，殆不可思议，而吾盟弟少三得亲见是图，因建桥其上，桥不朽而少三之名亦与之不朽矣。爰为之记，益令我于山巅水涘怀想少三于不置也。

〔据李根源、刘楚湘总纂民国《腾冲县志稿》（许秋芳主编，云南美术出版社2004年版，下同）卷七上第三《舆地二》第126页辑录。太极石桥，民国元年（1912年）邑人省协都督兼大理提督张文光捐款建。另见《永昌府文征》卷三十《民十二》。〕

重建大开门永安铁索桥碑记

丁兆冠

予尝东渡扶桑之国，南极交趾，西至巴蜀，北穷幽燕，所经之桥，以数百计。见夫大者长虹十里，雁齿排空；小者半月一钩，鼍梁架稳。或撍以铁，或甃以石，鲜有铁索系石以桥者。黔之毛口河桥，吾滇之老鸦滩桥、大江边桥、小河底桥，盖铁索桥也。

滇南普洱道属，若大开门桥，若元江桥、布固、把边诸桥，概属铁索，是故由文化未进，绌于财窳，于工甃石，势有不可撍铁力有未逮。浑混既辟，不能老死不相往来，此因陋就简，千钧一发之铁索桥，抑又安可废也。

大开门者，新平境入元江要津，由省至普思为吭喉，地多瘴毒。在昔秋间江水泛溢不得渡，行人泅溺守病死者不知凡几。前清光绪丙申，贵阳陈崑山先生灿观察迤南，创建铁索桥，往来称便。越二十寒暑，至民国四年乙卯桥毁。六年丁巳冬月，予由蒙自奉调摄普洱道篆，经其地盍然伤之，念此区区者不能为前人继国家，安用设官为行？抵元江，适墨江周赞卿君朝相以重建是桥为请，周君商于元素重公益娴桥事，予因详扣原委，请周君董其成。予筹其费，鸠工庀材，旧沈江心铁索未锈坏者，淘起而重铸之，就原有两岸石础，增高七尺有零。阅九月，竣工，计费贰千陆百余元。异日者吾滇文物大启，工艺演进，此铁索桥制危而弱，刍狗可弃，今重为之，聊济病涉者而已。是为记。民国七年六月。

〔据民国《新平县志》卷七第二十三《诗文征》第18辑录。丁兆冠，石屏人，民国六年（1917）任普洱道尹。〕

重修永定桥记

郭燮熙

或修山路，或造河桥，向视为一种慈善家事业，在司行政者，往往漠焉置之。庸讵知岁十一月徒杠成，十二月舆梁成，则民未病涉，明载诸《孟子》七篇中，此可见桥梁之修，固地方官绅之责也。出盐丰南关外可五六里许，旧有永定桥，建之香水河上，实为南界大小中村及自岔河以下如大水箐、羊树角、核桃树、石嘴子诸村落来往必经之孔道。在昔创建于何时代，旧志无征，征不可考矣。

清同治十三年，邑绅甘潮、萧萃春倡首兴修。越民国七年夏，河水暴涨，复经坍塌。则有灶长王宗儒、保董萧维熙以公益之不容缓也，来署提议，拟事重修。予当韪其说，除商由井灶公所拨提修路公款银五十元外，复相与赞助，共募集银壹百五十余元。克日，鸠工庀材，经营建造，八年冬十一月落成。予乃偕众往视，喜桥身较前益加高，河岸较前益加厚，骑驴客过，就探溪谷之梅花；策马樵来，便运山林之松木。因言曰：是桥之成，固征众人之慈善心，尤见二君之强忍力。自今以往，永留纪念，定卜安澜矣。予职司行政，得不为斯民庆幸哉？用撰此文，俾镵诸石。

〔据民国《盐丰县志》卷十一《艺文志五·杂记》第56页辑录。郭燮熙，字理初，自号梅花老人，云南镇南（今南华县）人，清戊子科举人，早年参与《镇南州志略》编修。参加重九起义，受云南军都督蔡锷委聘，参与《云南光复纪要》编纂。民国六年至九年间，署盐丰知县，勤于政事，重视地方经济文化发展，晚年倾心书画，编纂《镇南县志》残稿。永定桥，在县南猪头山西，同治间举人甘潮倡建，民国七年大水圮坏，邑绅王宗儒、萧维熙倡捐重建。〕

峩崀山茅庵石缸记

彭松森

渴则思饮，人之情也。渴而思，思而不得则难乎为情者。若行旅，若由元城以趋思普峩崀，实为孔道，山高坡陡，近鲜居户，每当炎夏，行者时有望梅之恨。

先君子鎏坡公有慨于此，于松森出生之岁，置缸茅庵，日令人注水其中以饮行旅，又恐注水之不常也，乃置租谷五石以为工资，盖五十余年于兹矣。先君子尝语松森兄弟曰：“而翁投笔从戎，未能有所普润，惟此区区者以惠行旅，尔等尚其无忽昭烈善小之戒而中止也。”今先君子既往，森亦抱孙矣，每一追忆，言犹在耳。余小子固未敢一日忘，惟是孙曾辈出不必皆贤，倘出而废之，不将有负先德耶？爰与弟松华将此田亩于分关内批明，以后不得变更，并记之于碑，所以垂先君之训于永久，非欲使饮水者知其源焉。

〔据黄元直修，刘达武等纂民国《元江志稿》（民国十一年排印本）卷二十三《艺文志二·文类》第18页辑录。彭松森，字茂林，号筱坡，廪生，官师宗县教谕。〕

文星桥碑记

王 鲁

略彴横斜，详于《广志》；舆梁迴互，载在《周书》。无非示我以周行，使民未病涉也。彼玉龙金凤，徒夸千古之功勋；银杖彩虹，特纪一时之游览。此不关乎路政，亦何济乎周行？

我邑虽居避（僻）壤，雅号儒林，山川多缺，培植孔殷。薰风自大哨南来，歌未聆阜财解愠；温水向开门北去，秀因无蕴美藏珍。所以特建文星阁以镇其巅，又造文星桥以扼其要。自古在昔，屡议无成，何处来鞭石神功？空谈无补，能抱定移山心力，有志竟成。爰是联合官绅，先议筹集款项，既有奎阁，又造石桥，名曰文星，实关武事。惟一木不能支厦，必集腋方可成裘。受怨受劳，图成固艰。夫谋始群策群力，后获竟由于先难。所以不可强者，天生之缺陷，而有可为者，人事之经营。或大任仔肩，或分工担负，几经艰险，一往直前，虽有异言，百折不悔。所幸细流土壤，同结胜缘，更有尺璧兼金，共襄盛举。行见长空缀蝀，声腾漳水之波；满岸飞花，光灿洛阳之锦。

如斯桥也，功虽小补，居然雁齿排联，利济遄行，敢拟鼍梁特起。或结遥情于万里，必须贯索于两山。问弱水之三千，可曾飞渡听玉箫？于廿四同是销魂。观两岸绿杨，尽是条条离恨；听一湾碧水，竟成咽咽伤情。然不妨选胜登临，有怀题柱，亦任尔悠扬坦荡，罔慨迷津。一以便利交通，一以锁藏元气，又岂仅备游人之览眺，穷骚客之流连也哉？嗟乎！善成，尤贵善守。将洗磨断碣残碑，有始自必有终，莫付与荒烟蔓草。是为记。

〔据民国《新平县志》卷七第二十三《诗文征》第4页辑录。文星桥，在扬武，民国十七年（1928年）公建。〕

开垦观音寺荒田记

昭于雍正九年，云贵总督高其倬以昭改土归流，新经绥靖，土旷人稀，设官伊始，兵粮民食俱关重要。始奏请招募习于耕稼之民及原住土民，每户给田或土二十亩，令其垦荒，自耕而食，遂开垦殖之端。终以土旷人稀，仍多弃地，乾隆以还，垦殖一事，鲜有计及之者。有之，系山居农民，私行垦荒，略事种植，藉赡食用，未登赋册，盖不足以语于垦殖之列也。时至今日，永荒、暂荒之土尚属不鲜，民国十九年，团长安恩溥慨惜南区观音寺一带浸成泽国，周十余里荒芜日久，无人种植。乃倡议委邑绅邵鸿钧经始其事，先事收买民田共六千六百六十三工半，从事开垦，卒得沃田二千余工，继殖民耕种，收成尚好。计自二十年春兴工，约费镍洋八万有奇，盖邵君擘画耐劳之力也。邑绅杨君筱云撰有《开荒记》，载其事甚详，原文附录于后：

开垦观音寺荒田记

距昭城南乡二十五里，总名曰观音寺。其地较高，迤逦而下，遂成平畴，周十余里。西则高鲁河漫衍横溢，北则小龙洞水潆洄环绕，中则所乐河源流直下，灌溉之便，莫善于此。但每至夏秋之交，一片汪洋，寖成巨津。据父老云：此处在清中叶悉为上则田，村落棋布，人民富庶。自咸同间迭遭兵燹，户口逃散，十余年无人耕管，沟洫渐废，大水横流，久之遂为汙泽。有识者恒为叹息，即欲约同志数人修浚，而地方宽旷，工程浩大，又其主甚众，诸多牵掣，故不易施行。民国十九年夏，团长安公恩溥于治军之余，谈及南区贫瘠，此地荒芜可惜，慨然以垦殖为己任。因商之县绅乡耆，开会提议，爰筹措钜款，创设实业公司，首从开垦下手，履勘数次，又得邑绅邵君鸿钧专任经理，竭力谋画。经县政府圈定地点，纵横六千余工，皆照价收买。于是相其高下，画疆分界，筑埂导流，俾水有所归，田亩秩然。因择高原建立住房十余间，佃房五十余间，招佃住坐，并发种买牛，诸事无不周详。款项各费总共用镍洋八万有奇。至二十年春始行工作，其中得沃田一千余工，已栽种可收。惟今岁雨水较大，低洼者不无淹没，设再经二三年，工程疏通排泄，佃户自行修葺，公家量为补助，则功效自见矣。然以此莫大之建设，若非安公之毅力，邵君之耐劳，岂能使荒烟蔓草之区，一变而为锦壤绣罫也哉？是为记。

按：此记因二十年秋间编辑《通志》，采访资料，聊就当时情形而言。嗣距寺之对面设立庄房办事，增建佃房多间，俨成村落，遂定名新民村，庄内设有学堂，佃民耕织并作。现经卓子魁主任将公路修通，来往便利，诚一大农业场也

〔据卢金锡总纂，杨履乾、包鸣泉纂民国《昭通县志稿》（民国二十七年排印本）卷五第十一《农政·垦殖》第12页辑录。观音寺荒田，民国十九年（1930年）驻昭团长安恩溥关心民瘼，以南区观音寺十余里平畴被水淹没，以成巨浸，荒芜可惜，遂倡议筹措经费，创设昭通民众实业股份有限公司，首事筑埂导河，俾水旁泻，继则从事开垦，招佃耕种，共得沃田二千余工。〕

游大龙潭记

张自明

马关自去秋以至今夏，颗雨未降，农民苦之。县城饮料赖龙潭之水以供取汲，然远在十余里外，一路截流灌溉，颇感困难，市民又苦之。

余于今春来长斯土，目击诸种状况，乃偕达三、超光溯流往探，道径营盘山，至太阳坡，观石树石骨露半面，如古木仆地，不事雕凿，根株毕具，亦奇迹也。沿沟讨源，转过二三山脊，复溯流以行，入山愈深，溪流愈急。比至源头，但闻活活之声，既不见潭，又不见水，惟一石洞黝然在望，心疑之，达三告曰："潭在山腹，水在洞底，由洞可至潭，殊不易行耳。"辗转探寻，始知前人以石砌沟，跨溪而过，日久山洪发涨，沙堆石聚，遂成伏流。超光曰："马关近城十余里乡村田亩均赖此水，舍此无以为活。"达三又曰："尝闻乡中老人闲话，潭水甚大，分流他处者较此尤倍之，以一木板即可截取而来，惟不易出人，奈何？"余跃然曰："果如君言，何不阻彼而济此乎？果有此水量，即开山以工作之，亦万世之利，工程多寡夫何计？"因切嘱达三，倩能入潭者，先往探底细。三诺之。超光复引至一洞，宽可一席地，石笋垂垂，殊有致。旁一小洞，深黑不能人，洞口镌"海龙山"三字，韩熙华书，字作魏体，无可观。韩亦清末任斯土者。山深日短，岩阿露湿，相与寻旧路而归。归途男女杂沓，攘攘熙熙，步山椒而去，始知是日为市聚之期云。

〔据张自明纂修民国《马关县志》（民国二十一年排印本，下同）卷七《艺文志七·记》第52页辑录。张自明，保山龙陵人，曾任云南麻栗坡督办、进贤县县令，民国二十年（1931年）任马关县县长，任职时主持编纂《马关县志》共十卷。〕

经修马关县城水沟碑记

张自明

夫人为万物之灵，而饮食为吾人之天。举凡城郭烟村，莫不以倚山临水为适宜之所在，水秀山明，人才亦因之杰出，山水之关于人也重矣。

马关万峰叠翠，环绕四周，其间土阜绵亘，溪流低而弱，无井水可汲，所赖者龙潭

水耳。潭在海龙山麓，距城十余里。在山之泉本清，而中途穿田度岭，收纳几多污秽，冬春之交，复有截流之患，甚至每水一挑，需洋三毫以上，不惟取汲者感跋涉之艰难，而一勺浊浆，已属不堪入口。前人曾一度兴修，由附郭以石槽卷水，年深日久，倾颓无余，牧民者不加提倡可慨也已。

今年春，余履斯土，目击此种困苦，乃召诸士绅而询之，咸以无款告。余不禁恻然曰："此水不治，为害大矣，卫生且不顾，将何以济缓急乎？"公暇，乃溯流往探，至松毛寨后山，则见一水晶莹，滔滔作响。由此以至县城不过七百余丈，虽不能购铁质之水管，而烧泥筒以引之，所费当无几何。况此水为全城民众所必需，以其日感困难，何若捐些须之款以修之？集腋可以成裘，众擎自必易举也。夕阳西下，仍顺流而返，即召诸绅决议，拨坝地匪产三千作底，由市民捐足万元之数，令委经理五人，以左绅进思、李绅家祧、李绅兆成、刘绅作樑、张绅天源为县中之热心者，协同经理。于是定工烧筒，雇工砌井，派工运料，督工挖沟，不两月间而一泓清泉满城流遍矣。

是役也，不惟除无穷之苦，且可备缓急之需，斯亦市之民乐捐所致耳。窃愿饮其水而思其源，协其力而保其后，永而久之，是所至望。开工于辛未之季冬，至壬申□月而工竣，款目出纳，另详别碑。用志数言，以记斯举。龙陵张自明谨识。

〔据民国《马关县志》卷八《艺文志八・碑记》第39页辑录。〕

重修普惠桥碑记

吉运春

岁在民国辛未之夏，淫雨为灾，洪水泛溢，凤腾乡滥坝河一带淹没田亩甚多，迴龙石桥因之倾圮。迨汇龙川，上游水势骤加汹涌，永胜、普惠二桥一并崩折，往来居民咸兴望洋之叹，俱感绕道之难。

普惠桥，建于民国八年，迄今十有二载，即已摧毁，集会东西绅民共谋恢复。爰于是年冬初，农事稍竣，开始捐资重修，并将向日之未尽适宜者加以改良，至本岁仝月望日而功竣，行人称便，悉成坦途。庆幸之余，泐石记之，用审来者。

民国廿年二十月廿日。石刻

〔据《永昌府文征・文录》卷二十八《民十》第18页辑录。〕

重建城东西风水坊记

郭燮熙

从古堪舆家风水之说，世人或半疑而半信，然实有足征者。试以滇省论之，且姑不列举。即如昆明之金碧，大理之银苍，与夫通海、保山、石屏、东川、蒙自、晋宁诸县邑，自古至今，其人文之发越非他县所可及，而其山川之清丽雄奇亦非他县可比，钟灵孕秀，岂曰无征？以是知地学家言，夫固未可厚非也。

镇南在威楚之西，士庶丰昌，河山明秀。先师戴文诚公督学滇南，日尝称道之，然或谓东山不高，时为缺陷，故侧闻乡先辈曾议修塔于东方而未果。当清光绪丙申、丁酉间，遂宁李公芝轩司牧是邦有年，公固喜谈风水者，因披阅志乘，知城之东西门外，有前州牧黄公中位所建风水二坊，在兵燹以前，即经倾圮。公曰："是于州城局势大有关合。"乃筹公款命地方人士重新之，而余与李孝廉竹君实董其事。当浼吴春堂先生为选定城东西两处基址，则见层楼拥翠，风受南薰，飞阁来青，水归东汇。兹二坊之必恢复，不啻天造而地设于焉。

是鸠工庀材，诸从先君子炳星公之经验，无浪费，无弃物，共支银五百两，而二坊遂即落成。李公命东坊曰"彰美"，西坊曰"传盛"，其义盖取诸韩文，其形式皆壮丽坚卓，凡东西行过客亦尝称之。是秋，云南丁酉科乡试，吾邑中式正榜二人，曰增生刘澄、余亲贤。副榜二人，曰廪生赵玺、杨文焜。先得府州学选拔亦二人，曰吴尚友、夏育荷。邑之父老佥曰："美哉，盛哉！风水坊二，而得举贡科名者皆二。鸡声唱晓，报金榜之题名；鹿晏鸣秋，听玉笙之奏雅。盖风水之言奇中，而山川之气大昌矣。"是冬，余辞书院讲席，三次北上会春官试，虽仍报罢，而大挑且得二等。余与李君当日未遑作记，迄今阅三十六年矣。适修《县志》因补记之，并质之堪舆家与当世之有志培修风水者。

〔据郭燮熙编辑民国《镇南县志》（曹晓宏、周琼校注，杨成彪主编《楚雄彝族自治州旧方志全书·南华卷》，云南人民出版社 2005 年版，下同）卷十一《艺文志·增补》第 692 页辑录。〕

重修惠通桥碑记

林筑品

桥距县城百二十里，在潞江下游之腊猛渡，为永、龙交通要道。清道光中叶，潞江土司线如纶倡修铁练（链）吊桥，遇乱中止。嗣经同光间同知覃克振捐廉督修，地方人士慷慨输将，热心协力，乃告成功。今历百余年，时有捐修，有碑可证。良以壁峭桥高，狂风屡触，土制铁练（链）粗脆未固，民国以还，历任长官皆积极倡修，卒未果行。

民国十七年，杨醒苍县长召集绅耆讨论，佥云中式之不能持久，必仿西式乃能收一劳永逸之效。因委廖文茂、赵家训、尹焕章、李春彩、赵锡昌、周得衡、冷遇春、吴履正、刘恩明等董理其事，广为劝捐，延聘英国工程师伍布兰·苏卡生切实计划，鸠工庀材，提倡兴修。经营两载，奉命卸任，又告中辍。谭裔升县长到任，继续维持，以经费不敷，爰商请乡人晓东朱师长，呈由云南省政府拨发库帑万元补助，未竟其功。

二十一年，绥江石麟邱县长调宰斯邑，下车伊始，首以建筑斯桥为急务。成立建筑委员会，以段学义、王天贵、廖文茂、刘宏仁、赵殿才、赵世篁、张荏、姜锡周、线家齐、刘天禄、杨秀峰、刘焕章、姜对扬、赵桂华、尹履正、杨惠、段德智、李子昌等为委员，殚精竭虑，不遗余力。旋以底款有限，除呈请省府建厅再行拨款补助外，并函驻缅华侨会长保山梁君金山鼎力赞助。复蒙第一殖边督办李公子𤣥文电交驰，敦劝梁君全力维助。邱公假会边案之便，诣英缅邦海与梁君晤谈，详述斯桥经过，竭诚商请赞助，承其概诺捐工捐料。

民二十二年冬，梁君延聘工程师印人赖月生，率领工人，惠然莅龙。地方官绅，群策群力，共襄善举。邱公则本大无畏精神，沐雨栉风，躬亲督工。特委刘天禄、周得衡、田盛、杨崇垓、段体宏、高鸿昌、廖家兴、赵延栋等为监修委员，轮流监视，每日工作达百人之多。至今桥成，高十丈，长三十六丈九尺，宽一丈七尺，壮丽宏都，灵固巧便，洵从来未有之大建筑也。然其成也，皆得晓东朱师长、子卽李督办之请款劝捐，石麟邱县长之苦心一志，统筹督造，梁君金山之捐工捐料，英人伍布兰之捐款擘画，印人赖月生之匠心独运，地方绅耆之辛苦协修，始告成功。是盖合中外诸君子之心力财力，乃能成前人之所不能成，则诸君子之功德岂小也哉！夫徒杠舆梁，架木为之耳，且为王政之大，矧此集中外之人工，横锁大永龙必由之道耶？天堑之险，人力通之，上而高车驷马，下而肩挑背负，熙熙攘攘，如驾长虹，蛟腾龙舞，皆为之贺。桥成之日，官民和会，鼓舞讴歌，声闻于天。而今而后，亿万斯年，永乐康庄。品亦得书名于诸君子之后，真至幸矣，故从实志之，以垂不朽。

龙陵县政府秘书保山林筑品谨撰。

中华民国二十四年一月二十一日，龙陵全县民众同立石碑。

〔据《永昌府文征·文录》卷二十八《民十》第 17 页辑录。〕

九保河道桥梁记

李根素

九保近数十里间，有大小河道甚夥，而大盈江为其主流，余如喇巴河、曩宋河、曩硔河、浑水沟及数十小沙河，皆平行注入大盈江，杨柳河则汇入龙川江。兹分记如次。

一大盈江，发源于龍嵸山，流经腾越、九保，至干崖与槟榔江汇合，至八募汇伊洛瓦底江，下入印度洋，为国际河流。热水塘至曩转桥间水势湍急，河幅最宽处约里许，最狭处仅数丈。冬春水落，可徒涉。夏秋水涨，则河位泛滥无定，田禾被冲，人马覆没者，年必数闻。江上桥梁除曩转桥外，皆为干季暂架之竹桥，雨季则以竹筏摆渡，渡口甚少，交通颇不便也。曩转桥，在九保西南十余里，为干崖、南甸土司所建。光绪四年，同知陈宗海重修。桥以铁索构成，索上置木板，长十余丈，宽丈三尺，人马行其上，动摇不已。昔日有军士数十人列队齐步行于桥上，桥因受振而断折。自后军队过桥，必步伐错乱，方无危险。凡事必经验而后知，此亦保护桥梁之法也。桥下为瀑布，水深，呈绿色。过桥，经猛宋、茂福、黄岭干而至干崖新城。此征缅时行军大道也。

二喇巴河，在九保城北三十五里。晴季为干沟，雨季常暴涨，淹没良田，交通亦为阻塞。数年前郡人寸大志曾募捐修桥，后此即无所闻。

三曩宋河，在九保城北二十五里。河幅广里许，大部为沙滩。雨季水势汹涌，深可过顙，两岸田地常被冲没，冬春河浅，可以徒涉。清光绪辛丑，曾修建石板桥，旋被冲坏，今尚留桥座遗迹。嗣后屡修屡倒，行人患之。然曩宋关至平山一带良田皆赖灌溉，天下事利害往往相依，此一例也。

四曩拱河，即古小梁河，在九保城南。源出大厂诸山上，分清水、浑水二河。清水河自大厂之永安寨、赵老地发源；浑水河自大厂之龙抱树、小邦杏一带发源。两河汇集于九保东面之酒寺坡脚，每当霖雨，河水大涨，挟沙泥巨石急流而下。立于河畔，可闻流石滚动之声，涉而过之，脚踝常为滚石击破。数十年来，因种鸦片之风甚炽，森林砍伐几尽，以是山水汇集，崩塌而下，两岸防河者仅知堵截，不事疏通，致沙泥滞塞，河位时迁，一片肥田几尽为水冲去。九保之三官卡、临水亭、西角巷、寺脚巷均冲没成河，右安、左宁两城门较嘉庆间筑城时缩进已六十余丈。河位日益增高，今已高出九保数尺，九保之生产全视河堤之安否为消长，每年防河所费之财力人力，为数至大。及今不思补救，后患将有不可胜言者。若能因势利导，引浑水入田中，则较施任何肥料为优，不独除患，且可兴利。

五浑水沟，为由腾入缅必经之道，在九保南四十余里，南甸、干崖两司之界河也。发源于油松岭诸山，河阔三四里许，天雨水涨，沙泥杂流，望之似可徒涉，偶一不慎，即陷泥淖中，拔足而出，利如刀刺然，无不流血者。水大涨时，大盈江常为沙泥壅阻，为患最大。

六杨柳河，距九保三十余里，直贯罗必四庄坝，河流曲折，行此路者必涉河流三四十次。夏季常有淹没人马之患。地形险要，明征麓川，清征缅甸，修有行军大道，皆为杨柳河水所冲没。以其曲折，故无桥梁。

其余之小河，如平山河、护彩河、香菜河、哥洞河等，皆为沙河，其情形与上述诸相似。总之，九保一带之河流虽能为害，利益亦溥。欲筹救济之道，治标则须疏通河床，高筑河堤，使作直线流动，不为暴激；治本则须禁种鸦片，广树竹木。如是则数十年后，不仅各河岸之荒田变为肥腴，即兴修车道问题亦可同时解决矣。所谓一举而数善备者，其在斯乎？

〔据《永昌府文征·文录》卷二十四《民六》第11页辑录。〕

永安桥碑记

李曰垓

腾位高黎贡西麓，为滇极边重镇，自来有事于缅甸，率出于其途，而取径则前后不同，何则？高黎贡为世所称大横断山脉之一，自西康南下，绵亘二千里不断，山巅雪封动辄半年，累月不通行旅，渐下渐杀，至腾境东北乃已，故东西交通之不得不出于腾者，势也。往时地形疏阔，择焉不精，知腾境东北之雪势渐杀，而不知东南之更无雪封。是以有明中叶王骥三征麓川，大兵出云龙漕涧、十五喧、马面关，经三练以达于腾。清代征缅，傅恒、阿桂之流皆取道永昌，经今日之腾永官道以达腾。此今昔取径不同，而趋势不能不侧重于今日之官道者，亦势也。虽然，今日官道重矣，而昔之旧道亦所不废，何则？由旧道越高黎贡而东，经云龙、兰坪以通丽、维，或溯潞江西岸直达菖蒲桶，以上皆规画边境交通所不可忽者。若乃由旧道沿高黎贡西麓，出片马、板厂山、拉打谷，上迄俅江流域，则又将来北段未定界，不绝如缕之望，独系乎此，而已知此者乃可与言永安桥。

永安桥者，跨龙川江上游，据三练中权之宝华乡，而为旧道所必经者也。龙川江有三源，一出大塘隘，汇界头、瓦甸诸水以入于曲石，曲石、瓦甸、界头，即昔所谓三练，而瓦甸即今之宝华乡也；一出明光隘，汇大竹坝赖石头河、定蛮关茶山河诸水，南流至固东阿白屯；一出滇滩隘，经营盘街、阿幸、固东至阿白屯，以与明光河会。又东南流，经灰窑，穿山峡至曲石，与大塘河会而为一，通称之曰龙江。再沿高黎贡西麓南流二百余里，至腾龙桥，折而西南流，经南甸、遮放、猛卯出境，始与高黎贡正脉、支脉绝缘。

故在腾境内，高黎贡西麓实与龙江相比附，公论旧道官道，皆舍桥莫济云。先是，旧道出三练，人马辐辏，故三练桥工特精。自界明桥以下，长庚桥、通济桥、永安桥、永胜桥、向阳桥、成德桥、永济桥排比，众木横嵌两岸，作微仰势，逐层突出，至于接近，始架长木，通贯其中。其制作颇含近代科学原理，为旧桥所仅见。自官道下移，下游之桥工代兴，于是有龙江桥、龙安桥、腾龙桥，皆冶铁链，衔接两端，铺木其上以行，是曰铁链桥。其支重持久，远非木桥所及。于是向之永安、向阳，则而效之，易木而铁。晚近西法融冶，刓铁如绵，丝抽乙乙，纽为巨絙，牢缚两岸，罥桥其上，若悬垂然，是曰铁索吊桥，坚固稳妥，又驾铁链桥而上之矣。

民国二十四年，吉君运春以永安改造吊桥之议，谋于众，乡之人从而和之。会封君维德亦倡修龙文桥，相度地址于龙江桥之上、永济桥之下，适与新勘公路吻合。余闻而嘉之。两君亦声应气求，募集钜款，通力合作，越三年而永安吊桥已成。余维山川不改，而要害则因时势为转移。昔元世祖以怯烈佥缅行中书事，昔明盛时，缅甸仅为滇鄙六宣慰之一。麓川思氏既破灭，犹获踞孟养以自存，则大金沙江以西固隶我版图也。洎乎缅沦于英，一度划界，江以东且失地无算，而英人意犹未厌，又囊括北段未定界，自片马以上，欲与我平分高黎贡矣。三面包围，腾与梁、盈、莲、潞、陇、瑞六设治局已孤悬高黎贡外。览永安风景，俯仰今昔，不胜其举目山河之感。然则斯桥之成，岂徒曰“利行人，免厉涉矣”云耳哉！

是役，凡用款三万数千元，用民夫三万余工。首其谋而终成之者，实吉、封两君，出国募捐购料，则封君与李耀廷君用力独多。又措款监工，则熊占先、董绍春、毛发彬、孙承孝、艾其伦、董正荣诸君分其劳。指导赞助则董朝聘、董友薰、姜朝兴、王林兴、杨曰福诸君趣其成，例得并书。

中华民国二十七年戊寅孟冬月上弦，李曰垓撰文并篆额。石刻

〔据《永昌府文征·文录》卷二十六《民八》第4页辑录。永安桥，在龙川江上游瓦甸永安镇，初架木桥，清光绪十三年（1887年）同知陈宗海倡修。民国八年（1919年）里人李其富等醵资改建铁索桥，长十四丈，广八尺余。二十四年（1935年）里人吉运春等醵资重建新式铁索吊桥，由缅甸购置铁件，费经费三万余元，二十六年四月，修筑完成。此记题名，民国《腾冲县志稿》卷十六第八《交通志·桥梁》永安桥条附录作“改建宝华乡永安桥记”，内容较《永昌府文征》略。〕

向阳、成德两桥碑记

刘楚湘

龙江上游，来源有二，一为曲石江，亦名龙川江；一为固东江，俱会于曲石。固东江来源亦有二，一为明光河，一为滇滩河，至固东会而为一，故名固东江，流至灰窑山，又名灰窑江，跨有向阳桥。曲石江跨有永济、成德二桥，相距各八九里，鼎足成三角形。由腾城北行四十五里，度向阳桥。去分两路：南路过永济桥，经江苴，上林家铺，再度潞江双虹桥，至保山之上江之上五喧地；北路旧道过成德桥，新路过永安桥，经瓦甸罗古城之西，至凤鸣，上马面关，越灰坡，到保山上江之上五喧地，出云龙界。

向阳、成德两桥，为腾越最初开辟之古道。考明《景泰云南图经》，载腾越有藤桥三

处，一在龙川，一在瓦甸，一在曲石，俱跨龙川江上。因江水湍疾，难支木石，自古编藤为桥，系于岸树。腾越之名，盖谓越藤桥而达于境。后人改用木桥，遂忘旧名，而称为腾越耳。《徐霞客游记》云坞底有桥跨江，铁锁交络，而覆亭于上者，是为曲石桥。《一统志》云龙川江上有藤桥二，其一在回石。按：江之上下无回石之名，其即曲石之误耶？以道路考之，向阳、永济、成德三桥，为元明由腾通保山、云龙之大道，正统间王骥征麓川，尚取道于此。《景泰图经》所载之藤桥，一在龙川，一在瓦甸，其在龙川者即今之界明桥。徐霞客当明崇祯间来游，龙川之藤桥尚在，载其《游记》中。惟龙川、瓦甸之桥，当日非通城大道。扼龙川江之咽喉，为行旅之通道者，即向阳、永济、成德三桥。徐霞客所云之曲石桥，为今之向阳桥，迨明季已改为铁链桥矣。又，考元至元间，曾设顺江州及越甸、古勇二县，俱属腾冲府，后罢之。故腾越在元代繁荣之地，以今四五两区之大西、古勇、曲石、瓦甸、凤鸣等乡为最。至明犹然，亦以三桥为龙川江关津之锁钥，往来之通路耳。

兹因向阳、成德两桥年久失修，余老友印泉李公，于民国二十八年由昆明旋里，至曲石扫墓，见其朽坏，嘱第五区区长吉君运春修葺之。李公倡捐为之率，以存古迹而利行人，并属余为记。余因考其沿革，俾吾腾人知斯二桥有关于腾越历史之重要若此，其解囊以赞李公乐成之矣。

〔据《永昌府文征·文录》卷二十六《民八》第19页辑录。向阳桥，在龙川江上游曲石上北交界，创于明洪武间，屡修屡圮。清乾隆三十五年（1770年）里人捐租重修，并建龙神祠于面山之椒。后毁，清嘉庆间里人改建于上游五里许，名曰济渡桥。不数年，水溢桥毁，复改于下游三里，名双龙桥。因水势汹涌，震撼而圮，里人谢魁然等复建桥于原址，乱又毁。清光绪五年（1879年）同知陈宗海倡捐重建，工竣，更名镇龙桥，云南巡抚杜瑞联给额曰“功占利涉”。迄今修补者数矣。成德桥，在曲石野猪箐，里人修，毁于兵，清光绪八年（1882年）同知陈宗海倡捐重修，加铁索四，系于石墩上，逾年工竣。此记题名，民国《腾冲县志稿》卷十六第八《交通志·桥梁》作“向阳、成德两桥募捐序”。〕

游叠水河记

张问德

河源大盈江，距城西三里许，石壁峭削直下，一落千丈，故曰叠水。匹练长垂，巨石荦确，当水之冲，水势益怒，搏激益高，浪花飞舞空际，散若烟雾，朝暾夕阳，映成霞采，尤光怪陆离。距百步外即闻风声、雷声、雨声，遝杂聒耳，炫骇狡狯，变幻倏忽，有不可以言语形容其妙。岩头龙光台高耸雄杰，游人鳞集，有武侯遗像。昔邓子龙、刘綎两将军凯旋，驻兵觞咏于此，英风宛在。岩根平衍，水向南流，出缅甸，入于海。惜在边郡，不能与天台、雁宕、匡庐之瀑布见称于海内文彦也。颇闻欧洲之乃格拉大瀑布，称为世界第一，余未得游。有览而归者云，不及远甚，谅非虚也。癸酉冬，郡人张问德记。

〔据《永昌府文征·文录》卷二十六《民八》第23页辑录。张问德（1881—1957），字崇仁，云南腾冲人。1942年日军入侵滇西后临危受命，担任腾冲县长，领导腾冲人民的抗日斗争及对反攻的中国军队的支援。新中国成立后任德宏州政协常委，1957年病逝。〕

大盈江记

尹家令

大盈江，发源芹菜塘，向北流，经罗坞塘转南，纳沿江各道河水江水，至八募汇大金沙江，并腾越龙江水，经岁波准石峡，出阿瓦、仰光而入于海。其江自罗坞塘而下，水添无数，愈流愈大，故名之为大盈江云。

大盈江经过之地多沃壤。其受利者，下北、小西、和顺、明朗、河西、清水、南甸、干崖、盏达诸处，皆丰美，无虑旱干。每经一原，又落一原。观其下落之所，多石峡嶙峋，峭崖深涧，飞泉瀑布，霞彩缤纷，屡见迭生，恒多奇境。叠水河之龙洞垂帘，久雨不晴；明朗界之麟风呈祥，云舞霞飞；干崖坝尾之飞泉迭现，云瀑捷生。虽埋没深山，亦大盈江之奇胜也。若在名区，则文人学士之咏歌赞扬者，不知其若何之夸耀矣。

故大盈江者，吾腾之要水也。自纳打苴河、马肠河、上海子水、下海子水，又饮马河、三合河、伽池河、龙王塘水，其流渐巨。至明朗界内，又加以小寨河、银厂河之水，至河西、清水、南甸境界，又加以曩拱河、南庆河、曩宋河、丙赛河、猛宋河、小梁河之水，其水愈见宽洪。至干崖、盏达，更益以盏西河、云笼江、安乐江、槟榔江之水，则水愈大而江愈宽。至入八募，又益以腊撒河、洪猛河、夷山诸河，及汇归大金沙江，则水之大不可以测其量矣。八募原为中国土司地，大盈江流至大金沙江而止。凡言大盈江者，必至大金沙江而止。地舆山川之要，不可不知也。

〔据《永昌府文征·文录》卷二十七《民九》第20页辑录。〕

热海记

尹家令

热海在腾越城南三十里，半个山疙瘩山下凹中。巨石四围成海，沸水注之，昼夜涛翻，时刻响震。如巨火丛烧于地下，似雷鼓声击乎海中。沸波跃起，热气常喷，直冲霄汉，布满山阴。雨雪入之而寒化热，日月照之而光不明。直若鼎沸，何异云蒸？千年不变，万古常薰，故名为热海云。

在昔总兵蔡标未挖磺时，其声其气其波洪大于今。自海旁各处挖破而后，民国三年闰五月十三夜，大雨倾盆，雷电交驰，热海与小寨河水大犯，冲没小河底居民三户，石桥一座，死八人。由是热海遂干，逾月热水复出，但声、气、波三者逊于昔日之洪大震撼矣，然终冠盖地球各温泉也。人谓地中有火龙，信其然乎？热海之前原有二孔，作喷吐呼吸状，滚花四射，沸水溅淋，名为"龙鼻子"，观者不可逼视。昔有人以秽衣用竿投入一孔，水变红不出，所投衣服亦不知归于何所。故今仅存一孔，覆以刺枝，恐人误触。离热海三丈余，有巨墩似甑，甑遍生小隙，常热气氤氲，如在釜中，高约四尺，大约四围。甑内蒸饭蒸肉，皆能透熟。热水自海流出，分为二沟，一归男子浴池，一归女子浴池。其水沸水也，非掺冷水，人不可近，故男女浴池均由别地沟水引冷和之。每年冬春之际，凡疾病疮癞，医之不能治者，往浴无不愈，洵济世良泉也，拥挤之时恒有三五百人。地有寄宿庐舍，由一人收取浴人房金，惜无智者改变经营，修葺完善。昔有一炬之灾，近有墙倒之患。

苟能因地预筹，扩充构造。热海四围，栽以梅杏桃李之外，种以松竹。热海之南，生有平凹，可聚为池，或建以亭，池亭之外，尽栽梅桃。热海之北，有一岗峦，可建小亭庐舍。道路四面推展，必使清洁爽朗，合于卫生。是则沐浴者安心乐住，揽胜者亦必时往游观。冬有梅花，春有桃杏，满眼玑珠，遍山苍翠。兼以温泉之佳，亭池之雅，非绝妙胜境乎？且热海上下佳境甚多，山腰路脚，有气蓬渤，常腾空际。又热海谷口小寨河边，有沸水自石峡中喷吐而出，热气冲霄，沸花纷飞，流至平地。池旁有冷水一线自此来会，人多就以沐浴，但地势狭隘，不能容众。其他热地数处，足履之似火下烧，不能立足，医疾者草铺席展卧其上，名为蒸地。热海上下，到处热气升腾，如云似雾，缭绕充盈，朝夕磅礴，日夜声闻，名之为热海固宜，若号之为云海亦可也。又其地遍产硫硝，亦可为医疾之用。

〔据《永昌府文征·文录》卷二十七《民九》第20页辑录。〕

游太和宫至黑龙潭记

岳在源

控如组之辔出东郊，横驰十里，观宇岿然，所谓太和宫也。嘉木葱蒨，映带生姿，相传为清初云南巡抚陈中丞用宾所建，抚读碑志，犹可知其厓略焉。爰日凝晖，松竹阴转，时盖卓午矣。于时下山，超乘北指，境益清旷。水村山郭之间，异鸟呼名，野人问姓，有顷乱青合还中，画檐微出，鸱尾翘然，黑龙潭于是乎在矣。潭旁亭一，上下新旧观二。凭其槛，鱼之洋圉，水之涟漪，于焉歌之，永矢弗谖，又况唐之梅、宋之柏，错节盘根，冰姿黛色，足以发思古之幽情也哉！

〔据《永昌府文征·文录》卷二十七《民九》第22页辑录。〕

重修腾龙桥记

李根源

腾龙桥在龙江下游之蛮拂渡，界腾冲、龙陵两县间，为清光绪二十八年两县绅士张以茅、熊兆等所创建。厥后视铁索桥板随坏随修，已非一次。滇缅国道通后，凡往来腾龙以及赴缅士商多舍八募、密支那，取道于此，遂成交通冲要。

己卯之春，腾冲建设局长李嘉祐经此，见桥倾危，走商龙陵县长，并集腾龙桥各商筹资兴建。监修者董南轩，经修者姜朝兴、杨兴洪。自春徂夏，工始竣。更建桥房及镇江庙，沿江边并修筑土路。余归里，适值桥兴修落成。嘉祐来请撰文泐石，爰为之记。董事诸人颇著勤劳，例应章之，为两邑人告焉。民国二十九年三月。

〔据《永昌府文征·文录》卷三十《民十二》第33页辑录。〕

澜沧江记

李郅

《府志》称保山有两江襟带，东澜沧江，西潞江又名怒江是也。澜沧江之源，据《滇系》与《府志》所载，以古时游历未周，多半模糊。今测勘学精益求确，按经纬度绘制，以万国中线革令（格林）威治天文台为计点，凡河道地理图悉准乎此。故记述澜沧江源流，必确记其源委、流行公里之数及江名，经过各地，入何海洋，度得其真象。

考澜沧江源出青海格尔吉山北面，在北纬线三十三度，东经线九十六度，名格尔吉河，东南流二十公里，又称杂楚河。又南下五十公里，进西康省北界，再流五十公里，至昌都县即察木多有格穆楚河自格尔吉山北面东流六十公里，沿唐古拉山北面流一百一十公里，来昌都县前与此澜沧江源汇合。又向东南流二十公里，西纳他念他翁山北麓之拉贡河，南流十公里，东纳察雅河水。又东南流一百公里，至西康省南界巴塘盐井县，再南流五十公里，始进云南省北界德钦县即阿墩子。在北纬线二十八度三十分，东经线九十九度三十分。由德钦县以下，南流至维西县，东纳阿墩子河水、永春河水，至兰坪县，东纳丽江之工江水，西纳白水河，流下云龙县，西纳表村河水、崇山溪水，共行二百五十公里，始进保山县北界之坡脚村。由坡脚村上溯十二公里，有功果铁桥，在云龙县西首骆马河入江口之下。凡老桥、新桥均被敌机几次炸毁，近又新筑最坚固之昌淦铁桥。于二桥上皆属于云龙县，故澜沧江流域保山只以坡脚村起首，在北纬线二十五度五十七分，东经线九十九度三十分。

江水之色，雨季水渐涨，翻红色，江面宽一百二三十公尺，水深六十四五公尺。干季江水渐落，水仍绿色，江面宽九十公尺，水深五十公尺。自坡脚至瓦窑渡，水势湍急，奔流吼响惊人，土人谓之响索。水内巨岩石峡，船筏至此一泻二十公里，危险至极，雨、干两季均不能渡，至瓦窑渡始可渡。

至霁虹桥上，西纳河湾大河水、金厂河水、永平河水、团箐河水，东纳杉阳大河水。至霁虹桥下，西纳水寨河水、魏西河水、柏树河水、金家山河水、阿峦河水。东南流至竹鲁洼，共行一百公里。自坡脚至此，为保山县与永平县分界之水。东南流出昌宁县柯漭乡北境，南纳右甸河水，仍东南流顺宁北境，南纳高枧槽水。折南流经云州东境，西纳顺甸河水、猛麻河水，至景东，为与云州分界之水，至缅宁，为与景谷县分界之水。西纳杉木江水，下至六顺县，又名九龙江。西纳辣蒜江水、蛮怕河水、冬瓜坪水、南底河水，再南流，经临江县、思茅县，东纳罗梭江水、猛撒河水，西纳南混河水。南流至车里县，西纳南腊河水，东纳南莽河水，再南流至镇越县，为云南省南方边界，纳猛乌、乌得诸水。在北纬线二十一度、东经线一百度，穿出老挝西境，名湄公河。南流入暹罗国今改名泰国，又为暹罗、安南分界之水。再折向西流，至北纬十三度、东经一百零一度，有曼谷都会，为暹罗国王京城，跨于湄公河两岸。再南流二公里，归于南洋。

此澜沧江起迄共流行三千一百公里，保山县江面不过占三十一分之一。《书·禹贡》云“导黑水至于三危，入于南海”，又云“华阳黑水惟梁州”，言简意赅谓中国梁州以黑水为流域之处，明明指澜沧入南海。古无澜沧名，而梁州明是滇地叶榆，李中溪以澜沧江当黑水。澜沧江之水由吐番（蕃）西北来，迤逦向东，折而南，徘徊于云南郡县之界，至交趾入海。新都杨升庵亦主此说，所以清初阚祯兆考澜沧，亦据李、杨二家之说。遵经旨以断定黑水为澜沧，确乎不易。

〔据《永昌府文征·文录》卷三十《民十二》第3页辑录。〕

潞江记

李　郅

保山西部襟带之大水为潞江，上流经怒夷界，又名怒江。在保山上游称上江，下游称潞江，又称泸水。以武侯南征，五月渡泸，令马岱为先锋渡江，染瘴疠，可知潞江最毒，即为泸水之证。前次印泉师长书“泸水”两大字扁额悬之桥上。

今考潞江之源头，发于西藏东部查古特湖又名布喀池，称喀喇乌苏河。北面有一支流，索克河、沙克河二小水合流，从西藏东南曲折流入西康省，南下十公里，来与此潞江源汇合，名卫楚河，在北纬线三十二度，东经线一百度。沿唐古拉山脉东南流，至硕督县东洛隆宗境，又沿雪山山脉东南流，四百五十公里至察隅县，纳他念他翁山山脉南面之敖楚河水又名昂楮河，始进云南省西界，在北纬线二十八度，东经线九十九度。南下至维西、菖蒲桶、兰坪等县之西境，贡山、康乐、碧江、泸水等县之东境，流三百五十公里，始入保山县周北乡之西滥坝界，系在北纬线二十五度五十九分，东经线九十八度二十七分。西纳上江古里喧之户邦河水，崩戛喧之南崩河水，蛮冈喧古弄坝之马掌河水、响水河水，蛮雷喧之板瓦河水、蛮巴河水，蛮云喧之蛮口河水，蛮云街北之梆槨河水，早纳喧之邦荣河水、线家寨河水，西牙喧之蛮龙河水，喇喻喧之顺西河水，上蛮阳喧之蛮阳大河水，上敢顶喧之券桥河水，下敢顶喧花桥头之敢顶大河水，崐广喧之田头寨河水，荡习喧之黄竹河水、蛮冈大河水、荡习河水。又自北冲东纳西滥坝河水、空靠河水、孙足大河水，周里之猛赖大河水，蒲缥里上乡之罗明大河水，流至潞江惠人桥下，又东纳柳湾之亦惠河水，兴平乡之蕚河水，施甸大河水，姚关之猛波罗大河水、镇康河水，再南流十公里至保山南界，共流二百二十一公里。在北纬线二十四度十三分，东经线九十九度三十分蚌东渡口下，出镇康县勐捧之北，龙陵县、潞西县、瑞丽县等之南，又穿过英缅之果敢县，南流经木邦土司地，称喳哩江。再南流，至下缅甸，名滚龙江，又名萨尔温江。

自保山南下至此，又历五百公里，乃至马尔达般海湾，归入印度洋。起讫共流行一千三百二十公里，保山江面仅占六分之一。上流有新建兰坪县铁桥、保山之双虹铁桥、腾冲县之潞江铁桥、龙陵县之腊猛铁桥。江面较宽于澜沧江，而水色常绿，水性平缓，随处可渡。前志书载潞江归入南海，与澜沧江入南海淆混不清。其实澜沧江之入南海乃在南太平洋，潞江之入马尔达般，乃是印度洋。明明各在一洋，中间隔离有马来半岛，不能以入南海统言之也。

〔据《永昌府文征·文录》卷三十《民十二》第4页辑录。〕

杉木河记

李忠本

杉木河者，阳之一大河流也。其源有三，一出金箐河，一出松坡，一出盘龙山。至三汊河合而为一流，经五排，绕马鞍山，折而北趋平原，逾四、三、二等排，复折而西，破峡而出，有巨石当中，名锅盖石，水从石下泻而入于澜沧江焉。长凡四十余里，杉阳村落错居是河之左右，夹岸遍栽杨柳，十里成阴，而良畴数千亩，灌溉胥利赖之。上跨石桥，曰凤鸣桥，以通往来。峡旁危崖崒嵂，有阁上截云岚而下啮江流者，是为锁水阁。登阁品茶，可以领略罗岷风景。河中产鲥鱼，似鲭鱼状而肥，为地方珍味。谓之鲥者，推三月尽四月初时耳。民国十三年。

〔据《永昌府文征·文录》卷三十《民十二》第11页辑录。〕

锁水阁记

赵国绅

博南胜景，若山水，若寺观，前人已撮其要者，编有八景诗以传，而独于锁水阁之风景未经品题，想系僻处岩阿，诗人墨客，足迹罕至，以致湮没无闻，良可惜也。

阁在永平杉阳西隅，当杉阳河流入沧江口之高岗上。民国已卯秋，偕友人刘子光、何耀先十余人携酒往游。沿杉阳河堤而下，河流有声，水天一色，垂柳摇金，嘉禾吐穗。行约十五里，过凤鸣桥，又十余里，乃抵阁岗之麓。少憩，仰视高阁凌霄，左右两峰，悬岩嵯峨，壁立万仞。最奇者，两峰相对，石人二凌空倒挂，洵天然之奇景也。

河口有锁水石一，状似锅盖，名锅盖石，河水从石隙奔出，如瀑布直泻入江。余等甚异之。既上，石路崎岖，羊肠百级，友人有孱弱者，一步一喘息，五步一停顿。幸余健步，洋洋前进，不觉其苦也。满岩藤质蓝色之小花，映岗夹道，不知何名，然雅致可爱。未几，已达阁之山门，门额颜之曰“锁水阁”三大字。至其建筑，后层为玉皇阁，前层为观音殿。考之碑碣，相传创自明洪武间，今幸季植杨公解绶归来，目击殿阁倾圮，佛像剥蚀，爰倡而修葺之，今则焕然一新矣。阶前桂馥柏苍，苔碧草绿，迥殊尘俗。出石门，跨危岩而坐，遥瞩江流如带，烟火数家，田园桑麻，迎眼如画。余思居是间者，颇有避世桃源之概焉。俄返阁，老僧煮茗进，余等陈酒肴，席地畅饮。已而夕阳在山，人影在地。归来时金风送爽，玉露抑尘，行歌互答。及抵家，已月明如昼矣。爰于灯下濡毫记之。

〔据《永昌府文征·文录》卷三十《民十二》第11页辑录。〕

澄镜湖记

李希泌

鉴湖之名著于贺监，匡庐之胜播自慧远，山水之趣，其有赖于名贤之品题乎？吾郡腾冲远在西陲，游宦畏险而就夷，文士乐近而惮远。崇冈峻岭，美泽平皋，多未显于世也。澄镜湖者不幸类是。

澄镜湖，俗称青海，所谓“灵湖澄镜”者也。纵横千余亩，水旱不消长。环湖皆山，芙蓉峰峙于后，正对巃嵸三峰，高皆极天，碧波摇漾，动影袅窕。湖上野凫数千，翱翔游泳，唼喋追逐，知湖之美而不能号于人。惜其无有人焉珍惜之者，无有人焉插柳、树松、栽桃、植梅以妆缀之者。设有人焉如余之愿，则湖光山色之间焕如灿如，视西子、莫愁之媚妩靓倩何多让焉？

民国戊寅冬，余侍家君归自西安，行装甫卸，即邀刘君铁舟、钏君祥阶往访，如感江南之春，如读子山之赋，徘徊踯躅，至日西坠，犹不忍去也。念余学非慧远，年殊贺监，而此湖之胜实兼匡庐、鉴湖而并包之。是不可以无文也，乃为之记。

〔据《永昌府文征·文录》卷三十《民十二》第17页辑录。李希泌，字重邺，云南腾冲人，李根源之子。〕

破山泉记

李希勋

距九保城西三里，大盈江对岸有温泉焉。民国己卯之冬，伯父旋里，见温泉自破山间涌出，乃名曰破山泉。泉洞凡四五处，沿山麓石罅流出。每洞蓄得一浴池，类皆清澈如镜，温暖合度。夫滇中温泉虽夥，然多为沸水、冷水之混合，或如热气透入冷水而成。天然温度适宜者颇难得，有之，其如安宁之温泉与破山泉也欤？安宁温泉有“天下第一汤”之称，然则破山泉可称“天下第二汤”矣。安宁温泉能治皮肤癣疥各疾，破山泉能治风温胃脏诸病，故四方来浴者四时不绝，九保往为尤便。夏秋以筏，春冬则以竹桥，或竟涉水而过，故吾乡人每三日必一浴，良习惯也。每届春季，更相约寄宿温泉，昼则游览山川，夜则作常时间之浴。其最适意者则为吃花鱼，盖大盈江自小河底以下至曩转桥，特产一种小鱼，其背作镰刀花状，故名花鱼。味至鲜美，必春季始捕得，亦唯破山泉附近最多，来此沐浴者既爽身又适口，致足乐也。

泉周遭风景极佳，九保之鳌山在此特显其秀丽，远之则梁河疏密之村落，龙盘山之巍峨气势，皆隐约可睹。其南有矗立大盈江心之孤岛，俗名团坡，其上无居民，惟奇石林立，虽水涨数尺，亦不能掩其形状也。曩转桥在其南十余里，为大盈江唯一之铁索桥，亦即南甸盆地之锁钥。泉后有腾八公路，背倚莲花山，峰峦起伏，以其状如莲花倒置，故得名。山虽不高，而玲珑可爱，余先大母曹安人之墓在焉。

吾滇人向乏沐浴之习，常为人所讥，而吾乡以破山泉之便，养成爱好沐浴之风，良足欣慰。安宁温泉得杨升庵一题而名重天壤，独吾乡破山泉藏于边荒，几无人知之。今得伯父[1]锡以名而稍稍传于遐迩。将来公路开通，非特为本地人士之乐园，亦且为国际友人所乐游矣。天生灵境本不择地，而滇之温泉类吾九保破山者所在多有，安得如吾伯父其人者一一题而名之耶。

〔据《永昌府文征·文录》卷三十《民十二》第24页辑录。李希勣，李根源侄子。〕

丙赛温泉记

龚天民

大盈江之西有温泉二，一曰破山泉，一即丙赛温泉也，而得人称道境清地适者，则以丙赛温泉为最。其地近腾冲河西乡丙赛村，因是名焉。泉自地涌出，其底若釜，沸汤如串珠，腾跃有声，蒸气弥漫，缕如云雾，奇观也。泉旁皆山，如画环立，森林错绮，草木疏缀。

丙赛河自北来，经此入大盈江，是以多沙石，受水蒸热，不可驻足。乡人就地掘数池，有可饮者，有可烹煮者，惟入浴须道冷水，始适度，且能治病。每届春冬之交，远近来浴者，络绎于道，惜无憩息之所，乡人拟即鸠工筑屋。斯举若成，知浴者趋之，更有甚于今日者也。

〔据《永昌府文征·文录》卷三十《民十二》第25页辑录。〕

重修玉泉乡后海闸记

郭燮熙

云南山国也，距东海、南海远甚。乃昆明之滇池，一名滇海。大理之洱河，一名洱海，致海邦人士或非笑之。然滇池云水，洱河雪水，迹其尾闾所泻，终走金沙，入澜沧，会归东太平洋与南太平洋，则各从而海之庸，何病？

镇南，一山县也。在昔南界河洞村之西，有潴水塘，周围可六七里许，清秋月白，水天一色，俗呼为前海。是村后山北又有潴水塘，周围可二十里许，春季风高，万顷波涛，俗呼为后海。云今夫玉泉乡之有二海也。滨海农田，胥资其水利，兹专即后海言，合上庄科、河洞村、上河坝三村，都计灌溉军民田二千余亩。先民有作，曾在东堤海口修一涵洞，蓄水则闭，泄水则开，盖千百年来矣。乃者当前清康熙四十四年，军民佥称：前此海口用土木石筑，万一崩颓，为害甚巨，则议修锁水闸，请于和州缪公，委任世袭土州同段公光赞董役落成，嘉德丰功，惠而不费。当时陈明经应登撰文，特援西湖苏公堤先例而名曰“段公闸”，树之碑以垂不朽，自康熙迄今二百三十余年矣。

按《碑记》：闸高一丈五尺，长十二丈，内塞外开，仍为暗洞，而且失修已久，危险滋多，民国十三年遂被洪水冲坏，泥沙淤积，蓄泄俱难。假令长此因循，则影响于国计

① 伯父 即李根源。

民生至大，如后患何？爰有上庄科公民周子德功苦心志士也，为公益计，倡议重修海，众赞同。先期筹划当于民十六年，民二十年二次雇匠人入山，伐获粗细石条共六百丈，强半由民工运至海口。越民二十八年，公议每亩积谷二升，共积市石谷四十余石，作兴修基本。民三十年始大动工，雇牟定石工何师、张师主任修造，采新方式改为明闸，高度二丈，宽四丈二尺，长七尺，中心广二丈，本县石工许与陈助之，又增石条数十丈，并修送水二，需大工四千余工，小工二万八千余工，凡食米、烟茶、油肉分别供给，其他需用之各种物资如石灰、糯米、腐豆、桐油、香油之属，无不赅备。所可幸者，由农民合作社贷款，获国币一万二千元，以二年为期，县长李公廉方代负全责，将于每亩暂摊派国币十元作偿债基金，若犹不敷，再为公议善后。夏历壬午二月周子过余，请为之记。夫天下利必归农，通义也。然农田之利，水居多。近自倭寇狓猖，国军抗战五年矣。而建国大经同时迈进，吾滇政府于水利正积极提倡。县府李公鼎力维持，俾数十年预期之大工程，得于民三十二年完全蒇事，以视北乡之万工坝，屡经修而不成，西乡之沙桥河，欲改修而不果。则周子等之恒心一志可不谓难能哉？抑余尝观浙江《海盐县志》，彼原海邦也，而关于水利事，且犹纪载系详，矧兹山县如玉泉乡修闸一役，在县乘，自应大书并撰记，勒碑以诏近海农家之后来者。

〔据民国《镇南县志》卷十一《艺文志·增补》第696页辑录。后海闸，清康熙四十四年（1705年）知州缪公委任世袭土州同段光赞修锁水闸，民国三十年（1941年）周德功倡首改修明闸。〕

游安宁温泉记

李翰湘

癸亥冬，听鼓省垣。岁暮愈无聊赖，乃作温泉之游，将以涤新德，祛夙疾也。泉距会城七十里，距安宁十里而遥，自省来游温泉者，不必绕道安宁，而仆之自省走安宁者，因同乡周指挥部在安宁，假夫马故耳。

安宁之名螳川，温泉在螳川之地。其游也，循河而行，先骑后楫，一句钟即底观音岩，盖温泉胚胎之所，岩石壁意，如鬼斧神工凿成。奇孔怪窍，或称环云，或名云窝，或壹堂溪壶峤，或写云龛丹灶，题赞甚夥，颇难全记。数武即云涛寺，依山面水，觉云影天光，涛声松韵，别有天地，且龙山前护，虎丘遥呈，诚螳川之胜。又数武，是保存古迹碑，乃民国纪元来，军政府恐匠人凿石，有伤温泉，而施禁令。上乃火龙古庙，下即碧玉温泉，自石孔流出，略修葺即成天然浴池。夫温泉之在中国南滇南者，杂见土志，或水沸如蒸，或味杂硫磺，不如此泉之四季温和，随时可浴。浴已，觉胸襟开爽，精神焕然，夙疾顿瘳，将来能修业进德，亦未可知也。是为记。

〔据李炳臣修，李翰湘纂民国《维西县志》（《中国地方志集成·云南府县志辑83》，凤凰出版社2009年据钞本影印，下同）卷四第二十三《诗文征》第14页辑录。〕

代拟修永春河铁锁桥记

李翰湘

盖闻造作舟楫所以济川，建设桥梁用以作捷往，自来为民上者未始不以此当为务之急。语云：“岁十一月徒杠成，十二月舆梁成。”推其意，虽赖官长之提倡，尤需民力之合作者也。

维邑城东三里许有永安县焉，为士商必由之区，行旅往来之道，其水冬春虽不甚大，而夏秋洪涛瀑布，士女患涉。在昔，文武官绅撮土为垒，甃石为梁，不数载而为冯夷所苦，□而葺以木，工旋复旋失，长此以往，万一一夫失足，其咎谁尸？此有心人所不能不临流而浩叹也。

予莅任之初，睹此情况，愸然心伤，欲捐廉兴筑，以期利济，奈案牍之频仍，复公务之鲜暇。越六月，部署稍定，百废待举，爰集绅首到地踏勘，拟炼铁成之，约计非五十元不能蒇事，而好行其德人有同心，或捐资以成美，或广募而赞襄。纵云鸿图广厦，非一木所能支；安知重任千钧，得众擎而易举。勿畏难而苟安，勿因陋而就简。譬之为山九仞，不亏一篑；精金百炼，乃底厥成。俾海虹石梁，不得称美于前；而丽津链桥，尤当步尘其后。庶几踵事增华，阖邑光耀，行人熙来攘往，未无扬波之虞，北达南通，咸享安澜之庆，不吝与有荣幸焉。是为记。

〔据民国《维西县志》卷四第二十三《诗文征》第14页辑录。〕

重修新路岩硚碑记

张嘉乐

梯山航海，大车铁路，汽车汽船，文明各国无不讲究路线，以利交通。维西北路乃康藏通衢必由之道，而猴子岩悬岩绝壁，前人已凿山通道，行者称便。乃阅时已久，崩塌倾圮，在在堪虞。邑中人士，集资修治，复化险为夷。适路工告成，索序记事，爰缀数言，以为纪念。

〔据民国《维西县志》卷四第二十三《诗文征》第15页辑录。张嘉乐，剑川附生，清宣统间任维西副将。〕

公龙桥碑记

李翰湘

《周礼·夏官》司险知川泽之阻，而达其道路。孟子曰：“岁十一月徒杠成，十二月舆梁成。”《诗》云“造舟为梁”，有所事也。徒杠舆梁，即今之桥。若架木，若镕铁，若甃石，成之皆是。

去城北七十里有公龙河，当两山之冲，悬岩绝壁，附近居民建有木桥，以济行人。代远年湮，桥栋颓折，行人病之。乙巳春，王司钱、赵为之倡，拟甃成之，闻于阿墩暨各村募有金钱，已动工置石，适巴匪倡乱，煽惑阿墩僧蛮，变起仓卒，二土司亦遇害，遂使此桥工半途而止。

丙申岁，湘与施子文承姚太尊命，修阿海洛古桥，道经阿喃多，晤刘、张、李、曹诸君述及公龙桥，功仅亏一篑，因赞同人集资修理。己酉孟夏兴工，庚戌季秋落成。所需木泥灰石各工，实用三百余金，乃仁人君子好行其德，此公益，故将芳名泐诸贞珉，以与河山并寿云。

〔据民国《维西县志》卷四第二十三《诗文征》第15页辑录。〕

阿海洛古姚公桥碑记

李翰湘

读书至“岁十一月徒杠成，十二月舆梁成”，古圣贤于山泽阻止之地，必架木镕铁，甃石以通济之。去城北九十里，名阿海吉马桥，前往甃石落成，以便行人。无如地当两山之冲，大水暴发，冲坏桥梁，田亩尽成泽国，行人飞渡无术，临流而返。适姚颂平大令来抚是邦，嘱湘暨蒋芝玉、施子文君董治斯役，募集锱铢，成兹善举。谨将芳名泐石，盖不没其善云。

〔据民国《维西县志》卷四第二十三《诗文征》第16页辑录。〕

澜沧江探流记

陈碧笙

报上看到蒲得利等金沙江覆舟的消息，惋悼之余，不禁引起了我四年前独探澜沧江的一段回忆。

澜沧江是亚洲南部一巨流，发源喜马拉雅山东麓，南贯云南，穿德钦、维西、云龙、永平、顺宁、双江、澜沧、宁江、车里、镇越诸县地，出缅、暹、越为交界水而入于南海。我在未到车里前，即有一个理想，以为如能设法开航澜沧江，则思普边区的丰富物产，将可以利用此低廉而便捷的水运，直接输出国外，较之修筑铁路、公路自然省事得多。但遍考载籍多方采听的结果，仅仅知道车里至橄榄坝关木一段尚可通行小船，关木以下，或谓有数丈高的跌水，或谓有数十里长的伏流，根本不能通航云云。

到了车里后，又遍询当地土人头目及汉人之老于边地者，所得的结果依然是扑朔迷离，谁都相信有跌水有伏流，谁也没有亲眼看见过。经过相当考虑后，我终于决定乘船下驶，以打破这多少年来的疑团。但此行显然得不到车里宣慰司的合作，我托他们雇船，他们不说水太大，就说水太小，不说水手生病，就说大家过年，足足有两个星期的时间，觅不到下驶的船只。最后徐县长由佛海回来，在他出力帮忙下，我才雇到了一只船、四个水手出发。

第一日（二十四年七月二日）由车里至橄榄坝。

十二时半，在宣慰司蛮勒寨下船。船长约五丈，宽不及四尺，用三块大木板拼成，接笋处用竹篦紧扎，汉人叫做猪槽船。水手用长桨，划时全身起立，不知道用梢橹或篙，更不识有帆舵之属。车里到橄榄坝，水程六十里，一路水平如镜，水手仅在流急江转处，略一用力，此外则任其随流淌下。约二小时抵橄榄坝，忽来大雨，上岸住土司家。橄榄坝属车里县的第三区，在澜沧江东岸，平坝面积甚大，由东至西长达八十里，人户仅一千一百余，居民每家都有园林与邻相隔，据说可以避火灾，实在因为荒地太多，无法利用而已。土司年纪甚轻，身体似不结实，同我下江洗澡时始终不敢下水，看见我横渡澜沧江往返二次，竟大露惊讶之色。

第二日，由橄榄坝至关木。

今日改用橄榄坝船，上午十时开船，东岸为橄榄坝，西岸为景哈，都是大平地，江面最宽处可五六十丈，中流经一处出金沙，云县人每年冬季来此淘取，七八人淘二三个月可得金二三十两。半小时后船走入山峡中，江面收束至不及十丈，中流有许多石滩，水势湍急，水手用桨代舵，在乱流中觅路而下，每下一滩，猪槽船左右倾侧，欲沉又止者屡。如是约二小时，望见半山有人户二三家，问是关木分寨，又半小时抵关木，衣服被盖悉已湿透。由橄榄坝到此，水路约八十里，山路须走二日。

关木属橄榄坝辖，濮曼人二十户，自称是泰人，但不能下橄榄坝种田。生活语言大部分已泰化，有佛寺一间，寨子里正忙着过小年（即豪瓦萨关门节）。

到老叭家找当地水手来问，异口同声的说，下面有跌水，不能去。晚上人愈聚愈多，众口纷纭，没有人能够说出真实的消息，最后我决定明日还是用船下去，到了实在走不通的时候再回来。

第三日，由关木至松鸦。

绝早下船，用关木水手六人。半小时抵惠孔，这是第一个险滩。两岸石崖突出，中抱一小瀑布，宽约十丈，高六尺。水手在上面休息，吸烟，吃糯米饭，然后脱光衣服，用籐索紧缚船尾，一个在船头，一个在船尾，四个人拉索，我坐在船当中，一声呐喊，放船冲流而下，数秒钟间已出去三四十丈，藤索全断。这时候的感觉好像坐飞机由半空下跌的一霎那，生死早已置诸度外。幸滩下是平水，船会自已停下来。等上面四个人翻石山下来后，我们继续下驶。又约半小时，抵第二个险滩，名哈基，水门较惠孔又窄一半，瀑布更陡，水势更紧。不过过滩以后，江面突然放宽，两旁都是缓流，应该没有什么危险，但水手气力已尽，抵死不肯下去。不得已弃船步行，用水手一人前导，两岸石山无路，在水际攀崖翻石，手足并用。行约数里，又抵一滩，土名松鸦，大小在哈基与惠孔之间。闻其下尚有西杭一处，须由拿坎用船上溯，可到其地。而此时天色突变，乌云密集，大雨将来，石山亦愈走愈穷，荆棘蔓延，无下足处，遂折返原来泊船处。上水用桨当篙，过滩时或用索拉，或用人挽，天垂黑抵关木。明日决计翻山至拿坎，再上滩至西杭，今夜赶人到关累雇船。

第四日，由关木至关累。

天明起行，翻关木后山，连日大雨，山路极滑。七八里后过一裸（倮）黑寨——名邦别。又上二三里，始下山到江边。拿坎当松戞河入澜沧江处，仅有人家一户。过河即是缅甸地，附近有界桩，土人导往检视，桩已没入乱草中，费一小时始得其处。天忽大雨，走入人家躲避。下午一时关累船来，登船逆流上驶。院后水势汹涌，连上哈西诺、哈欢、哈妹诸滩，最后至卡坡，关累水手十分卖力，但终不得上。遂弃船攀崖石行里许到西杭。石崖夹抱，瀑布高六七尺，宽仅三四丈，两崖石壁矗立，长达百余丈，形势似一水槽，其内惊涛骇浪，有千军万马之声，水手言冬天水小时依然可以走船。再上即松鸦，昨日已到过。在西杭盘桓甚久，坐原船下，仅二十分钟到拿坎。此后又遇一场大雨，衣履尽湿。不久，雨过天青，拿坎以后，船如在小湖中行，群峰聚黛，水碧如玉，颇有飘飘之感。将到关累时，大雨又来，上岸往老叭家。关累属镇越县辖，是我国陆地最南的辖境，寨子在江之东岸，西岸另有一寨，名蛮勒，属缅甸。关累有泰族居民二十户，房屋全新建，甚整洁可喜。入夜全寨男女都来聚会，谓生来没有看见过汉人，少女群来讨钱，谓之结缘，每人与以半开银币一元，皆大喜过望而去。

第五日，由关累至火堆。

今天水平路短，出发甚迟，十二时开船，全寨人都来相送。水势甚似橄榄坝至关木的一段。过哈拉、惠西郎、哈敏三小滩后，有二河自左岸来会，小者名南养，大者名南拉，南拉河疑即罗梭江，水流颇大，水手在河口得大鱼，最大者可十余斤。过南拉河口后，澜沧江成为英法交界水，东岸属法，西岸属英。水手一路捕鱼而下。行六小时抵火堆，寨子在江之西岸，属缅甸南掸邦的景栋，泰族居民十四五户，对岸有寨名蛮松，归法越猛悖辖。我们入缅甸境可以不用护照，如误入越境，则盘查甚严，且有被扣留危险。夜仍有许多女子来结缘，投我以水果，报之以银洋，至夜深十二时尚未全散。

第六日，由火堆至蛮卡。

天明起身，九时半开船，过哈达郎、伦国、哈香、哈路、哈巴泰、哈舍诸滩，皆有小险。十二时半到蛮卡，水程六十里，住老线家。泰语“老线”约等于内地的甲长，“老叭”等于保长，“哈”为急流之意。下午甚热，有景谷汉泰人李三来，能通汉话，据谈蛮卡下二十里有险滩名达伦，水势最急，古时有勇士独划船欲上此滩，覆舟而死，死后为厉鬼，土人年祭以鸡，每三年则祭以猪。三十年前有法国小火轮由下流驶来，到达伦下，百计不能上，停数日而去。此后每隔数年即有法国人来此踏看云云。因托李三以重价雇人扎竹筏，预备赴达伦。

无事与老线闲谈，彼甚羡慕中国。傍晚有阿卡二十余人到老线处送鸡叩头，求老线判案。又见李三家养鸭，阿卡以猪一头换鸭一只，盖阿卡每年夏季必用鸭祭鬼，但不识养鸭，又买母鸭不到也。

第七日，由蛮卡至达伦。

八时下筏，筏用粗竹扎成，最下层十二根，中层八根，最上层六根，上铺以木板。水手六人，皆不穿衣服，筏行较船为慢，约三十分钟抵哈卖。崖石夹抱，宽仅三丈许，瀑布高四尺许，水手向天祈祷，各嚼生糯米一把，然后奋勇漂筏而下，过滩时已下沉一半，水没至腹部。我正要预备泅水逃生，而竹筏忽又浮起。但危险尚不在此，惊魂甫定，忽见一巨石矗立中流，竹筏正以最高的速度向巨石直冲而去，大家不禁同喊一声“哎呀”，六把桨拼命向右边划开，数秒钟内筏掠崖旁而过，其间不容一发。到水平处一看，粗竹已散去数根，乃留四人修筏，二人带路往达伦。翻石崖，穿荆棘，行五六里始至其处，水声喧哗至对语不能相闻，闻冬季水浅时水声更大。“达伦”，泰语为巨响之意，我去年探萨尔温江支流的南定河，孟定惠捧下有一大滩亦名达伦，隔千余里而同名，亦异数也。瀑布宽约六丈，高逾五尺，水势略较西杭为缓，惟水愈浅流亦愈急，法国小火轮来时适值乾天，故始终不得上云。时已近午，食冷糯米饭充饥，然后循原路返。至哈卖下，竹筏尚未修好，乃弃筏步行。土人指示峡上巨石为古代中国大兵搭桥渡江之处，我以为当是乌良哈台征交趾之役。天黑抵蛮卡。第八日休息一日，第九日走山路经邦湾、猛梭、猛歇，凡三日抵大猛笼，又三日回至车里。

计由车里至达伦，水程约四百华里，中有大滩七处，即惠孔、哈基、松鸦、西杭、卡坡、哈卖、达伦；小滩二十处，即哈万、哈散诺、哈伦、哈花、卢宛、哈妹、哈欢、哈西诺、哈密、哈拉、惠西郎、哈敏、朗兴、哈达松、哈新、哈达郎、伦国、哈香、哈路、哈巴泰。达伦以下闻尚有大滩二处，一名哈达赛，一名龙送，但小火轮已可通行。由达伦下驶，第一日至亮才，第二日至景贡，第三日至景拉，第四日至猛白了，第五日至猛领，以下即出缅甸界为暹越交界水。又南行若干日可至西贡。此行结果，证明伏流之说为毫无根据，车里至关木，拿坎至蛮卡二段完全平水，关木至拿坎及蛮坎至亮才有险滩，但土人用竹筏或猪槽船在乾天浅水位时期，皆可通行无阻。打平险滩的工程估计当不甚大，地方政府之力足以完成之，必要时且可取得法国人的合作。此江对外通航成功之后，再由车里上溯至宁江、六顺、澜沧、双江、缅宁、云县，而接滇缅铁路的澜沧江桥，则云南西部的交通问题，大体上便有了办法。滇境江流向少航运之利，其原因当由于大江两岸尽是高山，绝少居民，根本不发生交通上的需要，并非江流本身有若何不可克服的困难，像蒲得利等所试航的金沙江，关系今后西部的开发甚大，如能成功，川滇缅间及川康藏间的交通距离和运输费用可望大为减少，其价值不在任何铁路之下，希望今后的交通当局和水利专家能够在这方面再接再厉的继续努力！

（《责善半月刊》第一卷第四期）

〔据陈碧笙撰《边政论丛》（上海太平洋出版社1940年排印本）第一集第145页辑录。〕

议

明

议开金沙江书

杨士云

按《志》，金沙江古名丽水，源出吐番界共龙川犁牛石下，名犁水，讹犁为丽。东经巨津、宝山二州，三面环丽江府。东经鹤庆，受漾工江诸水。又东经北胜，受桑园、龙潭、程海诸水。又东经姚安，受青蛉、弄栋、龙蛟诸水。又东经楚雄、定远，受龙川江诸水。又东经武定，北受元谋西溪、滇池、螳螂川、罗次、富民诸水。又东经东川，西入滴滤部，过乌龙山，受寻甸牛栏江、谷壁川、齿化溪诸水。又东经乌蒙南。又东经盐井、建昌、会川、越巂诸卫，合泸水，受怀远、宜远、越淇、双桥、长河、泸湘、大洞、鱼洞、罗罗、打冲、东河、热池诸水。又东经马湖府，受泥溪、大小汶诸水。又东至叙州府，合大江。此南中西北之险，蒙氏僭称北渎者也。

按《史》，汉武帝遣驰义侯开越巂郡，寻遣郭昌等开益州郡。诸葛武侯渡泸南征，斩雍闿，擒孟获，遂平四郡，定滇池，皆先夺此险也，始通西南诸夷。历晋递隋，通塞靡常。至唐，蒙氏世为边患，至酋龙极矣，屡寇黎雅，一破黔中，四盗西川，皆由据此险也，遂基南诏亡唐之祸。宋太祖鉴此，以玉斧画大渡河，曰“此外非吾有”，弃此险也，遂成郑、赵、杨、段氏三百余年之僭。元世祖乘革囊及筏渡江，进破大理，掳段智兴，破此险也，遂平西南之夷。国初，梁王拒命，我太祖高皇帝命将征讨，神机妙算，悉出圣裁，谕颍川侯等曰“关索岭路本非正道，正道又在西北”，盖谓此也。班固谓“皆恃其岨，乍臣乍骄”，范晔谓“冯深阻峭，纡徐歧道”，宋祁谓“丧牛于易，患生无备”，诚确论也。

夫云南四大水，惟金沙江合江汉，朝宗于海，为南国纪，天设地造，本为天下用也。历代乃弃诸夷酋，资其桀骜，虽建立城戍，靳靳自守，时或陷没。岂知天有宿度，地有经水，人有脉胳。《禹贡》于每州末必曰浮某水，达某水，入某水，逾某水，盖纪贡道达帝都，著天下大势，以水为经纪也。孰谓滔滔大川，可浮可达，反舍而陆，乃北至永宁，东至镇远，不亦劳乎？禹外薄四海，各迪有功。

夫一劳永逸，暂费永宁，执事之议详矣，为国家虑深且远矣。所谓计费吝赏，责效谗言，斯固古今之恒态，不可成天下之事者也。然英杰见同，必有绎之者，缵神禹疏凿之绩，恢四海会同之风，息东西两路之肩，拊滇云百蛮之背。昔为绝险奥区，今为掌中腹里。皇明大一统无外之治，亿万年无疆之休，实在于此。且有识者，咸目望之，庶几见之。惟执事者留意，是幸。

〔据乾隆《丽江府志略》下卷《艺文略·书》第345页辑录。此文题名，万历《云南通志》卷十四《艺文志·书类》、天启《滇志》卷二十五《艺文志第十一之八·书类》、康熙《大理府志》卷二十九

《艺文志·上书》、道光《大姚县志》卷十四《艺文志上·考》皆同。杨士云《弘山先生文集》卷十一作“金沙江议”，《滇系》十一之二《旅途系·水路》作“太和杨士云议开金沙江书”，光绪《姚州志》卷九《艺文志中·论著》、民国《姚安县志》卷六十三《金石志之七附文征二·论政之文》皆作“议开金沙江书略”，文字有删略。〕

疏通边防（方）河道议

毛凤韶

窃照云南地方，有水路直抵四川马湖府，初以遐僻，为禹迹所不到，遂为土人所据。至[①]我国家，始郡县其地，同于华夏，然贡献之物扛，官使之行李，军民商贾之物货，担负万里，筋力已疲，而土官土舍因见道路阻绝，每怀异志。及今国势正强盛，不行开通，将来之悔，不敢谓无也。

本道访据武定府揭帖，内开：“本府有迤东通四川水路，自云南海口至安宁、罗末[②]、富民、只旧、你革[③]、达吉、普渡河、安革、法干[④]、土色至大江，俱本省地方。大江至四川东川地方，大江边阿纳、木姑共一十三站，内土色[⑤]有叠水，又有迤西通四川水路。自云南陆路[⑥]至富民、武定、虚仁、环洲，至金沙江巡检司，凡五站。本司金沙江水路下船，至骂剌母、白马口、灿剌则、五曲革、直勒则、卓剌、除鲁、圭宁、抄答甸、沙吉、撒麻村，亦至土色、大江、阿纳木姑，凡一十四站，内则卓、沙吉有叠水。”等情。

又据金沙江巡检司应袭巡检土舍李朝宣稟帖，内开：“金沙江上至丽江、澜沧至姚安府、武定府，下至东川、乌蒙、芒部、上江，弘治、正德间马湖府安监生放杉板[⑦]，嘉靖十七年王万安亦放杉板，俱系拖稍五板大船经过，或十余只，或八九只。建昌行都司奉钦取大木，宁番、越嶲、盐井、建昌等五卫俱在上江打冲和三江口并德昌千户所地方，或扎秒簰，或散放。会川卫在下江科州采斫，查审开江船行。若问滩水险阻，鲁开、虎跳滩、天生桥，十分不为险阻。”等情。

又审据本府姜驿驿丞梁松稟称：“本驿设在金沙江巡检司之西，过江五十里，与四川会川卫抵界。每见客人采贩木，扎成簰筏，自本司江流，而昼夜六日即抵马湖。随簰下船，或一二十只，装载粮食。有养猪畜[⑧]，客人跳簰掷船，如履平地。离本司江下五六十里，有大小虎跳滩，俱是沙江，至冬春水落之际，可以施功开凿。”等情。

又据本府揭帖，内开：“据经过建昌客人何松执称，建昌卫管下德昌守御千户所洗迷村伐木下江头，一程至白水站，一程至会川卫管下甸沙关，一程至梅易千户所，三程至武定府和曲州金沙江。”等情。

---

① 至 《滇系》作“幸至”。
② 罗末 康熙《楚雄府志》、嘉庆《楚雄县志》皆作“罗次”。
③ 你革 康熙《楚雄府志》、嘉庆《楚雄县志》皆作“俭革”。
④ 法干 康熙《楚雄府志》、嘉庆《楚雄县志》皆作“法于”。
⑤ 土色 康熙《楚雄府志》、嘉庆《楚雄县志》皆作“土免”。
⑥ 陆路 康熙《楚雄府志》、嘉庆《楚雄县志》皆作“六路”，下同。
⑦ 杉板 康熙《楚雄府志》作“杉版”，《滇系》作“杉木”。
⑧ 养猪畜 康熙《楚雄府志》作“养猪畜者”。

随唤何松，亦称马湖、建昌等处客人，采取大小板枋，俱自德昌下河，从金沙江巡检司经过，直至马湖敘州。令伊画图，各到道。

为照前项河道，武定迤东，极为捷径，且甚便益。但访得河内间[①]有蛮尖石，两边崖石生合成桥，水从石缝流下，未委虚的。若迤西金沙江，则水面洪阔，四时横流，客商通贩，前后不绝。中间虽有虎跳二滩，然皆沙石易凿。此则断然可通而无疑者也。先年，巡抚都御史黄衷曾议开修，取金沙江巡检司旷爱招集马湖、横江客人俱到布政司，举行间，以升迁中止。近年巡抚都御史汪文盛亦曾委官踏勘，以征南中止。事功之会，人咸惜之。合无批行总司，会同布、都二司从长计议。先将东西二道，合委能干文武重职，带同属官，多给官银，督同本处土官土舍，俱优其廪给，带领木、竹、石、铁等匠，厚其口粮衣鞋，沿途用银雇倩熟知地利乡导人役，随带小舡，及沿河采买竹木，扎为簰筏，乘载通行，逐处踏勘，直至马湖大江而止。中间要见舟楫无碍经行者几处，危石可凿者几处，几丈几尺，如有绝险人力所不能施者，或作两截盘运[②]，沿河陆路可通者几处，不通者几处，应合开辟者几处，几里几十步，及沿河有无人烟稀密，堪立驿递铺、分哨堡等项，各计合用夫力工匠若干，钱粮若干，悉心料理，勘估明白，画图帖说。并将用过官银，具由造册回报，然后拟议奏请，行委三司堂上官亲诣督理，开通施行，则不独一时一方之利，实国家久安长治之计也。[③]

〔据天启《滇志》卷二十五《艺文志第十一之八·议类》第866页辑录，同时以王云编辑《滇志校考》改补之。毛凤韶，字瑞成，湖广麻城人，明正德辛巳（1521年）进士，嘉靖间任监察御史，巡按云南，倡疏请裁阉镇，以除民害，后任分巡洱海道，民受其惠，议开金沙江，为土酋所格，未行，议详《艺文》。此文题名，康熙《云南通志》卷二十九《艺文志八·议》作“疏通边防河道议”，康熙《楚雄府志》卷八《艺文志上·议》、嘉庆《楚雄县志》卷八《艺文志·议》作“疏通边方水道议”，《滇系》十一之二《旅途系·水路》作“麻城毛凤韶疏通边方河道议”，文末有补充说明，可参。〕

议开金沙江

章 潢

夷考金沙江之源，出于吐番异域。南流渐广，至于武定之金沙巡司，又东过四川之会州、建昌等卫，以达于马湖、叙南，然后合于大江，趋于荆吴，此其水之所从经络，盖南中西北之险也。自汉武帝遣郭昌等开益州诸郡，西南之夷，始通中国。及孔明渡泸南征，七擒孟获，六诏之地，遂入华图。历晋及隋，以迄于宋，各酋之叛服靡常，而汉法之羁縻难定，故路之通塞因之。逮我太祖平定天下，命将征西，谕颍川侯傅友德曰“关索岭本非正路，正路在西北”，是诚神谋睿算，明见万里矣。兹欲息东西两路之肩，拊滇云百蛮之背，通诸夷梯航之道，会三省联络之防，则开导疏浚，诚有不可缓者。节

① 间 《滇系》同，康熙《楚雄府志》、嘉庆《楚雄县志》皆作“闻”，有异。

② 盘运 《滇系》同，康熙《楚雄府志》、嘉庆《楚雄县志》皆作“搬运”，有异。

③ “实国家久安长治之计也”段末，《滇系》有“仁甫氏旧志曰梁州黑水，今澜沧江是。此江所经，狭壑深堑，两山夹流，原非禹凿。元张立道使交趾，由黑水入三崇山，澜沧经其麓。今其地盖有黑水祠。乃永昌诸生黄贞元又以黑水归金沙江，谓有两金沙，又非。李氏以澜沧为黑水，以江内外分夷汉，又非。樊绰以丽水为黑水，非。程氏以西洱为黑水，非。地理志以南广为黑水也（此顾氏语也，鄙意直以黄论为确）”数字。

经巡按御史毛凤韶等建议于前，巡抚都御史陈大宾等会议于后，反复经画，不为无据矣。

其事未竟成焉，何哉？所谓狃于苟安，而惑于异说者是已。大约说之异者，其端有四：其一则曰“由滇南之金沙以达蜀之马湖，原非操舟纵楫之江，水虽径流，而山多巉崄。由东川之小江猫至阔州，则有阿补溪滩矣。由阔州至乌芒，则有虎跳大滩、大流小流滩矣。故其奔腾冲撞之势，见者方惧心焉，而惮其排凿之难成也”；其一则曰“云南寻甸之柯度，以至马湖之铜厂溪，原非经商往来之地，沿江夷猡杂居，跧山伏穴，易扰难驯，窃弄锄梃，行将御人矣。故其桀骜忿鸷之性，闻者且戒心矣，而畏其即次之或虞也。况滇云一省，接壤于蜀贵之间，封疆之臣，各为其土”；其为西蜀计者则曰“金沙江之路一通，则当建之邮舍，而设以夫役，其应支之直当必取给于蜀民，大木之余，财力久竭矣，故滇云之所利，而蜀境之所不利也”，此又一说也；为贵阳计者则曰“金沙之路既通，则行商竞便于舟而惮劳于陆，其转输之货，当必充斥于北路，九驿之道，工商阒寂矣，故滇南之所利，而贵阳之所不利也”，此又一说也。

噫！是岂得为通方之利哉？盖天下之大势，犹人之一身，善养身者必使脉络贯通，然后元气壮而腹心赖之以荣卫。善审势者必使华夷通道，然后疆场定而根本赖之以辑宁。故艮其限，列其夤者，非卫生之术也。任其壅塞，而幸其暂安者，非长治之计也。盖四端之说虽殊，而阻挠之心则一。无意于长虑者，每惮其即事之难，而有心于自便者，又岐于尔我之限。此是非之所以未决，而功之所由以未成也，殊不知滩石诚可惧也。然则凿龙门而辟伊关者，非其已试之功乎？凡怒涛于中流者，亦在乎去之而已矣。如人力必不可施，即如蜀之新滩，设为盘运之夫亦可也，夷猡固可戒也。然则通西域而穷河源者，非其已行之迹乎？凡出没于河滨者，亦在乎抚之而已矣。如一时果未可驯，则沿江一带，多设巡司亦可也。

彼西蜀既以钱粮为难，则经理之劳，滇当独任其费，而求借官帑以充之，俟榷商税以补之，亦无有不可者。况滇之与蜀，本有辅车之势者也，容可参以彼此之念如是哉？贵阳既以商贩为病，则贸迁之征，滇当稍宽于陆，而舟车并用以通之，东西二路以分之，亦无有不均者。况滇之于贵，本有比邻之义者也，岂可乘以尔我之私若此哉？是四者皆有调停处置之法，未见其为难也，何足以惑吾之定见哉？

矧夫劳于暂者竖永佚之功，用之久也成周行之道。蜀无协济之费，而二省俱便，贵省供应之劳，而两路经行，尤见其胥利耳，又何害之足云？抑愚犹有说焉。滇去神京甚远，凡惟正之供，方物之献，岁时之朝贺，冠盖之往来，多士之计偕，商贾之行货，如必舍舟而徒跋履于万里外，肩负担之劳，任粗蹻之苦，如之何不重以自困也？

今若舍陆而登舟焉，则由金沙而之马湖，非有高山大川为之限隔也。计程七昼夜可达，非有旷日持久为之濡滞也。以此易彼，孰得孰失，孰易孰难，孰纡孰捷，必有能辨之者，何为畏难以自沮耶？

故曰：揭炬而度暗昧者明也，乘舟而杭江湖者便也，于其所谓便者，顾扞格而不行焉，深昧于天下之大势矣，又尝稽古而有得焉。宋艺祖得国之初，尚未遍睹天下之势，乃以斧画大渡河，曰“此外非吾有也”，遂成郑、杨、赵、段之僭。元宪宗乘革囊及筏济江，进薄大理，掳段智兴，遂平西南之夷。夫以宋主之画河为界，若有得于闭关谢西域之意，然而弃险以资敌，其为谋也疏；宪宗之乘势济师，似有戾于勤兵务远略之训，然能思患而豫防，其得策也上。此又利害之大较深切而著明者也。

今六诏凭深阻峭，叠嶂层崖，土酋骄悍，易动难制。刘安曰“有野心者不可与便势”，言当谨之于微也。今可不加之意乎？矧云省远距京师万有余里，奏报相闻，动经岁月。宋祁有云“丧羊于易，患生无备”，言当防之于豫也，又可不加之意乎？

夫披舆图而览形胜，则经略不可不周；度时势而揣夷情，则堤防不可以不豫。江路之开，正所以撤诸箐之藩篱，而联三省之脉络，析百蛮之巢穴，而大一统之规模，所谓扼其项而拊其背，夺其险以分其势者胥此矣，岂可恤一劳而不为久安之计，吝小费而不怀远大之图耶？

〔据章潢撰《图书编》（台湾商务印书馆1983年影印文渊阁《四库全书》本）卷四十二第28－33页辑录。章潢，字本清，南昌人，诸生，明万历三十三年（1605年）以荐授顺天府学训导，时年已七十九，不能赴官，诏用陈献章例，官给月米，后至八十二岁，终于家。《明史·儒林传》附载《邓元锡传》。是编修于明嘉靖四十一年（1562年），成于明万历五年（1577年），《四库全书总目提要》曰：“此编取古人左图右书之义，凡诸书有图可考者皆汇辑而为之说。”另见王崧编纂《云南备征志》卷七《故实七·图书编六则》。〕

清

议开金沙江

冯 甦

金沙江，源出吐蕃界，至共龙川犛牛石下南流渐广，故名犛水，后因讹为丽水云。东经巨津、宝山二州，三面临丽江府，又东经鹤庆，受槺共江诸水。又东经北胜，受桑园、龙潭、程海诸水。又东经姚安，受蜻蛉、弄栋、龙蛟诸水。又东经楚雄、定远，受龙川江诸水。又东经武定，北受元谋西溪、滇池、螳螂川、罗次、富民诸水。又东经东川济虑部，过乌龙山，受寻甸牛栏江、谷壁川、齿化溪诸水。又东经乌蒙南。又东经马湖府，受泥溪、大汶、小汶诸水。又东至叙州府，合大江。此南中西北之险，蒙氏僭称北渎者也。

正统间，靖远伯王骥曾议开浚，未果。至嘉靖初，巡抚都御史黄衷复议开，工役垂具，为武定土酋凤朝文所梗。会衷即升任，事遂寝。其后，巡抚汪文盛亦委官踏勘，而朝文妻瞿氏为女土官，又从而阻挠之。巡按毛凤韶知其事，分巡洱海时复上议云：云南有水路直抵四川马湖府，初以遐僻，为土人所据。我国家郡县其地，同于华夏，然贡献之物扛，官使之行李，军民商贾之往来，担负千里，筋力已疲，而土官土舍因见道路阻绝，每怀异志。及今国势强胜，不行开通，将来之悔，不敢谓无也。本道访据武定府揭称：本府有迤东水路，自云南海口，至安宁、罗次、富民、只旧、你革、达吉、普渡河、安革、法干、土色，出东川大江边至阿纳木姑，共一十三站，内土色有叠水。又迤西水路，自云南陆路至富民、武定、虚仁、环洲，凡五站，至金沙江巡检司下船，至骂刺（剌）母、白马口、灿剌则、五曲革、直勒则、卓剌、除鲁、圭宁、抄答甸、沙吉、撒麻村，亦至土色、大江、阿纳木姑，凡一十四站，内卓剌、沙吉有叠水。

又据金沙江土巡检禀：弘治、正德间，马湖府安监生放杉木，嘉靖十七年，王万安亦放杉木，俱五板大船经过，中惟虎跳、天生桥亦十分不为险阻。

又据姜驿驿丞禀：每见贩木客人结成簰筏，自本司江流六日即抵马湖等情各到道。为照前项水道，武定迤东极为捷径，但访得河内间有蛮尖石，两边崖石生合成桥，水从石缝流下，未委虚的。若迤西金沙江，则水面洪阔，四时横流，客商通贩，前后不绝，中间虽有虎跳二滩，然皆沙石易凿，此断然可通而无疑者也。合无先将东西二道，各委能干官带领匠役、向导，沿河踏勘，直至马湖。中间要见舟楫无碍者几处，危石可凿者几处，几丈几尺，如有绝险，人力难施者，或作两截盘运，沿河陆路可通者几处，不通而应合开辟者几处，几里，几十步，及沿江有无人烟稀密，堪立驿递、哨堡等项，各计合用功力、人匠若干，钱粮若干，勘估明白，画图造册回报，然后拟议奏请开通，不独一时一方之利，实国家久安长治之计云。

适值地方多事，议竟不行。隆庆初，凤酋诛灭，巡抚陈大宾复为题请，而议者多甲乙之词。大抵谓金沙之道一通，则商贾竞于舟而惮于陆，算缗之利告竭于程番之八府，而九驿之途鞠为茂草矣。至天启中，安酋倡乱，贵阳道阻，颇议开通。按察使庄祖诰谓：自巡检司开由白马口，历普隆、红岩石、剌鲊，至广翅塘，皆禄劝州地，其下有三滩，水溢没石，乃可放舟，涸则跻岸，缆空舟以行。又历直勒村、骂剌〔母〕、土色，皆会礼（理）州地。其下有鸡心石，石如堆者三累江中，舟者相水势缓急可行。又历踏照、乱得、头峡、剌鲊，至粉壁滩，甚驶，皆东川地。又历驿马河新滩，至虎跳滩、阴沟洞，皆巧家地。虎跳湍泻陡石，不可容舟，阴沟二山颓集，水行山腹中，皆从陆过滩，易舟而下。又历大小流滩，为蛮彝司地。又历黄郎、木铺、贵溪寨业滩，至南江口，为乌蒙府地，始安流。自广翅塘至南江，木商行之可十日。又至文溪、铁索、江边数滩，历麻柳湾、教化岩，为马湖府地。又历泄滩、莲花三滩、会溪石角滩，至叙州府。

其说甚明晰，然此时明运将终，救败不暇，竟莫能开通也。续禹功所未至，以疏西南朝宗之水道，是所望于全盛之世矣。

〔据冯甦编《滇考》（清道光元年临海宋氏重刻本）卷二第79－82页辑录。冯甦，原名冯再来，据毛奇龄《西河集》记载，因其死而复生，乃更名冯甦，字蒿庵。浙江临海人，清顺治十五年戊戌（1658年）进士，官至刑部侍郎，十八年（1661年）随洪承畴入滇，次年任永昌府推官，后官楚雄府知府等职。《滇考》系康熙元年冯甦为永昌府推官时所作，《四库全书总目提要》曰："凡一切山川、人物、物产，皆削不载。惟自庄蹻通滇，至明末国初，撮其沿革之旧迹，治乱之大端，标题记述为三十七篇。每事皆首尾完具，端绪分明，非采缀琐闻、条理不相统贯者比。其名似乎舆记，其实则纪事本末之体也。"〕

开金沙江议

师　范

明正统间，靖远伯王骥南征，曾议开金沙江，未果。嘉靖初，巡抚黄衷仍踵此议，工役垂兴，为土官凤朝明①所梗。会黄衷去，事遂寝。后巡抚汪文盛委官查勘，朝明妻

① 凤朝明　冯甦《滇考》卷下《议开金沙江》作"凤朝文"。另，康熙《楚雄府志》卷一《地理志·山川》乾海子条："昔凤朝文叛，率众来劫，居民力战不支，虽为胁从，终认斗胜。"

翟[1]氏阻之，亦不行。巡按毛凤韶知其事，锐意开导，而人多附和其说。谓迤东道自云南海口至阿纳木姑十三程，惟土色有叠水；迤西道自云南陆路至金沙江巡检司，凡五程，由水路下船至大阿纳木姑十四程，惟则卓〔剌〕、沙吉有叠水者，武定府丞某也。谓金沙江上自丽江、永北、姚安、武定，下至东川、乌蒙、芒部，弘治、正德间，马湖安监生于上江放杉板，嘉靖十七年，王万安亦放杉板，俱系拖梢大船。建昌行都司奉钦取大木，宁番、越巂、盐井、建昌等五卫，俱在上江打冲河、三江口并德昌千户所，或扎簰，或散放。会川卫在下江科州采斫，开江船行鲁开虎跳滩、天生桥，十分不为险阻者，金沙巡检李朝宣也。谓自巡检司西过江五十里，界会川卫，每见客人贩木，扎木簰筏，江流六昼夜，即抵马湖。随簰下船，或一二十，载粮食，养猪畜，跳簰掷船，如履平地。江下五十六里，有大小虎跳滩，冬夏水落，可施开凿者，姜驿丞梁松也。谓自德昌所洗迷村，伐木下江头，一程至会川卫甸沙关，一程至梅易所，三程至和曲州金沙江、马湖，建昌客采大小板枋，俱自德昌下河，从金沙江巡检司经过，直至马湖、叙州，因画图以进者，建昌木客何松也。

凤韶既得诸人之怂恿，以为迤东极径便，但闻江内有蛮尖石，两边岩石生合成桥，水从石缝流，未委虚的。若迤西水面洪阔，四时横流，客商通贩，前后不绝，中间虽有虎跳二滩，然皆沙石易凿，此则断然可通无疑。因请行总司会布、都二司计议开通，不独利于一时一方，实国家久安长治至计。会地方多事，议竟不行。然所论迤东、迤西道分难易，其说亦疏缪。盖迤西江行，亦经阴沟洞、天生桥，未有他道可以轶出也。

隆庆初，凤酋诛灭，巡抚陈大宾复为题请，而议者多甲乙之词。大抵谓江道一通，则商贾竞舟惮陆，算缗之利告竭于程番之八府，而九驿之途鞠为茂草矣。至天启中，安酋倡乱，贵阳道阻，颇议开之。按察使庄祖诰谓：自巡检司开由白马口，历禄劝之普隆、红岩石、剌鲊，至广翅塘，其下有三滩，水溢没石，乃可放舟，涸则跻岸，缆空舟以行。历会理川（州）之直勒村、骂剌〔母〕、土色，下有鸡心石如堆，三叠江中，舟者相水势缓急可行。又历东川之踏照、乱得、头峡、剌鲊，至粉壁滩，甚驶。又历巧家之驿马河新滩，至虎跳、阴沟洞。虎跳湍泻陡石，不可容舟。阴沟二山颓集，水行山腹，从陆路过滩，易舟而下。历蛮夷司之大小流滩，乌蒙之黄郎、木[2]铺、贵溪寨业滩，至南江口，始安流。自广翅塘至南江水，商行可十日，乃经马湖之文溪、铁索、江边数滩，历麻柳湾、教化岩，又历泄滩、莲花三滩、会溪石角滩，直抵叙州城下。说甚明晰，然此时明运将终，救败不暇，所议竟托空言。康熙间，楚雄守冯甦亦综此议。迨乾隆五年，宪府决计开之。禄劝而上，万难施工。即东川境内，自蜈蚣岭、飞云渡、藤桥、滥田坝、小溜筒，五滩阻绝，乃越东川，于昭通界内开辟厄塞，费金不赀，复阻于异石、象鼻、柯郎、虎口诸滩之险，旋复弃去。乃从永善之黄草坪施工，自是顺流达叙州府，然中经锅圈洞，旋圈似锅，瀑流千尺，溯舟者必挽箱而上。

尝思《益州记》云：泸江自朱提至僰道，有黑水、羊官、三津之阻，行者苦之。乃谣曰："楢溪赪木，盘蛇七曲。盘羊乌龙，气与天通。"乌龙，即今乌蒙雪山。则三津、七曲诸名，即今诸滩险耳。

---

① 翟　冯甦《滇考》卷下《议开金沙江》作"瞿"。

② 木　原本缺，据冯甦《滇考》卷下《议开金沙江》补。

金沙江之不可不开者，有二大利焉。考之纪载，汉武先击劳浸、靡莫，不以兵临滇池，而伪王俯首。《华阳国志》云：自僰道至朱提，有水道、步道。水道有黑水及羊官水，至险难行。步道度三津，亦艰阻。而行人为之谣曰“楢溪赪木，盘蛇七曲。盘羊乌龙，势与天通”。今乌龙在东川，即绛云弄，其山多雪，四时不消，金沙江出其下。羊官、黑水，非指兹江乎？元至元十四年，诏开乌蒙道，爰鲁帅师击玉莲州，所过城砦尽下之，水陆皆置驿传。今乌蒙有罗佐关，其下有罗佐桥，为入滇要路。则水陆皆在东川、乌蒙间，即所称劳浸、靡莫，非乎？核形势，商利钝，未有不先辟此险而能控荒服、破呰窳者。兹江苟通，则滇池之轻舠可挽而之普渡，建越之艨艟可泛而下泸沽，通滇蜀筋脉之会，续长江衣带之势，是使诸夷盘错之险尽失，而十五郡可裘领而挈也，此其为边防之大计之一也。古者，竹木之利至大。江陵千树荻，渭川千亩竹，皆与万户侯等。为其水道通，而布其利于四方也。滇省则名章巨材，周数百里，皆积于无用之地，且占谷地，使不得艺，故刀耕火种之徒，视倒一树以为幸。盖金江道塞，既不得下水以东西浮，而夷俗用木无多，不过破杉以为房，聊庇风雨，虽擢本垂荫，万亩千寻，无有匠石过而问之。千万年来，朽老于空山，木之不幸，实地方之不幸也。哀牢之山长千里，中通一径，走深林中垂一日。若使此山之木得通长江，其为大捆大放，不百倍于湖南哉。而且金银丹漆、僰僮、笮马之属，络绎于雅、黎、嘉、眉之间，非但滇利，而蜀亦利，此其为转输之大利二矣。

或曰金江断难开者，天道使然，不容以人力争也。运值其通，安知不大风大雷，率群龙而导之，推其叠水散之使平，破其洞穿彻之无壅，使一劳永利乎？盖有非常之功，必待非常之人，谅哉！

〔据《小方壶斋舆地丛钞》第四帙第十二册第835页辑录。〕

治瀰苴河议

王师周

治水之法，备于《禹贡》一书，而其要无过于浚其源，疏其流，使泛者伏而逆者顺。疏与浚固互相为根也，然相其势之所宜，浚与疏亦有分用者，此史起之治漳，郑国之凿泾，李冰之壅江，白公之于渭，信臣之于南阳，师其法而神明之，亦莫不奠安流而臻美利。

邓川之瀰苴河，当州直注，灌溉之利沾万姓，国赋攸关，实邓川之大命也。河源罢谷，迤逦百数十里，又合众流汇于浪穹之泚尾。怒卷泥沙，自蒲陀崆建瓴而下，历数年而沙淤石积，两堤相峙若岑，环州之庐田隰处其下。河悍则气张，夏秋助以霖潦，左支右绌，经数载而必一溃。溃则堤下属沙邱，全川为泽国。此琐尾难堪，流离者将什之半也。

司牧蒿目时艰，于每年夏秋之交，率里民照里堤掘河沙以筑河埂，此不用浚而用疏，洵救时之良策也。而民每偷安而塞责者，一以劳逸未均。盖邓川之羊塘里，以地远无堤，而闪堤者，因悉入其粮于其里。他如崑崙、元保，昔年以粮少而摊堤，今粮增数倍，而堤如故，则无堤之粮，约居四之一。一以司牧知一州之事，理烦治剧，势难日夕亲临，则督责未严，而玩忽自生。偷安塞责，实二者滋之弊也。

故治之之法，当先照粮均堤，而均堤之法，又必视堤之险稳、沙之厚薄为乘除，而劳逸均矣。土司政简事约，莫若委堤沙之事，即以堤之修废为黜陟，则责有攸归，而督率严矣。挖沙之期必定初春，以弥月为限，不妨农事也。堤皆沙埂，水涨多冲塌，复责里甲延堤植柳，固堤根也。劳逸均则乐尽其心，督责严则不偷其力。率尽心竭力之万民，以疏三十余里之河沙，而又期于春初，以便农事，植柳两岸，以固堤根，用奠安流，直反手矣。而说者曰："开两闸以泄水势，此保堤良策。"抑思闾尾未泄，徒开闸以震荡两川，则不溃而已如溃，况所泄无几，终不免于其溃，则开闸之与堤决，适相去以寸耳。爰书所见，以备采择。

〔据《滇系》八之十六《艺文系》第15－17页辑录。王师周，大理邓川人，庠生。此议对当时邓川瀰苴河修治的原因、时间、规模、方式等作了简要论证，其推崇"浚其源，疏其流，使泛者伏，而逆者顺"的观点，为治河之良法，同时"植柳固堤"生态思想仍作用于今天。另见《皇朝经世文编》卷一一八《各省水利五》《滇南文略》。〕

疏通水陆以达朝贡议

张 机

当今京省，俱水陆并通，惟滇省寄一线之路于朱提、贵竹之间，舟楫不通，输转不易。譬之人之一身，血脉虽〔流〕通于心腹，而四肢经络，犹有阻滞未达者，然则痿痹之病因之矣。今欲经营衢路，其贵州东西二路已见通行，惟举其未通行者，则有可言云。

由蜀入滇，陆路有七焉：由雅黎、越嶲、建昌、会川渡金沙江，出武定入滇，一也；由建昌盐井卫入北胜州三马剌，西经期西纳村，出金沙江驿入滇，一也；由建昌过绳桥，经白盐井，至宾川州入滇，一也；由会川至苴却渡金沙江，至姚安入滇，一也；由建昌盐井卫过绳桥，经蒗蕖州，出澜沧、北胜入滇，一也；由蜀峨嵋县经老木孔，避相公岭，出海棠堡，至会川入滇，四川兵宪富公曾开中止，一也；由重庆府抵东川，出寻甸入滇，一也。

由陕入滇，陆路有三焉：由金沙江革囊为筏以济，一也；由临洮南入，渡丽江石门关，南经大理入滇，一也；由阶州出塞，渡雪岭、葱岭入滇，一也。

由广西入滇，陆路有二焉：由田州经贵州安笼箐千户所，入普安西入滇，一也；由田州经滇广西府入滇，一也。

水路惟有一焉，由四川马湖府，溯流金沙江入滇。

滇中郡县如武定、寻甸、姚安、楚雄、北胜、安宁，或濒金沙江，或有小溪流入金沙江，皆可行舟，以为马头。正统间，靖远伯王公曾议开浚金沙江，以武定土酋阻之而止。至嘉靖间，佥宪毛公凤韶力主开浚金沙江，时武定土酋有阴阻之者。至隆庆间，都宪陈公又力主开浚，时踏勘者只以江中一处有石横亘可焚凿为报，又以所费不及万两，三月可以毕功；蜀商贩大木者，近又多自姚安、北胜顺流东下，略无阻碍，时又有阻之者，皆不克成功。不知滇蜀俱古之梁州，昔人亦谓南中为蜀之苑囿，两省原自相通。宋将狄青，曾由广西追侬智高至大理。昔人亦以腾越为古越赕，乃百越之一。则云南与广西，亦非阻绝异域。

今欲安滇以制夷，则陆路通广西、四川者，当开之。诚一开之，则滇夷无可恃，即有弄兵鸣镝于炎方赤徼间者，我分道可以进攻。即使四川、贵州夷僚有称乱犯顺者，滇兵亦可以拊其背而袭其后矣。水路通马湖大江，顺流直达两京各省者，当疏之。诚一疏之，则不惟滇夷失险不敢跳梁，即有干犯者，或（我）舟运粮源源而来，士免枵腹饥色之虞，亦可尽其力矣。

谁（或）以开道为难？则如唐贞元间，韦皋遣幕府崔佐时由石门趋云南，复通石门南道。洪武间，颍国公傅友德令广西镇安府开路运粮，以饷贵州普安军士；西平侯沐英剪除广西维摩余孽，以通广西田州；土妇奢香奉旨开贵州西路，以通云南；景川侯曹震摩（奉）敕疏贵州永宁河，以达四川泸州。成化间，南安知府张汝弼开凿庾岭险路。嘉靖间，湖广巡抚席书开拓夔州山径，以避江险。事载史志，历历皆可考也。或又以杜宇凿巫峡、通江水，五丁开金牛，全蜀之险以失，遂至亡国。不知此昔人以蜀为独守之国，据险以抗中国云然。〔然〕今〔大〕明一统，毡乡通译，月窟向风，皆欲梯山航海以通上国。使滇人据险为独守之国，欲何为哉？

旧闻缅甸攻迤西者，亦由大金沙江溯运粮米。是水路交通，一小夷且知之。且经营衢路，不比师旅，实为易成，为滇人建万世之利。使颍国、西平、景川、文襄诸公不得专美者，端在今日矣。

〔据天启《滇志》卷二十五《艺文志第十一之八·议类》第867页辑录，同时以王云编辑《滇志校考》改补之。〕

改□崩河坎议

陈运昌

城西一带，垄断之场，水陆并争之所也。面城翼然临于其上，民之逐末于此者，悉控水结屋而居焉。沿河西下，有不可居数十丈，曰崩河坎，以地当水冲，浸淫崩毁，故名焉。

夫河坎，陆道也，而城隍保障也。昔之建西郛者，岂不知地之陡险，水之奔溃，不思所以计，或计矣而未得其策欤？曰：非然也。初水之行也，其道自河坎上流延袤以达于北河道，去城基较远，兼有护城堤岸，可借以自卫，故西郛之建，当日不闻异议，决不计水能削地有如今日之害也。细度地形，详访故老，知迩来仅六十余年，水淹沙壅，北岸之土渐积渐宽，西流之水渐奔渐放，至是不由故道也。乃遄滙漶漫，直荡城基，城郭之崩坏，视河坎尤甚，今之议所不容已也。策者曰：城基与廛基相邻，使廛民各筑堤防以固廛基，而城基亦固，岂非一举而两得之？予谓：不然。夫民廛无基，以城基为基，故居亦有掘隍砌石以自固者，乃随砌随崩，此无故。惟所掘之址，似石非石，乃砚瓦石也。其为质也劲而滑，劲则难以施锹锄，滑则难以运灰石，加以水激则动，动则陷，陷则崩，其治去未治者几希。曰：然则使水仍故道，可乎？曰：可。薄观河坎上流，与北圯相距谨（仅）二十余丈许，其故道形势宛然。若于河坎原日奔流处大筑石堤，仍于北岸故道开渠通水，引小西关濠水迤逦曲达于河，将水势既远，而地势自阔，地势阔而廛基将不填而自平，不砌而自固。纵河水涨漫，不能仍前之荡激城基矣，而城有不默为巩固者曾未之有，所议河堤之当改者以此至于障河源，即以清河道，俾郡民得耕稼之益，且免昏垫之忧，其利不仅什伯于此者，愿以祝之留心治绩之君子焉。

〔据道光《开化府志》卷十《艺文志·议》第61页辑录。〕

盘龙河水势分流议

万重贤

龙河之为利于开化溥矣，而其为害亦非小。按：河源自蓑衣山下耶革白寨，伏流二十余里，出期乌石洞。洞距郡城西四百三十里，安南里诸水汇于中，经汤坝侬人桥，穿天生桥洞出峡，曲折盘旋，矫若游龙，历城北而东而南流出，下天生桥硐，入交阯界。其在境内，沿河村屯置水车引以灌田，厥利良多，惟水势平衍，当冬春之交益甚，则以水浅故也。田甿乘此筑坝截流，束涌向车筒下如深沟者，然得引水沛田。车架参差，车声呼应，戛戛隆隆，彼落此起。不旬日，上中下河白水盈眸，农人耕馌往来错杂，掩映于绿树烟村间，洵快景也。

沛田必须水车，架车必须筑坝。坝底必渐至沙石壅积，当雨旸时若，孰不享其利？或夏秋淫雨，大水暴涨，视两涘渚崖，不辨牛马，飘泊禾稼，堕坏民房，害亦巨焉。由河势平衍，诸坝沙土壅塞故耳。乡人曾议于出峡处培高地脉，俾水势分作南北二河，仍留旧河为中道，便于浅水曲流也。

已两次兴工，约费二千余金，而董事者或怠，致石工卤莽虚縻，卒无所效，事遂止。今议仍从前计，佥虑峡口大石重千钧难移，近峡上悬石渐次坠落河心，就以筑高埂障水势，顺其自然，利导之分为岐流。南流直引至长者寨一带，北流直引至高末寨一带，足垦田数万顷。二流所经，或值坟墓，则劝其家人迁徙，而补其值，或许以水利分之，亦未有决不可行者，是在贤令尹也。能如是，则开化成丰富之国家，给人足而礼义可长兴矣。盖河势分流既高，车坝皆不事，则向之河患除，即遇淫雨水涨，不至如昔之泛滥冲突等，于洚水之灾不亦善乎？

〔据道光《开化府志》卷十《艺文志·议》第62页辑录。〕

论

明

腾越山川封土形势道里通论

吴宗尧

夫山川、封土、形势、道里，互相通涉，窃尝统论。腾之为州，仅弹丸黑子之地，江山阻绝，孤立西陲，四封之外群彝蝟集。所以弥衅固圉者不先讲画，一旦有警，奚遑措置。《易》谓设险守国，夫险之未足，犹且设之，故浚隍崇堞，圣人之所不废。况有自然之险，或以委之彝，或不知惩其阻，或鄙而外之，或以滋他族而窘我。封域承平，不能无虞，即有妄动，将若之何？

所谓委之彝者，金沙江是也。金沙与澜、潞三水皆源吐蕃，入南海，号南中迳流，而金沙江之大，且十倍澜、潞，极边有此，固天所以限彝夏也。沿江之内多有可堡可砦之所，如画江阻险而于江内有所建设，统之州卫，则界限以明，侵盗以遏，腾之形势不期重而自重矣。

国初，重臣经画者谓："三江之外宜土不宜流，三江之内宜流不宜土。"于此限断，以别土流，以分内外，其辞严矣。然昔论江南形势者，必得江北之地而后江可守。筑三受降城者，越河之外而后河为用，况可以内地而委之彝乎？《经》曰："申画郊圻，慎固封守。"内地且然，矧于边徼，腾之疆域，所以申明画固封守者，似疏矣。东、南、北境虽亦彝落，然皆驯狎熟彝，接境伊迩，未有混并掩取之患。惟西界以荒远之故，久尔湮塞。考之里麻长官司，溯金沙江而后达，是腾所至西曰里麻，则腾境盖上于江之滨也。正统间，兵克麓彝，驱之江外，惜师旋后，麓贼残孽仍据孟养，江内之地渐为侵据，循习既久，不复知金沙江昔为我界也。我地我险，彝得居之，圉卫单弱，益与彝近。且缅酋洞吴熟于舟楫，沿江而上可抵茶山。倘有窃发潜师躡境，奄忽而至，有不及知者矣。剥床以肤，乌容缓视？或曰："其地多瘴，非可以华人居也。"夫宾川之牛井里、永昌之上江十五喧，皆瘴区也，皆彝氓也。编之里甲，役之驿传，律以国法官仪，不闻有违戾者。如处置得宜，即其地，因其人，宽其法，薄其赋，酋长举仍其旧，而惟汉署其名，羁縻约束，总之州卫，彼且欢趋而竞至也，奚不可哉？

所谓不知惩其阻者，潞江是也。麓彝之叛也，上江刀招汉为之腹心，严栅阻江为之扼守。王师进讨而屡失利，黔滇之先驱不前，方督之征旗不返，皆以潞为之限也。夫潞固多瘴，素为彝居。本朝仍其故俗，不以宅华人，善也。仍其故俗，终不知变，则善而未之尽也。何也？藩省郡邑，犹人之四肢百骸，荣卫灌输，然后络脉畅而强固臻。潞界永腾之间，咽喉所寄，命脉所关。腾为永属，非此不达；永为腾援，非此不通。脱有非常，一槼横江，扼险乘塞，遂孤绝于外。往以么麽小丑如刀招汉者，助贼阻据，虽大军雄武，不免于挫锐，今可不为之所哉？夫潞所以能为梗者，其地则瘴，其人则彝。长江汹涌，足以依负，而高黎山复崇峙于其后，吾之征旅既不便于其地，又不狎于其人。欲长驱直捣，阻于江山之险；欲久任熟伺，困于暑湿之蒸。兵至于此，是谓陷地。而彝寇据之，则水土与之相习，种族与之相同，久而莫之变，是谓遗患，况为西南之襟带哉！

考滇西郡邑通衢之所经由，率皆华其人而汉其法，虽不无诸彝错杂，然皆僻处山谷，无有直当通衢者。惟云南县、宾川州之间，尚有爨蛮居于赤石崖等甸，永昌、腾越之间，尚有百彝者居潞江之沿江上下。经途喉舌之地，顾容侏离异类，隔于其中，故二处所邻，亦各撄其锋焉。麓寇拒命，则刀招汉为之驱使；安凤煽乱，则赤石彝四处劫掠。论徙戎者曰："非我族类，则其心必异。"非往迹之足征乎？赤石崖等甸已于白崖置督捕府，患乃少息。又于宾川亦置督捕府，患可差弭，此可谓处置得宜。为潞之计，虽仍彝其人，渐变其俗，须置一千户所，以永腾卫中分调金齿、腾冲二所，士伍城郭而守御之，庶得其亲附于我，忘其为彝之陋，安于为夏之美而缓急有赖。

若为彝不可变，则犍为、越嶲终于彝而已矣。今之视昔何如哉？况境非遐壤，人非劲族。潞江安抚司原领于府，祝贺必至，部按必谒，课办必轮，驿传必应，族类虽彝，而驯服已久，可以令从禁止。其鸟音左服，漆齿雕题之习，浸驯浸狎，潜消而默夺之矣。惜正统以来，不思变置，因循至今。夫变潞彝置官署，岂惟腾赖之？永昌非此则有拊其背者。闻国初麓川屠永昌城，亦自潞江上江而入。盖永昌之东南施甸、凤溪诸彝，颇称骁悍，故麓寇之人，不自东南而自西北，经略郡政者，自筹之审矣。变潞彝之说，岂待腾人发哉？

所谓鄙而外之者，茶山、里麻是也。二长官司额有岁办，州常遣人征之，视之若属久矣。彼域于西北，为腾后倚，地虽崎险，无平原广甸，然重冈峻壁，岩谷深阻，易为依负。其人皆寻传蛮也，性柔而力健，柔则易制，健则可兵。以此之故，群彝虽强，莫之敢犯。昔齐晋招徕，江黄臣服，姜戎率收犄角之势。二司据金沙江上流，彝缅悉在其下，如抚之有道，用之有方，亦腾之劲辅也。四彝即欲妄动，虞彼之蹑其后也。非心亦且少戢，其可鄙而外之，以远彝例视，漫无声教之及哉！

所谓滋他族而窘我封域者，南甸是也。以其接壤腾南仅二十里，故曰封域者，盖腾之一甸也。胜国时腾冲为府，南甸隶为州，乃腾旧属也。国初，经画者谓三宣抚司，与腾最近，屏翰赖之。其设官自宣抚而下，有同知，有副使，有经历，有把事，有驿丞，各有分地。而参抚其事皆以华人世官为之，有十夫长，有百夫长，各有分地。而称头目，皆录彝人有功者为之。夫其副倅、其首领悉用华人分摄所部，散其权而少其力，既不得而自私，又不得而自肆，彼此相角，莫敢擅专，故可以指臂使之，重臣行部，匍匐走谒。今同知而下，尽以计灭，谓其有罪，则有罪者诛矣，录其子孙可也。子孙若无，录其族姓可也。族姓或不当用，别有署置以代之可也。庶彝酋无以成其自擅之谋，不失我昔经画防闲之意。今干崖旧设属官，固自若也。独使南甸悉同知、副使、经历、把事之地而兼有之，何哉？兼而有之，权无所分，动无所制，得以专擅自制，故益骄恣而不可令。小有隙衅，怒目相攻，薄闻谴让，掉臂长往，招之不来，谕之不听。微拂其意，不为闭籴之说，即为阻兵之谋。夫地不崇朝，判为彝壤，割所旧属而殊别之，已不可以言知。昔之经画者不得已而为权宜之计，虽用彝酋宣抚，仍用华人为副，以参制之，犹之可也。今又并此而泯焉，邻壤异类，二十里外即威令不行，是尚可以为治乎？作事贵豫，用机贵密，有位君子慎图之。

〔据康熙《永昌府志》卷二十五《艺文志四·论》第16页辑录。吴宗尧，字协卿，腾越人，明嘉靖癸卯（1543 年）举人，历马湖同知，补延平，所至有贤声，终养归，辑郡乘二集。大金沙江，环蛮莫之外，直达阿瓦，入南海。按：大金沙江即伊洛瓦底江，佛经所谓信渡河，合腾越大盈江并干崖槟榔诸水，穿八莫而入，其流始阔，明王靖远与孟养立石盟誓，时八莫、猛密尚在江内，后陈用宾筑八关，而八莫等地皆弃于缅，大金沙江遂为缅人守隘之地。〕

清

滇池论

何大宠

阅《昆阳州志·滇池》记滇水，盖会澂江之水。澂江之水，经宜良县境，行六十里出县界，入滇池，误也。滇池南北径百余里，隶昆阳者几半，官于斯土者，恶得而不核诸夫？滇池为云郡巨浸，环池州县置者，前明则五，国朝惟四。四境之水并注滇池，余则风马牛焉。今察滇池所受之水，其最大者自邵甸汇九十九泉为盘龙江，蜿蜒南下，则昆明之水也。次则宝象河，源出上板桥，由官渡入滇池。次则晋宁之大坝河，进州境，归滇池，西北注。次则呈贡之黑、白二龙潭，其水分流入县，潺湲萦绕，向西南抵滇池。次则昆阳之神龙河、渠滥川及州城南北涧水，皆东北注。其他沟渠不能悉举。

滇池不择巨细，悉受不辞，顾昆阳、晋宁、昆明诸水，有时而竭，独呈贡之水出两龙潭者长流不息焉。滇池虽会众流为巨浸，而汪洋渟滀，弥漫百余里者，要亦有源本，不尽取大于众流以自雄也。察滇池中，其水自海底涌出者凡百泉，自山根海涯之石隙流出者凡数泉，巨细难以备纪，兹举其显著者言之。若昆明西山之龙王庙前、昆阳河泊所之大山前、晋宁之人仙湾，皆有涌泉出于海底者也。若晋宁之牛恋乡之金线洞、耙齿山之金线洞、昆明西山之金线洞，其水皆自山根石隙迸出滇池者也。

昆阳友于村之南冈下，复出二泉，一寒一温，不盈百步，并入滇池。每当风静波澄，海泉涌出之处，翻青泛白，有如沸釜，篙工罟师，皆能详之。自会城而南五十里，于西岸入昆阳州界。又三十里则海口也，形势则双崖壁立，一径天开，滇池之水窜奔西下，则若尾闾之于大海也。滇池屡浚亦屡淤，则滇池少泻而多蓄昆、晋二州，昆明、呈贡二县并蒙其害，当道念切民膜，所以不得不加意于此也。惟东岸之海宝寺一小山，其势挺出，直插滇池，下有石穴，潜泄滇水，伏地暗流三四十里，东注于澂江之西磬泉，此亦奇矣。

要之，滇池地势于西南为最高，环池州县为之涯涘，则高又加矣。四围之山，插翠堆蓝，高者摩天，卑亦含雾，与二州两县互相钩抱，则其地势益崇。澂江、宜良实处晋宁、呈贡之东北，势如下坡，以絜滇池，不啻其嵩词。澂江水由宜良入滇池，果何道之从与夫？纪山水者务征其实，庶几开江山之生面，发造化之灵奇。若呈贡长流入滇之水失而不载，滇池自出之水置而弗求，伏地穿山，潜行入澂之水实为神异。忽而不察，是山川之生面，造化之灵奇，反受蔽于文人之纪载，冯夷有知，其将谁咎？余故阳而辨之，俾艳滇池者得以览焉。

〔据道光《昆阳州志》卷十六《艺文志·杂体文·论》第 6 页辑录。何大宠，浙江萧山人，监生，清康熙五十六年（1717 年）任昆阳知州，纂修志书未成而去。〕

晋宁州水利论

徐 勰

水之为利大矣哉！有泄之以为利者，有积之以为利者。当泄不泄，则淹没之患未去，而膏腴之利何由收？当积不积，则渟潴之泽无多，而灌溉之功亦未广。是贵因天时、相地势、尽人力，而豫为之所也。

其在晋宁，有泄之以为利者，州西北境夏末秋初之水是也；其积之以为利者，州东南境秋杪三冬之水是也。州治枕山俯海，东南高而西北下，其河源大小不一，而皆出于东南；其河流远近不同，而皆归于西北。每自夏徂秋，滂沱屡降，雨水与龙泉山涧之水会合，其势汪洋，河腹不能容，沟道不能纳，泛溢肆行，必有冲决淹溺之患。势当有以泄之，而宜泄之处不一。其大者，上有疆场之唐钟洞，下有迎恩之淤泥河。人见两处不泄之患各有别，而不知两处不泄之患常相因，盖疆场泛溢之水不泄，则水势强于西，河堤弱于东，东堤一溃，南来之水尽趋甸永，不但为田畴禾苗之患，而且为城郭民居之忧。如昨夏水泛疆场，大桥河决，州城北境直抵安江，尽为泽国。其时淤泥河纵极疏浚泄之，亦不胜泄，此可鉴之覆辙也。若豫于疆场，平其阻滞之新埂，开其消纳之旧洞，则水之归于淤泥河者有限，而泄之自易。

今上宪檄催修理水道，州守加意奉行，各处亲临，加堤决壅，淤泥河之狭者广之，浅者深之，塞者通之，未雨绸缪之计，可谓得矣。独是疆场阻滞之埂未曾平，消纳之洞未曾辟，恐异日泛溢之来，难免从前之患，此又泄之相因而不可不讲者也。自秋末以抵春初，时无大雨，龙泉山涧之水所出无几，有以积之，皆可为涸时灌泡之用。其宜积之处不一，而大者莫过于盘龙溪水之堰，此水虽源近流微，而昼夜可灌田地十余亩，所谓盘龙坝水是也。向来其水当冬春之交，则竞为灌泡，及秋冬之际，则任其归海，是以有用之水而置于无用之地，亦大可惜矣。若于应山之北，龙马迹之南，形势可阻扼处，溪中造一石桥，孔广丈余，高亦如之，设闸口桥上以及两旁采石甃堤，南接应山，北接龙马迹，高与路平，堤[①]两旁安石槽涵硐，春夏照前灌泡栽插，汹涌之水任从桥下放出，及收获后，则闭桥孔、塞涵硐、上闸枋，积水平堤，于冬杪开放。从前坝水，分数以存，昔年州守李公云龙均水利，以作《通学两试卷金碑》示，次年头龙之后，陆续开堰灌泡栽插，是未雨已有栽插之水。至雷鸣雨集，则已栽之田其水又可分出，是既雨益多栽插之水矣。如此行之，则雨泽及时之年，其栽插必较常更早，即雨泽愆期之岁，其栽插亦较常颇多。

康熙癸丑，浙江查公涵来守是邦，精于地理，念切民依，欲积此堰，后以调迁他郡而止。雍正戊申，浙江金公言来司捕务，倜傥多能，留心民瘼。告以积此堰之利，公欣然相度，矢愿为之，又以两次奉差往广，临行惆怅，以不得如愿成此堰为憾。岂时会之未至欤，抑其人之有待也。

或曰此堰一设，堰内之田必淹没难栽。此大非也。盖作堰所积之水，乃收获后无用

---

① 堤 道光《晋宁州志》、《新纂云南通志》皆作“其”。

之水，非栽插时有用之水，其所淹之田，乃收获后无谷之田，非栽插后有谷之田。以今冬无用之水为来春有用之水，以今冬已收获之田为来年早栽插之田，亦复何碍？或又谓盘龙古刹为迤东一大丛林，凡探奇览胜以及祈福酬愿之人，四时不绝，此堰一设，不便行人。此亦非也。堪舆家言寺门外路，宜由左行。若设此堰，从龙马迹南走堰堤以达应山，由应山转万松以入盘龙胜境，路既左行合法，水复回顾有情，在佛寺莲峰之下添一莲池。在州城则昔为元武后缠，今为天池，东汇山川，益加秀润，风水愈觉潆洄。州治十景，至此当增一二，此又积之相因而不可不讲者也。后之人诚因天时、相地势、尽人力，泄所当泄以除水之害，积所当积以广水之利，其泽虽不同于杭之白堤、苏堤，而有济于晋之社稷人民，亦不浅矣。

〔据乾隆《晋宁州志》卷二十七《艺文志上》第46页辑录。徐鰓，字公敏，由岁贡任鹤庆府学博，端方正直，乐育人才，致仕后，鹤人为其立德教碑。另见道光《晋宁州志》卷十二《艺文志·论》《新纂云南通志》卷一百三十九《农业考二·水利一·云南府·晋宁州》。〕

论大金沙江形势

姚文栋

论大金沙江形势上

大金沙江形势，其下游去滇远者，吾且不论，论其上游本为滇属者。按：永昌、腾越诸志《南甸传》云属部直抵金沙江，与孟养地犬牙相错。又云所部戛独直通蛮暮江。《蛮暮传》云地在金沙江内，腾越之西蛮哈山下，当缅人水陆之冲，为陇川右臂。《孟养传》云其地在金沙江外，古名迤西，有香柏城，与蛮暮同襟金沙江，孟养居其上流，南至底马撒，疆连西洋，北极吐蕃，西通天竺，东南邻于缅。合此三土司观之，而上游之形势备矣。

孟养之上，又有孟拱；蛮暮之上，又有戛鸠。《志》皆无传，然腾越《四履》《土产》诸篇论之曰从前州境尽大金沙江内外，兼戛鸠、蛮暮、孟拱、孟养而有之。盖蛮暮、戛鸠在江内者也，孟养、孟拱在江外者也。夹江内外，以卫腾越，天堑何其雄也。江以内有蛮哈、南牙诸山为之重险，表里山河又何壮也。此大金沙江当日之形势也。

明张机作《南金沙江考》，以为即梁州之黑水。禹迹所画，确不可移，故论者谓西南极边由澜沧而潞，以迄于黑水之金沙，为梁州第一大门户。明时孟养通文书，自称“守金沙江奴婢”，守此门户者也。由是言之，滇其可无大金沙江乎？大金沙江内外，其可无孟养诸土司乎？

尝考我朝定鼎之初，平滇之后，孟拱、孟养等首先内附，见于毛奇龄《蛮司合志》。毛奇龄乃据史馆官书，非耳食无稽者。比其后征缅之役，孟拱、孟养皆抒诚效力，高宗御制诗文一再及之，尤天下臣民所共睹者。焉得谓之非本朝属地乎？今蛮暮、孟拱等土司犹有本朝所颁印信，虽向英国索还故地，揆之于理，无不可也。能如是，则大金沙江之形势完而全，滇之门户巩矣。

论大金沙江形势下

腾越境内之水流入大金沙江，举其大者言之，一曰槟榔江，一曰龙川江。《云南通志》云槟榔江自古勇塞外流入，合腾越厅所出之大盈江，西南流出蛮暮境，西入大金沙江，凡腾越以西之水皆入焉。龙川江自怒夷界入边，纳曲石、猛淋、芒市、南碗诸河，西南自天马关流出缅甸，入大金沙江，凡腾越东南及龙陵以西之水皆入焉。《腾越志》云甸内甸外诸水，以大盈江、龙江两大水括之，可约略而尽。盖槟榔江与大盈江合流之后，或称槟榔江，或称大盈江，其实一也。龙江则即龙川江也。今考两江入金沙之口，本皆在滇属土司境内，龙川入江之口为蛮暮南境，流经木邦、孟密，至此缅人称曰那莫江，滇中诸志或作莫勒江者，误。

按：《腾越志·蛮暮传》云东有等练山，环以那莫江，直走金沙，当缅人水陆之冲，此江是也。此龙川江尾，旧属滇境之明征也。槟榔、大盈合流入江之口，为蛮暮北境，俗亦称为蛮暮江，流经南甸之南牙山麓，至此说者谓其地正当蛮暮、南甸之交，故《腾越志·南甸传》云所部戛独直通蛮暮江，即指此江也。此大盈江尾，现属滇境之明征也。

试以大金沙江形势言之，自缅京阿瓦而上，以瑞姑、新街两处为濒江要地。瑞姑，《云南通志》作尼孤。乾隆时经略大学士傅恒征缅，探得此路由天马关出五百九十五里，至此下船约三百里即至阿瓦城，较诸路尤为近捷者是也。此处江道上有大葫芦口，下有小葫芦口，夹江皆高山，江面窄而底极深，两端皆似葫芦口，故名。张机《南金沙江考》所云大莒蒲山峡、小莒蒲山峡也。为上游江道最险之处。论者谓不得瑞姑则新街难守，不得新街则腾越难守，盖恃此两峡以为险也。昔年蛮暮土司都于新街而扼瑞姑，以御缅甸。瑞姑、新街皆蛮暮属地，大金沙江上游形胜要害之所在也。

龙川入金沙江，在瑞姑之南、小葫芦口之北，新街在大葫芦口之北，而大盈江入金沙之口，则又在新街之北，皆为水道旁出之地。异时与英勘界，如能收回瑞姑及两葫芦口，则龙川江一路可以无虞，最为上策。其次亦须至大盈江入金沙江之口而止，以保全南甸旧日之分地。南甸系现属腾越土司，尤非若蛮暮土司自道光以来弃置不问者可比也。

〔据姚文栋著《云南初勘缅界记》（清光绪十八年刻本，下同）第3－7页辑录。姚文栋（1853—1929），字子梁，号东木，上海人，长期从事外交工作与地理研究。清光绪十七年（1891）作者奉命入滇勘查缅界，查探印缅商情，绘图记载，编撰而成《云南初勘缅界记》，论滇缅边界地理形势，涉及不少云南大江大河资料。伊洛瓦底江，中国古称“大金沙江”“丽水”，亚洲中南半岛大河之一，缅甸境内的第一大河。云南省内主要有独龙江、龙江、大盈江三大支流，分别流经怒江、保山，德宏。邹志伟《“大金沙江”考辨》（《陕西师范大学学报·哲学社会科学版》2006年第4期）一文，从现存各种史书对大金沙江记载，进行了考辨，认为“大金沙江”即今伊洛瓦底江，而非雅鲁藏布江。《清史稿·地理志》卷八十《西藏·卫》记载：“雅鲁藏布江，即大金沙江也。”卷七十四《云南·永昌府》则记载：“猛卯安抚司（驻今云南瑞丽）〔……〕龙川江自遮放入〔……〕西入缅甸，又西南那莫江，下流入大金沙江（即今伊洛瓦底江）。”二书一指雅鲁藏布江，一指伊洛瓦底江。查龙川江为伊洛瓦底江的一条支流，流经今云南省德宏傣族景颇族自治州。大金沙江“乃滇人所名，对丽江之小金沙江而言”（黄懋材《黑水考》），系怒江以西入缅甸之大水。故此，大金沙江当指流经缅甸的伊洛瓦底江，而非流经西藏的雅鲁藏布江。《大清一统志》《卫藏通志》《西藏图考》《海国图志》亦皆以雅鲁藏布江为大金沙江。造成这种情况的原因大致有二：一则当时人们的概念，认为印缅间之大水俱流自西藏高原地区，此二水在地理方位的理解上极易混淆；二则撰写者对旧有之说多沿袭附会，而少有细致的实地考证。〕

大金沙江形势续论

姚文栋

难者曰：子论大金沙江，一在江外之孟养，一在下江之蛮暮，皆为滇西形势所系，然则昔人何不筹之，而必待子发之于今耶？曰：嘻，是殆以为一人之私言欤，不征之于昔，将不足信欤？夫苟有识者，固莫不知之矣。岂论今昔哉，无已，试诵言其一二。不观明臣陈用宾《请罢采买宝井疏》乎？其辞云：夫蛮暮何地也？三宣之藩篱也；三宣，腾永之垣墉；腾永，全滇之门户也。蛮暮失，必无三宣；三宣失，必无腾永。盖用宾之论如此，而后人作《腾越志》乃谓其筑八关以弃关外之险，岂其实哉！又，不观苏酂《请安插思化疏》乎？其辞云：夫滇南大势，譬之一家，苍洱以东则为堂奥，腾永则为门户，三宣、蛮暮则为藩篱也。所贵藩篱者，谓其外御盗寇，内固门庭，使为主人者得优游堂奥，以生聚子孙，保有货财，斯协名实。按王宏绪《明史稿》言，酂忌李材招思化以破缅甸之功，构之陷狱，酂之为人可知也。然能指陈边庭大势，其言颇中肯綮，则亦非今之忌人成功者所能及矣。此皆论蛮暮之形势者也。

至于江外，则明儒吴宗尧尝论之。其言曰金沙与澜、潞三水皆源吐蕃，入南海，号南中经流，而金沙江之大，且十倍澜、潞，极边有此，固天所以限夷夏也。然昔论江南形势者，必得江北之地而后江可守，筑三受降城者，越河之外而后河可用。宗尧此论，虽不言孟养，而江外之地固孟养也，是即论孟养之形势者也。且吾见明人之谈边事者，言蛮暮必兼言允墨，更及于茶山。盖大金沙江上流直通至茶山，而允墨亦濒江要地也。

允墨，即今允冒，与戛鸠相连，苟蛮暮不亡，则允墨在内地不必论也。孟养之上则有孟拱，玉石之所产也。苟孟养不亡，孟拱不必论也。由江外而登茶山，阶梯于孟拱；由江内而登茶山，阶梯于允冒。苟允冒、孟拱不亡，则茶山不必论也。此吾所以专论蛮暮与孟养也。

《腾越志》称茶山之北与丽江野人接境，是故茶山有失，则丽江危，不惟腾越之患也。又言孟养北接吐蕃，为今前后两藏地。是故孟养有失，则两藏皆危，又不惟滇之患也。此其大略也。《书》不云乎“申画郊圻，慎固封守”，内地且然，而况边徼乎？《易》不云乎“王公设险，以守其国”，险之未足，犹且设之，而况于自然之险乎？闻者其勿以予言为河汉也。

〔据《云南初勘缅界记》第8－10页辑录。〕

说

明

苍洱图说

杨士云

苍洱之景，嶂峦万叠，戴雪腰云，如列屏十九曲，峙于后者，点苍山也。波涛万顷，横练蓄黛，如月生五日，潴于前者，叶榆水也。按：郦道元《水经注》叶榆水，一名洱水，西汉于此置益州郡叶榆县。夏秋之交，山腰白云，宛如玉带。昔人题云："天将玉带封山公，五月积雪未消和。蜜饷人颇称殊绝，峰峡皆有悬瀑注。"为十八溪，溪流所经，沃壤百里，灌溉之利，不俟锄疏。舂碓用泉，不劳人力。石家金谷园最夸水碓，此地独多。剖山取石，白质黑章，以蜡沃之，则有山林云物之状。唐相李德裕平泉庄命曰"醒酒石"，香山白侍郎命曰"天竺石"，好事者往往取为窗几之玩。

郡之方位，延庚挹辛，宾夕阳而导初月，盖与海临之西湖，洪永之西山，嘉之峨眉，齐安之临皋，滁之琅琊，同一快丽。若夫四时之气，常如初春，寒止于凉，暑止于温，曾无毹氇冻粟之苦，此则诸方皆不能及也。且花草蔬果，迥异凡常；岛屿湖陂，偏宜临泛；一泉一石，无不可坐；风帆沙鸟，晴雨咸宜；浮屠钜丽，玉柱标穹；杰阁飞楼，连幢萃影；翠微烟景，荫蔚葳蕤；千态万貌，不可为喻。至其地者，使人名利之心消尽。崇圣鸿钟，声闻百里；诸峰钟韵，递为连属，沧波渔火，满地星辰；峡壁涧峰，植圭攒剑。时有隐君子诛茅其中，殆又山水环抱，形如弛弓，弓弰交处，是名两关天设之险，兵燹不及。

水东磨崖题云"此水可当兵十万，昔人空有客三千"，是为奥区奇甸，世称乐土。顾僻在西陲，非宦游莫至，今标二十四景，庶游者按谱而往，得以遍观，乃知此外别有胜处，非二十四所能限也。

〔据康熙《大理府志》卷二十九《艺文志上》第107页辑录。〕

海口说

顾庆恩

自古谈水利者，蓄泄二法而已矣，而泄之法更艰，恐其以邻为壑也。异龙湖，为屏阳巨浸，上通宝秀，潴中汇九天堰，左合诸源泉之流，汇而入于海中。湖广五十里，濒湖千顷悉赖以灌。其尾闾乃在海东峡，过石龙，由关底经西庄，临郡屯田亦藉以润。是泄此之水，又足为彼之利不止，无壑邻之忧也。沿海山势，由此转东而西，捍卫水口，旁有王家冲、芦子沟二水逆流而上，两沙壅淤，随开随塞，即令沉以壁马，势苦艰于瓠子耳。若开不以时，屏有沉没之虞，而临无涓滴之润，是开则两利，塞则均病者也。

每岁二月时，必量其水势，相其地形，拦以深桩，卫以巨石，使二水合处不为冲击崩塌，则沙不能壅，而水寻故道而西走焉，如驶矣。或曰是役也，屏临两利，应率七分，军以助一臂，吾谓屯军以助役为名，反于海东生扰，不若就屏之人有田而濒海者，临时照亩派之以助浚，则以自利而自营之，不责报于临邑，尤当在司上者之斟酌耳。

〔据乾隆《石屏州志》卷六《艺文志二·说》第38页辑录。顾庆恩，号纶堂，直隶吴江人，博学能文，明天启间以澂江通判权石屏州，政尚宽大，重文教，纂修州志，改建砖城，修有顾公桥，州人戴之，入崇祀。〕

清

小玉泉说

范承勋

泉以玉名，取其温且润也。旧泉碧玉，称“天下第一汤”，人争沐之。予亦品以域外华清，夫诚可风、可浴、可咏也，亦又何他羡乎？但其暖气太盛，每一坐沐，则汗溃而神为之困。见碧玉之左，有水自石罅迸出，渠之得一泓焉，温润不少减，抑且挠之不浊，掬之殊香。王衮《温泉铭》云：“白矾上彻，丹砂下沉。”将此小泉，疑更有摩尼珠照其中也。随于庚午冬月，嵌石为栏，勒以小玉，其温润在我适宜，傥亦有洁清自好者过而问耶，或不以为赘余也。

〔据雍正《安宁州志》卷十九《艺文志上·说》第77页辑录。〕

滇山水说

施 樵

滇处西南陲，接巴蜀，连秦陇，固一上游地也。以迤东西山水观之，西之点苍、鸡足，巍然作镇，水则金沙汇岷江，朝宗于海；东之乌山、秀山，绵亘独长，水则交河会可渡之盘江，入巴川，朝宗于海。其为中州西南藩蔽者，莫著于此。

至于丽江之玉龙山，峰势干霄，积雪为衣，千里望若银屏，界滇西北，蒙番罗聚。南有景东哀牢山，长广几五百里，林木落叶，堆土逾丈，山上流溪若河，野人巢处，无异猩猱，鲁魁贼穴，由此发源焉。又西南有高黎共山，阴晴万状，面背分寒暖，漫衍而开缅甸之域。其五龙山踞滇东北，山多积雪，又产奇花卉。东川、乌蒙、镇雄、乌撒四土府之奥区也，之四山者，傲岸雄长，无美名于舆图，结隐忧于遐甸。

圣人封浚，玉帛来同，岂可以荒徼而竟置之。况澜沧江、潞江经缅甸入南海者，迤西之水也；礼社江、盘江，趋交阯入南海者，迤东之水也。循江海以扩疆圉，交与缅实滇南之外捍。天地开辟，若有不可异视者，然从古规模，无外按山川考形势，若者当羁縻，若者当宾服，若者当扫穴犁庭，无使苗之有莠，无使角之相犄，万里情形，在吾目中。是所为搜遗纪剩，将有俟乎长驾驭远矣，敢云好异耶！

〔据魏荩臣修，阚祯兆纂康熙《通海县志》（《中国地方志集成·云南府县志辑 27》，凤凰出版社 2009 影印本，下同）卷七《艺文志·说》第 45 页辑录。施樵，安宁人，举人，清康熙间任通海教谕。〕

双沟瀑布说

高奋映

全姚之水，浍于蜻蛉，而河又浍他水悉至焉，至则水大而汹涨也。乃多石当其垠，又复以怒其势。再入，则峻峡中天，若决江河，若纳壶以口出，水之气急而难前，遂为洄波，为倒澜，为转轮，为逆湍。其左涟右漪，莫不备其状，而悚人以悸畏也。当水之气稍平而方进，又为快马斩阵，震风拂松，为象之鼻饮，为牛之角斗。其乍腾乍伏，莫不备极其涌，而更慄人以股也。

下则为三跌滩，滩几三四里，而每滩作飞瀑流，每瀑凡作几千万仞，堕自九天，临深九地，鸣若盆翻澍降而万雷轰。其旁作月线霜条，不知凡几千几万缕，作冰柱雪车，愈不知凡几千几万状。至若作银光卷珮，珠挂明帘，水晶之幔，云母之屏，又不知凡几几矣。

相传滩下有蛟龙，晴好则见于沙碛，理或有然哉。去瀑布数十里，犹有飞霰溟濛吹人衣面，况经其处者，宁不噤毛寒骨耶。洵称天下奇观，雁宕千尺，乌足以伦拟。

〔据道光《大姚县志》卷十四《艺文志上·说》第 45 页辑录。〕

二水说

张翰芳

时有谓弥苴江乃西洱河之源，是为黑水，越嶲卫大渡河，似非泸水者，语近荒唐。乡人传大司农遂宁张公之命考实录，寄以备进呈之选，乃作《二水说》以证之，聊塞乡人之请。

《禹贡》“导黑水至于三危，入于南海”。注：黑水是榆叶积渍所成。源自雍之西北，直出梁之西南，后之人遂以罢谷山所出之瀰苴江、西洱河注楪榆县者为黑水，以榆叶入水亦黑也。嗟嗟何谬耶！夫黑水自雍之西北直出梁之西南，则大理在益州之西，而益州乃梁州之属西南徼外，其地尚广，皆梁州域也。此水远出汾关，从雍之西北来，浩渺弥沦之状，岂大理西洱河一勺之多足以当黑水哉？

《经》云“黑水西河惟雍州”。注：雍州之域，西据黑水，东距西河，则黑水由雍之外，经梁之西南而至于南海也，明甚。若“华阳黑水惟梁州”，则东距华山之阳，犹之乎雍州之东距西河也，故西据黑水，雍梁皆同，岂非雍梁二州皆在黑水之内，而特以西河华阳为二州之界乎？

若“至于三危”一语，据郑玄云三危在鸟鼠之西，《经》云荆岐既旅终南惇物。至于鸟鼠，是鸟鼠犹在雍州之域，吐蕃邻界也。三危既在鸟鼠之西，故《后汉〔书〕·西羌传》注谓三危山在金沙洲燉煌东南，山有三峰，故曰三危云云。夫燉煌在肃州界，肃州为雍之西北，燉煌之东南，则系梁州之西南也，又明甚。盖三危在南裔之地，临峙黑水，其将入南海处，方缅甸江头城，望见江中有大山，山峰四塔，极其秀耸。此即所谓三危也。古人考辨山川皆统寰宇而言，原未分中国外域，固不得隘视宇宙也。明三危之定，则在黑水之所经，可知。知黑水之所经则李中谿、杨升庵诸公，或以澜沧江、潞江为黑水，或以西洱河、丽水为黑水，岂即考确之定论哉？且西洱河出浪穹县之罢谷山，历邓川弥苴佉江，而汇为洱水。其源甚近，其流亦微，乌得以此细流而拟彼浩渺无涯、澄碧深黝之黑水乎？朱子曰黑水从雍梁西界入南海，不经中国，信哉言乎！今铎旧志，张机《南金沙江考》与阚祯兆之《黑水考》庶几近之，不必疑黑水出大理矣。至若黑杀、天神、土主等祠，滇中在在皆祀之，得非蒙段时俚俗精英，岂可指为黑水之神乎！

其大渡河，诸葛元声注在四川芦山县北四十里。河源出吐蕃，经黎州东，注嘉定，入于岷江。查黎州，汉武帝时置沉黎郡。沉黎，面黑色也，指筰彝言之。后人乃以沉黎为黑水，岂非讹之更甚者乎！黎州南邻六诏，西接吐蕃，北拥邛崃，南环大渡。武侯南征，由此地入滇，故曰渡泸。泸，一名若水。《山海经》云“黑水之间，若水出焉”，黑水流经梁州西南，而若水出旄牛徼外，即吐蕃地，故以“之间”二字统之，非若水即黑水也。旄牛，古当州界，今董卜韩胡之域，其外有铁豹岭水，从星宿海、赤兵河而北别流，一支南至铁豹岭而出。明万历间，襄城姚性成绘万国图，注此岭下云：此名若水，一名大渡河，通乌思藏东，绕长河、昼匡、笋筤等处，经黎州、越嶲、马湖、叙州、嘉定而入岷江，是亦犹黑水之出吐蕃也。元李景山出使越嶲，渡大渡河考泸水源，盖越嶲有泸水驿，又有泸古州。孔明渡泸，由嶲州入益，即滇池。此名渡泸，为有验泸水之为大渡河也。夫又何疑？但黑水流经吐蕃，自雍梁界外而入南海，若水由吐蕃而出，历建昌、越嶲而注东海，大概了然，惜不得中秘奇书一详原委，深愧蠡测。谨以在滇考确者献之如右，请博雅论定焉。

〔据佟镇修，邹启孟纂康熙《鹤庆府志》（故宫博物院编《故宫珍本丛刊》第232册《云南府州县志》第7册，海南出版社2001据清康熙五十三年刻本影印，下同）卷二十六《艺文志下》第30页辑录。张翰芳，邓川学正。〕

建联珠桥题名说

傅为詝

庄子曰“名者，实之宾也”，又曰“为善无近名”。今之题名为实乎？为名乎？为名而为善则善虚，善虚则心伪，心伪则人非，人非则鬼责，名无益也。诚于为善者不至底绩不止，匪求闻达，匪冀获报，是谓实至。实至者宜名，不近名之名，名乃久。行者、居者见之，曰：若者董事，若者募化，若者出纳，若者鸠工，同力协志，克襄厥成，不骞不崩，示我周行。子若孙见之，曰：某某吾之祖若父也。相与廑念太息，无即匪僻，嗣前人恭明德，则题名未必[①]非劝善之一端也。

① 必 道光《云南通志》、《新纂云南通志》皆作“始”。

是桥也，成于三年，董事者王厥清、吾弟为謇、孙启扬，募化者刘应周等，出纳者萧联捷，鸠工者程、王二人。嗟呼！名者，鬼神所忌，实至名归，犹恐遭其所忌，况无实而名乎！诸君其顾名思义，益猎于善以质鬼神，垂名于无穷也。

〔据雍正《建水州志》卷十三《新增艺文·记类》第22页辑录。傅为訡，建水人，清雍正丙午(1726年)进士。另见道光《云南通志稿》卷四十九《建置志·津梁·临安府》《新纂云南通志》卷三十七《地理考十七·津梁二·临安府·建水县》。〕

西江源流说

劳孝舆

西江，固南交大渎也。《岣嵝碑》云“南渎衍亨”，而西江与岷山之流异，独发源于牂牁，汇流于崖门之口，于岭以南，别为一渎，故又名牂牁江。由滇阿迷、罗雄，迳广南、泗城、田州，乃至粤，以一江而尽纳滇、黔、交、桂诸水，迅行而东，长几万里。然粤之上游，如汇如漓，如横浦，皆湍急崎岖，不通舟楫。昔唐蒙上策，取南越，欲从夜郎浮船而下，以为一奇，固非计也。自史禄通凿灵渠，两伏波将军始赖之，以下楼船，江道之通流久矣。

南江趋海流怒而骄，苦为羚羊峡所束咽喉隘小，当夏潦淫涨，水如万马奔腾，岩壑与惊涛，相为勍敌。尝登肇郡之束江亭，俯视建瓴，水头十丈，排山而下，真有滔天之势。滨江之县，鱼鳖为邻，靡有定处。迨穿峡而出，及与北江合为一大川。北江者，浈江以上雄连诸水也，水比西源短而势骤，故西江挟之而愈横，三水四会，其巨浸也。

肇之江患一而广州倍之，丰乐大围为数县保障，围一败而属县不复望秋矣。闻之故老，昔小而今大，昔暂而今数，考其故则昔之江广而通，今之流隘而淤也。南海之九江，为江之孔道，以入熊海钜园筑焉，而其上游则一由黄雀冈迳分水以趋珠江，一由石门以抱会城，此即杨仆楼船先破石门得越船粟者是也。今黄雀冈之沙口渐浅，石门则沙淤水涸矣，而九江以一水而受全江，欲围不崩得乎！数年以前，水患频仍，岁祲屡警，当事者引为己忧，疏请增筑围基，江流翕若，而愚所私忧过计者。

窃以江水在天地间，犹人身之有血脉也。血脉不通，其病在肿，不治必溃，然治之固贵培补，尤宜疏其下流，而后血脉斯通，渐有生气。今江之上流围基虽固，而下流壅塞，可望其安澜乎？广属若南新诸县常受水患，而香顺诸处每受水益，卤田得清水而稻乃肥，安享其利。又虑子母生沙，横江截海，几于变沧海而为桑田。下流既塞，水斯逆行矣。说者以其坦田升科，可增税课，可补民虚。试思频年蠲赈，屡次增修，耗国勤民，得失孰多，不待智者而知矣。闻之利者，害之萌此，亦当事者所宜酌剂也。生长兹土，利害颇悉，剥床以肤，最为切近，因考西江之源流，而备详之如此。

〔据《小方壶斋舆地丛钞》第四帙第十二册第814页辑录。劳孝舆，字阮斋，广东南海人，清雍正间拔贡，官贵州知县，著《阮斋文钞》《春秋诗语》。西江，源流于贵州牂牁，又名牂牁江，流经云南境内开远、罗平、广南后，流经广西、广东。是书考证西江的源流，提出对西江的整治。〕

东川温泉说

廖瑛

温泉之说，世俗有二，其澄澈而甘香者谓为朱砂，若气息稍杂则目为硫磺，而余以为皆附会也。扶舆磅礴，郁积薰蒸之气，本无不热，如五金各硐，攻采既深，人入其中，热气腾勃，且裸体汗流，泉出地中，其热宜也。各水之凉，浮流于地面耳，至于臭味之有差别亦自有。故山无石不奇，水无石不清，泉从石出既温且甘，泉由平阳沟浍而来，或为泥汙所侵，或为田潦所染，以致驳杂混浊，气味不纯，是岂水之性哉？

余游踪所历温泉亦甚繁矣。今春季，因查河之便，得坐安宁之汤池，其地倚山枕石，玲珑透漏，前有瑝瑯（螳螂）、曹溪，境本幽奇，而泉皆从石罅喷流，盈盈一泓，须眉毕现，气更清芬袭人，惟时实觉地灵观止，窃叹升庵先生评为“天下第一泉”，为不我欺也。

冬腊有事于昭通，道经东川，太守义公邀看新开河渠水利，随便览胜，更浴东川之塘子。其境界之幽邃，其泉香之清美，其穿石而俯流，无不媲美于安宁。而安宁之泉，有议其微过于热，不无少暴者。东川之泉，凉爽适体，此犹随人品题，未为确论。惟布置曲当，大胜安宁。当其涌石而来，先于高处凿一窟以束水势，随于窟下决堤灌池，周砌以石，底嵌以砖，如釜然，向背濯澣，左右咸宜。复于池旁恰得分寸，设口以泄减之，故深浅合度，冷热从心。当日升庵先生若得游此，未必以“天下第一泉”为安宁独擅也。大约安宁、东川两温泉，世之所谓朱砂者，他如寻甸等处，卑卑乎不足道矣。

嗟乎！不遍观天下人材，安可轻量天下士盗？虚声而实行，潜光埋没不彰者，遭际有遇有不遇。温泉亦然，然而身分自不可诬也。余不肯人云亦云，徘徊流连，不忍遽去，因于山之巅题曰“舞雩别境”，池之旁颜曰“方壶烟火”以表之，亦以志不能忘云。

〔据乾隆《东川府志》卷二十下《艺文志·说》第42页辑录。〕

潞江通舟说

姚文栋

潞江上流在滇境，下流弃之境外，蒙窃惑焉。盖南中之水，三江为大，若澜沧，若潞，若大金沙，皆可舟可航者也。昔人尝论及之，以为夷人欲据险隐塞，不使通行，滇人习焉，遂不察耳。

按：《志》称大金沙江自蛮暮以上，山耸水陡，至蛮暮以下，地势平衍，阔可十五里。若以为通舟之路至蛮暮而止者，而不知今日英国小火轮舟直至允冒矣，且由支江出孟拱矣，皆在蛮暮上流数百里间往来常通也。

又，《志》称澜沧江受西洱河、胜备河，至顺顺宁蒙蒙化交界处，土人谓之罗擦聚，不二十余日至锦龙江一名九龙江，即水下流，海客船多会易于此。夫既有海客船来会易，则内地民船往与之会可知也。此江入海之口，已为法国所据，犹幸法人未涉吾界，故无小火轮舟上驶耳。若潞江形势，则视澜沧、金沙尤要矣，以其为滇西喉吭之地也。

按：《志》称潞江一名怒江，自芒市南流出至木邦，名喳哩江，又南流八百里至摆古，东入南海。自木邦以下，可通舟楫。明张机云昔年陇川多本宁潜往摆古见莽瑞体，由此江顺流而下，然则潞江之形势于此可见矣。

国初，阚祯兆作《黑水考》，以为天地设此三江，正为朝廷制驭西南诸夷设。异日问交、缅不贡之罪，则此三江者。固汉家楼船下番禺，出奇制粤之牂牁江也。其说盖本于张机，其后齐召南作《水道提纲》，阮元修《云南通志》，皆采引之。至今日而时势又一变矣。潞江入海之口为英国所据，谓之摸儿缅，为南海通商大埠，小火轮舟由此入江，与濒江诸地相贸易，此时虽未敢入滇境，而滇中乌可不知之也。倘使有衅，小火轮舟载兵而上，仓卒无备，腾越与永昌声息不相闻矣。夫潞江下流之东，皆中国旧土司，至今犹守本朝印信，英法两国觊觎不敢取，而滇中视若化外已久，此深可惜也。

〔据《云南初勘缅界记》第30页辑录。〕

陆良水利说

刘麟玉

陆郡山川环绕，水道平衍，生斯境者，每多聪明俊伟之士，苟得其人疆理而造就之，即以驯至于富教之地无难。然而人民尚未殷富，风教尚未朴茂者何哉？盖大利有所未兴，大政有所未举也。所谓大利者何则？治水是。大河发源于霑益之南盘江，经交水、曲靖而其流始大，至陆地而汪洋积聚，遂潴为泽。盖其来也甚近，溪涧之水汇于此者，其去也甚细。西桥而下，石山重重，关锁下流，不能直泻，且水口既紧，河底沙泥，无从溜出。年深日久，河心淤满，所以一遇集雨，泥涨水势散浸，不惟沿河之田尽为湮没，即东南州城，俱不免于浸灌，为害甚大。至天气亢阳，久旱无雨，则水落底洼，高原下湿，不能资其灌溉，禾苗遂至枯槁，利何有焉？吾闻天地不生无用之物，既有此河，必有此河之用，乃至此地方之人受其害而不蒙其利，果造物之不人焉，抑人力之未尽欤？

余尝稽诸地志，访之父老，前江公者令民沿河筑圩，以浚大河之水，水不浸入圩内，田亩尽得耕种，乡民以为利，迄今烟火万家，田连阡陌，皆江公之所赐也。又有魏公者，欲疏新发村之水灌于城内，以源头未广而功未就，惜未久于任，而大纲犹未举也。虽然魏公者有其心，有其政，以无款费而止。夫策陆之要莫大于治水，而治水之要莫大于开沟浚河。开沟者引上流之水顺山而出，灌于城南，一则可以杀水之势，一则可以灌溉东、北、西三方田亩。浚河者相度水势之来去，将大河挑深，两岸筑堤，使水由其道不致散漫无归，则沿河沙地尽可变为良田。所谓高得水之溉，而低不受水之湮。其道莫要于此。然浚河犹后，而开沟宜先，其法可勿细讲乎！尝度河势由州城沿河而上，五十里为湖中，湖之上响水坝在焉。其地两山相夹，河皆石底，此天造地设一坝口，若用善事工人修成石坝，顺水开沟，由湖中转苏家湾绕北山，越板桥河而南，一路引出，每遇山箐山河，皆用溜漕架过。如箐低沟高，则沟从上渡，如箐高沟低，则沟从下渡，每作溜漕皆用巨石为桥，以图永久。如此东、西、北三方不难成万倾田也。沟务虽竣，更得余款，陆续生息，以为浚河之费。每年春间，按田派工，将河底淤泥挑在两岸，筑城堤埂，内外栽柳，不过数年，河深堤固，永无浸溃之虞矣。或曰响水坝形势甚低，恐水不能上沟，又坝水出来俱系石山，恐不能成功，且此处为南宁门户，恐坝成壅水，不利南宁，此数者皆可忧也。余曰不然，河底虽低，坝成则高，水行十里，高低已判，况数十里之遥哉！坝口石山，或凿或补，不过多费人工，何患无成？至不利南宁之说，尤为迂阔。余观响水坝而上，一派荒山，无好田好宅，纵坝高八九尺，壅水一二里止矣。越州以下，尚保无恙，况其远乎？且坝成则水口多一关锁，其为南宁之益更大，将来米粟广阔，泛舟上下，救济更无穷也，此则断断无疑也。至于南乡水利，则治之又是一法。盖南乡田亩，尽在高处，大河不能引入，所恃者惟八崖与各处山箐之水而已。今若以大河之法修之，徒费无益，水源不大，临时引入，田多水少，不能灌溉，一也。山水暴涨，其势汹涌，虽有沟坝，易于坍塌，惟有多作木坝，广作陂塘。沟不必大而贵多，坝不厌多而贵省，多则各处邀截，既足以杀水之势，而高者引之以救高，低者引之以救低。若无用之水，又引入池塘，以防不给，则稍有坍塌，朝费夕成，易以为力，故也。至大龙潭之水，可引至南桥以外，若将沟底抬高，所救未尝不广，抑或水积卑之地，多制踩车飞挽而上，一法也。此又南乡水利不同于东北者也。

总之，水利开则田畴易，田畴易则菽粟广。人皆知务农之利，而不屑屑于逐末之为，则人心风俗亦将由是渐归于朴焉。然后从而修举学校之政，于城内建起书院，培植成材之士，于城乡间广设义学，以育童蒙，则为善者有所资，而士类亦借是以为仰事俯育之具，如是而人民有不殷富，风俗有不朴茂者，未之有也。奈何数百年弗尽人事，而听其风气之开而未开，辟而未辟哉！区区管见，敢以质诸高明。

〔据民国《陆良县志稿》卷七《艺文志上》第50页辑录。〕

序

明

云台瀑布序

孔宗尧

匡南皆山也，群峰競秀，望之耸然于霄汉间者，云台也。云台之下，曲流飞瀑，四时澄清。予卜筑来八年于兹，未有齿及观瀑者。今乙丑春二月，村人以农事故，祀龙其地。予亦载酒偕行，斩径而入，四围皆峭壁，树木阴翳，苔衣与草色相映，仰观良久，疑其源直与天河相通，万仞直落，腾空而下，或联络而为珠，或宣散而成霞。水洞垂帘，掩映藤萝之带；雪花飞浪，冷飘翠岸之风。岩树老而飞鸟息，山路折而游人憩。松梢滴露，人疑五月皆秋；湿气袭林，恍见山头是雾。已而夕阳晚照，禽声上下，樵径来横牛之笛，僧舍传送客之钟。微风渐起，茶烟初歇，皓月东升，万籁俱寂。然又不能无憾者，曲水可流觞，愧乏临川之荦；悬岩堪题句，徒惊子厚之狂。

嗟呼！勺水泉石，自有奇观。矧兹胜地，忍令淹埋，因种竹护松，以为避暑之所。更录古今名人诗赋于上，使后之游者，知予之得佳境而可乐，佳境亦因予而始传。苏子曰：“唯江上之清风，与山间之明月，取之不尽，用之不竭。”会心自此远矣。

〔据乾隆《宜良县志》卷四《艺文志二·序》第40页辑录。孔宗尧，呈贡人，以举人参订雍正《呈贡县志》。云台瀑布，康熙间宜良八景之一。〕

板桥造涵洞勒碑序

朱若功

辛丑之夏，亢阳为患。昆明旧有潭水傍列龙神庙，凡十余处，祈祷多应，各宪委属员代祷。予得板桥之龙泉、黄龙二祠，维时驿丞金君式铭谒予旅次，询及地方利弊，云此处有宝象河，资灌甚广，然沟渠易淤，有老人朱大庸殚力经理，今年八十余矣，可谓有功于人者也。日前捐金，命大庸雇工车注，欲于河内筑一暗沟，使点滴不泄，尽归田亩，然所费不赀，奈何！

予因促骑往观，果见河面无水，掘地数尺，则源源不竭。若横河筑一涵洞，更浚沟七八尺许，截河底之水引入沟内，则十余里皆成沃壤。予家有清溪，唐时仓部公徐讳乔者，用是法灌溉田数百顷，至今尸祝。金君之心，即仓部公之心也。归即白之各宪，促金君及大庸为之，不逾月而功成。予惟民间农事，惟水最急，板桥有河水，以故旱干之患常少，然未有计及于涵洞之善者也。不事车戽之劳而滔滔不穷，一劳永逸，其功当与仓部公同不朽矣。

予待罪于兹，碌碌无所建立，金君无名，社责乃能为功于人如此，是岂可以俗吏目之也哉！因信笔而为之记，使后之人不忘其所自云。

〔据雍正《呈贡县志》卷三《艺文志·碑文》第51页辑录。〕

庆丰、安乐二闸序

李青献

稽夫浚浍距川，夏王力勤水道；潴蓄沟荡，周官爰命遂人。至后世叔敖起芍陂而楚国利，文翁穿湔口而蜀土饶。他如障水溉邺，邻国丰盈；溢渠入秦，关中沃壤。水利之兴，所以裕国课而厚民生者，闸坝其最重也。

定邑县治西北之隅，纵横二十里。南东其亩，云连数千顷，河道虽通，潴蓄未备，灌溉难周乎远地，树艺恒伤乎后时。雨水稍迟，荒芜益甚，惟农人时廑涸辙之忧，宜先事预筹防川之策。于是度彼地势，寻彼原泉，而可以灌境内田亩者，莫如西北三水。一源出邑西三十里化佛山，一源自瀑布泉转王通河，一源出邑西北大龙箐，总汇于斗箐河。由赵旗村以下、三江口以上，两山关锁，一水中流，建闸筑坝，此地为宜。

由是士民协议，请于邑侯沈公堂，相与按田计户，庀材鸠工，筑堤甃石，于三江口建下闸。当春，东作方兴，而播谷之水取诸此，名曰安乐。于赵旗村建上闸，入夏，栽种既届，而耕耨之水取诸此，名曰庆丰。是闸之成也，五沟有分，启闭有时，设管事以经沟涂，立坝头以防溢涸。视晋之杜元凯守荆州，修召信臣遗迹，而原田赖其滋溉。宋之赵尚宽治陂渠，守信臣故道，而唐地亦复膏腴者，其功一也，其利溥焉。迄于今，青畴绿壤，岁取十千；白黍黄粱，廪占亿万。家庆丰盈，户享安乐，勤坊墉于一时，获康阜于万世。后之人饮其水，而可不思泉之所自始；食其粒，而不思谷之所由也哉！

〔据道光《定远县志》卷七《艺文志上·序》第30页辑录。李青献，定远贡生。庆丰、安乐，二闸并在城西二十里，清乾隆元年（1736年）知县沈堂开，灌溉境内田亩，兵燹后失修。清光绪七年（1881年）知县万邦治捐资重修，并添筑石墩四座、石堤十余丈，建龙神庙于闸左。〕

白塔坝册序

万　听

昔欧阳永叔修《唐书·地理志》，凡开一渠，立一堰，俱附于其邑之下。顾所定水规经制未之及，盖举其大而详者可知，不妨从略也。夫农事之缓急，视水利之废兴。明洪武朝，诏国子生分诣天下郡县，集吏民，乘农隙，治水利，奏开堰塘四万九百八十有七，河四千一百六十有三，陂渠堤岸五千四十有八。历览前代勤民之政，可考而知者，莫大乎是。

我朝重熙累洽，乾隆二十一年下诏广兴水利。予家定邑，而世里于白塔。白塔水坝，考之老册，嘉靖二十五年九月，里人朱天爵、戴俸等控，经水利道谢公批示郡伯，仰定远县民戴俸董率田户，疏浚修理。其坝东至路，南至塔，西至路，北至山，深二丈，周五里，共一百六十丈。启闭灌溉，有条不紊，则水利之永赖无穷也。今代远年湮，坝塍倾圮，积水微隘，众田户佥同督率修理。

工既告竣，相谓曰："老册朽矣，水规经制理宜另行开造，投官盖印，以遗世守。"而请序于予。予维斯坝之造，予先人尝襄事于其间。今予舌耕糊口，借馆栖身，倘异日有寸业之置，亦里中明农人也。况仰副圣天子重农至意，而书之以纪成劳，亦儒生所不得而辞者。乃因其请，书之为序。

〔据道光《定远县志》卷七《艺文志上·序》第31页辑录。〕

修大石桥募薄序

万 听

邑城北乌鸦闸河下流，截通三姚孔道，趋龙江。康熙间邑侯张公建石桥以通往来，盖盐运必经之地，非但为行人称便也。迄今七十余载，门轨两马，固宜禹乐之追蠡也。斯地责成属白塔村，余为村人，多年处馆北界，溯游溯洄，究乌鸦之旧址，观桥石之磨磷，未尝不叹坝闸之名空存滇志，而惧石梁来兹，与坝闸将无同，此亦莫须有之事也。邑侯钟公，本夏令出政，捐缗九千余，付村中头人，俾为甃补始基。村人因置募薄，问序于余。余谓是役也，承邑侯之美意，而克广德心，永终是图。盐舶挖运有通无滞，不但行人称便，将国赋民食实嘉赖之，其共襄耕助终亩之意乎！

〔据道光《定远县志》卷七《艺文志上·序》第46页辑录。〕

囤子仓玉润桥募薄序

万国安

定阳，古髳州也。其南数里，龙川叠绕，甃石为梁，通舆达道，上为大桥，下则利济也。其中庐宿委积存焉，新店房也。其左逾领里余村落，山麓囤子仓屯也。斯千秩秩，驾木其上，玉润桥也。

玉润桥，在髳州未故时，粜粜转输之所必经也。髳州治设吕交城，新店房为南宁县。南宁仓储悉建于囤子仓。桥曰玉润，河海润千润百。粟粒，珠玉之意也。明初，降州为县，改名定远，移吕交城之城郭于今治，裁南宁以入版图，于是仓屯非积贮所在矣。然斯桥实与利济大桥为唇齿。今俗均以仓桥名之，其亦不忘古意欤？且沿山诸村，牵车服贾，懋迁有无，舍此桥无他取道。乃去岁，为元冥掠劫一空，上下村人，咫尺河干，若隔千里。仓屯李君尚义，纠集众姓为修建，举曰："是何可视若髳州、南宁有其废之也？而志奢力歉，不得不公诸人而募化，随力助予，共成长虹，均为仓桥同垂不朽，慎勿曰髳州、南宁有其废之莫敢举也。"

〔据道光《定远县志》卷七《艺文志上·序》第45页辑录。〕

重修孔仙桥序

刘邦瑞

古者辰角见而除道，天根见而成梁。故司空视涂，利涉为急，典綦重矣。孔仙桥离井六十里，左界姚州，右达云南县，为西迤四郡十数邑运盐之通衢，而商贩出入之孔道也。粤稽宝关辟路，而荜缕渐除，欹险渐治，如三岔营、青香树、半个山、无底箐等处，今皆平治可行矣。独是界以大河，匪桥莫济。

相传有孔姓者，相河流形势，累以巨木，叠以长枋，厥功颇著，故名孔仙。后之继者，渐次易石，蟠其根而固其梁，规模较前稍定焉。然水势汹涌，旋修旋圮，更多大石塞流壅岸，人力难施。自道人袁见空结茅山巅，苦募筹画，乃先鸠众合力以驱盘石，次第经营，以告成功。至今乡耆野老，尚能述道人之奇踪异迹，惊叹无休。但根基虽奠，桥工虽成，每遇山水瀑涨，不无冲突之忧。故于庚子年之秋冲去一埪，费银二千余金，方始修复。昨于己酉夏间又值水泛，冲决桥首半埪，往来者凛凛冰渊。

是以详请各上宪裁酌修理，蒙盐宪批准估建，乃广集木石，给饷募工，决没者经始之，倒塌者建置之，欹倾者砥定之，阙略者补葺之，而桥已复故矣。然予更有虑焉者，桥属西迤运盐要路，凡自井来者，或背负肩挑，或牛车马载，必暂停桥上，以俟盘验放行。当其晴明勿论矣，若遇雨水时，盐积道旁，不无浸湿流溢，甚而雨大则遍地淋漓，以致亏本缺额，此情将安诉耶？今于桥头构屋三楹，以为停盐之所，庶几风雨无患。更设栅栏一座，晨开暮闭，俾私盐无从飞越，即以关栏为扼要焉。盖自孔姓肇造以来，道人重建而后，屡次加修，今可恃以持久矣。而构屋设栏，是又前人未备之规模，于兹全备。凡此皆仰体各上宪利济惠民之德意，以变通其间者。至于伐木采石无冒支，计值给价无滥费，斧斤凿削无作辍，风雨晦明无旷时，则又庶民子来，群工慕义，职事者亦实心不苟所为，故材省功多，而成之最速也。余何力之有焉？因序其始末如此。

〔据李训鋐等修，罗其泽等纂修光绪《续修白盐井志》（清光绪三十三年刻本，下同）卷八《艺文志之五·序》第59页辑录。刘邦瑞，字元臣，汉军镶黄旗奉天襄平人，监生，清雍正元年至乾隆十一年任白井提举，详革陋规，请加薪本。重修学宫、关帝庙，捐俸四百以济不足。更捐置祭器，乐器。修建桥梁、祠宇，设义学三馆以教士，定租石，亲考课以兴文，井学科名始接踵焉。更创修《井志》，以光简册。事迹具卷五《秩官志·循吏》。孔仙桥，距井五十里，两山峻峭，中流巨波，系运盐要路。旧为孔道人新建，因名孔仙桥。后道人袁见空重建，易木为石。后之继者，旋修旋圮，清雍正七年（1729年）提举刘邦瑞重修，并撰此序。此后，历任皆有修复，清乾隆十六年（1751年）提举高锦动项重修，嘉庆九年（1804年）署提举李辑玉、提举周礼续修，清光绪元年（1875年）署提举刘锡龄重建，提举玉璋续建，均被水圮。清光绪十九年（1893年）署提举吕调阳请款银一千两，移上流里许建步仙桥，工竣，即被水圮。二十年（1894年）仍建于旧址，亦被水圮。二十五年（1899年）署提举李训鋐相度水势，易石礅为木架，筹赀重建，工未峻，解任去。提举文源接任重修，易其额曰“永济”。另见民国《盐丰县志》卷十一《艺文志·序跋》。〕

省耕塘碑序

徐成贞

昭郡郭北，一望沃野。其中平冈一带，周环荒土万亩，即余奏明我皇上赏给拨戍新疆兵丁，予以生息银两开垦之处。越四年，土渐成熟。督垦官弁同合标官兵，于此处适中建一堂，额其名曰“省耕”。佥称受福斯土，恳余作记，以志其由来。

余登其堂，目睹形胜，环峰若屏，长流如带，优然中土名区。东作歌声入耳，西成梁茨盈眸，熙熙然兵民乐利，而汉夷同风矣。俯视之余，益动遐思。夫昭通，旧乌蒙夷倮地也，余于雍正八年创辟，曾几何时，举犬羊腥膻之所，而变为农桑醉饱之乡，汝等共曰受福，余亦曰受福。其信然也。但余久疏笔墨，难以作记。因思我皇上圣圣相承，盛德化民，真受福无疆之主也。中外一家，雕题凿齿，靡不梯山航海，真万福攸同之会也。余于甲寅岁首，荷蒙恩赐御书“福”字，先已敬悬镇署。今汝等省耕塘告成，又赐余御书“福”字，九重福臣之恩，有加无已。其《泰》之九三曰“艰贞无咎”“于食有福”。余固有以自信矣，然不敢自信以隘皇恩。汝等既云“受福斯土，请记其事”，余谨将御书“福”字摹刊于斯塘之上，俾亿万斯年，余与昭之僚属兵民并受福于我皇上焉。耳后之有耕于此者，当亦不啻游洞天福地之中。是为记。

〔据民国《昭通志稿》卷八《艺文志·序》第 29 页辑录。徐成贞，字禹峰，汉阳人. 清雍正八年随征禄万福至鲁甸，斩擒甚众，鄂尔泰以其能任大事，檄署镇篆。九年改名昭通，倡修昭通书院，凡城池、仓库、河渠、道路，无不经画井然，力谋妥善。修大阅堂为训兵之地，浚省耕塘为劝农之场。省耕塘，旧为营兵屯田之闸，工程坚实，现尚如旧。〕

龙泉沟序

龙泉沟序（一行）

今夫田亩者，人民之藉以养生；沟渠者，田亩之所赖以灌溉。车田沟渠浩□□（二行），获利济之益。然而田之高够□□能及之绕之。车田龙泉者，出于山颠，流于□□（三行），惜无人焉疏之，以成利济之功也。时有慨然出首者开之挖之，蜿蜒十余里，以达（四行）乎。车田合村之东南，凡山原草莱，罔不变为膏腴之地，开挖之利大矣哉！但田有（五行）上下之不一，水有先后之不齐，沟价则均摊，而灌溉则不匀，在前者过盈，在后者（六行）常涸。今公议龙沟之田，以上中下分为十二牌，轮流引放一昼一夜，放□一牌每□（七行），天明交牌，周而复始，不得违拗。倘有不遵，公罚银五两入沟公用。再有不遵者，合村（八行）赴官惩处。恐有紊乱，爰为勒石（九行）。

头牌田：赵起四工，王成为十工，刘忠臣一工，和尚三工，陈文三工，王毅三工，李如同工半，杨正玉七工半，杨朝珍二工半，王钦、王名七工，杨秉忠九工半。

二牌田：李如桐十八工，杨明珍七工半，杨正有二工，杨法元十五工半，杨正方五工，王锡五工，杨正玉一工。

三牌田：杨朝珍八工，杨法元三工，赵世忠四工，钱上吉二工半，杨正志工半，杨秉忠一工，□合文四工。

四牌田：杨正魁七工，杨贵八工，王沛二工，杨正玉十工，王卓五工半，王富六工，王□□七工半，龚□三工，李如桐二工半。

五牌田：龚文明四大工又二工半，王思嘉□工半，□□□□□。

六牌田：赵宽十二工半，杨秉忠四工，王□尧九工半，王之敬二工，王思尧九工半，王卓六工半，王玉山二工，王崇□二工。

七牌田：王富六工，杨秉志六工，李如桐十一工，□□□三工半，杨文元半工，赵全半工，王卓半工，周伦二工，杨正启半工，塘子田四工。

八牌田：土主寺□□□，王成文□□□，周国明七工，王竟候十工，盛姓六工，徐逵十五工，杨秉正二工，周世相半工，赵宽工半，王之敬工半，王□工半，王卓工半。

九牌田：王卓工半，王受立二工，王尧鼎十工，王锡十工，王林十三工，王正文九工。

十牌田：王起文六工，王卓兄弟三工，王成文五工，王受文七工，王臣文三工，周臣八工，王受文二工。

尾牌田：刘忠臣五十七工，代塘子又代王召文、王有文、王义文、王受文四人田共十九工，计十二牌（以上分属第十行至二十三行）。

乾隆四十八年癸卯仲夏月上浣吉，合村众姓同立。

〔据《宜良碑刻（增补本）·水利》第46页辑录。碑存宜良北古城镇车田村土主寺。青石质。高112cm，宽51cm。碑额呈半圆状，额题“轮流碑记”，线刻太极图及“日”“月”二字纹饰。〕

溥济沟序

溥济沟序（一行）

窃闻黄帝画野，始分都邑，而遐陬辟壤，均沾立步定亩之恩；夏禹治水，初奠山川，而北陌南阡，咸享疏河浚川之泽。是以知制田授产，固国家之鸿猷；而立堰开渠，亦宇宙（二行）之大务。即如梅家一营，田高水低，尽属雷鸣。遇丰享之年，或可庆农夫而慰曾孙；值饥馑之岁，何足开百室而宁妇子？吾人屡试数十年，往往徂其隰畛而少与翼之众，游（三行）其陇畔而无茨梁之歌，将俯仰既难以供，而钱粮亦将有误，其情实有难堪者焉。先辈营中士民，不忍坐视其困苦，业以动工兴工，开沟引水，无如工本不敷，弃而中止，几（四行）乎不能有望矣。幸获少长咸集，协同商议，复举荐营中董事十人：张镗、钱耀祖、贺贤、梅世才、梅椿、王来法、傅朝选、张舒翼、马昆、贺万年，捐资工本，请示开挖。时逢（五行）县主岳公，德被下土，泽及方隅，亲临踏勘，相其沟路之高低，观其地势之原隰，赏恩给示，顺河开沟。自羊街子姜山后首起，至梅家营止，尽皆荒山野地，岂致有碍庐墓田园（六行）乎？况沟必因水势，善沟者，水漱之。今梅家一营，拔岸立坝，既非曲防以病邻，又非隔山以取水，而董事人，类皆尽心竭力，劳身焦思。自兴工之后，备历三载，乃于（七行）县主张太老爷台前，告厥成功。凡开挖所费之银两，俱系按亩均派，每工派银三两五钱，以赏借项。自此，世世子孙春耕灌溉有资，夏耘而芃，彧彧致咏，甚至秋敛之期，满车满篝，冬藏之日，千仓万箱。将钱粮不致贻误，俯仰亦有依赖，庶几不忘董事之辛（八行）勤焉。是为序（九行）。

营中儒学生员张钜撰并书（十行）。

赐进士出身特授云南府宜良县正堂加三级纪录五次岳，为公议捐资开沟引水灌溉田亩，以祈恩赏示事（十一行）。

乾隆五十五年五月二十日，据县属梅家营士民张镗、钱耀祖十人等禀称：窃士民等住居梅家一营，所种田亩多属雷鸣，一遇天旱之年，钱粮难免贻误，查从前村人曾由吕（十二行）广营迤首，羊街姜山内起至本营止，延长二十余里，顺河开沟以引河水，嗣因工本不济，一旦中止。兹士民等不忍废弃，邀同本营士庶捐资，照从前所开之沟路，绕山顺（十三行）河，由罗官村、金家营荒空之处开挖，人人欢欣，诚恐始勤终怠，功成之日，不行捐资还欠，均未可定。爰是公禀伏乞给示，以便择期兴工，受恩不浅，士民等据此呈请查核（十四行）到案。业经本县勘明，一路沟身并无干碍田园庐墓，自应即早开工，以资水利，合行出示晓谕。为此示，仰梅家营士民人等知悉，尔等有田人户，务须父诏其子，兄勉其弟（十五行），遵照开挖，齐心协力，万勿观户迁延，以致功坠垂成，自贻伊戚。所需工时费用，听董事人捐垫，工竣之后，计亩归还，毋得短少。董事人等亦须秉公督率，庶几克成厥事（十六行），不负本县谆谆告诫至意。此本县为尔民所深喜而庆幸也。勉之，勿违。特示（十七行）。

署云南府宜良县正堂加三级记录六次张，为工程告竣，叩人赏示，勒石垂久事。

据县属梅家营士民张镗、钱耀祖十人案具禀前事一案，禀称：缘士民于五十五年禀请（十八行），岳县主亲临踏勘，赏给明示，准其开沟。士民等遵示破土兴工，绕山过箐，搭过枧二十五道，沟水畅流，高田得济，吕广、罗官、梅家三村营约共二百余亩。其开挖工费共用银（十九行）二千余两，每工田捐银三两五钱，历至今岁五十八年二月二十二日工程告竣，理合叩禀天星赏给告示，勒石以垂久，国赋民食两有攸赖等情。据此，除原禀批准（二十行）外，合行给示晓谕。为此示，仰梅家营董事人等知悉，尔等所收沟价，务遵照原议，得济田亩均匀捐收，毋得过为摊派，有干侵蚀。至沟埂、过枧，遇有坍塌，随时拨夫修浚坚（二十一行）固，以免废弛。倘有得水灌溉各田户不给沟价者，以及毁挖沟埂，许该董事人指名禀究。各宜凛遵毋违。特示。

乾隆癸丑年仲春月吉旦。

董事人：张镗、钱耀祖、贺贤、梅世才、梅椿、王来法、张舒翼、傅朝选、马昆、贺万年。

同办理人：李光祚、傅宗相、马富、钱显、贺珍、李元和、王启凤、王自明、梅开棠、王兴祖。

〔据《宜良碑刻（增补本）·水利》第64页辑录。碑存宜良匡远镇梅家营村百祥寺前殿。青石质。身高225cm，宽100cm。碑座高40cm，宽120cm。碑嵌宽10cm，饰如意卷草纹。额题刻“功兴永长”。溥济沟，俗称金梅大沟，自北羊街乡吕广营村首起，开沟引贯龙河水，经罗官村、金家营达梅家营，长20里，清乾隆五十五年（1790年）开工，五十八年（1793年）二月二十二日告竣，耗银二千余两，灌溉田亩数百，为邑中较早水利工程，迄今已200余年。〕

柴家营新筑永济塘碑序

柴家营新筑永济塘碑序（一行）

尝考《周礼》潴水泽之说，而知蓄水之功为甚要也。他如范陈九畴，水居其一，谟修六府，水实为先，水之为务（二行）不□□哉！宜邑之南地多田少，而水更少。地居十之七，田居其二，水仅居一也，古所谓陆地□□耶？距城（三行）十五里，其营名柴家，地势干燥，水无润涵。官河流乎低下，山水截于上□，春无播种之资，夏无栽插之滴（四行），何以望秋收冬藏，遂民生而足国赋乎？因于嘉庆十年六月，合营齐举十三位董事，于本营之（五行）北首新筑堰塘积水。凡塘中埂内所站（占）田亩，不论本营他村，均立合同，无抬粮，无补价，于秋□□□□，水（六行）随沙沟而下者，放入塘内。每岁立夏后开车塘边高田，公准盘济；小满内公开涵洞，下济旁流，灌溉田（七行）亩。塘内涸出亦可栽种，乃善举也。于是众志成城，六月兴工，八月告竣，所费工价先为借垫，后按田捐还（八行），所谓事有终始也。勒碑之期，问序于余。余不揣荒谬，强为执笔，□□□其事之颠末，以名其塘曰永济，以（九行）志都人士之久享其泽润。若夫润泽而补救之，更有望于后之人。是为序（十行）。

□□□袁有珍、柴思文（十行下）、窦连芳、柴思盛。

邑庠生杨□撰并书（十一行上）。

董事人窦连贵、柴思文、宋旼、刘占舜、柴思发、刘义、□□□（十一行下）窦连魁、宋丕烈、□□□、许兆明、许英（十二行）。

今将合营及外村所议合同一纸及人名抄列于后（十三行）：

立合同筑塘积水文书人李秉阳、何其武、杜德宝、任发枝、柳绍青、芮成周、芮廷文、丁云海、舒□才、宋丕仁、刘卓、许兆坤、柴如炳、柴起名、柴起鹏、柴思盛、柴起和、杨荣朝、许祥、袁辅珍、柴思摩、柴思周、蒋元臣、普（十四行）连宗、柴守仁暨合营士庶人等，为因柴家营田高缺水，所属营之上下左右田亩难以灌济，□□鸣春难于播种。赤帝司令何以水耕□田也，□□□种地沃壤也。而几等石田，每年难于栽插。即栽矣，迟之又迟（十五行），其黄而陨，苗则萎矣。所得之谷，不偿所费之工，条粮又何□□。古人有云：民为邦本，食乃民天，无食而民何以堪乎？于是合营老幼邀□外村有田在本营之家，公同妥议，于营之北首筑塘积水。凡塘中埂内所站（占）田（十六行）亩，以及放水入塘沟路，不拘挖着是人田亩，众人等愿俱□□无补价。共立合同，永为凭据。其开涵洞之日，任水所过之沟路，亦不得勒索抬粮补租。自立合同之后，永为乡规，不得翻悔。若有翻悔，凡筑塘□（十七行）所用银两，俱系翻悔者承当，外罚银五十两入公，以为岁修塘埂之资。其塘内所栽之谷，公议只容栽黄茴香谷，以便早收，滕田积水，不得黄白相傚。若有放水入塘，倘有湮坏，不得墨言。若有异言，合营人赴（十八行）官理处。恐口无凭，立此合同文书存照行（十九行）。

实计撤水之时，只许上满下流，不得担（擅）挖混放。再照（二十行）。

大清嘉庆十一年岁次丙寅孟冬月念（廿）九日。

合营老幼刘占龙、刘占凤、宋丕元、朝玉、宋丕谟、窦连富、柴思良、诚禹、窦连华、柳申元、丁永年、柴如栓、舒香、张有功、张书英、宋丕忠、蒋之盛、杨贵、余起、柴思夏、柴起玉、柴守映敬同立。

〔据《宜良碑刻（增补本）·水利》第80页辑录。碑存宜良柴家营村大寺。白石质。高173cm，宽95cm。碑额呈半圆状，额题双钩阴刻“永济塘”，圜日、雉鸟纹饰。〕

登瀛桥序

陈于宁

盖闻水陆必欲相通，舆梁于焉利济，此自古名山大川之扼要也。村之北有桥焉，自先人创建以来，观泉度地，意美法良，既已培乎风水，复云示我周行。路转峰回，居非僻壤，山环水曲，势极汪洋。鹊驾凌空，高摄三门之险；飞虹落岸，祥征九折之光。斯诚一方之锁钥，万姓之津梁者也。尔乃上通涧岭，下接昆池，左接龙沙，右驱神辂，涨巨壑之潺湲，纵芳原之灌注。达通衢而统玉案，贮看龙盘；锁巨津而戏金鱼，回瞻鹤翥。秀钟月岭，起学士之高峰；柱砥文澜，驾瀛洲之遥渡。洵利涉之要区，诚普济之先务，然取木以为梁，仅徒杠之可步，每一载而即修，经数年而难固。波流泛滥，六七月有隔岸之车；风雨漂摇，宇宙间无不朽之树。是以约众，倾心经营调护。洋洋水势，应立数百年莫坏之基；滚滚河源，故造千万人必由之路。集良工之精力，劓劣为坚效，采石于他山，丈寻有度，彩非赤也。俨着驱石之鞭蝀其悬兮，解咏迎仙之赋峭玉峋而积乎！巑岏驾激湍而任其奔赴。齐心力兮鼎新，告成功兮如故。烟村百户，幸逢盛世之抚绥；乐土千人，敢邀天泽之眷顾。窃幸功力之克终，容有赖于捐金之一助。

〔据道光《晋宁州志》卷十二《艺文志·序》第38页辑录。此登瀛桥，实为上登瀛桥。《晋宁州采访》：在城南五里石碑村前，清嘉庆十八年陈于宁、陈于廷倡建。〕

丙午岁白井水灾序道光二十七年

李承基

古之所谓天灾流行，国家代有，故旱涝水火，无世无之，此殆劫运所遭，抑亦数之使然欤，不然，何其猝发而莫之遏也。白井界在迤西，粤稽往古，自唐开辟，延及明季，将近千年，洪水为灾，漂没人民无算，识者委之于劫数，然与？否与？自明末迄今二百余年，本朝太平日久，斯民无泛滥之虞。方谓安澜有庆，常隶舜日尧天，无何劫数交加。

丙午岁六月间，连日大雨，迨二十五日初更之后，山溪暴涨，澎湃汪洋，五井民房灶房、大釜柴薪尽入泽国，桥梁十余座悉被水冲，庙宇七八处半多坍塌。本司衙署水与檐齐，自头二门至大堂、二堂、花厅、厨房、兵练、书差各舍共七十余间，以及照墙、垣墉，罔不倾圮。惟上房三间，地势微高，仅淹四尺余，幸有楼可栖，本衙老稚藉以安身。至于文案稿卷，半入凋残。洎存仓盐九十余万觔，悉归乌有。淤填卤井四十一口，堕煎盐二百余觔。水势稍退，予急捐钱三十余千，先行赈济，一面星飞申闻上台。蒙奏请借银二万二千两，饬灶户具领修复。其堕煎盐觔分作三年带征解缴，其借项亦分限三年加解归款外，先蒙委员履勘，随携银一千两到井散放，不敷，予又借垫银一百九十八两零凑足，赈济凡灾民四千三百四十四丁口。而常平社仓各谷一千五百余石，亦多湫湿霉变，间有未浸水之常平谷三百二十三石，予惟痌瘝在抱，悉将分济灾民。仓既空虚，又复申明各宪，独任捐廉买补还仓，结报在案。惟倾泛司署，工资浩大，无款可筹，因详请借支养廉，尚待批允。是以借垫银两，先行修复完固，至于司署一切墙垣，向无石脚，一经水淹，悉皆坍塌。经今新修，各墙俱用大石高砌二三尺，庶使墙基坚固。其照墙俱用条石封砌，以期久远。

嗟嗟！劫之与数相因，而至人焉得先知而避之？避之不能为，制置者得不多方急救，以甦斯民之困乎？今逾年，大工告竣，其被灾情形，予与群黎罹兹惨酷，言之可为寒心也。是为序。

〔据光绪《续修白盐井志》卷八上《艺文志·序》第70页辑录。李承基，贵州清溪人，清道光二十六年（1846年）署盐井提举，精明温厚。值水灾后，复建沼河桥梁。时民乱免官归里，井民扶老携幼，涕泣送之，脱鞋以留遗爱。厥后，回势日炽，攻据大理，竭全省之力始勘定焉。识者谓公之去留，实关治乱之大局也。〕

重建永济桥碑序

重建永济桥碑序（一行）

且天下事，莫为之前，虽美弗彰；莫为之后，虽盛弗传。自古迄今，莫不皆然。即如本村大桥一座，前辈诸公不知几费，经营□□（二行），得履康庄。是助为之于前，美助美矣。不料，道光十三年七月十三日之初地震，将桥坍塌。兴之即此，福河（何）如之？□□□（三行）耆念前辈善创之苦衷，复存善继之美意。合众商酌，约宾捐賨，以资桥用。賨完之日，始终计算，不下六七百千文。众皆□（四行）然□曰：修复有籍矣。于是，鸠工庀材，共襄成事，不依然前日之巨观也哉？是为序（五行）。

賨首姓名刊列于后，爰将乐捐功德姓名刊列于后：

（略捐资姓名计182人）

大清道光三十年岁次庚戌清和月合村同立。

〔据周恩福主编《宜良碑刻（增补本）·交通》第227页辑录。碑存宜良汤池镇阿色村原碾房。青石质。高124cm，宽60cm。碑额题刻“以善继善”。永济桥，为摆衣河第一古桥，位于宜良汤池镇治北阿色村东，东西横跨摆衣河，始建于清道光元年（1821年），为往来邑中的重要通道。碑记载清道光十三年（1833年）七月十三日大地震桥毁之事件，对考察研究当时地震波及范围、影响，具有重要价值。〕

劝捐修小河曲可铁索桥序

胡秀山

尝读《易》曰“君子以作事谋始”，《诗》曰“靡不有初，鲜克有终”。是凡事欲图终，必先谋始，然既谋始，尤宜图终，庶几原始要终，相与有成也。

巧家之小河曲可桥，为东、巧往来孔道，久遭圮废，关系紧切，原序述之备矣。愚忝莅斯土，访悉前者诸官绅乐善济世，公议捐建铁索桥，期垂永久。所幸始基已定，终而无难，旋因军需迫促，未遑兼顾，遂尔延迟至今。兹愚特商绅民，急谋成功，均知慨诺。及此世平岁穗，冬晴水涸之时，定议克期兴工，速冀蒇事，俾资利济。所赖仁人君子，凡已捐未捐者，务祈解囊醵金，迅速输助，共襄盛举，则福有攸归，而善果永绥不朽矣。是为序。

〔据陆崇仁修，汤祚等纂民国《巧家县志稿》（民国三十一年排印本，下同）卷九《艺文志·序跋》第 14 页辑录。胡秀山，湖南人，清光绪二年（1876 年）六月任巧家同知，七年（1881 年）交卸。九年（1883 年）二月复任，十年（1884 年）二月交卸。〕

倡捐劝修葫芦口铁索桥序

胡秀山

从来利物济人，作事期于谋始；植德行惠，为善尤贵图修。巧家江外葫芦口玉虹桥，为滇川通衢，曾累以石桥。临流清澈，若碧玉之晶莹；题柱嵯峨，俨长虹之耿耀。名标郡志，利赖久资。厥后江水涨流，桥石崩塌，所幸老墩尚坚，始基无坏，犹可复兴工作。无如需款浩大，未易重修。每值江流澎湃，行人往来，无不望洋而叹。道光年间改建木桥，权济一时。历年既久，势成朽腐，急待重修，期免病涉，乃守土者分也。余自下车后，询及乡绅，均云“肇造惟艰，未易蒇事，常有志焉而未逮”。兹据披砂绅民禀请立案，颁发印簿，倡率捐修，大赖众擎，实获我心。但念万间广厦，非一木所能支；千金狐裘，岂一腋所能集？现幸该地绅团已捐定六百余金，议建铁索，鸠工庀材，约在千余，乃可告厥成功。此则堪谓善于谋始，殊可嘉慰。余今倡导本城八村以及川、滇士农商贾，有力者咸劝捐助，共襄亿世善举。是既谋于始，复图其终，将见往来行人，靡不攸赖矣。夫溱洧济人，自古传为善政；濠深乐意，于今播为美谈。所望乐善急公者之竭力解囊，成此巨功，善其始而全其终，不但名垂不朽，而且修德获报，操券不爽矣。吾故曰：作事期于谋始，为善尤贵图终，冀垂永久云尔。是为序。

〔据民国《巧家县志稿》卷九《艺文志·序跋》第 15 页辑录。〕

重修迎恩桥、镇南桥序

刘赐龄

尝读《易》曰“利有攸往”，《书》曰“若济巨川，用汝作舟楫”。可知经济匡时，济世济人之难，数数觏也。虽然，博施济众，仁者犹病，顾安得人人而济之哉？欲得人人而济之，莫如因其所利而利之。因其所利而利之，则所谓经济匡时，济世济人并得。人人而济之者，桥其首焉。粤稽《夏令》“岁十一月徒杠成，十二月舆梁成”，于是愈见桥为王政之急务，桥之宜修，振古铄今矣。

龙陵之地出入均有关焉，关以东有桥名“迎恩”，关以南有桥名“镇南”。溯镇南水源，出凉风山下，溯迎恩水源，出象岭，入龙江。昔当夏秋之交，值雨水之盛。唤渡无人，莫赋印须之乐；褰裳有客，苦多病涉之时。初，司马张公创建，以木上覆瓦屋。继司马彭公挽狂澜于既倒，易砥柱作中流。至司马宋公继之以木桥，仍旧贯，复初制焉。日征月迈，风雨飘零。既非一木所能支，屡佥众谋而未逮。今予移下车有年，纤毫无补。记曰："有其举之不敢废也。"于是议成集腋，公举众擎。何当善居创首，聊分鹤俸以捐资；幸赖督劝同心，俾速鸠工而竣事。士民踊跃，绅管任劳，各量力而捐金。费逾千计，等为工于种玉；名沕二桥，敢谓叱驭成梁。羡万里乘风波（破）浪，思奋鹏鲲于后起，将见高车标榜。愿诸君指日梯云，好继驷马之留题。捷足先登，回头是岸，又何必慈航普渡，缩地求方也哉！时值桥工均告落成，都人士请记于余。爰叙颠末，缀斯语，以为之记。

光绪八年岁次壬午清和月。

〔据《永昌府文征·文录》卷十六《清七》第6页辑录。〕

仁寿硚序

钟庆龄

富州形胜，襟山带河。其河源均发自广南界，绕于北硚外者曰北河，绕于南城外者曰南江。硚于南始于民国之癸丑，硚于北其来自古为。其上滇下粤，胥于是，经之清光绪初年，尚仍板桥旧制，丙戌改建石渡，已一连而三凸矣。

甲辰端午又为蛟毁，残如半钩月斜。时郡别驾李公世楷提公有财力，移木接石，加以风亭、匾额楹联。其修饰不可谓不工，乃不旋踵而掀斜已成，后之官是邦者嗣而葺之，亦皆因陋就简，不足当风雨之飘摇。每登斯硚，曷胜临深履薄，同人等早欲改弦更张，亦苦于有志未逮。

幸丁巳春和殿侯公，丽江人也，来守是邦，关怀路政，睹斯硚之堕，概然倡修，筹定公款，各界承之亦踊跃捐集。于是一鼓作气，半年于兹遂告落成，名曰仁寿硚，风亭、硚楼较前为状。

噫！是硚也，仍一渡三凸，澈底兴修，工大款钜，若非上下一心，坚持定力，安能以财政困难之区，而兴此钜工，以竞美于千秋者哉！兹者瞻新月之倒影，鱼梦俱安；跨长虹之浮空，鼋梁不假。应受书孺子，继留侯以称奇；题柱丈夫，较温公而济美。他如夹岸风月，皆自然之清趣，而非数语所能穷尽也。凡兹公德，皆仁人君子相与鼎成之，众志可以成城，于兹益信。爰勒碑记，以彰纪念，并用以资后进之观感者。是为序。

〔据甘汝棠修纂民国《富州县志》（《中国方志丛书·华南地方》第二七二号，台湾成文出版社1974年据民国二十一年油印本影印）第二十三《艺文征》第126页辑录。〕

新建洄澜桥碑序

孙松森

洄澜桥者，异龙湖水流出之咽喉，而俗所谓海口者也。按堪舆家言，州城南北河水自辛壬两位抱城流出，蜿蜒曲折，汇流到此，所谓辛壬会而聚辰也。辰巽为木火，通明之方，有鼎象焉。此位若尖峰特出，卓笔排笋，则文章彪炳，科第蝉联，此关吾屏之大局，非一乡一家之事也。廉贞星宜远不宜近，故于城尤宜。此阁之当建也久矣，然其款浩大，非万金不能成。王君镇东慨然独肩重任，与邑之人聚商而决焉。移个旧之公款，培本乡之风水，建桥三门，长五丈，高三丈，建阁三乘，高五仞，长如之。木石之选，金碧之需，无一不经检点，以培文明至公也，以壮游观至美也。

工起于光绪壬寅年十月，落成于甲辰年十一月。鸿工告蕆，凤起蛟腾，袁嘉穀以经济特科第一授职编修，廖葆泰、张瀛、朱炳册皆自牧令超升道职，旃炜、孙竹森、胡商彝、陈钧、张湗、陈宗彝俱起家科第，渐膺民社。其他之或由捐纳，或至佐贰者尚称是，是皆出于科举将停之候，倘令科第仍前，则吾屏之济济辈出者，当更什百于此，吁亦盛矣。而未建阁以前，固未尝若是之盛且众矣。美哉，斯桥吾屏之宝也哉！而镇东固曰："子序新桥，慎无以贱名与予。"予曰："恶是何言也？子为其实而避其名，于子则高矣，而何以昭信劝勉夫后人乎？吾序子功，非以谀子也，将以劝勉夫后之急公益而创义举者也。"众乐吾说，遂叙其缘起如此。若夫春草碧色，春水绿波，南山舒黛，翠浪堆螺，杂花生树，群莺送歌，春水船如天上坐，载酒宴此乐如何？览文章于大造，怆岁月如飞梭，怅功名之未建，抚樽斗而恨多，则有雄心愤发，玩志消磨者矣。夏山如滴，画桥碧阴，婆娑老树，锦绣高岑，白马寺边，湖山画里，来鹤亭畔，云水光清。当苦炎之三伏宜消夏兮，一枰览市散兮。夕阳千百队，归汉阳渡，听渔歌于初月，两三星火瓜州城。登斯阁也，则有济人志，急振溺情深者矣。至如秋湖清，秋月浩，秋山淡妆，秋色娟好，秋云似罗，秋林如扫。当秋景之澄清，放秋怀而登眺，秋士能悲秋愁，独浩浮杜老之秋醪，振枚生之秋藻，关忧乐于群生，同与胞于亿兆，得志当为天下母，失途莫作岁寒草。登斯阁也，则有思秋高烈，振翮凌宵，竹劲松坚，铁肩担道者矣。况乎冬至阳生，岁云暮矣，树老风号，林开崖峙，曾日月之几何，竟山川之异致。羌绣虎兮才高，叹驹光兮水逝；纺赤壁兮后游，感黄羊兮灶祀。登斯阁也，则有举杯远思，念及四十，如此百年可知，而思老当益壮，壮当及时者矣。则吾屏后起之英俊，不愈更盛其众乎！是为序。

〔据民国《石屏县志》卷三十四《艺文志附录十五·杂记下》第 23 页辑录。孙松森，石屏人，清光绪间孝廉。〕

民 国

补修湾桥序

钟 伟

桥以湾名，纪实也，抑创始者之象形以命名也。镇康之东有蛮东蛮令河，西有猛汞河，两河流百余里，合而为一，横亘于镇康坝间，当顺、镇往来要道。夏秋水泛，河流湍急，中有四巨石，参差耸立，天然砥柱。清嘉庆、道光间，前土司建桥其上，因形势之曲折，故名湾桥。长二十丈，宽二丈，蜿蜒曲折，全镇称胜境焉。因光绪十三年，洪水泛滥，此桥惨遭倾圮，马君玉堂捐资复修，费一千余金始成，今三十余年矣。水流冲激，人畜践踏，日就倾圮。

岁壬戌，余奉命知邑事，三坝团首张君永清以募捐补修请命于余。余曰："此善举也。古者岁十一月徒杠成，十二月舆梁成，民未病涉也。余虽不敏，未能跻君子之平政。然前人已创之功业，岂敢废乎？"力恿之。乃以岁之十二月兴工，越三月始竣。首事者不可无石以纪之也，复求余为序。爰撮其厓略而志之于此，聊以留雪泥鸿爪云尔。

民国十二年岁次癸亥仲春月吉旦。

〔据纳汝珍修，蒋世芳纂民国《镇康县志》（《中国地方城集成·云南府县志辑58》，凤凰出版社2009年据民国二十五年稿本影印，下同）第四册第十九《艺文志》第42页辑录。钟伟，翰林，民国镇康县长。〕

重修惠远桥碑序

纳汝珍

盖闻悬组以渡，设权荒徼之奇；造舟为梁，迎吉通津之始。古者一逵之路，以至九达之衢，所历溪涧河流、深坑巨阱类，皆为之建石彴、架舆梁，俾天下之车辙马迹、肩挑背负，利有攸往，行不病涉，同遵路于荡平，胥安澜而宴谧。

镇康僻处边隅，河渠甚多，客商通过，多恃木桥，皆能往来无碍。王道坦然，惟德党明朗要途，舞凤大河横障其间，每遇天雨滂沱，水涨盈丈，澎湃奔腾，不可向迩，浪卷波翻，见而生畏，交通为之梗绝，徒涉动遭漂没。原有石桥一座，代远年湮，经前人创建之苦心，蒙义士构筑之良模，晓夜不息驰驱，厉揭无虞深浅，征夫免忧，商旅受惠，由来久矣，讵不善欤？

壬申仲夏，淫雨为灾，河水泛滥，汹涌激冲。斯桥基础不坚，竟倾盆而崩陷，片石无存，两岸坍塌，望洋兴嗟，行人因而却步，徒杠再造，岂容视为缓图？适珍来守是邦，问民疾苦，因势利导，取便闾阎。地方之因革损益，道途之崎岖险阻，重整旧观，别立新范。竭其力之所及，行其心之所安，或首倡以兴修，或督促而举办。此心此志，咸在民胞物与，一捐一施，惟冀化醇俗美，害者除之，无事踌躇，利者兴之，不遗余力。当地绅耆吴正新之昆季，驻户乃之龙陵商人杨宏光先生，平日慈善为怀，当仁不让，作善举之提倡，慰旅客之属望。全邑绅商，各方善士，闻者乐输多金，过者愿助一臂，卒得众志成城，大工克竣。计由□月□日经始，至□月□日告成，名之曰“惠远桥”，盖取惠及远人之意也。兹恐捐赀之仁人君子久而无知，特为勒石纪载，垂诸永久，俾后之人有所观感而兴起焉。是为叙。

民国十二年　月　吉旦。

〔据民国《镇康县志》第四册第十九《艺文志》第43页辑录。纳汝珍，开远人，民国镇康县长。〕

仁厚桥序

蒋世芳

今夫浑圆大地，水占四分之三，彼海洋万里，浩渺烟波，上下天光，一碧无际，自有舟以济之。而所称五洲大陆，声名最著，如东亚者，曾不计平原大野，幽谷深山，江河支流之错杂于其间，使于此而无术以治之。则世界之人，率皆为水所隔，各自为地，将何以利交通乎？是故古人之治，岁十一月徒杠成，十二月舆梁成，民未病涉也。后世因之，由木而渐进，递至于石铁，遂得长久之计焉。

猛板，在德党之西，为全镇适中之地，外而东通耿、孟，西达潞江，南连英缅，北接保山，四面交通之枢纽也。惟其千岩竞秀，群山纠纷，平原数里，中隔一川，名曰清水河。是川发源于三宝山之麓，上流水势湍急，曲折潆洄，绕关庙，出后山，浩浩荡荡，流奔坝尾而来，两山排闼，成一锁水之口。昔人于此建一石桥，因毁于横流，乃复架以长板，然夏秋水涨，往往溃桥四出，不转瞬间，感慨系之矣。

民国成立以来，地方文明进化，往来者众，好善者多，而猛板、猛回、猛养三户之绅首人民，皆愿仍其旧址，重筑新桥，以图巩固，而利交通。兹何幸张封翁泗源先生本善，与人同之心，乐取于人以为善。年登八旬，出而提倡，经之营之，庶民攻之，富者捐赀，贫者效力。所谓泰山不择土壤，故能成其大，兼之剑阳石工施国治良巧交至，所以两历寒暑，而厥功告成。适余遨游山水，路出名区，张封君与乡人士等属叙于余。辞不获辞，强为一言，以志斯事于石末，工拙所不计也。是为序。

民国十九年岁次庚午桂月中秋日，清孝廉方正张文清率绅民等立。

〔据民国《镇康县志》第四册第十九《艺文志》第45页辑录。蒋世芳，永昌庠生。〕

大汶溪义渡序

环绥山岭重叠，大江由北东下。东距治城十里曰小汶溪，抱城西而北流入江者曰大汶溪。源远流长，水势湍急。地当滇昭孔道，雷永行商及城西居民数万来往必经，往往望洋兴叹。当春冬水枯，上下两渡，必架桥梁。夏秋水涨，大江注入，浩荡洪波，必须舟楫。有时桥梁被溪水冲没，无人培修，舟子自由推渡，索费任意，渡者病之。

清光绪初，邑宰陈倡设义渡，筹集捐款，购置下渡义产一型，名凉店窝，上渡义产一型，名桥湾。年租苞谷各二石零，委定首事专管。每年架桥雇舟，随时利济，渡者称便。自民国以来，生活日高，渡租入不敷出，且被豪绅侵蚀，无人置问，义渡寝废者十余年。其间桥梁未修，舟人勒费，种种滞碍，苦莫甚焉。

民国十三年，二、三区团绅等倡护渡捐，按户收苞谷租一升，新市上纳，留作来年增补桥舟之用。居民概免渡资，行商听便给予。年中积谷颇有余存，由正绅执掌生息。越三年，积成巨款，添设义产，罢免渡捐。每年建桥梁，备舟楫，概由公款担负，一律不取分文，是为义渡复兴之日。迄今八九年，成规不易。倘不遇意外事变，从此当不朽矣。

上渡首事黄吉三、下渡首事凌家俊同立。

〔据刘承功修，钟灵纂民国《绥江县县志》（民国三十六年石印本，下同）卷四《艺文志·诗文略上》第39页辑录。〕

重建保山澜沧江铁桥碑序

重建保山澜沧江铁桥碑序（一行）

今之澜沧，即汉之博南兰津渡，源出吐蕃嵯和甸西南，入丽江，度云龙，已而折罗岷，东流顺宁，历车里，下交趾，汇于南海。岸峻千（二行）丈，延袤数十里，所谓天堑非耶？世传武乡侯南征，支木渡军，而桥始鼎建，澜沧其遗迹也。嗣因迭遭兵燹，此桥修而毁，毁而复（三行）修者，历元明清诸世，迄至民国初年，又不知经若干次沧海桑田，代远年湮。盖物力无有成而不亏，或气数使之然耳。庚午十（四行）二月二日，天将明时，有大帮驼牛争先过桥，不服制止，致群牛拥挤，桥上压力过重，当将桥之铁练（链）踏断两根。三日正午，又有（五行）驼货马驼数十头，相继强迫过桥，过未及半，铁练（链）又断十根，仅余两根。桥板已坠水面，完全不能通过。当经守桥公兵驰报，县（六行）政府派员查勘，情形无异。惟连日适值地震，亦属一大原因。盖天时人事相济而成也。县府于勘明后，召集所属各机关暨商（七行）会人员开会研议。对于目前救济交通，暂编浮桥一座，以便继续通行。一面鸠工庀材，重建铁桥，用符原状。所需工程款项，除（八行）饬杉阳人民耕种养木公山者，仍照向例供应桥板外，其余铁木石工，永、保两县均有应募之人，传到分别服役。仍系照付工（九行）资，议由往来货驮、行人、牲畜等项，量予抽收功德，以资补助，当由县府委派蒋发祟、赵道珠为监工员，商会公推李文思、舒士（十行）俊为正副经理，经收一切捐款。计开始于庚午十二月，迄工于辛未三月。综计重建铁桥暨新造水皮浮桥，并修理水石坎一（十一行）带坍塌道路，及监工、收款员役、薪工火食等项通盘计算，共合大洋一万零一百五十九元七角。二次加紧铁练用银一千二（十二行）百七十七元五角，又抽收功德余款一百八十七元五角，共合大洋一万一千六百二十四元七角，计入县政府。处罚各牛马（十三行）、脚人罚金一千八百元，监工处代收功德银一千六百零四元七角，商会经理抽收功德银八千二百二十元，除将余款一百（十四行）八十七元五角，并各马户欠抽收功德处银四百二十二元七角，一并拨交商会，作为购制火机之用外，两抵无存。工竣之日（十五行），曾经会同地方绅首暨商会主席，前诣踏勘，委属工坚料实，当将收支银数照册录榜，张贴通衢，并发文商会核算无讹，呈报（十六行）省政府暨各上峰，令复核销在案。

是役也，财出于义而不动公帑，力出于民而毫无苛扰，成之不费时日，而坚实可永百年，岂（十七行）惟有裨民生，而于边防要隘关系良（非）浅鲜，此后尤望随时修理，认真保护。庶利涉同占，永免望洋之叹；安澜有庆，无事问津之（十八行）劳。用志巅末，以附坚珉，而垂永久云尔（十九行）。

陆军上校署保山县县长赵道宽率商会主席李瑞书（二十行）。

民国二十年岁次辛未秋八月吉旦（二十一行）。

监工员蒋发崇、舒士俊、赵道珠，经理员李文思、李文孝，管理员杨学全，暨全县绅商民众等同立并记（二十二行）。

〔据《大理丛书·金石篇》卷四《碑刻、摩崖、器物铭文四》第1756页辑录。保山澜沧江铁桥，又名霁虹桥。横跨保山、永平两县。为古代南方丝绸之路（即古博南道）的通道。此碑立于永平县桥头，1988年被洪水冲毁。青石质。高125cm，宽60cm，厚8cm。直行楷书。文22行，行11－48字。〕

铭

明

新建松华坝石闸碑记铭

江　和

万历戊午岁，滇水利宪副朱公请于御史南海潘公言："滇城东北郭，故有松华坝，邵甸之水走盘龙江者，使东注于河，河曰金棱，土人呼曰金汁，由金马麓过春登里，七十余里而入海。沿河肢流以数十，递而下，涵洞如级，田以次受灌，不知几万亩也。而是坝独槖钥之。非坝，则小暵易涸，而河不任受蓄；小涨易溢，而河亦不任受泄。蓄泄不任，则腴田多芜，而民与粮逋。河资坝，所从来矣。第坝故支以木，筑以土而无闸，势若堵墙，遇浸辄败，岁修费阃司桩钱不赀。有司草草持厥柄，力庞而功暇，仅同筑舍。盖费于坝者尚付之乌有，况其不至于坝者也！于河奚资焉，而反以病。予谓坝而不闸，蓄泄何恃？即木而匪石，终漂梗耳。与其岁縻多钱而民无利也，孰与合数岁之费而甃以石，通以闸，自闸以往，若牛舌尖中马头，皆冲流也。胥石乃固，矧地与石邻，夫以亩科，至便计也。木桩之额，累岁可问，非他索也。良吏经纪，能吏分劳，功者赏，否者罚，事成，设以守，时其翕纵而周防之，如漕闸然，此百世利也。"爰捐助银一百六十余金，潘公遂捐一百金，抚军河源李公亦捐二十金。迄新抚院归安沈公、按院南昌杨公至，申请如前，三公皆如议，交给以费。藩刁（司）嘉兴施公、阃司金陵尹公，扣征停挖木桩之逋负者，又得四百十九余金，计若钜若细，悉从金出，而世镇沐公又慨然以近闸石山任其采取。

于是，吏人各如檄起程，募健伐坚，创闸口高一丈余，长三丈二尺五寸，广一丈七尺五寸，牛舌尖中马头高一丈三尺，长二十六丈六尺。皆选石之坚厚者，长短相制，高下相纽，如犬牙，如鱼贯，而钤以铁，灌以铅。闸仿诸漕，扁（扃）以巨枋，启闭如式。东西两涯之间，骈岷壁屹，水龙若控。经始于万历四十六年七月二十六日，至四十八年二月二十六日告成，仍名曰"松华闸"。计费凡八百七十七两有零，匠作田夫五万七千余数，力取诸隙，绩底以渐。时率云南少府杨公亦捐助九十六金，且日日上坝，劳以粑布酒食，公私为一。故纾而不劳，终始不虐用一人，强取一料，故功成而人安焉。时与三司诸大夫登坝上观，壁如屹如立，河膴膴，地有安流而天不能灾。

是岁大稔，诸父老咨嗟叹息曰："朱公再造我也！"归之朱公，朱公不有。某幸睹成事，谬为记略，而申以铭。朱公，名芹，蜀富顺人，进士，政务兴革，利民多若此。杨公，名继统，秦南郑人。其与有劳者，书之阴，铭曰：

汤汤金棱，邵甸溯源。建瓴忽分，东西决川。坝枳而东，如龙饮泉。爪攫翌张，百道蜿蜒。割流膏野，万畦濡沾。土耶木耶，昔何阙然！萧苇捍冲，岁縻金钱。自公之来，嘉与更始。亦有施公尹公，悉赋成美。杨公承之，动有经纪。禀成诸台，规兹永利。金石岩岩，当其射激。闸门言言，时其启闭。闭视其洍，水弗外泒。启视其涨，水弗内溃。畚授于农，农隙乃至。工食于官，官厚其饩。再阅春冬，经始勿亟。乃奏厥功，乃立安既。於乎郁哉！河肇咸阳。洪源自公，明德广远。人代天工，匪闸无河。毋恃绝巘，毋易逝波。其流可穿，其坚可磨。蚁穴必窒，如避鼋鼍。有泐必新，毋仍斧柯。百尔君子，保障弘多。庶绵斯泽，砺山带河。

〔据天启《滇志》卷十九《艺文志第十一》第637页辑录。同时，以王云编辑《滇志校考》改补之。江和，字不流，江西鄱阳人，明万历丁未（1607年）魁南宫，初任刑曹郎。擢滇南学政，后晋福建按察使，遂致仕归。松华坝，位于昆明城东北，为滇池上流，诸水皆经于此，后分而为二，以注于滇池，盖水之总会也，故此处雨大则诸河皆涨。元时，云南平章政事赛典赤赡思丁，于凤岭、莲花峰二山箐口水出川原之间，建松华坝水闸，以时启闭，控制江水，灌田万顷，至今赖之，立庙以祀。至明代，初建的土闸，遇浸易毁，滇水利宪副朱芹蜀上书倡议新建松华石闸，并捐银助之。重建工作始于万历四十六年（1618年）孟秋，四十八年（1620年）仲春告成。此铭题名，康熙《云南通志》卷二十九《艺文志五》、雍正《云南通志》卷二十九《艺文志六》皆作“新建松华坝石闸碑记”，道光《云南通志稿》卷五十二《建置志·水利一·云南府》、光绪《续云南通志稿》卷五十二《地理志·水利一》、《新纂云南通志》卷一百三十九《农业考二·水利一》皆作“新建松华坝石闸记”。《云南金石目略初稿》卷二第39页题录：“《新建松华坝石闸记》，督学鄱阳江和撰，万历四十六年，在昆明县城东北山下，见岑《志》。”〕

清

九龙池铭并序

戴絅孙

循五华山麓右行不一里许，有池曰九龙，一名翠海。音之转，翠讹为菜。前志谓故明沐氏别业在焉，今不可复识矣。名区胜览，代异时移。高台已倾，楼但闻乎来爽；画桥无恙，溪犹字为锁烟。问南纪之山川，感西平之带砺。韩彭菹醢，谁吊符离俎豆，徐常还输定远，永明王之不复，节殉木城焦夫。人之自焚，魂销金井。水云乡晚，曾开思召之堂；金碧城孤，仅傍承华之圃。啜其泣矣，岂不悲哉！徒观其镜影，平铺縠文，半绉波回，槛曲徘徊，而亭憩碧漪，岫列窗虚，逦迤而闥排青送，嵌楼台而四面水石，周遭翳城，堞以千寻，松篁晻蔼。每值秋云乍卷，春水方生，人来钓雪之矶，客载寻烟之艇。残霞绿净，堆万顷之琉璃；晓日红酣，映一奁之鞣鞨。占菰蒲而地回，萝月吟宵；围菡萏以天宽，荷风送午。乐知惠子，便同濠濮之游；诗和裴生，早入辋川之画。于时方暇，乃为之铭，辞曰：

梁宫久废，沐浦仍名。今呼菜海，昔称柳营。栖凤亭荒，孕龙池古。虹涧通桥，月波蓢艕。派连滇水，影倒华山。遥疑仙浦，迩在人寰。佳日春秋，无不宜者。晓爱听鹂，凉看洗马。风疏柳岸，露重莲房。青菰笋嫩，红稻花香。往事闲征，芳时肯负。馆就曹家，螺香荐酒。

〔据光绪《云南通志》卷十三《地理志三之三·山川三·云南府下》“云南府之水”第20页辑录。戴絅孙（1796—1857），五华五子之一。字袭孟，号云帆，昆明人。清道光九年（1829年）进士，官御史，告归，掌教育材书院，才高学博，擅诗古文，小行书有别趣，著《味雪斋诗文钞》。〕

玉龙关西温凉泉铭并序

玉龙关西温凉泉铭并序（一行）

《南诏野史》载玉龙关西，旧有温泉。世传（二行）观音大士遣黑龙春夏居此。岁在丙申（三行），文松山公子随侍榆郡，因访得之。捐赀（四行）经营，凡三阅月，建亭种树，凿池潴泉，为（五行）汤沐所。丁酉夏四月，招余同郑丙堂孝（六行）廉宿其画楼，夜话达旦，乃命僮子携茶（七行）具，联辔而驰。既出关，度天生桥，至炼场（八行）铺，折而南，遂入山。兹山四面皆高峰，两（九行）面有悬瀑千丈，幽胜最。绕山行约里许（十行），见一亭岿然，红栏护之。斜下数十武，有（十一行）小桥，桥外又二亭参差倚岩，则所以翼（十二行）浴池者也。池方广数尺，环以木槛，兼支（十三行）几榻，炉香茗碗杂陈其间。池中涌泉蓬（十四行）蓬，如釜上气，不可以濯。松山笑呼僮（十五行）以巨竹接瀑泉，并入池。瀑泉极凉，余喜（十六行）以温凉泉名之。夫滇南温泉，计凡数十（十七行）处，顾皆不近凉泉。此泉温凉相合，惜新（十八行）都老人未之详也。因走笔志其厓略，并（十九行）为铭曰（二十行）：

火龙抱珠，潜于深渊。其气蒸烈，是为温（二十一行）泉。谁遣黑龙？昂首吐涎。清流汩汩，凉声（二十二行）涓涓。寒燠异性，燮理赖焉。凿沼潴赤，裂（二十三行）石生烟。截筒引碧，垂苔挂椽。二气既合（二十四行），大用斯全。宜冬宜夏，亦人亦天。俗尘可（二十五行）涤，沉痼可蠲。澡身浴德，来者勉旃（二十六行）。

丙戌科进士太和令岭南刘安科撰文（二十七行）。

辛卯科举人拣选知县太和李玉振书（二十八行）。

光绪二十有三年仲夏月吉旦（二十九行）。

〔据《大理丛书·金石篇》卷三《碑刻、摩崖、器物铭文三》第1605页辑录。碑在大理市下关玉龙关西。碑高56.5cm，高97cm。直行楷书。文29行，行3－15字。刘安科撰文，李玉振书。〕

民　国

新造丰裕桥碑铭

吴式钊

根源案：丰裕桥，在禄丰县治北二里许，盐课所经。金水河自九涌山出，会其下，牴石蹙湍，汹怒愈急。旧设木杠，岁修月圮，盐运大阻，行者病之。乃经构石桥，不二年，钜工告蒇，颜曰“丰裕”。楚生先生代布政司史念祖为之铭，铭首有叙，叙述纂详，板泐多缺，卒读为难。爰删其序，而录其铭。铭曰：

九涌之水，蓄潭络箐，汇于禄丰。扼我运涂，是彴是碕，旧号飞虹。板窳石危，狂霖荡之，人盐漂冲。灶役苦恶，既久而安，徒憾天公。骄将归井，商输其资，亟此桥工。更十六年，累金三万，投海捕风。懿欤邹君，志定康济，矢竟鸿功。发牍稽款，金不满万，呀启穹隆。匪惟弗染，又倾其橐，廉诚郭双，坦坦硙硙，化夷于险，跖实于空。龙首傃波，如离堆犀，永訾惊泷。其无困骥，蹀躞跑怒，顾影骧鬃。或儋或任，脱帽憩叹，喜矣音跫。匪綮井户，凡兹黄小，食德靡穷。既丰斯裕，流厥惠声，与水俱东。原夫忠臣孝子，善解歌吟；思妇劳人，恒通比兴。缘情而作，不徒赋物之工；有感斯通，乃得根心之妙。第使音存浑噩，代岂无人？如果制尚春容，谁能少此？乡名贾骏，客从金马以重来；馆号登瀛，人驾星槎而再至。行沽燕市，漫听悲歌；剪烛西窗，为谈旧雨。如我友七峰，初生兆凤，绮岁登龙。颐志而或类书痴，潜心而并耽诗史。浸淫汉魏，思则准乎无邪；祖述风骚，意原归于不怨。是故云烟笔格，虽游览而常随；今古书簏，历风尘而必具。昔日帝乡结靷，王钱之酬唱偏多；经时涿野伤离，苏李之赠答不少。芙蓉王俭府去矣，嘉宾杨柳；陶公门归兮，达士青田。对酒逢快友，不禁狂呼白石；张琴练良辰，偏能独坐猥以。鱼沉雁杳，频违南北之关河；春去秋来，半隔京畿之俦侣。身非壮齿，即闲情敢赋恒居？志在蓬弧，念陟屺还歌去国。似秦川之王粲；岁岁依人；类稷下之冯谖，年年作客。白帘红舫，六朝烟雨之思；残月晓风，三晋关山之曲。莫不胸罗吴楚，当搦管而沉雄；气挟幽并，每含毫而慷慨。顾或江头濯锦，匪临风而厥艳胡新；海上探珠，得藉月而其光倍耀。吟挥麈尾，句里皆金；卷展牛腰，行间尽玉。斑驳千重，玳瑁家擅小侯；陆离五色，珊瑚富夸都尉。良以人非达者，漫言学足五车；豪如健儿，固应书□□□。

〔据《永昌府文征·文录》卷二十二《民四》第12页辑录。吴式钊，保山人。〕

解

明

岁旱解

张　含

丹圻郡旱，或告郡守曰："曷迁市?"不雨。曰："曷祈诸山川庶神?"不雨。曰："曷觞诸土龙哉?"不雨。或又曰："僰巫克击铜马者，厥术神。"亦不雨。守欲刑巫，巫曰："恶刑我？恶刑我？旱由亢阳肆凶，苟下上祗慎，则旱六七年罔害，民不饥，虽旱犹丰。旱由吏贼民怨，肆灾匪天，此弗咎厥躬而刑巫。巫夷之术也，曷能格天？诚责雨于巫，是犹乘樺适海、豢牛冀翼，恶可得？恶可得?"守怒曰："巫谖我！巫谖我！此利日也，速刑无赦。"刑已，卒岁凶，民灾而饥，守亦以贪纵败。

〔据《滇系》八之十一《艺文系》第64页辑录。另见《永昌府文征·文录》卷四《明三》。〕

清

香水河解

甘世忠

河何云香？因水而名。水香奚自？因数奇之不偶，神灵之莫测，理殊难凭，而事确有据，以一旦非常之变，成千古不易之名。虽人所拟，若天所命，其故何哉？

昔者河伯兴灾，水涝为患，泛滥于五井，衍溢至半山，民人失措张皇。升高越岭，老弱概作波臣，编户尽属鳞族。庙宇倾颓，泥塑者如土委地；寺观坍塌，金铸者仰面朝天。沿河桥梁，漂流殆尽，一瞬息而千万里焉。乃土主神像缘香树结篆以成笃，生岩阿亦不知托根于何地，钟毓于何时？几历春秋，几经风雪。或无怀氏，或葛天氏之民所见重畏而爱之，则而相之，既雕其朴，亦琢其华，又从而庙貌之。爰是作镇中央，临下有赫资保障于一方，显威灵于万古，及封敕唐代凛然无复未雨之谋。讵料数奇不偶，神灵莫测，顷遭洪水之变。南泉瀁瀁，北流晧晧，群山众壑，济赴羊城。一时澎湃汹涌，人力救死不赡，水漂木浮，万难保其无虞矣。犹幸狂澜既倒，漩泊河湾，香像渟流无恙。险阻既远，游离失所之众逡巡复还，心寒胆栗，且惊且喜，悚然而相聚曰："是何不幸之幸，微神力不及此。"因而互相踊跃，修庙妥神，告虔祷祝，感香像之永存，愿河清以常保。自此水流不惊，使民得所安息，且虑年湮代远，后世疑为荒诞，安而忘危，欲其顾名思义，遂相传而呼以"香水河"云。或曰井河上流一带，沿岸水滨，多产蘋藻、香附、香茹之草，桃李杏梅之花，四时芬芳。水流花放，因此得名，说亦近似。

〔据光绪《续修白盐井志》卷八《艺文志之六·杂著·解》第95页辑录。甘世忠，楚雄白井人，清光绪二十六年（1900年）恩贡。香水河，流绕诸山下，穿过五井，其源出黎武村观音塘，与白石谷箐、观音山箐水合流，汇三岔河，入金沙江。另见民国《盐丰县志》卷十一《艺文志七·杂著》。〕

跋

明

禹碑跋

张　含

於乎！禹功神矣，禹文亦神矣。万世永赖惟禹功，四海永敷惟禹文。万世赖其功，故百灵护其文矣。镂夏鼎，藏包湖庐阜，予乃檯之，词孤山记道理之刻，皆不可见，可见惟此岣嵝碑一尔。皇帝立元，嘉靖之十有六载，仁洽虞夏，文贯姚姒，滇蒙小子，迩如皇畿，得观岣嵝刻集，咸不能识其全。既归滇，睹蜀都太史慎释文，字为之影，句为之音。含惊且喜，曰："何文苑艺林举昧焉，而杨子独识之乎?"既而思曰："夫禹生于石纽广袤，蜀之文，禹开之也。杨子生于蜀，其所谓江汉炳灵，世载其英，将显兹神禹之迹而默启杨子邪?"故曰："圣人为天口，贤人为圣译。"信夫！

初，杨子读此碑，不得者四字，夜倏梦黄衣鱼首人告之曰："此'南渎衍亨'也。"篝火而觅之，良若契焉，故曰："思之不通，鬼神将通之。"故曰："天地有官，阴阳有藏，待时显也。"昔司马迁亦汉太史也，南探禹穴，弗获睹兹奇。何杨子洎予，生后史迁几二千年而幸获见之乎？故曰："飞龙在天，位乎天德；见龙在田，天下文明。"时之显也，义远矣哉！镂鼎藏山之文，将次第显乎？

〔据康熙《云南通志》卷二十九《艺文志八》第86页辑录。另见雍正《云南通志》卷二十九《艺文志八》、雍正《安宁州志》卷十九《艺文志上》、《滇系》八之十一《艺文系》。〕

清

思源阁跋

尹调元

滇俗，凡泉水所出，皆呼龙潭，以其具润物之功，非必有鳞甲蜿蜒蟠屈者存也。然传称山川出云，又安知无有神物者凭乎？禄署后箐有泉二道，拦其一入城供汲灌，终年不绝，余与同事均资焉。若天干为上流居人壅激，城内外遂无吸饮交以，其莫可一日缺，则泉之功大矣。旁有废阁，久不得名。余告邦人士，盖葺之奉龙其上，成颜其阁"思源"，识饮水之义也，且以为后来荧祷之所焉。

祝辞：尺土兮山城倾，灵液兮日数升。嗟我友君子，谁分清署一壶冰？秧畦兮菜圃，渴之梅兮旱之雨，以长我儿孙自至鼻祖，王之力能九王之功，在下土祠而奉之，杂田公乎社母，嗟嗟置非其偶丛。祠之前阁敞而崎，山案数重，水流八字，唇长林茂，左股右翼，而以苍龙郁郁生气，是宜王之位奎光荧荧，此其配自今兮至于百代。

〔据民国《禄劝县志》卷十三《艺文志中·跋》第40页辑录。尹调元，字海秋，湖北天门县人，清光绪间由举人知大姚县，分发云南。二十三年（1897年）署禄劝知县，提倡整顿，为官清白勤慎，政绩载入循吏。〕

引

清

重游龙淙小引

范承勋

昔人有得于游山之理者，谓游山如观书，必几经紬绎而其秘始出。余于龙淙亦然。初，余得龙淙，如得奇书，一往涉猎，屋以洞，楼以瀑，庵以雨，亭以草，溪以宛转，而桥以石香呼，石以颠以卧。游龙淙数过，亦如观书数过，自谓有得矣，而不知犹然涉猎也。明年秋，偕诸子取道别迳寻源，北下小憩洞门，指顾之际，见合石夹流喷薄中来，惊喜曰："此宛然巫峡也，向何失之?"顷过，对山攒石岩莑间，一泓藏碧，侧身以探，复惊喜曰："此宛然龙湫也，向何又失之?"向失之，而今幸得之且兼得之，非山之善变，而游山者之善变也。因补勒水上石曰"小巫峡"，勒石上水曰"小龙湫"。客有昂头而吟者，吟曰："龙湫无雁影，巫峡有猿声。"复有客应声曰："雁飞不到处，何作听猿情。"余为之爽然起曰："余因龙淙而得巫峡、龙湫，诸子遂因巫峡、龙湫而及猿与雁乎！何山水之能移情若是？乃信游山之理，果如观书。今经数过紬绎焉，而始得其秘也，显寓于微小备乎大，何山不可作如是观，又何书不可作如是观也。"于是酌酒命歌，共快幽赏，更为诗以纪之。公之同好，相为属和，继梓以寿焉。

又，《龙淙杂咏十首并序》：筇竹寺后，荒岭起伏无次，出樵径数里，四山巃嵸，中得平地如掌，龙泉一泓，泻入岩洞，蜿蜒乃出，放为碧流数十，折奔别洞，注地为洑，声善恐人，相传神物蛰焉，理或然也。跬步间，洞凡四五，石楼窈窕若蜃气吹空，而幽折靓峭，疑此中别有天地。又荒芜蔚荟，鸟韵都绝，唯洞房环佩，玉声璆然，俄而琴筑亘咽，笙镛迭奏，纡徐却导，暨乎巨响忽发，歌钟噌吰，鼍鼓訇訇，而众音乱矣。与诸君子顾而乐之为商，创数椽置守焉，但茅茨石梁不损天趣，杂树松卉繁衍以间，其间林石布列，尤诡矞莫状。爰择其伟朴者二，命为长俾以部署群石，曰屋，曰楼，曰溪，此构之天者也。以庵，以亭，以桥，此续之人者也。若石今始有名，此天人参者也。夫自洪荒来，不知几年岁矣，无传闻亦莫适主者，固弃于人而得全于天者乎？抑造物自秘，惜以有待乎？乃以不异遇何奇也。物各予名，名各予诗以志之：

《龙淙石屋》：偶步何心访玉真，欲扪牛斗上星津。胡麻却怪来何处，各有临流笑语人。

《听瀑楼》：瘦骨玲珑玉佩寒，幽琴鼓咽冷珊珊。晴空暗逐长虹窜，天巧偏将俗眼瞒。

《墨雨庵并序》：昔一师诵经，龙夜往听讲，时旱，命雨，以乏水辞。师指砚池水借之，俄大雨沾足，雨皆带墨。夜掩柴扉偶诵经，无端唤出古龙听。墨花飞处文章大，写向虚空字字灵。

《一草亭》：谁家亭子把茅茨，折竹还他曲木支。席地幕天真快意，旁风上雨亦何疑。

《宛转溪》：拨云携杖费追寻，惊触乖龙入洞深。人自直肠溪自曲，愚公活水两无心。

《石香桥》：红是花光碧水光，落花衬石石生香。隔溪若有吹箫伴，何必天台访石梁。

《颠丈》：无言屹立不成眠，来自娲皇纪号年。深夜月明呼影语，料应袖舞作狂颠。

《卧石》：平泉醒酒郁林廉，毕竟胸中有滞沾。争似此翁长坦腹，更无些事上眉尖。

《小龙湫》：雁宕分来一片山，搜奇谢客未经攀。偶从西域逢东谷，别有灵湫秘此间。

《小巫峡》：惊涛澎湃泻空来，立石分明滟滪堆。闻道三巴通禹凿，曾从蛮落把天开。

〔据道光《云南通志稿》卷十三《地理志·山川·云南府下》第20页辑录。此文题名，康熙《云南通志》卷二十九《艺文八》作"重游龙淙得小巫峡小龙湫小引"，后无"龙淙杂咏十首并序"。《云南金石目略初稿》卷三第9页题录："《重游龙淙得小巫峡小龙湫引》，范承勋记，并七绝二首，高一尺，广六尺，五十四行，行九字，草书康熙庚午十月。今在昆明县，见拓片精。"〕

修迤西大道引

李 铨

滇历万峰，中折而为省会，虽为海为池，亦有荡漾可观，而实则陆壤，非东南泽国比。古者自黔而上，为牂牁郡。牂牁者，维舟之橛，言至此则舍舟而徒任步履，跻险阻为入陆始事矣。滇境分两迤，谓迤逦迢递而盘旋曲折状，已括于言中。然迤东犹有驿站，任驰驱；迤逦而西，以人站之，负者戴者肩摩踵相接，旋转出入苍箐中，如蚁行梁上，造物者以气吸之，蚁不自知为颠蹶，致足悲也。兵燹来，人出死力争性命，奔踏羊肠中，有为中断者，倾圮者，日复颓一日。其道如城锯，雉堞排列其间，至此者，不能中返，势不得不攀援上下，而侥倖度越之。幸天明朗，石得乘霁逞劲力出土，等之狼牙，齿齿材立。遇阴雨则如油沃之泥，深作堑。乘命而驰者，俨然官长，尚挥汗血没泥中，又何有于背乘肩驱之小民，几何不为豕负涂而鬼载车耶？张子谓民吾胞，物吾与，亦安能见此不为之黯然伤也。

省西行五站至广，山势尤峻，首境为新铺，有冲溪水暴至，人多为漂。初余令其地，与邑人倪起鹤修铲之，转其山至麓，几于平，今行人沉落堑患悉免矣。由此而至楚，绕折不下百里，思有以削之培之，使向之狼牙齿齿者，无所逞其势，而力不能与心相副。有梁文学字鼎臣者，操岐黄术，一过广，徘徊其径曰："嗟乎！是道而得坦，较之雷公庖制，利不更溥乎！"时李孝廉扶九来自榆城，与余友曹集孔先生三人者，共捐若干，而余则出任内若干年俸，节凑之散之。父老率其子弟，于冬月晴暖时，为兴工之始。客有为之愀然曰："事繁而费简，如后继何？"曰："无庸也。迤兹而土，不惟楚、姚、景、顺道所由出，即永、大、蒙、鹤冠盖相望，多贤豪，间声留心当世，旦夕往来如织，岂无悯念民生，急欲出之断堑，而落其有成乎？古者炼石称补天，乘四载以凿三巴，区区弹丸，小中见大，心盛而力必从，继此修凿扩充之，以抵于极边，岂惟出此一方民于涂炭耶？将歌孔道而赋皇华，为西南一大观。

〔据康熙《楚雄府志》卷八《艺文志上·引》第30页辑录。李铨，奉天监生，清康熙二十六年（1687年）任广通知县。〕

重建嵋峨石桥募引

吴懋英

盖闻杜预建富平之桥，事传《晋史》；李冰创七星之柱，名志《华阳》。故造舟纪西幸之功，而鞭石笑东巡之妄。铁牛系缆，奏奇勋于蒲溪；石鳖沉鲸，砥中流于河北。凡期永世之赖，岂惟旦夕之图！

嵋邑四山环抱，两水合流。烟柳密锁江村，淡月虚笼沙岸，景称绝胜，桥亦巍然。架木为梁，横亘三十六柱，泛水渐渍，经今四十余年。虽免厉揭之艰，已属腐朽之象。是以飘摇震动，咸怀临深履薄之忧；继此零落凋残，终有问渡望洋之叹。然事不辞其最难，志必期其可久。谋之于众，议乃佥同；卜之夫神，告云允吉。易木为石，竖一劳永逸之规；选料鸠工，建永贞不拔之业。矧冬官著杠梁之令，病涉者稀；考工严修理之条，坐视有罚。懋英叨司民社，敢惮辛勤？虑重裘非一腋能攒，则丘山必聚土方。累米粉黄粟，不论豆区釜钟，皆为有济；白襁（镪）青蚨，任分璆铁金钱，悉属良因。伫见䗖蝀横空，水从碧玉环中过；鲸鲵露脊，人向苍龙背上行。一时有缘人当年即为题柱客，今日功德主千载不忘济川功。是所望于同心，共襄成其胜事也。是为引。

〔据陆绍闳修，彭学曾纂，薛祖顺增纂，思槐堂主人编纂咸丰《嵋峨县志》（清咸丰十年钞本，下同）卷二十八《艺文志·引》第1页辑录。吴懋英，江西南昌县监生，清康熙二十四年（1685年）任嵋峨知县。〕

募建东关济川桥引

薛祖顺

盖闻《周礼》著杠梁之令，冬以为期；蔡襄造洛阳之桥，神人订约。堪怜徒涉，总以利济为怀；矧属通津，尤念桥梁是迫。

嵋邑四山环抱，两水合流。桥号济川，向架长虹于东郭，年因泛水，旋随鱼鳖以波沉。人立沙头，不胜问渡望洋之叹；舟横月下，咸怀临深履薄之忧。今顺下车伊始，志切宁人。但非一蜃气吹嘘所得成，须五凤手经营之乃可。大愿力，大功缘，必是大雄猛汉；好布施，好福德，还须好修行人。任分镠铁金钱，悉属眼前功果；无论豆区釜钟，均为济世良因。共下承当，莫须蹉过。勾心斗角，伫看跨水之潆洄；戴月披风，胥颂诞登于彼岸。吾为喜舍，汝办肯心。

〔据咸丰《嵋峨县志》卷二十八《艺文志·引》第2页辑录。薛祖顺，江南常州府武进县人，进士，清康熙五十四年（1715年）补任嵋峨知县。〕

修亚泥河桥募引

冯西生

丙戌之秋，余代庖来新，路经亚泥河，目击波涛汹涌，旧桥久颓，不闻舟子之招招，惟听北流之活活，集善水之多，人扶掖过渡，已不能忘情于斯矣。迨至己丑，余承乏兹土，益深悬注。窃思阴雨连绵，万壑总涯，四面环山，进退维谷。褰裳莫济，俨然咫尺天涯；投宿无门，何殊穷途日暮。诚商贾之要津，往来之孔道也。舆梁不设，利涉安资？奈经始乏人，徒廑浩叹。

辛卯初秋之暇，闻百总陈善道者久具同心，力任募造，是仔肩得人而徒杠之举，岂容再缓乎？爰约同舟暨合邑绅士公议，佥曰：善独虑者所费不赀，落成匪易，惟赖仁人义士广布金钱，共襄盛举。凡力赡者固捐资以慨任，即不给者犹劝众以乐施。务期一丝一粒，积致神仓。片石片椽，合成大筑。虽工程浩大，而指日可几。虑始维艰，而图终良易。力固远逊于洛阳，功亦堪侔于富平矣。诸君子幸勿以余言为赘。名永定桥。

〔据道光《新平县志》卷八《艺文志·引》第36页辑录。冯西生，陕西人，清康熙间任新嶍营参将。〕

临安重修泸江桥引

张无咎

桥以利涉，苟无关于水患，一乡之善士可为也。即为之，亦不必急若泸江桥水患之所关甚钜者也。桥跨泸江之中上游，自异龙湖至者四十余里，其间白泥、蚂蝗诸沟沙石奔赴以十数计，皆壅积河底。水之去桥者三四尺耳，所谓楚牙雁齿，渺不得见矣。当秋之交，阴淫为虐，山潦交泻，汹涌之势，不得遽达。漫桥而过，不独居民累月苦水，而数十里堤防往往崩溃泛溢，弥望洪涛，郡之为害者，此为最也。前此岁岁修筑，但委之民便，而为愚民惜力，不实心御患，屡廑上宪忧。

余奉命莅任之初，灼知其故，爰与临镇及州牧祝君合谋捐俸数百金，广储桩石，遴员分督，尅日兴工，浚河三尺，以培两埂于受水之区，倍加指授，杂植树木，务期一劳永逸，虽烦民弗恤也。于是上自谢家湾，下迄岩洞，昔之颓基断埂者，今则周坦坚厚，可容车马，河患庶几可免矣。而桥之低平如故，但桥不高，难泻水势，水势难泄，则两堤不易保。桥之增高，可一刻缓哉！再捐俸为倡，以郡人傅翁董其事。虽责属独任，而力须众成，俾其形势穹窿，吐纳百川，于以永庆安澜，资灌溉而茂桑麻。千沟万亩，咸食盈宁之福者，其为功不仅在往来利涉已也。然则斯举也，宁可缓乎？为序桥之当急，以为襄其事者劝焉。时雍正八年之　月　日也。

〔据雍正《云南通志》卷二十九《艺文志八·引》第81页辑录。张无咎，山东掖县人，贡生，清雍正九年（1731年）任云南副使。泸江，在建水县城南，源出石屏异龙湖，出阿迷州南，为落蒙河，入于盘江。先是，洞口阻水，每夏秋雨涨，淹没田庐，清雍正七年（1729年）总督鄂尔泰檄知府张无咎凿石疏河，水势畅流，远近获利。〕

募修小江桥疏引

罗仰锜

窃闻群生普渡，慈航表作佛之心；聚蚁临流，一苇获抡元之报。人间眼见功德，首推补路修桥，稽诸恒言，洵不虚谬。碍嘉属在山隅，非高坡即邃箐，箐必有河，非桥莫渡，桥久遇坏，坏则需修。乃有瓦房塘与石羊厂两山间之小江河桥，更为东西两迤出入必由之要道。桥上有房七楹，历经年久，椽瓦木植，渐次破朽。今且桥底过江亦断，两边炮岸多倾，若不急修，此桥难保，遄流峭壁之际，将致厉揭难施。其如工费浩繁，所需无出，有兴隆寺僧通擢，置簿乞言，矢愿募化。

余思舆梁徒杠，上关王政，良因善果，众有同心。爰与司戎王君，共相欣悦，出资倡首，将簿畀僧，广行劝募。其凡石羊、大象、碍境斗门士庶商民，谅所乐助，金钱粟米，多寡随缘。但既登明，务其慨付。毋使比丘沿门，铁鞋踏破；伫见长虹速驾，匏叶无歌。不惟慰佛门普渡之思，将必获宋氏阴功之报矣。是为引。

乾隆十年九月□日。

〔据罗仰锜纂修乾隆《碍嘉志书草本》（芮增瑞校注，杨成彪主编《楚雄彝族自治州旧方志全书·双柏卷》，云南人民出版社2005年版）《艺文·告谕》第179页辑录。罗仰锜，江西吉安府泰和县岁贡生，由保举发滇，以云贵桂三省试用，清雍正十年（1730年）八月任碍嘉州判，建城垣、衙署、寺庙及凤翅桥，清乾隆六年（1741年）二月奉调中甸州判，八年（1743年）正月仍奉调回碍嘉任州判，十一年（1746年）十月二十日，以衰病乞休离任。在碍最久，民皆德之。〕

建铁索桥募引

刘文炳

国家承平日久，雕题凿齿，莫不梯山航海，贡赆献琛。我皇上湛恩汪濊，无远弗届，而封疆大宪，复孳孳乎宣德达情。无论通衢僻壤，凡城垣、庙坛、台汛、津梁，靡不篇画周详，废者修而坠者举。至闾阎好义之士，有能尽心力为济人利物之举者，尤加旌奖以宠异之。由是道一风同人无不乐于为善，以补王政之所不逮。故凡兴大役、成大功者，纵令殚厥心力，尤赖当路为之鼓舞，则事半而功倍焉。

宁州治东五十里，为婆兮乡，中有大江来自抚仙湖。东接弥勒，为两粤要冲。西达江川，为全滇孔道。不惟担簦蹑屩之流不能越此，即乘坚策肥之辈恒必由之，无如江腹甚宽，江势甚紧，后万难褰裳以渡。前之人或架浮桥，或造小艇，以济一时之急。一遇夏潦秋霖，飞湍瀑涨，怒浪奔腾，一叶固难以独撑长虹，亦虞其中断，往来行人惟是望洋兴叹，相顾周章而已耳。

适有衿监陈子丕显，田子荐馨、德馨、瑞馨，张子峄，吴子世德，魏子文元，张子昂，朱子德新，杨子天兴，刘子炳等，慨然谋于众曰："此江之险，人皆畏之。如澜沧、盘江特建一铁锁桥，则济涉通商，真万世之利也。吾侪目击其状，忍坐视乎？"遂各以百金为之倡，其闻风乐施者，虽丰俭不齐，类皆云合响应。因而度而形胜，定规模，以两岸石壁为根，而织铁絙于其中，计长有二十丈，高如之，阔丈五，纵横交错，以板首尾，对峙以楼。众论佥同，随即辇石采木，设炉镕铁，经营拮据，群力偕作。历今一载，工程方半，或有疑其过费而畏难苟安者，幸际河西邑侯戴公复摄宁篆，亲履其地，见其拮（结）构甚高敞，匠斫之勤劳，供亿之浩繁，欣然捐俸外，犹大如奖励，以趋其成功。一时属耳目者，益复喁喁手于趋事恐后。佥曰："我侯之鼓舞我，无非以佚道惠我民也。虽劳何怨？不佞闻兹义举，乐观厥成。环顾诸同人，犹以功亏一篑为忧。然而勿忧也，人之好善，谁不如我？独为君子，古人耻之。"诸同人既董率于前，而贤父母复鼓舞于后，畴无肺肠，宁不知浮图之必合尖而乃吝锱铢，听此义举之有初鲜终乎必不尔也。持此意以告人，吾知后之观此桥者，鉴乘舆之惠小，共辟伟观，信题柱之才长，同襄胜迹。行见力罔弗协，工罔弗完，乘轩至止，临渡若过康庄，信步来思折苇，即登彼岸。上以副朝廷来远之意，下以慰边徼遵路之情，则厥功匪细，当与澜沧、盘江两桥并传不朽矣。是所望于与人为善之君子。

〔据光绪《宁州志·文集》第34页辑录。〕

为云海庵僧募修程海东岸路引

江峤孙

陆忠惠造万家之桥，功垂奕祀；颜思鲁治漳南之道，利溥百年。予非敢谓其人也，但职司郡牧，则一郡之中，凡桥梁道路，若者宜修，若者宜补，皆郡守所有事。

予于甲寅秋，以新任分府握太守篆。始莅兹邦，由金江而抵程海，一望平川，犹称坦途。自海尾以至南关之麓，其间凡三十余里，则道路岖崎，步履艰难，有时而登山之阜，有时而涉水之涯，往来行人，咸称病焉。予目击之下，不胜恻然，因即引为己任。但莅郡之初，方兴修义学，开疏海河，设立官渡，诸务丛集，未暇及此。时有云海庵僧以是事上请，予闻而深为欣喜，乃亟捐金以助，且进是僧而命之曰："是役也，尔毋畏难，勿辞劳，予以薄俸助尔工资。尔其坚乃心，尽乃力，遹观厥成，完此善果。然犹虑非予一人之力可为功也，并以告诸郡中官绅士庶，其亦与有同心否？"

〔据乾隆《永北府志》卷二十七《艺文志·引》第57页辑录。江峤孙，汉阳人，署永北同知。〕

重修梯云路小引

刘 锴

博南西土，山号罗岷；保岫东来，津名兰水。江声流日夜，虹桥锁虎豹之关；岭势凿鸿蒙，鸟道入云霄之径。百尺竿头，进步木杪轮翻；万山深处，行人马前猿啸。汉丞相七擒之迹，依稀犬吠云中；王靖远三至之区，剩见波恬海外。地维已垂西极，忽设奇观；足迹几半寰中，首惊绝险。幸以前人好德，辟兹今日修途。凿石为梯，穿云得路。羊肠多曲折，十余里逶迤凌空；螺径耐纡徐，五百磴从容拾级。涧水飞来琼屑溅，清源尽涤尘嚣；冈腰断处板桥通，幽异如游图画。只今丰碑屹道，应思九仞之功；想伊妙手补天，定假五丁之力。

倏于庚午初秋，惊见雨雷訇夜。泉能破岭，俱偕木石而奔；谷已为陵，未泄蛟龙之怒。星桥铁练，竞逐浪而浮沉；山骨云根，遂当途而磈磊。致使迢迢岭路，尽是迷津；试问累累崇阶，何由摄屐？旅人裹足，如隔方丈仙山；当事关心，为葺威宁旧道。往来已久，旅宦均安。但以为径太纡，匪止途行不便；且以前功堪惜，忍令途辙俱湮。著三金子，北郭诸君，举方便心，行利济事。迹已陈矣，凄迷田海沧桑；基勿坏焉，整顿云山面目。实出系心游子，岂能假手山灵？瞻远道兮绵绵，睹崇冈兮截截。事虽仍夫旧贯，度非独力能支；功可继夫前贤，必借众擎乃举。望诸同志，各殚乃心。众渠之水汇而为川，自见汪洋之有日；万仞之冈成于一篑，讵止土壤之不辞？共出泉刀，齐捐金粟；同由义路，用广仁山。瞻铁渡而俯楫江光，听梵唱而静参禅奥。何须凿山通道，始得披榛莽以见天；从兹履险如夷，依然步梯云而觐圣。

〔据宣世涛纂修乾隆《永昌府志》（中共保山市委史志委、保山学院编乾隆《永昌府志》点校，北京方志出版社 2016 年版，下同）卷二十五《艺文志·序》第 331 页辑录。〕

募建海晏桥小引

崔维衡

徒杠舆梁，王政之大端也。若夫危湍箭激，飞涨雷奔，望洋结客子之凄，褰裳骇阳侯之怒，觇国是者所由讥溱洧矣。

郡南抚仙湖，西纳星云，汇百川而东注，其海口则倾泻处也。绝巘排空，悬流千仞，澂宁行旅，络绎于道。旧梁木以济之，其如浪激霖摧，不卒岁而复圮，登途者每有病涉之嗟。余闻而慨之，是故经久远，一劳而永逸，非石不可，顾物资工力之烦，未易旦夕计也。

岁丁丑，士民洪於天、黄祖佑等以易石请，余亟可之。虽然聚沙固能成塔，集腋始克攒裘，所望同事诸君子及我都人士，倡余而和汝共赞厥成。不日，虹舒云构，利涉往来，砥狂澜于带砺，与吾民同歌清晏之盛，以视夫饬土木侈因果者，不大相径庭耶？太守固室处悬鱼而捐之，必自太守始，至若福田利益厚集者膺理固有之，守土者亦惟是杠梁以时，为政之所宜修而已，他何计焉？爰名曰“海晏”而弁其言于简编。

〔据道光《澂江府志》卷十五《艺文志上·引》第 2 页辑录。崔维衡，直隶人，监生，清康熙三十一年（1692 年）任广南知府，三十五年（1696 年）任澂江知府。海晏桥，在城东二十五里海口泄水处，三十六年（1697 年）崔维衡重修，清雍正九年（1723 年）知府王铎再修。〕

大江坡修建方桥小引

唐绍文

龙川江自西北潆洄而来，历鬃州东南六十里而至石门。石门者，禹门也。相传禹治水时，凿山而通水道，然其说不可考。今年春，余以义塾来馆是乡，因至其处，睹厥形胜，两山劈立，巉岩绝壁，势若将垂。泉从乱石间澎湃汹涌而去，每令人心悸胆慄而不敢久留。窃以为假少造物之奇，必欲疏瀹之而浚导之，断非神人不为功。其地附近琅溪居民，往往负薪供煎，而往来盐运亦常出入其旁。每值夏秋之际，积雨连天，渠水涨泛，而此川尤甚。盖当东南之水会则其势大，值幽峻之险谷则其地危。至止者，鲜不望洋而叹也。旧有梁桥，世代莫考，遗址尚存，而其顺流而东者，不知几何年矣。

圣天子建置义学，文教覃敷，虽穷陬僻壤，沐浴涵濡于礼，陶乐淑中者深矣。定处边极，亦思濯磨。而官斯土者，又能勤宣德意，平政和人。于是家皆砥砺，人怀善心，期勉于从忠革薄敦仁讲让之休，将有以兴百废而张四维，岂值桥之云尔哉。乡中父老，聚而谋曰：此桥不修，民已病涉，且以弃前烈也，无以诏后人也，即今舆梁之未能而奈何，徒杠之久不为此也。顾鸠工庀材，非一手一足之烈，所望同志君子乐为输助，果其告竣，将来而游斯地者，不忻歌苦叶乎！未始不拱手而拜诸君之赐也，且未始不羡化日之舒长，吾辈得从容间暇，而相与以有成也。况由此更新之舆梁一成，将与禹功并垂不朽。后有作者，拭目俟之矣。余嘉诸父老之好善，而乐与之振其始也。是为引。

〔据道光《定远县志》卷七《艺文志上·序》第47页辑录。唐绍文，癸酉拔贡，云南县教谕。〕

重修昆雌江云津桥募引

李作梅　彭元抡

重修昆雌江云津桥募引（一行）

窃以地方公益之事，莫为之前，虽美弗彰；莫为之后，虽盛弗传。是以创者修者，其功每（二行）相资焉，而于桥梁之利济，堤岸之坚牢，尤公益义务之所不可缓者也。吾邑昆雌之水（三行），其源最广，而其性最猛。夏秋之间，其利溥，而其害亦难防，故云津一渡为迤南往来之（四行）要津。前辈邓又讃公倡建此桥，始不病于涉。迨至道光中叶，距国初仅百数十年（五行）耳，其沙石堆壅桥洞中涨漫桥梁，得菊村先生纠合河南北绅耆，采石鸠工，升高（六行）丈许，利济乃便。复于桥两头新创坊表二间，俾游行者堪以憩赏。此皆前辈好义（七行）急公之所表见者也。迄今坊已茔飞倾辟，桥之雁翅颓圮，揭盖补葺甃砌堤坊工程，亟（八行）为紧要。当此雨水将通，栽插在迩，务望尅日告成，而经费单微，经营诸多掣肘，惟冀乡（九行）党之中仁人君子、信女善男，欢迎赞助。倾囊中钱，启床头之箱，各书头衔，同标姓氏（十行），庶集腋以成裘，且众擎而易举，不日成之，良有以也。能被杏者，永钦慕焉（十一行）。

四上春官不售清授朝议大夫邑人李作梅尧钦甫撰（十二行）。

重修昆雌江云津桥碑记（十三）

从来建立难，而继述尤难。武周之达孝，不外善继人之志，善述人之事者也。于地方（十四行）益，义务亦当如是焉。吾邑昆雌江有一桥，名曰云津桥。此桥创立已久，得前辈（十五行）菊村夫子倡建桥头坊表二间，以为往来休息之所。迄今百有余年，坊表将倾，雁翅已（十六行）颓，去旧鼎新之工程，不可稍缓焉。幸有吾乡璋美李君、贞一赵君、如珠董君、元斋奎君（十七行）、汇川陈君、懋斋李君，同心协力，募缘捐资，共襄善举，重修桥墩、雁翅、二间坊表、数丈石（十八行）路。于民国二年四月兴工，至三年五月功成告竣。从此雁翅坚固，坊表壮观，仅用铜钱（十九行）五百七十余千，虽急公好义之士，亦钦慕焉。（二十行）

前清文庠八十二叟彭元抡甫撰，后学赵琨书（二十一行）。

〔据《大理丛书·金石篇》卷五续编《碑刻、摩崖、器物铭文》第2844页辑录。碑尚存云津桥（俗称八孔桥，已于1985年被山洪冲毁）头南桥头坊边墙。大理石质，已被击碎。此桥历史悠久，早在明代就有方志记载，是茶马古驿道上一座重要桥梁，如碑文中所述，“云津一渡为迤南往来之要津”，同时它也是弥渡古桥中跨度最长（61m）的石板桥，具有较大的研究价值。前人邓又讃倡建，道光中叶菊村先生复修，新建坊表二间，以供游行者休息。民国二年重修，三年五月功成。碑额自右至左横书阴刻“云津桥”三大字。正文直行左行楷书，行10-33字，计21行，600余字。碑高79cm，宽46cm。〕

募修猛淋河桥小引

赵之琫

龙陵治东里许，为入境孔道。层峦甫下，一水横拖，俗名猛淋河。源出象岭，经金鱼山，绕鳌峰入龙江。而东西湾环，与平原远山颇有潆洄映带之致。昔跨岸无梁，仅以一木支撑，动荡之势，震眩心目，且经岁即圮，或没于洪流。夏秋之交，行人褰裳，临河病涉，数年来谋修之未遂也。

今圣天子至德覃敷，声教四讫，极于遐陬。昔之断梗荒烟，今则绣壤绮陌；昔之雕题凿齿，今则文物声名。冠盖来临，担簦至止，踵相接，趾相连，既形辐辏。又经守土各公加意边隅，凛清操者洁已爱民，饬戎行者整肃壁垒，尤复和衷共济。分兵卫，严边防，设保甲，弭贼匪，殚厥心力，以谋乂安。三年来，关隘敉宁，闾阎安堵，今则大履丰年，四境恬熙。

当兹政通人和，百废俱兴之时，正可议建斯桥，以利遄行，以壮边圉。爰偕同人，请于张司马公。公曰：“道路桥梁，庶政之一，诚余所有事。但此方边防不饬，吾为区画之；盗贼充斥，吾为搜捕之。老宜养，幼宜恤，庶宜富，吾为抚绥休息而田畴之。至于兴贤育才、昌明学校以及宽徭薄赋诸事，吾更亟亟为理。是吾为兹土综其远者大者，不惮烦如此。此区区桥梁，尔多士宜身任之。”

之琫等承命，退而计功。虽不能石架长虹，钩悬半月，而筑石为墩，削木为梁，上覆瓦屋，以蔽风雨，计所费亦不薄。奈风喙为胶，力绵难购，非剧金从事不能。仍请上游倡捐，我士民情殷利济，共乐输以副于次。乘此春晴，庀材鸠工，即观厥成。将见长桥夹水，掩映东郊，平畴绿野，顾盼生姿。入《豳风》之图画，咏乐天之诗章。所谓“鸭头新水绿，雁齿小桥红”者，不将更添龙关之胜览耶！至于桥成，题柱与肇锡嘉名，则有司马公钜笔鸿章在，敬以俟之。

〔据《永昌府文征·文录》卷十一《清二》第17页辑录。〕

腾越十二景小引

赵端礼

来凤晴岚 在城南三里许凤山之麓。其地有古刹仙观，茂林修竹，四时景物，清雅异常，为骚人名士选胜之所。其景之奇幻而出于天然者，莫如春和雨霁，一缕晴晖；秋朗气清，半山岚雾。或环而如带隐抱山腰，或叠而成罗高悬岭际。盖本天地之氤氲，而发山川之灵秀者也。

巃嵸朝云 城西三十里许。有山耸然高出，奇峰挺异。远望之若玉笋状。每当阴雨，常有云气自其巅吐出，托空而起。昔人云：晓瞻巃嵸之云，可卜一日之雨。且其变态百端，倏忽万状。俄而青罗几叠，高铺玉女峰头；俄而素练千匹，倒挂仙人掌上。虽其他竟日呈祥，山连叆叇；何若此临朝绚彩，瑞霭氤氲？

大洞温泉 城南十里许。大董练黄坡山约行六七里，忽闻水声淙淙然从石峡中流出，纡徐而往，有景绝佳。但见怪石嵯峨，巨细不一。或类卧狮，或如伏虎。石穴下有池宽约丈余，温泉溢其中。是泉也，冷暖合度，澡身者似浴兰汤；润泽可人，祓除者如临沂水。虽腾郡温泉颇多，不若此之和缓得中，出于自然也。

笔峰霁雪 城西之高黎贡山去城二百里许，斗立天际，高莫与京。其排列诸峰秀耸而插入云霄者，参差错出若笔峰然。夏秋之际，草木蓊蔚，恍如玉笋天成。自冬徂春，晴雪绚烂，又若银峰壁立。无远无近，可仰可瞻。既璀璨以为邻，亦玲珑而透露。烘来夕照，架拟珊瑚；衬以朝霞，屏开锦绣。信是天工之点染，雪满峰头；假来大块之文章，花生笔下。

球眸晚照（略）

玉泉夜月 玉泉池在城西三里许玉泉寺下。其水源从平地石罅中涌出，味极清冽。昔人曾砌石围栏，培成月池样。池旁有奇花异草，苍松翠柏，经四时而不改其观。际天心玉镜高悬，楼台倒影；看水底冰盘涌出，池沼流辉。游观到此，迥异异常。诚不但敲钟赏月，释子题诗，对影举杯，谪仙留句，为足写其双清之景也。

灵湖澄镜 城北干峨山上有池，名曰澄镜，去厅治三十里许。宽约五百丈余，四围花木环绕，人以“青海”呼之。水深千尺，不泄不流。叶落水中即有鸟衔去，疑为灵物所宅，故又称为“灵池”。其水之莹然无翳，澄清如镜也。落霞孤鹜，涵虚征色相之空；云影天光，掩映入菱花之照。观鸢鱼上下双清，机真了了；对空水澄鲜一色，浪匪滔滔。爰因澄镜之大观，用纪灵池于千古。

龙洞垂帘 龙洞桥去城三里，横跨大盈江口。沿江数武，有石龙横两界。闻怒涛奔趋于中，峡景似垂帘江悬，瀑布是盖，潮头万叠，从断崖千寻倒泻而下，若银河之落天走东海也。时见银花错落，绵絮纷披，玉漱飞鸣，雪涛汹涌，河声常吼而未停，雨势欲来而不止。天风响处，山谷应声；霞彩飞时，日光射影。

三折云梯（略）

半亭活水 城西十五里有兴龙池。地开半亩，水涌清泉。有亭翼然，中央宛在。旁有青松古木，与芳塘月榭掩映生辉，清奇之景，迥异寻常。自大学士傅公额以活水来，遂呼为“半亭活水”。观览之余，心目豁然。即此水哉！可取登亭则消夏宜人。逝者如斯，即景而在川寄咏，未始不可称一隅之胜也。

一泓热海 鼎沸者其形也，熏蒸者其气也，波涛汹涌气象万千者其势也。奔腾澎湃，热浪翻波，光怪陆离，滚锅发涨。异哉！孰如东南隅之一泓热海也。此地去城三十里许，名“硫磺塘”。水出两山间，如锅中滚水状，与大洞温泉不同。山侧又有冷泉流出，村人置浴室数间，随地引流，冷热相和，以便沐浴。噫嘻！兰亭之盛事难逢，得此差堪祓除；沂水之春风何处，藉兹聊以优游。传奇景于腾阳，未必非边隅之名胜。

万里虹山（略）

〔据《永昌府文征·文录》卷十六《清七》第20页辑录。〕

民国

南庆河桥募引

尹乃汤

昔子产之成杠梁于溱洧，民不病涉。盖架桥济川，自古称为善政也。距腾越西南六十里许，逦迤经南赕而下，有河曰南庆，为往来必经之要道，西隅最险之巨津。上受溪润容聚，下临江水浸淫。每至夏秋，声如吼牛，势如奔马，波涛汹涌，跋涉艰难。前贤之造桥利济者屡矣，终难持久。因南岸无巨石，多细沙，旋成旋毁。今拟营造板桥二渡，破石筑墩，高计一丈有奇，务求巩固。伐木取料，长约二十余丈。惟复道行空，上建瓦屋，工程浩大，尚冀当道宰官、大慈善士热心捐助，集腋成裘，千百不厌其多，锱铢不嫌其少。作宝筏于淇梁，种福田之善果。异日虹桥稳步，渡大众高出迷津；雁齿凌空，听颂声欢腾载道。祈赐芳名于芜册，定当泐石以纪功。

〔据《永昌府文征·文录》卷二十七《民九》第11页辑录。〕

赋

明

曲江赋

尤有为

繄泮泂之上阃，钟明秀于山川。眡焕文而高掌，指乐荣以娟妍。作梯航于圣世，景仁智于前贤。乃学山而未至，徒观水而冷然。遡宗生之破浪，愧祖子之先鞭。嗟河汉之无极，幸洙泗之有传。于是别派昆明，长流畇町。曲江以名，异龙莫并。捣练西含，巴盘北涧。缅僰遐乖，交番绝寘。岚瘴独多，风烟特迥。礜石澋沙，濆陶沸鼎。则见濞焉汹汹，潮汐隐焉，礚礚春秋。瀺灂箭驰兮浉浉，汪滮电激兮悠悠。宛长虹之一带，濯新月以如钩。百雉巍巍而萦绕，千村落落以环周。俪黄河之屈蠖，纡武夷之歊浮。居然滟潩九回而八折，的尔蓬瀛三岛而十洲。控清兮载神女，诡波兮揖扬侯。既集往乎鲸介，亦渊薮乎蟠虬。上泛潋乎鸘鵁，中混沦乎信鸥。或磬鸣而胇跃，或吐玑而孕璆。矧狎涛而戏濑，有鹄侣与鸿俦。尔乃篻筹翠茄，葼苍溢玉，膏湛芝房。碧桐荫杜蘅，芳镜画眉，涤诗肠，澌温酎，引曲觞，吟宛在，啸未央。溯洄云溪，下上天光。归凫沅沚，奋阜潇湘。青荧碪碍，彩致琳瑯。颖垂菡萏，茱铺篠篁。其时芊蕑疏风，葱茏竞漱，夏穲冬蒨，无夜无昼。万篼为沾足，千畦尽黄茂。象耕兮匪耒，乌耕兮匪耨。霜来则穋不先，露往则重不后。是以眺青畴之错绮，齐星毕之滂沱耳。欢声于鱼鳖，纫绨锦于菱荷。鼓江如之宝瑟，叶海童之浩歌。蛟成擒于千遂，龙曳尾于仰诃。泣珠来于鲛客，饮水拜乎浪婆。潏乾坤兮东井，撼乌兔兮洪波。至于檥榜搦棹，渔佃商农，晨征忘夕，竭南穷东，岑凌片帆，蹵越孤蓬。或则衣爴，或则饭筒，鸡骨占年于冯夷，鹅毛御腊于螭宫。虽俄顷而千里，飙舢舻以蕴隆。乃沐浴于日月，增扇爽于徐风。若夫幽人逸士，美景良辰，携琴载酒，问诸水滨，萍实悲难再见，灵夔访亦无真。哂子羽兮投璧，叱季鹰兮思莼。丙穴嘉其烝油，文笔借以垂纶。摛藻丽兮元虚，扬葩极兮景纯。赤鷁萎随而戢翼，丹鱼采爆而竦鳞。山得之而映发，人得之而廉贞。且也酣兴漂飞，遥情飙举，漱石枕流，陋今荣古。结想濠濮之间，游神胶莒之寓。泳涵乎艺圃，渐渍乎书圃。何修阻于郭舟，竟望洋而自抚。蔚长乡之典型，愿阆仙而为伍。脱不择于细流，起中池于化雨。

乱曰：德之灵长襟六诏兮，驾霓迴云观极妙兮。汲引东偏达焕泸兮，儆足可寻涘八隅兮。混万于一畤管窥兮，包奥括区中外绥兮。纪纲炎景玉斧界兮，激浊扬清无险隘兮。陆龙水慓金汤永兮，皇欢浃洽珍效总兮。沂渊河洛符和祥兮，向风随流倬天章兮。

〔据陈肇奎、叶涞纂修康熙《建水州志》（《北京图书馆古籍珍本丛刊45》，书目文献出版社据清康熙五十四年刻本影印）卷十八《艺文志四·赋》第23页辑录。尤有为，建水人，字亦若，工诗赋，能文。另见雍正《建水州志》卷十六《艺文志》、道光《云南通志稿》卷十六《地理志·山川六·临安府下》，文字略有异，可参。〕

锦溪桥赋

朱 衡

巍宝前川，开南东际，有曰画桥，锦溪云逝。乙卯首春，有客与予期于盘石之间，聊为花阴之集。默契川上，了悟观澜。数声欸乃，载咏沧浪。想会点之舞雩，追杜甫之曲江。冠者五六，童子二三。风飘飘而吹轻服，日煦煦而映晴光。山纡色彩，波涣文章。于是鸢鱼飞跃，察于霄渊。野梅悬实而珠小，夭桃试绛而猩妍。杏吐丹萼，柳軃青烟。妖莺哈哈，冻蝶翩翩。麦遍芳洲而绿绿，莺连灌木以鲜鲜。喜山茶之概放，羡鹃蕊之欲联。过岱庙而花点，近龙祠而溪环。入圆觉而忘空色，游玄珠而小洞天。花明水上以色色，水流花下以涓涓。波涛洵洵龙蛇伏焉，锦绣灿灿花木秀焉。溪流汤汤春水满焉，溪山隐隐春云透焉。有声潺潺水石激焉，有羽鹤鹤鸥眠昼焉。覆虹上下画桥横焉，绮罗往来游人逗焉。雀群五色集于丛丛，欣跃自如朝夕鸣鸣。不厌闻听，何必箫竽？日午风回，花香水暖。或曝背于照临，或濯手于清浅。尔乃洗爵沿溪，对景更酌，胜负罢石枰之遗局，长短联云锦之佳章。喧喧焉，嚣嚣焉，拟桃源之芳躅，醉金谷之斗浆。议论古今，笑傲天地，遍寻花卉之芬奇，尽观山川之秀丽。隐隐然蓬莱之岛，悠悠然武陵深处。虽边徼之选胜，亦中州之所慕。噫嘻！春溪之在蒙兮游于其间，得其真趣兮自适其天，吾与子题桥兮春溪之景无边。已而月皎西山，风鸣林树，载咏而归，偶成小赋，赋阕而歌曰：“春水洋洋兮养就人龙，春容丽丽兮织就天工，吾与子乐兮宫锦丛中。”

〔据康熙《蒙化府志》卷六《艺文志·赋》第117页辑录。朱衡，蒙化府（今巍山县）人，明万历年贡生，学裕才优，究心诗赋，笔机充赡，不窘于思。〕

渡泸赋

何景明

晨瞻崇邱，郁乎相袤，扃以水峡，隐以大洲，沙莽寒日，江深夕流。盖将济于泸水，榜人告余以理舟，沿洪波以直度，迎迴飚于上游。顾中原而缅邈，久西域以滞留，感逆旅之长勤，怀古人而增忧。想夫汉炎既烬，蜀都始家，区土未辟，士马不加。深入五溪，横制三巴，冒险通塞，柔迩来遐。收羌髳以带甲，率庸卢而习戈，挞吴权之坚锐，摧魏懿之精华。今其断岸遗津，寥寂水涯，苦雾萦石，悲风振沙，音尘沦绝，古今长嗟。叹余风兮莫觏，幸故址兮重过。西望开创之基，形势苍苍，襟夔府而控荆门，峙巫峡而流瞿塘。简书零落，阵图纵横，烟碛下月，阴岸积霜。风云惨而犹愤，鱼鸟畏而将翔，功虽陨而誉远，身既没而国亡。南瞻祠庙，巍兮惝宏，松柏荫户，丹青閟宫，垣胃林蔓，堦卷寒蓬，亦复吁噫父老涕泪，英雄而已。呜呼！当其长啸之后，三顾之余，气感龙恩。当水鱼念季叶之否运，思中兴之远谋伟雄，并乎三分耻，偏安乎一隅，何遂违其懿志竟弗。骋其长驱，吾哀斯人遭时不淑，宜三代以翱翔。胡群奸而驰逐，矧功业兮难成，且年岁兮易促。嗟哉！天道高不可摩，得志者寡失意。恒多苟道之不行，虽孔孟其如何？

泛泛吾舟，载扬其波。舣彼清浔，陟彼中阿。无人可邀，聊独行歌。歌曰：

朔风起兮泸水寒，扣楫中流兮怀昔贤，遇非其时兮良独艰。嗟嗟！遇非其时兮良独艰。

〔据道光《云南通志稿》卷一百九十七《艺文志四之一·杂著一》第1页辑录。何景明，信阳人，陕西提学。〕

清

昆池赋

李 暎

南梁天府，楚蹻岩疆。山盘万里，水注一方。积波载九域之志，泽水纪常璩之章。松华金汁兮潏湟北下，巨桥渠滥兮澜瀹南还。洛龙石室兮分流晟贡，永兴大堡兮直出宁关。若罗崖涯际，若泊所河间。若龟岑耙齿，若牛恋仙湾。山根四涌，石隙多湲。每当波恬风静，旋类釜沸雪潺。周三百里，受几千涓。泍涎泱瀼，潗潳淪漩。渟泓澮泞，漻澫泫渊。涒潾洞灝，潋滟清涟。洊瀇汪濊，瀰瀰汩汩。而乃双峰壁立，一径天开。众湝归凑，巨浸沂洄。芦湾岸转，兰嵊云廻。山北海南，分坎离滋。逆东折西兮金水，宜中流砥柱兮芳洲，牛舌长虹卧波兮石坝。龙髭源广末狭，泻少蓄奇。谁为开辟？自昔森瀰。汉凿昆明习战，宋持玉斧画边。龙马交而产骥，福邦至而主滇。沿池之财赋计万，上流之莲瓣开千。一统详卧纳之岛，依古拟崑崙之泉。复有神骏四出，太守特贤，甘露降，白鸟翩。想羽扇纶巾，收孟蛮于穷渚；笑梵符咒水，化蛟归于乱溅。今更全消瘴雨，大启文渊。涌月亭前兮椅醒柳醉，松隐寺外兮芦火渔舲。玉柱倒影兮浪翻金雀，丹嵒突出兮纹湛仙椂。板桥宝象兮长经官渡，镇元万福兮俯瞰云汀。罗藏千寻兮高峙梁王之塞，海宝一窍兮伏流西浦之青。玉带环金砂为案，七峰拱五华作屏。水上楼台，参差云树；潮头村落，隐见桑麻。城郭半山半水，人家在隈在涯。中有鱼龙变化，嘘气滃浓；蘋藻摇漾，吹浪从容。鹍鹏徒于远矣，鸥鹭泛乎高春。玉洞涼生，憩金鳞于秋水；锦凫霜落，适野性于寒潨。时观四围，山色一片。波光琉璃，叠缀翠黛。重行皎皎冰壶而清涵，鼓浪明明星宿而辉澈。荒芒涛飞百濮之彩，碧泻万顷之光，若乃连峰洒网，破浪飘蓬。渔罾挂于矶上，贾舶浮于境中。游客之扁舟载酒，骚人之逸韵拍空。纵目碧峣，山高月小。游心青草，烟翠雨红。居然六桥之西，灯帆泊柳；何异九鲤之上，莲桨荡风。洵属益州瀛岛，滇国壶天。澄清万里，吐纳百川。池水之亹深浚，神禹之绩丕宣。吾固见其出螳螂，端达彭蠡，湍会洞庭，以归海流，奕奕而安澜。

〔据道光《昆阳州志》卷十六《艺文志·杂体文·赋》第20页辑录。李暎，从嶠子，昆阳州人，贡生。〕

玉带堤赋

赵 瑗

巨桥以北，昆海而南。长空远映，遥浦平涵。闲披绮雾，静卷晴岚。渟泓漾碧，泛滟拖蓝。水光混瀚，柳影蓝鬖。垂虹卧地，架鼍填潭。作昆城之玉带，配月麓之金龛。尔其盘桓斜临，绵联远就。俯织女于当中，揽石鲸而在右。抗铁岭以南旋，控华山而北走。东则天悬文壁，滴苍翠以开屏；西则地拔武贞，竦旗枪而列岫。崟嶴峰的，约画上之山川；霞蔚云蒸，束寰中之灵秀。于是裁山作服，铺水为衣。水罗细皱，波縠（縠）轻飞。染麴尘而比色，杂桑蕾以呈辉。纳山龙其作会，会日月以昭威。青草迷王孙之袖，赤霞似宰辅之绯。挈岭则高峰上矗，披襟则远渚平依。纳汪洋而入束，肖体格以盈围。长川似楚女之腰，轻微欲窄；大野如维摩之度，宽褪而肥。其裳则隐隐迢迢，茫茫弥弥。绚岛屿而山青，绣烟霞而岸紫。绿抽茭浦之茎，红采荷洲之蒍。献鲛织以出云霓，借银涛而为粉米。裙百叠而纹联，制千层而媲美。洛神解佩之洲，帝子垂襟之沚。风雨任其飘飖，澄清扬其旖旎。自然饰绣，何劳海市之梭；无逢机缄，不见天孙之技。其佩则陆离綷縩馥郁芬芳。香流浅濑，鸣玉初长。声传浮磬，和铃自扬。铮鏦细韵，似听珩璜。丁东远滴，如出铿锵。更生白芷，广贮新装。忘忧草茁，触怒犀藏。孰纫兰茝，孰过沅湘。逆风得味，拂水飞香。西来迷迭，南遗都梁。荀令腰间，清芬十里；胡僧带上，气味盈囊。其饰则湖面平磨，堤烟远翠。如嵌琉璃，如相翡翠。采云母以为妆，凿水晶而作繸。指凹凸为雕镌，辨龟鱼为等次。桥横雁齿，以垂绅叶，散鸡头而系队。疏泉览细，苻之参差，结纽借低邱而错置。水珠跳溅，恍探海市之珍；石块纵横，宛佩荆山之璲。嗟丽景之难图兮，渺澄观而迷望。含万顷之波涛，分列一川之保障。形轮毂以蚪盘兮，势蜿蜒而龙上。络宇宙之宏规兮，连褎斜之远嶂。屈锯尾之狂蛟兮，列棹帆以相抗。系冠岳之潜鳌兮，指蓬瀛而为向。海贔屭以浮山兮，波趁趯而起涨。于白马之奔潮兮，涌金鳞而鼓浪。睹泽国之渊潾兮，迈潇湘之洊漾。倏兮，微恍兮，壮杳兮，难窥广兮，莫量恬息兮。为收澎滂兮，作放心悸骇，以夷犹兮，惜低徊而依依。接苍溟以汩没兮，已不知其所终。括陂隩之困泫兮，羌难得而为状。其下则有鲦鳍鰋鲤，鲭鲫鲈鲥，蜛蝫蜗蛭，螺蚌蛤蜊。异珍鲭鰊，灵畜龙龟。二鳌在蟹，一足藏夔。琴高暗涌，土肉迟移。含沙射影，潜鹄扬鬐。蛟横号虎，龙屈为螭。珠胎的烁，月晕全亏。目虾游衍，水马追随。大焉龟鼋，小者蟛蜞。蝓蜩出入，跳荡差池。朝来竞涌，浪息潜吹。其上则爰止灵鸟，载栖瑞雀。鸂鶒鸡鶄，鸢鹯鸖鹗。万柳藏莺，九皋唳鹤。鸳鸯侣伴之偕，鸥鹭燕闲之乐。性天伺食以晴澜，反舌啼芳于翠萼。际淑景之嫣然，值平畴之沃若。哷吭轻新，翱翔历落。闻叫木以钓舟，听行泥之郭索。鸣唤起而声清，啼催归而影错。满岸种相思之树，垂幹杈枒；乘时飞比翼之鹣，梳翎戏谑。其晦则风嗥雨啸，烟拥霞趋。沧茫瀚淼，昏黑模糊。蛇申龙烂，雷击虹铺。天吴震动，海若驰驱。阳侯骇立，河伯惊呼。上神云而登宝马，乘赤鲤以竖頳须。凌澄波而纵送杨，绛节之纷敷水立。遥天之上云，垂大漠之隅。宛排天而埋地，若竭海以倾湖。见无穷之奇异，留不可乎须臾。其明则淑气初旋，轻飏微扇。滴露如珠，飞花似霰。结蜃气以为楼，傍仙舟而列殿。望虹岭之千寻，渺雄川于一线。拥金马于云中，下碧鸡于水面。上下悬乎一境，有物皆融周遭。列以盈盘，无微不见。遂使愁予渺渺，人来北渚以含情；正色苍苍，天净中央而涅淀。况乎朝至迎潮，夕来送汐。吐若木之红轮，下庚金之白璧。现玉兔而光清，隐金乌而浪赤。汇方载之千溪，映圆灵于一碧。凭隆窈窕，地列高岑。寥阔平延，陆藏西宅。石填一径，如劳精卫之魂；山徙三神，不见愚公之迹。芳时渐媚，今序当春。烟描远黛，草垫芳茵。微黄著柳，浅绿漂蘋。波消岸阔，水落潮匀。杏雨江南之路，人家渭北之滨。盛夏初逢，微凉渐早。云叠奇峰，树植翠葆。诛茅觅寒栋之芳，命侣适迎薰之岛。爰消夏以名故，藏春而作堡。秋容惨淡，物象晶莹。天澄水净，烟卷浪平。矶头鹭洁，波底沙明。遥披练白，近簇莎青。菰浮小米，荷褪残英。伊人宛在，轻舟自横。溯洄任意，欸乃闻声。冬迫时寒，木疏岸远。渚现流澌，水怀高堰。浓霜沍而洲平，白云飞而岁晚。偕脱叶之林皋，传画家之粉本。碧花飞絮，将疑人柳之未眠，瑞玉为枝，高压琼林而尽。堰则有浮家泛宅，蟹舍渔舟。詀諵聚止，涩譶沉浮。烦嚣去住，咙聒依留。插竿岸侧，归卧溪头。乍风惊而系艇，或浪静而垂钩。帆落白蘋之浦，船藏经蓼之洲。水肥风饱，港窄蘋稠。晒网值新晴之候，结蓑备久雨之秋。夜则零乱明灯，落星靥靥；昼则飘飖过舫，浮叶悠悠。若乃火耨云耕，烟蓑雨笠。忙忙惊趋，纷纷云集。绕陌横阡，填原塞隰。馌妇耕夫，连三耦十。结芦苇以为居，制桔槔而自汲。勤锄靡蔓，无俾易种之滋；镂刻沟塍，远引仙源之汁。茁大地之秧针，纳太仓之玉粒。取携则狼戾堪欣，委积则珠垂可拾。又若商人过载，沽客摩肩。人夸张浊，货利刀泉。五两樵风之便，一帆绮雾之悬。入长洲而泛棹，认隘港而横船。水未深而渐簇，市将近而相沿。苍蝇赤雀，负水平连。牙樯铁轴，泊岸斜牵。渐闻声而槊獿，亦系缆以并填。计物之多而喧哗喤呷，算缗之富而奔逐蹁跹。至夫迁客骚人，忧多乐寡。灵均于弃之乡，太傅稽留之野。屈海畔之孤臣，悼交场之大雅。来万里而神伤，谪九江而泪下。柳垂故国之青，花缀他乡之冶。草著露以凄凄，马归林而瘏瘏。已触物而兴思，抑情萦而心写。南看过雁，尚来系北于劳人；北取来鱼，庶得藏书于远者。至若送君南浦，别妾春宵。绿波愁涌，碧草芳饶。时斯须而执手，舟凝滞以停桡。折青条而为约，誓赤日以相招。秦馆楚馆，今朝昨朝。别驿郢驿，天遥梦遥。秋情若水，朝泪盈潮。不管离情，怨兹杨柳。为留别恨，赠此琼瑶。嗟芳岁之别离兮，悼美人之放逐。览美利之繁滋兮，裕耕耘之积蓄。随狎鸟以忘机兮，任渔人之聚族。妙时序与晦明兮，探珍珠于水陆。会飞跃于天渊兮，凭显著与潜伏。出宝藏于穷滨兮，纳渠川之远渎。美虚含之莫纪兮，乘灵异之纷纭。矧怡乐之无方兮，尽游观于往复。故为都人咏士之场，吟风弄月之薮。草添锦褥以方鲜，地润桃笙而无垢。汉武拓疆之处，触目萦心；庄蹻略地之滨，随时搔首。采杜若于芳津，折辛夷于高阜。偕中散以携琴，共鸱夷而载酒。肥膏鲍照之葵，嫩割周容之韭。揽萍实于兰舟，盛莼羹于瓦缶。聆天籁之怡人，握云根而在手。盘桓将尽，娱乐仍賒。肆发清商，促柱繁弦之韵远；更翻古调，引商刻羽之音嘉。继绕芳洲而觅路，爰寻陌路以旋家。十里五里，烟遮树遮。远墅近墅，天涯水涯。试招舟而一往，请拟咏于三叉。

歌曰：玉妃归海遗仙带，十里青虹垂远濑。洪濛大帝遣天吴，约束灵区今未艾。不则鼋鼍架始皇，鞭山塞海雄心泰。百里纳归锁钥间，一行界在沧溟外。我来如坐画图中，垂垂柳絮压春丛。三岛十洲一径通，平林羽葆拂亭童，披襟不辨风雌雄。众曰未已，请继其歌。微阳欲暮，栖鸟争过。闲情未尽，大醉将酡。忘归而赋，其意如何？

重曰：短棹咏空明，轻帆迷烟雾。惆怅在天涯，沉沉日已暮。凉风起微澜，夕阳下高树。天际指归舟，迢遥入远渡。浮浮云散阴，缥缈博山住。望尽隔青峰，伊人在白露。蒹葭暗远汀，认取湖中路。

〔据道光《昆阳州志》卷十六《艺文志·杂体文·赋》第22页辑录。赵瑗，字蘧叔，号检斋，昆阳州人，清乾隆壬申（1752年）恩科举人，中试第十七名。八月会试成进士，选庶吉士散馆，改工部主事，出为卫辉、归德、开封知府，升陕汝道，敬慎清廉，所到有声，著有《庚山诗集》《渠川外集》。玉带堤，即玉带河的河堤。玉带河，位于昆明市南，唐南诏时凿，为流盘龙江，东起双龙桥，向西转北，入西坝河，流入滇池，全长2000米，宽5至10米，形似围在城南的玉带，故名。今因城市建设部分河段覆盖为暗河。此赋描写滇池如诗如画的自然风光、雄阔气势、无穷变化及民风民俗和文化特色。〕

矣邦池赋

李纯嘏

梁南辟柞棫之地，华东开烟雾之天。既饶崇岭，亦有巨川。广西路中，汇众壑而归兑泽；矣邦村下，环群麓而漾蒙泉。五峰东瞰，九溪南连。鹤岫高耸于北顾，圭岭遥峙于西偏。左则紫微之山，斜横白云之带；右则黄泥之坡，长挂碧水之帘。灵龟昂首兮神蝠展翼，翠屏叠石兮黄草浮烟。茂林蔽东华之面，以凭以眺；香泉喷天马之足，可濯可沿。渔樵之事以广，仁知之乐斯全。若夫春泽水浅，芳径花妍。游子踏青，蹀躞垂杨之岸；佳人拾翠，翩跹秀麦之田。临清溪而祓禊，向平芜以采蔄。六逸沉醉之区，区区茂菀；二豪行乐之处，处处芊绵。既而夏畦深没，时雨广添。喷素雪兮，色映一用之组练；翻白鸥兮，声如万马之喧阗。喜观澜之有术兮，盼郭舟之登岸；嗟望洋之无从兮，羡祖楫之济川。尔乃三秋泛涨，弥望清涟。照青螺于四壁，映朱霞于半天。放舴艋而钓蟹，飞舸艚以采莲。烟紫暮山，蘋蓼丛中，急荡中流之桨；月明古渡，蒹葭林里，长浮不系之船。击空明兮陶陶自醉，凌沧洲兮飘飘欲仙。至于冬冰未泮，爱日长暄。皓皓石梁，疑天际之虹驾；荧荧渔火，讶地上之星悬。万亩黄云，比三春之稼好；千山红叶，较二月之花鲜。缀白玉于梅枝，寻自桥头雪里；剪红绡于茶树，采从渡口霜前。嗟哉斯池！势幽景旷，秀钟翠环。探奇者悦，览胜者欢。然而地实处于绝檄，名不达于中寰。游客来思，谁是苏子？水仙去矣，孰望成连。识者慨之，君子惜焉。且昔者没于昂，侵于沙，窃于孙，据于吴者，数十百年。白马投清流之骨，其为蒙垢也如彼；三闾著怀沙之赋，其堪凭吊也又然。幸哉斯池！今当澄清之世，复见夫舜日与尧天。贤牧劳心于抚字，名臣著绩于旬宣。泮之南兮，飞鸮之音晛睆；泽之中兮，哀鸿之羽回旋。春风提上，重见杂遝之簪屐；夜月溪头，再听咿哑之管弦。池边之童叟兮，含哺鼓腹；池上之士女兮，击楫扣舷。我有曲兮，不歌白石而歌濯缨；我有图兮，不绘郑侠而会辋川。比濂溪之几湾兮，茂叔可以避地；方鉴湖之一曲兮，贺监可以投闲。李愿功成，请归盘谷之水；欧阳政暇，或酿滁州之泉。君子乐胥，秋阴春煦。卬须我有，暮霭晨烟。

乱曰：解泮泂兮溪头，莘玉人兮扁舟。一石醉兮，幕天而席地；千金掷兮，掀紫髯而放青。眸嘉客兮夷犹，骚客兮优游。仙客托迹于骑鲤，野客忘机于狎鸥。四海之内有太平之音兮，愿偕渔歌牧唱而齐讴。

〔据乾隆《广西府志》卷二十六《艺文志三·赋》第30页辑录。李纯嘏，字锡公，广西府人，清康熙甲子（1684年）举人，性至孝，潜心理学，涵养纯粹，改授阿迷学正，贵州丙子（1696年）同考官，所拔皆知名士。服阕，补任安宁，升元江府教授，不出，著《昌诗堂集》，卒年七十六。〕

苍洱赋

赵　淳

伊蓬瀛之仙境，会山海而为一。体艮坎以分呈，浑仁智于无迹。惟点苍之列屏，俯洱水而岦岌。耸浩渺以中涵，荡岚翠而四溢。山则派衍老君，形符太乙，高逼井鬼，平临梁益。横陈玉案，远接金碧，展若弓弛，纷如笏立。其峰则有龙泉危峻，鹤云穹窿，观音孤峭，佛首巃嵸。玉局左龙而右凤，雪人袒背而露胸。五台傍莲花之座，三阳睨沧浪之滨。圣应之巅闻乐，龙马之耳嘶风。斜阳回金霞之照，白云弄玉带之封。松杉满壑，兰桂成丛，竞拱中和而环峙，各泻溪水以停泓。佛国称为鹫岭，蒙诏拟以岳嵩。洱则溪注十八，气象万千，澄碧漱绿，蓄黛拖蓝。汇为瀰海，抱若月弦，淹涵星日，吞吐云烟。触石訇磕，倒影林峦。南让昆弥之水，北接罢谷之源。石骡隐矣，珊瑚出焉。双鸳时浴，万花莫残，金梭织浪，玉几枕渊。青莎之偶大鹤，赤文之接灵泉。凡兹山水融结，异用同原。四洲三岛，十楼二门，水色山光并丽，鸢飞鱼跃同天。其境则有峰顶高河，阴岩古雪。或涧雨而川晴，或悬流而峡月。映螺髻于秋波，对镜石于林樾。访禹碑，问羲画，醉唐梅，仰晋柏。花不谢者四时，泉常温者八节。藐若姑射之山，秀矗芙蓉之阙。是以城号太和，宜乎地钟灵杰。夫何秦汉始通，声教未协，六诏迁延，五代僭窃。俱乏小康之治，且有大渡之画。却王师以洱河灏渺之波，照征魂惟苍山公道之雪。忻奉天威，渐以文德。六姓来中土之英，世族继前贤之烈。沐浴皇风，沾濡圣泽。虽山川如故，而光辉发越。乃有高人逸士，于此婆娑，进不获展，退始作歌。歌曰：

兹山崛起自鸿蒙，兹水冲瀜浸碧空。云霞出没苍翠中，朝昏晴雨态不同。登临呼吸与天通，溯洄上下昭青穹。水涯山陬万井丰，俯仰崇卑丽且雄。几人破浪凌高风，天桥倒注会朝宗。

〔据袁文揆、张登瀛纂，袁文典论次《滇南文略》卷四十三《赋》第1页辑录。赵淳，字粹标，号龙溪，赵州人。清雍正甲辰（1724年）举人，丁未（1727年）进士，历官东川、顺宁、鹤庆等府教授。著有《龙溪诗文稿》。〕

金沙江赋

赵　淳

雍梁画地，井鬼分天。僭五岳兮耸峙，判四渎兮瀹涟。搜远陲之一派，见放海之大观。慨朝宗之有象，乐惠泽乎源源。余既景濯缨之逸士，慕鼓楫之前贤。固破浪之多情兮，试濡毫而泼墨。亦临流之有志兮，乐探委以穷源。曰维龙川之浩淼兮，繄独迈此金沙。纷源远而流长兮，杳莫测其津涯。自犁石而辽阔兮，同澜潞以浮槎。视沧洱而远胜兮，超宁惠而非夸。涓淤泱瀼成其大，渗滛沥滴会其奢。气漭漭兮乾坤接，光灼灼兮银汉斜。其始也，源出吐番（蕃），托根西域。北趋牛乳，南入喀木。注塔城而中流，经巨津而东出。环玉龙石瑶之奇，接漾工程海之隩。蜻蛉俯而下，螳螂卑而澓。龙川、罗次、富民、济虑之产悉归，车洪、马湖、大汶、小汶之波咸蓄。夫固指叙州以归墟，合岷江而止宿，极星宿以发源，终东海而汩没。岂不足以穷蠡测之知，而困章亥之足也乎？暨夫秋夏风起水涌，百谷瀵湜，惊涛灟汹。溦溦濞濞，天吴之淼；滆滆湓湓，阳侯之洪。灵妃凌波而上下，水伯沿流而西东。声震霹雳，势走霓虹。鱼龙奔腾于浪底，日月摇动乎波中。若三军之赴敌，若万马之从戎。若猛兽之夜逐，若山岳之颓崩。观者无不叱异而神竦，闻焉亦将恐怖如发蒙。若乃狂澜不惊，怒涛胥散。浪息风恬，潮平景见。俯灵渊兮溶溶，濯锦流兮滟滟。采怪石兮离奇，索佳珍兮辉灿。林峦倒影兮，光摇玉屑瑶宫；霭照斜飞兮，清澈水晶宝殿。瘴雨淫霁兮，固气化之偶偏；酷暑炎蒸兮，亦燥湿之各验。则有金沙炫彩，砚石争辉。功补天而无缺，视布地而犹远。信大造之洪炉所铸，实圣世之金坞所归。色湛湛以灿烂，声铿铿而希微。仿佛绿野之落弹，拟似金蝶之纷飞。利止三分，而淘镕堪助一日；御凡几许，而税赋减及三危。他如水族，别具神奇。嗽金之鸟，白发之鱼。蝓蝫[illegible]蟾，鲤鳄鲸鲕。鹓鹭鸥鹇，鸂鶒鸬鹚。骞鸳鸯兮超金鲤，聚牛栏兮会羊蹄。萃石谷之精兮，殊形丑类；极万川所出兮，光怪陆离。于是天朝疏瀹，大吏巡绕。竞舟次以缤纷，缀波光之窈窕。驱激石之磷磷，俾运道之深窅。伐禹凿之神工，极造化之精巧。引叠水以下鸡心，凿阴沟而通虎跳。自兹贡金三品，商舠之彩色斑斓；而献同九牧，旅楫之殊光缥缈。又安见弗奠往来以永利，决旱涝而终保也乎？尔乃人杰地灵，司马造梁，盛览传经。元代革囊，兵浮水面；汉室铜柱，迹列江坟。驾古思之铁桥，营垒具在；泛升庵之戍迹，题咏犹馨。滇士素被泽，居民乐怀清。或枕流而漱石，或泛月以冲云。爰扣舷而作歌，亦染翰以成文。辞曰：

江流日夜无今古，履海冠山沛梁土。短橹摇开镜里天，长篙打落芦花雨。天南地北两悠悠，万里金波一盼收。惊起卧龙头角健，风云直上帝京游。

〔据乾隆《永北府志》卷二十八《艺文志·赋》第43页辑录。另见光绪《续修永北直隶厅志》卷十《艺文志下·赋》。〕

金江赋

张启贤

天竺之池大如许，殑伽东归流不已。独兹信度入南溟，经绕吐蕃称丽水。吐蕃丽水[①]从西来，金沙滚滚触层岩。周迴盘结几万里，环如长带束玉台。漏泄阿耨，嘘吸百川。控清引浊，波涛澜汗。切拔群岳，澙涸澶渊。春空漱石，横荡曲沿。方其驰骋西域，决阜冒阡，玉篆洪坂，金画陵弦。郁拂绵茫而抱日，倾涌腾驾而滔天。天网浡潏而崩淼，龙印激圈而翻涟。及其脱浪漭以破雪山也，从天直下，砰磕瀑布，白波斸底，长风震怒。翼惊涛以漂翻，嚼冰霜以吐雾。恣烟波之崩奔，竞喧豗以飞沸。银河直倒，拟折天柱。

① 吐蕃丽水　原本无，康熙《鹤庆府志》同，据道光《云南通志稿》补。

骇浪转石，万壑声雷。八空澎湃而壁裂，天倾雪堕而冰飞。劳西极之金龙，吐珠玉于山限。厥怒渐喘，落峡潆洄。冲波逆折，洑溕筛苔。鱼折溜而蛟带水，龙腾梭而鼎跃罾。肆蜿蜒于鹤拓，如金玦而玉环。潨浸潫潾，若静而止。灟湇涌澺，若砥其澜。总阳侯之拱应，抑灵胥之盘桓。它如粲嶵崚嶒，屹岦岩峉，嶟峴嶛巢，峢嵲嶟嵲。任天堑之或怀或襄，若疋练之圆折方折。至于沈瀧潚潒，泛浔溢澴，其深也；汤湉湝淢，滮滮潎泫，其势也；泫泫淈淈，瀰滭瀎潗，漭泱潆澐，淄澥澾瀿，其声也。弄栋过而罗婺奔，岷嶓会而海重润。昔若水闻生乎颛顼，今朝宗似忠乎尧舜。吁嗟乎！九州贡道皆沿浮，此水舳舻锦江头。舍舟而陆云何策？梗塞徒滋夜郎忧。古梁厥贡惟璆铁，谁道双南丽水生？披沙血指衹纤忽，赋重诛求民命轻。惟愿圣明常慎德，投珠抵璧并蠲金。

〔据康熙《云南通志》卷二十九《艺文志八·赋》第108页辑录。张启贤，字懋敬，一字蓼怀，明万历戊戌（1598年）副贡，著有《蓼怀集》四卷，《滇文丛录》载其传。此赋题名，康熙《鹤庆府志》卷二十六《艺文·诗》同。乾隆《丽江府志略》下卷《艺文略·赋》、道光《云南通志稿》卷二十二《地理志·山川十二·丽江府》、道光《大姚县志》卷十五《艺文志下》、《滇文丛录》皆作"金沙江赋"。〕

金沙江赋

高 曜

天一生水，聚而为流。必恃源以一往，斯渐进而无休。更细流之不择，始负舰而任舟。沔彼金江，出自犁牛。共龙乃其发派兮，从番域以入梁州。经宝山与巨津兮，厥名丽水之由。环鹤阳与永郡兮，程海漾工皆收。卷蜻蛉而直下兮，挹龙蛟而不留。受龙川而潋滟兮，遂递转于元谋。于是合滇池，会螳螂，过乌栊，达牛栏，行昭通之界，抵越嶲之乡。悠悠于鱼洞，浩浩于泸湘。至马湖而通江汉，徐放海以汇东洋。盖其源之远，故其流之长。抑其积之厚，斯其流之光。当其暖回淑气，冻解东风。纹滚桃花，乍起无风之浪；晴开雪岭，长拖不雨之虹。日含水色，水浸日容。上下相荡，厥态莫穷。倏讶嫩绿翻于碧落，俄疑轻黄漾于碚硐。既而黄梅缀树，青草盈溪。蛙唤家家之雨，农瞻处处之霓。方效灵于河北，即涌浪于山溪。声振振兮若鼓鼙，势腾腾兮似走鲵。滩沸沸兮难分上下，洲没没兮莫辨东西。树挂鱼而忽跃，崖沉涨以转低。洎乎秋爽朗矣，泉清共碧天而一色，合众籁以同声。如月皎皎而时白，如雷殷殷而常鸣。如浦珠垂而乱吐，如吴练倒而交横。如蓟门之长啸，划然谷应而潆潆；如伯牙之挥调，悠然响遏而铿铿。可动湘灵之鼓瑟，堪歌沧浪以濯缨。若夫梅白霜青，木雕松秀，屿窄而波恬，峡陡而川瘦。快双璧之高擎，羡一泓之中溜。蓄黛拖蓝，依稀玉屑晶帘凑；澄瑜结琬，仿佛锦带吴钩扣。滕六降而光浮岛屿，巽二吹而文成篆籀。着冰不凝，迎寒不透。可知四时备万状之观，因想一泻映千江之岫。至于逶迤西北，蜿蜒东南，排山倒岭，渡阜穿陇。万壑咸归其内，两迤半属所通。鼋之穴，蛟之宫，或猿啼于绝巘，或鹤唳于遥空。或洲平平而宿雁，或崖屹屹而飞鸿。或石粼粼而状马，或瀑吼吼而敲钟。涧名虎跳兮，林木葱蓊；滩拟龙潜兮，岛峙冲瀜。沙明兮土上，金暗兮泥中。舣舟若画兮晚渡，倒影堪描兮青峰。山高月小兮，听渔歌之互答；水落石出兮，看舟子之转蓬（篷）。尔乃八蛮戴泽，六诏从风。冯夷欢忻而率舞，阳侯踊跃以抒忠。仰见通舟兮，缵神功于禹贡；恭惟作楫兮，訏庙算于尧封。利源溥兮江流永奠，颂声溢兮王会攸同。吁嗟乎！焜耀星缠，共井鬼以相接；湃澎地轴，同潞澜而比涉。欲渡伏艨艟，谁言摘一叶？圣贤重有本，向若心恰惬。

〔据乾隆《永北府志》卷二十八《艺文志·赋》第45页辑录。另见光绪《续修永北直隶厅志》卷十《艺文志下·赋》。〕

喜客泉赋

何其伟

惟坪石之永奠，实钟秀于山灵。既嵸巃而巀嶪，复掩翠而含青。总诸山之勃窣，忽播气于郊垧。藏蠙胎之在沼，发趵突于天横。客来游其志喜，爰锡予以嘉名。

原其始也，玄[①]功鼓荡，变化消长。万窍玲珑，鲸波带响。晶荧的烁，错落惝恍。羌发晖其外融，乃含光而内朗。本不涸以不溢，亦知来而藏往。

及其继也，春花满地，冬雪盈眸。林塘改夏，云物迎秋。皆翻涛而带雪，悉煮茗以浮沤。缀悬珠之极浦，映落星之高楼。

乍兴乍灭，倏聚倏散。出无定所，刁无常玩。曳景高流，飘光凌乱。碎璧浮渊，夜光出汉。值惊飚而不息，逢淫霖而愈焕。照耀圆灵，同玻瓈以纷飞；璀瓈周除，挟水晶而焴烂。

若夫光能照物，明可辨锱。深能蓄云，润亦含滋。一为终始，数应盈亏。类君子之有道，抱冲情而不私；象至人之无我，怀明德以应时。历昼夜而不舍，亘古今而如斯。尔其橐籥无穷，埙篪异态；细若吹竿，虚惊众籁。喷朝霞以缤纷，喧暮霭而霴霸。

至若嘘精为液，吐气成文。偕箫管而竞奏，杂翰墨以流芬。滴妆台之艳粉，溅舞阁之轻裙。有色可见，有声可闻。助莺杯之桂馥，添凤俎之兰薰。既而巧借人机，妙由天凿。曲渚烟回，环溪雾错。规叠巘于盘龙，架飞虹于挂鹤。覆篑为岩，攒抔为壑。萍扫楚江之蘖，花放崑墟之蕚。美仁智之同归，信杯勺之可托。

亦有佳人瑶席，才子绮罗。黛眉如扫，瞍睇成波。情长响怨，意满声多。搴池荷而肆赏，掬夜月而长歌。纵倾泉以滴沥，譬轻薄之经过。

于是濠上蒙庄，商山老叟。共载一樽，狂歌五柳。等世事于浮沤，叹此生之何有？念濯缨之有地，遂连翩而携手。

〔据乾隆《石屏州志》卷六《艺文志·赋》第74页辑录。何其伟，字石民，号我堂，石屏人。其倓，清康熙己卯（1699年）举人，官浙江遂昌县令，后告养归里。博学能文，著有《我堂诗古文集》为世推重，后应邀参加云南省志、临安府志编纂，袁嘉穀称其为“石屏文献诗文大家”。喜客泉，位于石屏城西三里，又曰喷珠泉，亦曰滚泉，周围皆石，中有池，每宾客至喧笑，如万斛明珠飞喷水面，为诸泉之冠，名人题咏尤多。另见道光《云南通志稿》卷十六《地理志·山川六·临安府下》、民国《石屏县志》卷二十三《艺文附录四·词赋》《滇南文略》卷四十二《赋》。〕

---

① 玄　原本缺，据民国《石屏县志》卷二十三《艺文附录四·词赋》补。《滇南文略》卷四十二作“元”，避康熙帝讳。

曲江赋

张凌云

纷滇云之疆地，环万里以为畛。堪舆尽乎西南，列宿应乎鬼井。列千百之名城，藏亿万之幽境。惟曲江之胜概，更境奇而隽永。尔其西接河县，东倚宁城，北近通湖，南连畇町。云纡徐而演漾，山盘郁而葱青。周四围以为障，当一面而如屏。邱陵错落，乔木深幽。松树千林，奏清声于五更驿舍；攀花夹路，飘素雪于六月林邱。平沙漠漠，涧水油油，有行人兮褰渡，无野客兮横舟。澄三秋之净练，飞九夏之怒流。鸟悠扬而嘲哳，鱼荡漾而夷犹。乃若岩峦秀杰，水石瑰异，建琳宫之嵯峨，藏兰若之巍丽。谢公至而徘徊，柳州留而堪记。慰王乔之高栖，快道林之遐寄。至若石桥之固，拟乎万安；汤泉之沸，比乎骊山。远视盘谷，山深水环；近较山阴，雪浪弥漫。五月火来，不殊东粤；九夏炎蒸，差同南国。水碓一溪，畦稻千陌。郁郁桑麻，青青菽麦。乃有田夫野老，斗酒自劳。男耕西畴，妇馌东皋。场功既毕，其乐陶陶。时垂钓于潭水，亦薄采其溪毛。月明闻夜舂之声，日午听村鸡之号。若夫墨客词人，渔今猎古。砚田代耕，经史为圃。永夜书声，彻宵兰炷。耕凿之暇，弦诵之余，探春光于远嶂，坐绿草于平芜。于是柳边花下，山径溪涂，都人士之游晏，有彼姝之聚娱。张白羽于日下，映红妆于江渚。传滟滟之微波，耀纤纤之眉谱。步珊珊而尘生，风飘飘而袖舞。渡清浅之溪桥，临崔嵬之梵宇。或沐浴于温泉，或行歌于江渚。每逢时而遇侯，常命俦而呼侣。类东门之如云，同汉南之游女。亦有日中虚市，期至而盈。抱布贸丝，远近奔营。熙熙攘攘，蚁集蜂鸣。侧肩而入，掉臂而行。又如山间童唱，远岫樵歌。夕阳在山，苍树方酡。悠悠短笛，丁丁斧柯。淡荡高崖之月，嬉游茂树之阿。若有人兮江之沚，佩杜衡兮采芳蕊。濯流泉以方洁，干青云而至止。赋考槃之邁轴，俟蒲轮于江汜。境因人而愈增，人得境而俱著。蘘红蓧翠，不殊少陵之溪；岭峻湍清，可入右军之序。倘逢摩诘，堪绘境以为图；如遇坡公，定泛舟而作赋。

〔据秦光玉编纂《滇文丛录》（民国二十九年排印本，下同）卷十七《辞赋类二》第6页辑录。张凌云，字峻明，号蓝溪，宁州（今华宁县）人，清康熙年岁贡，著有《蓝溪诗集》。〕

异龙湖赋

任 僎

繄异湖之渻澠兮，迤郛郭以东征。钟天地之灵异兮，宛混涵乎太清。亘围旋以百里兮，俯漻澫之鲛庭。鲲鳞蟠屈而隐现兮，天琛离陆以光莹。海若乍见而仿佛兮，蜩像闪烁而腾甍。若乃岞岫争迴，骈峰俯矮。霾噎潜消，如图如绣。仙子拥泊柏以逦飏，洛妃展箌匒而扬袖。鼓兰枻兮碧鲜，舞长绡兮绿皱。尔其水窟之内，霎靆之间，则有奇岛，灵鳌峌峴，兀山蟠螺，髻绾鸦鬟。三三曲，六六湾，钟秀峥嵘而南峙，莱峰嵬崛以北环。其垠则有沙渚泸洲，青蘋绿蘸，擘波兮溶滴，薄岸兮淅沥。又有鹤子淋渗，凫雏呷砉，翔雾连轩，淫淫峋峋。叫啸乎杜若之滨，薄啄乎菡萏之菂。凡兹境也，皆鬼斧所难施，而神工所难劈者欤！尔乃和风至，淑气燀，澒泞潗㴸，湛灤潺湲，鳞束束以插云，鳍森森而刺天。或濛濛浴倒山之影，或茸茸菲醮水之芊。波欲磓峰，乍合乍连，呢喃兮鸣兰汀之燕，翩翾兮翙柳坞之鹃。莺呖呖兮归远浦，鹤泄泄兮翰前川。又若赤帝乘权，祝融当午。溃泆吹万壑之烟，困泫清千尺之浦。潜鱼晒日以浮金，老鼍吹阳而布鼓。淼浕淵以相激兮，源接青草之波崪。中怒而特高兮，浪拥黄梅之雨。若乃金风动，碧云稀，黄花绚，白雁翚。浑水天而一色，迅霞鹜以齐飞。星斗欲寒，欸乃吹清江之笛；银河乍冷，沈游遍采石之矶。荇藻牵风而葳蕤，菰蒲濯水以初肥。至若岸柳绿残，溪毛碧瘦，雪滱涌湍，露氛浅溜。鹭迷繁芷之丛，鸥失翠翳之沤。澜漫兮披鼓棹之渔篢，槩瀰兮寒离樬之鸟鷇。文昆兮惊夜涛，條蛐兮怯朝湊。时而凉飔微扇，素月轻匀，一浪尽白，万顷如银。气结东洋之市，艳分西子之颦。旖旎乎涵光而潋滟，汩汩乎吐气以氤氲。于是绮縠王孙，鲛绡女子，修明眸，剔皓齿，点轻妆，移素屣，荡菱舟，曳莲艭，扶金罍，倾玉醽，击空明，溯烟水。蹀躞兮鲛室，容与兮莲房。沂波兮撷秀，漾漪兮搴芳。紫菜荧灼以丛被兮，绿苔鬖髿乎银塘。石帆蒙笼以盖屿兮，时游泳乎沧浪。尔乃开襟以延石尤兮，弄飋飔以迎凉羌。披绋以邀纤阿兮，盘罾罶以徜徉。繄青嶂之列屏于吾前兮，亦送碧以供黄。于是浮秋槎兮泛海屋，撑春桡兮采芦葭。服芰荷兮歌画舳，煮雪乳兮扫苔蔙。剥龙骊兮摘明珠，捉长鲸兮为从仆。揖鲛人兮与周旋，咤冯夷兮任踏蹴。幸得为风月主兮，暂将荟蔚乎云霂。予欲栖涟漪以终老兮，聊分画里之一幅。

乱曰：浢淪淲瀼，湖水清兮。鲮鳐鯩鲢，鱼鳖灵兮。葭蒲云蔓，水物荣兮。突兀崪嵂，岛屿明兮。蜿蜒迤逦，环山晴兮。鼓翅翻𦐇，鸥鸟翔兮。酕醄酩酊，游人酲兮。潦倒箕踞，诗客横兮。

〔据乾隆《石屏州志》卷六《艺文志·赋》第77页辑录。任侯，石屏人，清康熙壬午（1702年）举人，官弥勒州学正。另见民国《石屏县志》卷二十三《艺文附录四·词赋》。〕

异龙湖赋

何朗

夫异龙之为湖，作南荒之巨浸，带石城之高躅。据畇町之上游，输泸江之委属。千山环其垠，百流喷其足。繁川供其吐吞，叠壑资其收束。烟鬟翠黛，掩映三岛之菁葱；鹤港凫汀，遭迴九曲之繁缛。沆瀣收而天镜悬青，烟岚倒而澄波浸玉。一万顷之文瀫长明，三十里之晴漪竟渌。

其西则连以阛阓，缭以村落。红楼粉壁，依稀傍水人家；琼户绮窗，宛尔滨湖城郭。望炊烟于井里，千条之玉缕飘飏；看夜市于江城，万点之金釭的灼。樯乌与鸥吻齐飞，井藻共菰蒋并作。

其北则峭壁嶙峋，层岩岝崿。横列兮如屏，斜张兮似幕。乾阳之福地洞天，镜湖之幽岩邃壑。逊人巧于天工，骇神输与鬼凿。乍攀跻兮惕林，旋造极兮怡愕。下眡兮恍湛露之盈盘，遥瞩兮如镕金之就烁。

其东则窍以尾闾，泄以海门。虬确蟉蚼而扑地，鼍梁蟠拿以据津。故桥专锁龙之号，石有界鱼之论。初平泻兮溲浏，渐奔放兮砰磷。能使闻者心悸，见者目瞑。羌黄牛与白帝，差比拟而方论。

其南则山浮五爪，派别九湾。翔舞恍游龙夭矫，萦回宛素女幽闲。深复深兮远浦之渔歌可听，曲复曲兮潋潭之鬼魄偏圆。入回港兮甚隘，达壶天兮已宽。彼水月之兰若，与广应之禅关。依约兮水际，隐映兮江干。譬烟鬟与雾髻，方秀色之可餐。

其中则三岛鼎峙，两屿相望。一城弱水，四匝沧浪。螺黛舒青，点芳洲之梵宇；丛篁染翠，缘滨湖之名庄。铃铎相闻，疑是湖音传响；楼台间起，恍如蜃气高张。渔水映佛灯的历，樯帆共墙影苍茫。指环岛之人居，鲛宫蜑户；维柳阴之画舫，茶灶笔床。红菡朱蓉，讶锦塘之煽紫；芳蘅烈杜，识瑶岛之生香。醉渡口之桃花，临风生绛；输麹尘于柳浪，裛露偏黄。原非比屋浮家，争随徐福；无乃双姑并字，齐嫁彭郎。此孤岛有龙坂之号，而瑞城有大小之别。也若夫青阳司令，太皞折勾。春花似茜，春鸟如讴。湖山疑染，湖水若油。菱叶生而剑拔，芦笋挺而矢抽。嫩绿兮芳洲草长，殷红兮蓼岸花浮。绮旭朝升，一粒金丹，乍涌和风。晚息满床，冰簟毕收。方韶华于妖冶，恍淡蛾之含羞。及乎朱明代叙，炎帝当阳。丹曦曜彩，紫浪腾光。池莲则输香十里，堤柳则舞翠千场。挂菱角于乌榜，萦荇叶于银塘。翡翠鸣而晴漪绿，㶉鶒浴而锦水香。清风生而炎洲潋滟，暑雨歇而碧沼回凉。少焉金飚振地，玉露暖天。秋山澹远，秋水婵娟。宿潦清而金波隐，明河耿而星斗悬。嘒嘒兮蝉鸣柳岸，嗈嗈兮雁宿洲边。鲂鱮跃兮清镜，驾鹅飞兮长川。比秋光于眸子，宛卢瞳之盼然。迨至朔漠扬飚，元冥弭节．惊涛溯湃，崩压巃嵸。棹不行兮舟胶，水无波兮凝洁。霰夜兮粉描舟子之篑，冰天兮玉罥网师之缬。苇中絮兮铺霜，江上梅兮点雪。鶡鴠噤兮喙无声，鸡鹊叫兮石若裂。此四序之不同，而一年之差别也。

语夫浺瀜展钓之夜，蔚蓝发鱼之天。金鳞跃而笭箵满，巨鳡罹而网丝牵。筍里花鱼，石洞趋清而瀺灂；沙间明蚌，珠胎映月以亏全。谷花香而时鱼美，塘水满而冬鲫鲜。钓青鲨于湾侧，攫紫蟹于潭前。尉䴔鸡于荇浦，罗鸊鹈于稻田。织江沙以为席，编筼竹而作筌。此物产之珍异，而斯湖所独专。

至若端阳竞渡，上巳采兰。倾城士女，极浦绮纨。发木兰之轻棹，披翳水之微繁。箫鼓兮竞作，锦浪兮齐翻。照胭脂于秋水，写翠蛾于清澜。荫桂旗兮湘浦，倚彩旄兮洛湍。已映水之如活，恰凌波之若仙。顷之舍桂楫，临汀洲，凭来鹤之曲槛，上海潮之危楼。窗中纤手，阁里明眸，指石豨于海畔，望仙迹于崮头。及乎辞瑶岛，复仙舟，遗簪绿水，坠珥丹邱。彼畸香与剩馥，直散漫而不收。别有高人韵士，寓客骚流，铁笛黄楼之赏，斗酒赤壁之游。孤鹜落霞，墨妙滕王之序；晴川芳草，笔翻鹦鹉之洲。修禊袚于兰亭，或一觞而一咏；隔江湖于庙廊，拟后乐而先忧。谓非游观之胜，而江山之尤者与！

〔据乾隆《石屏州志》卷六《艺文志·赋》第 81 页辑录。何朗，石屏人，清康熙丁酉（1717 年）举人，辛丑（1721 年）进士，授翰林院庶吉士，改检讨。此赋题名，道光《云南通志稿》卷十六《地理志·山川六·临安府》作“石屏州异龙湖赋”，内容有删减；《滇南文略》卷四十二收录，内容互有详略。另见民国《石屏县志》卷二十三《艺文附录四·词赋》。〕

异龙湖赋

许 湜

嘉此灵湖，钟秀屏阳，横波浩浩，巨浪汤汤。实元气之磅礴，本坤化以汪洋。周环百里，雄胜一方。尔乃应参鬼之躔度，甲奇秀于滇东。绕九曲而潆洄，浮三岛于波中。洵蓬壶之奥宅，宛弱水[①]之琼宫。不假疏凿，辟自天工。光沉碧落，影倒群峰。时神物之出没，爰锡号曰异龙。观其北耸莱玉，西雄笔架，五爪南环，焕文东迓。莫不向此湖而争奇，大都汇百川而东下。乃若构亭台于水面，借砥柱于中流。竖海潮于岛屿，耀星光于斗牛。飞阁炜煌，梵刹清幽。云烟缥缈，鱼鸟沉浮。亭来子晋之鹤，轩睡卢生之俦。日霞照而拥赤城，云气生而结蜃楼。登临而尘襟涤，眺望而俗虑休。如置身于方壶，恍御风于瀛洲。至若阴风飒飒，淫雨霏霏。雷张其势，电助其威。蛟龙腾骧而号怒，鸥鹭隐伏而知几。鱼艇泊岸，白浪争飞。烟树溟濛，山岳潜辉。骚人对之而震荡，旅客值此而思归。若夫风恬浪静，水面波平。如银盘之长挂，如玉镜之轻盈。鱼极乐而游泳，鸟亦喜而长征。渔歌互赓于云际，晴峦滴翠于檐楹。而且长空一碧，皓月宵明。水激石以成调，风度篁以如笙。或酌醪而寄兴，或把笔以言情。或凭轩而舒啸，或临流而濯缨。尔其灵气所含，包藏万有。鸡鹊拂羽于菰浦，鸥鸡振响于莲薮。鼋鼍虾蚧，黄颊白鲫，鳠鲤鲫鲥。青色鲦鳍之异种，莫不产湖湾而标奇。洵称宝藏不测之府，皆蕃变诡诞而莫能周知。当其勾芒司令，太皞秉权。水漪漪而鸭绿，山郁郁而黛妍。条风披拂，淑气回旋。寻芳结伴，放棹湖边。绿杨影里徐牵，画船花明陌上。风送筵前，或载酒而流觞，或起舞而蹁跹。或赏花而作赋，或垂纶而扣弦。迨夫长嬴序临，祝融炎煽。美嘉木之留阴，赏芳莲之发绚。招宾朋，集筵宴。具壶觞，罗珍膳。逍遥于金银之阙，常啸于蓬莱之殿。喜莲社之堪追，美河朔之再见。若乃白帝改候，青女散霜。玉绳湛色，银汉斜光。莲潭忽其变彩，松院倏以生凉。乘中秋之佳节，驾一叶之扁舟。拟乘槎而犯斗，仿赤壁之夜游。至于北陆迎晖，朔风凛冽。木萧萧而叶脱，石稜稜而水泄。或发剡溪之兴，或钓寒江之雪。斯四时之佳境，供游人以徜徉。可以比胜于具区，可以夸美于钱塘。可以横绝于彭蠡，可以度越于沧浪。虽僻处于边邑，与中州而颉颃。然此特其揽胜也，若夫山水之灵，天地之精。风清气淑，钟秀毓英。贤哲继起，名世挺生。知观风而望气者，复见彩云于石坪。

〔据乾隆《石屏州志》卷六《艺文志·赋》第84页辑录。许湜，贺来子，字若兰，石屏人，清康熙戊子（1708年）举人，官广东新兴知县。著《澹园集》。此赋为作者描写异龙湖美景的代表作，描述灵湖之胜景奇秀和横波浩浩气势，使人登临涤尘，而忘俗虑。另见民国《石屏县志》卷二十三《艺文附录四·词赋》。〕

---

① 弱水 民国《石屏县志》作“若水”。

盘江赋

魏光竹

原夫天一之生靡涯，山下之出无际。汪洋归乎四海，池涎及于八裔。是以梁州之界，不乏漪涟；羁縻之国，亦多清溂。方塘常漾月，泸洞堪祓褉。紫微濯翠于东壁，圭山沐影于西偏。鹤岫浣翎于北顾，五峰盥掌于南沺。灵龟昂出匣之首，翠屏列如画之屼。神蝠展冲霄之翼，黄草浮四时之烟。幅员之内既饶胜境，郡治之外复有巨川。彼夫距城百里，一水旋流。宛转如带兮滚滚，无端如环兮悠悠。碧涛漱峡清如许，雪浪翻花白不休。襟带一府，回绕四州。因其委曲，故名曰盘。罗雄古昆，成纡回之势；牂牁两部，作旋折之渊。滩头往还，渡口流连。欲达益州兮匡城一苇，竟渡仙湖兮铁池片帆。五罗乘艘以通交广，八甸驾艇而入乾阳。纳明湖之一壑兮，增彼渺湃；汇王溪之数流兮，益力波涛。更吸泸江之浪，复吞瓜水之潮。曲江为群流之会，布我乃众壑之交。至于产鳞鲤，隐蛟龙，潜螺蚌，跃鲲鲖，濯凫雁，浴鸥鸿。谁云一勺之多，能测生物之穷？至于津梁皓皓，白石磷磷，安澜淼淼，急湍沉沉，渔家隐隐，钓网纷纷。逐波流而上下，随飞浪以奔腾。当其春也，弥望青螺，触目琼葩。万绿纷披，鸟唤波中之影；千红掩映，鱼啖岭上之花。及至清流忽没，夏涨盈洼。奴隶千头，闲种溪边之竹；鼓吹两部，静听泽畔之蛙。既而炎皇解印，白帝弹冠。月明古渡，烟紫暮山。任云吞而雾吐，凭露吸与霞餐。迨乎冬冰既结，岸壁垂丹。石梁疑于虹驾，渔火类乎星悬。堆黄云而足食，捕锦鳞以烹鲜。四时之景无尽，江中之状千端。见夫巉岩似削，劈用神工之斧；峭壁如裁，剪以并州之刀。两山夹送，形如铺练之皎洁；群流奔赴，声同万马之咆哮。陟飞途而俯瞰兮，清澌一线；临道岸而诞登兮，碧浪千条。怪石崚嶒，作中流之砥柱；冈峦嶍崒，回既倒之狂澜。白水村中，不屈严陵之钓；磻溪石上，可垂尚父之竿。有客来游，题苏子之赤壁；浮槎未去，泛张仙于广寒。谩（漫）数盘谷之胜，不亚濂溪之湾。究其来也，分派在岷山之地；探其往也，朝宗于古粤之间。奠数郡之金汤兮盘石，作五华之衣带兮沄津。自细流之不择，成此水之洪深。笑指江千明素心，水湄水涘想伊人。

〔据乾隆《广西府志》卷二十六《艺文志三》第32页辑录。魏光竹，清乾隆年岁贡。另见民国《邱北县志》第九册《艺文部·诗文》。〕

桥背水赋以新城象鼻子石洞为韵

蒲绍芹

邱城西十五里，昔人费万金造成长桥，水由上过，直达隔岸，溉田万顷，其利甚溥。非不知烟迷古洞，雾锁前津，鸦头涨喷，螺黛波皱，雪浪陶残，今古银涛，洗尽埃尘。曾经变局，多年桑田成海；不辨仙源，何处桃洞迷春？倘能筑白下之长堤，水从上而从下；犹是分潭清之一派，城润旧而润新。原夫邱阳之西有水焉，碧澜响澈，绿涨潮生，源头涌出，山脚流行。安得穷溯委相，看激浊扬清？岭脊穿来，湍向北溟而入；峰腰吼震，声从东海而鸣。未闻上杨柳之桥，深淹石栈；谁使同桃花之水，遍绕山城？何乃流水潺潺，横桥朗朗。来水面以垂竿，向桥头而结网。水分碧玉以条条，桥列翠屏而两两。濯斯缕而濯斯足，桥伴流觞；决诸东而决诸西，水中荡桨。直待题桥人到，竞传名士风流。如逢背水阵开，争看英雄气象。岂鼍背之成梁。岂鱼背之献瑞，岂鸦背之夕照光华，岂牛背之笛鸣鼓吹。岂背水流泱汗怅危峰之插天，岂背曝日暄见人影之在地？盖以水隔岸而难通，田无泉而见弃。踏去芳草渡旁之渡，顺流宛接于马头村名；盼来菱花塘外之塘，凿洞通乎象鼻。尔乃坝筑，鱼鳞波翻，雁齿排空，羡飞艇之寄，拜井获涌泉之喜，鞭石而成其若此，激而行之，望洋而叹，乃如斯浏其清矣。双星稳渡，不须借鹊以填桥；百谷滋生，真是如鱼而得水。但见他混混泉源，胡奈尔招招舟子。由是泽足千村，土松三尺，犁雨锄云，苏禾润麦，弗籍桔槔，鼓动活泼，天机惟看，笭箵虚张，通流地脉。洒云涛于雁翅江头，一幅帘青；挂瀑布于虹腰野外，千寻练白。曾记怀人春水，客咏绿波，相传进履，圮桥翁逢，黄石鲰技。愧雕虫才殊，吐凤志切，匡时心，存济众。行咏锦水，忧国怀屈子之悲；浪跡清江，穷途效阮生之痛。睹此横江铁锁，谁挽既倒之狂澜？何如架海金梁，永作中流之砥栋。好趁雪中，觅句频敲灞岸之诗；回思月下，听箫頡醒扬州之梦。看他日扬威海国，方鸣得意于龙泉。幸此时作赋闲居，且喜传经于鹿洞。

〔据民国《邱北县志》第九册《艺文部·诗文》第14页辑录。〕

星宿桥赋

吴文雯

颂天地之平成，河清海晏；嘉桥梁之修理，物阜民安。惟贤哲应运以挺生，斯政教覃敷而奏绩。无美不备，纪善必详。禄邑星宿，由来久矣，创非朝夕，厥功懋哉！寻源远发昆仑，朝宗于海；问字高倬云汉，为章于天。东璧西庚，倒流三光辉渚沚；北溟南涧，清涵数点印台垣。创始奚年，阅历春秋几许；开基何代，往来进退百千。史册光昭，官民胥庆。边陲奠丽，川泽咸熙。汇三江而纳众流，洋溢千里；通两迤而利诸井，汪濊四郊。诚十八郡之咽喉，岂一二人之率履。洎乎风雨猝至，惊泙湃以奔腾。波浪偶来，忽弥漫而泛溢，浸城断路，洪劫难逃。滚树飞花，潢流可畏。思畴昔补助多金，历半载之勤劬，逾时而即圮。慨于今捐修无自，竭一人之心力，不日以成之。噫嘻！我知之矣。已饥已溺，禹释尧忧；为国为民，上作下应。即如斯桥，显显令德，彼其之子，赫赫厥声。制事经理攸宜，卜世功能再造。客冬农隙，本佚道以使民；岁暮山空，爰庀材而动众。爰命大匠求大木，选拔异域殊方；集石工凿石壁，旁求郁林邃谷。岩阴磊落，树色苍茫。载盘奇以归来，宁辞袍笏下拜；得崇乔而造作，长为指示躬亲。引曲流，运积沙，开疆劈土；修栈道，通过客，筑坝培堤。庶民子来，惜劳无庸鼛鼓；人心踊跃，胼手乐事携锄。以故危者安，险者平，康庄载咏；深不厉，浅不揭，坦荡兴歌。雉堞参差，峙桥头而凌霄焕日；车马驰骤，履平地而负重长征。笑野渡之舟徒横，知渔人之网可结。且也男负耒，女携筐，永享利涉；少闲游，老扶杖，无虑褰裳。河畔桔槔，旋转雨花飞碧井；桥边帘幕，斜余风柳覆朱栏。快睹徒杠鼎新，兴逢舆梁除旧。邀来绅士，咸浮白以踏青，宴集宾朋，亦揆文以奋武。元戎率步伍而登临，司马停骖騑以畅饮。落成盛事，雅歌水秩山幽；太守乐民，传纪泉香酒洌。尊卑醉饱，不知夕阳在山；左右趋跄，忽惊人影散乱。香焚宝篆，河伯之位常新；花映碧流，波臣之灵如睹。竖牌坊而表绩，百世流芳；镌金石而纪功，万年配德。光腾贝赑占风传，太史独表刘侯。书陈圣朝知锡庆，九天增辉禄阁。长歌明德，惠远敷词。敬展积私，诗成献赋。

〔据康熙《禄丰县志》卷四《艺文志下·赋》第101页辑录。〕

天生桥赋

屈学洙

建宁之东，有山蔚然，灵钟翠巘，冠绝全滇。罗星峰于危磴，驾天路于层峦。破鸿濛而开一窍，烹顽砾而补半天。百丈飞虹，织女向长空暗渡；半弯新月，素娥从绣壁斜穿。惟见石发纡青，萝衣挂绿。翻美人之翠黛，映仙客之霞服。悬崖耸秀，藓花缝五色天衣；古洞藏奇，石乳滴千年雪佛。清池翻锦浪，龙窟筛金杰。阁起云霄，蜃楼嵲玉。则有骚人词客，问境游心。歇马乎河涧之滨，振衣乎巑岏之顶。窥天外之青天，探景中之异景。题桥拟相如之志，把酒续苏髯之行。姓字遥闻，惊落一天星斗；珠玑挥洒，横拖九点烟尘。亦有白社黄冠，携筇挈筥。过涧寻源，扪萝采芷。既逍遥兮翩跹，亦徘徊兮容与。求丹砂于八仙之台，悟苦空于五峰之岭。数声黄鹤韵紫翠，披离一片赤城霞。清辉掩映，当夫东皇送暖，万卉争春。溪泛桃花，好问避秦之姓；潭涵月影，疑逢出洛之神。溯清流兮浅浅，听啼鸟兮嘤嘤。信尘氛之涤净，洵山色之可人。至若天停画永，赤焰正攻。萝薜阴森，结绿天于碧落；山房云护，隔红日于崆峒。渡瀑花兮洗耳，攀石磴兮临风。斯亦极人世之清凉，又何羡乎蓬岛之珠宫？迨夫金风始吹，木叶就下。白荻丹枫，秋冬代谢。花自灿乎霜崖，松自青乎云峡。月斜挂乎仙桥，雪纷飞乎猿穴。嵚崎怪石，遍栽瑶草，琪花崔崒，奇峰淡整，云簪宝髻。遂使探梅野老流连庾岭之春，踏雪狂夫睇盼罗浮之月。若斯之丹崖玉洞，焕四序之奇观；适足与金马碧鸡，峙三峰而并列。昔人云：天下无双境，人间第一桥。不信然耶？嗟夫！寻常隈岫，恒志美于通都；宇宙巨观，每潜形于绝壑。岂负奇姿者之有幸有不幸，而抱真赏者之有至有不至耶？

予乃跨金鳌之背，仰而问天；枕锦石之斑，俯而听泉。歌曰：

百丈晴虹两岸悬，遨游势欲挟飞仙。乍惊月殿新垂采，忽讶桃源别有天。鸟道千寻云作级，龙津百折石为船。今朝幸得承蒐采，名胜当传第一篇。

〔据乾隆《赵州志》卷四《艺文志·赋》第58页辑录。〕

春溪桥赋

刘登蟾

溪水涵春，溪桥入画。云影青描，烟丝绿挂。石老苔新，亭危树怪。曲径斜安，平芜巧界。面面能通，时时不碍。陋鼍驾之峥嵘，嗤鹊填之狡狯。曙色迢遥，晓烟半消。城门似水，人语如潮。衣尘障面，屐印填桥。行踪一色，来路千条。迨夕阳之明灭，竞归去而喧嚣。既肩摩而踵接，亦重负而轻挑。若狂若醉，自笑自嘲。马嘶古道，人响中宵。佳节年年，春天夏天。踏青城外，避暑河边。有花影人影，有茶烟树烟。芦芽短短，荷叶田田。阴晴不断，来往相延。玉露收荷，金风彫柳。冻雨砭肌，飞霜皲手。旗飐栏杆，帘垂户牖。居者深藏，行人不走。蝃蝀垂腰，虹霓昂首。夜静则月堕檐牙，朝来则雪封巷口。停过客之晓骖，问歧路之义三。望高楼于西北，随孔雀以东南。风景自异，旅况能谙。无石不介，有泉必甘。疑升仙而已误，况送客以何堪？游子牵衣，征人解佩。花放将离，树存遗爱。樯橹江湘，轮蹄燕代。咫尺天涯，分携向背。情已尽而仍长，魂欲销而怕对。难言万种之情，都在一桥之内。地何桥而不古，桥何年而不春。何忧乐之异性，又离别之伤神。疲驴蓆帽，宝马朱轮。蹇躬矮屋，高足要津。将赋诗以寄远，岂题字以骄人？欲众醒而独醉，恐得味之不淳。每徘徊于道左，徒惆怅于河濆。极青眸于云际，照绿鬓于波中。感机丝于泛梗，伤膏沐于飞蓬。龟趺倚座，雁齿排空。花娇柳弹，岸碧波红。千山万水，瘴雨炎风。桥原寂寂，人自匆匆。送君南浦，别恨无穷。恋梓桑而回驾，慎莫待管弦之终。

论曰：地志之书，而必列“艺文”一门，盖艺文所以表章其所志之地也。自山川草木，以至人事物类，皆待艺文以发挥扬诩，则艺文之不可泛为著录，较之他书尤严。故于“疆域”“形势”，本之李充《益州记》；于“沿革”“建置”，本之袁滋《云南记》；于“人物”“行略”，本之陈寿《益部耆旧传》；于“物产”“风土”，本之张周封《华阳风俗录》；于今古分合，本之窦滂《云南行记》《云南别录》。再观“艺文”，既可知全志之始终矣。记、序、传、说、杂文、诗赋，为数无多，不能分门别类，然亦惧凌躐而杂，仍依次编之，以便观览。

〔据道光《大姚县志》卷十五《艺文志下·诗赋》第24页辑录。刘登蟾，荣黼父。大姚人，清乾隆己酉（1789年）科拔贡。〕

澜沧江赋

黄　桂

滇南之迤西，有江汹汹。盘疆碧带，捍圉苍龙。奔腾万壑，缭绕千峰。盖西域之发派，而南海乎朝宗。以其出鹿石山，旧有鹿沧之号。抑又称曰兰津，以其经兰州之道。厥后定其嘉名，为澜沧之浩浩。

当夫吐蕃初沛，潞水齐驰。形性各别，势力相持。彼高黎之左臂，此老君之右支。趋九隆以迂折，历百濮以渐滋。背岩而往，若剑破枯；逾峡而下，若矢离弧。断岸为畔，重坎为途。色疑黛画，味在冰壶。

其为阳光始旦，水面生烟。曳长霓之委曲，抽乱絮之缠绵。赏素华于润泽，挹金彩于蜿蜒。于时化日春晴，寒山雪散。积液纷流，增湍泛岸。桃花之浪溶溶，锦鳞之游灿灿。罝罟之施欣欣，匕箸之供衎衎。至若秋涛雾霁，月峡霞明。涵云汉以为影，震风雨以为声。吼幽林其虎啸，叱怪石其雷鸣。深窅窅于浚谷，冷烈烈于霜清。疾徐分乎夷险，青玄变于阴晴。

曩者瘴毒发长川之隩，有声显闻，如斧剖木。开疆以来，已平其燠。意者犬戎，处上游之首。有尸漂至，是人类狗。溯洄而稽，多种之丑。

盖闻汉武博南之跨，来图不宾；孔明孟获之讨，用展如神。王骥筹边于远涉，沐英筑垒于要津。段进忠之负险，苏溪济师，凶顽退敛；胡国柱之投荒，铁门绝路，困顿悲凉。

其有野渡惊人，横空设笮，系身抱筒，疾影过索。临浦而仰以攀，及山而立以落。若欲借其推移，必先受夫束缚。然则舟楫罕通，舆梁谁架？伊何金齿造奇，铁桥夺化。长栏夹翠而拖，高步浮空而跨。悬御笔之辉光，长名流之声价。从此去去，望之悠悠。边无浅渚，中不余洲。容百派以为量，挟九龙以并流。终固合乎黑水，始未涉于雍州。往事蒙舍之渎，遥程交阯之陬。既达贡于万里，爰安澜于千秋。

〔据《滇文丛录》卷十八《辞赋类三》第 11 页辑录。黄桂（1700—1775），字月轩，号清华，云龙县人。清乾隆丁卯（1747 年）举人，国子监博士，任昭通永善县教谕。著有《月轩诗文抄》。事迹参见《月翁墓志》。此文不仅描述澜沧江流域云南段的自然风貌，还记述沿江民族风情、历史故实，可供今天研究和开发澜沧江借鉴。〕

龙河水车赋

万重贇

莺梭燕翦趁晴晖，龙河初暖鱼乍肥。绿染千村烟幂树，连城一带柳花飞。麦秋已过农更忙，轻簑圆笠遍水乡。到来枷板村响彻，十万人家喜盖藏。方其始也秧剡剡，而针若农款款而。竟作水何事而扬，清车何为而连崿。似璇玑之环运，缀筒户兮周络。羌一吞而一吐，遂更起而更落。既音声之互酬，复缓急以相错。尔乃砌砌呷呷，沄波振激。似危石兮乍坠，如飞浆兮簇插。奔腾兮溯湃，搓挪兮輣轧。藻荇牵兮纷绊，潋滟揉兮啑喋。白珠翻不定，练雾卷复摺。游鳞惊渔笱，窜龟乱入梜。至其寒雹喷花，急雨洒树，缕泄云汉之冰，倾注碧沙之渡。似商飚之激发，若飞蓬之惊顾。鲛绡缕缕，玉屑敷缯云，片片珠尘度。千条瀑布甘雨来，燕齿桥头失旧路。既而隐隐凄凄，缓叹长嘻。若怨若慕，欲即欲离。羁臣太息，孽子含悲。寡妇昼叹，贫女宵啼。耕父哭于清泠，旱魃哀夫潢漪。水魅与山鬼休战，毒虺共短蜮同呪。若夫狂呼急欧，奋发而抽。猛火磔磔，怒飓飕飕。鲸音兮万里，夔啸兮千头。熊罴喘，虎豹愁，蛟鼍争，貙猂忧。征驹嚼铁以嘶风，狻猊飞猋而吓虬。坟狐吼雪，饥鹰呼秋。川妃愤涕，龙伯乍咻。鸾毂兮双驱，雷轰兮齐投。钲方扬而半止，箛已平而忽遒。又似栖鹘倏惊于峻岭，腾狖顿蓦乎危楼。百丈山头下夕曛，桑柘无影树停云。樵夫渔子都归去，牧笛悠扬隔岸闻。我亦寻田路，飘然过江关。遥望灯光处，塍间绿树盘。歌曰：

江淼淼兮风景凉，水车吟兮日舒长。年来新谷盈仓箱，愿上无疆万寿觞。

〔据道光《开化府志》卷十《艺文志·赋下》第 1 页辑录。万重贇，清嘉庆二十二年（1817 年）开化拔贡。龙河，即盘龙河，一名开化府大河，源出府西南百里蓑衣山下邪革白龙潭，南入清水江。〕

龙河纪游赋

万重篔

旦息柝分日方新，携公子兮龙河滨。柳阴凉兮跳锦鳞，竹踈爽兮鸟窥人。花粘屐兮雨微痕，倏晴霁兮香风温。穿鱼市兮过龙坛，佃吡犊兮鸥越滩。梵声起兮风声牵，及红寺兮僧知君。入松堂兮坐禅茵，欸鸣舷兮鹚上门。我思鱼兮僧不荤，食松子兮饵杏仁。蘋莒湘兮米酒陈，与君醉兮梦乘云。醉乡来兮饶芳醇，饶芳醇兮忘怒嗔。见羲皇兮上古春，游鸾凤兮舞麒麟。鼋鼍骑兮珠玑翻，永不死兮余谷神。岂无人兮夸笏绅，炙手热兮势绝伦。富贵淫兮匪我存，惟古贤兮诸子亲。江渺渺兮山溶溶，长此古调兮谁与弹？庶几公子兮超尘转，恐余兮迷故津。

〔据道光《开化府志》卷十《艺文志·赋下》第2页辑录。〕

阿猛海赋

吴允奇

伊北乡之名海，起东注之波文。纳百川而若谷，围众麓而无垠。为千流之渊薮，绕五村之林坟。拟苍屿而不二，较鳀壑以同群。信张融之能赋，如陆机所已云。尔乃光连碧落，影泻青峰。面则浮鸭，底可藏龙。派出绿塘，知渊源之有自；浚来碧涧，识潋滟之能容。信一勺而不测，虽斗量亦何庸？原夫曲湍为澜，怪石作岛。滉瀁芙蓉，参差荇藻。渔舟下处，唱欸欸乃之歌；樵载归来，舴立负戴之老。古岸垂杨，平沙植稻。受盈科之瀑泉，纳就下之行潦。朝浴轻鸥，暮集沙鸨。起长夏之白鸾，发阳春之碧草。撑冽冬之半篙，载秋成之万宝。瞻梯航而若接，迴狂澜于既倒。况复幂半夜之寒烟，泛信宿之渔影。蜃楼巍巍，鲛室井井。错岸之古木千株，沿边之沃田数顷。征帆风来，石矶钓永。欲穷此水之观，须登最高之岭。盬彼汪洋，聚兹崕崛。经雨而涨满渟泓，当晴而色增蓝蔚。方扬尘于泽国，是以似之；拟幻境于桑田，未知同不。至其朝动日华，宵沉月魄。晨昏万状，既失其常。潮汐两参，焉有所择？网无禁师，赋有定额。供千家之罾纶，培一里之地脉。则有问津渔郎，乘桴避世。忆扬波之圣人，嗤衔石之精卫。集浦之渔火重燃，一叶之扁舟远系。霞余则散绮纷纷，风蹙则縠纹细细。于是理桂棹，泛兰舟，驾彩鷁，下金钩。载酒而高歌起，扣舷而大白浮。弭牙樯于蓼渚，并容与于波流。鹏系千里，人在十洲。映绿树于镜面，得赤鲤于滩头。信私渠之可比，岂洿池所能侔。

〔据道光《开化府志》卷十《艺文志·赋下》第4页辑录。吴允奇，号云峰，性颖悟，母田氏督以学，由是文理日进，风韵清疏，名誉日隆，惜乎仅以岁贡终焉。阿猛海，位于广南阿猛海村。〕

滇池赋

戴絅孙

帝之畴为鄙梁州，于南徼兮导滇水，使西行岂阳侯？冯夷之西以自歧兮，不则胡以滇名。曰其形广上而狭下兮，有如银汉之秋倾。考自螳螂川以右出兮，北合流于金沙之涘。实滧湙澶漫回流以倒折兮，汇普渡之终而葛勒所始。源从牧养以滥兮，讯罗公而闸启。倚雄川之峻阁兮，睹斜长夫百二十有余里。原夫西南奥区，厥治昆明，有蒙酋善阐之府，为益郡谷昌之城。昔闻汉使之祀金碧兮，武皇因之而习水战。规咸阳以凿池兮，起灵波之桂殿。象牛与女之相望于左右兮，世凡感劫灰之几变。彼黑水交阯之意而得兮，孰与乎灵源之自浚也。尔乃潏淪澮澍，沆瀁洄湨，深莫与知，浩乎罔属。帅阴霅阳，乾梾坤轴，络兹众流，王乃百谷。傃东南而纳盘龙、宝象之支，既西北而绾银稜、玉带之曲。联县二以州三兮，跨崇冈与洞壑。叶漉平沙之濆灖以漩澴兮，[illegible]岩窔之峆岈。以荦嵒嬉素娥而捧黄人兮，濯宵晖而浣晨旭。徒观其水物环错，谲云诡波，筐篚掇之，桃实衣钵，种其莲花。鳞则黄师之与金线兮，饶鲣鳢而富鲙鲨。怪则白发之与青葱兮，图异鱼以字修蚝。争扬鬐挥尾以徕前兮，䱤鲮鳐而婢鳎鰕。麦鱼芦燕共竹丁以瀺灂兮，又何矜夫屿之蟹而湾之螺？过石鼻之墟，呀海口而抵昆阳兮，连樯接橹，商渔于此乎利济。骈百货以遄臻兮，吹五雨而漂遰。敂盐官之井而走连然兮，压积米之舟而来望水。叶夹潆罗筌贩鱻薨以入市兮，唱采菱而归者洲芦之际。若乃雺曀彗埽，波光练澄，暖乎夕日之方下，蔚若晨霞之始升。嵌赧驳之峻壁以窈窕兮，溯渻灖之安流而洄澘。倏呵嗽䴏黮霿集而蒙合兮，訇訚灌泲瀎潊以相攘。群趵踔湛瀿以镗鞳兮，霆奔雷激漻濈而滃泱。齐浤浤以灖灖其相溷温兮，沓淪澜而搏嵣嵘。徽天开以地豁兮，岸砐峨夫白荡亮。阴晴变眩夷险其不测兮，维神之宅乎是飨。方其循草海之滨而犹未届夫中池也，乃憩岑楼之大观。舍击汰于扁舟兮，交弥迤之危阑。瞰通波之瀇沔兮，极远势之弥漫。鸿送目之千里以一瞥兮，云荡胸之磊砢以郁盘羌。潸潵灦涣流暎而扬焆兮，涒潾洞濕光囦泫以照烂叶。于是榜人乃刺船以请兮而张轻帆，泛鹢首兮齐权唱。波涛万重，云霞千状，浙沦流瀼，滃渤沆汤。画中流之一帧以南沿兮，睇旁倚之群峰而西响。金仙卧而侧首兮，昵澄澜以斜望。美人弹其云鬌兮，波痕展。夫夌镜叶郁，壮怀駊騀，破浪以棄风兮，乃概古乎梁王之宫。忆革囊之初渡以疆开兮，曾不百载而谷之为陵叶。感阿禚之贞妃兮，吊王吴之二忠。罨坟草于孛罗兮，启剑室乎光熊熊。明黔国之西园其已废兮，昔楼曰簇锦而今蒿蓬。询海庄之故宅兮，碧峣怀夫庄介。不盩礼以狥君兮，剿谀说而赓张桂。哀讍忠之著录兮，有吾乡之给事。虽九死其犹未悔兮，与先生而同志。嗟明政之不纲兮，鞠厄踬其天步。说死事于项城兮，忠庄犹岿夫遗墓。指蜕翁之蜕园兮，留松江之寓贤。歌涧轴以隐处兮，襄伟略而筹滇。湖山佳境，风月良时。屹金蝉之关，而文献考厥遗碣兮，摩玉案之顶，而风雨仆其丰碑兮。启文殊菩提，以斠泛滥之泉兮，弁王宝阳宗而潴昆泽之池。憬哲人之凋谢其莫吾徯兮，余方为之懭悢而不胜悲。

乱曰：戎州滔土池波积兮，孕精育灵神匪测兮。奠坤之维苞坎德兮，安贞以厚厥中实兮。汜布闿泽滲滋液兮，滔滔者众陋尔僻兮。仰晞天縡焘无私兮，讵优于彼以绌兹兮。

钱江彭蠡始亦夷兮，显今晦昔亦汝时兮。神功自敛宁求知兮，滇池广潒惟我师兮。

〔据光绪《云南通志》卷十三《地理志三之三·山川三·云南府下》第8页辑录。戴絅孙，昆明人，任江南道御史。〕

吴井水赋并序

朱金点

陆鲁望品泉，以镇江金山居首，常州惠山次之。余幸至两地，屡尝一哈，味与兹井相埒耳。使鲁望及饮兹井，正未知其位置何等也。井距郭五里许，届东南冲衢左，水自平地正出。按之《尔雅》为槛泉，日所出数十万斛，瀹茗则经宿，而器无釉痕，溉花尤善。惜未有咏歌其美者，盖香阜以憩客，固不如金山、惠山之名胜也。然产会垣，仰给尤众，颜之曰“滇南第一泉”也。固宜越金稜之长壖，寻玉液之甘泉，倆长林之密密，晒古甃之潺潺。贯鏞铞而涌琲，镜䨴䨺而翻圆，俯潜虬其宛动，询匿蠵其奚迁。绝佲池豪渠之导，无塘堨涸窦之沿。抒之而去毒矣，鳖之而毋涸然。欢腾有类于憨憨，怒涌何须乎咄咄。多则汸汸，劳则搰搰。汲者相争，饮者相捽。方员锐椭之瓴，负戴担举之窟。山僧则远托军持，行旅则立消宛暍。况民资赡鬻，吏责灌输，奉上而驿供驶足，按时而调有藏符。睨头衔而袖手，充指使而靡膴。叱应则庞声吠黑，催程则马汗成朱。莫不珍同神瀵，吸待云腴，盛以䤋而鲜浏，注以鼾而贴妥。吹嘘詎对鏗之人，榾柮活上荨之火。避熇焼则鹤飞，号嘤咿则蝇夥。茈其则茗颖神强，盂则榛柃麋弹。滓方之器环炉，美㪇之香腾坐。一糖一滞，不嚶不哝。鹿殄初饫，羊峪曾供。或欧歈于肪脍，亦茗芋于醇醲。鼻馊而椒兰厌嗅，腹饼而肴馔为馕。并痟酲之索解，遂蘡薁而思庸。侑以珑璁之煎，佐以餺饠之饼。飦合进于春暄，糄宜陈于夏永。糕蒸九日之晴，糫压三冬之冷。和羹既待以调鬻，嚌菽更欢于汲绠。懿斯泉之不涸，恣万室之所眈。洸洸乎道似，浑浑者源涵。盈竭应嗤乎漏汋，让廉讵等于酌贪。设衢尊于道左，溢壶榼于郊南。捷不辞乎何远，置常止乎庞参。不然其多，易量其旨。弥甘鐍封恒固，垄断何堪富贵？斯能含咀闾阎，乌得往探也哉！

〔据光绪《云南通志》卷十三《地理志三之三·山川三·云南府下》第11页辑录。朱金点，安宁举人。〕

大龙泉赋

董良材

原夫清浊既形，坤舆磅礴。井鬼分疆，州郡联络。惟滇之阳，易邑式郭。万顷平铺，一水灌瀹。原隰绮分，田塍绣错。荷锸云成，决渠雨若。黍稻油油，桑麻莫莫。于是溯河流，缘西崥。寻丘壑，临水湄。巄嵸沟洫，沲沦隈涯。羊肠九回而成道，燕尾双剪而若洟。窳隆诡戾，南北逶迤。茂树荫堤，芳草盈陂。芦荻丛绕，晔晔猗猗。若摛锦与布绣，咸烛耀而生姿。尔乃列重巘，结层荫。丹崖元岭，幽谷礐岑。巑岏峛岃，嵣岘巇嵚。

或岨舞而绵亘，或巀嶭而阴森。倾仄倚伏，盘纡隐深。既嵝䊮以迭翠，亦庨窌而传音。昆仑无以逾，丽农如可寻。

其木则柘榔栘棠，杉柏松栗，樕柿枇杷，橡櫐梅橘。挺直幹于参天，垂浓荫于蔽日。旖旎迎风，则如坠以如遗；偏反献媚，则似疏而似密。草则蒋蒲芳杜，芝蕙芍兰，葴菅莎荔，薇蕨芩芄。含英昭灼，浥露弥漫。金勒斯兮，喜芳华之在目；锦茵布兮，觉秀色之可餐。鸟则元鹤鸣皋，晨鸠拂羽。鸲鸽鹡鸰，鹌鹑鹦鹉。子规叫月，老鹳鸣雨。文莺啭于长杨，白雉集于苞栩。兽则豺狐夜叫，猿蜼昼鸣。狡兔寻窟，文豹腾声。特麢榅猯，栖息谷隐。獑猢猱狖，偃蹇枝轻。

凡若此者，争奇逞异，错列杂陈，纪之不胜。悉究之莫能名，乃若探洞穴，穷源泉。谽呀中豁，玲珑倒悬。天花历乱，玉笋簇联。睹虹霓之缭绕，俨虬龙之蜿蜒。巨灵见而束手，五丁诧而退还。隋侯明珠，的砾光耀。卞和垂棘，错落争妍。源混混而不竭，洞曲曲而可穿。梯百折以徐上，窍一隙以通天。攀石磴而未半，目眩转而意迁。入杳窱而却惑，若颠坠而复延。神恍恍以失度，乃耸身而能乎其巅。更复登峻阁，望八荒，薄云岩宿。寒烟石藏，穿枯隙以如缕，结华盖而开张。渐蜃楼之幻峙，倏麟凤之翱翔。起雷雨于山半，排阊阖而徬徨。时则农祥晨正，明禋虔祀。士女嬉游，迁客至止。锦林挹翠，霏珠玉于毫端；绣野踏青，走龙蛇于笔底。绮组缤纷，红罗飒丽。光润玉颜，气薰兰芷。髻绾明月之珰，足蹑凌波之履。柔情绰约，缓步迤逦。莫不精耀而华烛，并林壑以增美。于是酴醾聊泛，醽醑味旨。玉管初调，鸣弦暂起。阳春白雪之章，绕梁遏云之技。始嘹唳以发声，终婉转而未已。微风纤妙，忽靡忽倚。状若飞鸿，象似流水。月入歌扇而臬如，花承节鼓而乐只。斯皆娱志以忘形，畴即能景而悟理。

予乃涤静虑息尘缘，下临清湍，上谒金仙。稽神蛟之特起兮，自昔已传；维灵犀之出没兮，潜寓深渊。寻洞虚而静步兮，谷神不死；象灵明以贯通兮，直达性天。飞阁流丹，凭栏而远眺兮游神空际。层峦耸翠，极顶而仰观兮挺摘星躔。窥生物之息吹兮，野马奔轶；鼓化机之飞跃兮，鸢鱼现前。真源活而水流花放兮，得意则春融寸地；会心远而昼静云闲兮，通微则月映百川。虽松乔之难遽期兮，惟从吾之所好也。苟触境而道存兮，自超形器而悟夫真诠。

乱曰：洪濛未凿质浑全，凿破洪濛几何年？深崖杳杳水溅溅，神仙窟宅今在焉。我来登临思元元，草绿波娇迹象捐。盘桓终日夕阳偏，吟风弄月归豁然。

〔据道光《续修易门县志》卷十二《艺文志上·杂著》第250页辑录。董良材，字济川，易门人，清雍正己酉（1729年）举人，庚戌（1730年）进士，官贵州婺川县知县，升都匀府同知，为政清廉，迁知府。丁外艰归，修理黉宫，整饬书院，置木奔江渡田，著《易门县志》十二卷。〕

小龙泉赋

董良材

蜿蜒北来，绵亘西拱。陵埠纡回，岗峦环耸。龙蟠虎踞，聚秀气于一湾；地辟天开，呈奇态于千种。苍虬缠古木，藏风雨而诘曲高搴；青萝挂层崖，染烟霞而嶙峋特拥。松涛出自林间，澎湃瀰濔；草茵铺临陌上，葱蒨蒙茸。知为灵奥之区，久著名胜之垄。尔其玉乳轻泛，灵液潜滋。滭沸清冽，渟泓涟漪。迭彩巘于池面，拖素练于水湄。神女弄珠，结缃佩而累累其串；鲛人泣泪，贮银盘而的的交垂。浮光耀金，照秋毫之可数；静影沉璧，朗冰鉴以无私。听孺子之讴歌，濯缨自取；睹方流之曲折，结绿生姿。且复菰蒋纷敷，锦鳞浮泳。疏密交横，往来掩映。依藻相忘，喁喁唼喋，久契庄濠之知；于渊得趣，瀺灂惊波，已著旱麓之咏。牵水荇之翠带，浪涌縠纹；对琉璃之空屏，光莹心镜。龙嘘成雨，泽施普润之功；鹤依参禅，悟彻诸品之净。流川昭活泼，触处天机正。水涵虚明，随在真性。昔感香馔之供，今见游人之盛。乃若银河淡荡天宇，澄鲜金波。穆穆碧流，涓涓挂银，钲于不落，映琼沼以双圆。宛在中央潆太清，而晶光如洗；去天尺五耀寒泉，而素影常悬。上下同流，睹蟾蜍之共晕；水天一色，疑顾兔之相联。披璧彩之清空，含辉不夜；漾冰轮之虚白，绚耀无边。月非逐潭以为照，潭讵向月而争妍。悟空即色，俯以察焉，乃见潭之有月；得意忘象，仰而观也，依然月之在天。更值气暖阳和，晴逢春煦。柳暗莺藏，花明蝶舞。泽绕芝兰之香，溪成桃李之树。四围浓黛，含远翠于方塘；一抹苍烟，堆湿云于遥浦。既而夏木垂荫，沙鸡振羽。赤荐樱桃，绿寻芳杜。菱实历历以随波，荷钱田田而带雨。盘倾宿露，明珠则百琲流光；影落微澜，宝盖则千行共聚。及乎秋凉暑追，露劲霜清。窗高北枕，馔想南羡。蝉曳残音于断续，雁排奇字以纵横。野烧千枫，照余霞而灿烂；花翻丛荻，堆嫩雪而争荣。若夫严冬渐肃，坚冰已成。影窥八尺，花散六霙。岭放早梅之萼，林闻折竹之声。光署琼台玉宇，豁窗扇而花宫璀灿；辉凝琪树银花，聚圭璧而水殿晶莹。此皆萃四时之景物，悉供赏玩而娱情。于是歌类秦青，文侔枚乘。咸结幽思，遄飞逸兴。或值节会之招，或约友朋之定。聊携旨酒，闲步芳径。临流涤胸襟之烦，登高踞林泉之胜。绘风云于笔底，染豪则文藻增辉；奏宫商于树杪，振响则游鱼出听。已忘形骸之拘，惟恐瓶罍之罄。夕霞成绮，寄遥情于远山；晚烟入幕，留余韵于清磬。乃从而歌曰：溯灵泉兮溥博，采兰蕙兮流芳。别有天地兮世外，耽此风月兮难忘。造物无尽藏兮，用之不竭；供斯人之取携兮，乐而未央。渺渺兮予怀乐志，全形兮终吾身以徜徉。

〔据道光《续修易门县志》卷十二《艺文志上·杂著》第253页辑录。〕

大龙泉赋古赋不限韵

严 鉷

若夫泉之出也，始于阴崖，达于空谷。涓涓长流，不舍昏夙。或纪甘泉于西京，或酌廉泉于南服。或醴泉发于九成之宫，或温泉产于骊山之麓。要不择地而生，莫非造化所毓。

一日者，路出南郭，溯彼平川，行未十里，见松柏翳然，乃由径而徐入，睹清流之漪涟。因问于道旁垂白荷锄之叟，云："此洟之大龙泉也。"于是瞻眺徘徊，流连俯仰。地以僻而风生寒，林以密而天不敞。岭虽险兮无百盘，峰虽奇兮无万丈。因思《陋室铭》之言，曰山有仙则名，不在势之苍莽。爰立其前，默窃其下，洞壑幽深，渊泉清泻，既似露而如浆，可挈壶而酌斝。因知龙藏之在渊，非复龙斗之在野。原夫龙之为物也，奋跃海表，腾飞天隅。乘白云而游于霄汉，沛苍霖而惠及寰区。兹何为潜而勿用？兹何为辱在泥涂？余弗能解，谁知之乎？

有客从旁而言曰："龙之为功，出处无异。喷此清泠，实为美利。不竭不盈，极幽极秘。诚灌溉之攸资，亦醍醐之不啻。觉荣泉之无庸，更汤泉之可弃。是故邑之人士输将万贯，疏浚三沟，分支则能畅达，终岁未见断流。越市越城，至下江而始汇；沿村沿堡，筑长坝而时修。湛湛兮便闾阎之取汲，瀜瀜兮无泛滥之湛忧。"

余曰："信哉！恺泽覃敷，厥功如此，愿作歌以称其美。"乃歌曰："龙泉之水，其直如矢，润彼嘉禾，维秬维秠。龙泉之水，其急如驶，润彼嘉谷，维糜维芑。维秬维秠，维糜维芑，既丰且足，农夫之喜。"

〔据道光《续修易门县志》卷十二《艺文志上·杂著》第253页辑录。严鉷，桐乡人，云南试用县丞。〕

琅川山水赋

杨潮生

郡分威楚，邑附髳阳。近称财赋之域，昔号宝泉之乡。山宜鼎鼐，水煮琳琅。惟天地多毓秀于僻壤，故川岳每效灵于遐荒。一溪可渡，四望堪详。尔乃鳌峰东峙，文笔高悬。盔岗启簪缨之瑞，笔架耸翰墨之椽。中流资其砥柱，倒影现于平泉。玉城需以灌濯，金沙汇有渊源。考其行龙出震，结脉维离，卤源通乎星宿，宝应祖夫昆弥。圣泉涌而右拱华岫，宝泉清而左辅峰奇。梵阙琳宫，增流峙之辉灿；奇梅古柏，绘岸涧之丰姿。乃若天马奔而西朝，琅川沛而东注。极迴峦泻嶂之观，悉往过来续之数。物彩标胜于遐方，地灵纪隆于北顾。鱼池端拱，梅箐涟漪，魁阁与崇岗并矗，黉宫映泮水攸宜。署峨峨兮体制，民总总兮市衢。聚众山之环绕，狭一水以逶迤。当其春和景丽，冻解岚封，藻荇暗生乎方沼，桃李远映乎高峰。梵宇飞玉梅之屑，曲川露金柳之容。燕语山斋兮清音叠叠，莺啼水阁兮雅韵重重。游人喜芳草之翠，达士醉杏花之浓。及夫东风既过，夏日初长，登高逍遥于林樾，临渊澡浴于陂塘。或烹茗泽畔，或远眺斜阳。届天中而游观原泽，过星回而雨集川梁。于是秋逢龙诞，祀荐称先。诞登有倒屣之屐，扶醉若乘马之船。对南山而采篱菊，攀丹桂以作瀛仙。无何山高月小，水落石出，岭秀孤松，溪环修竹。看红叶之枫林，踏白雪之江曲。山泽既通，坎艮交复。緊仰止兮无穷，抑溯洄兮靡足。则见依山傍水，比屋连居，家邦豫泰，弦诵诗书。风化昌明兮邃谷，人民熙皞兮奥区。川流岳峙，秀毓灵储。倘有循吏问俗，太史采风，选商鼎以盐梅之望，举胶鬲于鱼盐之中。归美乎清河晏海，取神于降岳生嵩。敢摅坵垤行潦之腑，略表崔嵬灏瀚之雄。歌曰：

山可官兮山有名，水有龙兮水则灵。挹渊泉兮出不息，仰艮止兮象丰盈。裕国赋兮利民用，护以云兮绘以声。作襟带兮不遗于溪谷，愿万祀兮共乐夫平升。

〔据道光《定远县志》卷七《艺文志下·诗》第39页辑录。杨潮生，拔贡，大理教授。〕

兰津渡赋以铁絙连锁渡若飞云为韵

刘晋康

渡远长天，渡临深穴，渡口荒凉，渡头隔绝。通一缏以飞云，凿两山而锁雪。路记梅花铺后，津又逢兰；人来金齿城中，桥皆是铁。名传诸葛，事纪汉丞，功在南征，水滨是问。翩绝飞虹之驾，矫如控鲤之舆。亘连青山绿水，叱鼋鼍而驾木；指点碧云红树，教乌鹊以牵絙。

桥横远汉，渡入荒烟；涛平石起，岩断云连。楼台宛在水中，芙蓉面面；萧鼓自来江上，桃叶年年。比他杨柳津头，木板怯霜泥之滑；胜若芭蕉洞口，芒鞋愁石齿之穿。则见江北江南，山前山左，烟草迷离，石花碎琐。前塘杉木人家，则绿水斜通；古寺松萌山顶，则白云深锁。

看遍四围好景，横陈半幅丹青；归来十里平坡，遥见一村烟火。雨雨风风，朝朝暮暮，遵道而行，凭虚以步。天光云影，人到悬岩；猿啸鹃声，山迴古路。花桥何处过来，休唤迷津；蒲塞他乡到此，先宜问渡。客有选胜探奇，凭栏倚阁，携斗酒以遥经，洒云天而小酌。通大江之东去，慷慨尤多；话往事于南来，风流自若。

渡泸人杳，何时香草重寻；拔剑歌成，几度山花自落。别有长途寂寂，零雨霏霏，问征夫以前路，悲客子之无归。何来铁索桥边，绝巘都成孔道；盖自纶巾客后，南人始慑天威。壁前之兽铁依然，可作中流砥柱；滩底之龙泉欲活，便从此地高飞。

方今我国，澜安有象，泽被无垠。八蛮扬通道之体，梯山航海；重译切圣人之慕，就日瞻云。过斯云也，轮辕辐辏，车马缤纷，未尝不仰周道之如矢，而深会极于大君也。

〔据《永昌府文征·文录》卷十四《清五》第11页辑录。〕

澜沧江赋

以兰津南渡，蒲塞西连为韵。按杨升庵题《霁虹桥》诗云“兰津南渡哀牢国，蒲塞西连诸葛营”，此取为韵。

杨逢原

圣天子仁周荒服，道庆安澜。古滇居万里而遥，图开王会；金齿距六诏以极，路入江干。一水云奔，响山中之巨籁；两峰壁立，泻天上之惊湍。行当握手，河梁堤边折柳；会见关心，驿舍野外纫兰。

尔其岭入云霄，直压八千之险蜀；关蹲虎豹，横吞百二之强秦。悬岩削玉，骇浪翻银。到此题桥，尚想戍臣之香翰；从兹用武，还思丞相之纶巾。岂必画舫浮春，留览于青华之海；亦且星轺问渡，徘徊于黑水之津。

而或地深苍翠，天霭蔚蓝。石磴千盘，鸟道与蚕丛并列；铁绳一线，鼍梁同雍齿齐参。危壁自成天堑，层峦不散烟岚。岸上虹飞，遥仰宸题于极北；洲间鹭立，平分风景于江南。

则见凫雁下而水国寒，猿狖啼而江天暮。洪波东去，恍若九派之浔阳；银汉西流，那觅千年之铜柱？望渔家而傍水，叶落丹枫；登江阁而凌云，花垂红树。系朱丝兮缥缈异哉，御虚而行；拖白练兮纷披允矣，凭空以渡。

时则饮孔雀，浴鹧鸪。瘴雨蛮烟，洗尽当年之战垒；珠帘画栋，绘成此日之蓬壶。轰地鼓兮奔腾，兵疑草木；夺神工兮骇异，气满江湖。停桡而声流日夜，鼓枻而浪浸菰蒲。

是以境辟鸿蒙，云生叆叇。峰头古寺，传梵唱而鹭飞；嶂外平坡，闻征车而犬吠。此际涛分两岸，奇有可探；倘其人在中央，芳将焉采？寻遍翠岩丹壑，偶依舟子之庐；问来白酒乌鸡，暂访蒲人之寨。

况其边徼名区，景涵烟水；天涯羁客，迹涉云霓。海舍浮沉，挂风帆而远逝；蛟宫出没，凭月榭以招携。非同洱海之深潜，产多蠃蚌；不比昆池之浩瀚，石动鲸鲵。就中十二挂栏，触离尘于南北；望里四围苍霭，横咽水于东西。

爰为之歌曰：兰津水抱哀牢国，一过江濆思藐然。襟带遥分危石外，咽喉深锁戍楼边。羊肠逼仄疑无路，虹影参差别有天。巨镇由来资利济，三宣入贡道相连。

〔据《永昌府文征·文录》卷十四《清五》第13页辑录。〕

潞江桥赋以千年铁索利济行人为韵

盛　雯

桥临岩岫，铁锁云烟，石磐江底，索挂山前。江北江南，叠叠之峰峦何限；潞清潞浊，茫茫之波浪无边。登桥而天外昂头，不啻瀛洲十八；过渡则水中濯足，依然世界三千。

当夫斯桥之未设也，蛮烟透地，瘴雾迷天。或车骑而塞渡，或舟楫而沉渊。人来丞相，国中逢兹险阻；客出哀牢，境外到此留连。孰是惠人，利济几千亿众；何来善士，修垂数万余年。

乃有郡吏循良，乡绅明哲，见滚滚之澜翻，叹滔滔之隔绝。波涛急矣，既患水深；炎瘴毒哉，尤忧火热。又况崎岖鸟道，接岸相悬；云何浅落鱼梁，临江并设。爰输白镪，熔成百练（炼）之金；借转丹炉，铸就千条之铁。

逐一精工，再三斟酌，锁扣回文，环连贯索。感孕妇于沙壶，格冯夷与海若。凌空架木，应教九子以背横；涉险通岩，直遣五丁而力凿。果尔中流砥柱，石起蛟龙；居然上架舆梁，桥飞乌鹊。

阁出重霄，桥临无地，半借天工，全凭人事。汇道路于八千，壮山河于百二。丝丝入扣，虹腰则斜挂半湾；隐隐凌空，雁影则横成一字。任我车驰马骤，桥亦康庄；尽他暮去朝来，人皆爽利。

则见一带烟岚，四围雨霁，彩彻云间，宵行露际。鹤汀凫渚，遥穷泽潞之源；蟹屿螺洲，环列板桥之势。盼到西山爽气，望江口以速行；迎来南海慈光，镇渡头而普济。

于是征夫未问，客子无惊，一行周道，万里长城。缘何金齿城边，津连地设；却胜玉龙关外，桥是天生。橄榄芭蕉满道，香无路隔；柳湾蒲缥几村，隐与桥横。曾经东道风霜，鸡闻而起；待展北门锁钥，鱼贯而行。

渡斯桥也，驰驱驒骆，辐辏辕轮，人来北上，事忆南巡。远雉连肩而入贡，旅獒并迹以来宾。倘云小惠私恩，何远来而近悦；实是丰功伟烈，原事切而情真。夸胜地于九隆，波无泸夏；报福星于一路，脚有阳春。渡不涉堤，永化外夷归皇路；波无扬海，咸知中国有圣人。

〔据《永昌府文征·文录》卷十四《清五》第17页辑录。〕

沉木化为龙赋以九隆山头尚有遗迹为韵

顾文熙

永昌有易罗池者，龙居而求其偶。有妇人兮感其灵，产十子兮水之右。是盖变化无端，神奇独著。为草为木，任他浪逐影双；载浮载沉，不是运逢阳九。

方其为沉木时也，波心荡漾，水面玲珑，云从未许，月印常融。藏爪牙于石畔，隐鳞甲于泥中。泛到青芹，踪欣停于夕日；牵来碧藻，气宛接夫长虹。漫令响落丁丁，塘开一鉴；殊羡形涵峭峭，山耸九隆。

谁瞻龙首？孰识龙颜？深沉不测，一木平环。萍浮蓝而共叠，苔晕绿而未删。差同梭挂壁头，龙形顿缩；浑似剑装匣里，龙驾偏闲。木削无庸，好沛三春之雨；沉沦莫讶，时亲九曲之山。

然而灵难自秘，神恍与游，奇情暗触，胜迹频留。木方嗟其质异，龙忽化而势犹。宛转龙言度波间而可听，分明龙语出水上而相酬。叹前番沉在深渊，难探珠额；顾此日化从曲渚，独出波头。

用示真形，从昭殊状，尽彼戏游，凭兹盼望。羌相见之有情，喜别来之无恙。何须烧尾，任腾跃于池滨；不事点睛，尽飞扬于沼上。莫问升沉之事，正好夷犹；倘来伐木之人，不可且尚。

鼙鼓山前，头昂雨后，神见才经，祥征已久。信一木之能支，何九龙之惊走？仅留少子讶镇，日以常依，播作奇闻，传千秋而不朽。真个母兮，鸟语指背坐而名呼；旋看父也，龙腾作甘霖而泽有。

向使木恒盘曲，龙未游嬉，纵教蕴异，讵足呈奇？惟沉埋之不愿，实化感之相宜。假象以求，浑比更衣夫茅舍；凭虚而有，俨如投杖于葛陂。为思水国，前生泥涂久辱；回忆山林，瑰质包孕无遗。

迄今龙祀荒祠，木凋古宅，珠涌波明，塔横月白。水吟龙而苍凉；壁画龙而腾掷。人怀沙漠，步丘壑而徘徊；国想哀牢，行川原而搜索。剩有山头，木叶最动相思；那来水畔，龙孙空存遗迹。

〔据《永昌府文征·文录》卷十八《清九》第6页辑录。〕

民 国

澜沧江铁索桥赋以一卧沧江经岁晚为韵

吴嘉禄

众岭纠纷，大川涌溢，岸阔潮平，山深林密。人力可代天工，往事无难载笔。江南江北，工师之熔铸何奇；桥后桥前，行李之往来甚疾。度游人如鱼贯，居然天下无双；跨长链于龙宫，共说西南第一。

原夫澜沧江者，边地防维，古滇坎坷，属黑水之分流，控金昌而外堞。严一方之锁钥，壕堑崎岖；偕万里之金沙，波澜顿挫。曾记渡同泸水，谁驱流马而来；更非赋美阿房，那得霁虹之卧？

时则桥犹未设也，以彼远来南国，税驾他乡，欲入哀牢之境，难寻乘象之庄。迢遥金齿城中，云山万里；踯躅博南岭下，秋水一方。浮王瓜独木之船，虽武侯亦难飞渡；睹叠浪倾潮之水，岂孺子可咏浪沧？

于是官商意切，父老心降，鸠工炼铁，聚石为矼。好骋游人之路，何劳楚客之艭。凿一线以遥通，人来一一；跨两山而高插，索挂双双。排开雁齿之形，云连彼岸；划断虹腰之势，月涌长江。

客有过者则曰：此澜沧江铁索桥也。观其桥横岭畔，索挂山陉，江流鲛室，铁焕龙形。阁道悬空，跃足而烟痕漠漠；危栏削壁，昂头则山色青青。归来十里平坡，行骢暂驻；遥望一村烟火，旅店曾经。

若夫爽气生，长天霁，板留人迹之时，诗杂仙心之际。看长栏之影，欣逢渺尔凌虚；听流水之声，几叹如斯而逝。愿学右军题句，桥亦年年差同。乞巧逢仙，桥成岁岁。

迄今胜迹常留，遗基未远。渡号兰津，人来莎防。艳说金汤永固，桥既设而长存；欣观玉宇无尘，索有条而更稳。登斯桥者，靡不颂寰海之常清，喜遨游之未晚也。

〔据《永昌府文征·文录》卷二十三《民五》第23页辑录。〕

翠湖赋

陈荣昌

苴兰城堞之间，有翠湖焉，蛇岭枕其后，华山抱其前。地近市而能雅，人侪俗而欲仙。北地寒多，万象忽焉变态；南天暖甚，九龙各自安眠。我归乡里，五年于此，羌夺席而抗颜，匪沉渊而洗耳。出门一笑，揩倦眼以看花；竟日三餐，寄生涯而在水。初谓此间足乐，终岁皆春。下抱稚子，上慰衰亲。消寒则绿蕚为伴，避暑则白鸥结邻。莲华之寺里钟声，屡惊残梦；燕子之桥边柳影，好憩游人。有月色风色，有云光水光；有燕语莺语，有书香酒香。朝朝暮暮，洒洒洋洋。白社人来，尽入敲诗之座；紫衣客在，同归安砚之乡。今何风景依然，幽怀顿懒。登楼而愁听鼓鼙，隔水而厌闻箫管。将军谁是，苍茫细柳之营；举子空忙，寂寞皇华之馆。岂不以遥望长安，心悲骨酸？车上之铃声乍起，舟中之指血难乾。如此风波，孰挽滇池之倒；敢言地气，决无易水之寒。况复千古楸枰，几场傀儡。汉唐之日月都湮，蒙段之山川易改。料梁王之画舫曾来此游，问沐氏之名园而今安在？风刁刁兮雨萧萧，水滄滄兮烟飘飘。寄迹则浮萍一片，抽丝则乱絮千条。安所得红藕香中，涤尘襟之懊恼；碧漪亭畔，终身世以逍遥。

此赋辛丑年作时，两宫西幸，故举目有河山之感（自记）。

〔据陈荣昌著《虚斋文集》（云南丛书本）辑录。陈荣昌（1860—1935），字筱圃，号虚斋，又号铁人、桐村，晚号困叟，昆明人。清光绪癸未（1883 年）进士，改翰林院庶吉士，丙戌（1886 年）授编修。历任贵州学政、云南经正书院山长、云南高等学堂总教习兼总参议。1903 年赴日本考察学务，任云南留日学生总监、云南教育总会会长、资政院议员、山东提学政。清亡后，回滇隐居安宁，更名困叟，别号遁农，以卖字自给。著有《虚斋文集》《虚斋诗集》《桐村骈文》《滇诗拾遗》《剑南诗钞》《老易通》《改过编》《周训》等三十三种二百余卷。并广搜滇人遗稿残简，编成《滇诗拾遗》六卷，编纂《昆明县志》，会同赵藩先生广收历代滇省先贤著述，编辑《云南丛书》。年七十六卒，门人私谥曰文贞。此文作者借描绘翠湖小桥柳影、鸟语花香的清幽雅静，以辛丑年（1901 年）八国联军攻陷北京，慈禧、光绪仓皇逃往西安，举目有河山之感，抚今追昔，抒发感时伤世之情。〕

辨

明

山川辨

杨士云

按：点苍山，见于《唐史·南诏传》，又见于《元史·地理志》，无异名也。而传者或以为即灵鹫山，盖借称尔。灵鹫山在天竺国，即汉身毒国都，临恒河，一名伽毘黎河。灵鹫山，胡语“耆阇崛山”，山是青石头，似鹫鸟。余并见《通典》《通考》及范石湖《吴船录》。

按：《禹贡》曰“华阳黑水惟梁州”，《通典》以郦道元注《水经》，锐意寻讨，亦不能知黑水所经之处。《舆地志》以为至僰道，入江，其言与《禹贡》不同，“孔、郑通儒，莫知其所，或是年代久远，遂至堙涸，无以详焉”。蔡氏作《传》，引《地志》出犍为郡南广县汾关山，《水经》出张掖笲山，南至燉煌，过三危山，南流入于南海。

樊绰以西夷水南流，入于南海者有四，曰丽水，即古之黑水也。程氏以樊绰以丽水为黑水者，恐其狭小，不足为界。所称西洱河者，却与《汉志》楪榆泽相贯，广处可二十里，既足以界别二州，其流又正趋南海。绰及道元皆谓此泽以榆叶所积得名，则其水之黑，似榆叶积渍所成，尤为证验。

王景常《云南志》以蔡《传》以西洱河、叶榆泽为黑水。以今考之，雍梁之界皆曰黑水，则黑水当自雍之西北，以经于梁之东南，惟兰沧江为然。源出吐蕃嵯和哥，自西而南，至丽江兰州，入云龙怒人，南过永昌八十里，又南过楚雄、临安、车里、大甸、七十城门，入南海，岂即古之黑水欤？

周文安公《疑辩录》曰：《甘肃志》载甘州之西十里有黑河流入居延海，肃州之西北有黑水西流，荒远莫穷所之是其源，出雍州之西北，而流入梁之西南，其正西则盖流绕西极之外而无所据见，地之势西北最高，故能径西而西南也。《云南志》载金沙江出西蕃，流至缅甸，其广五里，而径趋南海。此得非黑水之源出张掖而流入南海者乎？樊绰以丽水为黑水，丽水出吐蕃犁牛石下，历鹤庆，至马湖，出叙州，入江。樊氏徒知金沙江为丽水，而不知云南金沙江有二，在缅甸者流而南，在丽江者流而北。丽水归东海，则非入南海矣。以丽水为黑水，非也。

程氏以西洱河与叶榆泽相贯，可二十里，既足以界别二州，其源又正趋南海，然西洱、叶榆皆出大理境内，而遂入南海。虽在梁州之西南徼外，而于所谓至三危界，别雍之西境者，果何所预哉！是以西洱河为黑水者，亦非也。

《地志》以黑水出南广汾关山。今南广水出叙州之西南夷地，其源流不过三百余里，至南广洞，则入岷江，于所谓至三危，入南海者，亦无所预。是以南广为黑水者，尤非也。

要之出张掖者为是。愚窃谓河之难穷者，源也。历代皆主张骞、薛元鼎之言，至都实而后定。黑水之难穷者，流也。历代言人人殊，安知异日不有如都实者乎？

西洱河，出罢谷山蒙茨和村，北流，入宁河，洱河源出此。

〔据《弘山先生文集》卷十一第24页辑录。本文题名“山川辨”，但从内容看，主要叙述“黑水”由来、流向等，可资黑水源流之考辨。《弘山先生文集》十二卷，系杨士云个人文集，李元阳参校，何文极编次。其中卷十一收录《太平桥记》《鹤庆府南供河记》《鹤庆府西龙潭水利碑记》《金沙江议》《山川辨》等文。〕

渡泸辩

杨　慎

孔明《出师表》“五月渡泸”，今以为泸州，非也。泸州，古之江阳，而泸水乃今之金沙江，即黑水也。其水色黑，故以泸名之耳。《沈黎古志》：孔明南征，由今黎州路黎州四百余里至两林蛮，自两林南瑟琶部三程至嶲州，十程至泸水，泸水四程至弄栋，即姚州也。今之金沙江，在滇蜀之交，一在武定府元江驿，一在姚安之左卻。据《沈黎志》孔明所渡，当是今之左卻也。瑟琶，一作虱琶。两林，今之邛部长官司也。

〔据杨慎撰《升庵集》（台湾商务印书馆1983年影印文渊阁《四库全书》本）卷七十七《渡泸辩》第775页辑录。另见清师范纂辑《滇系》十一之二《旅途系·水路》第11页。〕

清

江源合辨

高奣映

《书》曰岷山导江。泉流深远，导之为言，故知不自岷为源也，其泉之流自吐番，不亦深且远乎？《水经》曰岷山在氐道县，大江之所出，误也。郦道元又本《益州记》谓江源自羊膊岭，缘岩散漫而出。深且远之义，未之或思耳。《释名》曰江者，共也。固大小流之所公共也。缘岩散漫，不能远也。夫何公共小大之有哉！况缘岩散漫之水，能为四渎之首乎？《广雅》曰江者，贡也。贡者，所以通远方殊物也。水迳西南彝有所自来矣。《遐裔记》曰共龙川者，金沙之乳注焉。明诸先正皆言江源发始于其间，有犁牛石焉，水环犁石而下也。沿江浮沙，悉灿金色，自此，江遂以金沙得名。今考犁石之上则阳钞地，少西入煮逋地，皆为乌斯藏境。迂回二十八日，才至犁石耳。

江源盖发始于崑崙之西，前人有言，益足征矣。自犁石亘东南行七日，绕老君山，如帆随湘转，望衡九面类欤？而后导巴塘，围赵可，从蒲字力而降剌普，出石鼓，皆丽江之巨津、宝山二州地。又西自西沧浪，少北过北沧浪，皆丽江府之江内外地也。而后直南行，则绕雪山西趾，纡折而东，受丽江、鹤庆、漾共江诸水也。乃北转大巨，再北度俸可，始入永宁府界。环革泥、八剎，计七日，再北降入胜州界，则受桑园、龙潭、程海诸水也。程海不通江，乃阴泄乎江中。昔曾有以浮粃验之者，经宿则出于江矣。江又自北胜东经姚安之大姚县地，则白马、拉古、者车、矣资、云龙皆江之所经也。江外上接北胜，中通吐番，下与蜀之盐井、会川等卫联界，惟限此江而已。江又西向行七十里，乃受蜻蛉、弄栋、龙蛟、苴却诸水焉，而向南下，为白马渡，则武定之元谋界也。

由此而水面渐阔，水势益汹，复环而平行粲剌，又少东行，则武曲革、直勒侧、卓剌、除鲁等五处，则皆元谋之环州及会理州地，北则受楚雄、定远、黑琅井所浍而来之水也。江多鸡心石，若堆若累，满于江中。冯再来知楚者也，乃谬谓江经楚雄、定远，方受龙川之水，孰其信哉？

江自累石而东下，历踏照、乱得，则谓、头峡，历剌鲊，奔粉壁，其滩甚驶，皆东川地。滇水西而倒行螳螂川，经罗次、富民，出只旧、你革、达吉、普渡河、安革、法于，至土色而入江焉，即寻甸州之牛栏江。谷壁川、齿化溪亦经东川而过乌蒙府入江焉。冯再来谬谓"滇水合元谋之西溪"，又谁信之？而东川中间，则有圭宁、抄答甸、沙吉、撒摩村等地，岸多蛮尖石，其坚可以冶铁，间有合石卷若桥衡者，水多从石罅中流出。江又迳阿纳木，东游济虑，即前所谓受寻甸诸水，过乌蒙而入江之枝口也。溯东川之小江猫至阔州，则有阿补溪滩，水至险也。自此滩而下，至乌芒，则有虎跳大滩，其山如峡，而水多洑洄，古所谓"江从西戎万山来至嘉州"者，即今蜀之马湖府，固亦在嘉州之内矣。

嘉靖初年，巡抚都御史黄衷踵正统间靖远伯王骥之说，复议开江，继则巡抚汪文盛委官踏勘矣，巡按毛凤韶详考之矣。弘治、正德间，马湖之安监生曾放杉木矣，嘉靖十七年，王万安者又放杉板矣，皆言下水七昼夜，可达马湖府。甚至隆庆初，巡抚陈大宾又曾具疏题请举行矣，天启间，按察使庄祖诰又再详言矣。其东川、乌蒙，凡江之所介，或险或夷，断非臆说也。马湖东南，受尼溪、大汝、小汝诸水而东行，则至于叙州府。冯再来又谓至叙州而合于大江，皆泥于旧说，无实历之据已耳！不知此合之大江，又从何处发源？夫水源则取乎远，无远过于金沙江者矣。谓金沙江至叙州府而既与大江合，则大江源实在何地耶？岷则近矣，不可谓之江源。况滇高于蜀，人皆知之；水无有不下，人亦皆知之。如郦《注》所谓文井江东至武阳县天社山入江，而谓其一水迳越嶲、邛都东南，至云南郡之蜻蛉县，何啻谈原畴而说在楼台之上？诚哉！载鬼一车矣。

岷迤南则沫水、大渡水、青衣水，冲天彭阙而东下于江，水以积而渐大，固可信也。昔人喻黄河为大肠，江为小肠，未有大肠来自星宿海，而小肠又别征源于他出者。因仅穷江源至犁牛石，不察犁牛石前，尚多原委，则转不信江源实亦自星宿海发源耳！夫"信《书》则不如无《书》"矣，观止矣！

江自是纳嘉陵、泸、锦、内、资诸水至重庆府北，又合湔、沱、白、若、宕渠，巴、汉、涪、彭诸水，而注夔门滟滪焉。自峡而西，凡受大水八，出峡而下岳阳，悉会洞庭南北诸水矣。自鄂渚而下，过巴河、九江、彭蠡、鄱湖，凡受大水者五，则会皖、淮诸水而入海也。江之所谓"公共"者，其下流不更广且大乎？则不可泥江之大者，而别疑其有源也，明矣！

若夫所谓"华阳黑水惟梁州"者，华在山阳之西，而黑水在梁之南也。盖合一州而两头言之，以极州之所广耳。程子《读书录》指为洱水，《杨氏外训》曰澜沧东来而漾水、濞水灌焉，均入于黑水者也。《通志》曰：洱水自西，与澜沧水合。今考洱水出合江铺，入澜沧江，其水背负蒙化府而东合鸡皮江，自景东至镇沅，而入元江之枕龙江焉，会交趾之富良江，入于南海，则洱水不应与江合，固凿凿为有据者也。

《水经》又曰淹水出越嶲遂久县徼外，东南至蜻蛉县，东过姑復县，入若水，而益州之叶榆水，出其县北界。叶榆，今大理府也。蜻蛉，今大姚县也。未有越嶲来迳大姚之水，亦未有蜻蛉反上大理之水。郦《注》引鸟吊山为证，今在邓川、浪穹间，姚距大理为下，夫岂有激使过颡而逆行六日之遥，反上而与榆水合者哉？盖叶榆水自罢谷山浍诸水而积于十九峰下，则可信耳。

程石门据李元阳之说，乃谓梁州者，澜沧江也，以澜沧即指为北胜州。呜乎！读书不至淹该，几将古人苦心扑灭。夫李中溪所谓黑水为梁州者，自永昌而下之澜沧江也。北胜州之名澜沧者，以其地接丽江之北澜沧，而北胜多北澜沧之人，而繁其种族，故因人以称北胜焉。北胜与澜沧相隔甚远，乌能自误以误人哉？

又，蜀建兴三年，置濮水郡。水南迳永昌郡之邪龙县，与贪水合，上承蜻蛉水，而迳叶榆县，濮水自永昌而入叶榆，是矣。上承蜻蛉，今蜻蛉在叶榆下，何可谓上承？不又谬乎？

又，永昌之西为腾越州，潞江迳焉。自顺宁、云州而入元江界，亦与枕龙江合出交趾，而归南海。以是证之，则永昌、大理诸水，皆无有入江者。指西洱为黑水，盖所谓历经三危，循班超城，然后下灵鹫之麓，汇为巨泽。其即非洱水乎？今丽江为古三危地。考澜沧江与潞江，皆自老君山左脉发源。金沙江绕老君山而东行，其源去澜、潞两江甚远，虽下迳之地颇相近，其流则各异，非有实据，宁足以知之？故曰禹导黑水入于南海，诚有据而足信哉！不合而辨之河①，以悉其然？

按：《禹贡》导江导漾文，与河淮不无小异。然《疏》曰就其施功处言，则不必曲为之解矣。博望凿空星宿海之说，议者又纷如聚讼。迨折衷于火敦脑儿，则疑团释而群喙始息。江则滥觞之说，不足以关议者之口。考源之作，徐弘祖已肇其先，雪君非创论也，其推波助澜，又好排击旧说，未免有失当处。但所引以征者，不无可据，存之以备考核。②

〔据道光《大姚县志》卷十四《艺文志上》第58页辑录。另见民国《姚安县志》卷六十一《金石志之六附文征一·考订之文》。〕

民国

泸水辨

赵桂藻

天下事，有辨之不待辨者，如日月之经天，江河之行地是也；有辨之宜早辨者，如亥豕之错讹，鲁鱼之混淆是也。吾读西汉史，载诸葛武侯南征，五月渡泸，深入不毛。言武侯出师讨贼，不避艰险，当仲夏之际，虽地属不毛亦深入焉。窃不解当时作史者，于所渡之时、所入之地则详哉言之，而未明言泸水之居何方属何地，岂其知识有限，不

① 河　民国《姚安县志》作“何”。

② “按”至“考核”一段文字，民国《姚安县志》作“按：江源考辨，昔人论著甚富，而考证详确，辩论明晰，无出此文。且其时地理学尚少专著，今一一按之科学，均多吻合。足征先生学识淹贯。”

敢轻下断辞耶？抑岂史有阙文，用以待后儒之考证耶？乃后之注家谓：泸水又名若水，出蜀旄牛徼外。今嶲州自泸津关，三四月经之多死。渡泸，言其艰也。不毛，谓不生草木之地，指南中诸郡而言也。是其胶执己见，自以为确有实据。谁能辞而辟之？不知四川之泸津，关隘不甚险阻。冬春两季，水势平浅，往来行旅，可褰裳而涉。特夏秋之交，淫雨滂沱，河水澎涨，亦无洪涛巨浸一泻千里之壮观。《诗》曰“谁谓河广，一苇杭之”，四川之泸津是也。指为诸葛所渡之泸水，岂不谬哉！

考泸水源出吐蕃，流入南海，即今潞江，一名怒江。《水经注》云漏江，新都杨慎亦主此说。其水流入怒夷界，为怒江；入云南大塘隘，名潞江。英语作萨尔温江，犹之厄勒瓦谛，即大金沙江也。虽小于大金沙，然奔腾澎湃，黝然深碧，介居泸、永之间，水十倍于澜沧。《志》曰泸水之险不可徒涉，西洱河之险不可方舟。极边有此，固天所以限夷夏也。况其地多瘴，其民则夷。长江汹涌，足以依负。而夷寇据之，则水土与之相习，暑湿可以无虞。吾之征旅至此，犹鱼之投于罟镬，兽之入于陷阱也。不知武侯当日乘风破浪，履险如夷，此岂有奇谋异术鬼神莫测哉？亦天使之然也。一孔之儒，斤斤焉以泸水为泸津，非惟不可以言地利，并不可以言天时。以地利言之，泸水之旁多悬崖峭壁。试问四川之泸津，有如此之险峻乎？以天时言之，泸水之中，多蛮烟瘴雨，观四川之泸津有如此之瘴疠乎？又有哑泉、柔泉、黑泉、灭泉，军士饮之，多不能言动，且十饮九死，惟万安溪、安乐泉可以解四水之毒。今考四水二溪，即在三江口孟节寺前后左右。他如孟获山天然耸峙，诸葛碑字迹模糊，伏波庙屹立道旁，遗迹斑斑可考。此不仅得之耳闻，实征之目见者也。又况柳湾之盘蛇谷，即当日火烧藤甲军处；永昌之诸葛营，即当日屯兵积粮之所。若夫诸葛铜鼓与马伏波之铜柱并传，武侯祠堂与岳武穆之祠庙并重，又何论榆关之天生桥、漾濞之金牛屯为七擒孟获之实据。乡父老啧啧称道弗置哉！兴言及此，而以泸津为泸水者，自可悟言论之荒唐矣！

大抵古今时势不同，文字之形体各异。上古黄帝时，左史仓颉观兽蹄鸟迹，依类象形而制字。字有六义：一曰象形，二曰指事，三曰会意，四曰谐声，五曰转注，六曰假借。大率泸者，潞之误。泸与潞，声音既未尽谐，形体尤劳想像，律以指事、会意、转注、假借之义，不无毫厘之差，千里之谬。孔子曰君子于其所不知，盖阙如也。孟子曰尽信《书》，则不如无《书》。吾意史家者流，盱衡斗室，立说著书，足未履泸水之区域，目未睹泸水之波涛，而惟凭区区管见，操纵自如，又乌知阙疑阙殆，必自信而后可共信哉？向使泸水果属泸津，则附近蜀都相去不远。且汉家奄有西蜀，何以不曰“西征”，而曰“南征”？既曰“南征”，则非西蜀地可知。则泸水果属龙陵所辖也，非四川之泸津又可知。厥后南蛮既平，而益州、永昌、牂牁、越嶲四郡俱平，如吕凯、王伉等皆用之为亭侯、为酋长，图画山水而建封之，凡九十余部。孟获不言乎“丞相天威，南人不复反矣”？由此可悟泸津之说全非，而潞江、怒江、漏江之称名不一，亦涣然冰释矣。嗟嗟！武侯往矣。而所行之事、所履之地不与之俱往者，恃有旂常纪绩竹帛铭勋也。

藻生于斯，长于斯，游览于斯。窃恐代远年湮，以传闻之失实，等文献之无征，势必如紫之夺朱，莠之害苗，郑声之乱雅乐。用是驳而正之，斯亦古今得失之林、山川真伪之考也。尚论武侯遗迹者不可以不辨。

〔据《永昌府文征·文录》卷二十一《民三》第 23 页辑录。〕

文

明

祷雨文

杨士云

呜呼！民之所赖者食，食之所赖者稼，稼之所赖者雨，雨之所赖者神也。今夏既至矣，弥旬越月，犹不雨也。不雨，其何以稼，又将何以食而生也。是民之忧，亦神之忧也。惟神为里之社、乡之祠，齐民所依，国典所秩，水旱灾荒之所仰庇，是宜民之亟请，而不以为渎也。盖阖辟阴阳，号召风云，神之为也；而转灾为福，神之能也。是宜神之急，从不虚民之请也。苟或以民之多罪，神之降灾，然殃者宜殃，雨者宜雨，神之赏罚，必不相悖也。矧嗷嗷万众，耄倪相持，夙夜相望，亦神之所恤也。且省愆悔过，洗心涤念，抑神之所许也。神其听之，大赐甘液，沛洒淋漓，以慰民之愿也。民亦敢不德也，敢不报也。谨告。

〔据《弘山先生文集》卷十二第 13 页辑录。〕

告海口龙王祠文

顾应祥

维滇有池，西南巨泽。灌溉群生，一方利益。诸水所归，广大莫测。末流如线，难通易塞。加以霈雨，洪波泛溢。四三年间，陇亩尽没。极望弥漫，龙蛇所窟。吁天无从，民艰粒食。佥曰旧典，匪浚弗克。谋及人民，谋及夷僰。各献其能，限以丈尺。万夫荷锸，诸司效职。疏厥淤沙，还其故迹。复开子河，以防冲突。自冬徂春，厥工始毕。游波滔滔，原田渐出。是皆神相，匪我人力。日吉辰良，洁此醴特。敬报于神，神其来格。尚祈默佑，永保无极。

〔据万历《云南通志》卷十五《艺文志·文类》第 1415 页辑录。顾应祥，字维贤，浙江长兴人。明弘治乙丑（1505 年）科进士，明嘉靖间两任云南巡抚，首尾六年。高明宽大，不事苛察，文章行谊，为时所推，滇人祀之。此文题名，天启《滇志》卷二十五《艺文志第十一之八·文类》同，道光《昆阳州志》卷十六《艺文志·杂体文·祭文》作“祭海口神文”。道光《云南通志稿》卷五十二《建置志七之一·水利一·云南府》亦录，文字有异，可参。〕

重建龙江桥祭文

潘 润

窃闻山者，水之源；江者，水之府。济人利物，其功固大，而泛涨为暴，间亦有之。故徒杠舆梁，已兆于古；舢舻艘舰，溥济于今。维兹龙川江，发源于峨昌远地，演派于阿幸、明光及曲石，江左之上合顺江、瓦甸之流。揆其始，惟滥觞之微；计其终，乃浸漫之甚。搏击势狷，艟船俨如一叶；怀襄祸蔓，藤桥宛若累卵。人马坠溺无间岁。时润官此方，目击民患，遂据父老之请，因醵众善之金，随其所欲，不强以难。于是伐木于林，采石于山，熔铁于冶，取灰于场。戒百工以惟谨，严百度以惟精。爰建斯桥，以代艟船、吊桥之险。率作兴事，神其祐之。冀告成之惟速，保利涉于无穷。实腾民之幸，润等之幸也。

〔据乾隆《腾越州志》卷十三《记载下·文记》第1页辑录。潘润，字时雨，建平人，进士。明嘉靖间任金腾兵备道，勤恤民隐，颇有政声，旧志列循吏。腾越龙江西峰有龙川桥，江上旧编藤铺板，名曰藤桥，明弘治中始缆铁为桥，明嘉靖中潘润复修之，为往来要道。另见《永昌府文征》卷六《明五》，题作“重修龙江桥祭文”。〕

祈晴告城隍文

陈应春

惟兹大理，土瘠民贫，一年大计，半资二麦。顷者阴雨为沴，下民其咨，麦初实而病于湿，苗方稚而苦于寒。秕政干和，敢弗自省。惟神赦吏之罪，悯民之艰，扫积阴之沉滞，开丽象之清明。俾稚者以长，实者以成，将与疲残苍生，共载生成之恩。凡兹文武职官，并虔斋祷之，愿敬披诚悃，敢冒明威，惟皇神其鉴之。

〔据万历《云南通志》卷十五《艺文志十之二·文类》第1417页辑录。陈应春，字汝和，福建长乐县人，进士。〕

清

祈雨文

罗 纶

伏以幽宗雩宗，祈年必先祈泽；雨金雨粟，嘉德诞告嘉符。自纶待罪是邑，迄今屡年。以往秉遗穗，滞一方，叶丰稔之占。雨顺风和，四时慰云霓之愿，皆赖天地大德，并忘高厚洪恩。兹以人事愆尤，自相感召，因之上帝厌恶，有戾生成，遂至盛夏届期，苦遭阳侯为患。黑螟鲜跃，黎民靡遗。朱鳖不浮，赤土如炽。纵有片云乍起，仅催俗吏新诗。即或时雨微苏，又阻妖虹幻影。睹山川之涤涤穷檐，夜叹羵羊；同燎火之炎炎旷野，晨吹泽雁。恐东作有失，则西成何期，苟民无天资，以国本奚赖。顾纶愚不德，惭比郑洪之出守，膏雨随车；即民罪无知，难显李靖之代行，仙瓶滴露。只得妄率众姓，迫迫祈祷；惟有共泽一诚，哀哀控告。敦恳上苍仁爱，垂悯下土生灵。伏念片云速来，远冥早降，睹商羊而起舞；瑞映星鞍，挟石燕以齐飞，泽深齐闵之黎潦。兴哉永闻，得免旱魃之灾，会逢霡霂，兴歌室象，获曾孙之福。

〔据康熙《元谋县志》卷四《艺文志一·告神文》第7页辑录。罗纶，清康熙二十四年（1685年）任元谋知县，甫至，会邑大旱，公率众姓祈祷七日，祝毕雨至，乃为此文。〕

祈雨文

王清贤

窃惟代天泽物者，神也；代君子民者，吏也。故雨旸时若，神之功也，民之福也。不违农时，吏之职也，民之幸也。幽明虽殊，神代天以泽物，吏代君以子民，其理一也。若纵旱魃以为殃也，肆暴虐而罔恤也，则神为不灵也，吏为尸位也，胥有愧也。

藐兹武郡，田畴未广也，父老子弟寥寥也。时当仲夏，正有事于南亩也，胼手胝足，望秋成也。胡为乎杲日也，皎月也，万里晴空也？今虽田尚未龟圻也，民尚未鸠形也，然而十日不雨，沃壤成石田也；五日不雨，稻秧且索绹也。饔飧何望也？赋役何出也？神独默默也，吏甚惶惶也，用是洁兹香楮也。率僚属绅耆，祭而言也，讼不停也，刑不减也，税敛不薄也，诛求无厌也，贿赂公行也，吏之过也。神宜科也，宁及吏之身也，勿虐吏之民也。若夫泉枯也，川竭也，骄阳肆虐也，密云不雨也，农嗟于野也，妇叹于室也。绝吾民之粒也，神之愆也，是虚吾民之祀典也，愧庙貌之辉煌也，吏亦得以明目张胆而相告也。今且月离于毕也，雨滂沱之时也。

《洪范·五行》：一曰水也，征曰貌，貌作恭，恭作肃，肃时雨若也。吏肃而告神也，神当肃而吁于帝也。不必雨金雨玉也，惟冀阴雨膏之也。淫不破块也，使吾民饮天和而饫地德也。涂歌巷舞也，行将黍稷牺牲，用崇报典也。

〔据康熙《武定府志》卷五《艺文志下·文》第287页辑录。〕

祀桥神文

王清贤

惟神功存利涉德并周行，持王道权衡，跻四方于坦平之域，作狂澜砥柱，拯斯民于不溺之天。念武郡虽六诏偏隅，而乃北通巴蜀，若福田则二州要道，而更东接寻阳，映带城垣。既属金汤首重，萦环狮岭，且为文脉攸关，虽曰一泓，有功百雉。

昔明季之君子，爰成志于济川，慨迩来之数年，竟罹灾于摧折。翳岂神之矢驭，要由制之未良，致使波得逞其威，以故石莫撄其怒。多年倾圮，亦河伯之未安；逐岁沉流，岂守令所忍见？

贤方初莅，慨然思复前功。幸于昨秋始获克兴盛举，余用首捐微禄，众亦继相乐施，复审度乎注水之形，遂改修于旧址之上。模虽由旧，功实维新，以创为承，合众成美。

爰鸠工于丙寅之秋月，今告成于丁卯之春明。甫竟人工，是依神力。虽方今圣人在御，凡尔波臣，谅自效安澜之职，复何惊撼之我虞？而惟是水性无常，苟非神咒默导其顺适之机，其孰利赖之永庆？

伏愿津梁百代，康庄万年。词客相过，获遂题桥之愿；途人履坦，永无病涉之忧。水纡徐而下，双龙深锁，彩虹飞剑，气流清澄而回。五凤漾成，玉案见文章，孰非斯桥之功，则孰非吾神之庇也哉！

〔据康熙《武定府志》卷五《艺文志下·文》第288页辑录。〕

祭 文

七局村

致祭于敕封九头金盖如意大自在龙王前曰：

惟神德备造化，通发泉卤之奇。功载朝廷，恒足饷需之计。浚美利于不言，衍资生于日用。井灶流膏，商民永赖。今兹。

伏 井

致祭于敕封灵液裕国龙王前曰：

惟神玄黄秉质，川岳储精。衍脉咸池，懋源兹土。淋膏玉壁，浚卤烟溪。调五味之均和，财源攸赖。资万民之日用，国计斯丰。今兹。

大 井

敕封大井汩宝卤脉龙前曰：

惟神二气储精，百灵效职。涌山下之咸泉，浚不言之美利。环昼夜以不息，代耕织以资生。今兹仲春秋。

东 井

敕封东井涌卤惠民龙王前曰：

惟神职效黄舆，灵孚造化。独取精于震烝，久浚卤于坤维。调味资生，媲美兼山之液；便商裕国，利通淮海之源。今兹。

山川社稷风云雷雨之神

惟神禀二气良能，会三才大化。行施互用，动散相资。镇侔五岳之尊，流汇九河之派。万物资生，蒸民乃粒。兹当仲，某用伸告祭。

东山箐殊夷龙王

惟神功施莫测，变化无方。储玉壁之精灵，兴云出雨；佐宝泉之溥博，润下安澜。

灶沾煮海之仁，民资日用之利。兹当仲，某用伸告祭。

菖蒲潭龙王

致祭于本井菖蒲潭龙王之神前曰：

惟龙渊源溪涧，表里盐泉。灵钟大井，有裨军国之储需；泽被多方，肇启士民之衣食。祷祈必应，晴雨不潜。夙蒙惠恺之施，敢忘崇报之典？今当仲，某用伸荐献。尚飨。

〔据康熙《黑盐井志》卷六《艺文上》第 2－44 页辑录。〕

呈贡县申详分水文

刘世熼

呈贡县有黄、黑、白三龙潭之水，发源后汇为一小河，非洋洋巨津也。西流数里，分为东、西、中三河，名为河，实沟渠耳。东河之水，龙街、石碑、可乐、乌龙等村用之；中河之水，江尾、上古城、下古城、石坝等村用之；西河之水，县前、梅子、斗南等村用之。又分一股入城内，出西门，灌溉城西之彩龙、炼朋、大溪波等村，尚有本县之王家营、狗街子、小古城、麻阿等村，同在城内之西北，余波弗及，只缘一车之水，不可能救济无边之田耳。今连桂等所控者西河之水也，三十年间，昆明曾有徐汝恩者偷挖一番，前任鲁知县率众填平，形迹尚在，非历来之古迹也。今复以疏通水道上控宪台，蒙批到县。卑职亲临其地，逐村验看，远近高卑之不等，水利固自难周。彼所谓无用之水，流入大海者，沍寒之日也。岂惟此水处处归海矣，时当灌溉，一滴亦为有用，何能有余？借词三冬余剩，而意实不在冬，得陇而蜀亦可望，原为春夏起谋，而如簧之巧言所自出也。

呈贡之民，视水为性命，一滴水不啻一粒珠，岂甘被人分去？若一设葛藤彼此相争，将来之大案随之矣。恳乞宪台俯赐踏勘，观其水之大小，可以足昆明数十村之用否？况各县有各县之界址，各村有各村之水分。据称曾分宝象三分之水，为泥沙阻断，日久无人开挖。不疏通本境之旧渠，而乃肆为欺罔，妄冀邻封之微利，贪心无厌，刁风渐不可长。仰乞宪台一笔定如山之案，而奸宄觊觎之心消矣。蒙批：呈贡灌溉不足，岂可复启争端，如议销案缴，勒石以垂永久。

〔据雍正《呈贡县志》卷三《艺文志》第 38 页辑录。刘世熼，河南新蔡人，清康熙己未（1679 年）进士，四十一年（1702 年）任呈贡知县，赋性耿介，洁己爱民，慨然以兴利除害为己责，任满擢户部江南主事，方治装就道而积劳成病，竟卒于署。临终犹谆谆以民事为念产，无一言及家务，民相传为城隍。〕

祈雨告文

刘世熼

窃惟六事省躬在盛世，不能无眚八蜡顺序，惟神圣乃能有灵，敬焚一缕心香请命。

兹者亢阳肆虐，骄旭逞威，自去秋以至今时，不雨十月。由立夏以交夏至，愁肠九回，总缘人事之不修，酿成神天之怨恫。未栽者搔首于绿野，已种者吞声于赤炬，眺山上之金蛇何时布影，望台边之玉女甚日披衣。某等身居民上，痛切怀中，惭善政之无闻，未获蠲烦除热。值上天之示儆，敢不洗髓涤肠？用是斋戒告虔，惟冀神明垂鉴。伏愿油然作云，须臾慰三农之望；沛然下雨，俄顷回九有之春。

〔据雍正《呈贡县志》卷三《艺文志》第43页辑录。〕

告山川文

刘世熀

维年月日，某谨以元酒清茗，敢告于山川丘陵，能出云为风雨者，岁时祀之，典昭然也。

今呈贡归化，十月不雨，水涸而坼龟，草木胥焦，汲艰而泉竭，神知之否？一苗未插，一种未下，室家嗟叹，道路愁苦，神知之否？凡人疾苦，不呼天而呼父母者，为天远而父母近也。今境内山川乃近，而最关切于民者也，山则梁王兆雨，水则龙潭十六，其受乡民之祷祀多年矣。旱魃如此，不出一云为风雨，以杀其虐，恐父老之责望不独在今也。惟神有灵，幸将民隐备述上闻，大赐甘霖，以慰士民之心，则竭诚乃以靖位，固具官职分宜，然而福国兼之，佑民允神灵赫濯所在，不惟呈贡归化境内万姓载泽无疆，即某亦叨神惠于不浅矣。

〔据雍正《呈贡县志》卷三《艺文志》第43页辑录。〕

太华山龙王庙祈雨题匾

朱若功

辛丑五月不雨者四十余日，秧苗半槁，不获播种，远近皇皇。上宪焦劳甚，遍处祈求。时予徬徨无措，闻太华之巅有龙窟，夙著灵异。爰请上宪与孝廉赵君元祚、许君世正暨诸生张士捷数辈，曝行烈日中，直探其穴。大不盈尺，石底有水，后傍岩，前临海，龙之爪痕，宛然石隙中。予疑其有神，叩头者三，默祝。未已，云从头上起，不移时而弥布昆华之间，行不一里，雨随至，同行者尽湿。是夕，燎衣太华寺中，始闻雷。岁之得雨自此始，予与诸君乃恍然于山泽之灵，而感应为不爽也。窃惟雨旸时若，百谷用成，自是圣天子盛德所致，而霖雨苍生，百神效灵，亦各上宪一诚之所感也。不可以没，因表之以示不忘。

〔据雍正《呈贡县志》卷三《艺文志》第44页辑录。

祭落水洞文

朱若功

维皇清雍正二年，岁在甲辰，九月甲戌既望，越祭日戊午，云南等处承宣布政使司云南府呈贡县知县朱若功谨以刚鬣柔毛醴粢庶品，致祭于本境山川之灵，曰：维天职覆，维地职载，惟山川岳渎承天地之气机，磅礴流通以生养万物，功莫大焉。在昔洪荒之世，混沌初开，故尧有九年之水，维禹治之民以粒食。

云南地属梁州，岷山导江，亦应为禹迹所到，夫何山水之性不同，竟有行于地下而通塞无常。如本境地方者，查广南卫一区，岁纳麦粮一石一斗九升六合，条丁七钱六分四厘九毫。向来土力甚肥，居民争先树蓺豆麦等物，并无菑害，不谓忽尔壅塞，水道不通，竟成堰塘，以有用之土地为无益之空池，国赋无从出办，民业委之积水。

功目睹情形，不禁惨伤。窃惟功任斯土，则凡民间利病及年岁丰歉，与夫社稷山川百神之祀，俱于功是寄。一夫不获，时予之辜。何忍令此一方民有种无收，国赋难完，为天地间极若穷民，是则功有不能保障斯民之罪，不容一日立于民上者也。然力所能为者在功，而力之所不能为者在神。惟神垂念斯民之苦，鉴功之愚，因天地之利神疏瀹之功，立赐发泄，以甦民困，使功得安其身于民庶之上，是神之赐福于民，即其赐福于功者也，其明德不在神禹下矣。功亦惟是藉手神力，以弘覆载生成之德，以慰蒸民粒食之望，俾年谷顺成，虔奉祭祀，以答神功，岂不休哉？苟其利不能兴，害不能除，刑赏失宜，民气郁塞，是水道之壅滞，其感召又在功也。敢不痛自刻责，以靦然于民，上以为神羞。今与神明约民情之通塞，功任之山水之通塞，神任之救灾如拯溺，不容须臾待矣，伏惟神鉴，有求即应。谨告。

〔据雍正《呈贡县志》卷三《艺文志》第45页辑录。〕

祷雨告城隍文

周 钺

时值东作，雨泽愆期。前者设坛，祈祷呼吁于神。至三日，灵雨既降。当兹夏仲，意必恩膏叠沛，以济农功。乃半月以来，仍然干旱。伏稽节令，芒种已逾，秧苗焦熯，不能栽插，甿人惶惧，遍野号呼。虽连日云行雷动，霡霂沾洒，而未即滂沱。用是重设灵坛，载行步祷，尊神式凭。于此斯民愁苦之声彻于神听，伏望上达穹苍，甘霖早沛。倘以此州人心乖戾，罔知四维，应降灾眚。钺虽莅官未久，而既膺朝命，不能化导愚顽，愿身受其咎。

〔据雍正《宾川州志》卷十二《艺文志》第31页辑录。〕

祷雨告城隍文

周 钺

钺履任以来，无日不以民瘼为念。若天时之旱干水溢，为斯民休戚所关最大，尊神式凭，于此与司牧者分忧，亦职之所宜。是以去岁亢旱，屡祷于神，荷神之佑，幸获有秋，铭功佩德，未敢或忘。今州属疆亩，龙水灌溉所及俱已栽插，而雷鸣田地待泽甚殷。时已夏半，虽或沾洒微雨，而未见滂沱，无济农功，甿人惶惧，遍野其咨。用是择于本月望日为始，设坛于龙王庙，步祷三日。为此合牒尊神，转达境内山川龙王之神，迅展灵威，立沛甘霖，以救枯槁。俾高低肥瘠，均得及时栽插，则将来秋获丰登，皆出尊神所赐矣。

〔据雍正《宾川州志》卷十二《艺文志》第31页辑录。〕

祭赤龙溪文

周 钺

水不在深，有龙则灵。斯言也，吾尝诵之云尔，今观于黑树龙潭而益信。潭分上中下三溪，又名赤龙溪，盖赤龙之所蟠潜也。在平畴断岸之间，左右无高山大川为之发源，回洑又非巨浸可以渟滀漫演，其实潢污积潦，荇藻填淤已耳。而每至农时，资其灌溉者二十村，非有神物隐伏焉以惠我农人，何能然哉？田畯祭之必虔有以夫！余领是州，于兹三播谷矣。前两年春来祭，获征其异，其水从底出，累累如贯珠，去其繄莽涂泥，即流而弗竭，人争浥注，是以定有水班，弗敢紊也。又尝夏旱，余祷之，刻日得霖雨。於乎！何其灵也。抑又闻昔者州人士感神之惠，为宫于溪潭之上，以殷祀事而神弗之，取兴雷雨以罢之。于是佥谓神之廉弗欲烦民也，然则神之在渊在田，施其膏泽为万物资始以辅相乎。乾元者，其合于君子之自强不息，溥美利于不言。为何如哉！使受朝命以子其民者，皆如神之有惠于斯人而弗之取，则手足胼胝之氓，不既长保其庶富矣乎？此神之所以不可及，而余所吉蠲以承其事者也。兹者东作，既兴疏导，斯亟宰牲釃酒伐鼓，合众告虔于神，而余为迎神侑神之诗以乐之。其辞曰：

黑树兮龙潭，赤龙兮蟠潜。水不深兮可探，如贯珠兮吐含，一疏导兮泽汪涵。

载曰：其源也瀸瀸，其流也渥沾。溉我田兮惠苍黔，德施普兮靡所贪，人所馋兮神独廉。

乱曰：感神兮至诚，神之廉兮民所堪，彼取民兮何知惭。惟我与神兮不与争毫纤，听我歌兮乐且湛。于兹水兮永涵淹，福我民兮功可劖。

〔据雍正《宾川州志》卷十二《艺文志》第35页辑录。〕

祷雨告龙王文

周 钺

维兹仲夏，东作将终。雷鸣之田，无不待雨。钺忝守土，目击旱干，闵此农人，曷敢恝视，是以择日恭行祈祷。设坛以来，时时沾洒，未获滂沱。及今六月之望，甘霖始沛，虽降泽稍迟，而晚稻所宜，犹可补种。遍野率作，群然欢呼，感神之功，弗忘袛报。尚希灵德，勿亢勿淫，时若是应，登于丰阜，则惟尔有神，亦永有厥休于斯土也。

〔据雍正《宾川州志》卷十二《艺文志》第39页辑录。〕

祷雨告龙王文

周 钺

宾川之境，龙所蟠潜，所在皆是，而惟神最灵，且近于州治，祷而辄应。上年亢旱，已荷灵庥，今兹仲夏，待泽甚殷。设坛祈祷，已将半月，虽时时沾洒，而未获滂沱。秧苗枯槁，农夫危急，司牧焦劳，谨遣功曹龚之韩赍文恭诣灵潭告虔，取水入坛，伏异尊神迅展灵通，兴雷致雨，大沛甘霖，立救乾熯，则神之功德大造于斯民矣。

〔据雍正《宾川州志》卷十二《艺文志》第40页辑录。〕

告赤龙溪文

周 钺

惟此清溪，赤龙泥蟠，界为三区，上中下间。上区水微，左右回环，流合中区，遂尔溅溅。东南所注，灌溉陌阡，自水沽堤，七村绵延。转乎东北，其水漩澴，周官营起，十三村连。下区地卑，其流涓涓，上村不与，下村是偏。得水先后，立有轮班，聚闸之时，上村独专。放闸之时，下村其沿，人皆遵守，碑碣弗刊。每遇东作，疏浚泉源，畛人云集，父老骈阗。子来躬祷，酾酒于渊，水从底出，珍珠蝉联。始犹泯泯，继乃潺潺，或澎或湃，如澜如湍。神之格思，恍惚蜿蜒，愿农勿争，神德罔愆。载耕载耔，同沾沛然，共期收获，庆大有年。

〔据雍正《宾川州志》卷十二《艺文志》第37页辑录。〕

告赤龙溪文

周 钺

惟神溪潭，是宅泉源，可浥既灵，且廉先天之德。昔者夏旱，来祷来祈，刻日得雨，应若神机。钺也复来，时当夏五，雨未滂沱，农功未普。谨设坛墠，在城之东，告虔取水，于神之宫。敢冀有孚，出潜离隐，闵我民艰，鉴予诚悬。一日二日，大沛甘霖，或耕或耔，苗皆勃兴。蒙神之庥，拜神之泽，从此有秋，斯民起色。钺忝民牧，可免厥辜，神之廉也，笔之弗渝。谨告。

〔据雍正《宾川州志》卷十二《艺文志》第37页辑录。〕

告赤龙溪文

周 钺

惟兹黑树，有潭有溪，分上中下，环以三堤。神出神没，伏渊蟠泥，昔我来止，如见端倪。昭灵述异，尚存旧题，今我重至，复主祝禔。时当春季，方动锄犁，载祈载祷，奔走童龄。扬清漏浊，泛滥玻璃，村屯廿一，共溉田畦。愿我町畯，毋决东西，何先何后，水自均齐。在田在天，恍兮惚兮，油云沛雨，神若提携。神之廉也，爱我群黎，屡丰大有，无待卜稽。谨告。

〔据雍正《宾川州志》卷十二《艺文志》第38页辑录。〕

祭通洱溪之神

周 钺

维年月日具官某谨以牲醴昭告于本州宾居大王通洱溪之神，曰：惟兹洱水，如月如珠，出自罢谷，汇于叶榆。四洲三岛，九曲萦纡，兰沧漾濞，合绕分趋。南河北海，咸淡或殊，往时罗刹，贪此腥腴。狂飙浊浪，人被毒痡，制之有术，乃在浮屠。天桥石穴，见是奥区，驱除扫荡，神矢其谟。酬庸纪绩，食报非诬，我疆我理，俱归版图。宾居所属，上川一隅，神宇覆压，洑流灌输。村屯咸赖，引溉瓯臾，今当东作，赛祷欢呼。陈牲伐鼓，余领蒸徒，持畚把锸，排抉沟污。源来混混，昼夜盘纡，培我田亩，惠我农夫。赡我民食，充我国租，神庥神佑，靡弗感孚。式凭丛社，可享可娱，年年祝嘏，漉酒沦肤。谨告。

〔据雍正《宾川州志》卷十二《艺文志》第38页辑录。〕

祭境内山川龙王之神

周 钺

惟神之德，先天弗违，如我州境，山丛水微。有潜在涧，有伏乎泥，农时不雨，斯祷斯祈。舞雩所及，肸蠁端倪，木郎声起，晷刻云霓。甘霖既沛，助我耕耔，获兹小有，实惠群黎。报功会赛，非物非仪，或飞或跃，神来宴娭。谨告。

〔据雍正《宾川州志》卷十二《艺文志》第38页辑录。〕

再祷雨

周　钺

钺以亢旱，乞雨于神，月之初六，意旨先陈。越至既望，悃幅重申，望甘霖沛，于夕于晨。期以三日，拯我农人，逢庚必变，占验有因。昨乃庚戌，待至日曛，炎威乍敛，布以油云。向空载叩，冀解如焚，何图霾曀，风卷尘氛。雨声忽散，祈请空勤，告虔屡屡，神岂弗闻？四郊焦熯，禾黍如新，我心恻怛，神岂不仁？抱疴修省，伏枕惟寅，力疾再祷，祝告谆谆。秋令已届，待泽弥殷，灵通亟展，惟神之勋。功在黎庶，享我苾芬，如其漠置，是弃吾民。守土负忒，咎亦惟均，神其安忍？负此明禋。灵德神听，鉴此肫肫，万姓待命，语激无伦。谨告。

〔据雍正《宾川州志》卷十二《艺文志》第38页辑录。〕

再祷雨

周　钺

钺以不德，来刺是州，民有疾苦，实余之尤。矧逢亢旱，病乎田祷，幸邀神鉴，克念噢咻。每祈辄应，屡荷神庥，今兹夏午，天泽未周。高亢之地，不得锄耰，告虔神听，响答如流。第三晨夕，小雨无休，沾洒既得，滂沱可求。是以载祷，遥拜灵蟉，仍期三日，雷震雨油。甘霖大沛，救我田畴，未插者插，已插者抽。高低肥瘠，咸使有秋，神之格我，矢愿以酬。式凭永永，报赛悠悠，旷人欢喜，遍野歌讴。

〔据雍正《宾川州志》卷十二《艺文志》第40页辑录。〕

谢雨文

周　钺

农为国本，耕乃民依，雨旸时若，在乎天机。旱干水溢，系乎耘耔，捍灾御患，惟神是祈。钺来作牧，不识营私，民之休戚，实所劳思。去年亢旱，屡祷神示，应如盻蠁，灵德可知。今兹仲夏，大泽迟迟，两川疆亩，龙水培滋。灌溉所及，栽插以时，雷鸣田地，有待沾濡。秧苗将槁，父老其咨，胼胝手足，力所莫施。号呼遍野，诉于有司，因设坛墠，告虔致辞。躬行步祷，三日为期，甘霖亟沛，救我蒸黎。神庥神佑，报赛歌诗，伏惟明听，鉴格无遗。谨告。

〔据雍正《宾川州志》卷十二《艺文志》第41页辑录。〕

求晴文

周　钺

国以民为本，民以食为天。故凡神之有功于农事者，有司春秋祭飨，载在祀典，罔敢弗虔。而一岁之中，阴阳僭忒，旱干水溢，在所常有。其所以捍灾御患，随时补救，非藉神之祷而即应，有司者又何所恃以转祸为福，使斯民永保无疆之休也哉？乃自春徂夏，雨泽愆期，雷鸣田地，不能栽插。甿人惶惧，屡告于神，赖神之庥，灵雨沛然，大田沾足。黍禾畅茂，幸兹有秋，报赛之礼，安可或缺？用是涓吉殚诚，躬率吏民奉迓神示，降集公堂，歆此馨香。时当收获，淫雨连绵，恐有伤颖粟，并祈神佑赐以晴明，俾阖境士民咸获丰穰之庆，则拜神之惠，感神之德，靡有涯涘矣！有酒在筵，式歌且舞，以博神欢，伏惟来格。

〔据雍正《宾川州志》卷十二《艺文志》第41页辑录。〕

祭山川风雨神文

王　昶

惟乾隆三十四年己丑七月乙未望翼日丙申，经略大学士忠勇公傅恒、定边左副将军果毅公户部尚书阿里衮、定边右副将军领侍卫内大臣阿桂，敬以羊一豕一，躬祭于山川风雨之神。曰：惟缅甸，僻介海裔，蝝行蛾伏，向与木邦、蛮暮诸夷伍。本朝因时百蛮诞置之荒服外，不享不臣，令自长其地，勿予祸谪，越于今百十数年。比者夷酋戕杀，木梳恃乃犷鸷，纂窃莽达喇地，继小腆懵驳嗣。血人于牙，役使诸夷綦虐，诸夷咸崩角哀吁，丐胥匡以生。皇上爰敕偏师镇抚，用对于天下。串夷尚弗駾窜喙息，羁我民人，挠我土司，数胁群丑。方命兹恒等，肃将天威，义征不諟。蒸蒸皇皇，是致是附，是伐是肆。卜以兹月庚子，启行习吉。繄惟缅地，崎岖菑翳，淫雨恒作，夙为烝徒忧。用敢昭告大神，尚克默相我陵我阿我泉我池，毋蕴毒疠，毋积泥淖，毋困险跋涉。俾我军士，敷奏其勇，仍执丑虏。遹求厥宁，遹观厥成，迓神之庥。谨告。

〔据《永昌府文征·文录》卷十一《清二》第3页辑录。王昶（1724—1806），字德甫，号述庵，又号兰泉，江苏青浦（今属上海市）人。清乾隆十九年（1754年）进士，历任内阁中书、刑部郎中，官至刑部右侍郎。乾隆间征缅时，从经略至腾越。晚年历主娄东、敷文书院及诂经精舍讲席，于学无所不窥，治经通汉儒之学，好金石，撰《金石萃编》，考订精博，为学者所珍视。另著有《融春堂集》《征缅纪闻》《蜀徼纪闻》《天下书院志》《国朝词综》等。〕

南坛祈雨文

何 愚

《周礼》：岁旱暵，则舞雩。雩，祭也，谓为百谷以祈甘雨也。汉唐以来，遇旱则祷于社稷山川之常兴云雨者。董仲舒曰夏求雨，为坛于南门外，祭蚩尤之神，皆古人行之有效者。

今广南恒旸为沴，密云不雨，东作弗兴，安望秋成？人情惴惴，吏能奉法，令督赋役，平狱讼耳。至感召天和，风雨时顺，则力不能以德不足也，故遇水旱则奔祷神庙，幸蒙福佑依然。窃禄于兹土，此愚等所自知，自诵不能不乞灵于神也。用是敬遵古制，设坛于南郊，维神为民之主，有祷辄应，必能出云降雨，以解倒悬，惠编氓，非如吏之无能也。愚等斋戒，恐惧不知愧耻，陈词祈请，尚乞迅赐甘霖，优渥沾足，俾岁无害，民以永赖。谨告。

〔据道光《广南府志》卷四《艺文志》第56页辑录。何愚，号不园，广西平乐人，进士，清嘉庆十八年（1813年）由武定知州升广南知府，耿介严明，政纲具举，捐修万寿宫，增修火神庙，修普庵桥，增修府志四卷。以学租较少，倡率士民劝捐三千余金，创建文昌宫，新置培风书院，查匿学田数十亩，增设膏火，在任十五年，善政最多，以老乞休，诸念不忘，为置生祠于培风书院祀之。〕

祈雨文嘉庆二十四年

何 愚

天之厌吏甚矣！当兹亢旱为灾，吏为民请命，至于再，至于三，讫不蒙渥泽。愚等渺渺小臣，礼不得祀天地，其不能邀天鉴也。固宜惟神以功德享祀，兹土春祈秋报，朝廷责吏举行，岂非以吏治明，以神理幽，呼吸可通乎？吏平居慢神，虐氏致菑害，跻臻饰虚词，陈谀祝以祈美报，何可逭吏之诛？若吏以情请，而神不闻不见可乎？吏与士民，诚不善摘而罚之，谁曰不然？而移灾于岁，是善不善，均无所逃也。

天地之德，本于大生，神圣之仁，期于并育。伏乞普赐甘霖，叠施灵雨，沛滂沱于旦暮，起耕犁于田畴，秋成有望，民命有依。谨告。

〔据道光《广南府志》卷四《艺文志》第58页辑录。〕

龙潭取水祈雨文

何 愚

惟神尊居水府，福佑粒民，吸研水而沛甘膏，洒杨枝而成渥泽。兹者稼当芒种，鸟亦催耕，町畦乏雨泽之濡，石田岂人力可垦？农间南亩，云密西郊。

愚等忝任边隅，深惭薄德，念民生之攸寄，伏神力之普存。敬叩法宫请迎圣水，愿布涓滴之惠，即成滂沱之恩。慰我四民，殖兹五谷，尚希元感，默鉴丹诚。谨告。

〔据道光《广南府志》卷四《艺文志》第 48 页辑录。〕

谢雨文

何 愚

昨因雨泽愆期，人心惶恐，谨蠲洁设坛墠，奔走群望，仰蒙昭示显应，云兴雾冒，电掣雷轰，斩旱魃，驱疠鬼，风和雨润，大沛滂沱。士民商贾欢于市，耕夫馌妇庆于野，文武官疚心忍耻，依然窃禄于期，感荷神贶，讵有涯涘乎？兹粗举祀事，何能答报万一耶？

愚等更有请者，广南山高土燥，民力偷惰，终岁贪天之功，以谓将受厥明。非甘霖叠沛，继继承承，无旷暵，无伤淫，岂足以彰神灵护佑哉！礼有祈有报，今报而复陈祈者，为民非为私也。谨将牲醴，酬谢洪庥，尚乞降鉴，以畀有秋，尚飨。

〔据道光《广南府志》卷四《艺文志》第 48 页辑录。〕

禳灾文道光四年

何 愚

维神位，重方隅。功崇保障，捍灾御患，聪明正直，谓之神。驱厉逐魔，远近幽深，知其物，共仰威灵之有赫，岂容鬼魅之为灾？乃以乖戾偶干天地之和，遂致疵疠，渐伤人民之命。

愚等弭灾无状，恃神有灵。爰建醮坛，虔求黼座，伏愿仁风，惠露长教。和气之致祥，烈日严霜，毋使游魂之为变。仗铁钺而诛疫疠，扬戈盾以斩妖邪，拯蔀屋于安康，跻编氓于仁寿。士民永歌，恺泽官吏，咸颂声灵。谨疏。

〔据道光《广南府志》卷四《艺文志》第 50 页辑录。〕

禳灾文道光五年

何 愚

维神保障边隅，鉴察下土，彰善瘅恶，凡民有忤于天，违于人，逆于伦，悍于法，而凶于形者，神皆随其自作之孽，而应之以降殃祸焉，皆民之为也，此以理言者也。若夫疫疠为灾，流行传染，株连蔓引，朝而人，夕而鬼，无鳏寡孤独之哀，矜此不可以理言者也。考古语，瘟疫之鬼不犯忠臣、孝子、积善之家，然边徼之区茫昧成俗，不能忠孝积善者也，在在皆是。

今圣天子养育群生，矜恤民命，万里之外，神人奉职，蚩蚩者氓，岂令魑魅魍魉得肆其虐哉？又闻疫之来也，本境奉祀神皆得而禁遏之，驱除之，所谓御灾捍患也。今民多疾疫，士民请于吏，设坛建醮，齐心一志，吁恳神祇，伏冀敕神荼命方相，麾灵旗而歼妖疠，仗宝剑以逐邪魔，靖四境之恶气，昭诸天之显佑。谨疏。

广南汉夷杂处，或耕或读，各务本业。惟幅员辽阔，深山密箐，各省无赖流民窜处其间，易滋事端。郡伯不园先生，政成宽猛，良善怀德，奸宄畏威，是以地方安堵，年丰人乐。癸未岁，公俸满北上，而神奸世蠹，私贩充斥，煽惑蚩氓敛钱。上控从事者欲如太上之得民，水懦民玩，而地方不可问已。甲申，公复任，睹时度事，慨然曰："和气致祥，乖气致戾，今如此，不遭灾疫必有凶年矣。"至七月，果有转筋之症。乙酉夏亦然。士人群请于公，设坛建醮，公作文祈禳，郡城两载，幸保平安，而滋事各寨毕竟死人如麻。呜乎，谁执其咎哉！因刻《府志》，郡人请泐其文，以垂永鉴。岁贡生周国珍谨识。

〔据道光《广南府志》卷四《艺文志》第61页辑录。〕

新建新平县大开门河及甘棠河两铁桥工竣详请立案文

陈　灿

为据情详请立案事。

案据他郎厅绅士尽先、都司孙世泰禀称：窃都司为新平县大开门河、甘棠河两铁索桥工程告竣，谨陈始末，恳恩查核，转禀立案事。缘新平县属之大开门河，源高流低，浪石并下，雨水时行，每患阻滞，兼瘴疠恶烈，行人苦之，历有年所。

前巡宪刘、镇宪马任谕调都司，到普面谕，筹商建桥，时因经费未能宽筹，拟建石桥，下砌石礅，上搭木梁。都司奉谕前往鸠材募匠，督工兴建，共领用过省平纹银一千八百四拾六两四钱七分五厘一毫，连奉发缘薄在新平元郎捐收功德银数在内。计砌桥头雁翅及河心石礅七座，不意是河水涌沙陷，虽经都司督工撇水淘沙打桩，究难得其坚硬。适雨水将发，奉谕催工急于星火，砌礅石灰未乾，即值大水涨发，兼山崩树倒，顺流而下，遂将石礅冲倒。

现蒙福星莅任，传谕都司到普熟商，乃尽得前情，知是河水涌沙陷，非建铁索桥不能坚久，又以都司前随胞兄世恒曾经修过把边、布固两江铁索桥，略谙工程，爰令都司前往该地仿建铁桥，督工修造，以期坚固而资久远。都司谨查大开门河西岸均系砂土，并无坚石，不比把边、布固两桥自有天生石基。再四察勘，于距旧桥之上流里许微见乱石，旋到彼处，开挖砌造，虽不能照把边、布固之石基高耸，亦可借以作基，特不可修造太高耳。鸠工庀材，将次告成，复查离大开门河之五里地方，尚有甘棠一河，亦应并修，方足以资利济而免滞碍。旋蒙宪恩，又令都司在甘棠河修建一小铁桥，与大开门桥相资并济。

自光绪二十二年九月兴工起，至二十四年三月告竣止，所有遵奉宪台筹议，改建大开门河铁桥并添造甘棠河铁桥开支一切工料银两，计前建石桥所遗并匠工长支欠款，作抵省平纹银一千二百两，又实领用省平纹银三千一百五十两，又入收新平县杨（扬）武坝等处功德银二百二十八两零四钱六分，又入都司自捐银一千二百五十七两一钱零九厘八毫，又入此次铁桥完功变卖什物只银六十八两五钱，通盘合算，实共用银五千九百零四两零六分九厘八毫。兹当两桥工程告竣，从此铁彴障流，行人乐利，棠荫遗爱，与桥俱永矣。

除将都司鸠材募匠领用支发银两开具清册呈请查核外，谨将修建铁桥始末缘由肃禀上呈，伏恳鸿慈俯赐，转详立案，实叨恩便等情。并据普洱府知府陈守宗海详同前情后称，由府派人前往该处查勘，该都司承修大、小两铁索桥均工坚料实，足资永久，开支各款并无浮冒各等情。

据此，职道查新平县属之大开门河、甘棠河为迤南赴省通衢，烟瘴最烈，每遇夏秋大雨，瘴发水阻，行人守候河干，多罹瘴疠，久为道途之害，且遇有呈报边务紧要公文，被阻迟延，贻误实多。前经刘护道会同马署镇捐廉，并劝文武各官绅商捐资建桥，因款项不丰，拟建石礅木桥，派孙都司承修，工将告成，被水冲倒。嗣职道到任，路过该处，详细查勘，该河水急沙松，建造石桥石礅决难稳固，非仿照把边、布固两江修建铁索桥不能经久，并访询地方绅耆，众论佥同，当会商普洱镇屈、普洱府陈守各官捐廉，并由绅商劝捐。该绅商等均因冲衢瘴区，修建铁桥以济行人，多为乐输，集有成款，仍派孙都司募匠修造大开门河及甘棠河大小两铁索桥。该都司不避烟瘴，不辞劳苦，夙夜督工，经营妥善，用能克期蒇事，俾利澨征而免瘴疠，不徒惠济行旅，抑可免误要公。现在两桥工竣，已据陈守派人查勘，均工坚料实，足资永久。

又据该都司册报，实共用经费银五千九百零四两零六钱九厘八毫，均皆撙节，核实委无浮冒等弊。该都司不惟不开支已面薪水等项，并自愿捐银一千二百两有奇，襄成善举，且现又捐银五百两，送归普郡宏远书院置业生息，永远为添设他郎高材生二名住院肄业膏火，已由职道另文详请立案。似此急公乐善，见义勇为，实为绅士中所罕觏，可否仰恳宪恩，赏给孙都司世泰匾额，以示奖励，而资观感之处出自逾格鸿施。

除批饬将先年捐置大开门渡夫工食田切实清理，招佃收租，嗣后作为看桥雇工口食，俾得加意保护，以垂久远外。所有新平县属之大开门河、甘棠河新修大小两铁索桥工程告竣，据情转详立案各缘由，理合具文，仰恳宪台俯赐查核立案，批示饬遵。

再，此项新增大、小两铁索桥经费银两，俱系职道并各官捐廉及绅商劝捐集资办理，并未动用库帑公款，邀免估勘造报，合并声明。

〔据《宦滇存稿》卷三第 1－3 页辑录。〕

启

民国

牟定县建修永定铁锁桥募捐启

牟定县建修永定铁锁桥募捐启（第一行）

原夫险辟蚕丛，神助五丁之力；奇探鸟迹，书传二酉之藏。石栈凿开，天堑犹能飞（第二行）渡；[illegible]系缆，蛮江无碍悬行。彼行踪罕到之区，为人力难通之境，犹且攀藤附葛（第三行），拨雾披云，寻仄径于羊肠，逗危桥于雁齿。而况关河近接，踵履沓来，去马来牛，蹒（第四行）跚而过，提携佝偻，竭蹶相从。通冀北于井陉，岂必畏兹峻坂；辟终南之捷径，何须（第五行）更泣岐途也。盖彼永定桥者，当楚雄一河直下之冲，正定、广两县交通之路，西趋（第六行）苍海，南接苴兰。每夏秋雨水泛滥，则沙石泥潦俱下，人皆裹足，马尽解鞍。逼路惊（第七行）弦，奔流如箭，既难支夫长板，未易渡以轻航。聚石成桥，已倡修于父老；挥金如土（第八行），屡致误于工师。遂使功败垂成，事竟终止。道谋筑室，徒致慨于三年；车过题桥，群（第九行）兴怀于异日。乃集众议，乃选良工，以众志成城之谋，为一劳永逸之计。佥以瓠河（第十行）难塞，瓜步匪遥，鸦滩近可寻摹，虎渡同兹轨范。适得旧修铁锁桥之技师孙君祯（第十一行）祥，量基审固，订约协商，遂定于丙辰十月朔旬兴工修造。共矢移山之志，将尽鞭（第十二行）石之能。横海截波，不侈洛阳之胜；连山倚壁，直同蜀道之危。争看虹跨高崖，指飞（第十三行）仙于天半；行见龙蟠深谷，纪奇迹于云中。不徒过客欢呼，行人便利也。惟是工炉（第十四行）百炼，金汁都融；椎凿并施，囊资易竭。望大川之共济，占利泽于同人。所期慨助指（第十五行）困，不惜泥沙之用；即使投来悬杖，亦同累黍之增。庶几指日奏功，克期竣事，山阿（第十六行）勒石，定当践履，不忘圯上留名，共颂功德无量。谨启（第十七行）。

发起人阖县绅商士庶（第十八行）。

经修总理刘荣晋，协理戴坤（第十九行）。

中华民国六年岁在丁巳仲秋月立（第二十行）。

〔据《楚雄历代碑刻》第343页辑录。此碑立于楚雄牟定县永定铁锁桥头。大理石质。高92cm，宽60cm。直行楷书，行9－30字，20行，共346字。永定桥，位于牟定至琅井盐运古道上，历史上多次兴建，屡修屡水坏，民国六年（1917年）10月动工兴建。〕

修筑保山至镇康县道路募捐启

纳汝珍

敬启者：窃以训政时期首重建设，建设事项注重交通，而江河之交通是重桥梁，山原之交通是重道路，修筑桥梁道路之在今日，诚为刻不容缓之举。查镇康北界保山，所有由镇至保为商贾往来大道，因历年来牛马践踏，无人培修，以致倾陷不堪。其中段遂通桥上下坡路，更属险巇崎岖，行人跋涉艰难，备受风尘劳苦，交通咸称不便。

今夏汝珍因公赴腾，经过该路，适值雨水连绵，泥泞坡滑，沿途多成陷阱，尤觉寸步之难行，有立待兴修之必要。爰集同志，倡议修筑。但因此路工程分为三段，由保山属姚关至大关为上段，又由大关至藤棚为中段，再由藤棚至镇属兴华镇为下段。其上下两段工程，自当咨令保、镇两县绅首民众各自负责派工兴修。惟中段界连保、昌、镇等县插花地面，位居遂通桥之间，为全段工程最浩大之路线，非附近居民之力所能负担。除一面派工兴修，一面筹款，雇泥石工人积极工作以利进行外，惟有仰恳各界仁人君子量力捐助，共襄善举，以期早日告厥成功。如荷鼎力玉成，即请先将台衔芳名并捐数列入册内，俟落成之日，当将芳名勒之贞珉，以垂不朽云。

发起人纳汝珍、袁恩锡、景绍文、杨应甲、余本达、段兴、桂树芳、段有明、张春华、杨必昌、李增荣、段显、杨在渭、杨在叡、张自荣、段联铭、徐松龄、吕永元、杨儒臣、周正兴、刘著臣、吕永佑公启。

〔据《永昌府文征·文录》卷二十七《民九》第23页辑录。〕

考

明

盘江考

徐弘祖

南北两盘江，余于粤西已睹其下流，其发源俱在云南东境。余过贵州亦资孔驿，辄穷之。驿西十里，过火烧铺。又西南五里，抵小洞岭。岭北二十里有黑山，高峻为众山冠，此岭乃其南下脊。岭东水即东向行，经火烧铺、亦资孔，乃西北入黑山东峡，北出合于北盘江；岭西水自北峡南流，经明月所西坞，东南出亦佐县，南下南盘江。小洞一岭，遂为南北盘分水脊。

《一统志》谓南、北二盘俱发源霑益州东南二百里，北流者为北盘，南流者为南盘，皆指此黑山南小洞岭，一东出火烧铺，一西出明月所二流也。后西至交水城东，中平开巨坞，北自霑益州炎方驿，南逾此经曲靖郡，坞亘南北，不下百里，中皆平畴，三流纵横其间，汇为海子。有船南通越州，州在曲靖东南四十里。舟行至州，水西南入石峡中，悬绝不能上下，乃登陆。十五里，复下舟，南达陆凉州。越州东一水，又自白石崖龙潭来，与交水海子合出石峡，乃滇东第一巨溪也，为南盘上流云。

余憩足交水，闻曲靖东南有石堡温泉胜，遂由海子西而南。南下二十里，一溪来自西北，转东南去，入交海，桥跨之，为白石江；涓细仅阔数丈，名独著，以沐西平首破达里麻于此，遂以入滇也。按达里麻以师十万来拒，与我师夹江阵，是日大雾，沐分兵从上流潜济，绕出其后，遂破之。今观线大山溪，何险足据；且白石上流为戈家冲，源短流微，潆带不过数里内。沐公曲靖之捷，夸为冒雾涉江，自上流出奇夹攻之，为不世勋，不知乃与坳堂无异也！度桥南六里，抵曲靖郡。出郡南门，东南二十五里，海子汪洋涨溢，至是为东西山所束，南下伏峡间。桥横架交溪上，曰上桥。桥西开一坞东向，即由上桥西折入坞，半里至温泉。泉可浴，泡珠时发自池底，北池沸泡尤多，对以六角亭，曰喷玉。东逾坡半里，抵桥头村。村西行田畴间，忽一石高悬，四面蓊丛，楼楹上出，即石崖堡也，与温泉北隔一坞。迳平畦里许，抵堡东麓，南向攀级，上凌绝顶，则海子东界山南绕于前，西界山自北来，中突为此崖，又西峙而南为水口山。交溪南出上桥，前为东界山南绕所扼，辄西南汇为海子，正当石堡南；其东北白石崖龙潭，与东南亦佐之水，合交溪下流于越州，乃西南破峡去。而石堡正悬立众峰中，诸水又汇而潆之，危崖古松，倍见幽胜。北下山，西一里抵石堡村。回眺石堡，西北两面嵌空奇峭，步步不能去。由村南下坡，东半里，逾一石梁。南走梁下者，即交溪，溪遂折东南去。又东一里半，抵东山麓。东北上山，从石片中行，土倾峡坠，崩嵌纷错，石骨竟露如裂瓣，从之倾折取道。石多幻质，色正黑如着墨，片片英山绝品。石中上者一里，至岭坳，下见西坞南流之江，下坠岭南之峡，乃交溪由桥头南下，横截此山南麓以东去者也。

余已躬睹南盘源，闻有西源更远，直西南至石屏州，随流考之。其水源发自石屏西四十里之关口，流为宝秀山巨塘。又东南下石屏，汇为异龙湖。湖有九曲三岛，周一百五十里。岛之最西北近城者，曰大水城，顶有海潮寺；稍东岛曰小水城。舟经大水城南隅，有芰荷百亩，巨朵锦边，湖中植莲，此为最盛。水又东经临安郡南，为泸江，穿颜洞出，又东至阿弥州，东北入盘江。盘江者，即交水海子，南经越州、陆凉、路南、宁州，至州东六十里婆兮甸，合抚仙湖水；又南至播箕街河甸，合曲江；又东至阿弥州稍东，合泸江。二江合为南盘江，遂东北流广西府东山外。

余时征诸广西土人，竟不知江所向。乃北过师宗州，又东北去罗平州十五里，抵一坞曰兴哆啰。其坞西傍白蜡，东瞻罗庄，南去甚遥，而罗庄山森峭东界，皆石峰离立，分行竞奋，复见粤西面目。盖此丛矗怪峰，西南始此，而东北尽于道州，磅礴数千里，为西南奇胜，此又其西南之极也。已而至罗平，询土人盘江曲折，始知江自广西府流入师宗界，即出罗平东南隅罗庄山外，抵巴旦彝寨，会江底河；寨去罗平东南二百里，江东即广南府境。又东北经巴泽、河格、巴吉、兴隆、那贡，至霸楼，为霸楼江。六处地名，俱粤西安隆长官司地。今安隆无土官，俱为广南、泗城所占。遂入泗城境之八蜡、者香，于是为右江。再下，又有广南富州之水，自者格经泗城之葛阆、历里来合，而下田州云。

后余至云南省城，过杨林，见北一海子特大，古称嘉利泽，北成大溪，出河口。溪北有山甚峻，曰尧林山。又东北十里出峡，经果子园，北至寻甸府，合郡城西北水，汇为南海子。又东北与马龙水合于郡东二十里七星桥，为阿交合溪。余因究水所出，知其下霑益州为可渡河，乃北盘江上流也。按此则南、北二盘，但名称之同耳，发源非一山之水。北盘自可渡河而东，始南合亦资孔、火烧铺之水，则火烧铺非北盘之源也。南盘自交水发源，南渡越州，始合明月所之水，则明月所非南盘之源也。乃《一统志》北盘舍杨林，南盘舍交水，而取东南支分者为源，则南北源一山之误，宜订正者一。

又以南盘至八蜡、者香，一水自东北来合，土人指以为北盘江，遂谓南、北盘皆出于田州。夫北盘过安南，已东南下都泥，由泗城东北界，经那地、永顺，出罗木渡，下迁江。则此东北合南盘之水，自是泗城西北箐山所出。谓两江合于普安州、泗城州之误，宜订正者二。

至《一统志》最误处，又谓南、北二盘，分流千里，会于合江镇。盖惟南宁府西左右江合流处为合江镇，是直以太平府左江为南盘，田州右江反为北盘矣。今以余所身历综校之，南盘自霑益州炎方驿南下，经交水、曲靖，南过桥头，由越州、陆凉、路南，南抵阿弥州境北，合曲江、泸江，始东转，渐北合弥勒巴甸江，是为额罗江。又东北经大柏坞、小柏坞，又北经广西府东八十里永安渡，又东北过师宗州东七十里黑如渡，又东北过罗平州东南巴旦寨，合江底水，经巴泽、巴吉，合黄草坝水，东南抵霸楼，合者坪水，始下旧安隆，出白隘，为右江。北盘自杨林海子，北出嵩明州果子园，东北经热水塘，合马龙州中和山水，抵寻甸城东，北去彝地为车洪江。下可渡桥，转东南，经普安州北境，合三板桥诸水，南下安南卫东铁桥，又东南合平州诸水，入泗城州东北境，又东注那地州、永顺司，经罗木渡，出迁江、来宾，为都泥江，东入武宣之柳江。是南盘出南宁，北盘出象州，相去不下千里；而南宁合江镇，乃南盘与交趾丽江合，非北盘与南盘合也。其两盘江相合处，直至浔州府黔、郁二江会流时始合，但此地南、北盘已各隐名为郁江、黔江矣。则谓南盘、北盘即为南宁左、右江之误，宜订正者三。

若夫田州右江源，明属南盘，志书又谓源自富州，是弃大源而取支水，犹之志南盘者源明月所，志北盘者源火烧铺也。彼不辨端末巨细，悍然秉笔，类一丘之貉也夫！

〔据徐弘祖著《徐霞客游记·滇游日记三·盘江考》（朱惠荣校注，云南人民出版社 1999 年版）第 821 页辑录。为探明南北盘江水系，明代著名地理学徐霞客晚年万里遐征云南，于崇祯十一年（1638 年）五月九日，一路循水脉进入云南，至八月，分别前往滇东、滇南考察，远至滇南建水县东异龙湖、泸江诸水，入阿迷州（今开远市）泸江（南盘江支流），向西过异龙湖，直达石屏、宝秀，最后到达宝秀西 40 里关口，历时三个多月。关口是南盘江西源的终点，徐霞客《盘江考》在滇南的游踪也是至关口而止。通过实地考证，徐霞客订正了《明一统志》的错误，弄清了北盘江下流注入今红水河，但他又沿明人旧说，认为南盘江入广西为右江，往下为郁江，又是其一误也。其实，右江源为驮娘江和西洋江，与南盘江互不相涉。另见《滇系》七之五《典故》。〕

清

金沙江考

顾炎武

江源出吐番（蕃）共龙川，东至巨津、宝山，三面环丽江，至鹤庆，受漾共诸江水。又东经北胜，受桑园、新（龙）潭、程海诸水。又东经姚安，受蜻蛉、大姚、龙蛟诸水。又东经楚雄定远县，受龙川诸江水。又东至武定元谋县，受苴宁河。又东至禄劝州，受滇池海口、青鱼塘、甸基、武七、三泊、始甸、螳川、后甸松坪、禄脿、雨龙、罗次石门、五道河、罗亩、大石坝，富民赤旧坝、普渡河、广翅塘诸水。又东经会礼州，受宁远、越溪、双桥、长河、泸沽、打冲、东河、热池诸水。又东经东川济虑部，过乌樀山，受寻甸牛栏江、壁谷川、齿化溪诸水。又东经乌蒙南。又东经马湖，受尼溪、大小纹溪诸水。又东至叙州府，入于江。

前佥事王惟贤议：自云南海口开至安宁、罗末、富民、只旧、你革、达古、普渡、安革、法法、革干、土色、江边、阿纳木姑，共十三程。内土色有叠水。自武定金沙江巡检司至骂剌母、白马口、灿喇则、五曲革、直勒则、卓剌、除鲁、圭宁、折答甸、沙吉、撒麻村，至土色、大江、阿纳木姑，凡十四处，内则卓、沙吉有叠水。

近庄按察使祖诰议：自巡检司开由白马口，历普隆、红岩石、喇鲊，至广翅塘，皆禄劝州地，其下有三滩，水溢没石乃可泛舟，涸则跻岸，缆空舟以行。又历至（直）勒村、骂喇、土色，皆会理州地，其下有鸡心石，石如堆者三叠江中，舟者相水势缓急可行。又历踏照、乱得、头峡、喇鲊至粉壁滩，甚驶，皆东川地。又历驿马河新滩，至虎跳滩、阴沟硐，皆巧家地。虎跳湍泻陡石，不可容舟，阴沟二山颓集，水行山腹中，皆从陆过滩，易舟而下。又历大小流滩，为蛮夷司地。又历黄郎、木铺、贵溪寨业滩，至南江口，为乌蒙府地，始安流。自广翅塘至南江，木商行之可十日。又至文溪、铁索、江边数滩，历麻柳湾、教化岩，为马湖府地。又历泄滩、莲花三滩、会溪石角滩，至叙州府。

按：金沙经营滇北，合江汉朝宗，为南国纪。昔在草昧，尼落雄睨南土，凭恃斯险，负固抗衡。今车书大同，极滇西鄙，远及穷发，辙迹俱遍，而其通道要津，反弃之以与乌蛮巧色，俾滋蟠踞，非所以弘一统也。考之纪载，汉武先击劳浸、靡莫，以兵临滇池，而伪王俯首。《华阳国志》云：自僰道至朱提，有水道、步道。水道有黑水及羊官水，至险难行。步道至（渡）三津亦艰阻，而行人为之谣曰：“楢溪赤木，盘蛇七曲；盘羊乌槐，势与天通。”今乌槐在东川，即绛云弄，其山多雪，四时不消，金沙绕出其下。羊官、黑水，非指兹江乎？元至元十四年，诏开乌蒙道，爰鲁帅师击玉莲州，所过城寨尽下之，水陆皆置驿传。今乌蒙有罗佐关，其下有罗佐桥，为入滇要路，则水陆皆在东川、乌蒙间，即所称劳浸、靡莫非乎？核形势，商利钝，未有不先辟此险而能控荒服，破砦窳者。雍（壅）塞砐怒，漩洑瀑泻，地之险也。画州启道，崇伯子之智可师也。阴阳诃说，盗弄兵甲，人之险也。三表五饵，怀王傅之略可仿也。兹江苟通，则滇池之轻舠可挽而之普渡，建越之艨艟可泛而下泸沽，通滇蜀筋脉之会，续长江衣带之势，是使诸夷不长缨而系，十五郡可裘领而挈也。大哉！高皇帝之言曰：“关索岭非正路，正路当在西北。”犹之远矣！

〔据天启《滇志》卷四《旅途志第二·水路》第174页辑录。同时，以王云编辑《滇志校考》改补之。顾炎武，明清之际思想家、学者。初名绛，字忠清。明亡后，改名炎武，字宁人，曾自署蒋山佣，一署顾圭年，学者称亭林先生。官南明鲁王兵部职方郎中。清康熙时诏举博学鸿儒科，荐修《明史》，皆不就。学问渊博，于经史、典制、郡邑掌故、天文仪象、河漕、兵农以及音韵训诂，皆有研究，反对空谈“心理性命”，提倡“经世致用”，开清代朴学之风。著述甚富，有《日知录》《天下郡国利病书》《肇域志》《音学五书》《亭林诗文集》等。此文题名，《天下郡国利病书》、道光《大姚县志》卷十四《艺文志》皆同；《滇系》十一之二《旅途系·水路》作“全书金沙江考”。〕

大金沙江考

魏　源

缅甸之西，与五印度国分壤，以大金沙江为界。其源出于西藏，即雅鲁藏布江也。源出后藏西界之阿里达木楚克喀巴布山，会诸水，东流二千五百余里，入中藏，复会木伦江，东南流千二百余里，经中藏之南界，过缅甸之阿瓦都城，转西南流至东印度，会恒河，注南海。其源流皆大不入云南境，滇人谓之大金沙江，对岷江之会小金沙江而言。

小金沙江入东海，大金沙江由缅甸入南海。故黄贞元谓此即《禹贡》之黑水，其说曰大金沙江、澜、潞三水，虽同出吐番（蕃），同入南海，然大小远近迥殊，潞四倍于澜，大金沙十倍于潞，澜、潞所出，源近而狭。大金沙上源，相传近于阗国，自里麻、茶山，至孟养极北，号赤发野人境，峭壁不可梯绳，弱水不任舟筏，土人惟远见川外隐隐有人马形，皆生番之域也。今姑略其源，惟自经流、支流入海可见者言之。

水流至猛养陆阻地，合大居江、槟榔江二水，方名大金沙江。盖以别丽江、北胜、武定、马湖之小金沙江耳。自此南流至猛掌，有一江西来入之。南下，经蛮暮，有大盈江，自腾越，经镇夷、南甸、干崖，受展西、茶山、古涌诸水，伏流南牙山麓，出蛮暮来入之。又经蛮法、鲁勒、孟拱、遮鳌、管屯、大小莒蒲峡，至戛撒。

昔年，缅人攻孟养，以船运饷到戛撒，为孟养所败者，此江也。正统中，蒋雄率兵追思机发，为缅人所压杀于江中，亦此江也。江自蛮暮以上，山耸水陡。正统中，郭登自贡章顺流不十日至缅甸者，亦此江也。下流经温板，有龙川江自腾越经界尾、高黎贡山、陇川、猛乃、猛密所部来入之，下流，又经猛吉、准古、温板、猛戛、马达剌（曼德勒），至江头，江中有大山极秀耸，山有大寺。又有一江自猛辨（辦）、洗戛毋南来入之，又经止即龙、大马革、底马撒、跻马入南海。其江自蛮暮以下，地势平衍，阔可十五里有奇。盖南江益宽，流益缓，缅人操舟，如涉平地。至是江海之水，潴为一色矣。

按：此说所指大金沙江，其上流即今雅鲁藏布江，在西南荒徼外。其下游又迳缅甸，始终不入云南，去《禹贡》雍、梁二州甚远，因难指为禹迹所导之黑水。然此江中段则为缅，缅与东印度分界，下流则金沙江，会冈噶江，全由东印度入海。冈噶江，即佛经之恒河，其与金沙江会以后，谓之安日得河。又曰安治市河，又作澉治斯河。故《坤舆全图》无大金沙江，盖统归于安日得河也。英夷所绘《大清国图》有雅鲁藏布江，会恒河入海。所绘《印度图》则有蒲兰蒲达江，自东而西，会澉治斯河入海。即大金沙江西会恒河之异名。盖图中国则用中国之名，图外国则用外国名也。榜葛剌跨恒河之东西两岸，惟以东距大金沙江，与缅甸、柯枝两国分界，英吉利曾攻印度，乘舟溯流，直向阿瓦。而《澳夷新闻录》中，又尝恐中国兵假道缅甸，攻东印度，皆以此江下流直抵孟加腊之故。《一统志》谓其西南流入厄讷特珂国，亦指其下游入东印度之恒河而言，第语之不详，故于《坤舆图说》之安日得河，欲指为恒河则无大金沙，指为大金沙则无恒河，不知二大水下游汇合为一也。大金沙未会安日得河以前，其东岸为缅甸，西岸为古里、琐里、坎巴诸国，及会安日得河以后，东南岸下游为柯枝国，西南岸为榜葛剌，盖古里地，介金沙江及恒河之间，而榜葛剌则在恒河入海口岸，皆东印度境。其缅甸、云南间，尚有南掌、胡卢、景线、景迈等国，皆入贡。中朝以非滨海，故不及述。

〔据《小方壶斋舆地丛钞》第四帙第十二册第834页辑录。文中魏源认为大金沙江即雅鲁藏布江（其说有误，大金沙江实为伊洛瓦底江，其上源为恩梅开江及迈立开江），并将其与云南境内怒江、澜沧江等同入南海的江河比较。对大金沙江流经的中缅边境、印度等地的相关史事亦作记述考证。〕

南金沙江源流考

张　机

按：大金沙江发源崑崙山西北吐蕃地，即夏禹所导黑水也。虽与云南小金沙江及澜沧、潞江皆发源吐蕃，然大金沙江之源，较三江最荒远，且其源于三江源邈不相近，其下流亦十倍小金沙江及澜、潞二江之水。

按：《禹贡》华阳黑水惟梁州，黑水西河惟雍州。周文安《辩疑录》云：《甘肃志》甘州之西十里有黑水，流入居延海，肃州之西北有黑水，东流荒远，莫穷所之。是其源入雍州之西，流入梁州之西南，其正西别流，绕西极之外，而无所据见。地势西北最高，故能经西而西南也。《云南志》载金沙江出西蕃，流至缅甸，其广五里，迳趋南海。得非黑水源出张掖，流入南海者乎？河源在中州西南，直四川马湖蛮邦之正西三千余里，云南丽江宣抚司之西北一千五百余里。愚观黄河源近云南地，则大金沙江源自番雍之地，南入缅海。论雍、梁间水，惟此大耳。此水为黑水，无足辨矣。

朱子云：天下有三大水，曰黄河，曰长江，曰鸭绿江。此语无怪也。宋初斧画云南，南渡又偏安一隅，朱子又从何知有此江之长广于江、河哉？黄真元又云：考大金沙江、澜、潞三水，虽皆入南海，大小远近迥不同。澜仅潞四分之一，大金沙三倍于澜、潞。澜、潞所出地名，在鹿石山，在雍望，俱可穷源，上流亦狭。大金沙江之源，则远出番域，上流已阔，澄若重溟，黝然深碧，夏秋涨溢，江色不变。若比于扬子，沧浪一小溪，即诗语大金沙江之长广，又可知矣。其注云傍多松，有琥珀，自孟养地来。孟养，正在金沙江之滨，今澜沧不闻有琥珀。

《大理志》指澜沧为黑水，亦不深考耳。相传大金沙江上源近大宛国，自里麻、茶山至孟养极北，不闻有所往，号赤发野人境，峭壁不可梯绳，弱水不任舟筏。土人惟远见川外隐隐有人马形似，殆西羌之域也。今姑略其源，惟自其经流、支流入海可见者言之。

水流至孟养陆阻地，有二大水自西北来，一名大居江，或云大车江，一名槟榔江。二水至此合流，又名大盈江。今腾越州人总甸内诸水亦曰大盈江，殆窃侈其名也。江流至此，夷人方名其为金沙江。江中产绿玉、黄金、钿子、金精石、墨玉、水晶，间出白玉，滨江山下出琥珀。旧《志》以琥珀、绿玉出在澜沧江者，谬矣。

昔年，王靖远、蒋定西追麓川叛贼思机发、思卜发兄弟，造船飞渡孟养，及复与思禄盟誓“江乾石烂，乃许其过江”者，皆此江也。滇人相传名大金沙江，若以别丽江、北胜、武定、马湖之小金沙江耳。自此南流，经宜猛、莫瞰、莫郎至猛掌，有一江西来，入大金沙江。又南下昔朴、怕鲊、猛莫、猛外，经蛮莫，有一江源自腾越大盈，经镇夷、南甸、干崖，受展西、茶山、古涌诸水，伏流南牙山麓，出经蛮莫，入大金沙江。江又经蛮法、鲁勒、猛拱、遮鳌、管屯、大菖蒲山峡、小菖蒲山峡、课马、孟养、怕崩山峡、户董、鬼哭山、戛撒。昔年，缅人攻孟养，以船运兵饷到戛撒，为孟养所败者，此江也。正统中，蒋雄率兵追思机发，为缅人所压杀于江中，亦此江也。大约江自蛮莫以上，山竦水陡。正统中，郭登自贡章顺流，不十日至缅甸者，亦此江也。

下流经温板，有一江源自腾越龙川江，经界尾、高黎共山、陇川、猛乃、猛密所部莫勒江，至太公城、江头城，入于金沙江。下流又经猛吉、准古、温板，又名温板江。温板，又名流沙河，相传唐僧取经过此渡，故名。皆金沙江也。猛戛、马哒喇至江头城，江中有大山极秀耸，山有大寺。

又有一江源自猛办、洗母戛南来，入大金沙江。又经止郎龙、大马革、底马撒、跻马，入南海。其江至蛮莫以下，地势平衍，江阔可十五里余。旧《志》云五里者，非也。经南，江益宽，流益慢。缅人善舟，又善泅水，操橹楫者如涉平地。至是，江海之水潴为一色矣。《文选》载佛经云拔提河，一名金沙池，脱屣金沙云云。金沙江，亦名拔提河矣。

今再附考《蒙化府志》，澜沧江与漾濞江，蒙人谓之大小二江，合西洱河、胜备河，至顺、蒙交界处，土人谓之罗擦聚。日出，水光荡射可观。不二十余日，至锦龙江，即水下流，海客船多会易于此，渐渐至南海。

《永昌府志》潞江一名怒江，《水经注》云漏江，杨慎云漏江，今讹为露江。源出吐蕃，流经芒市，至木邦地，名喳哩江。又流经八百、车里地，至摆古，东入南海。自木邦以下，即可通舟楫。昔年，陇川多士宁潜往摆古见莽瑞体，皆由此江顺流而下也。旧传潞江流至洪门、车里，沙碛浸散，与近《腾越志》以为入大金沙江，皆非是。

愚尝谓三江皆可舟可航，夷人欲据险隐塞，不使通行，岂知天地设此三江，正为朝廷制驭西南缅甸诸夷设？当事者诚不可忽而不讲求也。异日圣天子问缅甸诸夷久不朝贡之罪，则此三江者，固汉家楼船下番禺、出奇制粤之牂牁江也。

〔据天启《滇志》卷二十五《艺文志第十一之八·考类》第871页辑录。另见康熙《云南通志》卷二十九《艺文志八》、康熙《永昌府志》卷二十五《艺文志·考》、康熙《鹤庆府志》卷二十六《艺文志·诗》、乾隆《腾越州志》卷十二《记载中·考辨》、《滇系》十一之二《旅途系·水路》、《永昌府文征》卷七《明六》。〕

北金沙江源流考

张　机

按：金沙江源出吐蕃共龙川犁牛石下，谓之犁牛河，又名犁水，讹犁为丽，又名丽江，即古名丽水。盖以其江内产黄金，故名金沙江。元宪宗取大理，用革囊为筏以济金沙江者，即此江也。其流经吐蕃铁桥城，东经丽江府巨津、宝山二州，又东经鹤庆府、北胜州、姚安府，又自武定府北界经黎溪州。蒙氏僭封为四渎之一，亦即此江也。又自武定下流入滴虑部，夷人凿桐槽船以通往来行旅，遂又名金沙渡。又西过四川东川府，一名黑水，一名纳夷，然皆金沙江别名。又经四川行都司会川、建昌、德昌、打冲等卫所。又经乌蒙府，又经马湖府蛮夷长官司，与马湖江相合，下流至叙州，入岷江矣。

今自其支流者言之：大理、宾川大江，北入金沙江。鹤庆漾共江，东南至龙珠山，入石穴伏流，复出金沙江。三庄河，与漾共江会流入金沙江。北胜州桑园河，经州西南桑园村，下流入金沙江。龙潭泉，有九眼，下流入金沙江。程湖，南入金沙江。姚安府青蛉河，西经大姚县，东入金沙江。龙蛟江，一名苴泡江，合姚州连场、香水二河，入金沙江。安宁州螳螂川，即滇池所泄，下流潆迴州治，上过昆阳州，下经富民县，入金沙江。楚雄府龙川江，西合诸水为峨㟎川，又东合诸水，经定远县黑盐井，下流入金沙江。考安宁、楚雄二水虽小，皆可通舟楫。武定府西溪河，经楚雄府至元谋县，西入金沙江。又勒夷水、普渡河，俱入金沙江。以上皆云南之水朝宗于东海，顺流于中国者。

四川东川府牛栏江，源出寻甸府，入金沙江。辟谷川，源出寻甸府白津河，西入金沙江。越嶲卫大渡河，源出吐蕃，下流合马湖江，四川行都司宁远河，西南合泸水，入金沙江。怀远河，南合泸水，入金沙江。盐井卫越溪河，东合打冲河，入金沙江。双桥河，流经打冲河，入金沙江。会川卫泸古河，河出小相公岭，入金沙江。打冲河千户所打冲河，蛮名黑惠江，又名纳夷江，源出吐蕃，下流入金沙江。冕桥千户所东河，源出小相公岭，会泸古河，入金沙江。四川行都司南泸水，源出吐蕃，南入金沙江。

《元史》云水源广而多瘴，鲜有行者，春夏常热，可燖鸡豚。诸葛武侯五月渡泸，即此水也。元李景山云《益州记》《水经》俱以泸水在永昌不韦县，《寰宇纪》以为在嶲州会川县。景因出使越嶲，考泸水源。盖建昌泸川驿有孟获城，又有泸古州，孔明渡泸，由嶲州入益，即滇池，此名渡泸，为有验。今水出吐蕃，过建昌、会川，合金沙江，夹岸多高崖丛苇，故下渡如经甑釜，炎蒸雍郁，多感瘴疠，至今犹然。或以金沙江即泸水，误矣。

云南之水，迤东可通中国者，如云南府大城江，自阳宗明湖，经宜良，入盘江。临安之泸江、曲江、婆兮江，入盘江。澂江府之巴盘江、铁赤河，入盘江。广西府之八甸溪，入盘江。盘江至府境，水为大。曲靖府之潇湘江、白石江，合盘江，经交水，至弥勒，入平伐横山寨，下经广西静江，入于海。广南府西洋江，入广西、田州府右江南汪溪，亦入右江。寻甸府阿交合溪，入霑益州界北，在经理广西、田州水陆者，安可忽之哉？如大理府西洱河，下与漾备江合流，入澜沧江。漾备，亦名神庄江。澜沧江，源出吐蕃，自西而南，至于丽江、兰州、云龙，过永昌、楚雄、临安、车里、大甸七十城门，至交趾入海。赵州白崖瞼江，一名赤水江，下流至定边，名礼社江，合澜沧江。临安府西有礼社江，入纳楼茶甸界，为禄丰江，经合蒙自，为梨花江，注于交趾清水江。楚雄府马龙江，源自蒙化境，由定边、碍嘉，合白崖瞼江，南入元江。景东澜沧江、大河，源出定边，入马龙江。景东府杉木江、马涌江，合南浪江，入威远州界。永宁府罗易江，北过府境勒汲河，入四川盐井卫界。顺宁府备溪江，西洱、漾濞二水合流，至本府铁场山下入澜沧江，故名。元江府礼社江，一名元江，源出白崖瞼江，合澜沧江诸水，入交趾。新化州摩沙勒江，即礼社江，下流至元江，入交趾。者乐甸长官〔司〕景东河，源出景东，经本甸下入马龙江。北胜州罗易江，入永宁府白角河，入西番界。永昌府澜沧江、银龙江，入澜沧江。胜备河，入备溪江。潞江，一名怒江，经芒市、木邦、八百，下流为喳哩河，经摆古，入南海。槟榔江，出吐蕃，绕金齿白夷，经干崖、阿昔，下合大车江，至江头城。腾越大盈江，一名大车，入南甸为小梁河，至干崖为安乐河，西流为槟榔江。龙川江，下流至缅甸太公城，合大盈江。云南府安宁河，出安宁，经富民、罗次，为沙摩溪，至禄丰为大溪，至易门为九渡河，入元河。又星宿河，出武定，经禄丰，过易门，入元江。蒙化府阳江，出郡西北甸头花判涧，南至甸尾，过定边，与迷川礼社江相合，过元江入海。澜沧江与漾濞江，蒙人谓之大、小二江，至顺、蒙交界处，土人谓之罗擦聚。二水相交，日出，水光荡射可观。不二十余日，至锦龙江，一名九龙，船行会海客于此，渐至南海。

愚谓云南通缅甸诸夷水路，旧惟知有金沙江可通大舟，不知潞江、喳哩一派可通摆古，澜沧、银龙一派可通八百、交趾，皆可舟可船之水，经理缅甸者，诚不可不讲也。故附及之。

〔据天启《滇志》卷二十五《艺文志第十一之八·考类》第872页辑录。另见康熙《云南通志》卷二十九《艺文志八》、康熙《鹤庆府志》卷二十六《艺文》、乾隆《丽江府志略》下卷《艺文略》。经查核，乾隆《丽江府志略》有删略，民国《鹤庆县志》卷一之上《地理志·山川》题作“金沙江源流考”，内容同。〕

滇中山水考

张锦蕴

按：滇中地舆，一山两水尽之。欲知山之支派，当察水之源流。水流北则山脊向南，水流南则山脊在北，寻水则山见矣。

今考滇南之山，当以丽江、剑川之老君山为鼻祖。相传其来脉肇自葱岭，其详不可究问。至丽、剑之西则特结老君山，崔嵬磅礴，直入云表，高数十百里，上有仙迹、龙池、苍鹿、白鹤。佳木葱郁，异草芬馨，人不能陟其巅以穷其奥。秋夏之交，紫燕群集于峭壁巉岩内，以数万计。相传老君西出函关，系栖真于此山，以是得名焉。其中支逶迤东向，为鹤之西山、剑之东山，延袤至观音山。一支西向为浪之标山，至凤羽为罗坪，侧首东南，结构点苍，洱水、漾水交合，界断其脉止矣。

旧有游滇者，论滇中山水，谓点苍为鼻祖，诸山皆发源于此。彼盖不深究也。又有谓天生桥渡脉于蒙，斯言益妄。天生桥片石也，原无根绊，讵得谓脉从此度乎？中抽则自观音山至佛光寨，绵延于浪穹、邓川、海东、赵州之左，至定西岭，分一支于西为蒙化，其东至定边西界止。其西至绵亘环衍，由南而东为无量山，直奔景东，随澜沧江派衍为南彝诸山，而莫穷所止，大约竟趋南海也。由是西岭之东则为白崖云南县之北山，至大波即转安南关，至普淜则为沙桥，吕合楚雄之南山。又东至广通舍资，则北转为禄丰、禄脿、草铺一派之北山。而姚安、武定则北山之支也。其南一支出新兴，由河西、通海至临安、元江一带，以递交阯而至于海。东一支则至澂江，北转为蛇山，南向而结省城，下曲靖，出东川，以递贵州。由是而东北下，则之楚、之越、之吴。由是而正南下，则之粤、之闽，可推而定也。

古人称滇为两迤，盖谓其山脊逶迤，或转而南，或折而北也。今老君山之北流为金沙江。山脊以北之水，若鹤庆、宾川、楚雄、姚安、武定所属之水皆归之，无越山而南流者。老君山之南流为澜沧江，若剑川、浪穹、邓川、云龙、赵州、云南县、蒙化、景东、禄丰、临安、元江所属之水皆归之，无越山而北流者。则滇山发源于老君山，两水夹流直送中州。夫固有条不紊，灿若须眉者也。今山水俱在，可按而稽焉。

〔据康熙《蒙化府志》卷六《艺文志·文·考》第103页辑录。张锦蕴，字允怀，蒙化人，贡生，学裕行优，隐居乐道，蒙郡士子，半出其门。方国瑜《云南史料目录概说》第二册卷五《清时期撰述简录·专志·山川志》第719页题录："《云南山水考》，张景蕴撰。谢圣纶《滇黔志略》卷二'老君山'条，引蒙化张景蕴《山水考》，又桂馥《札樸·滇游随笔》'山水脉胳'条，引蒙化张景蕴说。按雍正《云南通志·文苑传》，张景蕴，蒙化人，学问渊博，康熙辛未兴修《滇志》，有文集。《山水考》盖文集之一篇，为世人称许，其集已不传，所见有《李兴元传》（《滇文丛录》卷六十四），《义田记》（《丛录》卷八十四），并在吴三桂乱事后作也。"可知张景蕴即张锦蕴，其文集虽不传，但其所撰《滇中山水考》一文，收录在康熙《蒙化府志》、民国《蒙化志稿·地利部》第三卷《山川志》中，史料价值珍贵。〕

若水考

周钺

若水，在宾川州东北九十里，即金沙江也。史称若水，沿流间关蜀土。黄帝长子昌意降居斯水为诸侯，娶蜀山氏女，生颛顼于若水之野。《山海经》曰南海之内，黑水之间，有木名若木，若水出焉。《水经》曰若水出蜀郡旄牛徼外，东南至故关，旄牛徼在丽江西北吐蕃界。

按：金沙江其源出吐蕃，至共龙川犁牛石下，南流渐广，名犁水，后称丽水者也。东经巨津、宝山，三面临丽江，又东经鹤庆，受漾共江诸水，又东经北胜今永北，受桑园、龙潭、程海诸水，沿注东川、乌蒙、马湖、叙州，始合大江。《水经注》曰若水南迳云南郡之遂久县，即今金沙江巡检司地，绳水、孙水、淹水、泸水、大渡水沿注通为一津，即若水也。诸葛武侯征南，五月渡泸，即此泸水。司马相如定西南夷桥孙原即此孙水，《水经注》孙水，一名白沙江，南至会无，入金沙江。在古云南郡东北界，即今宾川州东北，金沙江之别流无疑。

〔据雍正《宾川州志》卷十二《艺文志》第45页辑录。〕

洱海考异

周 钺

洱海，一名西洱河，即古叶榆水也。源出今浪穹之罢谷山，由蒲陀崆过邓川，入太和，汇为巨浸，广二十里，长一百二十里。出石穴，名天桥，盘回点苍山后，是为濞水。与漾水合，会澜沧江，而趋南海，或曰澜沧江，即黑水。此为黑水洑流别派。

《水经》曰：罢谷山，洱水出焉。又曰：益州叶榆河水出县太和北界。注曰：县故叶榆之国也。中有三岛：曰金梭，曰赤文，曰玉几，在青巅罗荃山之南。其涯有四洲：曰青莎鼻，曰大贯淜，曰鸳鸯，曰马帘。又有九曲：曰莲花，曰大鹳，曰蟠矶，曰凤翼，曰萝莳，曰牛角，曰波artisan，曰高崮，曰大场，皆可田可庐，而大鹳独随波升沉。水东石壁有刻字，云“此水可当兵十万，昔人空有客三千”，不知出自何人。东岸有分水崖，画如斧削，自崖下分为两界：南为河，北为海。海咸河淡，河鱼不入海，海鱼不入河，鱼自崖下各自返。八月望有珊瑚树出水面，冬月夜水面尝有火高数丈。《易象》曰“泽中有火，革”，其理然欤？

《通纪》云昔为邪龙罗刹所踞，大士制之山穴，其族类尚潜于水窟，恶风白浪，时覆舟航，有神僧创罗筌寺厌之。夜，有皂衣童子造曰：师在此坏我屋宅，吾属弗安。僧厉声叱之。明日，寺下漂死蟒百余。自是得安流而济。

西北岸有神祠，神牛首人身，或虎头鸡喙，皆大石自地涌出者，实非人工所为。《山海经》曰西荒之山有神，兽面人身，其说非诬。《通考》云天竺之国，其山头似鹫鸟，故名灵鹫山，其部临恒河，又名伽毘黎河。大理旧本白子国，或曰叶榆河即恒河，此点苍山即灵鹫山。

按：汉武穿昆明池习水战，即象此洱海也。《史·西南夷传》越嶲昆明国有滇池，方三百里，汉使求通身毒国，为昆明所闭，欲伐之，故作池象之，以习水战。《汉书》云昆明池水源深广，而末更浅狭，有似倒流，故曰。《滇志》云洱海形如月生五日，故又称珥河。此李元阳以叶榆水即昆明池也。

〔据雍正《宾川州志》卷十二《艺文志》第46页辑录。内容多沿引嘉靖《大理府志》及《西洱海志》。〕

州境水道源流考

汪无限

霑居曲郡上游，其环绕郭外者为交河，发源于花山洞，由白浪三川至松林北境之田资灌溉焉。地势平衍，或雨多水溢，滨河者苦之。松林而下，一山当中，流形如舟，巨石屹立于上，俗呼“石佛停舟”是也。越数武，有石窍涌泉者九，纳之以行出大谷中约十余里，奔泻于层岩之上，即天生坝，若晴空舞雪。其第三级高数十仞，中藏一洞，珠帘直挂，素练斜铺，难攀涉而入。昔人即其上左右各引一渠，东流者稍狭，抱数山至大觉庵。其西流则杨禄所开凿者，越阡度陌，蜿蜒几三十里，城南北三乡八伍二铺，咸藉润于兹，言霑水利及胜概者，必以天生坝为最。河至此惊涛激浪，悉安澜矣。自西而北至黑桥，渐南至太平桥，玉光村之溪流会焉。再下，纳沙河之水至梅家闸，故明挥佥梅用所筑也。其依西山而来者名蜡溪，源近翠峰山，至凤凰山，流二十余里，出双河为二坝，抵新桥至闸下，与河会，交水由是得名。五里许，即南宁县界，会白石、潇湘二水，趋桥头，过陆凉，入铁赤河，纳瀫江、广西诸水，由八达以至粤。惜陆以下，丛石叠封，不通舟楫，为此邦憾事。东南有巨津，来自平彝清溪洞，经羊场、宽塘之间，广十余丈，深百尺，土人织藤桥以度，如在空中行。至兹隆东西两山千寻，壁立激湍，出其中，逮午方见日，悬崖之麓，可容数千人，惟一仄径縋身乃下，一夫当关，盗虽多不能近，百年前土人以为避兵善地。东折数里，水潜行复出，名天生桥，其地为罗平、平彝之界。块泽河即其水也，会九龙桥之流入八达，亦归于粤。在霑境者南北仅三十里，岸高而偪，田亩不数见，无灌溉之利，偶遇地形稍便，用筒车以汲耳。西北车洪江出于杨林，汇为嵩明湖，至寻甸七星桥，奔流而下，经州境木冲江之西，即东川界，自平溪及歹扯上下百余里，行万山中。江中怪石叠出，舟楫难通，下流至宣威境，名牛栏江，入于金沙，即《滇志》所称出于土番以外，会岷江而趋东海者也。予尝谓霑之水，车洪为大，羊场次之，交河又次之，而车洪、羊场仅壮提封，实于民无所济。交河潆洄曲折平原百里，在在皆膏腴，与南宁共被之，虽堤埁沟洫岁劳吏民心力，亦所甚乐。然在羊场者，幸不为民害，若车洪北流而东注，得与朝宗，此岂域于一隅之水所可同日语哉！

〔据王秉韬纂修乾隆《霑益州志》（故宫博物院编《故宫珍本丛刊》第227册《云南府州县志》第2册，海南出版社2001年据清乾隆三十五年刻本影印，下同）卷四《艺文志下·各体文》第26页辑录。汪无限，字天如，贵州解元，清雍正七年（1729年）任霑益知州。霑益交河，折西南流至州城西南梅家闸，右会蜡溪水。蜡溪，一名阿幢河，实交河之西北源也，源出南宁县西北三十余里翠峰山，东南流为蜡溪，经阿幢铺为阿幢河，南流至梅家闸，会交河。〕

昆明池考

全祖望

昆明池在昆明，滇池在滇，本属二水。吾以舆地考之，昆明为今云南之大理府，滇为今云南府。滇自楚庄蹻之后，世为国王，即以池名其国。而昆明之属无君长，又为滇徼外之蛮。汉之通西南夷也，本求身毒国以达大夏。于是发使滇国，滇王为之求道，以隔昆明，闭汉使不得通。武帝闻而怒，欲讨之，闻其地有昆明池，乃于长安西南作昆明池，以习水战。迨两越既定，滇王举国内附，而昆明卒不通。郭昌将兵击之，无功而还。自汉至隋，永昌诸夷相率隶郡县，独昆明未附。《通鉴》唐武德四年，昆瀰遣使内附。昆瀰，即昆明也。时有西瀰河蛮、东瀰河蛮，通名昆瀰，是昆明之当在今大理无疑。乃

《史汉·西南夷列传》、《三辅黄图》皆曰昆明有滇池，武帝象之于长安。则今云南府之滇池，亘古以来，未有移也。昆明尚在其西南，相去九百里，而忽接而言之，遂使今云南府之首县，即以昆明名，误矣！且以事情言之，滇王未尝得罪于汉，汉无故图其地理而欲伐之，无是理也。以军行之道言之，汉若欲伐昆明，乃去其国千里，岂能远致昆明之师而战于滇，更必不可信之说也。予疑此久矣，但未得其证以实之，偶读杜岐公《通典》曰西洱河，一名昆瀰川，汉武帝象其形，凿之以习水战，非滇池也。古有昆瀰国，亦以此名，然后恍然。

盖今滇云全省之水，其最险厄为迤东西之要者，莫如西洱河，即古叶榆水之北出者。自浪穹县罢谷山汇诸流，合点苍山十八川，而为巨浸。《水经注》谓诸葛丞相战于榆水之南是也。史万岁击南宁，渡西洱河，破三十余部。韦仁寿将兵五百，循西洱河，开地千里。梁建方破松外蛮，奇兵奄至西洱河，东、西蛮惊恐请降。鲜于仲通、李宓皆以十万之师覆于洱河。是洱河者，大理一道之汤池也。昆明恃此水负固以阻汉使，故汉欲摹其水道于京师，使士习之，而卒无如之何也。若滇池则不然。《史》言其源深广，而流浅狭，四面平敞，虽方三百里之广，然昔人有事于南中，未有以为战地者，而况乎武帝之所欲讨者非滇也。

予又考唐嶲州都督刘伯英上疏言："松外诸蛮暂服亟叛，请击之西洱河，天竺道可通也。"天竺，即古之身毒。伯英之言，犹是汉人自昆明通道之故智，则洱河之为昆明，无可疑者。

滇南自蒙氏归唐而后，其与吐蕃争者，亦唯昆明。异牟寻既取昆明，遂食盐池，徙洱河七种蛮。吐蕃以兵八万屯昆明争之，韦皋围之不能克，则昆明之险可知也。若高宗时，唐九征击吐蕃于姚嶲，虏以铁絙梁，漾、濞二水通，西洱蛮筑城戍之。九征毁絙、夷城，建铁柱于滇池以纪功，其所云滇池，亦指洱河。盖袭《汉》《史》之讹。九征战胜于大理，不应建柱于千里而遥之滇池。独怪自迁、固以来，其讹相袭，虽有岐公之言，莫据之以正旧史。元段世之《答梁王》曰"若欲修好，当待昆明池作西洱河"，岂知夫西洱河之本为昆明池也？作《昆明池考》。

按：昆明在今永宁、永北、丽江间，隋曾以丽江为昆明军。至今之昆明，乃置于元前，有昆州昆泽县。昆泽似因滇池，然未闻其为昆明池也。予屡举《通典》与万香海言之，得谢山是考而益信。夷自名其种，大曰昆，小曰叟。按昆夷已见周诗，其后孟津八国髳濮已居其二，王曰逖矣，西土之人，是与巴庸俱引入王畿矣。有昆瀰川，即有昆瀰池，有昆瀰岭今名定西瀰渡之称，未审起自何代。其西河曰昆雌江，其东河曰昆雄江，府志、州志、蒙志无不皆然。予以为雌、雄之义，毫无理解，要必瀰西、瀰东之误，或昆瀰东江、昆瀰西江，后去瀰留昆，不误，以昆为昆，亦未可定。然则瀰也，昆也。雄也，东也。雌也，西也。讹以音者也。昆也，昆也，讹以形者也。由是以推，密只当曰瀰止，密底当曰瀰底。数千年蒙晦，一旦豁然，殆亦山川之灵，有以默启之欤！此与永昌之非金齿，同关典要，生斯土者尚无谓予为不经之谈也。庚午十月病起记。

〔据《滇系》五之二《山川系》第73页辑录。文末有师范按语，言信谢山之考说。全祖望（1705—1755），清代著名史学家、文学家和思想家。字绍衣，号谢山，小名补，自署鲒埼亭长，学者称谢山先生。浙江鄞县（今属宁波市）人。清乾隆元年（1736年）进士。精研宋末及南明史事，留心乡邦文献。著有《鲒埼亭集》《全校水经注》等。〕

江源考

张文黻

江源本不甚远，后人皆非身至其地，只凭纸上悬揣，故钱牧斋作《徐霞客传》，竟索之万里之外，而或则以今洮、岷之地，当之谓在甘松岭八百里外，此不特临洮在雍，岷山在梁，《禹贡》明分界限，而即以甘松岭观之，岭去松潘不足二百里，而水源已竭，此外皆有大山，四面环绕，彼洮、岷之水，岂能越岭而至哉？

按：松潘北门外四十里为虹桥关，自关以上水源有三：一北五十里，为柏木桥；又二十里为小西天；又十里为王噶岭水源遂绝。越岭为南坪羊峒，有水达文县。一西三十里为黄胜关，又西北十里为两河口，又北三十里为香蜡桥，又二十里为狼架山，有水出焉。一自两河口西三十里为德龙，又六十里为出阜台，又二十里为甘松岭，以地出甘松，故名，下亦有水出焉。此二水皆由两河口进黄胜关，然止众山沟涧之水会合成渠，非有本者，可比江源，断不在此，惟虹桥关之东北五里为漳腊山，又名猨膊岭，岭下有泉穴六七十涌地而出，光彩耀目，状若玻璃，故又名玻璃泉，犹河源之称星宿海也。与上三水合流，由虹桥关以至松潘，此虽视甘松岭近一百四十余里，然江源之确，似无逾此。特识之，以备知古知今者考正焉。

〔据《小方壶斋舆地丛钞》第四帙第二十四册第643页辑录。〕

金沙江考

陈奇典

滇中大川五，金沙江独源远而流长，与黄河同出于昆崙，同入于海，其经由延袤远近与黄河等，前人莫之知也。按今《一统志》《方舆考》《皇华道里表》诸书考之，金沙江之源出西番乌思藏之域，有大山，山右有阿六江，下流为礼塘，又下为共龙，又下流为旄牛石，即云南旧志所谓犂牛石，讹犂为丽，此丽江、丽水之所以得名也。又下为丽江府之雪山，自雪山以上，其道里不可考。自雪山起约三百余里，乃入永北郡，郡中桑园河、六通河、枯木河、他留河诸水入之。程海亦入之，自西北而来，折而西南，又折而东，约三百余里，乃入姚安府界，环绕三面，波涛壮阔，永北之巨川天堑也。自是而姚安，而楚雄、武定，乃折入四川之界，其右为会理州，其左为会川县，此即诸葛丞相五月渡泸之地，故楚、姚之间多诸葛屯兵之故垒遗迹，或以泸水即与永北接壤之建昌卫，其地有打冲河，即泸水之上源，又有孟获城，其说亦近是。盖水黑曰卢，不流曰奴，泸乃黑水之通名耳。自是又折入滇之东川、昭通，汇滇中湊集之水，沛然而下，则四川之马湖府矣。自是而叙州府，而泸州，岷江自成都来合之。自是而重庆，而夔州，而荆州，而汉阳，则江汉朝宗，于是总汇，乃踰江西之九江、江南之安庆，大会于江宁，聚于黄天荡，散而之镇江、松江、崇明诸处，入海。

蜀人以金沙江为黑水，以岷江为白水。其黑水之源尤长于白水，盖江之经流也。其阿六江大川之左，有也里术水，即黄河之源，相去不甚远，前人舆图未广，局于耳目，所见不周知。国朝天覆无外，始尽睹其所由。故李官詹牧堂言金沙江与黄河同出而分驰，宛如黻文

“亚”字之相背，乃天地之奇观。按图验之，良然。永北三面绕江，经由最广，故备录之。

别有麓川江，在永昌腾越州界外，由缅甸、木邦之间入海，亦名金沙江。前明王骥征缅，追至金沙江，与之盟曰“石烂海枯，尔乃得渡”，即此江。盖以水产金，酋番亦名之曰金沙江。其源流皆在夷番界内，不可详考。省志有张机《金沙江考》二篇，反以此为大金沙江，又曰北金沙江，非也，乃麓川江耳。其旁有潞江来合之，併二水为一，势甚汹涌。酋番大言以为阔二十里，不足信也。

大理有叶榆泽，即洱海，亦发源于阿六江，与金沙江同至旄牛石，乃分流为可跋海，合漾备江，亦经丽江府界，折入大理，过楚雄，由元江府入安南国界内之海。此即《禹贡》“导黑水至于三危，入于南海”之黑水，金沙江则“华阳黑水惟梁州”之黑水也。

又一水为澜沧江，发源于滇之老君山，经蒙化、景东汇于元江，同入安南界，故安南国之九龙江，亦名澜沧江，《后汉书》所云“渡澜沧，为他人”也。

又有南盘江，发源平彝，折入陆凉、路南、罗平三州，合临安一郡之水，会于广西之泗城府，北盘江自黔来合之，下南宁，汇广西诸水，趋粤东之番禺，入海，乃牂牁江之上源。汉武时，唐蒙所谓欲发夜郎兵十万浮牂牁制南越者指此。

金沙江自古不言开浚，至前明巡按毛凤韶、乡官杨士云始发其议，未之能行。国家威德远届，睿谋所及，川渎效灵，竟获其用，其道里远近，险易曲折，铜运已有成规，不复赘述云。

〔据乾隆《永北府志》卷五《水利志》第18页辑录。陈奇典，福建同安人，附贡生，清乾隆二十八年（1763年）任永北府知府。〕

泸水考

陈奇典

按：五月渡泸，非今四川叙州府之泸州，乃泸水也。《元史》与《四川总志》异说。

《元史·地理志》云泸州在建昌路西，昔名沙城赕，即诸葛武侯擒孟获之地。有泸水，深广而多瘴，鲜有行者。其水源冬夏常热，可焊鸡豚。段氏于此立城，名洟笼城，后内附，复叛，至元九年平之，改洟笼城为泸州。又《建昌卫志》云其地有泸川驿，有孟获城，又有孔明渡，是诸葛武侯渡泸，即今与永北相连界之盐井卫界内地也。

《四川总志》云泸水在越巂界。昔武侯入滇，道由黎州路[①]黎州四百里至两林蛮，又三程至巂州，又十程至泸水，又四程至弄栋。弄栋，今姚安府也。是泸水，乃今四川会川县之金沙江也。备存两说，俟博雅者证之。

按：《元史》沙城赕，即诸葛武侯擒孟获之地。《南中志》则云夏五月，亮渡泸，进征益州，生擄孟获，七虏七赦。知未渡泸前，并无擒获之事，故《方舆纪要》谓为传讹。《滇考》谓武侯初擒孟获于白崖。《元史》盖沿泸州地志之误耳。

〔据乾隆《永北府志》卷五《水利志》第22页辑录。文末按语，乾隆《永北府志》原本无，据民国《姚安县志》卷六十一《金石志之六附文征一·考订之文》第4页补。〕

---

① 路　原本无，民国《姚安县志》同。杨慎《渡泸辨》、黎恂《金沙江考》及道光《大姚县志》卷一《地理志·山川》皆有，意长，据补。

山川考

阙　名

昆明池，即滇池也，一曰滇南泽。汉武帝欲伐昆明，乃于长安凿昆明池，以习水战。今陕西西安府城西南大池是也。汉越嶲之滇池，则云南云南府城南大泽是也。其池周五百余里，合盘龙江、络龙河诸水，下流为螳螂川，又迳富民、武定诸处，而入于金沙江。

西洱海，即古叶榆水也，一名西洱河，一名昆瀰池，在云南境内。其源有二：一发自大理府邓川州浪穹县之罢谷山下，一发自鹤庆府城西南一百里之山神哨。二水会于浪穹县南之蒲陀江，南流至大理府城东，受十八溪水，绕府城西南，迳点苍山后，入蒙化府界，会漾濞江，合流入于南海。

金沙江，源出吐蕃界共陇川犁牛石下，谓之犁牛河，又名犁牛水。流入云南丽江府，讹犁为丽，因名丽江，又名丽水，以出金沙，又名金沙江。过姚州大姚县界，又经丽江府界，过鹤庆府城东，入武定州界，经元谋县，又经禄劝州，入东川府，土人呼为纳彝江，又名黑水。下流入昭通府恩安县，至四川宁远府，又至叙州府，入于江。

〔据（《小方壶斋舆地丛钞》第四帙第二十八册第950辑录。〕

入滇江路考

师　范

自古入滇之路有三，楚将庄蹻略巴黔以西，威定蜀楚，其所由入，则今之贵州，古之牂牁郡也。南越以财物役属夜郎，汉王然于乘诛南越之威胁，取滇土。史称牂牁江出番禺城下，其源在田州泗城之境，与云之广西、贵之普安，实相接壤，轻舟东下，迳达南海，所谓南路也。司马相如持檄谕西南夷，诸葛武侯渡泸深入，皆由益部取道南中，非古所谓西路邪。又以其形势言之，东为黔中，在今日为内地，固勿论。若南蔽元江，元江之外为车里，此外则为交阯。西蔽永昌，永昌之外为麓川，又外则为缅甸。西北则为羁縻丽江，以为捍蔽。此外则为吐蕃，气势稍弱，则吐蕃西伺南郊外，窃西南诸夷，不受约束。天宝间，张虔陀暴使滇人，至有南诏之衅，连结吐蕃，终唐之世，不入职贡。宋室不竞，遂弃为异域。蒙段二氏，崛据数百年，计其士马，不足当中国一大郡，然穷天下之力不能下者，则以兵恃险远，下流仰攻，形不便，势不利也。开通西南二路，非无所考而漫为言也。尝考求故道，在昔故多歧矣，其小小间捷之径，人不得益肩，车不得方轨者，置勿论金沙江宽广数里，自丽江而下，吞纳滇武诸水，径达蜀江，其为舟楫利涉，行道之人能言之。明太祖谕颍川侯谓"关索岭本非正道，正道乃在西北"，则讦谟具存，奈土夷射利，诡言为梗，一疏凿之，民固乐从。昆明、威楚、罗婺之境，皆可扬帆至矣。

外如九边，虽汛地可分矣，而蓟辽、宣大、关陕，又各设总督以联之，内如各省虽疆界别矣，而两广、南赣、郧阳，亦各设总督以联之。独云南界在万里外，孤悬一隅，其所道之道，特藉贵州九驿，以为往来，万一中阻，则彼此悬隔，邻邦军旅，虽众且强，而救援无可通之途，势可隐忧，莫此为亟也。况土官各巢穴其中，唇齿党结，虽省会黔郡，号称人物，未免军民华夷杂处。议者谓自古入滇之路有三，今之贵竹其一也，而鸟道纡迟，险峻可危，莫若西南疏凿金沙江，由水路以达于蜀，东南经营广南郡自普安安隆，由陆以达于粤。三路俱通，公私俱便，此亦一说也。彼曲靖，古益州地也。古人既可以益州而统辖乎曲靖，岂独不可以曲靖而联属于益州邪？莫若于四川、云南、贵州三省，择其形势接壤，照南赣、汀漳，各割郡县，合为总镇，方其无事也。则合数郡土著之兵而训练之有方，合数郡土产之物而储蓄之有数，屹然坐镇三省之界，凡各土酋自将畏惮敛戢，而潜消其跋扈之心矣。及其有事，则声息朝闻，暮可遣兵压其境，其视奏请必动经半载，然后调兵聚粮，以议剿抚者，何可同日语也。俟区画既定，物产渐丰，或金沙江水路可疏凿焉，即疏而凿之无难也。或广南诸郡陆路可经营焉，即经而营之无难也。况总镇所在，则三省如臂运指使，趋走服役，山谷尽变而为通衢，而列郡之血脉经络，既以贯通，虽各巢之险阻，自将习熟。纵使一方启衅，而三省之兵粮，皆在指顾间，于以捉其项，拊其背，而深入其阻，郡县其地，皆不劳余力，又不特镇压其格斗强梁之习已也。

夷考金沙江之源，出于吐蕃异域，南流渐广，至于武定之金沙巡司，又东过四川之会州、建昌等卫，以达于马湖、叙南，然后合于大江，趋于荆吴，此其水之所从经络，盖南中西北之险也。自汉武帝遣郭昌等开益州诸郡，西南之夷，始通中国，及孔明渡泸南征，七擒孟获，六诏之地，遂入华图。大约为不开之说者，其端有四：其一则曰由滇南之金沙，以达蜀之马湖，原非操舟纵楫之江，水虽径流，而口多巇崄，由东川之小江猫至阔州，则有阿补溪滩矣，由阔州至乌芒，则有虎跳大滩大流小流滩矣，故其奔腾冲撞之势，见者方惧心焉，而惮其排凿之难成也。其一则曰云南寻甸之柯渡，以至马湖之铜厂溪，原非经商往来之地，沿江夷僚杂居，跧山伏穴，易扰难驯，窃弄锄挺，行将御人矣，故其桀骜忿鸷之性，闻者且戒心矣，而畏其即次之或虞也。况滇云一省，接壤于蜀、贵之间，封疆之臣，各为其土，其为西蜀计者，则曰金沙江之路一通，则当建之邮舍，而设以夫役，其应夫之值，当必取给于蜀民，土木之余材，力久竭矣，故滇云之所利，而蜀境之所不利也，此又一说也。为贵阳计者，则曰金沙之路既通，则行商竞便于舟，而惮劳于陆，其转输之货，当必充斥于北路，九驿之道，工商阒寂矣，故滇南之所利，而贵阳之所不利也，此又一说也。如人力必不可施，即如蜀之新滩，设为盘运之夫亦可也，如夷猡一时果未可驯，则沿江一带多设巡司亦可也。彼西蜀既以钱粮为难，则经理之劳，滇当独任其费，而求借官帑以充之，俟榷商税以补之，亦无有不可者。况滇之与蜀，本有辅车之势者哉，贵阳既以商贩为病，则贸迁之征，滇当稍宽于陆，而舟车并用以通之，东西一路以分之，亦无有不均者，况滇之于贵，本有比邻之义者也，岂可乘以尔我之私若此哉？宋太祖得国之初，尚未遍睹天下之势，乃以斧画大渡河，曰此外非吾有也，遂成郑杨赵段之僭。元宪宗乘革囊及筏济江，进薄大理，掳段智兴，遂平西南之夷。夫以宋主之画河为界，若有得于闭关谢西域之意，然而弃险以资敌，其为谋也疏。宪宗之乘势济师，似有戾于勤兵务远略之训，然能思患而豫防，其得策也宜。

〔据《小方壶斋舆地丛钞》第七帙第四十一册第225页辑录。〕

金沙江考

檀萃

金沙江，在县西北三百里，自和曲州流入本邑，沿江五马界下至土色，交东川法戛界。按：滇之金沙江有二，一发源西藏达赖喇嘛东北哈剌脑儿，东西流入喀木界，又东南入怒夷界为怒江，入云南大唐隘为潞江，南流经永昌安抚司下昔朴、怕鲜，经蛮莫、缅甸，合大盈江，入南海，谓之南金沙江，即《禹贡》入南海之黑水，在滇境之外者也。

惟北金沙江，实为长江之源，在滇蜀交界者，一曰若水，一曰沬水，一曰绳水，一曰泸水，一曰白沙江。古无金沙江之名，名自后世起，其原自达赖喇嘛东北乌捏乌苏流出，译言乳牛山也。其水名母鲁乌苏，东南流入喀木地。昔人谓源出吐番后共龙川犁牛石下，纡折而南，谓之犁牛河。犁牛即乳牛也。其源经土番铁城桥，再绕老君山，渐转东南而逝，经中甸，入云南塔关，名金沙江。入丽江界，始东行，原名犁水，至是则讹名为丽，遂名丽水，以两岸浮沙悉灿金色，因名金沙江。绕巨津、宝山二州地，曰巴塘，曰赵可，曰蒲字力，曰降剌普，曰石鼓，皆江之所经也。又自西浪沧过北浪沧雪山之西趾，以受丽江、鹤庆、漾共江诸水。由是历大巨俸可，入永宁府界，转革泥、八剎，皆入北胜州界，受桑园、龙潭各水，自北胜之东经宾川，受大河水，经大姚之苴却，有三江口。其北为四川会川卫之红卜苴地，则盐井卫之打冲河，与建昌卫之安宁河交会于此，而入江焉。红卜苴界内有鲊实者，杉木聚于此。其南为苴却拾马地，由此渡白马扯者车矣。资云龙王潮，乃受蜻蛉、弄栋、蛟左膊诸水，过此入武定江头村，则楚雄龙川江、广通罗绳河合流黑井，入元谋纳溪河水至州之腊甸，入于江焉。由是里许，至巡检司官渡，为滇蜀大道，设司驻防，以稽行旅往来。其北岸阿波赊至以招，亦属武定界，江南岸自官渡下导骂喇母、鲊石、母猪滩、白马口，受州之龙庆关、只苴、高桥、插甸诸水，又历灿剌则、五曲革，受山溪诸水。其北岸之竹鲊、普龙，则会川卫界也，受梨溪、松平关诸水。其南岸越五曲革至普利则入禄劝，沿江五马地江北受会川卫及通安州姜舟、会理州诸水，江南度觉捏至曲卑界撒马基，亦设有官渡，以通狮厂，至土色鹦哥嘴，受普渡河及补知、他颇、小五龙诸水，滇境尽此矣。

普渡河，故纳滇池之水也。盖滇水发源邵甸，自北而南，下盘龙江，积为昆池，倒而西流，因名滇水。出昆阳石龙坝，叠水重重，至青鱼塘，水势少缓，始折而北流，经安宁，越罗次、富民至禄劝之大密陀，与掌鸠河相合，下历达矶、普渡、糯巴、天生桥，以抵土色，而注于江。过此渡法戛、阿纳木姑为四川东川府界，纳矣濯河及大五龙、必古坝、九十九渡、小江诸水至凉水井，设有官渡，为东川达建昌之道。又历踏照、乱得、头峡、剌鲊、粉壁滩，甚驶。又历驿马河新滩，至虎跳滩、阴沟洞、天生桥，土彝巧家地。其虎跳滩，山如峡，水多洑洄，曰阴沟洞者，二山交集，水行山腹中也。又历大小流滩，为蛮彝土司地。又历黄郎铺、贵溪寨业滩至南江口，为乌蒙土府地。受嵩明、杨林暨寻甸之车洪江、縠壁川、齿化溪及东川之摆河诸水，又至文溪、铁索江、麻柳湾、教化岩，为马湖地，受泥溪、大汶、小汶诸水，又历泄滩、莲花三滩、会溪石角滩，至叙州府南城下，会锦江、岷江、羌江、大渡河合流之水，越南溪、纳溪、泸州、渝州，循瞿塘、滟滪、白帝城，达荆楚东吴，以名长江，而朝宗于东海焉。此北金沙江源流之大概也。

盖邑人杨明经泽先之考云尔，而往时开导之议频兴，将以通利舟楫，直抵叙州，其说亦颇可纪焉。盖明正统间，靖远伯王骥南征，曾议开浚，未果。嘉靖初，巡抚黄衷仍踵此议，过役垂兴，为土官凤朝明所梗。会黄衷去，事遂寝。后巡抚汪文盛委官体看，朝明妻瞿氏阻之，亦不行。巡按毛凤韶知其事，因巡洱海时上议云："云南水路直抵四川马湖府，初以遐僻，为禹跡所不到，遂为土人所据。国家始设郡县，同于华夏，然贡献之物扛，官使之行李，军民商贾之货物，担负万里，筋力已疲，而土官土舍因道路阻绝，每怀异志。及今国势强盛，不行开导，将来之悔，不敢谓无也。"是时凤韶锐意开导，而附和其说。谓迤东道自云南海口至安宁、罗次、富民、只旧、你革、达吉、普渡河、安革、法干、土色、江边、阿纳木姑十三程，惟土色有叠水。迤西道自云南陆路至富民、武定、虚仁、环州至金沙江巡检司，凡五程。水路下船至骂喇母、白马口、灿剌则、五曲革、直勒则、卓剌、除鲁、圭宁、折答甸、沙吉、撒麻村、土色、大〔江〕、阿纳木姑十四程，则卓〔剌〕、沙吉有叠水者，武定府丞某也。谓金沙江上自丽江、澜沧、姚安、武安，下至东川、乌蒙、芒部，弘治、正德间，马湖安监生于上江放杉板，嘉靖十七年，王万安亦放杉板，俱系拖稍大板大船。建昌行都司奉钦（此）〔取〕大木，宁番、越嶲、盐井、建昌等五卫俱在上江打冲河、三江口，并德昌千户所，或扎簰，或散放。会川卫在下江科州采斫，开江船行鲁开虎跳滩、天生桥，十分不为险阻者，金沙巡检李朝宣也。谓自巡检司西过江五十里，界会川卫，每见客人贩木，扎木簰筏，江流六昼夜，即抵马湖。随簰下船，或一二十，载粮食，养猪畜，跳簰掷船，如履平地。江下五十六里，有大小虎跳滩，冬春水落，可施开凿者，姜驿丞梁松也。谓自德昌所洗迷村，伐木下江头，一程至白水，一程至会川卫甸沙关，一程至梅易所，三程至和曲州金沙江、马湖，建昌客采大小板枋，俱自德昌下河，从金沙江巡检司经过，直至马湖、叙州，因画图以进者，建昌木客何松也。

凤韶既得诸人之从臾，以为迤东极径便，但闻江内有蛮尖石，两边岩石合成桥，水从石缝流，未委虚的。若迤西水面洪阔，四时横流，客商通贩，前后不绝，中间虽有虎跳二滩，然皆沙石易凿，此则断然可通无疑。因请行总司会布、都二司计议开通，不独利于一时一方，实国家久安长治至计。会地方多事，议竟不行。然所论迤东、迤西道分难易，其说亦疏缪。盖迤西江行，亦经阴沟洞、天生桥，未有他道可以轶出。

隆庆初，凤酋诛灭，巡抚陈大宾复为题请，而议者多甲乙之词。大抵谓江道一通，则商贾竞舟惮陆，算缗之利告竭于程番之八府，而九驿之途鞠为茂草。至天启中，安酋倡乱，贵阳道阻，颇议开之。按察使庄祖诰谓：自巡检司开由白马口，历禄劝之普隆、红岩石、剌鲊，至广翅塘，其下有三滩，水溢没石，乃可放舟，涸则跻岸，缆空舟以行。历会理（州）之直勒村、骂喇〔母〕、土色，下有鸡心石如堆，三叠江中，舟者相水势缓急可行。又历东川之踏照、乱得、头峡、剌鲊，至粉壁滩，甚驶。又历巧家之驿马河新滩，至虎跳、阴沟洞。虎跳湍泻陡石，不可容舟。阴沟二山颓集，水行山腹，从陆路过滩，易舟而下。历蛮夷司之大小流滩，乌蒙之黄郎、〔木〕铺、贵溪寨业滩，至南江口，姑安流。自广翅塘至南江水，南行可十日。乃经马湖之文溪、铁索、江边数滩，历麻柳湾、教化岩，又历泄滩、莲花三滩、会溪石角滩，直抵叙州城下。说甚明晰，然此时明运将终，救败不暇，所议竟托空言。康熙间，楚雄守冯甦亦综此议。迨乾隆五年，宪府决计开之。自禄劝而上，万难施功。即东川境内，自蜈蚣岭、飞云渡、藤桥、滥田坝、小溜筒，五滩阻绝，虽禹力难疏，乃越东川，于昭通界内开辟厄塞，费金不赀，复阻于议石、象鼻、柯郎、虎口诸滩之险，旋复弃去。乃从永善之黄草坪施功焉，自是顺流达叙府矣。然中经锅圈洞，旋圈似锅，瀑流千尺，溯舟者必挽木箱而上，况自禄劝而上达巡检司，如阴沟、天生、虎跳诸滩石，其险百倍于此哉！是知禹迹之所不能至，后人固不能强胜也。

尝思《益州记》云：泸江自朱提至僰道，有黑水、羊官、三津之阻，行者苦之。乃谣曰："〔楢〕溪赖木，盘蛇七曲。盘羊乌龙，气与天通。"乌龙，即今乌蒙雪山。则三津、七曲诸名，即今诸滩险耳。

夫以金江为大江之源说，盖出于穆堂李公绂，其言云：余蒙赐方舆路程图，北金沙江原委井然，既开方以计里，又测极以准度，其法为古今所未有。按图考之，岷江与金沙江会合于四川之叙州，自叙州逆溯，其源岷山当北三十四度，西十二度，行五百余里，过黄胜关，至松番卫，入四川境。又南行五百里，至茂州之长宁堡，有黑水河来会。又南行六百里，经成都西境，至嘉定州，青衣、嘉定二江来会。又二百余里，至叙州，与金沙江合。自发源至此，仅一千八百余里。

若北金沙江发源于西番之阿克达母必拉，必位江也，当北三十二度，当西二十度，经母乌苏之拜图都洪共南行千八百里，过里雍源屯，始名金沙江。又东南行九百里，过塔城关，至云南丽江府。又南行四百里，至陶营巡检司。又东北行千里，至雪山，入四川界。又北行千二里，有打冲河来会。又东行三百里，至凉水井，折而北行七百里，又东行四百里，至马湖府。又东行二百里，至叙州府，与岷江合。自发源至此，已六千九百余里，较岷江三四倍。凡水源远者为主，而源近者附之。今自叙州会合之处逆溯，二源悬殊如此，乃不以行六千九百里者为源，而以行一千八百里为源，此理之必不可者也。按：黄河发源北三十六度，当西十九度，与金沙江南北相距仅三度半，东西只偏一度，而河源之南、金沙江之北，皆高山耸峙，盖即所谓昆崙山也，河源在阳微西二百余里也。

又有一原，名鸦砻江，即所谓打冲河与金沙会于马湖西境者也。鸦砻亦发源于西番北境，与青海南境接壤，当北三十四度，西十八度，与河源南北相距二度，偏东一度，中阻高山，盖亦昆崙之阳而微偏东二百余里者也。其原从平地拥出，源泉百十道，与星宿海相同，西番人名以查楚必拉，蒙古人名以七察尔哈那。众泉汇为大川，南行二千里，沿途纳东西大水十余处，经四川西境，始名鸦砻江。又南行六百里，至叙州，自原计行五千里，较岷江亦几三倍，而水势盛大，亦倍于岷江。以源之远，当主金沙江；以源之大，当主鸦砻江，然不如金沙江之源远流长至数千百里也。予尝两至江干，临流慨叹，知疏凿之难，而溯江源不在彼，而在此，故取穆堂之论附著之，使后学得有所考焉。

〔据民国《禄劝县志》卷十三《艺文志中·考》第1－7页辑录。〕

金沙江考

黎　恂

恂，清贵州遵义进士，道光二十五年官大姚知县。纂县志，著此文并后篇《泸水考》。

按：金沙江即泸水，东汉武威将军刘尚渡泸入蜻蛉川，蜀汉诸葛武侯渡泸至弄栋，俱在此。昔人皆据以载于志。惟《水经注》之若水，南迳云南境之遂久县，蜻蛉水入焉。水出蜻蛉县西，东迳其县下，县以氏焉。蜻蛉水又东注于绳水，又迳越巂郡之马湖县，为马湖江。又《水经》云淹水出越巂遂久县，东南至蜻蛉县。注云蜻蛉县有禺同山，其山神有金马碧鸡，光景倏忽，民多见之。是言蜻蛉水、若水、淹水，未尝指为泸水也。而明杨慎《渡泸辨》云孔明《出师表》五月渡泸，今以为泸州，非也。泸州，古之江阳，而泸水乃今之金沙江，即黑水也。其水色黑，故以泸呼之尔。《沈黎古志》：孔明南征，由今黎州路黎州四百余里至两林蛮，自两林南瑟琶部三程至巂州，十程至泸水，四程至弄栋，即姚州也。

今之金沙江在滇蜀之交，一在武定元江驿，一在姚安之苴却。据《沈黎志》孔明所渡当在今之苴却也。吴省钦《渡泸辨》云会理州西百五十里有泸水，自建昌南流而入金沙江。四五月间，瘴气尤盛，又水激多巉石。杜佑谓武侯所渡在此。然则武侯之至越巂，循唐蒙故道，其入益州，则循刘尚故道也。今县境小鲊石两水合处，金沙江水色白，泸水色黑，合流而下，水色皆黑。观此，则金沙江合泸水后，通称为泸水，亦属可据。故《滇系》亦云金沙江由会理州之西南合泸水，即武侯渡泸处。两崖峻极，俯视江流，如在井底，烟瘴拍天，隆冬渡此，亦皆流汗，惟雨中夜渡乃可，则其地可知矣。

按：末段征引唐蒙、刘尚两故道，一语破的，自是读史扼要，胜诸家详征博引，犹摸稜其说者多矣。

〔据民国《姚安县志》卷六十一《金石志之六附文征一·考订之文》第4页辑录。〕

泸水考

黎 恂

金沙江为泸水，前已辨之详矣。金沙，总名也。自越巂以下，宜名金沙。其上所注之水，人自为说，要末即古水之名，揆于今水之道，以折衷于一，是故阅者不能无疑焉。按：《水经注》曰若水出蜀郡旄牛徼外，东南至故关为若水。若水东流，鲜水注之，迳越巂大笮县入绳。绳水出徼外。《山海经》曰巴遂之山，绳水出焉。东南流至大笮，与若水合，自下通谓之绳水矣。南过越巂、邛都县西，直南至会无县，淹水东南流注之。越巂水即绳、若矣，似水随地而更名也。又有孙水焉，出台高县，即台登县。孙水一名白沙江，南至会无入若水。若水又南迳云南之遂久县，蜻蛉水入焉。蜻蛉水又东注于绳水，绳水又迳三绛县西，淹水注之。三绛，一曰小会无，故《经》曰淹至会无注若水，水又与毋血水合。水出益州境弄栋县东农山毋血谷，北流迳三绛县南，北入绳水，此古水之名也。

遵查康熙间《御制山水考》，谓今之金沙江，源自达赖喇嘛东北乌捏乌苏流出。乌捏乌苏，译言乳牛山也。其水名母鲁乌苏，东南流入喀木地，又东南流经中甸，入云南塔城关，名金沙江。至丽江府，一名丽江。至永北府，会打冲河，东流经武定府入四川界。而明张机《金沙江考》云源出吐蕃共龙川，东至巨津、宝山，三面环丽江，至鹤庆，受漾共江诸水。又东经姚安，受蜻蛉、大姚、龙蛟诸水。又东经楚雄、定远，受龙川诸江水。又东至元谋，受苴林河诸水。齐召南《水道提纲》云自其支流者言之，大理宾川大江北入金沙江，鹤庆漾共江东南至龙珠山伏流，复出入金沙江，北胜州桑园河西流入金沙江。龙潭泉有九眼，下流入金沙江。程湖南入金沙江。姚安蜻蛉河经大姚县东，入金沙江。龙蛟江即苴跛江，入金沙江。楚雄龙川江，西合峨崣山，又东合定远诸水，经定远县黑盐井，下流入金沙江。武定西溪河经楚雄，至元谋，西入金沙江。以上皆云南之水朝宗于东海者。

窃谓《水经注》曰若水出旄牛徼外，又经大笮县，入绳水。《山海经》曰至大笮，与若水合，自下通谓之绳水。按：绳水，《通志》谓发源于镇南州之沙桥山中，流至楚雄为龙川江，至广通为罗绳河，西南流三十里，经定远县至黑井，出元谋为西溪河，入金沙江。是若水至大笮县，与绳水合，乃谓之绳，未与绳合，不得概谓之绳也。《水经注》又曰有孙水焉，出台登县，一名白沙江，南至会无，入若水。若水又南迳遂久，蜻蛉水入焉。蜻蛉水又东注于绳，绳又迳姑复县北对三绛县，淹水注之。三绛，一曰小会无。淹水又与毋血水合。毋血水，出益州弄栋县东农山毋血谷，北流经三绛县南，北流入绳。是若水、绳水、孙水、淹水、泸水、大渡水会为一津，自绳水而上，入若水者，皆附于若水，未改若水之名。入绳后，绳水较大，故概谓之绳〔水〕，而改若水之名。胡朏明《梁州图》以绳水为金沙江，不知若水即金沙江也。若水自丙海入大姚境，流至沙坝，合泸水，东南流二百余里，至巡检司，即遂久县地。至是而蜻蛉河、大姚河、龙蛟江与羊蹄江合流，至元谋县湾保河，流出苴林河，而猛冈河即淹水，亦出苴林河，并入泸水。又绳水自楚雄、广通、定远、黑井，至元谋，亦北流入泸水，统谓之绳水。按：定远之猛冈河，即淹水也。镇南之龙川江，即绳水也。会元县即元谋县，遂久县即金沙江巡检司地。泸水即若水。自绳水而上谓之若水，自僰道以下概谓之绳水，故《注》曰若水至僰道县，又谓之马湖江。绳水、泸水、孙水、淹水、大渡水同决入而纳，通称金沙江。

〔据民国《姚安县志》卷六十一《金石志之六附文征一·考订之文》第5页辑录。〕

潞江下游以东皆中国属地考

姚文栋

潞江下游以东，英所称为掸人者，皆中国地也。其一曰孟艮土指挥使。案《大清会典事例》云：乾隆三十一年，设云南孟艮土指挥使一人。又《皇朝通典》云：云南指挥使二人，曰孟艮。又《皇朝文献通考》云：孟艮土司，在车里宣慰司之外，处九龙江之西，古蛮地，名曰孟揩，明永乐四年内附，置孟艮羁縻土府，其后为木邦所并。嘉靖间附于缅，不通中国。本朝乾隆三十年，其地为莽匪所侵据。三十一年，讨平之地皆内属，以其头目召丙授土指挥使，隶普洱府及普洱镇管辖，此潞江下游以东之地一也。

其二曰整欠土指挥使。案《大清会典事例》云：乾隆三十一年，设云南整欠土指挥使一人。又《皇朝通典》云：云南指挥使二人，曰整欠。又《皇朝文献通考》云：整欠土司，在车里宣慰司之外，处九龙江之南。本朝乾隆三十一年，其地为莽匪所侵据，于三十一年讨平之，地亦内属，以其头目叭先捧授土指挥使，隶普洱府及普洱镇管辖，此潞江下游以东之地二也。

其三曰猛勇土千总。案《大清会典事例》云：乾隆三十一年，设云南猛勇土千总一人。又《皇朝文献通考》云：猛勇土司，在普洱府西境外，处孟艮土司及整欠土司之中。本朝乾隆三十一年，以平定莽匪，其头目召斋等举众内附，授土千总职，隶普洱府及普洱镇管辖，此潞江下游以东之地三也。

其四曰整卖宣抚司。案《大清会典事例》云：乾隆三十一年，设云南整卖宣抚使司宣抚使一人。又《皇朝文献通考》云：在孟艮土司西南境外，旧名景迈，即八百媳妇国，相传其酋长有妇八百，各领一寨，因以名部，元初屡用兵征之，以道路不通而还，后遣使招附，置八百等宣慰司。明洪武二十四年，置八百者乃宣慰司及八百大甸宣慰司。永乐五年，遣使至其境，却拒不纳，曾以兵讨之，后遣使入贡。嘉靖间附于缅，自是朝贡不至。其所属有十八大猛、十八小猛，地周三千余里。本朝乾隆三十一年，其头目召斋纳提举众内附，授宣抚司职，此潞江下游以东之地四也。

其五曰景线宣抚司。案《大清会典事例》云：乾隆三十一年，设云南景线宣抚使司宣抚使一人。又《皇朝文献通考》云：亦古八百媳妇地，明嘉靖间八百国为缅所侵，其酋避居景线，名小八百，向不通中国，其所属有十猛，地周一千八百余里。本朝乾隆三十一年，其头目呐赛举众内附，授宣慰司职，此潞江下游以东之地五也。

其六曰六本土守备。案《大清会典事例》云：乾隆三十一年，设云南六本土守备一人。又《皇朝文献通考》云：六本土司本整卖之地，以地方辽阔，自分为一部。本朝乾隆三十一年，其头目召猛斋举众内附，授土守备职，此潞江下游以东之地六也。

其七曰景海土守备。案《大清会典事例》云：乾隆三十一年，设云南景海土守备一人。又《皇朝文献通考》云：景海土司，亦在孟艮土司西南境外，向不通中国。本朝乾隆三十一年，其头目召猛彪举众内附，授土守备职，此潞江下游以东之地七也。

其八曰猛撒土千总。案《大清会典事例》云：乾隆三十一年，设云南猛撒土千总一人。又《皇朝文献通考》云：猛撒土司在顺宁府南境外，明时猛撒与猛缅、猛猛称为三猛，万历间曾置猛撒土巡司，寻入于耿马，其后不通中国。本朝乾隆三十一年，其头目剌鲊细利举众内附，授土千总职，此潞江下游以东之地八也。

其九曰猛龙土指挥同知。案《大清会典事例》云：乾隆三十一年，设云南猛龙土指挥同知一人。又《皇朝文献通考》云：猛龙土司在整欠土司属地之外，谓之沙人，向不通中国，其属有七十余寨，地周二千余里。乾隆三十一年，以平定莽匪，其头目叭护猛举众内附，授土指挥同知职，此潞江下游以东之地九也。

其十曰补哈土千总。案《大清会典事例》云：乾隆三十一年，设云南补哈土千总一人。又《皇朝文献通考》云：补哈土司，在猛龙土司之西，亦接整欠土司界，向不通中国。乾隆三十一年，以平定莽匪，其头目噶第牙翁举家内附，授土千总职，此潞江下游以东之地十也。故曰皆中国地也。

且潞江下游以西之地，亦有属中国者，一曰木邦土司。《皇朝文献通考》云：在顺宁、永昌二府西南境处，耿马、孟定等土司之外，为缅甸东路之门户，古蛮地，名曰孟都，亦名孟邦，元至元时，置木邦路军民总管府，镇三甸。明洪武十五年，改为木邦羁縻土府。永乐初，改置宣慰司，于六宣慰中分地最广，其后数以从征功益地。隆庆以后，附于缅。万历中，复内属，寻仍入于缅，不通中国。本朝乾隆三十一年，其头目罕宋法等举众内附，此其一也。

二曰蛮暮土司。《皇朝文献通考》云：在永昌府西南境外，为入缅扼要之路，古蛮地，明初属于木邦，成化时为孟密所有，弘治时复为孟养所有，万历间曾置蛮莫安抚司，其后附于缅，不通中国。本朝乾隆三十一年，其头目瑞图举众内附，此其二也。

三曰大山土司。《皇朝文献通考》云：亦名波笼，在永昌府腾越州南境外，处龙川江之南。本朝乾隆三十一年，其头目垒管举众内附，此其三也。

四曰猛育土司。《皇朝文献通考》云：在永昌府南境外，处潞江之西，附近木邦地方。本朝乾隆三十一年，其头目衔界举众内附，此其四也。是亦中国地也。

盖考乾隆三十一年高宗纯皇帝上谕云："杨应琚奏新定整欠、孟艮地方，请仿照普洱边外十三土司之例，酌中定赋，于丁亥年入额征收等语。整欠、孟艮业经附入版图，愿输粮赋，其酌定征额之处，俱著照所请办理，但念该处地方连年经莽匪扰害，今虽得安耕作，而元气尚难骤复，若遽于丁亥年责令输将，恐夷民生计未免拮据。所有应征钱粮，著加恩缓，至戊子年入额征收，以示优恤边黎至意。钦此。"圣训煌煌，昭示千古，凡在臣民益当数典而憬然矣。

〔据《云南初勘缅界记》第32页辑录。〕

南甸土司属地直至大金沙江考

姚文栋

滇与缅有老界、新界。老界，乾隆以前之界；新界，今日之界也。以滇西一面言之，乾隆以前，大金沙江内外有蛮暮、孟密、孟养、孟拱诸土司，属于腾越。夹江两岸，雄跨上游，形势甚壮。蛮暮所属之瑞姑为江道喉隘，有上下两口可扼之以为守，此老界也。新界则以现属南甸等土司之地为界，濒大金沙江而止。何以明之？请一征之《永昌府志》，再征之《腾越厅志》。

按：《永昌府志》云南甸辖部有罗布司庄、小陇川，皆百夫长分地。知事谢氏居曩宋，闷氏居盏西，属部直抵大金沙江，与孟养地犬牙相错。又云南牙山甚高，延袤百余里，官道经之，上有石梯，夷人据此为险，此一证也。《腾越厅志》云南甸所属罗卜思庄与小陇川，皆百夫长之分地，其世袭知事者二，曰谢氏，曰闷氏，谢氏居曩宋，闷氏居盏西，所部戛独直通蛮暮江。又云司南百里为南牙山，险峻延袤百余里，为入缅之大路，上有石梯，缘梯而上，有木栅，周一里。昔王骥破麓川取道于此，前通铜壁关。关外布岭、垂哈旧为百夫长地。又云逾盏达，外有冈德、户冈，近孟养，故南甸所部直抵大金沙江，此又一证也。南牙山，即俗所称野人山，石梯之险，今犹在焉。山中有三道，一出盏西，一出盏达，一经石梯之险，皆以山外之大金沙江为界。此南甸形势之大概也。

按：南甸本名南（囊）宋，自明初分地授职，终明之世，未尝改更。故《明史》成于本朝，亦称其属部直抵大金沙江，地最广，未尝言其失地于缅也。议者乃谓陈用宾筑八关，而关外之地弃之域外，斯亦谬矣。国初以来，南甸早隶版图，至今提封无恙，官书如《大清会典》《大清一统志》《皇朝三通》，私家著述如顾祖禹《方舆纪要》、毛奇龄《蛮司合志》、师范《滇系》诸书，皆有南甸属地直至大金沙江之明文，岂非历历可信之确证乎？

夫腾越以西，大金沙江为第一重门户，昔人固已言之。野人山为第二重门户，则即滇中志乘所载之南牙诸山也，古称勇夫重闭可以为国者，是之谓矣。独是蛮暮、孟密、孟养、孟拱诸土司，乾隆以前内属日久，守在江外，有金汤之固，其后折入于缅，而漫无觉知，外户撤矣，是旧日疆吏之过也。然南甸属地犹自画江为守，野人山在其内，则犹守在山外也，今若举野人山而弃之，内户亦撤矣，重险皆失，将何以保？是所望于今日封疆大吏及勘界之使，有以维持之也。

〔据《云南初勘缅界记》第11页辑录。〕

雅鲁藏布江

姚 莹

《一统志》云雅鲁藏布江源出藏之西界卓书特部落西北三百四十余里达本楚克喀尔公喀尔城东北，喀尔拈木伦江自北来会，合而为一。复东南流一千二百余里，经卫之南界，过罗喀布占国，转西南流入尼纳特克国，会诸水注于南海。此水源流甚广，不入中国。按：《唐书》“吐蕃赞普居跋布川或逻裟川”，《地理志》“跋布川在逻娑川西南，渡藏河乃至其地”，疑此即跋布川也，滇人谓之大金沙江。张机、黄贞元谓此真《禹贡》之黑水。

张机曰大金沙江发源崑崙山西北土（吐）蕃地，即《禹贡》黑水也。虽与云南小金沙江及澜沧、潞江皆发源土（吐）蕃，然大金沙江之源较三江最荒远，且其源于三江源邈不相近，其下流亦十倍小金沙江及澜、潞三江之水。《禹贡》“华阳黑水惟梁州”“黑水西河惟雍州”。周文安《辨疑录》云：《甘州志》甘州之西十里有黑水，流入居延海；肃州之西北有黑水，东流遐远，莫穷所之。是其源入雍州之西，流入梁州之西南也。《云南志》金江出西蕃，流至缅甸，其广五里，迳趋南海。得非黑水源出张掖、流入南海者乎？黄贞元曰：大金沙、澜、潞三水，虽皆入南海，大小远近迥不同。澜仅潞四分之一，大金沙十倍澜、潞。澜、潞所出地名，在鹿石山，在雍望，俱可穷源，上源亦狭。大金沙上源相传近大宛国。自里麻、茶山至孟养极北，不闻有所往，号赤发野人境，峭壁不可梯绳，弱水不任舟筏，土人惟遥见川外隐隐有人马形，殆似西羌之域也。

今姑略其源，惟自经流、支流、入海可见者言之。水流至孟养陆阻地，有二大水自西北来：一名大居江，或云大车江；一名槟榔江。二水至此合流，又名大盈江。今腾越入总甸内诸水亦曰大盈江，殆窃侈其名也。江流至此，夷人方名为金沙江。江中产绿玉、黄金、钿子、金晶石、黑玉、水晶，间出白玉，滨江山下出琥珀。滇人相传名大金沙江，若以别丽水，北胜、武定马湖之小金沙江耳。自此南流，经官猛、莫瞰、莫即至猛掌，有一江自西来，入大金沙江。又南下昔朴、怕蚱、猛莫、猛外，经蛮莫，有一江源自腾越大盈，经镇夷、南甸、干崖，受展西、茶山、古涌诸水，伏流南牙山麓，出经蛮莫，入大金沙江。江又经蛮法勒、孟拱、遮鳖、营屯、大菖蒲山峡、小菖蒲山峡、课马、孟养、怕奔山峡、户董、鬼哭山、戛撒。昔年缅人攻孟养，以船运饷到戛撒，为孟养所败者，此江也。正统中，蒋雄率兵追思机发，为缅人所压杀于江中，亦此江也。大约江自蛮莫以上，山耸水陡。正统中，郭登自章贡顺流，不十日至缅甸者，亦此江也。

下流经温板，有一江源自腾越龙川江，经界尾、高黎贡山、陇川、猛乃、猛密所部莫勒江至太公城、江头城，入于金沙江下流。又经猛吉、准古、温板，又名温板江，又名流沙河，皆金沙江也。猛戛、马达剌至江头，江中有大山，极秀耸，山有大寺。又有一江源自猛办、猛戛母南来，入大金沙江。又经止即龙、大马革、底马撒、跻马，入南海。其江自蛮莫以下，地势平衍，阔可十五里。旧云五里者，非也。经南，江益宽，流益缓。缅人善舟，如涉平地。至是江海之水，潴为一色矣。

按：以上张、黄二说所指大金沙江，其上流即今雅鲁藏布江也。此水虽大，但远在西南荒徼外，去《禹贡》雍、梁二州之境甚，谓为黑水，其说难信。

〔据《永昌府文征·文录》卷十一《清二》第17页辑录。〕

富良江源流考

范本礼

自来言富良江者，皆以澜沧江为上源，而不知非也。澜沧之下流入越南者，乃柬埔寨河，即《海国图志》所谓默南君河，而今西人名之为西贡河者也。若富良江，则今西人所谓红河，其上源乃礼社江，而非澜沧江也。

谨按：《皇清通考》四裔门，由广西、云南入交州之道，皆必渡富良江。盖富良江亘交州之北，为越南东京之汤池，故宋郭逵次富良江，而李乾德惧明张辅循富良江南下，遂捣东都。而国朝乾隆时征安南，许世亨夜渡富良江，黎明遂入其都。前事历历可证。

考近江西黄氏《西徼水道》，言澜沧江经车里、孟龙、孟仑诸土司，南流出滇徼，入南掌国，自发源至此，历五千余里，急溜奔泷，如银河倒泻，舟楫罔通。下游经历南掌、暹罗五千余里，亦复如是。夫急溜奔泷，舟楫罔通，则澜沧不可渡明矣。黄氏《西輶日记》又言，西贡古日南郡，即安南嘉定省，澜沧江分晰多派，从此入海，是澜沧江即西贡河可知，与《海国图志》东南洋沿海各国图之默南君河正相吻合，则澜沧不在越南东京之北又明矣。

而以富良江为澜沧江可乎？至魏氏源以眉（湄，下同）公河即富良江，则又不然。考日本引田利章《安南史》言，眉公河，安南、柬埔寨呼之为大河，发源于图伯特之奥区，高山激流，过云南、老挝，入柬埔寨，至南旺府分为二，皆入佛领交趾境，佛领交趾即南境柬埔寨地，属于法人者。合而为一，又分数流，为七大流入海，则所谓眉公河者，仍即西贡河也。盖“眉”即“默南”之合音，“君”“公”亦一声之转，今粤人读君若衮平声。《海国图志》之默南君河、眉公河，实一河而二名，乃澜沧江，非富良江也。

考澎湖蔡氏《海南杂著》，言河内省城，即古东京。而前者法人流丕探道，乃由红河直抵河内。近者法、越构兵，法人亦道红河以攻河内。后又言欲与中国以红河为界，割红河以北属中国，以南属法。则红河当东京之北可知。而《安南史》言红河在东京，虽一巨流，其上游发源于中国。又云在东京北部，皆红河下流之砂洲也。又云连山发于云南，亘红河与眉公河之中间，至海而止。证诸《海国图志》东南洋图，富良江在东，默南君河在西，中界大山，地望正合。则富良江非红河而何？滇境大川之入越南境者，澜沧江之东为礼社江，礼社江之下流至开化府界曰鲁部河，法人流丕于同治四年由滇入越，循红河以探道，正由鲁部河顺流而下红河，至河内。见光绪九年五月日报。则富良江之上源，非礼社江而何？盖礼社江即《水经》之叶榆河也。说本陈氏、汪氏。

礼社江有二源：东源曰白崖睑江，出云南县北梁王山，西南流至县北，分为二支：一支东经城北，又东南流，为泡江，入金沙江，即《水经》所谓“屈从县东北流”者也；《水经》于此下当有缺文。一支南流，经县西，至蒙化厅东，而西源阳江出蒙化厅西北者，东南流来会，曰礼社江，东南流经碍嘉废县北，为大厂河，南经新平县斗门乡南，左纳麻哈江，东南至元江州北，曰元江，又东南，经元江州东，为汉西随县地，即《水经》所谓“东南出益州界，入牂牁郡西随县北，为西随水”者也。又东南，经元江州东南，为汉进桑县地，即《水经》所谓“又东出进桑关”者也。又东南，纳龟溪河，为阿底江，又东南，至蒙自县东南，为黎花江，又东南，入开化府界，为鲁部河，又东南，入越南界，经河内省北，东南分数支，与普梅、者赖等河会。按：汉《地理志》西随麋水，东至麋泠，入尚龙溪，都梦壶水东南至麋泠，入尚龙溪。西随在今元江州东，都梦在今宝宁县南，麋水当即普梅河，壶水当即者赖河，尚龙溪疑即富良江也。与正支皆东南流入海，即《水经》所谓“过交趾䴉泠县北，分为五水，络交趾郡中，至南界复合为三水，东入海”者也。自郦氏不知《经》有脱文，注乃多误，而后人乃不知礼社江之即叶榆水矣。安南列为藩服，中国人之至其境者，未尝详究其水道，乃不知富良江之即礼社江下流。惟魏氏源始言富良江之上源为黎花江，而又以眉公河为富良江，则亦误耳。

噫！越南虽蕞尔国，谊则天朝之藩属也，势则南徼之屏藩也，乃于其川流水脉导源于我中国者，尚茫然不知，由是各以臆度，言人人殊，靡所折衷，不知窥伺者固已探地绘图，了如指掌也！

〔据《小方壶斋舆地丛钞》第四帙第二十六册第837页辑录。范本礼辨富良江非澜沧江下流，实为礼社江，亦即《水经》之叶榆水，越人谓之红河。基于此论，作者参稽志乘，细心调查，精确论证，而撰为此文，最后强调指出究明江源，实乃国家边境安全之屏障和保证。〕

龙川江源流考

赵邦泽

《志》载江源有三：一发源于藏甸，为明光河，流至莫落河，通固东河，又一流由阿幸至乌索、固东，二河会之，为灰窑江。逾山峡中，深不可测，两岸逼近，俗呼为天生桥，流至曲石江；一发源界头甸马鹿塘；一发源雪山之麓。双河入瓦甸河、混泥河，经界尾亦至曲石，会众流而东，延高嵛山足蜿蜒数百里，若龙骧然，故名。由此过陇川，通猛密所部莫勒江，去腾益远。至太公城，乃会大盈江，转而南下江头城，入于南海。噫！是殆以江源俱出腾越地，何其管窥蠡测，溯源之不广而寻流之多误也。

尝考直省舆地全图并滇缅西藏诸图，及足迹所经之地，而知源之所自与流之所归也。龙川一江，其始皆与潞江、澜沧江同发源于西藏，第较潞江之源为稍近耳。其源支旋侧出，一出拉里藏，为桑楚河；一出穆冬山，为雅隆布河。至簿宗合流，则为簿藏布河。下至怒夷境，绰多穆楚河归之。及至腾越曲石，《志》谓流至曲石江，想即龙江之流也。不然，此江又从何来欤？乃会明光、莫落、瓦甸、混泥诸河，而东延高嵛山足焉。是明光诸河不过龙江中附流之水，乃以之为龙江源焉。其亦就本地方见闻所及而臆度之，而不知探源于星宿也。

由是蜿蜒而下，经龙川遮放、猛卯、南坎及天马关至猛密所部准本厂，至此又名为那莫江。于太公城上密洞牙，大金沙江旁地名。合流大金沙江，入南海焉。泽公车北上，取道南洋，浮江海于密洞牙龙江归宿之处，曾经过来焉。若莫勒江，则由习马关所部至蛮弄，下交大金沙江。大盈江则由南甸、干崖通槟榔江，至蛮暮，下交大金沙江。派别支分，与龙江各隔数重山焉。至两相交逢金沙江之处，莫勒、大盈交金沙江在新街上，龙川交金沙江在新街下。相间约二百余里。乃以为通莫勒江至太公城会大盈江，转而南下江头城，不亦谬之甚哉！

〔据《永昌府文征·文录》卷十八《清九》第2页辑录。〕

民　国

武侯五月渡泸在今何处考

袁嘉穀

嘉穀，清石屏人，由翰林试取经济特科第一。光绪末，官浙江提学使。入民国，官云南盐运使。

《三国志》独简于蜀，而武侯征南一大举。仅仅曰：“三年春，率众南征，其秋悉平。”侯之功不可考也，遑问所经之地也哉。然后之《出师表》曰：“五月渡泸，深入不毛。”张俨默记《后出师表》亦有渡泸语，以侯本集所无，故不引。侯传所略，幸侯先自述之，则又乌可不考也。考《李恢传》有“丞相南征，先由越巂”之言，语焉未详，奚以征信？征信之书，其惟晋常璩《南中志》乎。其词曰：建兴三年春，亮南征，自安上，由水路入越巂，别遣马忠伐牂牁，李恢向益州，高定元自旄牛、定筰、卑水多为垒守，亮欲俟定元军众集，合并讨之，军卑水。定元部曲杀雍闿，孟获代闿为主。亮既斩定元，而马忠破牂牁，李恢败于南中。夏五月，亮渡泸，进征益州，生虏孟获，七虏七赦。

夫地名古今多变，而山川未必大更。越巂今属蜀。治在京西经二十五度十分，京南纬二十二度二十分。据内府藏本《一统舆图》，故不以赤道计纬度，下同。古则隶滇之永北，京西二十八度西十分，南二十八度四十七分。侯先至越巂，破定元，其地在今永北盐源之界。盐源，古定筰也，京西二十七度四十一分，南二十五度十一分。定元守此，必非今越巂厅治，盖相去六百余里。疾由越巂而始渡泸，则泸即永北之金沙江无疑。《杨升庵集》据《沈黎古志》谓今之金沙江在滇蜀之交，一在武定元江驿，一在姚安之左却。《沈黎志》孔明所渡，当是今之左却。《沈黎志》详言南征之路，载《升庵集》，但与《南中志》言水路异，不引。按：姚安与永北夹江相对，言地异，言渡同也。师氏《滇系》谓会理州西南两岸峻极，江流如在井底，即渡泸处。《四川总志》陈奇典《泸水考》引。以为会川之金沙江，会川，今会理，治在京西二十六度十一分，南二十六度三十分。其南界金沙江，其西界永北。盖指会川西界，言与永北之说亦合。顾祖禹《方舆纪要》引杨氏曰：侯率步骑，渡泸入越巂。注：今四川建昌入姚州境是也。按顾所指，建昌境亦即指会川西界，故入姚州，盖属会川。宁远府即古建昌地，广三度有奇，必分言西境乃明，若杨先言渡泸，后入越巂，尤误。《十道志》云泸水出番州，《一统志》云泸水源出吐蕃，《太平寰宇记》云马湖江从戎州来。武侯渡泸，即此水之上流，虽泛言为金沙江，不确指为何处，然固不悖于永北之说也。揆理而决之，由越巂至益州，必经永北，金沙江江广而郁。侯所渡水，惟此为显，故《出师表》惟以此为言。揆势而决之，元世祖从中道入滇，革囊济金沙。顾祖禹所谓从越巂渡江，未尝不师武侯之成法见《方舆纪要》。用兵，审地势，后先一也。揆时而决之，蜀都至永北，地望准直约二千里。永北至益州治，约千里。汉益州治即今昆明。侯未至越巂，所行皆内地，故春出师而五月渡泸。至越巂后，战事稽迟，故虽千里，不及二千里之遥，而五月渡泸，秋乃悉平益州。愚征信于《南中志》，亦信其与《三国志》相发明耳。乃后人不善考古，臆说滋兴。

一为泸州之说，本于古志林，《元史》主之。《地理志》略云，泸州即诸葛擒孟获地。不知泸州之名，乃元至元九年改州，在蜀都南，与黔之遵义邻。遵义即汉牂牁。侯别遣马忠伐牂牁，当经此路。否则，蜀都近泸州，都至京南十八度二十一分，泸至京南二十二度一分。岂春出师，而五月始至此耶？

一为永昌之说，《益州记》《水经》主之。《水道提纲》引。不知侯自越巂入益州，其路当由东南行，乃谓其西南至永昌渡泸，又复东至益州，岂人情耶？永昌京西三十二度，京南三十一度三十分，去永北三度有奇，去昆阳七度有奇。

一为武定之说，《舆地图》主之。《佩文韵府》引。《升庵集》亦列此言。不知由武定至益州，其行甚直。侯别遣李恢向益州，恢传所谓道向建宁，当经此路。夫恢与忠皆曰别遣，则侯不经此可知。考武定北即江界，江之北乃会川之东境，不得混于会川西境界永北之说也。至于李景山驳金沙之说，而谓泸水源在泸川驿，《水道提纲》引。《建昌卫志》同之，陈奇典引。然其言惝恍，并不指泸为何水。第曰有孔明渡、孟获城、泸沽河。顾炎武《利病全书》言，泸沽入金沙，在过武定后。

噫！滇蜀传侯迹万万，岂皆真耶？令汰伪存真，凡土人之口传，后世之俗书，悉本《南中志》以挥之。盖《三国志》外，实无如《南中志》之可信者。如犹疑永北金沙江非蜀入滇之直径，何不考高定元反越巂，侯不得不自将征之，曲径征之乎？《南中志》云：高杀越巂郡将军焦璜，侯遣越巂太守龚禄往安上县，遥领郡事。三年，自安上入越巂，高守定筰为盐源，甚近永北。如犹疑永北金沙江，旧不闻名泸水。何不思地名无定，不能泥今。如曰泥今，则今之名泸者，皆侯所渡乎？夫臆固说可耻也，独怪夫嗜古之士，恨《三国志》之略，即裴注引《汉晋春秋》，亦不言渡泸处。虽有《南中志》，曾不一问，以可信之书而不问，毋亦又耻其陋耶？

按袁氏说，系本之同安陈奇典《泸水考》。原文主两说：一据《元史·地理志》及《建昌卫志》谓诸葛武侯所渡之泸水，即今与永北相连界之盐井卫界内地。袁氏主之。一据《四川总志》谓泸水乃今四川会川县之金沙江。依二说衡之，汉以后，自会川以南，姚州以北，通谓之曰泸南，置有泸南县，即今苴却、永仁等地。盖由会川渡泸水，经苴却，可径达益州，不必再绕永北等地，行此迂远之地。故《沈黎志》详言南征之路，谓孔明所渡，在今之左却者，不误也。常道将《南中志》所叙，亦殊浑括，但谓别遣马忠伐牂牁，李恢向益州。亮既斩高定元，渡泸进征益州，必取捷直之路，期与马忠、李恢早日会师，必不舍左却捷直之道，而反远绕永北数百里地，以与马、李之师距远也。且陈奇典任永北知府，身履其地，如系盐井与永北间之泸水，则曷不就所见闻而直主张此说，乃反持两端不下断语者，永北不左却之确也。自汉以及唐宋，至明清，此路相沿，已成通衢。永北一路，少人通行，取证不一。故袁氏之说，足备参考，未为定论。惟引《十道志》《一统志》《太平寰宇记》谓戎州以下之马湖江，即此水之下流，直言之即金沙江之上流，名称偶异耳，足以截断泸州、泸沽等之误会矣。要之前人谈地理，因道远，不能确切考查，往往以一名之同，一字之合，便附会牵合，不顾事实。此水则不佞躬亲履行，又证之往籍而合者，非妄为谬悠之语也。由云龙识。

〔据民国《姚安县志》卷六十一《金石志之六附文征一·考订之文》第9页辑录。由云龙（1876—1961），字夔举，号定庵，楚雄姚安人，清末举人。游学日美，兼通东西，著述丰富。历任永昌知府、护国云南都督府秘书厅厅长、代理省长、实业司司长、教育厅厅长、云南通志编纂。1950年当选为云南省人民政府代表，第一、二届云南省政协副主席。总纂《姚安县志》为民国志书中的上乘之作。〕

龙川江源流考

田秋年

腾冲水第一为龙川江。按云南旧《志》，龙川江有三源：一发七藏甸，一发界头甸马鹿塘，一发雪山之麓。阮氏云：七藏甸为明光河，雪山麓为双河，皆入江之小水，非真江源。若界头甸马鹿塘，乃真龙川江耳。然其源远自西藏，至此入境，非发源于此也。则其真源仍不能知。按阮氏所谓明光河即滇滩河，又名固东河。所谓双河，实系明光河，又名磨龙河。所谓龙川江真源，实名龙川江。按龙川江又名大塘河，发源于大塘北百里高黎贡山之麓，非远自西藏而来也。明光河发源于明光北百里姊妹山南麓之茨竹地。滇滩河发源于滇滩北百廿里琅牙山之麓。三水均南下三百余里，至曲石街南十余里相汇，是名龙江。再南下经猛卯土司地而入缅甸境，曰瑞丽江。再西南下至开泰而入伊洛瓦底江，由勃生入孟加拉湾。

〔据《永昌府文征·文录》卷二十八《民十》第6页辑录。〕

大金沙江考

李　秾

大金沙者，所以别于金沙也，然源远流长莫金沙若。嘉庆《一统志》金沙发源巴延喀剌山，清《通志》金沙源犂石山，行二千里入喀木境，又东南流千六百里始入滇，经川、鄂、豫、皖、苏诸省而入海，是其源流约五千里，岂大金沙之径流云南者可同日语哉。乃不大于滇川数省之金沙，而独大于流入南海之金沙者，良以源在西番，尾在中国之金沙，在西南大幹内与黄河已并称大水，不言大而大自在，源西番而委在滇缅，出西南大幹外者，盈江尚冠以大，而金沙独不可冠以大哉？此出西南大幹外之金沙所由冠之曰大也。

独怪大金沙江名，《永昌府志》不列，讵于大字尚待斟酌哉。然于《艺文志》则增补张机《南金沙源流考》、阚祯兆《黑水考》，所以示补遗之意。第惜张、阚二子牵扯《禹贡》两黑水，穿凿附会，竟谓大金沙源出张掖，雍、梁间水惟此为大，甚谓远出汾关，自雍经梁上流已阔，意在形容其大。至论原委，一则曰大金沙源最荒远，一则曰自其雍、梁之水可见者言。信如斯说，并未目击详求，更未考证明确，可传信于天下后世乎。夫曰荒远，则无确源；曰可见，则未见者可囫囵乎。

讵知清仁宗对中国大水源流，悉心派员详求，其《山川考》仅详黄河、金沙、潞、澜、龙川、槟榔，而不及大金沙者，非忽之也。以《水道提纲》《云南通志》已详其源委也。《水道提纲》曰雅鲁藏布江即大金沙，源出西藏西部卓书特部落西北三百四十里之达木楚克哈巴布山，流入尼讷特克国，入南海。《云南通志》已详其原委也。《通志》曰大金沙源出西番，流至缅甸，其广五里。夫曰出西番，则张掖、汾关之谬，荒远不可见之诞，不期辟而自辟。曰其广五里，则较潞、澜、龙川为大可知，然则金沙之为大，冠迤西诸水也不亦宜乎。黄真元曰澜仅潞四分之一，大金沙倍于澜、潞，不诚然哉！况《府志》亦言槟榔江合大盈江，流蛮莫，入大金沙江。龙川纳曲石、猛淋、芒市、南椀诸河，经天马关入大金沙，腾越、龙陵之水皆入焉。

呜乎！江河不择细流，故成其大。兹江涵纳腾越、龙陵诸水，就一隅而名之曰大金沙，谁曰不宜？其流入缅也，名厄勒瓦谛。《郡国利病书》孟养居此水上流，南至抵马撒，有碧瑱、琥珀。张士瀛《地舆韵言》注曰孟拱、孟养在其西，孟密、木邦在其东，产米（木）棉、楢木、翡翠、碧霞，此言大金沙下游之富饶有如此。其上游之所产若何，曰江滨多松与琥珀、金玉、水晶。噫！此江之所由名金沙，此金沙江之所由冠以大耶。明吴宗尧《论腾越山川》曰金沙之大，十倍澜、潞，极边而有此，固天所以限夷夏也欤。

〔据《永昌府文征·文录》卷二十八《民十》第19页辑录。〕

大盈江考

李 秾

大盈江者，腾越西南合三大水而名之也。三河水何名？马邑河、高河、罗生场河是也。《永昌府志》大盈江，一名大车江。今《水经》载之尤详。大盈之源有三：甲出赤土山腾越城北三十里，流为马邑河；乙出龍禶山腾越城北三十里，潴为小池，流为高河；丙出罗生山腾越城东二十里，流为罗生场河。之三水者，分流已不小，合流更为钜，而乃自东而北而西，合于江流，洋溢充盈，阔大无伦。此大盈江之所由得名也欤。自是南入南甸，或分分为小梁河或合至干崖仍会大盈，乃折而西流为槟榔江。明嘉靖间，百户郝昇为建通津桥，行者称便。其后流入缅界，合于伊洛瓦底云。

〔据《永昌府文征·文录》卷二十八《民十》第19页辑录。〕

颂

清

修亚泥河桥颂

何　斌

镇府冯公，简命迤东。
税驾亚泥，河水逢逢。
睹兹浩森，感切五中。
念彼行道，非桥莫通。
急谋绅士，佥议皆同。
捐俸倡首，庀材鸠工。
伐木砺石，砌平架空。
建楼覆瓦，状若卧龙。
履蹈夷坦，步武从容。
欢腾父老，喜溢儿童。
百世而下，共戴鸿功。
俚言致颂，垂誉无穷。

〔据道光《新平县志》卷八《艺文志·颂》第41页辑录。另见民国《新平县志》卷七第二十三《诗文征》。〕

诗·五言古诗

元

滇　池

乔　坚

滇水不可涉，石戟参嵯峨。
胡能宅蛟龙，但可藏鼋鼍。
渚风荡惊湍，乃尔泥滓多。
我欲澄其源，应自昆崙阿。
寸谬谅靡救，临流将奈何！
商山紫芝曲，渔父沧浪歌。
斯人久不作，千载无清波。

〔据景泰《云南图经志书》卷一《云南布政司·云南府·山川》第6页辑录。乔坚，字鼎实，顺庆路判官。乾隆《贵州通志》卷三十二《人物志·流寓·元》载：“籍未详，顺庆路判官，侨居毕节，多所题咏。”另见万历《云南通志》卷二、天启《滇志》卷二十六、康熙《云南通志》卷二十九。〕

赤水河

公孙辅

南陟摩尼坡，寻下石斗岭。
俯瞰赤水河，如入万仞井。
人马及涯涘，径渡奔流猛。
水日两相戛，郁作汤火滚。
瘴焰所冲突，尤剧沙射影。
人如中药鱼，上岸久方醒。
又如登青天，十步无一稳。
我马力如虎，趫捷凌绝顶。
回首自愕眙，舌吐不得引。
国恩叨海岳，敢辞身告病？
行矣勿踌躇，万事一笑领。

〔据景泰《云南图经志书》卷七《元诗·五言古》第358页辑录。公孙辅，字翼之，德阳县人，元至正进士，雍正《四川通志》卷三十三《选举》载：“官中兴路总管。”中兴路，元天历二年（1329年）置，治所江陵县（今湖北江陵县），方国瑜主编《云南史料丛刊》第十三辑作“中庆路”。赤水河，长江南岸支流。源于云南省镇雄县鱼洞乡，流经贵州、四川，于合江县注入长江，在云南省称鱼洞河，至四川省叙永县赤水镇后始称赤水河。《中华人民共和国地名辞典·四川、贵州》分册“赤水河”条皆言唐称赤虺河，明代才有赤水河之名，据此诗知元代已有此名。〕

明

温泉晚浴

毛　铉

乾坤之二气，胡为有藏伏？
我观此地泉，阳在阴之腹。
其源若探汤，有牲烹可熟。
其流汇二池，男女各异浴。
争浴讥裸裎，欢笑声相逐。
浴罢纵杯盘，列坐歌夷曲。
晚行偶见之，含羞掩吾目。
明晨当再过，聊以濯吾足。

〔据景泰《云南图经志书》卷九《明诗·五言古》第437页辑录。毛铉，浙江山阴人。《万姓统谱》卷三十三有记：“毛铉，字鼎臣（一作鼎仁）。赋性方直，生平无妄交，风度夷旷，视荣利邈如也。善诗歌，备汉魏以下诸体，为文高简有古法。洪武中以荐授国子学录。弟锐，亦以文学著名。”〕

龙祠望云

毛　铉

昔有一夷妇，捕鱼此江中。
水浅见沉木，触若有所通。
一乳生九子，一子化为龙。
居人为立祠，祭祀何虔恭。
龙心合人意，祷之无不从。
再拜望云气，顷刻生晴空。
初看散白衣，复睹成奇峰。
因之卜岁计，可识歉与丰。

〔据景泰《云南图经志书》卷九《明诗·五言古》第438页辑录。另见正德《云南志》卷二十三、康熙《永昌府志》卷二十五《艺文志·诗·五言古》。〕

澜江晓渡

毛 铉

两山高插云，峃然若天岸。
草树绿相缪，仰视天一线。
中有一长江，江流急于箭。
乱石龃其中，喷激成飞霰。
客子行问津，鸡鸣夜将旦。
仆夫相顾愁，舟楫恐失援。
天明设此险，永作边城翰。

〔据景泰《云南图经志书》卷六《金齿军民指挥司·题咏》第335页辑录。此诗题名，万历《云南通志》卷二《地理志·永昌军民府·大川》作“澜沧江”，正德《云南志》卷二十三《文章一·元》作“兰江晓渡”，康熙、乾隆《永昌府志》卷二十五《艺文志·诗·五言古》皆作“澜江霁色”，光绪《永昌府志》卷六十六《艺文志·五言古诗》作“澜沧霁色”。另见天启《滇志》卷二十六《艺文志第十一之九·五言古诗》、康熙《云南通志》卷二十九《艺文志九·诗》、康熙《大理府志》卷二十九《艺文志中》、雍正《云南通志》卷二十九《艺文志九》、道光《云南通志稿》卷二十二《地理志三之十二·山川十二·丽江府》、乾隆《丽江府志略》卷下《艺文略》。〕

食点苍山雪

沐 璘

我从永昌回，中怀积烦热。
目眵花眩睛，喉干刺生舌。
莫致金茎浆，翻忆玄冬冽。
坐令百佳味，举箸无所悦。
朅来鹤拓城，获此苍山雪。
命仆亟致之，一见心火灭。
盈盘霜作华，翻匙玉霏屑。
马乳凝且坚，羊肪莹而洁。
泠泠寒逼牙，锵锵脆鸣颊。
客抱消郁沉，枯肠散清冽。
身如冰中蚕，饱食不知歇。
陋彼陶谷烹，肯效苏卿啮。
向来裸壤氛，肃然俱已绝。
缅怀大明宫，圣躬当暑月。
天厨足珍羞，此品未尝啜。

安能托飞仙，持献苍龙阙。
仰瞻云路遥，恋恋心空结。

〔据景泰《云南图经志书》卷九《明诗·五言古》第442页辑录。沐璘，明天顺元年（1457）升云南右军都督同知。另见正德《云南志》卷二十四。〕

春泛昆阳海口

杨　慎

赫曦改东陆，鲜飚转南薰。
炎歊深城府，清冷阻江濆。
隐几倦文竹，抽书厌香芸。
眷言承明侣，肃此尘外群。
仙梯驾虹出，梵阁排霞分。
攀楹低白日，对槛俯朱云。
圆方鹄举见，参差鸾歌闻。
意树鸣天籁，禅棱绕烟芬。
斜景敛平霭，飞雨洒高雯。
金罍引清酌，玉尘生凉氛。
兴谣吐云藻，摇笔挥风斤。
香留荀令榻，书染羊欣席。
奇赏真四美，同咏惭吾君。

〔据道光《昆阳州志》卷十六《艺文志·杂体诗》第1页辑录。〕

温　泉

杨　慎

神邱隐云岊，灵源渺大河。
阴火煮玉泉，阳晕潋朱波。
吹律岂邹子？炼石疑娲娥。
乳窦沉水碧，碕梁趋盘涡。
渐渐不濡轨，汩汩常盈科。
偕赏玩仙液，蕴真洗人疴。
浴兰兴远思，沐芳咏遗歌。
铜池汉霤侧，扣城踪山阿。
朝宗阻江汉，蹇裳限牂牁。
天隅感流落，日暮吟蹉跎。

〔据雍正《安宁州志》卷十九《艺文志下·诗·五言古》第15页辑录。此诗题名，乾隆《广西府志》卷二十六《艺文志三·诗·五言古》、道光《云南通志稿》卷二十七《地理志三之十七·山川十七·广西直隶州》皆作“步阙温泉”。步阙温泉，源出弥勒县北三十里步阙寨，流北倾山下，会白马河。〕

六里箐

杨 慎

六里箐何深，千章树如齐。
俯听秋蝉鸣，翻在幽涧底。
涧水何湔湔，谷兰香靡靡。
不见采芳人，谁为枕流子？
日暮心悠哉，临风聊倚徙。

〔据李铨纂修康熙《广通县志》（清康熙二十九年刻本）卷七《艺文志·诗·五言古》第2页辑录。〕

春日祀龙

余 善

节彼罗藏山，下有双龙潭。
一在山之北，一在山之南。
南北灵所钟，黑白俱非凡。
时乘以御天，变化神机含。
雨师与风伯，驱运匪所艰。
气序辰日逢，暮春三月间。
群黎请予驾，岁事供蘋蘩。
父老咸相随，拥道车马班。
旌旗导前驱，至止山麓庵。
铿锵金玉声，张设品物繁。
荐酒复陈辞，洋洋见龙颜。
请祷伊谁阿，膏泽周八蛮。
秀麦与嘉禾，旱魃勿相残。
公刘乃积仓，于古庶无惭。
年年有此日，胡俾民弗堪。
神人两相得，太平不须占。

〔据雍正《呈贡县志》卷四《艺文志·诗赋·五言古》第1页辑录。昆明呈贡县落龙河之东罗藏山，有黑、白两龙泉，白龙泉在罗藏山西麓，黑龙泉在罗藏山之南。另见道光《云南通志稿》卷十三《地理志三之三·山川三·云南府下》、光绪《呈贡县志》卷八《艺文志·诗赋》。〕

白水道中

袁 年

驱车上山巅，俯瞰人如蚁。
及从涧底行，仰观亦同此。
地位有崇卑，所见固乃尔。
林端宿鸟鸣，天际浮云起。
前村可息肩，澄心会乎旨。

〔据毛玉成修，张翊辰、喻怀信纂咸丰《南宁县志》（《中国地方志集成·云南府县志辑 11》，凤凰出版社 2009 年据清咸丰二年刻本影印，下同）卷十《艺文志第八下·五言古诗》第 1 页辑录。袁年，字子寿，吴县人，进士，明正德间任云南参政。〕

白水驿早发

周复俊

东方日未明，空林鸟将散。
霭霭川雾昏，缕缕村烟乱。
崩云卧岑岩，狂飚决门闬。
迢迢白水程，栗栗黑坟岸。
阴阴虫知曙，喈喈鸡迎旦。
狨瑶俨狙伏，徒御失鱼贯。
稍闻滇水寒，已习炎方暵。
凉冷虽迕时，阴阳自贞观。
吹万感矞发，致一疑漶漫。
霜封紫柯荣，冰蚀丹花粲。
游子悲远乡，夙兴转劳惮。
朱轮一何翩，乎冬岂为玩？
骍骍激靡怀，郁郁累方叹。
五斗陶令奔，一瓢许君判。
扣角白石粤，乘桴沧海惋。
永言缉修轨，未以尘缨绊。

〔据咸丰《南宁县志》卷十《艺文志第八下·五言古诗》第 2 页辑录。周复俊，字子籲，号木泾，苏州府崑山县人，明嘉靖壬辰（1532 年）进士，嘉靖间任云南左参政，天启间任云南左布政使，官至南京太仆寺卿。〕

白水驿对月

冯时可

浅山曳轻云，茂林郁深碧。
夜气凉如水，当窗迎皓魄。
露华洗空氛，清辉流几席。
已欣鸟道脱，尚恨庾楼隔。
抱影独寤寐，衔恩感今昔。
天宇本自宽，人生胡自窄？
万里游亦奇，百城临且适。
当剧即程书，乘闲亦振屐。
悠然如在林，孤臣何踽踖。

〔据咸丰《南宁县志》卷十《艺文志第八下·五言古诗》第2页辑录。冯时可，字敏卿，号元成，松江华亭人，明隆庆辛未（1571年）进士，官至湖广布政司、云南参政，事迹附见《明史·冯恩传》（冯恩，时可父），著《滇南稿》二卷。〕

天 桥

邓 渼

绝涧临无极，飞梁跨在空。
鞭非秦帝石，卧即美人虹。
鹊驾参差是，龟浮赑屃同。
愁称浪泊里，险过吕梁洪。
崖覆葱茏雪，林号澹淡风。
似传神禹迹，乘橇到南中。

〔据天启《滇志》卷二十六《艺文志第十一之九·五言古诗》第895页辑录，同时以王云编辑《滇志校考》改校之。〕

兰津渡即澜沧江

邓 渼

冒险戒征鞍，行色委空翠。
回飙引去旌，迤逦向虚缒。
崎壁倚雄峙，长江贯澎濞。

虹梁跨飞动，鲛宫审所寄。
地维恐中陷，日车侧引避。
石古霜华明，天寒岸阴閟。
静闻饥鹘啸，遽疑飞雨至。
客魂惊始定，幽光屡愕眙。
南登蜀相祠，英风此未坠。

〔据天启《滇志》卷二十六《艺文志第十一之九·五言古诗》第895页辑录。此诗题名，康熙《永昌府志》卷二十五《艺文志·诗·五言古》作“兰沧渡”，乾隆《永昌府志》卷二十五《艺文志·诗·五言古》作“澜沧渡”。〕

霁虹桥

胡尧时

节彼博南山，浪沧出其下。
远睇一沟悬，临流三峡泻。
中有霁虹桥，白日苍龙跨。
汉使度旌旗，明时通教化。
铁柱插银波，斯人伊吕亚。
振铎我刚来，炎炎当仲夏。
夹道愧逢迎，驱骤不遑舍。
北望衮衣垂，绝域都桑柘。
为请青衿人，营营休日夜。
舟楫济洪川，讵但兹梁架。

〔据康熙《永昌府志》卷二十五《艺文志·诗·五言古》第36页辑录。霁虹桥，在今保山市隆阳区东北，始建于诸葛武侯征孟获时，屡毁屡建，明弘治间建成铁索桥。为澜沧江两岸交通孔道，亦曰澜沧桥。胡尧时，字子中，江西泰和县人，进士，明嘉靖二十六年（1547年）督学云南。另见光绪《永昌府志》卷六十六《艺文志·诗·五言古》。〕

清

交水用剑门韵

姚文燮

山势不在高，恢宏气弥壮。
险夷造化心，萦盘审趋向。
千崖积重翠，已尽物类状。
修垌变层岑，庐舍咸倚傍。
流景自容与，萦情谢感怆。

绿畴带满流，牸犊恣牧放。
膴膴新园田，元气复凋丧。
譬登衽席初，虽癯神已王。
相形息争触，自易兴礼让。
三江汇众溪，涟漪愁远嶂。
遥云不断青，似此复何怅?

〔据乾隆《霑益州志》卷四《艺文志下·各体诗·五言古》第40页辑录。姚文燮，桐城人，清顺治己亥（1659年）进士，授雒县知县，属大水，民多流徙，文燮招徕之，复业者予以荒地耕种，捐资筑城垣堤岸，请免被水田租。修学课士，邑志残缺，更为搜订，士民怀之。未几，以卓内召，清康熙三十八年（1699年）祀名宦。〕

石佛停舟

董 聪

天地一虚舟，万物载其上。
谁为执篙人？昼夜相鼓荡。
冥然一卷石，造化呈全象。
会心不在多，离动静亦妄。

〔据乾隆《霑益州志》卷四《艺文志下·各体诗·五言古》第40页辑录。〕

祀龙吟

马天选

帝册百灵长，龙为先天纪。
敷泽利群蒙，终古罔泰否。
洞庭水国宗，渊渊汇万里。
神降自薇溪，俨若来胥宇。
山泽气相通，黄中符大理。
仲春遘上辰，谚语龙头起。
祈祈迓有年，骏奔修典礼。
击鼓并吹笙，赛报良尔尔。
楚俗风更殊，军民岐彼已。
军祀金蟾麓，民祀薇山屺。
龙德曰正中，夫岂有偏倚?
神物盖有灵，冥然咥而已。
司牧喜众从，篝车祀秬秠。
驰驱不惮劳，展拜良有以。

〔据康熙《楚雄府志》卷十《艺文志下·诗·五言古》第 3 页辑录。马天选，浙江建德进士，清康熙二十四年（1685 年）任楚雄府同知。〕

紫　溪

江士宏

闲随流水声，步入紫溪谷。
沿溪多野花，僧舍藏修竹。
石路何纡回？幽邃潜麋鹿。
潭水照明镜，远山青可掬。
千松与万松，十里气芳馥。
扫石坐云岩，老僧时见蹴。

〔据康熙《楚雄府志》卷十《艺文志下·诗·五言古》第 8 页辑录。〕

苦　雨

佟世祐

淅沥竟无止，纳缪奈若何？
秋成还未获，夜雨不宜多。
山□四围霭，阴云满目罗。
深惭少吏治，难以慰天和。

〔据康熙《武定府志》卷四《艺文志上·诗补遗·五言古》第 188 页辑录。〕

渡澜沧江

刘　彬

甫历博南山，渐至澜沧渡。
古所谓黑水，是否即此处？
其源出吐蕃，众流竞趋赴。
数转入中土，蛟蜃咸游□。
经过永昌境，环绕顺宁路。
是为上下江，毒瘴于焉聚。
夏秋势最狂，冬春流稍涸。
两岸陡然分，奔湍若倾注。
触石作轰雷，惊涛飞倒雨。

山光与水气，蒸郁成烟雾。
悬崖万仞高，怪石垂而怒。
緪铁引长桥，冉冉从空布。
天堑未为雄，剑阁惭非固。
我来下江坡，转折那可数？
乍见已堪惊，才上魂先怖。
马行不并鞍，人过无趋步。
桥尽石壁开，镌刻多诗句。
回望水沉沉，中挺双铁柱。
矗矗江上峰，密密江边树。
丞相有行祠，天威犹如故。
曾闻汉卒歌，再入左思赋。
古昔但舟楫，水恶多颠仆。
自从设浮梁，毁坏凡几度。
守土不尚德，恃险将安助？
念此重徘徊，停车聊延驻。

〔据康熙《永昌府志》卷二十五《艺文志·诗·五言古》第37页辑录。〕

修文桥阁诗并序

程廷伟

辛丑冬，余于宫墙外玉河当急流处，以木石为桥，建三楹于其上，名曰修文。盖以征西之师凯旋，方葺黉宫，此桥因之造成耳。桥之南有洲半亩，地旷而圆，环山绕水，雅有溪趣，复于壬寅冬，构阁一间，以壮游览，虽蛮貊之邦，而有溪山之胜。后有同志嗣而葺之，庶斯阁与桥并不朽也。

从来名胜地，实维山与水。
山色幻晴阴，水音激角徵。
开轩于其间，幽趣烟云里。
若乏斯二者，工巧终末技。
宦游如宾鸿，山川常遍履。
每逢一佳境，欢赏辄不已。
况复临绝域，得之能勿喜？
环山杂鸣禽，曲水频跃鲤。
架桥祗中流，横舟差可拟。
半亩沙洲圆，一阁凌空起。
巃嵸秀当前，涟漪清见底。
仰观豁烦襟，俯视涤尘滞。
政间从吾好，独步时至止。

互乡难与言，蛮陬讵相似？
圣人教犹存，揖让或能使。
俎豆事常闻，礼义自兹始。

〔据乾隆《丽江府志略》下卷《艺文略・古风》第382页辑录。修文桥，在丽江府城南，架木为梁，上覆以屋，额曰“中流砥柱”，桥畔有阁，上奉观音大士，下为游人啸咏所，亦郡中雅胜也。清康熙六十年（1721年）通判程廷伟建，题此诗并序。〕

渡金沙江

林绪光

赕北问征途，金沙绕其右。
确角山路欹，浑噩民风厚。
双旌驻河干，苍黎迎渡口。
千峰雪未消，川流日夜吼。
策马入夷疆，击楫歌牛后。
大禹奠山川，疏凿垂不朽。
蜀土富桑麻，恩波通楚薮。
憔悴淘金氓，波涛觅升斗[①]。
东下大姚江，西流浮筒溜。
直欲溯其源，浮槎问夷叟。

〔据乾隆《永北府志》卷二十八《艺文志・诗・五言古体》第1页辑录。林绪光，福建闽县人，举人，清乾隆十二年（1747年）任永北府知府，建魁阁于凤鸣山，筑西山草海河堤百余丈，增修永郡志草，作兴文学，详请诸生赴乡试盘费，遍谕育婢之家悉为婚配。〕

金沙江白浪歌

李联登

帝泽深潋滟，兹江屡凝祥。
水府腾玉汁，居民饮瑶浆。
层层腻鲛织，忽忽稼穑昌。
况当网罗侯，束帛贲天章。
蔼吉移席帽，苍城匹练光。
三日百年瑞[②]，金颂太守良。
太守逊坎德，冯夷更皇皇。

---

① “斗”字下，原本有双行小注“清水驿刘介亭太史奏请每年减金课之半”数字。
② “瑞”字下，原本有双行小注“白浪翻三日，形似米浆”数字。

灵贶符往迹[①]，稽首贺当阳。

〔据乾隆《永北府志》卷二十八《艺文志·诗·五言古体》第4页辑录。李联登，澂江府人，举人，清乾隆二十九年（1764年）任永北府儒学教授。〕

天生桥

屈学洙

盘盘逾螺峰，飞梁跨岩潜。
险若象马蹲，猛与雷霆斗。
般匠如经营，鬼工默左右。
断壁转灵奇，蟾明影一窦。
爪灭戏灵鸿，毛寒饮涧狖。
水波激复圆，山骨齿逾秀。
屹立判容光，奔泻遁金奏。
洒步陟半空，挂月满三彀。
何物记仙踪，有诗恼清书。
齿刚逊舌柔，白石耐可漱。

〔据乾隆《赵州志》卷四《艺文志·诗·五言古》第67页辑录。〕

汉邑龙泉宫有紫薇一本，中长冬青，花茂叶繁，或谓青紫交荣锡石颇嘉，适以祀事过之，因作

程近仁

鲛宫嵌危石，清流走如珠。
湖光吸山色，鱼鸟招前驱。
此中有嘉树，葱郁迥自殊。
干霄兼映日，干老枝不枯。
锦夺桃花水，紫雾结青芜。
荣艳极千古，呵护龙守株。
风雨乌可蚀，霜雪讵能污？
蝼蚁苦厥心，玉露润肌肤。
以此贵乔木，繁荫满庭隅。

〔据乾隆《赵州志》卷四《艺文志·诗·五言古》第68页辑录。程近仁，江南休宁县人，贡生，清雍正十年（1732年）任赵州知州，居官清慎，士民感之，又迁移黉宫，有功学校。〕

① “迹”字下，原本有双行小注“辛未年已征验”数字。

甘泉十六韵小序

鲁　士

虾蟆谷口为凤山集翠之区，仙女庄前实珥海栖霞之所，效灵奇于两境。泽自天生，喷珠玉于崇朝；光由地涌，澄沼对常凝之碧，甘浆挹不爇之香。士幸际祥符，共襄盛事。临流作诵，与祥麟彩凤以争辉；酌水扬休，并瑞麦嘉禾而竞秀。

帝德高千古，皇仁及万方。
有天皆现瑞，无地不呈祥。
滇国休嘉集，榆疆协气昌。
云先开五色，泉复涌双香。
铁柱流鸣玉，青华□□□。
（以下原本缺页）

〔据乾隆《赵州志》卷四《艺文志・诗・五言古》第68页辑录。鲁士，会稽人，任太和县丞。〕

雉鸡箐水

严遂成

不闻一鸟啼，雉鸡取何义[①]？
不见一花飞，香名梅窃据[②]。
老僚昔所都，崛崛磊大砺。
中通道容趾，团团磨旋蚁。
地底俯深丛，阴燐吹鬼魅。
天豁半峰晴，半峰雨未既。
担樵者谁子？时时逢虎醉。
孤城介黔蜀，大小关门蔽[③]。
叛服随乌蒙，为其左右臂。
抵巇或鼠窜，伺殆忽鹰鸷。
鲸鲵几上肉，斩杀动万计。
追原咎祸始，元戎坐招致。
是卫善抚绥，毋虎冠而吏。
二十五年来[④]，它姓如入继。

① “义”字下，原本有双行小注曰“雉鸡塘”。
② “据”字下，原本有双行小注云“梅香古箐”。
③ “蔽”字下，原本有双行小注云“大关在永善县东，小关在四川界”。
④ “来”字下，原本有双行小注云“雍正八年始定”。

恃兹后母勤，不以前子弃。
投醪群饮之，何由酿兵气？
居安戒垂堂，揽景洵足记。
石牛[①]耕牧资，金马[②]战场利。
入夜泉涓涓，无弦惬情趣。

〔据乾隆《东川府志》卷二十下《艺文志·古今诗体·五言古》第62页辑录。另见道光《云南通志稿》卷二十五《地理志三之十五·山川十五·东川府》。〕

三十里箐水

严遂成

不知山起止，弥望青无际。
树亦若逃名，少同而多异。
微风一簸荡，海浪天吴戏。
有时云欲归，万灶饙馏沸。
绝壑泉收声，丛阴豺虎庇。
忆昔苗构乱，中可藏兵器。
行行日未晡，鼻尖森鬼气。

〔据乾隆《东川府志》卷二十下《艺文志·古今诗体·五言古》第63页辑录。另见道光《云南通志稿》卷二十五《地理志三之十五·山川十五·东川府》。〕

饮马川

严遂成

白云忙于人，知出不知处。
山势率然蛇，百里一首尾。
日光悬半照，向背分寒暑。
树木颇有权，反风忽为雨。
夐乎不见人，蛮鬼衣褴褛。
斩刈之所遗，好与谋生聚。
蜾蠃祝类我，饥则将噬汝。
今年荍有秋，爨烟暮濡缕。

〔据乾隆《东川府志》卷二十下《艺文志·古今诗体·五言古》第64页辑录。严遂成，浙江乌程人，进士，清乾隆间署嵩明州知州。饮马川，位于会泽县西南一百三十里，以礼河之源。另见道光《云南通志稿》卷二十五《地理志三之十五·山川十五·东川府》。〕

---

① “牛”字下，原本有双行小注云“石鼓山有巨石如牛”。
② “马”字下，原本有双行小注云“天马山一名金马”。

饮虹潭

赵 淳

深林护石嵓，洑流出山腹。
怪石自稜稜，溪流常汩汩。
洞口多潜鳞，或云是龙族。
几欲探骊珠，窅然不可入。
吐气云满山，濆沫雨盈谷。
洪流润大川，报功宜构屋。
春秋用祈赛，丰穰觇富足。
佳境恋游人，携尊时往复。
喈喈好鸟鸣，团团嘉树簇。
烟月小桥边，遥看画一幅。

〔据乾隆《东川府志》卷二十下《艺文志·古今诗体·五言古》第64页辑录。饮虹潭，源出会泽县西饮虹山，南流入以通河。另见道光《云南通志稿》卷二十五《地理志三之十五·山川十五·东川府》。〕

温 泉

义 宁

天地一炉冶，阴阳时薰蒸。
鼓荡而搏激，未济需以恒。
祝融燃井底，言赖地风升。
山火煎蒙泉，昼夜相凭陵。
大德以敦化，川流各见能。
温泉滇最夥，螳川昔未称。
自遭新都客，霸如齐桓兴。
邓川九鼎胜，禄劝达吉争。
秦晋既迭霸，宜良宋襄承。
其余数十百，悉如郤与鄫。
东川城西南，山势颇崚嶒。
下有泉三窟，磊落而清澄。
上窟炙手热，次窟热如铛。
下窟广丈余，解衣石可凭。
居高能接下，其道始恢弘。
无乃霸似楚，拳拳可服膺。
万里有斯流，振衣当亟登。

在山泉水热，出山泉水冰。
以此知世务，是为日月灯。
泉如无冷暖，人亦无爱憎。
譬之弹琴者，天下自和平。
庶草笑蘼芜，鹪鹩刺大鹏。
吾心本虚谷，於焉生葛藤？
且独咏而归，何必春服成。

〔据乾隆《东川府志》卷二十下《艺文志·古今诗体·五言古》第65页辑录。〕

题龙硐

傅　圣

光化含无极，太虚动有时。
天根穿地坼，水勺掬山梔。
诏睑遗荒秽，图舆渐抉披。
辟疆新则壤，首事亦刊随。

卅年农事起，被泽祝灵湫。
就下民犹水，济川汝是舟。
难名亭喜雨，欲报社椎牛。
岁宴来樵牧，行歌激湍流。

洊至无终古，涓涓意若何？
景光浮槛干，班驳洗藤萝。
促石云烟合，肩崖日月摩。
岸廊容地少，水榭得天多。
散作千家雨，平看一尺波。
烦襟庸未解，相对适中和。

〔据民国《昭通志稿》卷八《艺文志·诗·五言古诗》第49页辑录。傅圣，直隶灵寿人，进士，清乾隆二十七年（1762年）任昭通知府，捐廉俸大兴水利，修建龙硐祠宇，奖进士类，推诚僚属，人民爱戴之，其去，立碑以纪其政。〕

交河夜月

王秉韬

盘腊交汇处，滔滔流旷野。
荡漾尽怡人，况值清秋夜。
长天与水连，明月映水下。
不逐颓波移，朗朗色盈把。

〔据乾隆《霑益州志》卷四《艺文志下·各体诗·五言古》第 41 页辑录。王秉韬，汉军镶红旗人，清乾隆丁卯（1747 年）举人，三十四年（1769 年）署霑益州知州。〕

天生瀑布

王秉韬

建瓶势如注，青渚泻银河。
涤荡声吞吐，喷击雨雪摩。
烟林间疏密，茅舍杂碧萝。
居者昧奇景，揽胜欣所过。

〔据乾隆《霑益州志》卷四《艺文下·各体诗·五言古》第 41 页辑录。〕

石佛亭舟

王秉韬

流水声汤汤，一叶石舟系。
中有峭峰生，卓然如人立。
建宇仿船窗，阒寂兰桨戢。
中流自在游，不虑风涛急。

〔据乾隆《霑益州志》卷四《艺文下·各体诗·五言古》第 41 页辑录。〕

自苴却赴乡履勘地界，时山田栽插粗毕，农民望雨方殷，途中触目有感

黎　恂

簿书日填委，龌龊良寡欢。

晨出理轻策，霁景开林峦。
路逾平冈重，地高天宇宽。
远岫列如髻，丛丛幽树攒。
白云罥峰顶，时露青巑岏。
山田半插禾，绿野聊可观。
新苗喜出水，幸无草宅叹。
此乡地硗瘠，生业殊艰难。
喟彼力田人，骨殆筋烦酸。
胼胝岂不苦？所忧在饥寒。
即令茅檐下，粗粝供朝餐。
念之使心恻，自惭为长官。
愿今岁其有，家余瓢与箪。
祷天悯穷黎，毋令嗟暵乾。

〔据道光《大姚县志》卷十五《艺文志下·赋》第13页辑录。〕

白水驿

倪　玢

朝发交水城，暮宿白水驿。
前途近黔关，滇海重重隔。
劳者苦未休，心只为形役。
行行四十里，看尽寒山碧。

〔据咸丰《南宁县志》卷十《艺文志第八下·五言古诗》第6页辑录。倪玢，昆明人，任浙江知州。〕

易罗池亭

王　昶

噫气决土囊，喁吁振万窍。
水轮应亦然，迸激安可料？
大块稍过隙，逆上倒飞瀑。
临水更见水，动影在窅袅。
亭亭青蘋底，累累仙玑绕。
明湖柳絮泉，举似俨相肖。
地方百亩宽，未容一尘到。
涵虚露玉沙，聊许孤云照。
春深更清寒，宛如积秋潦。

偶有金尾鱼，时向空明掉。
日斜乌雀散，我来展遐眺。
其平比湘簟，其淡等雪缟。
略约界危亭，无复鱼师钓。
想当夜凉时，缺月挂林筿。
波光动帘旌，悽寂类仙峤。
何人赏澄澜，来此一倚棹。

〔据乾隆《永昌府志》卷二十五《艺文志·诗·五言古》第343页辑录。另见道光《云南通志稿》卷二十四《地理志三之十四·山川十四·永昌府下》、光绪《永昌府志》卷六十六《艺文志·诗·五言古》。〕

潞江渡

赵文哲

声如吼火牛，势如奔怒马。
气如釜沸汤，色如土崩赭。
我行逐鸡鸣，破驿灯已灺。
瘴云幂四垂，夹岸暗枫槚。
招招一叶舟，风中似飘瓦。
徒侣互牵挽，临流泪频洒。
迅湍激箭驰，有柁不能把。
托命百丈牵，邪许音欲哑。
溯流几十里，脱手乃一泻。
既济庆更生，稍息道傍舍。
朝曦上铜钲，毒雾溃四野。
徐徐理薄装，独向征鞍跨。
尚有负担民，信宿枯树下。
未持渡江符，欲渡津吏骂。
吁嗟八关路，议覈及盐鲊。
用以惩不庭，何许暴侵寡？
此江走腾冲，置吏何为者。
我非夜猎人，醉呵幸宽假。
莫问司牧谁，事纪庚寅夏。

〔据乾隆《腾越州志》卷十三《记载下·诗》第40页辑录。赵文哲，上海人，任中书。潞江渡，旧刳木为舟，以渡往来，甚惊，明嘉靖十六年（1537年）兵备副使潘润始置巨舟，可渡百人，两岸各建官厅以憩息。另见道光《云南通志稿》卷二十四《地理志三之十四·山川十四·永昌府下》。〕

春日游大龙泉

董良材

晴光满陌阡，人家远近联。
万顷琉璃镜，一水润桑田。
溯源闲纵步，身将入烟雾。
山迎人面生，羊肠九回路。
巉嵯南北泉，窳隆响溅溅。
芦荻随岸转，献媚复嫣然。
峰危使人误，时见桃花渡。
崖门锁千重，疑有山灵护。
岫断聚云连，径曲树底穿。
谁知瑶岛外，遐荒别有天。
溪流无今古，石笋倒垂乳。
造化辟神奇，宁须五丁斧。
傍洞斜通巅，蹑磴意悬悬。
日月相隐蔽，婉转暗回环。
飞阁凌高树，青苍来此聚。
山僧不常栖，终年白云住。
豪举兴欲仙，旷视搜冥元。
俯瞰飞鸟背，上拟摘星躔。
方亭活水渌，闲览风月足。
翠绕绝壁青，藤挂枯树绿。
士女游翩跹，池底映婵娟。
酣歌杂彩袖，留人夕照边。
四时景物布，触境由心悟。
登临会鸢鱼，飞跃真机露。
洞天自昔传，灵窟可并肩。
非仅留胜迹，膏泽灌长川。

〔据道光《续修易门县志》卷十二《艺文志上·诗·五言古》第268页辑录。〕

香河夜月

罗群书

东山擘一线，飞上明月光。
近水楼台多，先得独河梁。

冲波初滉漾，磨镜洗银妆。
渐渐出冲口，徘徊石桥旁。
绿槐垂倒影，疑飘丹桂香。
倏尔到天心，五井同瞻望。
戴月人往来，朗如行玉冈。
月行不肯住，人行毋乃忙。
煎熬未敢息，彻夜汲琼浆。
地白风霜苦，宵深更漏长。
愿此无私者，常照煮盐房。

〔据光绪《续修白盐井志》卷十《艺文志下·诗·五言古》第17页辑录。罗群书，号酉山，楚雄白井人，清道光庚子（1840年）副榜，己酉（1849年）举人，渊雅静谧，通经史，擅时艺，尤工古文辞。主讲灵源书院，经其指授，悉有文名。著述甚富，兵乱散失。清咸丰十一年（1861年）回民踞井，隐身薙发，有怨家从回而欲以自解者，荐授伪职以污之，屡胁不屈，监解姚州，至黎武，绝食而死。〕

水亭观瀑

罗群书

咸水难炊饭，共赖此清泉。
龙口初出峡，一勺无多焉。
疏引入涧中，碧湍漪且涟。
溜急渐不束，陡落珠万千。
卤井旧有亭，乃在井东偏。
阑干十二曲，飞瀑喷龙涎。
碧峰无挂处，径直泻窗前。
时惊风雨骤，飒飒鸣崖巅。
烂若银屑飞，细如丝绳牵。
更疑笔墨酣，挥毫洒云烟。
飘翻桶乍脱，比之忒相悬。
琴弦溅已湿，借枕绿阴眠。
咫尺堪手掬，提汲宜茶煎。
凉意生顷刻，炎热成秋天。
游客怯袖单，担夫汗流肩。
絜瓶抱瓮者，纷纷盘蚁旋。
食德比盐鹾，开凿忘何年。
仰观致足乐，对景转殷然。
饮水不思源，奚从效滴涓。

〔据光绪《续修白盐井志》卷十《艺文志下·五言古》第18页辑录。〕

丁酉三月威远小旱祈雨有应诗以志喜

谢体仁

赤日蒸暑溽，浮云被风促。
禾苗将枯槁，粒米等珠玉。
三农望泽殷，咄咄徒手束。
念我一方民，拮据不堪瞩。
官民共积诚，罪已祷所欲。
天鉴众人心，油然密云续。
崇朝雨滂沱，霎时均沾足。
田畴润成酥，山腰见新绿。
日前将枯禾，远近如膏沃。
闾巷顿腾欢，吾亦快心曲。
何时届西成，家家盈仓粟。
稽首念神庥，勤苦各自勖。

〔据道光《普洱府志》卷十九下《艺文志·五言古》第70页辑录。谢体仁，字云樵，山东郯城人，进士，清道光十六年（1836年）署威远同知，爱民训士，捐廉置产，以助凤山书院膏火及制文庙祭器乐器，又建万寿亭，以崇朝贺之所。公余，纂修《威远志》八卷。在任治行极多，民胪列之，请于大府乞留之，事格不行。明年，改权云龙州去，民依依不能舍。〕

民　国

马关八景（选四）

赵　荃

龙湫霖雨

山虚灵泉清，龙德潜水府。
嘘气一兴云，苍生沐霖雨。

柳塘夜灯

池上几人家，夜读闻何处。
灯光送书声，浸入鱼池去。

古硐寒香

桃源在人世，大隐来尚友。

坐久闻寒香，白云封硐口。

天桥回澜

天桥以天成，不待鬼斧凿。
桥下有回波，宛转盘龙跃。

〔据民国《马关县志》卷九《艺文志·五言古》第17页辑录。赵荃，字湘皋，云南剑川人，举人，1919年任马关县知事。〕

咏马关八景（选三）

张自明

龙湫霖雨

冒雨寻龙湫，云深不知处。
但见清溪流，淙淙过山去。

柳塘夜灯

一池何清浅，倒影扬枝曲。
水面来晚风，灯光撩鱼目。

天桥回澜

巨石阻清流，回波漾空翠。
万古此津梁，斯民病涉未。

〔据民国《马关县志》卷九《艺文志·五言古》第33页辑录。张正明，云南龙陵人，1931年春由麻栗坡督办调署马关县事。〕

诗·七言古诗

元

过金沙江

李　京

雨中夜过金沙江，五月渡泸即此地。
两崖峻极若登天，下视此江如井里。
三月头，九月尾，烟瘴拍天如雾起。
我行适当六月末，王事役人安敢避?
来此滇池至越嶲，畏途一千三百里。
干戈浩荡豺虎穴，昼不惶宁夜无寐。
忆昔先帝征南日，箪食壶浆尽臣妾。
抚之以宽来以德，五十余年为乐国。
一朝贼臣肆胸臆，生事邀功作边隙。
可怜三十七部民，鱼肉岂能分玉石。
君不见，南诏安危在一人，莫道今无赛典赤。

〔据李京撰《云南志略》（王叔武辑校，云南民族出版社1986年版，下同）卷末《佚文辑录·纪行诸诗》第102页辑录。〕

明

秋江静钓

王景常

长江西来几千里，白浪飞流拍天起。
中有修鳞长比人，不入先生钓竿里。
先生襟度足与娱，直钩在意不在鱼。
要将清风荡星斗，不与怒涛同卷舒。
昨夜一丝蘸寒月，今夜一丝拂飞雪。
举头傲睨天地裂，目光夜射蛟鼍窟。
先生钓竿几许长，先生经纶千丈强。
子陵桐江迟文叔，尚父渭水逢周昌。
江山回首应非故，世事茫茫难缕数。
赤壁天空雁不来，采石月明鲸已去。

乾坤上下清绝尘，天潢冰白结水银。
先生有意投竿起，岁月无情那待人。

〔据景泰《云南图经志书》卷九《明诗·七言古体》第447页辑录。〕

喜雨

沐璘

甲戌春霖夏无雨，祝融行威扇烦暑。
云峰屹屹障层霄，火伞炎炎烧下土。
昆明水温龙入窟，堰陂枯涸尘生浒。
分泉仅可润秧苗，灌溉无由及禾黍。
饱食乌犍空喘月，篛笠农夫倦鸣鼓。
去年郡县多水灾，米价于今尚艰阻。
如何亢旱又相仍，使我兵民向饥窭。
诸公忧之为恳祈，躬祀龙湫与田祖。
那用刑鹅置虎头，惟以虔诚著灵府。
始信神明感必通，倏见氤氲满天宇。
甘霖如注洽千村，蔼蔼欢声连万户。
生意充然畎亩间，欻若沉疴一时愈。
西成有望喜莫胜，藩镇无愁狂欲舞。
周诗载诵慕前贤，商祷罪躬思往古，
才疏任重惭何补。

〔据景泰《云南图经志书》卷九《明诗·七言古体》第451页辑录。〕

游温泉

杨洪

石窦玲珑透玄脉，乾坤造化于斯泄。
祝融驱使煮山根，烧得灵泉烟气结。
龙涎吐出沸波香，丹窟浸来珠泡热。
澄清一派似青天，缥缈光明同碧月。
仿佛玻璃漾水晶，宛若珠巩盛琥珀。
玉真若遇此温泉，更有柔和照颜色。
予今游此胜逍遥，何须汤沐琼瑶阙。

〔据雍正《安宁州志》卷十九《艺文志下·诗·七言古》第26页辑录。杨洪，安宁州人，明天顺己卯（1459年）乡式第一名，敕赠进士。〕

温泉晓霁

石 泉

半泓镜水碧涵空，一脉分来万派同。
霜日澡身温鼎水，寒天濯足酿春融。
气虚石屋浮秋霭，光射泉渠散晓虹。
好似羽仙朝礼夜，浣衣方出广寒宫。

〔据康熙《禄丰县志》卷四《艺文志下·七言古诗》第4页辑录。石泉，字彦清，湖广长沙监生，明成化间任禄丰知县。倜傥不羁，区画有法要，县当迤西孔道，里民困累，尽心调剂，力役均平。〕

温泉晓霁

束 武

碧水春塘映碧空，悬崖酝酿有谁同?
酷炎九夏情愈燥，凛冽三冬性转融。
神火六丁烹冷水，丹炉一炁射晴虹。
晓看天际云呈彩，疑是人间兜率宫。

〔据康熙《禄丰县志》卷四《艺文志下·七言古诗》第4页辑录。束武，禄丰贡生，明万历间教授。〕

温泉晓霁

陈 职

凉燠原随一定时，此来和煦独为奇。
从教烦热堪容濯，纵到冱寒亦似炊。
山下静流明月在，岩头香度落花迟。
陶钧如转无冬夏，洗尽疮痍为国医。

〔据康熙《禄丰县志》卷四《艺文志下·七言古诗》第4页辑录。〕

星桥远眺

黄 枢

星桥西郭驾长虹，万象登临霁色中。

水底有天流化日，山间飞瀑响清风。
深林茅屋烟初散，古寺鸣钟韵暗通。
忽听隔溪田父语，桑麻从此喜芃芃。

〔据康熙《禄丰县志》卷四《艺文志下·七言古诗》第6页辑录。〕

安宁温泉同升庵修撰

李元阳

碧鸡空翠映堂川，坐见汤池起夕烟。
谷口招寻仙作伴，自矜同上李膺船。
溪回谷转滇阴道，雾霞依稀著花草。
弈弈红亭跨绿波，遥遥金铺依云窝。
红亭金铺总相宜，水阁云屏元蔽亏。
地脉阴阳割天巧，池心玉石夺人奇。
谁家罗衣着白苧，繁花点染清江渚。
赤脚奴儿刁泳游，挈得银瓶傍崖煮。
酒香花气薰游人，浩歌濯足凤山春。
丽日温疑锦绣段，香波气郁膏兰辛。
可怜岩窟净如拭，更向澄源理容色。
衹知毛发鉴去来，讵意尘颜转凄恻。
骊岫氤氲水殿香，太真浴罢宫云凉。
君王当日歌游地，泱漭风沙西日黄。

〔据雍正《安宁州志》卷十九《艺文志下·七言古》第26页辑录。原本漫漶不清处，据施立卓总编校《李元阳集》（云南大学出版社2008年版）校补。〕

宿金沙江

杨 慎

往年曾向嘉陵宿，驿楼东畔栏杆曲。
江声彻夜搅离愁，月色中天照幽独。
岂意飘零瘴海头，嘉陵回首转悠悠。
江声月色那堪说，肠断金江万里楼。

〔据乾隆《永北府志》卷二十八《艺文志·诗·七言古体》第19页辑录。〕

春水歌

罗俊民

沧城城西红石崖，芙蓉两畔云中开。
嵯峨万仞丹砂泼，仰视一线青天巍。
人传凿石禹之力，我疑岂是五丁劈。
上有孤松岚霭间，婆娑裂壁猿难趋。
千溪万谷水总归，遥听吼鲸相怒激。
崖旁一脉涓涓流，东风嘘动馨香浮。
布谷崖头三月叫，山灵便把馨香收。
为此纷纷赏奇者，挈盒携壶邀绿野。
临泉汲取若琼浆，调饮谁醉数十斝。
不内寒衷不疾腹，醴泉玄酒同甘馥。
饮余两腋清风生，解醒且能疗病骨。
搜我枯肠破孤闷，顿令豪吟狂兴发。
不说卢仝七碗茶，吃不得时蓬莱赊。

〔据乾隆《永北府志》卷二十八《艺文志·诗·七言古体》第19页辑录。〕

赋得滇池夜月

郭 文

长天无云山四青，白月在水摇虚明。
冷涵万象镜光里，乾坤一色秋冥冥。
玉壶载酒游空碧，人在清凉水晶域。
座中何郎湖海客，醉眼却嫌滇水窄。
飘飘书剑不可留，坐令乐事成离忧。
安得身如水与月，千里万里随君舟。

〔据康熙《云南通志》卷二十九《艺文志九·诗·七言古》第27页辑录。郭文，昆明布衣。〕

游罗藏山龙泉

孔宗尧

山根岩窟泻清泉，曲径纡回古树边。
洞中定有老龙眠，何不奋鬣飞上天？

奔流到海赴百川，润溉呈阳万顷田。
村民祷祀亦何虔，陈牲伐鼓声鼘鼘。
我今游玩久留连，徒嗟乱石锁门前。
欲持巨斧凿石穿，膏泽长流亿万年。

〔据雍正《呈贡县志》卷四《艺文志·诗赋·七言古》第2页辑录。另见光绪《呈贡县志》卷八《诗赋》。〕

星云湖对月

侯必登

玉露凄清秋气凉，星云湖水澄明光。
近屿含烟凝紫翠，远山削壁摩清苍。
水光山色浑相映，万里无云碧天净。
俄惊龙女涌银波，忽讶嫦娥悬宝镜。
嫦娥龙女竟何之？一片飞来印酒卮。
寒生几席冰壶彻，影转栏干玉漏迟。
栏干几席此清辉，曾向关前耀铁衣。
寂寞长门砧杵急，欢娱金谷管弦低。
长门金谷总人寰，寂寞欢娱自往还。
惟有星云湖上月，年年如旧照青山。

〔据雍正《云南通志》卷二十九《艺文志九·诗·七言古》第30页辑录。侯必登，字颐真，号星湖，江川县人，明嘉靖己未（1559）进士，历官广东潮州知府，升江西布政使、左参政，多善绩，归殁，崇祀乡贤。另见道光《澂江府志》卷十五《艺文志上·诗·七言古》第13页。〕

大理天生桥观瀑

毛　堪

天生片石不盈尺，横放山腰接山脉。
侧身仰望点苍高，俯瞰悬崖如斧劈。
一隙中飞万斛珠，千层雪浪纷如席。
梅花点点袭人裾，错落瑶华良可惜。
马过峻坂鸣萧寺，旁睨行人多辟易。
变幻神奇那可常，兹山终古无今昔。
我来对此融心神，飒飒清风生两腋。
嘘然一啸四山开，浪涌波湍天地坼。
徘徊此际信雄哉，万里驱车何太迫！
静观造化岂人工，吁嗟久矣为形役。

黄石空传佐汉书，商山讵假安储策？
诸葛层城自古奇，木及天生一片石。
吾侪扰扰亦奚为？水活山空鱼鸟适。
闲来携酒坐桥边，逢着樵夫且对奕。

〔据天启《滇志》卷二十七《艺文志第十一之十·七言古诗》第911页辑录。毛堪，吴县人，进士。此诗题名，康熙《大理府志》卷二十九《艺文志中·七言古》、雍正《云南通志》卷二十九《艺文志九·诗·七言古》、乾隆《赵州志》卷四《艺文志·诗古体·七言古》皆作“天生桥观瀑”。〕

游紫溪深处

陈士恪

看山须穷山之深，巉岩泉石锁顽阴。
予生爱山不爱力，两足惯曾历崎嵚。
偶然杖策入杳霭，山石荦确树萧森。
始知紫溪深处好，游踪不到空古今。
松如苍虬挺绝壑，舞风欲作老龙吟。
怪石虎蹲触怒湍，空山雷转惊猱禽。
自有此山隐樵牧，予来初踏翠烟岑。
不烦巨灵供洗凿，但如灵运永嘉寻。
佳无不游游不厌，到处试著丹青临。
况逢暇日与绝赏，天畀清福一刻金。
兹处不将新诗纪，恐负其中山水音。

〔据嘉庆《楚雄县志》卷十《艺文志·诗·七言古》第18页辑录。陈士恪，字元敬，楚雄人。明崇祯壬午（1642年）举人，淹贯经史，题咏甚富，著有《庸言》《鸿雪草》。〕

北溪霜渚

金 绶

无量山南及山北，溪水长年浸寒碧。
何人采得楮树皮，洗出芳笺雪霜色。
嗟哉蔡伦孰与俦，遗法千年今尚留。
老夫得此心更喜，拟欲添修五凤楼。

〔据乾隆《景东直隶厅志》卷四之二《艺文志·诗》第169页辑录。〕

龙井朝云

金　绶

层峦近天高莫量，中有洞府神龙藏。
清晨吐气如烟雾，五月六月能生凉。
灵泉发闷自太古，几回一滴遍寰宇。
至今随处起炎蒸，好为苍生作霖雨。

〔据乾隆《景东直隶厅志》卷四之二《艺文志·诗》第169页辑录。〕

笕泉漱玉

金　绶

笕泉漱玉西山麓，去城二十余里遥。
源源引来流不息，清声日夜闻琼瑶。
构亭作[①]井蓄寒液，冷若冰霜甘若蜜。
饮且食焉[②]寿而康，君子如斯保贞吉。

〔据乾隆《景东直隶厅志》卷四之二《艺文志·诗》第169页辑录。〕

清

庚午十月游黑龙潭拟古

范承勋

陋山蜿蜒来西蜀，奔入滇云频起伏。
赤碛灰堆亘千重，昆明万顷环城绿。
欲从盘龙探上流，残荷衰柳度田畴。
鹿疁积获高于屋，老农击壤歌有秋。
宾从携琴踵相接，九十九泉一日涉。
荒郊狐兔已无踪，鞲鹰勒马看红叶。
白龙潭复黑龙潭，真人朝帝龙为骖。
乞封还来卧兹窟，云雷晓夜停天南。
道人出自长春院，诩诩呼龙与人见。
麦盆在手白鱼跳，何物悠然游水面。

① 作　嘉庆《景东直隶厅志》作“凿”。
② 焉　嘉庆《景东直隶厅志》作“兮”。

世人讶为老龙孙，纷投香饵总不吞。
双眼射波光吐日，黄云涌水何沄沄。
滇中神奇不胜载，邪龙挟雨白昼晦。
此间神物独精灵，能将大地沾汪濊。
我为酾酒酹老龙，鼓琴潭面吟山松。
振衣更欲向千仞，直踏云头五老峰。
潭中山水阴阳剖，观极分明有五叟。
迢迢揽辔望京华，仗剑天边依北斗。
〔据康熙《云南通志》卷二十九《艺文志九·诗·七言古》第34页辑录。〕

惠娲湖

李文瀚

冥濛一片乌龙巅，湖水香飞五色莲。
青童玉女朝扣舷，潜箫短笛吹寒烟。
风飘落叶波将粘，小鸟争衔过前川。
露出空明无限天，中有仙人偓与佺。
庞眉皓齿发连鬈，欲求大药充长年。
雪老山深不敢前，使我流涕心泫然。
〔据乾隆《东川府志》卷二十下《艺文志·古今诗体·七言古》第67页辑录。〕

游大龙泉

周锡桐

乱云欲摄青山飞，雾迎岚拒争解围。
西风一扫势何疾，千岩霁色开朝晖。
故人携酒约游眺，索性不与泉林违。
出城目便注烟霞，那知路正穿翠微？
松杉交影溪水折，寒浸肌骨绿染衣。
古洞阴森随山腹，天工神斧何年挥？
石笋倒插杂绀碧，玲珑转嫌雕刻非。
淙淙清流出深穴，似有灵物常凭依。
长绠万丈不能测，然犀下照无光辉。
竹亭数椽占幽僻，坐招鸥鹭心忘机。
白藕红菱味绝俗，行厨胜饱鸡豚肥。
峰顶笙竽响天籁，相传旧有仙人扉。
藤萝未剪苔藓滑，探奇可奈导者稀。

日落钟声隔苍霭，策驴缓踏秋月归。

〔据道光《续修易门县志》卷十二《艺文志上·诗》第297页辑录。〕

题老仓温泉

姜启武

灵泉一望起氤氲，龙首呀嘘静若闻。
居士本来无垢濯，任他暖气结为云。

〔据乾隆《景东直隶厅志》卷四之二《艺文志·诗》第185页辑录。姜启武，土知事。〕

弥渡天生桥

龚 敏

弥渡之东可十里，石桥天生奇绝矣。
两岸削壁相对高，虎跳龙腾多怪傀。
中有长虹跨两山，石梁石级石骨髓。
镕成一片缝全无，状如城阙高无比。
远如半轮月倒悬，近如满张弓未弛。
下涌长河怒激湍，白昼雷霆轰不止。
玲珑奥洞更叵测，芙蓉叠嶂埋云里。
悬崖侧挂一僧庐，谷口红泻桃花水。
春来士女恣嬉游，芳草为茵石为几。
借问此境造者谁？天遣神工施巧技。
应知佳异天下稀，郡乘胡为遗其美。
幽如闺阁藏佳人，譬如岩穴卧高士。
又如玉采待价沽，更如剑光射斗起。
遗世独立夫何求？自留混沌还太始。
我今放歌歌未尽，山灵呼曰余知己。

〔据乾隆《赵州志》卷四《艺文志·诗·七言古》第73页辑录。〕

东湖锦浪

赵 淳

山环一碧烟波小，烟聚芙蓉足缭绕。
迷离春树锁云龙，泛泛渔墩芦柳渺。

沿岸成陇俱桃花，花光照入鱼龙家。
鱼龙吞吐桃花汁，风织轻绡片片霞。
载酒游人时作赋，醉中误认桃源路。
浴花流水两悠悠，天台于今不用渡。

〔据乾隆《赵州志》卷四《艺文志·诗·七言古》第75页辑录。〕

巨灵峡

周 钺

巨灵作力不可当，劈开太华分首阳。
高掌远蹠有零落，飞此云霞堕杳茫。
罗汉壁上斗绝处，崭焉突兀悬危冈。
天斤鬼斧未施巧，多事欲试百炼钢。
长柯十寻漫击掊，猿缘猱陟难跳踉。
徒有胜情乏胜具，爱奇入骨空彷徨。
无阶可升自硉矹，骋目亦足凌青苍。
安用拙工费顽钝？乃使磊砢遭拍张。

〔据雍正《云南通志》卷二十九《艺文志九·诗·七言古》第47页辑录。〕

小 池并序

管 棆

慰贤堂之东偏，有木假山，旁列修竹百个，下临小池，岁久枯涸，略为补葺，积雨水盈尺，鯈鱼泳游可观。甃以石桥，宛转而渡。漆园濠濮、香山池山亦同有会心处也。系之以诗。

生平爱花兼爱竹，无竹真能令人俗。
平生爱山兼爱水，有水真能性情喜。
朅来万里西南滇，乱山峨峨高插天。
未曾得解霜鲈味，何处来参玉版禅。
斋东木下山负土，鸾尾琅玕历可数。
晴响筼筜环珮风，声垂淅沥瑽琤雨。
清池下积尺水多，石桥宛转凌虚过。
随风花片落成渡，出水小鱼亦自波。
廿年江湖作宦客，犹思越吟听庄舄。
流水一湾竿万个，收束溪山在几席。
雨窗洗研墨波寒，池跃锦鳞回风澜。
静参非我非鱼乐，莫便相忘湖海宽。

〔据光绪《姚州志》卷十《艺文志下·诗·七言古》第9页辑录。管棆（约1662—1723），江苏武进县人，监生。清康熙四十九年（1710）任姚州知州，五年任内，纂辑康熙《姚州志》四卷首一卷，康熙五十二年（1713年）刊印。〕

望　雨

王安延

赤日当空酿炎热，万顷禾田龟兆坼。
农夫夜夜占毕星，毕星与月常阔绝。
去年苦雨禾不丰，十收四五防其竭。
今年苦旱禾欲枯，尤恐秋成稼将缺。
爱物原是天帝心，居高势远谁为说？
我欲题诗付巫阳，烦将民瘼达穹苍。
天阍万里汝能到，不似下民阔绝空。
徬徨但得移将去，去年七月雨润我。
今年五月田中秧，万民齐歌天降康。

〔据民国《姚安县志》卷六十五《金石志之十附文征五·缘情托兴之文·七言古》第9页辑录。〕

蜻蛉河

张廷用

栋川一望平如坻，南北阡陌相迤逦。
中有一河曰蜻蛉，蜿蜒直贯数百里。
两畔平畴万千顷，灌溉俱仰河中水。
奈因年久失疏凿，河心高过田心里。
每岁七八月之交，大雨淋漓大水起。
滚滚洪涛泛滥来，沙走泥奔堤断圮。
弯曲沟洫被淤塞，亩亩倏忽变沼沚。
三江口下遍无涯，五孔桥边深无底。
河内河东罹此凶，良苗怀新尽淹死。
嗟我农夫实可怜，兵役租赋将谁抵？
姚阳缺水受水害，殃及邻国犹未已。
谁欤出挽天河手，早使狂澜得所止。

〔据民国《姚安县志》卷六十五《金石志之十附文征五·缘情托兴之文·七言古》第11页辑录。〕

沸珠泉

许瑞麟

屏阳风气开洪武，三百年来称沃土。
科名人物埒中原，遗俗流风遵孔鲁。
居然水聚与山环，卓尔云屯如凤舞。
秀毓西来地一区，气完喷出泉千乳。
浪传玉豆水中生，疑是明珠池内煮。
石眼何曾一日乾，浮沤万点浑难数。
野鸥思浴惊且飞，锦鳞游泳吞复吐。
柳絮风狂滚不休，荷盘滴露从何取？
时引游人玩赏频，炊金馔玉陈樽俎。
阮刘浮白酒情高，陶谢临流诗思古。
狐疑偶语诧因缘，王人底事学为圃。
菜畦竹迳远尘嚣，石桥花榭良工苦。
偷闲半日有余欢，尊前幸勿嗤鲍五。

〔据乾隆《石屏州志》卷七《艺文志三·七言古》第12页辑录。许瑞麟，石屏州人，任永明（今湖南江永）知县。〕

登末束島雨中望异龙湖

许　淣

我昔壮游浮湖湘，黄鹤晴川恣徜徉。
又上金焦望京口，大江淼淼接混茫。
万里风涛历险阻，山川信美愁羁旅。
涨海归来守蓬蒿，瓮天醯鸡默无语。
平生痼疾癖烟霞，蛮榼相携一叶槎。
末束岛上风日美，洲渚香来芰荷花。
东望云兴半湖黑，空濛一气连山北。
纨扇絺衣谢不御，阴黯晴光变顷刻。
鹏�偃息蛟龙怒，汹涌洪涛撼孤屿。
有如鸿蒙未剖时，水天一色迷烟雾。
野凫鸡鹊湿不飞，鱼村蟹舍隐霏微。
须臾云散雨亦止，几点渔舟天际归。
琉璃万顷平于掌，波淡天青极旷朗。
睡仙亭畔酒颜舒，夕阳挂树生萧爽。

缅昔开山思祖泽，飞阁凌云眺阡陌。
白傅逍遥池上篇，谢公幽兴山中屐。
亭榭依然妙结构，焕文莱玉环群岫。
何处昆明问劫灰？星云抚仙留宇宙。
此湖奇秀冠滇东，方丈蓬壶眼下逢。
虽然瘴雨蛮烟里，不少骚人啸咏中。

〔据乾隆《石屏州志》卷七《艺文志·诗·七言古》第22页辑录。〕

捣练溪

夏宗尧

木落长空出群巘，城西十里水潋滟。
夕阳砧石碎秋空，一带双鬟捣匹练。
声度远峰停落霞，捣乱纤纤飞作霰。
风吹蝉翼堕钗横，笑整云冠俯澄鉴。
游人不敢傍溪行，低向潭中窥半面。
若耶曲涨浣沙间，汶水澜回濯锦炫。
山川到处有遐思，谁谓穷荒无依恋？
道傍瓮汲何劳劳，清冽还堪酿松醪。
但解杖头买一斗，便倒葛巾淋宫袍，
兵厨营人曷足要？

〔据康熙《楚雄府志》卷十《艺文志下·诗·七言古》第17页辑录。夏宗尧，奉天人，清康熙间任白井提举。〕

程海行

赵　淳

曾闻昆池有劫灰，更说桑田变为海。
岂知近在赕北中，瞬息陆沉时势改。
程家屋宇化鲛宫，水晶帘箔常潇洒。
奚童臧获尽为鱼，不更山头事樵采。
苍茫夜浸一天星，日幻云霞增异彩。
清宵更睹瑞灯明。渔翁扣舷歌欸乃。
我渡金江迤逦来，过此顿将烦热改。
余波更有及物功，灌溉千畦田每每。

〔据乾隆《永北府志》卷二十八《艺文志·诗·七言古体》第21页辑录。赵淳，字粹标，号龙溪，赵州（今大理凤仪）人，清雍正甲辰（1724年）举人，丁未（1727年）进士，历官东川、顺宁、鹤庆等府教授。著有《龙溪诗文稿》。程海，一曰黑雾海，周八十里，志载有程姓者居此，一夕忽隐成海。另见道光《云南通志稿》卷二十七《地理志三之十七·山川十七·永北直隶厅》。〕

龙 潭菊河源

刘大绅

客言菊河源头水，深潭万丈不见底。
沈沈黑气龙公家，卵育千年到孙子。
大者气象稍峥嵘，小者头角均未成。
细鳞巨口味甘美，土人径以鱼称名。
晴天白昼乍施网，作脍调美可遗饷。
谁知怒触龙心肝，杀气阴森厉兵仗。
雷公击鼓排云将，驰驱电母天流光。
羊车雨雹大如碗，人马颠蹶无处藏。
于今嘉谷正苦旱，官司日夜束手叹。
此中异物如有神，何不云雷下土散？
高岩拥峙穿云根，临前巀业三重门。
惯抱明珠嗜渴睡，甘霖不到荒乡村。
我欲长绳系虎骨，投入簖沦动巢窟。
坐持酒蟹相欢呼，饱看鱼龙互出没。

〔据嘉庆《景东直隶厅志》卷二十七《艺文志二·诗·七言古》第17页辑录。〕

香河夜月

郭存庄

香河如练澄波溢，素月娟娟跃波出。
分流水木散清华，倒浸林峦映明瑟。
山凹落翠空无声，沙禽照影呼群鸣。
市曲人家赛灯火，不知此地镜中行。

〔据光绪《续修白盐井志》卷十《艺文志下·诗·七言古》第25页辑录。〕

雨后再过易罗池亭

王 昶

遥峰影落清池底，一段湿云收不起。

闲鸥偏掠云上飞，零乱穿云鱼数尾。
半痕浅碧秋罗纹，未容荷芰翻红巾。
山神连夕送急雨，似欲湔洗残冬尘。
我来倚槛数层嶂，脚底忽闻人荡桨。
前池隐与后池连，水阁如桥通小舫。

〔据乾隆《永昌府志》卷二十五《艺文志·诗·七言古》第347页辑录。此诗题名，道光《云南通志稿》卷二十四《地理志三之十四·山川十四·永昌府下》同，光绪《永昌府志》卷六十六《艺文志·诗·七言古》作“雨后再观易罗池亭”。〕

天生桥洞龙江之所由出也距府城西北三十里赴省大路

万重筼

君不见，青峰插天几层层，白瑙如云匝地倾。
天生一洞咽赤水，地胁谽谺穿砯砰。
雷轰鲸吼鬼咳忾，石楠花绊仙人簪。
仙人古佛分椳扃，玉柱瑶笋错相对。
缨络开处飐金沙，放出霞光绁豪骑。
狮狞虎狼势欲起，大士止之手为义。
朝飞鸦蝠出石穴，暮走岚烟护水阙。
腥风雪沫波翻轮，候鱼时有鹬与獭。
洞上崎岖石道开，栏马石边看涛摧。
涛声澎湃贯人耳，万壑松潮与起止。
此道逶迤达开阳，此水即是开阳江。
盘旋城郭十余折，如龙蜿蜒壮一方。
潢趋沟注纷须爪，千里万里向越裳。
上流于此束长峡，吞虹吐霓几折叠。
桥关壁障列参差，相开相送去何捷？
我今过此一揽之，为想天地开辟时。
九州山川不胜数，塞者必通有何奇？
人具百骸肖天地，血脉隔阂即垂戾。
要提玲珑妙窍心，清气顺理绝滛滞。
性灵疏瀹众忧散，洞达开明光焕烂。

〔据道光《开化府志》卷十《艺文志·诗·七言古》第16页辑录。〕

春日游大龙泉

王赞雨

劈峡飞龙不记秋，花封乐利有源头。

嵌空古洞烟常锁，荡漾清波月每留。
半岭野梅香送客，十寻老木影穿楼。
游人醉傍鱼篾卧，梵响潮声一并收。

〔据道光《续修易门县志》卷十二《艺文志上·诗》第258页辑录。〕

游大龙泉

潘安国

忆昔总角登临处，神物深藏黯云雾。
书生魂小不敢窥，寻花只觅山中路。
壮时重游兴已超，幽探洞口撄潜蛟。
通天一窍径深入，拟蹑危蹬冲青霄。
从兹一去三十载，片帆转泛风波海。
回首乡国不得归，对影空嗟鬓须改。
如今老去奈如何，怅望流泉东逝波。
猿鹤相顾应相笑，辜负山灵君已多。
潭底沈沈老龙子，也厌嘘云不肯起。
山深洞古老僧闲，我欲从之参缘始。
是时风雨发渊潭，万水阴生六月寒。
且把深杯助逸兴，醉来还作少年观。
共道兹泉多利泽，岂如无用无人识。
我今不羡出山泉，酌饮山中聊自得。

〔据道光《续修易门县志》卷十二《艺文志上·诗》第284页辑录。潘安国，蒙化人，易门县教谕。〕

民　国

圣水亭观瀑

郭燮熙

有客眠琴绿阴绿，松阴高处泻飞瀑。
是为司空表圣诗，佳景居然到心目。
石羊今夏久无雨，旱象爞爞暑太酷。
昨者甫约醵金钱，拟结茅庵住空谷。
适来折东会诗社，季子襟期颇不俗。
招要雅集圣水亭，逼近龙泉山之麓。
凭临四面风窗开，云际涛声亚森木。
千尺百练悬空下，清光怒飞爽气扑。

吾侪对此澄诗心，屏得尘嚣可百斛。
自挹斯泉煮香茗，调水曾学苏玉局。
并传饮料堪延龄，多见老翁鹤发秃。
苦工担水络绎至，日博青铜饭其腹。
酒人翻为避暑游，能无自问惭幽独。
矧今久旱民意愠，安得南风歌一曲？
夜来山阁成新诗，恍听风泉漱寒玉。

〔据民国《盐丰县志》卷十一《艺文志九·诗·七言古》第22页辑录。〕

咏马关八景（选三）

张自明

龙湫霖雨原名龙湫云雨

寻到龙湫不见湫，一泓清浅跨溪流。
沿山润罢田千亩，万户争沾雨露周。

柳塘夜灯原名鱼池夜灯

一池春水碧琉璃，夹岸人家高复低。
入夜小楼闲刺绣，灯光透过画桥西。

天桥回澜

一水奔腾动地流，滔滔不尽又回头。
天公有意通来往，故遣石梁作渡舟。

〔据民国《马关县志》卷九《艺文志下·诗·七言》第31页辑录。〕

柳塘夜灯

刘倬文

一池深浅近城边，两岸人家织未眠。
灯影弄波波弄月，柳阴连水水连天。

〔据民国《马关县志》卷九《艺文志下·诗·七言》第37页辑录。〕

诗·五言律诗

明

望昆明池

云田居士

大泽杳无际，青山相对摇。
乾坤分内贮，今古此中消。
独擅西南胜，递专水陆饶。
长安休再凿，民物总输徭。

〔据康熙《晋宁州志》卷五《艺文志·诗》第141页辑录。〕

澜沧江怀古

万嗣达

险箐维千里，重关抱九隆。
流沙神禹迹，越析旧唐封。
蜃气蛟河重，龙珠鹤岭雄。
万年当锁钥，一柱表崆峒。

〔据康熙《永昌府志》卷二十五《艺文志·诗·五言律》第1页辑录。〕

石马泉

杨士云

石马今何在？风雷已化龙。
寒光摇一塔，晴影浸中峰。
玉井莲堪种，瑶池燕或逢。
逍遥亭上客，凭此洗心胸。

泉眼生花细，流声漱玉寒。
金沙明的皪，翠石绕栏杆。
好月新亭得，长河隔坐看。
几时骑赤鲤，须炼葛仙丹。

〔据天启《滇志》卷二十七《艺文志第十一之十·五言律诗》第915页辑录。〕

昆阳海口

杨　慎

万古昆池水，西南天地间。
漫夸吞梦泽，曾笑洞梁山。
鸿隙行当复，龙宫徙亦艰。
千村废耕耜，不见海童还。

〔据道光《昆阳州志》卷十六《艺文志·杂体诗》第3页辑录。另见道光《云南通志稿》卷十三《地理志三之三·山川三·云南府下》。〕

再游大龙泉

杨　慎

仙家小有洞，山中大畜天。
螣蛇游豹雾，蝙蝠饮龙泉。
仙露明珠坠，刚风石髓悬。
重游寻醉墨，再纪亦明年。

〔据道光《续修易门县志》卷十二《艺文志上·诗》第254页辑录。〕

大龙泉

刘秉钥

省耕西郭外，古洞傍云开。
扶磴通岩出，分萝得路还。
石悬清磬发，泉衍素弦催。
爱此源头活，桑麻遍野培。

〔据道光《续修易门县志》卷十二《艺文志上·诗》第255页辑录。刘秉钥，号三韦，麻城人，明万历二十九年（1601）任易门县知县。在任一年，性宽厚，兴利除害，创修县志，捐俸刊行。〕

曲江温泉试浴

朱泰桢

川路曲如发，山邮度远岑。

怀珠看暖焰，浸玉也棠阴。
顶灌八功水，尘空半壑深。
吾其无内热。常净有冰心。

〔据天启《滇志》卷二十七《艺文志第十一之十·五言律诗》第921页辑录。〕

题温泉碧玉

童正蒙

海内夸名胜，无如碧玉泉。
真源通火井，细脉注龙渊。
浮镜疑无地，观澜别有天。
汤铭还可勒，仙迹擅南滇。

〔据天启《滇志》卷二十七《艺文志第十一之十·五言律诗》第922页辑录。〕

宝珠寺瀑布泉

白 藏

舣棹从吾好，来看瀑布泉。
源逢孤刹闃，响送数峰前。
跌石飞珠雨，排空落玉川。
岩头一倚弄，烦暑顿令蠲。

〔据天启《滇志》卷二十七《艺文志第十一之十·五言律诗》第922页辑录。〕

过漾水洱水合流处

方 沆

荒馆千山里，双流此合并。
蒙茸交岭树，霹雳走江声。
石角穿林出，霞标抱日明。
停骖惬幽意，辛苦复长征。

〔据天启《滇志》卷二十七《艺文志第十一之十·五言律诗》第918页辑录。方沆，福建莆田人，明时官云南提学。〕

过蒲陀崆观洱河源

方沆

寻源闻黑水，百折此山隈。
鸟道孤峰转，阴崖一线开。
奔涛疑聚雪，触石忽喧雷。
为别东流性，南溟去不回。

〔据康熙《大理府志》卷二十九《艺文志中·诗·五言律》第33页辑录。〕

龙尾关天生桥

方沆

苍岭青未了，寒烟野戍平。
危梁通地脉，削壁类天成。
霜色孤鸿瞑，涛声万马行。
昔年曾割据，形胜控榆城。

〔据雍正《云南通志》卷二十九《艺文志十·诗·五言律》第10页辑录。〕

天生桥

梁佐

虹影层峦断，风声绝峡来。
溜飞千磴雨，湍响四时雷。
蜃栋依山挂，鼋门凿石开。
星河相对望，恍是泛槎台。

〔据乾隆《赵州志》卷四《艺文志·诗·五言律》第77页辑录。梁佐，太和人，明嘉靖丁未（1547年）科进士，仕至佥事。〕

澜沧江

周宪章

沧浪原汉渡，环绕向三祟。
黧黑兰为渍，幽沈海若通。

峡高江面缩，石叠濑声雄。
安济云山下，常怀疏瀹功。

〔据康熙《大理府志》（卷二十九《艺文志中·诗·五言律》第37页辑录。周宪章，贵州思南人，明万历庚子解元，万历末任云龙知州，建州城卫署于澜沧江外，设学校，抚流离，清田亩，定里甲，裁冗减课，经营尽善。另见雍正《云龙州志》卷十二《艺文志·诗·五言律》。〕

五月过乾海地

木 公

偶经乾海地，广莫似难过。
山到平原尽，江回曲岸多。
樵村依远麓，牧径转危坡。
正值农栽候，田畴响白歌。

〔据木公撰《万松吟卷》（明嘉靖二十二年刻本，下同）第13页辑录。木公，丽江土知府。〕

晓行白浪沧

木 公

岸响江流急，陵寒淅淅风。
断猿哀晓月，穷雁唳秋空。
渔隐芦花白，村明柿叶红。
马蹄霜路冷，去去远林通。

〔据《万松吟卷》《五言律》第15页辑录。〕

苏溪晚渡

周宪章

沧渡雄天堑，奔涛入望惊。
双桡分浪急，小艇泛波轻。
不断烟云气，常余鸥鹭情。
落霞归树杪，寒峭激江声。

〔据雍正《云龙州志》卷十二《艺文志·诗·五言律》第61页辑录。〕

泚水沙洲

陈文照

急湍如环带，平分鹦鹉洲。
沙鸥依浅渚，雒马镇中流。
士气薪檑积，人烟井里稠。
榆疆西顾望，砥柱赖雄州。

〔据雍正《云龙州志》卷十二《艺文志·诗·五言律》第62页辑录。〕

饮马川

李文瀚

纡盘密箐出，野马一川开。
南北连青嶂，萧疏妙众材。
绿芜涵浅水，白板渡遥隈。
逸驾今何在？悲风天际来。

〔据乾隆《东川府志》卷二十下《艺文志·古今诗体·五言律》第67页辑录。〕

块　河

李文瀚

千叠蛮山下，潺湲一涧横。
舆梁深架木，板屋半藏荆。
税为征商设，河从大块名。
穷荒名利锁，何地息劳生。

〔据乾隆《东川府志》卷二十下《艺文志·古今诗体·五言律》第67页辑录。〕

小江箐水

李文瀚

箐长六十里，曲折障岩阴。
白日天开少，中宵暑气深。
行人鱼贯度，涧响马蹄侵。

西入东川险，谁能少戒心？

〔据乾隆《东川府志》卷二十下《艺文志·古今诗体·五言律》第67页辑录。〕

西浦温泉

周泽浦

野色迎春绿，相携浴碧湍。
问源非禹穴，借鉴识汤盘。
着体柔何滑，澄心洁不寒。
披襟延爽坐，诗骨觉珊珊。

〔据乾隆《宜良县志》卷四《艺文志四·五言律》第59页辑录。周泽浦，字自天，号八百，号遁园逸叟，周咨谋季子，昆明宜良人，明崇祯丙子（1636年）举人。孙可望入滇，授户部员外，甫一岁，告归，隐居不复出。著《遁园集》一卷藏于家。西浦温泉，宜良八景之一，水温可浴，方汝珪、徐松分别有西浦温泉诗词各一首，详见前。另见《云南温泉志补》。〕

游仙羊山观龙泉

何　鏜

竹院逢春日，灵源亦胜游。
一樽花下酒，万里客边愁。
箫鼓催时序，藤萝到上头。
仙羊不可见，乘兴漫淹留。

〔据康熙《广通县志》卷七《艺文志·诗·五言律》第14页辑录。〕

龙池夜月

刘庶壇

珠抱骊龙睡，天开皓影迟。
一轮清可掬，万斛涌何之？
鸢鹭偎金塔，笙箫度碧螭。
蛟宫与月殿，相对颇相宜。

〔据刘毓珂等纂修光绪《永昌府志》（清光绪十一年刻本，下同）卷六十六《艺文志·诗·五言律》第2页辑录。〕

漾濞桥

范仕义

水绕苍山背，浮桥两岸通。
竹摇千亩翠，柿熟满园红。
驿路清尘雨，江村落叶风。
无端诗思动，马首去忽忽。

〔据光绪《永昌府志》卷六十六《艺文志·诗·五言律》第 4 页辑录。范仕义，保山人，知县。漾濞桥，东隶蒙化，西隶永平，桥制如霁虹，明万历二十七年（1599 年）毁于猛廷瑞，未几，两郡邑合修，永平令为蔡俊。清康熙间提督诺穆图新建，引铁索为梁，上覆瓦屋，其制颇坚丽。〕

清

游黑龙潭

文化远

系马寻龙窟，巉崖一望奇。
雨随云共澍，山以水相宜。
祷祀仍千载，飞腾正此时。
朝宗曾到海，何止接昆池？

〔据雍正《呈贡县志》卷四《艺文志·诗赋·五言律》第 2 页辑录。文化远，文介石孙，文俊德次子，字又山，号可村，呈贡可乐村人，清康熙五年（1666 年）中举，次年京城会试落榜，选授湖南溆浦县署理知县，未几解去，从此游历山河，专心诗作，著有《晚春堂诗》。另见光绪《呈贡县志》卷八《艺文志·诗赋》。〕

呈贡县海子

曹颖昌

荡漾昆阳水，苍苍入大荒。
帆痕依草白，海气接天黄。
巨浪翻蛟窟，空滩聚马场。
此中繁宝族，贝阙有珠光。

〔据雍正《呈贡县志》卷四《艺文志·诗赋·五律》第 3 页辑录。另见光绪《呈贡县志》卷八《艺文志·诗赋》。〕

游白龙潭

戴天申

奇窍神工凿，潭深百尺洼。
惊鱼吹糕飵，飞鸟啄藤花。
水面苔纹细，山腰石迳斜。
游人乘醉后，坦腹卧晴沙。

〔据雍正《呈贡县志》卷四《艺文志·诗赋·五律》第4页辑录。戴天申，呈贡人，以邑贡参修雍正《呈贡县志》。另见光绪《呈贡县志》卷八《艺文志·诗赋》。〕

海口纪事

蒋廷铨

滇海多春涨，川流自此通。
南回孤嶂碧，西倒夕阳红。
大野随天阔，平沙落碛空。
褰裳时独往，犹想古人风。

又

水漫高于屋，瀰瀰岁几回。
经流三邑远，横注二州来。
风吼鱼翻白，云移浪作堆。
应知今日后，疏凿透山隈。

〔据道光《昆阳州志》卷十六《艺文志·杂体诗》第4页辑录。蒋廷铨，江南长洲人，监生，清康熙二十八年（1689年）任昆阳州知州，升奉天府治中。〕

玉带堤

李联泰

曾说梁王筑，渠川岸里沙。
螺浮千顷玉，雁宿一湾霞。
浪涌潮声急，舟横柳陌斜。
苍茫春昼晓，往迹漫相夸。

〔据道光《昆阳州志》卷十六《艺文志·杂体诗》第4页辑录。李联泰，字赓交，昆阳州人。清康熙间岁贡，任建水县训导，性至孝，流寇入滇，父母相继卒，泰时幼，丧葬缺礼，每展墓，号泣不忍归，逢己生日，必诣墓前涕泣，六十年如一日，祀孝友。〕

石龙古坝

徐维乾

天作石龙坝，横当滇水来。
喷飞千尺雨，惊响四时雷。
禹凿难加力，秦鞭未许催。
螳川舟楫阻，伥望尽西回。

〔据道光《昆阳州志》卷十六《艺文志 · 杂体诗》第 5 页辑录。〕

夏日游金眼虾蟆泉

黄　宽

士女游新夏，崎岖山径斜。
云峰垂倒影，风湍落疏花。
玉沼清如月，金蟾灿若霞。
春光犹在望，归咏兴无涯。

〔据乾隆《晋宁州志》卷二十八《艺文志下 · 诗 · 五言律》第 21 页辑录。〕

滇　水

王寿祚

滇水为池阔，遥天一片明。
乱流三十里，赴郡两三程。
出坎东西汇，随山西北倾。
源来寻甸浊，流入楚江清。

〔据道光《晋宁州志》卷十二《艺文志五 · 诗 · 五律》第 26 页辑录。〕

宝华圣泉

来　度

山空尘不到，是合有灵湫。

分彼八功德，济兹大比丘。
笕飞寒玉泻，池静碧云留。
水熟逢茶话，令人忆贯休。

〔据康熙《琅盐井志》卷四《艺文志下·诗》第15页辑录。来度，陕西三原人，清康熙五年（1666年）任楚雄琅井盐课提举司提举，博学，能诗文，实心实政，数年课足民安，礼贤育材，士林至今称之。十二年（1673年）升山西安府同知。〕

宝华圣泉

沈　鼒

古刹清涟美，由来圣字传。
水声通曲径，梵响散诸天。
不以人工巧，因之佛力绵。
曹溪流一派，千古颂甘泉。

〔据康熙《琅盐井志》卷四《艺文志下·诗》第16页辑录。沈鼒，江西长洲县人，清康熙四十八年（1709年）由贡监任楚雄琅井盐课提举司提举。〕

西河烟柳

刘自唐

散步郊西去，高枝翠黛侵。
江清流叶缓，影密幕烟深。
集鸟妖低树，游人爽素襟。
六桥差仿佛，流盼喜长吟。

〔据康熙《禄丰县志》卷四《艺文志下·五言四首》第10页辑录。〕

温　泉

沈吴铨

为惜人情冷，仙岩吐热泉。
光疑火井接，气若赤城连。
万古春长在，千秋雪不填。
喷珠如碎玉，点点水中圆。

〔据雍正《安宁州志》卷十九《艺文志下·五言律》第24页辑录。〕

水月桥

金成宪

三五团圆夜，金蟾上碧池。
潮头初起处，海上半腾时。
鱼咽沧波影，莺窥绿柳丝。
杖藜扶我过，误诵月明诗。

晨妆王母镜，昨夜掷瑶池。
玉液初衔处，清辉半露时。
磨光应已久，刮垢岂留丝？
因何重洗涤，更诵浴盘诗。

〔据金廷献修，李汝相等纂康熙《路南州志》（民国十七年石印本，下同）卷四《艺文志·诗·五言律诗》第40页辑录。金成宪，路南州人，康熙间贡生。水月桥，在城南关外，清康熙五十一年（1712年）知州金廷献捐修。〕

晚渡苏溪

王　游

崎岖山径尽，薄暮抵江干。
树杪含残日，溪头漱急湍。
榜人呼渡紧，士子奉迎欢。
迢递前村道，黄昏灯火攒。

〔据雍正《云龙州志》卷十二《艺文志·诗·五言律》第63页辑录。〕

石城温泉

李恒晟

闻道温泉好，闲来一徜徉。
味咸如煮海，气暖轶探汤。
岭树生朝翠，江风入夏凉。
留连忘日暮，灯火下回塘。

〔据雍正《云龙州志》卷十二《艺文志·诗·五言律》第63页辑录。李恒晟，江川人。〕

五峰水月

周　埰

清涟一泓水，皎洁一轮月。
上下相照耀，金炯鉴毫发。
广寒冯夷居，包幕素娥阙。
玉宇碧波溶，晶宫桂香馞。
斯惟地灵钟，抑乃天文发。
快此五峰游，不惜双旌揭。
披星色皎皎，吟风声浡浡。
精莹寒兔影，澄澈磷石骨。
天渊同一览，无复尘埃埻。
景象靡穷期，化工有倏忽。
混瀚神物兴，蜛蝫紫光勃。
盘涡大震吼，喷薄烟云焞。
天半锦披霞，空中珠串玥。
岂是有蛟虬？隐兹潜出没。
如何未电雷，似未安休歇。
浩气增万千，猥骇诸从卒。
寥廓顿时开，巨浪澄亦猝。
周道皆坦坦，昔人胡咄咄？
水月象臣民，岱石勋硉矹。
登山观澜明，俯仰情不竭。

〔据乾隆《广西府志》卷二十六《艺文志三·诗·五言律》第2页辑录。周埰，奉天府监生，清康熙五十九年（1720年）任广西知府。〕

翠屏秋水

周　埰

天然屏一座，翠立障边陲。
苍葭伊人慕，朝晖工部词。
文成泉欲涌，笔舞露先垂。
胜境尤堪赏，微云疏雨时。

〔据乾隆《广西府志》卷二十六《艺文志三·诗·五言律》第6页辑录。〕

天马香泉

张　瑞

群峰攒逸圃，碧汉走神骢。
跑地灵泉涌，驰云圣脉通。
八功堪比德，三昧岂殊踪？
一滴如甘露，清香味正同。

〔据乾隆《广西府志》卷二十六《艺文志三·诗·五言律》第5页辑录。〕

开南山水二十四韵

吴诒沣

山色当窗净，泉声绕舍幽。
千盘多屋角，九折入池头。
偪侧容樵担，杈枒碍钓舟。
天光向峰尽，春意逐波流。
前代开城郭，遐荒杂府州。
土官夸印绶，戍卒列戈矛。
蒲爽多椎鲁，园林半古邱。
孳生归化育，蠕动伏怀柔。
宁宇休披甲，良辰尽荷耰。
诸戎胥后乐，司马实先忧。
薪木都无恙，禽鱼得自由。
讵真驯泽雉，但欲狎沙鸥。
远已穷南国，高应上北楼。
崎岖望乡恨，寂寞别人愁。
竟日翻诗卷，经年想棹讴。
重阳悟回雁，七夕愧牵牛。
每觉花时异，常闻鸟语悠。
樱花空烂漫，鹦鹉总勾留。
寒燠随晴雨，衣冠混夏秋。
髩生华似雪，瘴出绿如油。
昼食频搔首，宵眠屡豁眸。
醴醅输白傅，蝶梦慕庄周。
雨露同沾润，关河绝阻修。
萦青兼缭白，蕴负岂鲲游？

〔据嘉庆《景东直隶厅志》卷二十七《艺文志二·诗·五言律》第 27 页辑录。吴诒沣，清桐城进士。书院初建，延师课士，培植文风。〕

鹤桥渔舍

袁 沣

两岸崎岖路，长虹跨水滨。
日高晴晒网，风静夜垂纶。
茅屋花三面，烟村水四邻。
得鱼沽酒易，共饮太平春。

〔据嘉庆《景东直隶厅志》卷二十七《艺文志二·诗·五言律》第 28 页辑录。〕

中川碧浪

袁 沣

几曲银江水，中流澹远天。
沿堤荒草绿，两岸落花鲜。
拟借珠光媚，虚涵月影圆。
清波原不息，小艇漾晴川。

〔据嘉庆《景东直隶厅志》卷二十七《艺文志二·诗·五言律》第 28 页辑录。〕

五井青烟

袁 沣

井渫原多福，盐鹾却亦奇。
泉和朝露汲，烟向晚风吹。
薄霭连青嶂，清波起素池。
风光相映处，树色隐参差。

〔据嘉庆《景东直隶厅志》卷二十七《艺文志二·诗·五言律》第 28 页辑录。〕

古笕流泉

袁 沣

古笕通幽壑，深山引碧泉。

分来三峡水，泻出一溪烟。
未雾虹疑渡，凌虚浪自潺。
清冷如漱玉，剖竹仰名贤。

〔据嘉庆《景东直隶厅志》卷二十七《艺文志二・诗・五言律》第28页辑录。〕

开阳八景（选四）

阿勒古善

龙河素练

淼淼龙河水，斜掩匹练长。
深秋摇碧涧，素影下银塘。
中有鲛人隐，如闻织女藏。
濯缨诚可咏，谁复问沧浪？

天堑飞虹

天生桥自古，巧不倩人工。
岚气三山合，寒泉一径通。
如虹飞断涧，带雾隐空濛。
银汉疑相接，槎乘到月中。

南桥夜月

散步南桥月，身闲似冷官。
江深林影灿，夜永镜光寒。
泛水流双璧，凭栏试一看。
虚明常不掩，皎皎射栏杆。

虎沟烟雨

烟雨虎沟斑，溟濛暗石关。
霏霏云气湿，漠漠水声潺。
古木全遮岸，斜阳半隐山。
人家如画里，十亩得身闲。

〔据道光《开化府志》卷十《艺文志・诗・五言律》第9页辑录。阿勒古善，蒙古族，举人。〕

过大江边

万重篔

东南有巨浸，众泒汇其间。
云势如移阁，涛声欲走山。
上舟羸马蹶，戏浦野鸥闲。
去去犹回首，青萦两岸关。

〔据道光《开化府志》卷十《艺文志·诗·五言律》第13页辑录。〕

湾村渡

王秉义

断桥不得渡，取路向湾村。
惊起田间鳫，冲来林下犍。
埠低红寺出，川曲碧波翻。
犬吠迎渔棹，花香到岸门。

〔据道光《开化府志》卷十《艺文志·诗·五言律》第13页辑录。王秉义，开化人，岁贡。〕

叶镜湖

谢圣纶

一叶舟谁驾？舍虚似镜残。
那堪精术塞，漫拟洞庭宽。
驿路嚣尘静，疏林照月寒。
蛮王曾过此，也解学曹瞒。

〔据李世保修，张圣功、王在璋纂乾隆《云南县志》（清乾隆三十二年钞本）卷四《艺文志·诗·五言律诗》第19页辑录。〕

宿镇南沙桥

夏宗尧

数载滇南吏，劳劳过楚城。
晚寒山涧落，夜静戍楼更。

草舍灯挑暗，沙桥月出明。
驱驰皆鸟道，憔悴客中情。

〔据康熙《楚雄府志》卷十《艺文志下·诗·五言律》第24页辑录。〕

温泉解愠

杨　书

造化秉鸿钧，灵波四季春。
人皆夸碧玉，我独爱斯津。
不必南薰曲，已为太古民。
泳游争一浴，谁不洁其身？

〔据康熙《楚雄府志》卷十《艺文志下·诗·五言律》第28页辑录。〕

香泉祓禊

王清贤

东郊修禊处，每盛落花前。
香以时增味，人和饮益鲜。
源澄同白日，流洁拟青天。
逝者真千古，芳名岁岁传。

〔据康熙《武定府志》卷四《艺文志上·诗·五言律》第142页辑录。〕

香泉祓禊

蔡龙骧

修禊继兰亭，沧浪歌可听。
天开云影浣，人杰水纹馨。
雅俗各为聚，醇醨漫自停。
花香空蝶舞，泉外草青青。

〔据康熙《武定府志》卷四《艺文志上·诗·五言律》第144页辑录。蔡龙骧，武营守府。〕

惠桥风雨

蔡龙骧

惠人称子产，今复羡玉乔。

岸隔烟云接，鸡鸣风雨潇。
波横百尺影，月映半弓弨。
夜静钟声远，悠悠渡石桥。

〔据康熙《武定府志》卷四《艺文志上·诗·五言律》第143页辑录。〕

金沙江

彭学曾

萍迹真无赖，轻为万里游。
荒烟增客恨，边月冷江流。
不解刘伶醉，偏多张翰愁。
思归归未得，难去又难留。

〔据康熙《元谋县志》卷五《艺文志二·诗·五言律》第10页辑录。彭学曾，字孝颐，松江人，自蜀来寓元谋，与县令莫舜鼐相善，同修县志，多所题咏。〕

日照金沙

过凤翔

灵曜桑还柳，蛮江古共今。
波忙翻窦锦，沙暖漾秦金。
野倮归藤渡，啼猿出暮岑。
应知驹过隙，莫尚急流寻。

〔据康熙《元谋县志》卷五《艺文志二·诗·五言律》第10页辑录。〕

金沙江

王弘任

南中云万里，极北锁江沙。
绿影波澄碧，丹崖日射霞。
阴晴观吼浪，隐现弄鱼花。
为问蚕丛渡，焰山路正赊。

〔据康熙《元谋县志》卷五《艺文志二·诗补遗·五言律》第40页辑录。王弘任，山东兖州府济宁州人，清康熙四十五年（1706年）由岁贡任元谋县知县，政先教养，劝家耕稼，捐给棉种，令民习业。〕

金沙江和原韵

高　昌

含光何闪烁？宝气酿金沙。
炎日成陶冶，清波映晚霞。
一泓浮木筏，两岸杂芦花。
蜀道常云险，由斯客路赊。

〔据康熙《元谋县志》卷五《艺文志二·诗补遗·五言律》第41页辑录。〕

温泉晓霁

刘自唐

不定灵泉涌，蠲疴自昔良。
薰风生石窦，暖露溢琼浆。
四序行春令，三冬傲雪霜。
华清堪比似，何必咏沧浪？

〔据康熙《禄丰县志》卷四《艺文志下·五言律》第15页辑录。〕

温泉漱玉

李鼐元

阳和不择地，此处独春温。
寒暖皆如是，往来不厌频。
珠从水面出，人向镜中存。
浴罢思归去，临风想旧恩。

〔据王秉煌修，梅盐臣纂康熙《罗次县志》（清康熙五十六年刻本，下同）卷四《艺文志·诗》第45页辑录。〕

温泉漱玉

瞿承樑

一鉴方塘水，溶溶清可怜。
珠沤从地沸，和煦自天然。

温润光如玉，薰腾气似烟。
尘襟临浴罢，神爽欲为仙。

〔据康熙《罗次县志》卷四《艺文志·诗》第46页辑录。〕

飞泉瀑布

瞿承梁

青嶂林间断，冰帘云际悬。
月添飞练白，雨溢溅珠圆。
合派从千涧，长流汩大川。
银河岩畔泻，昼夜自潺湲。

〔据康熙《罗次县志》卷四《艺文志·诗》第47页辑录。〕

玉龙噀珠

杨钟壁

古木云深际，峰回玉作龙。
泉流珠累落，液漱石琤琮。
万斛涵波底，双泓绕寺东。
罗阳名胜境，第一此为宗。

〔据胡毓麟等修，杨钟壁等纂光绪《罗次县志》（清光绪十三年刻本，下同）卷四《艺文志·诗》第68页辑录。〕

温泉漱玉

杨钟壁

此地阳和胜，温温出暖泉。
跳珠浮水面，漱玉散池边。
垢涤神偏爽，机活体欲仙。
清音鸣朗彻，浣罢意缠绵。

〔据光绪《罗次县志》卷四《艺文志·诗》第68页辑录。〕

飞泉瀑布

杨钟壁

碧涧高无际，潺湲下石矶。
泉奔波滚滚，练涌雪霏霏。
锦嶂珠玑落，丹岩玉削飞。
晶帘悬一幅，竟夕拥崔巍。

〔据光绪《罗次县志》卷四《艺文志·诗》第68页辑录。〕

题霁虹桥

郭存庄

新构依前迹，飞桥突界冲。
云衣轻飏霁，波镜净流虹。
鹅鸭人家聚，鱼盐市井通。
循行聊驻幰，翠色四山丛。

〔据乾隆《白盐井志》卷四《艺文志·诗·五言律》第55页辑录。〕

香河夜月

李仙才

晴空月上早，清影濯文澜。
宝镜悬冰练，晶帘挂玉盘。
兔毫繁可数，鱼阵细能看。
仙桂香龙窟，惊疑化广寒。

〔据光绪《续修白盐井志》卷十《艺文志下·诗·五言律》第34页辑录。李仙才，李继朝长子，楚雄白井人，清康熙甲申（1704年）岁贡，任姚安府学，官南宁县训导，性旷达，薄奢华，怡情山水，自号石谷老人，著有《石谷草》。〕

水亭观瀑

罗其泽

暑敢随人到，华筵瀑有声。

亭宜翁与醉，水得圣之清。
玉点飞空溅，珠跳晃眼明。
更临观井卤，移坐向前楹。

〔据光绪《续修白盐井志》卷十《艺文志下·诗·五言律》第 34 页辑录。〕

香河夜月

张如翼

天上银河水，人间香水河。
四时风景好，一样月光多。
浩荡涵金粟，团圞走玉波。
曾经攀折处，回首夜如何？

〔据光绪《续修白盐井志》卷十《艺文志下·诗·五言律》第 33 页辑录。张如翼，楚雄白井人，清光绪己丑（1889 年）恩科举人。〕

王副戎招饮龙王塘

喻 良

俗吏偏无暇，殷勤喜见招。
雨余山径滑，风静马蹄骄。
野鸟鸣深树，闲僧渡小桥。
临流须畅饮，共此涤尘嚣。

〔据康熙《永昌府志》卷二十五《艺文志·诗·五言律》第 4 页辑录。〕

温 泉

刘 崑

沸沸生波势，澄清似镜中。
星占荧惑井，气扑祝融峰。
暖雪依鹑尾，琼浆吐赤龙。
问溪来浴罢，挥汗板桥东。

〔据康熙《永昌府志》卷二十五《艺文志·诗·五言律》第 4 页辑录。刘崑，字西来，江西吉安进士，清康熙间任云南府同知，吴逆叛，执节不屈，被谪腾越。后大兵定滇，擢为湖广常德知府。〕

温泉

罗纶

命驾东山下，温泉清且涟。
到来心便爽，浴罢垢全捐。
水碧疑鲛室，池融似玉田。
自非修禊事，常得此留连。

〔据康熙《永昌府志》卷二十五《艺文志·诗·五言律》第5页辑录。〕

濯缨亭即景

罗纶

览胜来湖上，移樽入镜中。
泉喷珠串串，波泛玉瀜瀜。
共醉葡萄酒，闲凭杨柳风。
时清聊自适，归路晚霞红。

〔据康熙《永昌府志》卷二十五《艺文志·诗·五言律》第5页辑录。〕

游天生桥

时亮功

天桥闲独步，倚石听涛声。
路转哀牢国，岩悬诸葛城。
海门嘘浪息，龙窟咽风横。
读罢碑头句，潇潇毛骨清。

〔据乾隆《赵州志》卷四《艺文志·诗·五言律》第78页辑录。〕

彩云桥

龚仁

瑞霭何年见？唐皇锡今名。
水环平野阔，山抱石梁横。
涌塔消飞腦，埋符镇乱兵。

中丞诗尚在，日有彩云迎。

〔据乾隆《赵州志》卷四《艺文志·诗·五言律》第78页辑录。〕

泛东晋湖

赵　淳

积水新晴阔，轻舟泛白鸥。
傲睨天地大，涤荡古今愁。
畅饮桃花坞，轻扬杜若洲。
湖光看不厌，山色一齐收。

〔据乾隆《赵州志》卷四《艺文志·诗·五言律》第78页辑录。〕

永北赴丽署篆金江遇雨偶成

江峤孙

风雨连朝暮，苍苍似有情。
云回遮马首，树动引秋声。
虽负壶山意，还余江水清。
从兹揽辔去，长啸别边城。

〔据乾隆《永北府志》卷二十八《艺文志·诗·五言律》第10页辑录。〕

金沙道中

张翰芳

山半见人家，柴扉逐岭斜。
疏篱高蔽虎，小径曲盘蛇。
饭有阳坡粟，藤垂老树花。
虽为尘市隔，亦足饱烟霞。

〔据乾隆《永北府志》卷二十八《艺文志·诗·五言律》第13页辑录。张翰芳，永北人，训导。〕

观音箐

陈朝宪

壶山望欲迷，路转见招提。

妙相栖危石，灵光映碧溪。
原流通远近，斜日挂东西。
瞻眺情无极，探幽酒自携。

〔据乾隆《永北府志》卷二十八《艺文志·诗·五言律》第13页辑录。陈朝宪，廪生。〕

篾缆渡 在井里上江渡口，以篾为索横江，覆半筒仰攀而过。

陈锡祚

碧嶂拥邮亭，琅玕绕翠屏。
江流千里白，竹绠一痕青。
来拟蛛牵网，去惊隼振翎。[1]
云程腾踏过，何用棹兰舲。

〔据乾隆《永北府志》卷二十八《艺文志·诗·五言律》第14页辑录。〕

程海渔灯

胡　潡

落日衔峰尽，渔灯彻夜浮。
鲛珠明野岸，萤火乱晴洲。
望影初疑月，鸣榔始识舟。
四望寒烟合，蓼花到处秋。

〔据乾隆《永北府志》卷二十八《艺文志·诗·五言律》第15页辑录。胡潡，廪生。〕

东华流泉

姚咨相

风翻泉渐急，岩底树长浮。
欲拟黄河曲，还探碧汉秋。
情闲孤西冷，景静白云收。
千古空巢父，谁人更枕流？

〔据康熙《通海县志》卷八《艺文志·诗集·五言律》第16页辑录。姚咨相，字相箓，通海人。明崇祯年间恩选拔贡，任知县。〕

---

① “翎”字下，原本有双行小注“其筒因此而南势甚快捷，自南而北则徐攀而上”数字。

湖　窍

阚祯兆

丛石巑岏处，伏流尽向东。
神龙于此变，锡杖几时通？
天为云根老，水从月窟空。
化机真不测，消息有无中。

〔据康熙《通海县志》卷八《艺文志·诗·五言律》第17页辑录。〕

晓　湖

张翊运

湖岸烟初碧，湖心日正红。
双双起宿鹭，个个认渔翁。
春水船天上，寒汀树雾中。
归帆近十里，且喜送微风。

〔据康熙《通海县志》卷八《艺文志·诗集·五言律》第19页辑录。〕

车　湖

余其祥

策马穿苍莽，凭湖望眼高。
云流清夏暑，冰镜彻秋毫。
鹿迹蹂深苇，鸦声咽暮涛。
何年来把钓？卜筑碧山峣。

〔据李月枝纂修康熙《寻甸州志》（故宫博物院编《故宫珍本丛刊》第227册《云南府州县志》第2册，海南出版社2001年据清康熙五十九年刻本影印，下同）卷八《艺文志·诗·五言律》第47页辑录。车湖，一名清水海，曲靖府之水最西北流者，源出寻甸州西三十里花箐哨，北纳四面山溪之水，潴为湖，周广数十里。《明一统志》谓周广四里，则不止也。另见道光《云南通志稿》卷二十一《地理志三之十一·山川十一·曲靖府下》。〕

过板桥作

饶梦铭

秋高枫叶落，桥踏马蹄忙。
世路劳宁我，天风夜有霜。
寒云栖断涧，蛮鸟破晨光。
耕牧升平富，村烟认古芒。

〔据乾隆《镇雄州志》卷六《艺文志下·诗·五言律》第13页辑录。饶梦铭，江西进贤人，拔贡，乾隆三十九年（1773年）八月任镇雄知州，四十年（1775年）十一月复署。〕

初过异龙湖

程　封

共说龙湖好，前身有夙因。
生徒东鲁地，耆旧靖康人。
野水官桥密，春山驿路新。
离亭箫鼓罢，策马向风尘。

〔据乾隆《石屏州志》卷七《艺文志·诗·五言律》第28页辑录。〕

星湖夜月

李　密

云影虚空际，仙槎缥缈时。
芦花何处岸，桂酒几人卮。
四面山如黛，中流镜可窥。
此湖良不厌，遮莫挽舟维。

〔据道光《澂江府志》卷十五《艺文志下·诗·五言律》第13页辑录。李密，进士，江川尹。〕

海　埂

张方起

不到桃源口，焉知天地悠。
凭高山水阔，极目古今愁。

处世归渔艇，空涯上酒楼。
自怜官瘴疠，易土尽为流。
〔据道光《澂江府志》卷十五《艺文志下·诗·五言律》第13页辑录。〕

仙湖夜月

李含和

湖头一片月，皎洁独相亲。
光自澈寒水，清常照古人。
天空来野鹤，波静跃潜鳞。
若奏霓裳曲，乘槎欲问津。
〔据道光《澂江府志》卷十五《艺文志下·诗·五言律》第13页辑录。李含和，教授。〕

仙湖夜月

李光弼

爱月瀛洲客，秋宵兴若何？
清光芰桂树，游泳狎鲸灶。
碧落天无翳，仙湖水不波。
琉璃成万顷，隐隐听霓歌。
〔据道光《澂江府志》卷十五《艺文志下·诗·五言律》第14页辑录。李光弼，训导。〕

玉溪桥

毛 崐

万里乘槎客，寻幽到玉桥。
千峰围碧落，一水下层霄。
龙卧苍江稳，鹦鸣祇树遥。
前村何处去？隔岸鸟相招。
〔据道光《澂江府志》卷十五《艺文志下·诗·五言律》第16页辑录。〕

玉溪桥落成

毛 泷

溪净蜃楼结，涛翻鹊架横。

拨云寻古渡，倚阁听流莺。
月魄临波皎，柳阴入槛明。
琼瑶谁踏破？载诵石杠成。

〔据道光《澂江府志》卷十五《艺文志下·诗·五言律》第17页辑录。〕

水月桥

金成宪

三五围圆夜，金蟾上碧池。
潮头初起处，海上半腾时。
鱼咽沧波影，莺窥绿柳彩。
杖藜扶我过，误诵月明诗。

〔据道光《澂江府志》卷十五《艺文志下·诗·五言律》第18页辑录。〕

龙口泉香

沈　勋

石窟蛟龙怒，泉奔若海门。
穿田仍抱郭，泻涧且环村。
花落梅香远，烟浓树色昏。
一樽吟岛屿，知己共评论。

〔据道光《续修易门县志》卷十二《艺文志上·诗》第266页辑录。沈勋，永昌（今保山）人，清易门县训导。〕

龙口泉香

严　铁

洞底骊龙睡，潺潺喷碧泉。
香宜烹翠茗，韵若拨冰弦。
古木闻山鬼，荒祠祀水仙。
洟源清旷地，小憩却尘缘。

〔据道光《续修易门县志》卷十二《艺文志上·诗》第291页辑录。〕

小龙泉

李 纯

散步到龙溪，苔封径欲迷。
洞阴疑昼晦，崖耸觉天低。
云映流泉碧，风飘木叶稀。
登临曾有赋，漫续石边题。

〔据道光《续修易门县志》卷十二《艺文志上・诗》第274页辑录。李纯，楚雄县副榜，清易门县教谕。小龙泉，在易门县东北四里，水出截壁中，西南流至城东北，入大龙泉。〕

春祀大龙泉

杨兴邦

二月农功作，龙泉祀水神。
悬崖留篆迹，飞阁现金身。
嗡气能兴雨，流香不染尘。
我来诚物望，草木尽皆春。

宦寄遐荒外，朋来独有神。
异香逢胜地，半日掣闲身。
净处香生水，超然界绝尘。
桃花流片片，不减武陵春。

〔据道光《续修易门县志》卷十二《艺文志上・诗》第267页辑录。杨兴邦，浙江拔贡。清乾隆二十六年（1761年）任易门知县，在任一年，礼贤下士，卓有古风，剔蠹除奸，人服其能。〕

春祀大龙泉次邑侯杨公前韵

董良材

巨灵开别壑，结构欲疑神。
丘壑云中路，烟霞物外身。
树深难辨雨，山静不生尘。
报赛群情洽，溪流玉洞春。

〔据道光《续修易门县志》卷十二《艺文志上・诗》第269页辑录。〕

春祀大龙泉次邑侯前韵

潘灏

灵窍通天处，空虚隐谷神。
碧精垂石乳，苍翠老松身。
壁挂虬龙影，崖飞野马尘。
化机川上会，得意十年春。

〔据道光《续修易门县志》卷十二《艺文志上·诗》第 280 页辑录。潘灏，易门人，清云南县训导。〕

禄劝八景（选三）

梅应鼎

鸠水回澜

狂澜谁挽住？鸠水白盈盈。
作势来溪谷，回波绕县城。
荡开云外影，唤得雨中声。
君有萦洄处，天教砥柱撑。

石牛卧水

巨石水中流，千年卧石牛。
眠云幽诸夜，喘月远山秋。
浪涌频浮鼻，风回总出头。
何来声不断？短笛在渔舟。

温泉浮玉

不意跳珠水，翻成浮玉泉。
绿波澄古井，白璧润深渊。
煮石丹能炼，探汤垢欲蠲。
升庵倘游此，应有好诗传。

〔据民国《禄劝县志》卷十三《艺文志下·诗》第 39 页辑录。梅应鼎，禄劝人，清光绪乙亥（1875 年）举人，历署大姚、师宗、昆阳、浪穹、宾川、禄丰等州县教职。〕

民 国

滴雨泉有序

郭燮熙

石羊尾井武侯祠，右倚西山，山下一石突出，绿苔护之。有泉如白雨点，声声下滴，承以石池，经年不竭，味极甘，因名为“滴雨泉”。山上有齐云阁，天然对偶也。己未春，适诗社同人集于祠，各赋诗纪其胜。

泉声如滴雨，纪胜武侯祠。
洒落悬孤石，澄清注小池。
茶香烟飏处，花影月来时。
缅昔吟梁父，风流有所思。

缥缈齐云阁，清冷滴雨泉。
源寻山石远，味夺井华鲜。
即此优游地，应知淡泊天。
盟心惟白水，我意亦翛然。

〔据民国《盐丰县志》卷十一《艺文志九·诗·五言律》第26页辑录。郭燮熙，字理初，云南镇南县人，清光绪戊子（1888年）科举人，民国六年（1917年）任盐丰县长。〕

望金沙江

郭燮熙

振衣高处立，瞥眼见金沙。
地裂山能让，天空水有涯。
北流分六诏，东去下三巴。
已觉陶钧力，神功可叹嗟。

〔据民国《盐丰县志》卷十一《艺文志九·诗·五言律》第27页辑录。〕

诗·五言排律

元

题西洱海

述律杰

洱水何雄壮，源流自邓川。
两关龙首尾，九曲势蜿蜒。
大理城池固，金汤铁石坚。
四洲从古号，三岛至今传。
罗阁凭巇险，蒙人恃极边。
要当兵十万，不数客三千①。
世祖亲征日，初还一统天。
雨师清瘴疠，风伯扫氛烟。
民物因蕃富，封疆近百年。
点苍山色好，铭刻尚依然。

〔据景泰《云南图经志书》卷五《大理府·山川》第263页辑录。述律杰（1283—1356），契丹人，又名萧从道、萧存道，山西人，号鹤野。官云南参知政事。好文学，朝廷大老若虞集、揭傒斯皆有文章送之。述律杰咏诵云南诗作，今仅存《题西洱海》一首，为其往返麓川过大理时所作。正德《云南志》卷二十三题作“题西洱河”，天启《滇志》、道光《云南通志稿》卷十四《地理志·山川四·大理府》题作“西洱河”。叶榆河，一名西洱河，《水经》叶榆水自县西北来，汇为巨浸，由西南而出，末流名漾水，绕点苍山背与漾水合澜沧江入南海。《通典》昆湃池又名西洱河，汉武帝象其形，凿池习水战。〕

泸　水

成　遵

武侯南渡后，百世蔼清芬。
急浪锵琼珮，回波起縠纹。
野空天接水，瘴重雾如云。
故馆蒿莱地，荒城狐兔群。
苍烟居隝客，白骨戍边军。

---

①　要当兵十万，不数客三千　万历《云南通志》卷二《大理府·形势·众山》“玉案山”条：“在叶榆河东，崖上有刻云：‘此水可当兵十万，昔人空有客三千。’”

奇卉春秋发，哀猿昼夜闻。
七擒怀信义，三顾报忠勤。
陵谷寻陈迹，悲歌吊夕曛。
清朝新德化，渠帅旧元勋。
麾盖遥临处，壶浆竞献芹。

〔据景泰《云南图经志书》卷七《元诗·五言排律》第373页辑录。成遵（1304—1359），字谊叔，太常礼仪院博士，南阳穰县（今河南邓县）人，元统元年（1333年）进士，预修泰定、明宗、文宗三朝实录，至正改元（1341年）擢太常博士。历官中书参议、参政，升左丞，后受诬杖死。事迹具《元史》卷一八六本传。该诗题下署"太常博士"，作于至正初年，疑为送述律杰开阃云南诸诗之一。元代泸水，指今雅砻江中游河段，此诗所咏乃诸葛武侯"五月渡泸"之泸水，指四川、云南交界雅砻江口以下的金沙江河段。〕

明

温泉诗序

杨 慎

温泉之在域中最显名者，新丰之骊山，而泉实不佳，水沸如蒸，难以骤入，硫磺之秽，逆于人鼻，稍不渫治，则穷谷之污，生以青苔，如鼉蚍衣。骊山而下曰汝水，曰尉氏，曰匡庐，曰凤翔之骆谷，曰渝州之陈氏山居，今合州之温汤峡。曰惠州之佛迹岩，曰闽中之剑浦，曰新安之黄山，曰关中之鄠县，曰蓟州之遵化，曰和州之香陵，杂见于地里之志，诗人之咏。

滇云之地，温泉尤夥，其在宁州、白崖、龙关、浪穹、腾冲，若夷徼边隅，不可胜纪要，独以安宁之碧玉泉为胜。滇水号曰黑水，虽盈尺不见底，而此泉特皓镜百尺，纤芥必呈，一也。四石壁起，中为石凹，不烦甃甓，二也。浮垢自去，不待搁拭，三也。苔污绝迹，不用淘渫，四也。温凉适宜，四时可浴，五也。掬之可饮，尤发茗颜，六也。盈酒增味，治庖省薪，七也。虽仙家三危之露，佛地八功之水，何以加焉？谓之海内第一汤，可也。徽州陈罗山孟明语予，谓此泉为温汤之冠，并出姑苏陆文量所著《菽园杂记》，验之而信。其地去州十里而遥，其往也楫以堂川，轴以龙山，映以虎邱，带以曹溪，山川之美，触以登临，使予乐谪居而忘故里者，非兹泉也欤？

摄篆府通守南原孙公、世守鲁泉董公、鹾司松崖张公授简于予曰："是泉为安宁之胜，亦蜀之峨眉，浙之西湖，公可无诗乎？"予尝憾此地限阂中原，使此泉湮没，不遇风流之宋玉，神俊之太白，瑰迈之长吉，博综之东坡，穿天心出月胁之奇语，以洗骊山之污，而跻之三危八功之之上，四公不可作矣，而属之才尽之孱予一老，是雕刻赤土，唐突丹砂也。聊书十韵，为群玉之引，可乎？

黟岫灵砂沚，华清礐石汤。
佳名虽许并，仙腋讵堪方？
火井原通脉，曹溪且让香。

流温涵水碧，气郁谢硫黄。
清暑南薰际，回暄北陆傍。
体应偕露洁，心不假犀凉。
春醖熏兰斝，云腴泛茗枪。
弄珠余浣女，鲙玉剩渔郎。
瑶草蟠千岁，琼枝缀九房。
温柔真此地，难老是何乡？

〔据雍正《安宁州志》卷十九《艺文志下·诗·五言排律》第17页辑录。此诗题名，万历《云南通志》卷二《地理志·云南府·众川》作“安宁温泉诗”，前无序。〕

温　泉

谢肇淛

灵砂蒸地脉，旸谷沸成汤。
孤馆双岩削，寒塘半亩方。
优昙非有种，荳蔻自生香。
砌玉迎苔碧，腾烟射日黄。
醉应眠水底，闲可泛溪旁。
缨以无尘净，心从不垢凉。
滑增红腻玉，色沁绿沉枪。
秋水含朱女，清风傅粉郎。
难投夏浦佩，且宿赞公房。
回首当城下，凄然忆故乡。

〔据雍正《云南通志》卷二十九《艺文志十·诗·五言排律》第3页辑录。此诗为步杨慎《温泉诗》韵之作。另见雍正《安宁州志》卷十九《艺文志下·诗·五言排律》。〕

重游岩泉

周泽溥

树密疑天小，岩巉讶水奇。
松涛千壑滚，云影一潭移。
阴溢凉于骨，诗清沁入脾。
重游仍有韵，坐久竟忘机。
余兴更残酌，停杯送夕曦。
鸟声频上下，人影欲参差。
良会诚难绩，胜游不可期。
邀将山月吐，相伴得归迟。

〔据乾隆《宜良县志》卷四《艺文志·诗·五言排律》第48页辑录。周泽溥，字自天，宜良人，天资豪俊，年二十六，登崇祯丙子（1636年）贤书，性好吟咏，作书以宋人为法。〕

清

程河观水

刘 慥

署郡守江公开疏海河，为利甚溥，人咸称颂，事详“海河闸”。

重浚程湖水，分来潋滟光。
潆洄经百转，浩瀚达千乡。
疏瀹功诚远，经营制倍详①。
润周曲径草，膏遍陇头秧。
地效向天力，民沾渥泽长。
恩波盈瘠土，德化比甘泉。
东作无悬耒，西成庆满箱。
非知心似水，故沛泽绕疆。
全郡欣观海，曾孙乐望洋。
勋名垂竹帛，声教永澜沧。

〔据乾隆《永北府志》卷二十八《艺文志·诗·五言排律》第6页辑录。〕

泸湖三岛

刘 玑

览胜寥天外，泸湖景最幽。
奇峰移海岛，绣浪赛汀渊。
凫浴霞将起，猿啼雾欲浮。
仙舸摇旭巘，翠带倚风流。
古树参差入，洞云次第收。
方壶疑未远，遣兴复何求？

〔据乾隆《永北府志》卷二十八《艺文志·诗·五言排律》第9页辑录。〕

① “详”字下，原本有双行小注“江太守详请岁修谷一百石”数字。

泸湖三岛

谢秉肃

何处来三岛？苍茫翠色流。
嶙峋吞海气，缥缈壮边陲。
叠嶂临波动，连峰倒影浮。
浦寒猿啸月，汀冷雁鸣秋。
雨后烟鬟净，云中螺髻幽。
乘槎如有约，即此是仙洲。

〔据乾隆《永北府志》卷二十八《艺文志·诗·五言排律》第9页辑录。〕

开浚西山草海并筑堤防

许殿桂

良牧疏西海，檄予督众工。
堤成烟柳媚，潴泄水田瀜。
沮洳宁犹昔，膏腴在此中。
禾苗滋厌厌，黍麦秀芃芃。
翠浪千层叠，黄云一片笼。
不才应努力，鼓腹颂鸿功。

〔据乾隆《永北府志》卷二十八《艺文志·诗·五言排律》第9页辑录。〕

金沙江告成恭纪五排律二十韵

丁士可

金沙饶水利，源自吐蕃来。
牛乳分流衍，马湖共溯洄。
夹崖悬日月，喷浪起风雷。
硐峻形如削，滩雄势欲摧。
昆池原密迩，叠巘阻徘徊。
行路难为客，通山谁作媒？
地灵知久闭，天险待时开。
建议推名相，嘉谋出圣裁。

浚将南诏水，泻入巫山隈。
事创黎民惧，功高世俗猜。
上公操独断，少保策群材。
道取昭东郡，流归滪滟堆。
就宸因引派，烁石竟成灰。
似假巨灵力，真同大禹才。
神工开秘钥，鬼斧劈崔嵬。
河伯安其宅，老蛟遁不回。
赀船宏挽运，货载省舆台。
蜀米移金齿，滇铜达帝台。
筹边资庙算，裕国阜民财。
伟伐空今古，安澜庆九垓。

〔据管棆纂辑，丁士可重订增刻乾隆《姚州志》（云南省图书馆历史文献部、云南省社会科学院文献研究所点校，杨成彪主编《楚雄彝族自治州旧方志全书·姚安卷上》，云南人民出版社2005年版）卷五《艺文志·诗·五言排律》第207页辑录。丁士可，字行我，号峙奎，山东日照人，清雍正甲辰（1724年）科举人，清乾隆六年（1741年）知姚州，清厘钱粮，革除包收派累等弊，乾隆十六年（1751年）护府事，建大成书院，置馆谷三十石。〕

诗·七言律诗

元

过牂牁江

李　京

归欤何日是真归？惭愧山林[①]与愿违。
垂老八千余里谪，回头四十九年非。
穷边野水黄云渡，梦里田家白板扉。
珍重沙禽频见下，也应知我久忘机。

〔据《云南志略》第101页辑录。另见景泰《云南图经志书》卷七《元诗·七律》、正德《云南志》卷二十三、万历《云南通志》卷十七、天启《滇志》卷二十七。〕

初到滇池

李　京

嫩寒初褪雨初晴，人逐东风马足轻。
天际孤城烟外暗，云间双塔日边明。
未谙习俗人争笑，乍听侏离我亦惊。
珍重碧鸡山上月，相随万里更多情。

〔据《云南志略》第101页辑录。另见景泰《云南图经志书》卷一、正德《云南志》卷二十三、万历《云南通志》卷十四、天启《滇志》卷二十七。〕

滇池重九

李　京

今日真成我重九，谁言风俗怆吾真。
可无白酒招佳客，尚赖黄花似故人。
终老柴扉聊自使[②]，三年瘴海未全贫。

---

① 山林　正德《云南志》同，万历《云南通志》作“山深”，误。

② 终老柴扉聊自使　柴扉，景泰《云南图经志书》、万历《云南通志》皆作“柴桑”。柴桑，此借指陶渊明，其故里在柴桑，作“柴桑”意长。使，正德《云南志》、万历《云南通志》皆作“便”，作“便”意长。

不须更上高城望，野树寒鸦恨更新。

〔据《云南志略》第103页辑录。另见景泰《云南图经志书》卷七《元诗·七律》、正德《云南志》卷二十三、万历《云南通志》卷十四，皆题作“滇池九日”。〕

明

咏昆明池

郭孟昭

昆明千顷浩冥濛，浴日滔天气量洪。
倒映群峰来镜里，雄吞万派入胸中。
朝宗远会江淮迥，泽物常裨造化功。
圣代恩波同一视，却嗟汉武谩劳工。

〔据景泰《云南图经志书》卷一《云南府·事要·题咏》第44页辑录。郭孟昭，云南行省照磨，主管文书及卷宗等。另见万历《云南通志》卷二《地理志·云南府·大川》。〕

滇池夜月

机　先

滇池有客夜乘舟，渺渺金波接素秋。
白月随人相上下，青天在水与沉浮。
遥怜谢客沧洲趣，更爱苏仙赤壁游。
坐倚蓬窗吟到晓，不知身尚在南州。

〔据景泰《云南图经志书》卷九《明诗·七言律》第466页辑录。机先，日本僧人。此诗题名，天启《滇志》卷二十八《艺文志第十一之十一·七言律诗》作“滇池”，作者署名“释机先”。〕

龙池跃金

机　先

路入商山景更奇，玉皇坛畔有龙池。
行逢柳色烟深处，坐看桃花水涨时。
映日金鳞鸣泼剌，含风翠浪动沦漪。
由来神物非人扰，变化云雷未可知。

〔据景泰《云南图经志书》卷九《明诗·七言律》第466页辑录。〕

四通桥

朱克瀛

千载因循叹寡谋，利民今始得仁侯。
万车巨石如神运，百尺长桥唾手修。
晴讶玉虹横叠岸，晓惊海蜃起层楼。
从今南北东西客，来往无烦病涉忧。

〔据乾隆《晋宁州志》卷二十八《艺文志下·诗·七言律》第25页辑录。朱克瀛，字孔渊，晋宁人，明景泰癸酉（1453年）举人，任定州训导，辞归养母。自幼颖敏，博学能文，尤工诗。〕

温　泉

张　维

天设焬汤第一池，骊山奇水共争奇。
碧波潋滟涵空影，古石清奇拥异姿。
坎位烘来由赤帝，离宫沸出自冯夷。
螳川胜景真为最，澡雪身心却在斯。

〔据雍正《安宁州志》卷十九《艺文志下·诗·七言律》第33页辑录。〕

温　泉

杨绍芳

地灵此处胜瀛洲，暖比春温洁比秋。
但听清声来石罅，却疑黍谷是源头。
现前风月随人领，不尽珠玑竟日流。
涤去尘埃知几许，振衣还上翠微楼。

〔据雍正《安宁州志》卷十九《艺文志下·诗·七言律》第34页辑录。〕

温泉梦作

杨　慎

铿瑟舞雩歌点也，流觞修禊记羲之。
何如碧玉温泉水，绝胜华清礜石池。

兰叶光中浮沆瀣，芙蓉香里漾涟漪。
振衣濯足晴堪赏，鬭棹螳川晚更移。

〔据雍正《安宁州志》卷十九《艺文志下·诗·七言律》第33页辑录。另见李坤《云南温泉志》“安宁州岱晟山”条“安宁温泉”注引，后四句有异，可参。〕

昆阳望海

杨 慎

昆海波涛南纪雄，金碧滉漾银河通。
平吞万里象马国，直下千尺蛟龙宫。
天外烟峦分点缀，云中海树入空濛。
乘槎破浪非吾事，已斩渔竿狎钓翁。

〔据道光《昆阳州志》卷十六《艺文志·杂体诗》第6页辑录。〕

滇池夜月

杨 慎

明月孤城滇海涯，碧天清练起烟花。
渔舟夜泊江风静，芦雁秋飞锦字斜。
玉宇无尘悬藻鉴，沧波耀影动仙槎。
而今纵有东坡兴，赤壁难寻卖酒家。

〔据道光《昆阳州志》卷十六《艺文志·杂体诗》第7页辑录。〕

大龙泉

杨 慎

卧梅临水铁柯香，丛竹依篱碧玉长。
天渺山云窥洞色，地偏鸡犬隔仙乡。
冠霞彩阁通南斗，贴石寒流引上方。
龙武将军亦幽兴，笙歌锦瑟共壶觞。

〔据道光《续修易门县志》卷十二《艺文志上·诗》第254页辑录。〕

续游大龙泉

杨 慎

再过洟源续旧题，岚消霭尽日将西。
磨崖拟刻三游洞，架壑如穿九曲溪。
琼液刘郎休尽醉，金屏谢妓待重携。
卧梅问到花开未，喜见繁葩照水低。

〔据道光《续修易门县志》卷十二《艺文志上·诗》第254页辑录。〕

昆阳道中望滇海

查 伟

昆明池水渺无涯，极目悠悠四望赊。
西拥晴山环赤岸，东迎旭日耀丹霞。
碧波荡漾摇双塔，薄雾霏微暗五华。
蜃气上连牛斗色，张骞曾此泛仙槎。

〔据天启《滇志》卷二十八《艺文志第十一之十一·七言律诗》第926页辑录。查伟，字警伟，鹤庆人。明万历甲戌（1574年）进士。令富顺，刚正慈事，持己驭民，皆有规制，所议盐法悉准，概行节省。升南直隶凤阳府同知，寻迁真定、保宁知府，以廉明称。入为户部郎中，以陕西苑马寺卿致仕归。居乡谦和，著有文集。明天启间崇祀乡贤。〕

昆池曲

普 荷

昆明池小可容舟，划地休轻水一沤。
西望已辜炎汉想，南来空忆腐迁游。
百蛮洗甲星俱动，万马投鞭月不流。
莫道两关终外域，旌旗千古指神州。

〔据道光《晋宁州志》卷十二《艺文志五·诗·七律》第44页辑录。普荷（1593—1683），号担当，本姓唐，名泰，字大来，晋宁人，明末清初画家。明亡后为僧，驻锡鸡足山。善画山水，擅行草，能诗。〕

祀白龙潭

游一清

寻源直到无人境，石窍涓涓泄玉栏。
气上一丝云雨漫，流分千亩润膏宽。
土人聊尔祝丰岁，明祀犹然乏在官。
大旱屡勤巫祷舞，此中谁信有龙蟠。

〔据雍正《呈贡县志》卷四《诗赋艺文志·七言律》第7页辑录。另见光绪《呈贡县志》卷八《艺文志·诗赋》。〕

游大龙泉

杨明道

石壁曾经鬼斧裁，通天灵窍亦奇哉。
洞云飞作晴空雨，谷溜疑闻白日雷。
幽鸟一声惊客至，寒花几点为谁开？
我来欲挽源头水，好与灾荒洗瘴埃。

〔据道光《续修易门县志》卷十二《艺文志上·诗》第255页辑录。〕

建水拖蓝

沐 昂①

一泓新水净无瑕，萦抱山城几万家。
未许龙舟来竞渡，曾闻仙子去乘槎。
粼粼细浪浮新绿，泛泛轻波漾落花。
散步临流思智者，悠然乐道兴偏赊。

〔据景泰《云南图经志书》卷三《临安府·建水州·山川》第165页辑录。沐昂，西平侯沐英之子。明英宗时，参与两次麓川之役，征讨麓川宣慰使思任发叛乱。沐晟卒后，升任左都督，镇守云南。明正统十年（1445年）去世，追封定边伯，代晟子斌镇云南，助大军讨平思任发叛乱，谥武襄。〕

① 沐昂 原本题作“定边伯”。

曲江晚渡

沐　昂

曲江新涨水痕收，野色和烟古渡头。
林外渐看来宿鸟，沙边还见浴轻鸥。
渔翁举棹论归计，旅客停骖问去舟。
欸乃一声何处发，夕阳芳草自悠悠。

〔据景泰《云南图经志书》卷三《临安府·建水州·山川》第165页辑录。此诗题名，万历《云南通志》卷二《地理志·临安府·众川》、天启《滇志》卷二十八《艺文志第十一之十一·七言律诗》作“曲江”。曲江，在建水州东北九十里曲江乡，源出新兴州普庙村，由嶍峨经石屏至河西，东入盘江。〕

莲池夏雨

沐　昂

百亩芳塘傍野居，碧波潋滟映芙蕖。
何时载酒同清酌，他日维舟独羡鱼。
雨过明珠擎翠盖，风生香气袭罗裾。
应知茂叔情偏惬，我亦飘然兴有余。

〔据景泰《云南图经志书》卷三《临安府·山川》第157页辑录。莲花池，在临安府治西，阔二里许，清澈如鉴，旧种莲其间。每岁之夏，花开满池，时雨洒之，其色光鲜，好事者以为胜景。〕

曲　江

陈　逊

浩浩川流急似梭，绿阴深处漫维舸。
沙头雨过添青草，水面风生涨碧波。
樯燕掠芹飞上下，舟人市酒醉酡酡。
莫言野外无人渡，时听江心发棹歌。

〔据景泰《云南图经志书》卷三《临安府·建水州·山川》第165页辑录。〕

石宝灵泉

王　珉

石宝山头瑞气氲，清泉一派出云根。

涓涓浮彩松间去，脉脉流光石上分。
饮啜顿能消瘴热，赏观应觉涤炎氛。
更夸漱玉声长在，净虑须教洗耳闻。

〔据王世贵修，张伦纂康熙《剑川州志》（《北京图书馆古籍珍本丛刊44》，书目文献出版社据清康熙五十二年刻本影印，下同）卷二十《艺文志·诗·七言律》第7页辑录。影印本中多字缺残不可辨，今据国家图书馆藏钞本补。王珉，进士，浙江钱塘人。明景泰间任鹤庆知府，多政声，凡三载，有麦秀两岐之瑞。石宝灵泉，剑川名景之一，出石宝山顶石崖中。〕

白龙泉

王 杲

世间水性皆趋下，此水如何独倒流？
九折潆洄来谷口，一泓澄澈浸溪头。
岂须搏激劳人力，应喜沾濡救旱忧。
不是山灵呵护谨，肯容神迹至今流。

〔据道光《澂江府志》卷十五《艺文志下·诗·七言律》第25页辑录。王杲，字启昭，临安卫人，明成化辛丑（1481年）进士，知中江县，邹智称其清慎勤，赋三事堂诗以美之，明正德初升四川参议，政绩懋著，祀蜀名宦。〕

锦江春雨

钱 谟

花飞洱水雨溟溟，万顷香云半浅清。
龙沫细随渔唱急，鱼鳞乱点浪文轻。
无声脉脉催春暮，有意濛濛暗晓晴。
游子惜华晨起看，残红①如剪涨痕生。

〔据景泰《云南图经志书》卷九《今朝诗·七言律》第466页辑录。另见正德《云南志》卷二十四。〕

① 残红 正德《云南志》作“浅红”。

洱水秋风

钱 谟

一声落叶水东头，万顷烟波大地秋。
窟宅鱼龙眠不稳，浪华[1]鸥鸟倦难浮。
鱼人[2]钓逐飞蓬去，贾客船随逆水流。
我亦欲从风力便，望东吹上帝王州。

〔据景泰《云南图经志书》卷九《今朝诗·七言律》第467页辑录。另见正德《云南志》卷二十四、康熙《大理府志》卷二十七《胜览·太和县》。〕

高峣舟泛昆明池

机 先

不到昆明三十年，重来今日已皤然。
担头诗卷半挑酒，水上人家总种莲。
山色满湖能不醉？荷香十里欲登仙。
碧鸡岩畔堪题字，欲把滇歌取次镌。

〔据天启《滇志》卷二十八《艺文志第十一之十一·七言律诗》第926页辑录。〕

泛滇池

叶 泰

一曲瑶琴碧海头，野人生计满汀洲。
归来幸有扬雄宅，老去宁无彭泽舟。
流水高山应我待，阳春白雪可谁讴？
汉家带砺多豪杰，李广当年错觅侯。

〔据天启《滇志》卷二十八《艺文志第十一之十一·七言律诗》第926页辑录。〕

① 浪华 正德《云南志》作“浪花”。
② 鱼人 正德《云南志》作“渔人”。

游昆明湖时六月廿五值星回节

王元翰

昆池百里半蒹葭，澹荡徐风水色椵。
欲挂锦帆悬雨足，故移清吹促荷花。
一双雁影知秋近，万炬星回入夜赊。
好比西湖频出没，扁舟尽可作生涯。

〔据天启《滇志》卷二十八《艺文志第十一之十一·七言律诗》第926页辑录。〕

龙　池

张佳胤

陂塘晴射海霞红，楼榭清阴落镜中。
古木浮槎天上过，平桥流水席间通。
歌声渐起千峰月，寒气非关九夏风。
环视尽摇河汉影，对君疑作斗牛宫。

〔据天启《滇志》卷二十八《艺文志第十一之十一·七言律诗》第930页辑录。〕

游温泉

钱绍谦

火龙卜宅是何年？暖液如汤自昔传。
万叠峰峦浮碧落，一川花鸟尽幽然。
桃开洞口香生席，泉涌波心玉有烟。
酒送满船还载月，壮猷佳况许谁先？

〔据天启《滇志》卷二十八《艺文志第十一之十一·七言律诗》第934页辑录。〕

圣水三朝

朱泰桢

半龛犹似豢龙宫，圣水何年字八功？
白法象调祇树下，清泥僧饭虎溪东。
广长舌底三潮漏，清净身门五蕴空。

剩有奚囊双不借，野云无碍玉花骢。

〔据天启《滇志》卷二十八《艺文志第十一之十一·七言律诗》第935页辑录。〕

观音寺玉泉

郭　文

不作人间九夏霖，一泓高泻此岩阴。
清锵环珮风生谷，冷浸玻璃月在林。
流尽废兴千古事，洗空势利一生心。
出山便入红尘去，好缓须臾伴醉吟。

〔据天启《滇志》卷二十八《艺文志第十一之十一·七言律诗》第937页辑录。〕

古甸龙潭

吴希贤

古甸泉穿石眼通，蜿蜒深处有潜龙。
乾坤昼夜双潭涌，形势山河一带雄。
千顷膏腴夸上壤，四时祈报走村翁。
滔滔流处成丰岁，香火难酬润泽功。

〔据天启《滇志》卷二十八《艺文志第十一之十一·七言律诗》第941页辑录。〕

早发阿迷渡盘江

刘　翺

涓涓寒月光远天，叠嶂临霄北斗悬。
江浴盘龙新雨粤，风惊宿鸟渡交川。
椎裘到处烽烟静，棨戟年来露布鲜。
笑倩良工写王会，漫劳唾手勒燕然。

〔据天启《滇志》卷二十八《艺文志第十一之十一·七言律诗》第941页辑录。〕

步阙寨观温泉

吴稼璒

日暖清泉喷玉新，回环荒谷四无邻。

融将凛凛经冬雪，泻出温温太古春。
溉及火耕宜土俗，热于炙手笑时人。
莫忧徼外兵多洗，不染骊山妃子尘。

〔据天启《滇志》卷二十八《艺文志第十一之十一·七言律诗》第946页辑录。〕

泸　江

王景常

郡城北向古城南，一脉灵源漾碧潭。
夜月澄波拖素练，春风吹浪皱晴蓝。
柳阴绰约高低合，山色模糊远近含。
却忆旧时濯缨处，几人叹咏[①]暂停骖。

〔据天启《滇志》卷二十八《艺文志第十一之十一·七言律诗》第939页辑录。泸江，源自石屏州异龙湖，东流入阿迷州南，为乐蒙河，入盘江。另见万历《云南通志》卷二《地理志·临安府·众川》、雍正《建水州志》卷十二《艺文志·诗》。〕

天生桥

朱泰桢

龙关初见柳条黄，丹笔冰澌夜有霜。
万壑惊涛疑拂水，千盘萝径绕虹梁。
垂垂朱实猿能供，颗颗螺房玉可湘。
樵客和烟窥一线，镜中渔唱自沧浪。

〔据天启《滇志》卷二十八《艺文志第十一之十一·七言律诗》第938页辑录。〕

苗茂温泉

宋　诹

江畔氤氲暖气浮，汤汤别是一阳侯。
山灵献曝来沙沼，火井分炎到玉湫。
活水自煎凭地力，真阳默运尽天庥。
往来祓濯纷如市，祛垢除疴利并收。

〔据道光《续修易门县志》卷十二《艺文志上·诗》第256页辑录。宋诹，易门人，明定边知县。

---

① 叹咏　万历《云南通志》作“笑咏”，雍正《建水州志》作“啸咏”，有异。

苗茂水，源出嶍峨县东南赵普村山中，西流经苗茂南，西入易江，江上有温泉，自石壁泻出，浴可愈疾。〕

题温泉

沐 叡

地天炉鼎谁开辟？陶冶阴阳任嘘吸。
孰于铛内炼丹砂，沸出天然铅汞液。
人皆乐将身外浴，我则爱彼心上涤。
身心尘垢两当蠲，浴之涤之无固必。

〔据雍正《安宁州志》卷十九《艺文志下·诗·七言律》第28页辑录。〕

渔村石牛

唐斯盛

郡史曾传石化牛，探奇今日荡轻舟。
放归未入桃林野，渴饮常眠昆水流。
西峙太华联五马，南浮沙岸侣群鸥。
乡名亦自经传播，沧海由来变不休。

〔据道光《晋宁州志》卷十二《艺文志五·诗·七言律》第42页辑录。〕

苍山冬雪

钱 谟

壁立初分混沌形，荡摩霄汉偃苍精。
忽教六出天华散，顿觉千层下玉生。
三伏冻云凝鹫岭，半空寒气逼龙城。
谁能杰构从兹住，独占人寰一断清。

〔据景泰《云南图经志书》卷九《今朝诗·七言律》第468页辑录。另见康熙《大理府志》卷二十七《胜览·太和县》“夏山冬雪”条。〕

西峰瀑布

钱 谟

危巅正对鹤关东，万丈嵯峨插太空。

消暑不劳三伏雨，吐涎只挂九天龙。
声轰后地飞银练，影落星河斗玉琮。
忆昔许由如见此，定知洗耳到山中。

〔据景泰《云南图经志书》卷九《今朝诗·七言律》第469页辑录。另见康熙《大理府志》卷二十七《胜览·太和县》“温泉九石”条。〕

游紫溪龙潭

陆　相

祈龙偶入紫薇山，民事关心苦未闲。
荒草洞中泉一脉，乱松崖下屋三间。
岩嘘翠蔼知来意，花满青林带笑颜。
风景正浓吟正好，可堪人背夕阳还。

〔据徐栻、张泽纂修隆庆《楚雄府志》（杜晋宏校注，杨成彪主编《楚雄彝族自治州旧方志全书·楚雄卷上》，云南人民出版社2005年版）卷六《艺文志下·诗》第135页辑录。陆相，浙江余姚人，进士，明正德辛巳（1521年）任楚雄府知府。〕

诸葛白石泉属定远

陈时雨

南阳高卧忆当年，三代遗才孰比肩？
仗剑一身辞蜀主，驱兵五月渡泸川。
气凌碧汉风云合，光动朱旗日月悬。
想像英雄闲吊古，坐临白石饮清泉。

〔据康熙《楚雄府志》卷十《艺文志下·诗·七言律》第31页辑录。陈时雨，明大理教授。白石泉，在黑井北三里许，旧出盐，今废。另见康熙《黑盐井志》卷七《艺文志中·诗》。〕

李贤者泉

杨时元

混混源泉碧树垂，泻来山腹似银丝。
炎蒸试嚼寒生骨，清冽初尝美胜饴。
满路掺觚喧午汲，沿场沃釜待晨炊。
荒台落日空流水，不见昔贤拄杖归。

〔据康熙《黑盐井志》卷七《艺文志中·诗》第1页辑录。杨时元，明贡士。〕

东桥烟柳

邹　杰

绿柳垂阴映碧流，山光水色两悠悠。
小儿竹马常迎鄗，老叟杯泉几送留。
雾重不堪留去马，丝长那可系归舟。
河桥两岸多芳草，拍手儿童笑放牛。

〔据李铨纂修康熙《广通县志》（张海平校注，杨成彪主编《楚雄彝族自治州旧方志全书·禄丰卷上》，云南人民出版社2005年版，下同）卷七《艺文志·诗·七言律》第506页辑录。〕

东桥烟柳

沈嘉言

秦人鞭石驾长虹，结构功成来往通。
两岸柳丝拖黛绿，一溪烟雨任洪蒙。
纷纷絮扑征鞍上，点点风飘渔艇中。
俊文观花来上苑，题桥看拟系青骢。

〔据康熙《广通县志》卷七《艺文志·诗·七言律》第508页辑录。沈嘉言，贵州卫举人，明嘉靖四十一年（1562年）任广通知县。〕

西浦桃溪

沈嘉言

流水仙源去路赊，碧桃几树醉韶华。
刘郎去后栽依露，潘令来时种若霞。
两浦暖鸥盟宿草，一鞭单骑踏平沙。
天台自有平原路，何必区区漫问槎？

〔据康熙《广通县志》卷七《艺文志·诗·七言律》第507页辑录。〕

西浦桃溪

邹　杰

小桃谁种浦西东，二月春光满树红。

莫道刘郎前度美，更夸潘氏昔年秾。
□人半醉酒帘下，游客斜酣锦鞯中。
为底甘棠勿剪伐，古今人异此心同。

〔据康熙《广通县志》卷七《艺文志·诗·七言律》第 504 页辑录。邹杰，京山人，明成化间任广通知县。清慎慈惠，布衣蔬食，九年如一日，建义学，延师设教，置义田，积粟备荒，民至今德之。西浦桃溪，广通胜景之一，溪流清洁，夹岸桃深，策马行来，宛登仙径。〕

西浦桃溪

王嘉谟

山麓横溪望甚赊，春来灼灼□其华。
深红几处蒸朝日，浅紫千枝映午霞。
茆屋住凌溪上路，石桥砌响水边沙。
张骞学得东方术，平地成家岂泛槎。

〔据康熙《广通县志》卷七《艺文志·诗·七言律》第 509 页辑录。王嘉谟，楚雄广通人，明嘉靖甲午（1534 年）科举人，江西新城教谕。〕

腾越州龙洞河

陆 芸

古树青松最上头，荒原白骨动边愁。
石根僧定云常护，谷口龙眠水不流。
日落草黄平淡淡，风长溪碧去悠悠。
天涯杯酒成何意？塞上音书谩未休。

〔据康熙《永昌府志》卷二十五《艺文志·诗·七言律》第 8 页辑录。陆芸，金齿司人，进士，历官御史、知府。另见乾隆《永昌府志》卷二十五《艺文志·七言律》。〕

兰沧桥

张佳印

叠岭遥知万马愁，兰津西渡赤虹浮。
鼋鼍驾浪声齐动，鸟雀飞梁影并收。
缆束长江标绝壁，天悬双镜照中流。
当时汉卒劳歌地，翻令于今作壮游。

〔据雍正《云南通志》卷二十九《艺文志十·诗·七言律》第 17 页辑录。另见康熙《永昌府志》卷二十五《艺文·七言律·明》、康熙《蒙化府志》卷六《艺文志·诗·七言律》、康熙《永昌府志》卷二十五《艺文志·诗·七言律》。〕

自漾濞趋金齿

张佳印

五月江声走白沙，沙边石气尽云霞。
峰阴寒积何年雪？瘴雨香生古树花。
独立南荒戍万里，每凭北斗问三巴。
兰津已说明朝渡，绝域虚疑汉使槎。

〔据康熙《永昌府志》卷二十五《艺文志·诗·七言律》第7页辑录。另见刘毓珂等纂修光绪《永昌府志》卷六十六《艺文志·诗·七言律》。〕

龙洞垂帘

杨　愍

谁将瀑布挂天崖？醉眼尘心一洗开。
碧落直倾银汉液，玉龙倒卷雪山堆。
平空飞影纷如雨，万丈潭声撼似雷。
几度错疑匡阜下，豪吟愧乏谪仙才。

〔据康熙《永昌府志》卷二十五《艺文志·诗·七言律》第11页辑录。〕

银江晚钓

郭　本

一泓寒色映清流，千古蟾光照未休。
桥下碧波涵蜃气，山前玄露挹龙湫。
渔翁夜夜连清唱，使节年年纪胜游。
我欲濯缨风满面，不知结网有人否？

〔据康熙《永昌府志》卷二十五《艺文志·诗·七言律》第12页辑录。〕

龙池秋饮

闪继迪

金风初动赤云残，指点蒹葭水阁寒。

日涌石淙浮蜃市，烟生珠窦护龙滩。
青山欲向樽前堕，明月偏宜水上看。
同调可怜饶选胜，醉歌何处不盘桓？

〔据康熙《永昌府志》卷二十五《艺文志·诗·七言律》第12页辑录。闪继迪（？—1637），字允修，云南保山人，明万历乙酉（1585年）举人，任吏部司务。天性笃孝，家法严正，生平喜奖掖人，不喜人谀。漕涧贼临城，建议主剿；施甸激变，建议主抚，皆中机宜，乡人立祠报德。晚年居家乡，以子仲俨贵，赠检讨，赐御祭。生平喜为诗文，惜诗集佚，现存诗六十余首，著有《羽岑园秋兴》《吴越游草》诸集。按高奣映《鸡足山志》卷七《人物》“游山名流姓氏附”所记，闪继迪曾游于鸡足山。另见光绪《永昌府志》卷六十六《艺文志·诗·七言律》。〕

宿龙江驿

卢 瑄

驻马龙川日已阑，江皋风静渡舟闲。
参差云树山重叠，零落村居室几间。
戍鼓递声来木枕，野霜飞冷透边关。
明朝拟上平蛮捷，万里清尘按辔还。

〔据康熙《永昌府志》卷二十五《艺文志·诗·七言律》第13页辑录。〕

游易罗池即景

陈鸣凤

云连山岫岫连云，山色湖光一鉴分。
野客琴鸣留鸟译，海翁机息狎鸥群。
兴来俚句挥亭壁，醉剧狂歌拭剑文。
登眺益深怀古思，武侯辛苦事南军。

〔据康熙《永昌府志》卷二十五《艺文志·诗·七言律》第14页辑录。易罗池，又名九龙池，位于永昌龙泉门外之九隆山麓，周遭甃以砖石，内有荷花，夏月盛开。西岸有观澜、偕乐二亭，泉石澄清，游人络绎，足为一方形胜。〕

渡澜沧江

田 榕

长虹百尺并槎浮，博望真夸万里游。
要隘地矜三齿险，承平人散八关愁。

江于上下疑无底，天到西南欲尽头。
黑水眼前惊此是，山川应是古梁州。

〔据雍正《云南通志》卷二十九《艺文志十・诗・七言律》第31页辑录。另见乾隆《永昌府志》卷二十五《艺文志・诗・七言律》。〕

兰津渡

张　含

其　一

山形宛抱哀牢国，千崖万壑生松风。
石路真从汉诸葛，铁柱或传唐鄂公[①]。
桥通赤霄俯碧马，江含紫烟浮白龙。
鱼梁鹊架得未有，绝顶咫尺樊桐宫。

其　二

黑水之西哀牢东，岧峣山色开鸿蒙。
鱼龙战斗日月暗，鹳鹤喧呼烟雾浓。
水阁倚石架朱凤，铁索横空飞彩虹。
江流迸激待禹凿，百蛮琛赞梯航通。

〔据光绪《永昌府志》卷六十六《艺文志・诗・七言律》第5页辑录。〕

兰津桥南新开仄路险山

张　含

兰津之南何崔嵬，水寨仄路盘空回。
江氛岭祲日月翳，山狂谷狠猿猱哀。
炎天风雨[②]屡见雹，严冬地迥常闻雷。
钩藤毒葛四时茂，鹦哥杜鹃千树开。

〔据光绪《永昌府志》卷六十六《艺文志・诗・七言律》第5页辑录。〕

① “公”字下，原本有双行小字“或字是汉庭老吏笔”数字。
② 风雨　乾隆《永昌府志》卷二十五《艺文志・诗・七言律》作“风高”，“风雨”与“地迥”不能对仗，当以“风高”为是。

龙池漫兴

张 含

杖藜寻花祇可恼，昨日看花今日残。
烟迷孔雀金翠泾，风逗玉龙鳞甲寒。
渼陂白浪嗟杜甫，冶城青山栖谢安。
落日禅宫发钟磬，鸡鸣新酒罄余欢。

〔据光绪《永昌府志》卷六十六《艺文志·诗·七言律》第5页辑录。〕

沧江怀古

马继龙

孤江铁索跨长虹，鸟道从天一线通。
树响龙来陵谷雨，山空猿啸石楼风。
百蛮南诏襟喉地，万木荒祠鼓角中。
象马何年归贡赋，土人犹说武侯功。

〔据天启《滇志》卷二十八《艺文志第十一之十一·七言律诗》第942页辑录。马继龙，永昌人，明举人。另见雍正《云南通志》卷二十九《艺文志十·诗·七言律》、康熙《蒙化府志》卷六《艺文志·诗·七言律》、光绪《永昌府志》卷六十六《艺文志·诗·七言律》。〕

兰沧江

张志淳

悬崖千里插江深，古木千章蔽日阴。
险极乾坤无与并，路开秦汉到于今。
拨云倚树寻佳句，历井扪参豁壮心。
遥指小掌堪暂憩，一龛灯火记观音。

〔据天启《滇志》卷二十八《艺文志第十一之十一·七言律诗》第942页辑录。〕

西龙潭

杨方盛

数亩方塘一鉴泉，分流脉脉灌平田。

珠玑细喷云根出，薜荔斜侵石骨穿。
天辟灵源供洗耳，雨余幽籁入鸣弦。
苏门百道应无异，一插能令万虑捐。

〔据康熙《鹤庆府志》卷二十六《艺文志·诗·七言律》第9页辑录。〕

东江曲折

王尚用

百仞山中见玉泉，潆洄一泻入东川。
黄河委曲垂先烈，银汉昭回咏古篇。
月近渔人滩上钓，风旋舟子浪头船。
若非圣泽流波远，谁润寻阳万顷田。

〔据康熙《寻甸州志》卷八《艺文志·诗·七言律》第48页辑录。〕

通海湖

韩宜可

江寒凫雁集汀沙，半掩柴门夕照斜。
洞口烟岚连野绕，城头鼓角杂寒笳。
猿声常啸林间月，鸦背轻翻树杪霞。
几度扶筇翘首望，青山隐隐隔天涯。

〔据万历《云南通志》卷二《地理志·临安府·众川》第188页辑录。另见天启《滇志》卷二十八《艺文志第十一之十一·七言律诗》、雍正《云南通志》卷二十九《艺文志十·诗·七言律》、道光《云南通志稿》卷十六《地理志·山川六·临安府下》。〕

游宁湖

李元阳

靡芜行尽绿毵毵，五岳寻仙得盍簪。
沃土藿花飞陌上，春湖蒲柳似江南。
野阴傍郭千家润，山色褰帷四面岚。
休向萍踪叹飘泊，殊方风俗等闲谙。

〔据天启《滇志》卷二十八《艺文志第十一之十一·七言律诗》第942页辑录。此诗题名，康熙《通海县志》卷八《艺文志·诗·七言律》作“游通湖”。〕

修彩云桥

李元阳

积雨村墟烟火消，马前沙涨迥齐腰。
沟渠不治农人叹，禾稼常为[①]潦水漂。
凿石苦闻[②]鞭挞急，蹇[③]裳愁杀路途遥。
济川无策甘崖壑，且向人间理断桥。

〔据乾隆《赵州志》卷四《艺文志·诗·七言律》第80页辑录。彩云桥，在大理赵州城东南六十二里，明万历间云南县杨舟建。另见道光《云南通志稿》卷四十八《建置志·津梁一·大理府》。〕

游宁湖

杨 慎

峰头才见一泓幽，沙尾惊看四岸浮[④]。
流[⑤]水罗纹堪[⑥]并色，嘉[⑦]陵石黛迥添愁。
秦源欲问桃花渡，楚若[⑧]浑□[⑨]杜若洲。
亦有沧浪旧歌曲，晓来乘兴又扁舟。

〔据康熙《续修浪穹县志》卷七《艺文志·诗类》第26页辑录。另见光绪《浪穹县志略》卷十二《艺文志·七言律诗》。〕

观宁湖跃珠

杨 慎

手挈青丝白玉壶，青山游遍属狂夫。
灵峰树绕云千壁，此谷花深雪满湖。
龙女镜中梳石发，鲛人波面掷明珠。
挥毫却忆十年事，醉扫烟绡看水图。

---

① 为 道光《云南通志稿》作“伤”。
② 闻 道光《云南通志稿》作“为”。
③ 蹇 道光《云南通志稿》作“褰”，当是。
④ 浮 光绪《浪穹县志略》卷十二《艺文志·七言律诗》作“舟”。
⑤ 流 光绪《浪穹县志略》卷十二《艺文志·七言律诗》作“沅”。
⑥ 堪 光绪《浪穹县志略》卷十二《艺文志·七言律诗》作“看”。
⑦ 嘉 光绪《浪穹县志略》卷十二《艺文志·七言律诗》作“喜”。
⑧ 若 光绪《浪穹县志略》卷十二《艺文志·七言律诗》作“泽”。
⑨ □ 原本缺，光绪《浪穹县志略》卷十二《艺文志·七言律诗》作“迷”。

〔据雍正《云南通志》卷二十九《艺文志十·诗·七言律》第16页辑录。另见道光《云南通志稿》卷十四《地理志三之四·山川四·大理府》。康熙《续修浪穹县志》卷七《艺文志·诗类》亦收录此诗，诗题作"观海珠"，未署作者。〕

游九气台

黄明善

一拳苍石拥高台，九气原从混沌开。
远水涵空清澈庢[①]，好山环野翠成堆。
泛舟远渡溪云去，举酒频邀海月来。
乘兴凭高登览处，追随应喜萃英才。

〔据康熙《续修浪穹县志》卷七《艺文志·诗类》第32页辑录。另见光绪《浪穹县志略》卷十二《艺文志·七言律诗》。〕

星云湖

罗世守

我来几度海之涯，赤日风生浪作花。
星映湖光连碧汉，云侵水色霭烟霞。
壮怀已逐沧波迈，华表偏惊岁月斜。
尘网应难羁野鹤，倦游到处问仙槎。

〔据道光《澂江府志》卷十五《艺文志下·七言律》第30页辑录。〕

抚仙湖

曹　逵

澄湖似镜洒如渑，酬酢相将几尽情。
两岸云山留晚翠，一溪烟柳弄春情。
浴凫未起归帆远，钓艇初回拂浪轻。
倒影渐随西日淡，前峰浮动月华生。

〔据道光《澂江府志》卷十五《艺文志下·七言律》第31页辑录。〕

① 庢　光绪《浪穹县志略》卷十二《艺文志·七言律诗》作"底"。

仙湖泛月

王 彦

湖水涵虚混太清，仙人何代不知名。
澄波混漾青山落，遥汉昭回宝月明。
素魄每添吟客兴，流光休动故乡情。
相看欲洗浮名利，独猗南楼到二更。

〔据万历《云南通志》卷三《地理志一之三·澂江府·大川》第272页辑录。王彦，字士俊，安福人，进士，由刑部郎中言事左迁云南都司断事，明正统间升澂江知府，招流移，铲奸弊，创设三关，募民守之，迄今永赖。抚仙湖，在澂江府城南十里，周围三百余里，北纳诸溪流，南受星云湖，泓涵清澈，一碧万顷，玉笋山抚其上，宛如仙人，故名。中产㼧㿴鱼。尾闾东会铁池、盘江，达南海。此诗题名，天启《滇志》卷二十八《艺文志第十一之十一·七言律诗》第944页作“泛舟抚仙湖”。〕

西西碧龙泉

刘 蓰

春服郊行未暮春，湖光潋滟绝纤尘。
晴沙漾漪鱼堪数，小树微茫草作茵。
陌上村庄喧笑语，河干田父话新陈。
祀龙老稚车前问，今岁蠲租可是真?

〔据道光《澂江府志》卷十五《艺文志下·七言律》第31页辑录。〕

湖中三島

曹 逵

烟海茫茫水接天，小舟飞渡夕阳前。
云开列嶂看山远，风入孤帆引浪偏。
沙鸟不惊成独睡，崖花相觑竞芳年。
来游不尽江湖兴，再向溪桥上酒船。

〔据雍正《云南通志》卷二十九《艺文志十·诗·七言律》第19页辑录。曹逵，字履中，常熟人，明嘉靖己丑（1529年）进士，官御史，以忤旨廷杖，谪迁云南（今祥云）太守。〕

海虹桥

杨应科

跨海吞洲展碧空，驱山鞭石护神功。
星梁天柱撑银汉，雪浪云涛抱玉虹。
形势平分三岛胜，品题合占一方雄。
来游拟作登瀛客，泛舸传觞任转蓬。

〔据康熙《剑川州志》卷二十《艺文志·诗·七言律》第9页辑录。杨应科，字顺庵，大理剑川人，明万历癸酉（1573年）科举人。潜心王景常，持己端方，任修武教谕，所拔皆名士，升湘潭令，有循卓声，天启元年从祠知县。〕

铁桥告竣志喜

朱家民

牂牁形势白云盘，山插层霄万叠寒。
地险难容江立柱，神工祇许铁为栏。
人从蜃市楼中见，我在金鳌背上看。
三载胼胝今底定，伏波铜柱照巑岏。

〔据咸丰《南宁县志》卷十《艺文志第八下·七言律诗》第17页辑录。〕

桥工既竣次第建石城十一座落成志喜

朱家民

画破青山路一条，走鞭飞铁去来遥。
碍天岩树冬先发，锁磴溪云昼不消。
耕凿止闻歌帝力，车骖不复畏兵骄。
金汤联络皇舆巩，尽职何功敢任劳？

〔据咸丰《南宁县志》卷十《艺文志第八下·七言律诗》第17页辑录。〕

早发金沙江

郭　登

征帆如箭鼓声急，舟渡金沙更向西。

石栈夜添蛮雨滑，晓江晴压瘴云低。
水边乌鬼迎人起，竹里青猿望客啼。
又隔滇阳几千里，桐花榕叶晚凄凄。

〔据乾隆《丽江府志略》下卷《艺文略·诗·七言律》第110页辑录。郭登，定襄伯，辽东人。另见道光《云南通志稿》卷二十二《地理志三之十二·山川十二·丽江府》。〕

金斗银泉

周 赞

百尺泉飞金斗坡，碧台清响听鸣珂。
流经宣化千章木，散溉长庚万顷禾。
润泽不因长夏少，绵纹更借午风多。
涓涓远去朝沧海，一任渔翁泛钓舸。

〔据万历《云南通志》卷三《地理志一之三·鹤庆军民府·众川》第301页辑录。此诗题名，天启《滇志》卷二十八《艺文志第十一之十一·七言律诗》作“银泉”。银泉，即南供河，沿金斗坡流下。〕

温 泉

周宪章

峭壁嶙峋似火云，涓涓如沸透氤氲。
烟浮灵谷丹成彩，气炽方塘碧漾纹。
修禊漫言追上浣，临池浑是晤南薰。
愧无膏液苏黎庶，剩有温汤一解氛。

〔据雍正《云龙州志》卷十二《艺文志·诗·七言律》第64页辑录。〕

天生桥

杨守鲁

百二龙关势削成，石梁高架自天生。
海门下瞰鼋鼍窟，白日飞来风雨声。
悬流曲抱苍崖转，砥柱中排洱水平。
桃源亦在榆西路，何处寻真问赤城。

〔据乾隆《赵州志》第6册）卷四《艺文志·诗·七言律》第80页辑录。杨守鲁，明提学。〕

过盘江

左文象

安危虽是任苍天，回首风波亦惨然。
谁肯平时先退步？都来险处欲休肩。
片云北去天如水，五日南来雨似烟。
好向莲峰学酣睡，掀髯江山笑张骞。

〔据康熙《蒙化府志》卷六《艺文志·诗·七律》第26页辑录。左文象，字龙图，号三鹤，世袭蒙化土知府。能文翰，工诗书，与成都杨慎相友善，为左氏好文之始，后强辞印信以归流官掌，足见其人也。文象承其父学，亦工于诗翰，韵致清逸，不事铅华。〕

龙潭莲锦

罗俊民

九龙潭水静无波，堤畔人家总种荷。
夏日一湾红粉样，薰风十里素香多。
沙明藻绿青蒲间，鸥宿鱼游白鹭过。
一幅吴宫新制锦，数声越女采莲歌。

〔据乾隆《永北府志》卷二十八《艺文志·诗·七言律》第25页辑录。罗俊民，岁贡，两为县令，政绩有声，通经史，善诗文。〕

秋霖瀑布

罗俊民

如门雄峙两山峰，眺望环回翠色重。
一夜西风吹宿雨，满溪流水挂银龙。
悬崖错落千珠喷，飞瀑悠扬一练封。
此景殊方能几见？黔南叠水许相同。

〔据乾隆《永北府志》卷二十八《艺文志·诗·七言律》第25页辑录。〕

程海观澜

王　溶

清波巨浪浅深求，碧海连天翠欲流。

听履星河凌绝巘，披襟风月对渔舟。
虚疑博望遗龙剑，信是冯夷结蜃楼。
藉手磨崖拊心事，晚来吾道一沧洲。

〔据乾隆《永北府志》卷二十八《艺文志·诗·七言律》第26页辑录。〕

金沙江

周文化

金沙江头云不飞，金沙道上行人稀。
三春揽渡岚烟阔，十里看花草色微。
汉吏旌旗仍夜谍，左言耕稼习年饥。
搴帷问俗惭无补，回忆王阳愿独违。

〔据乾隆《永北府志》卷二十八《艺文志·诗·七言律》第27页辑录。〕

明湖风月

赵乐群

山间风月寻常有，独到明湖景最幽。
杨柳未吹先水面，梧桐初照映江头。
波涵夜色连天碧，浪涌岚光隔岸秋。
好是西湖佳丽地，更教添个采莲舟。

〔据乾隆《宜良县志》卷四《艺文志四·七言律》第77页辑录。赵乐群，字辛龙，号星龙，赵世麟子。云南卫所籍，食廪宜良。明万历十年（1582年）贡生，任临州训导、泰和县教谕。服阕，不复出，家居雅好吟哦。明湖，县北一里，今称阳宗海，一名逸休湖，周七十余里，水色深碧，境内溪河泉涧诸水汇此下流，由汤池东绕宜良入铁池河。〕

云泉瀑布

柳光辰

谁决银河下碧天？分青界翠几千年。
巧裁白练层岩侧，妙织珠帘叠嶂前。
寒色遥同金色晃，清声直与磬声连。
援毫拟继香炉咏，琢句终疑愧谪仙。

〔据乾隆《宜良县志》卷四《艺文志四·七言律》第77页辑录。柳光辰，字仍五，号星伯，别号青梅居士，宜良人。嗜古力学，雅好赋诗，工颜柳书。年二十三，应天启辛酉（1621年）副车，恩准国子监生。京举不中，遂南归闭户著书，惟以训子为事。居乡，著《青梅居集》二卷。匾书“法明古寺”四大字及门联，皆公遗迹。云泉瀑布，宜良古八景之一。作者借用李白《望庐山瀑布》典故，上句继“日照香炉生紫烟”，下句而自觉愧不及谪仙李白。〕

翠屏秋水

包嘉胤

百丈屏开列画岑，石桥南畔淡烟侵。
鹭飞祗似迷清渚，莺啭番疑失故林。
极浦远凝樵路湿，横空暮霭钓矶深。
会心胜处真成癖，吏隐风流岂自今。

〔据乾隆《广西府志》卷二十六《艺文志三·诗·七言律》第20页辑录。包嘉胤，福建龙溪县人，贡生，明末任云南广西知府。当兵戈扰攘之秋，羽檄纷驰之会，惟廉以养民，明以处事。事既不烦，民自不扰。每公余，郡中一丘一壑，一林一峦，可以寓目者，靡不表而出之。今郡治山川名胜不至淹没，皆公力也。“翠屏秋水”，广西府名胜之一。〕

五峰水月

包嘉胤

满湖其翠五峰秋，载酒闲吟并客游。
万里江天丹镜逼，十年怀抱使槎悠。
参差叠壁摇星汉，隐见神龙舞浪沤。
今夜月明无限意，应随远鹤到沧洲。

〔据乾隆《广西府志》卷二十六《艺文志三·诗·七言律》第20页辑录。〕

东华积雪

包嘉胤

故国琼楼万里天，雪深泸野正悠然。
思归未遂怀王灿，作赋何方忆惠连。
砍竹寻梅层岭上，飘衣走马白云边。
画图取作家山看，好自闲吹拂小笺。

〔据乾隆《广西府志》卷二十六《艺文志三·诗·七言律》第21页辑录。〕

步阙温泉

吴稼登

滚滚源泉旱不乾，雪霜历历岂知寒？
蒸来薄雾蒙空溜，荡得微风叠素澜。
烈士热肠应借洗，道人冷眼不须观。
草沾余润皆春气，未必芳华藉浴兰。

〔据乾隆《广西府志》卷二十六《艺文志三·诗·七言律》第24页辑录。〕

早渡盘江

刘 翺

娟娟寒月光远天，叠嶂凌霄北斗悬。
江浴盘龙通两粤，风惊宿鸟渡交川。
雉裘到处烽烟靖，棨戟年来露布鲜。
笑倩良工写王会，漫劳唾手勒燕然。

〔据乾隆《广西府志》卷二十六《艺文志三·诗·七言律》第24页辑录。刘翺，明巡抚，凤溪人。另见民国《邱北县志》第九册《艺文部·诗文·七言律》。〕

水边石井

罗一苏

嵯峨峤石倚云间，头角峥嵘势俨然。
苔藓作毛因雨长，藤萝穿鼻任风牵。
长眠不食溪边草，无力难耕陇上田。
怪煞牧童鞭不起，满身斜推夕阳烟。

〔据乾隆《景东直隶厅志》卷四之二《艺文志》第170页辑录。罗一苏，郡人，泰昌年（1620年）选贡，应天高淳县县丞。〕

龙泉寺

罗一苏

清阴低亚觅清泉，倒影其中别有天。

非色非空长自在，无波无浪独安然。
澄清治世知今日，淡宕铭心记昔年。
好是满而曾不溢，何时泻出润长川。

〔据乾隆《景东直隶厅志》卷四之二《艺文志》第170页辑录。〕

清

冬日观昆海

彭而述

滇南泽国枕昆阳，势接金沧万里长。
冬夏峰高难赴海，九州图画独称梁。
雄风也自开偏霸，荒服居然奠海王。
万木萧疏人事晚，几回立马向苍茫。

〔据道光《昆阳州志》卷十六《艺文志·杂体诗》第7页辑录。彭而述，河南邓州人，进士，清顺治十六年（1659年）任云南右布政使，清康熙三年（1664年）任左布政使。〕

滇池夜月

安　泰

万顷湖光接远天，苍茫青霭隐渔舷。
波浮华岳微茫见，光涌婵娟上下悬。
芦岸阴阴间宿鹭，柳堤漠漠带栖烟。
朝宗应有昆明水，汉使仙槎旧入滇。

〔据道光《昆阳州志》卷十六《艺文志·杂体诗》第8页辑录。安泰，字履然，号敬生，昆阳州人，清康熙间岁贡，博闻强记，负气节，竭力事亲，兵燹之余，丧葬俱克尽礼，闻藩污以伪号，不受，惟以诗酒自娱，著有《狎鸥集》行于世。祠孝友。〕

温泉即景

赵　衍

纷披容与纵笙歌，蕙转光风绝绮罗。
露泾桃花春不管，月明芳草夜如何？
琼珠浩荡随兰棹，云锦低徊射玉珂。
深入醉乡休秉烛，尽情挥取鲁阳戈。

〔据雍正《安宁州志》卷十九《艺文志下·诗·七言律》第36页辑录。〕

游连然汤池

石 琳

和风淡荡袅晴烟，联辔江云拥马前。
着屐寻山深奥域，停车问俗乐春田。
温流漫讶神功力，暖律谁参造化权？
愿得臣心皆似水，更将此处作廉泉。

〔据雍正《安宁州志》卷十九《艺文志下·诗·七言律》第 36 页辑录。〕

游温泉作

李澄中

安宁城下木兰舟，秉烛携筇岭①上头。
槛外螳螂②孤镜晓，楼头③风雨万山秋。
埋云古洞层层转，绕屋温泉细细流。
信宿碧峰还别去，清樽④歌管莫相愁。

〔据雍正《云南通志》卷二十九《艺文志十·诗·七言律》第 26 页辑录。李澄中，字渭清，号渔村，又号雷田，山东诸城人，原籍成都。清康熙己未（1679 年）召试，博学鸿词，官至翰林院侍读，康熙二十九年（1690 年）以翰林院侍读充乡试正主考。此诗题名，雍正《安宁州志》卷十九《艺文志下·诗·七言律》作“游安宁温泉作”，文字有异。〕

温 泉

段拱新

含烛神龙变化奇，移来石窟煮涟漪。
煎山何事资泉部，盐濯无端用火师。
鼎沸重阴喷软玉，丹镕丸地滚琉璃。
澄清本属吾曹志，早快当前澡雪思。

〔据雍正《安宁州志》卷十九《艺文志下·诗·七言律》第 38 页辑录。段拱新，字捷元，恩贡生，品行端方，见义勇为，教读养亲，身无私蓄，淹贯经史，雄于文章。总督范承勋延为昆明书院山长，一时登甲乙榜者，多出其门。子昕、曦皆成进士，其庭训也。〕

① 岭 雍正《安宁州志》作“到”。
② 螳螂 雍正《安宁州志》作“堂琅”。
③ 楼头 雍正《安宁州志》作“楼前”。
④ 清樽 雍正《安宁州志》作“清尊”。

温　泉

张　梅

暖露溶溶半亩塘，涤除尘垢胜沧浪。
世人大抵趋炎态，天地于斯见热肠。
池底势翻珠磊落，石边声泻玉铿锵。
辟寒集内称奇绝，太史颜书第一汤。

〔据雍正《安宁州志》卷十九《艺文志下·诗·七言律》第40页辑录。〕

碧玉泉

段　昕

溪山曲曲抱涟漪，石作屏围雾作帷。
信是邹阳吹律处，恍疑神女弄珠时。
香流丹鼎春千古，气蕴琼花玉一池。
品德论功传史笔，莲峰黄岫漫争奇。

〔据雍正《安宁州志》卷十九《艺文志下·诗·七言律》第40页辑录。〕

圣水三潮

戴益俊

天一生来不定期，忽将潮汐寄涟漪。
蟾光影射黄金色，龙口波流碧玉卮。
吞吐清泉珠万斛，卷舒待漏信三时。
个中消息谁为主？千古盈虚自有之。

〔据雍正《安宁州志》卷十九《艺文志下·诗·七言律》第42页辑录。戴益俊，安宁人，明经。〕

望　雨

朱若功

人言归化插秧难，淹尽海田栽始完。
也有溪流绕地曲，多无潴水入春寒。
几番霖雨空膏泽，一路青葱独旱乾。

尽日呼天祈有岁，踟蹰无计起荒残。

〔据雍正《呈贡县志》卷四《艺文志·诗赋·七言律》第9页辑录。另见光绪《呈贡县志》卷八《艺文志·诗赋·七言律》。〕

滇池夜月

王特授

泽国蟾宫月未封，倒流澹荡素娥容。
波扬钩影惊飞鲤，浪汲珠光起卧龙。
广运冰轮临薄海，渊涵金鉴藐诸峰。
纵观大块清如许，一夕重开万古胸。

〔据乾隆《晋宁州志》卷二十八《艺文志下·诗·七言律》第32页辑录。另见道光《晋宁州志》卷十二《艺文志五·诗·七言律》。〕

重阳前一日泛昆池

江自岷

轻舟斜荡绿波洄，绣郭遥看映水隈。
粳稻香中秋意足，荻芦丛里雨声催。
开尊[①]已届黄花节，作赋如从赤壁回。
正喜登临兼有约，明朝乘兴陟崔嵬。

〔据乾隆《晋宁州志》卷二十八《艺文志下·诗·七言律》第32页辑录。江自岷，字子澜，晋宁州人，廉直不阿，学有渊源，工诗文，由丙子举人任阿迷学正，造士多有成就。另见道光《晋宁州志》卷十二《艺文志五·诗·七言律》。〕

凤桥春色

蔡文濬

步到西城别涧香，杏花几度间垂杨。
风恬渔浦横吹浪，树花莺枝别弄簧。
软土红飞春尚浅，小园锦碎日初长。
上林无限栖迟意，醉坐桥头爱景光。

〔据道光《晋宁州志》卷十二《艺文志五·诗·七言律》第49页辑录。〕

---

① 尊　道光《晋宁州志》卷十二《艺文志五·诗·七言律》作“樽”。

昆池舟中望金山

蔡　馨

百里轻舟一叶还，微茫烟树是金山。
云涵池草阴晴外，浪逐天门远近间。
湖水东西成宦迹，沙堤隐约逼乡关。
何日粥板同僧饭，参透南华手自删。

〔据道光《晋宁州志》卷十二《艺文志五·诗·七言律》第53页辑录。〕

舟抵河泊所傍晚登岸见昆池渔火

蔡　馨

飘泊人生一水鸥，乡关今得任轻舟。
天垂海面穿云过，龙起山腰破浪游。
村落二三依岛屿，桑田迴绕伴沙洲。
岸头晚醉欣乘月，指点渔灯上小楼。

〔据道光《晋宁州志》卷十二《艺文志五·诗·七言律》第53页辑录。〕

堡川十咏（选三）

萧　颖

山泉玉

瀛海分来一勺多，悬流常注本山阿。
仙源有路泉飞涧，滴水凝晖玉作波。
望出云中疑破石，听从风雨欲鸣珂。
野樵不识钟灵异，只向林边问斧柯。

空谷灵泉

寂寂山空谷亦空，疏泉此地具灵通。
半潭水石潜龙窟，四境桑田零雨功。
利泽自能周上下，清流一任決西东。
力耕尽有归田乐，井渫同占养不穷。

龙塘鱼跃

化龙鱼跃卧龙塘，恰写天机引兴长。
红尾正涵春水静，青鬐遥带曙云翔。
升沉触趣皆堪悟，游咏无心且共忘。
风月一竿生计得，此间真不异濠梁。

〔据道光《晋宁州志》卷十二《艺文志五·诗·七言律》第55页辑录。〕

普照灵泉

安　泰

龙窦幽泉祇树中，遥穿曲枧过芳丛。
衍经鹿苑苔纹断，泻入樵林石气通。
亦似锡飞生宝积，还成花雨落天空。
龙湫千载流无尽，漫效仇池养寿翁。

〔据道光《昆阳州志》卷十六《艺文志·杂体诗》第8页辑录。〕

渔舟晚唱

安　泰

夕阳初下暮云屯，柳岸浮家作好邻。
罢钓依岩迟皓月，得鱼沽酒傲江春。
数声短笛惊鸥雁，几曲渔歌满蓼蘋。
醉卧绿蓑凌万顷，舟虚尽夜欲亲人。

〔据道光《昆阳州志》卷十六《艺文志·杂体诗》第9页辑录。

牛舌洲

李嗣涯

昆明池水万顷碧，怒挟冲风倒流急。
天开一径使西奔，群山错愕各退立。
海门突拥千尺洲，宛如砥柱扼黄流。
狂澜势杀顺轨下，深苔浅草自春秋。

〔据道光《昆阳州志》卷十六《艺文志·杂体诗》第10页辑录。李嗣涯，保山县教谕李昌兰子，昆阳州人，清康熙间贡生。〕

邵甸黑龙潭

马邦礼

嵩阳拥秀甸川东，两凿灵津万派通。
鱼阵追随人在处，龙形隐现雾凝中。
树拖双镜荫红日，水夹连环泻冷风。
昆海不须论溉泽，推源谁不逊神功。

〔据康熙《嵩明州志》卷八《艺文志·诗·七言律》第17页）辑录。邵甸黑龙潭，即今嵩明滇源街道龙潭营黑龙潭。另见光绪《续修嵩明州志》卷八《艺文志下·诗·七言律》。〕

游温泉

田世容

东来片羽集方塘，沸井初浮碧玉床。
仙客梦回夸蛮眼，壮儿心冷淬鱼肠。
金丹浴罢春常在，白足尘消水自香。
信是劫灰原不死，昆明池近古寻阳。

〔据康熙《寻甸州志》卷八《艺文志·诗·七律》第49页辑录。〕

龙潭夜月

李椿龄

夜深云散树林端，一派幽光彻底寒。
水上①不缘风鼓浪，鉴空足②任月抛丸。
寒浸月色澄澄碧，光溜秋澜湛湛团。
下上空明相映发，此身疑作广寒观。

〔据康熙《路南州志》卷四《艺文志·诗·七言律》第58页辑录。李椿龄，路南州人，明崇祯间贡生。另见乾隆《路南州志》卷四《艺文志·诗》。〕

① 上 乾隆《路南州志》卷四《艺文·诗》作“止”。
② 足 乾隆《路南州志》卷四《艺文·诗》作“只”。

龙潭夜月

王 槐

一碧涵空万派流，寒蟾泻彩石潭幽。
谁将海客藏蛟室，并作嫦娥宿月楼。
寒浸半天云影淡，清沉十里鉴光浮。
夜深龙起金波涌，喜抱明珠得意游。

〔据康熙《路南州志》卷四《艺文志·诗·七言律》第 55 页辑录。王槐，路南州人，清康熙甲子(1684 年）科举人，授弥勒教习。另见乾隆《路南州志》卷四《艺文志·诗》。〕

龙潭夜月

金廷献

清幽入夜远烟尘，皓月当空映一津。
树影斜穿泉底镜，山光倒浸水中蘋。
投竿牵动舞衣曲，荡浆还惊折桂人。
自幼沛霖曾有志，故将怀抱寄江春。

〔据康熙《路南州志》卷四《艺文文·诗·七言律》第 48 页辑录。金廷献，镶黄旗奉天广宁人，监生，康熙四十四年（1705 年）任路南州知州，七载清慎廉明，请上谕，修文庙，设义学，编保甲，催科不扰，听讼无冤，开渠筑堰，地方大有起色，士民咸颂。此诗作者，乾隆《路南州志》卷四《艺文志·诗》作“李汝相”，有异。〕

龙潭夜月

金成宪

盈亏几度暮云边，自落龙池夜夜圆。
任是月残曾不晦，从来望后那知弦？
波心返照摇苍壁，树底寒光射碧天。
莫是骊龙藏水面，悠悠千载抱珠眠。

〔据康熙《路南州志》卷四《艺文志·诗·七言律》第 62 页辑录。另见乾隆《路南州志》卷四《艺文志·诗》。〕

长江半月

金成宪

清江如带碧沉沉，一曲苍峦送夕阴。
岂有疏烟铺水面？惟余残月坠波心。
斜横柳下惊鱼钓，隐跃山西照客琴。
一叶扁舟归去晚，绿蓑颖有色相侵。

〔据康熙《路南州志》卷四《艺文志·诗·七言律》第64页辑录。长江半月，即赤江，在民和乡。两岸峰峦秀错，西畔一峰独高，其顶甚圆，倒映江中，宛然半月，过者每徘徊不忍去。另见乾隆《路南州志》卷四《艺文志·诗》。〕

盘江春雨

杨　珍

二月濛川水映堤，时添新雨助幽思。
膏盈浅渚春波溢，泉漾汀洲练色齐。
洗去清烟抒柳岸，流来甘露润芳枝。
阳和化泽今初转，涤净尘襟漫赋诗。

〔据康熙《路南州志》卷四《艺文志·诗·七言律》第60页辑录。杨珍，路南州人，清康熙间贡生。另见乾隆《路南州志》卷四《艺文志·诗》。〕

赤江堤

史进爵

古城素称沃壤，但三面临江，每秋患水。丙子春，士民欲筑长堤，防御泛溢，公呈于余，因同相度，数月告成，彼此田园无恙。

蜿蜒一带锁江流，紫陌连云报有秋。
千顷波涛归正派，一乡民社杜偏愁。
于今望岸称安堵，当时临滨叹滥浮。
贾让治河三献策，看来防御是嘉谋。

〔据史进爵修，郭廷选等纂乾隆《路南州志》（清乾隆二十二年刻本，下同）卷四《续艺文志·诗·七言律》第87页辑录。史进爵，举人，陕西人。清乾隆十九年（1754年）任路南知州，捐修文明坊，建泮池、圜桥、学署。〕

赤江堤

吴之良

金堤回绕赤江流，万顷良田万顷秋。
此日耕耘歌大有，当年版筑抱深愁。
安澜有庆波光敛，冲溃无虞雪浪浮。
治术自来推水利，名垂班史纪嘉谋。

〔据乾隆《路南州志》卷四《续艺文志·诗·七言律》第88页辑录。吴之良，廪贡，建水人。清乾隆十九年（1754年）任路南州训导，倡修文庙，开增学田，疏通河道，士民乐从。〕

赤江堤

李崇琬

平畴舒望导江流，决去雍阏岁有秋。
陇上闲吟消旧恨，舟中载酒释新愁。
谢公高岸芳田润，苏子长堤夜月浮。
俯仰古今寄意远，泳游泽畔羡神谋。

〔据乾隆《路南州志》卷四《续艺文志·诗·七言律》第88页辑录。李崇琬，路南州人，清雍正己酉（1729年）科副榜。〕

赤江堤

徐 汧

赤水滔滔万里流，桃花泛浪涨深秋。
贤侯已建宣房议，良牧犹怀萧相忧。
防潴多方禾穗稳，绸缪早计稻香浮。
遥临骢马歌来暮，共仰平成奕世谋。

〔据乾隆《路南州志》卷四《续艺文志·诗·七言律》第88页辑录。徐汧，路南州贡生。〕

赤江堤

杨侣桐

赤江骇浪已连连，独羡长堤久倍坚。

月涌未闻浮彼岸，风翻那见没前川？
安澜散作千家雨，砥柱吹成万井烟。
试问功隆何所似？依稀直在禹谟篇。

〔据乾隆《路南州志》卷四《续艺文志·诗·七言律》第88页辑录。杨侣桐，路南州贡生。〕

西浦温泉

王世音

为寻幽胜来西浦，试探温泉识化工。
四壁秋光浴日馆，一池春暖水晶宫。
澄清常映烟岚色，温润还成灌溉功。
若问源头在何许？螳川分派或相通。

〔据乾隆《宜良县志》卷四《艺文志四·诗·七言律》第583页辑录。王世音，清太学，吴县人，宜良邑唯一撰有全八景诗之人。此诗作者，《云南温泉志补》作“方汝珪”，有异。〕

云台瀑布

王世音

叠嶂层峦罨画间，楼台渺渺翠微边。
樵歌石径穿红树，鹤舞松梢破绿烟。
高瀑影翻云里寺，急流声沸水中天。
试从绝顶看飞洒，百道回环万壑连。

〔据乾隆《宜良县志》卷四《艺文志四·诗·七言律》第86页辑录。此诗题名，民国《宜良县志》卷十下《艺文志·诗·七言律》作“云泉瀑布”。云台瀑布，宜良古八景之一，清孔宗尧撰《云台瀑布序》，见前。〕

岩泉潄玉

王世音

岩壑玲珑叠翠微，清泉汩汩绕山扉。
听来音韵和风远，望去空明映日晖。
潋滟珠光烟漠漠，潆洄玉屑雨霏霏。
澹然坐对浑忘虑，洗尽尘心入化机。

〔据乾隆《宜良县志》卷四《艺文志四·诗·七言律》第86页辑录。岩泉潄玉，宜良古八景之一。〕

野渡渔灯

王世音

渡头人散集渔舟，灯火荧荧映碧流。
两岸高悬光不断，一竿斜系影常浮。
烟波荡漾惊游鲤，风雨飘摇起宿鸥。
月色已从林际起，萧萧风景满芦洲。

〔据乾隆《宜良县志》卷四《艺文志四·诗·七言律》第86页辑录。野渡渔灯，宜良古八景之一。〕

禹门瀑布

马希上

飞来一派欲何从？谷口烟岚不敢封。
颠倒雷门惊日月，纵横子夜吼蛟龙。
无槎可泛迷三岛，有岸难登隔九重。
跌碎残珠终未散，化成虹气锁高峰。

〔据乾隆《广西府志》卷二十六《艺文志三·诗·七言律》第23页辑录。马希上，弥勒人，清康熙壬子（1672年）恩科举人。禹门瀑布，弥勒名胜之一，在城东七里，悬崖千仞，银河三汲，银瓶倒挂，下有天生桥，上有禹门寺。〕

甸溪烟雨

杨绳武

武陵何事苦迷津？一再逢春只自春。
乌鹊枝头千里雪，鹧鸪烟里百年身。
浓云正稳梁山梦，过橹频摇楚水神。
夙债日深风景怅，几时却肯倍还人？

〔据乾隆《广西府志》卷二十六《艺文志三·诗·七言律》第24页辑录。杨绳武，字文叔，弥勒州选贡，清康熙乙未（1715年）进士，翰林院编修。〕

翠屏秋水

王 錩

波光远近逐船浮，湖上烟云一派收。

赋就层岩分赤壁，登从蓼岸一瀛洲。
风高北海知鲲化，浪涌南溟看鲤游。
莫逐波涛随上下，还将一柱砥中流。

〔据乾隆《广西府志》卷二十六《艺文志三·诗·七言律》第20页辑录。王錩，字子谋，新兴州庚午（1690年）举人，清康熙间任广西府知府。天性孝友，善诙谐，与诸生约文会，届期早至，立催完课，觌面讲改，数年如一日。以母忧去，士依依不舍云。〕

东华积雪

李　綩

云在山腰水在巅，水云上下寺高悬。
霏霏微霰披银炼[①]，渺渺晴空见远天。
五岳奇观劳梦寐，半生壮志付林泉。
梁园作赋人何在？如接风流愿执鞭。

〔据乾隆《广西府志》卷二十六《艺文志三·诗·七言律》第21页辑录。〕

东华积雪

杨敬修

谁将六出散云端？喷鼻香生彻骨寒。
岭上梅花寻得未，郢中诗句和皆难。
东山不播蓝田种，梵刹如攒碧玉盘。
几夜禅房春睡足，僧门堂列碧琅玕。

〔据乾隆《广西府志》卷二十六《艺文志三·诗·七言律》第21页辑录。〕

绿柳新堤

管　棆

谁种长堤十亩阴？柳丝高映署斋深。
长条欲比栖鸟府，翠带如萦上苑林。
走马章台回便面，飞鹦泮水送清音。
劝农初罢芸窗晚，好伴先生抱膝吟。

〔据乾隆《广西府志》卷二十六《艺文志三·诗·七言律》第23页辑录。〕

① 银炼　当为“银练”。

白鹤泉

叶 涞

白鹤东飞饮啄清，寻源似向九皋行。
一泓玉露清秋水，三垒金砂拥化城。
芝草结时看堕羽，云光动处想遗声。
难将消渴支肥重，安得临流炼石烹。

〔据雍正《建水州志》卷十四《艺文志新增·诗·七言律》第10页辑录。叶涞，字兆颖，号舫村，清康熙辛酉科副榜，任南宁县教谕。〕

异湖三岛

何 朗

蓬莱楼阁五云间，中有仙人物外间。
一笛何年开玉镜，扁舟此日共烟鬟。
川分九曲鱼龙国，岛列双城大小山。
我欲持书招旧侣，会须买酒醉苍颜。

〔据雍正《云南通志》卷二十九《艺文志十·诗·七言律》第31页辑录。何朗，检讨，石屏人。〕

重建泸江桥成

夏 冕

几载心惊利涉穷，而今徐步俯蛟宫。
何须驾羽乘乌鹊，疑见吞江下渴虹。
原隰膏流苍霭外，往来人渡绿阴中。
崔公去后桥犹在，今古同夸不朽功。

〔据雍正《云南通志》卷二十九《艺文志十·诗·七言律》第31页辑录。夏冕，昆明人，清雍正丁未（1727年）科进士，临安府儒学教授。〕

过八达江

管 棆

前驱负努极攀跻，猎猎旌旗望欲迷。

江入乌蛮流水阔，山围鹦鹉暮云低。
舟刳独自如鱼腹，楼架危巢类鸟栖。
怪底轻裘浑欲脱，地炎直接广交齐。

朔风卷尽瘴茅荒，路入层蛮万岭长。
碧阔曲依田上下，白云拥出树丹黄。
岭崖画断垂鳞鬣，村落斜穿卧石羊。
我自居夷枕着句，顿忘投老入蛮乡。

早晚烟霏重不醒，乱山鬱鬱雾冥冥。
深湫日暗龙潭黝，蔓草风旋虎气腥。
石捍崩泉疑作雨，山髼古木尚留青。
时平不用封侯策，片石虚传剑阁铭。

〔据民国《邱北县志》第九册《艺文部·诗文·七言律》第7页辑录。〕

游泸源洞

周 埰

满目云山万里愁，偶因访胜出郊游。
天生古洞蛟龙蛰，地涌灵泉草木幽。
柳岸风清薄雾敛，沙汀日晚白鸥浮。
谁知野外荒凉处，正有鸣禽相和酬。

〔据乾隆《广西府志》卷二十六《艺文志三·诗·七言律》第19页辑录。〕

游大龙泉

周锡桐

策马平冈五里程，秋风拂袂暑全清。
一亭胜据烟峦色，万木寒围涧水声。
古洞蛟龙留幻迹，深山猿鹤问前盟。
不知绝顶藤萝屋，可有仙人剑佩鸣。

〔据道光《续修易门县志》卷十二《艺文志上·诗》第295页辑录。〕

春游大龙泉

李 鹄

山灵未识果相招，半百偷闲带酒瓢。
石窍千寻通树顶，暗泉一道落山腰。
人来梅秃幽香渺，僧去碑残旧迹消。
好羡骊龙春梦稳，抱珠懒出到层霄。
〔据道光《续修易门县志》卷十二《艺文志上·诗》第276页辑录。〕

游小龙泉

杨凤然

半月池中月一轮，我来随我见金身。
焉知故我非今我，不记前因是后因。
潭影本空涵万有，壶觞自酌恰三人。
莫言龙女供斋幻，境到清溪幻亦真。
〔据道光《续修易门县志》卷十二《艺文志上·诗》第279页辑录。〕

东浦流虹

赵士麟

泉流滮滮度平沙，灌溉东方利赖赊。
遥望彩虹趋涧底，却随舞鹤到山家。
层层碧树笼高寺，濯濯游鳞戏浅涯。
水阁风亭客坐啸，诗成随意酌流霞。
〔据道光《澂江府志》卷十五《艺文志下·诗·七言律》第34页辑录。〕

龙砦灵湫

赵士麟

泉流浩浩注西陲，水色晴光荡碧漪。
四面澄潭清肺腑，一池寒玉照须眉。
鱼龙隐现摇萍梗，台殿参差冒柳枝。

胜事年年沂浴候，春风童冠乐难支。

〔据道光《澂江府志》卷十五《艺文志下・诗・七言律》第35页辑录。〕

仙湖夜月

赵士麟

俞元仙迹问仙湖，一片烟波点荻芦。
天上自来通碧海，人间不道有蓬壶。
凫鸥泛泛眠沙渚，桃柳阴阴入画图。
最爱夜深蟾殿启，琉璃万顷一痕孤。

〔据道光《澂江府志》卷十五《艺文志下・诗・七言律》第33页辑录。〕

仙湖夜月

李　敏

星云东下接山阿，湛湛停泓一鉴多。
最喜晴霞联碧落，尤宜皓魄濯清波。
新秋籁静逢仙子，永夜风微引素娥。
我意亦同湖水莹，乘槎遥泛草堂过。

〔据道光《澂江府志》卷十五《艺文志下・诗・七言律》第40页辑录。〕

仙湖夜月

李应绶

万顷平湖一鉴清，谁教皓魄涌波明？
光摇碧落通银汉，影荡秋风动石鲸。
望若全疑琼宇合，观涛恍识水晶莹。
凭虚不用乘槎想，时泛仙舟到海瀛。

〔据道光《澂江府志》卷十五《艺文志下・诗・七言律》第41页辑录。李应绶，清康熙己丑（1709年）科进士，榜姓张，奉旨复姓，庶吉士，事迹详道光《澂江府志・文行》。〕

抚仙湖即事

李发甲

四面晴岚接远天，湖光潋滟抱城还。

风含细浪文成藻，云郁千峰锦作烟。
村舍桑麻耘绿野，井闾刀尺促新蝉。
清樽此日成嘉会，少长追陪玳瑁筵。

〔据道光《澂江府志》卷十五《艺文志下·诗·七言律》第36页辑录。李发甲，字瀛仙，号云溪，幼读书凤翔寺，究心性理史子诸书及天文图数之学。甲子登贤书，授大理教授，建学宫。移元江，刻性理西铭，开导尤多。卓异迁灵寿令，多异政。擢监察御史，直声震天下。补授湖南巡抚。丁内艰，还滇营葬，服未阕，复补授湖南，抵任，值连年荒歉，公遍谕各州县发仓谷赈济，未几大雨，江水泛涨，常德、长沙、岳州沿江州县，田庐冲塌，公借藩库金，委员散赈，复值大旱，亲为文祷雨，甘霖立沛。更捐金购米，给湖南北之流离者。观风课士，拔其尤读书岳麓书院，湖南之士赴试武昌，以洞庭汹涌，多裹足不前，公三疏具题请建南闱，为部议所阻，湖南士感激泣涕。病卒于官，天子震悼，谓“发甲清廉，持身实心尽职，应得务典”。特赐祭葬，士民建祠祀之，旋祀名宦，榇还乡，祀乡贤。〕

玉溪春涨

管 灏

东来银汉泻城西，碧柳拖烟绕岸齐。
却羡安澜涵玉浪，不闻走蚁溃金堤。
流膏润处千村溥，丽日晴时百鸟啼。
揽辔长桥看景色，气蒸云雨自成霓。

〔据道光《澂江府志》卷十五《艺文志下·诗·七言律》第38页辑录。管灏，字若梁，清康熙甲戌（1694年）科进士，庶吉士，以检讨升吏科给事中，详乡贤。性好学，博闻强记，充养缜密，动必循规矩，居乡恂恂，作士模范，捐百金，倡迁学宫。〕

金堤柳浪

华朱祯

金堤环带柳婍娜，蘸雨牵风百尺波。
体态未疑秦塞少，丰姿空忆汉宫多。
绿涛深处藏黄鸟，玉水浮来漾碧罗。
最是春明游士女，携樽队队宛乘槎。

〔据道光《澂江府志》卷十五《艺文志下·诗·七言律》第40页辑录。〕

九龙池

毛 崐

叠石奇峰旭照开，碧凝秋水浸楼台。

鹤飞岭外遥天雪，龙隐池中满地苔。
几处云堆随雨散，一行人影渡桥来。
滇南胜地多雄峻，作赋相如子细裁。

〔据道光《溦江府志》卷十五《艺文志下·诗·七言律》第48页辑录。毛崐，山阴人。〕

玉溪桥落成

游镛

放眼乾坤气象清，濠梁堤畔问鸥盟。
晴岚翠叠千峰秀，丛树烟环一水横。
阁外鸟吟藏暗柳，涛中月印映丹楹。
依稀风景苏堤上，笑逐儿童竹马行。

〔据道光《溦江府志》卷十五《艺文志下·诗·七言律》第48页辑录。游镛，训导。〕

玉涧长虹

张昕

溪河如带碧湫盈，鹊架横空漾太清。
断续莺声花外啭，高低人影镜中行。
山围祇树千峰绕，波拥莲台一线萦。
最是云烟堪画处，柳阴夹道喜新晴。

〔据道光《溦江府志》卷十五《艺文志下·诗·七言律》第48页辑录。〕

祈雨四章

管学宣

蕴隆四野众眉颦，不信天工肯弃民。
数日堪云才十五，解悬可待再昏晨。
龙湖水壑难为雨，宝秀山田半已龟。
惆怅云霓争妒忌，忍看翠陌竟扬尘。

箕毕二星各雨风，西横噫气密云东。
为霖有象大如注，吹万无情疾似冯。
俄顷荣枯惊变幻，寸心生杀问苍穹。
何辜沃土遍成赤，饱食无饥独我躬。

共传祈祷宿城隍，匍匐斋坛率旧章。
祇肃三薰勤洗涤，彷徨七书易冠裳。
仲舒繁露木郎咒，元结春陵刺史行。
波及微沾涓滴润，无端色霁仍骄阳。

前山雨意断云横，云是神龙窟宅生。
岩罅幽深双洞怪，泉光喷薄一泓清。
膏流井外群言润，日赤天边可憎晴。
应有经纶雷雨力，银河倒泻慰群情。

〔据乾隆《石屏州志》卷七《艺文志三·诗·七言律》第47页辑录。〕

得雨四章（选二）

管学宣

欹枕忧思倦不眠，惊听少女舞窗前。
穷檐望眼思翔燕，涸鲋关心喜涌泉。
渴矣如逢甘露降，优哉且救皱眉燃。
披衣急语双童起，昨夜萎花今已鲜。

烂漫青葱喜欲狂，占言百里遍荣光。
千畦翠霭同云秀，万户声腾逐水忙。
天道虚盈分顷夕，民生否泰视农桑。
欲求刍牧凭谁得？兢业雷霆看雨旸。

〔据乾隆《石屏州志》卷七《艺文志三·诗·七言律》第48页辑录。〕

秋雨泛异龙湖

万 萧

东郊四顾意悠悠，水涨平湖破浪游。
出没洲蘋千叠汎，苍茫烟树几层浮。
贝风拂浪吞丹壑，骤雨凝寒失素秋。
一叶飘飘无近远，醉看岛阁起蜃楼。

〔据乾隆《石屏州志》卷七《艺文志三·诗·七言律》第53页辑录。万萧，石屏州人，进士。〕

壬子秋过异龙湖

鲁大儒

捧檄南游岁月遐，龙湖几度泛星槎。
嵯峨两屿含轻霭，缥缈千山带落霞。
风细浪平帆影静，天空日暮雁行斜。
渔郎曲罢徐收网，羡尔逍遥寄海涯。

〔据乾隆《石屏州志》卷七《艺文志三·诗·七言律》第54页辑录。鲁大儒，湖广人。〕

刘公堤

谢　正

名区何处不登临？未必恩膏广利深。
漫说齐云时挂月，何如止水日流金。
千村绿浪将田绕，四野黄云载酒斟。
共庆使君恩德溥，醉翁丰乐永讴吟。

〔据乾隆《石屏州志》卷七《艺文志三·诗·七言律》第54页辑录。谢正，石屏州人，知县。刘公堤，在城西里许，知州刘维世筑堤蓄水，一望汪洋，竹桐蔽野，柳浪莺声，不让镜湖胜概。堤旁凿山数丈，起三台阁，阁有三层，高五丈许，遥眺龙湖，俯城郭，屏阳山川悉归指顾中，晴岚烟树，恍若画图，令人流览不暇，更于堤上建偕乐、含青、秋水三亭。〕

温　泉

王世贵

城南山麓有温泉，收拾元阳屋数椽。
潋滟波光静复动，氤氲暖气去还旋。
坎离妙济无盈朒，题咏探源孰后先？
日日剑民涤旧染，振衣应向五云边。

〔据康熙《剑川州志》卷二十《艺文志·诗·七言律》第21页辑录。王世贵，顺天宛平人，贡生，清康熙五十一年（1712年）任剑川知州。〕

春日游剑湖

刘仁安

丝丝弱柳絮飞扬，两岸藜花带雪香。
乍听渔歌声近远，斜看波涌势汪洋。
舟浮映日湖光动，冰鲜晴泥燕子忙。
游罢归来欢不尽，还疑身在水中央。

〔据康熙《剑川州志》卷二十《艺文志·诗·七言律》第21页辑录。刘仁安，临安举人，清康熙间任剑川州学正。〕

岩　场

赵琎美

峰回路转翠相连，万壑幽清别有天。
之字水从湾涧落，楼形洞向半空悬。
行看石色频莞尔，坐听樵歌亦泠然。
胜似武夷分九曲，来游直到白云边。

〔据康熙《剑川州志》卷二十《艺文志·诗·七言律》第23页辑录。〕

温　泉

顾芳宗

沂泉近在石头墉，迸出温泉水一淙。
不觉疮痍多起色，但教贫病沐春浓。
蛮烟尽卷岩阿润，和气钧陶鼓铸镕。
主德无涯弥六合，旁流膏泽到云龙。

〔据雍正《云龙州志》卷十二《艺文志·诗·七言律》第65页辑录。顾芳宗，字可亭，浙江上虞人，贡监，清康熙三十七年（1698年）任云龙州知州。〕

蛾眉溪

胡锡熊

一弯新月映溪幽，溪自成名水自流。

四野桑麻资灌溉，千家禾黍乐全收。
游人修禊称诗伯，稚子无心狎水鸥。
薄劣不妨频吊古，萍踪万里任沉浮。

〔据雍正《云龙州志》卷十二《艺文志·诗·七言律》第65页辑录。〕

陈州守平治道路功成纪盛

谢 對

行人步步颂甘霖，刺史恩膏遍极荒。
峭壁当年悲阮籍，康庄今日羡王阳。
灵崖日暖花成锦，雒谷风清鸟奏簧。
缓辔游春歌砥矢，好镌茂绩迈龚黄。

〔据雍正《云龙州志》卷十二《艺文志·诗·七言律·清》第68页辑录。谢對，清雍正年间云龙州儒学学正。〕

陈刺史平修云龙道

李允明

莫道长安道甚奇，云龙山顶亦平夷。
我来前日犹惊怖，令驾骊车任纵驰。
风拂邮亭身是稳，情牵柳絮步行迟。
口碑尽道陈侯力，惠政班班类若斯。

〔据雍正《云龙州志》卷十二《艺文志·诗·七言律·清》第68页辑录。李允明，太和人。〕

彩云桥怀古

郭复虢

独向桥西坐未还，蒿莱满目叹时艰。
萧条古驿寒烟里，摇落荒城夕照间。
赤水不循蒙氏岸，彩云犹恋汉时山。
古今持节纷来去，惟有相如未可攀。

〔据乾隆《赵州志》卷四《艺文志·诗·七言律》第83页辑录。〕

上达村龙泉

屈学洙

翠壑俄看马首迎，寒光一线涌岩轻。
纡回乍见流珠色，清泠常飞喷玉声。
泛泛游鱼堪寓目，层层荇藻横交行。
应知造化钟奇处，奚必骚人始得名。

〔据乾隆《赵州志》卷四《艺文志·诗·七言律》第84页辑录。屈学洙，通判。〕

弥渡天生桥

赵　鑛

溪流宿雨未全消，洞口人家殊不遥。
混沌天开云外窟，参差石练画中桥。
鸟穿窄径窥青鬼，龙起寒潭听紫箫。
浪说桃源风味古，恰逢仙隐话渔樵。

〔据乾隆《赵州志》卷四《艺文志·诗·七言律》第85页辑录。赵鑛，保山人，教谕。〕

弥渡天生桥

饶　源

嵌空驾石枕溪流，青削芙蓉最上头。
分得天从崖下补，偷将月向涧中修。
扶筇险陟千盘磴，载酒高登百尺楼。
更欲乘风凌绝顶，缒书一继太华游。

〔据乾隆《赵州志》卷四《艺文志·诗·七言律》第86页辑录。饶源，贡生。〕

弥渡天生桥

邹正齐

空山一道驾长虹，开辟巍然是禹功。
疏凿不曾穿碣石，蛟龙何自渡崆峒。
鸟啼绿树苍烟外，人在珠帘玉镜中。

别有洞天尘不到，更疑杖履御仙风。

〔据乾隆《赵州志》卷四《艺文志·诗·七言律》第86页辑录。邹正齐，贡生。〕

泛东晋湖

戴　涛

万顷桃花一叶舟，橹摇波净乐春游。
卧龙雨注山环翠，铁甲云穿水暗流。
相对文章皆制锦，齐酣烟景更交酬。
辋川赤壁生图画，妙手谁将大块收？

〔据乾隆《赵州志》卷四《艺文志·诗·七言律》第87页辑录。戴涛，山阴人，巡检。〕

温　泉

袁　纲

暖露溶溶半亩塘，涤除尘垢胜沧浪。
世人岂尽趋炎态，天地于斯见热肠。
水面波翻珠磊落，石边声泻玉铿锵。
爱他千古春常在，澣濯宁输第一汤。

〔据乾隆《赵州志》卷四《艺文志·诗·七言律》第88页辑录。袁纲，学正。〕

天桥挂月

苏霖浩

一天劈作两人间，巀嶪飞虹百尺悬。
足蹑云根探月窟，梦游仙屿忆桃源。
奔流触石惊山雨，杰阁凌霄俯鹤泉。
认取落花沿路去，豁然开处有桑田。

〔据乾隆《赵州志》卷四《艺文志·诗·七言律》第88页辑录。苏霖浩，廪生。〕

天生桥

龚　渤

长虹一跨倚空横，两岸晴光拂涧明。

洞口平铺云作幛，山腰半落月无声。
萝因石怪萦苔径，天教峰高远市城。
倦眼随舒看万壑，翠烟起处晚风生。

〔据乾隆《赵州志》卷四《艺文志·诗古体·七言律》第88页辑录。龚渤，举人。〕

碌溪三渡

张象贲

碌水苍茫万壑成，虚涵一碧篆烟轻。
归云上下远帆影，过雨阴晴瀑布声。
啸傲狂澜天外去，澈沉止水个中生。
临流击楫谁为渡？野鹭沙鸥未与盟。

湖光隐跃化工成，水縠冰纹阵阵轻。
照耀千村开晓镜，徘徊孤舰起秋声。
鸟飞梅坞朝霞集，花落芝庭晚翠生。
遥望日斜云黯处，一溪渔火共为盟。

〔据乾隆《河西县志》卷四《艺文志·诗·七言律》第44页辑录。张象贲，湖广举人，清乾隆八年（1743年）任河西知县。碌溪三渡，位于河西县西北，东南汇入杞麓湖。〕

饮马川

义 宁

其 一

周围沮洳众山连，空阔无如饮马川。
风到夏来凉似雪，泥从雨后溜微泉。
半畦野麦同乌甲，十里平芜类板田。
吊古战场文记否？大中丞此勒燕然。

其 二

浅水晴天半是泥，春来短草自萋萋。
长桥踞断秦云窄，古箐相连野雉啼。
气尽骅骝空踯躅，风高禾黍不堪犁。
荒原古戍炊烟涩，板屋三家五母鸡。

〔据乾隆《东川府志》卷二十下《艺文志·古今诗体·七言律》第68页辑录。〕

东川十景（选三）

方桂

龙潭夜月

锁翠飞云一镜开，骊渊眠稳夜光来。
临流漫学安禅法，掬涧全探清魄回。
新展钓丝金纽落，满沉水底玉盘埋。
烟霞不碍波澄澈，凝就冰壶色更皑。

温泉柳浪

华清宫侧听莺梭，串出丝丝绿漾波。
和煦已流幽谷满，涟漪又上翠微过。
千枝折赠桥边少，一带垂条河畔多。
飞絮满空飘水面，渔阳鼓楫发骊歌。

漫海秋成

东瀛见易说荒唐，今日沧浪尽理疆。
土出涂泥多白黑，渠分灌溉接青黄。
敲针稚子驱牛犊，结网渔家足稻粱。
巨浸成沟流细细，纬萧终未及仓箱。

〔据乾隆《东川府志》卷二十下《艺文志·古今诗体·七言律》第69页辑录。〕

新　河

方桂

其　一

银流直贯三十里，金锁斜分千万家。
漾绿绕堤插杨柳，嵌红蹊岸植桃花。
郑渠凿后山河富，苏闸开成汏浍奢。
浚导一时千古泽，湛恩岁岁颂盈车。

其　二

东川尽辟南东亩，会泽初开独会流。
疏凿敢云同地辟，耕耘聊以济人稠。

涓埃难报朝廷德，尺寸传为先世畴。
惟愿尔民时启闭，莫荒劝课负塍沟。

〔据乾隆《东川府志》卷二十下《艺文志·古今诗体·七言律》第72页辑录。〕

东川温泉

方　桂

西郭北行二十里，东岗南下两三层。
一泓元气回幽谷，四壁春和挂紫藤。
脱屣徜徉蒸绛雪，解衣磅礴煮□冰。
鸣琴流水廊堪画，弄月吟风沂上登。

〔据乾隆《东川府志》卷二十下《艺文志·古今诗体·七言律》第72页辑录。〕

金　江

方　桂

风吹秋色过金江，日午才开屋后窗。
不为僧衣无叶补，只因老雪果难降。

〔据乾隆《东川府志》卷二十下《艺文志·古今诗体·七言律》第73页辑录。此诗仅有四句，当为七言绝句，或则录取不全。〕

过交水有感

高　鉽

晚过城头水一湾，滇南风物翠华颜。
半黄半绿三春柳，初雨初晴五色山。
好景常多惊异地，流云时绕梦乡关。
芳华春外人烟起，但听砧声在树间。

〔据乾隆《霑益州志》卷四《艺文志下·各体诗·七言律》第50页辑录。高鉽，北直人，知州。〕

交　水

严遂成

盘蜡交流废石梁，百年前数旧兵荒。

运移闰位无常所，世乱庸奴亦假王。
部习蒙提皮服惯，字传蝌蚪筮师亡。
龙华山色今无恙，秧绿平畴似水乡。

〔据乾隆《霑益州志》卷四《艺文志下·各体诗·七言律》第51页辑录。〕

交水夜月

曹 湛

浩气空濛极莽苍，碧琉璃泻郡城傍。
大江西折交盘腊，孤月东流走石梁。
珠捧鲛人呈贝阙，镜窥螺女倩新妆。
松林梅坝清如许，一洗平蛮瘴疠乡。

〔据乾隆《霑益州志》卷四《艺文志下·各体诗·七言律》第53页辑录。曹湛，天长人，清乾隆三十五年（1770年）署霑益知州。〕

天生瀑布

曹 湛

珠玉何从落九天？庐山飞洒出灵泉。
渚宫鲛客银为练，石洞仙人水作帘。
泻径碎花岩溅雪，摩空晴雨壁喷烟。
好将高坝东西注，灌我农家原上田。

〔据乾隆《霑益州志》卷四《艺文志下·各体诗·七言律》第53页辑录。〕

石佛停舟

曹 湛

孤艇斜撑水一湾，停桡江上对潺湲。
乌蛮弥部成今古，白浪苍波任往来。
怀渡何曾归海外，锡飞犹是在人间。
可知阅世无心处，独泛虚舟意自闲。

〔据乾隆《霑益州志》卷四《艺文志下·各体诗·七言律》第54页辑录。〕

交河夜月

王　璨

仙源双汇绕城过，龙窟传更倩鼓鼍。
水涌冰轮归碧落，天移宝镜入青波。
银蟾静照明珠满，玉兔常圆鲛织多。
我欲乘槎霄汉上，琼楼听奏紫云歌。

〔据乾隆《霑益州志》卷四《艺文志下·各体诗·七言律》第56页辑录。〕

天生瀑布

黄文靖

高坝横江走玉虹，皎如素练挂长空。
飘来银雪千层浪，散作瑶珠万派融。
每傍晴晖悬上下，还同阴雨润西东。
何年凿就佳山水，翘首青冥问化工。

〔据乾隆《霑益州志》卷四《艺文志下·各体诗·七言律》第57页辑录。〕

八景和韵（选二）

王秉强

交河夜月

千河一月印苍苍，名著交城古驿傍。
掬水浑疑清彻骨，踏桥恍欲鹊为梁。
微云淡处函金镜，银浪开时涌玉妆。
不信旅人愁更甚，而今也值在他乡。

天生瀑布

是处飞流尽接天，巨观端不类贪泉。
层层白浪翻石磴，滚滚银波挂玉帘。
万壑千山青欲雨，莲塘柳圃静无烟。
此都幸获逢年福，休使斯民有旷田。

〔据乾隆《霑益州志》卷四《艺文志下·各体诗·七言律》第58页辑录。〕

温　泉

何锡爵

漫道安宁胜定边，温波荡漾两宜然。
炎凉不似人情改，清浊岂因时会迁？
石峡飞来朝有信，丹炉炼就火无烟。
若教太史来斯浴，到处应将第一传。

〔据康熙《定边县志》《艺文·诗》第53页辑录。另见康熙《楚雄府志》卷十《艺文志下·诗·七言律》。何锡爵，奉天例监，清康熙二十五年（1686年）任定边知县。〕

莎涧清泉

张嘉颖

澈底澄潭附郭流，峨峰岭畔自悠悠。
鲜明似叠青霜练，皎洁如涵碧玉沤。
莫遣行潦源际入，最宜皓月涧心浮。
萋萋两岸春初草，尽日无人卧白鸥。

〔据康熙《楚雄府志》卷十《艺文志下·诗·七言律》第42页辑录。〕

沙泉涌碧

王孙濬

东郊夙涌白沙泉，抚景因思粤左贤[①]。
静里端倪探活水，动中谋虑等澄渊。
昔年书院空余地，此日山斋别有天。
应羡文翁为太守，沛然德教溢西滇。

〔据康熙《楚雄府志》卷十《艺文志下·诗·七言律》第46页辑录。王孙濬，石屏人，清康熙己卯（1699年）举人，五十年（1711年）任南安州学正。〕

① “贤”字下　原本有双行小注“广东陈白沙先生以涵养未发立教”。

琅溪八景

陈廷夏

绿暗平川吐晓烟曲川烟柳，支公灵异出甘泉宝华胜泉。
风摇水面文峰幌文笔倒影，雾锁山腰玉带悬玉带封山。
万马腾开迎落照天马西朝，一鳌挽住吸长川鳌峰锁水。
林和昔有遗踪在奇梅远荫，傲雪经霜不记年古柏参天。

〔据康熙《楚雄府志》卷十《艺文志下·诗·七言律》第46页辑录。〕

郡伯卢公招游薇溪（二首）

杨谊远

其　一

簇簇飞花衬马蹄，西峰稠叠晓云低。
春光半入松萝壁，水气全侵薜荔蹊。
人趁东风随白鹿，天开胜地见薇溪。
朝来共续香山约，蓝胁奚囊拟再携。

其　二

宛转清溪抱树流，盘空一径入云陬。
登峰直欲穷千仞，放眼时应小众邱。
石气暗生岚影细，涛声虚泻雨花浮。
凭栏几度思无限，万顷烟光绕佛楼。

〔据康熙《楚雄府志》卷十《艺文志下·诗·七言律》第47页辑录。〕

马龙河新桥

杨谊远

闻说盘江天堑雄，千寻铁锁跨长空。
今来绝壁看虹驾，始信黔山有路通。
故国已悬青嶂外，严关犹隔暮云中。
萧萧景物萦怀抱，潦倒天涯任转蓬。

〔据康熙《楚雄府志》卷十《艺文志下·诗·七言律》第47页辑录。〕

莎涧清泉

周祖義

冰壶遥汲白云岑，漱玉亭亭碧涧深。
涤笔好消司马渴，濯缨更照隐之心。
长源似接苍山雪，逸响如闻太古琴。
不逐桃花三月浪，清芬自古迄于今。

〔据康熙《楚雄府志》卷十《艺文志下·诗·七言律》第48页辑录。周祖義，楚雄人，清顺治辛丑（1661年）补庚子科（1660年）举人，太和教谕。〕

东　井

杨　璿

东井疏开甃急滩，栈横巨石到江干。
浸晨筹唱天初曙，夹岸灯悬夜正寒。
赢缩波心相上下，往来水面共盘桓。
时时锁钥多厮守，未许常人著眼看。

〔据康熙《楚雄府志》卷十《艺文志下·诗·七言律》第53页辑录。杨璿，黑井人，学博。〕

盘　江

刘　鉴

瘴雨蛮烟迥不开，盘江路转见楼台。
全凭夹岸千寻铁，横锁惊涛一夜雷。
过客可曾题桥去，游人绝似泛槎来。
丰碑柳畔参差立，多少星轺入睿裁。

〔据嘉庆《楚雄县志》卷十《艺文志下·诗·七言律》第38页辑录。刘鉴，造熙子，字冰如，楚雄人，清康熙己卯（1699年）举人。官怀远知县，尽革陋规，锄奸植良，致仕归，捐置义田以务荒。〕

金沙江记事

丁士可

盛朝大业辟洪荒，为浚金沙衍泽长。

自古补天惟炼石，于今掘地竟通航。
三江泛楫来滇国，六诏扬帆入帝乡。
洱海波澄征有道，山陬万载颂明良。

滇南水利启鸿濛，间世奇勋夺化工。
浚涧何虞天设险，疏流真似地成空。
万重烟雾巴川卷，九曲春涛蜀道通。
露布千秋资利济，禹门勒石记丰功。

〔据光绪《姚州志》卷十《艺文志下·诗·七言律》第27页辑录。〕

惠桥烟雨

赵世锡

禅门一涧枕长虹，隐约仙源路已通。
组缀溪光迷远近，淋漓树色错西东。
樵歌杳入苔藓迳，渔艇斜横苇荻丛。
几度凭临思作赋，只惭得句未曾工。

〔据康熙《武定府志》卷四《艺文志上·诗·七言律》第159页辑录。〕

香泉祓禊

杨抝秀

山城气转暮春天，觅水寻香自古传。
馥郁满地薰郁抱，清凉一勺涤尘愆。
载歌载酌花村酒，时往时来石涧烟。
陌上游人咸啧啧，相逢重话永和年。

〔据康熙《武定府志》卷四《艺文志上·诗·七言律》第162页辑录。〕

香泉祓禊

何 诰

一镜池开浴太空，溶溶清浅蔼花风。
引来脂水馨秦苑，分得兰膏喷楚宫。
濯玉烟鬟吹细露，浣衣雪窦罩薰笼。
春深士女嘻游处，罗袜泉边拂麝浓。

〔据康熙《武定府志》卷四《艺文志上·诗·七言律》第163页辑录。〕

香泉祓禊

何 诰

武地春光别样传，一泓郭外漾清涟。
风摇草色波生绿，雨发兰芽气与联。
濯罢分明香在我，诗成赢得韵留渊。
停杯借问临流者，若个分开水底天。

〔据康熙《武定府志》卷四《艺文志上・诗・七言律》第163页辑录。〕

苦 雨

佟世祐

山色模糊失四围，荒城朝夕苦霏霏。
篱穿新绿抽青笋，砌落残红湿紫薇。
连雨已耽民业少，久阴恐损稻花稀。
惟祈风伯施神力，卷尽浮云露日晖。

〔据康熙《武定府志》卷四《艺文志上・诗补遗・七言律》第183页辑录。〕

祈 晴

佟世祐

久雨民间食用难，那堪南亩稻经寒。
结苞禾茎何曾暖，带水蓑衣总未乾。
望岁农祈土主庙，薄晴官拜玉皇坛。
商羊石燕旋看伏，飞出金乌一大观。

〔据康熙《武定府志》卷四《艺文志上・诗补遗・七言律》第183页辑录。〕

拟乡居即事

佟世祐

农事村村入夏多，耘田放水雨中过。
趁墟负物归蛮女，望岁祈晴祷孟婆。
黎叟柴门呼犬吠，牧童树岭跨牛歌。

穷乡荒社无幽境，不是当年旧苧萝。
〔据康熙《武定府志》卷四《艺文志上·诗补遗·七言律》第184页辑录。〕

西　溪

莫士超

两岸悬崖碧水流，数峰独立白云浮。
青光映酒杯浮绿，顽石填溪水作楼。
匹马飞沙迷远路，孤舟平稳迎轻鸥。
往来欲向桃园去，石上题诗记胜游。
〔据康熙《元谋县志》卷五《艺文志二·诗·七言律》第14页辑录。〕

西溪河

彭学曾

淼淼澄波接远天，万重山色万重烟。
滩头流出白花浪，渡口飞残杨柳绵。
两岸芳荪春日暖，四山古木晚霞连。
潆洄如带浮云外，遥接金沙江上田。
〔据康熙《元谋县志》卷五《艺文志二·诗·七言律》第15页辑录。〕

至元谋县署喜雨

彭学曾

东风吹雨落湘帘，始信滇南夏不炎。
修竹窗前四五个，乱峰天外两三尖。
花飞苔径香泥滑，燕语茅檐客梦甜。
起问金沙江里浪，夜来新涨可曾添？
〔据康熙《元谋县志》卷五《艺文志二·诗·七言律》第16页辑录。〕

元马河堤征

杨　芮

河上春风春草平，风吹草色晓烟轻。

半衔红日光初曙，两岸青山影乍晴。
漫道襄阳嗟策蹇，却来幽谷听迁莺。
蔗浆解得征人渴，傍水沿堤处处生。

〔据康熙《元谋县志》卷五《艺文志二·诗·七言律》第19页辑录。〕

日灿金沙

王弘任

波光澄澈接朝曦，炼就仙砂遍水湄。
瑞色不殊布地日，晴晖如见雨金时。
霏霏鲛穴常成锦，荡荡晶宫欲献奇。
一自停桡探胜迹，斜阳西下可催诗。

〔据康熙《元谋县志》卷五《艺文志二·诗补遗·七言律》第44页辑录。王弘任，清康熙四十五年（1706年）任元谋知县。〕

日灿金沙和原韵

李载群

山岚净处拥晴曦，荡荡飞沙傍浅湄。
淘汰千波安澜象，澄清万里太平时。
制滇控蜀江成险，画野分疆景复奇。
应是五丁开鸟道，悬崖在在可题诗。

〔据康熙《元谋县志》卷五《艺文志二·诗补遗·七言律》第44页辑录。〕

清渊涧

杨　芮

曲曲溪流叠叠山，悬崖万丈水云间。
一泓澄澈桃花暖，几处低垂杨柳湾。
洞口吐云轻叆叆，滩头碎花翻𩗗𩗗。
春游不觉扁舟晚，碧涧深幽未肯还。

〔据康熙《元谋县志》卷五《艺文志二·诗·七言律》第19页辑录。〕

坝桥星影

刘自唐

江流曲曲绕西城，傍晚桥头觉坦平。
水澈碧天人影现，风来堰坝爽心生。
东山月射浮虚白，河底星飞漾太清。
最喜三年无涨患，从兹商贾利攸行。

〔据熙《禄丰县志》卷四《艺文志下·诗·七言律》第 9 页辑录。〕

西河烟柳

刘自唐

春风拂面度桥西，吹向河头绿树齐。
鸟促人耕歌野岸，花牵柳絮浴前溪。
朝晴露结枝添翠，暮霭阴垂影渐低。
牧竖笛声归去后，望时一派晚烟迷。

〔据康熙《禄丰县志》卷四《艺文志下·诗·七言律》第 9 页辑录。〕

坝桥星影

李 僎

诗思由来在坝桥，丰垣地利辈行超。
通仙梦冷槎先滞，转饷功微路不调。
星宿于今流始活，启明逐渐瘴俱消。
寻源更睹飞虹影，月上无愆汐与潮。

〔据康熙《禄丰县志》卷四《艺文志下·诗·七言律》第 16 页辑录。〕

西河烟柳

李 僎

沿河弱柳绕城西，浓淡烟光入望迷。
马上盼来青眼俊，天涯歌倦翠眉低。
绿云直接娇莺路，金穗时沾乳燕泥。

往往江都游客道，风光绝似苏□堤①。

〔据康熙《禄丰县志》卷四《艺文志下·诗·七言律》第15页辑录。〕

同诸子过温泉作

李　铨

沧浪咫尺濯缨分，盘铭于今富典坟。
芳树朝看笼暖雾，瑶阶夜坐卷香云。
不从天上烧丹火，却向人间煮石曛。
此日登临多雅调，尘心涤尽细论文。

〔据李铨纂修康熙《广通县志》（张海平校注，杨成彪主编《楚雄彝族自治州旧方志全书·禄丰卷上》，云南人民出版社2005年版，下同）卷八《艺文志·诗·七言律》第516页辑录。李铨，奉天监生，清康熙三十六年（1697年）任广通知县。〕

喜　雨

曹　晟

海徼频年历事危，筹滇虽策久难支。
苍生有命仍须养，白日无端祇觉悲。
雨至汤林才识祷，人来禹甸喜留诗。
晓风更与田歌和，同以淳庞最乐时。

〔据康熙《广通县志》卷八《艺文志·诗·七言律》第518页辑录。〕

东　源

曹树仙

广署依层麓，规制狭小，东有园亭池柳，顾荒芜忒甚。李穆庵莅任，修葺之，气象一新，柳构层楼，楼前凿月池，架小桥，引流曲折，泉发东山，因更“东园”为“东源”，且以为别号云。政事多暇，吟咏其间，俨然山林中精舍也。一唱再和，直追兰亭之雅。方远征佳句，非即以俚言为原韵。

其　一

邑小偏成水一涯，柳阴深处出虚斋。
诗篇不数齐梁辈，谈笑犹从王谢偕。

① 末句脱一字，疑当为“公”。

楼架数层云拂袖，池开半面月投怀。
相看鱼鸟相亲意，鹤影同闲傍砌阶。

其 二

度槛巡桥柳可扪，庭间惟觉水流喧。
临池如抱峨眉月，分韵时浮琥珀尊。
四壁天风动春气，一楼山色淡烟痕。
雅歌妙有新翻曲，领略微茫不易论。

〔据康熙《广通县志》卷八《艺文志·诗·七言律》第520页辑录。〕

东源和韵

柯 法

其 一

引来清湍出何涯？曲径潆洄绿满斋。斋旧额“绿饮”。
柳压半池山月落，窗涵四壁水云阶。
光分煦日增遐思，影动长河旷远怀。
一架图书情自惬，悠然独立小春附。

其 二

绕郭诸峰势欲扪，韵人花鸟隔林喧。
亭前月色楼中笛，槛外风声池上尊。
望远云横群雁影，临流霜染近苔痕。
他乡此际知何处？兰渚千秋莫漫论。

〔据康熙《广通县志》卷八《艺文志·诗·七言律》第520页辑录。〕

南湖纪胜

尹邦宪

平湖碧水镜城南，湖上新亭枕岛三。
小郭千家连澮滟，大虚一气入韬含。
山川顿觉云烟异，草木亦欣雨泽酣。
功在泮池今倍古，无穷井养且相参[1]。

〔据乾隆《蒙自县志》卷六《艺文志·诗·七言律》第69页辑录。〕

---

① 南湖即泮池，湖水盈则城内外井泉不涸。

赤浦渔舟

徐修仁

一叶瓜皮水面浮，往来赤浦任优游。
兰桡偶拨霜天晓，丝网频投月夜秋。
棹入回塘惊宿鹭，撑归古渡起眠鸥。
泽梁况复官无禁，鼓楫长歌未肯休。

〔据道光《大姚县志》卷十五《艺文志下·诗》第9页辑录。徐修仁，江南长洲人，举人，清雍正五年（1727年）任大姚知县。道光《大姚县志·地理志·陂塘》载："赤草潮（俗称陂堰为潮），在大姚县城南二十里，汇溪涧之水，潴而为潮，周围十里，时有凫鹭，成群游翔于洲渚，小艇鸣榔，往来梭织，咸谓天然图画。四周原田，资以灌溉者盖数百亩，亦邑中巨薮也。旧《志》谓'赤浦渔舟'"。〕

坝桥新涨

邵应龙

春雨绵绵四野匀，溪桥绿涨已平津。
正宜放艇垂纶日，更便携锄叱犊人。
潋滟晴光开镜面，潆洄细折蹙靴皴。
扶筇回首东皋望，绣陌秧针一色新。

〔据道光《大姚县志》卷十五《艺文志下·诗》第10页辑录。邵应龙，浙江余杭人，清乾隆二十七年（1762年）任大姚知县。《大姚县采访》载：新坝桥，在城东五里，为西南两河总汇之区，上有魁星阁。〕

游龙潭还至西山关二首

黄元治

长堤坚蓄水成渊，古柳根边一钓船。
东岸有山空没地，中流无底倒涵天。
鹅浮碧溜村村稻，鹭咏红香处处莲。
见说高田犹望雨，神龙不合此时眠。

拍手呜呼洞口东，潭龙一霎起长空。
云藏日脚溪飞雨，人到山头阁动风。
众鸟望崖归渺渺，千村带树入濛濛。

来朝更欲携樽去，醉向芙蕖十里红。

〔据乾隆《永北府志》卷二十八《艺文志·诗·七言律》第29页辑录。黄元治，字自先，号涵斋，江南徽州府黟县副榜，清康熙四十一年（1702年）任澂江府知府，道德文章，海内推重，下车兴学育才，革弊除奸，僚属凛然，公余，进诸生论道讲学，挥洒翰墨，士风丕变，以文庙倾圮，慨然迁移，合建于城之东南隅，面离背坎位，正体尊，工程浩大，咸以为艰钜难成，公一力担荷，拮据告成，功甫毕即请致归，黄山逍遥，岁余而卒。龙潭，位于永北厅近屯东山下，泉有九穴，因又名九龙潭。〕

初春游龙潭四首

刘 慥

山流九曲漾晴波，澈底澄鲜玉镜磨。
鹭啄新蒲穿草荐，鱼吹弱荇织风梭。
晶莹倒映峰头月，潋滟平侵柳岸禾。
胜概多年频想像，龙潭此日幸初过。

柳堤曲转见澄潭，活水涟漪万顷涵。
桃岸云开红似锦，豆畦风过碧于蓝。
参差梵刹晴光迥，荡漾渔翁乐意含。
正喜登临舒倦眼，扁舟不觉到山庵。

行行石磴上层楼，水色山光一望收。
溪绕绿田晴浪细，柳围花径午阴稠。
远峰缺处残云补，古迹寻来断碣留。
四野风和春景丽，青霄碧海共悠悠。

波光上下接云衢，影现荷英百琲珠。
数点眠鸥乘浪起，千条弱柳倩风扶。
楼头放眼谁堪共？槛外含毫祇自娱。
会得诗中摩诘意，天然一幅辋川图。

〔据乾隆《永北府志》卷二十八《艺文志·诗·七言律》第31页辑录。〕

羊郡甘泉

胡 蔚

石罅浅浅注一泓，朱楹碧瓦甃初成。
流云远滃罗绵色，过雨常翻环珮声。
抱瓮别甘泉食洁，熬波同利井收盈。

便携茶具新亭上，箬裹风垆桑苎情。

〔据乾隆《白盐井志》卷四《艺文志・诗・七言律》第57页辑录。胡蔚，字羡门，湖南武陵人。负才卓荦，能古文，工笔翰，吟咏尤佳。幕游滇南，所至争礼之，彭竹林、沙雪湖皆入室高足。遗诗四卷，亦竹林付梓以行。修白井、东川二志，才识超越，使命精详。新都杨升庵创《南诏野史》，纪载疏阙，羡门订其伪佚，正其踳驳，为滇云典故善本云。〕

香河夜月

金成宪

幽溪流出碧山隈，疑是梅花傍水开。
夜静天心云叆叇，风清水面月徘徊。
何曾月色浮花去，第有花香袭水来。
独立桥边人似玉，氤氲佳气不凡胎。

〔据光绪《续修白盐井志》卷十《艺文志下・诗・七言律》第38页辑录。〕

浴温泉

李继朝

石城南畔水涓涓，鳞介难潜气燠漩。
岂是独龙从内隐，莫非荧惑自中缠？
无风到底尘埃尽，有月偏宜翡翠沿。
童冠呼偕追往迹，浴来顿觉体如仙。

〔据光绪《续修白盐井志》卷十《艺文志下・诗・七言律》第41页辑录。李继朝，李仙才父。清康熙癸未（1703年）岁贡，学问博洽，工词翰，著有《石羊赋》。〕

泸　水

刘荣黼

汉家先后收南土，舟楫俱从此渡来。
诸葛大名垂宇宙，武威遗迹化尘埃。
荒荒瘴雾今犹烈，滚滚江流去不回。
战鼓无声铜鼓出，有人掘取向蒿莱。

〔据道光《大姚县志》卷十五《艺文志下・诗赋》第14页辑录。〕

玉龙噀珠

杨钟璧

览胜寻幽古树间，振衣千仞客心闲。
珠玑累累浮波面，玉削霏霏散石关。
龙眠润底征祥异，云拥林端任往还。
沧海漫夸探骊窟，此中奇宝拟昆山。

〔据光绪《罗次县志》卷四《艺文志·诗·七言律》第70页辑录。杨钟璧，河西人，清咸丰辛酉科（1861年）拔贡，清光绪十一年（1885年）任罗次县教谕，品端学粹，训迪有方。罗邑向规入学一名，例送资敬一十金，奉宪批定准在案。自公到任，多寡不计，且竟有为寒士赔垫一切考费之事。十三年（1887年），主讲碧城书院，不取脩资，循循善诱，讲经削文，如严师之教子弟焉，得以成就人材甚多，生童莫不感戴。〕

宝华圣泉

周　蔚

宝华山下水泠泠，疏凿相传事不经。
爽气细浸新草碧，流声远带野烟青。
老龙自异谁能豢？古佛无心却有灵。
我过香台时煮茗，酿泉每忆醉翁亭。

〔据康熙《琅盐井志》卷三《艺文志下·诗》第26页辑录。周蔚，江南来安人，清康熙三十八年（1699年）任楚雄琅井盐课提举司提举，四十六年（1707年）升山东济南府盐运司司运。〕

玉龙噀珠

王秉煌

寻幽拂藓坐松间，境静神怡野况闲。
万斛明珠飞石窦，两泓玉液绕禅关。
云澄涧底蛟龙隐，日映林边鸟雀还。
无限化机难领略，至今千古景尼山。

〔据康熙《罗次县志》卷四《艺文志·诗》第35页辑录。另见光绪《罗次县志》卷四《艺文志·诗》。〕

温泉漱玉

王秉煌

闻说石淙汤第一，难将温暖傲罗阳。
涛翻波底珠零落，气霭梁间色渺茫。
旧染空时昭体洁，尘襟净后觉衣香。
融融千古春如许，浴罢登楼漫举觞。

〔据康熙《罗次县志》卷四《艺文志·诗》第35页辑录。另见光绪《罗次县志》卷四《艺文志·诗》。〕

飞泉瀑布

王秉煌

激湍潺潺下碧峰，形如雪浪泻长空。
波光湛静冰壶远，水色飞腾素练雄。
问渡渔郎难举棹，濯缨孺子欲乘风。
闲来独步江皋望，天地于今见化工。

〔据康熙《罗次县志》卷四《艺文志·诗》第36页辑录。另见光绪《罗次县志》卷四《艺文·诗》。〕

玉龙噀珠

李鼐元

峭壁倚天云气连，林阴深处吐龙泉。
泻来玉屑飞岩际，散去梅花落涧边。
只许高人当雪赏，肯容隐士枕流眠?
应知僻静多灵异，一遇评章万古传。

〔据康熙《罗次县志》卷四《艺文志·诗》第37页辑录。李鼐元，字茹初，孝子自诚之孙也。家贫力学，敦化授徒，邑令马光以孝悌力田、恪供不逮奖之。凡历任邑长咸器重之，每有著作，多出其手。辑有《文章正式》《静斋诗集》行世。另见光绪《罗次县志》卷四《艺文·诗》。〕

过碧城河即景

鲁文元

满目皆诗未解吟，晴川夹岸可人心。
青山掩映迎眸列，红叶飘摇引望深。
天外云霞书绣错，溪边鸥鹭点遥岑。
花封百里堪图画，我为浮名俗此襟。

〔据康熙《罗次县志》卷四《艺文志·诗》第39页辑录。另见光绪《罗次县志》卷四《艺文·诗》。〕

温　泉

梅盐臣

浴德尝闻赓日新，一泓香暖自宜人。
因思祓垢才投足，不是趋炎始问津。
池底波腾珠累累，座间春暖气纯纯。
青华礐石竞相羡，应识三城亦比邻。

〔据康熙《罗次县志》卷四《艺文志·诗》第41页辑录。另见光绪《罗次县志》卷四《艺文志·诗》。〕

温泉漱玉

杨钟璧

嵩华毓秀启方塘，水性温温咏载阳。
泉漱玉音听断续，珠浮波浪认微茫。
和光惠我神俱爽，薰气袭人体亦香。
浴德日新斯有象，披襟对月泛霞觞。

〔据光绪《罗次县志》卷四《艺文志·诗·七言律》第70页辑录。〕

南湖春水

向云翔

波光潋滟郡城南，十里沙堤镜面涵。

涨为桃花添二月，桥遮柳线坐双柑。
莫嫌箫鼓维舟少，且喜田畴汇泽谙。
怅望当年贤守牧，长留水利惠丁男。

〔据光绪《姚州志》卷十《艺文志下·诗·七言律》第29页辑录。向云翔，姚州人，建水训导。“南湖春水”，古姚州胜景，湖澈如天，又名石湖天色。〕

大石湖

佚　名

十里城南景物融，茫茫湖水拍长空。
沿堤柳线拖烟绿，夹岸桃花逐浪红。
纳尽众流难蠡测，滋余千亩定年丰。
春来好放扁舟去，击楫清波乐不穷。

〔据民国《姚安县志》卷六十五《金石志之十附文征五·缘情托兴之文·七言律》第27页辑录。〕

偕郑荫轩诸君至紫云岩观新桥成

孙嘉荣

紫云岩下紫云疏，云断桥连画不如。
十二阑干惊驾鹊，东南宾主喜通车。
补天赖有娲皇石，利物犹存子产舆。
任是洪涛奔眼底，虹腰驾处狎龙鱼。

百尺悬崖九折坡，多年履险竟如何?
开山直藉五丁力，解愠还赓一曲歌。
人尽通车行大道，我欣附骥至卷阿。
过来不惊波浪涌，庆叶康庄尚驾鼍。

〔据民国《姚安县志》卷六十五《金石志之十附文征五·缘情托兴之文·七言律》第30页辑录。〕

渡澜沧江

罗　纶

曾闻汉卒唱兰津，此日驱车涉远岑。
万仞峰头开鸟道，千层波底听龙吟。
江流古渡桥横铁，地袭虚名齿不金。

扼险争夸如剑阁，磨崖空有墨痕深。
〔据康熙《永昌府志》卷二十五《艺文志·诗·七言律》第18页辑录。〕

渡兰津江

王尧衢

博南天堑鹿沧深，水面长虹亘古今。
杯度自来无崄巇，槎浮宁必问升沉。
江流瘴母踪潜遁，客路羊肠思不禁。
珍重罗岷山下石，清晨飞雾莫相侵。
〔据康熙《永昌府志》卷二十五《艺文志·诗·七言律》第19页辑录。〕

同罗化庵太守泛舟青华海

李文渊

轻舟冉冉逐微波，映日红蕖水面多。
汉女舞残香雾袅，湘妃酒罢玉颜酡。
烟光满目供清赏，箫鼓中流起棹歌。
对景何妨归路远？城头月影又婆娑。
〔据康熙《永昌府志》卷二十五《艺文志·诗·七言律》第19页辑录。〕

兰津铁索桥

谢家爵

众山中断见兰津，绝壁垂垂欲压人。
万叠寒光惊浩淼，千寻铁索跨嶙峋。
题桥久已思前哲，恃险空知笑后人。
驻马江亭风瑟瑟，自将杯酒浣征尘。
〔据康熙《永昌府志》卷二十五《艺文志·诗·七言律》第19页辑录。

澜沧江

李载赓

星轺夙驾欲何求？行到难行未肯休。

江限狂澜成异域，桥横飞渡属中州。
云根夹岸铁为缆，黑水扬波墨作流。
薄宦天涯思究竟，此身暂且等浮鸥。

〔据康熙《永昌府志》卷二十五《艺文志·诗·七言律》第20页辑录。〕

澜沧江

张德昇

忆昔南征入不毛，飞虹一碧锁江皋。
云迷峭壁乾坤老，雪化晴空风雨号。
铁柱千寻通鸟道，松声万壑撼龙涛。
于今觅得乘槎路，咫尺西来步步高。

〔据康熙《永昌府志》卷二十五《艺文志·诗·七言律》第21页辑录。另见乾隆《永昌府志》卷二十五《艺文志·诗·七言律》、光绪《永昌府志》卷六十六《艺文志·诗·七言律》。〕

龙池夜月

周于德

一望澄虚入画楼，易罗池上泛金沤。
波涵塔影当窗见，月辇溪声绕槛流。
舞鹤遥窥苍海镜，蟠龙稳护碧天球。
梯云仿佛寻蟾窟，到此霓裳曲未休。

〔据康熙《永昌府志》卷二十五《艺文志·诗·七言律》第21页辑录。另见乾隆《永昌府志》卷二十五《艺文志·诗·七言律》、光绪《永昌府志》卷六十六《艺文志·诗·七言律》。〕

北津桥

程　砚

重来古渡问梅花，涨断平堤驻客车。
鳞瓦翻新连碧落，鼍梁依旧枕晴沙。
十年返旆劳人甚，万里题桥壮志奢。
趁此春光欣稳步，柳阴路曲日初斜。

〔据光绪《永昌府志》卷六十六《艺文志·诗·七言律》第14页辑录。程砚清，保山人，贡士。北津桥，在城北二十里，明洪武十五年（1382年）指挥李观建，清道光元年（1767年）知府刘彰宽捐修，同治间兵燹圮，清光绪元年（1875年）绅民重修，七年（1881年）知县刘云章率绅民万有宗、张凤书倡捐重修，建阁楼于上。〕

澜沧江桥

程 砚

西南江阻百川雄，丞相天威一径通。
岸劈阴森疑鬼斧，桥飞险渡仰神功。
金沧浪破猿抛石，铁索声摇虎啸风。
文教开传题柱客，御书楼耸白云中。

〔据光绪《永昌府志》卷六十六《艺文志·诗·七言律》第 15 页辑录。〕

龙水筒车

周朝俊

几处筒车倚渡头，辘轳推转不曾休。
清音静听管弦细，碎片轻飘梅蕊浮。
暗柳飞烟生翠雨，渴虹含水喷沙洲。
翻来覆去龙江上，疑是银河天际流。

〔据道光《开化府志》卷十《艺文志·诗·七言律》第 19 页辑录。〕

南桥饯春

吴尹瓌

良辰结伴出南关，四野晴开见远山。
春色渐随流水去，薰风初趁白云间。
芳卮幸倚松千尺，彩笔惭窥豹一斑。
嘱付东皇莫淹久，来年依旧早知还。

〔据道光《开化府志》卷十《艺文志·诗·七言律》第 19 页辑录。〕

南桥饯春

邓 松

板桥古树影苍苍，是处莺啼欲断肠。
修禊有人情共永，留春无计恨偏长。
词坛选胜君为主，射圃分筹我可当。

乘兴流觞敲好句，烟浓余韵度回塘。

〔据道光《开化府志》卷十《艺文志·诗·七言律》第20页辑录。〕

二桥烟柳

向鼎元

龙河盘折护城闉，南北桥看柳色新。
万缕垂丝烟幂幂，几人折赠意频频。
彩虹夹处怜清晓，黄鸟啼时乱弱尘。
题柱归来旋马看，白云绿树满江春。

〔据道光《开化府志》卷十《艺文志·诗·七言律》第20页辑录。〕

二桥烟柳

邹开第

龙河烟景日萧森，南北桥分柳岸阴。
引到木犀香缕缕[1]，牵来银杏绿岑岑[2]。
千条带雨双虹润，两道回波万树深。
遥忆渭城临赠处，离情应共此呻吟。

〔据道光《开化府志》卷十《艺文志·诗·七言律》第20页辑录。〕

虎沟烟雨

万垣拱

伏枥潜消虎避踪，时时烟霭暗杉松。
林岩风雨半天隔，气候阴晴一日逢。
目极青冥盘鸟外，望中碧巘有云封。
山城渐远江村渺，凉意翛然荡俗胸。

〔据道光《开化府志》卷十《艺文志·诗·七言律》第21页辑录。万垣拱，郡人，廪生。〕

① “缕缕”字下，原本有双行小注“南桥大兴双桂”。
② “岑岑”字下，原本有双行小注“北桥钟林双白果树”。

南桥观月

李延福

轻风淡扫片云收，共看清辉映碧流。
玉镜光摇空翠杳，银蟾皎射浪花浮。
烟笼远寺侵璃柱，岸夹星查宿斗牛。
漫诵坡公赤壁赋，南桥明月满仙舟。

〔据道光《开化府志》卷十《艺文志·诗·七言律》第21页辑录。李延福，郡人，举人。〕

路梯塘

余萃文

路梯塘上路如梯，石角参差望眼迷。
巃嵸乍看峰突起，峥嵘返射日平西。
泉流坏道岐人足，木断危桥陷马蹄。
无那客愁谁为遣？画眉啼罢雇工啼。

〔据道光《开化府志》卷十《艺文志·诗·七言律》第22页辑录。余萃文，昆明人，教授。〕

虎沟作

杨 澍

短策征车笑泛鸥，故人鸡黍款相留。
山衔缺月窥帘静，风引香秔入夜稠。
厚醑斟残千里梦，阔情话尽大江秋。
酣来正欲弹长铗，烟雨潇潇笼虎沟。

〔据道光《开化府志》卷十《艺文志·诗·七言律》第24页辑录。杨澍，河西人，举人。〕

泛 湖

张士弘

天空海阔暮烟收，乘兴携樽上钓舟。
波静真如灵隐夏，月明疑是洞庭秋。
渔歌互答清双耳，鹭影相依白一洲。

赤壁不嫌同雅况，悠悠箫鼓在中流。

〔据康熙《通海县志》卷八《艺文志·诗·七言律》第33页辑录。张士弘，通海人，清康熙年间寄学贡生。〕

十月同友人泛湖舟中即事

阙祯兆

十月晴湖春可怜，沙鸥无数傍渔船。
微风初动行歌好，快桨欲停理钓偏。
放兴都忘滥饮酒，呼童只教细烹鲜。
羊裘寂寞翻多事，啸看东山月已圆。

〔据康熙《通海县志》卷八《艺文志·诗·七言律》第34页辑录。〕

新　池

阙祯兆

春风园里凿新池，活水浸山玉欲垂。
云气晓开书阁净，花光暗引月台移。
青泥白石不相染，细竹高松有所滋。
一碧应通玄窍古，刁家胜赏至今为。

〔据康熙《通海县志》卷八《艺文志·诗·七言律》第36页辑录。〕

温泉漱玉

杨友楠

寻过梅花饶逸兴，城南十里觅温泉。
膏融石髓常欺雪，气拥龙池不断烟。
镜里容颜嗟俗子，波中日月识神仙。
尘襟涤尽无他事，歌咏同归夕照前。

〔据康熙《蒙化府志》卷六《艺文志·诗·七言律》第34页辑录。杨友楠，蒙化府人，庠生。〕

龙扎坝

韩晋芳

阻绝洪流一坝成，泥飞沙拥水横生。

无端骸浪兼天涌，不尽长堤澈底倾。
溜急怒驱岩石走，涨高直压岸禾行。
悠悠漭漭俱归海，何事狂澜不肯清？

〔据民国《路南县志》卷九《艺文志·诗·七言律》第1页辑录。韩晋芳，路南县人，清道光丙午(1846年)举人，官教谕。民国《路南县志》卷八《人物志·乡贤》载："自幼读书以砥砺实功为务，所居班庄为路邑山村，独能游学省会，以资观摩，不为乡隅所囿，卒抵于成乡荐。后以授徒为业，本邑文士，半出其门。后选教职，为士林所钦佩。"龙扎坝，在禄丰村，频年为患。〕

金江晚渡

杨 瑛

金沙江水浩无边，过客停车欲济川。
作楫有心怀传说，乘槎何必问张骞？
橹声暗逐潮声转，帆影遥随云影偏。
最是晚来堪画处，隔江争唤渡人船。

〔据乾隆《永北府志》卷二十八《艺文志·诗·七言律》第33页辑录。〕

金江晚渡

黄恩锡

薄暮涛声放客船，流霞过水散江天。
波腾虎涧吞残照，浪涌金沙下急川。
两岸山从橹外出，一行鸦自日边还。
长途莫问风尘事，笑指浮鸥破晚烟。

〔据乾隆《永北府志》卷二十八《艺文志·诗·七言律》第33页辑录。〕

秋霖瀑布

黄恩锡

倒泻银河碧一痕，如龙惊吼下雷门。
寒生万斛冰花落，气吐千寻雪练奔。
荡破秋光分雨势，划开野色撼云根。
几回凭眺清人骨，空翠危桥对晚樽。

〔据乾隆《永北府志》卷二十八《艺文志·诗·七言律》第35页辑录。〕

程海渔灯

杜元捷

水阔波明星影稀，疏星掩映薜萝衣。
几船炬焰疑龙吐，两岸珠光款鹤飞。
酒送渔歌欢遏浦，潮移海笛静忘机。
源头脉脉寻槎去，从此观澜坐钓矶。

〔据乾隆《永北府志》卷二十八《艺文志·诗·七言律》第34页辑录。杜元捷，邓川州人，恩贡，清乾隆二十八年（1763年）任永北府儒学训导。〕

程海渔灯

谢秉肃

芦苇萧萧水国幽，寒灯几点灿渔舟。
浑疑翰海骊珠现，还讶晶宫宝炬浮。
骇浪难遮芳草渡，暝烟欲散白蘋洲。
清光达曙霜天冷，照澈程湖两岸秋。

〔据乾隆《永北府志》卷二十八《艺文志·诗·七言律》第34页辑录。〕

龙潭莲锦

刘以忠

漫道西湖胜景多，碧潭深处采莲歌。
风吹翠盖随波舞，雨落残红逐浪过。
绿满一川凭远眺，香浮十里动吟哦。
匆匆未尽游人兴，载酒登舟意若何？

〔据乾隆《永北府志》卷二十八《艺文志·诗·七言律》第34页辑录。刘以忠，贡生。〕

龙　潭

李　渤

尘心洗净物同游，潭水澄鲜境倍幽。
波足山跟飘欲起，云飞石面去还留。

风前竹写千竿韵，镜里天摇一叶舟。
细数鱼头分黑白，浑如海客狎轻鸥。
〔据乾隆《永北府志》卷二十八《艺文志·诗·七言律》第35页辑录。李渤，廪生。〕

读升庵杨太史宿金沙江作

杨魁榜

廷争大礼议先倡，万里投荒志独伤。
远戍不堪悲故国，孤忠犹欲悟君王。
诗题江上忧心悄，月满楼头旅思凉。
一宿金沙成往事，尚留余韵鼓沧浪。
〔据乾隆《永北府志》卷二十八《艺文志·诗·七言律》第37页辑录。〕

泸湖三岛

贺 镇

闻道泸湖别一天，山光锁翠霭云边。
幽猿三两攀新树，好鸟差池掠锦笺。
日丽波心回远岫，风流岛影带平川。
何时巨手开灵奥，惹得游人赋欲仙。
〔据乾隆《永北府志》二十八《艺文志·诗·七言律》第38页辑录。贺镇，庠生。〕

开筑西山草海河堤

刘 玑

散漫收来水一池，凭空直辟两河堤。
披星效力催工早，踏露行筹奏效迟。
引灌良田禾尽实，疏流旷土麦皆宜。
苍生利普追贤牧，叨荫甘棠志所思。
〔据乾隆《永北府志》卷二十八《艺文志·诗·七言律》第38页辑录。刘玑，廪生。〕

山泉不至

刘大绅

不见山泉到草堂，淋漓污雨湿衣裳。

萤穿细竹空残月，蝉度疏槐自夕阳。
流向谁家消夏热，声从何地作秋凉。
神仙符篆能相借，好送愁人入醉乡。

〔据嘉庆《景东直隶厅志》卷二十七《艺文志二·诗·七言律》第28页辑录。刘大绅，宁州进士，任山东新城令，调任曹县，操守廉洁，听断勤明正直，不事权贵，两县士民争留之。邻县之有争讼者，不赴本官，愿就“刘青天”断结，不挞一人，豪横敛迹。后缘事褫职，问军台，两县士民捐银万余两代为赎罪。归滇家居。清嘉庆己未（1799年）同知吴诒沣延掌开南书院，从者云集。生平酷好诗古文词，尤工书法。后特旨诏用，复任山东朝城县，陞武定府同知，告养归。总督伯延掌五华书院，汲引后学，多所成就，不愧循吏云。〕

山泉至

刘大绅

山中暑气陡然清，袅袅竿头碎玉声。
已向杯前听欲倦，还疑枕畔梦初成。
分来瀑布将何似？剪得银湾更有情。
传语龙公休稳睡，为添好雨到茅楹。

〔据嘉庆《景东直隶厅志》卷二十七《艺文志二·诗·七言律》第28页辑录。〕

双龙洞

牛稔文

一逢秋末抱珠归，不识传闻是与非。
两洞龙飞风雨斗，三家村暗水云围。
钓竿击浪鱼惊睡，山气团空燕逐飞。
采取野花红似锦，携回春色趁斜晖。

偶乘款段作闲游，十里春光满目收。
石肖龙形眠洞底，树名象尾簇山头。
渔舟依岸三竿竹，古寺横岩百尺楼。
到处蛮疆风景异，谁怜野外一官浮？

〔据道光《普洱府志》卷十九下《艺文志·诗·七言律》第75页辑录。牛稔文，直隶天津人，举人，清嘉庆六年（1801年）任普洱知府，政治有循声，公余，课士赋诗为乐，民咸颂之。〕

西岭温泉宁洱八景之四

杨 溥

岭外泉流古洞旁，蒸蒸暖意却清凉。
凭将地底丹砂气，洗尽人间冰雪肠。
风静波澄摇扇影，花飞镜展满衣香。
春沂浴后归吟晚，几树轻烟间夕阳。

龙潭秋月宁洱八景之六

杨 溥

浩渺龙潭浪不惊，凉霄秋到月尤明。
庭前露湿琼霄朗，槛外云开玉宇清。
四面岚光辉满岸，重渊珠影吐三更。
天然雅趣真谁赏？独认前身证旧盟。

〔据道光《普洱府志》卷十九下《艺文志·诗·七言律》第78页辑录。〕

龙潭秋月

李熙龄

渺渺龙潭彻底清，秋霄印月十分明。
宝珠真讶辉潜吐，金鉴还疑影倒呈。
半亩蟾光波不动，三更骊睡梦初惊。
渊中鳞甲深深见，长听吟时风雨声。

〔据道光《普洱府志》卷十九下《艺文志·诗·七言律》第79页辑录。〕

南涧温泉

周诵芬

梅花报信赋言旋，道路崎岖马不前。
远岭遥瞻寒雪积，灵岩近过暖泉潺。
溶溶一似茶铛沸，勃勃差同宝鼎煎。
欲仿前人沂水浴，斯时已是朔风天。

〔据道光《普洱府志》卷十九下《艺文志·诗·七言律》第80页辑录。〕

北涧龙宫

周诵芬

涧水潆洄漾碧渊，神龙静处果如仙。
宫中自有琴书列，洞里曾看几榻悬。
迳绕三台通日月，门开两面绝云烟。
若非此地渔人引，谁信波涛别有天？

〔据道光《普洱府志》卷十九下《艺文志·诗·七言律》第80页辑录。〕

双溪绕阁他郎八景之五

郭治国

城南佛阁建长堤，甘露门迎绿柳齐。
九叠联珠归宝刹，双环绕院护云溪。
钟闻午日泉重应，道别壬盘月两低。
行到小桥开觉路，问津此地复何迷？

墨江锦浪他郎八景之七

郭治国

濯锦何人到墨江，烟波一派叠双双。
鱼吞紫玉花生浪，龙点乌金彩耀艭。
水面文章辉北斗，峰头瑞霭现南邦。
今从古渡临流远，万里山河健笔扛。

龙泉珠滚他郎八景之八

郭治国

廉想冰心贮玉壶，却如合浦日还珠。
生生不息凭龙吐，滚滚而来向水铺。
明月满川辉正媚，焰光照浪价难沽。
和盘托出千年在，不比贪泉一酌污。

〔据道光《普洱府志》卷十九下《艺文志·诗·七言律》第83页辑录。郭治国，建水人，他郎训导。〕

春初修井

谢体仁

抱井俱在河心，夏秋水涨，往往淹浸，停煎累日。丁酉春初，捐赀购石，俾井口加高，冀免浸漫之患。

年年暑雨听河声，卤井频淹午夜惊。
日暖督工咸踊跃，人闲堆石费经营。
银泉巩固垂无朽，玉屑陶镕取有赢。
八十灶丁期乐利，从觇裕国助和羹。

〔据道光《普洱府志》卷十九下《艺文志·诗·七言律》第84页辑录。谢体仁，威远同知。〕

潇湘江晚步

张 霖

晴云西下补山空，十里波光夕照红。
柳色参差摇夹岸，鸟声历乱弄和风。
几家茅屋深笼翠，何处渔罾破挂丛？
小倚桥栏频远眺，此身宛在画图中。

〔据咸丰《南宁县志》卷十《艺文志第八下·七言律诗》第24页辑录。张霖，邑人，诸生。〕

马关八景（选三）

卢一善

龙湫霖雨

海龙山内想龙眠，别具鄉嬛一洞天。
峰顶飞来云漠漠，石罅流出水涓涓。
时行遍野如膏雨，泽溥边城溉旱田。
岁岁士民斋祷祝，杏花酒醴祭灵泉。

柳塘夜灯

偶临佛寺问山僧，塘养龙鱼变化曾？
影映九霄明月夜，波涵两岸读书灯。

斜阳垂钓人三五，荻火连空浪几层。
疑是鲛珠光灿烂，明朝漫把石栏凭。

天桥回澜

天堑高悬百尺虹，不须架木仗神工。
白澜曲折翻桥下，碧浪纡回漾水中。
新月一弯开画本，长河两岸映晴空。
相如当此欣题柱，雪练银涛望不穷。

〔据民国《马关县志》卷九《艺文志·诗·七言律》第17页辑录。卢一善，字灵谷，马关八寨人，庠生，工诗善饮，廉隅自持，不入公门，诗对颇多，但未成集，与唐揆百情投志合，编纂县志初稿，二人之力均焉。事迹详见民国《马关县志》卷六《人物·文学》第5页。〕

龙江环绕

张金鉴

龙江浩淼浪声洪，万里安澜颂禹功。
派别金沙来眼底，形如玉带系腰中。
晓风杨柳临波绿，映日芙蓉照水红。
且喜仙源路未远，乘槎直上蓬莱宫。

〔据民国《马关县志》卷九《艺文志·诗·七律》第23页辑录。张金鉴，岁贡。〕

山下清泉

张金鉴

源远流长浊转清，泉凝山下本天生。
色殊玉乱终难拟，味胜琼浆总莫名。
适口群推甘若醴，豁眸交羡滴如晶。
延年益寿人争颂，泽及一方惬众情。

〔据民国《马关县志》卷九《艺文志·诗·七律》第24页辑录。〕

溯澜桥

李馥中

海市俄成水畔洲，长虹高驾锁川流。
夫连野色云千叠，风送涛声月一楼。

淡淡青螺浑入画，依依衰柳不胜秋。
剧怜桥上纷驰者，可许忘机列白鸥。
〔据乾隆《景东直隶厅志》卷四之二《艺文志·诗》第183页辑录。〕

龙口香泉

侯景春

几湾烟柳夹桃丛，香泛寒泉一鉴融。
拾翠客来琼岛近，寻花人在武陵中。
洞云飞带从龙雨，亭榭闲招放鹤风。
涤尽尘埃疑世外，振衣高阁欲凌空。
〔据道光《续修易门县志》卷十二《艺文志上·诗》第263页辑录。〕

大龙泉吊庄介公

杨 侨

一片丹心孰与俦？西南绝塞寄闲游。
澄怀想象江村里，峻望依稀古渡头。
玉在深山光倍洁，兰生空谷致偏幽。
于今石壁留题咏，墨色泉香几度秋。
〔据道光《续修易门县志》卷十二《艺文志上·诗》第263页辑录。〕

春游大龙泉分次邑侯李公及陈孝廉原韵

董良材

桃源深处喜相招，翠引香醪绿满瓢。
谷溜垂珠凝石髓，山云横带束林腰。
洞穿月窟于疑近，身惹烟萝俗暗消。
眼底已空尘世界，时来放鹤出重霄。

自甘泉石不须招，放眼乾坤一醉瓢。
濯水莫教尘入耳，扳崖惟觉树平腰。
别开洞壑诗难状，饱饫烟霞酒易消。
真趣已忘形迹外，一轮皓月在青霄。

曲径幽香次第匀，桃溪新涨石粼粼。
白云晴压山中寺，碧洞高飞世外尘。
台榭自留风月醉，葛藤常挂古今春。
相逢莫话当年事，冷落寒梅问水滨。

林花浥露晓风匀，耳听溪声水石粼。
洞澈琉璃光可鉴，潭磨宝镜净无尘。
兴酣酒满怀中月，机到泉流笔底春。
坐看锦鳞牵翠带，闲思垂钓小池滨。

〔据道光《续修易门县志》卷十二《艺文志上·诗》第270页辑录。〕

夏日游小龙泉次陈孝廉韵

董良材

幽壑重开七宝林，听松时作老龙吟。
带牵翠荇因风动，镜彻冰潭照影临。
泣露新蝉舒薄羽，鸣皋野鹤有清音。
崖空别处藏天地，散步花阴一径深。

潭空月印到天心，玩景须从物外寻。
水底石生翻细浪，松梢露滴落轻阴。
鱼穿荇藻分疏密，崖挂藤萝自古今。
洗涤尘怀无染著，潜驱炎火得甘霖。

〔据道光《续修易门县志》卷十二《艺文志上·诗》第270页辑录。〕

仲春同邑侯彭公祀龙泉

李　纯

劈开洞壑自鸿蒙，四壁嶙峋见化工。
云拥碧岚千嶂合，石涵清泚一泉通。
探奇不乏惊人句，望岁难忘润下功。
南北分流禾麦䅉，春秋享祀鼓逢逢。

〔据道光《续修易门县志》卷十二《艺文志上·诗》第272页辑录。李纯，楚雄人，易门县教谕。〕

夏初游小龙泉

李　纯

游心物外绝拘牵，坐对澄泓一湛然。
香满绿荷风细细，珠莹碧润水潺潺。
浓阴滴翠思高卧，好句凌云兴欲仙。
留得半池新月在，光从水底透初弦。

〔据道光《续修易门县志》卷十二《艺文志上·诗》第275页辑录。〕

诗·七言排律

明

游剑海

杨 樑

金风飒飒送新凉，雅称清游泛海航。
有酒不妨今日乐，把螯翻笑昔人狂。
侣陪英俊情偏契，节奏笙歌调更长。
秋水不波澄玉镜，夕阳倒影漾寒光。
满前佳致天成画，分外闲身醉是乡。
俯仰鸢鱼无限趣，参差兰芷有余香。
高怀畅叙悬河论，洪量平吞汲海觞。
赤壁当年真放浪，沧洲于我亦徜徉。
留连那顾青山暮，倾倒还教素愿偿。
几许风光收不了，等闲时序去应忙。
良宵秉烛人何在？笑口衔杯会讵常？
坐待津头中夜月，归冲山郭早天霜。
麾毫聊识斯文会，付与奚童贮锦囊。

〔据康熙《剑川州志》卷二十《艺文志·诗·七言排》第15页辑录。杨樑，广西宜山人，明弘治壬子科（1492年）举人，知州。〕

玉溪桥

雷跃龙

试问溪桥古有无，于今高插一虹弧。
蜃楼异气浮匹练，银汉长烟散晓珠。
双锁五云巢翡翠，倒流九峡引苍梧。
龙城归骑争笳鼓，驴背诗囊自画图。
未许浔潮通近信，宜教明月下平湖。
西南纪载谁相似？铜柱横斜大海隅。

〔据道光《澂江府志》卷十五《艺文下·诗·七言排律》第3页辑录。雷跃龙，字伯麟，号石庵，新兴州人。明万历四十七年（1619年）己未科进士，选庶常，丰资隽逸，器识深沉，诗文才望，时推第一。魏珰炽盛，跃龙避不与交，珰败籍家，朝士多有名刺，独无跃龙只字，怀宗重之，不数年，官礼部尚书，详乡贤。〕

清

金沙江

王清贤

乾坤无外脉斯长，凝结精神注远方。
气吐云霞真造化，波翻日月大文章。
漫疑锦羽翔生艳，自是金沙动有光。
春晓烟寒千里客，秋深露冷九回肠。
旋闻玉树摇空翠，又见黄河下彼苍。
砺石清奇凭取玩，蜗名扰攘顿相忘。
浮沤有致随流起，傲吏闲情作赋狂。
四海倾心归有道，太平天子坐垂裳。

〔据康熙《武定府志》卷四《艺文志上·诗·七言排律》第164页辑录。〕

龙泉池漫兴

向于宸

谁道方塘景不齐？当年访胜尽标题。
山环峻岭排青闉，地涌灵泉出碧溪。
万斛珠玑常混混，四围芳草总萋萋。
天光掩映波光荡，云影徘徊塔影低。
破浪鸢飞随上下，忘机鱼跃各东西。
寒潭浩瀚流膏泽，边境澄清息鼓鼙。
骚客频来诗有句，游人至此酒同携。
濯缨亭上凭栏望，却似苏湖十里堤。

〔据光绪《永昌府志》卷六十六《艺文志·诗·七言排律》第2页辑录。向于宸，保山人，诸生。〕

民国

叠水河瀑布

刘晋康

半空雷撼下飞泉，撞破寒潭一洞天。
神雨神风生绝壑，飞花飞雪满晴田。
帘垂鲛室朝霞拥，剑射龙光紫气连。
列岸三山严锁角，悬崖一树抱云烟。
源寻霄汉银河倒，流出西南铁壁坚。
众派安澜归荡荡，遐方遵道自年年。
我来此地惊鳌断，人笑当年效鹊填。
留得涛头石一片，至今日日集游仙。

〔据民国《腾冲县志稿》卷七下《舆地二·名胜》第124页辑录。《云南金石目略初稿》卷四第9页题录："《叠水河瀑布》诗，郡人刘晋康撰排律一首，刘楚湘书，高一尺二寸，广二尺三寸，十六行，行九字，正书，民国十一年仲秋。"〕

诗·五言绝句

明

温　泉

杨　靖

石中流出暖，源向火中寻。
万古温泉水，消光共此心。

〔据雍正《安宁州志》卷十九《艺文志下·诗·五言绝句》第24页辑录。杨靖，安宁州人，明永乐辛卯（1411年）科举人，任主事。〕

西峰瀑布

杨　光

千尺下西峰，迢迢挂玉龙。
莫辞山涧远，万派尽朝宗。

〔据景泰《云南图经志书》卷九《明诗·五言绝句》第454页辑录。杨光，金华人。〕

莎涧清泉

邵　敏

活水流昕夕，天光共云影。
蒙庄如相遇，一掬须拚饮。

〔据康熙《楚雄府志》卷十《艺文志下·古诗·五言绝》第61页辑录。邵敏，湖南湘阴人，进士，明成化间任楚雄知府。宣统《楚雄县志述辑》卷七《职官述辑·名宦》载："成化间知楚府事，勤恤民隐，以种桑麻、开织纺为急务，训士严密，修庙学，置祭器、乐器，建济川桥、薇溪龙祠，聘昆明举人陈时雨创郡志，善政多端。"〕

德胜关温泉

童　轩

薰蒸本元气，澡雪人争浴。

虽无泽物功，远胜贪泉窟。

〔据乾隆《赵州志》卷四《艺文志·诗·五言绝》第92页辑录。童轩，提学。〕

九龙池杂咏八首（选七）

张　含

其　一

九霞烘九池，九龙恒在兹。
水寒龙翼滞，升天竟何时？

其　二

晨光初起晖，夕景欻斜耀。
松柏荫层台，飞霞蹦丹徼。

其　三

水势极清澈，漏石还分沙。
佛楼通野径，满地集烟霞。

其　四

池草经年绿，山花竟日红。
鸟声传古树，鱼影逗长虹。

其　五

层山抱异态，秀云怀灵姿。
龙蹦九池水，万松霜雪滋。

其　六

池水冬夏绿，清洁更彤彤。
俯见游鱼类，尾尾若乘空。

其　七

兹水独西流，流光耀城郭。
何以藏九龙，只为波涛阔。

〔据康熙《永昌府志》卷二十五《艺文志·诗·五言绝句》第22页辑录。〕

龙王塘

唐尧官

独坐一泓幽，湛湛晨光吐。
倏忽乌云生，去作人间雨。

〔据乾隆《晋宁州志》卷二十八《艺文志下·诗·五言截》第37页辑录。唐尧官，明嘉靖辛酉（1561年）解元，屡赴春闱不第，绝意仕进，杜门著书，有《五龙山人集》行世。以子懋德贵封陕西临洮同知，已拜命，仍以儒服终。另见朱庆椿重修道光《晋宁州志》卷十二《艺文志五·诗·五言截》。〕

锦江春水

张来仪

晴川涨去锦，半是桃花雨。
试问荡舟人，朝来深几许？

〔据康熙《大理府志》卷二十九《艺文志中·诗·五言绝》第80页辑录。张来仪，太常博士。〕

洱水秋风

张来仪

西风荡野水，浩浩蒹葭响。
不见弄兵人，渔樵自来往。

〔据康熙《大理府志》卷二十九《艺文志中·诗·五言绝》第80页辑录。〕

西峰瀑布

张来仪

喷薄洒晴天，飞流散一川。
饮猿惊不下，疑是白虹悬。

〔据康熙《大理府志》卷二十九《艺文志中·诗·五言绝》第81页辑录。〕

清

温泉四首

段一骙

天地煽炉冶，阴阳变薪炭。
冷眼冷心人，借此一烹炼。

劫炉犹留火，云根时放花。
神仙曾洗髓，粒粒是丹砂。

身入水晶宫，手拍玻璃影。
一腔天地心，不教人情冷。

补天一片石，炼作青琅玕。
烟云满怀抱，冰雪不能寒。

〔据雍正《安宁州志》卷十九《艺文志下·诗·五言绝句》第25页辑录。段一骙，安宁人，段昕长子，清康熙五十年（1711年）辛卯科举人，官湖南长沙府醴陵知县。〕

东　湖

李从邕

六月东湖里，凉风生碧波。
扁舟沽一醉，漫听打渔歌。

〔据道光《昆阳州志》卷十六《艺文志·杂体诗》第12页辑录。李从邕，字又和，昆阳州人，好学能文。清康熙间以选贡任澂江府教授，勤于课艺，所赏拔多知名士。旋告归，以诗酒自娱，著有《竹溪吟》，祠文学。〕

水月桥二首

李汝相

素月清溪上，绕桥绿影留。
临渊寒色碧，误认是仙舟。

浅潭碧似油，一月映汀洲。

宝镜何年挂？鲛龙不敢收。

〔据康熙《路南州志》卷四《艺文志诗 · 五言绝句》第 69 页辑录。〕

团山瀑布二首

李汝相

颜色白于雪，声音吼似雷。
浪痕斫不断，溜沫划难开。

雪花分碎溜，石骨细划柔。
激烈声悲壮，不知几代秋。

〔据康熙《路南州志》卷四《艺文志 · 诗 · 五言绝句》第 69 页辑录。〕

过小江口

管 棆

晓树影离离，溪头初过雨。
残叶满空山，渔人隔烟语。

〔据民国《邱北县志》第九册《艺文部 · 诗文 · 五言绝》第 12 页辑录。〕

碧雾喷珠

管 棆

云雾锁深渊，探骊信有缘。
现光随浪涌，疑是老龙眠。

〔据民国《邱北县志》第九册《艺文部 · 诗文 · 五言绝》第 12 页辑录。〕

日灿金沙

熊郢昌

修龙耀日焬，滚滚出江心。
涌浪披鳞甲，腾空乱赠金。

〔据康熙《元谋县志》卷五《艺文志二 · 诗 · 五言绝句》第 25 页辑录。〕

石宝灵泉

张廷翰

山自混元辟，泉从石臼涨。
如何酌不竭？还须问空王。

〔据康熙《剑川州志》卷二十《艺文志·诗·五言绝》第27页辑录。〕

温池三绝

杨　书

其　一

南涧温泉水，澄清不染尘。
乘间偶一浴，爽气万山新。

其　二

遥望泉流浪，层层如积雪。
莫惊无垢污，其情本来洁。

其　三

何事山间泉，氤氲气凝结。
从来无冷时，原不因人热。

〔据康熙《定边县志》《艺文志·诗》第50页辑录。〕

麟山六景（选二）

尹　熙

石峡甘泉

滑滑石上泉，珠迸石罅里。
酌之甘且寒，流尽青山髓。

北海澄波

鲤海何澄碧，遥映青山姿。
鸿濛开宝镜，常与照蛾眉。

〔据乾隆《蒙自县志》卷六《艺文志·诗》第67页辑录。〕

咏交水八景（选三）

李文黼

交河夜月

未计朝宗日，交流在此间。
银波凝月静，星汉一天间。

天生瀑布

峭壁高千尺，飞泉落九天。
分明垂匹练，欲护洞中仙。

石佛停舟

不是钓鳌叟，停桡泊水滨。
慈航如可渡，好待问津人。

〔据乾隆《霑益州志》卷四《艺文志下·各体诗·五言绝句》第62页辑录。〕

犀牛潭

高　晖

江水年年泛，流沙不掩潭。
灵犀何处觅？千古碧波涵。

〔据乾隆《永北府志》卷二十八《艺文志·诗·五言绝句》第15页辑录。〕

石牛分水

高　晖

弗去耕南亩，偏来饮碧泉。
牧童鞭不起，涧底只安眠。

〔据乾隆《永北府志》卷二十八《艺文志·诗·五言绝句》第15页辑录。〕

龙潭秋水

陈锡祚

渺渺平湖水，秋来媚且鲜。
虚涵岭上月，清映个中天。

〔据乾隆《永北府志》卷二十八《艺文志·诗·五言绝句》第17页辑录。〕

龙潭即景

何现龙

鹭宿芦花岸，凫鸣蓆草洲。
一池明月满，清影上高楼。

〔据乾隆《永北府志》卷二十八《艺文志·诗·五言绝句》第18页辑录。何现龙，永北举人，知县。〕

龙潭渔家二首

何现龙

其　一

鱼龙千顷浪，簑笠一竿烟。
山水忘情处，倾樽枕石眠。

其　二

一水足生涯，移泉种藕花。
垂竿还织蓆，儿女半当家。

〔据乾隆《永北府志》卷二十八《艺文志·诗·五言绝句》第18页辑录。〕

阿喜江

管学宣

济此涉中甸，君心怀皎洁。
清清阿喜水，白白玉龙雪。

〔据乾隆《丽江府志略》下卷《艺文略·五言截》第116页辑录。〕

渡澜沧

管学宣

今日澜沧渡，博南一望匀。
诚求九种赤，非复为他人。

〔据乾隆《丽江府志略》下卷《艺文略·五言截》第116页辑录。〕

郡齐八咏（选一）

吴兰孙

吼瀑泉

三昧了不言，怡悦心自省。
衣袂染幽香，石梁过云影。

〔据乾隆《景东直隶厅志》卷四之二《艺文志·诗》第192页辑录。吴兰孙，江苏吴县人，清乾隆五十三年（1788年）任景东直隶厅同知。〕

思茅八景（选三）

乐 韶

南涧荷香

两山夹一流，一溪泻溯湃。
荷风度岭南，人在莲花界。

木井甘泉

枯树遗蟠根，甘泉生一勺。
神龙在其中，不盈亦不涸。

虬龙异石

射处犹疑虎，叱时不成羊。
应怜叶公好，雷雨不可当。

〔据道光《普洱府志》卷十九下《艺文志·诗·五言绝》第101页辑录。〕

诗·七言绝句

唐

游东洱河

杨奇鲲

风里浪花吹又白，雨中岚影洗还青。
江鸥聚处窗前见，林狖啼时枕上听。

〔据康熙《大理府志》卷二十九《艺文志中·诗·七言绝》第5页辑录。杨奇鲲，叶榆人，读书贯穿百家，尤长声诗，唐与南诏和亲，南诏遣奇鲲入朝，高骈谓鲲等皆南诏腹心，遂鸩之。〕

明

温　泉

施均裕

遥望温溪起碧霞，原来石鼎煮琼花。
若非神女嘘阳火，谁识源头有主家？

〔据雍正《安宁州志》卷十九《艺文志下·诗·七言绝句》第44页辑录。施均裕，安宁人，聪颖绝人，过目成诵。永乐间贡入成均，成祖面试奇之，授大理评事，改交阯御史，按部一十七府，吏民怀畏，争建祠以祀，后按南直，风裁凛然，冰蘖之操，始终如一。〕

龙池夜月

滕　槟

晴空碾上碧琉璃，影浸城南一鉴池。
永夜水光同一色，冰壶湛湛玉无疵。

〔据康熙《永昌府志》卷二十五《艺文志·诗·七言绝句》第26页辑录。滕槟，字秀之，永昌人。天性颖敏，过目成诵。举明成化十三年（1477年）丁酉乡荐，登二十三年（1487年）丁未进士，历官南京户部主事、员外郎中，清苦持重。督运，会计周悉，一无所取。未几，以亲老乞归，竟不赴任。尝为亲朋劝驾就道，忽念及亲养，辄弛装不行，如是者再。家居淡泊，不治产业，与人平易可亲，非庆贺未尝一至公门，日以诗文为事。著有《永昌百咏》《归田录》等集藏于家。〕

滇池夜月

袁 森

霄汉无云兔魄圆，波间天上两婵娟。
碧鸡山下乘舟客，也学坡翁夜扣舷。

〔据景泰《云南图经志书》卷九《明诗·七言绝句》第458页辑录。袁森，云南府学训导。〕

温 泉

杨一清

天宫一脉凿灵泉，温暖澄清万古鲜。
但到池边心洒落，振衣何况荡尘缘。

〔据雍正《安宁州志》卷十九《艺文志下·诗·七言绝句》第44页辑录。杨一清，安宁人，明成化壬辰（1472年）进士，官大学士，赠太保，谥文襄。〕

题响水桥

李春山

怪石攒云天设险，长虹饮海地轰雷。
收奇览胜知多少？不负劳劳此度来。

〔据康熙《广通县志》卷八《艺文志·诗·七言绝》第529页辑录。李春山，明巡按御史。响水桥，在楚雄广通城东七十五里响水箐底，明成化间土巡检苏文昇建，系木桥，清嘉庆九年（1804年）士民改建石桥。〕

沸珠泉

范 青

松风洒面乱山秋，谁把明珠此暗投？
遍觅鲛人捞海底，不知抛撒在高楼。

〔据雍正《安宁州志》卷十九《艺文志下·七言绝句》第45页辑录。〕

盘江河

杜朝绅

两山盘错阴云黑，一水中流岸树清。
谷口风鸣催荡桨，棹歌夷语杂烟村。

〔据天启《滇志》卷二十八《艺文志第十一之十二·七言绝句》第966页辑录。杜朝绅，四川崇庆州人，明正德间进士。盘江河，在阿迷（今开远）、弥勒分界处，阿迷州北二十里，源自新兴州（今玉溪），经建水至此，众流所会，弥漫浩荡，亦为十八寨夷人出没要路。另见万历《云南通志》卷二《地理志一之二·临安府·大川》。〕

四通桥

方　向

偃蹇长虹卧碧川，往来车马总称便。
伊谁作者熊州守，好入循良传里编。

〔据乾隆《晋宁州志》卷二十八《艺文志下·诗·七言截》第38页辑录。方向，明给事中。另见道光《晋宁州志》卷十二《艺文志·诗·七言截》。〕

温　泉

张　素

香波煨玉暖如春，欲载清歌为濯尘。
似比白云乡更好，披风弄月待游人。

〔据雍正《安宁州志》卷十九《艺文志下·诗·七言绝句》第44页辑录。张素，字季文，安宁人，明嘉靖癸未（1523年）科进士。历官湖广兵备道，出方略平贼，升四川巡抚，复著军功，敕赐金帛。致仕归里，囊无余蓄，恬静自如。〕

温泉和韵

朱化孚

遥胜宁辞攀陟劳，一泓清占地分高。
蒸蒸长拟兰汤燠，不数咸池浴日落。

〔据雍正《安宁州志》卷十九《艺文志下·诗·七言绝句》第44页辑录。朱化孚，号岱晟，安宁人，性聪颖。明万历壬辰（1592 年）进士，初任行人，主试黔省，号得士，迁兵部主事，转贵州参议止营兵之乱，升湖广按察使，刑罚清明。告归，日与亲友故人为文字会，著有《贲幽吟》《阳城纪胜》行于世。〕

安江春水

张 薰

桃花春水涨江乡，一望汪洋混太茫。
四野云山开罨尽，人家一片水中央。

〔据雍正《呈贡县志》卷四《艺文志·诗赋·七言绝》第 15 页辑录。张薰，字伯舜，归化人。明万历丙子（1576 年）乡荐，掌教中州，崇祀乡贤。另见光绪《呈贡县志》卷八《艺文志·诗赋·七言绝》。〕

渔浦寒泉

张 薰

渔浦澄潭一鉴悬，海珠上下净涓涓。
莫言不是温汤水，三月游人爱往还。

〔据雍正《呈贡县志》卷四《艺文志·诗赋·七言绝》第 15 页辑录。另见光绪《呈贡县志》卷八《艺文志·诗赋·七言绝》。〕

白云兆雨

张 薰

四望青天白日开，山腰一带迥飞回。
不须更忆商羊舞，知是云君送雨来。

〔据雍正《呈贡县志》卷四《艺文志·诗赋·七言绝》第 15 页辑录。另见光绪《呈贡县志》卷八《艺文志·诗赋·七言绝》。〕

游江川之澂江同王钝庵再東董西泉三首

杨 慎

通海江上[1]湖水清，与君连日镜中行。
孤山一点横烟小，何羡霞标挂赤城？

① 上 康熙《通海县志》作“川”，有异。

澂江色似碧醍醐，万顷烟波际绿芜。
衹少楼台相掩映，天然图画胜西湖。

海鳌江蟹四时供，水蓼山花月月红。
自是人生不行乐，莼鲈何必羡江东？

〔据道光《澂江府志》卷十五《艺文志·七言绝》第6页辑录。此诗题名，魏荩臣修，阚祯兆纂康熙《通海县志》卷八《艺文志·诗集·七言绝》作“自通海江川之澂江赠王钝庵并董西泉缪碌溪”，收录二首。〕

玉涧长虹

刘天祥

万株绿柳锁西溪，仿佛苏公十里堤。
更驾彩虹云路近，骚人沉醉赋新诗。

〔据道光《澂江府志》卷十五《艺文志·七言绝》第8页辑录。刘天祥，新兴州人。〕

白云瀑布

刘天祥

山高云锁寺连峰，片片银光挂玉龙。
直上疏藤猿路古，红尘隔断几多重。

〔据道光《澂江府志》卷十五《艺文志·七言绝》第8页辑录。〕

天生桥下怪石激水成花，昔人题为不谢梅

普　荷

寻春莫问路高低，根蒂从来不染泥。
寄语浩然休浪踏，荡舟幽赏胜驴蹄。

〔据乾隆《赵州志》卷四《艺文志·诗·七言绝》第90页辑录。〕

天生桥

吴自肃

天生桥畔削芙蓉，下瞰江流跳玉龙。

到此停车非好事，欲从天末问奇纵。

〔据乾隆《赵州志》卷四《艺文志·诗·七言绝》第90页辑录。〕

板桥漫兴

陈文燧

南北驱驰十六年，画图何处是凌烟？
世间物色多生态，铜柱犹支半壁天。

〔据康熙《永昌府志》卷二十五《艺文志·诗·七言绝句》第27页辑录。另见乾隆《永昌府志》卷二十五《艺文志·诗·七言绝句》、光绪《永昌府志》卷六十六《艺文志·诗·七言绝句》。〕

虹饮桥

胡其慥

百尺虹飞挂海楼，红尘隔断拟沧洲。
丹邱亦是人间地，何必仙槎问斗牛？

〔据道光《澂江府志》卷十五《艺文志下·诗·七言绝》第4页辑录。〕

桃 溪

徐宏泰

疑若桃源烟雾开，桃花当日是谁栽？
于今洞里还能到，未必渔郎肯出来。

〔据康熙《广通县志》卷八《艺文志·诗·七言绝》第531页辑录。徐宏泰，明分巡金沧。〕

野渡渔灯

许凤举

暮夜江头艇子横，渔灯光灿透波明。
扁舟短棹追游处，只恐骊龙梦里惊。

〔据乾隆《宜良县志》卷四《艺文志四·诗·七言绝句》第88页辑录。许凤举，字舜征，号大痴，宜良人。弱冠补邑弟子员，明万历十六年（1588年）岁贡，授程番州训导，告老归家，雅好吟哦，有手钞邑志稿数帙传于世，年八十余而卒。野渡渔灯，宜良古八景之一。〕

可度桥

彻庸

可度之人过此桥，夕阳坡势转增高。
渺茫一望无穷际，得意归来下碧霄。

〔据民国《姚安县志》卷六十五《金石志之十附文征五·七言绝句》第 33 页辑录。彻庸，原名周理，云南县人，俗姓杜，初号彻融，因与进士陶珽讲《中庸》，于禅理有悟，遂易为彻庸。生于明万历十九年（1591 年），十二岁入鸡足山大觉寺，礼偏周上人，聪慧绝伦，甚器重之，为之剃染。后参悟大乘，寻入姚开建妙峰山。初，山有龙湫，人不敢近，每岁杀牲以祭。庸一日坐潭上，水大至不为动，明日水退，遂为龙说戒，至今祭龙皆蔬祀焉。著有《曹溪一滴》《梦语》《谷响》等行于世。〕

清

题温泉二首

段一骙

一片空明太古春，沧桑几变不扬尘。
枕流漱石温如玉，此处难寻我辈人。

神仙汤沐四时春，捣尽琼浆点一尘。
磅礴解衣多少在，伐毛洗髓定何人？

〔据雍正《安宁州志》卷十九《艺文志下·诗·七言绝句》第 46 页辑录。〕

汲水灌春草

晋纬

王孙归后久尘沙，含露芊芊积叶遮。
春雨待滋肥嫩绿，清泉漫溉护新芽。
香泥不许蒙纤蕊，锦砌何妨衬落花？
情[①]共洗桐非是癖，应怜小草早芳华。

〔据雍正《呈贡县志》卷四《艺文志·诗赋·七言绝》第 16 页辑录。晋纬，呈贡人，清康熙甲午（1714 年）科举人，有文名，为当事引重，参与校阅雍正《呈贡县志》。另见光绪《呈贡县志》卷八《艺文志·诗赋》。〕

① 情　光绪《呈贡县志》作“清”。

元天阁半月池

王特晋

半月池中月影斜，临池偏爱水梭花。
清流岁岁皆寒冽，全供山僧煮客茶。

〔据乾隆《晋宁州志》卷二十八《艺文志下·诗·七言截》第39页辑录。〕

盘龙山下看积堰处

徐 勰

盘龙溪水自涓涓，积堰堪滋未雨田。
遗迹频劳人过访，谁兴美利嗣千年。

〔据乾隆《晋宁州志》卷二十八《艺文志下·诗·七言截》第39页辑录。徐勰，字公敏，晋宁州人。由岁贡任鹤庆府学博，端方正直，乐育人才，致仕后，鹤庆人为立德教碑。子衍，辛卯举人。〕

普照灵泉

蒋廷铨

翠微深处梵王宫，石磴盘旋曲径通。
为爱灵湫堪化雨，马蹄踏遍夕阳红。

〔据道光《昆阳州志》卷十六《艺文志·杂体诗》第12页辑录。〕

滇池秋月

蒋廷铨

万顷金波落日寒，碧鸡遥倚彩云端。
石鲸鳞甲知何处？剩有珠光永夜看。

〔据道光《昆阳州志》卷十六《艺文志·杂体诗》第12页辑录。〕

渔舟晚唱

蒋廷铨

玉带堤边柳映沙，烟波迷望水纹斜。
沧浪一曲天初暮，又听渔歌唱到家。

〔据道光《昆阳州志》卷十六《艺文志·杂体诗》第13页辑录。〕

海　口

周爰访

逝水易东人易老，白头高浪逐华颠。
吾乡自是西流水，可有金丹返少年？

〔据道光《昆阳州志》卷十六《艺文志·杂体诗》第14页辑录。周爰访，江南吴江人，进士。清康熙二十年（1681年）任昆阳知州，调南安州知州，升礼部祠祭司员外，擢郎中，奉命视学江西，祀名宦。〕

杨林湖

赵士麟

白雁青凫掠小桥，杨林湖畔见轻舠。
虽非丙穴鱼偏美，急取青蚨佐火尧。

〔据康熙《嵩明州志》卷八《艺文志·七言绝》第24页辑录。〕

天生桥即景

赵　淳

石龙欲渡清江急，山北山南神鬼泣。
白日常轰一派雷，江风飒飒江水立。

〔据乾隆《赵州志》卷四《艺文志·诗·七绝》第91页辑录。〕

泸江道上口占

周 埰

轮蹄声绝少人行，村犬黄昏吠软尘。
仆马不须愁路黑，一官经此十三春。
〔据乾隆《广西府志》卷二十六《艺文志三·诗·七言截句》第9页辑录。〕

秀石灵泉

桥断沙平水欲乾，新堤溉入斗城南。
依依杨柳成阴后，行路何人不识韩？
〔据乾隆《广西府志》卷二十六《艺文志三·诗·七言截句》第10页辑录。〕

翠微阁温泉

李鹏飞

混混灵泉涌翠微，太和酿就露珠霏。
藻躬漫道温如玉，抱璞人原润德肥。
〔据乾隆《广西府志》卷二十六《艺文志三·诗·七言截句》第10页辑录。李鹏飞，贡生。〕

灵源洞

谭 煦

洞里常闻别有天，包罗世界尽三千。
浑然造物生成窍，仙境人间莫浪传。
〔据乾隆《广西府志》卷二十六《艺文志三·诗·七言截句》第11页辑录。谭煦，廪生。〕

惠桥烟雨

尚崇禔

一水横铺百尺桥，为谁思惠起残凋。

望中城郭笼烟树，雨霁犹闻隔岸箫。

〔据康熙《武定府志》卷四《艺文志上·诗·七言绝》第166页辑录。〕

金沙江

陈　淳

矗矗高峰夹碧波，金沙环带旧山河。
当年守险劳争战，圣代平蛮已戢戈。

〔据康熙《武定府志》卷四《艺文志上·诗·七言绝》第167页辑录。陈淳，直隶冀州人，甲辰进士。清康熙二十六年（1687年）任武定府知府，升刑部清吏司员外郎。〕

日灿金沙

倪　遇

几个人家夹岸山，支流黑水踞其间。
已无瀏鶒翔生艳，剩有金沙名等闲。
千顷碧波摇上下，一轮红日锁潺湲。
时平不用安蛮策，守险何须再设关？

〔据康熙《元谋县志》卷五《艺文志二·诗补遗·七言绝》第51页辑录。倪遇，字若望，江南松江府人。〕

桃　溪

曹　晟

西浦桃溪流水清，桃花夹岸灿光明。
渔郎纵有舟堪入，此处山高未许行。

〔据康熙《广通县志》卷八《艺文志·诗·七言绝》第531页辑录。〕

桃溪忆桃源

曹　晟

传说秦王不爱民，筑城万里靖烟尘。
今时都觉王心好，寻关桃源莫避秦。

〔据康熙《广通县志》卷八《艺文志·诗·七言绝》第533页辑录。〕

清风桥送别

曹树仙

落叶相看马首飘，归心极目断云霄。
如斯去住皆难问，何必成都万里桥？
〔据康熙《广通县志》卷八《艺文志·诗·七言绝》第533页辑录。〕

小庐江

王弘任

探奇何事问庐江？若个清溪绕石淙。
载酒乘舟浑不倦，由来大小自称双。
〔据康熙《元谋县志》卷五《艺文志二·诗补遗·七言绝》第48页辑录。〕

睡龙渊

王弘任

隐隐深潭有卧龙，不兴云雨不乘风。
消闲且学养生主，静听春雷起蛰虫。
〔据康熙《元谋县志》卷五《艺文志二·诗补遗·七言绝》第49页辑录。〕

饮犀渚

王弘任

水花扑面喷溪流，引得神犀此地游。
且向土人成幻相，常存怪石镇中洲。
〔据康熙《元谋县志》卷五《艺文志二·诗补遗·七言绝》第49页辑录。〕

香花塘

王弘任

花傍清流韵更芳，濯英浴蕊不寻常。

鱼龙过处时吞吐，笑彼游蜂空自忙。

〔据康熙《元谋县志》卷五《艺文志二·诗补遗·七言绝》第49页辑录。〕

小庐江和原韵

戴益俊

长河浩瀚仿庐江，别有清流渡小淙。
怪石幽溪皆雅韵，品题定处应无双。

〔据康熙《元谋县志》卷五《艺文志二·诗补遗·七言绝》第49页辑录。〕

睡龙渊和原韵

戴益俊

修鳞敛爪号潜龙，想欲扶摇且待风。
变化因心有定象，大为霖雨小如虫。

〔据康熙《元谋县志》卷五《艺文志二·诗补遗·七言绝》第49页辑录。〕

饮犀渚和原韵

姚禅唐

渴来一吸尽川流，何物小溪亦可游？
石作犀形犀化石，特将神异寄沙洲。

〔据康熙《元谋县志》卷五《艺文志二·诗补遗·七言绝》第49页辑录。〕

香花塘和原韵

王　信

花神随地自成芳，偏爱幽溪不等常。
片片飞英皆映水，任他蝶恋只徒忙。

〔据康熙《元谋县志》卷五《艺文志二·诗补遗·七言绝》第50页辑录。〕

雕龙山泉

张维房

土主簿欲引灌溉，其意咏之。

广城筑在万山中，城下田开远近涌。
为喜雕龙山下水，炎风吹送稻花丛。

〔据康熙《广通县志》卷八《艺文志·诗·七言绝》第536页辑录。张维房，罗次人，训导。〕

泉亭煮茶

胡 蔚

云木轻阴覆碧苔，铜瓶雪碗贡包开。
试看鱼眼翻波上，且听松风过壑来。

〔据乾隆《白盐井志》卷四《艺文志·诗·七言绝》第58页辑录。〕

莎涧清泉

卢 询

莎涧清泉亦有名，曲流花径细无声。
浅深不受纤尘染，明月青天澈底清。

〔据康熙《楚雄府志》卷十《艺文志下·诗·七言绝》第67页辑录。〕

莎涧清泉

骆 俨

溪传捣练有佳名，三叠泉流逸韵声。
涤尽尘凡无限垢，终随江汉共澄清。

〔据康熙《楚雄府志》卷十《艺文志下·诗·七言绝》第68页辑录。骆俨，清康熙丙辰（1676年）进士。〕

莎涧清泉

杨 书

一涧潆洄山复山，绿莎幽咽水潺潺。
闲来石峡闻清籁，疑是明河在此间。

〔据康熙《楚雄府志》卷十《艺文志下·诗·七言绝》第70页辑录。〕

莎涧清泉

刘 鉴

云连碧涧涌清流，细草繁花两岸秋。
安得巢由来洗耳？直从清处溯源头。

〔据康熙《楚雄府志》卷十《艺文志下·诗·七言绝》第71页辑录。〕

莎涧清泉

江士宏

水满薇溪宿雨晴，寒流曲曲抱孤城。
山前响石无人扣，惟有年年碧草生。

〔据康熙《楚雄县志》卷十《艺文志下·诗·七言绝》第72页辑录。〕

春游捣练溪

樊之翰

云液流甘漱石芽，春香泻出一溪花。
汲来应解相如渴，好试新铛静煮茶。

〔据康熙《楚雄府志》卷十《艺文志下·诗·七言绝》第70页辑录。樊之翰，楚雄人，副榜。〕

春游捣练溪

卜定洛

江通沙碛抱城边，绮陌留云霭瑞烟。

应是晨炊开万户，随风缥缈度龙川。

〔据康熙《楚雄府志》卷十《艺文志下·诗·七言绝》第73页辑录。卜定洛，楚雄人，举人。〕

春游捣练溪

陈龙言

岂是残云晓未收？炊烟如织带云流。
渔家隐见诗中觅，芳树离迷画里求。

〔据康熙《楚雄府志》卷十《艺文志下·诗·七言绝》第73页辑录。陈龙言，楚雄人，贡生。〕

西溪河

熊 载

石淙一带仅容舸，壁立悬崖万仞高。
到此不知天广大，祇如匹练挂江皋。

〔据康熙《元谋县志》卷五《艺文志二·诗·七言绝句》第27页辑录。〕

小庐江

熊 载

生平曾不到匡庐，浪说江行恐是虚。
峠客中分流经北，留连佳胜竟如回。

〔据康熙《元谋县志》卷五《艺文志二·诗·七言绝句》第27页辑录。〕

睡龙渊

熊 载

□□空窦颇粼粼，彻底碚砑碧玉津。
疑是睡龙□□处，故留灵气数惊人。

〔据康熙《元谋县志》卷五《艺文志二·诗·七言绝句》第28页辑录。〕

清渊洞

熊载

其一

桃园径杳耐搜寻，峡水流香曲曲深。
几度放歌鸣彩凤，扁舟款款过山岭。

其二

流水潺潺石径涵，迂回曲涧引人探。
孤舟罢钓归来晚，转出山限拥翠岚。

〔据康熙《元谋县志》卷五《艺文志二·诗·七言绝句》第28页辑录。〕

香花塘

熊载

其一

山溪水色衬花英，拂石铺崖香更清。
泄漏芳心浑不胜，碧波深处笑盈盈。

其二

夹岸山光接水光，丛花献媚隔溪香。
舟前掩映芳魂绕，不留撩人云水间。

〔据康熙《元谋县志》卷五《艺文志二·诗·七言绝句》第29页辑录。〕

碧崖泉

释明歧

雷应山前处处泉，白云堆里水涓涓。
清漪流向人间去，洗却烦嚣不用钱。

〔据康熙《元谋县志》卷五《艺文志二·诗·七言绝句》第31页辑录。〕

石羊井

杨　书

闻得石羊井有年，谁知井底是寒泉？
源头相有丹砂布，应供当时橘井传。

〔据康熙《定边县志》《艺文志·诗》第52页辑录。〕

温　泉

杨　书

崖前何事雨纷纷？百道飞泉起白云。
一片银河天半落，潺湲余韵更堪闻。

〔据康熙《定边县志》《艺文志·诗》第52页辑录。〕

渡兰沧江

吴自肃

兰津江水迴无涯，万里云横不见家。
病里偶然舒倦眼，满山开遍野桃花。

〔据康熙《蒙化府志》卷六《艺文志·诗·七言绝句》第49页辑录。〕

温　泉

李文渊

暖浪融融泛碧池，濯缨濯足总相宜。
十年尘胄消除净，何必春风沂水时？

〔据康熙《永昌府志》卷二十五《艺文志·诗·七言绝句》第30页辑录。〕

云泉瀑布

吴　兰

闻说云泉飞瀑布，银河倒泻自长天。

雨余时作蛟龙吼，洒洒凌风度远川。

〔据乾隆《宜良县志》卷四《艺文志四·七言绝句》第 88 页辑录。吴兰，金陵人，翰林。〕

游龙潭

孔宗尧

酣歌捉酒醉忘归，踏破峰头看翠微。
伫立待观桃浪暖，池鱼化作白龙飞。

〔据乾隆《宜良县志》卷四《艺文志四·诗·七言绝句》第 90 页辑录。孔宗尧，呈贡人，清雍正甲辰（1724 年）补行癸卯正科（1723 年）举人，时年七十岁，人称梁太素。〕

四水潆祥

姜学圣

荡漾空沙入远天，分流合处却成渊。
不教百折从东去，好护春城万井烟。

〔据乾隆《蒙自县志》卷六《艺文志·诗·七言绝句》第 66 页辑录。四水潆祥，蒙自十二景之一。〕

长桥卧虹

杨纯儒

十里平湖隔远城，沙堤绿柳几桥横。
晴霓紫气常垂影，人在寒关道上行。

〔据乾隆《蒙自县志》卷六《艺文志·诗·七言绝句》第 66 页辑录。长桥卧虹，蒙自十二景之一。〕

金沙江吊升庵太史

张翰芳

太史留题无限情，才名正气两峥嵘。
江声一似诗悲壮，千载孤忠怨未平。

〔据乾隆《永北府志》卷二十八《艺文志·诗·七言绝句》第 40 页辑录。〕

石牛分水

胡国琛

穷源直上千寻岭，分润端由丈八沟。
野老不知龙脱骨，误将灵石指为牛。

〔据乾隆《永北府志》卷二十八《艺文志·诗·七言绝句》第40页辑录。〕

寻红崖春水

胡国琛

问渡桃源难再入，求丹蓬岛几曾通。
谁能识得补天处？崖炼春霞一抹红。

〔据乾隆《永北府志》卷二十八《艺文志·诗·七言绝句》第41页辑录。〕

龙潭即景三首

杨魁榜

九龙潭水碧无烟，树静风微影倒悬。
时有轻鸥飞上下，依依相傍打渔船。

楼高池阔石嶙峋，境入清幽地绝尘。
三两人家依岸住，烟波何处寄吾身？

三五人家水岸边，门前横系小渔船。
垂竿结网无余事，醉依芦苇对月眠。

〔据乾隆《永北府志》卷二十八《艺文志·诗·七言绝句》第41页辑录。〕

程海道中春行

何现龙

海曲云窝石路横，桃花春水可人行。
数声鸡唱山村午，呼酒渔家遣客情。

〔据乾隆《永北府志》卷二十八《艺文志·诗·七言绝句》第41页辑录。〕

瀑 布

罗含章

紫石江头万仞峰，银涛洒落几千重。
凌虚散作轻烟起，疑是层层舞玉龙。

〔据嘉庆《景东直隶厅志》卷二十七《艺文志二 · 诗 · 七言绝》第 31 页辑录。〕

咏无量山瀑布

赵嗣普

其一

云束峰腰紫翠盘，蒙茸草木隐鸣湍。
飞流到地余千丈，祇恨人从天际看。

其 二

雨后真成看瀑宜，玉龙分挂半空垂。
匡庐川峡称雄胜，未若兹泉百道奇。

〔据嘉庆《景东直隶厅志》卷二十七《艺文志二 · 诗 · 七言绝》第 32 页辑录。〕

飞虹桥

苏 昭

飞虹半落跨山腰，知是洟源第一桥。
万古乾坤流不尽，石栏杆下水萧萧。

〔据道光《续修易门县志》卷十二《艺文志上 · 诗》第 257 页辑录。〕

龙口泉香

董良材

别开洞壑绝尘埃，花片流香卧古梅。
石壁何年经斧凿？还疑蓬岛自飞来。

〔据道光《续修易门县志》卷十二《艺文志上 · 诗》第 271 页辑录。〕

寒潭夜月

董良材

苍藤满壁挂虬龙，宝镜虚涵万象融。
照彻禅心明夜月，珠澄水底悟真空。

〔据道光《续修易门县志》卷十二《艺文志上·诗》第271页辑录。〕

杨秋舫招游大龙泉

潘安国

一窍天光最上头，元云紫气拥高楼。
懒残不作飞升想，孤负青泥满涧流。

百尺长竿接钓丝，潭深剧恨得鱼迟。
五花树上香风满，会见金鳞出水时。

豪谈剧饮骇蛟龙，覆雨翻云转瞬中。
归路只愁风景暗，出山犹见夕阳红。

荷香逆鼻酒全醒，新月纤纤照水明。
拗得碧筒仍痛饮，不辞夜坐到三更。

〔据道光《续修易门县志》卷十二《艺文志上·诗》第281页辑录。〕

游小龙泉

潘安国

山中木石静如此，潭底千年存龙子。
成云致雨然乎然，惟见水清石齿齿。

潭中常浸古时月，潭上重来白发人。
潭空月在人俱老，留与山僧作净因。

〔据道光《续修易门县志》卷十二《艺文志上·诗》第284页辑录。〕

龙口泉香

潘安国

放开狂胆入龙泉，竟拟潜窥一窍天。
乍恐老龙喷注怒，烹香且觅饮中仙。

〔据道光《续修易门县志》卷十二《艺文志上·诗》第282页辑录。〕

龙口泉香

严廷珏

愿为霖雨慰苍生，自有香名四海倾。
一树虬枝横卧处，出山泉比在山清。

〔据道光《续修易门县志》卷十二《艺文志上·诗》第287页辑录。严廷珏，字比玉，桐乡人，知县。〕

西岭温泉

郑绍谦

不必春风咏浴沂，温泉随地见天机。
清凉居士无人识，笑问谁能执热归。

〔据道光《普洱府志》卷十九下《艺文志·诗·七言绝》第91页辑录。〕

龙潭夜月

郑绍谦

玉宇无尘月正盈，龙潭积处照空明。
秋高夜色凉如水，风送前汀浪有声。

〔据道光《普洱府志》卷十九下《艺文志·诗·七言绝》第91页辑录。〕

石臼涌泉

李上清

天然磐石世无双，巧借神工作小缸。

混混原泉流不竭，乾坤特与济南邦。

〔据道光《普洱府志》卷十九下《艺文·诗·七言绝》第96页辑录。〕

他郎八景（选四）

段其嵂

九叠联珠

迤逦奔来九叠联，诸峰罗列拥珠圆。
久陈版籍归天府，无数精光灿眼前。

双溪绕阁

峻阁高临二水流，溪声相和梵声幽。
长虹卧处波常静，古寺闲看聚白鸥。

墨江锦浪

活水源流涨墨江，滔滔碧浪泻飞泷。
龙宾一洒如椽笔，锦绣文章聚此邦。

龙泉珠滚

龙泉滚滚沸如珠，水碧沙明有似无。
万颗匀圆惊剖蚌，水妃簸弄映冰壶。

〔据道光《普洱府志》卷十九下《艺文志·诗·七言绝》第97页辑录。〕

思茅八景（选三）

陆 葆

东涧温泉

在山可比出山清，触石无端寄此名。
若洗人间尘垢想，是中冷暖最分明。

西流瀑布

空明云水是耶非，珠瀑疑窥玉女扉。
百道流泉激清响，长留法雨向空飞。

龙洞垂虹

谷口灵湫瑞霭笼，时看新霁亘长虹。
万家霖雨苍生望，尽在神龙变化中。

〔据道光《普洱府志》卷十九下《艺文志·诗·七言绝》第98页辑录。〕

东涧温泉

车　焕

曲折流泉注涧东，沙晴水暖宛春融。
是谁巧爇阴阳炭？绝胜泉温列炬中。

〔据道光《普洱府志》卷十九下《艺文志·诗·七言绝》第99页辑录。〕

西流瀑布

车　焕

泉分界石涌飞流，匹练常悬总不收。
便拟碧岩为巨室，水晶帘动玉花浮。

〔据道光《普洱府志》卷十九下《艺文志·诗·七言绝》第99页辑录。〕

龙洞垂虹

车　焕

好雨淋漓仰化工，龙湫浪涌薄遥空。
玉皇偏自为霖急，又出銮舆驾彩虹。

〔据道光《普洱府志》卷十九下《艺文志·诗·七言绝》第99页辑录。〕

飞瀑流珠

张起楠

悬崖溅石万珠飞，泡影晶莹映四围。
小憩深林情自爽，常看匹练挂岩扉。

〔据吴光汉修，宋成基等纂光绪《镇雄州志》（清光绪十三年刻本，下同）卷六下《艺文志续纂·诗·七绝》第50页辑录。〕

二水怀珠

张起楠

二水分流各一区，谁教合抱共萦纡？
深潭可惜人难罄，定有骊龙护宝珠。

〔据光绪《镇雄州志》卷六下《艺文志续纂·诗·七言绝》第50页辑录。二水怀珠，昭通镇雄古胜景之一，在城南五十里，一溪南来，一溪北注，两河交汇间突起一阜，圆润如珠，二水萦折而出，并流入毕节七星关，是镇雄、威信、毕节三属交界，有镇塘坊，曰“二龙抢宝”。〕

二水怀珠

张起榛

二水潆洄抱石横，怀珠原具媚川情。
骊龙劝尔休贪睡，免使贪夫领下惊。

〔据光绪《镇雄州志》（清光绪十三年刻本）卷六下《艺文志续纂·诗·七言绝》第52页辑录。〕

呐林飞瀑

张起榛

悬崖夹道响潺潺，日日流珠出没间。
可惜边方人少识，飞花滚雪落荒山。

〔据光绪《镇雄州志》卷六下《艺文志续纂·诗·七言绝》第54页辑录。呐林飞瀑，镇雄旧胜景之一，在城西沙林，巉岩峭削，上泻清泉，随风飘落，万点珠玑，瀑布转雷，山谷应声，玉龙遥挂，经年不绝。〕

民　国

柳塘夜灯

李朝佐

池凿北关水作城，观瞻虽少景偏清。
最佳月朗星稀夜，倒影灯光分外明。

〔据民国《马关县志》卷九《艺文志下·诗·七言绝》第19页辑录。柳塘夜灯，民国马关八景之一。〕

柳塘夜灯

常庆云

养鱼池畔邑城东，排岸人家勤女工。
每到黄昏天色晚，灯光直射水晶宫。

〔据民国《马关县志》卷九《艺文志下·诗·七言绝》第20页辑录。〕

天桥回澜

常庆云

天生桥下有龙潭，叠叠烟波万顷寒。
幸得中流撑砥柱，狂澜挽转庆安澜。

〔据民国《马关县志》卷九《艺文志·七言绝》第20页辑录。〕

柳塘夜灯

孙汝为

古刹门幽对锦池，温风荡漾起波澌。
莲塘烟雨添图画，蓼岸渔灯映柳枝。

瞑目醒时思夜月，赏心得处拟新诗。
韩公政治留奇迹，永固金汤百世知。

〔据民国《马关县志》卷九《艺文志下·诗·七言绝》第20页辑录。〕

诗·杂体

明

渡潞江叹

刘　节

山高高，石齿齿，细雨寒风江弥弥。黄芽短树啼鹧鸪，岁晚行人行不止。吁嗟乎！平生志愿百不酬，归去来兮吾老矣。

〔据天启《滇志》卷二十六《艺文志第十一之九·古体诗》第884页辑录。刘节，字介夫，江西大庾人，明弘治乙丑（1505年）进士，明正德间任金腾兵备副使，廉公有威，临事果断，与军民恩义相洽。时两镇贪求甚剧，公以法绳之，力为裁抑，权宦虽侧目，亦不敢犯，革镇之议自此始。未几，迁广西按察使，累官南京吏部左侍郎，旧《志》列名宦。另见康熙《永昌府志》卷二十五《艺文志·诗·七言古》、康熙《云南通志》卷二十九《艺文志九·诗·七言古》、道光《云南通志稿》卷二十四《地理志三之十四·山川十四·永昌府下》。〕

双湖四章

包见捷

双湖澹澹，一川百里。中有行舟，日光涌起。
片帆欲青，数峰遥倚。匪沉匪浮，忘乎春水。

双湖澹澹，岂无风雨？蛟龙之灵，千秋或怒。
我压惊波，落彼飞鹜。波既平矣，适逢其素。

双湖澹澹，渔人何知？竿不脱饵，网则垂丝。
日涉风波，谁了安危？云英一片，光景若兹。

湖之夕矣，月明于东。城郭欲化，烟树半空。
欣然斗酒，桃花暗红。忘归而思，皇娥倚桐。

〔据康熙《通海县志》卷八《艺文志·诗·四言古》第1页辑录。〕

宝坝谣

李元阳

宝泉坝，宝泉坝，坝中一尺水，拱璧非其价。坏时万顷飞尘沙，完时郡国饶禾稼。前人创始后人修，仁者作之残者罢。呜呼！宝泉坝。

〔据天启《滇志》卷二十六《艺文志第十一之九·古体诗》第885页辑录。〕

玉溪杂兴四首

雷跃龙

坐卧玉溪沙畔，啸歌白石江边。
树头树底秋色，桥北桥南晚烟。

前溪花满草满，隔岸云宽水宽。
一树苍梧未老，千家明月惊寒。

溪上春迟秋早，天涯水阔山遥。
枉画屏风江雨，去寄参军鲍照。

一望菰蒲杨柳，万家烟雨楼台。
江南何处相近？桃叶渡口归来。

〔据道光《澂江府志》卷十五《艺文志下·诗·六言绝》第10页辑录。〕

清

昆池篇

宋　琪

奥区孰踞滇方最，胜概同推昆海先。北户日临波上浴，南溟天凿水西旋。四围列障排青玉，一望平湖混碧天。虞夏分疆谁守土，沧桑变态几成田。鸿蒙有秘终应剖，大化何奇任久潜。自汉传称三百里，至今遥溯二千年。开池习战人何在，烧劫沉灰事信然。蒙段而还多战血，隋唐之后总蛮烟。往朝画斧疑方外，近代分圭宛目前。云水昔人同阅历，烟波待我复流连。东涯剩有梁王硐，西澨惟余太史联。黔国勋名归化蝶，吴家园囿付啼鹃。湖山今昔元无恙，世事推移尽可怜。自问百年还有几，那能五内复多牵。放情短笛追渔艇，乘兴飞舸载酒钱。罗汉崖西沽酺醉，观音寺下纵舟眠。湖头试茗亲分火，洞口求鱼自举筌。雨数怒流添浩淼，晴探涌水助澄鲜。曼哦楚叟沧浪句，朗诵庄生秋水篇。衣带冷沾华顶露，笔研净涤海门泉。山钟晚发涛声壮，浦火宵明月色娟。声色触怀皆可赋，海山应手亦堪弦。恐惊野客渔樵话，不谒名流书画船。收拾烟霞归一轴，至此聊尔当神仙。

〔据道光《昆阳州志》卷十六《艺文志·杂体诗》第21页辑录。宋琪，昆阳州人，贡生，清康熙五十一年（1712年）捐建中济桥。桥在化龙桥前，旧名中所桥，五十六年三月，琪复同弟增生宋瑄合耆民景维彦捐资改建，易今名。〕

滇水神弦曲五首（选一）

赵 瑗

水 神

复怨利及申酉序，蜿蜒龙孙众一旅。提兵北来先黑螭，乘潮往侦报丁女。早时缩身暂潜喘，九河湔涕闻天语。一朝驾浪浮山来，灵旗不卷出清渚。堂堂綵仗垂天绅，呼风入阵群吹唇。踏碎琉璃一千顷，青蚪蹀躞生狂尘。归去来兮御苍兕，阴沉贝阙澄潭里。怒号波底腥风生，分队前驱唤赤鲤。

〔据道光《昆阳州志》卷十六《艺文志·杂体诗》第22页辑录。〕

甘泉颂四章

徐树闳

天子重农，粒我蒸民。勤咨保介，既种既耕。
郊原泽润，石窟香生。吹豳饮蜡，共庆升平。

虾蟆献瑞，山下出泉。仙女效灵，清流涓涓。
浥彼注兹，赖及桑田。如珠如玉，蔀屋熙然。

泉之始达，其流汤汤。泽之旁敷，溢乎四方。
水开洞壑，南亩无荒。五风十雨，化日舒长。

醴泉名郡，甘泉名宫。天生地涌，源流不穷。
乐尔妇子，康尔田功。两岐三穗，早卜年丰。

〔据乾隆《赵州志》卷四《艺文志·诗·四言古》第64页辑录。徐树闳，江苏昆山人，贡生。笃实慈祥，勤于政事，清雍正四年（1726年）任赵州知州。〕

醴泉颂

史　增

圣人统一，薄海澄清。百神效顺，万派归诚。
彩云映带，白石峥嵘。山下出泉，谷口传声。
源流不竭，泽溥群生。

天子让善，归之少保。文教覃敷，搀抢迅扫。
率服蛮苗，专征命讨。泉石效灵，清涟润槁。

不郡而醴，不宫而甘。虾涎漱玉，仙液拖岚。
光联丙穴，珠走澄潭。度阡越陌，耕九余三。

〔据乾隆《赵州志》卷四《艺文志·诗·四言古》第 64 页辑录。〕

题中泉泉出山半，旋隐砂砾，下见濒江麓底。

王　辂

艮坎颠倒，蒙蹇转移。得其环中，畅趣恬机。（一解）
石匪抑塞，沟匪诡随。既见仍潜，持下执雌。（二解）
陆沉遥年，其谁知之？有翩者鹤，有跂者麇。（三解）
篗篗竹竿，曷尔用规。曳彼山云，泻玉圆瓷。（四解）
止用鉴形，逝感如斯。以写我心，天空月辉。（五解）
智者是乐，顾日流离。经途虽杂，终辨渑淄。（六解）
瞻彼丽泽，爰得不亏。亦云泂酌，濯溉攸宜。（七解）
乃洌乃甘，无择蛮夷。廉让之间，肇锡流徽。（八解）

〔据乾隆《镇雄州志》卷六下《艺文志·诗补》第 1082 页辑录。王辂，大理赵州人，举人，清乾隆四十八年（1783 年）任镇雄州学正。〕

水亭观瀑

郭存庄

翠障横开一帧，珠帘直下千行。
仿佛碧澜堂上，人间六月清凉。

〔据光绪《续修白盐井志》卷十《艺文志下·诗·六言》第 18 页辑录。〕

大石湖

赵鹤清

浩渺烟波十里，槎枒老树千章。
灌培姚人命脉，点滴都是琼浆。

〔据民国《姚安县志》卷六十五《金石志之十附文征五·缘情托兴之文·六言绝句》第31页辑录。〕

诗·歌行

汉

渡兰沧歌

《水经注》：汉明帝时，通博南山道，渡澜津，行者苦之。歌曰：

汉德广，开不宾。
度博南，越兰津。
度兰仓，为他①人。

〔据康熙《云南通志》卷二十九《艺文九·诗·古体》第1页辑录。另见《后汉书》卷八十六《南蛮西南夷列传》，未署题名。〕

泛舟歌

朱应登

澂江江波翠萧爽，扁舟远泛临江上。烟消日出意兴殊，牙樯捩拕平如掌。南方严冬气仍暖，冯彝击鼓同欢赏。山黛石碧逶迤开，蘋花荇叶参差长。水鸦衔鱼时出浦，宿鹭将雏不惊榜。白云不动青山移，四面合沓排银牓。须臾长风起天末，寒气飕飕振林莽。惊涛骇浪倏怒号，神龙锦鲤分来往。人事忧乐顷刻异，世事浮沉足深想。忧乐浮沉那可哀？且将新酒溢金杯。长江西南入交阯，马援征行安在哉！几多掀揭回头少，古今伟绝俱尘埃。江流不管古今事，明日江头人复来。

〔据康熙《云南通志》卷二十九《艺文志九》第51页辑录。朱应登，字升之，宝庆人，明正德间进士，官云南参政。另见雍正《云南通志》卷二十九《艺文志九·诗·七言古》、道光《澂江府志》卷十五《艺文志上·歌行》。〕

感龙歌并序

赵良华

予莅政之明年丁亥岁旱，一春无雨，农告病，节放塘坝积水，以助灌溉，农得布种而秧。至夏四五月间，天犹不雨，予甚忧之。州司白予，请祭龙，予诘之，乃曰："城南

① 他 《后汉书》作"它"。

十里许，名曰白石地，有龙，岁时有司具牲牢酒醴祭之以祈雨，盖故事也。”予再诘之，一无灵验。予曰：“雨无与于祭龙也，盍去之以省费?”州司遂不复行，而于费亦稍省焉。因叹龙之无功享祀，不职以自儆，遂为之歌。歌曰：

勿祭龙，勿祭龙，祭龙总是空。龙蟠洞不见，人祭龙无功。昊天示我戒，旱暵丁我躬。自返政无缺，何为遭年凶？问龙何梦幻，仰天何穹窿？龙既不能语，天若难为通。云既不能作，雨亦不能濛。欲射红火轮，因无后羿弓。赤郊欲龟析，绿野欲然红。稼胡能彧彧？苗胡能芃芃？民食何由足，公庾敢望充。我兹初剖符，天其为乾封。龙兮龙兮亶不聪，何不飞诉天之宫？何不嘘气成云雾？何不吐气为霓虹？何不为十雨？何不为五风？何不为田见？何不为云从？何不明珠而夜照？何不健鬣而霄翀？何不驾五色之车而南？何不障百川之水而东？何不沛化雨于八表？何不鼓仁风于九重？何不造化乎参赞？何不天地乎弥缝？徒偃蹇而不跃，徒潜藏而弗庸。庙宇起而等王屋，岁时伏腊而走村翁。徒玉碧来尽瘁之奠，徒币帛来燔燎之供。非神谄不义，非类歆不忠。方将崇正道，岂能渎淫朋？安得霹雳斧，碎此蝘蜓雄。人言感龙歌，可以劝臣工。

〔据光绪《姚州志》卷十《艺文志下·诗》第7页辑录。赵良华，字居实，眉州人，进士。明正德十四年（1519年）以员外郎任姚安知府。任内廉明刚直，卒于官，士民悲悼，立专祠祀之。另见民国《姚安县志》卷六十五《金石志之十附文征五·缘情托兴之文·五古》。〕

昆明池歌

顾应祥

昆明池延袤数百里，千山万山直自崑崙来。诸山之水汇于此，相传其水颠倒流，滇池之名由此始。左有金马山，右有碧鸡峰，弥漫浩瀚渺无际，但见洪涛巨浪日夕排苍空。青天忽惊，白日起霹雳，振撼蛟龙宫。天吴水怪，九首八足，不可以名状，时复出没于其中。有时风恬波浪息，一碧万顷开青铜。其广也如此，胡为乎不在九域之内，不得与五湖七泽相争雄？神禹治水迹不到，穆王八骏难为穷。汉主凿池徒仿佛，王褒将命何匆匆？唐宋以来各僭据，声教不与中国通。天开景运圣人出，一扫海内群邪空。五服之外更五服，俯首授命归提封。侏离椎结之类，吾不知其几千万种，礼乐不异车书同。渺余生当全胜日，观风两度乘青骢，古来多少豪杰士，局于偏安之世，不得一洗块磊胸。百年过眼一弹指，得此胜览真奇逢。振衣独立太华顶，狂歌目断孤飞鸿。

〔据天启《滇志》卷二十六《艺文志第十一之九·歌行》第888页辑录。另见康熙《云南通志》卷二十九《艺文志九》第52页。〕

海门篇

缪宗周

长江雪消春水融，万里下聚沧冥东。海门日高百怪息，碧波浩荡连晴空。排云吸雾起倏忽，潜鲤欲化为飞龙。鼋鼍无声飓母走，冯彝不敢窥神宫。张骞槎头笑李白，骑鲸直与云汉通。仙翁宜升岂人力，方士未悟贪天功。彼乘桴者失舟楫，临川慨叹随鱼鸿。世事浮沉付杯酒，丹青妙契收良工。金樽玉烛引长夜，来往须乘年岁丰。登高扶杖看海日，欢娱不患青山中。君不见，西南逸老精神充，卷舒宇宙追鸿蒙。门涵百川浴龙子，拟为霖雨生残癃。笑取匡济归元忠。

〔据康熙《通海县志》卷八《艺文志・诗・七言古》第4页辑录。缪宗周，号碌溪，通海人，明正德辛巳（1521年）进士，任户部主事。历官四川右布政，寻迁浙江左布政。康熙《通海县志》卷六《人物志・乡贤》："万历九年特赐存问，历官十四任，随在循声。致仕三十年，杜门颐养，寿八十五。著有《太极图演义》，其为文章节概，直与日月争光可也。"以子守之贵，加增通奉大夫。父缪暲，举人，以子宗周贵，累赠奉议大夫四川布政。〕

秀山白龙潭行

赵汝谦

秀山多云气，四时卜阴晴。山峡白龙潭，晶莹水一泓。潭光似可测，岸花浸不黑。常浴金虾蟆，疏影澄晓色。有时荡冥苍，六月飞冰霜。始知龙变化，那可系扶桑？即看清和日，城村报赛出。万人沉豪牛，春气转森溧。龙灵其水不在深，山如玉兮横素襟。乘风鼓鬣周八极，海内望尔作甘霖。

〔据康熙《通海县志》卷八《艺文志・诗集・七言古》第5页辑录。赵汝谦，通海人，康熙《通海县志》卷六《人物志・乡贤》："年十六，以儒士举孝廉。令富顺，清操不回，治剧锄奸，大有风力，被谗罢官，父老持赠，遮道流涕，一钱无所取，真不愧清献家声云。"〕

禹碑歌

禹碑在衡山绝顶，韩文公诗云：岣嵝山尖神禹碑，字青石赤形模奇。科斗拳身薤倒披，鸾漂凤泊拏虎螭。事严迹閟（一行）鬼莫窥，道士独上偶见之。我来嗟咨[①]涕涟洏，千搜万索何处有？森森绿树猿猱悲。详诗语始终，公盖至其地矣，未见（二行）其碑也。所谓青字赤石之形[②]，科斗鸾凤之画[③]，述道士口语耳，若见之矣。发挥称赞，岂在石鼓下哉！逮宋朱张同游南（三行）岳，访求复不获。厥后晦翁注韩文，遂谓衡山穴无此碑矣[④]。再考六一《集古录》，赵明诚《金石录》，古刻胪列[⑤]，独不见所谓（四行）禹碑

---

① 嗟咨　《升庵集》（文渊阁《四库全书》本，下同）卷二十四作"咨嗟"。

② 形　《升庵集》卷二十四作"形模"。

③ 画　《升庵集》卷二十四作"点画"。

④ "后晦翁注韩文，遂谓衡山穴无此碑矣"　此段文字，《升庵集》卷二十四作"后晦翁著《韩文考异》，遂谓衡山实无此碑，反以韩诗为传闻之误云"。

⑤ 古刻胪列　《升庵集》卷二十四作"古刻胪列无遗"，且之前有"郑渔仲《金石略》之三家者"10字。

者，则自昔好古名流，得见是刻者[①]亦罕矣。余得此刻于碧泉张子季文，乃[②]抚卷而叹曰：嗟乎！韩公所谓事严迹（五行）閟者，信夫！不然，何三千余年而完整如此[③]？何昔之晦？何今之显？晦者何？或翳之。显者何？或启之。天寿斯文[④]，神饫吾嗜（六行），不必以生世太晚为恨也已。作禹碑歌以纪之（七行）。

神禹碑在岣嵝尖，祝融之峰凌朱炎。龙画傍分结构古，螺书扁刻弋锋铦[⑤]。万八千丈不可上，仙扃灵钥幽以潜。昌黎（八行）南迁曾一过，纷披芙蓉褰[⑥]水帘。天柱夜瞰星辰下，云堂朝见阳晖暹。追寻夏载赤石峻，封埋古刻苍苔粘。拳科倒薤（九行）形已近，鸾漂凤泊辞何纤！墨本流传世应罕，青字名状人空瞻。永叔明诚两好事[⑦]，集古金石穷该兼。胪列箴铭洎[⑧]款（十行）识，横陈鼾鼺和釜鬵。胡为至宝反弃置？捃摭磨蚁捐乌蟾。又闻朱张游岳麓，霁雪天风影佩襜。搜奇索秘迹欲遍，春（十一行）倡撞和诗无厌。七日崎岖信有觌，一字膏馥宁忘沾[⑨]。非关嵽嵲孕攀陟[⑩]，定是藤葛笼窥觇。好古余[⑪]生嗟太晚，拜嘉君（十二行）贶情深忺。老眼增明若发覆，尺喙禁断如施钳。黍十来字拏螭虎[⑫]，三千余岁丛蛇蚺。忆昔乾坤漏息壤，荡析蒸庶依（十三行）笭槮。帝嗟怀襄咨文命，卿佐洚洞分忧惔。洲并渚混没营窟，鸟迹兽远交门檐。朅来南云又北梦，直罄西被仍东渐（十四行）。黄熊三足变鲧服，白狐九尾歌庞衶。后乘包湖受玉箓，前列温洛呈畴䶂。永奔窜舞那辞胝？平成天地犹垂谦。华岳（十五行）泰衡祗镇定，郁塞昏徙逃喁噞。文章绚烂悬日月，风雷呵护环屏黔。君不见，周原石鼓半已泐，秦湫诅楚全皆歼。此（十六行）碑虽存岂易得？嶂[⑬]有岚霭峰嵁岩。跫音颸瑟柱藜藋[⑭]，吊影绵幂森樠枏[⑮]。湘娥遗襟冷斑竹[⑯]，山鬼结旗零翠菼。造物精（十七行）英忌[⑰]泄露，只恐羽化难留淹。欲摹拓本镌岩[⑱]壁，要使好事传缃缣。著书重订琳琅谱，庄贴新耀琼瑶签。麝煤轻翰蝉（十八行）拔搨[⑲]，烦君再寄西飞鹣（十九行）。

嘉靖丁酉四月七日。

成都杨慎书，大理秦世贤摹，永昌苻佩刻（二十行）。

〔据《大理丛书·金石篇》卷一《碑刻、摩崖、器物铭文一》第641页辑录。此碑原立于大理市弘圣寺，现存大理市博物馆。相传明代四川新都状元杨慎谪居大理时，将南岳衡山之《禹王碑》摹刻于弘

---

① 者 《升庵集》卷二十四缺。

② 余得此刻于碧泉张子季文，乃 《升庵集》卷二十四作“碧泉张子得墨本于楚，持以贶予予”。

③ 完整如此 《升庵集》卷二十四作“完整无泐如此”。

④ 天寿斯文 《升庵集》卷二十四作“天寿珍物”。

⑤ 螺书扁刻弋锋铦 《升庵集》卷二十四作“螺书匾刻戈锋铦”。

⑥ 褰 《升庵集》卷二十四作“搴”。

⑦ 永叔明诚两好事 《升庵集》卷二十四作“永叔明诚及夹漈”。

⑧ 洎 《升庵集》卷二十四作“暨”。

⑨ 沾 《升庵集》卷二十四作“拈”。

⑩ 非关嵽嵲孕攀陟 此句，《升庵集》卷二十四作“非关嵽嵲阻登陟”。

⑪ 余 《升庵集》卷二十四作“予”。

⑫ 黍十来字拏螭虎 《升庵集》卷二十四作“七十七字拏螭虎”。

⑬ 嶂 《升庵集》卷二十四作“障”，互通。

⑭ 跫音颸瑟柱藜藋 《升庵集》卷二十四作“跫音夐绝柱藜藋”。

⑮ 吊影绵幂森樠枏 《升庵集》卷二十四作“吊影飕瑟森樠枏”。樠、樠，同楸；枏，同楠。

⑯ 湘娥遗襟冷斑竹 《升庵集》卷二十四作“湘娥遗佩冷斑竹”。

⑰ 忌 《升庵集》卷二十四作“忘”。

⑱ 岩 《升庵集》卷二十四作“崖”。

⑲ 搨 《升庵集》卷二十四作“榻”。

圣寺，并作一古歌行，亲笔书写，他人摹刻为碑。大理石质。高140cm，宽68cm。直行楷书，文20行，行9－43字。前7行为序，后13行为诗歌及年代题名。明嘉靖十六年（1537年）立。另见《升庵集》卷二十四，二书相校，文字略有异。〕

蜻蛉谣

杨　慎

蜻蛉川，硪碌野。铁箐穷崖，飞鸟不下。魋结成群行，白日腥风洒。击战牦牛驱笮马，金鸡庙前无行者。使君坐紫城，桴彭卧不鸣。苍山平，洱水清，守犬无夜惊，行商达天明。白羽鬣，青笛生，南山踏歌北山耕。愿留使君住，只愁使君去。畏途前番君不闻，高东驷马亦使君，劫商车下殷车轮。

〔据民国《姚安县志》卷六十五《金石志之十附文征五·缘情托兴之文·七言古》第7页辑录。〕

苍洱歌

张　含

叶榆三百六十寺，寺寺半夜皆鸣钟。点苍山势极峨嵲，散花照耀金银宫。丹梯翠碧九万丈，植圭列戟何嵸巃？楼东望海不可量，沧洲玄圃通帆樯。海水尽黑海月白，山树长青山鸟黄。波涛澒洞撼城郭，日夜南流呼渺茫。十八泉声锦瑟奏，十八溪流春水香。山水交连吁阨塞，两关锁钥牢封疆。雄虹散彩下紫落，三桥玲珑千尺强。白龙夭矫不可当，奔腾直上无何乡。

〔据康熙《大理府志》卷二十九《艺文志中·诗·七言古》第17页辑录。〕

昆池篇

雷跃龙

汉家欲拟昆明池，油幢绣鹢晚风吹。于今池上波犹阔，枉度清宵鼓角时。五更鼓角三更歇，石鲸骧首窥明月。雕凫画鹢寂无声，十里芙蓉连夜发。芙蓉万朵柳千条，双堤一镜照花娇。三三五五菱歌女，暮暮朝朝燕子桥。燕子桥南烟馥馥，罨画楼台冰雾縠。明霞水际郁空苍，绿鬟青黛潇湘竹。潇湘昨夜雨茫茫，不忿昆湖杜若芳。日月悠悠间出没，溪山历历自笙簧。笙簧奏罢长天碧，晴雪喷崖螺髻白。太华峰顶揖桐君，玉案山头淹羽客。羽客淹留玉案愁，海风吹断五湖秋。腻香春粉栖黄蝶，白鹿青莎傍彩鸥。彩鸥初浴清波暖，荇带蘅裳流艳满。九十七泉琼乳长，五千万顷瑶华短。瑶华丹毂会轩朱，玉笋金莲槛凤雏。绕遍碧扉仍雾锁，醉余红树倩烟扶。烟扶红树岚扶鹤，露浥胭脂堆翠萼。四百八十寺云横，飞来片片归晴壑。晴壑霏微带远钟，曹溪钵底卧苍龙。朱宫绛阙疑蛟室，银涛雪浪拍虬松。雪浪银涛兰蕙沚，荻芦瑟瑟珊瑚紫。鞣鞨杯传白苧村，水晶帘挂桃花里。桃花千树武陵溪，否亦罗浮月底迷。鸳鸯锦水秋光冷，鹦鹉芳洲曙色低。芳洲锦水伤南浦，十二峰西空暮雨。解佩江皋忆楚妃，怀仙渡口思交甫。渡口怀仙去不还，吹箫人在野荚湾。我欲从之横别渚，微风落日水潺湲。君不见，辋川图，鉴湖曲，处士孤山梅萼绿。又不见，浔江悄，归帆杳，徒悲天际孤鸿绕。何似泛星槎，歌窈窕，银河清浅寒光皎。盈盈一水两心悬，年年照彻湖天晓。

〔据康熙《云南通志》卷二十九《艺文志九·诗·歌行》第62页辑录。此文，童振藻《滇池纪游》收录，文字有异，可参。〕

界鱼石

张一鹄

界鱼石，似鸿沟，楚汉划然息戈矛。青鲦白鲤各分投，奇峰插天至今留。我从云间历滇黔，山水奇观半九州。何为有此石？突兀屹中流。海门桥外烟波满，暂憩石前解敝裘。山为樽，沼为酒，蛟龙夜舞海浪翻，鱼虾贴然寻故道。碌云循吏天下才，持杯进酒相慰劳。中间一亭属余题，绝似郎官湖脱藁。酣歌掷笔思李白，星云抚仙风浩浩。

〔据康熙《云南通志》卷二十九《艺文志九·诗·歌行》第64页辑录。此诗题名，道光《云南通志稿》卷十八《地理志三之八·山川八·澂江府》作“歌界鱼石”。〕

清

通湖白鹭行

阚应祥

不见白鹭几经霜，白鹭今积双湖阳。羡尔有群皆自洁，飞上青天只一行。十载烽烟归何地，疏毛濯濯尚生光。波涛不入城不近，新垂岸柳独回翔。太液池头水气春，文鹓彩凤旧接邻。胡为万里老寒滨，呼食日向半开蘋。田间遗穗官租尽，渔人密网无细鳞。我知白鹭心，清如其色纤。尘无杂，修羽翼，泛泛沙鸥莫等闲，高云一片聊与息。

〔据康熙《通海县志》卷八《艺文志·诗集·七言古》第5页辑录。阚应祥，字尔履，明崇祯己卯（1639年）举人，任知州。以孝廉刺粤西，操行纯洁，礼经乡荐，为通庠开先。其弟应乾，接踵礼魁，邑惟二难云。〕

秀山桃花溪行

阚应乾

清溪南山麓，溪迳盘春谷。桃花三十树，二月一茅屋。老树花淡红，初蕊赤如瞳。

颜色间相照，碧柳摇溪东。我来看花怕花落，昨夜大风吼云壑。寻到溪边问流水，花片不曾遭风掠。万物枯荣各有天，白沙精湛小龙泉。穿花树底坐泉石，眼空世俗便神仙。桃叶渡口落星冈，千花万水飞春觞。双湖我已具舟航，望望江南思苍茫。

〔据康熙《通海县志》卷八《艺文志·诗集·七言古》第5页辑录。阚应乾，字尔健，明乙酉科（清顺治二年，1645）举人，任知州，博学强记，素有才名，以孝廉刺楚，载石而归。家居教子弟，泊如也，当事荐之，起官日饮，醇醪以自放。另见雍正《云南通志》卷二十九《艺文志九·诗·七言古》。〕

秀山通湖行

阚祯兆

秀山之水通湖清，湖迎山气尽空明。有时湖上风云生，山光顷刻易阴晴。兰州只随松翠湿，屐齿如在镜中行。二月关南一道士，高山流水写幽情。鱼潜龙蛰都惊起，新鸟繁花两纵横。棠梨树里布谷声，农夫愁绝又东耕。去岁官租卖儿女，今年乳下已无婴。半里城烟何萧索？四十年间未休兵。我来看山春湖碧，听罢孤桐百忧并。

〔据康熙《通海县志》卷八《艺文志·诗·七言古》第7页辑录。〕

连然温泉行

阚祯兆

奉怀许观察公兼呈石大中丞王式庐太守，江左朱彦则、罗秉昭名士。

螳螂之水喷温泉，雨色龙情自一川。真气排空郁冥漠，氤氲四序皆春天。就中老石碧如玉，磨光错景朝昏浴。我曾踞顶俯其身，解衣弄足何拘束。昔人名为第一汤，骊山山下都荒唐。三月传呼使节到，岩壑花鸟细生光。联翩宝络青骢马，踏开烟雾百灵下。此夕匹练动孤林，虾蟆出见金波泻。观察太守甚从容，披襟危坐中丞公。文采珊瑚阴火伏，莲幕才子数浙东。远入石淙声朗朗，胸间磊块俱涤荡。午夜谁分韵脚精，直酌天浆音律上。兰亭玄度妙题诗，势攫虎豹腾蛟螭。圣水潮来潮已乱，空山神鬼昼鸣悲。接读新诗狂且喜，胜似洗心兼洗耳。安得倒注瑶池波？无炎无凉清澈底。但恐赤龙尽吐珠，烛霄惊走三足乌。补天沐日群公手，请调阳和慰野夫。

〔据康熙《通海县志》卷八《艺文志·诗·七言古》第8页辑录。〕

龙潭曲二首

彭而述

昆明城东北十五里，小山数四，古刹历落，老树苍藤，亏蔽云日，潭出其麓，深绿无底，岸有杨柳，孤祠颓然，有龙其下。偶同藩伯李嵩岑，臬司崔修庵、孔守聂，令诸子载酒来游，读壁书感之，为作此曲。

其 一

盘涡沉绿深无底，中有龙孙与龙子。涌腥跳沫八千仞，阴风窸窣万山屺。蜗蜒败壁血光红，灵旗白马塞虚空。峨冠长剑气如虹，左右环佩响玲珑，匐叶珠衩被青骢。绿粉扫天日光薄，鬼火如漆照哀壑。池馆杨柳人森寒，黄昏翠幕入残郭。

其 二

三韩铁马蛇鳞甲，关岭南来雷电霅。昆明海水泼天黑，大家奔出缅甸国。王侯落魄失枝梧，或降或走只须臾。誓死倔强惟老儒，携妻抱子向天呼。碧潭泬洄深难测，琉璃堆成蛟龙室，垂杨倒影走游鱼。一门大小入者七，白日尸浮水不流，骨肉指爪相绸缪。日月惨黩天地暗，野棠青火衰草畔。蛛网游丝缠旧壁，破檐卑湿虫淅沥。霜华缺月下钟声，时见阴魂结队行。

〔据康熙《云南通志》卷二十九《艺文志九·诗·歌行》第64页辑录。〕

甘霖歌

赵士麟

炎帝南巡架飚车，赤土灰山沸海涯。不沾不濡民望赊，势若倒悬容咨嗟。失期东作可奈何，幸得滂沱足万家。金镜弗耀千丈蛇，火珠倒衔三足鸦。倏来雷雾炁母遮，倏来飞豇煽魈哗。使君忧劳舒赪尾，使君引咎辑红霞。步向东浦及西磐，清泠之渊溅齿牙。三沐三薰敬有奢，龙伯驱魃引灵车。须臾寸合不焚猳，商羊屡舞动鼓蛙。雷輥电掣惊沙走，农夫荷锸颂无呀。绿玉平铺清涨满，银瓶横注花鬃邪。既感苍昊鉴明德，又祝彤庭降白麻。槁者已苏焦者沃，使君之赐定无差。陇南馈馌有浊酒，余酣拍手唱歈巴。二赋无忧且有获，千箱万箱总非夸。甘霖歌，使君能为吾民回飙车，能使江神拥雷车。

〔据道光《澂江府志》卷十五下《艺文志·歌行》第11页辑录。赵士麟（1629—1699），字麟伯，号玉峰，幼从师醒觉和尚，天资聪明，读书过目不忘。清顺治庚子（1660年）举人，清康熙甲辰（1664年）进士，历任浙江巡抚、江苏巡抚、吏部左侍郎等职，卒祀浙江名宦。〕

万寿桥歌

李汝相

朝辞昆州城，驰入堡子坞。父老策杖迎，具言桥利溥。川为巴盘源，水沸多震怒。车马不得过，行者涉之苦。凿石空半山，匠氏不能估。营造费不资，土人日劳[①]午。陈情金郡侯，倡捐振河鼓。叠石作津梁，天工人力补。适当万寿春，功成一方祜。四达号通衢，人人歌乐土。惊涛不复忧，荡平石作舻。歌舞庆尧天，往来通商贾。举酒以言欢，

① 劳 原本注“疑是旁之误”。

剧谈罄瓶酤。镌铭千万年，俚句倾怀吐。乐只君子哉，勒功江之浒。

〔据康熙《路南州志》卷四《艺文志・诗・歌》第27页辑录。李汝相，大理鹤庆人，清康熙癸酉（1693年）举人，四十二年（1703年）任路南学正，学术渊茂，操履清纯，明伦训课，士子多所赖之。万寿桥，在州东北通衢，清康熙四十九年（1710年）知州金廷献捐修。〕

昆明池歌

段 缙

环滇之水数昆池，渔家常傍此池居。源合龙江九十九，渟泓澎湃甲昆弥。天为王公设此险，云靡靡兮风飔飔。阳乌欲落气色和，一望平湖光潋滟。独惜当年汉武功，渭水滇池地不同。旌旗那得明两岸？石鲸空自动秋风。仁果贡道为楚阨，司马开边宣汉策。天宝士卒多战亡，宋祖鉴唐用斧划。一治一乱犹未平，何如此池自澄清？老龙潜畜深渊底，朝霞散去暮烟轻。我亦识得此中趣，驾叶扁舟为游戏。醉来豪迈发狂歌，蒙段兴衰成往事。太华滴翠坠芳洲，估客会此泛舟游。此去溯洄三十里，光长古洞喷清流。风帆叶叶飞千片，渔火桡声非水战。中有黑白二龙驹，说是州人董聰见。我尝信步过海溪，石上龙驹迹不迷。阿育得之名金马，犹如白凤号碧鸡。南岩刻有将军石，北望陋山高千尺。天城巨桥各东西，属在昆明无沿革。源广末狭故名滇，予谓取意正不然。不随澜潞归交缅，独朝东海下螳川。屈指全滇有千潭，惟此周遭里三百。滨池之田万顷余，居民垦之足衣食。建置省会适相宜，君门万里报有期。礼乐衣冠名胜地，不比濮蛮割据时。赋心四卷称盛览，一目十行有张叔。草泽之中多英贤，杨岩孙傅皆人物。一碧万顷不扬波，总因钟毓灵秀多。越裳曾识圣人出，祥占瑞应似绳河。物产并志鱼虾味，征入官庖食单贵。渔家输课日茫茫，欲尽取之无遗类。吁嗟白蘋红蓼满江开，傍水凫鸥日日来。解组幸容高枕卧，圣朝岂乏济川才？君不见，百王治化流今昔，六诏烽烟皆永息。我愿此水澄碧几千秋，洗净西南天半壁。

〔据乾隆《晋宁州志》卷二十八《艺文志下・诗・七言古》第16页辑录。段缙，字大绅，号佩庵，晋宁人。清康熙甲子（1684年）科乡荐，初任河西教谕，捐修学宫，振兴士气，登科第者愈盛，迁开化教授，教泽如前。以卓异升河南叶县，莅任三年，以外艰去任，邑人立碑颂之。再补江南虹县，旋即解组归。手不释书，淡泊宁静，年七十六而终，郡人尊为楷模。事迹见乾隆《晋宁州志》卷十八《人物・宦绩》。此诗题名，道光《晋宁州志》卷十二《艺文志五・诗・七言古》作"滇池歌"。〕

禹碑歌

段 昕

禹碑，即韩昌黎诗所称"字青石赤，鸾飘凤泊"者。当时亦传闻于道士之口，故有千搜万索之句，未尝亲见其碑也，然同时刘梦得诗亦有。尝闻祝融峰上有《神禹铭》"古石琅玕姿，秘文螭虎形"之语。则此碑实有之，独惜好古者搜索不得，致疑以传疑。东坡云"岣嵝何须到，韩公浪自悲"及朱紫阳游衡岳，不见此碑，著《韩文考异》，遂谓韩诗为传闻之误。呜呼！禹，圣人也；禹碑，神物也。有见之者，有传之者，有搜索不遇而疑之者，其显晦当亦有时耶！明嘉靖间，吾乡碧泉张先生抚蜀归，出拓本以示升庵先生，云得之衡山者，共七十七字，篆皆龟龙文，人多不能晓。升庵乃象形会意，句为之译，惟四字未解，夜梦黄衣鱼首人，曰此"南渎衍亨"也，禹碑自是有全文矣。遂摹于州之法华寺后石壁，照原本镌之。自明至今，又将二百余年，字俱完好，好古者每摩挲不能去。余生韩公后将千年矣，唐宋诸先生所不得见者，余乃得于咫尺之地，可不谓幸欤！韩苏石鼓诗，光焰万丈，照耀千古。余才薄劣，万万不逮古人。然见神物而喜传之，不自知其手笔之凡，近也因作歌，以继升庵先生之后云。

岣嵝山尖神禹碑，字青石赤形模奇韩句。谁何道士偶一见，昌黎徒作猿猱悲。令人搜索不可得，紫阳考异空传疑。芙蓉紫盖开扃钥，祕文灵宝无人窥。云封榛塞几千载，龙威丈人知复谁？那知神物有时出，鸾飘凤泊天南陲。碧泉老人探笥箧，元圭文命光陆离。新都戍客识奇字，象形会意搜根枝。神人指授尽了了，补天巨手非人为。七十七字镂金薤，雷霆腾耀星斗垂。寒山石擘巨灵掌，鬼工天巧司斤锤。太乙下视舌上挢，高撑天柱支坤维。鳞者鬣者毛介者，龟龙虫鸟鱼虹螭。祖祢轩颉孙史籀，三古以后无其辞。忆昔昏垫警神圣，司空干蛊承帝咨。苍水使者授金简，驱神役怪挛支祈。劳形忘家窜鸟兽，郁塞昏徙万国治。岳渎平定衣食备，至今水土歌雍熙。此石此字天地宝，祝融呵护天留遗。鸿都人喧石经蔡，峄山火燎丞相斯。六书八体妙雕绘，奇古独数石鼓诗。对此纷纷悉倾倒，五都市物见鼎彝。西南僻远少文献，文章大块无如兹。晶光闪烁留晚照，晚照，安宁八景之一，勒石碑处。金碧鬼神常肩随。生世太晚不足恨，古人不见我见之。坐卧摩挲手刻划，无异身在铸鼎时。剜苔剔藓补鬣缺，体势飞动神淋漓。字青石赤形模奇，岣嵝山尖神禹碑。

〔据雍正《云南通志》卷二十九《艺文志九·诗·七言古》第45页辑录。明杨慎谪居大理时，曾将南岳衡山《禹王碑》摹刻于大理弘圣寺，并作一古歌行，亲笔书写，他人摹刻为碑。安宁段昕有感于大禹圣人，禹碑神物，有见之者，有传之者，有搜索不遇而疑之者，前人未见之《禹王碑》，自己却有幸近睹，因亦作歌，以继升庵先生之后。此诗题名，雍正《安宁州志》卷十九《艺文志下·诗·七言古》第30页作"禹碑诗序"。〕

泛杞麓湖

宋昌琤

春晓烟笼湖水绿，渔父村前渔艇簇。下马登舟作胜游，空濛万顷开朝旭。选点优人携伎来，八音齐集两边排。行府不用旅肴核，湖鱼便足倾金垒。呼取渔人沉大网，中流缓缓打双桨。歌声摇曳酒行迟，云影天光互骀宕。长虾鲜鲫续绩投，前者水烹后水养。忽惊赤鲤堕网起，丝管乍停齐拍掌。酣觞继奏船再进，白鸥翠羽相飞趁。百壶欲尽日欲斜，秀山瞥见堆烟鬟。秀山主人是周郎，添趣迎欢携酒浆。

〔据乾隆《河西县志》卷四《艺文志·诗·七言律》第53页辑录。杞麓湖，在云南通海县东北，源出河西县西北三十里曲陀关。"杞麓"为蒙古语，意即似湖里长出的石头，元代以来称杞麓湖。康熙《河西县志》：杞麓山"在治东五里，一名渔山，一名碌溪山，自谭家营而下，碌溪湖在其西，溶湖界其腹南，入杞麓湖中。"当时湖面较宽，湖水环杞麓山（今凤凰山），因以山为名。《清史稿·地理志》："杞麓湖，一名通海，周百五十里，白马沟、秀山沟、黄龙山诸水皆入焉，与河西湖中分界，与宁州湖边分界。”后来湖面逐渐向坝子东北部退缩，湖水渐浅，河西镇今已不临湖。〕

异龙湖行

张毓瑞

我闻海上三神山，摩天荡日难跻攀。末東城边三岛峙，芙蓉玉削匝烟鬟。太湖三万六千顷，珊瑚舞彻琉璃影。逶迤九曲浪花中，片帆容与随烟艇。倒浸莱玉浮云根，乾阳中有桃花源。兰桡摇曳中流望，诸峰共列皆儿孙。巉岸疑是巨灵擘，撑拄西南天半壁。金液涓涓静涌金，石湖淼淼浸浮石。浩荡春潮跃锦鳞，箫鼓翩翩坐玉人。蹴燕流莺垂柳岸，经邱循壑踏花津。一山云气一山雨，萧然水国莲花府。月明时见弄珠游，逍遥池阁无烦暑。惊飙倏应商秋节，远水长天明一色。白露蒹葭蒡溯洄，丹枫霜染千林叶。冻合漫漫隐钓船，萧条暮雪满江天。维舟冷踏梅花坞，蹇驴诗兴断桥边。天风吹海海水立，冯彝起舞山魈泣。蓬窗四倾何茫茫，摇轴撼空神悚慄。日出烟销云物多，好山当面拥青螺。洞箫吹度海天操，击节扬舲起浩歌。四时宜雨复宜晴，须眉澄澈镜中明。数声欸乃闻渔唱，响答樵苏伐木声。马坂荒芜遮冷雾，画栏水榭今何处？百堵惊鸿向泽安，三珠飞鹤凌空度。乘风直欲蹑崑崙，呼吸玉液漱灵根。足踞虬龙凌碧峤，声谐鸾凤啸苏门。更欲梯云取明月，湛湛冰壶浮玉阙。是月是冰涵虚明，宴坐大千入毫发。一时宾从拥簪裾，飘飘赤壁忆髯苏。路转三三狎白浪，湾藏六六钓青鱼。吾家十亩楚宫南，滔滔江汉水云涵。暮宿潇湘冲夜雨，朝游沙市坐晴岚。南来万里神犹往，剖符忝作湖山长。课耕最喜稻花香，摘蔬不羡鱼羹飨。江湖散人神骨清，烟波想望钓徒邻。会当鼓枻芦洲岸，过访湖中高隐人。

〔据乾隆《石屏州志》卷七《艺文志三·诗·七言古》第13页辑录。张毓瑞，湖北江陵人，岁贡，清康熙三十四年（1695年）任石屏知州，政绩显著，卒于任。〕

游异龙湖军卫屯所在万年欢

陈　封

画舫西风，喜湖光如练。最宜残雪蓬岛，樽前共对，芙蕖时节。六诏消磨尺铁，剩此处峰峦横绝，休抛撇废馆荒台，一代凄凉人物。

鬓毛颁白，料难放天昏地老，歌声莫阕。两岸青山，多少英雄埋骨？尽取金印铜符，休换却吟诗呕血。甘心署漫浪头，消受一溪明月。

〔据雍正《建水州志》卷十二《艺文志·诗·诗余》第9页辑录。〕

异龙湖上歌

何其伟

湖上秋风生，湖中山水碧。棹歌合良辰，逍遥意俱适。却忆当年数行来，扁舟偕友兴悠哉！六月看花双岛下，三春载酒九曲回。日暮停舟共极浦，烟雨楼台那计数？欢来不知人事殊，无复当时式歌舞。此日重来独悄然，楼台冷落生寒烟。相将欲上西山月，一醉扁舟散发眠。

〔据乾隆《石屏州志》卷七《艺文志三·诗·七言古》第 17 页辑录。〕

游禄丰城星宿桥歌

罗　谦

西南岩邑丰城古，昔为甸白通威楚。东接连壤属益州，甸开碌硨由元祖。象石东蹲踞石门，凿开遗迹传忠武。洪武中年入版图，防分卫所遗屯伍。县名仍旧设流官，乌蛮爨僰编氓谱。流移寄籍半中州，侏儒渐化为邹鲁。大师底定两临滇，溥博皇仁蠲积逋。廉能接踵噢咻深，自此南徼成乐土。西郭凭临三岔河，一名星宿涨洪波。源由武郡及罗邑，众壑争趋列涧多。又号禄邑江渺渺，时有蛟龙作害过。冬春之际庆安澜，夏秋横潦积滂沱。推山倒树泥沙淤，泛涨平畦四五尺。惊涛澎湃拍天来，柱折磉颓桥屡易。须臾倾圮覆前功，狂澜欲障难为力。衢道俄然作巨浸，舟楫难施波浪急。琛贡何由达上京？迤逦九府断人行。络绎官商皆裹足，往来邮驲亦云停。我侯简命临兹邑，凋瘵何堪民赤贫？巨木自胜隆栋任，利器何妨盘错更？沥诚委曲为详请，上宪施仁发帑金。功弘恐绵难拄，提军镇府欣捐助。鸠工庀石趁冬晴，就涸泉源堪下足。辇石堆灰及布桩，子来趋事多黎庶。侯勤劳来民忘劳，次第周磐基础固。分水马头崒嵂高，成梁硐石坚严具。冶铁为牛厌孽龙，立庙安神为砥柱。行歌利涉居无忧，长桥永奠驾长流。水安润下朝宗去，凭眺仍前可夜游。我侯美政难更仆，城学皆崇义宅修。六坝既成民食利，蒿莱垦辟乐丰秋。钜工首载兹桥上，侯不居功民尽讴。我昔曾闻父老语，此桥倾圻时闻已。惟是侯来民力疲，侯心拮据知愈苦。奉公洁己役无繁，催科不扰人安堵。冰操清白励官箴，苞苴不受毫无取。政简刑清庭日闲，谆谆训戒同慈母。惰窳民俗罔知非，不娴纺织女红隳。招人免役勤为劝，比户殷然理杼机。人知趋利相咨警，穷檐不复叹无衣。滇俗相沿重佛老，圣贤心学人知少。我侯崇正以辟邪，神奇幽渺皆芟扫。人心一正俗风醇，比屋可封膺上考。时勤课士为衡文，理本程朱异说屏。学田分给资膏火，礼貌优加鼓舞殷。作育人才周闾左，丕弘誉髦及乡屯。从此寒酸相砥砺，共期腾踏步青云。侯才明断仍多惠，炯然冰鉴奸豪畏。霜肃庭墀止片言，草生囹圄无波累。垂怜鳏旷遂宜家，轸念癃残弘覆载。惟期民俗臻熙隆，条约多方勤化诲。衣食无忧礼让兴，疲困咸甦人尽戴。我游桥上念桥功，因闻父老语喁喁。侯功不泯同桥永，侯职乔迁与日隆。我皇仁念重遐方，频颁蠲贷视如伤。持选临民举卓异，我侯不愧古循良。指日恩纶来北阙，高登台阁紫泥香。

客游稔听我侯贤，实心实政及闾阎。召杜古闻歌父母，我侯教养有加焉。敬述民谣歌进酒，祝侯眉寿子孙千。

〔据康熙《禄丰县志》卷四《艺文志下·词》第99页辑录。〕

苦雨行

王　淓

从来淫雨人共苦，我苦淫雨心煎煎。错落盐井赋不供，青青禾苗根未坚。奈何浃旬无昼夜，毒云瘴雾迷山巅。淡水盈池费挽汲，辘轳激聒手足胼。强令分运事熬煮，薪湿何以使之燃？十倍柴薪不成雪，中夜灶底相周旋。忽闻绝壑下怒水，积薪冲荡不可搴。吁嗟乎！积薪尽属官家钱，随波飘没空呼天。泥深路滑步难前，牛马驮载四蹄穿。江流漾漾天水连，低田汩汩几平川。旱禾晚禾幸未淹，蒿目四望心鼻酸。噫嘻悲哉！安得万丈长帚扫浮云，扫尽浮云庇我民。

〔据雍正《云龙州志》卷十二《艺文志·诗·七言古》第59页辑录。〕

漾江春色行

佟　镇

漾工江上春云轻，绿柳红桃压波平。父老游春载酒行，细草桥边听歌笙。君不见，平芜原广鹤阳城，树以桑麻教力耕。不闻岁岁有征丁，天子御极忧边氓，百僚奉职贤且贞。天地旷哉景物明，故向春江听鸟鸣。

〔据道光《云南通志稿》卷二十二《地理志三之十二·山川十二·丽江府》第37页辑录。佟镇，长白人，清康熙间任鹤庆知府，修府志。漾江，一名鹤川，一名漾工（弓），源出丽江县北三十里雪山西麓，入金沙江。昔有“漾江烟柳”名胜。〕

龙潭歌有序

管　棆

维摩州城西南，旧有龙潭，建寺名龙泉，一名盘龙。潭广四五丈，深数百丈。水东流，山顶时有云雾，潭上沙平数十亩。

维摩山色摩苍霄，蜿蜒起伏穷岩凹。雾藏空洞疑鸟雀，壁峭万仞愁猿猱。清潭一勺在壑底，深净积水无波涛。及其流势下激石，浩呼汹若闻惊飙。潭空上映天宇碧，云影日脚相盘敖。藤萝垂青映水底，飞鸟眩顾疑飘摇。时有云气出水面，滃渤气更穷昏朝。水禽戏浴落翠羽，小鱼跃水跳银刀。骊龙潭底方昼睡，明珠颔下谁当撩？两三佛阁嵌岩际，天风震荡益坚牢。有时钟声殷地起，惊骇百兽俱纷逃。安得高僧闲说法，老龙窃听当寒宵。何须华阳割左耳，在渊九四占乾爻。

〔据乾隆《广西府志》卷二十六《艺文志三·诗·七言律》第26页辑录。龙潭，发源广西直隶厅维摩州城西南，入八达江。另见道光《云南通志稿》卷二十七《地理志·山川十七·广西直隶州》、民国《邱北县志》第九册《艺文部·诗文》。〕

喜客泉吊古

赛 玛

云根错落城西路，千鳞万爪龙盘固。山川钟灵石窍开，中藏烟霞纷无数。无数烟霞游人来，凭栏倚槛醉石台。白首欲近空碌碌，人生不饮何为哉！我亦挈伴泉旁酌，坐看跳珠日喷薄。寂寂不闻梵音响，滚滚惟见浪花落。花落花吐如含情，莫道有声胜无声。静观吾身皆泡影，勘破人世等浮生。回首往事一弹指，治耶乱耶总幻耳。登眺四顾感慨生，悲歌全归夕阳里。君不见，绿荷翠盖满池头，西风冷落不胜秋。又不见，百年衣冠空杯酒，文武第宅今在否？惟有高风追昔贤，六公口碑万人传。我来怅望只空还，明月正照喜客泉。

〔据乾隆《石屏州志》卷七《艺文志三·诗·七言古》第23页辑录。喜客泉，在石屏城西三里，亦曰滚泉。另见道光《云南通志稿》卷十六《地理志三之六·山川六·临安府下》。〕

牛街白水江歌

佚 名

江水西流牛街，今益羊街，龚铁箫参军议及建桥。

白日祗右转，万派偏东趋。安得皆维扬，鹾盐为赢余。君不见，日中为市羊益牛，造雷输雪金天秋。不知何年结茆始？丛祠夏屋夹溯来如流。紫翠互，烟林错，惟有桃花识去路。

梯田虽不多，固自饶灌注。钓鲜虽不多，时亦供七箸。异鱼闻四脚，毋乃蛟龙部。石赢卧一涯，无复鸣啸迕。河润自百里，泽山出云雾。以此跷确登，曾未艰雨露。玉露零，凉风轻；百川灌，望洋惊；招舟子，踟蹰生；工数钱，不可行。琉璃划破长虹起，那劳日车翻力士？

〔据乾隆《镇雄州志》卷六《艺文志·诗补》第22页辑录。白水江，在镇雄城北二百三十里，受八匡河、卻佐溪、黄水河、匀食料溪诸水，流入四川叙州府。〕

辞白石江

程　封

白石江，战场路。颍川侯，此路去。副将军，名蓝玉[①]。达里麻，败何处？断沙遗镞何其多，伏兵游骑愁相遇。回头莫恋潇湘江，惊湍拍岸迷烟树。行人贯说此江恶，白昼能令风雨作。诸葛营边战鼓鸣，梁王冢下妖星落。君不见，张骞持节西使胡，拜爵无过中大夫。又不见，马援领军征交趾，徵侧徵贰两女子。丈夫立功异域有命更有时，时乎不利空尔为。山魈水怪莫相嗤，眼中之人半霜髭。

〔据咸丰《南宁县志》卷十《艺文第八下·七言古诗》第8页辑录。此诗题名，道光《云南通志稿》卷二十一《地理志三之十一·山川十一·曲靖府下》作“白石江”。〕

龙泉池歌

杨廷栋

苍苍无云睡龙蛰，惊抱明珠自吞吸。散作晴空百丈丝，涌地圆匀碎黍粒。鲛人泪落星斗翻，万里湖光天一碧。孤亭直立青冥冥，高枕云根漱灵液。我闻龙物本神异，嘘吸风云等游戏。何不直上九天飞，却向蛮荒遗丑类？人言其母天帝孙，鸣珰冉冉来空际。混沌一凿九域分，界破乾坤自天意。星源不断千年流，口啜余涎识龙气。

〔据光绪《永昌府志》卷六十六《艺文志·诗·七言古》第6页辑录。杨廷栋，江南人，官提学使，安宁摩崖有其题咏，颜曰“不因人热”四字，可称佳绝。九隆池，又作九龙池，源出保山县太保山西南易罗池。另见道光《云南通志稿》卷二十四《地理志三之十四·山川十四·永昌府下》。〕

和龙泉池歌元韵

徐本仙

孕天者谁混沌蛰，十二万年一掬吸。谁识乾元本龙种，六九团成天一粒。六九之余行一六，高低一色摇光碧。何当一种落滇南，岂为边耻普灵液？田之渊之隐跃之，无欲畴能狎以戏。匀龙御龙尽龙纪，籍曰犹龙岂其类？尔龙尔龙可怀乡，洞庭烟水渺无际。仰天咳唾雨花翻，千颗万颗珠如意。如是盈科终放海，漫言画地使嘘气。

〔据光绪《永昌府志》卷六十六《艺文志·诗·七言古》第7页辑录。〕

① 副将军，名蓝玉　此句原本缺，据道光《云南通志稿》卷二十一《地理志三之十一·山川十一·曲靖府下》第23页补。

和龙泉池歌原韵

徐立崧

气圣葭飞若惊蛰，烂涌银江嘘不吸。初生不住到面平，渍米为炊翻食粒。昨夜清空见流星，飞作明珠耀天碧。珠珠一贯如有根，俨印荷珠自太液。道是项下不可探，荷叶东西同鱼戏。白鹭高飞雨上天，群龙涣汗通一类。由来一一生万万，一丸丸转腾空际。沸鼎弗收疑地火，马图圆点拟天意。须臾累黍演无垠，累累妙合原一气。

〔据光绪《永昌府志》卷六十六《艺文志·诗·七言古》第10页辑录。〕

金沙江水翻白浪歌并引

杨 峡

乾隆辛未，金江水翻白浪，其泥如粉，是年大熟。明年，登贤书者二。乙酉夏四月，江水翻白三日，与前无异，因歌以志之。

金沙江水清且长，源出犁牛势最狂。经过吐番（蕃）莫能量，转入中土更汪洋。触石轰雷若奔忙，惊涛喷沫蛟龙藏。环绕北赕固遐方，金沙渡口其流光。有时澎湃起沧茫，清兮浊兮亦其常。于今又见翻白浪，一望银河落大荒。好似玉龙吐琼浆，轻飘白练水泉香。冰花片片随激昂，沿波鹜集与鸥翔。预庆千仓并万箱，还卜科名步玉堂。乐熙皞兮诵陶唐，歌乐只兮咏甘棠。君不见，辛未之年已表彰。又不见，丙戌之岁兆正祥。

〔据乾隆《永北府志》卷二十八《艺文志·诗·七言古体》第23页辑录。〕

坝上行

汪 显

君不见，硊硊坝石突群羊，觗排奔逸混微茫。又不见，水势溃下如簸扬，缦缯千尺垂银潢。冰崖倾灏玉作楼，滉瀁滂湃蛟人愁，砰訇陵谷怒涛道，响落林皋万树秋。轰然霹雳禹门来，瞿塘峡联滟滪堆，掀风沐日激潆洄，九道争流自天开。波心碧透澈生辉，潭底溅起白云飞，大穴喷瀑四十围，小孔联络泻珠玑。撑棚突出崖岩空，空处阴深积湿浓，层澜叠嶂一天风，风捲浪旋雨濛濛。洞里仙人杳难寻，渚中犀牛何幽沉，相间遮莫是龙吟，不晓神灵咫尺心。鸬鹚畏捕向深波，渔叟扁舟未敢过。潜鳞有鲤肥且多，网罟其奈溯澋何？构梁叠板暂作桥，宾从鼀鼊步招摇，青壁镌字耸嶣峣，苔深草茸垂藤条。攀跻磨看语弗昭，非诗非文滥题标，木槽引水浮山腰，润下灌溉功迢遥。独嗟此坝久湮沦，山水无名春复春，岂云胜迹生不辰？登时特未遇其人。苟非旷观达者伦，安知栉沐趣味真？闲樽坐饮竹帐前，吾与诸君岂偶然？沟浍疏通利在田，醽醁醉足境是仙，不对邱壑兴不宣，邱壑非人亦奚传？但解随时适性情，即可神游于蓬瀛，岳匪岩兮江匪泓，气爽心涵薄太青。忧愁念殷鄙吝生，章句老儒裹衣行，拘挛社里迂非夫，清谈之辈寡实图。毫厘间关得失枢，方寸迥以千里途，海翁忘机鸥可呼，操缦移情一岛隅。勖哉各有努力意，龟巫安能测其事？味道模棱常侍食，希之充隐待聘至，林泉亦自有乐地，何必廊庙始快志？

〔据乾隆《霑益州志》卷四《艺文志下·各体诗·歌行》第42页辑录。〕

蟠龙洞歌

黄士瀛

西山之西势敻绝，石壁千寻立屹巘。神龙张口齿牙露，万斛珠泉腹中泄。群山水势逶迤来，倾流倒泻不复回。石堤横亘如腰束，两岸对峙闸中开。仰看精舍结天半，瑶草琪花环蓬莱。我来捧酒荐神毕，毛骨萧竦气寒溧。坐听激流笑薄声，疑是龙吟水底波涛溢，又疑群空撞钟伐鼓朝太清，砰訇镗鞳韵不一。石乳嵌空滴悬崖，穿凿不烦五丁力。此去傍通扳枝花。山前村名。仙源何处访仙家？旧传扳枝花村后洞壁内有太乙山人仙迹，今迷失不知所在。伏流七日水西见，洞口足鱼洞尾虾。水见处名为虾洞，鱼虾分产两处，不相攙越。年年三月闸全启，大水一泻二十里，灌入南亩农夫喜。雨水不来山水来，涓涓灵源无穷已。

〔据道光《普洱府志》卷十九下《艺文志·歌词》第63页辑录。蟠龙洞堤，在普洱宁洱县城西十五里，清道光十九年（1839年）迤南道黄士瀛捐修，高二丈，宽七丈，厚一丈，广培水源，灌溉西南信成里田五百余亩。〕

富州伐石筑城龙见水次用坡公起伏龙行韵二首

佚　名

拓地筹边劲枪弩，廓清游氛驱狼虎。使君莅治筑城墉，玉泉山脉崑崙祖。伐石层峦用攻□，石开洞见龙行土。赤脊白腹首类牛，蟠屈十丈谁敢侮？应是伏龙轰醒起，苍髯铁甲翻水府。鸢獐蜃云昏霎时，松风谡谡烟缕缕。徐舒鳞爪走蜿蜒，群工骇异迹大禹。蟒遁蛟潜河涌溢，神物变化骊珠吐。须臾夭矫竟无形，夜半忽闻喧雷雨。龙其飞腾归沧海，鲤避无干贤守怒。

鲁卿冯庆云步韵

汉代卧龙造连弩，魏师畏蜀如畏虎。先生出处仿南阳，何论文举与德祖。富州筑城需石用，命工凿琢深入土。忽见飞龙出其中，尊严焉有虾蟹侮。毋乃久则思□起，头角崭然见水府。鲜明鳞甲露层层，历□须髯垂缕缕。龙之为物亦灵怪，昔年负丹为夏禹。先生探得骊龙珠，胸中奇气一时吐。如此嘉祥不恒见，也如百谷仰膏雨。龙兮长荫此邦人，春来雷霆息震怒。

〔据民国《富州县志》第二十三《诗文征》第118页辑录。〕

民 国

绥江水灾叹

钟 灵

甲子七月十八日，江水滔滔忽涌溢。满城男妇声汹汹，各搬什物争逃逸。水初才及大门前，继则决漭冒屋脊。陟彼高冈试一望，房屋倏然不见迹。天上雨急如倒盆，浪卷波翻山欲倾。茫茫一片无涯涘，嗟哉大陆竟沉沦。满地灾民无所住，纷纷迁徙至高处。无僧庙陈人墓下，□□藉草上遮树，牛衣杂卧不计数。市廛已变作泽国，更从何处营商务？任尔多金钱，盐米无购处。富人还可延岁月，贫民生活何能度？凄凉孤儿与寡妇，朝朝哭到日色暮。我家亦被阳侯虐，絜眷暂移玉皇阁。佛前愁对一龛灯，窗外怕闻秋夜柝。最惨月光夜半来，南飞乌鹊鸣声哀。平时见月多欢乐，此时见月颜难开。七月二十水始退，退时景象随处异。散步城周仔细看，颓垣败瓦不堪记。新街与横街，尽被泥沙埋，几间残破屋，转瞬今昔乖。还有汶溪岸，存屋无一半。几个白头翁，倚杖临风叹。吁嗟乎！我闻父老言，此间洪水患，莫过庚申年。试将今比昔，惨酷后逾前。又说壬辰岁，河伯亦暴戾。当时损失虽可惊，总不逮今十倍计。我从萧寺还旧居，千愁万绪总萦纡。把笔吟成水灾叹，以当郑侠流民图。

〔据民国《绥江县县志》卷四《艺文志·诗文略下》第102页辑录。钟灵，字秀珊，昭通绥江县邑庠生，器宇凝重，嗜书出天性，目有所得，辄钞录成帙，及所为日记各厚尺许。家奇穷，年十八为童子师，既卒业于昭通师范，任教职者几三十年，讲授文艺，被其泽德者，多蔚然自立。数任视学、教育局长，先后凡十五年，措施悉符人意。就养大桥别墅，卒年六十有八。绥江，位于金沙江右岸，每年夏秋之交，江水泛滥，数年大涨一次，有关其水灾记载，清咸同前未见，咸丰、光绪、民国间多次暴涨，损害滋大，详情见该志卷一《大事记·巨灾记》（见前）。此文即记民国十三年甲子大水三昼夜，因涨势迅急，房屋、牲畜、器物、树木漂没者尤多，离流之状，惨不忍睹，有“吾绥之利在金江，害亦在金江”之说。〕

重修海虹桥歌赠陈圣书

赵式铭

螳螂河汇金龙河，潴为巨浸多风波。尾闾一泄执万里，帝遣巨灵驱元鼍。废兴成毁数前定，造化有时还退听。惟有仁人不死心，力能与数强争胜。岁在龙蛇苦淫雨，悍流腐石相吞吐。砉然一声桥怒开，居者行者面如土。陈君素抱饥溺心，食宿桥侧春野阴。麻鞋踏破泥滑滑，竹笠戴穿雨淋淋。初时口语交相阋，一身孑立困嘲弄。从来感激生胆勇，相轻未必非相重。锥凿南山山石开，万牛回首声如雷。长楗深入地脉裂，一柱高标天象回。东坊西刹森相向，百丈中悬飞虹壮。海道平通虎踞关，山城直抵乌斯藏。行人到此不能去，白鸟苍波风日暮。借问功成谁最多？大名终古感行路。

〔据龙云等修，周钟岳等纂民国《新纂云南通志》（民国三十八年排印本）卷三十八《地理考十八·津梁三·丽江府·剑川州》第24页辑录。赵式铭（1873—1942），字星海，号弢父，晚号僇翁，云南剑川人，清光绪二十二年（1896年）赴昆明应乡试，因在试卷中“放言时务”勉为副贡。后至剑川、丽江县任教。1907年起创办《丽江白话报》《永昌白话报》，并参与创办《云南日报》。后参加南社、苏州国学会。1939年任云南通志馆馆长，曾与周钟岳等编纂《新纂云南通志》，先后任副总纂、总纂。据《弢父行年六十记》载，其著作“计自丁酉光绪二十三年（1897年）存稿，得诗十五卷，文四卷，随笔二卷，代言集四卷，《灌县堰工利病书》一卷，《云南光复志稿》二卷，《浩劫余生录》一卷，《赵氏家乘》一卷，《云南方言考》九卷，《滇志辨略》二卷，外集二卷，共四十三卷。〕

诗　余

清

临江仙·龙江春涨

段绎祖

榆荚新添优渥，龙川处处源逢。金沙派合共朝宗。浪回芳草绿，流逐落花红。　澎湃平原无际，绕环百里难穷。或传龙化碧波中。不须沉犀镇，宁待刻鲸龚。

〔据康熙《楚雄府志》卷十《艺文志下·诗余》第76页辑录。段绎祖，剑川人，楚雄府教授。〕

卖花声·过金沙江

彭学曾

江上淡斜曛，照入孤村。轻烟疏树霭沉沉。马上看花茅店酒，暂醉春云。　万里动乡心，花落纷纷。繁红稠紫缀芳林。别是一番春色也，真个消魂。

〔据康熙《元谋县志》卷五《艺文志二·词》第36页辑录。〕

前　调

熊　载

山色半天浮，江水东流。丝丝垂柳系扁舟。且向江岸闲伫立，数数沙鸥。　几处荻芦洲，花影悠悠。春风吹不散离愁。何事金沙隔不断，只在眉头。

〔据康熙《元谋县志》卷五《艺文志二·词》第37页辑录。〕

清平乐·温泉晓雾

刘自唐

星河乍晓，暖气飞玉凫。沉痼疮痍闻尽疗，更喜尘棼一扫。　沂水遗风可吟，华清游兴堪赓。每景商王明训，吾心日新又新。

〔据康熙《禄丰县志》卷四《艺文志下·词》第98页辑录。〕

摸鱼儿·西河烟柳

刘自唐

见长河，连绵迢递，如龙游衍相近。二川交泻清波水，星宿渊源须认。放艇顺，又辗转，潆洄乱絮飞成阵。柔条青润。将楚国纤腰，隋宫螺黛，莫写晨妆靓。　沿堤上，朝幕烟拖月晕。依依夹岸飞尽。万融香雾氤氲景，游罢依栏酣困。临流问，惟只见，绿云摇曳朝来混。乘槎谁信？看蔽芾浓阴，青色不改，留作甘棠咏。

〔据康熙《禄丰县志》卷四《艺文志下·词》第98页辑录。〕

满江红·石门桃园看瀑布

杨　璿

石隙云罅，斜拖下，银河一线。望桃花，影里等闲，难见隐隐。玉龙嘶不断，满空喷薄真珠溅。更风来雨骤，霎时间，阴晴变。　翻衬出，春风面，乔卖弄，红如茜。想公孙剑器，走霆掣电，光采陆离难把捉。谷帘乍卷深深院，看不尽，沉醉月儿高，还留恋。

〔据康熙《黑盐井志》卷八《艺文志下·词赋》第4页辑录。〕

浪淘沙·苏溪晚渡

尹文林

垂柳锁朝烟，春色逾妍。布帆稳载浅沙边。忽去忽来双桨疾，那有惊湍。　薄雾锁晴川，鸥鹭间间。须臾迟日送轻寒。风景依稀如画里，只少纶竿。

〔据雍正《云龙州志》卷十二《艺文志·词》第71页辑录。〕

龙池夜月

魏上暹

满目好烟霞，漠漠平沙。水晶盘内照菱花。浩浩金波清见底，碧玉无瑕。　三五正堪夸，一派光华。风来翠浪影横斜。万斛珠玑喷不尽，流到天涯。

〔据光绪《永昌府志》卷六十六《艺文志·诗余》第2页辑录。魏上暹，保山人，清贡士。原词缺词牌，当为《浪淘沙》，或作《卖花声》。〕

金鸡温泉

魏上暹

氤氲瑞气浮，酿出泉流。汤池烟霭最温柔。洗尽风潮无点垢，厥疾皆瘳。　天地一沙洲，凉燠相投。火龙负鼎煮春秋。浴罢披衣登彼岸，遍体飕飕。

〔据光绪《永昌府志》卷六十六《艺文志·诗余》第2页辑录。原词缺词牌，当为《浪淘沙》，或作《卖花声》。〕

清平乐·西浦温泉

徐　松

温泉西浦，四面围廊庑。活火恒煎谁作主①，暖气融和今古。　游人濯足褰裳，老龙炊沸兰汤。涤垢何如涤虑，趋炎怎及趋凉？

〔据乾隆《宜良县志》卷四《艺文志四·词》第588页辑录。徐松，字子茂，号遁耕。以子振学贵。初任贵州镇宁州知州。清康熙二十年（1681年）王师平滇，投诚向化。奉定远平寇大将军固山贝子章公钧牌，委署景东府掌印同知。居官四载，辞职。解组后，游情翰墨，著有《遁耕草》，有三苏笔意。吟咏最多，体格晚唐，蔚然秀丽。前邑令朱匾曰“滇南文献”，良有以也。捐田租以倡义学，修文庙以焕宫墙，有功庠序。文昌宫、明伦堂、魁星阁、三代阁、城池、桥渡，无不倡首于先，力为经营，不避劳怨。寿八十四而终。〕

浪淘沙·龙湫霖雨

骆文安

何以解民忧，潭水清湫。年年祈祷不虚求。有龙则灵资利赖，击壤而讴。　草地趁春游，午日频收。黑云四面接天浮。头上一声雷过耳，雨随车流。

〔据民国《马关县志》卷九《艺文志十·词》第43页辑录。骆文安，清附生。〕

浪淘沙·柳塘夜灯

骆文安

倒影万家灯，一水清澄。日间收尽夜相仍。池鱼见惯浑闲事，惊散何曾。　半杂浪

① 活火恒煎谁作主　李淳修乾隆《宜良县志》（国家图书馆藏民国年间钞本）卷四《艺文·诗余》作“活水恒温春应尔”。

千层，皓月初升。元宵佳节到今称。火树银花星斗映，云蔚霞蒸。

〔据民国《马关县志》卷九《艺文志十·词》第 43 页辑录。〕

浪淘沙·天桥回澜

骆文安

两岸一肩挑，造物功超。每逢险峻便生桥。渡尽古今行路客，病涉潜消。　人力伟难邀，天眼昭昭。河流激石浙江潮。回涌波澜真绝景，笔不能描。

〔据民国《马关县志》卷九《艺文志十·词》第 43 页辑录。〕

楹 联

清

近华浦楹联（大观楼长联）

孙 髯

五百里滇池，奔来眼底，披襟岸帻，喜茫茫空阔无边。看：东骧神骏，西翥灵仪，北走蜿蜒，南翔缟素。高人韵士，何妨选胜登临。趁蟹屿螺洲，梳裹就风鬟雾鬓；更蘋天苇地，点缀些翠羽丹霞，莫孤负：四围香稻，万顷晴沙，九夏芙蓉，三春杨柳。

数千年往事，注到心头，把酒凌虚，叹滚滚英雄谁在？想：汉习楼船，唐标铁柱，宋挥玉斧，元跨革囊。伟烈丰功，费尽移山心力。尽珠帘画栋，卷不及暮雨朝云；便断碣残碑，都付与苍烟落照。只赢得：几杵疏钟，半江渔火，两行秋雁，一枕清霜。

〔据光绪《云南通志》卷十三《地理志三之三·山川三·云南府下》第21页辑录。大观楼，位于昆明西郊滇池之滨，在今昆明大观楼公园内，初建于清康熙三十五年（1696年），楼前悬挂孙髯长联，为昆明名士陆树堂用行书书写刊刻，清咸丰七年（1857年）毁于兵燹。现存三层楼宇系清同治五年（1866年）所建，清光绪十四年（1888年）云南剑川人赵藩重书。〕

征引书目

史志专著

〔西汉〕司马迁撰：《史记》，中华书局，1959 年。

〔东汉〕班固撰：《汉书》，中华书局，1962 年。

〔晋〕常璩著：《华阳国志》，清嘉庆十九年（1814 年）刻本。

〔南朝宋〕范晔撰：《后汉书》，中华书局，1965 年。

〔北魏〕郦道元撰：《水经注》，文渊阁《四库全书》本第 573 册，台湾商务印书馆 1983 年影印本。

〔唐〕樊绰撰：《蛮书》，清武英殿聚珍版本。

〔后晋〕刘昫等撰：《旧唐书》，中华书局，1975 年。

〔宋〕欧阳修、宋祁撰：《新唐书》，中华书局，1975 年。

〔宋〕毛晃撰：《禹贡指南》，文渊阁《四库全书》本第 56 册，台湾商务印书馆 1986 年影印本。

〔元〕李京撰：《云南志略》，王叔武辑校，云南民族出版社，1986 年。

〔明〕宋濂等撰：《元史》，中华书局，1976 年。

〔明〕陈文修：景泰《云南图经志书》，李春龙、刘景毛校注，云南民族出版社，2002 年。

〔明〕周季凤纂修：正德《云南志》，国家图书馆藏民国间钞本。

〔明〕邹应龙修，李元阳纂：万历《云南通志》，刘景毛、江燕等点校，中国文联出版社，2013 年。

〔明〕刘文徵撰：天启《滇志》，古永继点校，云南教育出版社，1991 年。

〔明〕李贤等撰：《明一统志》，文渊阁《四库全书》本第 472 – 473 册，台湾商务印书馆 1983 年影印本。

〔明〕木公撰：《万松吟卷》，明嘉靖二十二年（1543 年）刻本。

〔明〕杨士云撰：《弘山先生文集》，民国元年（1911 年）排印本。

〔明〕徐弘祖著：《徐霞客游记》，朱惠荣校注，云南人民出版社，1999 年。

〔明〕谢肇淛纂：《滇略》，文渊阁《四库全书》本第 494 册，台湾商务印书馆 1983 年影印本。

〔明〕章潢撰：《图书编》，文渊阁《四库全书》本第 968 – 972 册，台湾商务印书馆 1983 年影印本。

〔明〕陆应阳辑，〔清〕蔡方炳汇辑：《增订广舆记》，清乾隆九年（1744 年）光德堂刻本。

〔清〕张廷玉等撰：《明史》，中华书局，1974 年。

〔清〕和珅奉敕撰：《大清一统志》，文渊阁《四库全书》本第474－483册，台湾商务印书馆1983年影印本。

〔清〕范承勋等修，吴自肃等纂：康熙《云南通志》，日本京都大学藏清康熙三十年（1691年）刻本。

〔清〕孙髯翁撰：《盘龙江水利图说》，云南省图书馆藏清道光年间钞本。

〔清〕黄士杰撰：《云南省城六河图说》，清光绪六年（1880年）重刻本。

〔清〕鄂尔泰修，靖道谟纂：雍正《云南通志》，清乾隆元年（1736年）刻本。

〔清〕阮元等修，王崧等纂：道光《云南通志稿》，清道光十五年（1835年）刻本。

〔清〕岑毓英等修，陈灿等纂：光绪《云南通志》，清光绪二十年（1894年）刻本。

〔清〕王文韶等修：光绪《续云南通志稿》，清光绪二十七年（1901年）刻本。

〔清〕顾祖禹撰：《读史方舆纪要》，贺次君、施和金点校《中国古代地理总志丛刊》，中华书局，2005年。

〔清〕范承勋撰：《鸡足山志》，清康熙三十一年（1692年）刻本。

〔清〕冯甦编：《滇考》，清道光元年（1821年）临海宋氏重刻本。

〔清〕俞正燮撰：《癸巳类稿》，清道光十三年（1833年）求日益斋刻本。

〔清〕陈澧撰：《水经注西南诸水考》，清道光二十七年（1847年）刊，民国十九年（1930年）广雅书局重印本。

〔清〕赵一清撰：《水经注释》，清光绪六年（1880年）会稽章氏重刻本。

〔清〕毕沅校正《山海经》，清光绪三年（1877年）浙江书局据毕氏灵岩山馆本校刻。

〔清〕齐召南撰：《水道提纲》，日本早稻田大学图书馆藏清乾隆四十一（1752年）刻本。

〔清〕赵元祚撰：《滇南山水纲目》，《云南丛书》本，民国三年（1914年）刻本。

〔清〕洪亮吉撰：《乾隆府厅州县图志》，日本早稻田大学图书馆藏清光绪五年授经堂刊本。

〔清〕李荣陛撰：《黑水考证》，《丛书集成续编》本第19册，台湾新文丰出版公司影印民国十二年（1933年）南昌退庐刊本。

〔清〕李荣陛撰：《云缅山川志》，《问影楼舆地丛书》本，新昌胡氏京师排印本。

〔清〕吴大勋撰：《滇南闻见录》，方国瑜、林超民主编《云南史料丛刊（修订版）》第十二卷，云南大学出版社，2023年。

〔清〕师范纂辑：《滇系》，清光绪十三年（1887年）重刻本。

〔清〕王崧纂辑：《云南备征志》，《云南丛书》本。

〔清〕袁文揆、张登瀛纂，袁文典论次：《滇南文略》，《云南丛书》本，民国三年（1914年）刻本。

〔清〕陈鼎著：《滇游记》，《丛书集成初编》本，上海商务印书馆，1936年。

〔清〕陈灿撰：《宦滇存稿》，民国三年（1914年）贵阳交通书局排印本。

〔清〕张允随撰：《张允随奏稿》，清钞本。

〔清〕岑毓英撰：《岑襄公奏稿》，清光绪二十三年（1897年）刻本。

〔清〕雍正批并敕校刊：《朱批谕旨》，清光绪十三年（1887年）上海点石斋缩印本。

〔清〕黄楙裁撰：《西徼水道》，清光绪十二年（1886 年）梦花轩重校刊本。

〔清〕李诚撰：《云南水道考》，民国五年（1916 年）刻本。

〔清〕贺长龄辑：《皇朝经世文编》，清道光七年（1827 年）刻本。

〔清〕王锡祺辑：《小方壶斋舆地丛钞》，清光绪十七年（1891 年）上海著易堂排印本。

〔清〕胡宣庆撰：《皇朝舆地水道源流》，清光绪十七年（1891 年）刻本。

〔清〕陈澧撰：《汉书地理志水道图说》，清同治二年（1863 年）刻本。

〔清〕吴承志纂，刘承幹校：《汉书地理志水道图说补正》，民国十年（1921 年）南林刘氏求恕斋刻本。

刘盛堂编：《云南地志》，国家图书馆藏清光绪三十四年（1908 年）石印本。

段昕撰：《碧玉泉志稿》，云南省图书馆藏清稿本。

钱良骏撰：《双江旅行记》，民国二年（1913 年）排印本。

袁嘉穀撰：《滇绎》，民国十二年（1923 年）排印本。

李根源编，李希泌校：《云南金石目略初稿》，苏州葑门曲石精庐 1935 年排印本。

李根源辑：《永昌府文征》，民国三十年（1941 年）排印本。

秦光玉编纂：《滇文丛录》，《云南丛书》本，民国二十九年（1940 年）排印本。

秦光第撰：《查勘南盘江上游水利工程初次计划书》，国家图书馆藏民国十六年（1927 年）石印本。

秦光第撰，由云龙辑：《疏凿仙云两湖口碑文汇录》，云南省图书馆藏民国年间石印本。

李书田等著：《中国水利问题》，王云五主编《万有文库》第二集《现代问题丛书》，上海商务印书馆，1937 年。

陈碧笙撰：《边政论丛》，上海太平洋出版社 1940 年排印本。

龙云等修，周钟嶽等纂：《新纂云南通志》，民国三十八年（1949 年）排印本。

台湾国立故宫博物院编辑：《宫中档乾隆朝奏折》，1982 – 1987 年影印本。

中国第一历史档案馆编：《康熙朝汉文朱批奏折汇编》，档案出版社 1984 – 1985 年影印本。

中国第一历史档案馆编：《光绪朝朱批奏折》，中华书局，1996 年。

张书才主编：《雍正朝汉文朱批奏折汇编》，江苏古籍出版社，1989 年。

童振藻纂辑：《云南史地资料汇编》，杭州图书馆 1992 年影印本。

《龙公渠纪事》，昆明市宜良县档案馆藏民国年间稿本。

王云编辑：《滇志校考》，云南民族出版社，1999 年。

徐发苍主编：《曲靖石刻》，云南民族出版社，1999 年。

方国瑜著：《中国西南历史地理考释》，中华书局，1987 年。

林超民主编：《方国瑜文集》，云南教育出版社，2003 年。

中国科学院地理科学与资源研究所，中国第一历史档案馆编：《清代奏折汇编——农业·环境》，北京商务印书馆，2005 年。

张方玉主编：《楚雄历代碑刻》，云南民族出版社，2005 年。

施立卓总编校：《李元阳集》，云南大学出版社，2008 年。

张树芳等主编：《大理丛书·金石篇》，云南民族出版社，2010 年。

周恩福主编：《宜良碑刻（增补本）》，云南大学出版社，2016 年。

府州县志

昆明市

〔清〕张毓碧修，谢俨纂：康熙《云南府志》，清康熙三十五年（1696 年）刻本。

〔清〕杨若椿修，段昕纂：雍正《安宁州志》，清乾隆四年（1739 年）刻本。

〔清〕戴絅孙纂修：道光《昆明县志》，清道光二十七年（1847 年）刻本。

〔清〕郭时郁等修，郎一桀等纂：光绪《安宁州续志》，《中国地方志集成·云南府县志辑 3》，凤凰出版社 2009 年据清光绪刻本影印。

〔清〕杜绍先纂修：康熙《晋宁州志》，云南民族社会历史调查组 1960 年钞本。

〔清〕毛嶅纂修：乾隆《晋宁州志》，故宫博物院编《故宫珍本丛刊》第 226 册《云南府州县志》第 1 册，海南出版社 2001 年据清乾隆二十七年（1762 年）刻本影印。

〔清〕朱庆椿纂修：道光《晋宁州志》，民国十五年（1926 年）排印本。

〔清〕朱庆椿修：道光《昆阳州志》，《中国地方志集成·云南府县志辑 3》，凤凰出版社 2009 年据清道光十九年（1839 年）刻本影印。

〔清〕朱若功纂：雍正《呈贡县志》，清雍正三年（1725 年）刻本。

〔清〕朱若功原本，李明鋆续修：光绪《呈贡县志》，清光绪十一年（1885 年）刻本。

〔清〕金廷献修，李汝相等纂：康熙《路南州志》，民国十七年（1928 年）李秉钧据清康熙五十一年（1712 年）刻本补钞重校石印本。

〔清〕史进爵修，郭廷选等纂：乾隆《路南州志》，清乾隆二十二年（1757 年）刻本。

〔清〕佚名纂：光绪《路南州乡土志》，石林彝族自治县史志办公室编《云南石林旧志集成》，云南民族出版社，2009 年。

〔清〕黄澍纂：康熙《宜良县志》，郑祖荣点校，云南民族出版社，2011 年。

〔清〕王诵芬修：乾隆《宜良县志》，《中国地方志集成·云南府县志辑 22》，凤凰出版社 2009 年据清乾隆三十二年（1767 年）刻本影印。

〔清〕李淳重修：乾隆《宜良县志》，云南官印局民国年间排印本。

〔清〕彭兆逵修：康熙《富民县志》，云南民族社会历史调查组 1960 年钞本。

〔清〕杨体乾、陈宏谟纂修：雍正《富民县志》，昆明志编纂委员会 1961 年翻印云南省图书馆藏钞本。

〔明〕王尚用纂修：嘉靖《寻甸府志》，上海古籍书店 1963 年据宁波天一阁藏明嘉靖刻本影印。

〔清〕李月枝纂修：康熙《寻甸州志》，故宫博物院编《故宫珍本丛刊》第 227 册《云南府州县志》第 2 册，海南出版社 2001 年据清康熙五十九年（1720 年）刻本影印。

〔清〕孙世榕纂修：道光《寻甸州志》，国家图书馆藏民国年间钞本。

〔清〕汪叆修，任洵等纂：康熙《嵩明州志》，民国二十二年（1933 年）钞本。

〔清〕胡绪昌等修，王沂渊等纂：光绪《续修嵩明州志》，清光绪十三年（1887 年）刻本。

〔清〕方桂修，胡蔚辑：乾隆《东川府志》，清光绪三十四年（1908 年）重印本。

〔清〕余泽春修，茅紫芳纂，冯誉骢续修：光绪《东川府续志》，清光绪二十三年（1897 年）刻本。

张维翰修，童振藻纂：《昆明市志》，中国方志丛书第一四一号，1967 年台湾成文出版社据民国十三年（1914 年）排印本影印。

马标修，杨中润纂辑：民国《路南县志》，民国六年（1917 年）排印本。

路南县劝学所编辑：民国《路南县地志》，石林彝族自治县史志办公室编《云南石林旧志集成》，云南民族出版社，2009 年。

佚名纂：民国《路南县乡土志草本》，石林彝族自治县史志办公室编《云南石林旧志集成》，云南民族出版社，2009 年。

许实编纂：民国《宜良县志》，民国十年（1921 年）排印本。

许实纂修：民国《禄劝县志》，民国十七年（1928 年）排印本。

由云龙撰：《高峣志》，民国二十八年（1939 年）排印本。

李景泰等修，杨思诚纂：民国《嵩明县志》，民国三十四年（1945 年）排印本。

玉溪市

〔清〕严敬原纂，马世俊增订：康熙《宁州郡志》，梁耀武主编《玉溪地区旧志丛刊·康熙玉溪地区地方志五种》，云南人民出版社，1993 年。

〔清〕佚名纂：光绪《宁州志》，云南省图书馆藏传钞本。

〔清〕佚名纂：康熙《易门县志》，国家图书馆藏清钞本。

〔清〕严廷珏修，严仲泽纂：道光《续修易门县志》，梁耀武主编《玉溪地区旧志丛刊》，云南人民出版社，1997 年。

〔清〕陆绍闳修，彭学曾纂，薛祖顺增纂：康熙《嶍峨县志》，清康熙三十七年（1698 年）钞本。

〔清〕陆绍闳修，彭学曾纂，薛祖顺增纂，思槐堂主人续纂：咸丰《嶍峨县志》，清咸丰十年（1860 年）钞本。

〔清〕张云翮修，舒鹏翮纂：康熙《新平县志》，云南省图书馆藏传钞本。

〔清〕李诚纂修：道光《新平县志》，民国三年（1914 年）排印本。

〔清〕周天任纂修：康熙《河西县志》，云南省社会科学院图书馆藏钞本。

〔清〕董枢修，罗云禧等纂：乾隆《续修河西县志》，清乾隆五十三年（1788 年）刻本。

〔清〕魏荩臣修，阚祯兆纂：康熙《通海县志》，《中国地方志集成·云南府县志辑27》，凤凰出版社 2009 年影印本。

〔清〕赵自中纂修：道光《续修通海县志》，民国九年（1920 年）石印本。

〔清〕章履成、李崇隆纂修：康熙《元江府志》，梁耀武主编《玉溪地区旧志丛刊·

康熙玉溪地区地方志五种》，云南人民出版社，1993 年。

〔清〕柳正芳修，李庆绶等纂：康熙《澂江府志》，清康熙五十八年（1719 年）刻本。

〔清〕李熙龄纂修：道光《澂江府志》，清道光二十七年（1847 年）刻本。

〔清〕任中宜纂修：乾隆《新兴州志》，清乾隆十五年（1750 年）刻本。

〔清〕张维翰修，葛炜纂：嘉庆《江川县志》，清光绪三十三年（1907 年）崔荣达校订本。

徐振声增补续辑：民国《嶍峨县志》，民国年间钞本。

黄元直修，刘达武等纂：民国《元江志稿》，民国十一年（1922 年）排印本。

王志高修，马太元纂：民国《新平县志》，民国二十二年（1933）石印本。

梁耀武主编：《玉溪地区旧志丛刊·民国地志十种》，云南人民出版社，1997 年。

红河州

〔清〕程封纂修：康熙《石屏州志》，国家图书馆藏清康熙十二年（1673 年）刻本。

〔清〕管学宣纂修：乾隆《石屏州志》，清乾隆二十四年（1759 年）刻本。

〔清〕陈肇奎、叶涞纂修：康熙《建水州志》，《北京图书馆古籍珍本丛刊 45》，书目文献出版社据清康熙五十四年（1715 年）刻本影印。

〔清〕祝宏纂修：雍正《建水州志》，清雍正九年（1731 年）刻本。

〔清〕陈权修，顾琳纂：雍正《阿迷州志》，《新修方志丛刊·云南方志之七》，台湾学生书局 1969 年据清雍正十三年（1735 年）刻本影印。

〔清〕张元咎修，夏冕纂：雍正《临安府志》，清雍正九年（1731 年）刻本。

〔清〕江濬源修，罗惠恩等纂：嘉庆《临安府志》，《中国地方志集成·云南府县志辑 47》，凤凰出版社 2009 年据清嘉庆四年（1799 年）刻本影印。

〔清〕周埰纂修：乾隆《广西府志》，清乾隆四年（1739 年）刻本。

〔清〕秦仁等纂修，傅腾蛟等增订：乾隆《弥勒州志》，清乾隆四年（1739 年）刻本。

〔清〕李焜纂修：乾隆《蒙自县志》，故宫博物院编《故宫珍本丛刊》第 229 册《云南府州县志》第 4 册，海南出版社 2001 年据清乾隆五十六年（1791 年）刻本影印。

〔清〕佚名纂：宣统《续修蒙自县志》，上海古籍书店 1961 年影印本。

丁国梁修，梁家荣纂：民国《续修建水县志稿》，民国九年（1920 年）排印本。

袁嘉穀纂修：民国《石屏县志》，民国二十七年（1938 年）排印本。

曲靖市

〔清〕黄德巽修，胡承灏、周启先等纂：康熙《罗平州志》，《中国地方志集成·云南府县志辑 19》，凤凰出版社 2009 年据清康熙五十七年（1718 年）钞本影印。

〔清〕任中宜撰：康熙《平彝县志》，《中国地方志集成·云南府县志辑 10》，凤凰出版社 2009 年影印本。

〔清〕沈生遴纂修：乾隆《陆凉州志》，传钞清乾隆十七年（1752 年）刊本。

〔清〕缪阗纂修：道光《陆凉州志》，云南省社会科学院图书馆藏钞本。

〔清〕管棆原本，夏治源增修：雍正《师宗州志》，清雍正七年（1729 年）刻本。

〔清〕王樗纂修：康熙《南宁县志》，吴乔贵、林文勋、周琼校注，冯绍贤主编《清代南宁县方志校注》，云南人民出版社，2014 年。

〔清〕毛玉成修，张翊辰、喻怀信纂：咸丰《南宁县志》，《中国地方志集成·云南府县志辑 11》，凤凰出版社 2009 年据清咸丰二年（1852 年）刻本影印。

〔清〕刘沛霖修，朱光鼎纂：道光《宣威州志》，清道光二十四年（1844 年）刻本。

〔清〕何暄原纂，何杓朗增订，李家珍重订：同治《古越州志》，吴乔贵、林文勋、周琼校注，冯绍贤主编《清代南宁县方志校注》，云南人民出版社，2014 年。

〔清〕王秉韬纂修：乾隆《霑益州志》，故宫博物院编《故宫珍本丛刊》第 227 册《云南府州县志》第 2 册，海南出版社 2001 年据清乾隆三十五年（1770 年）刻本影印。

〔清〕许日藻纂修：雍正《马龙州志》，清雍正元年（1723 年）刻本。

刘润畴修，俞赓唐纂：民国《陆良县志稿》，民国四年（1915 年）石印本。

缪果章编辑：民国《宣威县志稿》，民国二十三年（1934 年）排印本。

王懋昭纂修：民国《续修马龙县志》，《中国地方志集成·云南府县志辑 25》，凤凰出版社 2009 年据钞本影印。

霑益县文献委员会编纂：民国《霑益县志稿》，霑益县档案馆整理，昆明市五华区教委印刷厂 2012 年内部印刷，曲新出（2012）准印字 12038 号。

大理州

〔明〕李元阳纂：嘉靖《大理府志》，《云南大理文史资料选辑·地方志之一》，大理白族自治州文化局 1983 年翻印云南省图书馆藏钞本。

〔明〕庄诚修，王利宾纂：万历《赵州志》，国家图书馆藏钞本。

〔清〕傅天祥等修，黄元治等纂：康熙《大理府志》，故宫博物院编《故宫珍本丛刊》第 230 册《云南府州县志》第 5 册，海南出版社 2001 年据清康熙三十三年（1694 年）刻本影印。

〔清〕程近仁修，赵淳等纂：乾隆《赵州志》，故宫博物院编《故宫珍本丛刊》第 231 册《云南府州县志》第 6 册，海南出版社 2001 年据清乾隆元年（1736 年）刻本影印。

〔清〕陈钊镗修，李其馨纂：道光《赵州志》，《中国地方志集成·云南府县志辑 78》，凤凰出版社 2009 年据清道光十八年（1838 年）刻本影印。

〔清〕蒋旭修，陈金珏纂：康熙《蒙化府志》，《中国地方志集成·云南府县志辑 79》，凤凰出版社 2009 年据清康熙三十七年（1698 年）刻本影印。

〔清〕刘垲等修，吴蒲等纂：乾隆《续修蒙化直隶厅志》，清光绪七年（1881 年）刻本。

〔清〕佟镇修，邹启孟纂：康熙《鹤庆府志》，故宫博物院编《故宫珍本丛刊》第 232 册《云南府州县志》第 7 册，海南出版社 2001 年据清康熙五十三年（1714 年）刻本影印。

〔清〕杨书纂：康熙《定边县志》，云南民族社会历史调查组 1960 年钞本。

〔清〕王世贵修，张伦纂：康熙《剑川州志》，《北京图书馆古籍珍本丛刊 44》，书目文献出版社据清康熙五十二年（1713 年）刻本影印。

〔清〕周钺纂修：雍正《宾川州志》，清雍正五年（1727 年）刻本。

〔清〕陈希芳修，胡禹谟纂：雍正《云龙州志》，《中国地方志集成·云南府县志辑 82》，凤凰出版社 2009 年据钞本影印。

〔明〕敖浤贞修，艾自修纂：隆武《重修邓川州志》，《云南大理文史资料选辑·地方志之三》，大理白族自治州文化局 1983 年据云南省图书馆传钞本整理点校。

〔清〕纽方图修，侯允钦纂：咸丰《邓川州志》，清咸丰五年（1855 年）刻本。

〔清〕伍青莲纂修：康熙《云南县志》，国家图书馆藏民国年间钞本。

〔清〕李世保修，张圣功、王在璋纂：乾隆《云南县志》，清乾隆三十二年（1767 年）钞本。

〔清〕项联晋修，黄炳堃纂：光绪《云南县志》，清光绪十六年（1890 年）刻本。

〔清〕赵珙纂修：康熙《续修浪穹县志》，国家图书馆藏民国年间钞本。

〔清〕罗瀛美修，周沆纂辑：光绪《浪穹县志略》，清光绪二十九年（1903 年）刻本。

张培爵等修，周宗麟等纂：民国《大理县志稿》，民国六年（1917 年）排印本。

李春曦等修，梁友檍纂：民国《蒙化志稿》，民国九年（1920 年）排印本。

杨金铠纂辑：民国《鹤庆县志》，大理白族自治州图书馆 1983 年据民国十二年（1933 年）稿本油印。

丽江市

〔清〕官学宣修，万咸燕纂：乾隆《丽江府志略》，《中国地方志集成·云南府县志辑 41》，凤凰出版社 2009 年据钞本影印。

〔清〕陈宗海修，李福宝等纂：光绪《丽江府志》，国家图书馆藏民国年间钞本。

〔清〕陈奇典修，刘慥纂：乾隆《永北府志》，故宫博物院编《故宫珍本丛刊》第 229 册《云南府州县志》第 4 册，海南出版社 2001 年据清乾隆三十年（1765 年）刻本影印。

〔清〕叶如桐等修，刘必苏等纂：光绪《续修永北直隶厅志》，清光绪三十年（1904 年）刻本。

文山州

〔清〕汤大宾修，赵震纂：乾隆《开化府志》，云南民族社会历史调查组 1960 年钞本。

〔清〕何怀道修，万重贤纂：道光《开化府志》，清道光九年（1829 年）刻本。

〔清〕何愚纂修：道光《广南府志》，清道光五年（1825 年）刻本。

〔清〕李熙龄纂修：道光《广南府志》，清光绪三十一年（1905 年）补刻本。

张自明修，王富臣等纂：民国《马关县志》，民国二十一年（1932 年）石印本。

甘汝棠纂修：民国《富州县志》，《中国方志丛书·华南地方》第二七二号，台湾成文出版社 1974 年据民国二十一年（1932 年）油印本影印。

佚名纂：民国《广南县志》，《中国地方志集成·云南府县志辑 44》，凤凰出版社据民国二十三年（1934 年）稿本影印。

徐孝喆修，缪云章纂：民国《邱北县志》，民国十五年（1936 年）石印本。

保山市

〔清〕罗纶修，李文渊纂：康熙《永昌府志》，云南省图书馆传抄上海徐家汇藏书楼藏清康熙四十一年（1702 年）刻本。

〔清〕宣世涛纂修：乾隆《永昌府志》，中共保山市委史志委、保山学院编乾隆《永昌府志》点校，北京方志出版社，2016 年。

〔清〕陈廷焴纂修：道光《永昌府志》，清道光六年（1826 年）刻本。

〔清〕刘毓珂等纂修：光绪《永昌府志》，清光绪十一年（1885 年）刻本。

〔清〕屠述濂纂修：乾隆《腾越州志》，《中国地方志集成·云南府县志辑 39》，凤凰出版社 2009 年影印本。

〔清〕陈宗海修，赵端礼纂：光绪《腾越厅志稿》，清光绪十三年（1887 年）刻本。

〔清〕寸开泰纂修：光绪《腾越乡土志》，国家图书馆藏清钞本。

张鑑安修，寸晓亭纂：民国《龙陵县志》，台湾学生书局 1968 年据民国六年（1917 年）石印本影印。

虞钺等纂修：民国《保山县志》，民国三十五年（1946 年）稿本。

李根源、刘楚湘总纂：民国《腾冲县志稿》，许秋芳主编，李光信等点校，云南美术出版社，2004 年。

迪庆州

〔清〕吴自修等修，张翼夔纂：光绪《新修中甸厅志书》，《中国地方志集成·云南府县志辑 82》，凤凰出版社 2009 年影印本。

段绶滋纂修：民国《中甸县志稿》，《中国地方志集成·云南府县志辑 83》，凤凰出版社 2009 年据民国二十八年（1939 年）钞本影印。

李炳臣修，李翰湘纂：民国《维西县志》，《中国地方志集成·云南府县志辑 83》，凤凰出版社 2009 年据钞本影印。

普洱市

〔清〕徐树闳修，张问政等纂：雍正《景东府志》，云南省图书馆传钞北京图书馆藏清雍正十年（1732 年）钞本。

〔清〕吴兰孙纂修：乾隆《景东直隶厅志》，国家图书馆藏民国二十二年（1933 年）钞本。

〔清〕罗含章纂：嘉庆《景东直隶厅志》，云南民族社会历史调查组 1960 年据清嘉庆二十五年（1820 年）刻本钞录。

〔清〕郑绍谦纂，李熙龄续纂：道光《普洱府志》，清咸丰元年（1851 年）刻本。

〔清〕陈宗海修，陈度等纂：光绪《普洱府志》，清光绪二十六年（1900 年）刻本。

李文新纂：《江城县政府征集省志资料》，国家图书馆藏民国二十二年（1933 年）钞本。

佚名纂：民国《江城县志初稿》，云南省社会科学院图书馆藏钞本。

临沧市

〔清〕董永芠纂修：康熙《顺宁府志》，云南民族社会历史调查组 1960 年钞本。

〔清〕党蒙修，周宗洛纂：光绪《续修顺宁府志稿》，清光绪三十一年（1905 年）刻本。

纳汝珍修，蒋世芳纂：民国《镇康县志》，《中国地方志集成·云南府县志辑 58》，凤凰出版社 2009 年据民国二十五年（1936 年）稿本影印。

楚雄州

〔明〕徐栻、张泽纂修：隆庆《楚雄府志》，杜晋宏校注，杨成彪主编《楚雄彝族自治州旧方志全书·楚雄卷上》，云南人民出版社，2005 年。

〔清〕张嘉颖纂修：康熙《楚雄府志》，《中国地方志集成·云南府县志辑 58》，凤凰出版社 2009 年据清康熙五十五年（1790 年）刻本影印。

〔清〕苏鸣鹤修，陈璜纂：嘉庆《楚雄县志》，《中国地方志集成·云南府县志辑 59》，凤凰出版社 2009 年据清嘉庆二十三年（1818 年）刻本影印。

〔清〕崇谦修，沈宗舜纂：宣统《楚雄县志述辑》，《中国地方志集成·云南府县志辑 59－60》，凤凰出版社 2009 年影印本。

〔清〕张伦至纂修：康熙《南安州志》，杨壬林、张海平校注，杨成彪主编《楚雄彝族自治州旧方志全书·双柏卷》，云南人民出版社，2005 年。

〔清〕罗仰锜纂修：乾隆《碍嘉志书草本》，芮增瑞校注，杨成彪主编《楚雄彝族自治州旧方志全书·双柏卷》，云南人民出版社，2005 年。

〔清〕王聿修纂辑：乾隆《碍嘉志》，芮增瑞校注，杨成彪主编《楚雄彝族自治州旧方志全书·双柏卷》，云南人民出版社，2005 年。

〔清〕张彦绅修，李仲伟等纂：康熙《定远县志》，卜其明校注，杨成彪主编《楚雄彝族自治州旧方志全书·牟定卷》，云南人民出版社，2005 年。

〔清〕李德生修，李庆元纂：道光《定远县志》，清道光十五年（1835 年）刻本。

〔清〕陈元、李犹龙纂修：康熙《镇南州志》，曹晓宏、周琼校注，杨成彪主编《楚雄彝族自治州旧方志全书·南华卷》，云南人民出版社，2005 年。

〔清〕华国清修，刘阶纂：咸丰《镇南州志》，曹晓宏、周琼校注，杨成彪主编《楚雄彝族自治州旧方志全书·南华卷》，云南人民出版社，2005 年。

〔清〕李毓兰修，甘孟贤纂：光绪《镇南州志略》，清光绪十八年（1892 年）刻本。

〔清〕管棆纂修：康熙《姚州志》，清康熙五十二年（1713 年）刻本。

〔清〕管棆纂辑，丁士可重订增刻：乾隆《姚州志》，云南省图书馆历史文献部、云南省社会科学院文献研究所点校，杨成彪主编《楚雄彝族自治州旧方志全书·姚安卷上》，云南人民出版社，2005 年。

〔清〕额鲁礼、王垲纂修：道光《姚州志》，芮增瑞校注，杨成彪主编《楚雄彝族自治州旧方志全书·姚安卷上》，云南人民出版社，2005 年。

〔清〕陆宗郑等修，甘雨纂：光绪《姚州志》，清光绪十一年（1885 年）刻本。

〔清〕陆应玑修，吴殿弼纂：康熙《大姚县志》，张海平校注，杨成彪主编《楚雄彝族自治州旧方志全书·大姚卷上》，云南人民出版社，2005 年。

〔清〕黎恂修，刘荣黼纂：道光《大姚县志》，清光绪三十年（1904 年）刻本。

〔清〕郭存庄修，赵淳纂：乾隆《白盐井志》，《中国地方志集成·云南府县志辑 67》，凤凰出版社 2009 年影印本。

〔清〕李训鋐等修，罗其泽等纂：光绪《续修白盐井志》，清光绪三十三年（1907 年）刻本。

〔清〕莫舜鼐修，王弘任续补：康熙《元谋县志》，《中国地方志集成·云南府县志辑 61》，凤凰出版社 2009 年影印本。

〔清〕檀萃纂修：乾隆《华竹新编》，李在营校注，杨成彪主编《楚雄彝族自治州旧方志全书·元谋卷》，云南人民出版社，2005 年。

〔清〕杨德恩、吴集贤等撰：光绪《元谋县乡土志》（初稿），李在营校注，杨成彪主编《楚雄彝族自治州旧方志全书·元谋卷》，云南人民出版社，2005 年。

〔清〕佚名纂：光绪《元谋县乡土志》（修订本），杨成彪主编《楚雄彝族自治州旧方志全书·元谋卷》，云南人民出版社，2005 年。

〔清〕王清贤修，陈淳纂：康熙《武定府志》，国家国书馆藏民国年间钞本。另，曹晓宏、周琼校注，杨成彪主编《楚雄彝族自治州旧方志全书·武定卷》，云南人民出版社，2005 年。

〔清〕李熙龄纂修：咸丰《武定府志》，清咸丰九年（1859 年）刻本。

〔清〕郭怀礼修，孙泽春纂：光绪《武定直隶州志》，《中国地方志集成·云南府县志辑 62》，凤凰出版社 2009 年影印本。

〔清〕刘自唐纂修：康熙《禄丰县志》，国家图书馆藏民国年间排印本。另，张海平校注，杨成彪主编《楚雄彝族自治州旧方志全书·禄丰卷》，云南人民出版社，2005 年。

〔清〕王秉煌修，梅盐臣纂：康熙《罗次县志》，清康熙五十六年（1717 年）刻本。

〔清〕胡毓麒等修，杨钟璧等纂：光绪《罗次县志》，清光绪十三年（1887 年）刻本。

〔清〕李铨纂修：康熙《广通县志》，清康熙二十九年（1690 年）刻本。另，张海平校注，杨成彪主编《楚雄彝族自治州旧方志全书·禄丰卷》，云南人民出版社，2005 年。

〔清〕沈懋价、杨璿纂修：康熙《黑盐井志》，《中国地方志集成·云南府县志辑 67－68》，凤凰出版社 2009 年影印本。

〔清〕王定柱纂修：嘉庆《黑盐井志》，云南省图书馆藏清嘉庆年间刻本。

〔清〕沈鼒纂修：康熙《琅盐井志》，《中国地方志集成·云南府县志辑 67》，凤凰出版社 2009 年影印本。

〔清〕孙元相修，赵淳纂：乾隆《琅盐井志》，芮增瑞校注，杨成彪主编《楚雄彝族自治州旧方志全书·禄丰卷下》，云南人民出版社，2005 年。

郭燮熙纂修：民国《盐丰县志》，民国十三年（1924 年）排印本。

郭燮熙纂修：民国九年《盐丰县地志》，卜其明校注，杨成彪主编《楚雄彝族自治州旧方志全书·大姚卷下》，云南人民出版社，2005 年。

甘纶纂修：民国二十一年《盐丰县地志》，卜其明校注，杨成彪主编《楚雄彝族自治州旧方志全书·大姚卷下》，云南人民出版社，2005 年。

大姚县署纂修：民国《大姚县地志》，张海平、卜其明校注，杨成彪主编《楚雄彝族自治州旧方志全书·大姚卷下》，云南人民出版社，2003 年。

霍士廉等修，由云龙纂：民国《姚安县志》，民国三十七年（1948 年）排印本。

段世璋纂修：民国《姚安县地志》，卜其明校注，杨成彪主编《楚雄彝族自治州旧方志全书·姚安卷上》，云南人民出版社，2005 年。

郭燮熙编辑：民国《镇南县志》，曹晓宏、周琼校注，杨成彪主编《楚雄彝族自治州旧方志全书·南华卷》，云南人民出版社，2005 年。

刘念学纂修：民国《姚安县史地概要》，张海平校注，杨成彪主编《楚雄彝族自治州旧方志全书·姚安卷上》，云南人民出版社，2005 年。

李家祺纂修：民国《苴却行政区域地志》，张海平校注，杨成彪主编《楚雄彝族自治州旧方志全书·大姚卷下》，云南人民出版社，2005 年。

赖春荣撰：民国《元谋县地志》，李在营校注，杨成彪主编《楚雄彝族自治州旧方志全书·元谋卷》，云南人民出版社，2005 年。

葛延春、陈之俊纂修：民国《武定县地志》，张海平校注，杨成彪主编《楚雄彝族自治州旧方志全书·武定卷》，云南人民出版社，2005 年。

禄丰县志局纂修：民国《禄丰县志条目》，张海平校注，杨成彪主编《楚雄彝族自治州旧方志全书·禄丰卷下》，云南人民出版社，2005 年。

张学海编辑：民国《罗次县地志》，卜其明校注，杨成彪主编《楚雄彝族自治州旧方志全书·禄丰卷下》，云南人民出版社，2005 年。

伍作楫纂辑：民国《广通县地志》，卜其明校注，杨成彪主编《楚雄彝族自治州旧方志全书·禄丰卷下》，云南人民出版社，2005 年。

李钤纂修：民国《盐兴县地志》，张海平校注，杨成彪主编《楚雄彝族自治州旧方志全书·禄丰卷下》，云南人民出版社，2005 年。

昭通市

〔清〕汪炳谦纂修：宣统《恩安县志》，《中国地方志集成·云南府县志辑 5》，凤凰出版社 2009 年据清宣统三年（1911 年）钞本影印。

〔清〕查枢等纂，邹勗旃校订：嘉庆《永善县志略》，《中国地方志集成·云南府县志辑 25》，凤凰出版社 2009 年据清嘉庆八年（1803 年）稿本影印。

刘承功修，钟灵纂：民国《绥江县县志》，民国三十六年（1947 年）石印本。

〔清〕屠述濂等修，何发祥等纂：乾隆《镇雄州志》，国家图书馆藏清钞本。

〔清〕吴光汉修，宋成基等纂：光绪《镇雄州志》，清光绪十三年（1887 年）刻本。

陈秉仁编纂：《昭通等八县图说》，民国八年（1919 年）排印本。

张本钧、杨履乾、伍兴鉴、包鸣泉、张希鲁、刘常星编辑：《昭鲁水利工程志》，民国三十二年（1943 年）昭通新民书局排印本。

符廷铨、蒋应澍总纂，杨履乾编辑：民国《昭通志稿》，民国十三年（1924 年）排印本。

卢金锡总纂，杨履乾、包鸣泉编辑：民国《昭通县志稿》，民国二十七年（1938 年）

排印本。

陆崇仁修，汤祚等纂：民国《巧家县志稿》，民国三十一年（1942 年）排印本。

刘承功修，钟灵纂：民国《绥江县县志》，民国三十六年（1947 年）石印本。

王心田等编辑：民国《大关县志稿》，唐洁誉等点校，《昭通旧志汇编》第五册，云南人民出版社，2006 年。

张维翰编纂：民国《大关县志》，刘宗伯等点校，《昭通旧志汇编》第五册，云南人民出版社，2006 年。

陈一得编辑：民国《盐津县志》，韩世昌、谢远辉点校，《昭通旧志汇编》第六册，云南人民出版社，2006 年。

张瑞珂编纂：《鲁甸县民国地志资料》，邬永飞点校，《昭通旧志汇编》第六册，云南人民出版社，2006 年。

后 记

《云南古代水文献大系》是2013年度国家社科基金一般项目最终成果。衷心感谢国家社科基金评审组专家认可，给予立项和经费资助。感谢院领导、学术委员会、科研处对古籍文献整理研究基础学科的倾力支持，使项目得以顺利进行。2019年结项。本项目查阅相关文献300余种，最终编纂完成《云南古代水文献大系》600余万字。

本书是一部民国以前包括部分民国时期云南古代水文献专题整理研究的基础性学术著作，在地方性专题文献整理研究领域具有基础性、原创性和创新性。内容繁富，涉及面广。首先，从现存方志、史部要籍、文集、奏折等入手，辑录有关云南先秦至民国时期水文献史料；其次，对分散的水利碑刻、用水乡规民约、古代水利设施遗迹进行实地踏勘，寻求史料与田野的相互印证；再次，江河湖泊、旱涝灾害、水利工程、水旱灾的赈济、物价与水旱灾害的关系、水环境思想与理念等均为辑录范畴；最后，按十大专题，分门别类，分六卷汇编而成。

感谢课题组成员刘景毛研究员、顾胜华副研究员、宫珏副研究员、郑畅副研究员及云南省图书馆郭劲副研究馆员等各位老师的辛勤付出，通力合作，从课题立项，到实际辑录整理过程中遇到的难点、疑点，群策群力，提出许多工作建议和方法，最终较圆满地完成编纂工作。

感谢云南大学出版社段然编辑，为本项目申请，精心策划，获得2020年度国家出版资金资助。感谢苏珊老师，在书稿校改过程中，不厌其烦，周到服务。

感谢云南大学出版社特约编辑周元晖老师，在编辑过程中认真负责，做了大量细致核校工作。感谢排版张建丽主任、王永谊老师，精心设计，为本书顺利出版付出的辛勤努力。

由于辑录文献内容丰富，体例不一，版本各异，辑者学识所限，加之时间、资料等条件限制，一些善本、孤本未能一睹，随着新史料的不断发现，本书将有一个不断补充完善的过程。敬请各位专家不吝赐教，补之正之。

编 者

2023年10月

后 记